文系良問集・数学 IAIIB のご挨拶

本書は，2023 年度に出題された数学の大学入試問題の中から抜粋した問題集である．「大学入試で効率よく点を取るための良問」を集めた数学 IAIIB の入試対策の書籍である．同系統の問題も集めてある．「類題で練習したい，類題を演習させたい」という要望に応えるためである．

毎年 7 月に解答集が終わり，良問集にとり掛かるのだが，問題の内容を見て，解答の改良をして，ときには解答全体を書き直し，表題をつけ，時間設定をして並べ換えることをやっていると，膨大な時間が掛かる．本当は，時間設定も，表題つけもやりたくないのであるが「あると便利」という要望に応えようとする結果である．ときの経つのは早く，いつの間にやら霜月になり，下手をしたら師走の声を聞くことになりそうである．

24 歳のときに予備校講師になって半世紀近く，依頼を受ける学校に教えに行っている．生徒に解いてもらい，うまい解答やら，注目すべき間違いやらを反映することは，出版にとっても大きな要因であるのだが，一週間の半分をそれに割くのは，時間的には大きな制約でもある．教えに行くのはやめて，来年からはこの出版の仕事に注力しようと思っている．解答集の業務を一ヶ月早め，同時に良問集を完了する手段を講じることを考えている．乞うご期待．

ご購入してくださった皆様に，感謝いたします．

2023 年 11 月　安田亨

● 本書の使い方

入試対策は，入試によく出る問題，思考力を養う良い問題を，できるだけ多く経験することが基本である．時間制限があるいじょう，見たことがあれば，解きやすくなるのは当然である．

《和と積の計算（A5）☆》は．A レベル（基本）で，目標解答時間は 5 分であることを示している．☆は推薦問題である．B は標準問題，C は少し難しい問題，D は超難問である．難易度と時間は，私の感覚である．読者の方とズレていることは多いだろうから，ないよりましと思っていただきたい．

今まで，同系統の問題があるときに，従来はどっちか一方を取り上げ，他方は削っていた．数学 III を独立させたことで，問題数を増やし，両方とも取り上げることができるようにした．余裕がない受験生は，類題は飛ばせばよい．大人の人は，類題が多い方が，教材作りの参考になるだろう．基本的な問題を増やしているので，収録問題数を多くしたが，そのままでは大変なので，推薦問題マークには，☆マークを入れておいた．☆のある問題は，ほとんど，基本から，標準レベルである．C でも，ついているのは，難しくてもよい問題だからである．場合によっては，敢えて，タイトルをヒントにした問題もある．

受験生の場合は，☆のついた問題は，鉛筆を手に取って，自分で解いていただきたい．☆のないものは飛ばしてもよいし，ドンドン解答を読んでもよい．正しい勉強方法というものはないから，自分の信じる方法で行えばよい．**難問は無視して構わない**．タイトルが同じものは，類題である．**類題は適宜飛ばし**てほしい．

受験生の方で，時間のない方はどんどん解答を読んでもいい．使い方は自由である．問題数が多いと思うなら，☆の偶数番だけ解くとかでもよいだろう．「書籍は三割も読めば読破したことになる」というのは，私が尊敬する一松信京大名誉教授のお言葉である．

【目次】

問題編

解答編

【多項式の計算 (除法を除く)】

《展開 (A2)》

1. 整式 A, B が

$$B = 3x^2 + 5x + 3, \quad 2A - B = 5x^2 + 11x + 7$$

を満たすとき，$A = \square x^2 + \square x + \square$ である． (23 仁愛大・公募)

《1 変数 3 次式の展開 (A5) ☆》

2. 次の式を展開して整理せよ．

$(x-2)(x+1)(x+4)$ (23 倉敷芸術科学大)

《2 変数 2 次式の展開 (A5)》

3. 次の式を展開せよ．$(2x+y-3)(2x-y+3)$ (23 広島文教大)

《1 変数 4 次式の展開 (A5)》

4. $(2a-1)(2a+1)(3a^2+2a+2)$ の展開式における a^3 の項の係数は $\square$ であり，a^2 の項の係数は $\square$ である．

(23 明海大・歯)

《1 変数 6 次式の展開 (A5) ☆》

5. $(x-5)(x-3)(x-1)(x+1)(x+3)(x+5)$ を展開したとき，x^4 の項の係数は $\square$ である． (23 成蹊大)

【因数分解】

《展開して整理 (A2) ☆》

6. 多項式 $(x^2-y^2)^2+(2xy)^2$ を因数分解しなさい． (23 福島大・食農)

《1 文字について整理 (A5) ☆》

7. $2a^2+4ab+a-2b-1$ を因数分解すると $\square$ である． (23 明海大・歯)

《共通因数を見つける (A5)》

8. 次の式を因数分解せよ．

$a(a-2b)+b(2b-a)$ (23 奈良大)

《平方差の因数分解 (A5)》

9. $x^2-y^2+4x+2y+3$ を因数分解せよ． (23 愛知医大・看護)

《塊を考える因数分解 (A5) ☆》

10. $(x-y+2)(x+2y-4)+2x^2$ を因数分解せよ． (23 酪農学園大・食農，獣医-看護)

《塊を考える因数分解 (A5)》

11. 整式 $x(x+1)(x+2)(x+3)-24$ を因数分解すると，

$$(x-\square)(x+\square)(x^2+\square x+\square)$$

となる． (23 京産大)

《2 次 2 変数の因数分解 (A5) ☆》

12. $(2a+b+1)^2-(2a+b)^2-1$ を展開すると，$\square a+\square b$ となる．

また，$12a^2-7ab-10b^2$ を因数分解すると，$(\square a+\square b)(\square a-\square b)$ となる．

(23 京都橘大)

《複 2 次式の因数分解 (A5) ☆》

13. x^4+2x^2+9 を因数分解せよ． (23 北海学園大・経済)

《複 2 次式の因数分解 (A5)》

14. 次の式を因数分解しなさい．

$4x^4+81y^4$

$=\left(2x^2+\square xy+\square y^2\right)\left(2x^2+\square xy+\square y^2\right)$ (23 天使大・看護栄養)

《3 乗差の因数分解 (B10) ☆》

15. 次の式を因数分解しなさい．

（1） $x^2-8x+15$

（2） $7x^2-8x-15$

（3） $x^2+xy-2y^2-x-5y-2$

（4） $(x+y+z)^2-(x-y-z)^2$

（5） $(x^3-y^3)+xy(x-y)$ （23 名古屋女子大）

《2 次 2 変数 6 項の因数分解 (B10) ☆》

16. $x^2+xy-2y^2+2x+7y-3$ を因数分解しなさい． （23 東北福祉大）

《2 次 2 変数 6 項の因数分解 (A1)》

17. $2x^2-7x+6$ を因数分解すると $\square$ となり，$3x^2-7xy+2y^2+11x-7y+6$ を因数分解すると $\square$ となる．

（23 広島修道大）

【数の計算】

《根号を外す (A1)》

18. $x=-\dfrac{2}{3}$ のとき，

$$\sqrt{x^2+2x+1}+\sqrt{4x^2-4x+1}=\frac{\square}{\square}$$

である． （23 同志社女子大・共通）

《通分 (A1)》

19. $\dfrac{1}{\sqrt{5}+2}-\dfrac{1}{\sqrt{5}-2}$ を簡単にせよ． （23 広島文教大）

《2 項分母の有理化 (A2)》

20. $x=\dfrac{2}{\sqrt{5}-1}$，$y=\dfrac{\sqrt{5}-1}{2}$ のとき，次式の $\square$ に当てはまる値を求めよ．

（1） $x+y=\sqrt{\square}$

（2） $xy=\square$

（3） $x^3+y^3=\square\sqrt{\square}$ （23 共立女子大）

《基本対称式 6 乗 (B2) ☆》

21. $x^2+y^2=5, x-y=1+\sqrt{2}$ とする．

（1） $xy=\square-\sqrt{\square}$

（2） $x^6+y^6=\square+\square\sqrt{\square}$ （23 法政大・文系）

《2 項分母の有理化 (A5) ☆》

22. $\dfrac{2}{\sqrt{13}-3}$ の整数部分を a，小数部分を b とすると，$a=\square$, $b=\dfrac{\sqrt{\square}-\square}{\square}$ である．また，

$ab+b^2=\square$, $\dfrac{b}{a+b}=\dfrac{\square-\square\sqrt{\square}}{\square}$ となる． （23 創価大・看護）

《2 項分母の有理化 (A1)》

23. 次の式を計算せよ．

$$\frac{\sqrt{7}}{\sqrt{5}+\sqrt{3}}-\frac{2\sqrt{5}}{\sqrt{7}+\sqrt{3}}+\frac{\sqrt{3}}{\sqrt{7}+\sqrt{5}}$$

（23 青森公立大・経営経済）

《2 項分母の有理化 (A0) ☆》

24. $x=\dfrac{1}{\sqrt{2}+1}, y=\dfrac{1}{\sqrt{2}-1}$ のとき，x^2-y^2 の値を求めよ． （23 富山県立大・推薦）

《3 項分母の有理化 (B5)》

25. $(1+\sqrt{5}+\sqrt{6})(1+\sqrt{5}-\sqrt{6})$ を計算すると $\square$ なので，$\dfrac{1}{1+\sqrt{5}+\sqrt{6}}$ の分母を有理化すると $\square$ である．

（23　三重県立看護大・前期）

《2 項分母の有理化 (A5)》

26. $x=\dfrac{\sqrt{21}}{\sqrt{3}+\sqrt{7}}$，$y=\dfrac{\sqrt{21}}{\sqrt{3}-\sqrt{7}}$ のとき，x^2-y^2 の値を求めよ．（23　日本福祉大・全）

《逆数の基本対称式 (A5)》

27. $x^2-\sqrt{7}x+1=0$ とする．このとき，

$x+\dfrac{1}{x}=\sqrt{\square}$，$x^2+\dfrac{1}{x^2}=\square$，$x^3+\dfrac{1}{x^3}=\square\sqrt{\square}$ である．（23　創価大・看護）

《逆数の基本対称式 (B5) ☆》

28. $x=\dfrac{1+\sqrt{5}}{2}$ のとき，$x+\dfrac{1}{x}=\sqrt{\square}$ であり，$x^2+\dfrac{1}{x^2}=\square$ である．

また，$x^4-2x^3-x^2+2x+1=\square$ である．（23　武庫川女子大）

《3 次基本対称式 (A5) ☆》

29. $\alpha=\sqrt{3}-1,\ \beta=\sqrt{3}+1$ であるとき，$\alpha\beta=\square$，$\alpha^2+\beta^2=\square$，$\alpha^3+\beta^3=\square\sqrt{\square}$ である．（23　成蹊大）

《4 次基本対称式 (B10)》

30. $x+y+z=0,\ xy+yz+zx=2$ であるとき，

$x^2+y^2+z^2=\square$，$x^4+y^4+z^4=\square$

となる．

（23　東邦大・健康，看護）

《循環小数 (A1)》

31. 有理数 $\dfrac{1}{7}$ を循環小数の表し方で表すと $\square$ で，このとき小数第 100 位は $\square$ である．（23　明治薬大・公募）

《循環小数 (A1)》

32. 循環小数 $2.1\dot{3}\dot{6}$ を分数で表すと $\dfrac{\square}{\square}$ である．（23　武庫川女子大）

【1 次方程式】

《連立 1 次方程式 (A2) ☆》

33. 連立方程式

$$\begin{cases} 6x+3y=8 \\ 3x+6y=8 \end{cases}$$

を解くと，x は $\dfrac{\square}{\square}$ である．（23　大東文化大）

《絶対値と方程式 (B0)》 $x,\ y$ の連立方程式 $\begin{cases} 2x+5y=kx \\ 3x+4y=ky \end{cases}$

が $x=y=0$ 以外の解をもつのは $k=\square$ または $k=\square$ のときである，ただし，k は実数とする．

（22　東邦大・健康，看護）

《絶対値と方程式 (A2) ☆》

34. 方程式 $|x|+3|x-1|=9$ を解きなさい．（23　福島大・共生システム理工）

【1 次不等式】

《意外に戸惑う四捨五入 (A2) ☆》

35. x を実数とする．$\dfrac{2x+5}{6}$ の値の小数第 1 位を四捨五入すると 3 になるとき，x のとり得る値の範囲は

$\square\leqq x<\square$ である．（23　同志社女子大・共通）

《基本的な不等式 (A2)》

36．$-4x+6>-51$ をみたす正の整数 x は $\square$ 個ある． （23 大東文化大）

《連立不等式（A2）》

37．次の連立不等式を解け．

$$\begin{cases} 10x-15 \geqq 2x+9 \\ x+5<2(10-x) \end{cases}$$

（23 酪農学園大・食農，獣医-看護）

《連立不等式（A2）》

38．連立不等式 $\begin{cases} 5x+2<2x+14 \\ 8x-10 \geqq 5x-16 \end{cases}$ の解は，$\square \leqq x < \square$ である． （23 仁愛大・公募）

《連立不等式の解の存在（A2）》

39．ある映画配信サービスでは，映画 1 作品あたりの視聴料は 300 円である．1000 円の入会金を払って会員になると， その後 1 年間 1 作品あたり 5% 引きで視聴できる．1 年間に $\square$ 作品以上視聴する場合は会員になった方が得になる． （23 共立女子大）

《絶対値の不等式（B2）☆》

40．不等式 $|5x+4|>2x+7$ の解は，

$x<\dfrac{\square}{\square}$，$\square<x$ である． （23 日大）

《絶対値の不等式（B2）》

41．次の不等式を解きなさい．

$$3|x-2|-2|x| \leqq 3$$

（23 東北福祉大）

【1 次関数とグラフ】

《1 次関数の最大最小（A5）☆》

42．関数 $y=ax+b$ は，定義域 $1 \leqq x \leqq 3$ において値域は $3 \leqq y \leqq 5$ である．このとき，定数 a，b の値を求めよ． （23 青森公立大・経営経済）

《1 次関数のグラフ（B2）☆》

43．平面上に 4 点

$$\mathrm{A}(1,\ 2),\ \mathrm{B}(0,\ 0),\ \mathrm{C}(6,\ 0),\ \mathrm{D}(5,\ 2)$$

がある．2 直線

$$y=ax,\ \ y=bx$$

が四角形 ABCD の面積を 3 等分するような実数 a, b の値を求めよ．ただし，$a<b$ とする． （23 学習院大・経済）

《1 次関数の最大最小（B2）☆》

44．$f(x)=\sqrt{4x^2+24x+36}-\sqrt{x^2-2x+1}$ とする．

$f(-1)=\boxed{\text{ア}}$，$f(1)=\square$ である．また，$f(x)$ は $x=\square$ のとき，最小値 $\square$ をとる．さらに，$f(x)=\boxed{\text{ア}}$ かつ $x \neq -1$ のとき，$x=\square$ である． （23 自治医大・看護）

《1 次関数のグラフ（B5）》

45．関数

$f(x)=-(|x+2|+|3x-1|+|2x-4|)+10$

について，座標平面における $y=f(x)$ のグラフに関する以下の問いに答えよ．

（1） $y=f(x)$ と $y=k$（k は定数）の共有点の個数が一つとなるのは $k=\dfrac{\square}{\square}$ のときである．

（2） $y=f(x)$ は x 軸と $x=-\dfrac{\square}{\square}$，$\dfrac{\square}{\square}$ の 2 点で交わる．

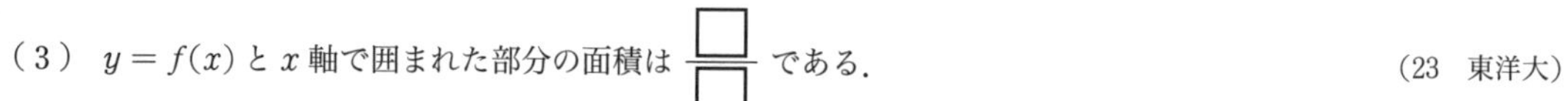

（3） $y=f(x)$ と x 軸で囲まれた部分の面積は $\dfrac{\square}{\square}$ である． （23 東洋大）

【2 次関数】

《符号の決定 (A2) ☆》

46. 2 次関数 $y=ax^2+bx+c$ のグラフが図のようであるとする．このとき，$a+b+c$ と abc の正負の組み合わせとして正しいものは $\square$ である．

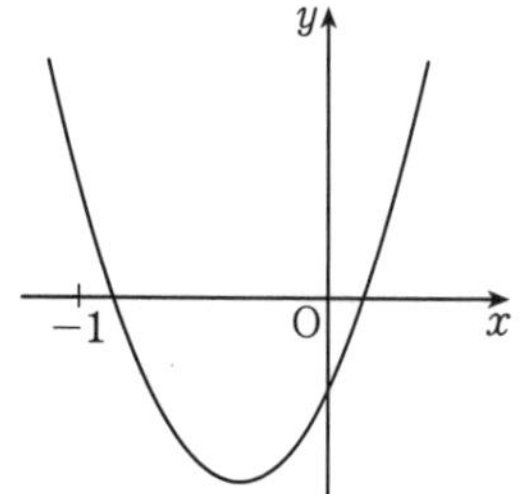

（23 明海大）

《係数の決定 (B5) ☆》

47. 座標平面において，ある 2 次関数のグラフが 3 点 (1, 0), (2, 1), (−1, 16) を通るとする．この 2 次関数は $y=\square x^2-\square x+\square$ である． （23 成蹊大・経）

《グラフの移動 (A5) ☆》

48. 2 次関数 $y=x^2-2x+26$ のグラフを

（ア） 原点に関して対称移動する．

（イ） x 軸方向に $-\dfrac{1}{2}$ 平行移動する．

（ウ） $y=\alpha$ に関して対称移動する．

の順で移動したグラフは $y=x^2+3x+12$ と表される．このとき，α の値を求めなさい． （23 福島大・食農）

《最小 (A2)》

49. a を定数とする．関数 $y=x^2-2ax+a+2$ の最小値を m とする．m を a の式で表すと，$m=\square$ である．m は $a=\square$ のとき最大値 $\square$ をとる． （23 岐阜聖徳学園大）

《置き換えると 1 次関数 (B5) ☆》

50. 2 次関数 $f(x)=ax^2+4ax+a^2+1$（a は $a\neq 0$ を満たす実数）がある．次の問に答えよ．

（1） $f(x)$ のとりうる値の範囲を a を用いて表せ．

（2） 2 次方程式 $f(x)=0$ が実数解をもつとき，a のとりうる値の範囲を求めよ．

（3） $1\leqq a\leqq 3$ のとき，$f(x)$ の最小値を $g(a)$ として，$g(a)$ のとりうる値の範囲を求めよ．

（23 名城大・経営，経済，外国語）

《置き換えると 1 次関数 (A5)》

51. a を正の実数とし，関数 $f(x)$ を $f(x)=ax^2+4ax+a+2$ $(-4\leqq x\leqq 4)$ で定める．このとき，$f(x)$ の最大値を a を用いて表すと $\square$ である．また，$-4\leqq x\leqq 4$ を満たす任意の実数 x に対して $f(x)\geqq 0$ となるような a の最大値は $\square$ である． （23 福岡大）

《置き換えると 1 次関数 (A5)》

52. 2 次関数 $y=ax^2+4ax+b$ が区間 $-3\leqq x\leqq 3$ で，最大値 18，最小値 -7 となるとき，定数 a, b の値を求めよ．ただし，$a<0$ とする． （23 倉敷芸術科学大）

《置き換えると 2 次関数 (A2) ☆》

53. 関数

$$y=(x^2-2x+5)^2+4(x^2-2x+5)+1$$

の最小値を求めなさい． （23 龍谷大・推薦）

《置き換えると 2 次関数 (A2)》

54. 関数 $f(x)=(x^2+2x)^2+4(x^2+2x)$ について考える．$t=x^2+2x$ とおくと，x がすべての実数値をとって変化するとき t の最小値は $\square$ である．よって，t のとりうる値の範囲を考えると $f(x)$ の最小値は $\square$ である．

（23　創価大・看護）

《絶対値と最大 (B10) ☆》

55. 関数 $y=|x^2-x-6|$ について，次の問に答えよ．

（1） 区間 $0 \leqq x \leqq 2$ における最大値を求めよ．

（2） a を正の定数とするとき，区間 $0 \leqq x \leqq a$ における最大値を求めよ．　（23　広島修道大）

《最小・区間と関数に文字 (B10)》

56. a を定数として，$a \leqq x \leqq a+6$ における関数 $f(x)=\dfrac{1}{2}x^2+x+a$ を考える．

（1） $f(x)$ の最小値を求めよ．

（2） $f(x)$ の最小値を a の関数で表し，$m(a)$ とする．このとき，$m(a)$ の最小値を求めよ．

（23　青森公立大・経営経済）

《最大 (A2)》

57. 実数 x, y が，$x>0, y>0, 2x+y=1$ を満たすとき，xy のとりうる値の最大値を求めよ．また，そのときの x, y の値を記せ．　（23　岩手大・前期）

《最小 (B15) ☆》

58. a を実数とする．関数

$f(x)=x^2-ax-a^2\ (0 \leqq x \leqq 4)$

について，次の問に答えよ．

（1） $f(x)$ の最小値は a を用いて次のように表される．

$a<\boxed{1)}$ のとき，$f(x)$ の最小値は，$-a^2$

$\boxed{1)} \leqq a \leqq \boxed{2)}$ のとき，$f(x)$ の最小値は，$-\dfrac{\boxed{3)}}{\boxed{4)}}a^2$

$\boxed{2)}<a$ のとき，$f(x)$ の最小値は，

$-a^2-\boxed{5)}a+\boxed{6)}\boxed{7)}$

である．

（2） $0 \leqq x \leqq 4$ における $f(x)$ の最大値が 11 となるとき，a の値は $-\boxed{8)}$，$\boxed{9)}$ である．　（23　星薬大・B 方式）

《最小 (B5)》

59. 関数 $y=-2x^2+8x\ (a \leqq x \leqq a+2)$ が $x=a$ で最小値をとるのは，定数 a の値の範囲が $\square$ のときである．また，この関数が $x=a+2$ で最小値をとるのは，定数 a の値の範囲が $\square$ のときである．

（23　三重県立看護大・前期）

《最大・最小 (B15) ☆》

60. a を実数とし，2 次関数 $f(x)=x^2+2ax-3$ を考える．実数 x が $a \leqq x \leqq a+3$ の範囲を動くときの $f(x)$ の最大値および最小値を，それぞれ $M(a)$ および $m(a)$ とする．以下の問いに答えよ．

（1） $M(a)$ を a を用いて表せ．

（2） $m(a)$ を a を用いて表せ．

（3） a がすべての実数を動くとき，$m(a)$ の最小値を求めよ．　（23　東北大・文系）

《最小値の最小値・整数 (B15)》

61. n を正の整数とする．x の 2 次関数

$f(x)=(n+3)x^2-2(n^2+3n+3)x+1$

を考える．次の問いに答えよ．

（1） $n=1$ とする．m が整数の範囲を動くときの $f(m)$ の最小値，およびそのときの m の値を求めよ．

（2） $n \geqq 2$ とする．m が整数の範囲を動くとき，$f(m)$ が最小となる m を求めよ．

（23　富山大・理-数以外，工，都市デザイン）

《最大・最小 (B20)》

62. a を実数とする．2次関数 $f(x)=-x^2+6x-8$ の $a \leqq x \leqq a+2$ における最大値を $M(a)$，最小値を $m(a)$ として，$g(a)=M(a)-m(a)$ とする．

$g(3)=$ □ であり，a がすべての実数値をとりながら変化するとき，$g(a)$ の最小値は □ である．

また，$g(a)=8$ のとき $a=$ **ア** または $a=$ **イ** である．ただし，**ア** $<$ **イ** とする．　（23　玉川大・全）

《最大・最小 (B10) ☆》

63. a を正の実数とし，2次関数 $y=-x^2+6x$ の $a \leqq x \leqq 2a$ における最大値を M，最小値を m とする．

（1） $a=2$ のとき，$M-m=$ □ である．

（2） $M \geqq 0$ であるとき，a の取りうる値の範囲は □ である．

（3） $M-m=12$ のとき，$a=$ □ である．　（23　関西学院大・文系）

《放物線と長方形 (B20) ☆》

64. 次の条件（ア），（イ）をみたす下の図のような長方形 ABCD について，次の問いに答えよ．

（ア） A，D は第1象限の点で，放物線 $y=4x-x^2$ 上にある．

（イ） B，C は第4象限の点で，放物線 $y=\dfrac{x^2}{2}-2x$ 上にある．

（1） A の x 座標を t とするとき，長方形 ABCD の周の長さを t の式で表せ．

（2） 長方形 ABCD の周の長さの最大値と，そのときの A の座標を求めよ．

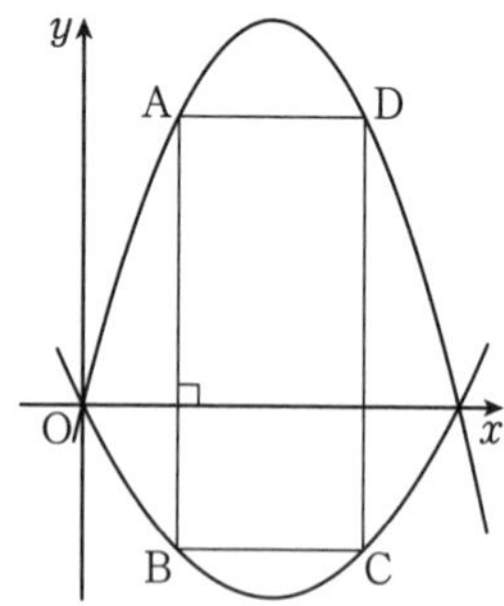

（23　愛知医大・看護）

《放物線と長方形 (B10)》

65. 図のような，放物線 $y=-x^2+6x-5$ と x 軸で囲まれる図形に内接する長方形 ABCD がある．B の x 座標を t とするとき，t のとり得る値の範囲は □ であり，C の x 座標は t を用いて表すと □ である．このとき，AB の長さ，BC の長さは t を用いて表すと，それぞれ □，□ である．長方形 ABCD の周囲の長さが最大になるとき，t の値は □ であり，このときの AB の長さ，BC の長さはそれぞれ □，□ である．また，長方形 ABCD が正方形になるとき，t の値は □ であり，このときの正方形の面積は □ である．

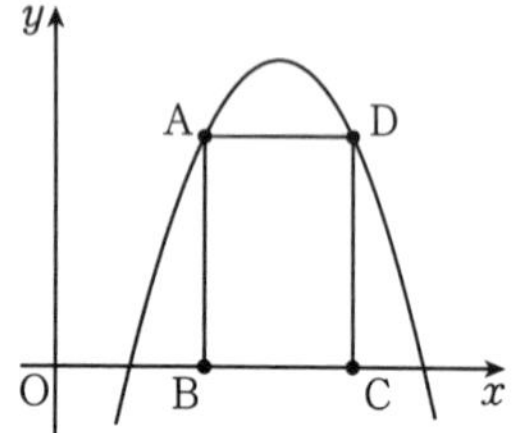

（23　金沢医大・看護）

《2変数の最小 (B5)》

66. x, y を実数とする．

$2x^2+y^2-2xy+14x-8y+18$

の値は $x=\square$, $y=\square$ のとき最小となり，最小値は$\square$である．

（23　日大）

《2 変数の最小 (B20)》

67． a は $1 \leqq a \leqq 2$ を満たす実数の定数とし，$f(x)=x^2+(10a-14)x+(a+1)^2$ とおく．

また，$0 \leqq x \leqq 7-3a$ における $f(x)$ の最大値を M，最小値を m とおく．

（1） $a=\dfrac{6}{5}$ のとき，$M=\dfrac{\square}{\square}$ であり，$m=\dfrac{\square}{\square}$ である．

（2） M の値が最も大きくなるのは，$a=\dfrac{\square}{\square}$ のときであり，そのとき $m=\dfrac{\square}{\square}$ である．（23　法政大・文系）

《2 変数で比べる (B10) ☆》

68． 2 つの 2 次関数

$$f(x)=x^2+2x+a^2+9a-15,$$
$$g(x)=x^2+8x$$

がある．次の条件が成り立つような定数 a の値の範囲を求めよ．

（1） $-2 \leqq x \leqq 2$ を満たす全ての実数 x_1, x_2 に対して $f(x_1) \geqq g(x_2)$ が成り立つのは，$a \leqq -\square$, $\square \leqq a$ のときである．

（2） $-2 \leqq x \leqq 2$ を満たすある実数 x_1, x_2 に対して $f(x_1) \geqq g(x_2)$ が成り立つのは，$a \leqq \square$, $\square \leqq a$ のときである．

（23　金城学院大）

【2 次方程式】

《共通解 (B5) ☆》

69． a, b を定数とする．x についての 3 つの 2 次方程式

$$x^2+(1-a)x-a=0,$$
$$2x^2-(8+b)x+4b=0,$$
$$3x^2-(a+6b)x+2ab=0$$

には，正の共通解が一つある．このとき $a=\square$, $b=\square$ である．

（23　大阪経済大）

《連立方程式 (B5)》

70． 絶対値を含む連立方程式

$$\begin{cases} x-2=(1-x)y \\ y=|-4x+5| \end{cases}$$

をみたす x は $\dfrac{\square}{\square}$ である．（23　大東文化大）

《文字定数は分離 (B10) ☆》

71． p を実数とする．曲線 $y=|x^2+x-2|$ と直線 $y=x+p$ の共有点の個数を求めよ．（23　千葉大・前期）

《文字定数は分離 (B10)》

72． 関数 $f(x)=|x^2-x-2|-x$ について，次の問いに答えよ．

（1） 不等式 $x^2-x-2<0$ を解け．

（2） 曲線 $y=f(x)$ $(-3 \leqq x \leqq 5)$ のグラフをかけ．

（3） 方程式 $f(x)=k$ の実数解の個数が 2 個となるような定数 k の範囲を求めよ．（23　中部大）

《絶対値でグラフ (B5)》

73． 絶対値を含む連立方程式

$$\begin{cases} x-2=(1-x)y \\ y=|-4x+5| \end{cases}$$

をみたす x は $\dfrac{\square}{\square}$ である．ただし x, y は実数とする． （23　大東文化大）

《文字定数は分離 (B10) ☆》

74．関数

$$f(x) = |x^3 - 10x^2 + 9x|$$

を考える．$y = f(x)$ のグラフと直線 $y = ax$ の共有点の個数が 4 であるような実数 a の範囲を求めよ．

（23　学習院大・経済）

《見た目の 2 次方程式 (B2) ☆》

75．方程式 $ax^2 - 6x + a - 8 = 0$ が唯一つの実数解を持つような実数の定数 a の値とその解を求めなさい．

（23　東北福祉大）

《判別式の判別式 (B10)》

76．a と b を実数の定数とする．a がいかなる値をとっても 2 次方程式

$2x^2 - 4ax + 4a^2 + 2ab - 8a - b + 4 = 0$

が実数解をもたないとき，b のとり得る値の範囲は $\square < b < \square$ である． （23　立正大・経済）

【2 次方程式の解の配置】

《$x > \frac{1}{5}$ の 2 解 (B5)》

77．m を実数の定数とする．2 次方程式

$$x^2 + 3mx + 3m + \frac{5}{4} = 0 \cdots\cdots ①$$

について，次の問いに答えよ．

（1） ① が $x = \dfrac{1}{2}$ を解にもつとき，m の値を求めよ．

（2） ① が $\dfrac{1}{5}$ より大きい異なる 2 つの実数解をもつように，m の値の範囲を求めよ． （23　富山県立大・推薦）

《整数解 (B10)》

78．a を自然数とし，$f(x) = x^2 + a^2x + 2a + 2$ とおく．2 次方程式 $f(x) = 0$ の 2 つの解 m, n は整数であるとする．

（1） $m < 0, n < 0, -a^2 + 2a + 3 \geqq 0$ であることを示せ．

（2） a の値を求めよ． （23　岐阜聖徳学園大）

《正の解と負の解 (A2)》

79．2 次方程式 $x^2 + 3ax + a - 2 = 0$ が正の解と負の解をもつとき，定数 a の値の範囲を求めなさい．

（23　東邦大・看護）

《正の 2 解 (B2)》

80．2 次方程式 $x^2 - 2kx + 8k - 7 = 0$ が異なる 2 つの正の実数解をもつときの定数 k の値の範囲は

$\dfrac{\square}{\square} < k < \square$，$\square < k$ である． （23　東邦大・薬）

【2 次不等式】

《解く (A1)》

81．2 次不等式 $-2x^2 + 3x - 1 > 0$ の解は

$\square < x < \square$ である． （23　大東文化大）

《解く (A2)》

82．不等式 $-2x^2 + 7x + 1 \geqq |x - 3|$ を解け． （23　専修大）

《解く (B5) ☆》

83．連立不等式

$$\begin{cases} x^2 - 7x + 6 < 0 \\ x^2 - 2x - ax + 2a \geqq 0 \end{cases}$$

を満たす整数解の個数が 3 個のみであるとき，定数 a の値の範囲を求めよ．ただし，$a \geqq 2$ とする．

（23　北海学園大・経済）

《見かけの 2 次不等式 (A2)》

84． m を実数の定数とする．すべての実数 x に対して，

$$mx^2 + (m-2)x + (m-2) < 0$$

が成り立つとき，$m < -\dfrac{\square}{\square}$ である．

（23　武蔵大）

《判別式の利用 (A5) ☆》

85． 2 次不等式 $ax^2 - x + a > 0$ の解がすべての実数であるとき，定数 a の値の範囲を求めよ．（23　愛知医大・看護）

《2 変数の不等式 (B20) ☆》

86． a を実数の定数とし，

$$f(x) = x^2 + 2x - 2,$$
$$g(x) = -x^2 + 2x + a + 1$$

とする．

（1） すべての実数 x に対して $f(x) > g(x)$ となるような a の範囲は $a < \square$ である．

（2） $-2 \leqq x \leqq 2$ をみたすすべての実数 x に対して $f(x) < g(x)$ となるような a の範囲は $a > \square$ である．

（3） $-2 \leqq x \leqq 2$ をみたすある実数 x に対して $f(x) < g(x)$ となるような a の範囲は $a > \square$ である．

（4） $-2 \leqq x_1 \leqq 2$，$-2 \leqq x_2 \leqq 2$ をみたすすべての実数 x_1，x_2 に対して $f(x_1) < g(x_2)$ となるような a の範囲は $a > \square$ である．

（23　愛知学院大・薬，歯）

《文字定数は分離せよ (A2)》

87． 不等式 $x^2 - 4x + k < 0$ をみたす整数 x の値が $x = 2$ のみであるとき，定数 k は

$$\square \leqq k < \square$$

である．

（23　東邦大・健康科学-看護）

《文字定数は分離せよ (B20) ☆》

88． a を実数とする．不等式

$$x^2 + x + a \leqq 2x \leqq x^2 + 3x - 2 \quad \cdots (*)$$

について，次の問に答えよ．

（1） 不等式 $(*)$ を満たす整数 x がちょうど 1 個であるような a の値の範囲は，$\square < a \leqq \square$ である．

（2） 不等式 $(*)$ を満たす整数 x がちょうど 4 個であるような a の値の範囲は，$\square < a \leqq \square$ である．

（23　青学大）

【集合の雑題】

《要素の対応 (B5)》

89． 実数 a, b に対して，2 つの集合を $A = \{1, 2a, 3b+1\}$, $B = \{a-1, b+1, a+5b, 2a+2b\}$ とする．
$A \cap B = \{4, 10\}$ となるとき，$a = \square$, $b = \square$ である．

（23　仁愛大・公募）

《3 次方程式の解集合 (B20)》

90． k を実数とする．全体集合を実数全体の集合とし，その部分集合 A, B を次のように定める．

$$A = \{x \mid x^3 - x^2 - (k^2 + 4k + 4)x + k^2 + 4k + 4 = 0\}$$
$$B = \{x \mid x^3 - (k^2 + 3k + 3)x^2 + k^2 x - k^4 - 3k^3 - 3k^2 = 0\}$$

次の問いに答えよ．

（1） $k = -1$ のとき，集合 $A, B, A \cap B, A \cup B$ を，$\{a, b, c\}$ のように集合の要素を書き並べて表す方法により，それぞれ表せ．空集合になる場合は，空集合を表す記号で答えよ．

（2） 集合 B が集合 A の部分集合となるような k の値をすべて求めよ．そのような k の値が存在しない場合は，その理由を述べよ．

（3） 集合 $A \cup B$ の要素の個数を求めよ． （23 新潟大）

《解集合の包含 (A5)》

91. 実数全体を全体集合とし，その部分集合 A, B を

$A = \{x \mid x^2 - 4|x| + 3 \leqq 0\}$,

$B = \{x \mid -k < x < k\}$ (k は 0 以上の実数)

とする．このとき，A の要素のうち最小の値は □ であり，最大の値は □ である．

また，$A \cap B$ が空集合となる最大の k は □ である． （23 大阪産業大・工，デザイン工）

《解集合の包含 (A5)》

92. a を定数とする．2 次関数

$f(x) = -3x^2 + 2x + a$

について，$f(x) > 0$ となる実数 x の集合を A とする．また，$-2 \leqq x \leqq 2$ を満たす実数 x の集合を B とする．

$A \supset B$ となる定数 a の値の範囲は $a >$ □ であり，$A \cap B$ が空集合でない定数 a の値の範囲は $a > -\dfrac{□}{□}$ である． （23 摂南大）

《要素の個数 (A5) ☆》

93. 全体集合を U とし，その部分集合 A, B について考える．集合 P の要素の個数を $n(P)$ と表す．

$n(U) = 100, n(A) = 60, n(B) = 40$,

$n(\overline{A} \cup \overline{B}) = 80$

であるとき，$n(A \cap B) =$ □，$n(A \cup B) =$ □ である． （23 創価大・看護）

《要素の対応 (B5) ☆》

94. 200 以下の自然数全体の集合を A とする．集合 $B = \left\{2, x^2 - 2x, \dfrac{x}{3}\right\}$ が A の部分集合になるとき，

$x =$ □，□，□，□，□ である． （23 仁愛大・公募）

【命題と集合】

《命題の否定 (A1)》

95. 条件「$x \leqq -2$ または $x > 3$」の否定を述べなさい． （23 東邦大・看護）

《集合と最大最小 (B20) ☆》

96. ある高校の 60 人の生徒を対象に，北海道と沖縄県に行ったことがあるかどうかを調べたところ，どちらにも行ったことがない生徒の人数は，両方に行ったことがある生徒の人数の 3 倍に等しかった．また，北海道に行ったことがある生徒の人数は沖縄県に行ったことがある生徒の人数以上であり，沖縄県に行ったことがある生徒の人数は北海道に行ったことがある生徒の人数の半分以上であった．これらのことから，北海道に行ったことがある生徒の人数 x のとりうる値の範囲は □ $\leqq x \leqq$ □ であり，沖縄県に行ったことがある生徒の人数 y のとりうる値の範囲は □ $\leqq y \leqq$ □ である．また，どちらにも行ったことがない生徒の人数は最大で □ であることがわかる． （23 成蹊大）

《wason の 4 枚カード問題 (B5)》

97. ここに 4 枚のカードがある．カードの両面を「A 面」と「B 面」とよぶことにする．4 枚のカードの A 面には地名が書かれており，B 面には地名ではない単語が書かれていることが分かっている．

これら 4 枚のカードに関する命題 D「A 面に日本の地名が書いてあれば，B 面にはイヌの種類名が書いてある」を考える．

（1） 命題 D の対偶を書け．

（2） 机の上に 4 枚のカードが A 面または B 面のどちらかを上にして，次のように置かれている．これらの 4 枚のカードに関する命題 D の真偽について，カードを裏返して確認する．このとき，裏返して確認するカードの枚数をできるだけ少なくしたい．裏面を確認すべきカードをすべて書け．（注：ポメラニアンは小型犬の一種）

奈良	パリ	ラーメン	ポメラニアン

(23　奈良大)

《集合の包含 (B10)》

98．a を実数の定数とする．整式

$f(x)=x^4-(a+1)x^3+(a+1)x^2-(a+1)x+a$

$g(x)=ax+a-1$

について次の各問に答えよ．

（1） 不等式 $g(x)<0$ を満たす実数 x の範囲を求めよ．

（2） 不等式 $f(x)>0$ を満たす実数 x の範囲を求めよ．

（3） x を実数とする．命題「$f(x)>0 \Longrightarrow g(x)<0$」が真であるための，定数 a についての条件を求めよ．

（4） x を実数とする．命題「$f(x) \leqq 0 \Longrightarrow g(x)<0$」が真であるための，定数 a についての条件を求めよ．

(23　成蹊大)

【必要・十分条件】

《判定問題 (A2) ☆》

99．次の □ には，①～④ のいずれかの番号を入れよ．

① 必要条件であるが，十分条件ではない

② 十分条件であるが，必要条件ではない

③ 必要十分条件である

④ 必要条件でも十分条件でもない

a, b, c は実数とする．「$a^2-ab-ac+bc=0$」は「$a=b$」であるための □．また，「$a<c$ かつ $b<c$」は「$a+b<2c$」であるための □．

(23　東京慈恵医大・看護)

《判定問題 (B5)》

100．a と b を 0 でない実数であるとする．次の空欄に当てはまるものを下の選択肢から選び，その番号を答えよ．

（1） a と b がともに有理数であることは，$a+b$ と ab がともに有理数であるための □．

（2） a と b がともに無理数であることは，$a+b$ と ab がともに無理数であるための □．

（3） $a\sqrt{2}+b\sqrt{3}=0$ であることは，a と b の少なくとも一方は無理数であるための □．

（4） $a+b$ と $a-b$ のうち，少なくとも一方が無理数であることは，a と b がともに無理数であるための □．

① 必要条件であるが，十分条件ではない

② 十分条件であるが，必要条件ではない

③ 必要十分条件である

④ 必要条件でも十分条件でもない

(23　自治医大・看護)

《判定問題 (B5)》

101．a, b を実数とするとき，次の文中の空欄に当てはまるものを，下の選択肢の中から 1 つ選び，その番号を解答欄にマークせよ．

（1） $a^2=b^2$ は $a=b$ であるための [ア]．

（2） $a^3=b^3$ は $a^2=b^2$ であるための [イ]．

（3） $a^2>b^2$ は $a^3>b^3$ であるための [ウ]．

（4） $a^4=b^4$ は $a^2=b^2$ であるための [エ]．

[ア]，[イ]，[ウ]，[エ] の選択肢

① 必要条件であるが十分条件ではない

② 十分条件であるが必要条件ではない

③ 必要十分条件である

④ 必要条件でも十分条件でもない

(23　成蹊大)

《判定問題 (B2)》

102. $x \leqq y$ は $x^2 \leqq y^2$ であるための ア . $x \leqq y$ は $x^3 \leqq y^3$ であるための イ .

ア , イ の選択肢

① 必要十分条件である

② 必要条件であるが十分条件ではない

③ 十分条件であるが必要条件ではない

④ 必要条件でも十分条件でもない

(23 東京農大)

《判定問題 (A5)》

103. 次の □ に適するものを下の ①～④ から選べ.

a, b を実数とする. $a^2 + b^2 < 1$ は, $a + b < 1$ であるための □

① 必要条件であるが, 十分条件でない.

② 十分条件であるが, 必要条件でない.

③ 必要十分条件である.

④ 必要条件でも十分条件でもない.

(23 東邦大・健康科学-看護)

《判定問題 (B5) ☆》

104. 次の (A) , (B) に適するものを, 選択肢から選べ.

(1) $a \leqq x$ かつ $x \leqq b$ を満たす x が存在することは, $a < b$ であるための (A)

(2) $x \leqq a$ を満たす任意の x が $x < b$ を満たすことは, $a < b$ であるための (B)

選択肢

ア 必要十分条件である.

イ 必要条件ではあるが十分条件ではない.

ウ 十分条件ではあるが必要条件ではない.

エ 必要条件でも十分条件でもない.

(23 天使大・看護栄養)

《十分性 (B5)》

105. p を実数の定数とする. 2 つの関数

$$f(x) = x^2 - 3x + 2,$$
$$g(x) = -x^2 + (p + 1)x - p$$

について, 以下の問いに答えよ.

(1) $f(x) \leqq 0$ となる実数 x の範囲を求めよ.

(2) $g(x) \geqq 0$ となる実数 x の範囲を p の値により場合分けして求めよ.

(3) $f(x) \leqq 0$ であることが $g(x) \geqq 0$ であるための必要条件となる p の範囲, 十分条件となる p の範囲をそれぞれ求めよ.

(23 中部大)

《十分性 (B2)》

106. $-1 \leqq x \leqq 3$ が $x^2 - 2ax + 4 \geqq 0$ であるための十分条件であるとき, 定数 a の値の範囲は $-\dfrac{\square}{\square} \leqq a \leqq \square$ である.

(23 東洋大・前期)

【命題と証明】

[命題と証明]

《無理数の証明 (B5) ☆》

107. 正の実数 a に関する次の命題の真偽を答えよ. また, 真であるときは証明を与え, 偽であるときは反例をあげよ. ただし, $\sqrt{2}$ は無理数であることを用いてよい.

（1） a が自然数ならば $\sqrt{a}$ は無理数である．

（2） a が自然数ならば $\sqrt{a}+\sqrt{2}$ は無理数である． （23 愛媛大・工，農，教）

《整数の論証 (B5) ☆》

108． 次の命題の真偽をそれぞれ調べよ．真ならば証明をし，偽ならば反例を一組あげよ．ただし，a, b は整数とする．

（1） ab を 3 で割った余りが 1 ならば，a か b のどちらかを 3 で割った余りは 1 である．

（2） ab を 3 で割った余りが 2 ならば，a か b のどちらかを 3 で割った余りは 2 である．

（23 広島市立大）

【三角比の基本性質】

［三角比の基本性質］

《コスからタン (A2)》

109． $\cos\theta=\dfrac{\sqrt{7}}{4}$ のとき，$\tan\theta$ の値を求めよ．ただし，$0°<\theta<90°$ とする． （23 奈良大）

《差から積 (A2)》

110． $0°\leqq\theta\leqq 180°$ において，$\sin\theta-\cos\theta=\dfrac{1}{\sqrt{2}}$ のとき，$\tan\theta+\dfrac{1}{\tan\theta}=\square$ である． （23 明海大）

《大小比較 (A2)》

111． A, B, C はいずれも $0°$ 以上 $90°$ 以下で，

$\sin A=\cos A$

$\sin B<\cos B$

$\sin C>\cos C$

であるとき，

Ⓐ A Ⓑ B Ⓒ C （23 明治大・情報）

《コスからサインとタン (A2)》

112． 三角形の頂点 A が鋭角で，$\cos A=\dfrac{3}{4}$ であるとき，$\sin A=\dfrac{\sqrt{\square}}{\square}$ であり，$\tan(180°-A)=-\dfrac{\sqrt{\square}}{\square}$ となる． （23 東京工芸大・工）

《2 次関数 (A2)》

113． $0°\leqq\theta<90°$ とする．関数

$y=2\cos^2\theta+2\sin\theta+2$

は，$\theta=\square°$ のとき最大値をとる． （23 松山大・薬）

【正弦定理・余弦定理】

［正弦定理・余弦定理］

《正弦定理と余弦定理 (A2) ☆》

114． 面積が $3\sqrt{7}$ である三角形 ABC において，

$\sin A:\sin B:\sin C=6:5:4$

であるとき，

$\cos A=\dfrac{\square}{\square}$，$\mathrm{AC}=\square\sqrt{\square}$ である． （23 東京薬大）

《正弦定理 (A2)》

115． △ABC において，

$\angle\mathrm{A}=45°, \angle\mathrm{B}=75°, \mathrm{BC}=\sqrt{6}$

のとき，辺 AB の長さを求めよ． （23 広島文教大）

《候補が 2 つ (A2)》

116. 三角形 ABC において，

$AB=\sqrt{2},\ BC=\sqrt{5},\ \angle BAC=\dfrac{\pi}{6}$

のとき，AC の長さを求めなさい．（23　龍谷大・推薦）

《候補が 2 つ (A5) ☆》

117. △ABC において，

$AB=2,\ CA=\sqrt{2},\ \angle ABC=30^\circ$

とする．BC < CA のとき，BC = □，

∠BCA = □° である．（23　東京慈恵医大・看護）

《余弦定理 (B5)》

118. 次の問いに答えよ．

（1） 3 辺の長さが $t,\ t+1,\ t+2$ である三角形が存在するような実数 t の値の範囲を求めよ．

以下では，（1）の三角形を △ABC とし，$BC=t,\ CA=t+1,\ AB=t+2$ とする．

（2） $\cos\angle C$ を t を用いて表せ．

（3） $\cos\angle C$ のとり得る値の範囲を求めよ．

（4） $\angle C=120^\circ$ となるような t の値と，そのときの △ABC の面積を求めよ．（23　北海道教育大・前期）

《正三角形と余弦定理 (A3)》

119. 正三角形 ABC において，辺 AB の中点を M，線分 MC の中点を N とし，$\theta=\angle NBC$ とする．このときの $\cos\theta$ の値を求めよ．（23　奈良教育大・前期）

《正弦定理 (B10) ☆》

120. △ABC において，∠A, ∠B, ∠C の大きさをそれぞれ $A,\ B,\ C$ とし，辺 BC，CA，AB の長さをそれぞれ $a,\ b,\ c$ とする．$\sin^2 A+\sin^2 B=\sin^2 C$ を満たすとき，次の問いに答えなさい．

（1） $a^2+b^2=c^2$ であることを示しなさい．

（2） さらに，$2\cos A+\cos B-\cos C=2$ を満たすとする．このとき，$\dfrac{a}{b+c}$ の値を求めなさい．

（23　信州大・教育）

《 (B5)》

121. 三角形 ABC において，

$\dfrac{2}{\sin A}=\dfrac{3}{\sin B}=\dfrac{\sqrt{7}}{\sin C}$

が成り立つとき，次の問いに答えなさい．

（1） AB : BC : CA を求めなさい．

（2） $\sin A$ の値を求めなさい．

（3） $BC=2\sqrt{7}$ のとき，三角形 ABC の外接円の半径 R を求めなさい．（23　福岡歯科大）

《 (B5)》

122. 平面上に

$AB=2\sqrt{5},\ BC=\sqrt{5},\ AC=3$

を満たす三角形 ABC がある．辺 BC を 2 : 3 に内分する点を P とするとき，線分 AP の長さ d と三角形 ABP の面積 S を求めよ．（23　学習院大・法）

《正弦定理と余弦定理 (B5) ☆》

123. 半径 R の円に内接する四角形 ABCD において

$AB=1+\sqrt{3},\ BC=CD=2,\ \angle ABC=60^\circ$

であるとき，∠ADC の大きさは ∠ADC = □ であり，AC, AD, R の長さはそれぞれ AC = □，AD = □，R = □ である．また，四角形 ABCD の面積は □ である．さらに，$\theta=\angle DAB$ とするとき，$\sin\theta$ = □ であり，BD の長さは BD = □ である．（23　慶應大・看護医療）

《正弦定理と余弦定理 (A5) ☆》

124. △ABC において，頂点 A, B, C に向かい合う辺 BC, CA, AB の長さをそれぞれ a, b, c で表し，∠A, ∠B, ∠C の大きさを，それぞれ A, B, C で表す．

$$\sin A : \sin B : \sin C = 3 : 7 : 8$$

が成り立つとき，ある正の実数 k を用いて

$$a = \square k,\ b = \square k,\ c = \square k$$

と表すことができるので，この三角形の最も大きい角の余弦の値は $-\dfrac{\square}{\square}$ であり，正接の値は $-\square\sqrt{\square}$ である．さらに △ABC の面積が $54\sqrt{3}$ であるとき，$k = \square$ となるので，この三角形の外接円の半径は $\square\sqrt{\square}$ であり，内接円の半径は $\square\sqrt{\square}$ である．（23 慶應大・経済）

《円に内接する四角形 (B3)》

125. 三角形 ABC において AB = AC = 4, BC = 6 とする．AB 上の点 P が CP = 5 を満たすとき，AP = $\square$ である．（23 立教大・文系）

《余弦定理 (B3)》

126. △ABC において，∠B = 60°，AB + BC = 4 とする．辺 BC 上に点 D を BD : DC = 1 : 3 となるようにとる．BD = x とするとき，次の各問いに答えよ．

（1） 辺 BC，AB の長さを x を用いて表せ．

（2） AD^2 を x を用いて表せ．

（3） AD^2 が最小となるときの線分 BD，AD の長さを求めよ．

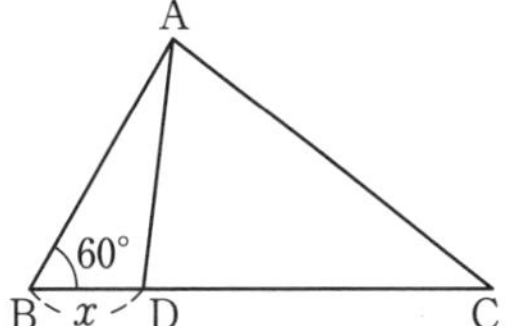

（23 酪農学園大・食農，獣医-看護）

【平面図形の雑題】

［平面図形の雑題］

《今年の最良問 (C20) ☆》

127. 任意の三角形 ABC に対して次の主張（★）が成り立つことを証明せよ．

（★） 辺 AB，BC，CA 上にそれぞれ点 P，Q，R を適当にとると三角形 PQR は正三角形となる．ただし P，Q，R はいずれも A，B，C とは異なる，とする．（23 京大・総人-特色）

《整数との融合 (B20)》

128. m, n を正の整数とする．半径 1 の円に内接する △ABC が

$$\sin\angle\text{A} = \frac{m}{17},\ \sin\angle\text{B} = \frac{n}{17},$$
$$\sin^2\angle\text{C} = \sin^2\angle\text{A} + \sin^2\angle\text{B}$$

を満たすとき，△ABC の内接円の半径は $\square$ である．（23 早稲田大・商）

《整数との融合 (B10)》

129. $a > 0, b > 0$ とする．△ABC において，3 つの辺 AB，AC，BC の長さをそれぞれ $2a$, $5a$, b とする．∠BAC を θ とおき，∠BAC の二等分線と辺 BC の交点を D とする．3 つの線分 AD，BD，CD の長さをそれぞれ p, q, r とする．以下の問いに答えよ．

（1） $a = 1$, b が自然数，∠BAC が鈍角であるとき，b の値を求めよ．

（2） $p^2 = 10a^2 - qr$ となることを示せ．

（3） $p = \dfrac{20}{7}a\cdot\cos\dfrac{\theta}{2}$ となることを示せ．（23 京都府立大・森林）

《 (B10)》

130. 平面上の半径 1 の円 C の中心 O から距離 4 だけ離れた点 L をとる．点 L を通る円 C の 2 本の接線を考え，この 2 本の接線と円 C の接点をそれぞれ M，N とする．以下の問いに答えよ．

（1） 三角形 LMN の面積を求めよ．

（2） 三角形 LMN の内接円の半径 r と，三角形 LMN の外接円の半径 R をそれぞれ求めよ．（23 東北大・文系）

《チャップルの定理 (B20) ☆》

131. △ABC において，AB = 8, BC = 5, CA = 7 とする．このとき，次の問いに答えよ

（1） △ABC の面積は $\square\sqrt{\square}$ である．

（2） △ABC の内接円の半径は $\sqrt{\square}$ である．

（3） △ABC の外接円の半径は $\dfrac{\square\sqrt{\square}}{\square}$ である．

（4） △ABC の内心を I，外心を O とするとき，線分 IO の長さは $\dfrac{\sqrt{\square}}{\square}$ である．（23 青学大・経済）

《台形と外接円 (B10) ☆》

132. △ABC において，AB = 4, AC = 8, ∠A = 120° とする．∠A の二等分線と辺 BC との交点を D とし，頂点 B から AD に下ろした垂線を BE とするとき，ED の長さは $\dfrac{\square}{\square}$ である．（23 青学大・経済）

《台形と外接円 (B10) ☆》

133. 三角形 ABC において，AB = 3, BC = $\sqrt{13}$, CA = 1 であるとし，外接円を C，∠A の二等分線を l とする．l と辺 BC の交点を D，l と円 C の交点のうち A と異なる点を E とする．

（1） $\cos\angle\mathrm{BAC} = \dfrac{\square}{\square}$ である．また，三角形 ABC の面積は $\dfrac{\square\sqrt{\square}}{\square}$ であり，$\mathrm{AD} = \dfrac{\square}{\square}$ である．

（2） $\mathrm{BE} = \sqrt{\square}$ であり，三角形 EBC の面積は $\dfrac{\square\sqrt{\square}}{\square}$ である．

（3） AE = $\square$ である．また，$\angle\mathrm{ADC} = \theta$ とするとき，$\sin\theta = \dfrac{\square\sqrt{\square}}{\square}$ である．（23 自治医大・看護）

《三角形の最大 (B10)》

134. △ABC において，AB = 5, BC = 7, CA = $4\sqrt{2}$ とし，点 A から辺 BC に下ろした垂線を AH として，次の問に答えよ．

（1） 垂線 AH の長さは $\square$ である．

（2） 辺 AB 上に点 P を，辺 AC 上に点 Q を，PQ // BC となるようにとる．

PQ = x $(0 < x < 7)$ とすると，△HPQ の面積 $S(x)$ は

$$S(x) = -\frac{\square}{\square}x^2 + \square x$$

と表すことができる．この $S(x)$ は $x = \dfrac{\square}{\square}$ のときに最大値 $\dfrac{\square}{\square}$ をとる．（23 星薬大・推薦）

《角の二等分線の長さ (B10) ☆》

135. △ABC において，AB = 2, AC = 5, ∠BAC = 60° とする．∠BAC の二等分線と辺 BC の交点を D とするとき，線分 BD，AD の長さは，それぞれ $\mathrm{BD} = \dfrac{\square\sqrt{\square}}{\square}$, $\mathrm{AD} = \dfrac{\square\sqrt{\square}}{\square}$ である．（23 京産大）

《四角形の面積 (B20) ☆》

136. 次の $\square$ にあてはまる数値を答えよ．

鋭角三角形 ABC において，AB = 5, $\sin A = \frac{2\sqrt{6}}{5}$ であり，面積は $6\sqrt{6}$ とする．このとき，次のことがいえる．

（1） 辺 AC の長さは AC = $\square$ である．

（2） 辺 BC の長さは BC = $\square$ である．

（3） 点 D を直線 BC に関して点 A と反対側に，∠BDC = 60°, $\sin\angle\mathrm{BCD} = \frac{4\sqrt{3}}{7}$ を満たすようにとり，鋭角三角形 BCD をつくる．

（i） 辺 BD の長さは BD = $\square$ である．

（ii） 辺 CD の長さは CD = $\square$ である．

（iii） △BCD の面積 S は $S = \square\sqrt{\square}$ である．

（iv） 線分 AD と辺 BC の共有点を E とする．このとき，$\frac{\mathrm{AE}}{\mathrm{DE}} = \frac{\square\sqrt{\square}}{\square}$ である．（23　神戸学院大・文系）

【空間図形の雑題】

《正四角錐（A3)》

137. 辺の長さが全て 1 の四角すいの体積 V を求めなさい．（23　福島大・食農）

《基本的な四面体（A3)》

138. 地点 H に塔が地面に対して垂直に立っている．この H と同じ標高の地点 A から塔の先端 P への仰角を測ったところ 60° であった．また，A から 50 m 離れた H と同じ標高の地点 B があり，∠HAB = 75°，∠HBA = 60° であった．このとき，距離 AH は $\square$ m であり，塔の高さ PH は $\square$ m である．（23　愛知大）

《正四面体を切る（B10)》

139. 1 辺の長さが 2 の正四面体 ABCD において，辺 BD の中点を M，辺 CD の中点を N とする．また辺 AD 上に点 L を定め，DL = x とする．このとき，△LMN の面積が △ABC の面積の $\frac{1}{3}$ になるのは $x = \frac{\square}{\square} + \frac{\sqrt{\square}}{\square}$ のときである．（23　慶應大・商）

《正八面体で最短距離（B10)》

140. 一辺の長さが 4 の正八面体 ABCDEF がある．この正八面体の体積は $\frac{\square\sqrt{\square}}{\square}$ である．辺 BC 上に点 G，辺 CF 上に点 H，辺 DF 上に点 I をとり， FI = 1 とする．点 G が辺 BC 上を，点 H が辺 CF 上を動くとき，AG + GH + HI が最小となるときの値は $\square$ である．

A
E
D
B
C
F

（23　京都橘大）

《正四面体で断面（B20)》

141. 1 辺の長さが 4 の正四面体 OABC の辺 BC 上に，BD > DC かつ，$\cos\angle\mathrm{ODA} = \frac{2}{5}$ となる点 D をとる．また，辺 BC の中点を M とする．

（1） $\cos\angle\mathrm{OMA} = \square$ である．

（2） AD = $\square$ である．また，三角形 OAD の面積は $\square$ である．

（3） BD $=$ □ であるから，$\dfrac{\sin\angle\mathrm{BOD}}{\sin\angle\mathrm{COD}}=$ □ である．

（4） 点 B から線分 OD に垂線 BH を下ろすと，$\mathrm{BH}^2=$ □ である． （23 昭和女子大・A 日程）

《正四面体 5 個 (B10)》

142. 5 個の正四面体を下図のように組み合わせることを考える．このとき，図中の θ を以下の三角関数表（一部のみ示した）を用いて，小数点以下を切り捨てて求めなさい．

図

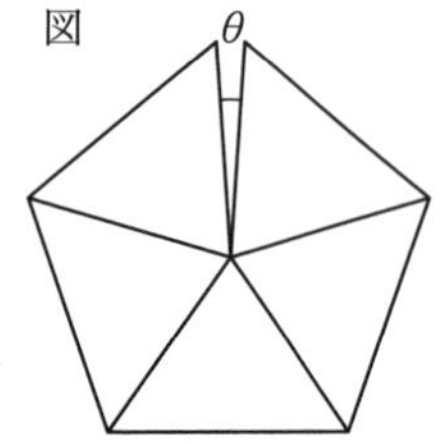

三角関数表

角度 (°)	正弦	余弦	正接
68.0	0.927	0.374	2.475
68.5	0.930	0.366	2.538
69.0	0.933	0.358	2.605
69.5	0.936	0.350	2.674
70.0	0.939	0.342	2.747
70.5	0.942	0.333	2.823
71.0	0.945	0.325	2.904

（23 東北福祉大）

【データの整理と代表値】

［データの整理と代表値］

《平均の計算 (A2)》

143. ある学年 100 人のテストの結果を次の表にまとめた．

点数	0	1	2	3	4	5	計
人数	20	7	15	8	23	27	100

これら 100 人の点数の最頻値（モード）は □，中央値（メジアン）は □.□ である．また，平均値は □.□ である．小数第 2 位以下が発生した場合は小数第 2 位を四捨五入しなさい． （23 東京薬大）

《平均の計算 (A2)》

144. A，B，C の 3 クラスがあり，A クラスは 10 人，B クラスは 15 人，C クラスは 25 人である．ある共通の小テストをおこなったときの各クラスの平均点は，A クラスは 6 点，B クラスは 8 点，C クラスは 12 点であった．このとき 3 クラス全体の平均点を求めよ． （23 酪農学園大・食農，獣医-看護）

《中央値の決定 (A5)》

145. 8 名の生徒に対し 10 点満点のテストを行った．そのうち 7 名分の得点を順番に並べると次の通りとなった．

5, 6, 7, 8, 9, 9, 10

残り 1 名の得点が m であるとき，得点の中央値を求めよ．ただし，m は 0 以上 10 以下の整数とする．

（23 愛知医大・看護）

【四分位数と箱ひげ図】

《四分位数 (B5)》

146. 6 個の数字 1, 2, 3, 4, 5, 6 から，異なる 3 個を並べてできる 3 桁の数 120 個をデータとするとき，次の設問に答えよ．

（1） 平均値を求めよ．

（2） 中央値を求めよ．

（3） 第 1 四分位数，第 3 四分位数，および四分位範囲をそれぞれ求めよ． （23　倉敷芸術科学大）

【分散と標準偏差】

《分散の計算 (A5) ☆》

147. 7 人の小テストの点数は次の通りである．

$8, 7, 2, 3, 9, 4, x$

また，平均値が 6 であることがわかっている．

（1） x の値を求めよ．

（2） 分散を求めよ． （23　奈良大）

《2 つのグループの分散 (A10) ☆》

148. 20 個の値からなるデータがあり，平均値は 9 で分散は 9 である．また，このうち 15 個の平均値は 10 で分散は 7 である．このとき，残りの 5 個の値の平均値と分散を求めよ． （23　青森公立大・経営経済）

《 (A0)》

149. 男子 10 名，女子 20 名からなるクラスで試験をした．試験の結果，男子の点数の平均値は 22，分散は 11 であり，女子の点数の平均値は 31，分散は 8 であった．このとき，クラス全体の点数の平均値は□，分散は□である． （23　武蔵大）

《奇妙な問題 (A20)》

150. 次の 2 つのデータを比較した時，両者の第 1 四分位数の差は［ア］であり，第 2 四分位数の差は［イ］である．散らばりの度合いが大きいのはデータ［ウ］である（ア，イは絶対値，ウは ① もしくは ② で答えよ）．

- データ ①　13, 17, 25, 36, 42, 52, 78, 99
- データ ②　12, 24, 36, 56, 86, 95

（23　北九州市立大・前期）

《分散の計算 (A5)》

151. データ 1, 2, 3, 4, 5 の分散は□であり，データ 10, 20, 30, 40, 50 の分散は□である．

（23　三重県立看護大・前期）

《変量を置き換える (B30) ☆》

152. 変量 x から得られた 5 個の値を，値が小さいものから順に並べ直したデータを x_1, x_2, x_3, x_4, x_5 とする．つまり，$x_1 \leqq x_2 \leqq x_3 \leqq x_4 \leqq x_5$ である．また，このデータの平均値を $\overline{x}$，分散を $s_x{}^2$ とする．いま，このデータの最小値 x_1 を値 y_1 に，最大値 x_5 を値 y_5 に置き換える．こうして得られたデータ y_1, x_2, x_3, x_4, y_5 の平均値を $\overline{y}$，分散を $s_y{}^2$ とする．

（1） $s_y{}^2 = \dfrac{1}{5}\{(y_1 - \overline{x})^2 + (x_2 - \overline{x})^2 + (x_3 - \overline{x})^2 + (x_4 - \overline{x})^2 + (y_5 - \overline{x})^2\} - (\overline{y} - \overline{x})^2$ となることを証明せよ．

（2） $y_1 = x_2 \leqq \overline{x},\ y_5 = x_4 \geqq \overline{x}$ のとき，$s_x{}^2 \geqq s_y{}^2$ を証明せよ． （23　奈良教育大）

《2 つのグループの分散 (B10)》

153. 15 人の生徒を 3 つのグループ A, B, C に分けて学力検査を行った．次の表は，その結果をまとめたものである．生徒全体の得点の平均値は，□.□ であり，生徒全体の得点の標準偏差は □.□ である．

グループ	人数	得点の平均値	得点の分散
A	7	2	1
B	4	3	1
C	4	4	2

（23　西南学院大）

【散布図と相関係数】

《相関係数の計算 (A10)》

154. A~Eの5名がゲームXとゲームYで競い合ったところ，以下の表のような結果（スコア，平均値，分散）となった．このとき，以下の問いに答えよ．

（1） CさんのゲームXのスコアは ア である．

（2） ゲームYのスコアの平均値は イ である．

（3） ゲームXのスコアの標準偏差は □ である．

（4） ゲームXとゲームYのスコアの相関係数は $-$□ である．

5名のゲームXとゲームYのスコアの結果

	ゲームX	ゲームY
Aさん	250	180
Bさん	110	220
Cさん	ア	100
Dさん	130	140
Eさん	170	160
平均値	166	イ
分散	2304	1600

（23　武蔵大）

《相関係数の計算 (B5)》

155. あるレストランチェーンでは，新しい料理メニューを開発中である．下の表は，試作した3つの料理A，B，Cについて，10人のモニターに5点満点で点数をつけてもらった結果をまとめたものである．これについて，次の問いに答えよ．

	料理A	料理B	料理C
モニター1	4	3	2
モニター2	1	3	4
モニター3	4	3	1
モニター4	5	4	2
モニター5	4	4	2
モニター6	3	3	3
モニター7	1	4	5
モニター8	2	3	5
モニター9	1	4	4
モニター10	4	4	2
平均値	2.9	3.5	3.0
分　散	2.09	[　　]	1.80

（1） 料理Bについて10人の点数の分散を求めよ．

（2） 各モニターを k $(k=1, 2, \cdots, 10)$ とし，モニター k が料理Aにつけた点数を x_k，料理Cにつけた点数を y_k とする．x_k から料理Aの点数の平均値をひいた数と，y_k から料理Cの点数の平均値をひいた数との積 $(x_k-2.9)\times(y_k-3.0)$ を計算し，それを10人について合計したものは -17.00 であった．

このことから，料理Aの点数を表す変量と料理Cの点数を表す変量の間の関係について相関係数を計算し，次の ①～⑤ の中から関係として適切なものを一つ選び，番号で答えよ．ただし，相関係数は小数第2位を四捨五入して，小数第1位までを求めよ．

① 強い正の相関関係がある

② 弱い正の相関関係がある
③ 強い負の相関関係がある
④ 弱い負の相関関係がある
⑤ 相関関係がない　(23 広島文教大)

《相関係数の計算 (B20) ☆》

156. 以下の図は，ある小学校の 15 人の女子児童の 4 年生の 4 月に計測した身長を横軸に，6 年生の 4 月に計測した身長を縦軸にとった散布図である．

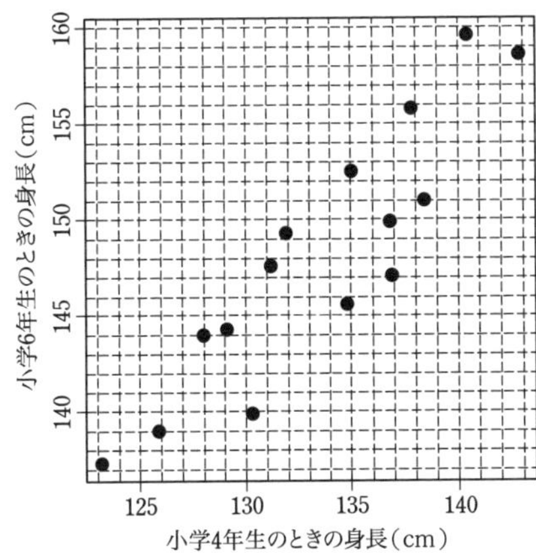

(1) 次の図の(A)から(F)のうち，この 15 人の女子児童の 4 年生のときの身長と 6 年生のときの身長の箱ひげ図として適切なものは□である．

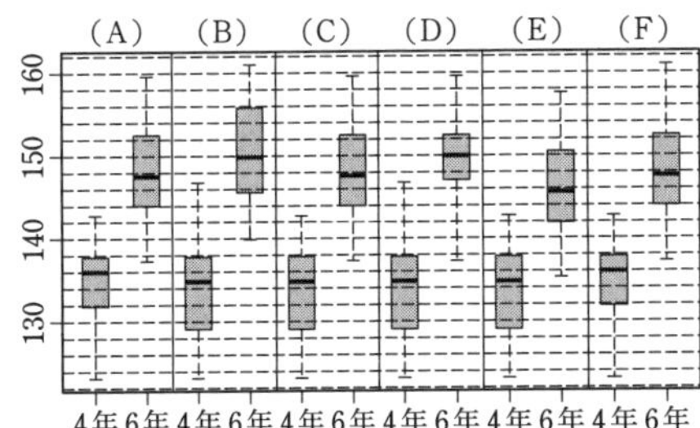

(2) この 15 人の女子児童の 4 年生のときと 6 年生のときの身長をそれぞれ x_i と y_i で表す ($i=1, 2, \cdots, 15$)．各児童の 6 年生のときの身長とそれらの平均値の差 $y_i-\overline{y}$ を 4 年生のときの身長とそれらの平均値との差 $x_i-\overline{x}$ の a 倍で近似することを考える．ただし，a は実数とする．近似の評価基準 $S(a)$ を近似誤差の 2 乗の 15 人全員分の和，つまり，

$$S(a)=\sum_{i=1}^{15}\{y_i-\overline{y}-a(x_i-\overline{x})\}^2$$

としたとき，$S(a)$ は，4 年生のときの身長の分散 ${s_x}^2$，6 年生のときの身長の分散 ${s_y}^2$，4 年生のときの身長と 6 年生のときの身長の共分散 s_{xy} を用いて，a の 2 次関数として

$$S(a)=\square a^2-\square a+15{s_y}^2$$

と表すことができる．よって $S(a)$ を最小にする a は $a=\square$ である．$S(a)$ の最小値は，女子児童の 4 年生のときと 6 年生のときの身長の相関係数 r と ${s_y}^2$ を用いて□と表せる．

また，左の散布図で示した女子児童の計測値で計算すると

$${s_x}^2=29.00,\ {s_y}^2=42.65,\ s_{xy}=31.69$$

であった．これらを用いて $S(a)$ を最小にする a を計算し，小数第 4 位を四捨五入すると□である．

(23 慶應大・看護医療)

《相関係数の計算 (B10) ☆》

157. 次のような２つの変量 X と Y からなるデータの相関係数の大きさ

Ⓐ

X	1	2	3	4	5
Y	5	4	3	2	1

Ⓑ

X	1	2	3	4	5
Y	2	1	4	3	5

Ⓒ

X	1	2	3	4	5
Y	1	2	3	4	5

（23　明治大・情報）

《真偽の判定（A10）》

158. 次の A～C の命題について，真偽を述べよ．

A　一般に，変量 x のデータの範囲が変量 y のデータの範囲より大きいとき，変量 x のデータの標準偏差は変量 y のデータの標準偏差より常に大きい．

B　任意の正の実数 k に対して，変量 x のデータの各値を k 倍したときの分散は，変量 x のデータの分散の k 倍である．

C　変量 x のデータと変量 y のデータの共分散が正のとき，変量 x と変量 y の相関係数は正である．

（23　武蔵大）

《共分散の計算（B10）》

159. 下の表は，10人の社会人の１か月の収入と支出の金額（単位は万円）をまとめたものである．収入の金額を変量 x，支出の金額を変量 y で表し，それぞれの平均，分散が示されている．表の数値は x の小さいものから順に並んでいる．表中の x_1, x_2, y_1 については，数値が表示されていない．また，x の四分位偏差は６である．
なお，必要な場合は，$\sqrt{56.2}=7.50$, $\sqrt{19.2}=4.38$ として計算せよ．

表

番号	1	2	3	4	5	6	7	8	9	10	平均	分散
x	11	12	x_1	18	22	25	x_2	27	30	35	22	56.2
y	10	10	11	16	14	17	y_1	21	21	22	16	19.2

（１）　$x_1=$ □, $x_2=$ □ である．また，$y_1=$ □ である．

（２）　x と y の共分散は □ である．

（３）　x と y の相関係数を r とする．r の存在する範囲として正しいのは **ア** である．ただし，**ア** は下記の選択肢の中から適切なものを１つ選び，番号で答えよ．

①$r\leqq -0.9$　　②$-0.9<r\leqq -0.8$
③$-0.8<r\leqq -0.7$　　④$0.7\leqq r<0.8$
⑤$0.8\leqq r<0.9$　　⑥$0.9\leqq r$

（４）　10人全員に１ヶ月５万円の給付金が支給されることになった．給付金支給後の収入を変量 v とすると，v の平均は □，分散は □ である．

（５）　給付金支給後の収入 v を１ドル＝100円で換算した金額を変量 w とすると，w の平均は □ ドル，標準偏差は □ ドルである．

（６）　全員が支出後に残ったお金を全額貯蓄する場合を考える．貯蓄する金額（万円）を変量 z で表すと，$z=x-y$ となる．z の分散 ${s_z}^2$ は，x と y の分散 ${s_x}^2$, ${s_y}^2$，x と y の共分散 s_{xy} を用いて表すと，

$${s_z}^2=\square {s_x}^2-\square s_{xy}+\square {s_y}^2$$

となる．したがって，${s_z}^2$ の値を求めると，${s_z}^2=$ □ である．

（23　立命館大・文系）

【順列】

［順列］

《基本的な重複順列（A2）》

160. AITAIAKITA の 10 文字をすべて使って文字列を作るとき，文字列は何個作れるか.（23 秋田県立大・前期）

《基本的な重複順列 (A2)》

161. 赤玉 3 個，白玉 5 個，青玉 2 個，黄玉 3 個の計 13 個の玉を 1 列に並べるとき，3 個の赤玉が続いて並び，かつ，5 個の白玉が続いて並ぶような並べ方は何通りあるか求めよ．ただし，同じ色の玉は区別できないものとする．

（23 富山県立大・推薦）

《突っ込む (A2) ☆》

162. 白玉 5 個と黒玉 10 個の合わせて 15 個すべてを，左から右へ横 1 列に並べる．白玉が 2 個以上つづかないように並べたとき，その並び方は全部で何通りあるか．（23 東北大・歯 AO）

《基本的な重複順列 (B2)》

163. (1) A, B, C, D, E, F, G, H, I, J の 10 文字の中から 4 文字を選んで並べてできる順列は □ 通りある．

(2) A, A, A, A, A, B, B, B, B, B の 10 文字の中から 4 文字を選んで並べてできる順列は □ 通りある．

(3) A, B, B, C, C, C, D, D, D, D の 10 文字の中から 4 文字を選んで並べてできる順列は □ 通りある．

（23 自治医大・看護）

《母音と子音 (A2)》

164. kangogaku の 9 文字すべてを並べてできる文字列の種類は全部で □ 通りであり，このうち子音と母音が交互に並ぶものは □ 通りである．（23 慶應大・看護医療）

《6 の倍数 (B5)》

165. 1 から 5 までの自然数が 1 つずつ書かれた 5 枚のカードがある．この中から 3 枚のカードを選んで，3 桁(けた)の数を作る．

(1) これら 3 桁の数のうち，偶数は全部で □ 個ある．

(2) これら 3 桁の数のうち，3 の倍数は全部で □ 個ある．

(3) これら 3 桁の数のうち，6 の倍数は全部で □ 個ある．（23 近大・医-推薦）

《辞書式に並べる (A5)》

166. 1, 2, 3, 4, 5, 6, 7 から異なる 3 つの数を取り出し，3 桁の整数を作るとき，3 桁の整数の作り方の総数は □ 通りあり，それらの中で奇数であるものは □ 通り，560 よりも大きいものは □ 通りある．（23 明治薬大・前期）

《人を 2 部屋に (A2)》

167. 7 人を 2 つの部屋 A，B に分けて入れる方法は何通りあるか．ただし，どちらの部屋にも必ず 1 人以上入れなくてはならないものとする．（23 酪農学園大・食農，獣医-看護）

《互いに素 (A2)》

168. 1, 2, 3, 4, 5, 6 の 6 個の数字から，異なる 2 個の数字を選んでつくる 2 桁の整数は □ 個あり，その整数のうち，十の位の数 a と一の位の数 b が互いに素で $a>b$ となるものは □ 個ある. (23 東京慈恵医大・看護)

【場合の数】

《母音と子音 (A2)》

169. kangogaku の 9 文字すべてを並べてできる文字列の種類は全部で □ 通りであり，このうち子音と母音が交互に並ぶものは □ 通りである. (23 慶應大・看護医療)

《同じものがある順列 (A2)》

170. AITAIAKITA の 10 文字をすべて使って文字列を作るとき，文字列は何個作れるか. (23 秋田県立大・前期)

《重複順列 (B20) ☆》

171. 次の問いに答えよ.

(1) 方程式 $x+y+z+u=8$ をみたす自然数の組 (x, y, z, u) の総数を求めよ.

(2) 方程式 $|x|+|y|+|z|+|u|=8$ をみたし，どれも 0 とはならない整数の組 (x, y, z, u) の総数を求めよ.

(3) 方程式 $|x|+|y|+|z|+|u|=8$ をみたす整数の組 (x, y, z, u) の総数を求めよ. (23 岐阜聖徳学園大)

《重複順列・悪文 (A2)》

172. $a+b+c+d=15$ を満たすような整数 a, b, c, d の組合せは □ 通りである. ただし，a, b, c, d は 0 より大きい整数とする. (23 松山大)

[編者註：「組合せ」は「組 (a, b, c, d) の間違いであると思われる. 組と組合わせの区別が付かない大人が多いから注意せよ. 不備な問題もあるから，対処の仕方を覚えるのも重要である.]

《題意が曖昧・悪文 (B5)》

173. サイコロ 2 個を同時に投げるとき，出る目がすべて偶数である組合せは □ 通り，出る目の和が偶数である組合せは □ 通りである. (23 名城大)

《重複順列 (A2) ☆》

174. $x+y+z=13$ をみたす正の整数の組 (x, y, z) は何組あるか答えなさい. (23 東邦大・看護)

《同じものがある順列 (A2)》

175. 赤玉 3 個，白玉 5 個，青玉 2 個，黄玉 3 個の計 13 個の玉を 1 列に並べるとき，3 個の赤玉が続いて並び，かつ，5 個の白玉が続いて並ぶような並べ方は何通りあるか求めよ. ただし，同じ色の玉は区別できないものとする. (23 富山県立大・推薦)

《同じものがある順列 (B5) ☆》

176. 1, 2, 3 の 3 個の数字を用いて，6 桁の数字を作る. 3 を用いる個数は，1 と 2 を用いる個数より多いものとし，1, 2, 3 のどの数字も少なくとも 1 個は用いるものとする. (i), (ii) に答えなさい.

(1) 3 を 4 個用いて作られる数字は全部で何個出来るか求めなさい.

(2) 全部で何個の数字を作ることが出来るか求めなさい. (23 長崎県立大・前期)

《人を選んで並べる (A5)》

177. 大人 4 人，子供 5 人の計 9 人の中からグループを作る. それぞれ何通りあるか.

(1) 大人 2 人，子供 3 人の 5 人組を 1 グループつくる方法は □ 通りある.

(2) 子供が 1 人以上含まれる 4 人組を 1 グループつくる方法は □ 通りある. (23 北九州市立大・前期)

《選んで並べる (B2) ☆》

178. (1) A, B, C, D, E, F, G, H, I, J の 10 文字の中から 4 文字を選んで並べてできる順列は □ 通りある.

（2） A，A，A，A，A，B，B，B，B，B の 10 文字の中から 4 文字を選んで並べてできる順列は□通りある．

（3） A，B，B，C，C，C，D，D，D，D の 10 文字の中から 4 文字を選んで並べてできる順列は□通りある．

（23　自治医大・看護）

《辞書式に並べる (A5)》

179. 1, 2, 3, 4, 5, 6, 7 から異なる 3 つの数を取り出し，3 桁の整数を作るとき，3 桁の整数の作り方の総数は□通りあり，それらの中で奇数であるものは□通り，560 よりも大きいものは□通りある．（23　明治薬大・前期）

《辞書式順列 (B10) ☆》

180. 6 個の数字 1, 2, 3, 4, 5, 6 から異なる 3 個の数字をならべて 3 桁の整数を作る．このような整数は全部で［ア］個できる．その中で，偶数は□個，3 の倍数は□個，324 以上の整数は□個ある．これら［ア］個の整数を小さいものから順にならべたとき，第 55 番目にある整数は□である．（23　摂南大）

《人を 2 部屋に (A2)》

181. 5 人の役者が出演する芝居がライブハウスで行われる．楽屋 A，B があり，5 人にこのどちらかの楽屋に入ってもらう．どちらの楽屋にも少なくとも 1 人は入ることにすると，5 人の楽屋の割り振り方は全部で何通りあるか．（23　広島文教大）

《人を 2 部屋に (A2)》

182. 7 人を 2 つの部屋 A，B に分けて入れる方法は何通りあるか．ただし，どちらの部屋にも必ず 1 人以上入れなくてはならないものとする．（23　酪農学園大・食農，獣医-看護）

《互いに素 (A2)》

183. 1, 2, 3, 4, 5, 6 の 6 個の数字から，異なる 2 個の数字を選んでつくる 2 桁の整数は□個あり，その整数のうち，十の位の数 a と一の位の数 b が互いに素で $a > b$ となるものは□個ある．（23　東京慈恵医大・看護）

《枠に並べる (B10)》

184. 下図のように，縦 2 列，横 3 列に並んだ 6 つのマスがある．また，1，2，3，4，5，6 の 6 個の数字がそれぞれ書かれたカードが 1 枚ずつある．すべてのカードを各マスに 1 枚ずつ置いていき，6 つのマスに 6 枚のカードを並べる．上列の 3 つの数の積を a_1，下列の 3 つの数の積を a_2，左列の 2 つの数の積を b_1，中央列の 2 つの数の積を b_2，右列の 2 つの数の積を b_3 とする．以下の問に答えよ．

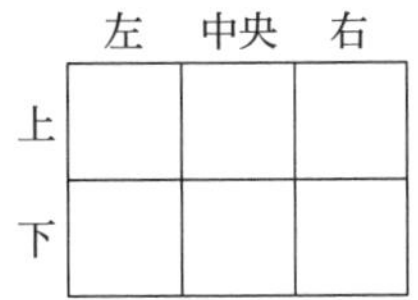

（1） a_1 が奇数となるような 6 枚のカードの並べ方は何通りあるか．

（2） a_1 が偶数となるような 6 枚のカードの並べ方は何通りあるか．

（3） b_1 が偶数となるような 6 枚のカードの並べ方は何通りあるか．

（4） a_1, a_2 がともに偶数となるような 6 枚のカードの並べ方は何通りあるか．

（5） a_1, a_2, b_1, b_2, b_3 がすべて偶数となるような 6 枚のカードの並べ方は何通りあるか．（23　岐阜大・共通）

《突っ込む (A2) ☆》

185. 白玉 5 個と黒玉 10 個の合わせて 15 個すべてを，左から右へ横 1 列に並べる．白玉が 2 個以上つづかないように並べたとき，その並び方は全部で何通りあるか．（23　東北大・歯 AO）

《突っ込む (B5) ☆》

186. J，A，P，A，N，E，S，E の 8 個の文字を横一列に並べる．このとき，以下の問いに答えよ．

（1） J，P，N，S のうち 2 個の文字が両端に位置する並び方は何通りあるか．

（2） A，A，E，E のうちどの 2 個の文字も隣り合わない並び方は何通りあるか．（23　甲南大・公募）

《選んで分ける (B10)》

187. A 高校の生徒会の役員は 7 名で，そのうち 3 名は女子である．また，B 高校の生徒会の役員は 5 名で，そのうち３名は女子である．各高校の役員から，それぞれ２名以上を選出して，合計５名の合同委員会を作るとき，次の問いに答えよ．

（１） 合同委員会の作り方は□通りある．

（２） 合同委員会に少なくとも１名の男子が入っている場合は□通りある．

（３） 合同委員会に１名の男子が入っている場合は□通りある． （23 金城学院大）

《最短格子路（B5）》

188．福井駅から福井県立病院までの道路が図のような碁盤の目で表されるものとする．次の（１）～（３）に答えよ．

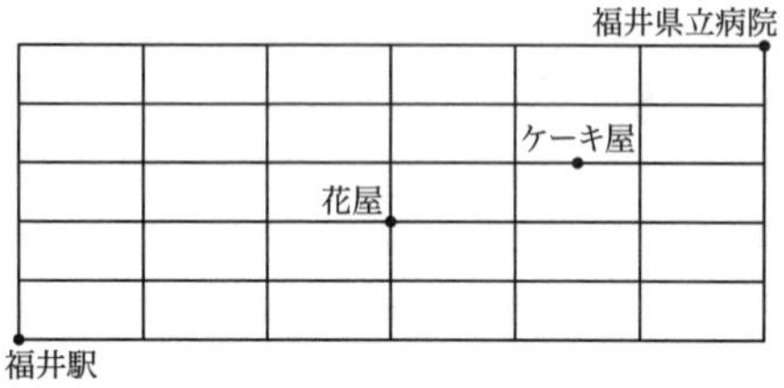

福井県立病院
ケーキ屋
花屋
福井駅

（１） 福井駅から福井県立病院までの最短経路は何通りあるか．

（２） 福井駅から花屋を経由して福井県立病院までいく最短経路は何通りあるか．

（３） 福井駅から花屋とケーキ屋を経由して福井県立病院までいく最短経路は何通りあるか． （23 福井県立大）

《最短格子路（B10）☆》

189．下のような区画に，東西に５本，南北に６本の道路があるとする．次の問いに答えよ．

（１） A から B までの最短での行き方は何通りあるか．

（２） C が通行止めのとき，A から B までの最短での行き方は何通りあるか．

（３） C および D が通行止めのとき，A から B までの最短での行き方は何通りあるか．

北
B
西
東
D
C
A
南

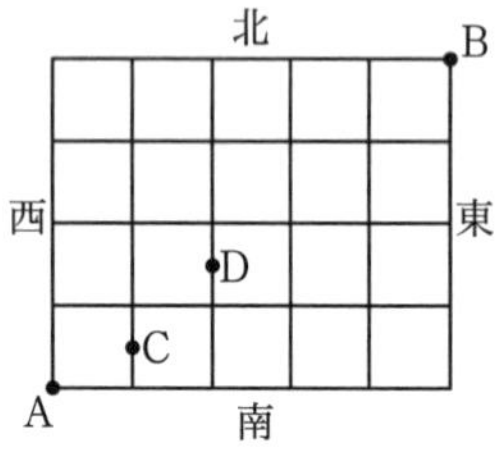

（23 愛知医大・看護）

《最短格子路（A5）》

190．下の図のような道のある地域で，A から B まで行く最短の道順の総数は□通りである．

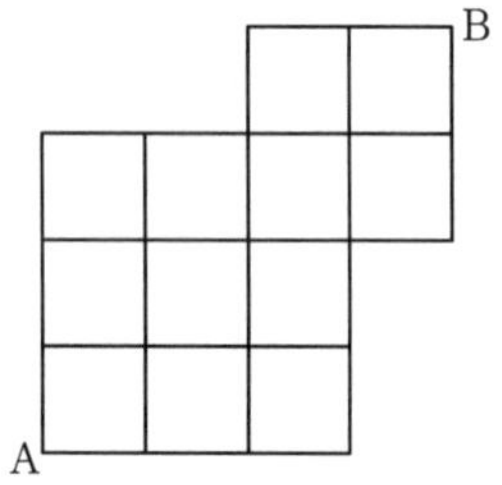

B
A

（23 大東文化大）

《最短格子路（B10）》

191．図のような道がある地域について，次の□にあてはまる自然数を解答欄に記入せよ．

（１） A 地点から B 地点まで行く最短経路は□通りある．

（２） A 地点から B 地点を通って C 地点まで行く最短経路は□通りで，A 地点から B 地点を通らずに C 地点まで行く最短経路は□通りある．

（3） A 地点から B 地点と C 地点の両方を通って D 地点まで行く最短経路は□通りあり，A 地点から B 地点を通るが，C 地点は通らずに D 地点まで行く最短経路は□通りある．

（4） A 地点から D 地点まで行く最短経路のうち，B 地点も C 地点も通らない最短経路は□通りある．

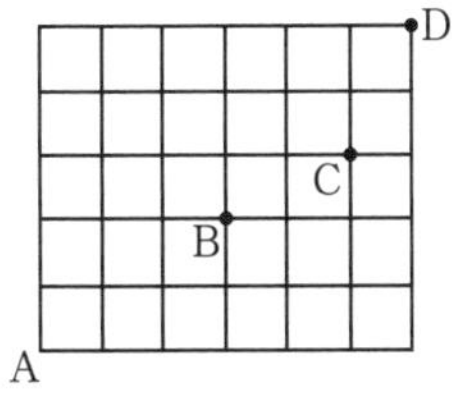

（23　福山大）

《玉の区別と箱の区別（B5）》

192. 1～10 までの自然数を 1 つずつ書いた 10 枚のカードがある．この 10 枚のカードを A，B，C の 3 つの箱に分ける．

（1） 空の箱があってもよい場合，分け方は全部で□通りある．

（2） どれか 1 つの箱だけが空になる場合，分け方は全部で□通りある．

（3） 空の箱があってはいけない場合，分け方は全部で□通りある．

（23　武庫川女子大）

《玉の区別と箱の区別（B20）☆》

193. 6 個の玉を 3 つの箱に分けて入れることを考える．

（1） 玉も箱も区別しないとき，入れ方は□通りである．ただし，玉を 1 個も入れない箱があってもよいものとする．

（2） 玉を区別せず箱を区別するとき，入れ方は□通りである．ただし，玉を 1 個も入れない箱があってもよいものとする．

（3） 玉も箱も区別するとき，入れ方は□通りである．ただし，玉を 1 個も入れない箱があってもよいものとする．

（4） 玉も箱も区別するとき，入れ方は□通りである．ただし，どの箱にも少なくとも 1 個の玉を入れるものとする．

（23　青学大・社会情報）

《塗り分け問題（B10）☆》

194. 下の図のような 6 つの区画に分けた円板を，隣り合う区画は異なる色で塗り分ける．

（1） 異なる 6 色すべてを使って塗り分ける方法は□通りある．

（2） 異なる 5 色すべてを使って塗り分ける方法は□通りある．

（3） 異なる 3 色すべてを使って塗り分ける方法は□通りある．

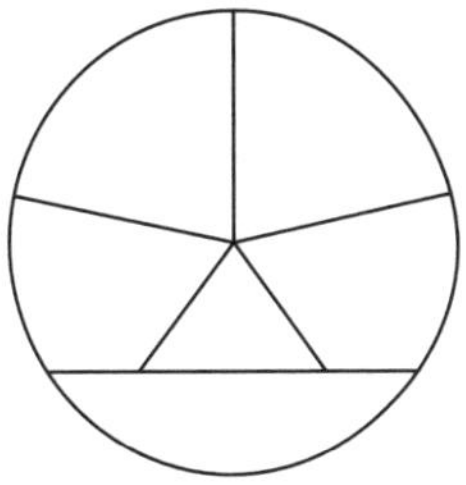

（23　仁愛大）

《円順列（A2）》

195. 5 人席の丸いテーブルに 5 人が着席するとき，座り方は□通りある．

（23　大東文化大）

《数珠順列 (B10) ☆》

196. 赤い玉1つ，黄色い玉1つ，青い玉1つ，白い玉4つがあり，すべての玉の形状は完全に同一である．これら7つの玉の中から選んだ4つの玉を等間隔に紐でつないでブレスレットを作るとすると，ブレスレットの作り方は，全部で□通りである．ただし，回転したり裏返したりした場合に一致するものは同じとして扱う．

(23　成蹊大・法)

《個数の配分 (A10) ☆》

197. 大中小3つのカゴがあり，大には3個まで，中には2個まで，小には1個のみかんを入れることができる．種類の異なる4種類のみかん4個をカゴに入れるのは□通りある．ただし，空のカゴがあってもよいこととする．

(23　昭和薬大・B方式)

《Blocks (B10)》

198. 同じ面積の正方形を組み合わせた6種類のピース(図1)をはみ出すことなく決まった形の正方形のマス目に隙間なく敷き詰めるパズルゲームを考える．なお，各ピースは複数使用可能でかつ，使用しないピースがあってもよい．

図1

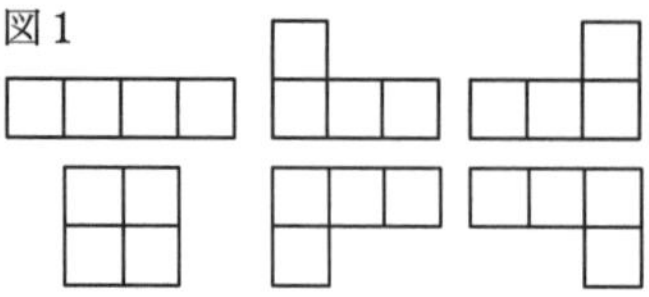

図2 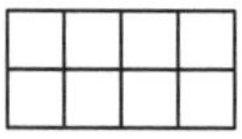　　図3

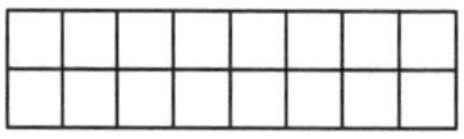

(1)　2行4列の正方形のマス目(図2)を敷き詰めるピースの置き方は何通りあるか求めなさい．

(2)　2行8列の正方形のマス目(図3)を敷き詰めるピースの置き方は何通りあるか求めなさい．(23　東北福祉大)

《格子点を考える (B10) ☆》

199. a, b, c は整数とする．

(1)　$|a| \leqq 3$ を満たす a は□個ある．

(2)　$|a|+|b| \leqq 3$ を満たす a, b の組は□個ある．

(3)　$|a|+|b|+|c| \leqq 3$ を満たす a, b, c の組は□個ある．

(23　近大・法，経営，文芸)

【独立試行・反復試行の確率】

《独立試行の基本 (A3) ☆》

200. 1つの問題につき，その解答の候補が5個提示されている試験があります．各問題に対して正解はちょうど1つだけ存在し，解答者は各問題に対して，必ず1つの解答を選択しなければならないものとします．このような問題が5問ある試験に対して，各問題の解答の候補からランダムにひとつを選んで答えることにします．このとき，5問中3問が正解となる確率を求めなさい．

(23　横浜市大・共通)

《3個目だけを考える (A2)》

201. 赤球4個と白球5個が入っている袋から，1個ずつ順に3個の球を取り出すとき，3回目に白球が取り出される確率を求めよ．ただし，取り出した球はもとには戻さないものとする．

(23　茨城大・工)

《サイコロで数直線 (B5) ☆》

202. x 軸上を動く点Aがあり，最初は原点にある．さいころを投げ，4以下の目が出たら正の方向に2だけ進み，5以上の目が出たら負の方向に1だけ進む．さいころを6回投げるものとして，次の確率を求めよ．

(1)　点Aが原点に戻る確率

(2)　点Aの座標が8以下である確率

(23　釧路公立大)

《$a+b+c \leqq 6$ (B5) ☆》

203. 1個のサイコロを3回投げるとき，出る目の和が7以上である確率を求めよ．（23　鹿児島大・共通）

《ジャンケンの基本 (A2)》

204. 5人でグー，チョキ，パーのじゃんけんを1回行うとき，1人だけが勝つ確率は□である．ただし，どの人もグー，チョキ，パーを出す確率は等しくそれぞれ $\frac{1}{3}$ とする．（23　茨城大・工）

《最初に1を出す (B20) ☆》

205. A，B，Cの3人が，A，B，C，A，B，C，A，… という順番にさいころを投げ，最初に1を出した人を勝ちとする．だれかが1を出すか，全員が n 回ずつ投げたら，ゲームを終了する．A，B，Cが勝つ確率 P_A，P_B，P_C をそれぞれ求めよ．（23　一橋大・前期）

《初めて12になる (B20) ☆》

206. n を2以上の自然数とする．1個のさいころを n 回投げて，出た目の数の積をとる．積が12となる確率を p_n とする．以下の問いに答えよ．

（1） p_2，p_3 を求めよ．

（2） $n \geqq 4$ のとき，p_n を求めよ．

（3） $n \geqq 4$ とする．出た目の数の積が n 回目にはじめて12となる確率を求めよ．

（23　熊本大・医，理，薬，工，教）

《余事象でベン図を書く (B10) ☆》

207. 1個のさいころを3回続けて投げる試行を考える．3の目が1回以上出る確率は□である．1の目と6の目がともに1回以上出る確率は□であり，出た目の最大値と最小値の差が4以下となる確率は□である．

（23　同志社大・文系）

《余事象でベン図を書く (B10) ☆》

208. 3個のさいころを同時に投げるとき，次の確率を求めよ．

（1） 出た目の数のうち，ちょうど2個の数が等しくなる確率．

（2） 3個の出た目の数の積が5の倍数となる確率．

（3） 出た目の数の最小値が2となり，かつ最大値が6となる確率．（23　北海学園大・経済）

《くじ引き (A3)》

209. 当たりくじ5本を含む15本のくじがある．このくじを1回に1本ずつ引くこととし，当たりを引いたときはそのくじをもとに戻さないが，はずれを引いたときはそのくじを元に戻すことにする．この条件で2回続けてくじを引くとき，2本目が当たる確率は $\frac{\square}{\square}$ である．（23　同志社女子大・共通）

《変化が起こる場所 (B20) ☆》

210. 3個の赤球と4個の白球が袋の中に入っている．この袋から球を1個取り出した後，袋に戻す．この操作を n 回繰り返す．ただし，n は3以上の自然数とする．このとき，以下の設問に答えよ．

（1） 色の変化が一度も起こらない確率を求めよ．ここで色の変化とは，2回の連続した操作において，異なる色の球が取り出されることをいう．

（2） 色の変化が2回以上起こる確率を求めよ．（23　東京女子大・文系）

【条件付き確率】

《 (B20) ☆》

211. さいころAとさいころBがある．はじめに，さいころAを2回投げ，1回目に出た目を a_1，2回目に出た目を a_2 とする．次に，さいころBを2回投げ，1回目に出た目を b_1，2回目に出た目を b_2 とする．次の問いに答えよ．

（1） $a_1 \geqq b_1 + b_2$ となる確率を求めよ．

（2） $a_1 + a_2 > b_1 + b_2$ となる確率を求めよ．

（3） $a_1 + a_2 > b_1 + b_2$ という条件のもとで，$a_2 = 1$ となる条件付き確率を求めよ．

（23　横浜国大・理工，都市，経済，経営）

《トランプ (A10) ☆》

212. トランプのカードのうち，ハートのJ，Q，Kと，スペードのJ，Q，Kの合計6枚がある．これをよく混ぜて2枚だけ取り出したとき，このうちの少なくとも1枚がハートであることがわかった．

取り出したカードの1枚がハートのKである条件付き確率は $\dfrac{\square}{\square}$ である．（23　同志社女子大・共通）

《結局しらみつぶし (B20) ☆》

213. 3個のサイコロを順に一回ずつ投げ，出た目によって次のように得点を決める．

- 3個のサイコロがすべて同じ目 a を出したとき，a を得点とする．
- 2個のサイコロが同じ目 a を出し，もう1個のサイコロがそれとは異なる目 b を出したとき，a を得点とする．
- 3個のサイコロがすべて異なる目を出したとき，2番目に大きい目を得点とする．

以下の空欄をうめよ．

（1）得点が6になる確率を求めると $\square$ である．

（2）得点が3になる確率を求めると $\square$ である．

（3）得点が2だったとき，サイコロの目がすべて異なる確率を求めると $\square$ である．（23　会津大・推薦）

《数の和を考える (B20) ☆》

214. 図のような正方形の4つの頂点A，B，C，Dを移動する動点Qを考える．点Qは，最初は頂点Aにあり，1個のさいころを1回投げるごとに，次の（ア），（イ），（ウ）にしたがって図のように時計回りに移動する．

（ア）出た目が1のとき，点Qは時計回りに1つ隣の頂点に移動する．

（イ）出た目が2, 3のとき，点Qは時計回りに2つ隣の頂点に移動する．

（ウ）出た目が4, 5, 6のとき，点Qは時計回りに3つ隣の頂点に移動する．

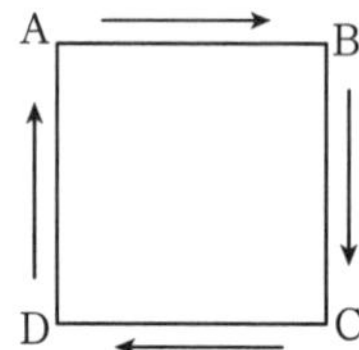

点Qは，さいころを投げて移動した頂点から再びさいころを投げて次の頂点へ移動するものとし，これを繰り返すものとする．次の問いに答えなさい．

（1）さいころを2回投げる．1回目に投げた後に点QがBにあり，かつ2回目に投げた後に点QがAにある確率を求めなさい．

（2）さいころを2回投げる．2回目に投げた後に点QがAにある確率を求めなさい．

（3）さいころを3回投げる．3回目に投げた後に点QがAにある確率を求めなさい．

（4）さいころを4回投げる．2回目に投げた後に点QがAにあり，かつ4回目に投げた後にも点QがAにあるとき，点Qが1回目に投げた後にCにあった条件付き確率を求めなさい．（23　長崎県立大・前期）

《本当のことを言う (B20) ☆》

215. 本当のことを言う確率が60%である人が3人いる．3人がそれぞれ1枚ずつ硬貨を投げて，3人とも表が出たと報告した．このとき，3枚とも本当に表が出ていた確率は $\dfrac{\square}{\square}$ である．また，本当は裏が出ていたのが1枚かまたは2枚であった確率は $\dfrac{\square}{\square}$ である．（23　東邦大・薬）

《色と数字 (B20) ☆》

216. 箱の中に赤，青，黄のカードが4枚ずつあり，それぞれの色のカードに1から4までの数字が1つずつ書いてある．この12枚のカードから無作為に3枚とり出すとき，次の問いに答えなさい．

（1） 3枚とも同じ数字である確率は $\dfrac{\square}{\square}$ であり，3枚とも同じ色である確率は $\dfrac{\square}{\square}$ である．

（2） 3枚とも異なる数字である確率は $\dfrac{\square}{\square}$ であり，3枚とも異なる色である確率は $\dfrac{\square}{\square}$ である．

（3） 3枚の数字が $(2, 3, 4)$ のように連続している確率は $\dfrac{\square}{\square}$ である．

（4） 3枚の中に数字の3が少なくとも1枚入っている確率は $\dfrac{\square}{\square}$ である．

（5） 3枚のうち少なくとも1枚は，色は不明であるが数字の3が書かれていた．このとき，3枚の数字が連続している条件付き確率は $\dfrac{\square}{\square}$ である． （23 天使大・看護栄養）

《出会う (B20) ☆》

217．xy 平面上で2点A, Bの移動を考える．最初2点は，Aが原点 $(0, 0)$, Bが点 $(3, 3)$ にあるとし，以降，大きなコイン1枚と小さなコイン1枚を同時に投げて，次の規則に従って2点を移動する操作を行う．

(規則) Aが点 (p, q)，Bが点 (r, s) にあるとき，

- Aは，大きなコインの表裏によって移動し，大きなコインが表ならば点 $(p, q+1)$ へ，裏ならば $(p+1, q)$ へ移動する．
- Bは，小さなコインの表裏によって移動し，小さなコインが表ならば点 $(r, s-1)$ へ，裏ならば $(r-1, s)$ へ移動する．

（1） 操作を3回繰り返したあとに，AとBが同じ点にある確率を求めよ．

（2） 操作を6回繰り返してAが点 $(3, 3)$，Bが点 $(0, 0)$ にあるとき，3回目の操作の終了時にA, Bが同じ点にあった確率を求めよ． （23 学習院大・経済）

《表の枚数 (B15) ☆》

218．大小2種類のコインがそれぞれ4枚ずつある．これら8枚のコインを同時に投げたとき，大きなコインで表が出たものの枚数を X とし，小さなコインで表が出たものの枚数を Y とする．

（1） $X+Y=5$ である確率を求めよ．

（2） $XY=4$ である確率を求めよ．

（3） $X+Y=5$ であるとき，$XY=4$ である確率を求めよ． （23 学習院大・国際）

《発芽 (B10) ☆》

219．1粒の種子をまいたときに発芽する確率が $\dfrac{2}{3}$ であると知られている植物がある．この植物の種子を何粒かまくとき，次の問いに答えよ．

（1） 2粒の種子を同時にまくとき，どちらも発芽しない確率を求めよ．

（2） 3粒の種子 a, b, c を同時にまくとき，そのうち2粒が発芽し，残り1粒は発芽しない確率を求めよ．

（3） 4粒の種子 p, q, r, s を同時にまいたとき，そのうち2粒が発芽し，残り2粒は発芽しなかった．このとき，種子 p と種子 q が発芽していた条件付き確率を求めよ． （23 広島文教大）

《検査の確率 (B20) ☆》

220．ある病原菌にはA型，B型の2つの型があり，A型とB型に同時に感染することはない．その病原菌に対して，感染しているかどうかを調べる検査Yがある．検査結果は陽性か陰性のいずれかで，陽性であったときに病原菌の型までは判別できないものとする．検査Yで，A型の病原菌に感染しているのに陰性と判定される確率が10%であり，B型の病原菌に感染しているのに陰性と判定される確率が20%である．また，この病原菌に感染していないのに陽性と判定される確率が10%である．

全体の1%がA型に感染しており全体の4%がB型に感染している集団から1人を選び検査Yを実施する．

（1） 検査Yで陽性と判定される確率は $\dfrac{\square}{\square}$ である．

（2） 検査Yで陽性だったときに，A型に感染している確率は $\dfrac{\square}{\square}$ でありB型に感染している確率は $\dfrac{\square}{\square}$ である．

（3） 1回目の検査Yに加えて，その直後に同じ検査Yをもう一度行う．ただし，1回目と2回目の検査結果は互いに独立であるとする．2回の検査結果が共に陽性だったときに，A型に感染している確率は $\dfrac{\square}{\square}$ でありB型に感染している確率は $\dfrac{\square}{\square}$ である． （23 上智大・文系）

《和が問題 (B20)》

221． n 個のさいころを同時に1回投げ，出た目の数の和について，その一の位の数を X，出た目の数の積について，その一の位の数を Y とする．

（1） $n=2$ とする．$Y=0$ となる確率は $\square$ であり，$X \leqq 7$ となる確率は $\square$ である．

（2） $n=3$ とする．$X=3$ となる確率は $\square$ である．$X=3$ であったとき，$Y=0$ である条件付き確率は $\square$ である． （23 関西学院大・文系）

《(B20)》

222． 表に1，裏に5と書かれたコインが2枚，表に2，裏に4と書かれたコインが2枚，両面に3と書かれたコインが1枚ある．大きさや形が同じこれら5枚のコインを袋に入れ，1枚ずつ無作為にコインのどちらかの面が上になるように取り出し，その上側の面に書かれた数字を記録する．コインは袋に戻さずに，この作業を袋が空になるまで，すなわち5回繰り返す．

（1） 1回目に記録される数字が1である確率は $\dfrac{\square}{\square}$ であり，1回目と2回目に記録される数字がともに1である確率は $\dfrac{\square}{\square}$ である．

（2） 1回目と2回目に記録される数字がともに1で，かつ3回目と4回目に記録される数字がともに2である確率を p とする．このとき，$p=\dfrac{1}{\square}$ である．記録される5つの数字が11223や，22311など1，2がそれぞれともに連続するように記録される確率は p を用いて $\square p$ と表される．

（3） 1が2回，2が2回記録される確率は $\dfrac{\square}{\square}$ である．記録される数字が3種類であるとき，11223や44355など，そのうちの2種類が連続する条件付き確率は $\dfrac{\square}{\square}$ である． （23 昭和女子大・A日程）

《不良品の確率 (B20)》

223． ある工場で作られた製品には20%の割合で不良品が含まれている．この製品を1個取り出して，2つの検査機で別々に検査をする．

この2つの検査機がそれぞれ，不良品ではないのに不良品であると判定してしまう確率は10%であり，不良品であるのに不良品ではないと判定してしまう確率は10%である．また，検査機の判定は，もう片方の判定に影響を及ぼさないとする．以下の問に答えよ．

（1） 1個の製品を取り出して検査をしたときに，2つの検査機が両方とも不良品であると判定する確率は $\square$%である．

（2） 1個の製品を取り出して検査をしたときに，片方の検査機は不良品であると判定し，もう片方の検査機が不良品ではないと判定した．この製品が不良品である条件付き確率は $\square$%である． （23 西南学院大）

《不良品の確率 (A20)》

224． 工場A，工場B，工場Cで，ある製品が製造されている．工場A，工場B，工場Cで製造される製品の割合は6：9：5である．工場Aは3%，工場Bは1%，工場Cは2%の確率で，不良品を製造することがわかっている．取り出した1つの製品が工場A，工場B，工場Cによって製造されたものであるという事象をそれぞれA, B, Cで表すこととして，この取り出した製品が不良品であるという事象をEとする．このとき，事象Eの確率$P(E)$は

$$P(E)=\frac{\square}{\square}$$

となる．製品全体の中から1個の製品を無作為に取り出すとする．取り出した製品が不良品であるという条件の下で，その製品が工場Aによって製造されたものである確率$P_E(A)$は

$$P_E(A)=\frac{\square}{\square}$$

となる． (23 東京理科大・経営)

《サイコロとコイン (B20)》

225．3人の生徒がそれぞれ1枚のコインと1個のさいころを1回ずつ投げる．このとき，次の問いに答えよ．

(1) コインの表が出た生徒が少なくとも1人いるとき，3枚とも表である確率を求めよ．

(2) 表が出る生徒が2人で，そのうち少なくとも1人はさいころの1の目が出る確率を求めよ．

(3) 表と1の目が出た生徒が少なくとも1人いるとき，3枚とも表である確率を求めよ．(23 滋賀大・経済-後期)

《くじ引き (B20)》

226．A君，B君，C君の3人が手分けしてクジを作った．A君，B君，C君が作成したクジの本数の割合は4：2：3であり，作成した当たりクジとはずれクジの本数の割合は，A君が1：3，B君が2：5，C君が2：3である．これらのクジを袋に入れ，袋の中からランダムに1本だけ引く試行について，次の設問に答えなさい．

(1) A君の作成した当たりクジを引く確率は$\frac{\square}{\square}$.

(2) 当たりクジを引く確率は$\frac{\square}{\square}$.

(3) クジを実際に引いたところ当たりであった．この当たりクジがA君の作成したものである確率は$\frac{\square}{\square}$.

(23 立正大・経済)

《玉の取り出し (B10) ☆》

227．袋Aに赤玉5個と白玉4個，袋Bに赤玉3個と白玉4個が入っている．袋Aから取り出した1個の玉を，袋Bに入れてよくかき混ぜた後，袋Bから玉を1個取り出す．

(1) 袋Bから赤玉を取り出す確率は$\frac{\square}{\square}$である．

(2) 袋Bから赤玉を取り出したとき，袋Aから取り出した玉が赤玉である確率は$\frac{\square}{\square}$である．

(23 東邦大・健康科学-看護)

【確率の雑題】

《目の積が素数 (A5) ☆》

228．3個のさいころを同時に投げる試行において，出る目の積が素数になる確率を求めよ．

(23 広島大・光り輝き入試-教育(数))

《確率の最大 (B10) ☆》

229．箱Aの中に赤球6個と白球n個の合計$n+6$個の球が入っている．箱Bの中に白球4個の球が入っている．ただし，nは自然数とし，球はすべて同じ確率で取り出されるものとする．以下の問いに答えよ．

(1) 箱Aから同時に2個の球を取り出すとき，赤球が1個と白球が1個取り出される確率をp_nとする．p_nが最大となるnと，そのときのp_nの値を求めよ．

（2） 箱Ａから同時に２個の球を取り出し箱Ｂに入れ，よくかき混ぜた後で箱Ｂから同時に２個の球を取り出すとき，赤球が１個と白球が１個取り出される確率を q_n とする．$q_n < \dfrac{1}{3}$ となる n の最小値を求めよ．

（23　鳥取大・共通）

《玉の移動（B5）☆》

230． 袋Ａには白球４個，黒球５個，袋Ｂには白球４個，黒球２個が入っている．まず，袋Ａから２個を取り出して袋Ｂに入れ，次に袋Ｂから２個を取り出して袋Ａに戻す．このとき，次の問いに答えよ．

（1） 袋Ａの中の白球，黒球の個数が初めと変わらない確率は $\dfrac{\square}{\square}$ である．

（2） 袋Ａの中の白球の個数が初めより増加する確率は $\dfrac{\square}{\square}$ である．　（23　金城学院大）

《ジャンケンの問題（B10）》

231． ５人でじゃんけんをする．一度じゃんけんで負けた人は，その時点でじゃんけんから抜ける．残りが１人になるまでじゃんけんを繰り返す．ただし，あいこの場合も１回のじゃんけんを行ったと数える．

（1） １回目終了時点でちょうど４人が残っている確率を求めよ．

（2） ２回目終了時点でちょうど４人が残っている確率を求めよ．　（23　青森公立大・経営経済）

《6 の倍数（B10）☆》

232． １から９までの数字が書かれたカードが９枚ある．この中から同時に３枚のカードを選び出すとき，書かれた数字の和が６の倍数である確率を求めよ．　（23　愛知医大・看護）

《3 で割った余りで分類（B10）》

233． １から９までの番号が１つずつ書かれた９枚のカードが箱に入っている．箱から同時に２枚のカードを取り出し，取り出した２枚のカードの番号の和を S とする．次の問いに答えなさい．

（1） S が３の倍数になる確率を求めなさい．

（2） S が素数になる確率を求めなさい．

（3） $\sqrt{S^2+36}$ が整数になる確率を求めなさい．　（23　秋田大・前期）

《3 つ選ぶ（B2）》

234． n を４以上の自然数とする．$1, 2, \cdots, n$ から異なる３つの数を無作為に選び，それらを小さい順に並べかえたものを，$X_1 < X_2 < X_3$ とするとき，$X_2 = 4$ となる確率を求めよ．　（23　釧路公立大）

《幅を広げる（B5）☆》

235． １から７までの番号が１つずつ書かれた７枚のカードの中から１枚のカードを引き，書かれた番号を調べてもとに戻す．この試行を３回繰り返し，１回目，２回目，３回目に引いたカードの番号を順に a, b, c とする．このとき，$a < b < c$ となる確率は $\square$ であり，$a \leqq b \leqq c$ となる確率は $\square$ である．　（23　愛媛大・後期）

《3 個の最大（B10）》

236． 大中小３つのさいころを同時に投げ，出た目をそれぞれ a, b, c とする．

（1） a, b, c がすべて 15 の約数である確率を求めよ．

（2） a, b, c がすべて異なる確率を求めよ．

（3） a, b, c の最大値が４である確率を求めよ．　（23　学習院大・法）

《3 個の和と積（B10）☆》

237． ３個のサイコロＡ，Ｂ，Ｃを同時に振って出た目をそれぞれ a, b, c とするとき，次の確率を求めなさい．

（1） $a+b+c=10$ となる確率

（2） $a < b < c$ となる確率

（3） 積 abc が偶数となる確率

（4） 積 abc が偶数になったとき，b が奇数である条件つき確率　（23　福岡歯科大）

《玉の取り出し（B10）》

238． 赤球２個と白球４個が入っている袋Ａと，赤球３個と白球２個が入っている袋Ｂがある．このとき，次の問に答えよ．

（1） 袋 A，袋 B それぞれから球を 1 個ずつ取り出すとき，取り出した 2 個の球の色が異なる確率を求めよ．

（2） 袋 A，袋 B それぞれから球を 2 個ずつ取り出すとき，取り出した 4 個の球の色がすべて同じである確率を求めよ．

（3） 袋 A から 2 個の球を取り出して袋 B に入れ，よくかき混ぜて，袋 B から 2 個の球を取り出して袋 A に入れる．このとき，袋 A の白球の個数が 4 個になる確率を求めよ． （23 香川大・創造工，法，教，医-臨床，農）

《玉の取り出し (B10)》

239. A の袋には白玉が w 個，青玉が b 個入っていて，B の袋にも白玉が w 個，青玉が b 個入っている．次の問いに答えよ．ただし，w, b はそれぞれ自然数とする．

（1） A の袋から玉を 2 個同時に取り出したとき，白玉，青玉が 1 個ずつ取り出される確率を求めよ．

（2） A の袋から玉を 2 個同時に取り出し，それらを B の袋に入れる．よくかき混ぜて B の袋から玉を 1 個取り出したとき，この玉が白玉である確率を求めよ． （23 福岡教育大・中等）

《ベン図で考える (B10) ☆》

240. 箱の中に，1 から 8 までの赤色の番号札 8 枚と，1 から 8 までの青色の番号札 8 枚が入っている．この箱から番号札を 3 枚引くとき，次の問いに答えよ．

（1） 3 枚とも同じ色の札である確率を求めよ．

（2） 3 枚が連続した数である確率を求めよ．

（3） 3 枚が同じ色であり，かつ連続した数である確率を求めよ．

（4） 3 枚が同じ色であるか，または連続した数である確率を求めよ．

（5） 3 枚のうち，2 枚が同じ数である確率を求めよ． （23 広島市立大）

《余事象 (B3)》

241. n を自然数とする．1 個のさいころを n 回投げるとき，出た目の積が 5 で割り切れる確率を求めよ．

（23 京大・前期）

《軸の位置で分類 (B10) ☆》

242. サイコロを 2 回振るとき，次の条件が成り立つ確率を求めなさい．

条件

1 回目に出た目を a，2 回目に出た目を b とするとき，0 以上の任意の整数 n に対し $n^2 - an + b \geqq 0$ が成立する． （23 福島大・人間発達文化）

《三角不等式と広げる (B20) ☆》

243. n を 2 以上の自然数とする．1 個のさいころを n 回投げて出た目の数を順に $a_1, a_2, \cdots, a_n$ とし，

$$K_n = |1 - a_1| + |a_1 - a_2| + \cdots + |a_{n-1} - a_n| + |a_n - 6|$$

とおく．また K_n のとりうる値の最小値を q_n とする．

（1） $K_2 = 5$ となる確率を求めよ．

（2） $K_3 = 5$ となる確率を求めよ．

（3） q_n を求めよ．また $K_n = q_n$ となるための $a_1, a_2, \cdots, a_n$ に関する必要十分条件を求めよ．

（23 北海道大・文系）

《漸化式で計算する (B20) ☆》

244. A，B の 2 人が，はじめに，A は 2 枚の硬貨を，B は 1 枚の硬貨を持っている．2 人は次の操作 (P) を繰り返すゲームを行う．

(P) 2 人は持っている硬貨すべてを同時に投げる．それぞれが投げた硬貨のうち表が出た硬貨の枚数を数え，その枚数が少ない方が相手に 1 枚の硬貨を渡す．表が出た硬貨の枚数が同じときは硬貨のやりとりは行わない

操作 (P) を繰り返し，2 人のどちらかが持っている硬貨の枚数が 3 枚となった時点でこのゲームは終了する．操作 (P) を n 回繰り返し行ったとき，A が持っている硬貨の枚数が 3 枚となってゲームが終了する確率を p_n とする．

ただし，どの硬貨も1回投げたとき，表の出る確率は $\frac{1}{2}$ とする．以下の問に答えよ．

（1） p_1 の値を求めよ．

（2） p_2 の値を求めよ．

（3） p_3 の値を求めよ． （23 神戸大・文系）

《カードの列を考える (B20) ☆》

245．数字1が書かれた球が2個，数字2が書かれた球が2個，数字3が書かれた球が2個，数字4が書かれた球が2個，合わせて8個の球が袋に入っている．カードを8枚用意し，次の試行を8回行う．

袋から球を1個取り出し，数字 k が書かれていたとき，

- 残っているカードの枚数が k 以上の場合，カードを1枚取り除く．
- 残っているカードの枚数が k 未満の場合，カードは取り除かない．

（1） 取り出した球を毎回袋の中に戻すとき，8回の試行のあとでカードが1枚だけ残っている確率を求めよ．

（2） 取り出した球を袋の中に戻さないとき，8回の試行のあとでカードが残っていない確率を求めよ．

（23 名古屋大・前期）

《玉の取り出し (B10)》

246．箱の中に金色の球が1個，銀色の球が3個，白色の球が8個，計12個の球が入っている．さらに金色の球は1個で景品と交換でき，銀色の球は2個で景品と交換できる．このとき，次の問いに答えなさい．

（1） この箱から2個の球を同時に取り出すとき，景品がもらえる確率を求めなさい．

（2） この箱から3個の球を同時に取り出すとき，景品がもらえる確率を求めなさい．

（3） この箱から4個の球を同時に取り出すとき，景品がもらえる確率を求めなさい． （23 尾道市立大）

《玉の取り出し (B20) ☆》

247．赤球4個と白球6個が入った袋がある．このとき，次の問に答えよ．

（1） 袋から球を同時に2個取り出すとき，赤球1個，白球1個となる確率を求めよ．

（2） 袋から球を同時に3個取り出すとき，赤球が少なくとも1個含まれる確率を求めよ．

（3） 袋から球を1個取り出して色を調べてから袋に戻すことを2回続けて行うとき，1回目と2回目で同じ色の球が出る確率を求めよ．

（4） 袋から球を1個取り出して色を調べてから袋に戻すことを5回続けて行うとき，2回目に赤球が出て，かつ全部で赤球が少なくとも3回出る確率を求めよ．

（5） 袋から球を1個取り出し，赤球であれば袋に戻し，白球であれば袋に戻さないものとする．この操作を3回繰り返すとき，袋の中の白球が4個以下となる確率を求めよ． （23 山形大・医，理，農，人文社会）

《カードの取り出し (B10)》

248．n は自然数とする．「A」と書かれたカードが4枚，「B」と書かれたカードが1枚，「C」と書かれたカードが n 枚，「D」と書かれたカードが $(15-n)$ 枚，計20枚のカードがある．この中から無作為に2枚のカードを同時に引くとき，次の問いに答えなさい．

ただし，「隣り合うアルファベットのペア」とは，「AとB」,「BとC」,「CとD」のいずれかを表すものとする．

（1） 隣り合うアルファベットのペアのカードを引く確率を，n を用いて表しなさい．

（2） 隣り合うアルファベットのペアのカードを引く確率が $\frac{3}{10}$ 以上となるような自然数 n をすべて求めなさい．

（3） 隣り合うアルファベットのペアのカードを引く確率が $\frac{1}{2}$ 以上となるように n を決定することは可能か否か，根拠とともに述べなさい． （23 尾道市立大）

《赤玉白玉が出る・面倒 (B20)》

249．1回の試行ごとに赤玉か白玉を1個出す機械を考える．この機械からは1回目の試行では赤玉か白玉がそれぞれ $\frac{1}{2}$ の確率で出るが，2回目以降には直前に出たものと同じ色の玉が α の確率で，直前に出たものと異なる色の玉が $1-\alpha$ の確率で，それぞれ出るものとする．ただし，α は $0<\alpha<1$ を満たす定数とする．$(n+m)$ 回目の試行を終えた時点で赤玉が n 個，白玉が m 個出ている確率を $P_{n,m}$ とする．次の問いに答えよ．

（1） $P_{2,2}$ を α の式で表せ．

（2） $P_{n,1}$ $(n=1, 2, 3, \cdots)$ を α と n の式で表せ.

（3） $P_{4,1}$ の値が最大となる α を求めよ. （23 大阪公立大・文系）

《和が 1 つの目 (A5)》

250. さいころを 3 回投げ，出た目を順に a, b, c とする. $a+b=c$ となる確率は □ である. （23 小樽商大）

《包含と排除の原理 (B20) ☆》

251. n 個のさいころを同時にふるとき，次の問いに答えよ. ただし，n は正の整数である.

（1） 出る目の最大値が 5 以下である確率を求めよ.

（2） 出る目の最大値が 6 で最小値が 1 である確率を求めよ. （23 日本福祉大・全）

《包含と排除の原理 (B10) ☆》

252. さいころを 3 回投げ，1 回目，2 回目，3 回目に出た目をそれぞれ X, Y, Z とする. 以下の問いに答えよ.

（1） $XYZ=5$ である確率を求めよ.

（2） XYZ が 5 の倍数である確率を求めよ.

（3） $XY=5$ または $XYZ=5$ である確率を求めよ. （23 中央大・商）

《カードを取り出す (B10)》

253. 箱の中に，1 から 3 までの数字を書いた札がそれぞれ 3 枚ずつあり，全部で 9 枚入っている. A，B の 2 人がこの箱から札を無作為に取り出す. A が 2 枚，B が 3 枚取り出すとき，以下の問いに答えよ.

（1） A が持つ札の数字が同じである確率を求めよ.

（2） A が持つ札の数字のいずれかが，B が持つ札の数字のいずれかと同じである確率を求めよ.

（23 岡山大・文系）

《サイコロで積 (B20)》

254. 1 個のさいころを投げた場合にどの目が出ることも同様に確からしいものとする. このことを（2）と（3）の前提として，以下の問に答えなさい.

（1） 整数 m, n を 6 で割ったときの余りを，それぞれ，r, s とする. 積 mn を 6 で割ったときの余りと積 rs を 6 で割ったときの余りが等しいことを証明しなさい.

（2） 1 個のさいころを 2 回続けて投げ，第 1 回目に出た目の数を X とし，第 2 回目に出た目の数を Y とする. 積 XY を 6 で割ったときの余りが 0 となる事象が起こる確率を p_0，積 XY を 6 で割ったときの余りが 1 となる事象が起こる確率を p_1，積 XY を 6 で割ったときの余りが 2 となる事象が起こる確率を p_2，積 XY を 6 で割ったときの余りが 3 となる事象が起こる確率を p_3，積 XY を 6 で割ったときの余りが 4 となる事象が起こる確率を p_4，および，積 XY を 6 で割ったときの余りが 5 となる事象が起こる確率を p_5 とする. $p_0, p_1, p_2, p_3, p_4, p_5$ をそれぞれ求めなさい.

（3） 1 個のさいころを 3 回続けて投げ，第 1 回目に出た目の数を X とし，第 2 回目に出た目の数を Y とし，第 3 回目に出た目の数を Z とする. 積 XYZ を 6 で割ったときの余りが 2 となる事象が起こる確率を求めなさい.

（23 埼玉大・文系）

《玉を取り出して勝負 (B20)》

255. 赤玉 4 個と白玉 5 個の入った，中の見えない袋がある. 玉はすべて，色が区別できる他には違いはないものとする. A，B の 2 人が，A から交互に，袋から玉を 1 個ずつ取り出すゲームを行う. ただし取り出した玉は袋の中に戻さない. A が赤玉を取り出したら A の勝ちとし，その時点でゲームを終了する. B が白玉を取り出したら B の勝ちとし，その時点でゲームを終了する. 袋から玉がなくなったら引き分けとし，ゲームを終了する.

（1） このゲームが引き分けとなる確率を求めよ.

（2） このゲームに A が勝つ確率を求めよ. （23 東北大・共通）

《突っ込む (B20) ☆》

256. 黒玉 3 個，赤玉 4 個，白玉 5 個が入っている袋から玉を 1 個ずつ取り出し，取り出した玉を順に横一列に 12 個すべて並べる. ただし，袋から個々の玉が取り出される確率は等しいものとする.

（1） どの赤玉も隣り合わない確率 p を求めよ.

（2） どの赤玉も隣り合わないとき，どの黒玉も隣り合わない条件付き確率 q を求めよ． （23 東大・理科）

《トーナメント (B20)》

257．A，B，C，D，E，F，G，H の 8 チームが下の図で示すトーナメント方式で競技を行う．A と B の対戦では，どちらが勝つ確率も $\frac{1}{2}$ とする．C，D，E，F，G，H の 6 チームのうち，どの 2 チームが対戦する場合にも，両チームとも勝つ確率は $\frac{1}{2}$ とする．また，A あるいは B が C，D，E，F，G，H のいずれかと対戦するときに勝つ確率は $\frac{2}{3}$ とする．ただし，引き分けは起こらないものとする．このとき，次の問いに答えよ．

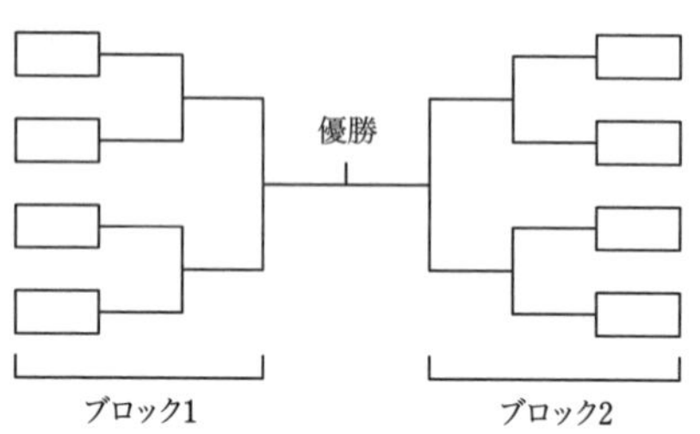

（1） A はブロック 1 に，B はブロック 2 に配置され，C から H の 6 チームは無作為に配置されるとき，A が優勝する確率を求めよ．

（2） A と B も含めた 8 チームが無作為に配置されるとき，A が優勝する確率を求めよ．（23 東京海洋大・海洋科）

《正六角形で動く (B20)》

258．座標平面上の点 $A_n(x_n, y_n)$ $(n = 0, 1, 2, 3, 4)$ を以下のように定める．A_0 は原点 $O(0, 0)$ とする．A_n（ただし $n < 4$）が決まったとき，さいころを投げて出た目を k とし，

$$x_{n+1} = x_n + \cos\frac{k\pi}{3},\ y_{n+1} = y_n + \sin\frac{k\pi}{3}$$

として $A_{n+1}(x_{n+1}, y_{n+1})$ を決める．以下の問いに答えなさい．

（1） 座標平面上の点のうち，A_1 または A_2 または A_3 として選ばれる可能性のある点の個数を求めなさい．

（2） A_2 が原点 O と一致する確率を求めなさい．

（3） A_2 が原点 O を中心とする半径 1 の円周上にある確率を求めなさい．

（4） A_3 が原点 O と一致する確率を求めなさい．

（5） A_4 が原点 O と一致する確率を求めなさい． （23 都立大・文系）

《増加から減少 (B20)》

259．n を 2 以上の整数とする．1 から 3 までの異なる番号を 1 つずつ書いた 3 枚のカードが 1 つの袋に入っている．この袋からカードを 1 枚取り出し，カードに書かれている番号を記録して袋に戻すという試行を考える．この試行を n 回繰り返したときに記録した番号を順に $X_1, X_2, \cdots, X_n$ とし，$1 \leqq k \leqq n-1$ を満たす整数 k のうち $X_k < X_{k+1}$ が成り立つような k の値の個数を Y_n とする．$n = 3$ のとき，$X_1 = X_2 < X_3$ となる確率は □，$X_1 \leqq X_2 \leqq X_3$ となる確率は □ であり，$Y_3 = 0$ である確率は □，$Y_3 = 1$ である確率は □ である．$Y_n = 0$ である確率を n の式で表すと，□ となる． （23 同志社大・文化情報，生命医科，スポーツ）

《 (B0)》

260．（1） 男子 1 人と女子 1 人がカップル成立ゲームをする．2 人がそれぞれのコインを投げ，両方とも表であればカップル成立で，それ以外は不成立とする．このとき，この 2 人がカップルになる確率は $\frac{\square}{\square}$

（2） 男子 2 人と女子 1 人がカップル成立ゲームをする．3 人はそれぞれ自分以外の 2 人の名前が表裏に記されているコインをそれぞれ 1 枚ずつ持っている．3 人がそれぞれのコインを投げ，出た面に記されている名前の相手にカップルを希望するとする．2 人がお互いにカップルを希望するとカップルが成立する．このとき，異性カッ

プルが成立する確率は $\dfrac{\square}{\square}$

（３） 男子２人と女子２人がカップル成立ゲームをする．４人が１枚ずつ持っているコインの表裏には異性２人の名前がそれぞれ記されている．４人がそれぞれのコインを投げ，出た面に記されている名前の相手にカップルを希望するとする．２人がお互いにカップルを希望するとカップルが成立する．このとき，２組のカップルが成立する確率は $\dfrac{\square}{\square}$

（４）（３）の条件において，少なくとも１組のカップルが成立する確率は $\dfrac{\square}{\square}$ （23 阪南大）

《最短でない格子路（B20）☆》

261．次の $\square$ にあてはまる数値を答えよ．

下図のような正方形の格子状の道がある．Ａから出発して，１区画を１分で進むものとする．ただし，分岐点に到着し，次の道に進むときに，直前の道を戻ることはできず，進むことができる道が複数あるときは等確率でいずれかの道を進み，１方向しか移動できない場合にはその方向に必ず進むものとする．例えば，ＰからＱに進んだときは，次の移動ではＱからＰには移動できず，Ｑから右，上，左のいずれかの方向に $\dfrac{1}{3}$ の確率で移動するものとする．このとき，次のことがいえる．

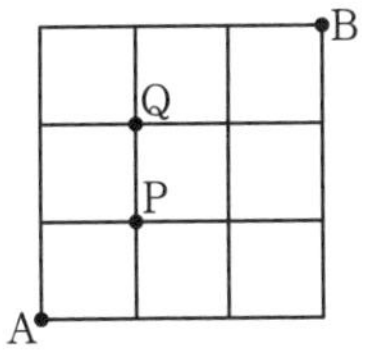

B
Q
P
A

（１） Ａを出発してから２分後にＰにいる確率は $\dfrac{\square}{\square}$ である．

（２） Ａを出発してから３分後にＱにいる確率は $\dfrac{\square}{\square}$ である．

（３） Ａを出発してから４分後にＡにいる確率は $\dfrac{\square}{\square}$ である．

（４） Ａを出発してから４分後の時点でＱを一度も通過していない確率は $\dfrac{\square}{\square}$ である．

（５） Ａを出発してから６分後にＢにいる確率は $\dfrac{\square}{\square}$ である． （23 神戸学院大・文系）

《ジャンケン（B10）☆》

262．Ａ，Ｂ，Ｃ，Ｄの４人でじゃんけんをするゲームを行う．１回のじゃんけんで１人でも勝者がでた場合は，ゲームを終了する．だれも勝たずあいこになる場合は，４人でもう一度じゃんけんをし，勝者がでるまでじゃんけんを繰り返す．次の問（１）～（５）に答えよ．解答欄には，（１）については答えのみを，（２）～（５）については答えだけでなく途中経過も書くこと．

（１） １回目のじゃんけんで，Ａだけが勝つ確率を求めよ．

（２） １回目のじゃんけんで，Ａを含む２人だけが勝つ確率を求めよ．

（３） １回目のじゃんけんで，Ａが勝者に含まれる確率を求めよ．

（４） １回目のじゃんけんで，だれも勝たずあいこになる確率を求めよ．

（５） ２回目のじゃんけんで，ゲームが終了する確率を求めよ． （23 立教大・文系）

《モンモールの問題（B20）☆》

263．Ａ，Ｂ，Ｃ，Ｄの４人の名刺が，１枚ずつ別々の封筒に入っている．４人が４つの封筒を１つずつ選んだとき，全員が自分の名刺が入っている封筒を選ぶ確率は $\dfrac{\square}{\square}$ であり，全員が自分以外の名刺が入っている封筒を選ぶ確率は $\dfrac{\square}{\square}$ である．ただし，全員名前は異なるとする． (23 東京工芸大・工)

《立方体と確率 (C20)》

264. 次の操作 (∗) を考える．

(∗) 1 個のサイコロを 3 回続けて投げ，出た目を順に a_1, a_2, a_3 とする．a_1, a_2, a_3 を 3 で割った余りをそれぞれ r_1, r_2, r_3 とするとき，座標空間の点 (r_1, r_2, r_3) を定める．

この操作 (∗) を 3 回続けて行い，定まる点を順に A_1, A_2, A_3 とする．このとき，A_1, A_2, A_3 が正三角形の異なる 3 頂点となる確率は $\square$ である． (23 早稲田大・商)

【三角形の基本性質】

《角の三等分 (A10) ☆》

265. 下図の △ABC において，点 P と点 Q は辺 BC 上にあり，

$\angle PBA = \angle BAP = \angle PAQ = \angle QAC$

であり，BP = 5 である．∠PAC を θ とおくとき，

$$AC = \frac{\square}{\square \times \cos\theta}$$

である．とくに，$\cos\theta = \dfrac{5}{9}$ であるとき，

$$AC = \frac{\square}{\square},\ CQ = \frac{\square}{\square}$$

である．

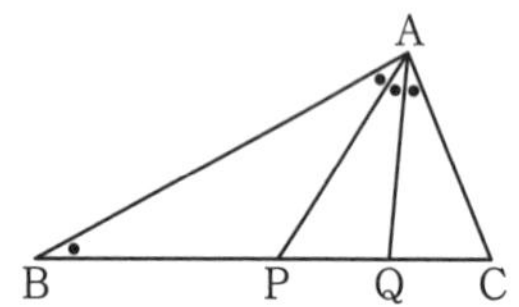

(23 大東文化大)

《角の二等分線の定理 (A10) ☆》

266. AB = 6, AC = 4 である △ABC において，∠BAC の二等分線と辺 BC の交点を D とする．BD = 4 のとき，線分 CD の長さを求めよ．

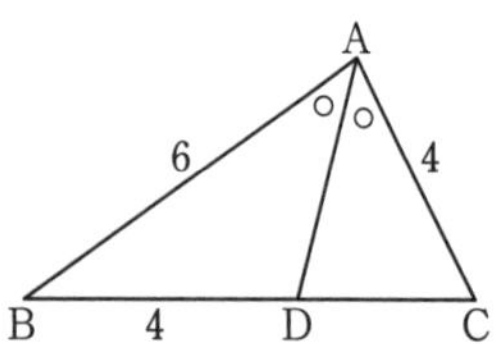

(23 奈良大)

《角の二等分線の定理 (A10) ☆》

267. △ABC において，AB = 5, BC = 4, CA = 3 とし，∠A の二等分線と辺 BC との交点を D とします．このとき，線分 BD の長さを求めなさい． (23 東邦大・看護)

《直角三角形の外接円 (A5)》

268. △ABC において，AB = 6, BC = 8, CA = 10 とする．

この三角形の外心を O とすると，点 O は △ABC の $\square$ にある．

$\square$ に当てはまるものを，下の ①〜③ のうちから選べ．

① 内部 (辺を含まない)

② 外部(辺を含まない)

③ 辺上

また，△ABC の重心を G とすると，線分 OG の長さは $\frac{\square}{\square}$ である．（23 同志社女子大・共通）

【三角形の辺と角の大小関係】

《辺と角の大小 (A10) ☆》

269．△ABC において，∠A, ∠B, ∠C の大きさをそれぞれ A, B, C で表す．3 辺の長さが AB = 7，BC = 5，CA = 8 のとき，A, B, C のうち最大のものは $\square$ である．また，その最大の角の余弦の値は $\square$ である．

（23 三重県立看護大・前期）

【メネラウスの定理・チェバの定理】

《チェバとメネラウス (A20) ☆》

270．△ABC において，辺 AB，BC を 2 : 1 に内分する点をそれぞれ D，E とする．
また，線分 AE と線分 CD の交点を F，直線 BF と辺 AC の交点を G とするとき，次の各問いに答えよ．

(1) AG : GC を求めよ．

(2) △ABC と △AGF の面積比を求めよ．（23 静岡文化芸術大）

《角の二等分選の長さ (B20) ☆》

271．鋭角三角形 ABC があり，

$$AB = 7,\ AC = 5,\ \sin\angle BAC = \frac{4\sqrt{3}}{7}$$

である．
また，∠BAC の二等分線と辺 BC の交点を D とする．

(1) $\cos\angle BAC = \frac{\square}{\square}$ であり，$BC = \square$ である．

また，$BD = \frac{\square}{\square}$ であり，$AD = \frac{\square\sqrt{\square}}{\square}$ である．

(2) 点 D を通り，直線 AB に平行な直線と辺 AC との交点を E とする．
また，3 点 C，D，E を通る円 O と線分 AD の交点のうち，D でない方を F とする．
このとき，円 O の半径は $\frac{\square\sqrt{\square}}{\square}$ であり，$AF = \frac{\square\sqrt{\square}}{\square}$ である．

(3) (2)のとき，直線 CF と線分 AB，DE の交点をそれぞれ G，H とする．このとき，

$$AG = \frac{\square}{\square}$$

であり，

$$\frac{\triangle DHF \text{ の面積}}{\triangle ABC \text{ の面積}} = \frac{\square}{\square}$$

である．

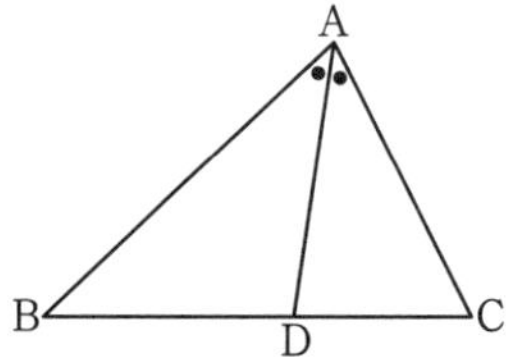

（23 同志社女子大）

《四角形の面積 (A5) ☆》

272. △ABC において，辺 AB の中点を D とし，辺 AC を 2 : 1 に内分する点を E とする．線分 CD と BE の交点を F とするとき，四角形 ADFE の面積は △ABC の面積の $\frac{\square}{\square}$ 倍である．

(23　同志社女子大)

《メネラウスの定理 (B5)》

273. △ABC において，辺 AB を 5 : 3 に内分する点を P，辺 AC を 8 : 3 に外分する点を Q，直線 PQ と辺 BC の交点を R とする．このとき，次の値を求めよ．

（1） BR : RC = □ : □ である．

（2） △BPR の面積 : 四角形 ACRP の面積 = □ : □ である．

（3） △BPR の面積 : △CQR の面積 = □ : □ である．

(23　金城学院大)

【円に関する定理】

《図形で解くか座標か (B10) ☆》

274. 四角形 ABCD は円 S に内接しており，辺 AB と CD は平行で AB = 3, CD = 4 とする．円 S の中心は四角形 ABCD の内側にあり，S の直径は 5 とする．このとき，次の問いに答えよ．

（1） AD = BC であることを証明せよ．

（2） 四角形 ABCD の面積を求めよ．

（3） 対角線 AC と BD は直交することを証明せよ．

(23　福井大・教育)

《接弦定理 (B10)》

275. 三角形 ABC において，∠A は鋭角，∠C = 30° であるとし，辺 AC の中点を D とする．さらに，3 点 B，C，D を通る円を考えると，この円は直線 AB と点 B で接しているとする．このとき，次の問いに答えなさい．

（1） 三角形 ABC と三角形 ADB が相似であることを証明しなさい．

（2） 辺 AB の長さは線分 DC の長さの何倍か求めなさい．

（3） ∠BDC の大きさを求めなさい．

(23　尾道市立大)

《方べきと接弦 (A10)》

276. 円 O に鋭角三角形 ABC が内接している．A における接線と直線 BC との交点を P とするとき，次の問いに答えよ．

（1） 三角形 PBA と三角形 PAC は相似であることを示せ．

（2） PB・PC = 75, OP = 10 のとき，円 O の半径 r を求めよ．

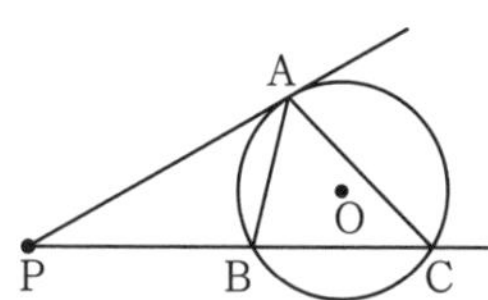

(23　愛知医大・看護)

《方べきの定理 (B20) ☆》

277. 図のように AB = 4, BC = 5, CA = 3 の △ABC において，頂点 A から辺 BC に垂線 AD を下ろし，辺 BC の中点を E，△AED の外接円と辺 AC の交点のうち A と異なる方を F とするとき，ED = $\frac{\square}{\square}$，AF = $\frac{\square}{\square}$ である．

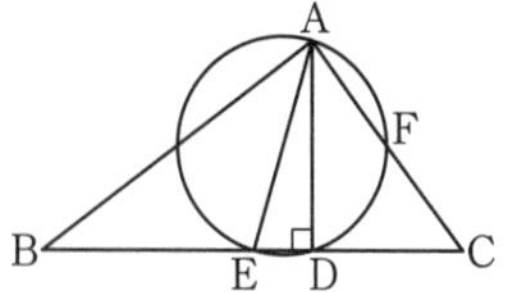

(23　星薬大・B 方式)

《 (B20) ☆》

278. 円 O に点Pで内接する円 O' があり，円 O' は図1のように円 O の直径ABにも接している．
その接点をQとすると，AQ $= 2$, BQ $= 4$ である．
このとき，次の問いに答えよ．

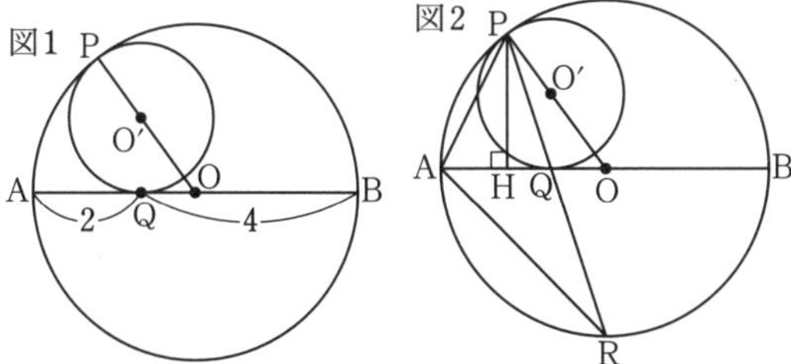

（1） 円 O' の半径を r とする．
（i） 線分OO′の長さを，r を用いた式で表せ．
（ii） △O′QOに着目して，r を求めよ．
（2） 図2のように，点Pから直径ABに垂線PHを引く．
また，2点P，Qを通る直線と円 O との交点で点Pと異なる点をRとする．
（i） 線分PHの長さを求めよ．
（ii） △PAQと△RAQの面積の比を最も簡単な整数の比で表せ．（23 広島文教大）

《方べきとメネラウス (A10)》

279. 三角形ABCにおいて，辺CAを3：2に内分する点をD，辺BCを2：1に内分する点をEとする．直線ABと直線DEの交点をPとし，三角形ABCの外接円と直線DEの交点をPに近い方から順にQ，Rとする．AB $= 3$ のとき，AP $= \dfrac{\square}{\square}$ である．さらに，PR $= \dfrac{27}{5}$ とすると，QR $= \dfrac{\square}{\square}$ である．

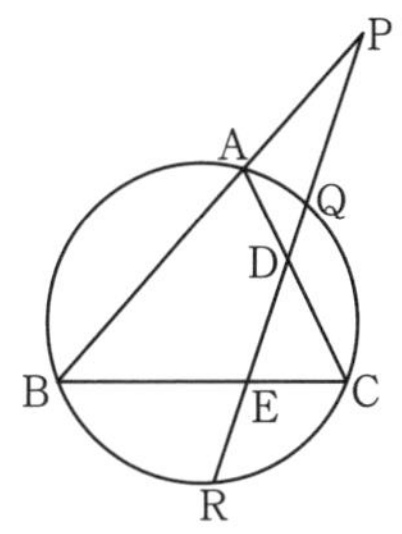

（23 自治医大・看護）

《中線定理 (B10)》

280. △ABCにおいて，AB $= 6$, BC $= 5$, CA $= 7$ とする．$\cos\angle\mathrm{ABC} = \square$ である．また，辺ABの中点をMとすると，CM $= \square$ であり，3点M, B, Cを通る円の半径を R とすると，$R = \square$ である．また，この円と辺ACの交点のうち，Cでない方の点をPとすると，AP $= \square$ である．（23 関西学院大・経済）

《相似を見落とすな (B20) ☆》

281. 次の空欄に当てはまる数値または符号をマークしなさい．
図のように，BC $=$ CDである四角形ABCDが円に内接している．この円の点Bにおける接線と，辺DAの延長との交点をE，対角線ACの延長との交点をFとし，また対角線ACとBDの交点をGとする．

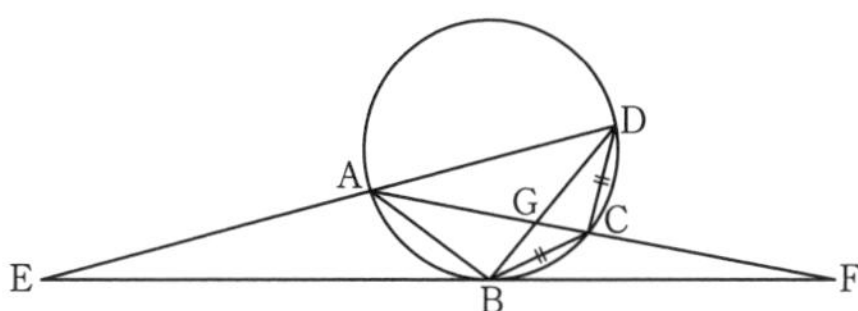

（1） $\angle\mathrm{CBF} = 24^\circ$ であるとき，$\angle\mathrm{DBC} = \square^\circ$, $\angle\mathrm{DCB} = \square^\circ$ である．

（2） EA = 8, EB = 10, AB = 3 であるとき， AD = $\dfrac{\square}{\square}$, BF = $\square$ である．これらの値を利用すると，

FG : GA = $\square$: $\square$ であり，AC = $3\sqrt{2}$ であるとき，CG = $\dfrac{\square\sqrt{\square}}{\square}$ である． （23 京都橘大）

《共通接線の本数 (B10)》

282. 座標平面上に点 A を中心とする半径 4 の円と，点 B を中心とする半径 a の円がある．AB = 7 のとき，2 つの円の共通接線の本数を求めよ． （23 日本福祉大・全）

《方べきを作る (B5)》

283. 図のように円 O の外部にある点 P を通る直線が円 O と点 A, B で交わっている．また，直線 PT は T における接線である．さらに PO ⊥ TT′ となるように円 O 上に T′ をとり，OP と TT′ の交点を Q とする．
このとき 4 点 A, Q, O, B は同一円周上にあることを証明しなさい．

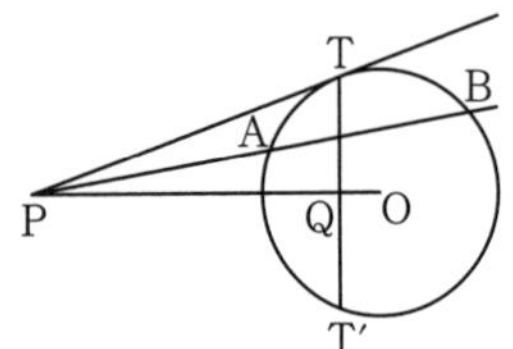

（23 東北福祉大）

《方べきの論証 (B25)》

284. 平面上に 2 点 A，B と円 O があり，全て平面上に固定されているとします．ただし，2 点 A，B は円 O の外部にあるとします．点 A を通り円 O と 2 点で交わるように直線 l を引き，この 2 つの交点を M，N とします．ここで，直線 l は点 B を通らないものとします．また，点 A を通る円 O の接線の 1 つと円 O との接点を T とします．次の問いに答えなさい．

（1） 直線 l の引き方によらず，AM・AN が一定であることを証明しなさい．

（2） 3 点 B，M，N を通る円を O' とします．AT ≠ AB ならば，円 O' と直線 AB が 2 点で交わることを証明しなさい．

（3） AT ≠ AB のとき，円 O' と直線 AB の交点のうち，点 B でないものを点 C とします．直線 l の引き方によらず線分 AC の長さが一定であることを証明しなさい．

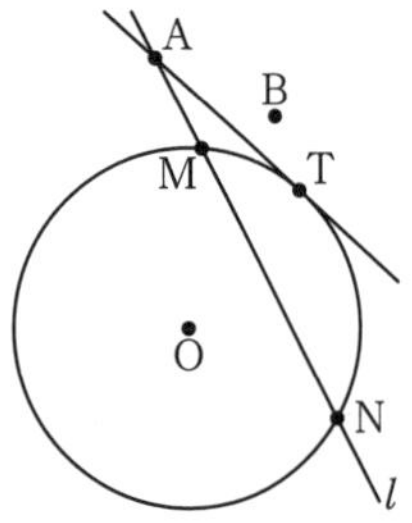

（23 鳴門教育大）

《角を問う (A5)》

285. 図において，O を円の中心，直線 PT を点 T における円の接線とする．また，A を円周上の点とし，線分 AP は点 O を通るものとする．∠APT = 28° のとき，∠PAT = $\square$° である．

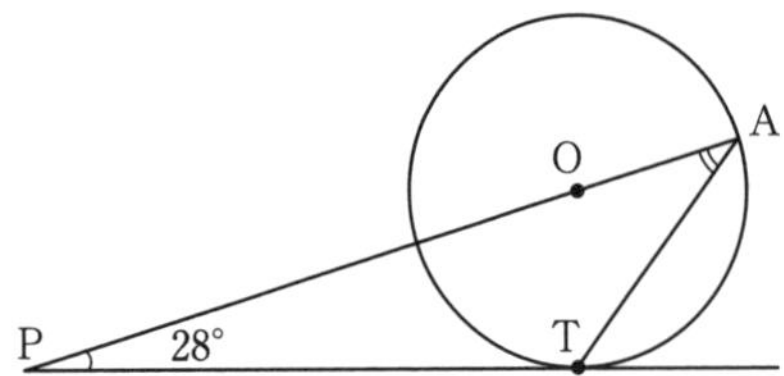

（23 玉川大・全）

【空間図形】

《三角柱と球 (B20)》

286. x を正の実数とする．空間内に互いに外接しあう 3 つの球 S_1，S_2，S_3 があり，それぞれの半径は 1，x，x^2 である．また，これらは同一の平面 P にそれぞれ点 A_1，A_2，A_3 で接している．$\angle A_1A_2A_3$ の大きさを θ $(0 \leqq \theta \leqq \pi)$ とするとき，θ のとり得る値の範囲を求めよ．（23　一橋大・後期）

《立方体と三角錐 (B20) ☆》

287. 図のような 1 辺の長さが 1 の立方体 ABCD − EFGH において，辺 AD 上に点 P をとり，線分 AP の長さを p とする．このとき，線分 AG と線分 FP は四角形 ADGF 上で交わる．その交点を X とする．

（1） 線分 AX の長さを p を用いて表せ．

（2） 三角形 APX の面積を p を用いて表せ．

（3） 四面体 ABPX と四面体 EFGX の体積の和を V とする．V を p を用いて表せ．

（4） 点 P を辺 AD 上で動かすとき，V の最小値を求めよ．

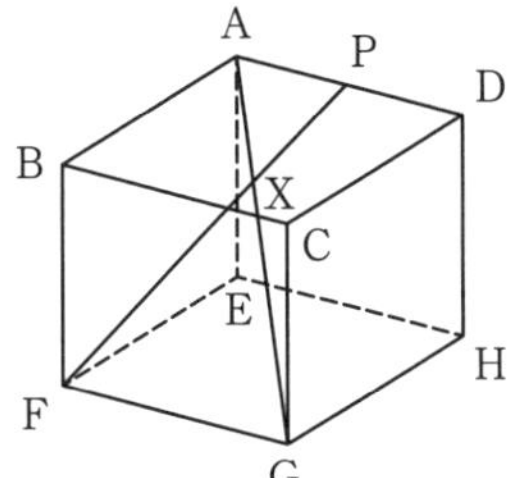

（23　名古屋大・文系）

《 (B0)》

288. 半径 1 の球面上の相異なる 4 点 A，B，C，D が

$$AB = 1,\ AC = BC,\ AD = BD,$$

$$\cos\angle ACB = \cos\angle ADB = \frac{4}{5}$$

を満たしているとする．

（1） 三角形 ABC の面積を求めよ．

（2） 四面体 ABCD の体積を求めよ．（23　東大・文科）

《四面体の内接球 (B20)》

289. 1 辺の長さが a の正四面体 OABC がある．辺 AB の中点を M とし，直線 OH と平面 ABC が垂直になるよう，平面 ABC 上の点 H を定める．また，線分 HO を O 側に延長し，HO′ = 2HO となる点 O′ をとる．

（1） H は △ABC の重心であり，HM の長さは $\dfrac{\sqrt{\square}}{\square}a$ である．

（2） O′M の長さは $\dfrac{\sqrt{\square}}{\square}a$ である．

（3） 四面体 OO′AB の体積は $\dfrac{\sqrt{\square}}{\square}a^3$ である．

（4） 四面体 O′ABC の内接球の半径は $\dfrac{\square\sqrt{\square}-\sqrt{\square}}{48}a$ である．（23　東洋大・前期）

【図形の雑題】

《正五角形の定石 (B10) ☆》

290. 点 O を中心とする半径 1 の円に内接する正五角形 ABCDE において，線分 AB の中点を F，直線 BE と直線 AC の交点を G，直線 AC と直線 BD の交点を H とする．

(1) $\angle ADB = \dfrac{\square}{\square}\pi$, $\angle BAC = \dfrac{\square}{\square}\pi$, $\angle AHB = \dfrac{\square}{\square}\pi$ である.

(2) 三角形 ABD と三角形 ABH を比較すると，$AB : BD = \left(\dfrac{\square}{\square} + \dfrac{\sqrt{\square}}{\square}\right) : 1$ である.

(3) $\angle FAG = \theta$ とおくと $\cos\theta = \dfrac{\square}{\square} + \dfrac{\sqrt{\square}}{\square}$ である.

(4) $FG = \square$ である.

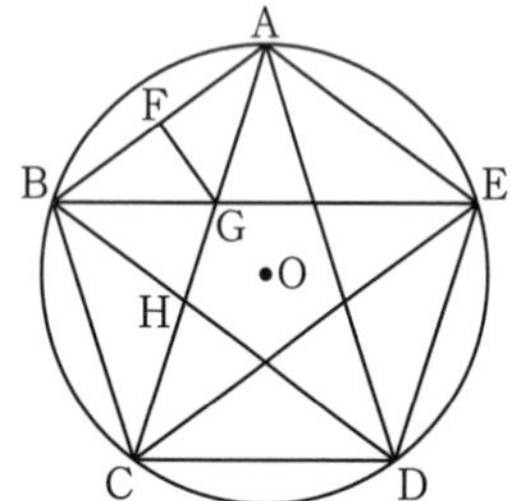

(23　上智大・経済)

《内心 (A10) ☆》

291. △ABC において，3 辺の長さを $AB = c$, $BC = a$, $CA = b$ とする．また，この △ABC の内心を I とし，直線 AI と辺 BC の交点を D とする．このとき，次の問いに答えよ．

(1) △IAB と △IBC と △ICA の面積比を a, b, c を用いて表せ.

(2) 線分の長さの比 AI : ID を a, b, c を用いて表せ.

(3) △ABC と △IBC の面積比を a, b, c を用いて表せ.

(23　広島大・光り輝き入試-教育 (数))

《 (B30)》

292. 平面上に △ABC がある．AB = 15，AC = 8 とし，∠BAC の二等分線と辺 BC との交点を P とする．$PC = \dfrac{136}{23}$ のとき，次の問いに答えよ.

(1) 辺 BP の長さを求めよ.

(2) △ABC の面積を求めよ.

(23　富山大・教，経)

《方べきの定理 (B10) ☆》

293. 下の図の様に，△PQR は $PQ = 5$, $QR = 3$, $\angle PRQ = 90°$ の直角三角形であり，円 O は △PQR の外接円である．弦 IR と，線分 PQ との交点を J，∠QPR の 2 等分線との交点を H とする．$PH \perp IR$ の場合について，次の問いに答えよ.

(1) 線分 PJ の長さを求めよ.

(2) 線分 JR の長さを求めよ.

(3) 線分 IJ の長さを求めよ.

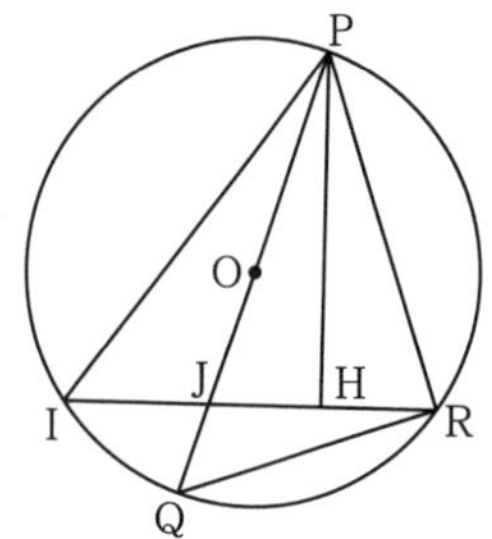

(23　岐阜聖徳学園大)

《方べきとメネラウス (B10)》

294. 下の図のように，円 O の外部の点 P から円 O に引いた接線の接点を T とし，P と円 O の中心を通る直線が，円 O と交わる 2 つの点を，P に近い方から順に A，B とする．△TAB の重心を G とし，線分 PG と線分 TA との交点を C とする．$\mathrm{PT}=2\sqrt{3}$, $\mathrm{PB}=6$ とするとき，次の問いに答えよ．

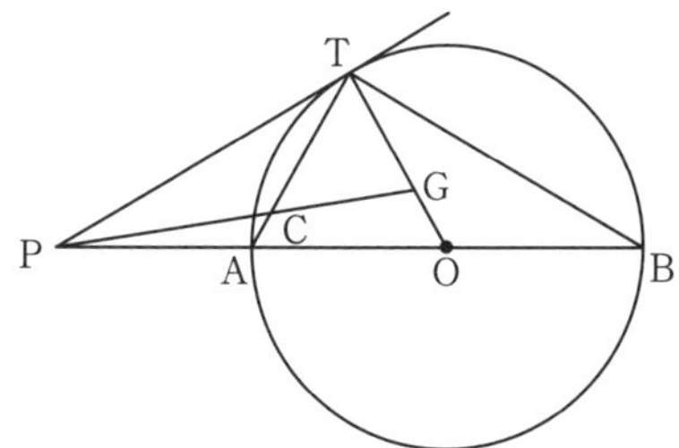

（1） 円 O の半径と TA の長さを求めよ．

（2） △TCG の面積を求めよ．　　（23　東京慈恵医大・看護）

《方べきの定理 (B20)》

295. 下図のように，中心が O で半径が 5 の円の円周上にある点 A，B，C，D と，この円の外部にある点 P について考える．点 P，A，O，B は一直線上にあり，$\mathrm{PA}=2$ である．点 P，C，D も一直線上にある．△DOP の面積について考える．

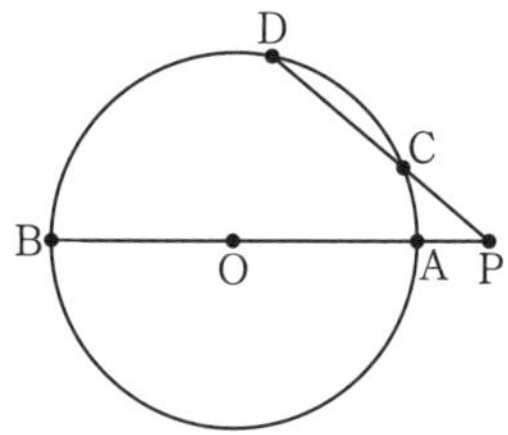

（1） $\mathrm{DB}=\mathrm{DP}$ である場合の △DOP の面積を求めよう．線分 PB 上の点 H を $\angle\mathrm{DHP}=90^\circ$ であるようにとると，$\mathrm{DH}=\square\sqrt{\square}$ であるから，△DOP の面積は $\square\sqrt{\square}$ である．

（2） △COD が正三角形である場合の △DOP の面積を求めよう．△COD の面積は

$$\frac{\square\sqrt{\square}}{\square}$$

であり，$\mathrm{PC}=\square$ であるから，△DOP の面積は $\square\sqrt{\square}$ である．

（3） $\mathrm{PC}=\mathrm{CD}$ である場合の △DOP の面積を求めよう．$\mathrm{PC}=\mathrm{CD}=\square\sqrt{\square}$ であるから，△DOP の面積は $\square\sqrt{\square}$ である．　　（23　大東文化大）

《弓形 (A5)》

296. 半径 3 の 2 つの円があり，互いに他の円の中心 O_1，O_2 を通るように交わっている．次の $\square$ に当てはまる値を求めよ．

2 つの円の交点をそれぞれ A，B とするとき，$\angle\mathrm{AO_1B}=\dfrac{\square}{\square}\pi$ となる．

また，2 つの円が重なる部分の周の長さは $\square\pi$，面積は $\square\pi-\dfrac{\square\sqrt{\square}}{\square}$ となる．　　（23　共立女子大）

《接線の長さと内接円 (B10)》

297. $\mathrm{AB}=5$, $\mathrm{BC}=6$, $\mathrm{CA}=7$ である △ABC の内接円が辺 BC と接する点を D とする．このとき，$\mathrm{BD}=\square$ であり，内接円の半径は $\square$ である．　　（23　明治薬大・公募）

《接する円群 (B10)》

298．図のように，半径 R の円 O に三つの円 A，B，C が内接し，三つの円 A，B，C は互いに外接している．円 A の半径は a，円 B の半径は b，円 C の半径は c とする．また，円の中心をそれぞれ，点 O，点 A，点 B，点 C とする．このとき，設問の場合について，各問いに答えなさい．

（1） 円 O と三つの円 A，B，C との接点をそれぞれ A′, B′, C′ とすると，△A′B′C′ は正三角形になった．このとき円の中心を頂点とする △ABC の一辺の長さを a で表しなさい．

（2）（1）のとき，三角形 ABC の一辺の長さを R で表しなさい．

（3）（場合を変えて）線分 BC の中点が点 O となるとき，円 B の半径 b を R で表しなさい．

（4）（3）のとき，円 A の半径 a を R で表しなさい．

（5）（場合を変えて）点 O が円 A の円周上にあり，円 A と円 O との接点と，点 A，点 O，さらに円 B と円 C の接点が一直線上にある場合，円 A の半径 a を R で表しなさい．

（6）（5）のとき，円 B の半径 b を R で表しなさい．

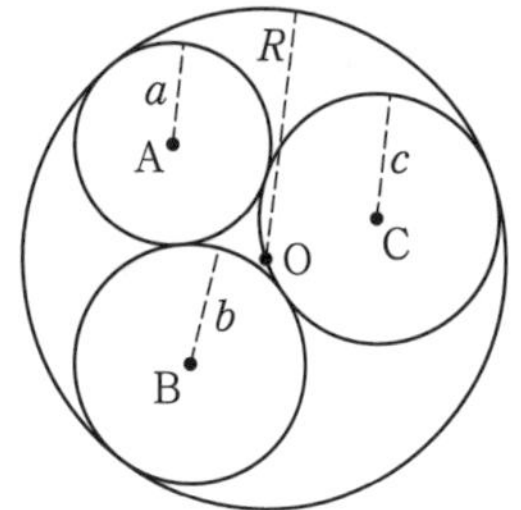

（23　名古屋女子大）

【約数と倍数】

《約数の個数（B10）☆》

299．（1） m を自然数とする．$504m = n^2$ をみたす自然数 n が存在するような m のうち，最小のものを求めなさい．

（2） 22，25，27 の正の約数の個数を求めなさい．

（3） 正の約数の個数が 3 個であるような 100 以下の自然数の個数を求めなさい．

（4） 正の約数の個数が 4 個であるような 30 以下の自然数の個数を求めなさい．（23　愛知学院大）

《約数の総和（B5）》

300．12^3 のすべての正の約数の和は □ である．（23　上智大・経済）

《ルートを外せ（A5）》

301．n を自然数とする．$\sqrt{\dfrac{200}{\sqrt{n}}}$ が自然数となるような n をすべて求めると $n=$ □ である．

（23　慶應大・看護医療）

《最大公約数と最小公倍数（B10）☆》

302．（1） 2 つの自然数 $a, b\ (a < b)$ について，a と b の和は 312 で，最大公約数は 12 であるとする．このとき，a, b の組 (a, b) は全部で □ 組である．

（2） 2 つの自然数 $c, d\ (c < d)$ について，最大公約数は 23 で，最小公倍数は 1380 であるとする．このとき，c, d の組 (c, d) は全部で □ 組であり，$c + d$ の最小値は □ である．（23　関西学院大・経済）

《最大公約数（B5）》

303．$n^2 + 4n - 32$ が素数となるような自然数 n は □ である．

また，$\sqrt{n^2 + 60}$ が自然数となるような自然数 n は □ と □ である．（23　京都橘大）

《オイラー関数（B20）☆》

304．n は自然数とする．1 から n までの自然数のうち，n と互いに素であるものの個数を $f(n)$ とする．また p, q は相異なる素数とする．このとき，

（1） $f(31) =$ □ である．

（2） pq と互いに素である自然数は，p の倍数でも q の倍数でもない自然数である．1 から pq までの自然数のう

ち，p の倍数は$\square$個，q の倍数は$\square$個ある．また，p の倍数かつ q の倍数となる自然数は$\square$個ある．したがって，$f(pq)=\square$ である．

（3） $f(35)=\square$ である．

（4） $f(pq)=60$ をみたす pq の値は$\square$個あり，このうち最大のものは$\square$，最小のものは$\square$である．

（23　武庫川女子大）

《正しい日本語（A5）☆》

305. 座標平面上の 2 点 O(0, 0) と P(2023, 1071) について，線分 OP 上にある点 (x, y) で x, y が共に整数であるものの個数は$\square$である．ただし，線分 OP は両端点を含むものとする．（23　立教大・数学）

《互除法の原理（B5）☆》

306. x と y とが互いに素な自然数であるとき，次の問に答えなさい．

（1） $x=3, y=2$ を代入したとき，$10x+3y$ と $3x+y$ とが互いに素な自然数であることを証明しなさい．

（2） $10x+3y$ と $3x+y$ とが互いに素な自然数であることを証明しなさい．（23　東北福祉大）

《素数の振り分け（A5）☆》

307. $(a+1)(b+2)(c-3)=21$ をみたす 0 以上の整数 a, b, c において，その組は$\square$個あり，$a-b+c$ の最大値は$\square$である．（23　東京慈恵医大・看護）

《集合 2 つと 3 つ（B10）☆》

308. 整数に対する次の条件を考える．

条件 A：5 の倍数である

条件 B：7 の倍数である

条件 C：11 の倍数である

（1） 1 以上 2023 以下の整数で，条件 A と条件 B のいずれも成り立つような数の個数は$\square$である．

（2） 1 以上 2023 以下の整数で，条件 A は成り立つが，条件 B は成り立たないような数の個数は$\square$である．

（3） 1 以上 2023 以下の整数で，条件 A と条件 B のいずれも成り立つが，条件 C が成り立たないような数の個数は$\square$である．

（4） 1 以上 2023 以下の整数で，条件 A は成り立つが，条件 B と条件 C のいずれも成り立たないような数の個数は$\square$である．

（5） 整数に対する次の条件を考える．

条件 D：5 の倍数であるが，7 の倍数でない

条件 E：7 の倍数であるが，11 の倍数でない

条件 F：5 の倍数であるが，11 の倍数でない

1 以上 2023 以下の整数で，条件 D，条件 E，条件 F のうち少なくとも一つの条件が成り立つような数の個数は$\square$である．（23　東京理科大・経営）

《素因数の振り分け（B10）☆》

309.（1） 1625 を素因数分解すると$\square$です．

（2） 2 つの自然数 m, n について，その積が 300，最小公倍数が 60 となるとき，m, n の最大公約数は$\square$です．また，$m+n$ のとりうる値は，小さい順に$\square$，または$\square$です．

（3） 2 つの自然数 A, B $(A<B)$ について，$A+B=1625$ で，A, B の最小公倍数 l を最大公約数 g で割ったときの商が 126 でした．このような A, B の組をすべて求めなさい．（23　東邦大・看護）

《約数の個数の最大（C0）》

310. 整数 n の正の約数の個数を $d(n)$ と書くことにする．たとえば，10 の正の約数は 1, 2, 5, 10 であるから $d(10)=4$ である．

（1） 2023 以下の正の整数 n の中で，$d(n)=5$ となる数は，$\square$個ある．

（2） 2023 以下の正の整数 n の中で，$d(n)=15$ となる数は，$\square$個ある．

（3） 2023 以下の正の整数 n の中で，$d(n)$ が最大となるのは $n=$ □ のときである．（23 慶應大・総合政策）

【剰余による分類】

《4 で割った剰余 (A5) ☆》

311．n を整数とする．n^2 を 4 で割ったときの余りは，0 または 1 であることを示せ．（23 奈良教育大・前期）

《式で置く (A5) ☆》

312．n を整数としたとき，n が奇数ならば，n^2-1 が 8 の倍数であることを証明しなさい．

（23 岩手県立大・ソフトウェア-推薦）

《合同式 (A5)》

313．2023^{2023} を 12 で割った余りを求めなさい．（23 東邦大・看護）

《3 の倍数と 5 の倍数 (B10) ☆》

314．m を自然数とするとき，次の問いに答えよ．

（1） m^3-m は 3 の倍数であることを示せ．

（2） m^5-m は 5 の倍数であることを示せ．

（23 広島市立大・前期）

《素数の論証 (B10) ☆》

315．3 つの自然数 $p,\ p+10,\ p+20$ がすべて素数となるような p がただ 1 つ存在することを示せ．

（23 信州大・医，工，医-保健，経法）

《素数の論証 (B10)》

316．2 以外の任意の 2 つの素数 a,b に対して次の命題を背理法を用いて，以下の手順で証明したい．

命題：$a^2+b^2=c^2$ を満たす自然数 c は存在しない．

（1） 2 以外の素数は必ず奇数であることを，素数の定義に基づいて説明せよ．

（2） 以下の空欄に適切な文字式を入れよ．

『（1）より，2 つの素数 a,b は共に奇数であるから，$a=2n+1,\ b=2m+1$ と表すことができる．（ただし，n,m は自然数で $n=m$ の場合も含む．）このとき，この n と m を用いて $a^2+b^2=4$ □ $+2$ と表される．』

（3） もし，上記命題を満たす自然数 c が存在したとすると，c^2 が必ず 4 の倍数となることを，a,b が共に奇数であることを用いて示し，矛盾が生じることを示すことで，上記命題が成立することを証明せよ．

（23 北星学園大・経済，社会福祉，文）

《5 で割った余りで分類 (B10)》

317．平方数とは自然数の 2 乗で表される数である．1, 4, 9, 16, … は平方数である．

x を自然数とする．x 以下の平方数のうち 5 で割ると余りが j となるものの個数を $N(x,j)$ と表す．例えば，

$N(10,0)=0,\ N(10,1)=1,\ N(10,2)=0,$

$N(10,3)=0,\ N(10,4)=2$ である．

（1） $N(1000,0)=$ □，$N(1000,2)=$ □ である．

（2） $N(x,1)=3$ を満たす最大の x は □ である．（23 上智大・経済）

《因数分解の利用 (B20)》

318．整数 Z は n 進法で表すと $k+1$ 桁（けた）であり，n^k の位の数が 4, $n^i\,(1\leqq i\leqq k-1)$ の位の数 が 0, n^0 の位の数が 1 となる．ただし，n は $n\geqq 3$ を満たす整数，k は $k\geqq 2$ を満たす整数とする．

（1） $k=3$ とする．Z を $n+1$ で割ったときの余りは □ である．

（2） Z が $n-1$ で割り切れるときの n の値をすべて求めると □ である．（23 慶應大・薬）

《連続整数の形 (A5)》

319．n が整数のとき，n^5-n^3 が 6 の倍数であることを示せ．（23 釧路公立大）

《数列的な問題 (B20)》

320．n を正の整数とする．次の設問に答えよ．

（1） n^2+n+1 が 7 で割り切れるような n を小さい順に並べるとき，100 番目の整数 n を求めよ．

（２） n^2+n+1 が 91 で割り切れるような n を小さい順に並べるとき，100 番目の整数 n を求めよ．

（23　早稲田大・商）

《式で置く (B10)》

321. $a, b\ (a>b)$ を自然数とします．次の（１）〜（３）に答えなさい．

（１） n を自然数とします．8^n-1 は 7 の倍数であることを，数学的帰納法によって証明しなさい．

（２） $a-b$ が 3 の倍数ならば，2^a-2^b は 7 の倍数であることを証明しなさい．

（３） 2^a-2^b が 7 の倍数ならば，$a-b$ は 3 の倍数であることを証明しなさい．（23　神戸大・文系-「志」入試）

【ユークリッドの互除法】

《ユークリッドの互除法 (A2) ☆》

322. 2023 と 1547 の最大公約数を求めよ．（23　広島市立大・前期）

《ユークリッドの互除法 (A2)》

323. 2072 と 4847 の最大公約数を求めよ．（23　奈良大）

【不定方程式】

《1 次不定方程式 (B10)》

324. 次の問いに答えよ．

（１） 整数 n に対して，$x=7n,\ y=17(17-n)$ が不定方程式 $17x+7y=2023$ を満たすことを示せ．

（２） $17x+7y=2023$ を満たす整数 x, y は，整数 n を用いて $x=7n,\ y=17(17-n)$ と表されるものに限ることを示せ．

（３） $17x+7y=2023$ を満たす整数 x, y のうち，$|xy-2023|$ を最小にするものを求めよ．（23　金沢大・文系）

《1 次不定方程式 (A2) ☆》

325. $xy-5x+y+4=0$ をみたす正の整数の組 (x, y) を全て求めなさい．（23　福島大・人間発達文化）

《1 次不定方程式 (B10)》

326. 5 で割ると余りは 3 となり，17 で割ると余りは 6 となるような自然数 n のうち，3 桁で最大のものを求めよ．

（23　富山県立大・推薦）

《1 次不定方程式 (B20) ☆》

327. 次の問いに答えなさい．

（１） 3451 と 2737 の最大公約数を d とするとき，ユークリッドの互除法を用いて d の値を求めなさい．

（２） （１）で求めた d に対して，x, y についての一次不定方程式

$$3451x-2737y=6d$$

の整数解をすべて求めなさい．

（３） すべての 2023 の倍数は，整数 x, y を用いて $3451x-2737y$ と表されることを示しなさい．

（23　山口大・文系）

《1 次不定方程式 (B10)》

328. m を自然数とする．方程式 $14x+3y=m$ をみたし，x, y がともに整数となる解を考える．

$m=1$ のとき，$x=-1,\ y=\boxed{ア}$ は，方程式 $14x+3y=1$ の解の 1 つであるので，$14x+3y=1$ の整数解 (x, y) は $14(x+1)=-3(y-\boxed{ア})$ をみたす．14 と 3 は互いに素なので，整数 k を用いて $x+1=3k$ と表せ，$y=\boxed{}$ となる．

次に，$m=148$ のとき $14x+3y=148$ の解のうち，x, y がともに正の整数であるものを考える．$x+y$ は，$x=\boxed{},\ y=\boxed{}$ のときに最大値 $\boxed{}$ をとる．（23　同志社大・文系）

《1 次不定方程式 (A10)》

329. 120 と 168 の最大公約数を d とすると，$d=\boxed{}$ である．

また，方程式 $120x-168y=d$ を満たす整数 x, y の組は，k を整数として

$$x=\boxed{}+\boxed{}k,\ y=\boxed{}+\boxed{}k$$

と表される．（23　同志社女子大・共通）

《(B0)》

330. $2023x+374y=17$ を満たす整数 x, y の組を 1 つ求めよ．（23　琉球大）

《3 変数分数形 (B10) ☆》

331. $\dfrac{1}{l}+\dfrac{1}{2m}+\dfrac{1}{3n}=\dfrac{4}{3}$ $(l<m<n)$ を満たす自然数 l, m, n の組を求めよ．（23　釧路公立大）

《3 変数分数形 (A20) ☆》

332. 次の問いに答えよ．

（1）等式 $\dfrac{1}{x}+\dfrac{1}{y}=\dfrac{1}{3}$ を満たす 2 つの正の整数 x, y $(x \leqq y)$ の組をすべて求めよ．

（2）等式 $\dfrac{1}{x}+\dfrac{1}{y}+\dfrac{1}{z}=\dfrac{4}{3}$ を満たす 3 つの正の整数 x, y, z $(x \leqq y \leqq z)$ の組をすべて求めよ．

（23　日本女子大・人間）

《基本的双曲型 (A20) ☆》

333. 以下の問に答えよ．

（1）2023 を素因数分解せよ．

（2）n を自然数とする．$2023n$ がある自然数の 3 乗になるような n のうち，最小のものを求めよ．

（3）方程式 $49x+91y=2023$ を満たす自然数の組 (x, y) をすべて求めよ．

（4）方程式 $xy+116x+16y-167=0$ を満たす自然数の組 (x, y) をすべて求めよ．（23　公立鳥取環境大・前期）

《基本的双曲型 (A5)》

334. 方程式 $xy+6x-y=10$ をみたす整数 x，y の組 (x, y) のうち x が最も小さいものは，

$(x, y)=(-\square, -\square)$

である．（23　大東文化大）

《1 次不定方程式 (B10)》

335. 1 次不定方程式 $273x+112y=21$ を満たす整数 x, y の組の中で，y が正で最小となる組を求めよ．

（23　山梨大・教）

《因数分解の活用 (B10)》

336. $x^2+5xy+6y^2-3x-7y=0$ をみたす整数の組 (x, y) を全て求めなさい．（23　東北福祉大）

《3 変数因数分解 (B20)》

337. 定数 m に対して x, y, z の方程式

$$xyz+x+y+z=xy+yz+zx+m \quad \cdots\cdots ①$$

を考える．次の問に答えよ．

（1）$m=1$ のとき ① 式をみたす実数 x, y, z の組をすべて求めよ．

（2）$m=5$ のとき ① 式をみたす整数 x, y, z の組をすべて求めよ．ただし $x \leqq y \leqq z$ とする．

（3）$xyz=x+y+z$ をみたす整数 x, y, z の組をすべて求めよ．ただし $0<x \leqq y \leqq z$ とする．

（23　早稲田大・社会）

《双曲型不定方程式 (A5)》

338. n を整数として，$\sqrt{n^2-10n+2}$ が整数となるときの n の最大値は $\square$ であり，最小値は $-\square$ である．

（23　星薬大・推薦）

《長い問題文 (B20)》

339. 自然数 N $(N \geqq 10)$ が 17 の倍数であることを判定する 1 つの方法として，次の命題がある．

命題「自然数 N の一の位を除いた数から一の位の数の 5 倍を引いた数が 17 の倍数であれば，N は 17 の倍数である」

例えば，2023 の場合，一の位を除いた数は 202 で，一の位の数 3 の 5 倍は 15 である．したがって，$202-15=187=11\times17$ より 17 の倍数となり，$2023=7\times17\times17$ も 17 の倍数であることが分かる．

この命題が成り立つことを示す．N は，自然数 a と整数 b $(0 \leqq b \leqq 9)$ を用いて，$N=10a+b$ と表される．この

とき，「一の位を除いた数から一の位の数の 5 倍を引いた数」は，$\boxed{ア}$ と表される．

$\boxed{ア}$ が 17 の倍数であれば整数 k を用いて $\boxed{ア} = 17k$ とおけるので，N は a を消去することにより $N = 17\left(\boxed{イ}\right)$ となる．したがって，$\boxed{イ}$ は整数であることより，命題は成立する．なお，この命題の逆，すなわち，「自然数 N が 17 の倍数ならば，N の一の位を除いた数から一の位の数の 5 倍を引いた数は 17 の倍数となる」も成立する．

次に，1 次不定方程式 $7x + 17y = 1$ の整数解の組 (x, y) を考える．この整数解の組のうち，x の値が最も小さい自然数であるのは $\left(\boxed{}, \boxed{}\right)$ である．また，この 1 次不定方程式を満たす整数解の組 (x, y) のうち，和 $x + y$ が 17 の倍数で最も小さい自然数は $x + y = \boxed{}$ である．そのときの整数解の組は $(x, y) = \left(\boxed{}, \boxed{}\right)$ である．（23　立命館大・文系）

【p 進法】

《3 進法 (A5)》

340. 10 進法で表された数 116 を 3 進法で表せ．（23　富山県立大・推薦）

《 (B0)》

341. n を自然数とする．10 進法で表された整数 59 は，3 進法では $2012_{(3)}$ と表記され，4 桁になる．同様に，10 進法で表された 2023 は，8 進法で $\boxed{}$ と表記される．ある自然数 x を 8 進法で表すと n 桁となり，2 進法で表すと $(n + 6)$ 桁となる．このような n の最大値は 10 進法で表すと $n = \boxed{}$ である．この性質をみたす x の最大値を 10 進法で表すと $\boxed{}$ であり，8 進法で表すと $\boxed{}$ となる．（23　同志社大・経済）

《8 進法など (A20) ☆》

342. 3 進法で表されたとき，5 桁となるような自然数の個数を求めよ．（23　北海学園大・経済）

【整数問題の雑題】

《図形と整数 (B10)》

343. 3 辺の長さがいずれも整数値であるような直角三角形について，次の問いに答えなさい．

（1） 3 辺の長さはすべて異なることを証明しなさい．

（2） 1 番短い辺の長さと 2 番目に短い辺の長さのうち，少なくとも一方は偶数であることを証明しなさい．

（3） 1 番短い辺の長さが 5 であるとき，残りの 2 辺の長さの組をすべて求めなさい．（23　鳴門教育大）

《図形と整数 (B10)》

344. $\angle\mathrm{BAC} = 2\angle\mathrm{ABC}$ を満たす $\triangle\mathrm{ABC}$ において，$a = \mathrm{BC}, b = \mathrm{CA}, c = \mathrm{AB}$ とする．このとき，次の各問に答えよ．

（1） $\angle\mathrm{ABC} = \alpha$ とする．正弦定理を用いて，$\cos\alpha$ を a, b の式で表せ．

（2） c を a, b の式で表せ．

（3） a, b, c は最大公約数が 1 の整数であり，$2c = a + b$ を満たすとする．このとき，a, b, c の値を求めよ．

（23　名城大・農）

《因数に着目する (B10) ☆》

345. $\sqrt{m} + \sqrt{n} = \sqrt{2023}$ を満たす正の整数の組 (m, n) の個数を求めよ．（23　一橋大・後期）

《放物型 (B10) ☆》

346. n を 2 以上 20 以下の整数，k を 1 以上 $n - 1$ 以下の整数とする．

$$_{n+2}\mathrm{C}_{k+1} = 2({}_n\mathrm{C}_{k-1} + {}_n\mathrm{C}_{k+1})$$

が成り立つような整数の組 (n, k) を求めよ．（23　一橋大・前期）

《集合で共通因数を捉える (D40)》

347. a, b, c を $a > b > c$ を満たす自然数とする．a と b の最大公約数と最小公倍数の和は c で割り切れ，b と c の最大公約数と最小公倍数の和は a で割り切れ，c と a の最大公約数と最小公倍数の和は b で割り切れるとする．

$d = \dfrac{a}{c}$ とする．以下の問いに答えよ．

（１） a と b の正の公約数は c の約数であることを示せ．

（２） a と b が，b と c が，c と a がそれぞれ互いに素であるとき，$1 + ab + bc + ca \geqq abc$ であることを示せ．

（３） d のとりうる最大の値を求めよ． （23　京都府立大・環境・情報）

《3 次の因数分解 (B20) ☆》

348．x, y を整数とする．次の問いに答えなさい．

（１） 不等式 $x^2 + y^2 - xy \geqq 0$ が成立することを証明しなさい．

（２） $3x^2 - 3px + p^2 - 1 = 0$ を満たす整数 x と素数 p の組 (x, p) をすべて求めなさい．

（３） $p = x^3 + y^3$ と表せる素数 p を小さいものから順に 4 つ求めなさい． （23　尾道市立大）

《3 次の不定方程式 (B30)》

349．正の整数 a, b, c に対して，

$$2a^3 + b^3 = c^3 + 2023$$

が成り立つとする．次の問いに答えよ．

（１） $b - c = 3k + r$ (k, r は整数であり，r は $-1 \leqq r \leqq 1$ をみたす) と表すとき，$b^2 + bc + c^2$ を 3 で割った余りを，r の式で表せ．

（２） a を 3 で割った余りが 2 であるとき，$b - c$, $b^2 + bc + c^2$ をそれぞれ 3 で割った余りを求めよ．

（３） $a = 8$ のとき，(b, c) をすべて求めよ． （23　横浜国大・理工，都市科学）

《ラグランジュの恒等式 (B20)》

350．次の問いに答えよ．

（１） p, q を，$2 < p < q$ を満たす素数とする．$a^2 - c^2 = d^2 - b^2 = pq$ を満たす相異なる 4 つの正の整数 a，b，c，d が存在するとき，$a^2 + b^2$ は素数でないことを示せ．

（２） 実数 a, b, c, d が $a^2 + b^2 = c^2 + d^2$ を満たすとき，以下の等式が成り立つことを示せ．

$$\begin{aligned}(a^2 + b^2)^2 &= (ac - bd)^2 + (ad + bc)^2 \\ &= (a^2 - b^2)^2 + (2ab)^2 \\ &= (ac + bd)^2 + (ad - bc)^2 \\ &= (c^2 - d^2)^2 + (2cd)^2\end{aligned}$$

（３） $x^2 + y^2 = 65^2$ かつ $0 < x < y$ を満たす整数の組 (x, y) を 4 つ求めよ． （23　横浜国大・経済，経営）

《因数分解の活用 (B20)》

351．a, b を定数とする．連立方程式

$$\begin{cases} 5x + 2x^{a-1}y^b = 26 \\ x - x^a y^{b-1} = 0 \end{cases}$$

を満たす (x, y) の組のうち，x と y がともに自然数であるのは，x の値が小さい方から順に，$(\square, \square)$, $(\square, \square)$ である． （23　青学大・経済）

《虫食い算 (B5)》

352．以下の虫食い算の解は $A = \square$, $B = \square$, $C = \square$, $D = \square$ である．

$\boxed{A} \times \boxed{B}\boxed{A} \times \boxed{B}\boxed{A} = \boxed{C}\boxed{D}\boxed{C}3$ （23　中部大）

《数列と整数の融合 (B20) ☆》

353．2 次方程式 $x^2 - 10x - 10 = 0$ の 2 つの実数解のうち，大きい方を α，小さい方を β とし，自然数 n に対して $r_n = \alpha^n + \beta^n$ とおく．このとき，以下の問いに答えよ．

（１） r_2 および r_3 の値を求めよ．答えは結果のみ解答欄に記入せよ．

（２） r_{n+2} を r_{n+1} と r_n を用いて表せ．

（３） α^{100} の整数部分の一の位と十の位を求めよ． （23　中央大・経）

《オセロの問題 (B20)》

354．オセロゲームのコマ（1 つの面が白，反対の面が黒）64 枚を図 1 のように全部黒にして 1 列に並べる．

図1　●●●●●●●●・・・・・・

1 回目の操作として，図 2 のように 2 枚目，4 枚目，6 枚目，… と 2 枚目ごとにコマを裏返す．すると，コマは，黒，白，黒，白，… になる．

図2　●○●○●○●○・・・・・・

この操作をするとき，次の問いに答えよ．

（1） 2 回目の操作として，3 枚目，6 枚目，9 枚目，… と 3 枚目ごとにコマを裏返すと，白いコマは何枚あるか．

（2） 3 回目の操作として，4 枚目，8 枚目，12 枚目，… と 4 枚目ごとにコマを裏返すと，白いコマは何枚あるか．

（3） 4 回目の操作として，5 枚目，10 枚目，15 枚目，… と 5 枚目ごとにコマを裏返す．これまでの 4 回の操作で，1 度も裏返されなかったコマは何枚あるか．　（23　岐阜聖徳学園大）

《分数を見つける (B10)》

355. 正の整数 m と n は，不等式 $\dfrac{2022}{2023} < \dfrac{m}{n} < \dfrac{2023}{2024}$ を満たしている．このような分数 $\dfrac{m}{n}$ の中で n が最小のものは，$\dfrac{\square}{\square}$ である．　（23　慶應大・環境情報）

《循環小数 (A2)》

356. 分数 $\dfrac{22}{7}$ を小数で表したとき，小数第 50 位の数字を求めよ．　（23　酪農学園大・食農，獣医-看護）

《目標が見えない (C40)》

357. 数列 $\{a_n\}$, $\{b_n\}$ をそれぞれ

$$a_n = \frac{5^{2^{n-1}}-1}{2^{n+1}},\ b_n = \frac{a_{n+1}}{a_n}\ (n=1,\ 2,\ 3,\ \cdots)$$

により定める．ただし，$5^{2^{n-1}}$ は 5 の 2^{n-1} 乗を表す．次の問いに答えよ．

（1） a_1, a_2, a_3 を求めよ．

（2） すべての自然数 n について b_n は整数であることを示せ．

（3） すべての自然数 n について a_n は整数であることを示せ．

（4） すべての自然数 n について a_n は奇数であることを示せ．　（23　大阪公立大・文系）

【二項定理】

《多項定理 (A5)》

358. $(x-2y+3z)^6$ を展開した整式の x^2y^3z の係数を求めよ．　（23　学習院大・経済）

《多項定理 (B2)》

359. p, q は 0 でない定数とする．$(px-q)^{11}$ の展開式における x^9 の係数は $\square p^{\square} q^{\square}$ である．

$(x-2y^2+3z)^7$ の展開式における $x^3y^4z^2$ の係数は $\square$ である．　（23　京産大）

《多項定理 (A5)》

360. $(x^2-2x+1)^7$ の展開式における x^3 の係数を求めなさい．　（23　龍谷大・推薦）

《二項定理 (A4)》

361. $\left(x+\dfrac{1}{2}\right)^6\left(x-\dfrac{1}{2}\right)^6$ を展開したときの x^8 の係数を求めなさい．　（23　秋田大・前期）

《二項係数の和 (B10)》

362. 以下の問いに答えよ．

（1） n を正の整数とする．${}_n\mathrm{C}_0 + {}_n\mathrm{C}_1 + \cdots + {}_n\mathrm{C}_n$ を求めよ．

（2） n を 2 以上の整数とし，k を 1 以上 n 以下の整数とする．$k \times {}_n\mathrm{C}_k = n \times {}_{n-1}\mathrm{C}_{k-1}$ を示せ．

（3） n を 2 以上の整数とする．$1 \times {}_n\mathrm{C}_1 + 2 \times {}_n\mathrm{C}_2 + \cdots + n \times {}_n\mathrm{C}_n$ を求めよ．　（23　中央大・商）

《割り算の実行 (B10)》

363. 等式

$x^3-5 = a + b(x-1) + c(x-1)(x+1)$

$+(x-1)(x-2)(x+1)$

が x についての恒等式であるとき，定数 a, b, c の値は $(a, b, c)=$ □ である．

x の整式 $f(x)=x^2+px+1$ について，$f(x^2)$ が $f(x)$ で割り切れるとき，定数 p の値は□である．(23　福岡大)

《オメガの問題 (B3)》

364．方程式 $x^2+x+1=0$ の解の 1 つを ω とすると，$\omega^3=$ □ である．また，$x^{2023}-x^2$ を x^2+x+1 で割ったときの余りは □$x+$ □ である．(23　星薬大・B 方式)

《多項式の割り算の利用 (A2)》

365．整式 $3x^3+4x^2+9x$ を整式 x^2+x+2 で割った余りは □$x+$ □ である．方程式 $x^2+x+2=0$ のひとつの解を α とするとき，$3\alpha^3+4\alpha^2+9\alpha$ の値の実部は □ である．(23　東京薬大)

《多項式の割り算の利用 (A5)》

366．$z=\dfrac{-3+\sqrt{7}i}{2}$ とするとき，次の値を求めなさい．ただし i は虚数単位とする．

$z^4+3z^3+2z^2-z-2$

(23　福島大・人間発達文化)

《微分法の応用 (B5) ☆》

367．整式 $x^{20}-3x+5$ を $(x-1)^2$ で割った余りは，□$x-$ □ である．(23　金城学院大)

《余りを求める (A2)》

368．整式 $(x+1)^{2023}$ を x^2 で割った余りは□である．(23　立教大・文系)

《余りを求める (B10) ☆》

369．整式 $f(x)$ を

$(x-2)^2$ で割った余りは $3x+2$,

$(x+1)^2$ で割った余りは x であるという．このとき以下の設問に答えよ．

(1)　$f(x)$ を $(x-2)(x+1)$ で割った余りを求めよ．

(2)　$f(x)$ を x^3-3x-2 で割った余りを求めよ．(23　東京女子大・文系)

《余りを求める (B10)》

370．(1)　整式 $P(x)$ を x^2-3x+2 で割ると余りが $x+2$, x^2-4x+3 で割ると余りが $2x+1$ であるとき，$P(x)$ を x^2-5x+6 で割ったときの余りは□である．

(2)　$Q(x)$ を 3 次式とし，$Q(x)$ の x^3 の項の係数は 1 であるとする．$Q(x)$ を $x-1$ で割ると余りが 3, $x-2$ で割ると余りが 2, $x-3$ で割ると余りが 1 であるとき，$Q(x)=$ □ である．$Q(x)$ を $(x+2)^2$ で割ると余りが $3x-2$, $x-4$ で割ると余りが 7 であるとき，$Q(x)=$ □ である．(23　北里大・薬)

《多項式を求める (B20) ☆》

371．$P(x)$ を x についての整式とし，

$P(x)P(-x)=P(x^2)$

は x についての恒等式であるとする．

(1)　$P(0)=0$ または $P(0)=1$ であることを示せ．

(2)　$P(x)$ が $x-1$ で割り切れないならば，$P(x)-1$ は $x+1$ で割り切れることを示せ．

(3)　次数が 2 である $P(x)$ をすべて求めよ．(23　北海道大・文系)

《商が残るように代入する (B10) ☆》

372．整式 $P(x)$ を x^2+x-2 で割った余りが $x+1$ であり，$x-2$ で割った余りが 7 であるとき，$P(x)$ を x^3-x^2-4x+4 で割ったときの余りを求めよ．(23　愛知医大・看護)

《因数で表す (B3)》

373．x の 3 次式 $x^3+\alpha x^2+\beta x+\gamma$ が x^2-1 で割り切れ，$x+2$ で割ると余りが -3 になるとき

$\alpha=$ □, $\beta=$ □, $\gamma=$ □

である．(23　東邦大・健康科学-看護)

《余りを求める (B10)》

374. a を実数，n を正の奇数とし，x の整式

$$f(x)=a+\sum_{k=1}^{n}x^k$$

を $x+1$ で割った余りは 1 であるとする．このとき，a の値は $\square$ である．また，$f(x)$ を x^2-1 で割った余りを n を用いて表すと $\square$ である．

（23　福岡大）

《余りを求める (B3)》

375. 整式 $P(x)$ を

$$P(x)=\sum_{n=1}^{20}nx^n$$
$$=20x^{20}+19x^{19}+18x^{18}+\cdots+2x^2+x$$

と定める．このとき，$P(x)$ を $x-1$ で割ったときの余りは $\square$ である．また，$P(x)$ を x^2-1 で割ったときの余りは $\square$ である．　（23　慶應大・看護医療）

【恒等式】

《4 次の恒等式 (A2) ☆》

376. $(x+1)(3x+2)(5x^2+\square x-1)$
$=15x^4+37x^3+27x^2+\square x-2$ である．　（23　東洋大）

《分数の恒等式 (A2)》

377. 次の式が恒等式になるように，定数 a, b の値を定めよ． ただし，x は分母が 0 になる値をとらないものとする．

$$\frac{6x+5}{(3x-1)(x+2)}=\frac{a}{x+2}+\frac{b}{3x-1}$$

（23　倉敷芸術科学大）

《多項式を求める (A1) ☆》

378. 2 次式 $f(x)$ が $f(f(x))=f(x)^2+1$ を満たすとき，$f(x)=\square$ である．　（23　立教大・文系）

【不等式の証明】

《相加相乗平均の証明 (A5)》

379. $a>1, b>1$ のとき，次の不等式を証明しなさい．また，等号が成立するための必要十分条件を求めなさい．
$\log_a b+\log_b a \geqq 2$　（23　福島大・人間発達文化）

《相加相乗平均の不等式 (B10) ☆》

380. 座標平面上の曲線 $C: y=\dfrac{1}{2x}\ (x>0)$ を考える．k を実数とし，点 $(1, 1)$ を通り傾きが k の直線を l とする．C と l が 2 つの共有点 A，B をもつとき，以下の問いに答えよ．

（1） k の条件を求めよ．

（2） 線分 AB の長さ L について，以下の（ i ），（ ii ）に答えよ．

　（ i ） L を k を用いて表せ．

　（ ii ） $L \geqq 2$ が成り立つことを示せ．また，$L=2$ が成り立つとき，k の値を求めよ．

（23　奈良女子大・生活環境，工）

《二項定理の不等式証明 (B10)》

381. 整数 n は 1 以上であるとする．この場合に，以下の問に答えなさい．

（1） k が 0 以上 n 以下の整数であるとき，不等式 ${}_n\mathrm{C}_k \leqq n^k$ が成り立つことを証明しなさい．

（2） n が 3 以上であるとき，不等式
$n^2+1<n^n$ が成り立つことを証明しなさい．

（3） n が 3 以上であるとき，不等式

$\log_n(n+1) < \dfrac{n+1}{n}$ が成り立つことを証明しなさい．　(23　埼玉大・文系)

《図形と値域 (A10)》

382．$a > 0$ とし，$\triangle$ABC において，$\angle$A $= 120°$，AB $= 2a$，AC $= \dfrac{1}{a}$ とする．このとき，$\triangle$ABC の面積は□である．また，$\angle$A の 2 等分線と辺 BC との交点を D とするとき，線分 AD の長さがとりうる値の範囲は $0 <$ AD $\leqq$ □ である．　(23　福岡大)

《座標と最小 (A10)》

383．平面上に点 R(1, 8) がある．正の実数 t に対して，R を通る傾き $-t$ の直線を L とし，L と x 軸，y 軸との交点をそれぞれ A, B とする．長さの和 OA ＋ OB の最小値と，最小値を与える t の値を求めよ．(23　学習院大・文)

《平方完成 (B5) ☆》

384．a, b, c を実数とするとき，不等式

$$a^2 + b^2 + c^2 \geqq ab + bc + ca$$

が成り立つことを証明しなさい．

(23　駒澤大・医療健康)

《最小問題 (B10)》

385．正の実数 x と y が $\dfrac{1}{x} + \dfrac{1}{y} = 1$ を満たしている．ただし，$x \neq 1, y \neq 1$ とする．このとき $(x-1)(y-1) =$ □であり，xy の最小値は□である．また，$\dfrac{1}{x-1} + \dfrac{1}{y-1}$ の最小値は□であり，$\dfrac{y^2}{x} + \dfrac{x^2}{y}$ の最小値は□である．　(23　明治学院大)

《最小問題 (A5)》

386．x を実数とする．$9 \cdot 2^x + \dfrac{1}{2^x}$ は $x = -\log_2$ □ のとき最小値□となる．　(23　金城学院大)

《分数関数と最小値 (B10)》

387．a は正の実数であるとする．$x > 0$ における $x + a + \dfrac{4a^2}{x+a}$ の最小値は□である．また，$x > 0$ において，$\dfrac{x^2+6x+13}{x+2}$ は $x =$ □ のとき最小値□をとる．　(23　関西学院大)

《分数関数と相加相乗 (A5)》

388．$x > 0, y > 0$ のとき，$(x+2y)\left(\dfrac{2}{x} + \dfrac{1}{y}\right)$ の最小値は□である．　(23　京産大)

《 (B0)》

389．$a > 0, b > 0$ のとき，$\sqrt{\left(a + \dfrac{6}{b}\right)\left(b + \dfrac{24}{a}\right)}$ の最小値は □$\sqrt{□}$ である．　(23　東京農大)

《相加相乗 2 連発 (B10) ☆》

390．$t > 0$ のとき，$t + \dfrac{1}{t}$ が最小値をとるときの t の値は $t =$ □ である．また，$s > 0$ のとき，$s + \dfrac{1}{s} + \dfrac{25}{4s + \dfrac{4}{s}}$ が最小値をとるときの s の値は $s =$ □ である．　(23　南山大・経済)

《不等式証明 (B5) ☆》

391．x, y を $|x| < 1, |y| < 1$ を満たす実数とするとき，$\left|\dfrac{x+y}{1+xy}\right| < 1$ となることを示せ．　(23　甲南大)

【複素数の計算】

《2 次方程式を解く (B5)》

392．2 次方程式 $x^2 = -1$ の解は□で，2 次方程式 $x^2 = i$ の解は□である．ただし，$i = \sqrt{-1}$ は虚数単位とする．　(23　三重県立看護大・前期)

《2 次方程式を解く (B5)》

393．x, y を実数とし，i を虚数単位とする．

$z = x + yi$ が複素数の等式 $z^2 = -128i$ を満たすとき，

$(x, y) =$ (ア , イ)，または，

$(x, y) = ($ イ $,$ ア $)$ となり，$z = x + yi$ が複素数の等式 $z^2 + 8 - 6i = 0$ を満たすとき，

$(x, y) = ($ ウ $,$ エ $)$，または，

$(x, y) = (-$ ウ $, -$ エ $)$ となる．（23 西南学院大）

《オメガの友達（A5）》

394． 複素数 z が $z^4 = z^2 - 1$ をみたすとき，

$z^{40} + 2z^{10} + \dfrac{1}{z^{20}}$ の値を求めなさい．（23 横浜市大・共通）

《虚数係数の 2 次方程式（B10）》

395． a を実数の定数とする．虚数単位 i を含む方程式 $x^2 + (1+i)x - 2 + ia = 0$ が実数解 x をもつ条件は，

$a =$ □，□ である．（23 中部大）

《6 乗の計算（A3）》

396． $z = \dfrac{\sqrt{3}+i}{2}$ に対して，$z^6 = a + bi$ とする．このとき，$a =$ □，$b =$ □ である．ただし，i は虚数単位とし，a, b は実数とする．（23 立教大・文系）

《（A0）》

397． $x = 2 + \sqrt{3}i$ のとき，$x^3 - 6x^2 + 7x - 1 =$ □ $-$ □ $\sqrt{3}i$ である．ただし，i は虚数単位を表す．

（23 東邦大・健康科学-看護）

【解と係数の関係】

《2 次方程式（A5）☆》

398． 2 次方程式 $x^2 + x + 3 = 0$ の 2 つの解を α, β とするとき，$\dfrac{\beta}{\alpha} + \dfrac{\alpha}{\beta} =$ □ であり，$\dfrac{\beta^2}{\alpha} + \dfrac{\alpha^2}{\beta} =$ □ である．（23 慶應大・看護医療）

《2 次方程式（B5）》

399． 2 次方程式 $2x^2 - 6x + 5 = 0$ の 2 つの解を α と β とするとき，$\dfrac{\alpha}{\beta} + \dfrac{\beta}{\alpha} = \dfrac{\square}{\square}$ である．また，

$(2\alpha^2 + 4\alpha + 5)(2\beta^2 - 5\beta + 5) =$ □

である．（23 京産大）

《2 次方程式（A10）》

400． 2 次方程式 $2x^2 - 4x + 5 = 0$ の 2 つの解 α, β のうち，虚部が正のものを α とすると $\alpha =$ □ である．また，2 次方程式 $x^2 - px + q = 0$ の 2 つの解が $\alpha - 1, \beta - 1$ であるとき，$p + q =$ □ である．（23 名城大・農）

《連立方程式を解く（B10）》

401． 2 つの式

$x^2 - xy + y^2 = 10$ ……①，

$x + y + xy = 0$ ……②

を満たす実数 x, y の組のうち，$y \geqq 0$ となるものを求める．$x + y = s, xy = t$ とおくと，① より $s^2 -$ □ $t = 10$ が得られる．これと ② より t を消去すると $s^2 +$ □ $s -$ □ $= 0$ となる．以上から，求める x, y の組は

$x =$ □ $- \sqrt{\square}$，$y =$ □ $+ \sqrt{\square}$

である．（23 昭和女子大・B 日程）

《2 次方程式 3 次（B5）》

402． n を 4 以上の整数とし，2 次方程式

$${}_n\mathrm{C}_2 x^2 + {}_n\mathrm{C}_3 x + {}_n\mathrm{C}_4 = 0$$

の 2 つの解 α，β は $\alpha\beta = \dfrac{5}{3}$ を満たすとする．このとき，n の値は □ であり，$\alpha^3 + \beta^3$ の値は □ である．

（23 福岡大）

《2 次方程式 3 次（B5）》

403． 方程式 $x^2 + 2x - 2 = 0$ の解を α，$\beta\ (\alpha < \beta)$ とおく．次の式の値を求めなさい．

（1） $(\alpha-2)(\beta-2)=\boxed{}$

（2） $\alpha^3+\beta^3=\boxed{}$

（3） $\alpha^3-\beta^3=-\boxed{}\sqrt{\boxed{}}$ （23　愛知学院大）

《実部の話 (B20) ☆》

404．a, b を実数とする．整式 $f(x)$ を $f(x)=x^2+ax+b$ で定める．以下の問に答えよ．

（1） 2次方程式 $f(x)=0$ が異なる2つの正の解をもつための a と b がみたすべき必要十分条件を求めよ．

（2） 2次方程式 $f(x)=0$ が異なる2つの実数解をもち，それらが共に -1 より大きく，0より小さくなるような点 (a, b) の存在する範囲を ab 平面上に図示せよ．

（3） 2次方程式 $f(x)=0$ の2つの解の実部が共に -1 より大きく，0より小さくなるような点 (a, b) の存在する範囲を ab 平面上に図示せよ．ただし，2次方程式の重解は2つと数える． （23　神戸大・文系）

《虚数解の設定 (B10)》

405．3次方程式 $ax^3+x^2-bx+6=0$ が $1-i$ を解にもつとき，実数の定数 a, b の値を求めると，$(a, b)=\boxed{}$ であり，この方程式の実数解は $x=\boxed{}$ である．ただし，i は虚数単位とする． （23　福岡大）

《虚数係数の2次方程式 (B10) ☆》

406．k を実数とする．x についての等式

$$x^2-(4-3i)x+(4-ki)=0$$

を満たす実数 x があるとき，$k=\boxed{\text{キ}}$ である．このとき，上の数式を満たす x の値は2つあり，$\boxed{\text{ク}}$ と $\boxed{\text{ケ}}-\boxed{\text{コ}}i$ である．ただし，i は虚数単位とする． （23　明治大・全）

《6乗の和 (A10) ☆》

407．2次方程式 $x^2-3x-2=0$ の2つの解を α, β とするとき，以下の問いに答えよ．

（1） 2次方程式 $x^2+ax+b=0$ が α^2, β^2 を解にもつとき，a, b の値を求めよ．

（2） 2次方程式 $x^2+cx+d=0$ が α^6, β^6 を解にもつとき，c, d の値を求めよ． （23　小樽商大）

《分数関数の最小 (B20) ☆》

408．k を正の実数とし，2次方程式 $x^2+x-k=0$ の2つの実数解を α, β とする．k が $k>2$ の範囲を動くとき，$\dfrac{\alpha^3}{1-\beta}+\dfrac{\beta^3}{1-\alpha}$ の最小値を求めよ． （23　東大・文科）

《解と係数から2次関数 (A10)》

409．x についての2次方程式

$$x^2-2mx+3m^2-m-3=0$$

が実数解をもつとき，その解を α, β とする．

このとき，$\alpha^2+\beta^2$ は，$m=-\boxed{}$ のときに最小となり，その値は $\boxed{}$ である． （23　東洋大）

《2次方程式の決定 (A5)》

410．a, b を実数とする．

x の2次方程式 $x^2+ax+b=0$

の2解が a, b であるとき

$a=\boxed{}$ かつ $b=\boxed{}$

または

$a=\boxed{}$ かつ $b=\boxed{}$

となる． （23　東邦大・健康科学-看護）

【因数定理】

《因数で表す (A5) ☆》

411．a, b, c, d は定数とする．関数

$f(x)=ax^4+bx^3+cx^2+dx$

が $f(-1)=f(1)=f(2)=f(3)=1$

を満たしているとき，$f(4)$ の値を求めると，$f(4) = \square$ である．　（23　小樽商大）

【高次方程式】

《4 次の相反方程式 (B10)》

412. p を実数とし，x の 4 次方程式

$x^4 - 2x^3 + px^2 - 4x + 4 = 0$ ……………………①

を考える．$x = 0$ は ① の解ではないので，

$t = x + \dfrac{2}{x}$ とおくと，① は t の方程式 $\square = 0$ と表される．

（1） $p = 5$ のとき，x の方程式 ① は異なる 2 つの虚数解をもち，このうち虚部が正のものを β とすると，$\beta = \square$ である．

（2） x の方程式 ① が異なる 4 つの実数解をもつとき，p の取りうる値の範囲は $\square$ である．　（23　関西学院大）

《4 次の相反方程式 (B20)》

413. 4 次方程式

$$2x^4 + 9x^3 - 14x^2 + 9x + 2 = 0 \quad \cdots\cdots (a)$$

を次の手順で解く．

（1） $t = x + \dfrac{1}{x}$ とおくと，(a) は t の 2 次方程式

$$2t^2 + \square t - \square = 0 \quad \cdots\cdots (b)$$

に変形することができる．方程式 (b) の解は，$t = -\boxed{ア}$，$\dfrac{\boxed{イ}}{\boxed{ウ}}$ である．

（2） （1）の結果の $t = -\boxed{ア}$ より，(a) の解 $x = -\square \pm \square\sqrt{\square}$ を得る．

また，$t = \dfrac{\boxed{イ}}{\boxed{ウ}}$ より，(a) の解 $x = \dfrac{\square \pm \sqrt{\square}\,i}{\square}$ を得る．ただし，i は虚数単位とする．　（23　東京農大）

《4 次方程式の解 (B20)》

414. 次の問いに答えなさい．

（1） $x^4 - 6x^2 + 25$ を因数分解しなさい．

（2） 方程式 $x^4 - 6x^2 + 25 = 0$ の 4 つの解を p, q, r, s とするとき，$p^3 + q^3 + r^3 + s^3$ の値を求めなさい．

（3） （2）で定めた p, q, r, s に対して，$p^3q^3 + p^3r^3 + p^3s^3 + q^3r^3 + q^3s^3 + r^3s^3$ の値を求めなさい．

（23　山口大・文系）

《3 次の解と係数の関係 (B20)》

415. 方程式 $x^3 + 5x^2 + 7x + 2 = 0$ の解を α，β，γ とするとき，

（1） $\alpha\beta + \beta\gamma + \gamma\alpha$ を求めなさい．

（2） $\dfrac{1}{\alpha} + \dfrac{1}{\beta} + \dfrac{1}{\gamma}$ を求めなさい．

（3） $\alpha^3 + \beta^3 + \gamma^3$ を求めなさい．　（23　愛知学院大）

《複 2 次方程式 (B10)》

416. a を実数の定数とする．x についての 4 次方程式 $x^4 - 2ax^2 + a + 1 = 0$ が異なる 4 つの実数解をもつような定数 a の範囲を求めよ．　（23　中部大）

《共役解 (A10)》

417. a, b は整数で，x の 3 次方程式

$x^3 - ax^2 + 10x - b = 0$

が $x = 1 \pm i$ を解にもつとき，$a = \square$，$b = \square$ である．また，他の解は，$x = \square$ である．i は虚数単位を表す．　（23　明治大・情報）

《共役解 (B10) ☆》

418. a, b を実数の定数とし，i を虚数単位とする．x についての方程式

$$x^4+ax^2+bx+20=0 \cdots\cdots (*)$$

が $x=2-i$ を解にもつとき，$a=-\square$, $b=\square$ であり，方程式$(*)$の $x=2-i$ 以外の解は

$x=-\square$, $\square+\square i$ である．（23　中京大）

《共役解 (B10)》

419. $i^2=-1$ とする．3 次方程式

$x^3+ax^2+bx+6=0$

の 1 つの解が $x=2+\sqrt{2}i$ であるとき，実数 a, b の値は，$(a,\ b)=(\square,\ \square)$ である．（23　松山大・薬）

《共役解 (B10)》

420. a, b を実数の定数とし，i を虚数単位とする．

方程式 $x^3+ax^2+9x+b=0$ の解の 1 つが $x=1-2i$ であるとき，$a=\square$, $b=-\square$ となる．

また，この方程式の実数解は $x=\square$ となる．（23　西南学院大）

《3 次の解と係数の関係 (B10)》

421. 3 次方程式 $2x^3+2x^2+5x+7=0$ の 3 つの解を α, β, γ とするとき，$\alpha+\beta+\gamma=\square$,

$\alpha\beta+\beta\gamma+\gamma\alpha=\square$, $\alpha\beta\gamma=\square$ である．このとき，次の式の値を求めよ．

（1）$\alpha^2+\beta^2+\gamma^2=\square$

（2）$(\alpha-1)(\beta-1)(\gamma-1)=\square$

（3）$(\alpha+\beta)(\beta+\gamma)(\gamma+\alpha)\left(\dfrac{1}{\alpha\beta}+\dfrac{1}{\beta\gamma}+\dfrac{1}{\gamma\alpha}\right)$

$=\square$

（4）$\alpha^3+\beta^3+\gamma^3=\square$（23　立命館大・文系）

《3 乗根が外れる話 (B20)》

422. $a=\sqrt[3]{5\sqrt{2}+7}-\sqrt[3]{5\sqrt{2}-7}$ とする．次の問に答えよ．

（1）a^3 を a の 1 次式で表せ．

（2）a は整数であることを示せ．

（3）$b=\sqrt[3]{5\sqrt{2}+7}+\sqrt[3]{5\sqrt{2}-7}$ とするとき，b を越えない最大の整数を求めよ．（23　早稲田大・社会）

《4 次の基本対称式の計算 (B10)》

423. $x+y+z=0$, $xy+yz+zx=2$ であるとき，

$x^2+y^2+z^2=\square$，$x^4+y^4+z^4=\square$

となる．

（22　東邦大・健康，看護）

《3 次の共役解 (B10)》

424. 実数係数の x の 3 次方程式

$2x^3+sx^2+tx-6=0$

の 1 つの解が $1+i$ であるとき

$s=\square$, $t=\square$

である．また，残りの解のうち実数であるものは

$x=\dfrac{\square}{\square}$

である．（23　東邦大・健康科学-看護）

【直線の方程式 (数 II)】

《平行条件と垂直条件 (A3) ☆》

425. a を定数とする．2 直線 $ax-3y=4$, $x+(2-a)y=5$ が，平行であるとき $a=-\square$ または $\square$ であ

り，垂直であるとき $a=\dfrac{\square}{\square}$ である． （23　日大）

《折れ線の最短 (B10)》

426．a は正の定数とする．原点を O とする xy 平面上に直線 $l : y=\dfrac{2}{3}x$ と 2 点 A$(0,\ a)$, B$(17,\ 20)$ がある．直線 l 上にとった動点 P と 2 点 A，B それぞれを線分で結び，2 つの線分の長さの和 AP + BP が最小となったとき，$\angle\mathrm{APO}=45^\circ$ であった．AP + BP が最小であるとき，直線 BP を表す方程式は $y=\square$ であり，三角形 ABP の内接円の半径は $\square$ である． （23　慶應大・薬）

《最も近い点 (B40)》

427．座標平面上で，原点 O と点 A$(1,\ 3)$ を結ぶ線分 OA を考える．与えられた点 P に対し，P と線分 OA の距離を $d(\mathrm{P})$ とおく．すなわち $d(\mathrm{P})$ は，点 Q が線分 OA 上を動くときの線分 PQ の長さの最小値である．次の問いに答えよ．

（1） 点 P の座標が $(5,\ 2)$ のとき，$d(\mathrm{P})$ の値を求めよ．

（2） 点 P の座標が $(a,\ b)$ のとき，$d(\mathrm{P})$ を $a,\ b$ の式で表せ．

（3） 放物線 $y=x^2$ 上にあり，$d(\mathrm{P})=\sqrt{10}$ を満たす点 P の x 座標をすべて求めよ． （23　大阪公立大・文系）

【円の方程式】

《3 点を通る円 (A3)》

428．3 点 $(7,\ 10)$, $(9,\ 8)$, $(-1,\ 8)$ を通る円の方程式を求めると $\square$ である． （23　会津大・推薦）

《3 点を通る円 (A5)》

429．3 点 $(-3,\ 7)$, $(1,\ -1)$, $(4,\ 0)$ を通る円について，次の設問に答えよ．

（1） 円の方程式を求めよ．

（2） 中心の座標と半径を求めよ． （23　倉敷芸術科学大）

《根軸の方程式 (B3)》

430．xy 平面において，中心が A$(4,\ 3)$ で半径が 2 の円 C_1 に原点 O から引いた 2 本の接線の接点を P，Q とする．

2 点 O，A を直径の両端とする円 C_2 を考えると，円周角の性質より 2 点 P，Q もこの円 C_2 の上にある．したがって C_1 と C_2 の方程式を用いることにより直線 PQ の方程式は

$$y=-\frac{\square}{\square}x+7$$

と求められる． （23　東邦大・健康科学-看護）

【円と直線】

《対称点 (B5) ☆》

431．$2x^2-6x+2y^2+10y=1$ で表される円を，直線 $x+2y=1$ に関して対称移動したときの円の方程式は，$\square$ である． （23　北九州市立大・前期）

《2 円が交わる条件 (B10) ☆》

432．a を正の実数とする．2 つの円

$C_1 : x^2+y^2=a,$

$C_2 : x^2+y^2-6x-4y+3=0$

が異なる 2 点 A，B で交わっているとする． 直線 AB が x 軸および y 軸と交わる点をそれぞれ $(p,\ 0)$, $(0,\ q)$ とするとき，以下の問に答えよ．

（1） a のとりうる値の範囲を求めよ．

（2） $p,\ q$ の値を a を用いて表せ．

（3） $p,\ q$ の値が共に整数となるような a の値をすべて求めよ． （23　神戸大・文系）

《2 円が交わる条件 (B0)》

433. 座標平面上で，円 $x^2+y^2-2ax-4by-a^2+8a+4b^2-10=0$ を C_1 とし，円 $x^2+y^2+2x-4y+3=0$ を C_2 とする．ただし，a，b は定数である．

以下の問に答えなさい．ただし，分数はすべて既約分数にしなさい．設問（1）は空欄内の各文字に当てはまる数字を所定の解答欄にマークしなさい．設問（2），（3），（4）は裏面の所定の欄に解答のみ書きなさい．

（1） 円 C_1 が点 $(1,0)$ と点 $(1,6)$ と点 $(3,2)$ を通るとき，

円 C_1 は中心が点 $\left(\boxed{\text{ル}}, \boxed{\text{レ}}\right)$，半径が $\sqrt{\boxed{\text{ロワ}}}$ の円である．

（2） 円 C_1 の中心が直線 $y=x+3$ 上にあるとき，b を a を用いて表した式を書きなさい．

（3） a，b が（2）の式をみたすとき，円 C_1 と C_2 が異なる 2 点で交わる a の範囲を書きなさい．

（4） a，b が（2）の式をみたし，a が（3）の範囲にあるとき，円 C_1 と C_2 の 2 つの交点を通る直線を l とする．円 C_1 の中心と直線 l の距離が $\dfrac{5\sqrt{8}}{8}$ であるとき，直線 l の方程式を書きなさい．　（23　明治大・経営）

《円の束（B10）☆》

434. 2 つの円

$C_1 : x^2+y^2-3=0,$

$C_2 : x^2+y^2-2x-6y+1=0$

について，次の問いに答えよ．

（1） C_1 と C_2 が 2 点で交わることを示し，それら 2 つの交点を通る直線の方程式を求めよ．

（2） C_1 と C_2 の 2 つの交点，および原点を通る円の方程式を求めよ．

（3） C_1 と C_2 の 2 つの交点を通り，x 軸に接する円で，C_2 以外の円の方程式を求めよ．　（23　中央大・法）

《共有点をもつ条件（A5）》

435. xy 平面上において，点 $(4,3)$ を中心とする半径 1 の円と直線 $y=mx$ が共有点を持つとき，定数 m のとり得る最大値は $\dfrac{\square}{\square}+\dfrac{\square\sqrt{\square}}{\square}$ である．　（23　慶應大・商）

《極と極線（B10）》

436. 円 $C : x^2+y^2-10x+10y+25=0$ と，点 A$(6,2)$ について考える．以下の問に答えよ．

（1） 点 A を通り，円 C に接する直線は 2 本あり，その方程式は，$\square x-\square y-10=0$ と，$\square x+\square y-30=0$ である．

（2） （i）で求めた 2 本の直線と円 C の接点を P，Q とする．点 P，Q を結ぶ直線の方程式は，$x+\square y+\square=0$ となる．　（23　西南学院大）

《外接円と内接円（B10）》

437. 座標平面上の 3 点 A$(1,0)$，B$(14,0)$，C$(5,3)$ を頂点とする △ABC について，次の問いに答えよ．

（1） △ABC の重心の座標を求めよ．

（2） △ABC の外心の座標を求めよ．

（3） △ABC の内心の座標を求めよ．　（23　静岡大・理，教，農，グローバル共創）

【軌跡】

《直線（A10）☆》

438. 点 A$(-3,4)$ と点 B$(3,-4)$ について，$\mathrm{AP}^2-\mathrm{BP}^2=8$ を満たす点 P の軌跡を求めよ．　（23　釧路公立大）

《アポロニウスの円（B10）☆》

439. 座標平面上の 2 点 A$(0,0)$，B$(0,5k)$ および放物線 $C : y=\dfrac{1}{3}x^2+\dfrac{3}{4}$ を考える．ただし，k は正の定数とする．

（1） 点 P が A，B からの距離の比が $3:2$ の点をすべて動くとき，P の軌跡を求めよ．

（2） （1）の軌跡と放物線 C の共有点の個数がちょうど 2 になるような k の値の範囲を求めよ．

（23　鹿児島大・共通）

《直交する直線の交点（B10）☆》

440. a を実数とする．座標平面上の 2 直線

$l_1 : ax + y - a + 1 = 0,$

$l_2 : x - ay + 3a - 4 = 0$

について考える．

（1） a の値によらず，直線 l_1 は点 (□, □) を通り，直線 l_2 は点 (□, □) を通る．

（2） 2 直線 l_1, l_2 の交点を P とする．a がすべての実数値をとって変化するとき，点 P の軌跡は中心 $\left(\dfrac{\square}{\square}, \square\right)$，半径 $\dfrac{\square}{\square}$ の円のうち，点 (□, □) を除いた部分となる．

（3） 点 (x, y) が（2）で求めた軌跡上を動くとき，$(x-1)^2 + (y-1)^2$ の最大値は□，最小値は□である．

（23　玉川大・全）

《直線が動く (B10)》

441. 放物線 $y = 2x^2$ 上の点 $(a, 2a^2)$ における接線が，放物線 $y = -x^2 - 1$ と相異なる 2 点 P, Q で交わるとき，a の範囲は，$|a| > \dfrac{\sqrt{\square}}{\square}$ となる．

また，線分 PQ の中点について，その軌跡の方程式は，$y = \dfrac{\square}{\square}x^2$ となり，x の取りうる範囲は，

$|x| > \dfrac{\sqrt{\square}}{\square}$ となる．

（23　西南学院大）

《点が動く (B10)》

442. 座標平面上に点 O(0, 0), A(0, 2), B($\sqrt{2}$, 1) をとる．線分 OA 上に点 O，点 A と異なる点 P(0, p) をとり，線分 BP 上の点 Q を，△APQ と △OBQ の面積が等しくなるようにとる．

（1） 直線 BP を表す方程式を求めよ．

（2） △OBQ の面積を p を用いて表せ．

（3） p が $0 < p < 2$ の範囲を動くとき，点 Q の軌跡を求めよ．

（23　千葉大・前期）

【不等式と領域】

《斜めの正方形 (A2)》

443. 次の不等式で表される領域の面積を求めよ．$|x| + |y| \leqq 7$

（23　秋田県立大・前期）

《正領域と負領域 (B10) ☆》

444. 実数 a, b が，次の条件を満たすとする．

(x, y) を座標とする座標平面において，不等式 $y \geqq ax + b$ が表す領域に点 A(-1, 1) と点 B(1, 1) があり，不等式 $y \leqq ax + b$ が表す領域に点 C(-3, -1) と点 D(3, -1) がある．

次の問いに答えよ．

（1） $b = 0$ のとき，a のとり得る値の範囲を求めよ．

（2） 与えられた条件を満たす (a, b) 全体の集合を，(a, b) を座標とする座標平面に図示せよ．

（3） (x, y) を座標とする座標平面上で，点 P(5, -2)，点 Q(5, 3) を考える．このとき，直線 $y = ax + b$ は線分 PQ と必ず共有点を持つことを示せ．

（23　金沢大・文系）

《領域の包含 (B5) ☆》

445. a を 0 以上の定数とする．次の命題を考える．

p : 実数 x, y は $|x| + |y| \leqq a$ を満たす．

q : 実数 x, y は $x^2 + y^2 \leqq 1$ を満たす．

命題 p が命題 q であるための十分条件であるような a の範囲は□で，命題 p が命題 q であるための必要条件であるような a の範囲は□である．

（23　明治薬大・公募）

《3 式の領域 (B20)》

446. 以下の曲線を考える．

$C_1 : y = -2x^2 + 4x$，$C_2 : y = x^3 - x$，

$C_3 : x^2 + y^2 = 1$

（1） 曲線 C_1 と C_2 のすべての交点の x 座標を求めよ．

（2） 曲線 C_2 と円 C_3 の交点をすべて求めよ．

（3） 以下の領域を $-1 \leqq x \leqq 2$，$-1 \leqq y \leqq 2$ において図示せよ．

$(2x^2 - 4x + y)(x^3 - x - y)(x^2 + y^2 - 1) \geqq 0$

（23 昭和薬大・B 方式）

［編者註：C_1 と C_3 の交点は求める必要はない，ということらしい］

《円の状態 (A2)》

447. r を正の実数とする．座標平面上の点集合 A, B を次のように定義する．

$$A = \{(x, y) \mid x^2 + (y-3)^2 \leqq 1\},$$

$$B = \{(x, y) \mid (x+4)^2 + y^2 \leqq r^2\}$$

$A \cap B = \emptyset$ であるような r の値の範囲は

$0 < r < \square$ である．座標平面上の点 P に対し，$\mathrm{P} \in B$ であることが $\mathrm{P} \in A$ であるための必要条件になるような r の最小値は $r = \square$ である．

（23 東京薬大）

【領域と最大・最小】

《円と直線 (B10) ☆》

448. 連立不等式

$$x^2 + y^2 - 2x - 4y + 1 \leqq 0,\ x + y - 3 \geqq 0$$

が表す領域を D とする．点 $\mathrm{P}(x, y)$ がこの領域 D を動くとき，以下の問いに答えなさい．

（1） 領域 D を図示しなさい．

（2） 領域 D において $y - x$ の最大値とそのときの点 $\mathrm{P}(x, y)$ を求めなさい．

（3） 領域 D において $y + 2x$ の最小値とそのときの点 $\mathrm{P}(x, y)$ を求めなさい．

（4） 領域 D において $y + 2x$ の最大値を求めなさい．

（23 福島大・食農）

《円と正方形 (B10) ☆》

449. 実数 x, y に対する次の 2 つの条件 p, q を考える．ただし，r は正の定数である．

$$p : |x + y| \leqq 3 \text{ かつ } |x - y| \leqq 3$$

$$q : (x-1)^2 + (y-1)^2 \leqq r^2$$

（1） 命題「p ならば q」が真となるような r の最小値は $\sqrt{\square}$ である．

（2） 命題「q ならば p」が真となるような r の最大値は $\dfrac{\square}{\square}\sqrt{\square}$ である．

（23 上智大・文系）

《格子点と線形計画法 (B30) ☆》

450. 食品 A は 1 個あたりタンパク質が 1.2g，食物繊維が 0.6g 含まれていて価格は 200 円，食品 B は 1 個あたりタンパク質が 1.6g，食物繊維が 0.4g 含まれていて価格は 250 円である．A，B を組み合わせて購入して，タンパク質が 20g 以上，食物繊維が 6g 以上含まれるようにしたい．購入金額を最小にするためには，A，B を何個ずつ購入すれば良いか．

	タンパク質	食物繊維
食品 A	1.2g	0.6g
食品 B	1.6g	0.4g
必要量	20g 以上	6g 以上

（23 愛知医大・看護）

《円と直線 (B10) ☆》

451. xy 平面において，連立不等式

$x \geqq 0,\ y \geqq 0,\ (x+y-1)(x^2+y^2-2) \leqq 0$

の表す領域を D とする．

（1） 領域 D を図示せよ．

（2） 点 $\mathrm{P}(x,\ y)$ が領域 D を動くとき，$2x+y$ の最小値と最大値を求めよ． （23　岐阜薬大）

《距離 (B10)》

452. $a,\ b$ を正の実数とする．座標平面上に点 $\mathrm{A}(a,\ \sqrt{3}a)$，点 $\mathrm{B}(\sqrt{3}b,\ -b)$ をとる．原点を O とし，3 点 O，A，B を通る円を C とする．x 軸と C の共有点で，O とは異なるものを $\mathrm{D}(d,\ 0)$ とする．以下の問いに答えよ．

（1） $\angle\mathrm{ADB}$ を求めよ．

（2） d を $a,\ b$ を用いて表せ．

（3） $d \geqq 1$ のとき，三角形 ABD の面積の最小値を求めよ． （23　奈良女子大・生活環境，工）

《少し複雑な形 (B20) ☆》

453. （1） 関数 $y=3-|2x+1|-|2x-1|$ のグラフをかけ．

（2） $x,\ y$ が $x^2+y^2=1$ を満たしながら動くとき

$y+|2x+1|+|2x-1|$

の最小値と最大値を求めよ．また，最小値を与える $x,\ y$，および最大値を与える $x,\ y$ を求めよ．

（23　学習院大・文）

《ひし形 (B10)》

454. 以下の連立不等式を満たす領域を D とする．

$$\begin{cases} |2x-2|+|y-1| \leqq 4 \\ x \geqq 0,\ y \geqq 0 \end{cases}$$

このとき，以下の設問に答えよ．

（1） 領域 D を図示せよ．ただし，境界の角の点の座標 $(x,\ y)$ をすべて明記すること．

（2） 点 $(x,\ y)$ が領域 D 上を動くとき，$3x+y$ の最大値を求めよ．

（3） 点 $(x,\ y)$ が領域 D 上を動くとき，

$x^2+y^2+3x-10y$

の最小値を求めよ． （23　愛知大）

《文字がある (B10)》

455. 連立不等式

$$\begin{cases} 3x+2y \leqq 18 \\ x+4y \leqq 16 \\ x \geqq 0 \\ y \geqq 0 \end{cases}$$

の表す領域を D とする．

（1） 領域 D を図示せよ．

（2） 点 $(x,\ y)$ が領域 D を動くとき，$x+y$ の最大値を求めよ．

（3） 点 $(x,\ y)$ が領域 D を動くとき，$2x+y$ の最大値を求めよ．

（4） a を正の定数とする．点 $(x,\ y)$ が領域 D を動くとき，$ax+y$ の最大値を求めよ． （23　青学大）

《反比例のグラフ (B10)》

456. $x,\ y$ が 4 つの不等式

$x \geqq 0,\ y \geqq 0,\ x+2y \leqq 10,\ 4x+y \leqq 15$

を同時に満たすとき，xy の最大値は

$\dfrac{\square}{\square}$，最小値は$\square$である．（23 青学大・経済）

《放物線と接線 (B10)》

457．座標平面上の直線 $y=x+5$ を l，放物線 $y=(x-3)(x-4)$ を C とする．l と C の共有点の x 座標を $a,b\ (a<b)$ とするとき，$a=\square$ である．また，連立不等式 $\begin{cases} y \leqq x+5 \\ y \geqq (x-3)(x-4) \end{cases}$ で表される領域を D とする．点 (x,y) が領域 D を動くとき，$\dfrac{y-3}{x}$ の最大値は$\square$であり，最小値は$\square$である．（23 関西学院大・経済）

《円と距離 (B10)》

458．座標平面において，連立不等式

$2x-3y+6 \geqq 0,\ 2x-y-2 \leqq 0,$

$2x+y-2 \geqq 0$

の表す領域を D とする．

（1） 領域 D は，3点

$(\square,\ 0),\ (0,\ \square),\ (\square,\ \square)$

を頂点とする三角形の周および内部である．

（2） 点 $\mathrm{P}(x,y)$ が領域 D 内を動くとき，$x-y$ の最大値は$\square$，最小値は$\square$である．

（3） 点 $\mathrm{P}(x,y)$ が領域 D 内を動くとき，x^2+y^2 の最大値は$\square$，最小値は $\dfrac{\square}{\square}$ である．

（23 東邦大・健康科学-看護）

【弧度法】

《扇形 (A5)》

459．半径4の円 O があり，円の中心からの距離が8である点をP，点Pから円に引いた接線の接点をQ，Rとする．線分PQ，線分PR，中心角の小さい側の弧QRによって囲まれた部分の面積を求めよ．（23 静岡文化芸術大）

《偏角を調べる (B30)》

460．座標平面上の直線

$l_1: y=\sqrt{3}x,\ l_2: y=-\sqrt{3}x,\ l_3: y=0$

を考える．点 $\mathrm{P}_0(\cos t_0,\ \sin t_0)\ \left(0 \leqq t_0 \leqq \dfrac{\pi}{3}\right)$ に対して，l_1，原点，l_2，原点，l_3，原点に関して対称な点を次々にとることにより，点 P_1 から P_6 を定める．つまり，P_0 と l_1 に関して対称な点が P_1 であり，P_1 と原点に関して対称な点が P_2 であり，以下，同様に $\mathrm{P}_3,\mathrm{P}_4,\mathrm{P}_5,\mathrm{P}_6$ を定める．また，P_6 から始めて，再び l_1，原点，l_2，原点，l_3，原点に関して対称な点を次々にとることにより，点 P_7 から P_{12} を定める．つまり，P_6 と l_1 に関して対称な点が P_7 であり，P_7 と原点に関して対称な点が P_8 であり，以下，同様に $\mathrm{P}_9,\mathrm{P}_{10},\mathrm{P}_{11},\mathrm{P}_{12}$ を定める．さらに，$t_i\ (i=1,2,3,\cdots,12)$ を P_i の座標が $(\cos t_i,\ \sin t_i)\ (0 \leqq t_i < 2\pi)$ となる実数とする．次の問いに答えよ．

（1） $t_0=\dfrac{\pi}{4}$ のとき，t_1 と t_2 を求めよ．

（2） t_6 を t_0 の式で表し，P_6 は不等式

$0 \leqq y \leqq \sqrt{3}x$ の表す領域の点であることを示せ．

（3） $\mathrm{P}_0=\mathrm{P}_{12}$ を示せ．（23 大阪公立大・文系）

《グラフの移動 (B2)》

461．$y=3\cos\left(2\theta-\dfrac{\pi}{3}\right)$ のグラフは，

$y=3\cos 2\theta$ のグラフを θ 軸方向に$\square$だけ平行移動したもので，その周期は$\square$である．ただし，移動は正で最小のものとする．また，周期も正で最小のものとする．（23 三重県立看護大・前期）

《グラフの移動 (B15) ☆》

462．関数 $y=\sin 2x+\sqrt{3}\cos 2x$ のグラフを考える．

このグラフは，$y=\sin x$ のグラフを（x 軸を基準に）y 軸方向に$\square$倍に拡大し，（y 軸を基準に）x 軸方向

に$\square$倍に縮小し，x 軸方向に $\boxed{ア}$ だけ平行移動したグラフであり，周期は$\square$である．ただし，$-\pi \leqq \boxed{ア} < \pi$ とする．したがって，$0 \leqq x < \pi$ のとき，最小値は $x = \square$ のとき，$y = \square$ である．（23　立命館大・薬）

《sin と cos の値（B2）》

463．α が第 3 象限の角，β が第 4 象限の角で，
$\sin\alpha = -\frac{1}{2}$, $\cos\beta = \frac{3}{5}$ のとき，
$\sin(\alpha+\beta) = \square$ であり，$\cos(\alpha+\beta) = \square$ である．（23　広島修道大）

《tan の値（B2）》

464．$0 < \alpha < \pi$, $0 < \beta < \pi$, $\tan\alpha = \frac{2}{5}$, $\tan\beta = -\frac{3}{7}$ のとき，$\tan(\alpha-\beta)$ の値を求めよ．さらに，$\alpha-\beta$ の値を求めよ．（23　岩手大・前期）

《tan の値（A2）》

465．平面上に 2 点 P(2, 1), Q(3, 1) がある．直線 OP と x 軸のなす角度を α，直線 OQ と x 軸のなす角度を β とするとき，$\alpha+\beta$ の値を求めよ．ただし，$0 \leqq \alpha \leqq \frac{\pi}{2}$, $0 \leqq \beta \leqq \frac{\pi}{2}$ とする．

（23　学習院大・文）

《sin の値（B2）》

466．$\sin 10° + \sin 50° + \sin 250°$ の値は$\square$である．（23　北九州市立大・前期）

《sin の 2 倍角（A2）》

467．$\sin 2\theta = -\frac{3}{4}$ であるとき，$\left(\frac{1}{\sin\theta} + \frac{1}{\cos\theta}\right)^2$ の値を求めなさい．ただし，$-\frac{\pi}{2} < \theta < \frac{\pi}{2}$ とする．

（23　帯広畜産大）

《sin の 2 倍角（B5）》

468．方程式 $2\sin\theta + \sqrt{5}\cos\theta = 3$, $0 \leqq \theta < 2\pi$ を満たす θ に対して，$\sin\theta = \square$ であり，$\sin 2\theta = \square$ である．（23　名城大・薬）

《和から積（B5）》

469．$\sin\theta + \cos\theta = \frac{1}{\sqrt{3}}$ $(0 \leqq \theta \leqq \pi)$ のとき，次の式の値を求めよ．

（1）$\sin\theta\cos\theta$

（2）$\sin^3\theta + \cos^3\theta$

（3）$\tan^3\theta + \frac{1}{\tan^3\theta}$ （23　釧路公立大）

《sin の合成（B5）》

470．A, α は $A > 0$, $0 \leqq \alpha < 2\pi$ をみたす定数とする．実数 x に関する恒等式として
$3\cos x - \sqrt{3}\sin x = A\sin(x-\alpha)$ が成り立つとき $A = \square$, $\alpha = \square$ である．（23　同志社大・文系）

《置き換えて 2 次関数（B10）》

471．$0 \leqq x \leqq \pi$ とする．x の関数

$$f(x) = -\sqrt{3}\sin 2x + \cos 2x$$
$$+\sqrt{6}\sin x + \sqrt{2}\cos x + 2$$

について，次の問いに答えなさい．ただし，必要ならば $1.4 < \sqrt{2} < 1.5$, $1.7 < \sqrt{3} < 1.8$ であることは証明なしに用いてよい．

（1）$t = \sqrt{3}\sin x + \cos x$ とおくとき，t の取りうる値の範囲を求めなさい．

（2）$f(x)$ を t の式で表しなさい．

（3）（2）で得られた t の式を $g(t)$ とするとき，$g(t)$ の最大値と最小値，およびそれらを与える t の値を求めなさい．

（4）$f(x)$ の最大値を与える x を $x = \alpha$ と表すとする．このとき，α が含まれる範囲として正しいものを次の（ア）〜（エ）の中から選び，それを理由とともに答えなさい．

（ア）$\frac{\pi}{2} < \alpha < \frac{7}{12}\pi$

（イ） $\frac{7}{12}\pi < \alpha < \frac{2}{3}\pi$

（ウ） $\frac{2}{3}\pi < \alpha < \frac{3}{4}\pi$

（エ） $\frac{3}{4}\pi < \alpha < \frac{5}{6}\pi$ （23　尾道市立大）

《3 次方程式の解 (B20) ☆》

472. a, b を実数の定数とし，$b > 0$ とする．x についての 3 次方程式 $x^3 - ax + b = 0$ の 3 つの解が，ある実数の定数 θ を用いて $2\sin\theta, 3\cos 2\theta, -\frac{5}{3}$ と表せるとき，$a = \frac{\square}{\square}$, $b = \frac{\square}{\square}$ である． （23　成蹊大）

《多項式で表す (B10)》

473. $\sin x = a$ とおくとき，$\sin 3x$ は a の整式で $\square$ と表せて，$\sin 5x$ は a の整式で $\square$ と表せる．

（23　京都薬大）

【三角関数の方程式】

《2 倍角で展開 (A5)》

474. $0 \leqq \theta \leqq \pi$ のとき，θ についての方程式

$2\cos 2\theta - 2(1 + \sqrt{2})\cos\theta + 2 + \sqrt{2} = 0$

の解は，θ の小さい方から順に

$\theta = \frac{\square}{\square}\pi, \frac{\square}{\square}\pi$ である． （23　東洋大）

《2 倍角で展開 (A2) ☆》

475. $0 \leqq \theta < 2\pi$ のとき，方程式 $2\cos 2\theta + 12\sin\theta - 7 = 0$ を解くと，

$\theta = \frac{\boxed{ア}}{\boxed{イ}}\pi, \frac{\boxed{ウ}}{\boxed{エ}}\pi$

となる．ただし，$\frac{\boxed{ア}}{\boxed{イ}} < \frac{\boxed{ウ}}{\boxed{エ}}$ とする． （23　京産大）

《連立方程式 (B10) ☆》

476. $0 \leqq x < \pi, 0 \leqq y < \pi$ とする．2 つの等式

$$\begin{cases} \sin x = \sqrt{3}\sin y \\ \sqrt{3}\cos x = -\cos y \end{cases}$$

を満たす x, y の組は $(x, y) = \square, \square$ である． （23　京都産業大）

《和→積 (B10) ☆》

477. $0 < \theta < \frac{\pi}{2}$ のとき，$\sin\theta + \cos 2\theta = \sin 3\theta$ を満たすならば，

$\theta = \boxed{\text{(v)}}\pi$ または，$\theta = \boxed{\text{(vi)}}\pi$

である．(但し，$\boxed{\text{(v)}} \leqq \boxed{\text{(vi)}}$．) （23　明治大・商）

《和→積 (A5) ☆》

478. $0 \leqq \theta < 2\pi$ のとき，次の方程式を解きなさい．

$\cos\theta + \cos 2\theta + \cos 3\theta = 0$

（23　福島大・人間発達文化）

《解の個数 (B5) ☆》

479. 方程式

$2\cos 2x + a\cos\left(x + \frac{\pi}{2}\right) = 0$ ……………………………………(*)

について，次の各問に答えよ．ただし，a を実数とし，$0 \leqq x \leqq \pi$ とする．

（1） $a = 2$ のとき，(*) を満たす x の値を求めよ．

（2） $t=\sin x$ とおいて，t のとり得る値の範囲を求め，(*)を t の方程式で表せ．

（3） (*)を満たす x はいくつあるか．a の値によって分類せよ．（23　茨城大・教育）

《文字を消す (B5)》

480. $0 \leqq \theta < 2\pi$ とする．

$x\sin\theta+\cos\theta=1,\ y\sin\theta-\cos\theta=1,$

$x+y=4$

を満たす (x, y, θ) の組をすべて求めよ．（23　中央大・商）

《解の配置 (B10) ☆》

481. θ の方程式 $\cos^2\theta+(a+3)\sin\theta-a^2-1=0$ が，解をもつような定数 a の値の範囲は

$\square \leqq a \leqq \square$ である．（23　上智大・経済）

《合成 (A5) ☆》

482. $0 \leqq x \leqq \pi$ のとき，$\sqrt{3}\sin x+\cos x=\sqrt{2}$ を解くと $x=\square$ である．（23　慶應大・看護医療）

【三角関数の不等式】

《絶対値を外す (B2)》

483. $0 \leqq \theta < 2\pi$ のとき，不等式

$\cos 2\theta+2\sin\theta+\sqrt{3}<\sqrt{3}\sin\theta+1$

の解は，$\dfrac{\square}{\square}\pi<\theta<\dfrac{\square}{\square}\pi$ である．（23　東邦大・健康科学-看護）

《cos の不等式 (A2) ☆》

484. $0 \leqq x < 2\pi$ のとき，不等式 $\sin x+\cos 2x<0$ を解け．（23　愛媛大・工，農，教）

《合成して不等式 (B10) ☆》

485. $0 \leqq \theta < 2\pi$ のとき，θ の関数を次のように定義する．

$y=-\cos 2\theta+\sqrt{3}\sin 2\theta-\cos\theta-\sqrt{3}\sin\theta$

このとき，次の問いに答えよ．

（1） y が実数 a, b, c, k を用いて

$y=as^2+bs+c,\ \ s=\cos\theta+k\sin\theta$

と表されるとき，a, b, c, k の値をそれぞれ求めよ．

（2） $y \leqq 0$ を満たす θ の範囲を求めよ．（23　東京海洋大・海洋科）

《合成して不等式 (B10)》

486. $0 \leqq x < 2\pi$ のとき，不等式

$\sqrt{3}\sin x+\cos x>1$

の解は $\square$ であり，$0 \leqq \theta < \pi$ のとき，不等式

$\cos^2\theta-\sin^2\theta+2\sqrt{3}\sin\theta\cos\theta>1$ の解は $\square$ である．（23　南山大）

《解の個数 (B10)》

487. （1） 不等式 $\sin\theta \geqq \dfrac{\sqrt{2}}{2}$ $(0^\circ \leqq \theta \leqq 180^\circ)$ を解きなさい．

（2） 不等式

$2\sin^2\theta-\cos\theta-2<0\ (0^\circ \leqq \theta \leqq 150^\circ)$

を解きなさい．

（3） 方程式

$2\sin^2\theta-\sin\theta+a=0\ (0^\circ \leqq \theta \leqq 180^\circ)$

をみたす θ がちょうど 2 つであるような定数 a の範囲を求めなさい．（23　愛知学院大・薬，歯）

《領域で考える (B10)》

488. $0 \leqq x \leqq 2\pi$ のとき，次の不等式を解きなさい．

（1） $|\sin x| \geqq \cos x$

（2） $2\sin^2\dfrac{x}{2} \leqq \left(\left|\cos\dfrac{x}{2}\right| - \sin\dfrac{x}{2}\right)^2$ （23　龍谷大・推薦）

《領域で考える (A0)》

489. $0 \leqq x < 2\pi$ のとき，不等式
$|\sin x + \cos x| < \sin x - \cos x$
を解け． （23　成城大）

【三角関数と最大・最小】

《近似値 (B10) ☆》

490. 集合 $\{\sin n \mid n$ は整数，$1 \leqq n \leqq 9\}$ の要素の中で，最大の要素は sin □，最小の要素は sin □，絶対値が最小の要素は sin □ である．ただし，$\pi = 3.14$ とする． （23　京産大）

《差に名前・ノーヒント (B0) ☆》

491. 関数 $y = 2\sin 2\theta + 4(\sin\theta - \cos\theta) - 1$ の $0 \leqq \theta < \pi$ における最大値は □，最小値は $-$□ である． （23　星薬大・B方式）

《合成 (B5)》

492. 区間 $0 \leqq \theta \leqq \dfrac{\pi}{2}$ における，関数
$f(\theta) = 2\sin\theta + 3\cos\theta$ の最小値は □ である． （23　神奈川大・給費生）

《差に名前・ノーヒント (B10)》

493. $0 \leqq x \leqq \pi$ とする．関数
$f(x) = \sin 2x + 2(\sin x - \cos x) + 7$
の最大値は □ であり，最小値は □ である． （23　日大）

《差に名前 (B10)》

494. 関数 $y = 2\sin x\cos x + \sin x - \cos x - 1$ を考える．ただし $0 \leqq x < 2\pi$ とする．

（1） $t = \sin x - \cos x$ とおくとき，y を t の式で表せ．

（2） t の取りうる値の範囲を求めよ．

（3） y の最大値と最小値を求めよ． （23　津田塾大・学芸-国際）

【三角関数の図形への応用】

《長方形の面積 (B5)》

495. 半径5の円から，その円に内接する長方形 R を取り除いた図形を S とする．このとき，S の面積が最小となる長方形 R の4つの辺の長さの合計を求めなさい． （23　福島大・共生システム理工）

《積→和 (B20) ☆》

496. 半径1の円に内接する△ABCにおいて，
$\angle A = \alpha, \angle B = \beta, \angle C = \gamma$
とする．このとき，次の問に答えよ．

（1） △ABCの面積 S を $\sin\alpha, \sin\beta, \sin\gamma$ を用いて表せ．

（2） $\alpha = \dfrac{\pi}{6}$ のとき，S がとりうる最大の値を求めよ．

（3） $\alpha = \beta$ のとき，△ABCの内接円の半径 r がとりうる最大の値を求めよ．

（23　香川大・創造工，法，教，医-臨床，農）

《長方形の最大 (B20)》

497. 中心がO，半径が1の円の円周上に点A, Bがある．$\angle AOB = \alpha$ とおく．ただし，$0 < \alpha < \dfrac{\pi}{2}$ とする．扇形OABに内接する長方形CDEFを考える．ここで，点Cは線分OB上にあり，点Dと点Eは線分OA上にあり，点Fは弧AB上にある．$\angle AOF = \theta$ とおく．次の問いに答えよ．

（1） 線分CDの長さを θ を用いて表せ．また，線分DEの長さを α と θ を用いて表せ．

（2） 長方形CDEFの面積が

$$\frac{1}{2\sin\alpha}\cos(2\theta-\alpha)-\frac{\cos\alpha}{2\sin\alpha}$$

と表されることを示せ．

（3） α を固定したまま θ を $0<\theta<\alpha$ の範囲で動かすとき，（2）の面積が最大になるような θ の値とそのときの面積を α を用いて表せ． （23 島根大・前期）

《内心から見る (B10) ☆》

498. 平面上の $\triangle$ABC は

$\cos\angle\mathrm{ABC}=\frac{4}{5}$, $\cos\angle\mathrm{BCA}=\frac{5}{13}$

をみたし，$\triangle$ABC の内接円の半径は 2 である．$\sin\angle\mathrm{ABC}=\square$ などにより $\cos\angle\mathrm{CAB}=\square$ である．また内接円の中心を点 I とすると，$\cos\angle\mathrm{IBC}=\square$ となる．$\triangle$IBC の面積は $\square$ である． （23 同志社大・経済）

《和→積 (B20)》

499. 三角形 ABC において $\angle\mathrm{A}=A$，$\angle\mathrm{B}=B$，$\angle\mathrm{C}=C$ とする．このとき，次の問いに答えよ．

（1） $\cos 2A+\cos 2B=2\cos(A+B)\cos(A-B)$ が成り立つことを示せ．

（2） $1-\cos 2A-\cos 2B+\cos 2C$

$\qquad =4\sin A\sin B\cos C$

が成り立つことを示せ．

（3） $A=B$ のとき，$1-\cos 2A-\cos 2B+\cos 2C$ の最小値を求めよ． （23 滋賀大・共通）

《正五角形 (B10)》

500. （1） $\cos 2\theta$ と $\cos 3\theta$ を $\cos\theta$ の式として表せ．

（2） 半径 1 の円に内接する正五角形の一辺の長さが 1.15 より大きいか否かを理由を付けて判定せよ．

（23 京大・文系）

【指数の計算】

《指数の計算 (A2) ☆》

501. 方程式 $\sqrt{25\sqrt{25\sqrt{25}}}=25^x$ をみたす x の値を求めなさい． （23 福島大・食農）

《指数の計算 (A2)》

502. $\sqrt{a^3}\sqrt[6]{a^5}\sqrt[3]{a^2}=a^b$ とすると $b=\square$ となる． （23 愛知学院大・薬，歯）

《指数の計算 (A0)》

503. $2^{\frac{2}{3}}\cdot 3^{\frac{1}{2}}\cdot 6^{\frac{5}{3}}\cdot 12^{\frac{5}{6}}=\square$ （23 愛知学院大・薬，歯）

《指数の計算 (B2)》

504. $2^x=3^y=12^9$ のとき $\frac{4}{x}+\frac{2}{y}=\frac{\square}{\square}$ となる． （23 愛知学院大・薬，歯）

《大小比較 (A3) ☆》

505. $\sqrt{3}$, $\sqrt[3]{6}$, $\sqrt[4]{12}$ の大小を比べよ． （23 愛知医大・看護）

【指数関数とそのグラフ】

《置き換えて 2 次関数 (B5)》

506. 関数 $y=-(9^x+9^{-x})+\frac{20}{3}(3^x+3^{-x})$ について，以下の各問に答えよ．

（1） $t=3^x+3^{-x}$ とするとき，y を t のみの式で表せ．

（2） （1）の t について，その最小値を求めよ．

（3） y の最大値およびそのときの x の値を求めよ．

（23 釧路公立大）

《置き換えて 2 次関数 (B5)》

507. a を定数とする．$0\leqq x\leqq 1$ のとき，関数 $y=-4^{-x}+a\cdot 2^{-x+1}$ の最大値を $m(a)$ とする．

（1） $m\left(\frac{1}{3}\right)=\frac{\square}{\square}$,

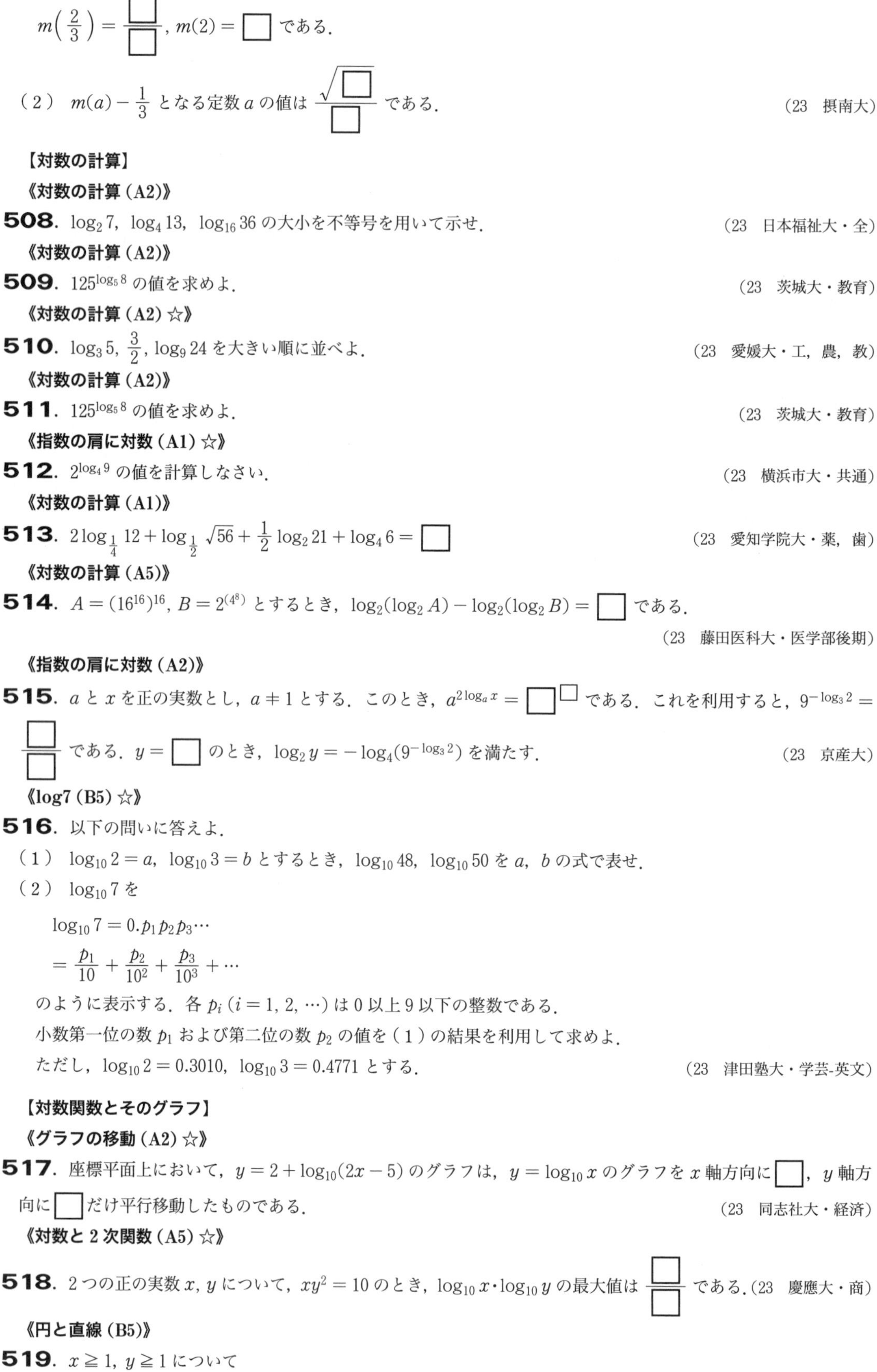

$m\left(\frac{2}{3}\right)=\frac{\square}{\square}$, $m(2)=\square$ である.

（2） $m(a)-\frac{1}{3}$ となる定数 a の値は $\frac{\sqrt{\square}}{\square}$ である. （23　摂南大）

【対数の計算】

《対数の計算 (A2)》

508. $\log_2 7$, $\log_4 13$, $\log_{16} 36$ の大小を不等号を用いて示せ. （23　日本福祉大・全）

《対数の計算 (A2)》

509. $125^{\log_5 8}$ の値を求めよ. （23　茨城大・教育）

《対数の計算 (A2) ☆》

510. $\log_3 5$, $\frac{3}{2}$, $\log_9 24$ を大きい順に並べよ. （23　愛媛大・工，農，教）

《対数の計算 (A2)》

511. $125^{\log_5 8}$ の値を求めよ. （23　茨城大・教育）

《指数の肩に対数 (A1) ☆》

512. $2^{\log_4 9}$ の値を計算しなさい. （23　横浜市大・共通）

《対数の計算 (A1)》

513. $2\log_{\frac{1}{4}} 12+\log_{\frac{1}{2}}\sqrt{56}+\frac{1}{2}\log_2 21+\log_4 6=\square$ （23　愛知学院大・薬，歯）

《対数の計算 (A5)》

514. $A=(16^{16})^{16}$, $B=2^{(4^8)}$ とするとき，$\log_2(\log_2 A)-\log_2(\log_2 B)=\square$ である.

（23　藤田医科大・医学部後期）

《指数の肩に対数 (A2)》

515. a と x を正の実数とし，$a\neq 1$ とする．このとき，$a^{2\log_a x}=\square^{\square}$ である．これを利用すると，$9^{-\log_3 2}=\frac{\square}{\square}$ である．$y=\square$ のとき，$\log_2 y=-\log_4(9^{-\log_3 2})$ を満たす. （23　京産大）

《log7 (B5) ☆》

516. 以下の問いに答えよ.

（1） $\log_{10} 2=a$，$\log_{10} 3=b$ とするとき，$\log_{10} 48$，$\log_{10} 50$ を a，b の式で表せ.

（2） $\log_{10} 7$ を

$$\log_{10} 7=0.p_1p_2p_3\cdots$$
$$=\frac{p_1}{10}+\frac{p_2}{10^2}+\frac{p_3}{10^3}+\cdots$$

のように表示する．各 p_i $(i=1,2,\cdots)$ は 0 以上 9 以下の整数である.

小数第一位の数 p_1 および第二位の数 p_2 の値を（1）の結果を利用して求めよ.

ただし，$\log_{10} 2=0.3010$，$\log_{10} 3=0.4771$ とする. （23　津田塾大・学芸-英文）

【対数関数とそのグラフ】

《グラフの移動 (A2) ☆》

517. 座標平面上において，$y=2+\log_{10}(2x-5)$ のグラフは，$y=\log_{10} x$ のグラフを x 軸方向に$\square$，y 軸方向に$\square$だけ平行移動したものである. （23　同志社大・経済）

《対数と 2 次関数 (A5) ☆》

518. 2 つの正の実数 x, y について，$xy^2=10$ のとき，$\log_{10} x\cdot\log_{10} y$ の最大値は $\frac{\square}{\square}$ である. （23　慶應大・商）

《円と直線 (B5)》

519. $x\geqq 1$, $y\geqq 1$ について

$(\log_3 x - 2)^2 + (\log_3 y)^2 = 5$

が成り立つとき，xy^2 の最小値は□，最大値は $3^{□}$ となる．(23 西南学院大)

《対数と 2 次関数 (A10)》

520. $f(x) = 2(\log_3 x)^2 - \log_3 x^4 - 2$

$(1 \leqq x \leqq 27)$ は，$x =$ □ のとき最小値 $-$□ をとり，$x =$ □ のとき最大値□をとる．(23 東京薬大)

《対数と 2 次関数 (B5) ☆》

521. a, b は $a \geqq b$, $4b > a$, $ab > 4$ を満たす自然数とする．三角形 ABC において，$\mathrm{AB} = 2$，$\mathrm{BC} = \log_2 a$，$\mathrm{CA} = \log_2 b$ とする．次の問いに答えよ．

（1） 三角形 ABC の周の長さが $4 + \log_2 3 + \log_2 5$ となる自然数の組 (a, b) をすべて求めよ．

（2） （1）で求めた自然数の組 (a, b) において，$\mathrm{AB} \times \mathrm{BC} \times \mathrm{CA}$ の最大値と最小値を求めよ．(23 弘前大・文系)

《対数と相加相乗 (B2)》

522. $x > 1$ のとき，$\log_7 x + 28 \log_x 7$ は最小値 □$\sqrt{□}$ をとる．(23 西南学院大)

【常用対数】

《範囲を求める (A2) ☆》

523. 1 時間ごとに 1 回分裂して 2 倍の個数に増えていく細菌がある．この細菌 2 個が分裂を開始して 1 億個を超えるのは□時間後である．ただし，1 回目の分裂は 1 時間後と数え，$\log_{10} 2 = 0.3010$ とし，答えは整数で求めよ．(23 会津大・推薦)

《桁数 (A10) ☆》

524. 2023^{23} は 77 桁の整数である．2023^{10} は□桁の整数である．(23 東洋大・前期)

《桁数と最高位の数 (B5) ☆》

525. 12^{100} は□桁の整数である．12^{100} の最高位の数は□である．ただし，$\log_{10} 2 = 0.30103$，$\log_{10} 3 = 0.47712$ とする．(23 京産大)

《桁数と最高位の数 (B10) ☆》

526. n を実数 $\left(\frac{5}{3}\right)^{30}$ の整数部分とする．つまり，n は整数で $0 \leqq \left(\frac{5}{3}\right)^{30} - n < 1$ を満たしている．以下では，$\log_{10} 2 = 0.301$, $\log_{10} 3 = 0.477$ を用いてもよい．

（1） n の桁数を求めよ．

（2） n の最高位の数字は 4 であることを示せ．(23 学習院大・国際)

《桁数最高位と小数第何位 (B10) ☆》

527. $\log_{10} 2 = 0.3010$，$\log_{10} 3 = 0.4771$ として，次の問に答えよ．

（1） 18^{49} は□桁の自然数で，最高位の数字は□である．

（2） $\left(\frac{15}{32}\right)^{15}$ を小数で表すと，小数第□位にはじめて 0 でない数字が現れ，その数字は□である．

(23 星薬大・B 方式)

《小数第何位 (A10)》

528. (i)，(ii) に答えなさい．

（1） $\log_{10} 2 = 0.3010$, $\log_{10} 3 = 0.4771$ のとき，12^{-10} を小数で表すと小数第何位ではじめて 0 でない数字が現れるか求めなさい．

（2） x は自然数とする．x^{10} が 16 桁のとき，x^6 は何桁となるか求めなさい．(23 長崎県立大・後期)

《最高位の数 (B10) ☆》

529. 以下の問に答えよ．

（1） 4^{25} を 10 進法で表したときの桁数を a とし，5^{50} を 10 進法で表したときの桁数を b とすると，$a + b =$ □ である．

（2） 2^{100} を 9 進法で表したときの桁数は□であり，最高位の数字は□である．

（3） n を 2 以上の整数とする．10^5 を n 進法で表したときの桁数と 10^5 を $(n+1)$ 進法で表したときの桁数が等しくなるという．このような n のうち最小のものは $n=$ **ア** である．また，10^5 を **ア** 進法で表したときの桁数は □ である．

ただし，$\log_{10}2=0.3010$,

$\log_{10}3=0.4771$, $\log_{10}7=0.8451$ とする．　（23　青学大・社会情報）

《桁数と最高位の数 (B5) ☆》

530. 3^{24} は □ 桁(けた)の整数である．また，3^{24} の最高位の数字は □ である．必要ならば，$0.301<\log_{10}2<0.302$, $0.477<\log_{10}3<0.478$ を用いよ．　（23　福岡大）

《 (B2)》

531. ある菌は，20 分ごとにその個数が 2 倍に増えるという．現在，存在するその菌の 1 時間後の個数は，現在の個数の □ 倍なので，現在の個数の 100 億倍を初めて超えるのは，□ 時間後である．ただし，$\log_{10}2=0.3010$ とし，答えは整数で求めるものとする．　（23　三重県立看護大・前期）

《 (B5)》

532. 図のようにハーフミラー（半透明鏡）とミラー（鏡）を上下に配置する．側面からの入射光 A は底面のミラーで 100% 反射され，その反射光は上面のハーフミラーに入射する．ハーフミラーでは，入射光強度の 15% が透過し，4% が吸収され，81% が反射される．このような，入射光の反射，透過，吸収が繰り返されるとき，□ に当てはまる値を求めよ．

入射光A　透過光　反射　反射　ハーフミラー　ミラー

（1） 入射光 A の強度を 1 とするとき，上面のハーフミラーで最初に反射された光の強度は 0.□ になる．

（2） 入射光 A が底面のミラー，上面のハーフミラー，底面のミラーで反射して，再び上面のハーフミラーに入射する場合，ハーフミラーを透過する光の強度は 0.□ になる．

（3） ハーフミラーの透過光強度が入射光 A の 1/10000 未満まで減衰するのは，□ 回目のハーフミラー透過時である．ここで，$\log_{10}2=0.3010$, $\log_{10}3=0.4771$ とする．　（23　共立女子大）

《最高位とその次 (B10)》

533. $\log_{10}2=0.3010$, $\log_{10}3=0.4771$ とする．

（1） $\log_{10}4=0.$□, $\log_{10}5=0.$□ である．

（2） $\left(\frac{1}{3}\right)^n<\left(\frac{1}{5}\right)^{10}$ を満たす正の整数 n のうち，最も小さいものは □ である．

（3） 20^{31} は □ 桁の整数である．20^{31} の末尾には 0 が連続して □ 個並ぶ．

（4） 20^{31} の最も大きな位の数は □ であり，その次に大きな位の数は □ である．ただし，必要なら $\log_{10}2.1=0.3222$, $\log_{10}2.2=0.3424$ を用いてよい．　（23　昭和女子大・B 日程）

【指数・対数方程式】

《置き換える (B5) ☆》

534. 方程式 $27^x+75^x=2\cdot125^x$ を解け．　（23　広島修道大）

《相反方程式的 (B10)》

535. 方程式

$$8\cdot16^x-18\cdot8^x-61\cdot4^x+18\cdot2^x+8=0 \quad \cdots\cdots ①$$

について，次の問いに答えよ．

（1） $2^x=y$ とおいて，① を y に関する方程式に書きかえよ．

（2） 方程式 ① を解け．　（23　東北学院大・文系）

《置き換える (B10)》

536. $y=2(4^x+4^{-x})-4(2^x+2^{-x})+6$ において $t=2^x+2^{-x}$ とおくと

$y=\square t^2-\square t+\square$

となるので，y の最小値は$\square$であり，このときの x の値は$\square$である．（23 東邦大・健康科学-看護）

《置き換えて 2 次方程式 (B10) ☆》

537. 実数 a を定数とする．x の方程式

$4^x-(a-6)2^{x+1}+17-a=0$ ……………①

がある．次の問いに答えよ．

（1） $a=9$ のとき，方程式 ① の 2 つの解を求めよ．

（2）（ i ） 方程式 ① が $x=0$ を解にもつとき，a の値を求めよ．

（ii） a を（ i ）で求めた値とするとき，他の解を求めよ．

（3） 方程式 ① が実数解をもたないとき，a の値の範囲を求めよ．

（4） 方程式 ① の異なる 2 つの解の和が 0 であるとき，a の値を求めよ．また，そのとき 2 つの解を求めよ．

（23 立命館大・文系）

《置き換えて 2 次方程式 (B10)》

538. a を実数の定数とし，次の方程式(＊)を考える．

$4^x-a\cdot 2^{x+1}+2(a+3)(a-4)=0$ ……………(＊)

（1） 2 次方程式 $x^2-2ax+2(a+3)(a-4)=0$ が異なる 2 つの実数解をもつとき，a の値の範囲を求めなさい．

（2） (＊)が異なる 2 つの実数解をもつとき，a の値の範囲を求めなさい．

（3） a が（2）で求めた範囲にある整数のとき，(＊)の 2 つの実数解を求めなさい．

（23 北海道大・フロンティア入試(共通)）

《対数連立方程式 (B5) ☆》

539. 次の連立方程式を解け．ただし，x, y は正の実数であり，$x\neq 1, y\neq 1$ とする．

$$\begin{cases} 2\log_2\dfrac{x}{4}+\log_3 3y=2 \\ \log_x 8+\log_y 9=3 \end{cases}$$

（23 福岡教育大・中等，初等）

《対数方程式・底の変換あり (A2)》

540. 方程式

$$\log_2 x+\log_x 2=\frac{5}{2}$$

をみたす x を求めなさい．（23 福島大・食農）

《対数方程式・文字定数分離 (B10)》

541. 関数

$f(x)=\log_2(x-1)+2\log_4(4-x)\ (1<x<4)$

について，次の問いに答えよ．

（1） $f(2)$ の値を求めよ．

（2） $f(x)$ の最大値を求めよ．

（3） $f(a)=\log_2(k-a)$ を満たす実数 a が $1<a<4$ の範囲に存在するとき，実数 k のとり得る値の範囲を求めよ．（23 和歌山大・共通）

《対数方程式・底の変換なし (B2)》

542. 等式

$$2\log_2|x-1|-\log_2|x+1|-3=0$$

を満たす実数 x をすべて求めよ．（23 学習院大・経済）

《指数不等式 (B2) ☆》

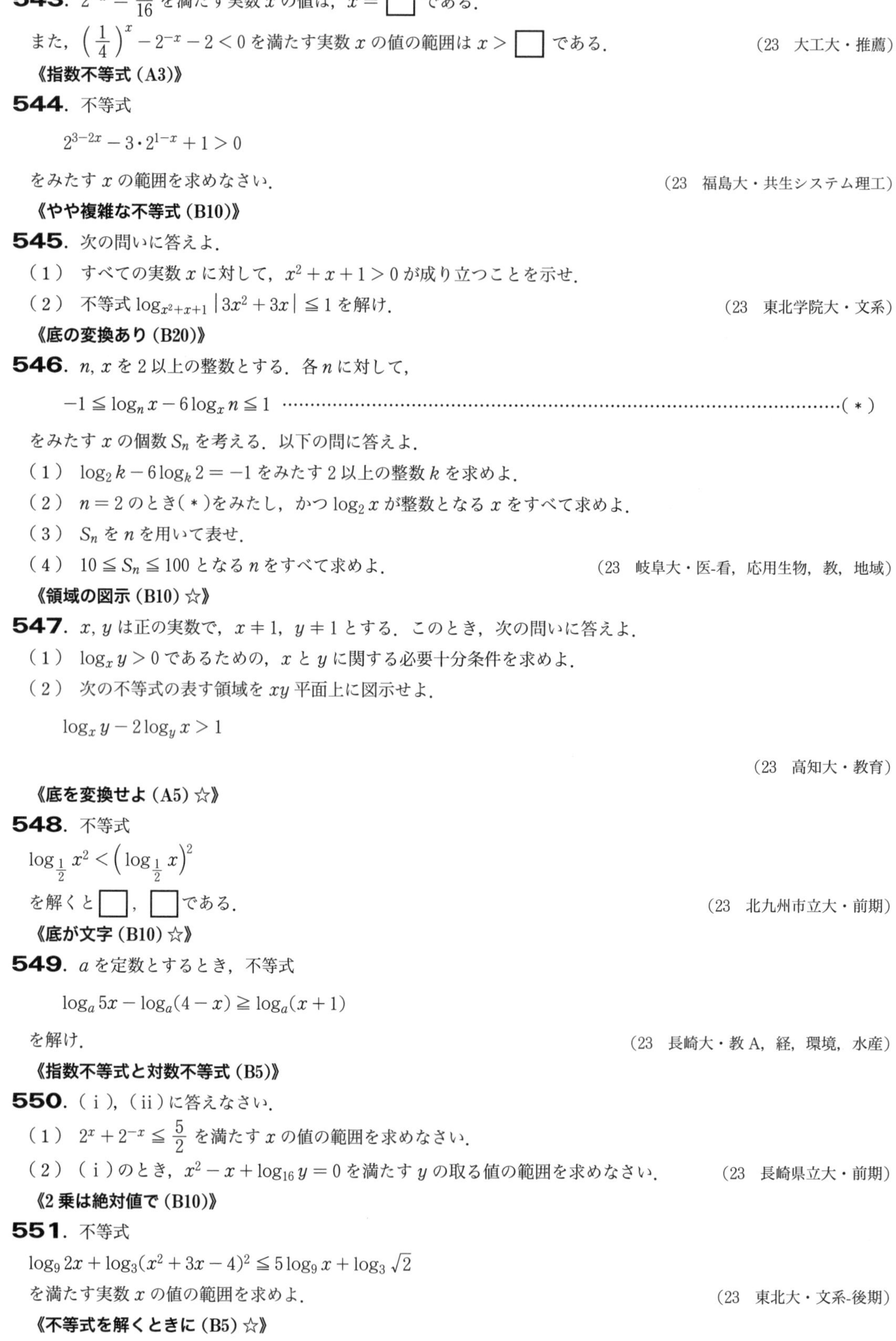

543. $2^{-x}=\dfrac{1}{16}$ を満たす実数 x の値は，$x=\square$ である．

また，$\left(\dfrac{1}{4}\right)^x-2^{-x}-2<0$ を満たす実数 x の値の範囲は $x>\square$ である．（23　大工大・推薦）

《指数不等式 (A3)》

544. 不等式

$$2^{3-2x}-3\cdot 2^{1-x}+1>0$$

をみたす x の範囲を求めなさい．（23　福島大・共生システム理工）

《やや複雑な不等式 (B10)》

545. 次の問いに答えよ．

（1） すべての実数 x に対して，$x^2+x+1>0$ が成り立つことを示せ．

（2） 不等式 $\log_{x^2+x+1}|3x^2+3x|\leqq 1$ を解け．（23　東北学院大・文系）

《底の変換あり (B20)》

546. n, x を 2 以上の整数とする．各 n に対して，

$$-1\leqq \log_n x-6\log_x n\leqq 1 \quad \cdots\cdots(*)$$

をみたす x の個数 S_n を考える．以下の問に答えよ．

（1） $\log_2 k-6\log_k 2=-1$ をみたす 2 以上の整数 k を求めよ．

（2） $n=2$ のとき$(*)$をみたし，かつ $\log_2 x$ が整数となる x をすべて求めよ．

（3） S_n を n を用いて表せ．

（4） $10\leqq S_n\leqq 100$ となる n をすべて求めよ．（23　岐阜大・医-看，応用生物，教，地域）

《領域の図示 (B10) ☆》

547. x, y は正の実数で，$x\neq 1$，$y\neq 1$ とする．このとき，次の問いに答えよ．

（1） $\log_x y>0$ であるための，x と y に関する必要十分条件を求めよ．

（2） 次の不等式の表す領域を xy 平面上に図示せよ．

$$\log_x y-2\log_y x>1$$

（23　高知大・教育）

《底を変換せよ (A5) ☆》

548. 不等式

$$\log_{\frac{1}{2}} x^2<\left(\log_{\frac{1}{2}} x\right)^2$$

を解くと $\square$，$\square$ である．（23　北九州市立大・前期）

《底が文字 (B10) ☆》

549. a を定数とするとき，不等式

$$\log_a 5x-\log_a(4-x)\geqq \log_a(x+1)$$

を解け．（23　長崎大・教 A，経，環境，水産）

《指数不等式と対数不等式 (B5)》

550. (i)，(ii) に答えなさい．

（1） $2^x+2^{-x}\leqq \dfrac{5}{2}$ を満たす x の値の範囲を求めなさい．

（2） (i) のとき，$x^2-x+\log_{16} y=0$ を満たす y の取る値の範囲を求めなさい．（23　長崎県立大・前期）

《2 乗は絶対値で (B10)》

551. 不等式

$$\log_9 2x+\log_3(x^2+3x-4)^2\leqq 5\log_9 x+\log_3\sqrt{2}$$

を満たす実数 x の値の範囲を求めよ．（23　東北大・文系-後期）

《不等式を解くときに (B5) ☆》

552. 関数 $f(x)=25^x-6\cdot 5^x-7$

について，$f(x) \leqq 0$ を満たす x の値の範囲を求めよ．また，$(x-2)f(x) \leqq 0$ を満たす x の値の範囲を求めよ．

（23　中京大）

《底の変換あり（A10）》

553．次の問いに答えよ．

（1）　$\log_2 x = \log_4(x+2)$ をみたす x を求めよ．

（2）　$2(\log_5 x)^2 - 2\log_{25} x - 1 < 0$ をみたす x の範囲を求めよ．　（23　岐阜聖徳学園大）

《方程式と不等式（B3）》

554．関数

$$f(x) = 2\log_{\frac{1}{2}}\left(\frac{1}{2} - x\right) - \log_{\frac{1}{2}}(2-x)$$

を考える．

（1）　$f(x) = 0$ を満たす実数 x を求めよ．

（2）　不等式 $f(x) > 1$ を満たす実数 x の範囲を求めよ．　（23　学習院大・法）

【関数の極限（数 II）】

【微分係数と導関数】

《次数から決める（B5）☆》

555．整式 $f(x)$ が，すべての実数 x に対して

$$(f'(x) - 5)f'(x) = 3f(x) + x^2 - 7x - 12$$

を満たすものとする．$f(x)$ の次数を n とするとき，n は 3 以上にならないことを示し，$f(x)$ を求めよ．ただし，$f(x)$ の係数はすべて整数とする．　（23　長崎大・教 A，経，環境，水産）

《多項式の割り算と微分法（B2）》

556．a, b を実数とする．整式

$P(x) = x^4 - 2x^3 + ax^2 + bx - 3$

が $(x-1)^2$ で割り切れるとき，$a = \square$，$b = \square$ である．　（23　玉川大・全）

【接線（数 II）】

《三角形の面積の最大（B10）☆》

557．座標平面において，放物線 $C : y = x^2 - 2x - 11$ と直線 $y = 2x + 10$ との交点を P，Q とする．ただし，P の x 座標は Q の x 座標よりも小さいとする．このとき，P の座標は $\square$ である．また，点 X が C 上を P から Q まで動くとき，三角形 PQX の面積の最大値は $\square$ である．　（23　福岡大）

《直交する接線（B20）☆》

558．a を実数とする．曲線 $C : y = \frac{1}{3}x^3 - ax$ 上の点 P における C の接線 l が，P と異なる点 Q において C と交わり，かつ Q における C の接線が l と直交する．このような P が存在しうる a の値の範囲を求めよ．

（23　一橋大・後期）

《整数との融合（B10）》

559．m, n を整数とする．曲線

$y = mx^3 - 2(m+n)x^2 + (m+7n)x + m + 1$

上の x 座標が 2 である点における接線が点 $(3, 2)$ を通る．次の各問に答えよ．

（1）　m, n が満たす条件を求めよ．

（2）　m, n をすべて求めよ．　（23　茨城大・教育）

《共通接線（B30）》

560．2 つの曲線

$$y = x^3 - 5x, \quad y = x^2 + a$$

は共有点を持ち，かつ少なくとも 1 つの共有点における接線が共通である．以下の問いに答えよ．

（1） a の値をすべて求めよ．

（2） （1）の a の値に対して，共通の接線の方程式を求めよ．（23 中央大・商）

［編者註：「共通の接線」とは「（1）の共有点における接線」なのか「単に両方に接する接線」なのかが問題である．後者ならば，面倒なことになる．迂闊な問題文である．］

《共通接線（B10）☆》

561． p を実数とする．xy 平面において，2 曲線 $y=x^3+2x^2$, $y=-x^2+px-5$ が共有点をもち，その点で共通の接線をもつのは，$p=\square$ のときである．また，この接線の方程式は $y=\square x-\square$ である．（23 東京農大）

《法線（B10）☆》

562． 関数 $f(x)=x^3-x^2+x$ について，座標平面における曲線 $y=f(x)$ に関する以下の問いに答えよ．

（1） 曲線 $y=f(x)$ 上の，点 $(2, 6)$ を通り，この点におけるこの曲線の接線と垂直な直線の方程式は

$y=-\dfrac{\square}{\square}x+\dfrac{\square}{\square}$ である．

（2） 点 $(1, 1)$ から曲線 $y=f(x)$ に引いた 2 本の接線の方程式は $y=x$ と $y=\square x-\square$ である．

（3） 曲線 $y=f(x)$ が，その曲線上のある点 $(t, f(t))$ で直線 $y=mx$ $(0<m<1)$ に接するとき，m の値は $\dfrac{\square}{\square}$ である．（23 東洋大・前期）

【法線（数 II）】

《法線（B20）☆》

563． 放物線 $C: y=x^2$ 上を動く 2 点 $\mathrm{P}(s, s^2)$, $\mathrm{Q}(t, t^2)$ を考える．ただし，$s<0<t$ とする．P を通り，P における C の接線と垂直に交わる直線を l_{P} とする．また，Q を通り，Q における C の接線と垂直に交わる直線を l_{Q} とする．さらに，l_{Q} は l_{P} と垂直に交わるとする．以下の問いに答えよ．

（1） l_{P} の方程式を s を用いて表せ．

（2） l_{Q} の方程式を s を用いて表せ．

（3） l_{P} と l_{Q} の交点を $\mathrm{R}(x_0, y_0)$ とする．x_0, y_0 を s を用いて表せ．

（4） （3）の y_0 が最小となる s の値を求めよ．（23 岡山大・文系）

【関数の増減・極値（数 II）】

《解と係数の関係（B20）☆》

564． 3 次関数の増減に関する以下の問いに答えよ．

（1） 定数 a, b について，関数

$y=\dfrac{1}{3}x^3+ax^2+bx$

が $x=-3$ で極大値をとり，$x=1$ で極小値をとるとき，a, b の値を求めよ．

（2） 定数 α, β について $\alpha<\beta$ とする．関数 $y=\dfrac{1}{3}x^3+ax^2+bx$ が $x=\alpha$ で極大値をとり，$x=\beta$ で極小値をとるとき，a, b を α, β で表せ．

（3） ある 3 次関数 $y=f(x)$ が $x=-3$ で極大値 3，$x=1$ で極小値 -1 をとるとき，$f(x)$ を求めよ．

（23 東邦大・薬）

《上を見れば（B20）☆》

565． a を実数とし，2 つの関数

$f(x)=x^3-(a+2)x^2+(a-2)x+2a+1$

と $g(x)=-x^2+1$ を考える．

（1） $f(x)-g(x)$ を因数分解せよ．

（2） $y=f(x)$ と $y=g(x)$ のグラフの共有点が 2 個であるような a を求めよ．

（3） a は（2）の条件を満たし，さらに $f(x)$ の極大値は 1 よりも大きいとする．$y=f(x)$ と $y=g(x)$ のグラ

フを同じ座標平面に図示せよ．（23 名古屋大・前期）

《基本的な極値（B10）》

566．O を原点とする座標平面における関数 $y=x^3-3x^2+4$ のグラフを，解答用紙のグラフスペースに描け．ただし，グラフは，その関数の極大値と極小値，およびそれらのときの x の値，y 軸との共有点，x 軸との共有点が読み取れるように描くこと．（23 京都薬大）

《基本的な極値（A5）☆》

567．x の 3 次関数 $f(x)=x^3-3x^2+ax+1$ がある．曲線 $y=f(x)$ 上における接線の傾きの最小値が -12 になるとき，定数 a の値を求めよ．また，$f(x)$ の極値，およびそのときの x の値を求めよ．

（23 長崎大・教 A，経，環境，水産）

《極値の和（B10）☆》

568．次の命題の真偽をそれぞれ調べよ．偽の場合には反例を示し，真の場合には証明せよ．

（1） 0 ではない 2 つの実数 a, b について，$a^2=b^2$ ならば $a=b$ である．

（2） 実数 x, y について，$x+y \leqq 4$ ならば，$x \leqq 2$ または $y \leqq 2$ である．

（3） 自然数 n が 4 の倍数かつ 6 の倍数ならば，n は 24 の倍数である．

（4） 自然数について，すべての偶数は素数ではない．

（5） k は実数の定数とする．実数 x について，x の 3 次関数 $f(x)=x^3+2x^2+kx$ の極大値と極小値が存在し，かつ，それらの和が 0 ならば，$k=\dfrac{8}{9}$ である．（23 あたしは）

《4 次関数の極値（B20）☆》

569．a を実数とする．関数

$f(x)=\dfrac{a+1}{2}x^4-a^2x^3-a^2(a+1)x^2+3a^4x$

について考える．

（1） $f'(a)=\square$ であり，$f'(-a)=\square$ である．

（2） $y=f(x)$ は，$a=\square$ のとき，極値をとる x の値がちょうど 2 つとなり，$a=\dfrac{\boxed{ア}}{\boxed{イ}}$，$\boxed{ウ}$，$\boxed{エ}$ のとき，極値をとる x の値がただ 1 つとなる．ただし，$\dfrac{\boxed{ア}}{\boxed{イ}}<\boxed{ウ}<\boxed{エ}$ とする．

（3） $a=\square$ のとき，$x=\square$ で極大値 $\square$，$x=\square$ で極小値 $\square$ をとる．

（4） $a=1$ とする．点 $(-1, f(-1))$ を通り，$y=f(x)$ のグラフに接する直線は 3 本あり，それぞれ，$x=\boxed{オ}$，$\boxed{カ}$，$\dfrac{\boxed{キ}}{\boxed{ク}}$ で $y=f(x)$ と接する．ただし，$\boxed{オ}<\boxed{カ}<\dfrac{\boxed{キ}}{\boxed{ク}}$ とする．（23 上智大・経済）

【最大値・最小値（数 II）】

《空間座標との融合（B10）》

570．空間内に 4 点

O(0, 0, 0), A(1, 0, 0), B(0, 1, 0), C(0, 0, 1)

をとる．時刻 $t=0$ から $t=1$ まで 3 点 P，Q，R は次のように動くものとする．

- $t=0$ に 3 点は点 O を出発する．
- 動点 P は線分 OA 上を速さ 1 で点 A に向かって動く．
- 動点 Q は線分 OB 上を速さ $\dfrac{1}{2}$ で点 B に向かって動く．
- 動点 R は線分 OC 上を速さ 2 で動く．$t=\dfrac{1}{2}$ までは点 C へ向かって動き，$t=\dfrac{1}{2}$ 以後は点 C から点 O に向かって動く．

時刻 t における三角形 PQR の面積を $S(t)$ とする．次の問いに答えよ．

（1） $S(t)$ を求めよ．

（2） $S(t)$ を最大にする t の値を求めよ．（23 琉球大）

《確率との融合 (B10)》

571. a は $0 \leqq a \leqq 18$ を満たす整数とする．18 本のくじの中に，当たりが a 本あり，はずれが $(18-a)$ 本ある．この 18 本のくじから 1 本を引き，引いたくじをもとに戻す．この試行を 6 回繰り返すとき，次の確率(＊)を $P(a)$ とする．

(＊) 1 回目と 6 回目がともに当たりであり，かつ 6 回の間に当たりが 3 回以上は続かない確率

次の問いに答えよ．

(1) $p=\dfrac{a}{18}$ とおくとき，$P(a)$ を p を用いて表せ．

(2) $0 \leqq a \leqq 18$ を満たす整数 a において，$P(a)$ が最大となる a の値を求めよ． (23 弘前大・文系)

《極小と最小を論じる (B20) ☆》

572. a を実数の定数とする．関数

$f(x)=x^3+3x^2-6ax$

について，次の問に答えよ．

(1) $f(x)$ が極値をもたないような a の値の範囲を求めよ．

(2) $x=\dfrac{1}{2}$ において $f(x)$ が極小となるような a の値を求めよ．

(3) $-1 \leqq x \leqq 1$ における $f(x)$ の最小値を a を用いて表せ． (23 香川大・創造工，法，教，医-臨床，農)

《交角の sin (B20) ☆》

573. xy 平面上の曲線 $C: y=x^3-x$ を考える．実数 $t>0$ に対して，曲線 C 上の点 $\mathrm{A}(t,\, t^3-t)$ における接線を l とする．直線 l と直線 $y=-x$ の交点を B，三角形 OAB の外接円の中心を P とする．以下の問いに答えよ．

(1) 点 B の座標を t を用いて表せ．

(2) $\theta=\angle\mathrm{OBA}$ とする．$\sin^2\theta$ を t を用いて表せ．

(3) $f(t)=\dfrac{\mathrm{OP}}{\mathrm{OA}}$ とする．$t>0$ のとき，$f(t)$ を最小にする t の値と $f(t)$ の最小値を求めよ． (23 九大・文系)

《最小を論じる (B20) ☆》

574. p は $p \geqq 0$ を満たす定数とし，関数 $f(x)$ を

$$f(x)=\frac{1}{3}x^3-3x^2+(9-p^2)x$$

と定める．次の問いに答えよ．

(1) $p=1$ のとき，$y=f(x)$ のグラフをかけ．

(2) $f'(x)=0$ となる x の値を p を用いて表せ．

(3) $x \geqq 0$ において $f(x)$ が最小値をとる x の値を求めよ． (23 新潟大・前期)

《外接円の半径 (B20)》

575. 実数 t が $0<t<1$ をみたすとする．座標平面上の 3 点 $\mathrm{O}(0,\,0)$，$\mathrm{A}(\sqrt{t},\, t)$，$\mathrm{B}(0,\, -t+1)$ を考える．以下の問いに答えなさい．

(1) $\mathrm{OC}=\mathrm{AC}=\mathrm{BC}$ となる点 C の座標を t を用いて表しなさい．

(2) 3 点 O，A，B を通る円の面積 $S(t)$ を求めなさい．

(3) 実数 t が $0<t<1$ の範囲を動くとき，$S(t)$ の最小値を求めなさい．また，そのときの t の値を求めなさい．

(23 都立大・文系)

《対称に移動してみよ (B20) ☆》

576. $0 \leqq \theta \leqq \pi$ を満たす実数 θ に対して，

$$A(\theta)=(\cos^2\theta-\sin^2\theta)^2$$

$$B(\theta)=(\cos^3\theta-\sin^3\theta)^2$$

$$C(\theta)=(\cos^4\theta+\sin^4\theta)^2$$

とする．$x=\sin\theta\cos\theta$ とおく．次の問いに答えよ．

(1) x のとり得る値の範囲を求めよ．

(2) $A(\theta),\, B(\theta),\, C(\theta)$ をそれぞれ x の式で表せ．

（3） $A(\theta)+B(\theta)-2C(\theta)$ を x で表した式を $f(x)$ とおく．x が（1）で求めた範囲を動くとき，$f(x)$ が最大となる x の値を求めよ．（23　横浜国大・経済，経営）

《和と積 (B10) ☆》

577. 実数 x, y が $x^2-xy+y^2-1=0$ を満たすとする．また，$t=x+y$ とおく．このとき，次の問いに答えよ．

（1） xy を t を用いて表せ．

（2） t のとる値の範囲を求めよ．

（3） $3x^2y+3xy^2+x^2+y^2+5xy-6x-6y+1$ のとる値の範囲を求めよ．（23　高知大・教育）

《三角形の面積 (B10)》

578. xy 平面上に放物線 $C: y=x^2$ がある．放物線 C 上に点 $\mathrm{A}(-1, 1), \mathrm{B}(4, 16)$ をとる．

（1） 直線 AB の方程式は $y=\square x+\square$ である．

（2） 放物線 C 上に x 座標が t である点 P をとり，直線 AB 上に x 座標が t である点 Q をとる．t が $-1<t<4$ の範囲を動くとき，△APQ の面積の最大値は $\dfrac{\square}{\square}$ であり，そのときの t の値は $\dfrac{\square}{\square}$ である．

（23　青学大・社会情報）

《三角関数・和で表す (B10)》

579. 関数

$y=2(\sin^3 x+\cos^3 x)+8\sin x\cos x+5$

$(0 \leqq x < 2\pi)$

を考える．$\sin x+\cos x=t$ とおく．

（1） y を t の式で表すと

$$y=\square t^3+\square t^2+\square t+\square$$

である．

（2） 関数 y は $t=\dfrac{\square}{\square}$ において最小値 $\dfrac{\square}{\square}$ をとる．

（3） 関数 y は $x=\dfrac{\square}{\square}\pi$ において最大値 $\square+\sqrt{\square}$ をとる．（23　上智大・文系）

《円柱の体積 (A10) ☆》

580. x, y を正の実数とする．円柱の底面の周の長さが x，高さが y であり，$2x+y=6\pi$ を満たすとする．このとき，円柱の体積 V を x を用いて表せ．また，V の最大値を求めよ．（23　愛媛大・工，農，教）

《円錐の体積 (B10)》

581. 図のように，半径 3 の円形の紙から中心角 θ の扇形を切り取り，直円錐の側面をつくる．

θ

3

（1） 直円錐の底面の半径 a を高さ h で表すと，$a=\left(\square-h^2\right)^{\frac{1}{\square}}$ である．

（2） 直円錐の体積 V を高さ h で表すと，$V=\dfrac{\pi}{3}\left(\square h^{\square}-h^{\square}\right)$ である．

（3） 直円錐の体積が最大となるときの高さ h_0 は $h_0=\sqrt{\square}$，切り取った扇形の中心角 θ は $\dfrac{\square\sqrt{\square}}{\square}\pi$ で

ある．

（4） 直円錐の高さが（3）の h_0 であるとき，直円錐に内接する円柱の体積の最大値は $\dfrac{\square\sqrt{\square}}{\square}\pi$，そのときの円柱の高さは $\dfrac{\sqrt{\square}}{\square}$ である．ただし，直円錐の底面と円柱の一つの底面は同一平面上にあるものとする．

（23　東京薬大）

《直方体容積の最大 (B10) ☆》

582. 1 辺が 24cm の正方形の紙の四隅から，合同な正方形を切り取った残りで，ふたのない直方体を作る．切り取る正方形の 1 辺が $\square$ cm のとき直方体の容積が最大となり，その容積は $\square$ cm^3 である．（23　愛知大）

《六角柱の容積の最大 (B20)》

583. 1 辺の長さが 6 の正六角形の紙がある．この紙の六つの隅を図のように切り取った残りを使って 1 辺の長さが a で高さが x の正六角柱のふたのない箱を作る．このとき，次の各問に答えよ．

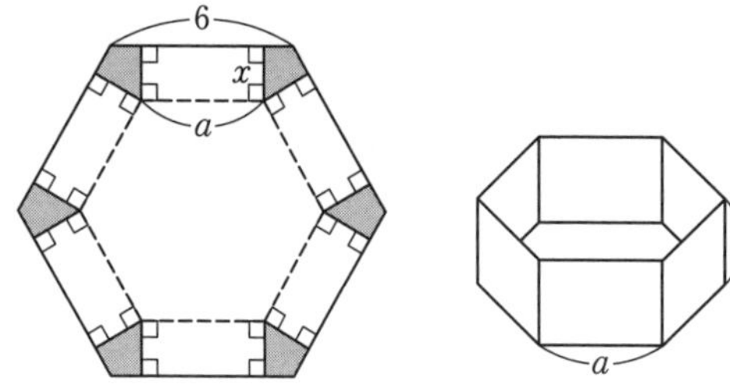

（1） a を x を用いて表すと $a=\square-\dfrac{\square\sqrt{\square}}{\square}x$ であり，

底面の面積は $\square\sqrt{\square}-\square x+\square\sqrt{\square}x^2$ となる．

（2） この箱の容積が最大となるのは，$x=\sqrt{\square}$ のときであり，このとき，容積は $\square$ となる．

（23　東洋大・前期）

【微分と方程式 (数 II)】

《4 次方程式 (B20) ☆》

584. 方程式 $\dfrac{x^4}{4}-x^3-x^2+6x=c$ が異なる 4 つの実数解を持つように定数 c の値の範囲を定めなさい．

（23　福島大・人間発達文化）

《共通接線 (B20) ☆》

585. a を正の実数とする．2 つの曲線

$C_1: y=x^3+2ax^2$

および $C_2: y=3ax^2-\dfrac{3}{a}$

の両方に接する直線が存在するような a の範囲を求めよ．（23　一橋大・前期）

《文字定数は分離 (B20) ☆》

586. k を定数とする．関数 $f(x)$ と $g(x)$ を

$f(x)=x^3-\dfrac{9}{2}x^2+6x-k$,

$g(x)=\dfrac{2}{3}x^3-2x^2+2x+4|x-1|$

と定めるとき，次の問いに答えよ．

（1） $y=f(x)$ のグラフと x 軸が相異なる 3 つの共有点をもつような k の値の範囲を求めよ．

（2） $y=f(x)$ のグラフと $y=g(x)$ のグラフが相異なる 3 つの共有点をもつような k の値の範囲を求めよ．

（23　信州大・医-保健，経法）

《文字定数は分離 (B15)》

587. k を実数とする．4 次方程式

$3x^4-8x^3-6x^2+24x-k=0$

が負の解をもつときの k のとり得る値の範囲は $k\geqq$ □ であり，異なる 4 個の実数解をもつときの k のとり得る値の範囲は □ $<k<$ □ である．（23　玉川大・全）

《対数から 3 次関数 (B10)》

588. a を正の実数とする．方程式

$$\log_2|x|+\log_4|x-2|=\log_4 a \quad \cdots(*)$$

について，次の問に答えよ．

（1） 方程式 $(*)$ が，ちょうど 4 個の実数解をもつような a の値の範囲を求めよ．

（2） 方程式 $(*)$ が，ちょうど 3 個の実数解をもつとき，負の実数解を求めよ．（23　青学大）

《接線を 3 本引く (B20) ☆》

589. 関数 $f(x)=x^3+3x^2-9x+3$ について，次の問いに答えよ．

（1） $f(x)$ の極値を求めよ．

（2） 方程式 $x^3+3x^2-9x+3-a=0$ の異なる実数解の個数と定数 a の値の関係を求めよ．

（3） 点 $(1,-10)$ を通る接線のうち，接点の x 座標が正の整数である接線の方程式を求めよ．

（4） 座標平面上の点 (s,t) から $f(x)$ に異なる 3 本の接線が引けるための条件を求めよ．（23　青学大・経済）

《等間隔の枠 (B15) ☆》

590. m を実数の定数とする．3 次方程式

$2x^3+3x^2-12x-6m=0$

は，相異なる 3 つの実数解 α,β,γ をもつとする．ただし，$\alpha<\beta<\gamma$ とする．

（1） 3 次関数 $y=\dfrac{1}{6}(2x^3+3x^2-12x)$ の極大値と極小値をそれぞれ求めよ．

（2） xy 平面上において，3 次関数

$y=\dfrac{1}{6}(2x^3+3x^2-12x)$

のグラフの概形を描け．

（3） m のとりうる値の範囲を求めよ．

（4） γ のとりうる値の範囲を求めよ．（23　同志社大・文系）

《等間隔の枠 (B10)》

591. 与えられた実数 k に対して，x についての方程式 $4x^3-12x^2-15x-k=0$ が異なる 3 つの実数解 α,β,γ をもつとき，γ の範囲は $\dfrac{□}{□}<\gamma<$ □ である．ただし，$\alpha<\beta<\gamma$ とする．（23　昭和薬大・B 方式）

《極値の差 (B15)》

592. k を定数とする．3 次関数

$f(x)=2x^3+kx^2-3(k+1)x-5$

が $x=\alpha$ で極大値をとり，$x=\beta$ で極小値をとる．このとき，次の問いに答えよ．

（1） k の値の範囲を求めよ．

（2） $f(\alpha)-f(\beta)=(\beta-\alpha)^3$ が成り立つことを示せ．

（3） 極大値と極小値の差が 27 で $k>0$ のとき，方程式 $f(x)=m$ が異なる 3 つの実数解をもち，正の解が 1 つであるような定数 m の値の範囲を求めよ．（23　滋賀大・経済-後期）

【微分と不等式 (数 II)】

《不等式への応用 (B15) ☆》

593. a,b を実数とし，実数 x の関数 $f(x)$ を

$f(x)=x^3+ax^2+bx-6$

とおく．方程式 $f(x)=0$ は $x=-1$ を解に持ち，$f'(-1)=-7$ である．

（1） $a=\square$，$b=\square$ である．

（2） c は正の実数とする．

$f(x) \geqq 3x^2+4(3c-1)x-16$

が $x \geqq 0$ において常に成立するとき，c の値の範囲は $\square$ である． （23 慶應大・薬）

【定積分（数 II）】

《絶対値と積分（A2）☆》

594．$x \leqq -2$ とする．このとき，以下の問いに答えなさい．

（1） $-1 \leqq t \leqq 1$ のとき，関数 $f(x)=|x-t|$ を絶対値のない式で表しなさい．

（2） t に関する積分 $\int_{-1}^{1}|x-t|\,dt$ を x の式で表しなさい． （23 福島大・食農）

《基本的な積分（A2）》

595．$f(x)=x^3-6x^2$ とする．曲線 $y=f(x)$ の点 $(5,\ f(5))$ における接線を l とする．

（1） l の方程式を求めなさい．

（2） 曲線 $y=f(x)$ には，l と平行なもう 1 本の接線がある．その接点を $(a,\ f(a))$ とするとき，a の値を求めなさい．

（3） （2）で求めた a の値に対して，定積分 $\int_0^a f(x)\,dx$ の値を求めなさい．

（23 北海道大・フロンティア入試（共通））

《絶対値と積分（A5）☆》

596．$\int_0^2 |x^3-2x^2+3x-6|\,dx=\dfrac{\square}{\square}$ である． （23 東洋大・前期）

《絶対値と積分（B10）》

597．関数 $y=x^2+ax+b\ (-1 \leqq x \leqq 3)$ について，次の（1），（2）に答えなさい．

（1） 関数 y の最大値が 3 で，最小値が -1 であるとき，定数 a,b の値を求めなさい．

（2） （1）で求めた a,b の値に対し，定積分 $\int_{-1}^{3}|x^2+ax+b|\,dx$ を求めなさい．（23 神戸大・文系-「志」入試）

《絶対値と積分（B20）》

598．a,b,c は実数とし，x^3+ax^2+bx+c を $f(x)$ とおく．関数 $f(x)$ は $x=2$ で極値をとり，整式 $f(x)$ は $f(1-i)=0$ を満たすとする．ただし，i は虚数単位とする．次の問に答えよ．

（1） a,b,c の値をそれぞれ求めよ．

（2） 関数 $f(x)$ の極値を求めよ．

（3） 定積分 $\int_1^2 |f'(x)|\,dx$ の値を求めよ． （23 佐賀大・農-後期）

《最大値と積分（B20）☆》

599．t を 0 以上の実数とし，関数

$f(x)=|x(x-4)|$

の区間 $0 \leqq x \leqq t$ における最大値を $g(t)$ とする．

$0 \leqq t < 2$ のとき $g(t)=\square$ であり，

$2 \leqq t <$ ア のとき $g(t)=4$ であり，

ア $\leqq t$ のとき $g(t)=t^2-4t$ である．また，$\int_0^6 f(x)\,dx=\square$ であり，$\int_0^6 g(t)\,dt=\square$ である．

（23 北里大・薬）

《偶関数と奇関数（C25）☆》

600．n を正の整数とする．次の条件

（イ），（ロ），（ハ）を満たす n 次関数 $f(x)$ のうち n が最小のものは，$f(x)=\square$ である．

（イ） $f(1)=2$

（ロ） $\int_{-1}^{1}(x+1)f(x)\,dx=0$

（ハ） すべての正の整数 m に対して，

$\int_{-1}^{1} |x|^m f(x)\,dx = 0$ （23 早稲田大・商）

《絶対値と積分 (B20)》

601．関数

$f(x) = |x^2 - 3x| - 4,$

$g(x) = |x^2 - 3x| - 2x,$

$h(x) = x^2 - 3|x| - 4$

について，各問いに答えなさい．

（1） $-1 \leqq x \leqq 3$ における $y = f(x)$ のグラフをかきなさい．

（2） $y = f(x)$ の $0 \leqq x \leqq 5$ における最大値と最小値を求めなさい．

（3） $0 \leqq x \leqq 5$ における $y = g(x)$ のグラフをかきなさい．

（4） $y = g(x)$ の $0 \leqq x \leqq 5$ における最大値と最小値を求めなさい．

（5） $\int_0^5 \{f(x) - g(x)\}\,dx$ の値を求めなさい．

（6） $\int_0^5 \{f(x) - h(x)\}\,dx$ の値を求めなさい． （23 立正大・経済）

【面積（数 II）】

《12 分の 1 公式 (B5) ☆》

602．放物線 $C : y = x^2 - 4x + 3$ がある．次の問いに答えなさい．

（1） 放物線 C 上の x 座標が 1 である点における接線の方程式，および x 座標が 5 である点における接線の方程式をそれぞれ求めなさい．

（2） 放物線 C と（1）の 2 つの接線とで囲まれた部分の面積を求めなさい． （23 秋田大・前期）

《12 分の 1 公式 (B20)》

603．$a > 0$ とし，曲線 $C_1 : y = 5x^2$ と曲線 $C_2 : y = x^2 + 4a^2$ を考える．C_1 と C_2 の共有点のうち，x 座標が正のものを P とし，P における C_2 の接線を l とする．次の問いに答えよ．

（1） P の座標と l の方程式を求めよ．

（2） C_1 と C_2 で囲まれた図形の面積 S を求めよ．

（3） C_1 と l で囲まれた図形の面積を T とする．（2）で求めた S との比 $\frac{T}{S}$ を求めよ． （23 金沢大・文系）

《三角形を乗せる (B15)》

604．xy 平面において放物線 $y = x^2$ を C とする．次の問いに答えよ．

（1） ある直線と C が 2 点 (α, α^2), (β, β^2) $(\alpha < \beta)$ で交わるとき，この直線と C で囲まれた部分の面積を A とする．A を定積分で表しそれを計算することにより，$A = \frac{1}{6}(\beta - \alpha)^3$ であることを示せ．

（2） 点 P(1, 1) における C の接線を l とする．P を通り l に垂直な直線と直線 $x = -1$ との交点を Q とし，さらに Q を通り l に平行な直線と C の交点のうち x 座標が負であるものを R とする．放物線 C と線分 PQ および線分 QR により囲まれた部分の面積を S とするとき，$S = \frac{10\sqrt{5}}{3} - 5$ であることを示せ． （23 山梨大・教）

《全体で考え 6 分の 1 公式 (B20) ☆》

605．a を $0 < a < 9$ を満たす実数とする．xy 平面上の曲線 C と直線 l を，次のように定める．

$C : y = |(x-3)(x+3)|$，$l : y = a$

曲線 C と直線 l で囲まれる図形のうち，$y \geqq a$ の領域にある部分の面積を S_1，$y \leqq a$ の領域にある部分の面積を S_2 とする．$S_1 = S_2$ となる a の値を求めよ． （23 九大・文系）

《全体で考え 6 分の 1 公式 (B20) ☆》

606．xy 平面上で，曲線 $y = \left| -\frac{2}{9}x^2 + 2 \right|$ と直線 $y = -\frac{1}{3}x + 1$ で囲まれる図形の面積を求めよ．

（23 京都府立大・森林）

《平行移動した放物線 (B10) ☆》

607. 2つの放物線 $C_1: y=x^2$, $C_2: y=x^2+4$ があり，点 (a, a^2+4) における C_2 の接線を l_1 とする．このとき，次の問いに答えよ．ただし，a は実数とする．

(1) C_1 と l_1 の交点の x 座標を求めよ．

(2) C_1 と l_1 で囲まれた図形の面積 S を求めよ．

(3) 放物線 $y=x^2+m^2$ 上の点 (a, a^2+m^2) における接線を l_2 とする．C_1 と l_2 で囲まれた図形の面積が 288 となる定数 m の値を求めよ．ただし，$m>0$ とする．

(23　北海学園大・経済)

《12分の1公式 (B5)》

608. $k, \alpha, \beta\ (\alpha<\beta)$ は実数とする．放物線 $y=x^2$ と直線 $y=kx+1$ の2つの交点を点 $\mathrm{P}(\alpha, \alpha^2)$，点 $\mathrm{Q}(\beta, \beta^2)$ とする．このとき，以下の問いに答えなさい．

(1) $\alpha\beta$ の値を求め，$\alpha+\beta, \alpha-\beta$ を k を用いて表しなさい．

(2) 点P，点Qにおける放物線の接線をそれぞれ l, m とする．いま，直線 l, m の交点を点Rとするとき，点Rの x 座標を α, β を用いて表しなさい．

(3) 放物線 $y=x^2$ と直線 l, m で囲まれる図形の面積 S を k を用いて表しなさい．

(23　福島大・食農)

《絶対値と接線と面積 (B15) ☆》

609. 関数 $f(x)$ を $f(x)=x|x-7|$ で定める．曲線 $y=f(x)$ の点 $\mathrm{P}(3, f(3))$ における接線を l とする．次の問に答えよ．

(1) 直線 l の方程式を求めよ．

(2) 曲線 $y=f(x)$ と直線 l の共有点のうち，点Pと異なる点の座標を求めよ．

(3) 曲線 $y=f(x)$ と直線 l で囲まれた図形の面積 S の値を求めよ．

(23　佐賀大・農，教)

《共通接線で囲む面積 (A10)》

610. 座標平面上において，以下の方程式で表される放物線を C, C' とする．

$$C: y=x^2+1,\ C': y=x^2-4x+9$$

C 上の点Pにおける接線 l が C' 上の点Qにおける接線でもあるとき，次の問いに答えよ．

(1) P，Qの x 座標をそれぞれ p, q とする．p, q の値を求めよ．

(2) l の方程式を求めよ．

(3) 2つの放物線 C, C' と接線 l で囲まれた部分の面積 S を求めよ．

(23　日本女子大・人間)

《束の利用 (B10)》

611. 2つの曲線 C_1，C_2 をそれぞれ

$$C_1: y=x^2+2x,\quad C_2: y=-x^2+2x+8$$

とする．また，2曲線 C_1，C_2 の2つの交点を通る直線に平行で，かつ C_1 に接する直線を l とする．このとき，次の問に答えよ．

(1) 直線 l の方程式を求めよ．

(2) 2曲線 C_1，C_2 で囲まれた図形の面積を S_1 とし，C_2 と直線 l で囲まれた図形の面積を S_2 とするとき，面積比 $S_1:S_2$ を求めよ．

(23　福岡大)

《積分するしかない (B20)》

612. $a>0$ とする．座標平面上において，放物線 $C: y=ax^2-2ax+a+1$ を考える．放物線 C 上の点Pは，x 座標が2であるとする．点Pにおいて放物線 C の接線と垂直に交わる直線，つまり法線を l とし，放物線 C と直線 l で囲まれる部分を R とする．R の点 (x, y) で $1\leqq x\leqq 2$ をみたすもの全体の面積を $S(a)$ とし，R の点 (x, y) で $0\leqq x\leqq 1$ をみたすもの全体の面積を $T(a)$ とする．

(1) 直線 l の方程式を a, x, y を用いて表せ．

(2) $S(a)$ を a を用いて表せ．

(3) $S(a)$ の最小値とそのときの a の値を求めよ．

(4) $2T(a)=3S(a)$ が成り立つような a の値を求めよ．

(23　同志社大・経済)

《放物線と円 (B20)》

613. q を実数とする．座標平面上に円 $C : x^2+y^2=1$ と放物線 $P : y=x^2+q$ がある．

（1） C と P に同じ点で接する傾き正の直線が存在するとき，q の値およびその接点の座標を求めよ．

（2）（1）で求めた q の値を q_1，接点の y 座標を y_1 とするとき，連立不等式

$$\begin{cases} x^2+y^2 \geqq 1 \\ y \geqq x^2+q_1 \\ y \leqq y_1 \end{cases}$$

の表す領域の面積を求めよ． （23 北海道大・文系）

《扇形と三角形を引く (B10) ☆》

614. 座標平面上の円 $C_1 : x^2+y^2=1$ および放物線 $C_2 : y=cx^2+1$ を考える．ただし c は正の定数とする．さらに円 C_1 上に 2 点 A(0, 1), B$\left(\dfrac{\sqrt{3}}{2}, -\dfrac{1}{2}\right)$ をとるとき，次の問いに答えなさい．

（1） 点 B における円 C_1 の接線が放物線 C_2 に接する．定数 c の値を求めなさい．

（2）（1）の接線の C_2 上の接点を P とする．点 P の座標を求めなさい．

（3） 次の 3 つの線で囲まれた部分の面積を求めなさい．

- 円 C_1 上の点 A と点 B を結ぶ弧のうち，短い方
- 放物線 C_2 の点 A から点 P の部分
- 線分 BP （23 福島大・人間発達文化）

《全体を構成して考える (B20) ☆》

615. $0<t<2$ とし，座標平面上の曲線 $C : y=|x^2+2x|$ 上の点 A$(-2, 0)$ を通る傾き t の直線を l とする．C と l の，A 以外の異なる 2 つの共有点を P, Q とする．ただし，P の x 座標は，Q の x 座標より小さいとする．このとき，次の問（1）～（5）に答えよ．解答欄には，（1）については答えのみを，（2）～（5）については答えだけでなく途中経過も書くこと．

（1） P，Q の x 座標をそれぞれ t を用いて表せ．

（2） 線分 AP と C で囲まれた部分の面積 $S_1(t)$ を t を用いて表せ．

（3） 線分 PQ と C で囲まれた部分の面積 $S_2(t)$ を t を用いて表せ．

（4） 線分 AQ と C で囲まれた 2 つの部分の面積の和 $S(t)$ を t を用いて表せ．また，$S(t)$ の導関数 $S'(t)$ を求めよ．

（5） t が $0<t<2$ を動くとき，（4）の $S(t)$ を最小にするような t の値を求めよ． （23 立教大・文系）

《折れ線の通過 (B30) ☆》

616. 関数 $f(x)$ に対して，座標平面上の 2 つの点 P$(x, f(x))$, Q$(x+1, f(x)+1)$ を考える．実数 x が $0 \leqq x \leqq 2$ の範囲を動くとき，線分 PQ が通過してできる図形の面積を S とおく．以下の問いに答えよ．

（1） 関数 $f(x)=-2|x-1|+2$ に対して，S の値を求めよ．

（2） 関数 $f(x)=\dfrac{1}{2}(x-1)^2$ に対して，曲線 $y=f(x)$ の接線で，傾きが 1 のものの方程式を求めよ．

（3） 設問（2）の関数 $f(x)=\dfrac{1}{2}(x-1)^2$ に対して，S の値を求めよ． （23 東北大・文系）

《共通接線で囲む (B20)》

617. 放物線 $y=x^2$ を C_1，放物線 $y=x^2-4x+4a$ を C_2 とし，C_1, C_2 に共通な接線を l とする．ただし，a は実数の定数とする．このとき，次の問いに答えよ．

（1） C_1 と C_2 の交点を Q とするとき，Q の x 座標を a を用いて表せ．

（2） l と C_1, C_2 との接点をそれぞれ P_1, P_2 とするとき，P_1, P_2 の x 座標をそれぞれ a を用いて表せ．

（3） Q を通り y 軸に平行な直線は，C_1, C_2 と l で囲まれた図形の面積 S を 2 等分することを示せ．

（23 東京海洋大・海洋科）

《円と放物線 (B15)》

618. 座標平面上で，放物線 $C_1 : y=-x^2+\dfrac{5}{4}$，および円 $C_2 : x^2+y^2=1$ を考える．

（1） 放物線 C_1 と円 C_2 は 2 つの共有点を持つことを示せ．また，C_1 と C_2 の共有点のうち，x 座標が正である点を P とする．点 P の座標を求めよ．

（2） C_1 上に点 $\mathrm{Q}\left(1,\ \dfrac{1}{4}\right)$，$C_2$ 上に点 $\mathrm{R}(1,\ 0)$ をとる．放物線 C_1，2 点 P と R を結ぶ C_2 上の短い方の円弧，線分 QR で囲まれた図形の面積を求めよ．

（3） （2）を利用して円周率 π は 3.22 より小さいことを示せ．

ただし，$1.73 < \sqrt{3} < 1.74$ を利用してよい． （23 津田塾大・学芸-英文）

《考えにくい構図（B10）》

619． a を定数とする．座標平面上の直線

$y = 2ax + \dfrac{1}{4}$ と放物線 $y = x^2$ の 2 つの交点を P_1, P_2 とする．a が $0 \leqq a \leqq 1$ の範囲を動くとき，線分 $\mathrm{P}_1\mathrm{P}_2$ の通過する部分の面積は $\dfrac{\square}{\square}$ である． （23 上智大・文系）

《少し複雑な構図（B20）》

620． xy 平面上に 2 つの放物線

$C_1 : y = x^2 + 2x$

$C_2 : y = -2x^2 + 2x$

がある．次の問いに答えよ．

（1） C_1 と C_2 のどちらにも接する直線が 1 つだけ存在することを示し，その直線の方程式を求めよ．

上で求めた直線を l とする．さらに，実数 a, b に対して定まる直線 $m : y = ax + b$ が，次の 2 つの条件を満たすとする．

- m は l と垂直に交わる．
- 和集合 $\{\mathrm{P} \mid \mathrm{P}$ は m と C_1 との共有点$\} \cup \{\mathrm{Q} \mid \mathrm{Q}$ は m と C_2 との共有点$\}$ の要素の個数がちょうど 4 である．

（2） b のとり得る値の範囲を求めよ．

（3） m と C_1 で囲まれた部分の面積を S_1 とし，m と C_2 で囲まれた部分の面積を S_2 とする．$S_1 : S_2 = 1 : 2$ を満たす b の値を求めよ． （23 横浜国大・経済，経営）

《写像と面積（B15）☆》

621． 平面上の点 $\mathrm{P}(\alpha,\ \beta)$ が原点を中心とする半径 1 の円上およびその内部を動くとき，点 $\mathrm{Q}(\alpha + \beta,\ 2\alpha\beta)$ の全体が表す領域を D とする．このとき以下の設問に答えよ．

（1） D を平面上に図示せよ．

（2） D の面積を求めよ． （23 東京女子大・文系）

《変曲点に関して点対称（B15）☆》

622． 関数 $f(x) = x^3 - 3x^2 + 2$ とする．

（1） $f(x)$ を 1 次式まで因数分解しなさい．

（2） α を実数として，$f(1 + \alpha)$ と $f(1 - \alpha)$ を求めなさい．

（3） 曲線 $y = f(x)$ と x 軸で囲まれた 2 つの領域の面積の合計を求めなさい． （23 愛知学院大・薬，歯）

《基本的な面積（A5）☆》

623． 曲線 $y = x^3 - 9x^2 + 20x - 12$ と x 軸で囲まれた 2 つの部分の面積の和は $\dfrac{\square}{\square}$ である．（23 青学大・経済）

《12 分の 1 公式（B5）》

624． a を正の定数とする．関数 $y = x(x - a)^2$ のグラフを C とする．このとき，以下の空欄をうめよ．

（1） 原点における C の接線 l の方程式を求めると $\square$ である．

（2） C と l の原点以外の共有点 P の座標を求めると $\square$ である．

（3） 線分 OP と C で囲まれた部分の面積を求めると $\square$ である． （23 会津大・推薦）

《12 分の 1 公式（B5）》

625. $a>0$ とする．$f(x)=x^3-ax^2+3a$ とおくとき，以下の問いに答えよ．

（1） $f(x)$ の極値を a を用いて表せ．

（2） 方程式 $f(x)=0$ の相異なる実数解の個数が 2 個であるとき，a の値を求めよ．

（3） a を（2）で求めた値とする．このとき，曲線 $y=f(x)$ と x 軸とで囲まれた部分の面積を求めよ．

（23　福井大・国際）

《解と係数を使う (B25) ☆》

626. p を実数とし，$f(x)=x^3-3x^2+p$ とおく．以下の問に答えよ．

（1） 関数 $f(x)$ の増減を調べ，$f(x)$ の極値を求めよ．

（2） 方程式 $f(x)=0$ が異なる 3 個の実数解をもつとき，p のとり得る値の範囲を求めよ．

（3） $f(1)=0$ のとき，p が（2）で求めた範囲にあることを示せ．

（4）（3）のとき，方程式 $f(x)=0$ の 1 以外の実数解を $\alpha, \beta\ (\alpha<1<\beta)$ とする．$\alpha+\beta$，$\alpha\beta$ の値を求めよ．

（5）（4）のとき，$\alpha \leqq x \leqq 1$ において x 軸と曲線 $y=f(x)$ で囲まれた部分の面積を S_1 とし，$1 \leqq x \leqq \beta$ において x 軸と曲線 $y=f(x)$ で囲まれた部分の面積を S_2 とする．$S_1=S_2$ となることを示せ．

（23　岐阜大・医-看，応用生物，教，地域）

《面積で命題 (B20)》

627. $y=x^3-x^2-2x+1$ で表される曲線を C，$y=-x+k$ で表される直線を l とする．ただし，k は実数とする．このとき，次の問いに答えよ．

（1） $k=1$ のとき，曲線 C と直線 l は 3 個の共有点をもつ．これらの共有点の x 座標のうち，最も小さい値を α とし，最も大きい値を β とする．このとき，$\alpha^2+\beta^2$ と $\alpha^3+\beta^3$ の値をそれぞれ求めよ．

（2） 曲線 C と直線 l が 2 個以上の相異なる共有点をもつように，k の値の範囲を定めよ．

（3） k の値を（2）で定めた範囲で動かすとき，曲線 C と直線 l で囲まれる部分は変化する．下の図はある 4 つの k のそれぞれの値に対して，囲まれる部分を網目で示している．この様子を観察していた生徒が次の命題が成り立つと予想した．

「k は（2）で定めた範囲内にあるとする．このとき，曲線 C と直線 l で囲まれる部分の面積は，k の値によらず一定である．」

この命題の真偽を理由を付けて判定せよ．

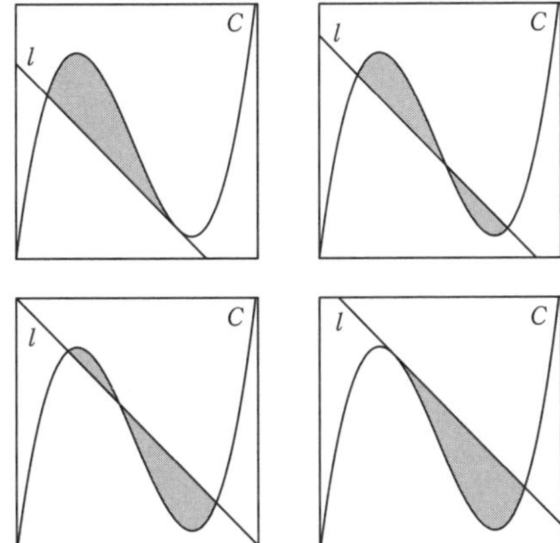

（23　高知大・教育）

《12 分の 1 公式 (B20)》

628. a を定数として，$f(x)=x^3-3x^2+a$ とおく．$y=f(x)$ の極小値が負で，$y=f(x)$ のグラフと x 軸との共有点の個数が 2 であるとして，以下の問いに答えよ．

（1） a の値を求めよ．

（2） 直線 $y=9x+b$ が曲線 $y=f(x)$ の接線で，$b>0$ とする．b の値を求めよ．

（3） a, b を（1），（2）で求めたものとして，曲線 $y=f(x)$ と直線 $y=9x+b$ で囲まれた図形の面積を求め

よ．（23　三重大・前期）

《接線を重解で捉え (B10)》

629．a を正の実数とし，2 つの関数を

$f(x)=x^3-6x$，$g(x)=-3x+a$

で定める．このとき，次の問いに答えよ．

（1） 関数 $y=f(x)$ の増減を調べ，グラフをかけ．

（2） 曲線 $y=f(x)$ と直線 $y=g(x)$ の共有点が 2 つであるとき，a の値を求めよ．

（3）（2）における a に対して曲線 $y=f(x)$ と直線 $y=g(x)$ で囲まれた部分の面積を求めよ．

（23　富山大・教，経）

《 (B0)》

630．座標平面上に放物線 $C_1: y=x^2-6x+2$, $C_2: y=-x^2+10x-22$ がある．このとき，次の各問に答えよ．

（1） C_1 と C_2 の交点の座標を求めよ．

（2） P を C_1 上の点とし，P の x 座標を t とするとき，P における C_1 の接線 l の方程式を，t を用いて表せ．

（3）（2）の l が C_1 と C_2 の交点を通る直線に平行なとき，l と C_2 の交点の x 座標を求めよ．

（4）（3）のとき，C_1 と l および 2 直線 $x=2$, $x=6$ で囲まれた 2 つの部分の面積の和を求めよ．

（23　宮崎大・教，農）

《考えにくい構図？ (B20) ☆》

631．座標平面上の曲線 $y=x^3$ $(0 \leqq x \leqq \sqrt{3})$ を C，線分 $y=3x$ $(0 \leqq x \leqq \sqrt{3})$ を L とする．次の問いに答えよ．

（1） C 上の点 P と L 上の点 Q があり，線分 PQ が L と直交する．PQ の長さが最大となるとき，点 P と点 Q を通る直線の方程式を求めよ．

（2） C と L とで囲まれる図形を（1）で求めた直線で 2 つの図形に分けたとき，2 つの図形のうち原点を含む方の図形の面積を S_1，原点を含まない方の図形の面積を S_2 とする．S_1 と S_2 の比を求めよ．

（23　名古屋市立大・後期）

《放物線 2 つと 3 次関数 (B15)》

632．$a>\dfrac{1}{3}$, $b<0$ とする．3 つの曲線

$C_1: y=x^3-x^2$,

$C_2: y=(3a-1)x^2$,

$C_3: y=(3a-1)x^2+b$

がある．C_1 と C_3 が共有点をちょうど 2 つもつとき，次の問いに答えよ．

（1） b を a を用いて表せ．

（2） C_1 と C_2 で囲まれた図形の面積を S_2 とし，C_1 と C_3 で囲まれた図形のうち x 座標が 0 以上の部分の面積を S_3 とするとき，$\dfrac{S_2}{S_3}$ を求めよ．（23　和歌山大・教，社会インフォ）

【微積分の融合 (数 II)】

《面積の最小 (B20) ☆》

633．2 つの 2 次関数

$f(x)=2x^2-2x$ 及び $g(x)=-x^2+x$

を考える．座標平面において，$y=f(x)$ のグラフを F，$y=g(x)$ のグラフを G とし，$0<t<1$ を満たす t に対する G 上の点を $\mathrm{P}(t, g(t))$ とする．また，原点を O とし，直線 OP とグラフ F の O 以外の交点を Q とする．

（1） 直線 OP の方程式は，

$$y=\left(\square t+\square\right)x$$

である．

（2） 線分 OP とグラフ G で囲まれた部分の面積を S_1 とすると，

$$S_1 = \frac{\square}{\square}t^{\square}$$

である．

（3） 線分 PQ と 2 つのグラフ F, G で囲まれた図形の面積を S_2 とすると，

$$S_2 = \frac{\square}{\square}\left(t^3 + \square t^2 - \square t + \square\right)$$

である．

（4） $S_1 + S_2$ が $0 < t < 1$ の範囲で最小となるのは，

$$t = \frac{-\square + \square\sqrt{\square}}{\square}$$

のときである．（23　成蹊大）

《面積の最小（B20）》

634. 次の $\square$ にあてはまる数値を答えよ．

座標平面上で，放物線 $y = -x^2 + 2x$ を C とする．直線 $y = ax$ を l とし，直線 $y = 3a(x-2)$ を m とする．ただし，a は定数で，$0 < a < 2$ とする．

このとき，次のことがいえる．

（1） 放物線 C と x 軸の共有点の x 座標は

$$x = \boxed{イ},\ \boxed{ウ}$$

である．ただし，$\boxed{イ} < \boxed{ウ}$ となるように答えよ．

（2） 放物線 C と直線 l の共有点の x 座標は

$$x = \square,\ \boxed{エ} - a$$

である．

（3） 直線 l と直線 m の共有点の x 座標は

$$x = \square$$

である．

（4） 放物線 C と直線 l で囲まれた図形の面積 S_1 は

$$S_1 = \frac{\square}{\square}(\boxed{エ} - a)^{\square}$$

である．

放物線 C と直線 l，および直線 m の $x \geqq 2$ の部分で囲まれた図形の面積を S_2 とする．

$S(a) = S_1 + S_2$ とするとき，

$$S(a) = \frac{\square}{\square}a^3 + \square a^2 - a + \frac{\square}{\square}$$

である．

$S(a)$ が最小となる a の値は

$$a = \square - \sqrt{\square}$$

である．（23　神戸学院大）

《長方形の下側（B20）》

635. $t > 0$ とする．放物線 $C : y = x^2 - 4x + 5$ 上の点 $\mathrm{P}(t,\ t^2 - 4t + 5)$ から x 軸，y 軸にそれぞれ垂線 PA，PB を下ろす．原点を O とし，長方形 OAPB の内部で C の下側にある部分の面積を $S(t)$ とする．このとき，次の問いに答えよ．

(1) $S(t)$ を求めよ．

(2) 関数 $S(t)$ の増減を調べよ．　(23　滋賀大・共通)

《3 次関数と直線と面積の最小 (B20) ☆》

636. $f(x)=x^3+x^2$ とする．次の問いに答えよ．

(1) $f(x)$ の増減，極値を調べ，$y=f(x)$ のグラフの概形をかけ．

(2) $0<a<1$ とする．曲線 $y=f(x)$ と直線 $y=a^2(x+1)$ によって囲まれた 2 つの部分の面積の和 $S(a)$ を求めよ．

(3) $0<a<1$ の範囲で $S(a)$ を最小にする a の値を求めよ．　(23　琉球大)

《分数関数を多項式にする (B20) ☆》

637. $a>0, b>1$ とする．放物線

$C: y=ax^2-(b-1)x$

と，直線 $l: y=x-4$ が接している．このとき，次の問いに答えよ．

(1) a を b を用いて表せ．また，接点の座標を b を用いて表せ．

(2) 放物線 C と x 軸とで囲まれた部分の面積を S とするとき，S を b を用いて表せ．

(3) S の最大値とそのときの a, b の値を求めよ．　(23　立命館大・文系)

《分数関数を避ける (B20) ☆》

638. 以下の問いに答えよ．

(1) $x \geqq 0$ のとき，不等式 $4(x+1)^3 \geqq 27x^2$ を証明せよ．また，等号が成り立つのはどのようなときか．

(2) 原点 O と点 P(1, 1) を通る，上に凸な 2 次関数の中で，この 2 次関数のグラフと x 軸で囲まれる図形の面積が最小になるものを求めよ．

(23　成城大)

《積分と確率の融合問題 (B20)》

639. 3 個のさいころ A, B, C を投げて，さいころ A, B の出た目をそれぞれ a, b とする．さいころ C の出た目が偶数のときは $c=0$，奇数のときは $c=1$ とする．$f(x)=ax^3+bx^2+cx$ とする．

(1) 方程式 $f(x)=0$ が -1 を解にもつ確率 P_1 を求めよ．

(2) 関数 $f(x)$ が極値をもつ確率 P_2 を求めよ．

(3) 方程式 $f(x)=0$ が 2 重解 $x=0$ をもち，かつ曲線 $y=f(x)$ と x 軸で囲まれた部分の面積 S が $S \leqq \dfrac{b^2}{3a}$ となる確率 P_3 を求めよ．　(23　滋賀県立大・後期)

【定積分で表された関数 (数 II)】

《微積分の基本定理 (A2)》

640. $\displaystyle\int_b^x f(t)\,dt=6x^2+7x-3$ のとき，

$f(x)=\square x+\square$ であり，$b=-\dfrac{\square}{\square}, \dfrac{\square}{\square}$ である．　(23　星薬大・推薦)

《定積分は定数 (B2) ☆》

641. 等式 $f(x)=x^2+\displaystyle\int_{-1}^2 (xf(t)-t)\,dt$ を満たす関数 $f(x)$ を求めよ．　(23　千葉大・前期)

《定積分は定数 (B7) ☆》

642. 次の 2 つの等式を満たす関数 $f(x), g(x)$ を求めよ．

$$f(x)=-3x+\int_0^1 g(x)\,dx,$$

$$g(x)=(x-1)^2-\int_0^2 f(x)\,dx$$

(23　茨城大・教育)

《定積分は定数 (B20) ☆》

643. 整式 $f(x)$ が恒等式

$$f(x)+\int_{-1}^{1}(x-y)^2 f(y)\,dy=2x^2+x+\frac{5}{3}$$

を満たすとき，$f(x)$ を求めよ．（23　京大・文系）

《定積分は定数（B15）》

644. 実数 t に対して，2 次関数 $f(x)=ax^2+bx+at^2$ が

$$\int_0^1 f(x)\,dx=\frac{3}{2},\ \int_{-1}^{0} f(x)\,dx=\frac{1}{2}$$

を満たすように，実数 a, b を定める．以下の問いに答えよ．

（1） a を t を用いて表せ．また，b の値を求めよ．

（2） $f(x)$ の最小値 $m(t)$ を，$T=3t^2+1$ を用いて表せ．

（3） 設問（2）の $m(t)$ が最大となるときの $T=3t^2+1$ の値と，$m(t)$ の最大値を求めよ．（23　東北大・文系-後期）

《積分して最小（B20）☆》

645. t を正の実数として

$f(x)=3x^2-6(t+1)x+3(t^2+2t)$

とおく．方程式 $f(x)=0$ の異なる 2 つの実数解を α，β とおく．ただし $\alpha<\beta$ とする．また $g(t)=\int_0^1 |f(x)|\,dx$ とする．

（1） α，β をそれぞれ t の式で表せ．

（2） $t \geqq 1$ のとき，$g(t)$ を t の式で表せ．

（3） $0<t<1$ のとき，$g(t)$ を t の式で表せ．

（4） $g(t)$ の値が最小となる t を求めよ．（23　津田塾大・学芸-国際）

《積分して最小（B20）》

646. 定積分

$$f(a)=\int_a^{a+1}|x^2-2x|\,dx$$

を考える．ただし $a \geqq 1$ である．

（1） $f(1)=\dfrac{\boxed{ア}}{\boxed{イ}}$ となる．

（2） $f(a)=\dfrac{10}{3}$ となるような a の値は

$$a=\frac{\boxed{ウ}+\sqrt{\boxed{エオ}}}{2}$$

である．

（3） $f(a)$ が最小になるような a の値は

$$a=\frac{\boxed{カ}+\sqrt{\boxed{キ}}}{2}$$

である．（23　明治大・政治経済）

《積分して微分する（B20）☆》

647. 座標平面上の放物線 $y=3x^2-4x$ を C とおき，直線 $y=2x$ を l とおく．実数 t に対し，C 上の点 $\mathrm{P}(t, 3t^2-4t)$ と l の距離を $f(t)$ とする．

（1） $-1 \leqq a \leqq 2$ の範囲の実数 a に対し，定積分

$$g(a)=\int_{-1}^{a} f(t)\,dt$$

を求めよ．

（2） a が $0 \leqq a \leqq 2$ の範囲を動くとき，
$g(a)-f(a)$ の最大値および最小値を求めよ．（23　東大・文科）

《積分して微分する (B20) ☆》

648. 実数 $t \geqq 0$ に対して関数 $G(t)$ を次のように定義する．

$$G(t) = \int_t^{t+1} |3x^2 - 8x - 3| \, dx$$

このとき

（1） $0 \leqq t <$ $\boxed{ア}$ のとき

$$G(t) = \square t^2 + \square t + \square$$

（2） $\boxed{ア} \leqq t < \boxed{イ}$ のとき

$$G(t) = \square t^3 + \square t^2 + \square t + \square$$

（3） $\boxed{イ} \leqq t$ のとき

$$G(t) = \square t^2 + \square t + \square$$

である．また，$G(t)$ が最小となるのは，$t = \dfrac{\square + \sqrt{\square}}{\square}$ のときである．（23　慶應大・総合政策）

《次数の決定 (B20) ☆》

649. n を自然数とする．$f(x)$ は n 次多項式で，次をみたしているとする．

$$\{f(x)\}^2 - f'(x) \int_0^x f(t) \, dt = x^2 f(x)$$

$f(x)$ の x^n の係数を a とする．

（1） $f'(x) \int_0^x f(t) \, dt$ は $2n$ 次式であることを説明し，x^{2n} の係数を n, a で表せ．

（2） $n = 2$ であることを示せ．

（3） $f(x)$ を求めよ．（23　岐阜聖徳学園大）

《定積分は定数 (B20)》

650. 関数 $f(x)$ と $g(x)$ が

$$f(x) = -x^2 \int_0^1 f(t) \, dt - 12x + \frac{2}{9} \int_{-1}^0 f(t) \, dt$$

$$g(x) = \int_0^1 (3x^2 + t) g(t) \, dt - \frac{3}{4}$$

を満たしている．このとき

$$f(x) = \square x^2 - 12x + \square$$

$$g(x) = \square x^2 + \square$$

である．また，xy 平面上の $y = f(x)$ と $y = g(x)$ のグラフの共通接線は

$$y = \square x + \frac{\square}{\square}$$

である．なお，n を 0 または正の整数としたとき，x^n の不定積分は $\int x^n \, dx = \dfrac{1}{n+1} x^{n+1} + C$ (C は積分定数) である．（23　慶應大・環境情報）

《上端に x も (B20) ☆》

651. 2 つの関数 $f(x), g(x)$ について，

$$f(x) = 2x^2 + \int_1^x g(t) \, dt$$

$$g(x) = 2x + \int_0^2 f(t) \, dt$$

が成り立つとする．このとき，次の問いに答えよ．

（1） 定積分 $\int_0^2 f(t)\,dt$ の値を求めよ．

（2） 関数 $h(x)$ を，

$h(x) = \int_1^x f(t)\,dt - g(x) + 2$

によって定める．

（i） $h(x)$ を x の式で表せ．

（ii） $h(x)$ の極値を求めよ．

（3）（2）で求めた $h(x)$ に対して，曲線

$y = h(x)$ と曲線 $y = f(x) + g(x)$ で囲まれた 2 つの部分の面積の和 S を求めよ． （23 関西学院大・経済）

【等差数列】

《等差数列の基本（A2）☆》

652．2 つの等差数列

$\{a_n\}$: 2, 5, 8, ⋯, 290

と

$\{b_n\}$: 4, 9, 14, ⋯, 344

の共通項を順に並べた数列を $\{c_n\}$ とするとき，$\{c_n\}$ の初項は □ であり，末項は □ である．（23 星薬大・推薦）

《2 乗の差（B10）☆》

653．初項と公差がともに正の実数であるようなどんな等差数列 $\{a_n\}$ に対しても，

$$a_1{}^2 - a_2{}^2 + a_3{}^2 - a_4{}^2 + \cdots + a_{19}{}^2 - a_{20}{}^2 = \frac{\square}{\square} \cdot (a_1{}^2 - a_{20}{}^2)$$

が成り立つ．左辺は，各項の 2 乗を符号を交代させながら第 20 項までとった和である． （23 東京薬大）

【等比数列】

《等差と等比（B5）☆》

654．異なる正の整数 a, b, c は，この順に等差数列をなし，$2b, 10a, 5c$ は，この順に等比数列をなす．また，$abc = 80$ である．このとき，$a =$ **ク**，$b =$ **ケ**，$c =$ **コ** である． （23 明治大・情報）

《等比数列の基本（A2）☆》

655．以下で定める数列

$a_1 = 36,\ a_2 = 3636,\ a_3 = 363636,$

$a_4 = 36363636, \cdots$

について，以下の問いに答えなさい．

（1） a_n を n を用いて表しなさい．

（2） 初項から第 n 項までの和 S_n を n を用いて表しなさい． （23 福島大・食農）

《等比数列の基本（B2）》

656．等比数列 $\{a_n\}$ の初項から第 6 項までの和が 9 であり，かつすべての自然数 n に対して $a_n + 4a_{n+2} = 4a_{n+1}$ が成り立つとき，この等比数列の初項と公比を求めよ． （23 岩手大・前期）

《（B0）》

657．初項 a，公比 r の等比数列の初項から第 n 項までの和を S_n とする．$S_3 = 9$，$S_6 = -63$ のとき，a と r の値を求めよ．ただし，a と r は実数とする． （23 中央大・経）

《1 を消す同値性（B20）☆》

658．次の問いに答えよ．ただし $\log_2 5 = 2.32$ とする．

（1） 不等式

$40 \cdot 2^m > 10^8 - 1$

を満たす最小の正の整数 m は **アイ** である．

（2） 不等式

$$1+2+2^2+\cdots+2^n \geqq 10^8$$

を満たす最小の正の整数 n は $\boxed{\text{ウエ}}$ である．（23 明治大・政治経済）

【数列の雑題】

《和の計算 (B5) ☆》

659. n を自然数とするとき，

$$\sum_{k=1}^{n}(k-1)\left(\frac{1}{2}\right)^k = 1-(n+1)\left(\frac{1}{2}\right)^n$$

が成り立つことを示せ．（23 山梨大・工，教）

《和の計算 (B5)》

660. n を自然数とし，$S_n=\sum_{k=1}^{n}k$ とする．このとき n を用いてそれぞれ $S_n=\square$，$\sum_{j=1}^{n}\frac{1}{S_j}=\square$，$\sum_{p=1}^{2n}(-1)^pS_p=\square$ と表すことができる．（23 同志社大・文系）

《和の計算 (B20) ☆》

661. 2人でじゃんけんをくり返し行い，先に2勝した方を勝者とする．このとき，勝者が決まるまでに行うじゃんけんの回数がちょうど n 回である確率を p_n とする．ただし，あいこもじゃんけんの回数に含めるものとする．

（1） $p_2=\square$ であり，$p_3=\square$ である．

（2） ちょうど n 回目に2勝0敗で勝者が決まる確率は $\square$ である．

（3） p_n を n を用いて表すと，$p_n=\square$ である．

（4） 2次関数 $f(x)$ を $\frac{f(n)}{3^n}-\frac{f(n+1)}{3^{n+1}}=p_n$ が成立するように定めると，$f(n)=\square$ である．

（5） 勝者が決まるまでに行うじゃんけんの回数が n 回以下である確率 $\sum_{k=2}^{n}p_k$ は $\square$ である．（23 青学大）

《和の計算 (B2)》

662. $\sum_{n=1}^{125}\frac{\sum_{m=1}^{6}2^m}{\sum_{k=1}^{n}2k}$ を求めよ．（23 三重大・人文，看護）

《等差と等比の積の和 (B20)》

663. 数列 $\{a_n\}$ の初項から第 n 項までの和 S_n が $S_n=3^n-1$ $(n=1, 2, \cdots)$ と表されるとする．$b_n=3n\cdot a_n$ とおくとき，次の問いに答えよ．ただし，$\log_{10}3=0.4771$ とする．

（1） 数列 $\{a_n\}$ の一般項を求めよ．

（2） b_{15} は何桁の数かを求めよ．

（3） $T_n=\sum_{k=1}^{n}b_k$ を求めよ．（23 名古屋市立大・前期）

《有理化して和 (A2)》

664. n を3以上の自然数とするとき，和

$$\sum_{k=1}^{n-2}\frac{1}{\sqrt{k+2}+\sqrt{k+1}}$$ は $\square$ である．（23 北九州市立大・前期）

《格子点の個数 (B15) ☆》

665. n を自然数とする．連立不等式

$$\begin{cases} y \geqq 0 \\ y \leqq x(2n-x) \end{cases}$$

の表す領域を D_n とし，D_n に属する格子点の個数を a_n とする．ただし，座標平面上の点 (x, y) において，x, y がともに整数であるとき，点 (x, y) を格子点という．

（1） D_2 を図示せよ．

（2） a_2 を求めよ．

（3） k を $0 \leqq k \leqq 2n$ を満たす整数とする．D_n と直線 $x=k$ の共通部分に属する格子点の個数を k, n を用いて表せ．

（4） a_n を求めよ．（23　愛媛大・工，農，教）

《等差数列と積分（B15）》

666. a, d を実数とし，数列 $\{a_n\}$ を初項 a，公差 d の等差数列とする．数列 $\{a_n\}$ の初項から第 n 項までの和を S_n とする．$a_3 = S_2 = 18$ が成り立つとき，次の問いに答えよ．

（1） a, d の値を求めよ．

（2） S_n を n を用いて表せ．

（3） 数列 $\{S_n\}$ の初項から第 n 項までの和を T_n とし，数列 $\{U_n\}$ を

$$U_n = T_n - 4S_n + 5a_n \ (n = 1, 2, 3, \cdots)$$

により定める．U_n が最小となるときの n の値をすべて求め，さらにそのときの U_n の値を求めよ．

（4） （3）で定めた数列 $\{U_n\}$ の初項から第 7 項までの和を V とする．c を実数とし，関数 $f(x) = 3x^2 + cx + 36$ を考える．定積分 $\int_0^c f(x)\,dx$ が V に等しいとき，c の値を求めよ．（23　広島大・文系）

《kr^k の和（B15）》

667. 次の問いに答えよ．

（1） 和 $A_n = \sum_{k=1}^{n}(-1)^{k-1} = 1 + (-1) + \cdots + (-1)^{n-1}$ を求めよ．

（2） 和 $S_n = \sum_{k=1}^{n}(-1)^{k-1}k = 1 + (-1)2 + \cdots + (-1)^{n-1}n$ を求めよ．

（3） 和 $C_n = \dfrac{1}{n}\sum_{k=1}^{n}S_k = \dfrac{1}{n}(S_1 + S_2 + \cdots + S_n)$ を求めよ．（23　島根大・前期）

《面積の逆数の和（B20）》

668. n を自然数とする．放物線 $y = x^2$ と直線 $y = \dfrac{1}{2^{n-1}}x$ との交点のうち，原点でないものを P_n とする．2 直線 $y = \dfrac{1}{2^{n-1}}x$, $y = \dfrac{1}{2^n}x$ および放物線 $y = x^2$ で囲まれた図形の面積を S_n とするとき，次の問いに答えよ．

（1） 点 P_n の座標を求めよ．

（2） $S_n = \dfrac{7}{6\cdot 8^n}$ となることを示せ．

（3） $\dfrac{1}{S_1} + \dfrac{1}{S_2} + \cdots + \dfrac{1}{S_n} \geqq \dfrac{48}{49}\cdot 10^{15}$ となる最小の n を求めよ．ただし，$\log_{10}2 = 0.3010$ とする．

（23　島根大・前期）

《階差から一般項へ（B15）》

669. n を 2 以上の整数とする．数列 $\{a_n\}$ の初項 a_1 から第 n 項 a_n までの和を $S_n = \sum_{j=1}^{n} a_j$ とする．$S_1 = a_1 = 500$ とし，また関係式 $S_{k+1} - S_k = 3k - 50 \ (k = 1, 2, 3, \cdots)$ が成り立っているとする．n を用いてそれぞれ $\sum_{k=1}^{n-1} k = \square$, $S_n = \square$ である．n が整数であることに注意すると $n = \square$ のとき，S_n は最小値 $\square$ をとる．これは，$a_n < 0$ となる n の値の最大値が $n = \square$ であることからもわかる．（23　同志社大・文系）

《等比数列の和（B10）》

670. n を自然数として，「2023」のパターンが n 回くり返し並ぶ，4 進法で表された $4n$ 桁の数

$$\overbrace{20232023\cdots2023}^{4n\text{ 桁}}{}_{(4)}$$

を考える．この数を 10 進法で表した数を a_n として，次の（i），（ii）の問に答えよ．

（1） $a_1 = \square$ である．

（2） 数列 $\{a_n\}$ の一般項は

$$a_n = \frac{\square}{\square}\left(\square^n - \square\right) \ (n = 1, 2, \cdots)$$

である．　　(23　星薬大・B 方式)

《グルグル回る群数列 (B20)》

671. xy 平面上で点 $(1, 0)$ の位置に数字 1 を置き，以下，図のように格子点に反時計回りの渦巻き状に数字 $2, 3, 4, \cdots$ を配置する．ただし，格子点とは x 座標，y 座標がともに整数である点をいう．

（1） x 軸の正の部分に位置する数字を，x 座標の小さいほうから並べて $a_1, a_2, a_3, \cdots$ として数列 $\{a_n\}$ を定める．一般項 a_n を n の式で表せ．

（2） 直線 $y = x$ の第 1 象限にある部分に位置する数字を，x 座標の小さいほうから並べて $b_1, b_2, b_3, \cdots$ として数列 $\{b_n\}$ を定める．一般項 b_n を n の式で表せ．また，初項から第 n 項までの和 $S_n = \sum_{k=1}^{n} b_k$ を求めよ．

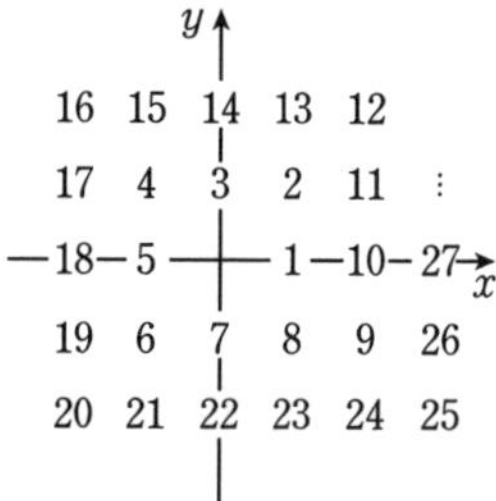

(23　関大)

《2 と 3 で割り切れない (B10)》

672. 2 でも 3 でも割り切れない正の整数を小さいものから順に並べ，$a_1, a_2, a_3, \cdots$ とする．

（1） $a_3 = \square$，$a_{12} = \square$ である．

（2） n を正の整数とすると，

$a_{2n} = \square$，$\sum_{k=1}^{2n} {a_k}^2 = \square$ である．　　(23　関西学院大)

《S_n と a_n (B10)》

673. 等差数列 $\{a_n\}$ について，その初項から第 n 項までの和を S_n とおく．数列 $\{a_n\}$ と和 S_n は，$a_1 - a_{10} = -18$，$S_3 = 15$ を満たしているとする．

（1） 数列 $\{a_n\}$ の一般項は $a_n = \square$ であり，$S_n = \square$ である．

（2） $\sum_{k=1}^{8} \dfrac{1}{S_k} = \square$ である．

（3） 自然数 n に対して，n^2 を 3 で割った余りを b_n とするとき，$\sum_{k=1}^{3n} b_k S_k = \square$ である．(23　関西学院大・文系)

《 (B0)》

674. 異なる正の整数 a, b, c は，この順に等差数列をなし，$2b, 10a, 5c$ は，この順に等比数列をなす．また，$abc = 80$ である．このとき，$a =$ [ク]，$b =$ [ケ]，$c =$ [コ] である．　　(23　明治大・情報)

《kr^k の和 (B10)》

675. 数列 $\{a_n\}$ の初項 a_1 から第 n 項 a_n までの和 S_n が

$$S_n = 2^n + 3n^2 + 3n - 1\ (n = 1, 2, 3, \cdots)$$

であるとき，次の問いに答えよ．

（1） 数列 $\{a_n\}$ の一般項 a_n を求めよ．

（2） $T_n = \sum_{k=1}^{n} (5 + k)a_k\ (n = 1, 2, 3, \cdots)$ で定義される数列の一般項 T_n を求めよ．　　(23　日本女子大・人間)

《場合の数への応用 (B30) ☆》

676. 1 から n までの自然数を重複なく 1 枚に 1 つずつ記した n 枚のカードを用意した．次の各問いに答えよ．ただし，答えは結果のみを解答欄に記入せよ．

（1） n 枚のカードから同時に 2 枚のカードを選ぶ．カードに記された数字の和が $n + 1$ より小さい場合が何通りあるか調べたい．

（i） $n = 8$ のとき何通りあるか．

（ii） $n=9$ のとき何通りあるか．

（iii） n が偶数のとき何通りあるか．

（iv） n が奇数のとき何通りあるか．

（2） p は自然数とする（$p<n$）．n 枚のカードから p と $p+1$ が記された計 2 枚のカードを抜き出した．残ったカードに記された自然数を全て合計すると 2023 となった．このときの自然数 p と n とを求めよ．

（23　昭和大・医-1 期）

《対数との融合（B10）》

677．数列 $\{a_n\}$ を

$a_1=1,\ a_{n+1}=7a_n\ (n=1,\ 2,\ 3,\ \cdots)$ で定める．以下の問いに答えよ．ただし，

$\log_{10}2=0.3010$，$\log_{10}3=0.4771$，

$\log_{10}7=0.8451$ とする．

（1） a_n が 89 桁の整数となるとき，n を求めよ．

（2） n を（1）で求めたものとする．a_n の 1 の位の数字を求めよ．

（3） n を（1）で求めたものとする．a_n の最高位の数字を求めよ．　（23　岡山大・文系）

《2 項間（B5）》

678．曲線 $C : y=x^3-x^2$ について，次の問に答えよ．

（1） $t\neq\dfrac{1}{3}$ とする．曲線 C の点 $\mathrm{P}(t,\ t^3-t^2)$ における接線を l とするとき，直線 l の方程式を求めよ．また，曲線 C と直線 l の共有点のうち P と異なる点の x 座標を u とおくとき，u を t を用いて表せ．

（2） 数列 $\{a_n\}$ は次の（ア），（イ）を満たしているとする．

（ア） $a_1=1$

（イ） 曲線 C の点 $\mathrm{P}_n(a_n,\ a_n{}^3-a_n{}^2)$ における接線を l_n とするとき，曲線 C と直線 l_n の共有点のうち P_n と異なる点の x 座標が a_{n+1} である．

このとき，a_{n+1} を a_n を用いて表せ．さらに，一般項 a_n を求めよ．　（23　佐賀大・農-後期）

《2 項間（B5）》

679．次のように定められた数列 $\{a_n\}$ がある．

$$a_1=4,\quad a_{n+1}=2a_n-3\ (n=1,\ 2,\ 3,\ \cdots)$$

また，数列 $\{a_n\}$ の初項から第 n 項までの和を b_n とする．このとき，次の問に答えよ．

（1） 数列 $\{a_n\}$ の一般項を求めよ．

（2） 数列 $\{b_n\}$ の一般項を求めよ．

（3） 自然数 n に対して，n^2+1 を 4 で割ったときの余りを c_n とする．このとき，次の（i），（ii）に答えよ．

（i） $\displaystyle\sum_{k=1}^{2n}c_k$ を求めよ．

（ii） $\displaystyle\sum_{k=1}^{2n}b_kc_k$ を求めよ．　（23　山形大・理，農）

《3 項間（B8）☆》

680．次のように定められた数列 $\{a_n\}$ を考える．

$$a_1=1,\ a_2=1,$$

$$a_{n+2}=6a_{n+1}-9a_n\ (n=1,\ 2,\ 3,\ \cdots)$$

以下の問いに答えなさい．

（1） 数列 $\{b_n\}$ を $b_n=a_{n+1}-3a_n$ と定める．$\{b_n\}$ の一般項を求めなさい．

（2） 数列 $\{a_n\}$ の一般項を求めなさい．　（23　都立大・文系）

《3 項間で重解（B10）☆》

681．数列 $\{a_n\}$ について次の条件が与えられている．

$$a_{n+2}=4(a_{n+1}-a_n)\quad(n=1,\ 2,\ 3,\ \cdots\cdots)$$

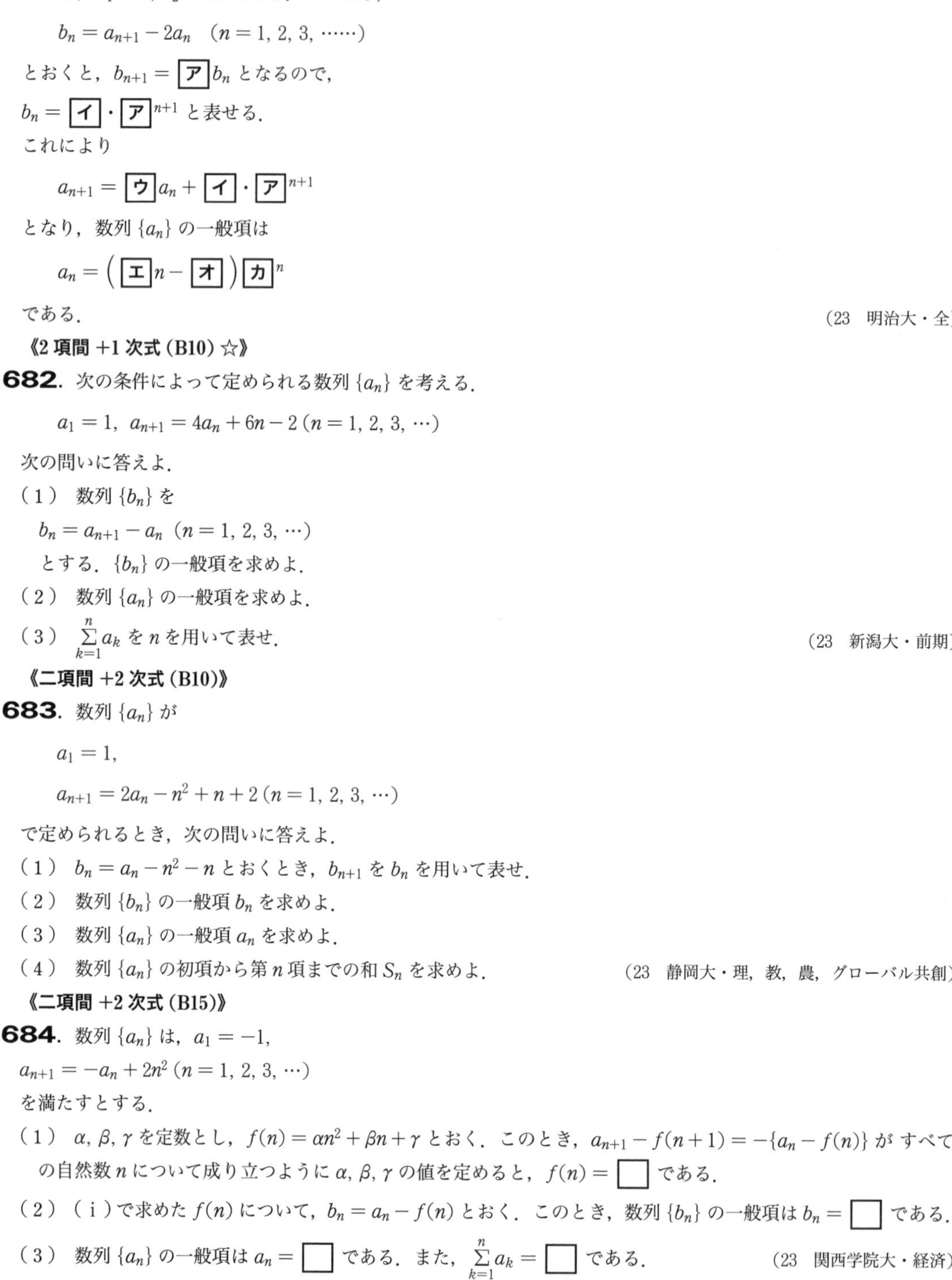

ただし，$a_1 = 2, a_2 = 16$ とする．このとき，

$$b_n = a_{n+1} - 2a_n \quad (n = 1, 2, 3, \cdots\cdots)$$

とおくと，$b_{n+1} = \boxed{ア} b_n$ となるので，

$b_n = \boxed{イ} \cdot \boxed{ア}^{n+1}$ と表せる．

これにより

$$a_{n+1} = \boxed{ウ} a_n + \boxed{イ} \cdot \boxed{ア}^{n+1}$$

となり，数列 $\{a_n\}$ の一般項は

$$a_n = \left(\boxed{エ} n - \boxed{オ}\right) \boxed{カ}^n$$

である． (23　明治大・全)

《2 項間 +1 次式 (B10) ☆》

682. 次の条件によって定められる数列 $\{a_n\}$ を考える．

$$a_1 = 1,\ a_{n+1} = 4a_n + 6n - 2\ (n = 1, 2, 3, \cdots)$$

次の問いに答えよ．

（1） 数列 $\{b_n\}$ を

$b_n = a_{n+1} - a_n\ (n = 1, 2, 3, \cdots)$

とする．$\{b_n\}$ の一般項を求めよ．

（2） 数列 $\{a_n\}$ の一般項を求めよ．

（3） $\sum_{k=1}^{n} a_k$ を n を用いて表せ． (23　新潟大・前期)

《二項間 +2 次式 (B10)》

683. 数列 $\{a_n\}$ が

$$a_1 = 1,$$

$$a_{n+1} = 2a_n - n^2 + n + 2\ (n = 1, 2, 3, \cdots)$$

で定められるとき，次の問いに答えよ．

（1） $b_n = a_n - n^2 - n$ とおくとき，b_{n+1} を b_n を用いて表せ．

（2） 数列 $\{b_n\}$ の一般項 b_n を求めよ．

（3） 数列 $\{a_n\}$ の一般項 a_n を求めよ．

（4） 数列 $\{a_n\}$ の初項から第 n 項までの和 S_n を求めよ． (23　静岡大・理，教，農，グローバル共創)

《二項間 +2 次式 (B15)》

684. 数列 $\{a_n\}$ は，$a_1 = -1$,

$a_{n+1} = -a_n + 2n^2\ (n = 1, 2, 3, \cdots)$

を満たすとする．

（1） α, β, γ を定数とし，$f(n) = \alpha n^2 + \beta n + \gamma$ とおく．このとき，$a_{n+1} - f(n+1) = -\{a_n - f(n)\}$ がすべての自然数 n について成り立つように α, β, γ の値を定めると，$f(n) = \boxed{}$ である．

（2） (ｉ) で求めた $f(n)$ について，$b_n = a_n - f(n)$ とおく．このとき，数列 $\{b_n\}$ の一般項は $b_n = \boxed{}$ である．

（3） 数列 $\{a_n\}$ の一般項は $a_n = \boxed{}$ である．また，$\sum_{k=1}^{n} a_k = \boxed{}$ である． (23　関西学院大・経済)

《連立漸化式 + 悪文 (B25) ☆》

685. 数列 $\{a_n\}$，数列 $\{b_n\}$ が

$a_1 = 3, b_1 = 1$,

$a_{n+1} = 3a_n + 2b_n, b_{n+1} = a_n + 3b_n$

を満たすとき，次の問いに答えなさい．

（1） $c_n = a_n + kb_n$ とする．数列 $\{c_n\}$ が等比数列となる正の数 k の値を求めなさい．

（2） 数列 $\{c_n\}$ の一般項を求めなさい．

（3） （1）で求めた k について，$d_n = a_n - kb_n$ とする．数列 $\{d_n\}$ の一般項を求めなさい．

（4） 数列 $\{a_n\}$，数列 $\{b_n\}$ の一般項をそれぞれ求めなさい． （23 福岡歯科大）

《連立漸化式 (B15)》

686. 数列 $\{a_n\}$, $\{b_n\}$ は次の条件を満たしている．

$a_1 = 8,\ b_1 = 2$

$a_{n+1} = 5a_n + 4b_n + n^2\ (n = 1, 2, 3, \cdots)$

$b_{n+1} = 4a_n + 5b_n - n^2\ (n = 1, 2, 3, \cdots)$

このとき，次の問いに答えよ．ただし，

$n = 1, 2, 3, \cdots$ とする．

（1） $a_n + b_n$ を求めよ．

（2） $a_n - b_n$ を求めよ．

（3） 数列 $\{a_n\}$ と $\{b_n\}$ の一般項を求めよ． （23 北海学園大・経済）

《分数形漸化式 (B20) ☆》

687. 次の条件によって定められる数列 $\{a_n\}$ がある．

$$a_1 = 10,\ a_{n+1} = \frac{10a_n + 4}{a_n + 10}\ (n = 1, 2, 3, \cdots)$$

また，数列 $\{b_n\}$ を $b_n = \dfrac{a_n - 2}{a_n + 2}$ により定める．以下の問いに答えよ．

（1） b_{n+1} を b_n を用いて表せ．

（2） 数列 $\{b_n\}$ の一般項を求めよ．また，数列 $\{a_n\}$ の一般項を求めよ．

（3） すべての自然数 n に対し，$a_n > a_{n+1}$ であることを示せ． （23 福井大・教育）

《分数形漸化式 (B10) ☆》

688. 数列 $\{a_n\}$ を

$a_1 = 0$,

$a_{n+1} = \dfrac{2a_n + 4}{a_n + 5}\ (n = 1, 2, 3, \cdots)$

で定める．2 つの実数 α，β に対して $b_n = \dfrac{a_n + \beta}{a_n + \alpha}$ とおく．ただし $\alpha \neq -2$, $\beta \neq -2$, $\alpha < \beta$ とする．

（1） $b_{n+1} = r\dfrac{a_n + q}{a_n + p}$ となるような p，q，r の組を 1 組 α，β を用いて表せ．

（2） （1）において $p = \alpha$，$q = \beta$ となるような α，β の組を求めよ．

（3） （2）の条件が成り立つとき，数列 $\{b_n\}$ は等比数列である．$\{b_n\}$ の一般項を求めよ．

（4） 数列 $\{a_n\}$ の一般項を求めよ． （23 津田塾大・学芸-国際）

《分数形逆数をとる (B10)》

689. 数列 $\{a_n\}$ は次の条件を満たす．

$$a_1 = \frac{1}{5},\quad a_{n+1} = \frac{a_n}{5a_n + 6}\ (n = 1, 2, 3, \cdots)$$

（1） $a_2 = \dfrac{\square}{\square}$，$a_3 = \dfrac{\square}{\square}$ である．

（2） 数列 $\{b_n\}$ が次の条件

$b_n = \dfrac{1}{a_n}$

を満たすとき，

$b_{n+1} = \boxed{ア}\,b_n + \square$,

$b_{n+1} + \boxed{イ} = \boxed{ア}\,(b_n + \boxed{イ})$

が成り立つ．よって，数列 $\{b_n+\boxed{\text{イ}}\}$ は初項 $\square$，公比 $\boxed{\text{ア}}$ の等比数列であるから，数列 $\{b_n\}$ の一般項は，

$b_n=\square^n-\square$ となり，$\displaystyle\sum_{k=1}^{n}b_k=\frac{\square^{n+1}}{\square}-n-\frac{\square}{\square}$ となる．　（23　松山大・薬）

《階差数列の罠 (B10) ☆》

690．数列 $\{a_n\}$ は次の［１］，［２］の条件をみたす．

［１］ $a_1=3$,

［２］ $a_n=2a_{n-1}+2^n\cdot n-1\ (n=2,3,4,\cdots)$

（１） α を定数とし $b_n=a_n+\alpha\ (n=1,2,3,\cdots)$ とおくと，数列 $\{b_n\}$ は関係式

$b_n=2b_{n-1}+2^n\cdot n\ (n=2,3,4,\cdots)$

をみたす．このとき α を求めなさい．

（２） $c_n=\dfrac{b_n}{2^n}\ (n=1,2,3,\cdots)$ とおくとき，数列 $\{c_n\}$ の一般項を求めなさい．

（３） 数列 $\{a_n\}$ の一般項を求めなさい．　（23　福島大・人間発達文化）

《和の計算 (B10)》

691．数列 $\{a_n\}$ は，$a_1=4,\ a_{n+1}=a_n+2n+3$ で定められる．

（１） $a_1+a_2+\cdots+a_n$

$$=\frac{n(\square n^2+\square n+\square)}{\square}$$

である．

（２） $b_n=5^{a_n}$ とする．$b_n>100^{35}$ が成立するときの最小の n は $\square$ である．ただし，$\log_5 2=0.4307$ とする．

（23　青学大・経済）

《S_n と a_n (B30)》

692．数列 $\{a_n\}$ に対して

$S_n=\displaystyle\sum_{k=1}^{n}a_k\ (n=1,2,3,\cdots)$

とし，さらに $S_0=0$ と定める．$\{a_n\}$ は，

$S_n=\dfrac{1}{4}-\dfrac{1}{2}(n+3)a_{n+1}\ (n=0,1,2,\cdots)$

を満たすとする．

（１） $a_1=\dfrac{\square}{\square}$ である．また $n\geqq 1$ に対して $a_n=S_n-S_{n-1}$ であるから，関係式

$\left(n+\square\right)a_{n+1}=\left(n+\square\right)a_n$

$(n=1,2,3,\cdots)$　　　$(*)$

が得られる．数列 $\{b_n\}$ を，

$b_n=n(n+1)(n+2)a_n\ (n=1,2,3,\cdots)$

で定めると，$b_1=\square$ であり，$n\geqq 1$ に対して $b_{n+1}=\square b_n$ が成り立つ．ゆえに

$a_n=\dfrac{\square}{n(n+1)(n+2)}\ (n=1,2,3,\cdots)$

が得られる．

次に，数列 $\{T_n\}$ を

$T_n=\displaystyle\sum_{k=1}^{n}\frac{a_k}{(k+3)(k+4)}\ (n=1,2,3,\cdots)$

で定める．

（２） $(*)$ より導かれる関係式

$$\frac{a_k}{k+3}-\frac{a_{k+1}}{k+4}=\frac{\square a_k}{(k+3)(k+4)}$$

$(k=1, 2, 3, \cdots)$
を用いると,

$$T_n = A - \frac{\square}{\square(n+p)(n+q)(n+r)(n+s)}$$

$(n=1, 2, 3, \cdots)$
が得られる．ただしここに，$A=\dfrac{\square}{\square}$ であり，$p<q<r<s$ として

$p=\square$, $q=\square$, $r=\square$, $s=\square$ である．

（3） 不等式

$$|T_n - A| < \frac{1}{10000(n+1)(n+2)}$$

を満たす最小の自然数 n は $n=\square$ である．（23　慶應大・経済）

《逆数の数列 (B10)》

693. 数列 $\{a_n\}$ を $a_1=\dfrac{2}{3}$,
$2(a_n - a_{n+1}) = (n+2)a_n a_{n+1}$ $(n=1, 2, 3, \cdots)$
により定める．以下の問いに答えよ．

（1） a_2, a_3 を求めよ．

（2） $a_n \neq 0$ を示せ．

（3） $\dfrac{1}{a_{n+1}} - \dfrac{1}{a_n}$ を n の式で表せ．

（4） 数列 $\{a_n\}$ の一般項を求めよ．（23　熊本大・医，教）

《鹿野健問題 (B20) ☆》

694. 数列 $\{a_n\}$ は次の条件を満たしている．
$a_1 = 3$,
$a_n = \dfrac{S_n}{n} + (n-1)\cdot 2^n$ $(n=2, 3, 4, \cdots)$
ただし，$S_n = a_1 + a_2 + \cdots + a_n$ である．このとき，数列 $\{a_n\}$ の一般項を求めよ．（23　京大・文系）

《二項間＋等比数列 (B20) ☆》

695. 等比数列 $\{a_n\}$ は $a_2=3$, $a_5=24$ を満たし，$S_n = \sum\limits_{k=1}^{n} a_k$ とする．また，数列 $\{b_n\}$ は,

$$\sum_{k=1}^{n} b_k = \frac{3}{2}b_n + S_n$$

を満たすとする．

（1） 一般項 a_n と S_n を n を用いてそれぞれ表しなさい．

（2） b_1 の値を求めなさい．

（3） b_{n+1} を b_n, n を用いて表しなさい．

（4） 一般項 b_n を n を用いて表しなさい．（23　大分大・理工，経済，教育）

《多項式の割り算との融合 (B20)》

696. 実数 p, q に対し，x についての整式 $F(x)$ を

$$F(x) = \frac{1}{2}x^2 - px - q$$

で定める．数列 $\{a_n\}$, $\{b_n\}$ $(n=0, 1, 2, \cdots)$ があり，以下の条件を満たしている．

- $a_0 = 1$, $b_0 = 0$
- $\dfrac{1}{2}a_n x^2 + b_n x$ を $F(x)$ で割った余りは
  $a_{n+1}x + b_{n+1}$ $(n=0, 1, 2, \cdots)$ である．

さらに，$a_n - b_n = (-1)^n$ $(n=0, 1, 2, \cdots)$ が成立するとき，次の問いに答えよ．

（1） q を p で表せ．

（2） a_1, a_2 を p で表せ．

（3） a_n を n, p で表せ． （23 横浜国大・経済，経営）

《対数をとる (B10)》

697. 数列 $\{a_n\}$ を

$$a_1 = 3$$

$$a_{n+1} = \frac{1}{9}{a_n}^2 \ (n = 1, 2, \cdots) \ \cdots\cdots\cdots\cdots (\mathrm{a})$$

と定義する．

（1） $a_2 = \square$, $a_3 = \dfrac{1}{\square}$ である．

（2） この数列 $\{a_n\}$ の一般項を求めよう．

式 (a) の両辺について，底を 3 とする対数をとると，

$$\log_3 a_{n+1} - \boxed{ア} = \square(\log_3 a_n - \boxed{ア})$$

と変形できる．

ここで $b_n = \log_3 a_n - \boxed{ア}$ と定義すると，$\{b_n\}$ の一般項は $b_n = -\square^{n-\square}$ となる．したがって，数列 $\{a_n\}$ の一般項を数列 $\{p_n\}$

$$p_n = -\square^{n-1} + \square \ (n = 1, 2, \cdots)$$

を用いて表すと $a_n = 3^{p_n}$ $(n = 1, 2, \cdots)$ となる．

（3） （2）で定めた p_n について，$\sum_{n=1}^{10} p_n = -\square$ である． （23 武蔵大）

《複利計算 (B10) ☆》

698. 1 年目の初めに新規に 100 万円を預金し，2 年目以降の毎年初めに 12 万円を追加で預金する．ただし，毎年の終わりに，その時点での預金額の 8% が利子として預金に加算される．自然数 n に対して，n 年目の終わりに利子が加算された後の預金額を S_n 万円とする．このとき，次の問（1）～（5）に答えよ．ただし，$\log_{10} 2 = 0.3010$, $\log_{10} 3 = 0.4771$ とする．

（1） S_1, S_2 をそれぞれ求めよ．

（2） S_{n+1} を S_n を用いて表せ．

（3） S_n を n を用いて表せ．

（4） $\log_{10} 1.08$ を求めよ．

（5） $S_n > 513$ を満たす最小の自然数 n を求めよ． （23 立教大・文系）

《複素数と漸化式 (B10)》

699. 数列 $\{a_n\}$ が $a_1 = 0$, $a_{n+1} = -a_n + 3$ $(n = 1, 2, 3, \cdots)$ を満たすとする．自然数 n を 2 で割った商を m としたとき，$\sum_{k=1}^{n} a_k$ を m を用いて表すと $\square$ である．

（23 立教大・文，経済，社会，法，観光，コミュニティ福祉，経営，現代心理，異文化コミュニケーション）

《バサバサ消える (B10)》

700. 数列 $\{a_n\}$ に対して，漸化式

$$a_n a_{n+2} = 3\left(1 + \frac{1}{n}\right)(a_{n+1})^2$$

が成り立ち，$a_1 = 1, a_2 = 2$ である．このとき，$a_{21} = \square! \cdot 2^{\square} \cdot 3^{\square}$ である． （23 昭和薬大・B 方式）

《割って形を揃える (B5) ☆》

701. 数列 $\{a_n\}$ は $a_1 = 1$,

$$n! \cdot a_{n+1} - (n+1)! \cdot a_n = (n+1)! \cdot n!$$

$(n = 1, 2, 3, \cdots)$

をみたしている．このとき以下の設問に答えよ．

（1） 数列 $\{a_n\}$ の一般項を求めよ．

（2） $S_n=\sum_{k=1}^{n} a_k$ を求めよ． （23 東京女子大・文系）

《変わった漸化式 (B10)》

702. 数列 $\{a_n\}$ の初項から第 n 項までの和 S_n が，

$$S_n=(-1)^n a_n-\frac{1}{2^n}\quad(n=1,\ 2,\ 3,\ \cdots)$$

で表されるとする．n が偶数であるとき，

$$a_n=\frac{\boxed{}}{\boxed{\text{ア}}^{\,n}}$$

である．また，$S_1+S_2+\cdots+S_{50}$ の値は，

$$\frac{\boxed{}}{\boxed{\text{イ}}\cdot\boxed{\text{ウ}}^{50}}+\frac{\boxed{}}{\boxed{\text{エ}}}$$

である．ただし，ア，イ，ウ，エ はできるだけ小さな自然数とする． （23 早稲田大・人間科学）

《領域の個数を数える (B10) ☆》

703. 平面上に n 個（n は自然数）の円があり，どの 2 つの円も異なる 2 点で交わり，また，どの 3 つの円も同一の点で交わっていない．このとき，n 個の円によって平面が分けられている部分の総数を a_n 個とする．$n=1$ のとき，$a_1=2$ であり，$n=2$ のとき $a_2=\boxed{}$ である．$n\geqq 2$ のとき，$a_n=a_{n-1}+\boxed{}$ であることから，$a_n=\boxed{}$ である，この式は $n=1$ のときも成り立つ．

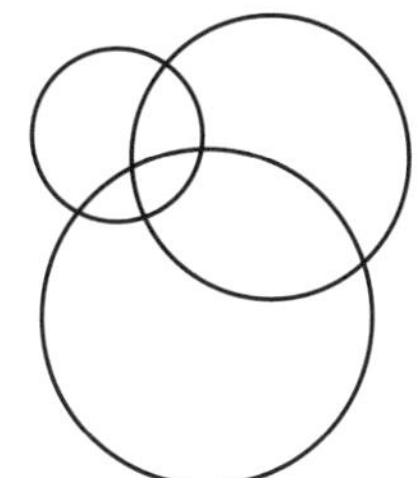

（23 武庫川女子大）

【数学的帰納法】

《分数形の一般項 (B10) ☆》

704. 数列 $\{a_n\}$ が，

$$a_1=0,\quad \frac{1}{a_{n+1}}=a_n+\frac{4}{n}\ (n=1,\ 2,\ 3,\ \cdots)$$

で定められるとき，以下の問いに答えよ．

（1） $a_2,\ a_3,\ a_4$ を求めよ．

（2） 数列 $\{a_n\}$ の一般項 a_n を推定し，それが正しいことを数学的帰納法を用いて証明せよ． （23 会津大）

《関係式を導く (A5)》

705. $n=1,\ 2,\ 3,\ \cdots$ について，$7\cdot 2^{2n-1}+3^{3n-1}$ は 23 の倍数であることを，数学的帰納法で証明せよ．

（23 小樽商大）

《6 の倍数 (B2)》

706. 数列 $\{a_n\}$ が

$a_1=2,\ a_{n+1}={a_n}^2+2\ (n=1,\ 2,\ 3,\ \cdots)$

を満たすとする．m を自然数とするとき，a_{2m} は 6 の倍数であることを示せ． （23 愛媛大・工，農，教）

《6 の倍数 (B2)》

707. 数列 $\{a_n\}$ が

$a_1=2,\ a_{n+1}={a_n}^2+2\ (n=1,\ 2,\ 3,\ \cdots)$

を満たすとする．m を自然数とするとき，a_{2m} は6の倍数であることを示せ． (23 愛媛大・医，理，工)

《不等式の証明 (B5)》

708．すべての自然数 n に対し

$$1+\sqrt{2}+\sqrt{3}+\cdots+\sqrt{n}>\frac{2}{3}n\sqrt{n}$$

が成り立つことを証明せよ． (23 広島市立大)

《畳み込みの漸化式 (B30) ☆》

709．数列 $\{a_n\}$ がすべての正の整数 n について次の条件を満たしている．

$$\sum_{k=1}^{n}(n+1-k)^2a_k$$
$$=\frac{(n-1)n(n+1)(n+2)(2n+1)}{60}$$

$\{a_n\}$ の一般項を求めよ． (23 一橋大・後期)

《平方根の近似式 (B10)》

710．$p>1$ とし，$f(x)=x^2-p$ とおく．このとき，次の問いに答えよ．

(1) 点 $(a,\ f(a))$ における曲線 $y=f(x)$ の接線の方程式を求めよ．

(2) 数列 $\{a_n\}$ を次の(i)(ii)によって定める．

(i) $a_1=p$ とする．

(ii) $n\geqq 2$ のとき，点 $(a_{n-1},\ f(a_{n-1}))$ における曲線 $y=f(x)$ の接線と，x 軸の交点の x 座標を a_n とする．

このとき，すべての自然数 n について，$a_n>0$ が成り立つことを示せ．

(3) $\{a_n\}$ を(2)で定めた数列とする．このとき，すべての自然数 n について，$a_n>\sqrt{p}$ が成り立つことを示せ．

(4) $\{a_n\}$ を(2)で定めた数列とする．このとき，すべての自然数 n について，

$$a_{n+1}-\sqrt{p}<\frac{(a_n-\sqrt{p})^2}{2}$$

が成り立つことを示せ． (23 高知大・教育)

《一の位 (C20) ☆》

711．n を自然数とし，数列 $\{x_n\}$，$\{y_n\}$ をそれぞれ

$$x_n=(2+\sqrt{5})^n,$$
$$y_n=(2+\sqrt{5})^n+(2-\sqrt{5})^n \quad (n=1,\ 2,\ 3,\ \cdots)$$

で定めるとき，次の問いに答えよ．

(1) $y_2,\ y_3$ の値を求めよ．また，すべての自然数 n に対して $y_{n+2}=py_{n+1}+qy_n$ が成り立つような定数 $p,\ q$ を求めよ．

[編者註：これは「$p,\ q$ を1組見つけよ」という意味である．それ以外にないことを示すのは意味がない．入試には悪文が多い]

(2) すべての自然数 n について，不等式 $-\dfrac{1}{2}<(2-\sqrt{5})^n<\dfrac{1}{2}$ が成り立つことを示せ．

(3) すべての自然数 n について，y_n の値が自然数となることを示せ．また，n が4の倍数のとき y_n の1の位の数字を求めよ．

(4) x_{1000} を超えない最大の整数 $[x_{1000}]$ について1の位の数字を求めよ．ここで，実数 x を超えない最大の整数 N を $[x]=N$ と表す．例えば，$[12.3]=12$，$[-4.5]=-5$ である． (23 同志社大・経済)

《階乗を等比でおさえる (B10)》

712．$2^{n-1}\leqq n!\ (n=1,\ 2,\ 3,\ \cdots)$ を数学的帰納法で証明せよ．さらに，自然数 N を与えたとき，$\displaystyle\sum_{n=1}^{N}\frac{1}{n!}<2$ を示せ． (23 三重大・工)

《1次の式から2次式 (B20) ☆》

713. $0<\theta<\dfrac{\pi}{2}$ である θ が

$\cos\theta+\cos 2\theta+\cos 3\theta+\cos 4\theta=0$

を満たすとき，以下の問いに答えよ．

（1） $\cos\theta$ の値を求めよ．

（2） n を自然数とするとき，次の恒等式が成り立つことを示せ．

$\alpha^{n+2}+\beta^{n+2}$
$=(\alpha^{n+1}+\beta^{n+1})(\alpha+\beta)-\alpha\beta(\alpha^n+\beta^n)$

（3）（1）で求めた $\cos\theta$ に対して，数列 $\{a_n\}$ を

$a_n=(2\cos\theta)^n+(1-2\cos\theta)^n$

$(n=1, 2, 3, \cdots)$ と定める．このとき，a_{n+2} を a_{n+1} と a_n を用いて表せ．

（4）（3）で定めた数列 $\{a_n\}$ について，$(-1)^n\{a_na_{n+2}-(a_{n+1})^2\}$ は n によらない定数であることを数学的帰納法を用いて示せ．（23　鳥取大・地域，農）

《3 の倍数 (B15)》

714. 自然数 n に対し，

$$a_n=(2+\sqrt{3})^n+(2-\sqrt{3})^n$$

とする．次の問いに答えよ．

（1） a_1, a_2 を求めよ．また，自然数 n に対し，

$$a_{n+2}+a_n=4a_{n+1}$$

であることを証明せよ．

（1）により，すべての自然数 n について a_n は整数であることがわかる（このことは証明しなくてよい）．さらに，次の問いに答えよ．

（2） すべての自然数 n について $a_{n+1}+a_n$ は 3 の倍数である．このことを数学的帰納法によって証明せよ．

（3） a_{2023} を 3 で割ったときの余りを求めよ．（23　中央大・法）

《3 項間で 2 項の比 (B10)》

715. 数列 $\{a_n\}$ を次のように定める．

$$a_1=1,\ a_2=1,\ a_{n+2}=3a_{n+1}+a_n$$
$$(n=1, 2, 3, \cdots)$$

このとき，次の問いに答えよ．

（1） a_3, a_4, a_5 を求めよ．

（2） $a_4x+a_5y=1$ を満たす整数の組 (x, y) のうち，x の絶対値が 50 に最も近いものを求めよ．

（3） $n\geqq 3$ について，$3<\dfrac{a_{n+1}}{a_n}<\dfrac{10}{3}$ が成り立つことを数学的帰納法を用いて示せ．（23　滋賀大・経済-後期）

《奇数の話 (B5)》

716. n を自然数とする．$n+1$ から $2n$ までの積を a_n とするとき，次の問いに答えよ．

（1） a_4 を素因数分解せよ．

（2） $a_n=2^n\cdot 1\cdot 3\cdot 5\cdot\cdots\cdot(2n-1)$ が成り立つことを数学的帰納法を用いて証明せよ．

（3） a_n を 2^{n+1} で割った余りを求めよ．（23　滋賀大・共通）

《2 乗の和 (B15)》

717. 次のように，項数 m の 2 つの等差数列 $\{a_n\}$，$\{b_n\}$ がある．

$\{a_n\}$　$1, 2, 3, 4, \cdots, m-2, m-1, m$

$\{b_n\}$　$m, m-1, m-2, \cdots, 4, 3, 2, 1$

数列 $\{c_n\}$ の一般項を $c_n=a_nb_n$ とするとき，c_n の最大値，および $\displaystyle\sum_{k=1}^{m}c_k$ をそれぞれ m の式で表せ．

（23　長崎大・医，歯，工，薬，情報，教 B）

《漸化式の差をとる (B20)》

718. すべての項が正である数列 $\{a_n\}$ に対して，

$$S_n = \sum_{k=1}^{n} a_k \ (n = 1, 2, 3, \cdots)$$

とおく．すべての自然数 n について，$S_n{}^2 = \sum_{k=1}^{n} a_k{}^3$ が成り立つとき，次の問いに答えよ．

（1） a_1 と a_2 を求めよ．

（2） すべての自然数 n について，

$S_{n+1} + S_n = a_{n+1}{}^2$ が成り立つことを示せ．

（3） 一般項 a_n を求めよ． （23　信州大・工，繊維-後期）

【確率と漸化式】

《階段上り (B10) ☆》

719. 9 段ある階段を上るとき，1 歩で 1 段上がるか 2 段上がるかという 2 通りの方法を組み合わせて上るとすると 9 段の階段を上る方法は全部で何通りあるか求めなさい． （23　東北福祉大）

《フィボナッチの数列 (B10) ☆》

720. 2 辺の長さが 1 と 2 の長方形の畳 n 枚を使って，たて 2，よこ n の長さの長方形の部屋に，すきまも重なりもなく敷きつめる．そのような畳の異なる敷きつめ方が a_n 通りあるとする．（長さの単位は メートルで，n は正の整数である．）例えば，$n = 1$ のときは，たて 2，よこ 1 の長さの長方形の部屋に畳 1 枚なので

□ から $a_1 = 1$ である．

$n = 2$ のときは，よこ 2，たて 2 の長さの長方形（正方形）の部屋に畳 2 枚なので

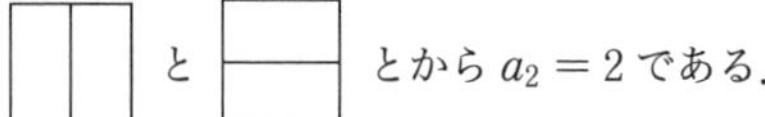

と　とから $a_2 = 2$ である．

次の（1）から（3）の問いに答えなさい．

（1） a_3, a_4 の値をそれぞれ求めよ．

（2） a_{n+2} を a_n, a_{n+1} を用いた式で表せ．

（3） a_9 の値を求めよ． （23　三重県立看護大・前期）

［確率と漸化式］

《2 項間漸化式 (B10) ☆》

721. A くんと B くんの 2 人で 1 つしかない景品をどちらがもらうかを決めたい．そこで，B くんが以下のような方法を提案した．

「景品が手元にある方がサイコロを 2 つ振って，出た目の和が 6 以上の場合に景品は自分の手元に残るが，5 以下なら景品を相手に渡すというゲームを n 回繰り返した後で，最後に景品が手元にある方がもらう」

また，

「最初に景品を持っているのは A くんで良い」

という．ただし，ゲームを受けない場合は確率 $\frac{1}{2}$ で景品をもらえる．このとき，以下の設問に答えよ．

（1） このゲームを 1 回行ったとき，A くんが景品を貰える確率 p_1 を求めよ．

（2） このゲームを 2 回行ったとき，A くんが景品を貰える確率 p_2 を求めよ．

（3） このゲームを n 回行ったとき，A くんが景品を貰える確率 p_n を n の式で表せ．

（4） 景品が欲しい A くんの立場ならこのゲームを受けるべきかどうかと，その理由を述べよ． （23　愛知大）

《4 マスの移動 (B10)》

722. 下の図のように，正三角形を 4 つの部屋に区切り，真ん中の三角形の部屋を A，周りの 3 つの部屋を B，C，D とする．いま 1 匹のマウスが部屋 A にいて，1 分経つごとに移動するかその部屋にとどまるかする．マウスが部屋 A にいた場合は確率 $\frac{1}{4}$ で A にとどまり，隣接する B，C，D の部屋にそれぞれ確率 $\frac{1}{4}$ で移動する．マウスが部屋 B，C，D にいた場合は確率 $\frac{1}{2}$ でその部屋にとどまり，確率 $\frac{1}{2}$ で A に移動する．n 分後にマウスが部屋 A

にいる確率を求めよ．

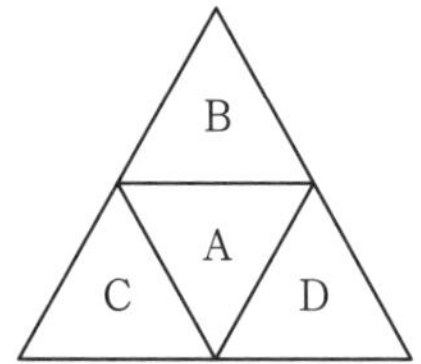

(23　成城大)

《基本的な連立漸化式 (B10) ☆》

723．0 から 3 までの数字を 1 つずつ書いた 4 枚のカードがある．この中から 1 枚のカードを取り出し，数字を確認してからもとへもどす．これを n 回くり返したとき，取り出されたカードの数字の総和を S_n で表す．S_n が 3 で割り切れる確率を p_n とし，S_n を 3 で割ると 1 余る確率を q_n とするとき，次の問に答えよ．

(1)　p_2 および q_2 の値を求めよ．

(2)　p_{n+1} および q_{n+1} を p_n, q_n を用いて表せ．

(3)　p_n および q_n を n を用いて表せ．　(23　佐賀大・農，教)

《基本的な漸化式 (B20)》

724．ABCD を 1 辺の長さが 1 の正四面体とする．P 君は時刻 0 秒において頂点 A に滞在し，その後秒速 1 の速さで辺上を進み，1 秒ごとに現在いる頂点と異なる頂点に等確率で移動する．n を正の整数とする．以下の確率を求めよ．

(1)　P 君が時刻 n 秒に頂点 A に滞在している確率．

(2)　P 君が時刻 0 秒から n 秒までの間 △BCD のいずれの辺も通過しなかった確率．

(3)　P 君が時刻 0 秒から n 秒までの間一度も滞在しなかった頂点がある確率．　(23　中部大)

《連立漸化式 (B15)》

725．n を 1 以上の整数とする．1 枚のコインを n 回投げ，$a_1, a_2, a_3, \cdots, a_n$ を次のように定める．$a_0 = 1$ として，k 回目 $(k = 1, 2, 3, \cdots, n)$ にコインを投げたときに表が出たら $a_k = 2a_{k-1}$ とし，裏が出たら $a_k = a_{k-1} + 1$ とする．n 回投げ終えたときに，a_n を 3 で割った余りが 1 となる確率を p_n，a_n を 3 で割った余りが 2 となる確率を q_n とする．

(1)　p_1, q_1, p_2, q_2 を求めよ．

(2)　p_{n+1} および q_{n+1} を p_n または q_n を用いて表せ．

(3)　(1) と (2) で定まる数列 $\{p_n\}$ および $\{q_n\}$ の一般項を求めよ．　(23　徳島大・理工，医(保健))

《連立漸化式 (B20)》

726．1 個のさいころを投げて出た目によって数直線上の点 P を動かすことを繰り返すゲームを考える．最初の P の位置を $a_0 = 0$ とし，さいころを n 回投げたあとの P の位置 a_n を次のルールで定める．

- $a_{n-1} = 7$ のとき，$a_n = 7$
- $a_{n-1} \neq 7$ のとき，n 回目に出た目 m に応じて

$a_{n-1} + m = 1, 3, 4, 5, 6, 7$ のとき

$a_n = a_{n-1} + m$

$a_{n-1} + m = 2, 12$ のとき $a_n = 1$

$a_{n-1} + m = 8, 9, 10, 11$ のとき

$a_n = 14 - (a_{n-1} + m)$

(1)　$a_2 = 1$ となる確率を求めよ．

(2)　$n \geqq 1$ について，$a_n = 7$ となる確率を求めよ．

(3)　$n \geqq 3$ について，$a_n = 1$ となる確率を求めよ．　(23　千葉大・前期)

《連立漸化式 (B20)》

727．平面上に相異なる 4 点 A，B，C，D がある．動く点 P が，時刻 n において，これらのいずれかの点にあるとき，時刻 $n+1$ にどの点にあるかを定める確率が下の表で与えられている．たとえば，P が時刻 n に B にあると

き，時刻 $n+1$ に D にある確率は $\frac{1}{2}$ である．

$n \diagdown n+1$	A	B	C	D
A	0	$\frac{1}{3}$	$\frac{1}{3}$	$\frac{1}{3}$
B	$\frac{1}{4}$	0	$\frac{1}{4}$	$\frac{1}{2}$
C	$\frac{1}{4}$	0	$\frac{1}{4}$	$\frac{1}{2}$
D	$\frac{1}{3}$	$\frac{1}{3}$	$\frac{1}{3}$	0

（1） 時刻 1 に P が C にあるとき，時刻 3 に P が B にある確率を求めよ．

（2） 時刻 1 に P が A にあるとき，時刻 n に P が B にある確率を求めよ． （23 一橋大・後期）

《連立漸化式 (B10)》

728． 正の整数 a を入力すると 0 以上 a 以下の整数のどれか 1 つを等しい確率で出力する装置がある．この装置に $a=10$ を入力する操作を n 回繰り返す．出力された n 個の整数の和が偶数となる確率を p_n，奇数となる確率を q_n とするとき，以下の問いに答えよ．

（1） p_1, q_1 を求めよ．答えは既約分数にし，結果のみ解答欄に記入せよ．

（2） p_{n+1} を p_n, q_n を用いて表せ．

（3） p_n を n の式で表せ． （23 中央大・経）

《基本的な漸化式 (B10)》

729． 地点 A と地点 B があり，K さんは時刻 0 に地点 A にいる．K さんは 1 秒ごとに以下の確率で移動し，時刻 0 から n 秒後に地点 A か地点 B にいる．

地点 A にいるとき：

$\frac{1}{2}$ の確率で地点 A にとどまり，$\frac{1}{2}$ の確率で地点 B に移動する．

地点 B にいるとき

$\frac{1}{6}$ の確率で地点 B にとどまり，$\frac{5}{6}$ の確率で地点 A に移動する．

K さんが時刻 0 から n 秒後に地点 A にいる確率を a_n，地点 B にいる確率を b_n で表す．

ただし，n は 0 以上の整数とする．

（1） a_{n+1} を a_n と b_n で表すと，

$a_{n+1}=\square a_n+\square b_n$ であり，$a_4=\square$ である．

（2） 数列 $\{a_n\}$ の一般項 a_n を n の式で表すと $\square$ である． （23 慶應大・薬）

《これが文系？ (B30)》

730． ω を $x^3=1$ の虚数解のうち虚部が正であるものとする．さいころを繰り返し投げて，次の規則で 4 つの複素数 $0, 1, \omega, \omega^2$ を並べていくことにより，複素数の列 $z_1, z_2, z_3, \cdots$ を定める．

- $z_1=0$ とする．
- z_k まで定まったとき，さいころを投げて，出た目を t とする．このとき z_{k+1} を以下のように定める．
  - $z_k=0$ のとき，$z_{k+1}=\omega^t$ とする．
  - $z_k \neq 0$, $t=1, 2$ のとき，$z_{k+1}=0$ とする．
  - $z_k \neq 0$, $t=3$ のとき，$z_{k+1}=\omega z_k$ とする．
  - $z_k \neq 0$, $t=4$ のとき，$z_{k+1}=\overline{\omega z_k}$ とする．
  - $z_k \neq 0$, $t=5$ のとき，$z_{k+1}=z_k$ とする．
  - $z_k \neq 0$, $t=6$ のとき，$z_{k+1}=\overline{z_k}$ とする．

ここで複素数 z に対し，$\overline{z}$ は z と共役な複素数を表す．以下の問いに答えよ．

（1） $\omega^2=\overline{\omega}$ となることを示せ．

（2） $z_n=0$ となる確率を n の式で表せ．

（3） $z_3=1, z_3=\omega, z_3=\omega^2$ となる確率をそれぞれ求めよ．

（4） $z_n=1$ となる確率を n の式で表せ．（23　九大・文系）

【群数列】

《易しい群 (B10) ☆》

731．2 つの集合

$A=\{n\mid n$ は 3 で割ると 2 余る自然数である $\}$

$B=\{n\mid n$ は 5 で割ると 3 余る自然数である $\}$

を考える．$A\cap B$ の要素を小さい順に並べて作った数列の第 k 項は $\square k+\square$ である．また，$A\cup B$ の要素を小さい順に並べて作った数列の第 100 項は $\square$ である．（23　上智大・文系）

《分母が 2 の冪 (B10) ☆》

732．数列 $\{a_n\}$ は群に分けられており，下のように，第 k 群には分母が 2^k で，かつ，分子には 2^k より小さいすべての正の奇数が小さい順に並んでいるとする．ここで，k は自然数である．

$$\frac{1}{2}\;\Big|\;\frac{1}{4},\ \frac{3}{4}\;\Big|\;\frac{1}{8},\ \frac{3}{8},\ \frac{5}{8},\ \frac{7}{8}\;\Big|\;\frac{1}{16},\ \frac{3}{16},\ \cdots$$

第 k 群のすべての項の和 S_k は $\square$ である．第 1 群から第 n 群までのすべての項の和 T_n は $\square$ であり，T_N の整数部分が 5 桁となる最小の自然数 N は $\square$ である．また，$a_n<\dfrac{1}{1000}$ となる最小の n は $\square$ である．

（23　関西学院大）

《斜めに下がる (B10)》

733．下の表のように自然数を並べ，左から m 番目，上から n 番目の数を $a(m,n)$ と書くことにする．

（1） $a(10,1)$, $a(1,10)$ を求めよ．

（2） $a(n,1)$, $a(1,n)$ を求めよ．

（3） $a(m,n)=250$ のときの m, n の値を求めよ．

1	2	4	7	11	…
3	5	8	12	…	…
6	9	13	…	…	…
10	14	…	…	…	…
15	…	…	…	…	…
…	…	…	…	…	…

（23　岐阜聖徳学園大）

《斜めに下がる (B20)》

734．自然数 1, 2, 3, 4, … を下表のように並べていく．

行＼列	1	2	3	4	5	…
1	1	2	4	7	11	⋰
2	3	5	8	12	⋰	⋰
3	6	9	13	⋰	⋰	⋰
4	10	14	⋰	⋰	⋰	⋰
5	15	⋰	⋰	⋰	⋰	⋰
⋮	⋰	⋰	⋰	⋰	⋰	⋰

（1） 第 1 行第 k 列の数 a_k を k で表しなさい．

（2） 第 10 行第 20 列の数を求めなさい．

（3） 2023 は第何行第何列にあるか求めなさい．（23　東北福祉大）

《斜めに上がる (B20) ☆》

735．xy 平面上で，x 座標と y 座標がともに正の整数であるような各点に，下の図のような番号をつける．点 (m,n) につけた番号を $f(m,n)$ とする．たとえば，$f(1,1)=1$，$f(3,4)=19$ である．

y						
6	21 …					
5	15	20 …				
4	10	14	19 …			
3	6	9	13	18 …		
2	3	5	8	12	17 …	
1	1	2	4	7	11	16
O	1	2	3	4	5	6 x

（1） $f(m, n)+f(m+1, n+1)=2f(m, n+1)$ が成り立つことを示せ．

（2） $f(m, n)+f(m+1, n)+f(m, n+1)$

$+f(m+1, n+1)=2023$

となるような整数の組 (m, n) を求めよ． (23 一橋大・前期)

《法則を明確に書く (B20) ☆》

736．ある数列 $\{a_n\}$ $(n=1, 2, 3, \cdots)$ を

$$\underset{\text{第1群}}{a_1} \mid \underset{\text{第2群}}{a_2, a_3} \mid \underset{\text{第3群}}{a_4, a_5, a_6} \mid \underset{\text{第4群}}{a_7, a_8, a_9, a_{10}} \mid a_{11}, \cdots$$

のように，第 m 群が m 個の項を含むように分けると $(m=1, 2, 3, \cdots)$，第 m 群の k 番目 $(1 \leqq k \leqq m)$ の項が $\dfrac{2k-1}{2m}$ と表されるとする．

（1） 第 2 群の 1 番目の項 a_2 と第 6 群の 2 番目の項 a_{17} をそれぞれ求めよ．

（2） 第 m 群に含まれるすべての項の和 T_m を m で表せ．

（3） a_n が，第 m 群の k 番目の項であるとき，n を m と k で表せ．

（4） a_{200} を求めよ．

（5） 第 m 群の k 番目の項が $\dfrac{1}{4}$ に等しいとき，m を k で表せ．

（6） $a_n=\dfrac{1}{4}$，$1 \leqq n \leqq 200$ を満たす n の個数を求めよ． (23 南山大・経済)

《規則が書いてある問題 (B10) ☆》

737．初項 2，公差 3 の等差数列を $\{a_n\}$ とおき，これを次のように群に分ける．

$$\underset{\text{第1群}}{a_1} \mid \underset{\text{第2群}}{a_2, a_3, a_4} \mid \underset{\text{第3群}}{a_5, a_6, a_7, a_8, a_9} \mid \cdots$$

ここで，$l=1, 2, \cdots$ に対し，第 l 群には $(2l-1)$ 個の項が入っているものとする．

（1） 第 12 群に入っている項のなかで 4 番目の項は □ である．

（2） 初めて 1000 より大きくなる項は，第 □ 群のなかで □ 番目の項である． (23 法政大・文系)

《奇数を群に (B20)》

738．数列

$$1, 1, 3, 1, 3, 5, 7, 1, 3, 5, 7, 9, 11, 13, 15, \cdots$$

を $\{a_n\}$ とし，これを次のような群に分ける．

1 | 1, 3 | 1, 3, 5, 7 | 1, 3, 5, 7, 9, 11, 13, 15 | ··· 第1群 第2群 第3群 第4群

ここで，第 m 群 $(m=1, 2, 3, \cdots)$ に含まれる項は 1 から 2^m-1 までの奇数であるとする．このとき，次の問いに答えよ．

（1） 2023 という項が現れる最初の群は第何群であるか答えよ．

（2） 第 m 群 $(m=1, 2, 3, \cdots)$ に含まれる項の総和 S_m を m の式で表せ．

（3） $a_1+a_2+a_3+\cdots+a_n \geqq 2023$ を満たす最小の自然数 n を N とするとき，第 N 項 a_N を含む群は第何群であるか答えよ．

（4） （3）で定めた N および a_N を求めよ． (23 宇都宮大・前期)

《規則が書いてない問題 (B10)》

739. 第 n 群が $2n-1$ 個の数を含む群数列

$$1 \,\Big|\, \frac{2}{3},\ \frac{3}{3},\ \frac{4}{3} \,\Big|\, \frac{5}{5},\ \frac{6}{5},\ \frac{7}{5},\ \frac{8}{5},\ \frac{9}{5}$$

$$\Big|\, \frac{10}{7},\ \frac{11}{7},\ \frac{12}{7},\ \frac{13}{7},\ \frac{14}{7},\ \frac{15}{7},\ \frac{16}{7} \,\Big|\, \frac{17}{9},\ \cdots$$

について考える．この数列の第 n 群の最初の数は □ であり，第 n 群の総和は □ である．（23　愛知大）

《個数が等差数列 (B20)》

740. 次の □ にあてはまる答を解答欄に記入しなさい．

自然数の列 1, 2, 3, 4, ⋯ を第 n 群が $(3n-2)$ 個の項からなるよう群に分ける：

1 | 2, 3, 4, 5 | 6, 7, 8, 9, 10, 11, 12 | 13, ⋯

すると，第 4 群の 10 番目の項は □ である．

第 n 群の最後の項を a_n とする．

$a_1=1,\ a_2=5,\ a_3=12$ であり，$a_5=$ □ である．

$n \geqq 2$ に対して a_n-a_{n-1} を n を用いて表すと $a_n-a_{n-1}=$ □ となる．

よって $a_n=$ □ であり，第 n 群の最初の項は □ である．また，第 13 群の 13 番目の項は □ であり，3776 は第 □ 群の □ 番目であることがわかる．

第 n 群の項の和は □ である．（23　明治薬大・前期）

《奇妙な規則 (C40)》

741. 数列 $\{a_n\}$ は，初項からの並びが，

1, 1,

1, 3, 3, 1,

1, 5, 3, 3, 5, 1,

1, 7, 3, 5, 5, 3, 7, 1,

1, 9, 3, 7, ⋯

となっており，$i=1, 2, 3, \cdots$ としたとき以下の規則に従っているものとする．

- $a_1=a_2=1$
- $a_{2i}=1$ のとき，
  $a_{2i+1}=1$ かつ $a_{2i+2}=a_{2i-1}+2$
- $a_{2i} \neq 1$ のとき，
  $a_{2i+1}=a_{2i-1}+2$ かつ $a_{2i+2}=a_{2i}-2$

次の問いに答えよ．

（1） $a_n=99$ となる最小の n を求めよ．

（2） a_{120} を求めよ．

（3） a_1 から a_{2023} までの和を求めよ．（23　名古屋市立大・後期）

【平面ベクトルの成分表示】

《成分の設定 (A5)》

742. 正 12 角形の頂点が反時計回りに

$A_1, A_2, \cdots, A_{12}$ の順で位置している．この正 12 角形の外接円の半径は 1 であり，外接円の中心を O とする．

$\overrightarrow{OA_1}=\vec{a},\ \overrightarrow{OA_2}=\vec{b}$ とするとき，次の問いに答えなさい．

（1） $\overrightarrow{OA_4}$ を $\vec{a}, \vec{b}$ を用いて表しなさい．

（2） $\overrightarrow{A_4A_9}$ を $\vec{a}, \vec{b}$ を用いて表しなさい．（23　福島大・人間発達文化）

《成分の設定 (B5)》

743. 平面上の点 O, A, B, C について,

$\vec{u}=\overrightarrow{\mathrm{OA}}, \vec{v}=\overrightarrow{\mathrm{OB}}, \vec{w}=\overrightarrow{\mathrm{OC}}$

とするとき, $|\vec{u}|=|\vec{v}|=|\vec{w}|=5$,

$\vec{u}\cdot\vec{v}=15, \vec{u}\cdot\vec{w}>0, \vec{v}\perp\vec{w}$ を満たすならば,

$$\vec{w}=\boxed{\text{(i)}}\,\vec{u}-\boxed{\text{(ii)}}\,\vec{v}$$

と書ける. (23 明治大・商)

《放物線とベクトル (B10)》

744. α を $0<\alpha<\pi$ を満たす実数とする. また, θ を $0\leqq\theta\leqq\alpha$ を満たす実数とする. 点 O を原点とする座標平面上において, 単位円を考える. 単位円の周上に点 A をとる. さらに, O を中心として, 時計の針の回転と逆の向きに, A を $\frac{\pi}{2}$ だけ回転した点を B, A を α だけ回転した点を C, A を θ だけ回転した点を P, A を $\theta+\frac{\pi}{2}$ だけ回転した点を Q とする. $\vec{a}=\overrightarrow{\mathrm{OA}}, \vec{b}=\overrightarrow{\mathrm{OB}}, \vec{c}=\overrightarrow{\mathrm{OC}}, \vec{p}=\overrightarrow{\mathrm{OP}}, \vec{q}=\overrightarrow{\mathrm{OQ}}$ とする.

(1) 内積 $\vec{p}\cdot\vec{q}, \vec{q}\cdot\vec{q}$ を求めよ.

(2) 内積 $\vec{c}\cdot\vec{q}$ を α, θ を用いて表せ.

(3) 実数 s, t を用いて, $\vec{c}=s\vec{p}+t\vec{q}$ と表すとき, t を α, θ を用いて表せ.

(4) (iii) で求めた t を用いて, $\vec{r}=t\vec{q}$ とおく. 実数 u, v を用いて, $\vec{r}=u\vec{a}+v\vec{b}$ と表すとき, u を α, θ を用いて表せ.

(5) (iv) で求めた u を用いて, $\vec{d}=u\vec{a}$ とおく. $\alpha=\frac{\pi}{6}$ のとき, $\vec{d}$ の大きさ $|\vec{d}|$ の最大値を求めよ.

(23 愛媛大・医, 理, 工)

【平面ベクトルの内積】

《係数の決定 (A3)》

745. $\vec{a}=(2, 6), \vec{b}=(1, -3)$ のとき, $\vec{c}=(3, -1)$ を $k\vec{a}+l\vec{b}$ の形で表すと $\vec{c}=\frac{\square}{\square}\vec{a}+\frac{\square}{\square}\vec{b}$ である. また, ベクトル $\vec{d}$ に対し, $\vec{a}\cdot\vec{d}=18, \vec{b}\cdot\vec{d}=-3$ のとき, $\vec{c}\cdot\vec{d}=\square$ である. (23 東邦大・薬)

《面積の計算 (A3) ☆》

746. $|\vec{a}|=3, |\vec{b}|=4, |\vec{a}+\vec{b}|=\sqrt{17}$ を満たす 2 つのベクトル $\vec{a}, \vec{b}$ が作る平行四辺形の面積は $\square$ である.

(23 立教大・文系)

《内積の計算 (A2)》

747. $|\vec{a}|=4, |\vec{b}|=3$ で, $\vec{a}$ と $\vec{b}$ のなす角が $60°$ であるとき, ベクトル $2\vec{a}-\vec{b}$ の大きさは $\square$ である.

(23 武蔵大)

《直交 (B2)》

748. 平面上のベクトル $\vec{a}, \vec{b}$ が次の条件

$$|\vec{a}+2\vec{b}|=|3\vec{a}-\vec{b}|=\sqrt{5} \text{ かつ } \vec{a}\cdot\vec{b}=\frac{5}{49}$$

を満たすとき, $|\vec{a}|=\square$, $|\vec{b}|=\square$ である. (23 茨城大・工)

《内積の成分計算 (B5)》

749. 座標平面上に 3 点 A(1, 1), B(4, 5), C(6, 1) をとる. 次の問いに答えなさい.

(1) 線分 AB を 2 : 1 に外分する点 D の座標を求めなさい.

(2) (1) の点 D を通り, $\vec{u}=(1, -2)$ を方向ベクトルとする直線を l とする. 媒介変数 t を用いた l の媒介変数表示を求めなさい. ただし, $t=0$ のときの点を D とする. また, 媒介変数を消去した式も求めなさい.

(3) 点 P が (2) の直線 l 上にあるとする. $\overrightarrow{\mathrm{BP}}$ と $\overrightarrow{\mathrm{CP}}$ の内積が $\overrightarrow{\mathrm{AB}}$ と $\overrightarrow{\mathrm{AC}}$ の内積と等しいとき, P の座標を求めなさい.

(23 秋田大・教育文化)

《基底の変更 (B20) ☆》

750. 平面上の 3 点 O, A, B が

$|2\overrightarrow{OA}+\overrightarrow{OB}|=|\overrightarrow{OA}+2\overrightarrow{OB}|=1$

かつ $(2\overrightarrow{OA}+\overrightarrow{OB})\cdot(\overrightarrow{OA}+\overrightarrow{OB})=\dfrac{1}{3}$

をみたすとする．

（1） $(2\overrightarrow{OA}+\overrightarrow{OB})\cdot(\overrightarrow{OA}+2\overrightarrow{OB})$ を求めよ．

（2） 平面上の点 P が

$$|\overrightarrow{OP}-(\overrightarrow{OA}+\overrightarrow{OB})|\leqq\frac{1}{3}$$

かつ $\overrightarrow{OP}\cdot(2\overrightarrow{OA}+\overrightarrow{OB})\leqq\dfrac{1}{3}$

をみたすように動くとき，$|\overrightarrow{OP}|$ の最大値と最小値を求めよ． （23 阪大・前期）

《解の配置（B20）☆》

751． 点 O を原点とする座標平面上の $\vec{0}$ でない 2 つのベクトル

$$\vec{m}=(a,c),\ \vec{n}=(b,d)$$

に対して，$D=ad-bc$ とおく．以下の問いに答えよ．

（1） $\vec{m}$ と $\vec{n}$ が平行であるための必要十分条件は $D=0$ であることを示せ．

以下，$D\neq0$ であるとする．

（2） 座標平面上のベクトル $\vec{v}$, $\vec{w}$ で

$$\vec{m}\cdot\vec{v}=\vec{n}\cdot\vec{w}=1,\ \vec{m}\cdot\vec{w}=\vec{n}\cdot\vec{v}=0$$

を満たすものを求めよ．

（3） 座標平面上のベクトル $\vec{q}$ に対して

$$r\vec{m}+s\vec{n}=\vec{q}$$

を満たす実数 r と s を $\vec{q}$, $\vec{v}$, $\vec{w}$ を用いて表せ． （23 九大・文系）

《角の計算（B15）》

752． ベクトル $\vec{a}$ を $\vec{a}=(\sqrt{2}-\sqrt{6},\ \sqrt{2}+\sqrt{6})$ とし，ベクトル $\vec{b}$ を次の 2 つの条件を満たすようにとる．

- $|\vec{b}|=\sqrt{2}$
- 関数 $f(t)=|\vec{a}+t\vec{b}|$ が $t=-\sqrt{2}$ で最小値をとる

このとき，次の問いに答えなさい．

（1） 次の 2 つの等式が成り立つことを示しなさい．

$$\sin15^\circ=\frac{\sqrt{6}-\sqrt{2}}{4},\ \cos15^\circ=\frac{\sqrt{6}+\sqrt{2}}{4}$$

（2） 内積 $\vec{a}\cdot\vec{b}$ を求めなさい．

（3） ベクトル $\vec{b}$ を求めなさい． （23 山口大・共通）

《外接円と内積（B10）》

753． $\triangle$ABC の外接円の半径が 1 で，外心 O が $\triangle$ABC の内部にある．

$$\overrightarrow{OA}\cdot\overrightarrow{OB}=-\frac{1}{2},\ \overrightarrow{OB}\cdot\overrightarrow{OC}=-\frac{\sqrt{2}}{2}$$

であるとき，次の問いに答えよ．

（1） $\angle$AOB, $\angle$BOC を求めよ．

（2） $\cos\angle$AOC の値を求めよ．

（3） $\overrightarrow{OC}$ を $\overrightarrow{OA}$, $\overrightarrow{OB}$ を用いて表せ． （23 津田塾大・学芸-数学）

【位置ベクトル（平面）】

《基本的なベクトル（B3）》

754． 平面上の $\triangle$ABC において，BC を 4 : 5 に内分する点を D とおく．また，$\triangle$ABC の重心を G とし，直線 AD と直線 BG の交点を P とする．$\overrightarrow{AD}$ と $\overrightarrow{AP}$ をそれぞれ $\overrightarrow{AB}$, $\overrightarrow{AC}$ を用いて表すと $\overrightarrow{AD}=\square$, $\overrightarrow{AP}=\square$ である． （23 同志社大・文系）

《基本的なベクトル (A2)》

755. 平面上において △ABC と点 P が

$2\overrightarrow{PA}+3\overrightarrow{PB}+4\overrightarrow{PC}=\vec{0}$

を満たしているとき，2 点 A，P を通る直線が辺 BC と交わる点を D とすると，

$\dfrac{BD}{CD}=\dfrac{\square}{\square}$，$\dfrac{AP}{PD}=\dfrac{\square}{\square}$ である． (23 星薬大・推薦)

【ベクトルと図形 (平面)】

《三角不等式 (B5) ☆》

756. ベクトル $\vec{a},\vec{b}$ が

$|\vec{a}|=1,\ |\vec{b}|=2,\ |\vec{a}+\vec{b}|=3$

をみたしているとき，$|\vec{a}-2\vec{b}|$ の値を求めよ． (23 福岡教育大・初等)

《領域 (B10) ☆》

757. 平面上に △ABC と点 P があり，等式

$5\overrightarrow{AP}+9\overrightarrow{BP}+6\overrightarrow{CP}=\vec{0}$

を満たしている．$\overrightarrow{AB}=\vec{b}$，$\overrightarrow{AC}=\vec{c}$ として，$\overrightarrow{AP}$ を $\vec{b}$ と $\vec{c}$ で表すと $\overrightarrow{AP}=\square$ である．いま，2 点 Q，R を $\overrightarrow{AQ}=t\vec{b}$，$\overrightarrow{AR}=\dfrac{3}{4}t\vec{c}$ を満たすようにとる (ただし，t は 0 でない実数)．直線 QR が P を通るときの t の値を求めると，$t=\square$ である． (23 南山大・経済)

《三角形で交点 (B20) ☆》

758. 三角形 OAB において，辺 OA を $s:1$ に内分する点を P，辺 OB を $t:1$ に内分する点を Q とする．ただし，$s>0,\ t>0$ である．また，線分 AQ と線分 BP の交点を X，直線 OX と辺 AB の交点を H とする．

$\overrightarrow{OA}=\vec{a},\ \overrightarrow{OB}=\vec{b}$ とおく．次の問いに答えよ．

(1) $\overrightarrow{OX}$ を $\vec{a},\vec{b},s,t$ の式で表せ．

(2) $\dfrac{OX}{XH}$ を s と t の式で表せ．ただし，OX は線分 OX の長さ，XH は線分 XH の長さを表す．

(23 日本女子大・家政)

《正六角形とベクトル (B10) ☆》

759. 以下のような一辺の長さ 1 の正六角形 ABCDEF がある．線分 BD と線分 CE の交点を P とする．

$\overrightarrow{AB}=\vec{a},\ \overrightarrow{AF}=\vec{b}$ とするとき，以下の空欄をうめよ．

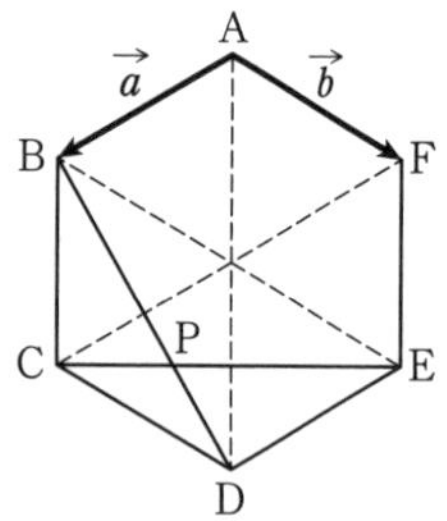

(1) BP : PD $=t:1-t$ とおいて，$\overrightarrow{AP}$ を $\vec{a},\vec{b},t$ を用いて表すと $\square$ である．

(2) CP : PE $=s:1-s$ とおいて，$\overrightarrow{AP}$ を $\vec{a},\vec{b},s$ を用いて表すと $\square$ である．

(3) $\overrightarrow{AP}$ を $\vec{a},\vec{b}$ を用いて表すと $\square$ である．

(4) △PCD の面積を求めると $\square$ である． (23 会津大・推薦)

《面積比 (A10) ☆》

760. 三角形 ABC の内部の点 P は等式 $4\overrightarrow{PA}+2\overrightarrow{PB}+\overrightarrow{PC}=\vec{0}$ を満たすとし，直線 AP と辺 BC との交点を D とする．このとき，線分 BD と CD の長さの比は BD : CD $=\square$ である．また，三角形 PAB と PCD の面積の比は △PAB : △PCD $=\square$ である． (23 福岡大)

《平行四辺形 (A5)》

761. 平行四辺形 ABCD において，辺 CD の中点を M とし，直線 AC と直線 BM の交点を P とする．このとき，$\overrightarrow{\mathrm{AM}}$, $\overrightarrow{\mathrm{AP}}$ をそれぞれ $\overrightarrow{\mathrm{AB}}$, $\overrightarrow{\mathrm{AD}}$ を用いて表すと，$\overrightarrow{\mathrm{AM}}=$ □, $\overrightarrow{\mathrm{AP}}=$ □ である．　(23　慶應大・看護医療)

《平行四辺形 (B15)》

762. 平面上に平行四辺形 ABCD がある．ただし，AB = AD = 1 とする．また，点 C から直線 AB へ垂線を下ろし，その交点 E が $\overrightarrow{\mathrm{AE}}=t\overrightarrow{\mathrm{AB}}$ $(1<t<2)$ を満たすとする．さらに，線分 BC と線分 DE の交点を F とする．このとき，次の問に答えよ．

(1)　内積 $\overrightarrow{\mathrm{AB}}\cdot\overrightarrow{\mathrm{AC}}$ を t を用いて表せ．

(2)　内積 $\overrightarrow{\mathrm{AB}}\cdot\overrightarrow{\mathrm{AD}}$ を t を用いて表せ．

(3)　線分 AC の長さを t を用いて表せ．

(4)　内積 $\overrightarrow{\mathrm{AB}}\cdot\overrightarrow{\mathrm{AF}}$ を t を用いて表せ．

(5)　△BEC の面積 S を t を用いて表せ．また，S^2 の最大値と，そのときの t の値を求めよ．

(23　山形大・医，理，農，人文社会)

《平行四辺形で交点 (B10) ☆》

763. OA // BC, OB // AC となる平行四辺形 OACB において，辺 OA を 1 : 3 に内分する点を D，辺 AC を 2 : 1 に内分する点を E，辺 OB を 1 : 2 に内分する点を F とする．線分 BD と線分 EF の交点を P とするとき，EP : PF = □ である．　(23　小樽商大)

《三角形と交点 (A5)》

764. △ABC の辺 AB の中点を P とし，辺 AC を 2 : 1 に内分する点を Q とする．線分 BQ と線分 CP の交点を R とするとき，$\overrightarrow{\mathrm{AR}}=s\overrightarrow{\mathrm{AB}}+t\overrightarrow{\mathrm{AC}}$ を満たす実数 s, t の値を求めよ．　(23　愛媛大・工，農，教)

《一直線上にある証明 (B15) ☆》

765. △OAB において，辺 OA を 1 : 2 に内分する点を C とし，辺 OB を 3 : 1 に外分する点を D とする．線分 CD と辺 AB の交点を E とし，線分 OE，BC，AD の中点をそれぞれ F，G，H とする．$\overrightarrow{\mathrm{OA}}=\vec{a}$, $\overrightarrow{\mathrm{OB}}=\vec{b}$ とおく．次の問いに答えよ．

(1)　$\overrightarrow{\mathrm{OE}}$ を $\vec{a}, \vec{b}$ を用いて表せ．

(2)　$\overrightarrow{\mathrm{FH}}$ を $\vec{a}, \vec{b}$ を用いて表せ．

(3)　3 点 F，G，H が一直線上にあることを示せ．　(23　福岡教育大・中等)

《垂線を下ろす (B10)》

766. △OAB において，辺 OA の長さは 4，辺 OB の長さは 5 であるとする．△OAB の重心を G，辺 AB を 2 : 3 に内分する点を P とおくとき，$\overrightarrow{\mathrm{GP}}$ と $\overrightarrow{\mathrm{AB}}$ は垂直であるとする．$\overrightarrow{\mathrm{OA}}=\vec{a}$, $\overrightarrow{\mathrm{OB}}=\vec{b}$ とおく．

(1)　$\overrightarrow{\mathrm{OP}}$ を $\vec{a}$ と $\vec{b}$ を用いて表しなさい．

(2)　$\vec{a}$ と $\vec{b}$ の内積を求めなさい．

(3)　辺 AB の長さを求めなさい．　(23　北海道大・フロンティア入試(共通))

《垂線を下ろす (B10)》

767. 三角形 OAB において，$\mathrm{OA}=\sqrt{2}$, OB = 3 とします．三角形 OAB の内部の点 P に対し，直線 OP と辺 AB の交点を Q，直線 AP と辺 OB の交点を R とし，$\overrightarrow{\mathrm{OA}}=\vec{a}$, $\overrightarrow{\mathrm{OB}}=\vec{b}$,
$\overrightarrow{\mathrm{OQ}}=t\vec{a}+(1-t)\vec{b}$ $(0<t<1)$,
$\overrightarrow{\mathrm{OR}}=s\vec{b}$ $(0<s<1)$ とします．$\overrightarrow{\mathrm{OQ}}$ と $\overrightarrow{\mathrm{AB}}$ が垂直で，点 P は線分 AR を 2 : 1 に内分するとき，次の (1)～(3) に答えなさい．

(1)　内積 $\vec{a}\cdot\vec{b}$ を t を用いて表しなさい．

(2)　s を t を用いて表しなさい．

(3)　$\mathrm{OP}=\dfrac{\sqrt{2}}{3}$ のとき，t の値を求めなさい．　(23　神戸大・文系-「志」入試)

《垂線を下ろす (B15) ☆》

768. △OAB の 3 辺の長さは，それぞれ OA = 2，AB = 3，BO = 3 である．頂点 O から辺 AB に垂線を下ろし，直線 AB との交点を H とする．また，△OAB の重心を G とする．$\overrightarrow{GH}$ を $\overrightarrow{OA}$ と $\overrightarrow{OB}$ を用いて表し，線分 GH の長さを求めよ．
（23　長崎大・教 A，経，環境，水産）

《外心 (B20) ☆》

769．$a>0$ とする．平面上において，△ABC は $AB=1$, $AC=2$, $BC=a$ であり，点 O は △ABC の外接円の中心であるとする．また，2 つの実数 s, t は，$\overrightarrow{AO}=s\overrightarrow{AB}+t\overrightarrow{AC}$ をみたすとする．

（1） △ABC が存在するための a のとりうる値の範囲を求めよ．

（2） 内積 $\overrightarrow{AB}\cdot\overrightarrow{AC}$ を a を用いて表せ．

（3） 関係式 $\overrightarrow{AB}\cdot\overrightarrow{AO}=\dfrac{1}{2}|\overrightarrow{AB}|^2=\dfrac{1}{2}$ が成り立つことを示し，これを利用して s, t をそれぞれ a を用いて表せ．ただし，s, t を求めるとき，$\overrightarrow{AC}\cdot\overrightarrow{AO}=\dfrac{1}{2}|\overrightarrow{AC}|^2=2$ が成り立つことを証明なしに用いてもよい．

（4） 外接円の中心 O が，△ABC の内部にあるための a のとりうる値の範囲を求めよ．ただし，点 O が △ABC の辺や頂点にある場合を除くとする．
（23　同志社大・文系）

《垂心と内心 (B15)》

770．三角形の 3 つの頂点からそれぞれの対辺またはその延長に下ろした 3 本の垂線の交点を，この三角形の垂心という．△OAB の垂心と内心をそれぞれ H と I で表し，$\overrightarrow{OA}=\vec{a}$, $\overrightarrow{OB}=\vec{b}$ とおく．

$$|\vec{a}|=2,\ |\vec{b}|=3,\ \vec{a}\cdot\vec{b}=-\frac{3}{2}$$

が成り立つとき，以下の問いに答えなさい．

（1） ベクトル $\overrightarrow{OH}$ を $\vec{a}$ と $\vec{b}$ を用いて表しなさい．

（2） ベクトル $\overrightarrow{OI}$ を $\vec{a}$ と $\vec{b}$ を用いて表しなさい．
（23　都立大・文系）

《傍心 (B20) ☆》

771．三角形 OAB は辺の長さが $OA=3$, $OB=5$, $AB=7$ であるとする．また，∠AOB の 2 等分線と直線 AB との交点を P とし，頂点 B における外角の 2 等分線と直線 OP との交点を Q とする．

（1） $\overrightarrow{OP}$ を $\overrightarrow{OA}$, $\overrightarrow{OB}$ を用いて表せ．また，$|\overrightarrow{OP}|$ の値を求めよ．

（2） $\overrightarrow{OQ}$ を $\overrightarrow{OA}$, $\overrightarrow{OB}$ を用いて表せ．また，$|\overrightarrow{OQ}|$ の値を求めよ．
（23　北海道大・文系）

《垂心 (A10) ☆》

772．平面上の三角形 OAB は，

$OA=3$, $OB=2$, $\angle AOB=60^\circ$

を満たすとする．この三角形の内部に点 H をとり，$\overrightarrow{OH}=p\vec{a}+q\vec{b}$ とおくとき，次の問いに答えよ．ただし，p, q は実数で，$\overrightarrow{OA}=\vec{a}$, $\overrightarrow{OB}=\vec{b}$ とする．

（1） $\overrightarrow{OH}\perp\overrightarrow{AB}$ のとき，p と q の間に成り立つ関係式を求めよ．

（2） H が三角形 OAB の垂心であるとき，p と q の値を求めよ．
（23　信州大・医-保健，経法）

《垂心 (B10)》

773．△ABC において，$\angle A=60^\circ$, $AB=8$, $AC=6$ とする．△ABC の垂心を H とするとき，$\overrightarrow{AH}$ を $\overrightarrow{AB}$, $\overrightarrow{AC}$ を用いて表せ．
（23　鳥取大・生命科学，保健，工，地域，農）

《長さを式にする (B20) ☆》

774．$0<s<t<1$ とする．$|\overrightarrow{OA}|=|\overrightarrow{OB}|=1$, $\cos\angle AOB=\dfrac{1}{7}$ となる △OAB において，辺 AB を $s:(1-s)$ に内分する点を P，辺 OB を $t:(1-t)$ に内分する点を Q，直線 QP と直線 OA の交点を R とする．△OPQ が正三角形であるとき，次の問いに答えよ．ただし，$\overrightarrow{OA}=\vec{a}$, $\overrightarrow{OB}=\vec{b}$ とする．

（1） s, t の値を求めよ．

（2） $\overrightarrow{OQ}$, $\overrightarrow{QP}$ を $\vec{a}$, $\vec{b}$ を用いて表せ．

（3） $|\overrightarrow{OR}|$ の値を求めよ．
（23　和歌山大・共通）

《外接円と内積 (B15) ☆》

775．平面において，点 O を中心とする半径 1 の円周上に異なる 3 点 A, B, C がある．$\vec{a}=\overrightarrow{OA}$, $\vec{b}=\overrightarrow{OB}$, $\vec{c}=\overrightarrow{OC}$

とおくとき，

$$2\vec{a}+3\vec{b}+4\vec{c}=\vec{0}$$

が成り立つとする．次の問いに答えよ．

（1） 内積 $\vec{a}\cdot\vec{b}$，$\vec{b}\cdot\vec{c}$，$\vec{c}\cdot\vec{a}$ をそれぞれ求めよ．

（2） △ABC の面積を求めよ． （23　名古屋市立大・後期-総合生命理，経）

《易しい交点（B5）》

776．△ABC と点 P に対して，

$$2\overrightarrow{\mathrm{AP}}+\overrightarrow{\mathrm{BP}}+3\overrightarrow{\mathrm{CP}}=\vec{0}$$

が成り立っているとする．このとき，$\overrightarrow{\mathrm{AP}}$ を $\overrightarrow{\mathrm{AB}}$，$\overrightarrow{\mathrm{AC}}$ を用いて表せ．

また，直線 AP と直線 BC の交点を M とするとき，$\overrightarrow{\mathrm{AM}}$ を $\overrightarrow{\mathrm{AB}}$，$\overrightarrow{\mathrm{AC}}$ を用いて表し，BM : MC を求めよ．

（23　長崎大・情報）

《内積の最大と最小（B20）☆》

777．実数 r は正の定数であり，平面上の半径が r である円の周の上に 3 点 P，Q，R があるとする．この場合に，以下の問に答えなさい．

（1） 内積 $\overrightarrow{\mathrm{PQ}}\cdot\overrightarrow{\mathrm{PR}}$ について，不等式 $\overrightarrow{\mathrm{PQ}}\cdot\overrightarrow{\mathrm{PR}}\leqq 4r^2$ が成り立つことを証明しなさい．

（2） 点 Q と点 R の中点を M とする．内積 $\overrightarrow{\mathrm{PQ}}\cdot\overrightarrow{\mathrm{PR}}$ について，等式

$$\overrightarrow{\mathrm{PQ}}\cdot\overrightarrow{\mathrm{PR}}=|\overrightarrow{\mathrm{MP}}|^2-|\overrightarrow{\mathrm{MQ}}|^2$$

が成り立つことを証明しなさい．

（3） 等式 $|\overrightarrow{\mathrm{PQ}}|=|\overrightarrow{\mathrm{PR}}|$ が成り立つときに，内積 $\overrightarrow{\mathrm{PQ}}\cdot\overrightarrow{\mathrm{PR}}$ について，不等式 $\overrightarrow{\mathrm{PQ}}\cdot\overrightarrow{\mathrm{PR}}\geqq -\frac{1}{2}r^2$ が成り立つことを証明し，また，等式

$$\overrightarrow{\mathrm{PQ}}\cdot\overrightarrow{\mathrm{PR}}=-\frac{1}{2}r^2$$

を成り立たせるような ∠QPR の大きさを求めなさい． （23　埼玉大・文系）

《形状決定（B20）☆》

778．△ABC と △DEF は以下の（ア）と（イ）の条件をそれぞれみたす．

（ア） $(\overrightarrow{\mathrm{AB}}-\overrightarrow{\mathrm{BC}})\cdot(\overrightarrow{\mathrm{AB}}-\overrightarrow{\mathrm{CB}})=0$

（イ） $\overrightarrow{\mathrm{DE}}\cdot\overrightarrow{\mathrm{EF}}=\overrightarrow{\mathrm{EF}}\cdot\overrightarrow{\mathrm{FD}}=\overrightarrow{\mathrm{FD}}\cdot\overrightarrow{\mathrm{DE}}$

このとき，次の問いに答えよ．

（1） △ABC はどのような三角形か推定し，その推定が正しいことを証明せよ．

（2） △DEF はどのような三角形か推定し，その推定が正しいことを証明せよ． （23　東京海洋大・海洋科）

【点の座標（空間）】

《3 文字の 2 式の方程式（B15）☆》

779．座標空間において，3 点

O(0, 0, 0), A(1, 1, 0), B(1, −1, 0) がある．r を正の実数とし，点 P(a, b, c) が条件

AP = BP = rOP を満たしながら動くとする．以下の問いに答えよ．

（1） $r=1$ のとき，OP が最小になるような a, b, c を求めよ．

（2） $r=\frac{\sqrt{3}}{2}$ のとき，a のとりうる値の範囲を求めよ．

（3） $r=\frac{\sqrt{3}}{2}$ のとき，内積 $\overrightarrow{\mathrm{OP}}\cdot\overrightarrow{\mathrm{AP}}$ の最大値と最小値を求めよ． （23　岡山大・文系）

【空間ベクトルの成分表示】

【空間ベクトルの内積】

《（B0）》

780．座標空間の原点を O とする．yz 平面上の点 A，zx 平面上の点 B，xy 平面上の点 C に対して

$|\overrightarrow{\mathrm{OA}}|^2+|\overrightarrow{\mathrm{OB}}|^2+|\overrightarrow{\mathrm{OC}}|^2$

$\geqq 2(\overrightarrow{\mathrm{OB}}\cdot\overrightarrow{\mathrm{OC}}+\overrightarrow{\mathrm{OC}}\cdot\overrightarrow{\mathrm{OA}}+\overrightarrow{\mathrm{OA}}\cdot\overrightarrow{\mathrm{OB}})$

が成り立つことを示せ．ただし座標空間の 2 つの点 P, Q に対して，$\overrightarrow{\mathrm{OP}}\cdot\overrightarrow{\mathrm{OQ}}$ は，2 つのベクトル $\overrightarrow{\mathrm{OP}}$, $\overrightarrow{\mathrm{OQ}}$ の内積を表す．

（23　東北大・共通-後期）

《(A0)》

781．座標空間内の原点 O と点 A(1, 1, 2) を通る直線上の点で，点 B(1, 2, −1) との距離が最小になる点の座標は $\left(\frac{\square}{\square}, \frac{\square}{\square}, \frac{\square}{\square}\right)$ である．

（23　玉川大）

【ベクトルと図形（空間）】

《内積の計算 (B5)》

782．1 辺の長さ 2 の正四面体 ABCD について，辺 AB を $t:(1-t)$ に内分する点を P とし，$x=\angle\mathrm{CPD}$ とおく．次の各問いに答えなさい．

（1） $\overrightarrow{\mathrm{PC}}\cdot\overrightarrow{\mathrm{PD}}$ を t の式で表しなさい．

（2） $|\overrightarrow{\mathrm{PC}}|^2$ を t の式で表しなさい．

（3） $\cos x$ を t の式で表しなさい．

（4） $\cos x$ の最小値と，そのときの t の値を求めなさい．

（23　立正大・経済）

《内積の計算 (A5) ☆》

783．1 辺の長さが 1 の正四面体 OABC において，辺 OC，BA，OA，BC を 1 : 2 に内分する点をそれぞれ M，N，P，Q とおくとき，内積 $\overrightarrow{\mathrm{MN}}\cdot\overrightarrow{\mathrm{PQ}}$ を求めよ．

（23　愛媛大・後期）

《立方体と平面 (B10)》

784．1 辺の長さが 1 の立方体 ODBEFAGC があり，OA を 2 : 1 に内分する点を P，OC の中点を Q とおく．$\overrightarrow{\mathrm{OA}}=\vec{a}$, $\overrightarrow{\mathrm{OB}}=\vec{b}$, $\overrightarrow{\mathrm{OC}}=\vec{c}$ とおくとき，以下の設問に答えよ．

（1） $\overrightarrow{\mathrm{BP}}$, $\overrightarrow{\mathrm{BQ}}$ を $\vec{a}, \vec{b}, \vec{c}$ で表せ．

（2） $\overrightarrow{\mathrm{BP}}\cdot\overrightarrow{\mathrm{BQ}}$ を求めよ．

（3） △BPQ の面積を求めよ．

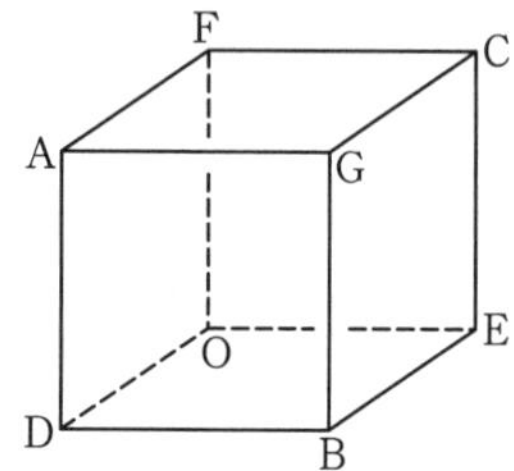

（23　東京女子大・文系）

《平面と直線の交点 (B10) ☆》

785．空間内の 4 点 O，A，B，C は同一平面上にないとする．点 D，P，Q を次のように定める．点 D は $\overrightarrow{\mathrm{OD}}=\overrightarrow{\mathrm{OA}}+2\overrightarrow{\mathrm{OB}}+3\overrightarrow{\mathrm{OC}}$ を満たし，点 P は線分 OA を 1 : 2 に内分し，点 Q は線分 OB の中点である． さらに，直線 OD 上の点 R を，直線 QR と直線 PC が交点を持つように定める．このとき，線分 OR の長さと線分 RD の長さの比 OR : RD を求めよ．

（23　京大・共通）

《平行六面体 (B15) ☆》

786．下の図のような平行六面体 ABCD − EFGH を考える．$\overrightarrow{\mathrm{AB}}=\vec{a}$, $\overrightarrow{\mathrm{AD}}=\vec{b}$, $\overrightarrow{\mathrm{AE}}=\vec{c}$ とおく．線分 CG の中点を M，直線 AM と平面 BDE の交点を P とする．

（1） $\overrightarrow{\mathrm{AM}}$, $\overrightarrow{\mathrm{AP}}$ を $\vec{a}, \vec{b}, \vec{c}$ を用いて表すと，$\overrightarrow{\mathrm{AM}}=\square$, $\overrightarrow{\mathrm{AP}}=\square$ である．

（2） 直線 DP と平面 ABE の交点を Q とすると，$\frac{\mathrm{BQ}}{\mathrm{QE}}=\square$ である．

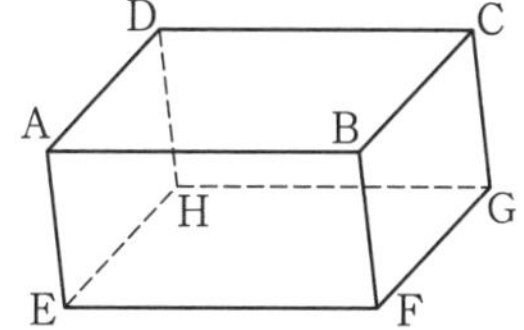

(23　関西学院大)

《平面に垂線を下ろす (B15) ☆》

787. 四面体 OABC は

$OA = OC = 1,\ \angle OBA = \angle ABC = 90°,$

$\angle AOB = 45°,\ \angle BOC = 30°$

を満たすとする．

$\overrightarrow{OA} = \vec{a},\ \overrightarrow{OB} = \vec{b},\ \overrightarrow{OC} = \vec{c}$ とおくとき，以下の問いに答えよ．

(1)　辺 OB の長さを求めよ．

(2)　内積 $\vec{a}\cdot\vec{b},\ \vec{b}\cdot\vec{c},\ \vec{c}\cdot\vec{a}$ を求めよ．

(3)　点 B から平面 OAC に下ろした垂線を BH とする．$\overrightarrow{OH}$ を $\vec{a},\ \vec{c}$ を用いて表せ．(23　福井大・工，教育，国際)

《平面に垂線を下ろす (B15) ☆》

788. $OA = OB = AC = BC = 3,\ OC = AB = 2$ である四面体 OABC を考える．$\vec{a} = \overrightarrow{OA},\ \vec{b} = \overrightarrow{OB},\ \vec{c} = \overrightarrow{OC}$，また 3 点 O, A, B が定める平面を α とするとき，以下の問いに答えよ．

(1)　内積 $\vec{a}\cdot\vec{b}$ および $\vec{a}\cdot\vec{c}$ をそれぞれ求めよ．

(2)　$\overrightarrow{OP} = p\vec{a} + q\vec{b}$ とする．$\overrightarrow{CP}$ が平面 α に垂直となるように，$p,\ q$ の値を定めよ．(23　愛知教育大・前期)

《平面に垂線を下ろす (B10)》

789. 四面体 OABC において

$\vec{a} = \overrightarrow{OA},\ \vec{b} = \overrightarrow{OB},\ \vec{c} = \overrightarrow{OC}$

とする．また，線分 AB, AC 上にそれぞれ点 P, Q をとり，

$|\overrightarrow{AP}| = s,\ |\overrightarrow{AQ}| = t$

とおく．

$\vec{a}\cdot\vec{b} = \vec{b}\cdot\vec{c} = \vec{c}\cdot\vec{a} = 0,$

$|\vec{a}| = \frac{1}{2},\ |\overrightarrow{AB}| = |\overrightarrow{AC}| = 1$

が成り立っているとして，以下の問いに答えよ．

(1)　$\angle BAC = \theta$ として，$\cos\theta$ を求めよ．また，△APQ の面積を $s,\ t$ を用いて表せ．

(2)　点 O から △ABC に下ろした垂線と △ABC との交点を H とする．$\overrightarrow{OH}$ を $\vec{a},\ \vec{b},\ \vec{c}$ を用いて表せ．

(3)　$\overrightarrow{OH} = \frac{1}{2}\overrightarrow{OP} + \frac{1}{2}\overrightarrow{OQ}$ が成り立っているとき，△APQ の面積を求めよ．(23　三重大・前期)

《長さの 2 乗で工夫する (B20)》

790. 四面体 OABC において，$\overrightarrow{OA}$，$\overrightarrow{OB}$，$\overrightarrow{OC}$ をそれぞれ $\vec{a}$，$\vec{b}$，$\vec{c}$ とおく．これらは

$$|\vec{a}| = |\vec{b}| = 2,\ |\vec{c}| = \sqrt{3}$$

および

$$\vec{a}\cdot\vec{b} = 0,\ \vec{a}\cdot\vec{c} = \vec{b}\cdot\vec{c} = \frac{1}{2}$$

を満たすとする．頂点 O から △ABC を含む平面に垂線を引き，交点を H とする．次の問に答えよ．

(1)　$|\overrightarrow{AB}|^2,\ |\overrightarrow{AC}|^2,\ \overrightarrow{AB}\cdot\overrightarrow{AC}$ の値をそれぞれ求めよ．

(2)　実数 $s,\ t$ により $\overrightarrow{AH}$ が $\overrightarrow{AH} = s\overrightarrow{AB} + t\overrightarrow{AC}$ と表されるとき，$\overrightarrow{OH}$ を $\vec{a},\ \vec{b},\ \vec{c},\ s,\ t$ を用いて表せ．

(3)　(2)の $s,\ t$ の値をそれぞれ求めよ．

(4)　四面体 OABC の体積を求めよ．(23　佐賀大・共通)

《四面体での等式 (B20) ☆》

791. 底面が平行四辺形 OABC である四角錐 D-OABC を考え，点 X を線分 BD を 2 : 1 に内分する点，点 P を線

分 AD 上の点，点 Q を線分 CD 上の点とする．$\overrightarrow{OA}=\vec{a}$, $\overrightarrow{OC}=\vec{c}$, $\overrightarrow{OD}=\vec{d}$ として，以下の問に答えよ．

（1） △ACD を含む平面と直線 OX との交点を Y とする．$\overrightarrow{OY}$ を $\vec{a}$, $\vec{c}$, $\vec{d}$ を用いて表せ．

（2） $s=\dfrac{\mathrm{AP}}{\mathrm{AD}}$ とする．4 点 O, X, P, Q が同一平面上にあるとき，s のとりうる値の範囲を求めよ．ただし点 A と点 P が一致するときは AP $=0$ とする．

（3） 底面 OABC が正方形であり，四角錐 D-OABC のすべての辺の長さが 1 である場合に，（2）の条件のもとで △DPQ の面積の最小値を求めよ．（23　群馬大・医）

《正八面体上の点 (B20) ☆》

792．図のような一辺の長さが 1 の正八面体 ABCDEF がある．2 点 P，Q はそれぞれ辺 AD, BC 上にあり $\overrightarrow{PQ}\perp\overrightarrow{AD}$ かつ $\overrightarrow{PQ}\perp\overrightarrow{BC}$ を満たすとする．

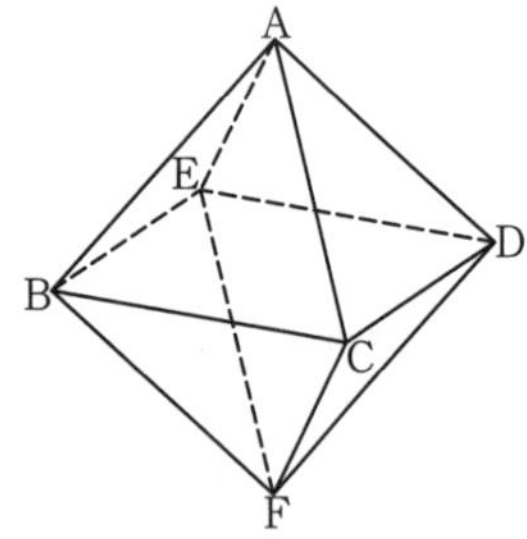

（1） $\overrightarrow{AD}$ と $\overrightarrow{BC}$ のなす角は $\dfrac{\square}{\square}\pi$ である．

（2） $|\overrightarrow{AP}|=\dfrac{\square}{\square}$，$|\overrightarrow{BQ}|=\dfrac{\square}{\square}$ である．

（3） $|\overrightarrow{PQ}|=\dfrac{\square}{\square}\sqrt{\square}$ である．

（4） 平面 EPQ と直線 BF の交点を R とすると，$|\overrightarrow{BR}|=\dfrac{\square}{\square}$ である．（23　上智大・文系）

《正八面体上の点 (B20)》

793．空間内の 6 点 A, B, C, D, E, F は 1 辺の長さが 1 の正八面体の頂点であり，四角形 ABCD は正方形であるとする．$\vec{b}=\overrightarrow{AB}$, $\vec{d}=\overrightarrow{AD}$, $\vec{e}=\overrightarrow{AE}$ とおくとき，次の問いに答えよ．

（1） 内積 $\vec{b}\cdot\vec{d}$, $\vec{b}\cdot\vec{e}$, $\vec{d}\cdot\vec{e}$ の値を求めよ．

（2） $\overrightarrow{AF}=p\vec{b}+q\vec{d}+r\vec{e}$ を満たす実数 p, q, r の値を求めよ．

（3） 辺 BE を $1:2$ に内分する点を G とする．また，$0<t<1$ を満たす実数 t に対し，辺 CF を $t:(1-t)$ に内分する点を H とする．t が $0<t<1$ の範囲を動くとき，△AGH の面積が最小となる t の値とそのときの △AGH の面積を求めよ．必要ならば，△AGH の面積 S について

$$S=\frac{1}{2}\sqrt{|\overrightarrow{AG}|^2|\overrightarrow{AH}|^2-(\overrightarrow{AG}\cdot\overrightarrow{AH})^2}$$

が成り立つことを用いてよい．（23　広島大・文系）

《球面上の 4 点 (B20)》

794．空間内の原点 O を中心とする半径が 1 の球面上の 4 点 A，B，C，D が

$$\overrightarrow{OA}\cdot\overrightarrow{OB}=-\frac{1}{5},\ |\overrightarrow{AC}|=\frac{2\sqrt{15}}{5},$$

$$6\overrightarrow{OA}+5\overrightarrow{OB}+5\overrightarrow{OC}+8\overrightarrow{OD}=\vec{0}$$

をみたすとする．以下の問いに答えなさい．

（1） 内積 $\overrightarrow{OA}\cdot\overrightarrow{OC}$ を求めなさい．

（2） 内積 $\overrightarrow{OA}\cdot\overrightarrow{OD}$ を求めなさい．

（3） 内積 $\overrightarrow{OB}\cdot\overrightarrow{OC}$ を求めなさい．

（4） △ABC の面積を求めなさい．（23　都立大・理，都市環境，システム）

《領域の表示 (B30)》

795．四面体 OABC があり，$\vec{a}=\overrightarrow{\mathrm{OA}}$，$\vec{b}=\overrightarrow{\mathrm{OB}}$，$\vec{c}=\overrightarrow{\mathrm{OC}}$ とし，点 D を

$$\overrightarrow{\mathrm{OD}}=4\vec{a}+3\vec{b}+2\vec{c}$$

で定める．点 X，P，Q，R を以下の条件（＊）を満たすようにとる．

（＊）X は，△ABC の辺上または内部にある．直線 DX は，平面 OAB，平面 OBC，平面 OCA とそれぞれ P，Q，R で交わる．

$\overrightarrow{\mathrm{DP}}=\alpha\overrightarrow{\mathrm{DX}}$，$\overrightarrow{\mathrm{DQ}}=\beta\overrightarrow{\mathrm{DX}}$，$\overrightarrow{\mathrm{DR}}=\gamma\overrightarrow{\mathrm{DX}}$

と表すとき，$0<\alpha\leqq\beta\leqq\gamma$ である．

また，実数 s, t を用いて，$\overrightarrow{\mathrm{AX}}=s\overrightarrow{\mathrm{AB}}+t\overrightarrow{\mathrm{AC}}$ と表す．次の問いに答えよ．

（1） 実数 u で定まるベクトル $\overrightarrow{\mathrm{OD}}+u\overrightarrow{\mathrm{DX}}$ を，$\vec{a}, \vec{b}, \vec{c}, s, t, u$ を用いて表せ．

（2） α, β, γ を s, t でそれぞれ表せ．

（3） X が条件（＊）を満たしながら動くとき，点 (s, t) の存在範囲を st 平面上に図示せよ．

（4） X が条件（＊）を満たしながら動くとき，X が動く部分の面積 S_1 と △ABC の面積 S_2 の比 $S_1 : S_2$ を求めよ．（23　横浜国大・経済，経営）

《サッカーボール (B30)》

796．サッカーボールは 12 個の正五角形と 20 個の正六角形からなり，切頂二十面体と呼ばれる構造をしている．以下では，正五角形と正六角形の各辺の長さを 1 であるとし，下図のように頂点にアルファベットで名前をつける．なお，正五角形の辺と対角線の長さの比は $1:\dfrac{1+\sqrt{5}}{2}$ である．

（1） $\overrightarrow{\mathrm{OA_1}}$ と $\overrightarrow{\mathrm{OA_2}}$ の内積は

$$\overrightarrow{\mathrm{OA_1}}\cdot\overrightarrow{\mathrm{OA_2}}=\frac{\square+\square\sqrt{\square}}{\square}$$

である．

（2） $\overrightarrow{\mathrm{OB}}$ と $\overrightarrow{\mathrm{OC}}$ と $\overrightarrow{\mathrm{OD}}$ を，$\overrightarrow{\mathrm{OA_1}}$ と $\overrightarrow{\mathrm{OA_2}}$ と $\overrightarrow{\mathrm{OA_3}}$ であらわすと

$$\overrightarrow{\mathrm{OB}}=\frac{\square+\sqrt{\square}}{\square}\overrightarrow{\mathrm{OA_1}}+\square\overrightarrow{\mathrm{OA_2}}$$

$$\overrightarrow{\mathrm{OC}}=\square\overrightarrow{\mathrm{OA_2}}+\square\overrightarrow{\mathrm{OA_3}}$$

$$\overrightarrow{\mathrm{OD}}=\square\overrightarrow{\mathrm{OA_1}}+\frac{\square+\sqrt{\square}}{\square}\overrightarrow{\mathrm{OA_2}}+\square\overrightarrow{\mathrm{OA_3}}$$

となる．

（3） $\triangle\mathrm{A_1A_2A_3}$ の面積は

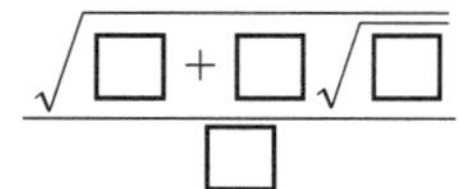

$$\frac{\sqrt{\square+\square\sqrt{\square}}}{\square}$$

である．

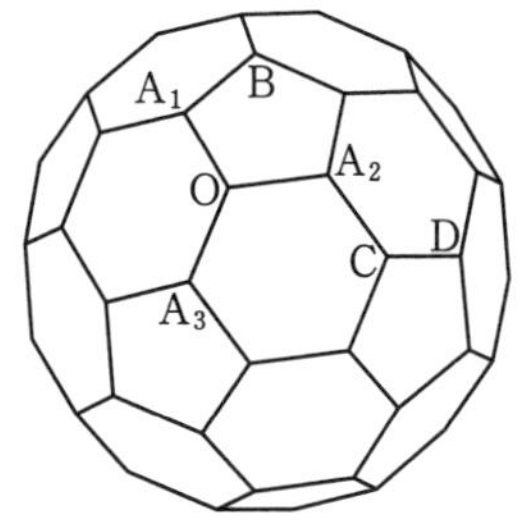

（23　慶應大・総合政策）

《立方体を切る (B20)》

797. xyz 空間における 8 点

O(0, 0, 0), A(1, 0, 0), B(1, 1, 0),

C(0, 1, 0), D(0, 0, 1), E(1, 0, 1),

F(1, 1, 1), G(0, 1, 1)

を頂点とする立方体 OABC-DEFG を考える．また p と q は，$p>1$, $q>1$ を満たす実数とし，3 点 P, Q, R を P$(p, 0, 0)$, Q$(0, q, 0)$, R$\left(0, 0, \frac{3}{2}\right)$ とする．

（1） a, b を実数とし，ベクトル $\vec{n}=(a, b, 1)$ は 2 つのベクトル $\overrightarrow{\mathrm{PQ}}, \overrightarrow{\mathrm{PR}}$ の両方に垂直であるとする．a, b を，p, q を用いて表せ．

以下では 3 点 P, Q, R を通る平面を α とし，点 F を通り平面 α に垂直な直線を l とする．また，xy 平面と直線 l の交点の x 座標が $\frac{2}{3}$ であるとし，点 B は線分 PQ 上にあるとする．

（2） p および q の値を求めよ．

（3） 平面 α と線分 EF の交点 M の座標，および平面 α と直線 FG の交点 N の座標を求めよ．

（4） 平面 α で立方体 OABC-DEFG を 2 つの多面体に切り分けたとき，点 F を含む多面体の体積 V を求めよ．

（23　慶應大・経済）

【球面の方程式】

《球の決定 (B10) ☆》

798. xyz 空間において，4 点

(0, 0, 0), (0, −4, 0), (3, 0, 9), (4, 1, −3)

を通る球面を S とするとき，次の問いに答えなさい．

（1） S の中心の座標は $(\square, -\square, \square)$，半径は $\square$ である．

（2） S が平面 $y=k$ と交わってできる円の半径が $\sqrt{13}$ になるのは，$k=-\square$, $\square$ のときである．

（23　東京農大）

《式で解け (B20) ☆》

799. xyz 空間において，

O(0, 0, 0), A(1, 0, 0), B(1, 1, 0),

C(0, 1, 0), D(0, 0, 1), E(1, 0, 1),

F(1, 1, 1), G(0, 1, 1)

を頂点とする立方 OABC−DEFG が存在する．

いま，球面が原点 O を通る球 S が，立方体 OABC−DEFG のいくつかの辺と接している．以下のそれぞれの場合について，球 S の半径と中心の座標を求めなさい．

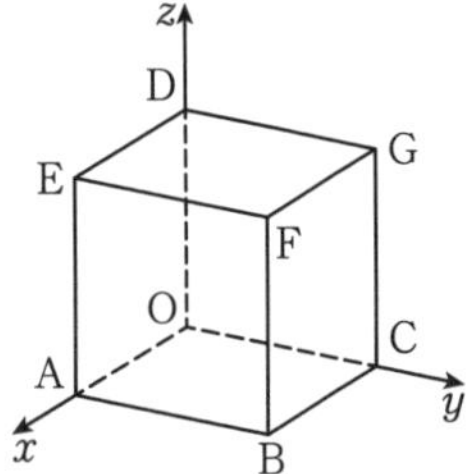

（1） 3 つの辺 BF，EF，FG と接する場合半径：$\square$　中心：$\square$

（2） 6 つの辺 AB，AE，BC，CG，DE，DG と接する場合半径：$\square$　中心：$\square$

（3） 4 つの辺 AB，BC，EF，FG と接する場合半径：$\square$　中心：$\square$

（4） 4 つの辺 DE，EF，FG，DG と接する場合半径：$\square$　中心：$\square$

（23　慶應大・環境情報）

《等式の変形 (B15) ☆》

800. 原点をOとする座標空間内に3点 A$(-3, 2, 0)$, B$(1, 5, 0)$, C$(4, 5, 1)$ がある．Pは $|\overrightarrow{PA}+3\overrightarrow{PB}+2\overrightarrow{PC}| \leqq 36$ を満たす点である．4点O，A，B，Pが同一平面上にないとき，四面体OABPの体積の最大値を求めよ．
(23　一橋大・前期)

《直線と球面の交点 (B15) ☆》

801. 1辺の長さが1の立方体 V がある．V の異なる4つの頂点O, A, B, CをOA, OB, OCが V の辺になるように定め，$\overrightarrow{OD}=\overrightarrow{OA}+\overrightarrow{OB}+\overrightarrow{OC}$ を満たす頂点をDとする．また，線分ADを1:3に内分する点をEとし，線分BDの中点をFとする．$\overrightarrow{OA}=\vec{a}$, $\overrightarrow{OB}=\vec{b}$, $\overrightarrow{OC}=\vec{c}$ として，次の問いに答えよ．

(1) $\overrightarrow{OE}$ を $\vec{a}, \vec{b}, \vec{c}$ を用いて表せ．

(2) $|\overrightarrow{EF}|$ の値を求めよ．

(3) 立方体 V のすべての頂点を通る球面と直線OEとの交点のうち，Oでない交点をGとする．$\overrightarrow{OG}$ を $\vec{a}, \vec{b}, \vec{c}$ を用いて表せ．
(23　徳島大・理工，医(保健))

《球と平面図形 (B10)》

802. 座標空間に球面

$S:(x-3)^2+(y+2)^2+(z-1)^2=36$

がある．球面 S が平面 $y=2$ と交わってできる円を C とおく．

(1) 円 C の中心の座標は□であり，半径は□である．

(2) 円 C と平面 $x=3$ の交点をA, Bとし，AとB以外の球面 S 上の任意の点をPとする．三角形PABにおいて，辺PBを4:3に内分する点をD，線分ADを5:3に内分する点をMとし，直線PMと辺ABとの交点をEとする．このとき，AEの長さは□である．ただし，Bの z 座標はAの z 座標よりも大きいとする．
(23　慶應大・薬)

《(B0)》

803. 座標空間内に

点 A$(3, -1, -1)$, B$(-1, 3, 1)$, C$(2, -3, 4)$

がある．このとき，$\overrightarrow{AB}\cdot\overrightarrow{AC}=$□，

$|\overrightarrow{AB}|=$□，$|\overrightarrow{AC}|=$□である．したがって，$\overrightarrow{AB}$ と $\overrightarrow{AC}$ のなす角を θ としたとき，$\cos\theta=$□であり，三角形ABCの面積は□である．

点AとBを直径の両端とする球を S としたとき，S の方程式は□であり，S と yz 平面との交わりは中心□，半径□の円である．

点A, B, Cを通る平面と z 軸との交点の座標は $(x, y, z)=$□である．
(23　明治薬大・公募)

【直線の方程式 (数B)】

《点の座標・正六角形 (B10) ☆》

804. 座標空間内の3点

A$(6, -2, 9)$, B$(4, -6, 3)$, C$(3, -1, 7)$

について，次の問いに答えよ．

(1) △ABCは直角三角形であることを示せ．

(2) 3点A，B，Cは，平面ABC上のある正六角形の頂点である．この正六角形の，A，B，C以外の3つの頂点の座標をすべて求めよ．
(23　岩手大・前期)

《対称点 (B10)》

805. xyz 空間において，点A$(2, -1, 4)$, B$(-3, 2, 2)$ があり，また点Pを平面 $z=0$ 上の動点とする．このとき，以下の設問に答えよ．

(1) AP＝BPとなるような点Pの軌跡を xy 平面上に図示せよ．

(2) AP＋BPが最小となるときの点Pの座標を求めよ．
(23　東京女子大・数理)

《共通垂線 (B20)》

806. xyz 空間の 2 点 A$(4, 2, 2)$, B$(5, 3, 3)$ を通る直線を l とし，2 点 C$(2, 1, 1)$, D$(3, 2, 1)$ を通る直線を l' とする．また，点 P, Q はそれぞれ直線 l, l' 上にあるとする．

（1） 点 P が yz 平面上にあるとき，その座標は (□, □, □) である．

（2） △PCD において ∠PCD $= 120°$ であるとき，点 P の座標は (□, □, □) である．

（3） 直線 PQ が直線 l と直線 l' の両方に直交するとき，点 P の座標は (□, □, □) である．また，

$\mathrm{PQ} = \dfrac{\sqrt{□}}{□}$ である．（23 青学大・社会情報）

《直線に関する対称点 (B20) ☆》

807. 座標空間における 2 点 A$(2, -3, -1)$ と B$(3, 0, 1)$ を通る直線を l_1 とし，直線 l_1 に関して点 C$(1, 5, -2)$ と対称な点を D とすると，D の座標は $\left(□, □, □\right)$ である．また，点 D を通り l_1 と平行な直線を l_2 とし，点 P が直線 l_2 上を，点 Q が xy 平面上の直線 $y = -x + 4$ 上をそれぞれ自由に動くとき，$|\overrightarrow{\mathrm{PQ}}|^2$ の最小値は □ である．（23 早稲田大・人間科学）

【平面の方程式】

《平面の方程式 (B0)》

808. 3 点 A$(1, 0, -2)$, B$(2, 1, 1)$, C$(3, 1, 2)$ の定める平面 ABC 上に点 P$(u, u, 0)$ があるとき，u の値を求めよ．（23 広島市立大・前期）

《平面の方程式 (A5) ☆》

809. t を実数とする．座標空間において，3 点 O$(0, 0, 0)$, A$(1, 0, 2)$, B$(2, -1, 0)$ の定める平面 OAB 上に点 C$(1+t, t, 1-t)$ があるとき，$t =$ □ である．（23 立教大・文系）

《対称点を求める (B10) ☆》

810. 原点を O とする座標空間において，2 点

A$(1, 2, 3)$, B$(3, 2, 4)$ をとる．点 A を通り $\overrightarrow{\mathrm{OA}}$ に垂直な平面を α とし，α について点 B と対称な点を C として，次の（i），（ii）の問に答えよ．

（1） 点 C の座標は $\left(\dfrac{□}{□}, \dfrac{□}{□}, \dfrac{□}{□}\right)$ である．

（2） △ABC の面積は $\dfrac{□\sqrt{□}}{□}$ である．（23 星薬大・B 方式）

《平面の方程式 (B20)》

811. 座標空間内の点 A$(-1, 1, 3)$, B$(2, 1, 0)$, C$(0, 3, 1)$, D$(5, 1, -3)$, P$(5, 3, 5)$ について次の問いに答えよ．

（1） 点 A, B, C を含む平面 α に対してベクトル $\vec{n} = (a, 1, c)$ が垂直であるとする．このとき，a, c を求めよ．

（2） 点 P から平面 α に下ろした垂線を PH とする．このとき，点 H の座標を求めよ．

（3） さらに 2 点 Q$(2t+5, t+3, 2t-4)$ $(t > 0)$, R$(2u+3, u-1, 2u)$ $(u > 0)$ を考える．四面体 QABC と四面体 RACD の体積比を t, u を用いて表せ．（23 名古屋市立大・前期）

《平面の方程式 (B0)》

812. xyz 空間において，点 O$(0, 0, 0)$, 点 A$(1, 1, 1)$, 点 B$(2, 1, 0)$, 点 C$(2, 4, 8)$ を考える．

（1） △OAB の面積は □ である．

（2） $\overrightarrow{\mathrm{OA}}$ と $\overrightarrow{\mathrm{OB}}$ の両方に垂直なベクトルを成分表示するとき，大きさが 1 で x 成分が正のものは $\left(□, □, □\right)$ である．

（3） 四面体 OABC の体積は □ である．（23 青学大）

《ベクトルのままの計算 (B10)》

813. 座標空間の 3 点 A$(0, 1, 2)$, B$(3, -2, 2)$, C$(-1, 4, 1)$ が定める平面を α とする．原点 O から平面 α に垂線を下ろし，α との交点を H とする．

（1） $\overrightarrow{AB}\cdot\overrightarrow{AC}=\square$

（2） △ABC の面積は $\dfrac{\square\sqrt{\square}}{\square}$ である．

（3） $\overrightarrow{AH}=\dfrac{\square}{\square}\overrightarrow{AB}+\dfrac{\square}{\square}\overrightarrow{AC}$,

$\mathrm{OH}=\dfrac{\square\sqrt{\square}}{\square}$

（4） 四面体 OHBC の体積は $\dfrac{\square}{\square}$ である． （23　青学大・理工）

《立方体を切る（B20）》

814. xyz 空間における 8 点

O(0, 0, 0), A(1, 0, 0), B(1, 1, 0),
C(0, 1, 0), D(0, 0, 1), E(1, 0, 1),
F(1, 1, 1), G(0, 1, 1)

を頂点とする立方体 OABC-DEFG を考える．また p と q は，$p>1$, $q>1$ を満たす実数とし，3 点 P, Q, R を $\mathrm{P}(p, 0, 0)$, $\mathrm{Q}(0, q, 0)$, $\mathrm{R}\left(0, 0, \dfrac{3}{2}\right)$ とする．

（1） a, b を実数とし，ベクトル $\vec{n}=(a, b, 1)$ は 2 つのベクトル $\overrightarrow{PQ}$, $\overrightarrow{PR}$ の両方に垂直であるとする．a, b を，p, q を用いて表せ．

以下では 3 点 P, Q, R を通る平面を α とし，点 F を通り平面 α に垂直な直線を l とする．また，xy 平面と直線 l の交点の x 座標が $\dfrac{2}{3}$ であるとし，点 B は線分 PQ 上にあるとする．

（2） p および q の値を求めよ．

（3） 平面 α と線分 EF の交点 M の座標，および平面 α と直線 FG の交点 N の座標を求めよ．

（4） 平面 α で立方体 OABC-DEFG を 2 つの多面体に切り分けたとき，点 F を含む多面体の体積 V を求めよ．

（23　慶應大・経済）

【期待値】

《（B0）》

815. A チームと B チームが対戦し，先に 3 勝したチームを優勝とする．また，過去の対戦結果から各試合において A チームが B チームに勝つ確率は $\dfrac{2}{3}$ であることが分かっている．なお，それぞれの対戦は独立であるものとし，勝敗の結果は次の試合に関係しない．以上をふまえて，次の各問いに答えよ．

（1） A チームが 3 試合目，4 試合目，5 試合目のそれぞれで優勝を決める確率を求めよ．

（2） A チーム，B チームのいずれかが優勝を決めるまでの試合数を確率変数 X とする．そのときの確率分布表を作成し，優勝が決まるまでの試合数の期待値を四捨五入して小数第 2 位まで求めよ． （23　静岡文化芸術大）

《（B0）》

816. あるすごろくのゲームでは，1 枚のコインを投げてその裏表でコマを前に進め，10 マス目のゴールを目指すものとする．

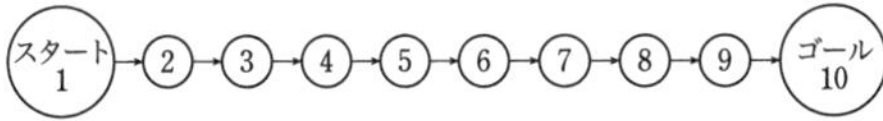

コマは，最初，1 マス目のスタートの位置にあり，コインを投げて表であれば 2 マスだけコマを前に進め，裏であれば 1 マスだけコマを前に進める．ただし，9 マス目で表が出たために 10 マス目を超えて前に進めなくてはならなくなった場合には，ゴールできずにそこでゲームは終了するものとする．また，コインの表と裏は等しい確率で出るものとする．

このとき，ある1回のゲームの中で n マス目 ($n=1, 2, \cdots, 10$) にコマがとまる確率を p_n とすると

$$p_1=1,\ p_2=\frac{1}{2},\ p_3=\frac{\square}{\square},\ p_4=\frac{\square}{\square},\ \cdots$$

である．一般に

$$p_n=\frac{\square}{\square}+\frac{\square}{\square}\left(\frac{\square}{\square}\right)^n$$

である．また，コマがゴールしたとき，スタートからゴールまでにコインを投げた回数は平均 $\frac{\square}{\square}$ 回である．

（23　慶應大・総合政策）

【母平均の推定】

《母平均の推定（B20）》

817. a を正の整数とします．箱の中に，各々に 1, 2, …, a の整数がひとつずつ書かれているカードが a 枚入っています．この箱から無作為にカードを 1 枚取り出し，そのカードに書かれた数字を記録してから，そのカードを箱に戻すという試行を n 回繰り返します．確率変数 X_i $(i = 1, 2, \cdots, n)$ は i 回目の試行で取り出したカードに書かれた数字を表し，確率変数 $M = (X_1 + X_2 + \cdots + X_n)/n$ は標本平均とします．このとき，以下の各問いに答えなさい．

(1) $a = 26$ のとき，X_i の平均 $E(X_i)$ と分散 $V(X_i)$ を求めなさい．

(2) $a = 26$ のとき，箱の中から，偶数が書かれているカードをすべて取りのぞき，数字が奇数のカードのみを箱の中に残しました．この箱から無作為にカードを 1 枚取り出し，そのカードに書かれた数字を記録してから，そのカードを再び箱に戻す試行を n 回繰り返します．確率変数 Y_i $(i = 1, 2, \cdots, n)$ は i 回目の試行で取り出したカードに書かれた数字を表すものとします．Y_i の平均 $E(Y_i)$ と分散 $V(Y_i)$ を求めなさい．

(3) $a = 26$ のとき，再び箱の中に a 枚のカードをすべて入れて，この箱から無作為にカードを 1 枚取り出し，そのカードに書かれた数字を記録してから，そのカードを再び箱に戻す試行を n 回繰り返し，i 回目の試行で取り出したカードに書かれた数字を確率変数 X_i $(i = 1, 2, \cdots, n)$ で表します．確率変数 M の標準偏差を $\sigma(M)$ で表すとき，$C = \dfrac{\sigma(M)}{E(M)}$ について，$C < 0.1$ となるために必要な自然数 n の最小値を求めなさい．

(4) (3)の試行を $n = 100$ 回繰り返したとき，標本平均 M の値は 12 であり，標本標準偏差の値は 8 であったとします．M の確率分布を正規分布で近似し，X_i の未知の母平均 m の信頼度 95% の信頼区間を小数点以下第 2 位まで求めなさい．ただし，X_i の母標準偏差には標本標準偏差の値を代入しなさい．

正規分布表

下表は，標準正規分布の分布曲線における下図の灰色部分の面積の値をまとめたものである．

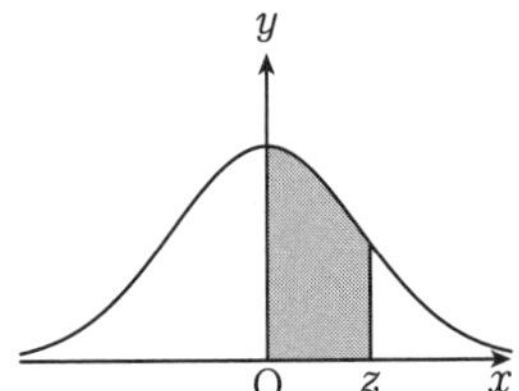

z	0.00	0.01	0.02	0.03	0.04	0.05	0.06	0.07	0.08	0.09
0.0	0.0000	0.0040	0.0080	0.0120	0.0160	0.0199	0.0239	0.0279	0.0319	0.0359
0.1	0.0398	0.0438	0.0478	0.0517	0.0557	0.0596	0.0636	0.0675	0.0714	0.0753
0.2	0.0793	0.0832	0.0871	0.0910	0.0948	0.0987	0.1026	0.1064	0.1103	0.1141
0.3	0.1179	0.1217	0.1255	0.1293	0.1331	0.1368	0.1406	0.1443	0.1480	0.1517
0.4	0.1554	0.1591	0.1628	0.1664	0.1700	0.1736	0.1772	0.1808	0.1844	0.1879
0.5	0.1915	0.1950	0.1985	0.2019	0.2054	0.2088	0.2123	0.2157	0.2190	0.2224
0.6	0.2257	0.2291	0.2324	0.2357	0.2389	0.2422	0.2454	0.2486	0.2517	0.2549
0.7	0.2580	0.2611	0.2642	0.2673	0.2704	0.2734	0.2764	0.2794	0.2823	0.2852
0.8	0.2881	0.2910	0.2939	0.2967	0.2995	0.3023	0.3051	0.3078	0.3106	0.3133
0.9	0.3159	0.3186	0.3212	0.3238	0.3264	0.3289	0.3315	0.3340	0.3365	0.3389
1.0	0.3413	0.3438	0.3461	0.3485	0.3508	0.3531	0.3554	0.3577	0.3599	0.3621
1.1	0.3643	0.3665	0.3686	0.3708	0.3729	0.3749	0.3770	0.3790	0.3810	0.3830
1.2	0.3849	0.3869	0.3888	0.3907	0.3925	0.3944	0.3962	0.3980	0.3997	0.4015

1.3	0.4032	0.4049	0.4066	0.4082	0.4099	0.4115	0.4131	0.4147	0.4162	0.4177
1.4	0.4192	0.4207	0.4222	0.4236	0.4251	0.4265	0.4279	0.4292	0.4306	0.4319
1.5	0.4332	0.4345	0.4357	0.4370	0.4382	0.4394	0.4406	0.4418	0.4429	0.4441
1.6	0.4452	0.4463	0.4474	0.4484	0.4495	0.4505	0.4515	0.4525	0.4535	0.4545
1.7	0.4554	0.4564	0.4573	0.4582	0.4591	0.4599	0.4608	0.4616	0.4625	0.4633
1.8	0.4641	0.4649	0.4656	0.4664	0.4671	0.4678	0.4686	0.4693	0.4699	0.4706
1.9	0.4713	0.4719	0.4726	0.4732	0.4738	0.4744	0.4750	0.4756	0.4761	0.4767
2.0	0.4772	0.4778	0.4783	0.4788	0.4793	0.4798	0.4803	0.4808	0.4812	0.4817
2.1	0.4821	0.4826	0.4830	0.4834	0.4838	0.4842	0.4846	0.4850	0.4854	0.4857
2.2	0.4861	0.4864	0.4868	0.4871	0.4875	0.4878	0.4881	0.4884	0.4887	0.4890
2.3	0.4893	0.4896	0.4898	0.4901	0.4904	0.4906	0.4909	0.4911	0.4913	0.4916
2.4	0.4918	0.4920	0.4922	0.4925	0.4927	0.4929	0.4931	0.4932	0.4934	0.4936
2.5	0.4938	0.4940	0.4941	0.4943	0.4945	0.4946	0.4948	0.4949	0.4951	0.4952
2.6	0.49534	0.49547	0.49560	0.49573	0.49585	0.49598	0.49609	0.49621	0.49632	0.49643
2.7	0.49653	0.49664	0.49674	0.49683	0.49693	0.49702	0.49711	0.49720	0.49728	0.49736
2.8	0.49744	0.49752	0.49760	0.49767	0.49774	0.49781	0.49788	0.49795	0.49801	0.49807
2.9	0.49813	0.49819	0.49825	0.49831	0.49836	0.49841	0.49846	0.49851	0.49856	0.49861
3.0	0.49865	0.49869	0.49874	0.49878	0.49882	0.49886	0.49889	0.49893	0.49897	0.49900
3.1	0.49903	0.49906	0.49910	0.49913	0.49916	0.49918	0.49921	0.49924	0.49926	0.49929
3.2	0.49931	0.49934	0.49936	0.49938	0.49940	0.49942	0.49944	0.49946	0.49948	0.49950
3.3	0.49952	0.49953	0.49955	0.49957	0.49958	0.49960	0.49961	0.49962	0.49964	0.49965
3.4	0.49966	0.49968	0.49969	0.49970	0.49971	0.49972	0.49973	0.49974	0.49975	0.49976
3.5	0.49977	0.49978	0.49978	0.49979	0.49980	0.49981	0.49981	0.49982	0.49983	0.49983
3.6	0.49984	0.49985	0.49985	0.49986	0.49986	0.49987	0.49987	0.49988	0.49988	0.49989
3.7	0.49989	0.49990	0.49990	0.49990	0.49991	0.49991	0.49992	0.49992	0.49992	0.49992
3.8	0.49993	0.49993	0.49993	0.49994	0.49994	0.49994	0.49994	0.49995	0.49995	0.49995
3.9	0.49995	0.49995	0.49996	0.49996	0.49996	0.49996	0.49996	0.49996	0.49997	0.49997

（23　横浜市大・共通）

【多項式の計算（除法を除く）】

《展開（A2）》

1. 整式 A, B が

$B = 3x^2 + 5x + 3,\quad 2A - B = 5x^2 + 11x + 7$

を満たすとき，$A = \square x^2 + \square x + \square$ である．

（23　仁愛大・公募）

▶解答◀ $A = \frac{1}{2}(5x^2 + 11x + 7 + B)$

$= \frac{1}{2}\{5x^2 + 11x + 7 + (3x^2 + 5x + 3)\}$

$= \boldsymbol{4x^2 + 8x + 5}$

《1 変数 3 次式の展開（A5）☆》

2. 次の式を展開して整理せよ．

$(x-2)(x+1)(x+4)$　（23　倉敷芸術科学大）

▶解答◀ $(x-2)(x+1)(x+4)$

$= (x^2 - x - 2)(x+4) = \boldsymbol{x^3 + 3x^2 - 6x - 8}$

《2 変数 2 次式の展開（A5）》

3. 次の式を展開せよ．$(2x + y - 3)(2x - y + 3)$

（23　広島文教大）

▶解答◀ $(2x + y - 3)(2x - y + 3)$

$= \{2x + (y-3)\}\{2x - (y-3)\}$

$= 4x^2 - (y-3)^2 = \boldsymbol{4x^2 - y^2 + 6y - 9}$

《1 変数 4 次式の展開（A5）》

4. $(2a-1)(2a+1)(3a^2 + 2a + 2)$ の展開式における a^3 の項の係数は $\square$ であり，a^2 の項の係数は $\square$ である．

（23　明海大・歯）

▶解答◀ $(2a-1)(2a+1)(3a^2 + 2a + 2)$

$= (4a^2 - 1)(3a^2 + 2a + 2)$

$= (4a^2 - 1)(3a^2 + 2) + 2a(4a^2 - 1)$

$= 12a^4 + 5a^2 - 2 + 8a^3 - 2a$

よって，a^3 の項の係数は **8**，a^2 の項の係数は **5**

《1 変数 6 次式の展開（A5）☆》

5. $(x-5)(x-3)(x-1)(x+1)(x+3)(x+5)$ を展開したとき，x^4 の項の係数は $\square$ である．

（23　成蹊大）

▶解答◀ 和と差の積のペアを見つける．

$(x-5)(x-3)(x-1)(x+1)(x+3)(x+5)$

$= (x-5)(x+5)(x-3)(x+3)(x-1)(x+1)$

$= (x^2 - 25)(x^2 - 9)(x^2 - 1)$

$= (x^2 - 25)(x^4 - 10x^2 + 9)$

$(x^2 - 25)(x^4 - 10x^2 + 9)$

x^4 の係数は $-25 - 10 = \boldsymbol{-35}$ である．

【因数分解】

《展開して整理（A2）☆》

6. 多項式 $(x^2 - y^2)^2 + (2xy)^2$ を因数分解しなさい．

（23　福島大・食農）

▶解答◀ $(x^2 - y^2)^2 + (2xy)^2$

$= (x^4 - 2x^2y^2 + y^4) + 4x^2y^2$

$= x^4 + 2x^2y^2 + y^4 = \boldsymbol{(x^2 + y^2)^2}$

《1 文字について整理（A5）☆》

7. $2a^2 + 4ab + a - 2b - 1$ を因数分解すると $\square$ である．

（23　明海大・歯）

▶解答◀ b について整理すると

$2a^2 + 4ab + a - 2b - 1$

$= 2(2a-1)b + (2a^2 + a - 1)$

$= 2(2a-1)b + (2a-1)(a+1)$

$= \boldsymbol{(2a-1)(a+2b+1)}$

《共通因数を見つける（A5）》

8. 次の式を因数分解せよ．

$a(a-2b) + b(2b-a)$　（23　奈良大）

▶解答◀ $a(a-2b) + b(2b-a)$

$= a(a-2b) - b(a-2b) = \boldsymbol{(a-2b)(a-b)}$

《平方差の因数分解（A5）》

9. $x^2 - y^2 + 4x + 2y + 3$ を因数分解せよ．

（23　愛知医大・看護）

▶解答◀ $x^2 - y^2 + 4x + 2y + 3$

$= (x+2)^2 - (y-1)^2$

$= \{(x+2) + (y-1)\}\{(x+2) - (y-1)\}$

$= \boldsymbol{(x+y+1)(x-y+3)}$

《塊を考える因数分解（A5）☆》

10. $(x - y + 2)(x + 2y - 4) + 2x^2$ を因数分解せよ．

（23　酪農学園大・食農，獣医-看護）

▶解答◀ $y-2=A$ とおく．

$$(x-y+2)(x+2y-4)+2x^2$$
$$=(x-A)(x+2A)+2x^2$$
$$=3x^2+Ax-2A^2=(x+A)(3x-2A)$$
$$=\boldsymbol{(x+y-2)(3x-2y+4)}$$

《塊を考える因数分解（A5）》

11． 整式 $x(x+1)(x+2)(x+3)-24$ を因数分解すると，

$$(x-\square)(x+\square)(x^2+\square x+\square)$$

となる．（23　京産大）

▶解答◀ $x(x+1)(x+2)(x+3)-24$

$$=x(x+3)(x+1)(x+2)-24$$
$$=(x^2+3x)(x^2+3x+2)-24$$
$$=A(A+2)-24=A^2+2A-24$$
$$=(A-4)(A+6)$$
$$=(x^2+3x-4)(x^2+3x+6)$$
$$=\boldsymbol{(x-1)(x+4)(x^2+3x+6)}$$

ただし，途中で $x^2+3x=A$ とおいた．

《2 次 2 変数の因数分解（A5）☆》

12． $(2a+b+1)^2-(2a+b)^2-1$ を展開すると，$\square a+\square b$ となる．

また，$12a^2-7ab-10b^2$ を因数分解すると，$(\square a+\square b)(\square a-\square b)$ となる．（23　京都橘大）

▶解答◀ $2a+b=x$ とおくと

$$(2a+b+1)^2-(2a+b)^2-1=(x+1)^2-x^2-1$$
$$=2x=2(2a+b)=\boldsymbol{4a+2b}$$

次は，いきなり書ける人も多いだろう．

$$12a^2-7ab-10b^2=\boldsymbol{(3a+2b)(4a-5b)}$$

因数分解について：

まずたすき掛けを使わない解法（アメリカ式）から示す．$f=12a^2-7ab-10b^2$ とおく．a, b は不定元である．a^2 の係数 12 と b^2 の係数 10 の積を作る．$12\cdot 10=120$ である．120 を 2 つの積にして 2 つの差が 7 になるようにする．

$$120=1\cdot 120,\ 2\cdot 60,\ 3\cdot 40,\ 4\cdot 30,$$
$$5\cdot 24,\ 6\cdot 20,\ 8\cdot 15,\ 10\cdot 12$$

差が 7 となるのは最後から 2 番目の場合で，$15-8=7$ となる．そして，$f=12a^2-(15-8)ab-10b^2$ と変形し，真ん中をバラし，$f=12a^2-15ab+8ab-10b^2$ とする．前 2 つ「$12a^2-15ab$」と後 2 つ「$8ab-10b^2$」をペアにして，それぞれ $3a$, $2b$ で括る．

$$f=3a(4a-5b)+2b(4a-5b)$$

となる．$4a-5b$ が見えて $f=\boldsymbol{(3a+2b)(4a-5b)}$

◆別解◆　**【たすき掛けで行う】**

a^2 の係数 12 について，$12=1\cdot 12,\ 2\cdot 6,\ 3\cdot 4$ の 3 通りの分解があり，定数項 -10 については $-10=\pm 1\cdot(\mp 10)$, $\pm 2\cdot(\mp 5)$（複号同順）の 4 通りの分解がある．この組合せで一番多く書けば 12 通りある．

図a
$$\begin{array}{cccccc} 1 & \times & 1 & \to & 12 & \\ 12 & & -10 & \to & -10 & (+ \\ \hline &&&& 2 & \end{array}$$

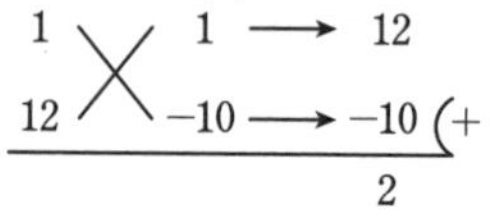

図b
$$\begin{array}{cccccc} 1 & \times & -10 & \to & -120 & \\ 12 & & 1 & \to & 1 & (+ \\ \hline &&&& -119 & \end{array}$$

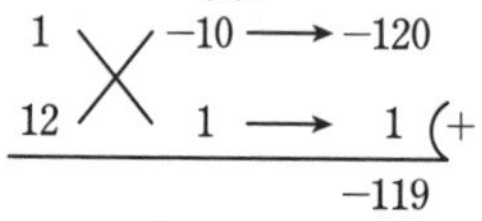

図c
$$\begin{array}{cccccc} 1 & \times & 2 & \to & 24 & \\ 12 & & -5 & \to & -5 & (+ \\ \hline &&&& 19 & \end{array}$$

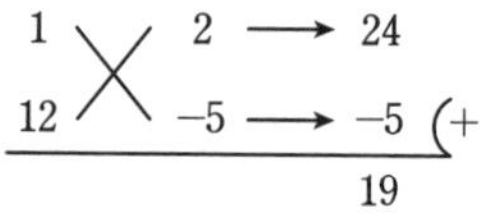

図d
$$\begin{array}{cccccc} 1 & \times & -5 & \to & -60 & \\ 12 & & 2 & \to & 2 & (+ \\ \hline &&&& -58 & \end{array}$$

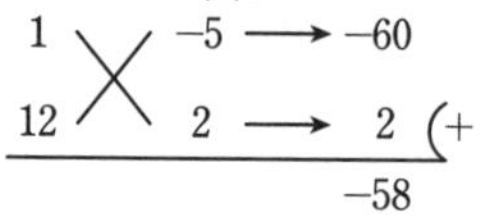

図e
$$\begin{array}{cccccc} 2 & \times & 1 & \to & 6 & \\ 6 & & -10 & \to & -20 & (+ \\ \hline &&&& -14 & \end{array}$$

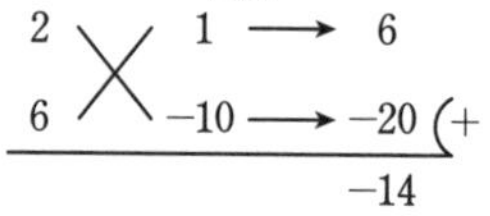

図f
$$\begin{array}{cccccc} 2 & \times & -10 & \to & -60 & \\ 6 & & 1 & \to & 2 & (+ \\ \hline &&&& -58 & \end{array}$$

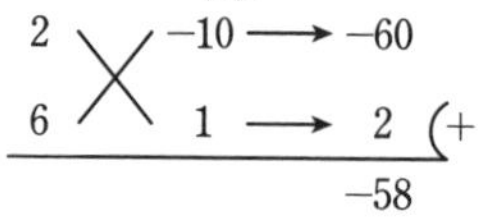

図g
$$\begin{array}{cccccc} 2 & \times & 2 & \to & 12 & \\ 6 & & -5 & \to & -10 & (+ \\ \hline &&&& 2 & \end{array}$$

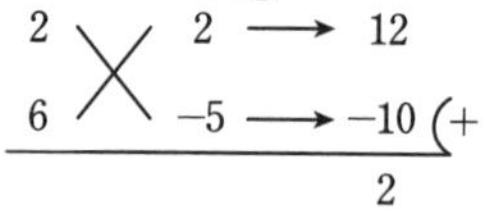

図h
$$\begin{array}{cccccc} 2 & \times & -5 & \to & -30 & \\ 6 & & 2 & \to & 4 & (+ \\ \hline &&&& -26 & \end{array}$$

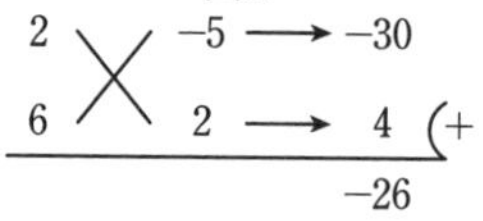

図i
$$\begin{array}{cccccc} 3 & \times & 1 & \to & 4 & \\ 4 & & -10 & \to & -30 & (+ \\ \hline &&&& -26 & \end{array}$$

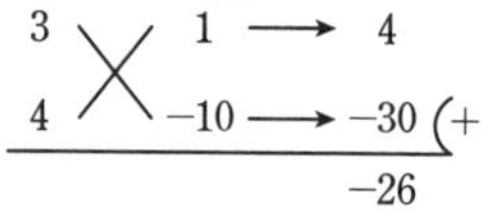

図j
$$\begin{array}{cccccc} 3 & \times & -10 & \to & -40 & \\ 4 & & 1 & \to & 3 & (+ \\ \hline &&&& -37 & \end{array}$$

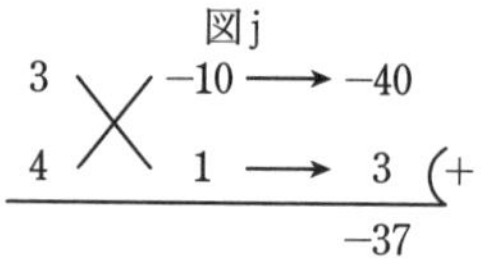

図k
$$\begin{array}{cccccc} 3 & \times & 2 & \to & 8 & \\ 4 & & -5 & \to & -15 & (+ \\ \hline &&&& -7 & \end{array}$$

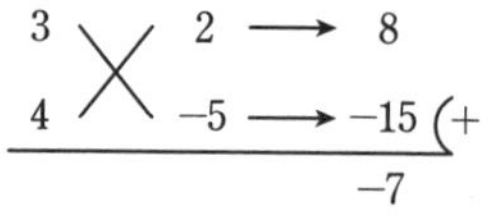

図l
$$\begin{array}{cccccc} 3 & \times & -5 & \to & -20 & \\ 4 & & 2 & \to & 6 & (+ \\ \hline &&&& -14 & \end{array}$$

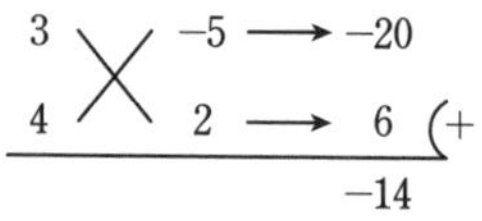

最終的な計算結果は -7 で奇数だから，横に偶数が並んだり，縦に偶数が並んだりすると不適である．

また 2 桁を使うことは少ないから，そうなると図 k だけやってみればよいということになる．

答えは $\boldsymbol{(3a+2b)(4a-5b)}$

《複 2 次式の因数分解（A5）☆》

13． x^4+2x^2+9 を因数分解せよ．（23　北海学園大・経済）

▶解答◀ $x^4+2x^2+9=(x^2+3)^2-4x^2$

$$=\{(x^2+3)+2x\}\{(x^2+3)-2x\}$$

$$= (\boldsymbol{x^2+2x+3})(\boldsymbol{x^2-2x+3})$$

《複2次式の因数分解（A5）》

14. 次の式を因数分解しなさい．

$4x^4+81y^4$

$=\left(2x^2+\square xy+\square y^2\right)\left(2x^2+\square xy+\square y^2\right)$

（23　天使大・看護栄養）

▶解答◀ $4x^4+81y^4=(2x^2)^2+(9y^2)^2$

$=(2x^2+9y^2)^2-(6xy)^2$

$=\boldsymbol{(2x^2+6xy+9y^2)(2x^2-6xy+9y^2)}$

《3乗差の因数分解（B10）☆》

15. 次の式を因数分解しなさい．

（1） $x^2-8x+15$

（2） $7x^2-8x-15$

（3） $x^2+xy-2y^2-x-5y-2$

（4） $(x+y+z)^2-(x-y-z)^2$

（5） $(x^3-y^3)+xy(x-y)$ （23　名古屋女子大）

▶解答◀ （1）

$x^2-8x+15=\boldsymbol{(x-3)(x-5)}$

（2） たすき掛けが苦手な人のための解法（私はアメリカ方式と呼んでいる）があります．

a，b，c，d は 0 でない整数，x は不定元である．

$(ax+b)(cx+d)$

$=(acx^2+adx)+(bcx+bd)$

$=acx^2+(ad+bc)x+bd$

これを後ろから前に見ていく．2 次の係数 ac と定数項 bd の積を作ると $abcd$ になる．これをうまく 2 つの項 ad と bc に分けて $(ad+bc)x$ を $adx+bcx$ に分けると $ax(cx+d)$，$b(cx+d)$ で因数 $cx+d$ が見えると読む．

$f=7x^2-8x-15$ とおく．x は不定元である．x^2 の係数 7 と定数項 -15 の積を作る．$7\cdot(-15)$ である．$7\cdot(-15)$ を和が -8 になる 2 つの積にする．なんと，既にそうなっている．$-8=7+(-15)$ となる．

$f=7x^2+(7+(-15))x-15$ と変形し，真ん中をバラし $f=7x^2+7x-15x-15$ とする．前 2 つ「$7x^2+7x$」と後 2 つ「$-15x-15$」をペアにして，それぞれ $7x$，-15 で括る．$f=7x(x+1)-15(x+1)$ となる．$(x+1)$ が見えて $f=\boldsymbol{(x+1)(7x-15)}$

（3） $g=x^2+xy-2y^2-x-5y-2$ とおく．

$g=(x+2y)(x-y)-x-5y-2$ となり，これを

$g=(x+2y+a)(x-y+b)$

と変形する．展開して図の上側のようにして x の係数，下側のようにして y の係数を作り，元の式と係数を比べる．そして定数項を比べる．

$(x+2y+a)(x-y+b)$

$a+b=-1$，$-a+2b=-5$，$ab=-2$

前 2 つから $a=1$，$b=-2$ となり，第三式をみたす．

$g=\boldsymbol{(x+2y+1)(x-y-2)}$

（4） $(x+y+z)^2-(x-y-z)^2$

$=2x(2y+2z)=\boldsymbol{4x(y+z)}$

（5） $(x^3-y^3)+xy(x-y)$

$=(x-y)(x^2+xy+y^2)+xy(x-y)$

$=(x-y)(x^2+2xy+y^2)=\boldsymbol{(x-y)(x+y)^2}$

《2次2変数6項の因数分解（B10）☆》

16. $x^2+xy-2y^2+2x+7y-3$ を因数分解しなさい．

（23　東北福祉大）

▶解答◀ たすき掛けをしない方法から述べる．

$(ax+b)(cx+d)=ax(cx+d)+b(cx+d)$

$=acx^2+adx+bcx+bd$

$=acx^2+(ad+bc)x+bd$

2 次の係数 ac と定数項 bd をかけて $abcd$ を作りこれを ad と bc に分けて x の 1 次の係数 $ad+bc$ にして，計算を逆にたどる．これをアメリカ方式と呼ぶことにする．

$f=x^2+xy-2y^2+2x+7y-3$ とおく．

まず $x^2+xy-2y^2$ の因数分解をする．中学レベルだからすぐできるだろうが，上のように考える．

$f=x^2+(2-1)xy-2y^2+2x+7y-3$

$=x^2+2xy-xy-2y^2+2x+7y-3$

$=x(x+2y)-y(x+2y)+2x+7y-3$

$=(x-y)(x+2y)+2x+7y-3$

これを $(x-y+a)(x+2y+b)$ になるようにする．

$x-y+a \quad x+2y+b$

$(x-y+a)(x+2y+b)$ を展開すると x の係数は $a+b$，y の係数は $2a-b$ となる．定数項は ab である．

$a+b=2$ ……………………………①

$2a-b=7$ ……………………………②

$ab = -3$ ……………………………………③

① + ② より $3a = 9$ で $a = 3$ となり $b = 2 - 3 = -1$ となる．このとき ③ は成り立つ．

$$f = (\boldsymbol{x - y + 3})(\boldsymbol{x + 2y - 1})$$

◆別解◆ $f = x^2 + x(y+2) - (2y^2 - 7y + 3)$

$2y^2 - 7y + 3$ を因数分解する．y^2 の係数 2 と定数項 3 の積をつくると $2 \cdot 3 = 6$ である．これを $(-6)(-1)$ にする．

$$2y^2 - 7y + 3 = 2y^2 + (-6-1)y + 3$$
$$= 2y^2 - 6y - y + 3 = 2y(y-3) - (y-3)$$
$$= (2y-1)(y-3)$$
$$f = x^2 + x(y+2) - (2y-1)(y-3)$$
$$= x^2 + x(y+2) + (2y-1)(-y+3)$$
$$= x^2 + x((2y-1) + (-y+3))$$
$$+ (2y-1)(-y+3)$$
$$= x^2 + x(2y-1) + x(-y+3)$$
$$+ (2y-1)(-y+3)$$
$$= x(x+2y-1) + (x+2y-1)(-y+3)$$
$$= (\boldsymbol{x - y + 3})(\boldsymbol{x + 2y - 1})$$

【たすき掛けをする】

$$f = x^2 + x(y+2) - (2y^2 - 7y + 3)$$

$2y^2 - 7y + 3$ で左に上から 1, 2 と書く．右で上から 1, 3 と書くか，上から 3, 1 と書く．いや，これでは -7 ができないから上から $-1, -3$ と書くか，$-3, -1$ と書く．

図 1
1　−1 ⟶ −2
2　−3 ⟶ −3 (+
−5

図 2
1　−3 ⟶ −6
2　−1 ⟶ −1 (+
−7

加えて -7 になるのは図 2 で，

$$2y^2 - 7y + 3 = (y-3)(2y-1)$$

とする．

$$f = x^2 + x(y+2) - (y-3)(2y-1)$$

次に左に上から 1, 1 と書く．右に上から $y-3$, $2y-1$ と書く．あとマイナスもある．$-$ を $y-3$ に入れるか，$2y-1$ に入れる．

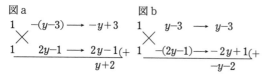

図 a
1　−(y−3) ⟶ −y+3
1　2y−1 ⟶ 2y−1 (+
y+2

図 b
1　y−3 ⟶ y−3
1　−(2y−1) ⟶ −2y+1 (+
−y−2

加えて $y+2$ になるのは図 a で，

$$f = (\boldsymbol{x - y + 3})(\boldsymbol{x + 2y - 1})$$

《2 次 2 変数 6 項の因数分解 (A1)》

17. $2x^2 - 7x + 6$ を因数分解すると $\square$ となり，$3x^2 - 7xy + 2y^2 + 11x - 7y + 6$ を因数分解すると $\square$ となる．（23　広島修道大）

▶解答◀ 前半について：x^2 の係数 2 について，$2 = 1 \cdot 2$ と分解され，定数項 6 については $6 = 1 \cdot 6 = 2 \cdot 3$ の 2 通りの分解がある．x の係数が負に注意して，この組合せで一番多く書けば 4 通りある．

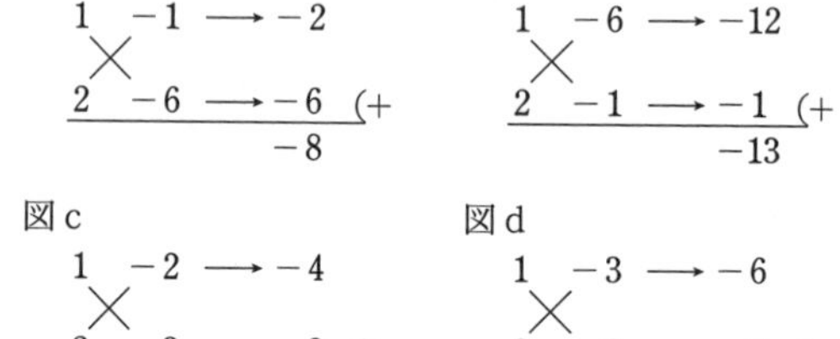

x の係数は -7 で奇数だから，横に偶数が並んだりすると不適である．そうなると，図 a，d は最初から試す必要はなく，図 b，c だけやってみればよいということになる．図 c の場合で，答えは $(\boldsymbol{x-2})(\boldsymbol{2x-3})$

後半について：$f = 3x^2 - 7xy + 2y^2 + 11x - 7y + 6$ とおく．x について整理すると

$$f = 3x^2 + (-7y + 11)x + 2y^2 - 7y + 6$$

前半の結果を用いると

$$f = 3x^2 + (-7y + 11)x + (y-2)(2y-3)$$

x^2 の係数 3 について，$3 = 1 \cdot 3$ で，左の上から 1, 3 にする．x の係数は，$-7y + 11$ で，11 という正の数があるから，右は上から $-(y-2)$，$-(2y-3)$ とするか，$-(2y-3)$，$-(y-2)$ とする．

図 e
1　−(y−2) ⟶ −3y+6
3　−(2y−3) ⟶ −2y+3 (+
−5y+9

図 f
1　−(2y−3) ⟶ −6y+9
3　−(y−2) ⟶ −y+2 (+
−7y+11

図 f の場合で，答えは

$$f = \{x - (2y-3)\}\{3x - (y-2)\}$$
$$= (\boldsymbol{x - 2y + 3})(\boldsymbol{3x - y + 2})$$

◆別解◆ 後半について：$g = 3x^2 - 7xy + 2y^2$ とおく．g の因数分解をアメリカ方式で行う．

x, y は不定元である．x^2 の係数 3 と y^2 の係数 2 の積を作る．$3 \cdot 2 = 6$ である．6 を 2 つの積にして 2 つの和が 7 になるようにする．

$$6 = 1 \cdot 6,\ 6 = 2 \cdot 3$$

和が 7 になるのは最初の場合で，$7 = 1 + 6$ となる．そして，$g = 3x^2 - (1+6)xy + 2y^2$ と変形し，真ん中をバラし，$g = 3x^2 - xy - 6xy + 2y^2$ とする．前 2 つ「$3x^2 - xy$」と後 2 つ「$-6xy + 2y^2$」をペアにして，それぞれ x, $-2y$ で括る．

$$g = x(3x - y) - 2y(3x - y)$$

となる．$3x - y$ が見えて

$$g = (3x - y)(x - 2y)$$

となる．よって

$$f = (3x - y)(x - 2y) + 11x - 7y + 6$$

となる．これを

$$f = (3x - y + a)(x - 2y + b)$$

と変形する．これを展開して x の係数，y の係数を作り，$f = 3x^2 - 7xy + 2y^2 + 11x - 7y + 6$ と係数を比べる．そして定数項を比べる．

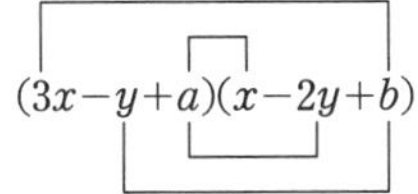

$a + 3b = 11$ ……………………………①

$-2a - b = -7$ ……………………………②

$ab = 6$ ……………………………③

①×2＋② より $5b = 15$ となり，$b = 3$ となる．これを ① に代入して $a = 11 - 3b = 11 - 9 = 2$ となる．$a = 2, b = 3$ のとき ③ は成り立つ．

$$f = \mathbf{(3x - y + 2)(x - 2y + 3)}$$

【数の計算】

《根号を外す (A1)》

18. $x = -\dfrac{2}{3}$ のとき，

$$\sqrt{x^2 + 2x + 1} + \sqrt{4x^2 - 4x + 1} = \frac{\square}{\square}$$

である．（23　同志社女子大・共通）

▶解答◀ $\sqrt{x^2 + 2x + 1} = \sqrt{(x+1)^2}$

$= |x + 1|$

$\sqrt{4x^2 - 4x + 1} = \sqrt{(2x-1)^2} = |2x - 1|$

であるから，$x = -\dfrac{2}{3}$ のとき

$$\left|-\frac{2}{3} + 1\right| + \left|-\frac{4}{3} - 1\right| = \frac{1}{3} + \frac{7}{3} = \mathbf{\frac{8}{3}}$$

《通分 (A1)》

19. $\dfrac{1}{\sqrt{5}+2} - \dfrac{1}{\sqrt{5}-2}$ を簡単にせよ．

（23　広島文教大）

▶解答◀ $\dfrac{1}{\sqrt{5}+2} - \dfrac{1}{\sqrt{5}-2}$

$$= \frac{(\sqrt{5}-2) - (\sqrt{5}+2)}{(\sqrt{5}+2)(\sqrt{5}-2)} = \frac{-4}{5-4} = \mathbf{-4}$$

《2 項分母の有理化 (A2)》

20. $x = \dfrac{2}{\sqrt{5}-1}$, $y = \dfrac{\sqrt{5}-1}{2}$ のとき，次式の $\square$ に当てはまる値を求めよ．

（1） $x + y = \sqrt{\square}$

（2） $xy = \square$

（3） $x^3 + y^3 = \square\sqrt{\square}$ （23　共立女子大）

▶解答◀ $x = \dfrac{2}{\sqrt{5}-1} = \dfrac{2(\sqrt{5}+1)}{5-1} = \dfrac{\sqrt{5}+1}{2}$

（1） $x + y = \mathbf{\sqrt{5}}$

（2） $xy = \mathbf{1}$

（3） $x^3 + y^3 = (x+y)^3 - 3xy(x+y)$

$= 5\sqrt{5} - 3 \cdot 1 \cdot \sqrt{5} = \mathbf{2\sqrt{5}}$

《基本対称式 6 乗 (B2) ☆》

21. $x^2 + y^2 = 5$, $x - y = 1 + \sqrt{2}$ とする．

（1） $xy = \square - \sqrt{\square}$

（2） $x^6 + y^6 = \square + \square\sqrt{\square}$

（23　法政大・文系）

▶解答◀（1） $(x - y)^2 = x^2 + y^2 - 2xy$

$xy = \dfrac{1}{2}\{x^2 + y^2 - (x - y)^2\}$

$= \dfrac{1}{2}\{5 - (1 + \sqrt{2})^2\} = \mathbf{1 - \sqrt{2}}$

（2） $x^6 + y^6 = (x^2 + y^2)^3 - 3x^2y^2(x^2 + y^2)$

$= 5^3 - 3(1 - \sqrt{2})^2 \cdot 5$

$= 125 - 15(3 - 2\sqrt{2}) = \mathbf{80 + 30\sqrt{2}}$

《2 項分母の有理化 (A5) ☆》

22. $\dfrac{2}{\sqrt{13}-3}$ の整数部分を a，小数部分を b とすると，$a = \square$, $b = \dfrac{\sqrt{\square} - \square}{\square}$ である．また，

$ab + b^2 = \square$, $\dfrac{b}{a+b} = \dfrac{\square - \square\sqrt{\square}}{\square}$ と

なる．　　(23　創価大・看護)

▶解答◀ $\dfrac{2}{\sqrt{13}-3}=\dfrac{\sqrt{13}+3}{2}$

$3<\sqrt{13}<4$ であるから $3<\dfrac{\sqrt{13}+3}{2}<\dfrac{7}{2}$ となり，整数部分は $a=\mathbf{3}$，小数部分は

$$b=\frac{\sqrt{13}+3}{2}-3=\boldsymbol{\frac{\sqrt{13}-3}{2}}$$

$$ab+b^2=b(a+b)$$

$$=\frac{\sqrt{13}-3}{2}\cdot\frac{\sqrt{13}+3}{2}=\frac{13-9}{4}=\mathbf{1}$$

$$\frac{b}{a+b}=\frac{\sqrt{13}-3}{2}\cdot\frac{2}{\sqrt{13}+3}$$

$$=\frac{(\sqrt{13}-3)^2}{4}=\boldsymbol{\frac{11-3\sqrt{13}}{2}}$$

《2 項分母の有理化 (A1)》

23．次の式を計算せよ．

$$\frac{\sqrt{7}}{\sqrt{5}+\sqrt{3}}-\frac{2\sqrt{5}}{\sqrt{7}+\sqrt{3}}+\frac{\sqrt{3}}{\sqrt{7}+\sqrt{5}}$$

(23　青森公立大・経営経済)

▶解答◀ $\dfrac{\sqrt{7}}{\sqrt{5}+\sqrt{3}}-\dfrac{2\sqrt{5}}{\sqrt{7}+\sqrt{3}}+\dfrac{\sqrt{3}}{\sqrt{7}+\sqrt{5}}$

$$=\frac{\sqrt{7}(\sqrt{5}-\sqrt{3})}{2}-\frac{2\sqrt{5}(\sqrt{7}-\sqrt{3})}{4}+\frac{\sqrt{3}(\sqrt{7}-\sqrt{5})}{2}$$

$$=\frac{1}{2}(\sqrt{35}-\sqrt{21}-\sqrt{35}+\sqrt{15}+\sqrt{21}-\sqrt{15})=\mathbf{0}$$

《2 項分母の有理化 (A0) ☆》

24．$x=\dfrac{1}{\sqrt{2}+1}$，$y=\dfrac{1}{\sqrt{2}-1}$ のとき，x^2-y^2 の値を求めよ．　　(23　富山県立大・推薦)

▶解答◀ $x=\sqrt{2}-1$, $y=\sqrt{2}+1$

$$x+y=2\sqrt{2},\ x-y=-2$$

したがって

$$x^2-y^2=(x+y)(x-y)=\boldsymbol{-4\sqrt{2}}$$

《3 項分母の有理化 (B5)》

25．$(1+\sqrt{5}+\sqrt{6})(1+\sqrt{5}-\sqrt{6})$ を計算すると □ なので，$\dfrac{1}{1+\sqrt{5}+\sqrt{6}}$ の分母を有理化すると □ である．　　(23　三重県立看護大・前期)

▶解答◀ $(1+\sqrt{5}+\sqrt{6})(1+\sqrt{5}-\sqrt{6})$

$$=(1+\sqrt{5})^2-(\sqrt{6})^2=\boldsymbol{2\sqrt{5}}$$

$$\frac{1}{1+\sqrt{5}+\sqrt{6}}=\frac{1+\sqrt{5}-\sqrt{6}}{(1+\sqrt{5}+\sqrt{6})(1+\sqrt{5}-\sqrt{6})}$$

$$=\frac{1+\sqrt{5}-\sqrt{6}}{2\sqrt{5}}=\boldsymbol{\frac{\sqrt{5}+5-\sqrt{30}}{10}}$$

《2 項分母の有理化 (A5)》

26．$x=\dfrac{\sqrt{21}}{\sqrt{3}+\sqrt{7}}$，$y=\dfrac{\sqrt{21}}{\sqrt{3}-\sqrt{7}}$ のとき，x^2-y^2 の値を求めよ．　　(23　日本福祉大・全)

▶解答◀ $x+y$

$$=\frac{\sqrt{21}}{\sqrt{3}+\sqrt{7}}+\frac{\sqrt{21}}{\sqrt{3}-\sqrt{7}}$$

$$=\frac{\sqrt{21}\{(\sqrt{3}-\sqrt{7})+(\sqrt{3}+\sqrt{7})\}}{(\sqrt{3}+\sqrt{7})(\sqrt{3}-\sqrt{7})}$$

$$=\frac{\sqrt{21}\cdot\sqrt{3}}{-4}=-\frac{3\sqrt{7}}{2}$$

$$x-y=\frac{\sqrt{21}}{\sqrt{3}+\sqrt{7}}-\frac{\sqrt{21}}{\sqrt{3}-\sqrt{7}}$$

$$=\frac{\sqrt{21}\{(\sqrt{3}-\sqrt{7})-(\sqrt{3}+\sqrt{7})\}}{(\sqrt{3}+\sqrt{7})(\sqrt{3}-\sqrt{7})}$$

$$=\frac{\sqrt{21}\cdot2\sqrt{7}}{4}=\frac{7\sqrt{3}}{2}$$

$$x^2-y^2=(x+y)(x-y)=-\frac{3\sqrt{7}}{2}\cdot\frac{7\sqrt{3}}{2}$$

$$=\boldsymbol{-\frac{21\sqrt{21}}{4}}$$

《逆数の基本対称式 (A5)》

27．$x^2-\sqrt{7}x+1=0$ とする．このとき，$x+\dfrac{1}{x}=\sqrt{□}$，$x^2+\dfrac{1}{x^2}=□$，$x^3+\dfrac{1}{x^3}=□\sqrt{□}$ である．　　(23　創価大・看護)

▶解答◀ $x^2-\sqrt{7}x+1=0$ について，$x\neq0$ であるから両辺を x で割って

$$x-\sqrt{7}+\frac{1}{x}=0 \qquad \therefore\quad x+\frac{1}{x}=\boldsymbol{\sqrt{7}}$$

$$x^2+\frac{1}{x^2}=\left(x+\frac{1}{x}\right)^2-2=7-2=\mathbf{5}$$

$$x^3+\frac{1}{x^3}=\left(x+\frac{1}{x}\right)^3-3x\cdot\frac{1}{x}\left(x+\frac{1}{x}\right)$$

$$=7\sqrt{7}-3\sqrt{7}=\boldsymbol{4\sqrt{7}}$$

《逆数の基本対称式 (B5) ☆》

28．$x=\dfrac{1+\sqrt{5}}{2}$ のとき，$x+\dfrac{1}{x}=\sqrt{□}$ であり，$x^2+\dfrac{1}{x^2}=□$ である．

また，$x^4-2x^3-x^2+2x+1=□$ である．

(23　武庫川女子大)

▶解答◀ $\frac{1}{x}=\frac{2}{\sqrt{5}+1}=\frac{\sqrt{5}-1}{2}$

$$x+\frac{1}{x}=\frac{\sqrt{5}+1}{2}+\frac{\sqrt{5}-1}{2}=\boldsymbol{\sqrt{5}}$$

$$x^2+\frac{1}{x^2}=\left(x+\frac{1}{x}\right)^2-2x\cdot\frac{1}{x}=5-2=\mathbf{3}$$

$$x-\frac{1}{x}=\frac{\sqrt{5}+1}{2}-\frac{\sqrt{5}-1}{2}=1$$

であるから

$$x^4-2x^3-x^2+2x+1$$
$$=x^2\left(x^2-2x-1+\frac{2}{x}+\frac{1}{x^2}\right)$$
$$=x^2\left\{x^2+\frac{1}{x^2}-2\left(x-\frac{1}{x}\right)-1\right\}$$
$$=x^2(3-2\cdot1-1)=\mathbf{0}$$

◆別解◆ $2x-1=\sqrt{5}$ であるから

$$(2x-1)^2=5$$
$$4x^2-4x+1=5$$
$$x^2-x-1=0$$

与えられた多項式を x^2-x-1 で割る.

$$x^4-2x^3-x^2+2x+1$$
$$=(x^2-x-1)^2=\mathbf{0}$$

《3 次基本対称式 (A5) ☆》

29. $\alpha=\sqrt{3}-1, \beta=\sqrt{3}+1$ であるとき, $\alpha\beta=\square$, $\alpha^2+\beta^2=\square$, $\alpha^3+\beta^3=\square\sqrt{\square}$ である. (23 成蹊大)

▶解答◀ $\alpha+\beta=2\sqrt{3}, \alpha\beta=3-1=\mathbf{2}$

$$a^2+\beta^2=(\alpha+\beta)^2-2\alpha\beta=12-4=\mathbf{8}$$
$$\alpha^3+\beta^3=(\alpha+\beta)^3-3\alpha\beta(\alpha+\beta)$$
$$=24\sqrt{3}-12\sqrt{3}=\mathbf{12\sqrt{3}}$$

《4 次基本対称式 (B10)》

30. $x+y+z=0, xy+yz+zx=2$ であるとき, $x^2+y^2+z^2=\square$, $x^4+y^4+z^4=\square$ となる.

(23 東邦大・健康, 看護)

▶解答◀ これは実数でなく, 虚数の問題である. 数字を調整して実数の問題にすればいいのに. 符号を変えて $xy+yz+zx=-2$ にすれば, それだけで実数の問題になるのに. 残念である. 虚数にしたところで, なんの意味もないだろう.

$$(x+y+z)^2=x^2+y^2+z^2+2(xy+yz+zx)$$

$x+y+z=0, xy+yz+zx=2$ ……………………①

を適用すると

$$0=x^2+y^2+z^2+2\cdot2$$

$x^2+y^2+z^2=\mathbf{-4}$ ……………………②

$(xy+yz+zx)^2$

$=x^2y^2+y^2z^2+z^2x^2+2(xy\cdot yz+yz\cdot zx+zx\cdot xy)$

$(xy+yz+zx)^2$

$\quad=x^2y^2+y^2z^2+z^2x^2+2xyz(x+y+z)$

であり, ① を適用すると

$4=x^2y^2+y^2z^2+z^2x^2$ ……………………③

$(x^2+y^2+z^2)^2$

$\quad=x^4+y^4+z^4+2(x^2y^2+y^2z^2+z^2x^2)$

②, ③ を適用すると $16=x^4+y^4+z^4+2\cdot4$

$$x^4+y^4+z^4=\mathbf{8}$$

《循環小数 (A1)》

31. 有理数 $\frac{1}{7}$ を循環小数の表し方で表すと $\square$ で, このとき小数第 100 位は $\square$ である.

(23 明治薬大・公募)

▶解答◀ $\frac{1}{7}=0.1428571\cdots$ より $\frac{1}{7}=\mathbf{0.\dot{1}4285\dot{7}}$ であり, 周期 6 でくり返されるから, $100=6\cdot16+4$ より小数第 100 位は **8** である.

《循環小数 (A1)》

32. 循環小数 $2.1\dot{3}\dot{6}$ を分数で表すと $\frac{\square}{\square}$ である.

(23 武庫川女子大)

▶解答◀ $x=2.1\dot{3}\dot{6}$ とおく.

$$100x=213.63636\cdots$$
$$x=2.13636\cdots$$

を辺ごとに引いて

$$99x=211.5$$
$$x=\frac{211.5}{99}=\frac{423}{99\cdot2}=\mathbf{\frac{47}{22}}$$

【1 次方程式】

《連立 1 次方程式 (A2) ☆》

33. 連立方程式

$$\begin{cases}6x+3y=8\\3x+6y=8\end{cases}$$

を解くと, x は $\frac{\square}{\square}$ である. (23 大東文化大)

▶解答◀ $6x+3y=8$ ……………………………①

$3x+6y=8$ ……………………………②

①×2－② より

$9x=8 \quad \therefore \quad x=\dfrac{8}{9}$

注意 $y=\dfrac{8}{9}$ である．

《絶対値と方程式 (B0)》

x, y の連立方程式 $\begin{cases} 2x+5y=kx \\ 3x+4y=ky \end{cases}$

が $x=y=0$ 以外の解をもつのは $k=$ □ または $k=$ □ のときである，ただし，k は実数とする．

（22　東邦大・健康，看護）

考え方 「$x=y=0$ 以外の解」は，最近の生徒には通じない．初めて「なんで $x=y$ なんですか？」と言われたときには，驚いた．「いや，そこで切るな，これは「$x=0$ かつ $y=0$ 以外の解の意味だ」と言ったら，今度は生徒が驚いていた．出題者は，こんな古い言い方は通じないのだから，「x, y の少なくとも一方が 0 でない解」「$(x, y)=(0, 0)$ 以外の解」と言わないといけない．また「$x \neq 0, y \neq 0$ の解」と書く生徒が多いので，「$x \neq 0$，$y \neq 0$ は $x \neq 0$ かつ $y \neq 0$ の意味だろう，一応，$x \neq 0$ かつ $y=0$ が起こるなら，それでもいい」というと，さらに驚く．ともかく，「$x=y=0$ 以外の解」は古い，不親切な書き方である．

▶解答◀ $ax+by=0, cx+dy=0$ が $(x, y)=(0, 0)$ 以外の解をもつための必要十分条件は $ad-bc=0$ である．有名であるから公式としてよい．

$(2-k)x+5y=0, 3x+(4-k)y=0$ ……………①

が $(x, y)=(0, 0)$ 以外の解をもつための必要十分条件は

$(2-k)(4-k)-3\cdot 5=0$

$k^2-6k-7=0$

$(k+1)(k-7)=0$

$k=\mathbf{-1, 7}$

◆別解◆ ① の後，$(2-k)x+5y=0$ から $y=\dfrac{1}{5}(k-2)x$ となり，これを $3x+(4-k)y=0$ に代入すると

$3x+(4-k)\cdot\dfrac{1}{5}(k-2)x=0$

$\{15+(4-k)(k-2)\}x=0$

ここで $15+(4-k)(k-2) \neq 0$ であるとすると $x=0$ となり $y=\dfrac{1}{5}(k-2)x=0$ となって，$(x, y)=(0, 0)$ になるから不適である．よって $15+(4-k)(k-2)=0$，すなわち $k=\mathbf{-1, 7}$

《絶対値と方程式 (A2) ☆》

34. 方程式 $|x|+3|x-1|=9$ を解きなさい．

（23　福島大・共生システム理工）

▶解答◀ $|x|+3|x-1|=9$ ……………………①

$f(x)=|x|+3|x-1|$ とおく．

（ア）$x \leqq 0$ のとき，

$f(x)=-x-3(x-1)=-4x+3$

（イ）$0 \leqq x \leqq 1$ のとき，

$f(x)=x-3(x-1)=-2x+3$

（ウ）$1 \leqq x$ のとき，

$f(x)=x+3(x-1)=4x-3$

$y=f(x)$ のグラフは図のようになる．

① の解は $x \leqq 0$，$1 \leqq x$ に存在する．

$x \leqq 0$ のとき，$-4x+3=9 \quad \therefore \quad x=-\dfrac{3}{2}$

$1 \leqq x$ のとき，$4x-3=9 \quad \therefore \quad x=3$

以上より $x=\mathbf{-\dfrac{3}{2}, 3}$

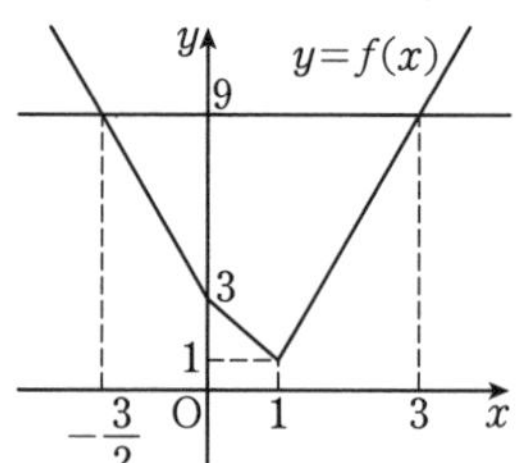

【1 次不等式】

《意外に戸惑う四捨五入 (A2) ☆》

35. x を実数とする．$\dfrac{2x+5}{6}$ の値の小数第 1 位を四捨五入すると 3 になるとき，x のとり得る値の範囲は □ $\leqq x <$ □ である．

（23　同志社女子大・共通）

▶解答◀ $2.5 \leqq \dfrac{2x+5}{6} < 3.5$

$15 \leqq 2x+5 < 21 \quad \therefore \quad \mathbf{5 \leqq x < 8}$

《基本的な不等式 (A2)》

36. $-4x+6>-51$ をみたす正の整数 x は □ 個ある．

（23　大東文化大）

▶解答◀ $-4x+6>-51$

$x<\dfrac{57}{4}=14.25$ であるから，これを満たす正の整数は 1～14 の **14** 個ある．

《連立不等式 (A2)》

37. 次の連立不等式を解け．

$$\begin{cases} 10x-15 \geqq 2x+9 \\ x+5<2(10-x) \end{cases}$$

(23　酪農学園大・食農，獣医-看護)

▶解答◀　$10x-15 \geqq 2x+9$ より

$8x \geqq 24$　　$\therefore$　$x \geqq 3$

$x+5<2(10-x)$ より

$3x<15$　　$\therefore$　$x<5$

したがって $\boldsymbol{3 \leqq x<5}$

《連立不等式 (A2)》

38. 連立不等式 $\begin{cases} 5x+2<2x+14 \\ 8x-10 \geqq 5x-16 \end{cases}$ の解は，

$\square \leqq x < \square$ である．　(23　仁愛大・公募)

▶解答◀　$5x+2<2x+14$ より $x<4$

$8x-10 \geqq 5x-16$ より $x \geqq -2$

よって，$\boldsymbol{-2} \leqq x<\boldsymbol{4}$

《連立不等式の解の存在 (A2)》

39. ある映画配信サービスでは，映画 1 作品あたりの視聴料は 300 円である．1000 円の入会金を払って会員になると，その後 1 年間 1 作品あたり 5% 引きで視聴できる．1 年間に $\square$ 作品以上視聴する場合は会員になった方が得になる．

(23　共立女子大)

▶解答◀　会員になったときの 1 作品あたりの視聴料は $300 \cdot 0.05=15$ 円割引きとなる．

n 作品視聴したときの割引額が，入会金 1000 円をこえるのは

$15n \geqq 1000$

$n \geqq \dfrac{200}{3}=66.6\cdots$

よって，**67** 作品以上視聴すると得になる．

《絶対値の不等式 (B2) ☆》

40. 不等式 $|5x+4|>2x+7$ の解は，

$x<\dfrac{\square}{\square}$, $\square<x$ である．　(23　日大)

▶解答◀　たとえば，$|x|>1$ ならば

$x<-1$ または $x>1$ となる．a の正負によらず

$|x|>a$ は $x<-a$ または $x>a$ となる．

$|5x+4|>2x+7$ は $5x+4<-2x-7$ または

$5x+4>2x+7$ と同値である．これを整理すると

$\boldsymbol{x<-\dfrac{11}{7}}$ または $\boldsymbol{1<x}$

《絶対値の不等式 (B2)》

41. 次の不等式を解きなさい．

$3|x-2|-2|x| \leqq 3$

(23　東北福祉大)

▶解答◀　$f(x)=3|x-2|-2|x|$ とおく．$f(x)$ は区分的に 1 次関数（絶対値を外すと各区間で 1 次関数）で，グラフは折れ線になる．$f(0)=6$, $f(2)=-4$ でグラフの概形が描けて，答えは $x>0$ にあると分かる．

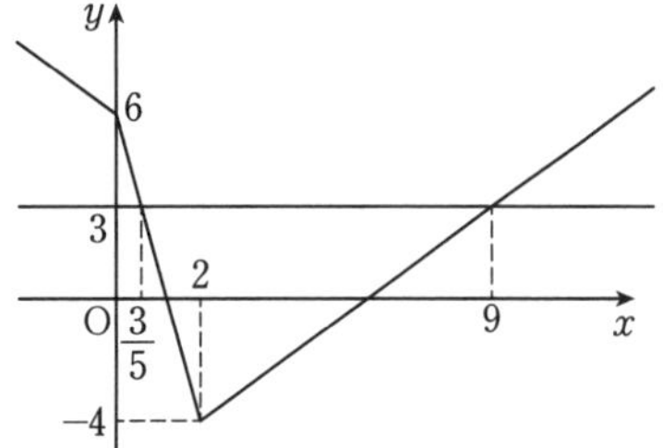

（ア）　$x \geqq 2$ のとき

$f(x)=3(x-2)-2x=x-6$

$f(x)=3$ の解は $x=9$ である．

（イ）　$0 \leqq x \leqq 2$ のとき

$f(x)=-3(x-2)-2x=6-5x$

$f(x)=3$ の解は $x=\dfrac{3}{5}$ である．

$f(x) \leqq 3$ の解は $\boldsymbol{\dfrac{3}{5} \leqq x \leqq 9}$ である．

（ウ）　$x \leqq 0$ は解に関係がない．

$f(x)=-3(x-2)+2x=6-x \geqq 6$

だからである．

【1 次関数とグラフ】

《1 次関数の最大最小 (A5) ☆》

42. 関数 $y=ax+b$ は，定義域 $1 \leqq x \leqq 3$ において値域は $3 \leqq y \leqq 5$ である．このとき，定数 a, b の値を求めよ．　(23　青森公立大・経営経済)

▶解答◀　$f(x)=ax+b$ とおく．

（ア）　$a=0$ のとき

$f(x)=b$ となり定数関数で不適である．

（イ）　$a>0$ のとき (図 1)

$f(1)=3$, $f(3)=5$ であるから

$a+b=3$, $3a+b=5$

これを解いて，$a=1$，$b=2$

（ウ）　$a<0$ のとき（図 2）

$f(1)=5$，$f(3)=3$ であるから

$$a+b=5,\ 3a+b=3$$

これを解いて，$a=-1$，$b=6$

以上より $(a,\ b)=\mathbf{(1,\ 2),\ (-1,\ 6)}$

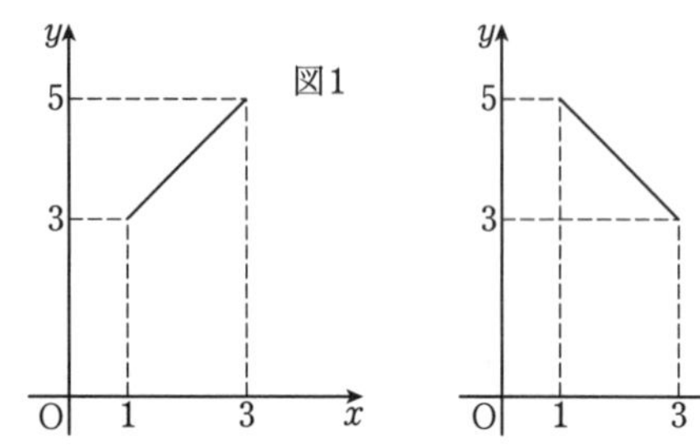

《1 次関数のグラフ (B2) ☆》

43．平面上に 4 点

$$\mathrm{A}(1,\ 2),\ \mathrm{B}(0,\ 0),\ \mathrm{C}(6,\ 0),\ \mathrm{D}(5,\ 2)$$

がある．2 直線

$$y=ax,\ y=bx$$

が四角形 ABCD の面積を 3 等分するような実数 $a,\ b$ の値を求めよ．ただし，$a<b$ とする．

（23　学習院大・経済）

▶解答◀　中学生レベルである．直線 $y=bx$ は線分 AD，直線 $y=ax$ は線分 CD と交わると思われる．台形 ABCD の面積は $\dfrac{1}{2}(4+6)\cdot 2=10$ である．

$y=bx$ で $y=2$ として $x=\dfrac{2}{b}$

$y=ax$ と $y=-2(x-6)$ を連立させて

$$(x,\ y)=\left(\frac{12}{a+2},\ \frac{12a}{a+2}\right)$$

$$\frac{1}{2}\left(\frac{2}{b}-1\right)\cdot 2=\frac{1}{3}\cdot 10$$

$$\frac{1}{2}\cdot 6\cdot \frac{12a}{a+2}=\frac{1}{3}\cdot 10$$

を解く．

$$\frac{2}{b}=\frac{13}{3},\ \frac{6a}{a+2}=\frac{5}{9}$$

$$\boldsymbol{b=\frac{6}{13},\ a=\frac{10}{49}}$$

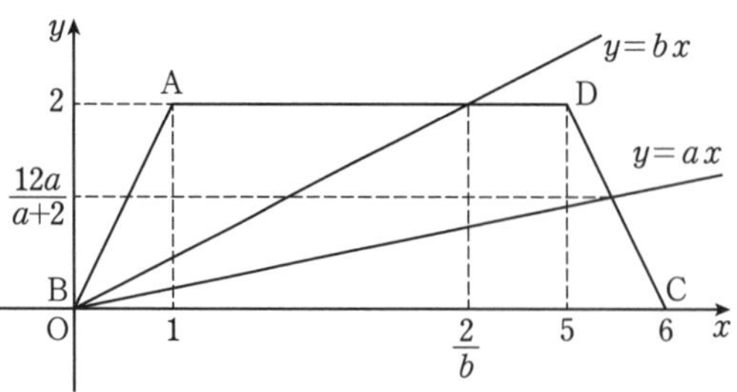

《1 次関数の最大最小 (B2) ☆》

44．$f(x)=\sqrt{4x^2+24x+36}-\sqrt{x^2-2x+1}$ とする．

$f(-1)=$ **ア**，$f(1)=$ □ である．また，$f(x)$ は $x=$ □ のとき，最小値 □ をとる．さらに，$f(x)=$ ア かつ $x\neq -1$ のとき，$x=$ □ である．

（23　自治医大・看護）

▶解答◀　$f(x)=2\sqrt{(x+3)^2}-\sqrt{(x-1)^2}$

$=2|x+3|-|x-1|$

$x\leqq -3$ のとき，$f(x)=-2(x+3)+(x-1)=-x-7$

$-3\leqq x\leqq 1$ のとき，$f(x)=2(x+3)+(x-1)=3x+5$

$1\leqq x$ のとき，$f(x)=2(x+3)-(x-1)=x+7$

$$f(-1)=3\cdot(-1)+5=\mathbf{2},\ f(1)=3\cdot 1+5=\mathbf{8}$$

最小値は，$x=\mathbf{-3}$ のとき $f(-3)=\mathbf{-4}$

さらに，$f(x)=2$ かつ $x\neq -1$ を満たす x は，直線 $y=-x-7$ と直線 $y=2$ との交点の x 座標であるから

$$-x-7=2 \qquad \therefore\ x=\mathbf{-9}$$

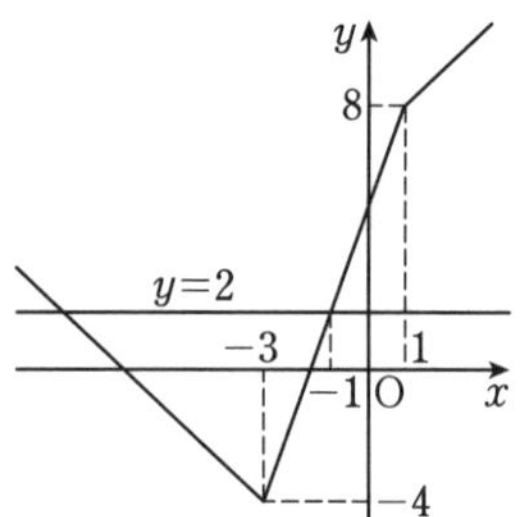

《1 次関数のグラフ (B5)》

45．関数

$$f(x)=-(|x+2|+|3x-1|+|2x-4|)+10$$

について，座標平面における $y=f(x)$ のグラフに関する以下の問いに答えよ．

（1）　$y=f(x)$ と $y=k$（k は定数）の共有点の個数が一つとなるのは $k=\dfrac{□}{□}$ のときである．

（2）　$y=f(x)$ は x 軸と $x=-\dfrac{□}{□}$，$\dfrac{□}{□}$ の 2 点で交わる．

（3）　$y=f(x)$ と x 軸で囲まれた部分の面積は

$\dfrac{□}{□}$ である．

（23　東洋大）

▶解答◀　(1)　(ア)　$x \leqq -2$ のとき

$f(x) = (x+2) + (3x-1) + (2x-4) + 10$

$= 6x + 7$

(イ)　$-2 \leqq x \leqq \frac{1}{3}$ のとき

$f(x) = -(x+2) + (3x-1) + (2x-4) + 10$

$= 4x + 3$

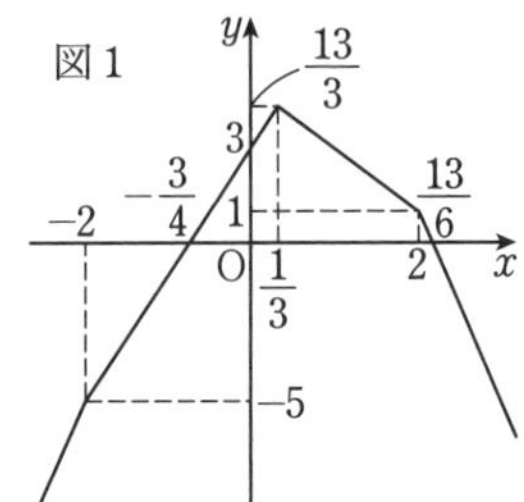

(ウ)　$\frac{1}{3} \leqq x \leqq 2$ のとき

$f(x) = -(x+2) - (3x-1) + (2x-4) + 10$

$= -2x + 5$

(エ)　$x \geqq 2$ のとき

$f(x) = -(x+2) - (3x-1) - (2x-4) + 10$

$= -6x + 13$

$y = f(x)$ のグラフは図 1 になり，$y = f(x)$ と $y = k$ の共有点の個数が 1 となるのは $k = \boldsymbol{\frac{13}{3}}$ のときである．

(2)　$4x + 3 = 0$　　$\therefore\ x = -\frac{3}{4}$

$-6x + 13 = 0$　　$\therefore\ x = \frac{13}{6}$

$y = f(x)$ は x 軸と $x = \boldsymbol{-\frac{3}{4}, \frac{13}{6}}$ の 2 点で交わる．

(3)　$\frac{1}{2}\left(\frac{1}{3} + \frac{3}{4}\right) \cdot \frac{13}{3} + \frac{1}{2}\left(1 + \frac{13}{3}\right)\left(2 - \frac{1}{3}\right)$

$+ \frac{1}{2}\left(\frac{13}{6} - 2\right) \cdot 1 = \boldsymbol{\frac{55}{8}}$

【2 次関数】

《符号の決定 (A2) ☆》

46．2 次関数 $y = ax^2 + bx + c$ のグラフが図のようであるとする．このとき，$a+b+c$ と abc の正負の組み合わせとして正しいものは［　］である．

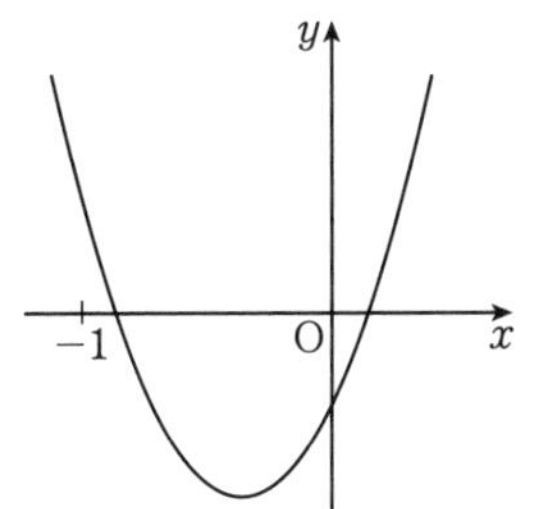

(23　明海大)

▶解答◀　$f(x) = ax^2 + bx + c$ とおく．

$y = f(x)$ のグラフは下に凸であるから，$a > 0$．

$f(0) = c < 0$．軸について $x = -\frac{b}{2a} < 0$．

$a > 0$ であるから $b > 0$．よって，$abc < 0$．

また，$a+b+c > a-b+c = f(-1) > 0$ である．

以上より，$\boldsymbol{a+b+c > 0,\ abc < 0}$

《係数の決定 (B5) ☆》

47．座標平面において，ある 2 次関数のグラフが 3 点 $(1, 0), (2, 1), (-1, 16)$ を通るとする．この 2 次関数は $y =$［　］$x^2 -$［　］$x +$［　］である．

(23　成蹊大・経)

考え方　学校教育では唯一出てくる 3 元（未知数が 3 つ）連立 1 次方程式です．

▶解答◀　求める式を $y = ax^2 + bx + c$ とする．

$a + b + c = 0$ ……………………①

$4a + 2b + c = 1$ ……………………②

$a - b + c = 16$ ……………………③

② − ① より $3a + b = 1$ ……………………④

② − ③ より $3a + 3b = -15$ ……………………⑤

⑤ − ④ より $2b = -16$ で $b = -8$ となる．④ より $a = \frac{1-b}{3} = 3$

① より $c = -(a+b) = 5$

求める式は $y = \boldsymbol{3}x^2 - \boldsymbol{8}x + \boldsymbol{5}$

《グラフの移動 (A5) ☆》

48．2 次関数 $y = x^2 - 2x + 26$ のグラフを

(ア)　原点に関して対称移動する．

(イ)　x 軸方向に $-\frac{1}{2}$ 平行移動する．

(ウ)　$y = \alpha$ に関して対称移動する．

の順で移動したグラフは $y = x^2 + 3x + 12$ と表される．このとき，α の値を求めなさい．

(23　福島大・食農)

▶解答◀　$y = x^2 - 2x + 26$ は $y = (x-1)^2 + 25$ となり，この頂点は $(1, 25)$ である．この曲線を原点に関して対称移動した曲線の頂点は $(-1, -25)$，x^2 の係数は -1 になる．これを x 軸方向に $-\frac{1}{2}$ 平行移動した曲線の頂点は $\left(-\frac{3}{2}, -25\right)$ であり，これを直線 $y = \alpha$ に関して対称移動した曲線が $y = x^2 + 3x + 12$，すなわち $y = \left(x + \frac{3}{2}\right)^2 + \frac{39}{4}$ になるとき

$$\alpha=\frac{1}{2}\left(\frac{39}{4}+(-25)\right)=-\frac{\mathbf{61}}{\mathbf{8}}$$

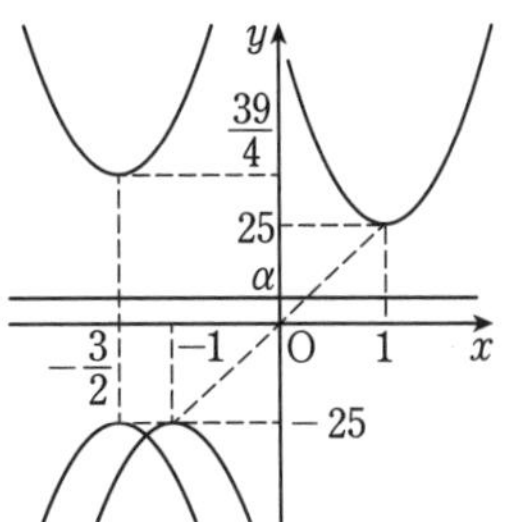

図はイメージであり，正しい配置ではない．

◆別解◆ $y=x^2-2x+26$ のグラフを原点に関して対称移動したグラフは

$$-y=(-x)^2-2\cdot(-x)+26$$

$$y=-x^2-2x-26$$

で，これを x 軸方向に $-\frac{1}{2}$ 平行移動したグラフ C_1 は

$$y=-\left(x+\frac{1}{2}\right)^2-2\left(x+\frac{1}{2}\right)-26$$

$$y=-x^2-3x-\frac{109}{4}$$

である．これを直線 $y=\alpha$ に関して対称移動したグラフ C_2 が $y=x^2+3x+12$ となる条件は

$$\alpha=\frac{1}{2}\left(12-\frac{109}{4}\right)=-\frac{\mathbf{61}}{\mathbf{8}}$$

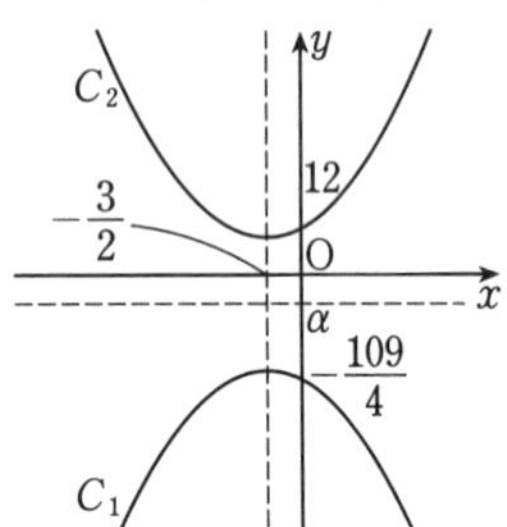

《最小（A2）》

49. a を定数とする．関数 $y=x^2-2ax+a+2$ の最小値を m とする．m を a の式で表すと，$m=$ □ である．m は $a=$ □ のとき最大値 □ をとる．（23 岐阜聖徳学園大）

▶解答◀ $f(x)=x^2-2ax+a+2$ とおく．

$$f(x)=(x-a)^2-a^2+a+2$$

最小値 m は $m=f(a)=\boldsymbol{-a^2+a+2}$ である．

$$m=-\left(a-\frac{1}{2}\right)^2+\frac{9}{4}$$

から，m は $a=\boldsymbol{\frac{1}{2}}$ のとき最大値 $\boldsymbol{\frac{9}{4}}$ をとる．

注意 $m\leqq f(x)=x^2+2+a(1-2x)$ が任意の x で成り立つから $x=\frac{1}{2}$ を代入しても成り立つ．$m\leqq\frac{9}{4}$ となる．だから m の最大値は $\frac{9}{4}$ となる．

《置き換えると1次関数（B5）☆》

50. 2次関数 $f(x)=ax^2+4ax+a^2+1$（a は $a\neq 0$ を満たす実数）がある．次の問に答えよ．

（1） $f(x)$ のとりうる値の範囲を a を用いて表せ．

（2） 2次方程式 $f(x)=0$ が実数解をもつとき，a のとりうる値の範囲を求めよ．

（3） $1\leqq a\leqq 3$ のとき，$f(x)$ の最小値を $g(a)$ として，$g(a)$ のとりうる値の範囲を求めよ．

（23 名城大・経営，経済，外国語）

▶解答◀（1） $f(x)=a(x^2+4x)+a^2+1$

$X=x^2+4x=(x+2)^2-4$ とおくと，X の値域は $X\geqq-4$

であるから $f(x)=aX+a^2+1$ の値域は

$\boldsymbol{a>0}$ のとき $\boldsymbol{f(x)\geqq a^2-4a+1}$

$\boldsymbol{a<0}$ のとき $\boldsymbol{f(x)\leqq a^2-4a+1}$

（2） 判別式を D として $D\geqq 0$ とするのが自然だが，（1）を使うなら次のようにすることになる．$a<0$ のときは $a^2-4a+1>0$ だから $f(x)=0$ は実数解をもつ．$a>0$ のときは $a^2-4a+1\leqq 0$ のときである．

以上を解いて $\boldsymbol{a<0,\ 2-\sqrt{3}\leqq a\leqq 2+\sqrt{3}}$

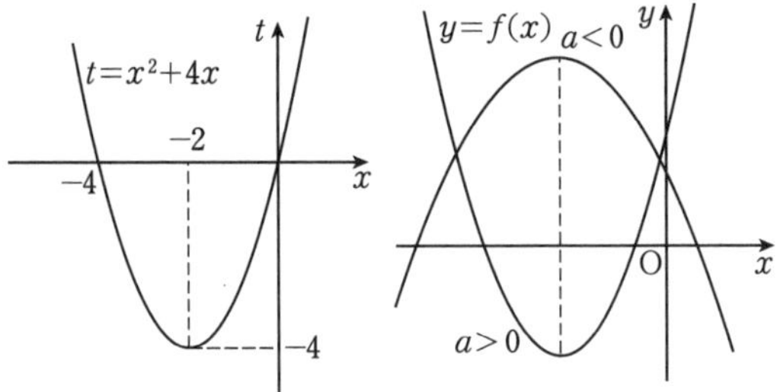

（3） $f(x)$ の最小値が存在するのは $a>0$ のときで $g(a)=a^2-4a+1=(a-2)^2-3$ である．$1\leqq a\leqq 3$ のとき $-1\leqq a-2\leqq 1$ で $0\leqq(a-2)^2\leqq 1$ であり

$$\boldsymbol{-3\leqq g(a)\leqq -2}$$

《置き換えると1次関数（A5）》

51. a を正の実数とし，関数 $f(x)$ を $f(x)=ax^2+4ax+a+2$（$-4\leqq x\leqq 4$）で定める．このとき，$f(x)$ の最大値を a を用いて表すと □ である．また，$-4\leqq x\leqq 4$ を満たす任意の実数 x に対して $f(x)\geqq 0$ となるような a の最大値は □ である．（23 福岡大）

▶解答◀ $f(x)=ax^2+4ax+a+2$

$$=a(x+2)^2-3a+2$$

$-4 \leqq x \leqq 4$ のとき，$f(x)$ は最大値

$$f(4) = \mathbf{33a + 2}$$

をとる．

また，$-4 \leqq x \leqq 4$ で $f(x) \geqq 0$ となるとき

$$f(-2) = -3a + 2 \geqq 0 \qquad \therefore\ a \leqq \frac{2}{3}$$

であるから，求める a の最大値は $\boldsymbol{\frac{2}{3}}$ である．

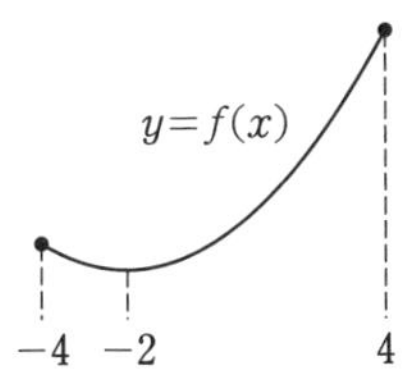

《置き換えると 1 次関数 (A5)》

52. 2 次関数 $y = ax^2+4ax+b$ が区間 $-3 \leqq x \leqq 3$ で，最大値 18，最小値 -7 となるとき，定数 a, b の値を求めよ．ただし，$a<0$ とする．

（23　倉敷芸術科学大）

▶解答◀ $y = a(x^2+4x)+b$

$X = x^2+4x$ とおく．$-3 \leqq x \leqq 3$ のとき $-4 \leqq X \leqq 21$ である．

$$y = ax^2 + 4ax + b$$
$$= aX + b = f(X)$$

とおく．$a<0$ であるから

$$f(-4) = 18,\ f(21) = -7$$
$$-4a + b = 18,\ 21a + b = -7$$

これを解いて，$\boldsymbol{a = -1, b = 14}$

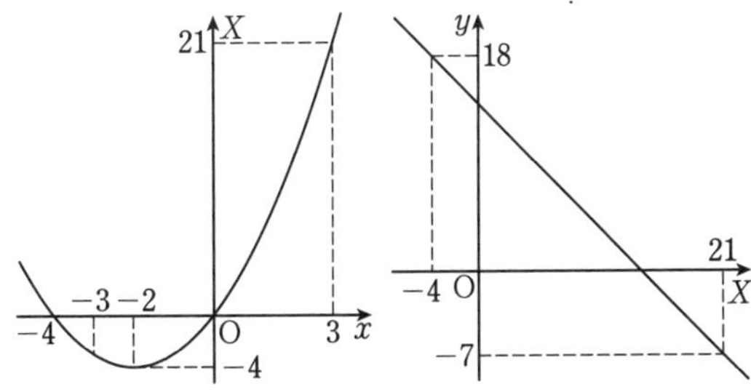

《置き換えると 2 次関数 (A2) ☆》

53. 関数

$$y = (x^2-2x+5)^2 + 4(x^2-2x+5)+1$$

の最小値を求めなさい．

（23　龍谷大・推薦）

▶解答◀ $t = x^2-2x+5$ とおくと $t = (x-1)^2+4$ であるから t の値域は $t \geqq 4$ である．このとき

$$y = t^2 + 4t + 1 = (t+2)^2 - 3$$

よって y は $t = 4$ のとき最小となり，最小値は **33** である．

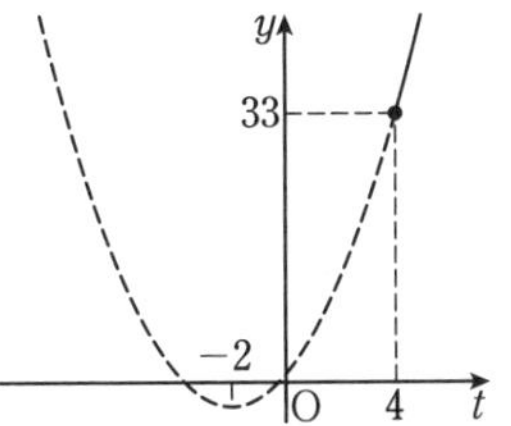

《置き換えると 2 次関数 (A2)》

54. 関数 $f(x) = (x^2+2x)^2 + 4(x^2+2x)$ について考える．$t = x^2 + 2x$ とおくと，x がすべての実数値をとって変化するとき t の最小値は □ である．よって，t のとりうる値の範囲を考えると $f(x)$ の最小値は □ である．

（23　創価大・看護）

▶解答◀ $t = x^2 + 2x = (x+1)^2 - 1$

t は $x = -1$ のとき最小値 $\mathbf{-1}$ をとる．

$$f(x) = (x^2+2x)^2 + 4(x^2+2x)$$
$$= t^2 + 4t = (t+2)^2 - 4$$

$t \geqq -1$ のとき，$f(x)$ は $t = -1$ で最小値 $\mathbf{-3}$ をとる．

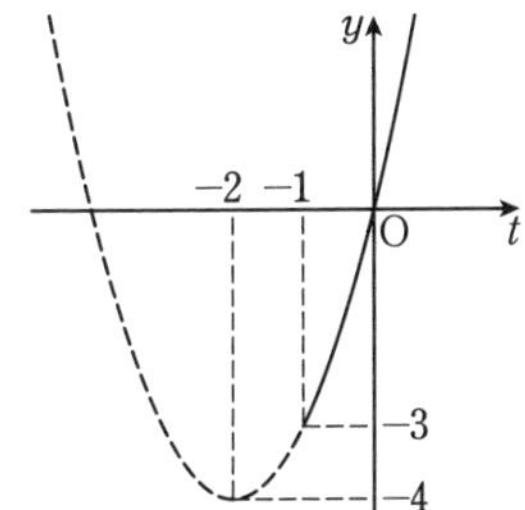

《絶対値と最大 (B10) ☆》

55. 関数 $y = |x^2 - x - 6|$ について，次の問に答えよ．

（１） 区間 $0 \leqq x \leqq 2$ における最大値を求めよ．

（２） a を正の定数とするとき，区間 $0 \leqq x \leqq a$ における最大値を求めよ．

（23　広島修道大）

▶解答◀ （１） $f(x) = |(x-3)(x+2)|$

とおく．

（ア） $x \leqq -2,\ 3 \leqq x$ のとき

$$f(x) = x^2 - x - 6 = \left(x - \frac{1}{2}\right)^2 - \frac{25}{4}$$

（イ） $-2 \leqq x \leqq 3$ のとき

$$f(x) = -(x^2 - x - 6) = -\left(x - \frac{1}{2}\right)^2 + \frac{25}{4}$$

グラフは図 1 のようになる．$f(2) = 4$ であるから，$0 \leqq x \leqq 2$ における最大値は，$f\left(\frac{1}{2}\right) = \boldsymbol{\frac{25}{4}}$

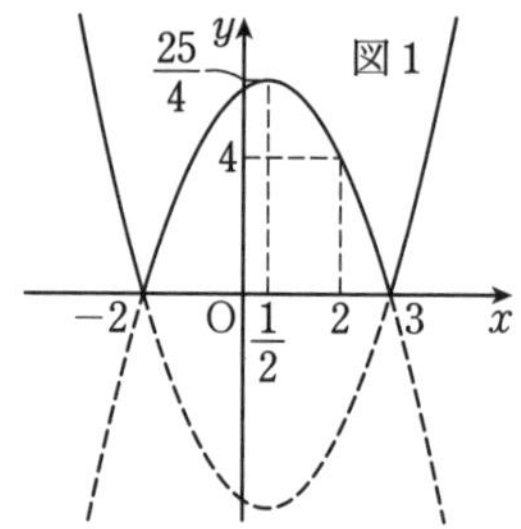

（2） $f(x)=\frac{25}{4}$ を解く．$-2\leqq x\leqq 3$ では，$x=\frac{1}{2}$．$x\leqq -2,\ 3\leqq x$ では

$$x^2-x-6=\frac{25}{4}$$

$$4x^2-4x-49=0$$

$$x=\frac{2\pm\sqrt{2^2+4\cdot 49}}{4}=\frac{2\pm 10\sqrt{2}}{4}=\frac{1\pm 5\sqrt{2}}{2}$$

$0\leqq x\leqq a$ における最大値を $M(a)$ とする．グラフより

$0<a<\frac{1}{2}$ のとき，$M(a)=f(a)=\boldsymbol{-a^2+a+6}$

$\frac{1}{2}\leqq a<\frac{1+5\sqrt{2}}{2}$ のとき，$M(a)=f\left(\frac{1}{2}\right)=\boldsymbol{\frac{25}{4}}$

$\frac{1+5\sqrt{2}}{2}\leqq a$ のとき，$M(a)=f(a)=\boldsymbol{a^2-a-6}$

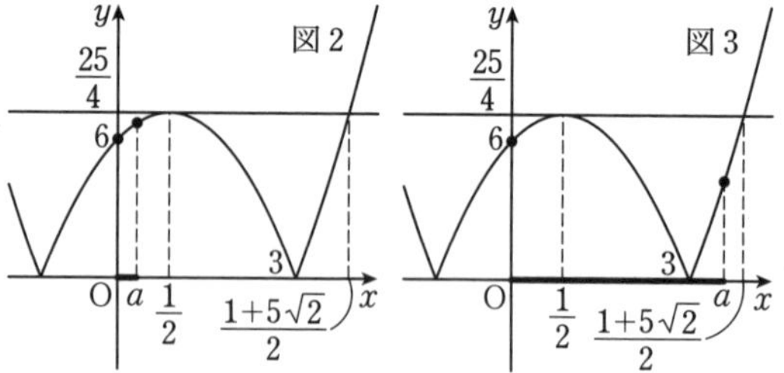

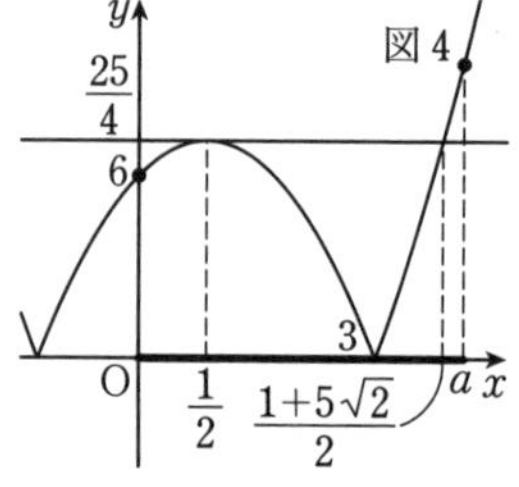

《最小・区間と関数に文字 (B10)》

56. a を定数として，$a\leqq x\leqq a+6$ における関数 $f(x)=\frac{1}{2}x^2+x+a$ を考える．

（1） $f(x)$ の最小値を求めよ．

（2） $f(x)$ の最小値を a の関数で表し，$m(a)$ とする．このとき，$m(a)$ の最小値を求めよ．

（23 青森公立大・経営経済）

▶解答◀ （1） $f(x)$ は区間の端または頂点の位置で最小になる．ただし $f(-1)$ が最小値として有効なのは $a\leqq -1\leqq a+6$ のときである．

$$f(x)=\frac{1}{2}(x+1)^2+a-\frac{1}{2}$$

$$f(a)=\frac{1}{2}a^2+2a=\frac{1}{2}(a+2)^2-2$$

$$f(a+6)=\frac{1}{2}(a+6)^2+a+6+a$$

$$=\frac{1}{2}a^2+8a+24$$

$$=\frac{1}{2}(a+8)^2-8$$

$$f(-1)=a-\frac{1}{2}$$

3 曲線 $C_1:Y=f(a)$，$C_2:Y=f(a+6)$，$C_3:Y=f(-1)$ を描くと図のようになる．ただし，C_3 は $-7\leqq a\leqq -1$ だけで考える．この一番下側の太線が $Y=m(a)$ のグラフである．これを見て読み取る．

$a\leqq -7$ のとき $m(a)=\frac{1}{2}a^2+8a+24$

$-7\leqq a\leqq -1$ のとき $m(a)=a-\frac{1}{2}$

$a\geqq -1$ のとき $m(a)=\frac{1}{2}a^2+2a$

（2） $m(a)$ は $a=-8$ のとき最小値 $\boldsymbol{-8}$ をとる．

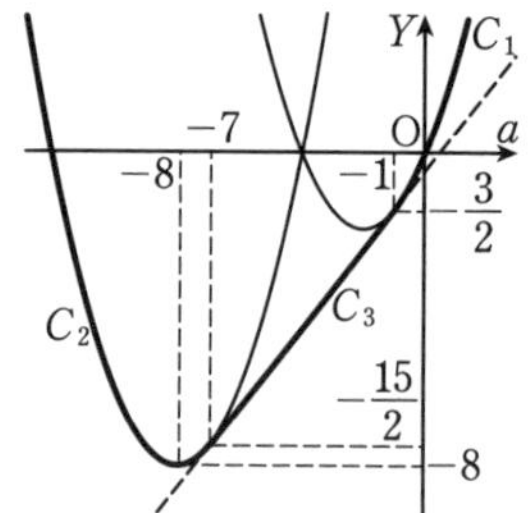

◆別解◆ （ア） $a+6\leqq -1$ のとき

$$m(a)=f(a+6)=\frac{1}{2}(a+8)^2-8$$

（イ） $a\leqq -1\leqq a+6$ のとき

$$m(a)=f(-1)=a-\frac{1}{2}$$

（ウ） $-1\leqq a$ のとき

$$m(a)=f(a)=\frac{1}{2}(a+2)^2-2$$

あとは解答と同じ．

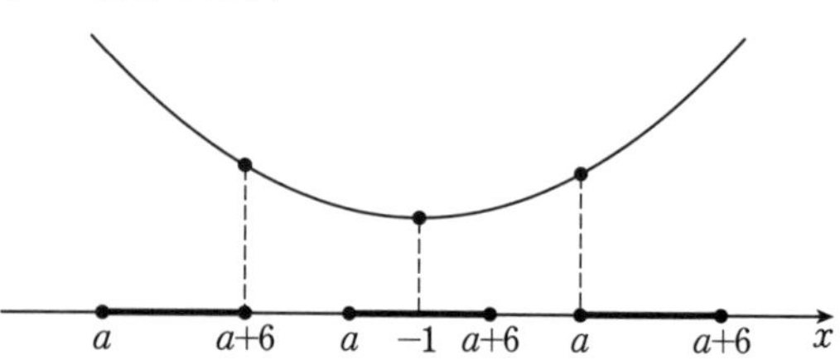

《最大 (A2)》

57. 実数 x,y が，$x>0,\ y>0,\ 2x+y=1$ を満たすとき，xy のとりうる値の最大値を求めよ．ま

た，そのときの x, y の値を記せ．

（23　岩手大・前期）

▶解答◀　$x>0$ と $y=1-2x>0$ から $0<x<\frac{1}{2}$ である．

$$xy=x(1-2x)=-2x^2+x$$

$$=-2\left(x-\frac{1}{4}\right)^2+\frac{1}{8}$$

$x=\boldsymbol{\frac{1}{4}}, y=1-2\cdot\frac{1}{4}=\boldsymbol{\frac{1}{2}}$ のとき最大で最大値は $\boldsymbol{\frac{1}{8}}$

《最小（B15）☆》

58．a を実数とする．関数

$f(x)=x^2-ax-a^2\ (0\leqq x\leqq 4)$

について，次の問に答えよ．

（1）$f(x)$ の最小値は a を用いて次のように表される．

$a<$ [1)] のとき，$f(x)$ の最小値は，$-a^2$

[1)] $\leqq a\leqq$ [2)] のとき，$f(x)$ の最小値は，

$-\dfrac{[3)]}{[4)]}a^2$

[2)] $<a$ のとき，$f(x)$ の最小値は，

$-a^2-$ [5)] $a+$ [6)][7)]

である．

（2）$0\leqq x\leqq 4$ における $f(x)$ の最大値が 11 となるとき，a の値は $-$[8)]，[9)] である．

（23　星薬大・B 方式）

▶解答◀　（1）$f(x)=\left(x-\frac{a}{2}\right)^2-\frac{5}{4}a^2$ の $0\leqq x\leqq 4$ における最小値を m，最大値を M とおくと，m と M は区間の端または頂点でとるから $f(0)=-a^2$，$f(4)=-a^2-4a+16$, $f\left(\frac{a}{2}\right)=-\frac{5}{4}a^2$ の中にあり，$0\leqq\frac{a}{2}\leqq 4$，すなわち $0\leqq a\leqq 8$ のときに m は $f\left(\frac{a}{2}\right)$ である．

$-a^2=-a^2-4a+16$ の解は $a=4$ である．図 1 の下の太線が m（左から C_1, C_3, C_2 とつなぐ）のグラフ，上の太線が M（左から C_2, C_1 とつなぐ）のグラフとなる．$C_1:Y=-a^2$，$C_2:Y=-(a+2)^2+20$，$C_3:Y=-\frac{5}{4}a^2\ (0\leqq a\leqq 8)$ である．

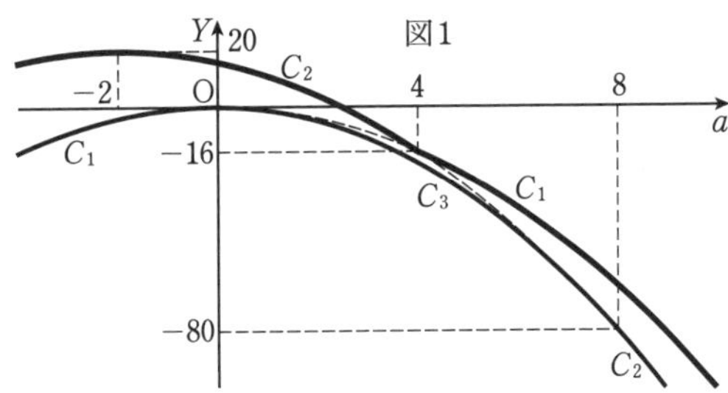

見づらい．それは最大・最小の考察では本質的でない $-a^2$ があるためである．

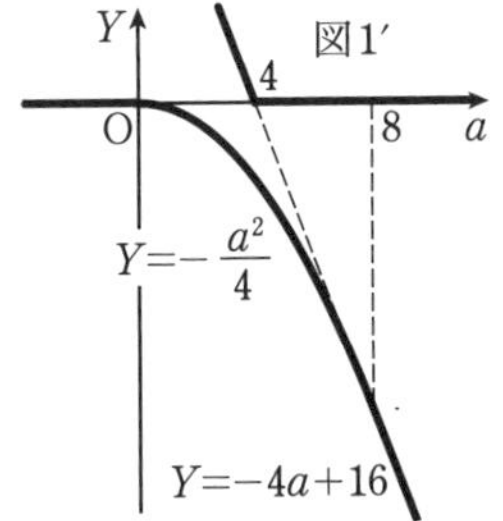

そこで $g(x)=x^2-ax$ として，$g(x)$ の $0\leqq x\leqq 4$ における最小値を m_1，最大値を M_1 とする．m_1, M_1 は $g(0)=0$，$g(4)=-4a+16$，$g\left(\frac{a}{2}\right)=-\frac{a^2}{4}$ の中にある．$g\left(\frac{a}{2}\right)$ が有効なのは $0\leqq\frac{a}{2}\leqq 4$，すなわち $0\leqq a\leqq 8$ のときで，そのとき $m_1=-\frac{a^2}{4}$ である．図 1′ を見よ．$Y=0$，$Y=-\frac{a^2}{4}$，$Y=-4a+16$ のグラフで上側の太線が $Y=M_1$，下側の太線が $Y=m_1$ を表す．これから読み取って $M=M_1-a^2, m=m_1-a^2$ を求める．

$a<\boldsymbol{0}$ のとき $m=-a^2$

$0\leqq a\leqq\boldsymbol{8}$ のとき $m=\boldsymbol{-\frac{5}{4}a^2}$

$8<a$ のとき $m=\boldsymbol{-a^2-4a+16}$

（2）図 1 を使う場合は $M=11$ になるときは $M=-a^2-4a+16$ で $-a^2-4a+16=11, a\leqq 4$ を解く．$a^2+4a-5=0$ から $(a+5)(a-1)=0$

$a=\boldsymbol{-5, 1}$ となる．

図 1′ を使う場合は $a\geqq 4$ では $M_1=0$ だから $M=-a^2\leqq 0$ であり，$M=11$ にならない．ゆえに $M=11$ になるのは $a\leqq 4$ のときで $M_1=-4a+16$，$M=-a^2-4a+16$ となる．後は上と同じである．

♦別解♦　図 2 と図 3 は $y=f(x)$ を止めて，相対的に区間を左右にずらした図である．ただし，実際の曲線 $y=f(x)$ は $f(0)=-a^2<0$ で x 軸と交点をもつから，図の x 軸との上下関係は正しくない．

（1）図 2 を見よ．

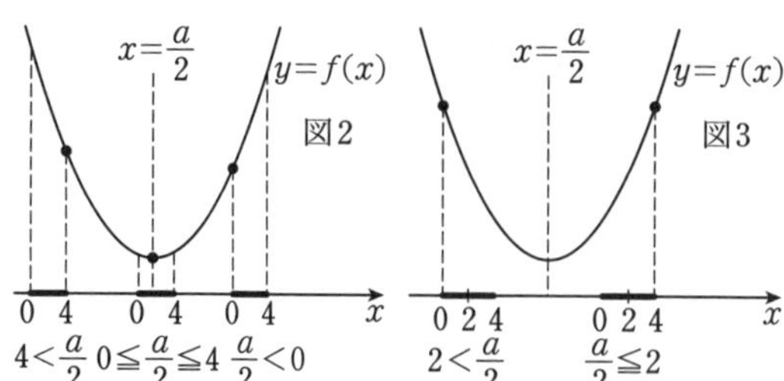

$\dfrac{a}{2}<0$ すなわち $a<\mathbf{0}$ のとき．$m=f(0)=-a^2$

$0\leqq\dfrac{a}{2}\leqq 4$ すなわち $0\leqq a\leqq \mathbf{8}$ のとき．

$m=f\left(\dfrac{a}{2}\right)=\boldsymbol{-\dfrac{5}{4}a^2}$

$4<\dfrac{a}{2}$ すなわち $8<a$ のとき．

$m=f(4)=\boldsymbol{-a^2-4a+16}$

（2） 図3を見よ．

$2<\dfrac{a}{2}$ のときは $M=f(0)=-a^2<0$ だから $M=11$ になることはない．$\dfrac{a}{2}\leqq 2$ のとき，すなわち $a\leqq 4$ のときは，$M=f(4)=-a^2-4a+16$ だから，$M=11$ となるとき $-a^2-4a+16=11$(後略)

《最小 (B5)》

59． 関数 $y=-2x^2+8x\ (a\leqq x\leqq a+2)$ が $x=a$ で最小値をとるのは，定数 a の値の範囲が □ のときである．また，この関数が $x=a+2$ で最小値をとるのは，定数 a の値の範囲が □ のときである．（23 三重県立看護大・前期）

▶解答◀ $y=8-2(x-2)^2$ の対称軸は $x=2$ であり，変域 $a\leqq x\leqq a+2$ の中点 $x=a+1$ と 2 の大小だけが問題である．グラフの上下位置を正しく描かない．

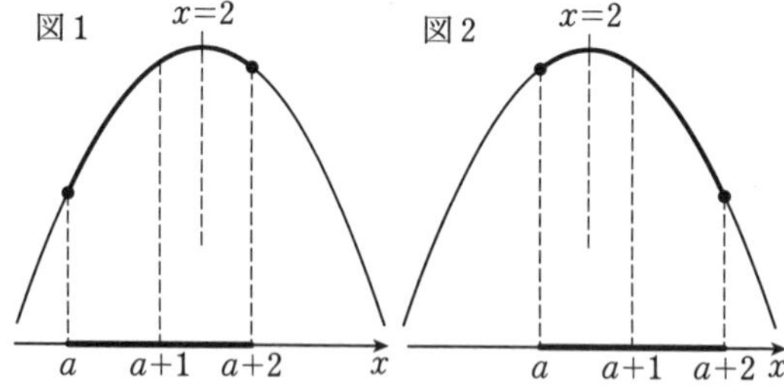

$x=a$ で最小となるのは $a+1\leqq 2$ のときで $\boldsymbol{a\leqq 1}$

$x=a+2$ で最小となるのは $2\leqq a+1$ のときで $\boldsymbol{1\leqq a}$

《最大・最小 (B15) ☆》

60． a を実数とし，2次関数 $f(x)=x^2+2ax-3$ を考える．実数 x が $a\leqq x\leqq a+3$ の範囲を動くときの $f(x)$ の最大値および最小値を，それぞれ $M(a)$ および $m(a)$ とする．以下の問いに答えよ．

（1） $M(a)$ を a を用いて表せ．

（2） $m(a)$ を a を用いて表せ．

（3） a がすべての実数を動くとき，$m(a)$ の最小値を求めよ．（23 東北大・文系）

▶解答◀ $f(x)=(x+a)^2-a^2-3$ である．連続関数の閉区間における最大・最小は区間の端，または極値でとる．$a\leqq x\leqq a+3$ における $f(x)$ の最大・最小の候補は

$$f(a)=a^2+2a^2-3=3a^2-3$$

$$f(a+3)=(a+3)^2+2a(a+3)-3$$

$$=3a^2+12a+6=3(a+2)^2-6$$

$$f(-a)=-a^2-3$$

のいずれかである．ただし，$f(-a)$ が候補となるのは $a\leqq -a\leqq a+3$，すなわち $-\dfrac{3}{2}\leqq a\leqq 0$ のときであり，このとき区間の端での値 $f(a)$, $f(a+3)$ は最小値として考える必要はない．これらのグラフを描いて図から読み取る．この系統の話では，懇切丁寧に考察すれば「接する」を示す必要は，常に起こらない．

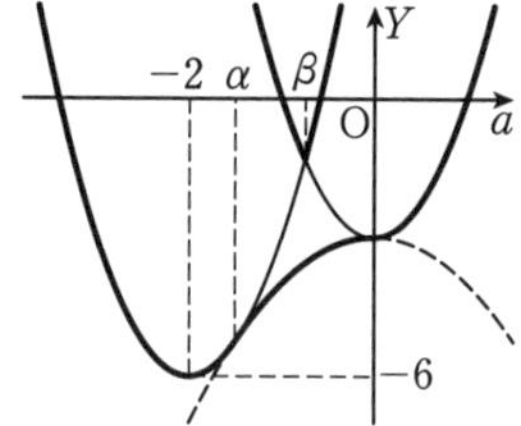

上の太線が $Y=M(a)$，下の太線が $Y=m(a)$ のグラフである．$f(a)=f(a+3)$ とすると

$$3a^2-3=3a^2+12a+6 \qquad \therefore\ a=-\frac{3}{4}$$

となる．図中で $\alpha=-\dfrac{3}{2}$, $\beta=-\dfrac{3}{4}$ である．

（1） グラフから読み取ると

$\boldsymbol{a\leqq-\dfrac{3}{4}}$ のとき $M(a)=\boldsymbol{3a^2-3}$

$\boldsymbol{a\geqq-\dfrac{3}{4}}$ のとき $M(a)=\boldsymbol{3a^2+12a+6}$

（2） グラフから読み取ると

$\boldsymbol{a\leqq-\dfrac{3}{2}}$ のとき $m(a)=\boldsymbol{3a^2+12a+6}$

$\boldsymbol{-\dfrac{3}{2}\leqq a\leqq 0}$ のとき $m(a)=\boldsymbol{-a^2-3}$

$\boldsymbol{a\geqq 0}$ のとき $m(a)=\boldsymbol{3a^2-3}$

（3） グラフから読み取ると，$m(a)$ は $a=-2$ で最小値 $\mathbf{-6}$ をとる．

◆別解◆ $f(x)=(x+a)^2-a^2-3$ である．図中で，$\gamma=\dfrac{3}{2}$ である．

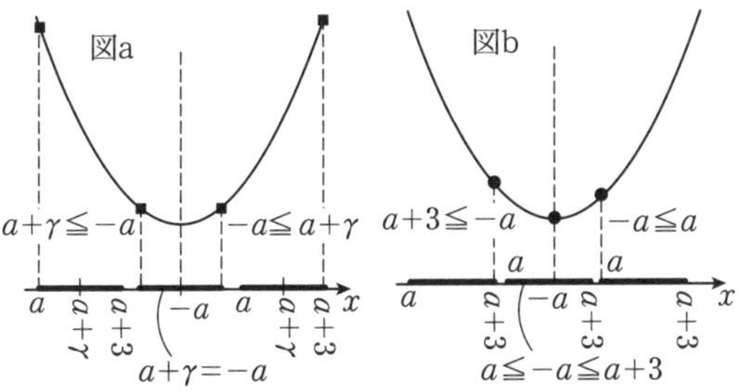

（1） 図aの $a+\gamma \leqq -a$ を見よ．区間 $a \leqq x \leqq a+3$ の中点 $x=a+\gamma$ と軸 $x=-a$ の左右を考え

$a+\gamma \leqq -a$（$\boldsymbol{a \leqq -\frac{3}{4}}$）のとき

$$M(a)=f(a)=\boldsymbol{3a^2-3}$$

図aの $-a \leqq a+\gamma$ を見よ．

$-a \leqq a+\gamma$（$\boldsymbol{a \geqq -\frac{3}{4}}$）のとき

$$M(a)=f(a+3)=\boldsymbol{3a^2+12a+6}$$

（2） 図bの $a+3 \leqq -a$ を見よ．区間 $a \leqq x \leqq a+3$ の右端 $x=a+3$ と軸 $x=-a$ の左右を考え

$a+3 \leqq -a$（$\boldsymbol{a \leqq -\frac{3}{2}}$）のとき

$$m(a)=f(a+3)=\boldsymbol{3a^2+12a+6}$$

軸 $x=-a$ が区間内 $a \leqq -a \leqq a+3$（$\boldsymbol{-\frac{3}{2} \leqq a \leqq 0}$）のとき

$$m(a)=f(-a)=\boldsymbol{-a^2-3}$$

図bの $-a \leqq a$ を見よ．左端 $x=a$ と軸 $x=-a$ の左右を考え $\boldsymbol{a \geqq 0}$ のとき

$$m(a)=f(a)=\boldsymbol{3a^2-3}$$

この方針は学校で習う方法だが，あまり愉快ではない．時間が掛かり，生徒に解かせると，わかりやすいが自分ではやりきれなくて諦める人が多い．この場合の「わかりやすい」は「見たことはある」ということであり，結局解ききることができないのだから，分かっていることにはならない．

《最小値の最小値・整数 (B15)》

61． n を正の整数とする．x の2次関数

$f(x)=(n+3)x^2-2(n^2+3n+3)x+1$

を考える．次の問いに答えよ．

（1） $n=1$ とする．m が整数の範囲を動くときの $f(m)$ の最小値，およびそのときの m の値を求めよ．

（2） $n \geqq 2$ とする．m が整数の範囲を動くとき，$f(m)$ が最小となる m を求めよ．

（23　富山大・理-数以外，工，都市デザイン）

▶解答◀ （1） $n=1$ のとき

$$f(x)=4x^2-14x+1$$
$$=4\left(x-\frac{7}{4}\right)^2-\frac{49}{4}+1$$

軸の方程式が $x=\frac{7}{4}$ であるから，m が $\frac{7}{4}$ に最も近い整数2になるとき $f(m)$ は最小となる．最小値

$f(2)=16-28+1=\boldsymbol{-11}$ であり，$m=\boldsymbol{2}$ である．

（2） $f(x)=(n+3)\left\{x^2-2\left(n+\frac{3}{n+3}\right)x\right\}+1$

$$=(n+3)\left\{x-\left(n+\frac{3}{n+3}\right)\right\}^2$$
$$-(n+3)\left(n+\frac{3}{n+3}\right)^2+1$$

$n \geqq 2$ であるから，$y=f(x)$ のグラフは，軸 $x=n+\frac{3}{n+3}$ に関して対称な下に凸のグラフである．

整数 m が $n+\frac{3}{n+3}$ に最も近い整数（n または $n+1$）のとき，$f(m)$ は最小となる．ここでは $n+\frac{3}{n+3}$ に最も近い整数を $g(n)=\left[n+\frac{3}{n+3}\right]$ と表すことにする．

$$g(2)=\left[2+\frac{3}{5}\right]=[2.6]=3$$
$$g(3)=\left[3+\frac{3}{6}\right]=[3.5]=3,\ 4$$
$$g(4)=\left[4+\frac{3}{7}\right]=[4.4\cdots]=4$$
$$m=3,\ 4$$

$n \geqq 5$ のとき

$\frac{3}{n+3} \leqq \frac{3}{8}\left(<\frac{1}{2}\right)$ であるから，$g(n)=n$

$\boldsymbol{n=2}$ **のとき** $\boldsymbol{m=3}$

$\boldsymbol{n=3}$ **のとき** $\boldsymbol{m=3,\ 4}$

$\boldsymbol{n \geqq 4}$ **のとき** $\boldsymbol{m=n}$

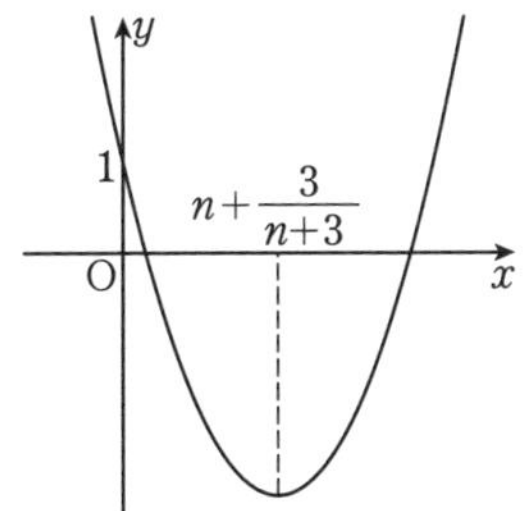

《最大・最小 (B20)》

62． a を実数とする．2次関数 $f(x)=-x^2+6x-8$ の $a \leqq x \leqq a+2$ における最大値を $M(a)$，最小値を $m(a)$ として，$g(a)=M(a)-m(a)$ とする．$g(3)=$ □ であり，a がすべての実数値をとりながら変化するとき，$g(a)$ の最小値は □ である．また，$g(a)=8$ のとき $a=$ **ア** または $a=$ **イ** である．ただし，**ア** ＜ **イ** とする．

（23　玉川大・全）

▶解答◀ $f(x)=-x^2+6x-8$

$=-(x-3)^2+1$

最大値，最小値は区間の端または頂点の位置でとるから

$f(a)=-(a-3)^2+1$

$f(a+2)=-(a-1)^2+1,\ f(3)=1$

のいずれかになる．ただし，$f(3)$ は $a \leqq 3 \leqq a+2$ すなわち $1 \leqq a \leqq 3$ のときに $M(a)$ として有効である．図１の上側の太線が $b=M(a)$ のグラフ，下側の太線が $b=m(a)$ のグラフである．

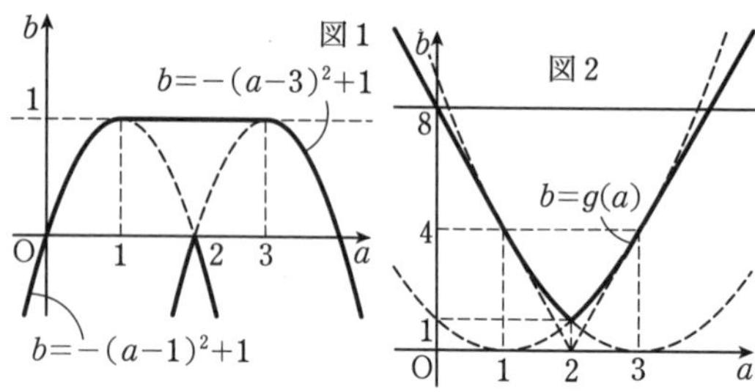

$a \leqq 1$ のとき $M(a)=-a^2+2a,\ m(a)=-a^2+6a-8$

$g(a)=(-a^2+2a)-(-a^2+6a-8)=-4a+8$

$1 \leqq a \leqq 2$ のとき $M(a)=1,\ m(a)=-a^2+6a-8$

$g(a)=1-(-a^2+6a-8)=(a-3)^2$

$2 \leqq a \leqq 3$ のとき $M(a)=1,\ m(a)=-a^2+2a$

$g(a)=1-(-a^2+2a)=(a-1)^2$

$a \geqq 3$ のとき $M(a)=-a^2+6a-8,\ m(a)=-a^2+2a$

$g(a)=4a-8$

よって，$b=g(a)$ のグラフは図２のようになるから，$g(3)=4\cdot3-8=\mathbf{4}$ であり，$g(a)$ の最小値は $g(2)=\mathbf{1}$

また，$g(a)=8$ となるのは $a \leqq 1$ または $a \geqq 3$ のときである．$a \leqq 1$ のとき

$-4a+8=8$　　　$\therefore\ a=0$

であり，これは $a \leqq 1$ をみたす．$a \geqq 3$ のとき

$4a-8=8$　　　$\therefore\ a=4$

であり，これは $a \geqq 3$ をみたす．

したがって，$a=\mathbf{0,\ 4}$

♦別解♦ 図で黒丸は $M(a)$ を与える点，黒い四角は $m(a)$ を与える点である．

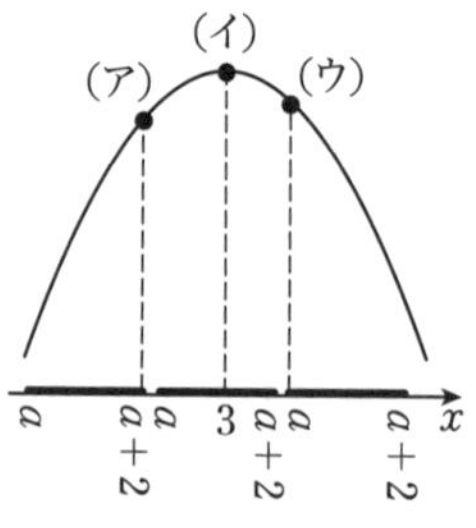

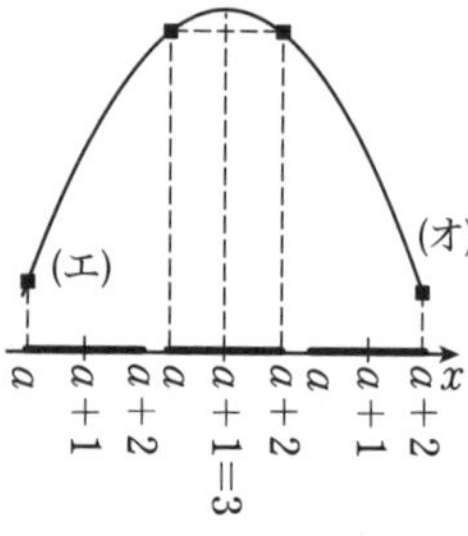

（ア）$a+2 \leqq 3$ のとき $M(a)=f(a+2)=1-(a-1)^2$

（イ）$a \leqq 3 \leqq a+2$ のとき $M(a)=f(3)=1$

（ウ）$3 \leqq a$ のとき $M(a)=f(a)=1-(a-3)^2$

（エ）$a+1 \leqq 3$ のとき $m(a)=f(a)=1-(a-3)^2$

（オ）$a+1 \geqq 3$ のとき $m(a)=f(a+2)=1-(a-1)^2$

分割の節になるのは $a=1,\ 2,\ 3$ である．

以下解答と同じように $g(a)$ が定まる．（後略）

《最大・最小 (B10) ☆》

63. a を正の実数とし，２次関数 $y=-x^2+6x$ の $a \leqq x \leqq 2a$ における最大値を M，最小値を m とする．

（１） $a=2$ のとき，$M-m=$ □ である．

（２） $M \geqq 0$ であるとき，a の取りうる値の範囲は □ である．

（３） $M-m=12$ のとき，$a=$ □ である．

（23　関西学院大・文系）

▶解答◀ （１） $f(x)=-x^2+6x$ とする．

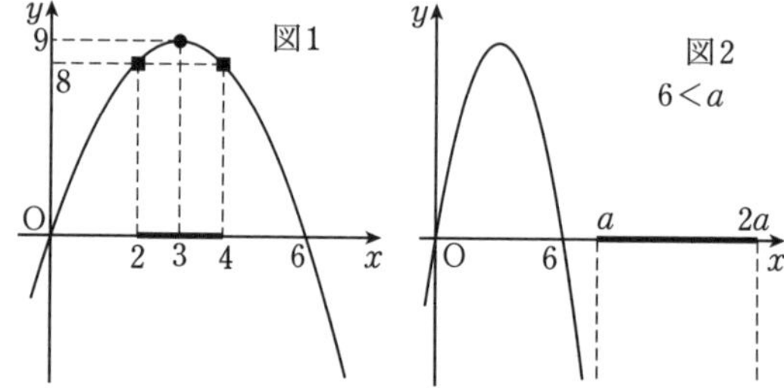

$f(x)=x(6-x)$ で，$f(x)=0$ の解は $x=0,\ 6$ であり，曲線 $y=f(x)$ の頂点は $(3,\ 9)$ である．

$a=2$ のとき（図１）$2 \leqq x \leqq 4$ における最大値 $M=f(3)=9$，最小値 $m=f(2)=f(4)=8$ であり，$M-m=\mathbf{1}$ である．

（２） $0 \leqq x \leqq 6$ のとき $f(x) \geqq 0$，$x>6$ のとき $f(x)<0$ である．$6<a$ のとき（図２）$a \leqq x \leqq 2a$ において $f(x)<0$ になり $M<0$ になる．$\mathbf{0<a \leqq 6}$ のとき $a \leqq x \leqq 2a$，$f(x) \geqq 0$ である x が存在し $M \geqq 0$ になる．

（３） $0<2a \leqq 6$ の場合には $0 \leqq f(x) \leqq 9$ の範囲で考

えるから $0 \leqq m < M \leqq 9$ であり，$M-m=12$ になるはずがない．だから，$a \geqq 3$（図 5）だけを考えればよいが「丁寧に場合分けせよ」と教わっている場合，そんなことに気づかないことも多いだろう．ここでは丁寧に説明する．図の■は m を，●は M を表す．

（ア） $0<2a \leqq 3$ のとき（図 3）．

$$M=f(2a)=-4a^2+12a,\ m=f(a)=-a^2+6a$$

$$M-m=-3a^2+6a=-3(a-1)^2+3$$

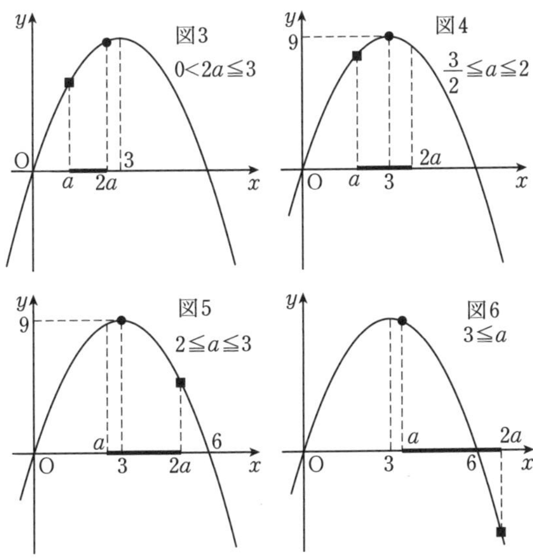

$a=2$ のとき変域の中点は $\dfrac{a+2a}{2}=\dfrac{3a}{2}=3$ となり，軸に重なる．

（イ） $\dfrac{3}{2} \leqq a \leqq 2$ のとき（図 4）．

$$M=f(3)=9,\ m=f(a)=-a^2+6a$$

$$M-m=a^2-6a+9=(a-3)^2$$

（ウ） $2 \leqq a \leqq 3$ のとき（図 5）．

$$M=f(3)=9,\ m=f(2a)=-4a^2+12a$$

$$M-m=4a^2-12a+9=(2a-3)^2$$

（エ） $3 \leqq a$ のとき（図 6）．

$$M=f(a)=-a^2+6a,\ m=f(2a)=-4a^2+12a$$

$$M-m=3a^2-6a$$

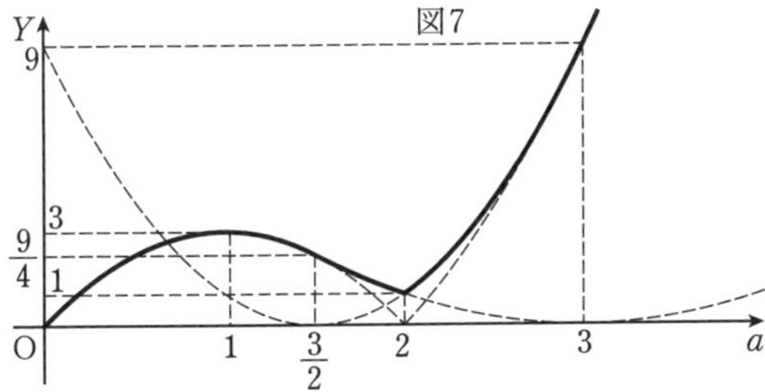

$Y=M-m$ のグラフを描くと図 7 のようになる．

さあ，本命部分だ．$M-m=12$ のとき $3a^2-6a=12$ となり，$a^2-2a-4=0$ である．

$a>3$ より $a=\mathbf{1+\sqrt{5}}$ である．

♦別解♦ **(iii)** 2 次関数は，閉区間において区間の端または頂点の位置で最大，最小をとる．M, m は

$$f(a)=-a^2+6a,\ f(2a)=-4a^2+12a,\ f(3)=9$$

の中にある．ただし $f(3)$ は $a \leqq 3 \leqq 2a$ $\left(\dfrac{3}{2} \leqq a \leqq 3\right)$ のときに最大値としてのみ有効である．$C_1 : b=-a(a-6)$, $C_2 : b=-4a(a-3)$ および直線 $b=9$ を図示（図 8）し，この上側をなぞったものが M のグラフで，下側をなぞったものが m のグラフである．なお $-a^2+6a=-4a^2+12a$ を解くと $a=0, 2$ となる．これから M, m を読み取る．

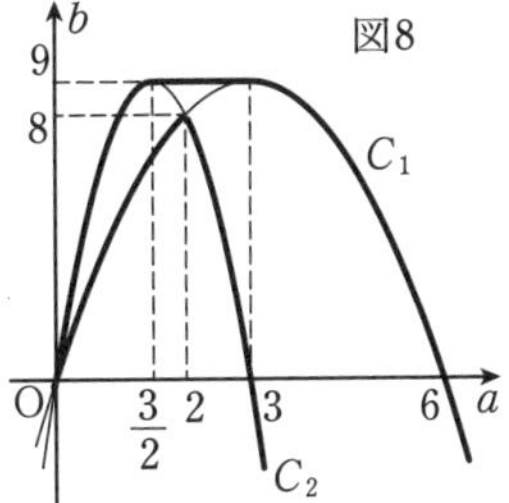

$0<a \leqq \dfrac{3}{2}$ のとき $M=-4a^2+12a,\ m=-a^2+6a$

$$M-m=-3a^2+6a$$

$\dfrac{3}{2} \leqq a \leqq 2$ のとき $M=9,\ m=-a^2+6a$

$$M-m=a^2-6a+9$$

$2 \leqq a \leqq 3$ のとき $M=9,\ m=-4a^2+12a$

$$M-m=4a^2-12a+9$$

$a \geqq 3$ のとき $M=-a^2+6a,\ m=-4a^2+12a$

$$M-m=3a^2-6a$$

図 7 を描いて以後は解答と同じである．

《放物線と長方形（B20）☆》

64． 次の条件（ア），（イ）をみたす下の図のような長方形 ABCD について，次の問いに答えよ．

（ア） A, D は第 1 象限の点で，放物線 $y=4x-x^2$ 上にある．

（イ） B, C は第 4 象限の点で，放物線 $y=\dfrac{x^2}{2}-2x$ 上にある．

（1） A の x 座標を t とするとき，長方形 ABCD の周の長さを t の式で表せ．

（2） 長方形 ABCD の周の長さの最大値と，そのときの A の座標を求めよ．

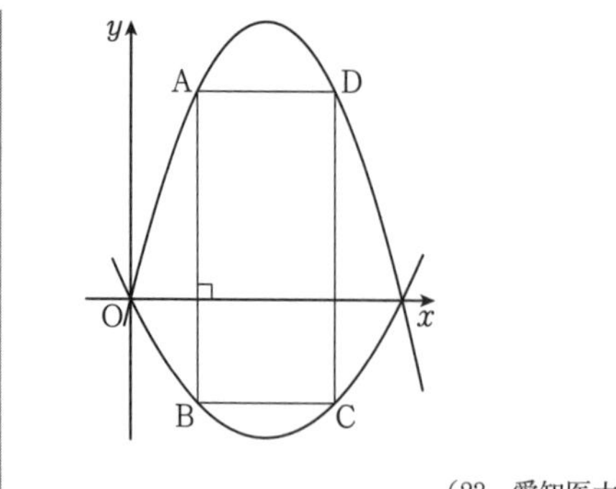

（23　愛知医大・看護）

▶解答◀　（1）　長方形 ABCD の周の長さを L とする．AD の中点を H とする．$A(t,\ 4t-t^2)$，$B\left(t,\ \dfrac{t^2}{2}-2t\right)$ であるから

$$AB=(4t-t^2)-\left(\frac{t^2}{2}-2t\right)=-\frac{3}{2}t^2+6t$$

$$L=2AB+4AH=2\left(-\frac{3}{2}t^2+6t\right)+4(2-t)$$

$$=\boldsymbol{-3t^2+8t+8}$$

（2）　$0<t<2$ である．このとき，

$L=-3\left(t-\dfrac{4}{3}\right)^2+\dfrac{40}{3}$ は $t=\dfrac{4}{3}$ で最大値 $\boldsymbol{\dfrac{40}{3}}$ をとり，このときの A の座標は $\boldsymbol{\left(\dfrac{4}{3},\ \dfrac{32}{9}\right)}$

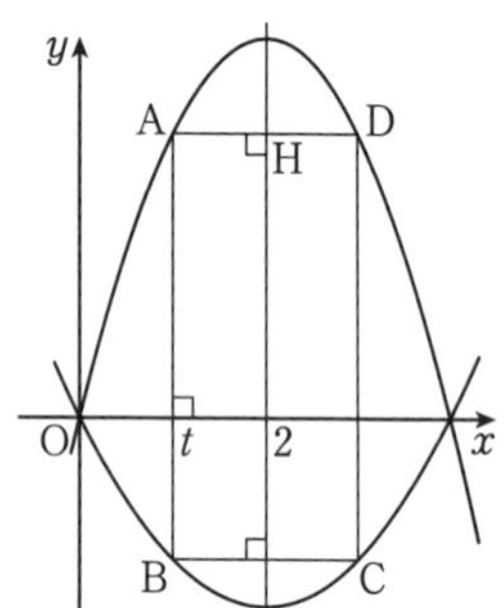

《放物線と長方形（B10）》

65. 図のような，放物線 $y=-x^2+6x-5$ と x 軸で囲まれる図形に内接する長方形 ABCD がある．B の x 座標を t とするとき，t のとり得る値の範囲は□であり，C の x 座標は t を用いて表すと□である．このとき，AB の長さ，BC の長さは t を用いて表すと，それぞれ□，□である．長方形 ABCD の周囲の長さが最大になるとき，t の値は□であり，このときの AB の長さ，BC の長さはそれぞれ□，□である．また，長方形 ABCD が正方形になるとき，t の値は□であり，このときの正方形の面積は□である．

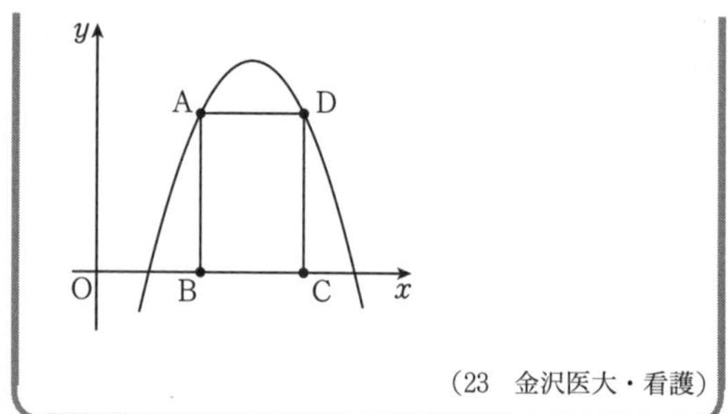

（23　金沢医大・看護）

▶解答◀　$y=-x^2+6x-5$

$y=-(x-3)^2+4$

$y=-(x-1)(x-5)$

図を見よ．t のとりうる値の範囲は $\boldsymbol{1<t<3}$ である．

C の x 座標を x とする．B と C は $x=3$ に関して対称な位置にあるから

$$\frac{x+t}{2}=3 \qquad \therefore\quad x=\boldsymbol{6-t}$$

$AB=\boldsymbol{-t^2+6t-5}$

$BC=6-t-t=\boldsymbol{6-2t}$

長方形 ABCD の周の長さは

$$2(AB+BC)=2(-t^2+6t-5+6-2t)$$

$$=-2(t-2)^2+10$$

$t=\boldsymbol{2}$ のとき最大で，$AB=\boldsymbol{3}$，$BC=\boldsymbol{2}$

長方形 ABCD が正方形になるとき

$AB=BC$

$-t^2+6t-5=6-2t$

$t^2-8t+11=0$

$1<t<3$ に注意して，$t=\boldsymbol{4-\sqrt{5}}$

正方形の面積は

$$BC^2=(6-8+2\sqrt{5})^2$$

$$=(2\sqrt{5}-2)^2=\boldsymbol{24-8\sqrt{5}}$$

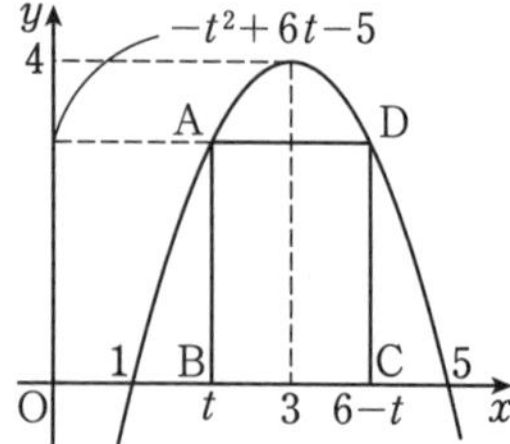

《2 変数の最小（B5）》

66. $x,\ y$ を実数とする．

$2x^2+y^2-2xy+14x-8y+18$

の値は $x=$□，$y=$□のとき最小となり，最小値は□である．

（23　日大）

▶解答◀ $2x^2+y^2-2xy+14x-8y+18$

$$=y^2-2(x+4)y+2x^2+14x+18$$
$$=\{y-(x+4)\}^2-(x+4)^2+2x^2+14x+18$$
$$=\{y-(x+4)\}^2+x^2+6x+2$$
$$=\{y-(x+4)\}^2+(x+3)^2-7$$

であるから，$x=\mathbf{-3}$, $y=x+4=\mathbf{1}$ のとき，最小となり，最小値は $\mathbf{-7}$ である．

《2 変数の最小 (B20)》

67． a は $1\leqq a\leqq 2$ を満たす実数の定数とし，$f(x)=x^2+(10a-14)x+(a+1)^2$ とおく．
また，$0\leqq x\leqq 7-3a$ における $f(x)$ の最大値を M，最小値を m とおく．

（1） $a=\dfrac{6}{5}$ のとき，$M=\dfrac{\square}{\square}$ であり，$m=\dfrac{\square}{\square}$ である．

（2） M の値が最も大きくなるのは，$a=\dfrac{\square}{\square}$ のときであり，そのとき $m=\dfrac{\square}{\square}$ である．

（23　法政大・文系）

▶解答◀ （1） $a=\dfrac{6}{5}$ のとき

$$f(x)=x^2-2x+\frac{121}{25}=(x-1)^2+\frac{96}{25}$$

変域は $0\leqq x\leqq \dfrac{17}{5}$ となり

$$M=f\left(\frac{17}{5}\right)=\frac{144}{25}+\frac{96}{25}=\mathbf{\frac{48}{5}}$$
$$m=f(1)=\mathbf{\frac{96}{25}}$$

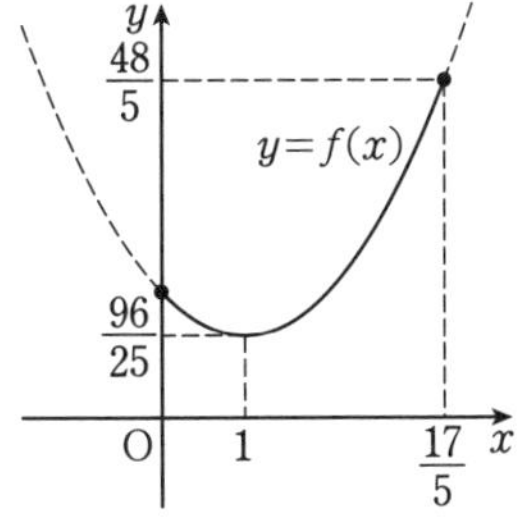

（2） 最大値は区間の端でとり，最大値は

$$f(0)=(a+1)^2=a^2+2a+1$$
$$f(7-3a)=(7-3a)^2+(10a-14)(7-3a)+(a+1)^2$$
$$=-20a^2+72a-48=-20\left(a-\frac{9}{5}\right)^2+\frac{84}{5}$$

の中にあるが

$$f(0)-f(7-3a)=21a^2-70a+49$$
$$=7(a-1)(3a-7)\leqq 0$$

であるから

$$M=f(7-3a)=-20\left(a-\frac{9}{5}\right)^2+\frac{84}{5}$$

M が最大となるのは，$a=\mathbf{\dfrac{9}{5}}$ のときである．このとき

$$f(x)=x^2+4x+\frac{196}{25}=(x+2)^2+\frac{96}{25}$$

$7-3a=\dfrac{8}{5}$ より，$0\leqq x\leqq \dfrac{8}{5}$ において最小値 m は

$$m=f(0)=\mathbf{\frac{196}{25}}$$

◆別解◆ （2） $f(x)=(x+5a-7)^2$
$$-(5a-7)^2+(a+1)^2$$
$$=(x+5a-7)^2-24a^2+72a-48$$

区間 $0\leqq x\leqq 7-3a$ の真ん中 $\dfrac{7-3a}{2}$ と軸 $x=-5a+7$ において，$1\leqq a\leqq 2$ であるから

$$\frac{7-3a}{2}-(-5a+7)=\frac{7a-7}{2}\geqq 0$$

となり

$$M=f(7-3a)=-20\left(a-\frac{9}{5}\right)^2+\frac{84}{5}$$

M は $a=\mathbf{\dfrac{9}{5}}$ のとき最大となる．

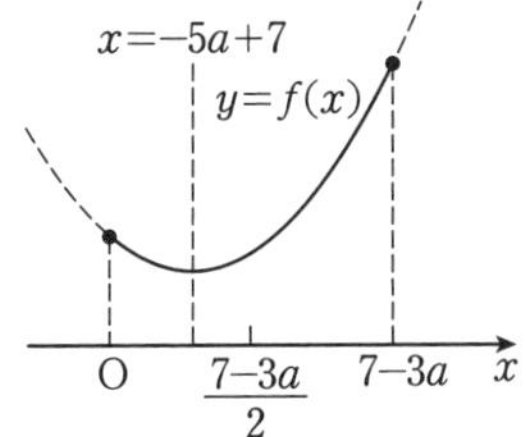

《2 変数で比べる (B10) ☆》

68． 2 つの 2 次関数

$$f(x)=x^2+2x+a^2+9a-15,$$
$$g(x)=x^2+8x$$

がある．次の条件が成り立つような定数 a の値の範囲を求めよ．

（1） $-2\leqq x\leqq 2$ を満たす全ての実数 x_1, x_2 に対して $f(x_1)\geqq g(x_2)$ が成り立つのは，
$a\leqq -\square$,
$\square\leqq a$ のときである．

（2） $-2\leqq x\leqq 2$ を満たすある実数 x_1, x_2 に対して $f(x_1)\geqq g(x_2)$ が成り立つのは，
$a\leqq\square$, $\square\leqq a$ のときである．

（23　金城学院大）

▶解答◀ （1） 以下，$-2\leqq x\leqq 2$ で考える．

$$f(x)=(x+1)^2+a^2+9a-16$$

$$g(x)=(x+4)^2-16$$

$f(x)$ の最大値を M_f，最小値を m_f，$g(x)$ の最大値を M_g，最小値を m_g とおく．

$$M_f=f(2)=a^2+9a-7$$

$$m_f=f(-1)=a^2+9a-16$$

$$M_g=g(2)=20,\ m_g=g(-2)=-12$$

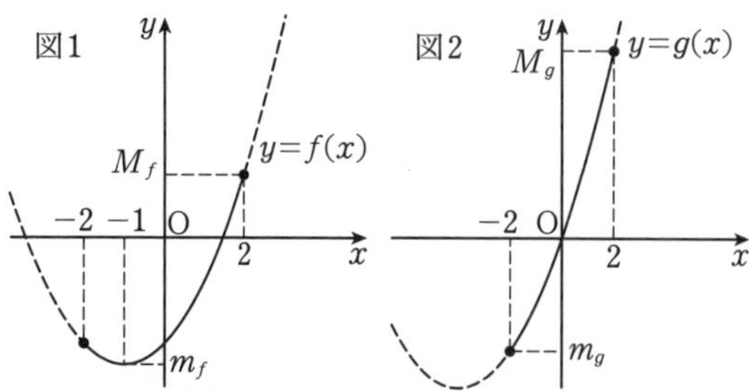

すべての実数 x_1,x_2 に対して $f(x_1)\geqq g(x_2)$ が成り立つのは，$m_f\geqq M_g$ になるときである（図3）.

$$a^2+9a-16\geqq 20$$

$$a^2+9a-36\geqq 0$$

$$(a+12)(a-3)\geqq 0 \qquad \therefore\quad \boldsymbol{a\leqq -12,\ 3\leqq a}$$

（**2**） $f(x_1)\geqq g(x_2)$ が成り立つ実数 x_1,x_2 が存在するのは，$M_f\geqq m_g$ のときである（図4）.

$$a^2+9a-7\geqq -12$$

$$a^2+9a+5\geqq 0$$

$$a\leqq \boldsymbol{\frac{-9-\sqrt{61}}{2}},\ \boldsymbol{\frac{-9+\sqrt{61}}{2}}\leqq a$$

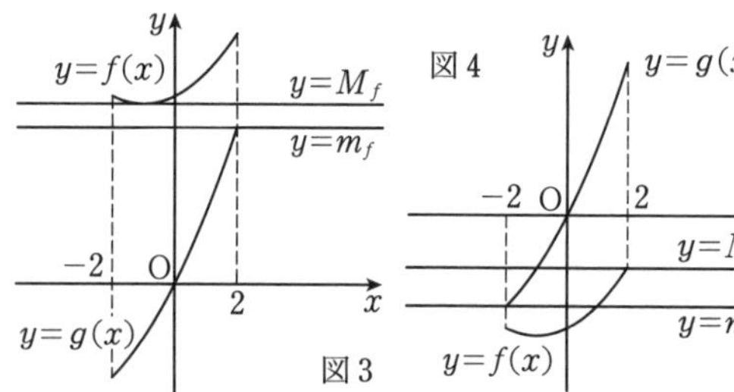

【2 次方程式】

《共通解（B5）☆》

69. a,b を定数とする．x についての 3 つの 2 次方程式

$$x^2+(1-a)x-a=0,$$

$$2x^2-(8+b)x+4b=0,$$

$$3x^2-(a+6b)x+2ab=0$$

には，正の共通解が一つある．このとき $a=$ $\square$, $b=$ $\square$ である．

（23　大阪経済大）

▶解答◀ 共通解の問題だからといって「共通解を α として，2 つから α^2 を消す」と，すると，これが簡単な式にならない．3 つの方程式は

$$(x+1)(x-a)=0 \cdots\cdots①$$

$$(x-4)(2x-b)=0 \cdots\cdots②$$

$$(3x-a)(x-2b)=0 \cdots\cdots③$$

となる．① の $x=-1$ は「正の共通解」としては不適で，共通解は $x=a>0$ である．これを ③ に代入して $2a(a-2b)=0$ となる．$a>0$ だから $a=2b$ となり，$x=a$ だから $x=2b>0$ となる．これを ② に代入し $3b(2b-4)=0$ となる．$\boldsymbol{b=2,\ a=4}$ となる．このとき，① の解は $x=-1,4$，② の解は $x=1,4$，③ の解は $x=\frac{4}{3},4$ となり，確かに共通解は $x=4$ だけである．

《連立方程式（B5）》

70. 絶対値を含む連立方程式

$$\begin{cases} x-2=(1-x)y \\ y=|-4x+5| \end{cases}$$

をみたす x は $\dfrac{\square}{\square}$ である．

（23　大東文化大）

▶解答◀ $y=|4x-5|$ について $x\geqq\frac{5}{4}$ のとき $y=4x-5$ である．これを $x-2=(1-x)y$ に代入し

$$x-2=(1-x)(4x-5)$$

$$4x^2-8x+3=0$$

$$(2x-1)(2x-3)=0$$

$x\geqq\frac{5}{4}$ の解は $x=\boldsymbol{\frac{3}{2}}$

空欄は 1 つしかないからこれが解であるが，$x\leqq\frac{5}{4}$ のときには $x-2=(1-x)(5-4x)$ となり，$4x^2-10x+7=0$ である．判別式が負になり，実数解をもたない．

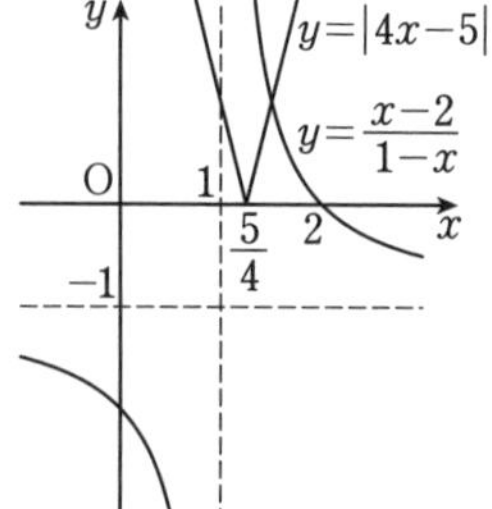

《文字定数は分離（B10）☆》

71. p を実数とする．曲線 $y=|x^2+x-2|$ と直線 $y=x+p$ の共有点の個数を求めよ．

（23　千葉大・前期）

▶解答◀ $f(x)=|(x+2)(x-1)|-x$

とおく．

$x \leqq -2,\ 1 \leqq x$ のとき，

$$f(x) = x^2 - 2$$

$-2 \leqq x \leqq 1$ のとき，

$$f(x) = -x^2 - 2x + 2 = -(x+1)^2 + 3$$

であるから，$y = f(x)$ のグラフは図のようになる．

求める共有点の個数は，これと $y = p$ との共有点の個数である．

$f(-2) = 2,\ f(1) = -1$ であるから，求める個数は

$p < -1$ のとき **0**

$p = -1$ のとき **1**

$-1 < p < 2$ のとき **2**

$p = 2$ のとき **3**

$2 < p < 3$ のとき **4**

$p = 3$ のとき **3**

$p > 3$ のとき **2**

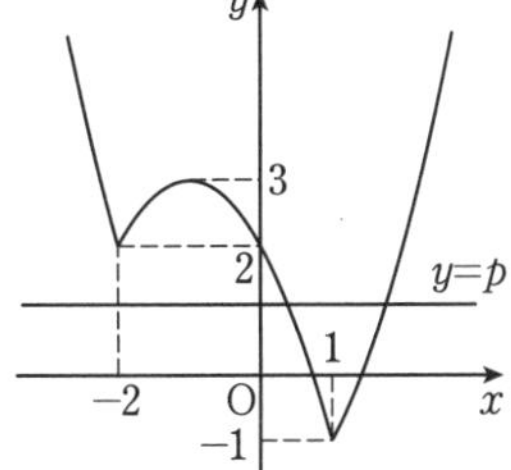

《文字定数は分離 (B10)》

72. 関数 $f(x) = |x^2 - x - 2| - x$ について，次の問いに答えよ．

（1） 不等式 $x^2 - x - 2 < 0$ を解け．

（2） 曲線 $y = f(x)\ (-3 \leqq x \leqq 5)$ のグラフをかけ．

（3） 方程式 $f(x) = k$ の実数解の個数が 2 個となるような定数 k の範囲を求めよ．（23　中部大）

▶解答◀ （1） $x^2 - x - 2 < 0$

$$(x-2)(x+1) < 0 \qquad \therefore\ \boldsymbol{-1 < x < 2}$$

（2） $x^2 - x - 2 \geqq 0$ のとき，$x \leqq -1,\ x \geqq 2$ である．このとき

$$f(x) = (x^2 - x - 2) - x$$
$$= x^2 - 2x - 2 = (x-1)^2 - 3$$

であり，$f(-3) = 13,\ f(5) = 13$ である．$x^2 - x - 2 \leqq 0$ のとき，$-1 \leqq x \leqq 2$ である．このとき

$$f(x) = -(x^2 - x - 2) - x = -x^2 + 2$$

したがって，$-3 \leqq x \leqq 5$ で $y = f(x)$ のグラフは図 1 のようになる．

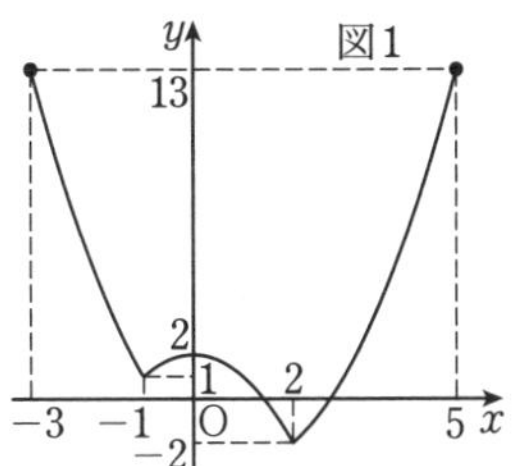

（3） （2）は $-3 \leqq x \leqq 5$ だが，ここでは $-3 \leqq x \leqq 5$ がないことに注意せよ．

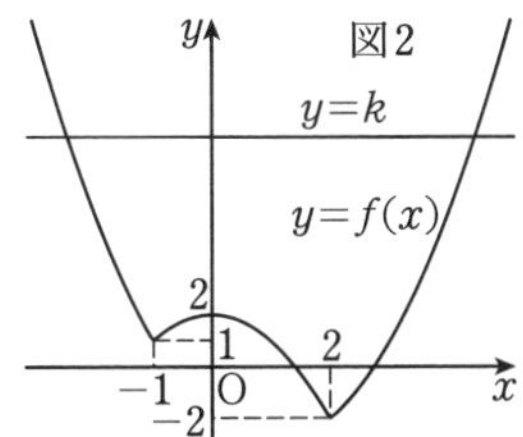

曲線 $y = f(x)$ と直線 $y = k$ が異なる 2 点で交わるときを考えて，$\boldsymbol{-2 < k < 1,\ k > 2}$ である．

《絶対値でグラフ (B5)》

73. 絶対値を含む連立方程式

$$\begin{cases} x - 2 = (1-x)y \\ y = |-4x + 5| \end{cases}$$

をみたす x は $\dfrac{\square}{\square}$ である．ただし x, y は実数とする．（23　大東文化大）

考え方 迂闊な問題文が多いから，適宜補っている．「ただし x, y は実数とする」は原題にはなかった．仮に複素数だとしても，こんな複素数の方程式を解いても，なんの意味もない．また，およそのグラフを描けば $x < \dfrac{5}{4}$ に答えはないと分かる．

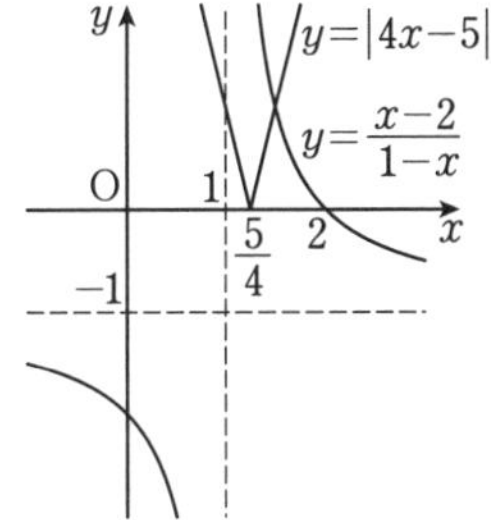

▶解答◀ $x - 2 = (1-x)y$ ……………………………①

$y = |-4x + 5|$ ……………………………②

（ア） $x \geqq \dfrac{5}{4}$ のとき．② は $y = 4x - 5$

① に代入して

$$x - 2 = (1-x)(4x-5)$$
$$4x^2 - 8x + 3 = 0$$

$$(2x-3)(2x-1)=0$$

$x \geqq \dfrac{5}{4}$ より $x = \boldsymbol{\dfrac{3}{2}}$

であり，空欄は1つしかないからこれが答えである．次はやる必要はないが，一応書いておく．

（イ） $x \leqq \dfrac{5}{4}$ のとき．② は $y=-4x+5$

① に代入して

$$x-2=(1-x)(-4x+5)$$

$$4x^2-10x+7=0$$

$x=\dfrac{5\pm\sqrt{-3}}{4}$ は実数ではないから不適．

《文字定数は分離（B10）☆》

74. 関数

$$f(x)=|x^3-10x^2+9x|$$

を考える．$y=f(x)$ のグラフと直線 $y=ax$ の共有点の個数が4であるような実数 a の範囲を求めよ．（23　学習院大・経済）

▶解答◀ $|x(x-1)(x-9)|=ax$

$x=0$ で成り立つ．$x \neq 0$ のとき

$$\frac{|x|}{x}|(x-1)(x-9)|=a$$

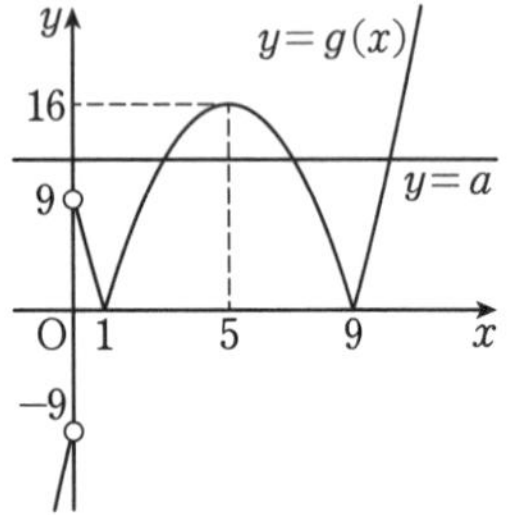

$g(x)=\dfrac{|x|}{x}|(x-1)(x-9)|$ とおく．

$x>0$ のとき $g(x)=|(x-1)(x-9)|$

$x<0$ のとき $g(x)=-|(x-1)(x-9)|$

曲線 $y=g(x)$ $(x \neq 0)$ は図のようになる．これと直線 $y=a$ が3交点をもつ条件を考え，$\boldsymbol{9 \leqq a < 16}$

注意 1°【折り返す】$y=|(x-1)(x-9)|$ のグラフは $y=(x-1)(x-9)$ のグラフを描いて $y<0$ の部分を x 軸に関して対称に折り返す．対称軸は $x=\dfrac{1}{2}(1+9)=5$ である．そのときの y の値は $y=|(5-1)(5-9)|=16$ である．平方完成などしなくてもよい．

2°【符号関数】$\dfrac{|x|}{x}=\mathrm{sgn}(x)$ と書いて，$x>0$ のとき $\mathrm{sgn}(x)=1$，$x<0$ のとき $\mathrm{sgn}(x)=-1$ である．sgn はシグナムと読む．今は $x=0$ では $\dfrac{|x|}{x}$ は定義されないが，もともと $x=0$ でも $\mathrm{sgn}(x)=1$ と定めれば

$$\mathrm{sgn}(x)|(x-1)(x-9)|=a$$

という方程式を考えればよいことになる．

《見た目の2次方程式（B2）☆》

75. 方程式 $ax^2-6x+a-8=0$ が唯一つの実数解を持つような実数の定数 a の値とその解を求めなさい．（23　東北福祉大）

▶解答◀ $a=0$ のとき $-6x-8=0$ で

$x=-\dfrac{4}{3}$ となる．

$a \neq 0$ のとき，判別式を D として

$$x=\frac{3\pm\sqrt{\frac{D}{4}}}{a}$$

$$\frac{D}{4}=9-a(a-8)=-a^2+8a+9$$

$$=-(a+1)(a-9)$$

実数解がただ1つになるのは $D=0$ すなわち $a=-1, 9$ のときである．重解は $x=\dfrac{3}{a}$ である．

$\boldsymbol{a=0,\ x=-\dfrac{4}{3}}$

$\boldsymbol{a=-1,\ x=-3}$

$\boldsymbol{a=9,\ x=\dfrac{1}{3}}$

《判別式の判別式（B10）》

76. a と b を実数の定数とする．a がいかなる値をとっても2次方程式

$2x^2-4ax+4a^2+2ab-8a-b+4=0$

が実数解をもたないとき，b のとり得る値の範囲は $\square < b < \square$ である．（23　立正大・経済）

▶解答◀ x の2次式 $2x^2-4ax+4a^2+2ab-8a-b+4$ の判別式を D_1 とすると

$$\frac{D_1}{4}=(-2a)^2-2\cdot(4a^2+2ab-8a-b+4)$$

$$=-4a^2-(4b-16)a+2b-8$$

である．実数解をもたないから $\dfrac{D_1}{4}<0$ であり，

$$2a^2+2(b-4)a-b+4>0 \quad \cdots\cdots①$$

a の2次式 $2a^2+2(b-4)a-b+4$ の判別式を D_2 として，$\dfrac{D_2}{4}=(b-4)^2-2(-b+4)=(b-4)(b-2)$ となり，① がすべての実数 a で成り立つ条件は，$\dfrac{D_2}{4}<0$ である．$\boldsymbol{2<b<4}$

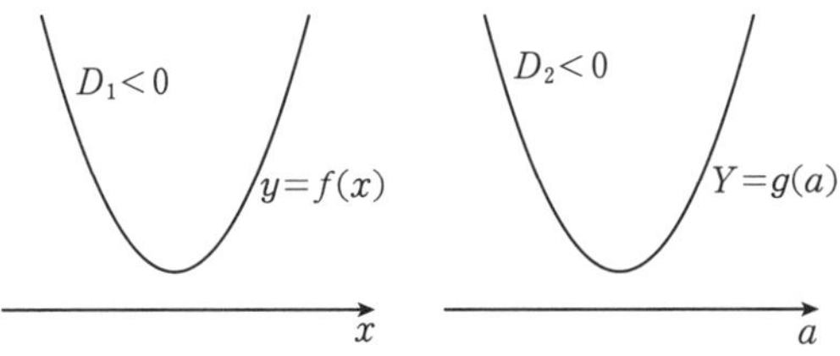

ただし，$f(x)=2x^2-4ax+4a^2+2ab-8a-b+4$, $g(a)=2a^2+2(b-4)a-b+4$ とする．

注意【平方完成を繰り返す】

$f(x)=2(x-a)^2+2a^2+2ab-8a-b+4$

$=2(x-a)^2+2(a^2+a(b-4))-b+4$

$=2(x-a)^2+2\left(a+\frac{1}{2}(b-4)\right)^2-\frac{1}{2}(b-4)^2-b+4$

$=2(x-a)^2+2\left(a+\frac{1}{2}(b-4)\right)^2-\frac{1}{2}(b-4)(b-2)$

x および a を変化させたときの最小値

$-\frac{1}{2}(b-4)(b-2)>0$ ならば $f(x)=0$ は実数解をもたない．$-\frac{1}{2}(b-4)(b-2)<0$ ならば $a+\frac{1}{2}(b-4)=0$ のときには $f(x)=0$ は実数解をもつ．

【2 次方程式の解の配置】

《$x>\frac{1}{5}$ の 2 解 (B5)》

77． m を実数の定数とする．2 次方程式

$$x^2+3mx+3m+\frac{5}{4}=0 \cdots\cdots ①$$

について，次の問いに答えよ．

（1） ①が $x=\frac{1}{2}$ を解にもつとき，m の値を求めよ．

（2） ①が $\frac{1}{5}$ より大きい異なる 2 つの実数解をもつように，m の値の範囲を求めよ．

（23 富山県立大・推薦）

▶解答◀ （1）

$$f(x)=x^2+3mx+3m+\frac{5}{4}$$

とおく．$f\left(\frac{1}{2}\right)=0$ のとき

$$\frac{9}{2}m+\frac{3}{2}=0 \qquad \therefore\ m=-\frac{1}{3}$$

（2） 判別式を D とおく．$f(x)=0$ が $x>\frac{1}{5}$ に異なる 2 つの実数解をもつ条件は

$$D=9m^2-4\left(3m+\frac{5}{4}\right)$$

$$=9m^2-12m-5$$

$$=(3m-5)(3m+1)>0$$

$$m<-\frac{1}{3},\ m>\frac{5}{3} \cdots\cdots ②$$

$y=f(x)$ の軸 $x=-\frac{3}{2}m$ について

$$-\frac{3}{2}m>\frac{1}{5}$$

$$m<-\frac{2}{15} \cdots\cdots ③$$

端点について

$$f\left(\frac{1}{5}\right)=\frac{18}{5}m+\frac{129}{100}>0$$

$$m>-\frac{43}{120} \cdots\cdots ④$$

②〜④より $\boldsymbol{-\frac{43}{120}<m<-\frac{1}{3}}$ である．

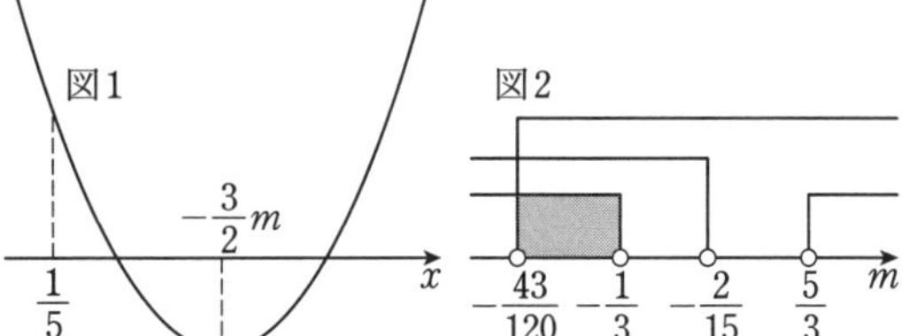

《整数解 (B10)》

78． a を自然数とし，$f(x)=x^2+a^2x+2a+2$ とおく．2 次方程式 $f(x)=0$ の 2 つの解 m, n は整数であるとする．

（1） $m<0, n<0, -a^2+2a+3\geqq 0$ であることを示せ．

（2） a の値を求めよ．（23 岐阜聖徳学園大）

▶解答◀ （1） a は自然数であるから $y=f(x)=x^2+a^2x+2a+2$ のグラフの軸について

$$x=-\frac{a^2}{2}<0$$

であり，

$$f(0)=2a+2>0$$

である．$f(x)=0$ の解が整数 m, n であるとき，$y=f(x)$ は x 軸と $x\leqq -1$ の部分で交わる（図参照）．

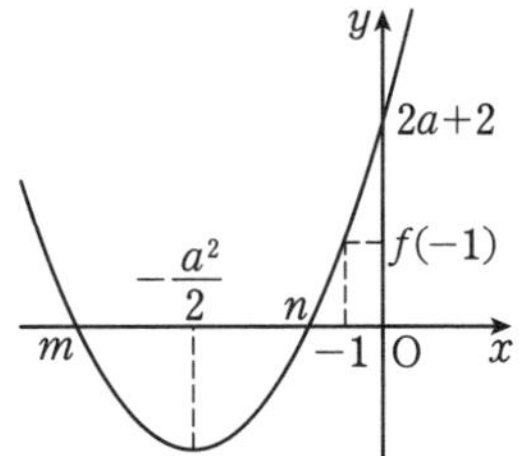

$m<0, n<0$ が成り立つ．m, n は負の整数であるから $m\leqq -1, n\leqq -1$ より $f(-1)\geqq 0$ が成り立つ．したがって

$$f(-1)=1-a^2+2a+2\geqq 0$$

$$-a^2+2a+3\geqq 0 \cdots\cdots ①$$

である．

（２） ① より $a^2-2a-3 \leqq 0$ であるから

$$(a+1)(a-3) \leqq 0$$

a は自然数であるから，$1 \leqq a \leqq 3$ となる．

また，判別式を D として $D=a^4-8a-8 \geqq 0$ となる．ここに $a=1, 2, 3$ を代入して成り立つのは $\boldsymbol{a=3}$ だけであり，このとき

$$f(x)=x^2+9x+8=(x+1)(x+8)$$

となるから 2 解は $x=-1, -8$ で適する．

《正の解と負の解（A2）》

79．2 次方程式 $x^2+3ax+a-2=0$ が正の解と負の解をもつとき，定数 a の値の範囲を求めなさい．（23　東邦大・看護）

▶解答◀ $f(x)=x^2+3ax+a-2$ とする．$f(x)=0$ が正の解と負の解をもつ条件は

$$f(0)<0$$

$$a-2<0 \qquad \therefore \quad \boldsymbol{a<2}$$

◆別解◆ α, β を異なる符号の解とする．解と係数の関係から

$$\alpha\beta=a-2<0$$

$$\boldsymbol{a<2}$$

《正の 2 解（B2）》

80．2 次方程式 $x^2-2kx+8k-7=0$ が異なる 2 つの正の実数解をもつときの定数 k の値の範囲は

（23　東邦大・薬）

▶解答◀ $f(x)=x^2-2kx+8k-7$ とおく．$f(x)=0$ の判別式を D とする．$f(x)=0$ が異なる 2 つの正の実数解をもつ条件は，$D>0$ かつ軸 $x=k>0$ かつ $f(0)>0$ である．

$D>0$ より，$k^2-(8k-7)>0$

$$(k-1)(k-7)>0$$

$k<1,\ 7<k$ ……………………………①

軸より，$k>0$ ……………………………②

$f(0)>0$ より，$8k-7>0$

$k>\dfrac{7}{8}$ ……………………………③

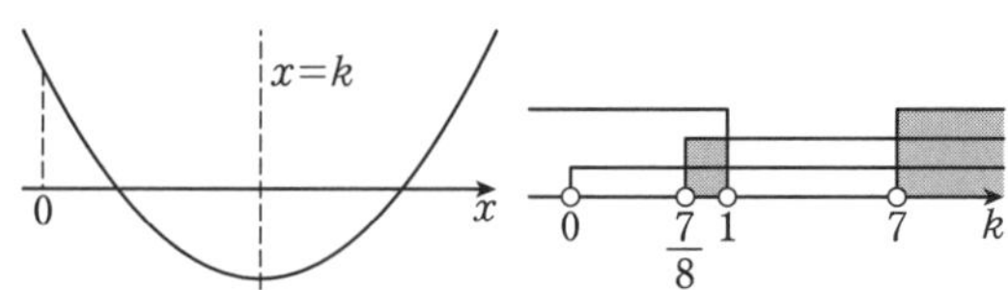

①〜③ より，$\boldsymbol{\dfrac{7}{8}<k<1,\ 7<k}$

【2 次不等式】

《解く（A1）》

81．2 次不等式 $-2x^2+3x-1>0$ の解は □ $<x<$ □ である．（23　大東文化大）

▶解答◀ $-2x^2+3x-1>0$

$$(2x-1)(x-1)<0$$

$$\boldsymbol{\frac{1}{2}<x<1}$$

《解く（A2）》

82．不等式 $-2x^2+7x+1 \geqq |x-3|$ を解け．（23　専修大）

▶解答◀ $-2x^2+7x+1=-x+3,\ x<3$ を解く．$x^2-4x+1=0$ で $x=2-\sqrt{3}$ となる．

$-2x^2+7x+1=x-3,\ x>3$ を解く．$x^2-3x-2=0$ で，$x=\dfrac{3+\sqrt{17}}{2}$ となる．図ではこれらを順に α, β としている．なお，図は正確ではなく，見やすくするように少し位置をずらしている．不等式の解は

$$\boldsymbol{2-\sqrt{3} \leqq x \leqq \frac{3+\sqrt{17}}{2}}$$

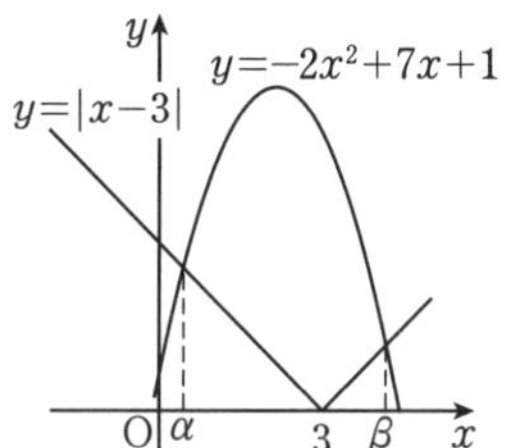

《解く（B5）☆》

83．連立不等式

$$\begin{cases} x^2-7x+6<0 \\ x^2-2x-ax+2a \geqq 0 \end{cases}$$

を満たす整数解の個数が 3 個のみであるとき，定数 a の値の範囲を求めよ．ただし，$a \geqq 2$ とする．（23　北海学園大・経済）

▶解答◀ $x^2-7x+6<0$

$(x-1)(x-6)<0 \qquad \therefore \quad 1<x<6$ ……①

$x^2-2x-ax+2a \geqq 0$

$$(x-2)(x-a) \geqq 0$$

$a \geqq 2$ であるから

$$x \leqq 2 \text{ または } a \leqq x \quad \cdots\cdots ②$$

図を見よ．①，② から整数の個数が 3 個のみであるときは $\boldsymbol{3 < a \leqq 4}$ である．

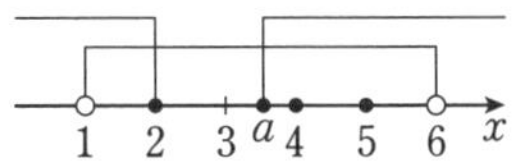

《見かけの 2 次不等式（A2）》

84． m を実数の定数とする．すべての実数 x に対して，

$$mx^2 + (m-2)x + (m-2) < 0$$

が成り立つとき，$m < -\dfrac{\square}{\square}$ である．

（23　武蔵大）

▶解答◀ $f(x) = mx^2 + (m-2)x + (m-2)$ とおく．$m = 0$ のとき $f(x) = -2x - 2$ となり，すべての実数 x に対して常に $f(x) < 0$ になるということはない．$m \neq 0$ のとき $f(x)$ の判別式を D とする．

$$D = (m-2)^2 - 4m(m-2) = (m-2)(m-2-4m)$$
$$= (2-m)(3m+2)$$

すべての実数 x に対して常に $f(x) < 0$ になる条件は $m < 0$ かつ $D < 0$ である．$m < 0$ のとき $2 - m > 0$ であるから $m < 0$ かつ $3m + 2 < 0$ となり $\boldsymbol{m < -\dfrac{2}{3}}$

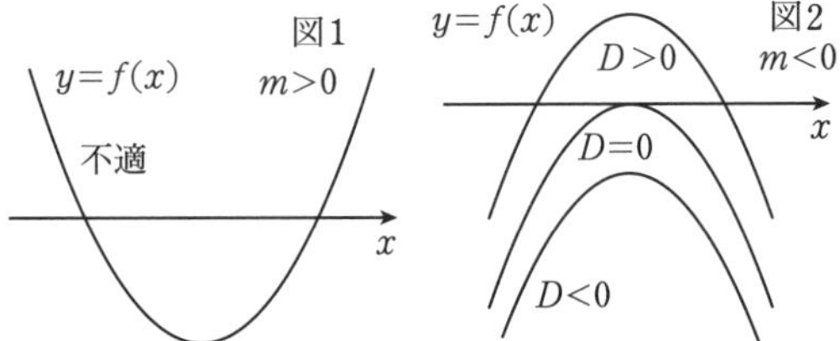

《判別式の利用（A5）☆》

85． 2 次不等式 $ax^2 - x + a > 0$ の解がすべての実数であるとき，定数 a の値の範囲を求めよ．

（23　愛知医大・看護）

▶解答◀ $f(x) = ax^2 - x + a \ (a \neq 0)$ とおく．判別式を D とおくと，$D = 1 - 4a^2$

$f(x) > 0$ が任意の実数 x について成り立つ条件は $a > 0$ かつ $D < 0$ である．

$a > 0$ かつ $4a^2 > 1$ より $2a > 1$　　　$\therefore \ \boldsymbol{a > \dfrac{1}{2}}$

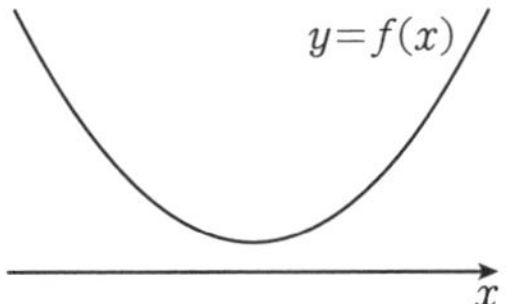

《2 変数の不等式（B20）☆》

86． a を実数の定数とし，

$$f(x) = x^2 + 2x - 2,$$
$$g(x) = -x^2 + 2x + a + 1$$

とする．

（1）　すべての実数 x に対して $f(x) > g(x)$ となるような a の範囲は $a < \square$ である．

（2）　$-2 \leqq x \leqq 2$ をみたすすべての実数 x に対して $f(x) < g(x)$ となるような a の範囲は $a > \square$ である．

（3）　$-2 \leqq x \leqq 2$ をみたすある実数 x に対して $f(x) < g(x)$ となるような a の範囲は $a > \square$ である．

（4）　$-2 \leqq x_1 \leqq 2$，$-2 \leqq x_2 \leqq 2$ をみたすすべての実数 x_1，x_2 に対して $f(x_1) < g(x_2)$ となるような a の範囲は $a > \square$ である．

（23　愛知学院大・薬，歯）

▶解答◀ $h(x) = f(x) - g(x)$ とおくと

$$h(x) = (x^2 + 2x - 2) - (-x^2 + 2x + a + 1)$$
$$= 2x^2 - a - 3$$

（1） すべての実数 x に対して $h(x) > 0$ となる条件を求める．それは $h(x)$ の最小値 $h(0) = -a - 3 > 0$ であり，$\boldsymbol{a < -3}$

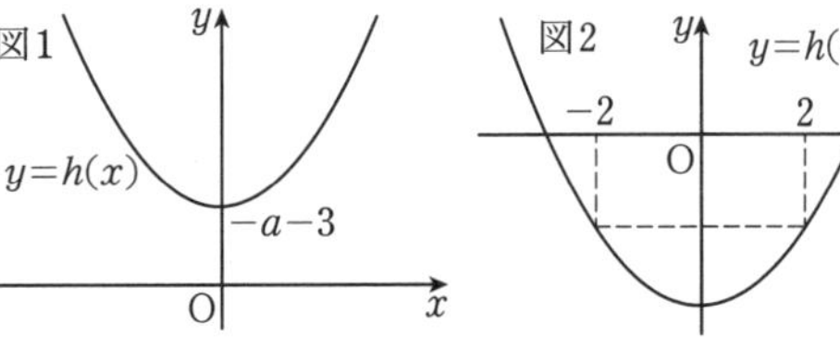

（2） $-2 \leqq x \leqq 2$ のすべての実数 x に対して $h(x) < 0$ となる条件を求める．それは $h(x)$ の最大値 $h(2) = 5 - a < 0$ であり，$\boldsymbol{a > 5}$

（3） $-2 \leqq x \leqq 2$ で $h(x) < 0$ となる x が少なくとも 1 つ存在する条件は $h(0) = -a - 3 < 0$ であり，$\boldsymbol{a > -3}$

（4） $-2 \leqq x \leqq 2$ における $f(x)$ の最大値を M，$g(x)$ の最小値を m とする．$M < m$ のときである．

$f(x) = (x+1)^2 - 3$，$g(x) = -(x-1)^2 + a + 2$ であるから $M = f(2) = 6$，$m = g(-2) = a - 7$ である．$6 < a - 7$ であり，$\boldsymbol{a > 13}$

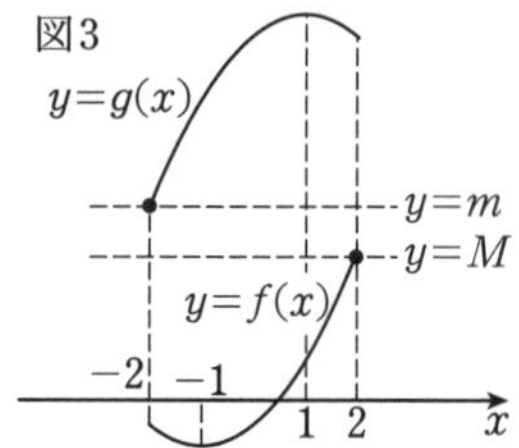

《文字定数は分離せよ（A2）》

87．不等式 $x^2-4x+k<0$ をみたす整数 x の値が $x=2$ のみであるとき，定数 k は

$\square \leqq k < \square$

である．（23　東邦大・健康科学-看護）

▶解答◀　$f(x)=x^2-4x+k$ とおく．図1を参照せよ．$f(x)<0$ を満たす整数が $x=2$ になる条件は

$$f(1) \geqq 0,\ f(2)<0$$

である．$-3+k \geqq 0$, $-4+k<0$ より，$\boldsymbol{3 \leqq k < 4}$ である．

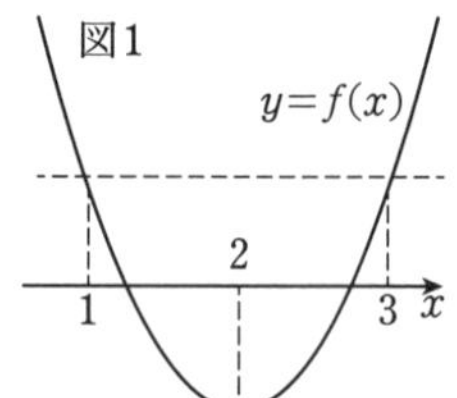

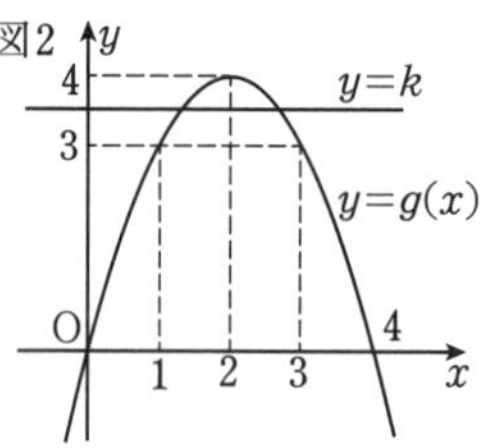

◆別解◆　図2を参照せよ．$k<4x-x^2$
$g(x)=4x-x^2$ とおく．曲線 $y=g(x)$ の格子点で直線 $y=k$ より上方にある点が $(2, g(2))$ だけになる条件は $3 \leqq k < 4$

《文字定数は分離せよ（B20）☆》

88．a を実数とする．不等式

$$x^2+x+a \leqq 2x \leqq x^2+3x-2 \quad \cdots (*)$$

について，次の問に答えよ．

（1）不等式 $(*)$ を満たす整数 x がちょうど1個であるような a の値の範囲は，$\square < a \leqq \square$ である．

（2）不等式 $(*)$ を満たす整数 x がちょうど4個であるような a の値の範囲は，$\square < a \leqq \square$ である．（23　青学大）

考え方　「文字定数（今は a）は分離せよ」である．

▶解答◀　$(*)$ より

$$x^2+x+a \leqq 2x \quad \cdots\cdots ①$$

かつ

$$2x \leqq x^2+3x-2 \quad \cdots\cdots ②$$

②を解くと

$$x^2+x-2 \geqq 0$$

$$(x+2)(x-1) \geqq 0$$

$$x \leqq -2,\ 1 \leqq x$$

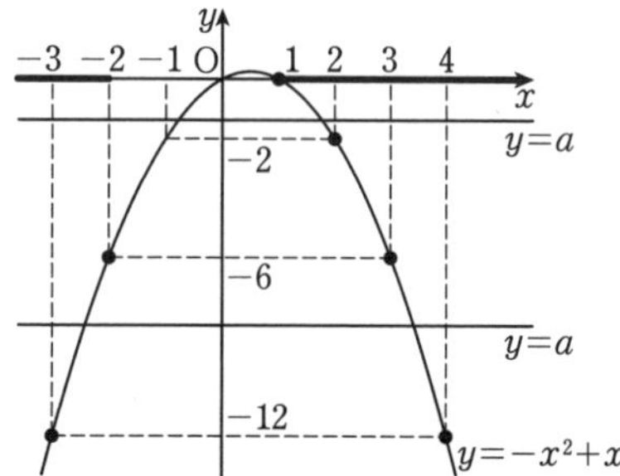

（1）①について，$a \leqq -x^2+x$

まず，a のところを y で置き換えた曲線 $y=-x^2+x$ $(x \leqq -2, x \geqq 1)$ で直線 $y=a$ より上方（$y=a$ 上を含む）にある格子点が1個ある条件は

$$\boldsymbol{-2 < a \leqq 0}$$

（2）それが4個になる条件は $\boldsymbol{-12 < a \leqq -6}$

【集合の雑題】

《要素の対応（B5）》

89．実数 a, b に対して，2つの集合を $A=\{1, 2a, 3b+1\}$, $B=\{a-1, b+1, a+5b, 2a+2b\}$ とする．

$A \cap B=\{4, 10\}$ となるとき，$a=\square$, $b=\square$ である．（23　仁愛大・公募）

▶解答◀　$A \cap B=\{4, 10\}$ で，$4 \in A$ かつ $10 \in A$ である．

$$A=\{1, 2a, 3b+1\}$$

$$B=\{a-1, b+1, a+5b, 2a+2b\}$$

であるから

（ア）$2a=4$, $3b+1=10$ のとき．
$a=2$, $b=3$ で，$B=\{1, 4, 17, 10\}$
$A \cap B=\{1, 4, 10\}$ となり，不適．

（イ）$2a=10$, $3b+1=4$ のとき．
$a=5$, $b=1$ で，$B=\{4, 2, 10, 12\}$
$A \cap B=\{4, 10\}$ となり，適する．

以上より，$\boldsymbol{a=5}$, $\boldsymbol{b=1}$

《3次方程式の解集合（B20）》

90. k を実数とする．全体集合を実数全体の集合とし，その部分集合 A, B を次のように定める．

$A=\{x \mid x^3-x^2-(k^2+4k+4)x+k^2+4k+4=0\}$

$B=\{x \mid x^3-(k^2+3k+3)x^2+k^2x-k^4-3k^3-3k^2=0\}$

次の問いに答えよ．

（1） $k=-1$ のとき，集合 $A, B, A\cap B, A\cup B$ を，$\{a, b, c\}$ のように集合の要素を書き並べて表す方法により，それぞれ表せ．空集合になる場合は，空集合を表す記号で答えよ．

（2） 集合 B が集合 A の部分集合となるような k の値をすべて求めよ．そのような k の値が存在しない場合は，その理由を述べよ．

（3） 集合 $A\cup B$ の要素の個数を求めよ．

（23　新潟大）

▶解答◀ （1） $k=-1$ のとき

集合 A について

$x^3-x^2-x+1=0$ を解くと

$(x-1)^2(x+1)=0$　　　$\therefore$　$x=\pm 1$

よって，$\boldsymbol{A=\{-1, 1\}}$

集合 B について

$x^3-x^2+x-1=0$ を解くと

$(x-1)(x^2+1)=0$　　　$\therefore$　$x=1$

よって，$\boldsymbol{B=\{1\}}$

また，$\boldsymbol{A\cap B=\{1\}}$，$\boldsymbol{A\cup B=\{-1, 1\}}$

（2） 集合 A について

$x^3-x^2-(k^2+4k+4)x+k^2+4k+4=0$ を解くと

$(x-1)(x^2-k^2-4k-4)=0$

$(x-1)\{x^2-(k+2)^2\}=0$

$(x-1)(x+k+2)(x-k-2)=0$

$x=1, -k-2, k+2$

集合 B について

$x^3-(k^2+3k+3)x^2$
$+k^2x-k^4-3k^3-3k^2=0$

$x^3-(k^2+3k+3)x^2$
$+k^2x-k^2(k^2+3k+3)=0$

$x(x^2+k^2)-(k^2+3k+3)(x^2+k^2)=0$

$(x-k^2-3k-3)(x^2+k^2)=0$

$x^2+k^2=0$ は $k=0$ のときのみ実数解 0 をもつことから

$k=0$ のとき $x=0, 3$

$k\neq 0$ のとき $x=k^2+3k+3$

$k=0$ のとき $A=\{-2, 1, 2\}$, $B=\{0, 3\}$ となり B は A の部分集合とならないから不適．

$k\neq 0$ のとき

B が A の部分集合になるとき

k^2+3k+3 は $1, -k-2, k+2$ のいずれかである．

（ア） $k^2+3k+3=1$ のとき

$(k+2)(k+1)=0$　　　$\therefore$　$k=-2, -1$

$k=-2$ のとき $A=\{0, 1\}$, $B=\{1\}$ で条件をみたす．

$k=-1$ のとき $A=\{-1, 1\}$, $B=\{1\}$ で条件をみたす．

（イ） $k^2+3k+3=-k-2$ のとき

$k^2+4k+5=0$

判別式を D とすると $\dfrac{D}{4}=2^2-5=-1<0$ より k は実数とならないので不適．

（ウ） $k^2+3k+3=k+2$ のとき

$k^2+2k+1=0$

$(k+1)^2=0$　　　$\therefore$　$k=-1$

このとき，$A=\{-1, 1\}$, $B=\{1\}$ で条件をみたす．

以上より，$\boldsymbol{k=-2, -1}$

（**3**） （2）より $A=\{1, -k-2, k+2\}$ であるから，集合 A の要素の個数は

$1=-k-2,\ 1=k+2,\ -k-2=k+2$

つまり $k=-3, -2, -1$ のとき 2 個であり，

$k\neq -3, -2, -1$ のときは 3 個である．

また，集合 B の要素の個数は $k=0$ のとき 2 個，$k\neq 0$ のとき 1 個である．

（2）の結果および計算過程より，集合 $A\cup B$ の要素の個数は

$k=-2, -1$ のとき 2 個，$k=-3$ のとき 3 個，

$k=0$ のとき 5 個，

$k\neq -3, -2, -1, 0$ のとき 4 個

《解集合の包含（A5）》

91．実数全体を全体集合とし，その部分集合 A, B を

$A=\{x \mid x^2-4|x|+3\leqq 0\}$,

$B=\{x \mid -k<x<k\}$（k は 0 以上の実数）

とする．このとき，A の要素のうち最小の値は □ であり，最大の値は □ である．

また，$A\cap B$ が空集合となる最大の k は □ である．

（23　大阪産業大・工，デザイン工）

▶解答◀ $x^2=|x|^2$ であるから

$x^2-4|x|+3\leqq 0$

$$|x|^2-4|x|+3 \leqq 0$$

$$(|x|-1)(|x|-3) \leqq 0$$

$$1 \leqq |x| \leqq 3$$

よって，$A=\{-3, -2, -1, 1, 2, 3\}$ であるから，A の要素のうち最小の値は $\mathbf{-3}$ であり，最大の値は $\mathbf{3}$ である．

図を見よ．$0 \leqq k \leqq 1$ のとき $A \cap B=\emptyset$ であるが，$k>1$ のとき $1 \in A \cap B$ であるから $A \cap B \neq \emptyset$ となる．よって，$A \cap B=\emptyset$ となる最大の k は $\mathbf{1}$ である．

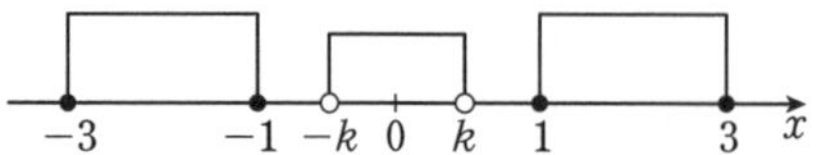

《解集合の包含 (A5)》

92．a を定数とする．2 次関数

$$f(x)=-3x^2+2x+a$$

について，$f(x)>0$ となる実数 x の集合を A とする．また，$-2 \leqq x \leqq 2$ を満たす実数 x の集合を B とする．$A \supset B$ となる定数 a の値の範囲は $a>$ □ であり，$A \cap B$ が空集合でない定数 a の

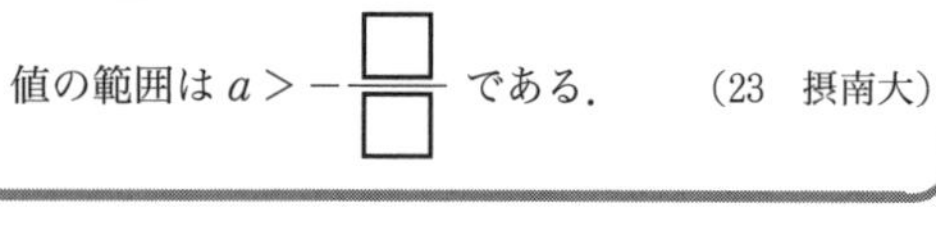

値の範囲は $a>-\dfrac{□}{□}$ である． (23 摂南大)

▶解答◀ $-2 \leqq x \leqq 2$ になる x の全体が $f(x)>0$ になる x の集合に含まれる条件は，$f(-2)>0$ かつ $f(2)>0$ になることで，$a-16>0$ かつ $a-8>0$

よって，$a>\mathbf{16}$ である．

$A \cap B$ が空集合でないのは $-2 \leqq x \leqq 2$ の少なくとも 1 つの x に対して $f(x)>0$ になるときであり，それは $-2 \leqq x \leqq 2$ における $f(x)$ の最大値 $f\left(\dfrac{1}{3}\right)>0$ になるときである．$a+\dfrac{1}{3}>0$ であり $a>-\dfrac{\mathbf{1}}{\mathbf{3}}$

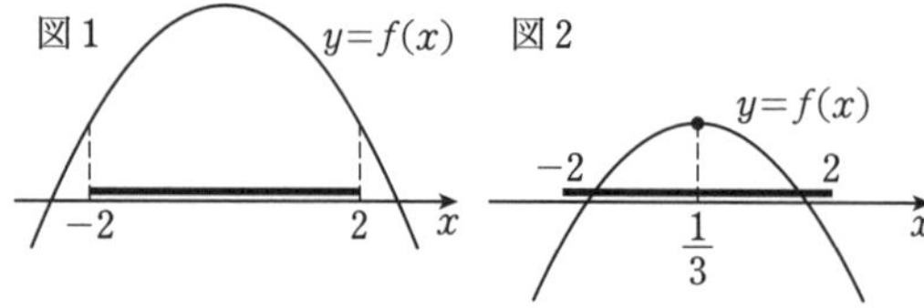

《要素の個数 (A5) ☆》

93．全体集合を U とし，その部分集合 A, B について考える．集合 P の要素の個数を $n(P)$ と表す．
$n(U)=100, n(A)=60, n(B)=40,$
$n(\overline{A} \cup \overline{B})=80$
であるとき，$n(A \cap B)=$ □，$n(A \cup B)=$ □ である． (23 創価大・看護)

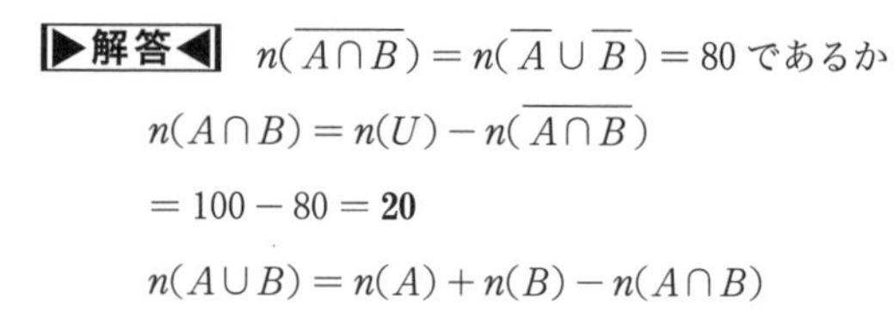

▶解答◀ $n(\overline{A \cap B})=n(\overline{A} \cup \overline{B})=80$ であるから

$n(A \cap B)=n(U)-n(\overline{A \cap B})$
$=100-80=\mathbf{20}$
$n(A \cup B)=n(A)+n(B)-n(A \cap B)$
$=60+40-20=\mathbf{80}$

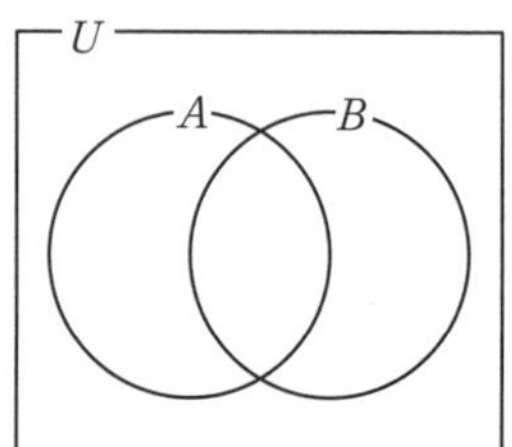

《要素の対応 (B5) ☆》

94．200 以下の自然数全体の集合を A とする．集合 $B=\left\{2, x^2-2x, \dfrac{x}{3}\right\}$ が A の部分集合になるとき，$x=$ □，□，□，□，□ である． (23 仁愛大・公募)

▶解答◀ まず，$\dfrac{x}{3}$ が A に含まれるから，$\dfrac{x}{3}=m$ は 200 以下の自然数である．

よって，$x=3m$ で，$m=1, 2, 3, \cdots, 200$

次に，x^2-2x も A に含まれるから

$$1 \leqq x^2-2x \leqq 200$$

$$1 \leqq 3m(3m-2) \leqq 200$$

$m=1, 2, 3, \cdots$ と代入していく．$3m(3m-2)$ は $m=5$ で 195，$m=6$ で 288 となり 200 を越える．以後はすべて 200 を越えるから，不等式を満たすのは $m=1, \cdots, 5$ で，$x=\mathbf{3, 6, 9, 12, 15}$

【命題と集合】

《命題の否定 (A1)》

95．条件「$x \leqq -2$ または $x>3$」の否定を述べなさい． (23 東邦大・看護)

▶解答◀ ($x \leqq -2$ または $x>3$) の否定は ($x>-2$ かつ $x \leqq 3$) より $\mathbf{-2<x \leqq 3}$ である．

《集合と最大最小 (B20) ☆》

96．ある高校の 60 人の生徒を対象に，北海道と沖縄県に行ったことがあるかどうかを調べたところ，どちらにも行ったことがない生徒の人数は，両方に行ったことがある生徒の人数の 3 倍に等しかった．また，北海道に行ったことがある生徒の人数は沖縄県に行ったことがある生徒の人数以上であり，

沖縄県に行ったことがある生徒の人数は北海道に行ったことがある生徒の人数の半分以上であった．これらのことから，北海道に行ったことがある生徒の人数 x のとりうる値の範囲は $\square \leqq x \leqq \square$ であり，沖縄県に行ったことがある生徒の人数 y のとりうる値の範囲は $\square \leqq y \leqq \square$ である．また，どちらにも行ったことがない生徒の人数は最大で $\square$ であることがわかる．（23　成蹊大）

▶解答◀　北海道に行ったことがある生徒の集合を H，沖縄に行ったことがある生徒の集合を R(琉球) とする．北海道と沖縄の両方に行ったことがある生徒の数を z とすると，どちらにも行ったことがない生徒の数は $3z$ である．

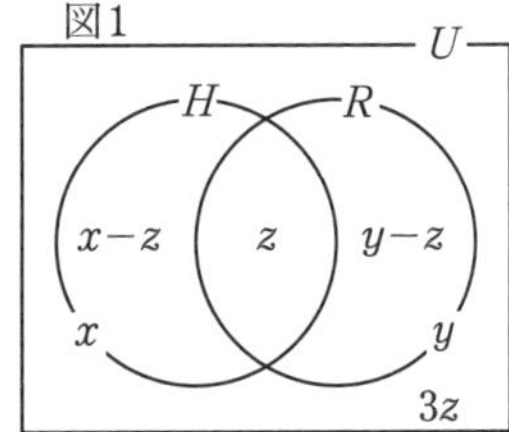

$n(H)=x, n(R)=y$ とすると，全人数の条件より

$$x+y-z+3z=60$$

$$z=\frac{1}{2}(60-x-y)$$

である．この式を

$$x \geqq z,\ y \geqq z,\ z \geqq 0$$

に代入し

$$2x \geqq 60-x-y,\ 2y \geqq 60-x-y,$$

$$x+y \leqq 60$$

となる．したがって

$$3x+y \geqq 60,\ x+3y \geqq 60,\ x+y \leqq 60$$

となる．これらと $y \leqq x, y \geqq \frac{x}{2}$ を図示すると，図の網目部分となる．いずれも境界を含む．

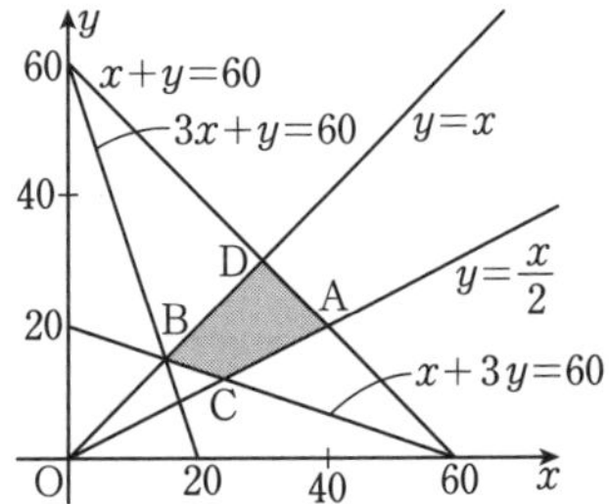

交点の座標を求めると A(40, 20), B(15, 15), C(24, 12), D(30, 30) となる．

$$\mathbf{15 \leqq x \leqq 40}$$

$$\mathbf{12 \leqq y \leqq 30}$$

$x+y=k$ とおくと，k は $(x, y)=(15, 15)$ のときに最小値 30 をとる．$z=\frac{1}{2}(60-k)$ の最大値は 15 である．よって，$3z$ の最大値は **45** である．

《wason の 4 枚カード問題 (B5)》

97．ここに 4 枚のカードがある．カードの両面を「A 面」と「B 面」とよぶことにする．4 枚のカードの A 面には地名が書かれており，B 面には地名ではない単語が書かれていることが分かっている．これら 4 枚のカードに関する命題 D「A 面に日本の地名が書いてあれば，B 面にはイヌの種類名が書いてある」を考える．

（1）　命題 D の対偶を書け．

（2）　机の上に 4 枚のカードが A 面または B 面のどちらかを上にして，次のように置かれている．これらの 4 枚のカードに関する命題 D の真偽について，カードを裏返して確認する．このとき，裏返して確認するカードの枚数をできるだけ少なくしたい．裏面を確認すべきカードをすべて書け．(注：ポメラニアンは小型犬の一種)

奈良	パリ	ラーメン	ポメラニアン

（23　奈良大）

▶解答◀

（1）　**B 面にイヌの種類名が書いてなければ，A 面に日本の地名が書いていない．**

（2）　地名の面が A 面，地名以外の面が B 面ということである．無駄だから，以下では A 面，B 面という言葉を命題から抜く．分かっている事実は「地名が書かれている面の裏面には地名以外が書かれている」である．

D：「日本の地名が書かれている面の裏面には犬の種類名が書かれている」

D の対偶：「犬の種類名が書かれていない面の裏面には日本の地名は書かれていない」

日本の地名の裏面にイヌの種類名が書かれているかどうかを確認する．地名以外が書かれている面の裏面に日本の地名が書かれているかどうかを確認するから，**奈良** と **ラーメン** の 2 枚のカードの裏を確認する．パリ の裏面に何が書かれていても「日本の地名の裏面に犬の種類名が書かれている」こととは無関係であるから，パリ カードはめくらない．

注意 Wason の 4 枚カード問題という．

《集合の包含 (B10)》

98. a を実数の定数とする．整式

$$f(x)=x^4-(a+1)x^3+(a+1)x^2-(a+1)x+a$$

$$g(x)=ax+a-1$$

について次の各問に答えよ．

（1） 不等式 $g(x)<0$ を満たす実数 x の範囲を求めよ．

（2） 不等式 $f(x)>0$ を満たす実数 x の範囲を求めよ．

（3） x を実数とする．命題「$f(x)>0 \Longrightarrow g(x)<0$」が真であるための，定数 a についての条件を求めよ．

（4） x を実数とする．命題「$f(x)\leqq 0 \Longrightarrow g(x)<0$」が真であるための，定数 a についての条件を求めよ．

（23 成蹊大）

▶解答◀ （1） $\boldsymbol{a=0}$ のとき**すべての実数**

$\boldsymbol{a<0}$ のとき $\boldsymbol{x>\frac{1}{a}-1}$

$\boldsymbol{a>0}$ のとき $\boldsymbol{x<\frac{1}{a}-1}$

（2） $f(x)=x^4-(a+1)x^3$

$$+(a+1)x^2-(a+1)x+a$$

$$=(x^4-x^3+x^2-x)-a(x^3-x^2+x-1)$$

$$=(x-a)(x^3-x^2+x-1)$$

$$=(x-a)(x-1)(x^2+1) \quad \cdots\cdots\cdots\text{①}$$

$x^2+1>0$ だから，$f(x)>0$ は $(x-a)(x-1)>0$ と書ける．

$\boldsymbol{a<1}$ のとき $\boldsymbol{x<a, x>1}$，$\boldsymbol{a=1}$ のとき $\boldsymbol{x\neq 1}$，$\boldsymbol{a>1}$ のとき $\boldsymbol{x<1, x>a}$

（3） $f(x)>0$ の解は，負や正で絶対値がとても大きな値がある．$g(x)<0$ は $a\neq 0$ なら，$x>\frac{1}{a}-1$ や，$x<\frac{1}{a}-1$ のように絶対値が大きな値は正，あるいは負の，片側しか含まず，$f(x)>0 \Longrightarrow g(x)<0$ にはならない．$a=0$ のときは，$f(x)>0 \Longrightarrow -1<0$ は成り立つ．求める a の条件は $\boldsymbol{a=0}$ である．

（4） $f(x)\leqq 0$ を満たす実数 x の集合は，a と 1 の間（a, 1 を含む）の数の集合である．$g(x)=ax+a-1$ は 1 次以下の関数であるから，x が a と 1 の間（a, 1 を含む）でつねに $g(x)<0$ になる条件は $g(a)<0$ かつ $g(1)<0$ である．$a^2+a-1<0$ かつ $2a-1<0$

$$\boldsymbol{\frac{-1-\sqrt{5}}{2}<a<\frac{1}{2}}$$

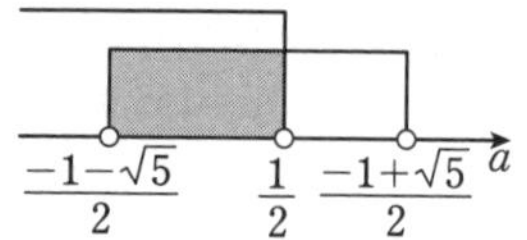

◆別解◆ （3） $f(x)>0 \Longleftrightarrow (x-a)(x-1)>0$

これを満たす点 (a, x) の存在領域を F とする．図示すると図 1 の網目部分（境界を除く）となる．領域の図示については注を見よ．

$$g(x)<0 \Longleftrightarrow a(x+1)-1<0$$

これを満たす点 (a, x) の存在領域を G とする．これを図示すると図 2 の斜線部分（境界を除く）となる．図 2 では斜線で塗ったが，「この間」という部分に意識を向けよ．

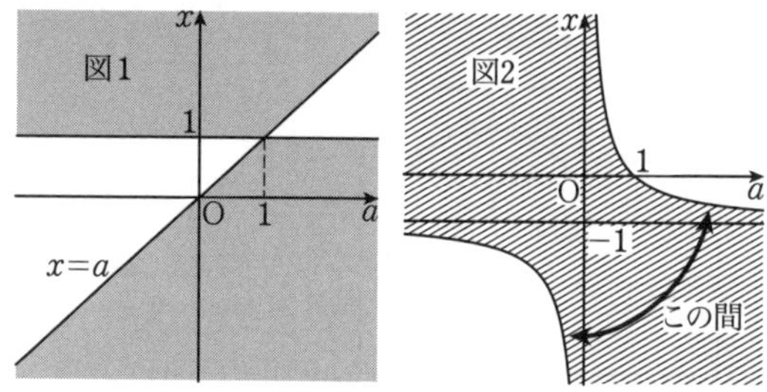

F, G を合体したのが図 3 である．ただし G は塗ると視認性が悪い．「この間」という部分に意識を向けよ．実際には a は定数，x は未知数であるから a 軸に垂直に切る．すると，$a\neq 0$ のときには，F の部分では G の外に出る部分があり

F に入っている $\Longrightarrow G$ に入っている

ということにはならない．

$$f(x)>0 \Longrightarrow g(x)<0$$

になるのは $\boldsymbol{a=0}$ のときである．

（4） $x=a$ と $g(x)=0$ を連立させ，$a^2+a-1=0$ で $a=\frac{-1\pm\sqrt{5}}{2}$ である．

$\alpha=\frac{-1-\sqrt{5}}{2}$, $\beta=\frac{-1+\sqrt{5}}{2}$ とおく．

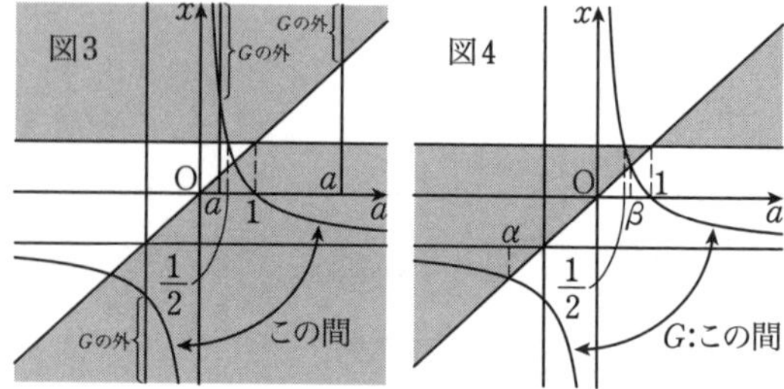

$f(x)\leqq 0$ を満たす点 (a, x) の存在領域は図 1 の白い部分（境界を含む）である，これと図 2 を合体する．a 軸に垂直に切って，斜線部分にある点がすべて G に含ま

れるのは $\alpha < a < \frac{1}{2}$ のときである．

$$\frac{-1-\sqrt{5}}{2} < a < \frac{1}{2}$$

【必要・十分条件】

《判定問題 (A2) ☆》

99. 次の □ には，①〜④ のいずれかの番号を入れよ．

① 必要条件であるが，十分条件ではない
② 十分条件であるが，必要条件ではない
③ 必要十分条件である
④ 必要条件でも十分条件でもない

a, b, c は実数とする．「$a^2-ab-ac+bc=0$」は「$a=b$」であるための □．また，「$a<c$ かつ $b<c$」は「$a+b<2c$」であるための □．

(23　東京慈恵医大・看護)

▶解答◀　$a^2-ab-ac+bc=0$ を p とする．これを整理する．

$$a(a-b)-c(a-b)=0$$
$$(a-b)(a-c)=0$$

となる．

$p \iff$「$a=b$ または $a=c$」$\overset{\times}{\underset{○}{\rightleftarrows}}$ $a=b$ (目標)

目標（ため，の掛かっているもの）から出てくる矢印が正しいから，p は**必要条件であるが，十分条件ではない** (①).

「$a<c$ かつ $b<c$」$\overset{○}{\underset{\times}{\rightleftarrows}}$ $a+b<2c$ (目標)

目標に向かう矢印が正しいから，**十分条件であるが，必要条件ではない** (②). (左向きの反例として $(a, b, c)=(-2, 1, 0)$ があげられる).

《判定問題 (B5)》

100. a と b を 0 でない実数であるとする．次の空欄に当てはまるものを下の選択肢から選び，その番号を答えよ．

(1)　a と b がともに有理数であることは，$a+b$ と ab がともに有理数であるための □．

(2)　a と b がともに無理数であることは，$a+b$ と ab がともに無理数であるための □．

(3)　$a\sqrt{2}+b\sqrt{3}=0$ であることは，a と b の少なくとも一方は無理数であるための □．

(4)　$a+b$ と $a-b$ のうち，少なくとも一方が無理数であることは，a と b がともに無理数であるための □．

① 必要条件であるが，十分条件ではない
② 十分条件であるが，必要条件ではない
③ 必要十分条件である
④ 必要条件でも十分条件でもない

(23　自治医大・看護)

▶解答◀　(1)　条件 p, q を次のようにおくと

p : a と b はともに有理数である
q : $a+b$ と ab はともに有理数である

$p \overset{○}{\underset{\times}{\rightleftarrows}} q$

$\Longleftarrow$ の反例は $a=\sqrt{2},\ b=-\sqrt{2}$ である．p は q であるための十分条件であるが，必要条件ではないから，②

(2)　r : a と b はともに無理数である
s : $a+b$ と ab はともに無理数である

$r \overset{\times}{\underset{\times}{\rightleftarrows}} s$

$\Longrightarrow$ の反例は $a=\sqrt{2},\ b=-\sqrt{2}$ で，$\Longleftarrow$ の反例は $a=\sqrt{2},\ b=1$ である．よって，r は s であるための必要条件でも十分条件でもないから，④

(3)　t : $a\sqrt{2}+b\sqrt{3}=0$
u : a と b の少なくとも一方は無理数である

$t \overset{○}{\underset{\times}{\rightleftarrows}} u$

である．$\Longrightarrow$ を背理法で示す．

$a\sqrt{2}+b\sqrt{3}=0$ のとき，両辺に $\sqrt{2}$ をかけると

$$a\cdot 2+b\sqrt{6}=0$$

$b \neq 0$ であるから $\sqrt{6}=-\frac{2a}{b}$ である．ここで，a と b はともに有理数であると仮定すると，左辺は無理数，右辺は有理数となって矛盾するから，a と b の少なくとも一方は無理数である．したがって，$\Longrightarrow$ は真である．

$\Longleftarrow$ の反例は $a=\sqrt{2},\ b=1$ である．t は u であるための十分条件であるが，必要条件ではないから ②

(4)　$a=\frac{(a+b)+(a-b)}{2},\ b=\frac{(a+b)-(a-b)}{2}$ であるから

a, b がともに有理数
$\iff a+b,\ a-b$ がともに有理数

である．したがって a, b が両方とも無理数ならば $a+b,\ a-b$ がともに有理数ということはおこりえず，少なくとも一方は無理数である．逆に $a+b,\ a-b$ の少なくとも一方が無理数ならば必ず a, b の両方とも無理数になるかというとそんなことはない．反例は $a=\sqrt{2},\ b=1$ である．

$a+b,\ a-b$ の少なくとも一方が無理数

$\overset{\times}{\underset{\bigcirc}{\rightleftarrows}}$ a,b がともに無理数

よって必要条件ではあるが，十分条件ではなく ①

注意 「有理数」は rational number で，ratio(整数比)nal(的) 数である．「合理的」なというのは誤訳である．無理数は irrational number で，ir は比的数の否定である．否定より肯定の方がやりやすいのは当然で，だから有理数の考察から入るとよい．

《判定問題 (B5)》

101. a,b を実数とするとき，次の文中の空欄に当てはまるものを，下の選択肢の中から 1 つ選び，その番号を解答欄にマークせよ．

(1) $a^2=b^2$ は $a=b$ であるための ア．

(2) $a^3=b^3$ は $a^2=b^2$ であるための イ．

(3) $a^2>b^2$ は $a^3>b^3$ であるための ウ．

(4) $a^4=b^4$ は $a^2=b^2$ であるための エ．

ア，イ，ウ，エ の選択肢

① 必要条件であるが十分条件ではない
② 十分条件であるが必要条件ではない
③ 必要十分条件である
④ 必要条件でも十分条件でもない

(23 成蹊大)

画一された昨今の例にもれず，すべて「であるため」の後置きだから，達成したい目標が後にある．

▶解答◀ (1) $a^2=b^2 \iff |a|=|b|$

$\overset{\times}{\underset{\bigcirc}{\rightleftarrows}}$ $a=b$(目標)

目標から出てくる矢印が成り立つから必要条件である．

必要条件であるが十分条件ではない (①).

(2) 関数 $f(x)=x^3$ は増加関数である．

$a^3=b^3 \iff a=b \overset{\bigcirc}{\underset{\times}{\rightleftarrows}} |a|=|b| \iff a^2=b^2$

目標に向かう矢印が成り立つから十分条件である．

($\Longleftarrow$ の反例として $a=1,\ b=-1$)

十分条件であるが必要条件ではない (②).

(3) 関数 $f(x)=x^3$ は増加関数である．

$a^3>b^3 \iff a>b$

$a^2>b^2 \iff |a|>|b|$

数の大小と絶対値の大小は無関係である．

必要条件でも十分条件でもない (④).

(4) $a^4=b^4 \iff a^2=b^2$

必要十分条件である (③).

《判定問題 (B2)》

102. $x \leqq y$ は $x^2 \leqq y^2$ であるための ア．

$x \leqq y$ は $x^3 \leqq y^3$ であるための イ．

ア，イ の選択肢

① 必要十分条件である
② 必要条件であるが十分条件ではない
③ 十分条件であるが必要条件ではない
④ 必要条件でも十分条件でもない

(23 東京農大)

▶解答◀ $x^2 \leqq y^2$

$$\iff |x| \leqq |y| \overset{\times}{\underset{\times}{\rightleftarrows}} x \leqq y$$

$\Longrightarrow$ の反例は $x=0,\ y=-1$

$\Longleftarrow$ の反例は $x=-1,\ y=0$

必要条件でも十分条件でもない (④).

$$x^3 \leqq y^3 \iff x \leqq y$$

これは $f(t)=t^3$ が増加関数であるから

$$x \leqq y \iff f(x) \leqq f(y) \iff x^3 \leqq y^3$$

となる．**必要十分条件である (①).**

《判定問題 (A5)》

103. 次の □ に適するものを下の ①～④ から選べ．

a,b を実数とする．$a^2+b^2<1$ は，$a+b<1$ であるための □

① 必要条件であるが，十分条件でない．
② 十分条件であるが，必要条件でない．
③ 必要十分条件である．
④ 必要条件でも十分条件でもない．

(23 東邦大・健康科学-看護)

▶解答◀ $a^2+b^2<1$ を満たす (a,b) の集合を A，$a+b<1$ を満たす (a,b) の集合を B とする．図を見よ．$a^2+b^2<1 \overset{\times}{\underset{\times}{\rightleftarrows}} a+b<1$ より，必要条件でも十分条件でもない．(④)

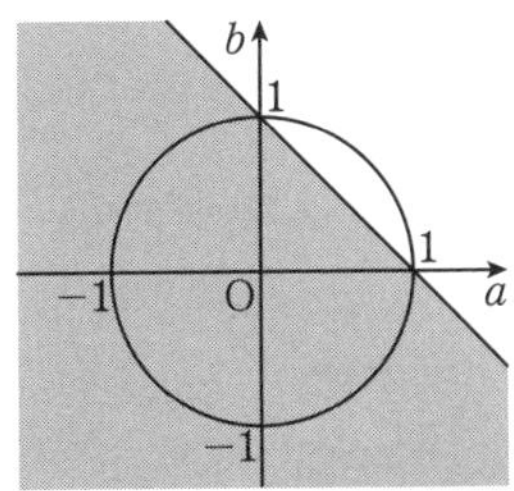

《判定問題 (B5) ☆》

104. 次の $\boxed{\text{(A)}}$，$\boxed{\text{(B)}}$ に適するものを，選択肢から選べ．

（1） $a \leqq x$ かつ $x \leqq b$ を満たす x が存在することは，$a < b$ であるための $\boxed{\text{(A)}}$

（2） $x \leqq a$ を満たす任意の x が $x < b$ を満たすことは，$a < b$ であるための $\boxed{\text{(B)}}$

選択肢

ア 必要十分条件である．
イ 必要条件ではあるが十分条件ではない．
ウ 十分条件ではあるが必要条件ではない．
エ 必要条件でも十分条件でもない．

（23 天使大・看護栄養）

▶解答◀ （1） $a \leqq x$ かつ $x \leqq b$ を満たす x が存在する $\Longleftrightarrow a \leqq b$ $\overset{\times}{\underset{\bigcirc}{\rightleftarrows}}$ $a < b$

右向きの反例は $a = b$ のとき，$x = a$ が存在するが $a < b$ ではない．したがって，**必要条件ではあるが十分条件ではない（イ）．**

$a \leqq x$ かつ $x \leqq b$ を満たす実数 x が存在する条件は，x を間にはさんで左に a，右に b があるということである．

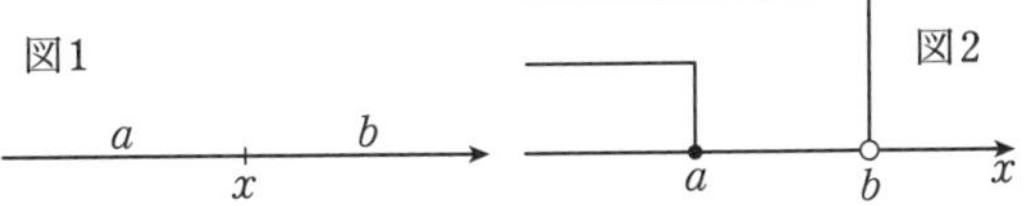

（2） $x \leqq a$ を満たす任意の x が $x < b$ を満たす

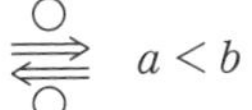

$a < b$

図2を参照せよ．**必要十分条件である（ア）．**

《十分性 (B5)》

105. p を実数の定数とする．2つの関数

$$f(x) = x^2 - 3x + 2,$$
$$g(x) = -x^2 + (p+1)x - p$$

について，以下の問いに答えよ．

（1） $f(x) \leqq 0$ となる実数 x の範囲を求めよ．

（2） $g(x) \geqq 0$ となる実数 x の範囲を p の値により場合分けして求めよ．

（3） $f(x) \leqq 0$ であることが $g(x) \geqq 0$ であるための必要条件となる p の範囲，十分条件となる p の範囲をそれぞれ求めよ．　（23 中部大）

▶解答◀ （1） $f(x) \leqq 0$ は $(x-1)(x-2) \leqq 0$ となり，$\boldsymbol{1 \leqq x \leqq 2}$ となる．

（2） $g(x) \geqq 0$ は $(x-1)(x-p) \leqq 0$ となり．

$\boldsymbol{p < 1}$ **のとき** $\boldsymbol{p \leqq x \leqq 1}$，$\boldsymbol{p = 1}$ **のとき** $\boldsymbol{x = 1}$，

$\boldsymbol{p > 1}$ **のとき** $\boldsymbol{1 \leqq x \leqq p}$ である．

（3） $f(x) \leqq 0$ をみたす x の集合を F，$g(x) \geqq 0$ をみたす x の集合を G とする．F, G の一方が他方に含まれるときを考える．それは図1，2のようになるときで，$1 \leqq p \leqq 2$，または $p \geqq 2$ のときである．

$f(x) \geqq 0 \Longleftarrow g(x) \leqq 0$（目標，ための掛かっている方）が成り立つ（必要条件になる）のは，$G \subset F$ となるときで，それは $\boldsymbol{1 \leqq p \leqq 2}$ のときである．

$f(x) \geqq 0 \Longrightarrow g(x) \leqq 0$（目標）が成り立つ（十分条件になる）のは，$F \subset G$ となるときで，$\boldsymbol{p \geqq 2}$ のときである．

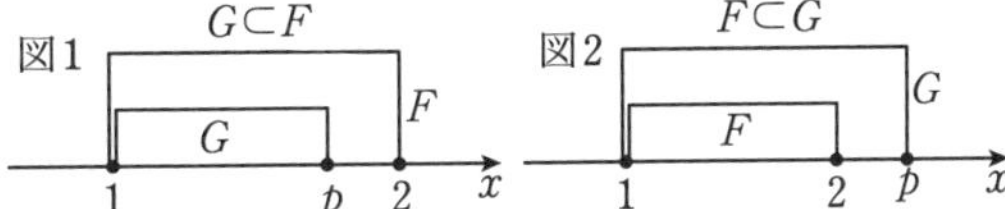

《十分性 (B2)》

106. $-1 \leqq x \leqq 3$ が $x^2 - 2ax + 4 \geqq 0$ であるための十分条件であるとき，定数 a の値の範囲は $-\dfrac{\square}{\square} \leqq a \leqq \square$ である．　（23 東洋大・前期）

▶解答◀ $x^2 - 2ax + 4 = 0$ のとき

$x = a \pm \sqrt{a^2 - 4}$ であり，判別式 $D = a^2 - 4 = 0$ のとき $a = \pm 2$ で，順に，重解 $x = 2, -2$ となる．

$x^2 - 2ax + 4 = 0$ に $x = -1, 3$ を代入すると順に，

$a = -\dfrac{5}{2}, a = \dfrac{13}{6}$ となる．

$-1 \leqq x \leqq 3 \Longrightarrow x^2 + 4 \geqq 2ax$

すなわち，$-1 \leqq x \leqq 3$ で曲線 $y = x^2 + 4$ より下方に直線 $y = 2ax$ がある条件は $\boldsymbol{-\dfrac{5}{2} \leqq a \leqq 2}$ である．

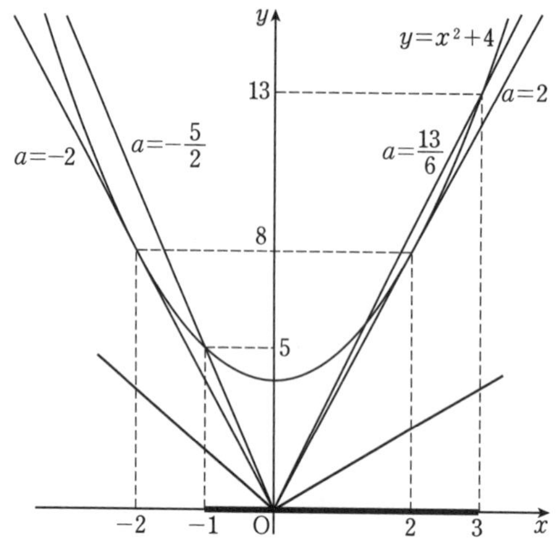

▶解答◀ 以下文字は整数とする．

$$a=3A+r,\quad b=3B+s$$

$(r=0,1,2$ のいずれかで $s=0,1,2$ のいずれか$)$

とおける．

$$ab=9AB+3As+3Br+rs$$
$$=3(3AB+As+Br)+rs$$

$r=0,1,2$, $s=0,1,2$ のとき $rs=0,1,2,4$ のいずれかの値をとる．

（1） **偽**である．反例は $a=2$, $b=2$

（2） **真**である．ab を 3 で割った余りが 2 ならば $rs=2$ であり $(r,s)=(1,2),(2,1)$ に限る．

a,b を 3 で割った余りは 1 と 2 である．

【命題と証明】

［ 命題と証明 ］

《無理数の証明 (B5) ☆》

107．正の実数 a に関する次の命題の真偽を答えよ．また，真であるときは証明を与え，偽であるときは反例をあげよ．ただし，$\sqrt{2}$ は無理数であることを用いてよい．

（1） a が自然数ならば $\sqrt{a}$ は無理数である．

（2） a が自然数ならば $\sqrt{a}+\sqrt{2}$ は無理数である．

（23 愛媛大・工，農，教）

▶解答◀ （1） **偽**である．反例は $a=1$

（2） **真**である．

【証明】 $\sqrt{a}+\sqrt{2}$ が有理数になると仮定する．p を正の有理数として，$\sqrt{a}+\sqrt{2}=p$ とおく．

$$\sqrt{a}=p-\sqrt{2}$$

$$a=p^2-2\sqrt{2}p+2$$

$$\sqrt{2}=\frac{p^2-a+2}{2p}$$

右辺は有理数，左辺は無理数で，矛盾する．

よって $\sqrt{a}+\sqrt{2}$ は無理数である．

《整数の論証 (B5) ☆》

108．次の命題の真偽をそれぞれ調べよ．真ならば証明をし，偽ならば反例を一組あげよ．ただし，a,b は整数とする．

（1） ab を 3 で割った余りが 1 ならば，a か b のどちらかを 3 で割った余りは 1 である．

（2） ab を 3 で割った余りが 2 ならば，a か b のどちらかを 3 で割った余りは 2 である．

（23 広島市立大）

【三角比の基本性質】

［ 三角比の基本性質 ］

《コスからタン (A2)》

109．$\cos\theta=\dfrac{\sqrt{7}}{4}$ のとき，$\tan\theta$ の値を求めよ．ただし，$0°<\theta<90°$ とする．（23 奈良大）

▶解答◀ $\cos\theta=\dfrac{\sqrt{7}}{4}$ より斜辺が 4，底辺が $\sqrt{7}$ の直角三角形 ABC を考え，三平方の定理から立辺は $\text{BC}=\sqrt{4^2-7}=3$ となる，

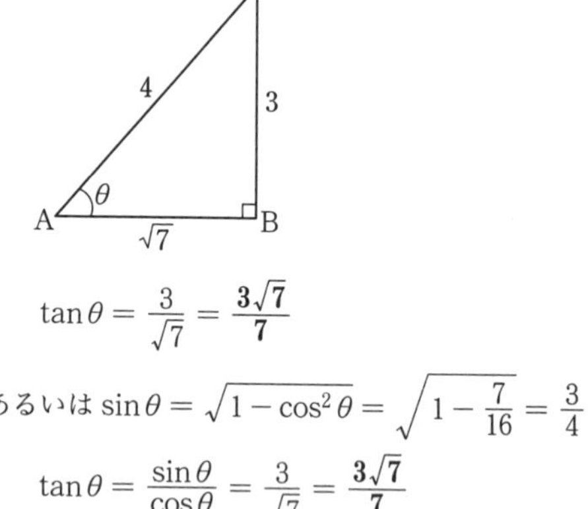

$$\tan\theta=\frac{3}{\sqrt{7}}=\boldsymbol{\frac{3\sqrt{7}}{7}}$$

あるいは $\sin\theta=\sqrt{1-\cos^2\theta}=\sqrt{1-\dfrac{7}{16}}=\dfrac{3}{4}$

$$\tan\theta=\frac{\sin\theta}{\cos\theta}=\frac{3}{\sqrt{7}}=\boldsymbol{\frac{3\sqrt{7}}{7}}$$

《差から積 (A2)》

110．$0°\leqq\theta\leqq180°$ において，$\sin\theta-\cos\theta=\dfrac{1}{\sqrt{2}}$ のとき，$\tan\theta+\dfrac{1}{\tan\theta}=\square$ である．

（23 明海大）

▶解答◀ $(\sin\theta-\cos\theta)^2=\dfrac{1}{2}$

$$\sin^2\theta-2\sin\theta\cos\theta+\cos^2\theta=\frac{1}{2}$$

$$\sin\theta\cos\theta=\frac{1}{4}$$

よって

$$\tan\theta + \frac{1}{\tan\theta} = \frac{\sin\theta}{\cos\theta} + \frac{\cos\theta}{\sin\theta}$$

$$= \frac{\sin^2\theta + \cos^2\theta}{\sin\theta\cos\theta} = \frac{1}{\sin\theta\cos\theta} = \mathbf{4}$$

《大小比較（A2）》

111. A, B, C はいずれも 0° 以上 90° 以下で，

$\sin A = \cos A$

$\sin B < \cos B$

$\sin C > \cos C$

であるとき，

Ⓐ A　　Ⓑ B　　Ⓒ C

（23　明治大・情報）

▶解答◀ 点 A$(\cos A, \sin A)$ とすると，A は点 A の偏角である．$0° \leqq A \leqq 90°$, $\sin A = \cos A$ であるから点 A は単位円周上の第 1 象限でかつ直線 $y = x$ 上にある．

同様に考えて，点 B$(\cos B, \sin B)$ は単位円周上の第 1 象限でかつ領域 $y < x$ にあり，点 C$(\cos C, \sin C)$ は単位円周上の第 1 象限でかつ領域 $y > x$ にある．図を見よ．よって，最大のものは $\boldsymbol{C}$ (Ⓒ)，最小のものは $\boldsymbol{B}$ (Ⓑ) である．

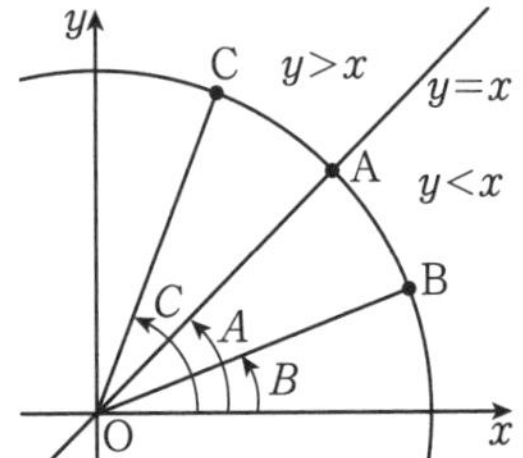

《コスからサインとタン（A2）》

112. 三角形の頂点 A が鋭角で，$\cos A = \frac{3}{4}$ であるとき，$\sin A = \frac{\sqrt{\square}}{\square}$ であり，$\tan(180° - A) =$

となる．（23　東京工芸大・工）

▶解答◀ $\cos A = \frac{3}{4}$ のとき

$$\sin A = \sqrt{1 - \cos^2 A} = \frac{\sqrt{7}}{4}$$

である．

$$\tan(180° - A) = -\tan A = -\frac{\sqrt{7}}{3}$$

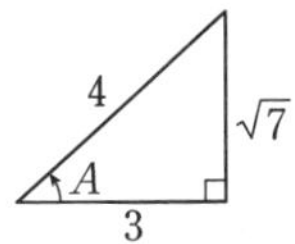

《2 次関数（A2）》

113. $0° \leqq \theta < 90°$ とする．関数

$$y = 2\cos^2\theta + 2\sin\theta + 2$$

は，$\theta = \square$° のとき最大値をとる．

（23　松山大・薬）

▶解答◀ $y = 2\cos^2\theta + 2\sin\theta + 2$

$$= 2 - 2\sin^2\theta + 2\sin\theta + 2$$

$$= -2\left(\sin\theta - \frac{1}{2}\right)^2 + \frac{9}{2}$$

$0° \leqq \theta < 90°$ より，$\sin\theta = \frac{1}{2}$ すなわち $\theta = \mathbf{30}°$ のとき最大値をとる．

【正弦定理・余弦定理】

［正弦定理・余弦定理］

《正弦定理と余弦定理（A2）☆》

114. 面積が $3\sqrt{7}$ である三角形 ABC において，

$\sin A : \sin B : \sin C = 6 : 5 : 4$

であるとき，

$\cos A = \frac{\square}{\square}$，AC $= \square\sqrt{\square}$ である．

（23　東京薬大）

▶解答◀ 正弦定理から，正の実数 k を用いて BC $= 6k$, CA $= 5k$, AB $= 4k$ と表せる．

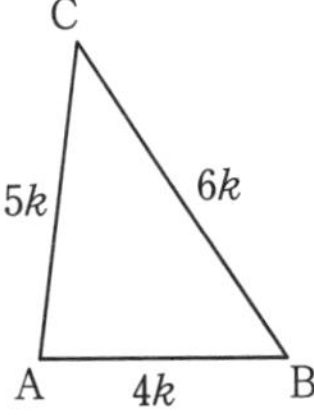

余弦定理より

$$\cos A = \frac{16k^2 + 25k^2 - 36k^2}{2 \cdot 4k \cdot 5k} = \frac{\mathbf{1}}{\mathbf{8}}$$

$$\sin A = \sqrt{1 - \left(\frac{1}{8}\right)^2} = \frac{3\sqrt{7}}{8}$$

$\triangle$ABC $= 3\sqrt{7}$ であるから

$$\frac{1}{2} \cdot 4k \cdot 5k \cdot \frac{3\sqrt{7}}{8} = 3\sqrt{7}$$

$$k^2 = \frac{4}{5} \qquad \therefore \quad k = \frac{2\sqrt{5}}{5}$$

$$\text{AC} = 5k = \mathbf{2\sqrt{5}}$$

《正弦定理 (A2)》

115. $\triangle ABC$ において,

$\angle A = 45°$, $\angle B = 75°$, $BC = \sqrt{6}$

のとき,辺 AB の長さを求めよ. (23 広島文教大)

▶解答◀ $\angle C = 180° - (\angle A + \angle B)$

$= 180° - (45° + 75°) = 60°$

正弦定理を用いて

$$\frac{BC}{\sin\angle A} = \frac{AB}{\sin\angle C}$$

$$AB = \frac{BC\sin\angle C}{\sin\angle A} = \frac{\sqrt{6}\sin 60°}{\sin 45°}$$

$$= \sqrt{6}\cdot\frac{\sqrt{3}}{2}\cdot\sqrt{2} = \mathbf{3}$$

《候補が 2 つ (A2)》

116. 三角形 ABC において,

$AB = \sqrt{2}$, $BC = \sqrt{5}$, $\angle BAC = \frac{\pi}{6}$

のとき,AC の長さを求めなさい.

(23 龍谷大・推薦)

▶解答◀ 余弦定理を用いて

$$BC^2 = CA^2 + AB^2 - 2CA\cdot AB\cos\frac{\pi}{6}$$

$AC = x$ とおくと

$$5 = 2 + x^2 - 2\sqrt{2}x\cdot\frac{\sqrt{3}}{2}$$

$$x^2 - \sqrt{6}x - 3 = 0 \qquad \therefore\quad x = \frac{\sqrt{6}\pm 3\sqrt{2}}{2}$$

$AC > 0$ であるから $AC = \boldsymbol{\frac{\sqrt{6}+3\sqrt{2}}{2}}$

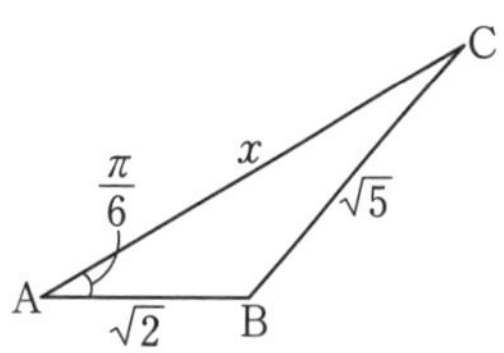

《候補が 2 つ (A5) ☆》

117. $\triangle ABC$ において,

$AB = 2$, $CA = \sqrt{2}$, $\angle ABC = 30°$

とする.$BC < CA$ のとき,$BC = \square$,

$\angle BCA = \square$° である. (23 東京慈恵医大・看護)

▶解答◀ $BC = x$ とすると,余弦定理より

$$2 = 4 + x^2 - 2\cdot 2\cdot x\cos 30°$$

$$x^2 - 2\sqrt{3}x + 2 = 0$$

$$x = \sqrt{3}\pm 1$$

$BC < CA = \sqrt{2}$ より,$x = \boldsymbol{\sqrt{3}-1}$ である.また,

$BC < CA$ より $\angle BAC < 30°$ であるから,

$$\angle BCA > 180° - 30° - 30° = 120°$$

である.正弦定理より

$$\frac{2}{\sin\angle BCA} = \frac{\sqrt{2}}{\sin 30°}$$

$$\sin\angle BCA = \frac{1}{\sqrt{2}}$$

$\angle BCA > 120°$ より,$\angle BCA = \mathbf{135°}$ である.

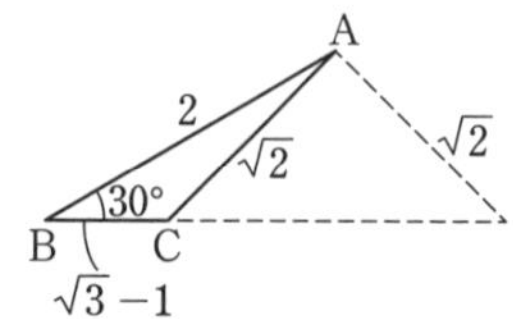

《余弦定理 (B5)》

118. 次の問いに答えよ.

(1) 3 辺の長さが t, $t+1$, $t+2$ である三角形が存在するような実数 t の値の範囲を求めよ.

以下では,(1) の三角形を $\triangle ABC$ とし,$BC = t$, $CA = t+1$, $AB = t+2$ とする.

(2) $\cos\angle C$ を t を用いて表せ.

(3) $\cos\angle C$ のとり得る値の範囲を求めよ.

(4) $\angle C = 120°$ となるような t の値と,そのときの $\triangle ABC$ の面積を求めよ.

(23 北海道教育大・前期)

▶解答◀ (1) $t < t+1 < t+2$ であるから,条件は

$t > 0$ かつ $t + (t+1) > t+2$

よって,$\boldsymbol{t > 1}$

(2) 余弦定理より

$$\cos\angle C = \frac{t^2 + (t+1)^2 - (t+2)^2}{2t(t+1)}$$

$$= \frac{t^2 - 2t - 3}{2t(t+1)} = \frac{(t+1)(t-3)}{2t(t+1)} = \boldsymbol{\frac{t-3}{2t}}$$

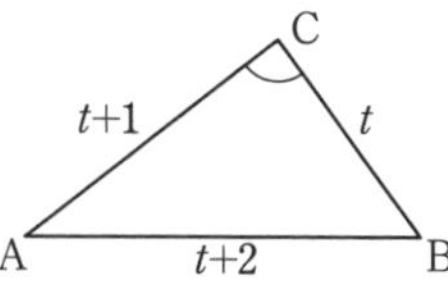

(3) $\cos\angle C = \frac{1}{2} - \frac{3}{2}\cdot\frac{1}{t}$

$t > 1$ であるから $\frac{1}{t}$ のとり得る値の範囲は

$0 < \frac{1}{t} < 1$ であり,$\cos\angle C$ のとり得る値の範囲は

$$\boldsymbol{-1 < \cos\angle C < \frac{1}{2}}$$

(4) $\angle C = 120°$ のとき,(2) より

$$\cos 120° = \frac{t-3}{2t}$$

$$-\frac{1}{2} = \frac{t-3}{2t} \qquad \therefore\quad \boldsymbol{t = \frac{3}{2}}$$

このとき，

$$\triangle ABC = \frac{1}{2}BC \cdot CA \sin 120^\circ$$
$$= \frac{1}{2}\cdot\frac{3}{2}\cdot\frac{5}{2}\cdot\frac{\sqrt{3}}{2} = \mathbf{\frac{15\sqrt{3}}{16}}$$

《正三角形と余弦定理 (A3)》

119．正三角形 ABC において，辺 AB の中点を M，線分 MC の中点を N とし，$\theta = \angle NBC$ とする．このときの $\cos\theta$ の値を求めよ．

（23　奈良教育大・前期）

▶解答◀　$AB = 4a$ とおくと，△ABC は正三角形であるから

$$BC = 4a,\ BM = 2a,\ CM = 2\sqrt{3}a$$
$$CN = NM = \sqrt{3}a$$

△BMN で，三平方の定理を用いて

$$BN = \sqrt{BM^2 + NM^2} = \sqrt{4a^2 + 3a^2} = \sqrt{7}a$$

△BCN で，余弦定理を用いて

$$\cos\theta = \frac{BC^2 + BN^2 - CN^2}{2BC \cdot BN}$$
$$= \frac{16a^2 + 7a^2 - 3a^2}{2\cdot 4a\cdot\sqrt{7}a} = \frac{20a^2}{8\sqrt{7}a^2} = \mathbf{\frac{5\sqrt{7}}{14}}$$

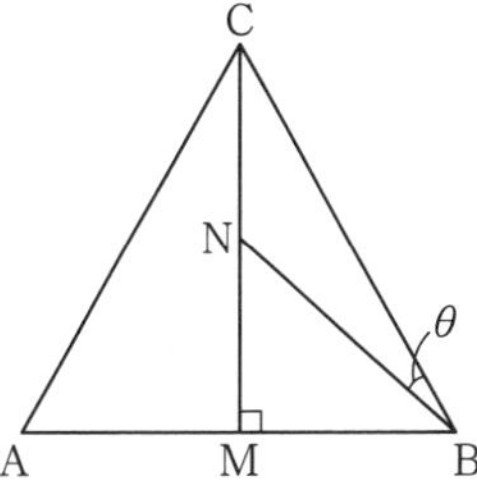

《正弦定理 (B10) ☆》

120．△ABC において，∠A, ∠B, ∠C の大きさをそれぞれ A, B, C とし，辺 BC，CA，AB の長さをそれぞれ a, b, c とする．$\sin^2 A + \sin^2 B = \sin^2 C$ を満たすとき，次の問いに答えなさい．

（1）$a^2 + b^2 = c^2$ であることを示しなさい．

（2）さらに，$2\cos A + \cos B - \cos C = 2$ を満たすとする．このとき，$\frac{a}{b+c}$ の値を求めなさい．

（23　信州大・教育）

▶解答◀　（1）△ABC で正弦定理より

$$\frac{a}{\sin A} = \frac{b}{\sin B} = \frac{c}{\sin C}$$
$$\sin A = \frac{a}{c}\sin C,\ \sin B = \frac{b}{c}\sin C$$

$\sin^2 A + \sin^2 B = \sin^2 C$ に代入して

$$\frac{a^2}{c^2}\sin^2 C + \frac{b^2}{c^2}\sin^2 C = \sin^2 C$$
$$a^2 + b^2 = c^2 \quad \cdots\cdots ①$$

（2）① より △ABC は $C = 90^\circ$ の直角三角形である．

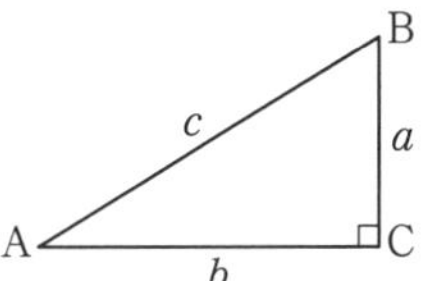

$\cos A = \frac{b}{c}$, $\cos B = \frac{a}{c}$, $\cos C = 0$ であり，
$2\cos A + \cos B - \cos C = 2$ に代入して

$$\frac{2b}{c} + \frac{a}{c} = 2$$
$$a = 2(c - b)$$

これを ① に代入して

$$4(c-b)^2 + b^2 = c^2$$
$$5b^2 - 8bc + 3c^2 = 0$$
$$(b-c)(5b-3c) = 0$$

$b < c$ であるから $5b = 3c$ すなわち $b : c = 3 : 5$ である．よって，△ABC は $a : b : c = 4 : 3 : 5$ の直角三角形で

$$\frac{a}{b+c} = \frac{4}{3+5} = \mathbf{\frac{1}{2}}$$

《(B5)》

121．三角形 ABC において，

$$\frac{2}{\sin A} = \frac{3}{\sin B} = \frac{\sqrt{7}}{\sin C}$$

が成り立つとき，次の問いに答えなさい．

（1）AB : BC : CA を求めなさい．

（2）$\sin A$ の値を求めなさい．

（3）$BC = 2\sqrt{7}$ のとき，三角形 ABC の外接円の半径 R を求めなさい．

（23　福岡歯科大）

▶解答◀　（1）k を定数として

$$\frac{2}{\sin A} = \frac{3}{\sin B} = \frac{\sqrt{7}}{\sin C} = k$$

より

$$\sin A = \frac{2}{k},\ \sin B = \frac{3}{k},\ \sin C = \frac{\sqrt{7}}{k}$$

正弦定理を用いて

$$\frac{BC}{\sin A} = \frac{CA}{\sin B} = \frac{AB}{\sin C} = 2R$$
$$BC = 2R\sin A = \frac{4R}{k}$$
$$CA = 2R\sin B = \frac{6R}{k}$$
$$AB = 2R\sin C = \frac{2\sqrt{7}R}{k}$$

したがって，$\mathrm{AB}:\mathrm{BC}:\mathrm{CA}=\boldsymbol{\sqrt{7}:2:3}$ である．

（２） m を定数として，$\mathrm{AB}=\sqrt{7}m,\ \mathrm{BC}=2m,\ \mathrm{CA}=3m$ とおく．余弦定理を用いて

$$\cos A=\frac{(\sqrt{7}m)^2+(3m)^2-(2m)^2}{2\cdot\sqrt{7}m\cdot 3m}$$
$$=\frac{12m^2}{6\sqrt{7}m^2}=\frac{2}{\sqrt{7}}$$
$$\sin A=\sqrt{1-\cos^2 A}$$
$$=\sqrt{1-\left(\frac{2}{\sqrt{7}}\right)^2}=\sqrt{\boldsymbol{\frac{3}{7}}}$$

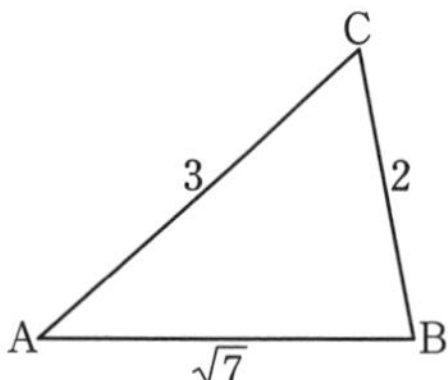

（３） $\mathrm{BC}=2\sqrt{7},\ \sin A=\sqrt{\dfrac{3}{7}}$ より正弦定理を用いて

$$\frac{\mathrm{BC}}{\sin A}=2R \qquad \therefore\quad R=\frac{2\sqrt{7}}{2\sqrt{\frac{3}{7}}}=\boldsymbol{\frac{7}{\sqrt{3}}}$$

《（B5）》

122. 平面上に

$$\mathrm{AB}=2\sqrt{5},\ \mathrm{BC}=\sqrt{5},\ \mathrm{AC}=3$$

を満たす三角形ABCがある．辺BCを $2:3$ に内分する点をPとするとき，線分APの長さ d と三角形ABPの面積 S を求めよ．（23　学習院大・法）

▶解答◀ △ABCにおいて余弦定理より

$$\cos B=\frac{20+5-9}{2\cdot 2\sqrt{5}\cdot\sqrt{5}}=\frac{4}{5}$$

$\mathrm{BP}=\dfrac{2}{5}\sqrt{5}$ である．△ABPにおいて余弦定理より

$$d^2=20+\frac{4}{5}-2\cdot 2\sqrt{5}\cdot\frac{2}{5}\sqrt{5}\cdot\frac{4}{5}$$
$$=20+\frac{4}{5}-\frac{32}{5}=\frac{72}{5}$$
$$d=\sqrt{\frac{72}{5}}=\boldsymbol{\frac{6\sqrt{10}}{5}}$$

また，$\sin B=\dfrac{3}{5}$ であるから

$$S=\frac{1}{2}\cdot 2\sqrt{5}\cdot\frac{2}{5}\sqrt{5}\cdot\frac{3}{5}=\boldsymbol{\frac{6}{5}}$$

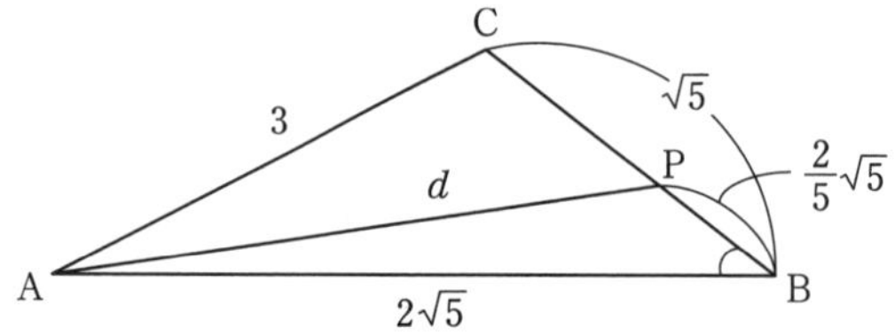

《正弦定理と余弦定理（B5）☆》

123. 半径 R の円に内接する四角形ABCDにおいて

$$\mathrm{AB}=1+\sqrt{3},\ \mathrm{BC}=\mathrm{CD}=2,\ \angle\mathrm{ABC}=60^\circ$$

であるとき，∠ADCの大きさは ∠ADC＝□ であり，AC, AD, R の長さはそれぞれ AC＝□，AD＝□，R＝□ である．また，四角形ABCDの面積は□である．さらに，$\theta=\angle\mathrm{DAB}$ とするとき，

$\sin\theta=$□ であり，BDの長さは BD＝□ である．（23　慶應大・看護医療）

▶解答◀ $\angle\mathrm{ADC}=180^\circ-\angle\mathrm{ABC}=\boldsymbol{120^\circ}$

である．△ABCで余弦定理より

$$\mathrm{AC}^2=(1+\sqrt{3})^2+2^2-2(1+\sqrt{3})\cdot 2\cdot\cos 60^\circ$$
$$=4+2\sqrt{3}+4-2-2\sqrt{3}=6$$

よって，$\mathrm{AC}=\boldsymbol{\sqrt{6}}$ である．△ACDで余弦定理より

$$(\sqrt{6})^2=\mathrm{AD}^2+2^2-2\mathrm{AD}\cdot 2\cdot\cos 120^\circ$$
$$\mathrm{AD}^2+2\mathrm{AD}-2=0$$
$$\mathrm{AD}=\boldsymbol{-1+\sqrt{3}}$$

△ABCで正弦定理より，$R=\dfrac{\sqrt{6}}{2\sin 60^\circ}=\boldsymbol{\sqrt{2}}$

四角形ABCDの面積を S とする．

$$S=\triangle\mathrm{ABC}+\triangle\mathrm{ACD}$$
$$=\frac{1}{2}(1+\sqrt{3})\cdot 2\cdot\sin 60^\circ$$
$$+\frac{1}{2}(-1+\sqrt{3})\cdot 2\cdot\sin 120^\circ$$
$$=\frac{\sqrt{3}(1+\sqrt{3})}{2}+\frac{\sqrt{3}(-1+\sqrt{3})}{2}=\boldsymbol{3}$$

また，$S=\triangle\mathrm{ABD}+\triangle\mathrm{BCD}$

$$=\frac{1}{2}(1+\sqrt{3})(-1+\sqrt{3})\sin\theta$$
$$+\frac{1}{2}\cdot 2\cdot 2\cdot\sin(180^\circ-\theta)$$
$$=\sin\theta+2\sin\theta=3\sin\theta$$

であるから $3\sin\theta=3$ となり $\sin\theta=\boldsymbol{1}$

よって，$\theta=90^\circ$ であるから，BDは四角形ABCDの外接円の直径で $\mathrm{BD}=2R=\boldsymbol{2\sqrt{2}}$

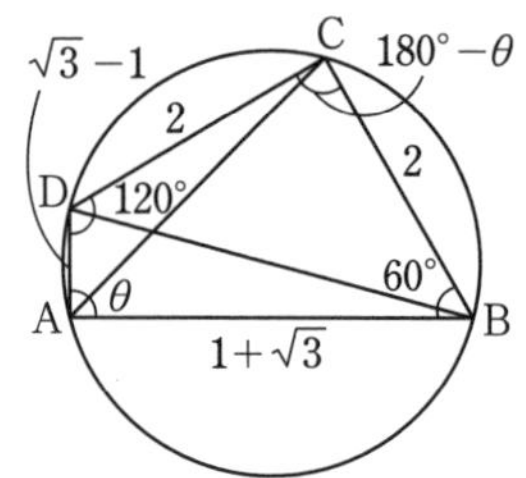

《正弦定理と余弦定理 (A5) ☆》

124. △ABC において，頂点 A, B, C に向かい合う辺 BC, CA, AB の長さをそれぞれ a, b, c で表し，∠A, ∠B, ∠C の大きさを，それぞれ A, B, C で表す．

$\sin A : \sin B : \sin C = 3 : 7 : 8$

が成り立つとき，ある正の実数 k を用いて

$a = \square k,\ b = \square k,\ c = \square k$

と表すことができるので，この三角形の最も大きい角の余弦の値は $-\dfrac{\square}{\square}$ であり，正接の値は $-\square\sqrt{\square}$ である．さらに △ABC の面積が $54\sqrt{3}$ であるとき，$k = \square$ となるので，この三角形の外接円の半径は

$\square\sqrt{\square}$ であり，内接円の半径は $\square\sqrt{\square}$ である． (23　慶應大・経済)

▶解答◀ △ABC において，正弦定理より

$$\frac{a}{\sin A} = \frac{b}{\sin B} = \frac{c}{\sin C}$$

$$a : b : c = \sin A : \sin B : \sin C = \mathbf{3 : 7 : 8}$$

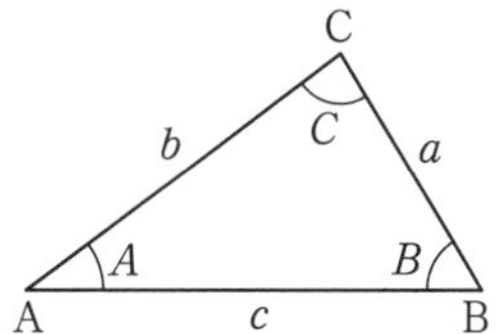

k を正の実数として

$$a = \mathbf{3}k,\ b = \mathbf{7}k,\ c = \mathbf{8}k$$

とおける．

最大辺は c であるから，最大角は C である．△ABC において，余弦定理より

$$\cos C = \frac{9k^2 + 49k^2 - 64k^2}{2 \cdot 3k \cdot 7k} = -\frac{\mathbf{1}}{\mathbf{7}}$$

$$\sin C = \sqrt{1 - \left(-\frac{1}{7}\right)^2} = \sqrt{\frac{48}{49}} = \frac{4\sqrt{3}}{7}$$

よって，

$$\tan C = \frac{\sin C}{\cos C} = \frac{\frac{4\sqrt{3}}{7}}{-\frac{1}{7}} = \mathbf{-4\sqrt{3}}$$

また，△ABC の面積は

$$\frac{1}{2}ab\sin C = \frac{1}{2} \cdot 3k \cdot 7k \cdot \frac{4\sqrt{3}}{7} = 6\sqrt{3}k^2$$

となるから $6\sqrt{3}k^2 = 54\sqrt{3}$ であり $k = \mathbf{3}$

このとき，$a = 9,\ b = 21,\ c = 24$ であり，△ABC の外接円の半径を R とすると，正弦定理より

$$R = \frac{c}{2\sin C} = \frac{24}{2 \cdot \frac{4\sqrt{3}}{7}} = \mathbf{7\sqrt{3}}$$

△ABC の内接円の半径を r とすると

$$\frac{1}{2}r(a + b + c) = \triangle\text{ABC}$$

$$\frac{1}{2}r(9 + 21 + 24) = 54\sqrt{3}$$

$$27r = 54\sqrt{3}$$

よって $r = \mathbf{2\sqrt{3}}$

《円に内接する四角形 (B3)》

125. 三角形 ABC において AB = AC = 4, BC = 6 とする．AB 上の点 P が CP = 5 を満たすとき，AP = $\square$ である． (23　立教大・文系)

▶解答◀ △ABC に余弦定理を用いて

$$\cos A = \frac{16 + 16 - 36}{2 \cdot 4 \cdot 4} = -\frac{1}{8}$$

AP = x として，△APC に余弦定理を用いる．

$$25 = x^2 + 16 - 2 \cdot x \cdot 4\cos A$$

$$x^2 + x - 9 = 0$$

$$x = \frac{-1 \pm \sqrt{1 + 36}}{2} = \frac{-1 \pm \sqrt{37}}{2}$$

AP > 0 であるから AP = $\mathbf{\dfrac{\sqrt{37} - 1}{2}}$

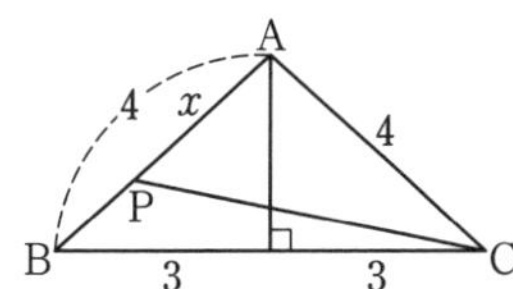

《余弦定理 (B3)》

126. △ABC において，∠B = 60°, AB + BC = 4 とする．辺 BC 上に点 D を BD : DC = 1 : 3 となるようにとる．BD = x とするとき，次の各問いに答えよ．

(1) 辺 BC, AB の長さを x を用いて表せ．

(2) AD^2 を x を用いて表せ．

(3) AD^2 が最小となるときの線分 BD, AD の長さを求めよ．

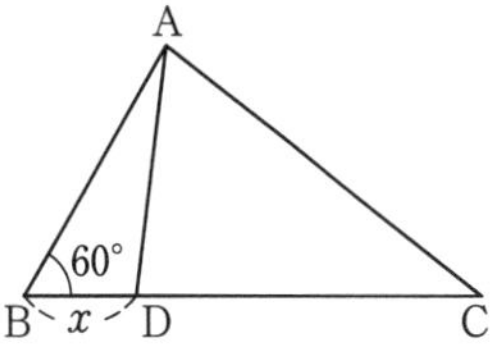

（23　酪農学園大・食農，獣医-看護）

▶解答◀　（1）　BD : DC = 1 : 3 より

$$\mathrm{BC} = 4\mathrm{BD} = \boldsymbol{4x}$$

これと AB + BC = 4 より

$$\mathrm{AB} = 4 - \mathrm{BC} = \boldsymbol{4 - 4x}$$

（2）　△ABD で余弦定理を用いて

$$\begin{aligned}\mathrm{AD}^2 &= \mathrm{AB}^2 + \mathrm{BD}^2 - 2\mathrm{AB}\cdot\mathrm{BD}\cos\angle\mathrm{B}\\ &= (4-4x)^2 + x^2 - 2(4-4x)x\cos 60^\circ\\ &= 17x^2 - 32x + 16 - (4-4x)x\\ &= \boldsymbol{21x^2 - 36x + 16}\end{aligned}$$

（3）

$$\begin{aligned}\mathrm{AD}^2 &= 21\left(x^2 - \frac{12}{7}x\right) + 16\\ &= 21\left(x - \frac{6}{7}\right)^2 - 3\cdot\frac{36}{7} + 16\\ &= 21\left(x - \frac{6}{7}\right)^2 + \frac{4}{7} \quad\cdots\cdots①\end{aligned}$$

AB > 0，BC > 0，AB + BC = 4 より，0 < BC < 4 であるから

$$0 < 4x < 4 \qquad \therefore\quad 0 < x < 1 \quad\cdots\cdots②$$

①，② より，AD^2 が最小になるのは $x = \frac{6}{7}$ のときで，このとき

$$\mathrm{BD} = \boldsymbol{\frac{6}{7}},\ \mathrm{AD} = \sqrt{\frac{4}{7}} = \boldsymbol{\frac{2}{\sqrt{7}}}$$

【平面図形の雑題】

［平面図形の雑題］

《今年の最良問（C20）☆》

127．任意の三角形 ABC に対して次の主張（★）が成り立つことを証明せよ．

（★）辺 AB，BC，CA 上にそれぞれ点 P，Q，R を適当にとると三角形 PQR は正三角形となる．ただし P，Q，R はいずれも A，B，C とは異なる，とする．

（23　京大・総人-特色）

考え方　大変数学的な問題文である．最近は「任意」と書くべき場面でも「すべて」と書いたりする問題文が多い．「任意」と「すべて」は違う．

クラスに美少女の A 子さんがいて，図 a のような三角形を描いて「各辺の中点のあたりに，テキトーにとれば正三角形になるよね」と言ったとする．それを見ながら，媚男（こびお）が，似たような図 k を描いて「そうだね．A 子さんの言うとおりだよ」と話を合わせたとする．媚男の三角形は任意に描いた三角形ではない．

「任意」とは，誰か（多くの場合は答案を書いている人，本人）の話に合うように描くものではない．話に合おうと，合うまいと，そんなこと，おかまいなしに描くものである．誰かの話に合わせようとせず，忖度を受けず，自由に描く 1 つの三角形，それが，任意に描く三角形である．そして，いろいろ描くのではなく，動かさない．「すべての三角形を描こうとしない」のである．

「任意」と「すべて」は違う．

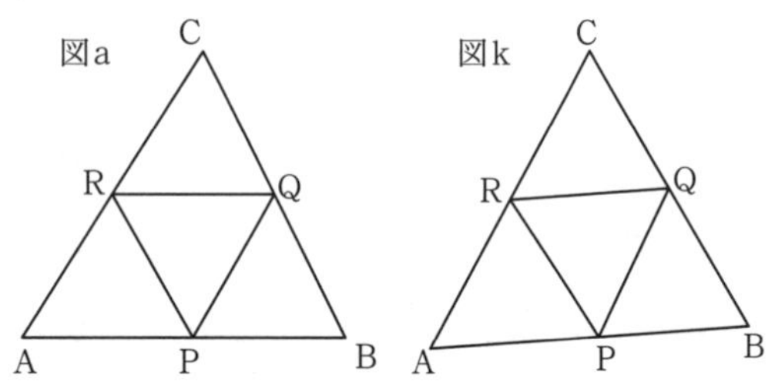

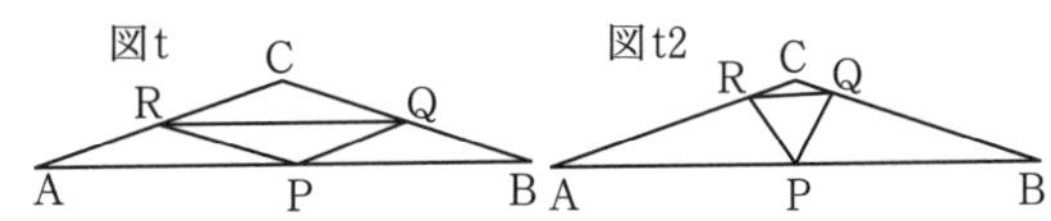

いつも一人黙々と数学の問題を解いて，我が道を行く唯雄君が図 t を描いて「三角形 ABC がぺちゃんこだと，中点のあたりにとったら，ぺちゃんこになって，正三角形になんかならないよ」と言ったとします．それを聞いて，媚男が「Q，R をもっと C に近づけてさ，図 t2 のように，正三角形らしく描けばいいんだよ．テキトー．テキトーだよ．唯雄の図は A 子さんの図と違い過ぎるんだよ．ひねくれ者め」と言ったりする．

「適当」と「テキトー」は違う．「適当」というのは，「適するように，当たるように，うまく」である．正三角形っぽく見えるように，いい加減に描くのではない．

それこそテキトーに点をとって，60 度を作ろうとしたとき，そこが狭くて，60 度に引こうとした線が三角形の外に飛び出してしまったら，まずい．そのためには，一番広いところを選んで線を引くのである．図 t の場合は，一番大きな内角 C の二等分線を引くことから始める．

三角形の内角の和は 180 度で，3 つの角の平均は 60 度である．したがって，角の中には 60 度以上のものも，60 度以下のものもある．最大の角は 60 度以上である．

▶解答◀　三角形 ABC の内角の中には 60 度以上のものがある．$\angle\mathrm{A} = 2\theta$ として，$2\theta \geqq 60^\circ$ としても一般性を失わない．

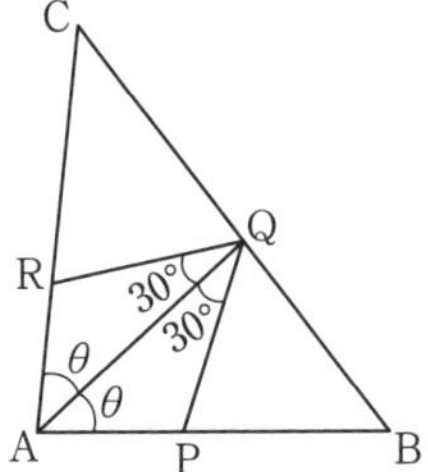

$\angle$A の二等分線と辺 BC の交点を Q とする．Q は B と C の間にある（B，C には一致しない）．

$$\angle \mathrm{AQC} = \angle \mathrm{QAB} + \angle \mathrm{B} = \theta + \angle \mathrm{B} > 30^\circ$$

$$\angle \mathrm{AQB} = \theta + \angle \mathrm{C} > 30^\circ$$

であるから，$\angle \mathrm{AQR} = 30^\circ$，$\angle \mathrm{AQP} = 30^\circ$ となる点 R を A と C の間（A，C には一致しない）に，P を A と B の間（A，B には一致しない）にそれぞれ取ることができる．三角形 AQP と三角形 AQR は一辺 AQ を共有し，その両端の二角が等しいから合同であり，PQ = RQ である．三角形 PQR は二等辺三角形であり，$\angle \mathrm{PQR} = 60^\circ$ であるから正三角形である．

《整数との融合（B20）》

128. m, n を正の整数とする．半径 1 の円に内接する △ABC が

$$\sin\angle \mathrm{A} = \frac{m}{17},\ \sin\angle \mathrm{B} = \frac{n}{17},$$

$$\sin^2\angle \mathrm{C} = \sin^2\angle \mathrm{A} + \sin^2\angle \mathrm{B}$$

を満たすとき，△ABC の内接円の半径は □ である．

（23　早稲田大・商）

▶解答◀　$\angle \mathrm{A} = A$, $\angle \mathrm{B} = B$, $\angle \mathrm{C} = C$ と書く．

△ABC の外接円の半径が 1 であるから，正弦定理より

$$\frac{a}{\sin A} = \frac{b}{\sin B} = \frac{c}{\sin C} = 2$$

である．よって，$\sin^2 C = \sin^2 A + \sin^2 B$ より

$$\frac{c^2}{4} = \frac{a^2}{4} + \frac{b^2}{4} \qquad \therefore\ a^2 + b^2 = c^2$$

であるから，△ABC は $C = 90^\circ$ の直角三角形である．

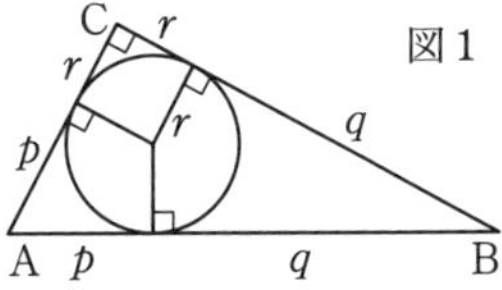

図 1

よって，c は外接円の直径となるから，$c = 2$ であり

$$a^2 + b^2 = 4$$

となる．求める内接円の半径は，図 1 より

$$\mathrm{AC} + \mathrm{BC} - \mathrm{AB} = (p + r) + (q + r) - (p + q)$$

$$b + a - 2 = 2r \qquad \therefore\ r = \frac{a + b}{2} - 1$$

と表せる．ここで，$\sin A = \frac{m}{17}$, $\sin B = \frac{n}{17}$ より

$$\frac{a}{2} = \frac{m}{17} \qquad \therefore\ a = \frac{2}{17}m$$

$$\frac{b}{2} = \frac{n}{17} \qquad \therefore\ b = \frac{2}{17}n$$

であるから，$a^2 + b^2 = 4$ に代入して

$$\frac{4}{17^2}m^2 + \frac{4}{17}3n^2 = 4$$

$$m^2 + n^2 = 17^2$$

$$m^2 = 17^2 - n^2$$

となる．$m^2 > 0$ より，$n = 1, 2, \cdots, 16$ である．

$11^2 = 121$, $12^2 = 144$, $13^2 = 169$, $14^2 = 196$, $15^2 = 225$, $16^2 = 256$, $17^2 = 289$ より，であるから，$n = 1, 2, \cdots, 16$ に対して，$17^2 - n^2$ の値はそれぞれ，228, 285, 280, 273, 246, 253, 240, 225, 208, 189, 168, 145, 120, 93, 64, 33 となり，このうち平方数であるものは 225 と 64 である．

よって，$(m, n) = (15, 8), (8, 15)$ であり，このとき

$$a + b = \frac{2}{17}(m + n) = \frac{46}{17}$$

であるから，$r = \frac{a + b}{2} - 1 = \mathbf{\frac{6}{17}}$

《整数との融合（B10）》

129. $a > 0, b > 0$ とする．△ABC において，3 つの辺 AB，AC，BC の長さをそれぞれ $2a, 5a, b$ とする．∠BAC を θ とおき，∠BAC の二等分線と辺 BC の交点を D とする．3 つの線分 AD，BD，CD の長さをそれぞれ p, q, r とする．以下の問いに答えよ．

（1）　$a = 1$, b が自然数，∠BAC が鈍角であるとき，b の値を求めよ．

（2）　$p^2 = 10a^2 - qr$ となることを示せ．

（3）　$p = \frac{20}{7}a\cdot\cos\frac{\theta}{2}$ となることを示せ．

（23　京都府立大・森林）

▶解答◀　（1）　$a = 1$ のとき，AB = 2，AC = 5, BC = b である．三角形の成立条件より

$$5 - 2 < b < 2 + 5$$

$$3 < b < 7 \ \cdots\cdots\cdots ①$$

△ABC に余弦定理を用いて

$$\cos\theta = \frac{\mathrm{AB}^2 + \mathrm{AC}^2 - \mathrm{BC}^2}{2\mathrm{AB}\cdot\mathrm{AC}}$$

θ が鈍角となるのは $\cos\theta < 0$ すなわち $\mathrm{AB}^2 + \mathrm{AC}^2 - \mathrm{BC}^2 < 0$ となるときであるから

$$2^2 + 5^2 - b^2 < 0 \qquad \therefore\ b^2 > 29 \ \cdots\cdots ②$$

①，② を満たす自然数 b は **6** である．

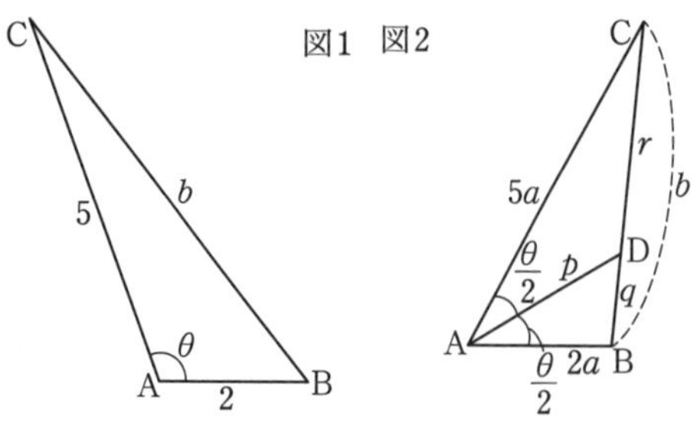

（２） 図２を見よ．線分 AD は $\angle$BAC の二等分線であるから

$$\mathrm{BD}:\mathrm{CD}=\mathrm{AB}:\mathrm{AC}=2:5$$

よって $5q=2r$ ……③

△ABD に余弦定理を用いて

$$q^2=4a^2+p^2-2\cdot 2a\cdot p\cos\frac{\theta}{2} \quad \cdots\cdots ④$$

△ACD に余弦定理を用いて

$$r^2=25a^2+p^2-2\cdot 5a\cdot p\cos\frac{\theta}{2} \quad \cdots\cdots ⑤$$

④×5−⑤×2 より

$$5q^2-2r^2=-30a^2+3p^2$$

$$p^2=10a^2+\frac{5q^2-2r^2}{3}$$

③ より $5q^2-2r^2=q\cdot 2r-r\cdot 5q=-3qr$

よって $p^2=10a^2-qr$ である．

（３） ③ より $25q^2=4r^2$

④×25−⑤×4 より

$$0=21p^2-60ap\cos\frac{\theta}{2}$$

$$p=\frac{20}{7}a\cdot\cos\frac{\theta}{2}$$

◆別解◆ （３） △ABD＋△ACD＝△ABC だから

$$\frac{1}{2}\cdot 2a\cdot p\sin\frac{\theta}{2}+\frac{1}{2}\cdot 5a\cdot p\sin\frac{\theta}{2}=\frac{1}{2}\cdot 2a\cdot 5a\sin\theta$$

$$2ap\sin\frac{\theta}{2}+5ap\sin\frac{\theta}{2}=10a^2\sin\theta$$

$$7p=20a\cdot\cos\frac{\theta}{2} \qquad \therefore\ p=\frac{20}{7}a\cdot\cos\frac{\theta}{2}$$

《（B10）》

130. 平面上の半径１の円 C の中心 O から距離４だけ離れた点 L をとる．点 L を通る円 C の２本の接線を考え，この２本の接線と円 C の接点をそれぞれ M，N とする．以下の問いに答えよ．

（１） 三角形 LMN の面積を求めよ．

（２） 三角形 LMN の内接円の半径 r と，三角形 LMN の外接円の半径 R をそれぞれ求めよ．

（23　東北大・文系）

▶解答◀ （１） $\angle\mathrm{MLO}=\angle\mathrm{NLO}=\theta$ とおくと，$\sin\theta=\frac{1}{4}$ である．また，$\mathrm{ML}=\mathrm{NL}=\sqrt{15}$ であるから，$\cos\theta=\frac{\sqrt{15}}{4}$ となる．これより，

$$\sin 2\theta=2\sin\theta\cos\theta=\frac{\sqrt{15}}{8}$$

$$\triangle\mathrm{LMN}=\frac{1}{2}\cdot\mathrm{ML}\cdot\mathrm{NL}\cdot\sin 2\theta$$

$$=\frac{1}{2}\cdot\sqrt{15}\cdot\sqrt{15}\cdot\frac{\sqrt{15}}{8}=\boldsymbol{\frac{15\sqrt{15}}{16}}$$

（２） MN と OL の交点を H とすると，$\angle\mathrm{MHL}=90°$ より，$\mathrm{MN}=2\mathrm{MH}=2\mathrm{ML}\sin\theta=\frac{\sqrt{15}}{2}$ である．ゆえに，△LMN の面積を r を用いて表すと

$$\frac{1}{2}(\mathrm{MN}+\mathrm{NL}+\mathrm{LM})r=\frac{15\sqrt{15}}{16}$$

$$\frac{1}{2}\left(\frac{\sqrt{15}}{2}+\sqrt{15}+\sqrt{15}\right)r=\frac{15\sqrt{15}}{16}$$

$$\frac{5\sqrt{15}}{4}r=\frac{15\sqrt{15}}{16} \qquad \therefore\ r=\boldsymbol{\frac{3}{4}}$$

また，四角形 LMON は △LMN の外接円に内接している．$\angle\mathrm{LMO}=90°$ より，OL は △LMN の外接円の直径となる．よって，$R=\frac{1}{2}\mathrm{OL}=\mathbf{2}$ である．

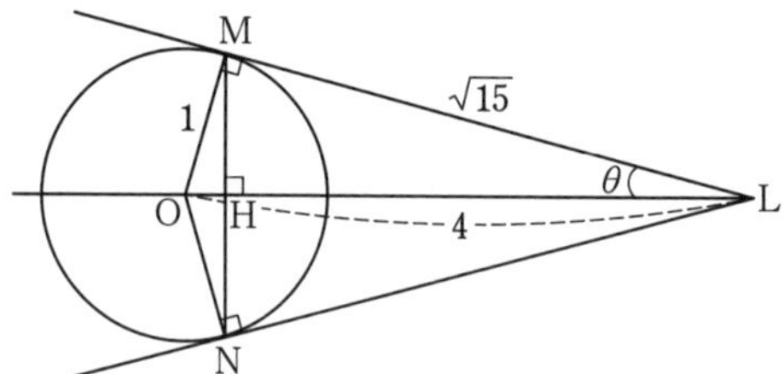

《チャップルの定理（B20）☆》

131. △ABC において，AB＝8, BC＝5, CA＝7 とする．このとき，次の問いに答えよ

（１） △ABC の面積は $\square\sqrt{\square}$ である．

（２） △ABC の内接円の半径は $\sqrt{\square}$ である．

（３） △ABC の外接円の半径は $\frac{\square\sqrt{\square}}{\square}$ である．

（４） △ABC の内心を I，外心を O とするとき，線分 IO の長さは $\frac{\sqrt{\square}}{\square}$ である．

（23　青学大・経済）

▶解答◀ （１） 余弦定理より

$$\cos B=\frac{8^2+5^2-7^2}{2\cdot 8\cdot 5}=\frac{40}{2\cdot 8\cdot 5}=\frac{1}{2}$$

であるから，$B=60°$ である．

$$\triangle ABC=\frac{1}{2}\cdot 8\cdot 5\cdot\sin 60°=\mathbf{10\sqrt{3}}$$

（**2**） 内接円の半径を r とする．

$$\triangle ABC=\frac{1}{2}(AB+BC+CA)\cdot r$$

$$\frac{1}{2}r(8+5+7)=10\sqrt{3} \qquad \therefore\quad r=\mathbf{\sqrt{3}}$$

（**3**） 外接円の半径を R とする．正弦定理より

$$R=\frac{7}{2\sin 60°}=\frac{7}{\sqrt{3}}=\mathbf{\frac{7\sqrt{3}}{3}}$$

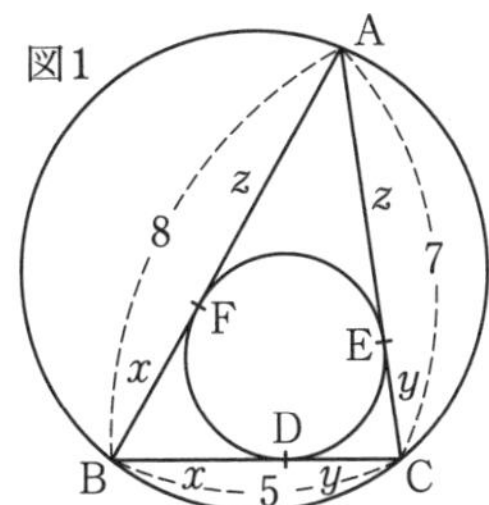

（**4**） 図1を参照せよ．△ABC の内接円と辺 BC，CA，AB との接点をそれぞれ D，E，F とし
$BD=BF=x$, $CD=CE=y$, $AE=AF=z$ とする．

$$BC+BA-CA=(x+y)+(x+z)-(y+z)=2x$$

$$BD=\frac{BC+BA-CA}{2}=\frac{5+8-7}{2}=3$$

図2を参照せよ．O から BC に下ろした垂線の足を H とする．$OB=R=\dfrac{7}{\sqrt{3}}$, $BH=\dfrac{1}{2}BC=\dfrac{5}{2}$ であるから

$$OH=\sqrt{OB^2-BH^2}=\sqrt{\frac{49}{3}-\frac{25}{4}}$$

$$=\sqrt{\frac{196-75}{12}}=\sqrt{\frac{121}{12}}=\frac{11\sqrt{3}}{6}$$

I から OH に下ろした垂線の足を J とする．
OH // ID, IJ // BC より

$$OJ=OH-JH=OH-ID$$

$$=\frac{11\sqrt{3}}{6}-\sqrt{3}=\frac{5\sqrt{3}}{6}$$

$$IJ=DH=BD-BH=3-\frac{5}{2}=\frac{1}{2}$$

よって

$$IO=\sqrt{OJ^2+IJ^2}=\sqrt{\frac{25}{12}+\frac{1}{4}}$$

$$=\sqrt{\frac{25+3}{12}}=\mathbf{\frac{\sqrt{21}}{3}}$$

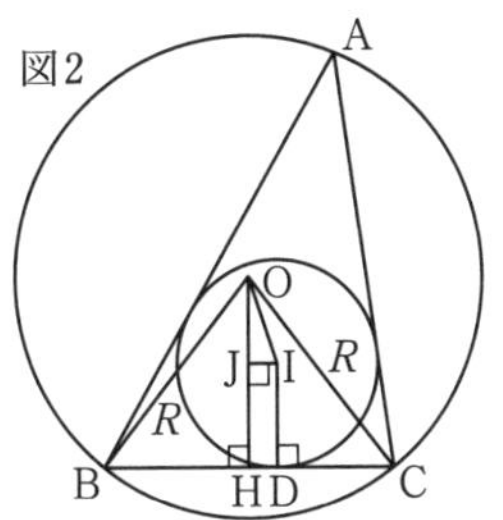

注意 【**Chapple の定理（オイラーの定理）**】

$OI^2=R^2-2Rr$ が成り立つ．1746 年にチャップルが証明し，1765 年にオイラーがチャップルと独立に証明した．この定理を用いると

$$OI=\sqrt{R^2-2Rr}=\sqrt{\frac{49}{3}-2\cdot 7}=\frac{\sqrt{21}}{3}$$

と求めることができる．

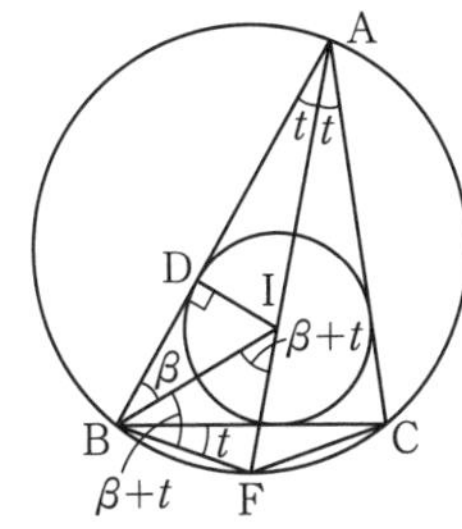

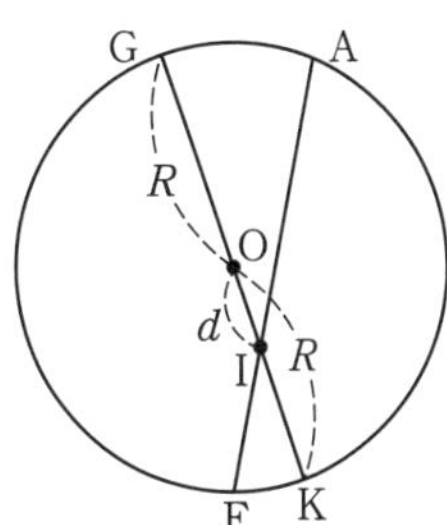

$\angle A=2t$, $\angle ABC=2\beta$ とおく．AI の延長が外接円と交わる点を F とする．

$$\angle FBC=\angle FAC=t,\ \angle IBC=\beta$$

$$\angle IBF=\beta+t$$

また，$\angle BIF=\angle IBA+\angle IAB=\beta+t$

△FBI は二等辺三角形である．

$$IF=BF=2R\sin t$$

最後は △ABF で正弦定理を用いた．

また，$AI=\dfrac{DI}{\sin t}=\dfrac{r}{\sin t}$

よって $IF\cdot IA=2Rr$ となる．

直線 OI と外接円の交点を G，K とする．

$OI=d$ として

$$IG\cdot IK=(R-d)(R+d)=R^2-d^2$$

方べきの定理より

$$IA\cdot IF=IG\cdot IK$$

$$2Rr=R^2-d^2$$

$$d^2=R^2-2Rr$$

《台形と外接円（B10）☆》

132. △ABC において，$AB=4$, $AC=8$, $\angle A=120°$ とする．∠A の二等分線と辺 BC との交点を D とし，頂点 B から AD に下ろした垂線を BE と

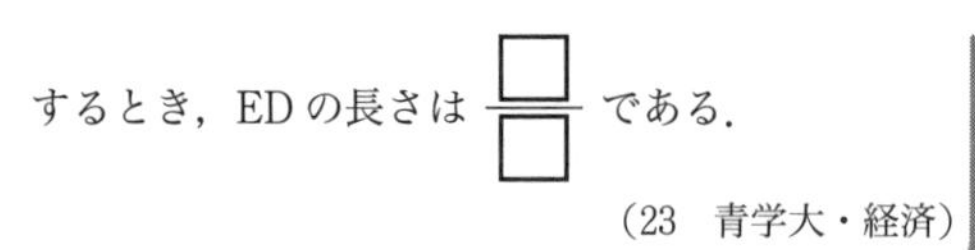

するとき，ED の長さは $\dfrac{\square}{\square}$ である．

（23　青学大・経済）

▶解答◀　$\triangle ABC = \dfrac{1}{2}\cdot 4\cdot 8\cdot \sin 120° = 8\sqrt{3}$

AD $= x$ とすると

$\triangle ABC = \triangle ABD + \triangle ACD$

$= \dfrac{1}{2}\cdot 4\cdot x\cdot \sin 60° + \dfrac{1}{2}\cdot 8\cdot x\cdot \sin 60°$

$= 3\sqrt{3}x$

よって

$3\sqrt{3}x = 8\sqrt{3}$　　$\therefore\ x = \dfrac{8}{3}$

$AE = AB\cos 60° = 2$

$ED = AD - AE = \dfrac{8}{3} - 2 = \mathbf{\dfrac{2}{3}}$

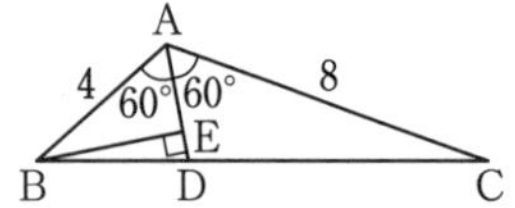

《台形と外接円（B10）☆》

133. 三角形 ABC において，AB $= 3$, BC $= \sqrt{13}$, CA $= 1$ であるとし，外接円を C, $\angle$A の二等分線を l とする．l と辺 BC の交点を D, l と円 C の交点のうち A と異なる点を E とする．

（1）　$\cos\angle BAC = \dfrac{\square}{\square}$ である．また，三角形 ABC の面積は $\dfrac{\square\sqrt{\square}}{\square}$ であり，AD $=$ $\dfrac{\square}{\square}$ である．

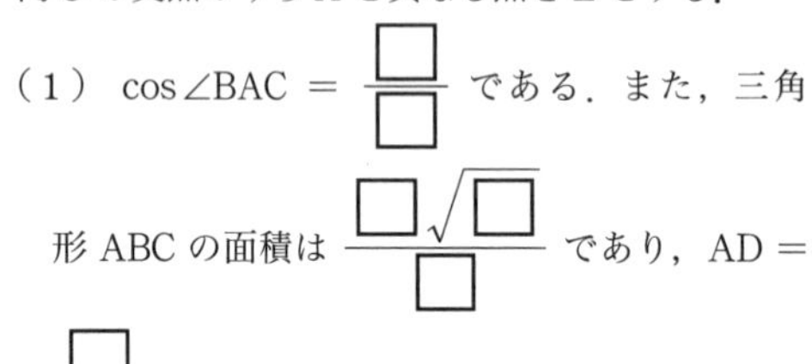

（2）　BE $= \sqrt{\square}$ であり，三角形 EBC の面積は $\dfrac{\square\sqrt{\square}}{\square}$ である．

（3）　AE $= \square$ である．また，$\angle ADC = \theta$ とするとき，$\sin\theta = \dfrac{\square\sqrt{\square}}{\square}$ である．

（23　自治医大・看護）

▶解答◀　**（1）**　$\triangle ABC$ に余弦定理を用いて，

$\cos\angle BAC = \dfrac{3^2 + 1^2 - (\sqrt{13})^2}{2\cdot 3\cdot 1} = -\mathbf{\dfrac{1}{2}}$

$\angle BAC = 120°$ である．よって

$\triangle ABC = \dfrac{1}{2}\cdot 1\cdot 3\sin 120° = \mathbf{\dfrac{3\sqrt{3}}{4}}$

$\triangle ABD + \triangle ACD = \triangle ABC$ であるから

$\dfrac{1}{2}\cdot 3\cdot AD\sin 60° + \dfrac{1}{2}\cdot 1\cdot AD\sin 60° = \dfrac{3\sqrt{3}}{4}$

$\sqrt{3}AD = \dfrac{3\sqrt{3}}{4}$　　$\therefore\ AD = \mathbf{\dfrac{3}{4}}$

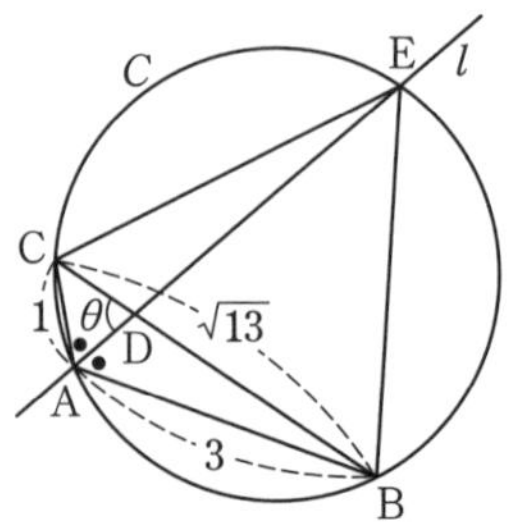

（2）　$\angle EAB = \angle EAC$ より $\overset{\frown}{EB} = \overset{\frown}{EC}$ であるから，EB $=$ EC である．さらに $\angle BEC = 180° - \angle BAC = 60°$ であるから，$\triangle BEC$ は正三角形とわかる．よって

$BE = BC = \mathbf{\sqrt{13}}$

$\triangle EBC = \dfrac{1}{2}\cdot(\sqrt{13})^2\sin 60° = \mathbf{\dfrac{13\sqrt{3}}{4}}$

（3）　$AD : DE = \triangle ABC : \triangle EBC$

$= \dfrac{3\sqrt{3}}{4} : \dfrac{13\sqrt{3}}{4} = 3 : 13$

$AE = \dfrac{16}{3}AD = \dfrac{16}{3}\cdot\dfrac{3}{4} = \mathbf{4}$

四角形 ABEC の面積は $\triangle ABC + \triangle EBC$ であるから

$\dfrac{1}{2}AE\cdot BC\sin\theta = \dfrac{3\sqrt{3}}{4} + \dfrac{13\sqrt{3}}{4}$

$\dfrac{1}{2}\cdot 4\cdot\sqrt{13}\sin\theta = 4\sqrt{3}$　　$\therefore\ \sin\theta = \mathbf{\dfrac{2\sqrt{39}}{13}}$

《三角形の最大（B10）》

134. $\triangle ABC$ において，AB $= 5$, BC $= 7$, CA $= 4\sqrt{2}$ とし，点 A から辺 BC に下ろした垂線を AH として，次の問に答えよ．

（1）　垂線 AH の長さは $\square$ である．

（2）　辺 AB 上に点 P を，辺 AC 上に点 Q を，PQ // BC となるようにとる．

PQ $= x$ $(0 < x < 7)$ とすると，$\triangle HPQ$ の面積 $S(x)$ は

$$S(x) = -\frac{\square}{\square}x^2 + \square x$$

と表すことができる．この $S(x)$ は $x = \dfrac{\square}{\square}$ のときに最大値 $\dfrac{\square}{\square}$ をとる．

（23　星薬大・推薦）

▶解答◀ (1) △ABC で余弦定理を用いて,

$$\cos B=\frac{5^2+7^2-(4\sqrt{2})^2}{2\cdot5\cdot7}=\frac{42}{2\cdot5\cdot7}=\frac{3}{5}$$

$$\sin B=\sqrt{1-\cos^2 B}=\frac{4}{5}$$

$$\mathrm{AH}=5\sin B=5\cdot\frac{4}{5}=\mathbf{4}$$

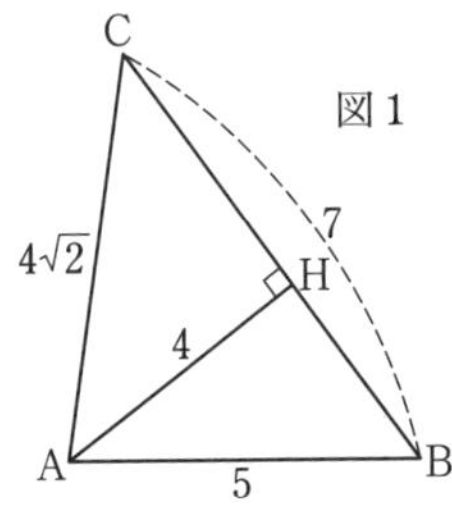

図 1

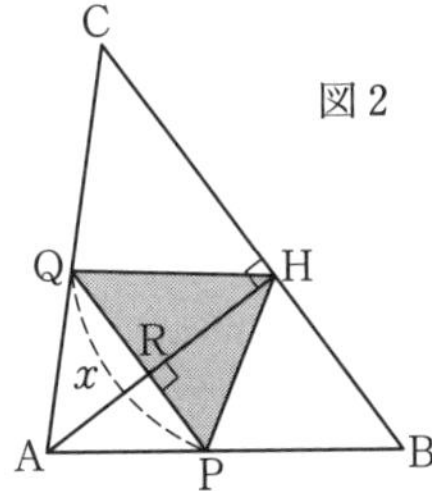

図 2

(2) PQ と AH の交点を R とおく. PQ // BC であるから

$$\mathrm{AR}:\mathrm{AH}=\mathrm{PQ}:\mathrm{BC}$$

$$\mathrm{AR}=\frac{\mathrm{AH}\cdot\mathrm{PQ}}{\mathrm{BC}}=\frac{4}{7}x$$

$$\mathrm{RH}=\mathrm{AH}-\mathrm{AR}=4-\frac{4}{7}x$$

$$S(x)=\frac{1}{2}x\left(4-\frac{4}{7}x\right)=\boldsymbol{-\frac{2}{7}x^2+2x}$$

$$=-\frac{2}{7}\left(x-\frac{7}{2}\right)^2+\frac{7}{2}$$

$0<x<7$ において, $S(x)$ は $x=\boldsymbol{\frac{7}{2}}$ のとき最大値 $\boldsymbol{\frac{7}{2}}$ をとる.

《角の二等分線の長さ (B10) ☆》

135. △ABC において, AB = 2, AC = 5, ∠BAC = 60° とする. ∠BAC の二等分線と辺 BC の交点を D とするとき, 線分 BD, AD の長さは, それぞれ BD = $\frac{\square\sqrt{\square}}{\square}$, AD = $\frac{\square\sqrt{\square}}{\square}$ である. (23 京産大)

▶解答◀ △ABC で余弦定理より

$$\mathrm{BC}^2=2^2+5^2-2\cdot2\cdot5\cos60^\circ$$

$$=4+25-20\cdot\frac{1}{2}=19$$

$$\mathrm{BC}=\sqrt{19}$$

角の二等分線の定理より

$$\mathrm{BD}:\mathrm{DC}=\mathrm{AB}:\mathrm{AC}=2:5$$

$$\mathrm{BD}=\frac{2}{2+5}\mathrm{BC}=\boldsymbol{\frac{2\sqrt{19}}{7}}$$

∠BAD = ∠CAD = 30° である. AD = x とする.

△ABC = △ABD + △ACD より

$$\frac{1}{2}\cdot2\cdot5\cdot\sin60^\circ$$

$$=\frac{1}{2}\cdot2\cdot x\cdot\sin30^\circ+\frac{1}{2}\cdot5\cdot x\cdot\sin30^\circ$$

$$\frac{5\sqrt{3}}{2}=\frac{1}{2}x+\frac{5}{4}x \qquad \therefore\ x=\frac{10\sqrt{3}}{7}$$

よって AD = $\boldsymbol{\frac{10\sqrt{3}}{7}}$

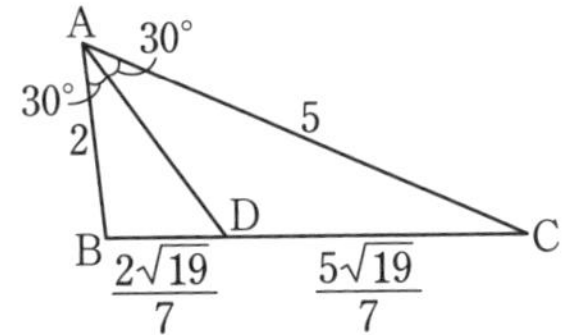

注意【角の二等分線の長さの定理】

$$\mathrm{AD}^2=\mathrm{AB}\cdot\mathrm{AC}-\mathrm{BD}\cdot\mathrm{CD}$$

$$=2\cdot5-\frac{2}{7}\sqrt{19}\cdot\frac{5}{7}\sqrt{19}=10\left(1-\frac{19}{49}\right)$$

$$=10\cdot\frac{30}{49}$$

$$\mathrm{AD}=\frac{10}{7}\sqrt{3}$$

《四角形の面積 (B20) ☆》

136. 次の □ にあてはまる数値を答えよ.

鋭角三角形 ABC において, AB = 5, $\sin A=\frac{2\sqrt{6}}{5}$ であり, 面積は $6\sqrt{6}$ とする. このとき, 次のことがいえる.

(1) 辺 AC の長さは AC = □ である.

(2) 辺 BC の長さは BC = □ である.

(3) 点 D を直線 BC に関して点 A と反対側に, ∠BDC = 60°, $\sin\angle\mathrm{BCD}=\frac{4\sqrt{3}}{7}$ を満たすようにとり, 鋭角三角形 BCD をつくる.

(i) 辺 BD の長さは BD = □ である.

(ii) 辺 CD の長さは CD = □ である.

(iii) △BCD の面積 S は $S=\square\sqrt{\square}$ である.

(iv) 線分 AD と辺 BC の共有点を E とする. このとき, $\frac{\mathrm{AE}}{\mathrm{DE}}=\frac{\square\sqrt{\square}}{\square}$ である.

(23 神戸学院大・文系)

▶解答◀ (1) △ABC の面積に注目して

$$6\sqrt{6}=\frac{1}{2}\cdot5\cdot\mathrm{AC}\cdot\frac{2\sqrt{6}}{5} \qquad \therefore\ \mathrm{AC}=\mathbf{6}$$

(2) △ABC は鋭角三角形であるから，$\cos A>0$ より $\cos A=\sqrt{1-\sin^2 A}=\frac{1}{5}$ である．△ABC に余弦定理を用いて

$$BC^2=25+36-2\cdot5\cdot6\cdot\frac{1}{5}=49$$

$$BC=\mathbf{7}$$

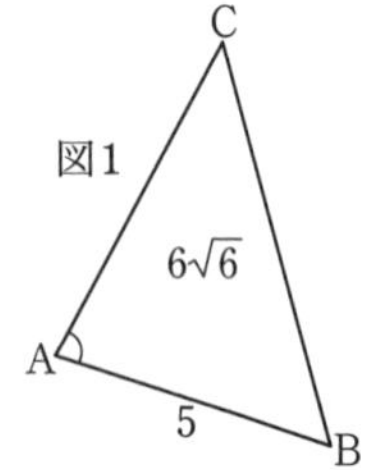

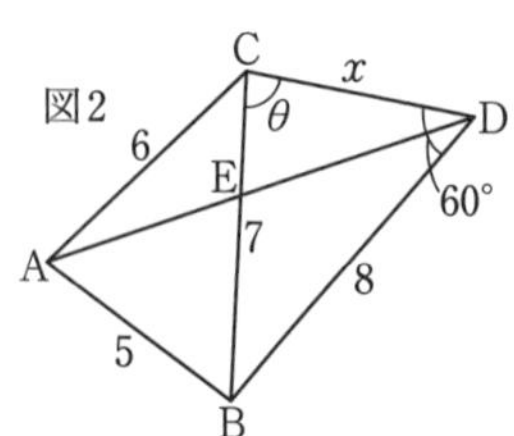

(3) (i) $\angle BDC=\theta$ とおく．$\sin\theta=\frac{4\sqrt{3}}{7}$

△BCD に正弦定理を用いて

$$\frac{BD}{\sin\theta}=\frac{BC}{\sin 60^\circ}$$

$$BD=\frac{7}{\frac{\sqrt{3}}{2}}\cdot\frac{4\sqrt{3}}{7}=\mathbf{8}$$

(ii) θ は鋭角だから $\cos\theta=\sqrt{1-\sin^2\theta}=\frac{1}{7}$

$CD=x$ とおく．△BCD に余弦定理を用いて

$$8^2=7^2+x^2-2x\cdot7\cos\theta$$

$$x^2-2x-15=0$$

$(x+3)(x-5)=0$ で，$x>0$ だから $x=\mathbf{5}$

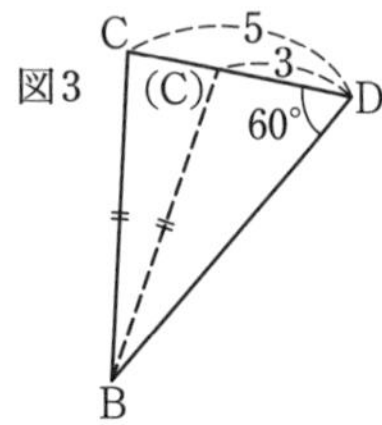

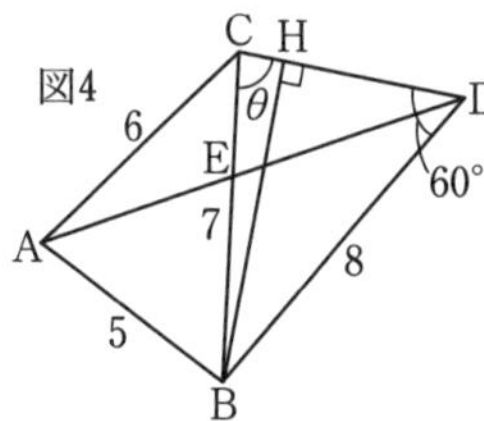

ところが $BC^2=BD^2+CD^2-2\cdot BD\cdot CD\cos\angle BDC$ とすると $49=64+x^2-2\cdot8\cdot x\cdot\frac{1}{2}$

$x^2-8x+15=0$ となって，$x=3,5$ で，確定しない．こうした「二辺夾角」(2 辺の長さとその間の角が数値として確定していて，残りの辺の長さを未知数 x として $x^2=\cdots$ と式で表す使い方) でない形で使うことが悪い．図 3 を見よ．(C) と括弧を付けた方は ∠BCD が鋭角にならない．正しい方法「二辺夾角」は 7，8 に夾まれた間の角のコサイン

$$\cos\angle CBD=\cos(180^\circ-(\theta+60^\circ))$$

$$=-\cos\theta\cos60^\circ+\sin\theta\sin60^\circ$$

$$=-\frac{1}{7}\cdot\frac{1}{2}+\frac{4\sqrt{3}}{7}\cdot\frac{\sqrt{3}}{2}=\frac{11}{14}$$

を求め，

$$x^2=7^2+8^2-2\cdot7\cdot\frac{11}{14}=49+64-88=25$$

$x=5$ とする方法である．

あるいは今では使える人がほとんどいないが第一余弦定理より (高校入試の定石で B から対辺に下ろした垂線の足 H に対して DC = DH + HC としても同じ．図 4)

$$CD=BC\cos\theta+BD\cos60^\circ$$

$$=7\cos\theta+8\cos60^\circ=1+4=5$$

とする．

(iii) $S=\frac{1}{2}\cdot8\cdot5\sin60^\circ=\mathbf{10\sqrt{3}}$

(iv) $\frac{AE}{DE}=\frac{\triangle ABC}{\triangle BCD}=\frac{6\sqrt{6}}{10\sqrt{3}}=\mathbf{\frac{3\sqrt{2}}{5}}$

【空間図形の雑題】

《正四角錐 (A3)》

137. 辺の長さが全て 1 の四角すいの体積 V を求めなさい． (23 福島大・食農)

▶解答◀ 図を見よ．O から底面に垂線 OH を下ろすと，△OAH, △OBH, △OCH, △ODH はすべて合同な直角三角形となる．よって，H は正方形 ABCD の対角線の交点であり

$$AH=BH=CH=DH=\frac{1}{\sqrt{2}}$$

であるから

$$OH=\sqrt{OA^2-AH^2}=\sqrt{1-\frac{1}{2}}=\frac{1}{\sqrt{2}}$$

となる．したがって $V=\frac{1}{3}\cdot1^2\cdot\frac{1}{\sqrt{2}}=\mathbf{\frac{1}{3\sqrt{2}}}$

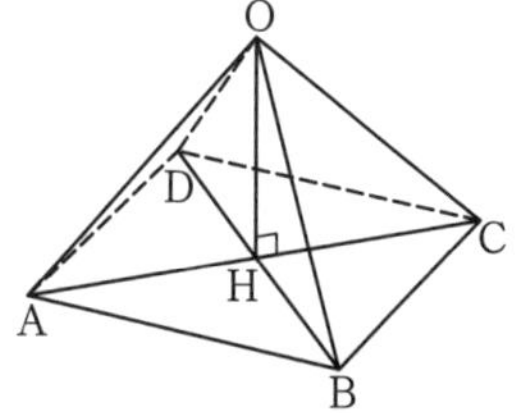

《基本的な四面体 (A3)》

138. 地点 H に塔が地面に対して垂直に立っている．この H と同じ標高の地点 A から塔の先端 P への仰角を測ったところ 60° であった．また，A から 50 m 離れた H と同じ標高の地点 B があり，$\angle HAB=75^\circ$, $\angle HBA=60^\circ$ であった．このとき，距離 AH は □ m であり，塔の高さ PH は □ m である． (23 愛知大)

▶解答◀ 点 A から BH におろした垂線の足を I とすると，△ABI は 60° 定規，△AHI は 45° 定規である．

$AI=50\cdot\frac{\sqrt{3}}{2}=25\sqrt{3}$ であるから

$$AH=25\sqrt{3}\cdot\sqrt{2}=\mathbf{25\sqrt{6}}\ \mathrm{m}$$

また，△PAH は 60° 定規であるから

$$PH=25\sqrt{6}\cdot\sqrt{3}=\mathbf{75\sqrt{2}}\ \mathrm{m}$$

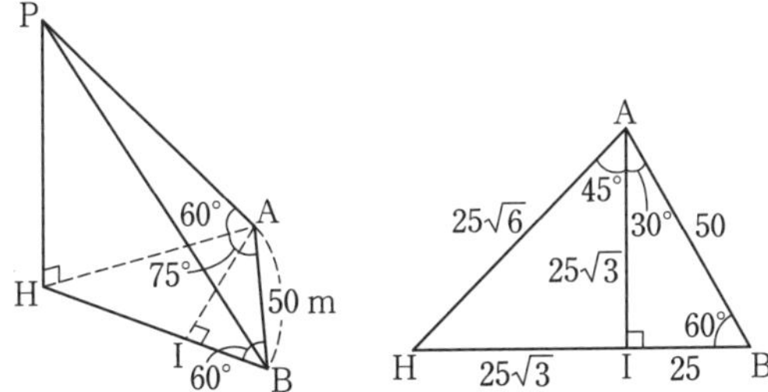

《正四面体を切る (B10)》

139. 1辺の長さが2の正四面体 ABCD において，辺 BD の中点を M，辺 CD の中点を N とする．また辺 AD 上に点 L を定め，DL $=x$ とする．このとき，△LMN の面積が △ABC の面積の $\frac{1}{3}$ になるのは $x=\frac{\square}{\square}+\frac{\sqrt{\square}}{\square}$ のときである．

（23　慶應大・商）

▶解答◀　三角形 DLM で余弦定理を用いて

$$LM^2=DL^2+DM^2-2DL\cdot DM\cos 60°$$
$$=x^2+1^2-2x\cdot 1\cdot\frac{1}{2}$$
$$=x^2-x+1$$

同様に $LN^2=x^2-x+1$ である．

線分 MN の中点を H とおくと，LH ⊥ MN

$$LH=\sqrt{LM^2-HM^2}=\sqrt{x^2-x+\frac{3}{4}}$$

である．また，MN $=1$ であるから，

$$\triangle LMN=\frac{1}{2}MN\cdot LH$$
$$=\frac{1}{2}\sqrt{x^2-x+\frac{3}{4}}$$
$$\triangle ABC=\frac{\sqrt{3}}{4}\cdot 2^2=\sqrt{3}$$

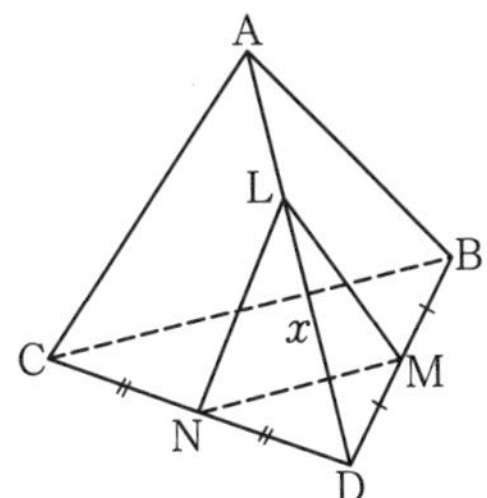

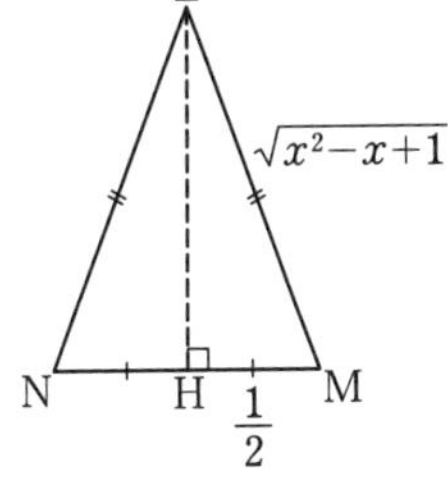

$\triangle LMN=\frac{1}{3}\triangle ABC$ となるとき

$$\frac{1}{2}\sqrt{x^2-x+\frac{3}{4}}=\frac{1}{3}\sqrt{3}$$
$$x^2-x+\frac{3}{4}=\frac{4}{3}$$
$$12x^2-12x-7=0$$
$$x=\frac{6\pm\sqrt{6^2+12\cdot 7}}{12}=\frac{3\pm\sqrt{30}}{6}$$

$0\leqq x\leqq 2$ であるから，$x=\mathbf{\frac{1}{2}+\frac{\sqrt{30}}{6}}$ である．

《正八面体で最短距離 (B10)》

140. 一辺の長さが 4 の正八面体 ABCDEF がある．この正八面体の体積は $\frac{\square\sqrt{\square}}{\square}$ である．辺 BC 上に点 G，辺 CF 上に点 H，辺 DF 上に点 I をとり，FI $=1$ とする．点 G が辺 BC 上を，点 H が辺 CF 上を動くとき，AG + GH + HI が最小となるときの値は $\square$ である．

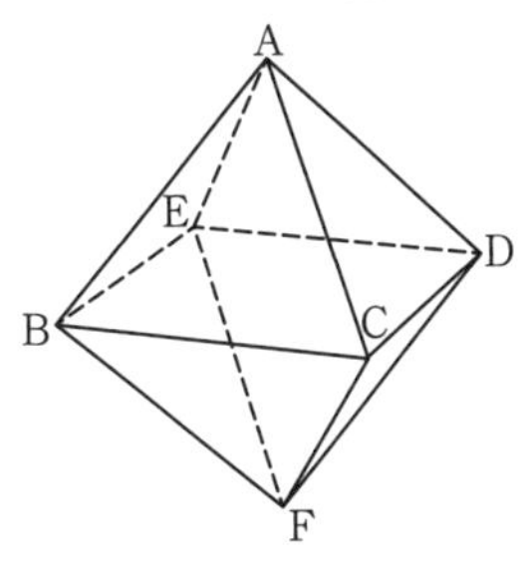

（23　京都橘大）

▶解答◀　正八面体を描くときは，互いに直交する 3 本の軸を描く．その交点を O とする．O を 1 頂点として，他の 2 頂点を結ぶ三角形（たとえば三角形 OAB）はすべて直角二等辺三角形である．OA $=a$ とすると AB $=\sqrt{2}a$ で $\sqrt{2}a=4$ である．$a=2\sqrt{2}$ となる．図形 F の図形量，F が平面図形なら面積，立体なら体積を $[F]$ と表す．求める体積は

$$2[ABCDE]=2\cdot\frac{1}{3}[BCDE]\cdot OA$$
$$=\frac{2}{3}\cdot 4^2\cdot 2\sqrt{2}=\mathbf{\frac{64\sqrt{2}}{3}}$$

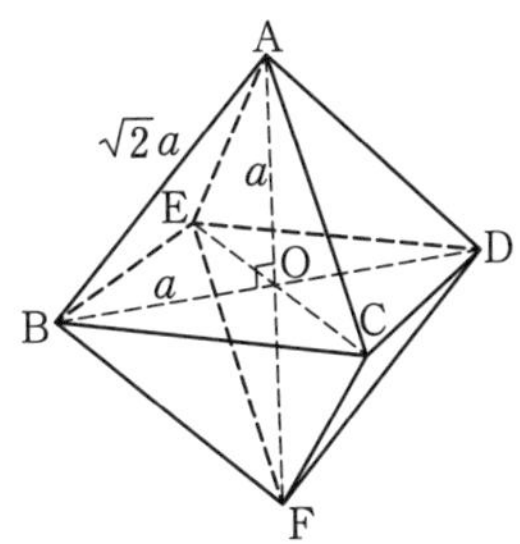

次に，正八面体の展開図の一部を考える．
AG＋GH＋HI が最小になるのは，A，G，H，I が一直線上にあるときで，このとき，余弦定理より

$$AI^2 = 8^2 + 3^2 - 2 \cdot 8 \cdot 3 \cdot \cos 60^\circ = 64 - 9 - 24 = 49$$

となる．求める最小値は AI＝**7**

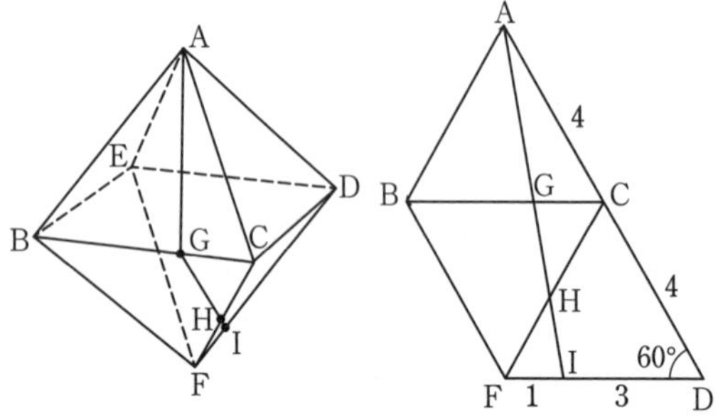

《正四面体で断面（B20）》

141． 1 辺の長さが 4 の正四面体 OABC の辺 BC 上に，BD＞DC かつ，$\cos\angle ODA = \frac{2}{5}$ となる点 D をとる．また，辺 BC の中点を M とする．

（1） $\cos\angle OMA = \square$ である．

（2） AD＝$\square$ である．また，三角形 OAD の面積は $\square$ である．

（3） BD＝$\square$ であるから，$\frac{\sin\angle BOD}{\sin\angle COD} = \square$ である．

（4） 点 B から線分 OD に垂線 BH を下ろすと，$BH^2 = \square$ である．（23　昭和女子大・A 日程）

▶解答◀ （1） OA＝4，
OM＝AM＝$2\sqrt{3}$ であるから，△OAM において余弦定理により（図 1 参照）

$$\cos\angle OMA = \frac{12+12-16}{2 \cdot (2\sqrt{3})^2} = \frac{8}{24} = \mathbf{\frac{1}{3}}$$

（2） AD＝OD であるから，AD＝x とおくと △ODA で余弦定理により（図 1 参照）

$$16 = x^2 + x^2 - 2x^2 \cos\angle ODA$$

$$2x^2 - \frac{4}{5}x^2 = 16$$

$$x^2 = \frac{40}{3} \qquad \therefore \quad x = AD = \mathbf{\frac{2\sqrt{30}}{3}}$$

$$\sin\angle ODA = \sqrt{1-\cos^2\angle ODA}$$

$$= \sqrt{1-\frac{4}{25}} = \frac{\sqrt{21}}{5}$$

であるから

$$\triangle ODA = \frac{1}{2} \cdot x^2 \cdot \sin\angle ODA$$

$$= \frac{1}{2} \cdot \frac{40}{3} \cdot \frac{\sqrt{21}}{5} = \mathbf{\frac{4\sqrt{21}}{3}}$$

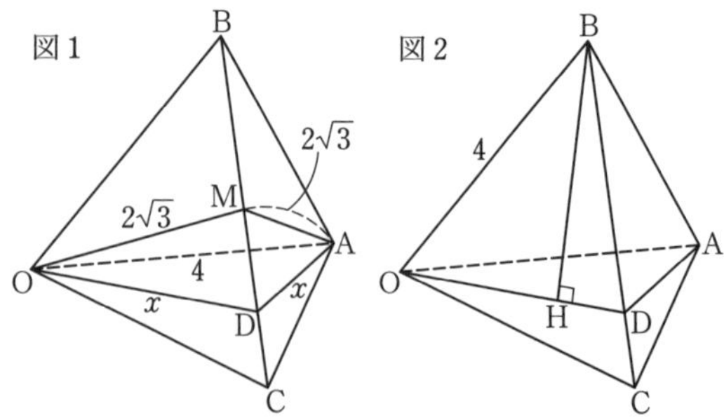

（3） BD＝y とおく．OD＝$\frac{2\sqrt{30}}{3}$ であるから △ABD で余弦定理により

$$\frac{40}{3} = y^2 + 16 - 2 \cdot 4y\cos 60^\circ$$

$$y^2 - 4y + \frac{8}{3} = 0$$

$$3y^2 - 12y + 8 = 0 \qquad \therefore \quad y = \frac{6 \pm 2\sqrt{3}}{3}$$

$y > 2$ であるから，$y = BD = \mathbf{\frac{6+2\sqrt{3}}{3}}$

$$CD = 4 - \frac{6+2\sqrt{3}}{3} = \frac{6-2\sqrt{3}}{3}$$

である．△OCD, △OBD で正弦定理により

$$\frac{CD}{\sin\angle COD} = \frac{OD}{\sin 60^\circ} = \frac{BD}{\sin\angle BOD}$$

が成り立つから（図 2 参照）

$$\frac{CD}{\sin\angle COD} = \frac{BD}{\sin\angle BOD}$$

$$\frac{\sin\angle BOD}{\sin\angle COD} = \frac{BD}{CD} = \frac{6+2\sqrt{3}}{6-2\sqrt{3}}$$

$$= \frac{(3+\sqrt{3})^2}{9-3} = \mathbf{2+\sqrt{3}}$$

（4） △OBD の面積について

$$\frac{1}{2} \cdot BH \cdot OD = \frac{1}{2} \cdot 4 \cdot BD\sin 60^\circ$$

$$BH^2 \cdot \frac{40}{3} = 16 \cdot \frac{(6+2\sqrt{3})^2}{9} \cdot \frac{3}{4}$$

$$BH^2 = \frac{36+24\sqrt{3}+12}{10} = \mathbf{\frac{12(2+\sqrt{3})}{5}}$$

《正四面体 5 個（B10）》

142． 5 個の正四面体を下図のように組み合わせることを考える．このとき，図中の θ を以下の三角関数表（一部のみ示した）を用いて，小数点以下を切り捨てて求めなさい．

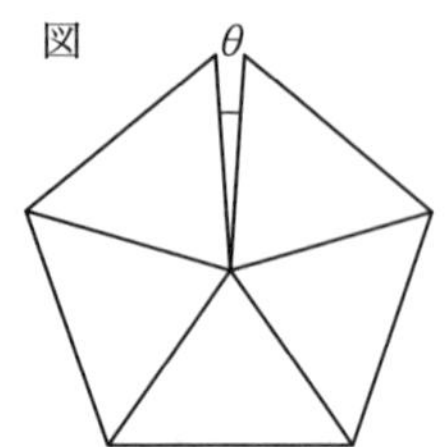

三角関数表

角度(°)	正弦	余弦	正接
68.0	0.927	0.374	2.475
68.5	0.930	0.366	2.538
69.0	0.933	0.358	2.605
69.5	0.936	0.350	2.674
70.0	0.939	0.342	2.747
70.5	0.942	0.333	2.823
71.0	0.945	0.325	2.904

(23　東北福祉大)

▶解答◀ 5 つの正四面体のすべてが共有する辺を PQ とする．P，Q 以外の 6 頂点 A, B, …, F と，PQ の中点 M は同一平面上にあり，$\angle\mathrm{AMF} = \theta$ である．

$\mathrm{AB} = 2a$ とすると $\mathrm{AM} = \mathrm{BM} = \sqrt{3}a$ である．

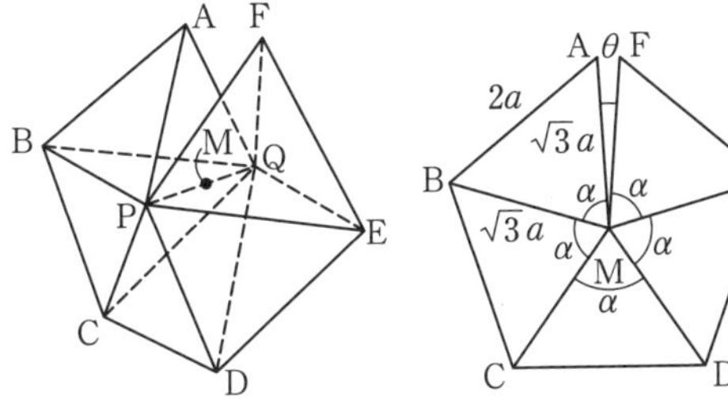

$\angle\mathrm{AMB} = \alpha$ とおくと，余弦定理より

$$4a^2 = 3a^2 + 3a^2 - 2\cdot\sqrt{3}a\cdot\sqrt{3}a\cos\alpha$$

$$\cos\alpha = \frac{1}{3} = 0.333\cdots$$

三角関数表より $\alpha = 70.5°$ である．

$$\theta = 360° - 5\alpha = 360° - 5\cdot 70.5° = 7.5°$$

小数点以下を切り捨てて $\theta = \mathbf{7°}$ である．

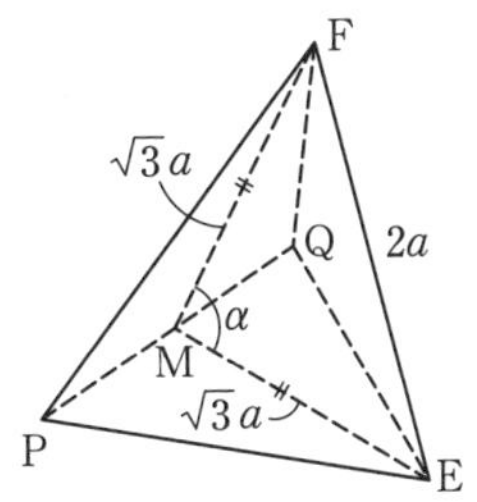

【データの整理と代表値】

［データの整理と代表値］

《平均の計算 (A2)》

143. ある学年 100 人のテストの結果を次の表にまとめた．

点数	0	1	2	3	4	5	計
人数	20	7	15	8	23	27	100

これら 100 人の点数の最頻値（モード）は □，中央値（メジアン）は □.□ である．また，平均値は □.□ である．小数第 2 位以下が発生した場合は小数第 2 位を四捨五入しなさい．

(23　東京薬大)

▶解答◀ 最頻値は **5**，中央値は $\frac{3+4}{2} = \mathbf{3.5}$，平均値は

$$\frac{7+30+24+92+135}{100} = \frac{288}{100} = 2.88$$

であり，小数第 2 位を四捨五入して **2.9** である．

《平均の計算 (A2)》

144. A, B, C の 3 クラスがあり，A クラスは 10 人，B クラスは 15 人，C クラスは 25 人である．ある共通の小テストをおこなったときの各クラスの平均点は，A クラスは 6 点，B クラスは 8 点，C クラスは 12 点であった．このとき 3 クラス全体の平均点を求めよ．(23　酪農学園大・食農，獣医-看護)

▶解答◀ A, B, C 各クラスの点数の総和は，それぞれ 6・10 点，8・15 点，12・25 点である．3 クラス全体の平均点は

$$\frac{6\cdot 10 + 8\cdot 15 + 12\cdot 25}{10+15+25} = \frac{480}{50} = \mathbf{9.6}\text{ 点}$$

《中央値の決定 (A5)》

145. 8 名の生徒に対し 10 点満点のテストを行った．そのうち 7 名分の得点を順番に並べると次の通りとなった．

5, 6, 7, 8, 9, 9, 10

残り 1 名の得点が m であるとき，得点の中央値を求めよ．ただし，m は 0 以上 10 以下の整数とする．

(23　愛知医大・看護)

▶解答◀ 中央値は小さい方から 4 番目の得点と 5 番目の得点の平均値である．

$\mathbf{0 \leqq m \leqq 7}$ のとき

$$m, 5, 6, 7 \mid 8, 9, 9, 10$$

のようになるから，中央値は $\frac{7+8}{2} = \mathbf{7.5}$

$\boldsymbol{m = 8}$ のとき

$$5, 6, 7, 8 \mid 8, 9, 9, 10$$

のようになるから，中央値は **8**

$\boldsymbol{m = 9, 10}$ のとき

$$5, 6, 7, 8 \mid 9, 9, m, 10$$

のようになるから，中央値は $\frac{8+9}{2} = \mathbf{8.5}$

【四分位数と箱ひげ図】

《四分位数 (B5)》

146. 6 個の数字 1, 2, 3, 4, 5, 6 から，異なる 3 個を並べてできる 3 桁の数 120 個をデータとするとき，次の設問に答えよ.

（1） 平均値を求めよ.

（2） 中央値を求めよ.

（3） 第 1 四分位数，第 3 四分位数，および四分位範囲をそれぞれ求めよ. （23 倉敷芸術科学大）

▶解答◀ （1） 3 桁の数の百の位を a，十の位を b，一の位を c とおく.

$a=1$ となる数は全部で $5\cdot 4=20$ 個あり，他の数や他の位についても同様に 20 個ずつある.

よって，120 個のデータのうち百の位の総和は

$$(100+200+300+400+500+600)\cdot 20$$
$$=(1+2+3+4+5+6)\cdot 2000$$

十の位の総和は

$$(10+20+30+40+50+60)\cdot 20$$
$$=(1+2+3+4+5+6)\cdot 200$$

一の位の総和は

$$(1+2+3+4+5+6)\cdot 20$$

である. よって，平均値は

$$\frac{1}{120}\cdot(1+2+3+4+5+6)\cdot(2000+200+20)$$
$$=\frac{1}{120}\cdot 21\cdot 2220=\mathbf{388.5}$$

（2） 中央値 Q_2 は小さい方から 60 番目と 61 番目のデータの平均となる. 60 番目は $a=3$ で最も大きい数である 365，61 番目は $a=4$ で最も小さい数である 412 であるから，

$$Q_2=\frac{365+412}{2}=\mathbf{388.5}$$

（3） 第 1 四分位数 Q_1 は，小さい方から 30 番目と 31 番目のデータの平均となる. $a=1$ となるデータが 20 個，$a=2, b=1, 3$ となるデータがそれぞれ 4 個ずつあるので，29 番目のデータは 241，30 番目のデータは 243，31 番目のデータは 245 である. よって，

$$Q_1=\frac{243+245}{2}=\mathbf{244}$$

第 3 四分位数 Q_3 は，小さい方から 90 番目と 91 番目のデータの平均となる. $a=1, 2, 3, 4$ となるデータがそれぞれ 20 個ずつ，$a=5, b=1, 2$ となるデータがそれぞれ 4 個ずつあるので，89 番目のデータは 531，90 番目のデータは 532，91 番目のデータは 534 である. よって

$$Q_3=\frac{532+534}{2}=\mathbf{533}$$

また，四分位範囲は

$$Q_3-Q_1=533-244=\mathbf{289}$$

【分散と標準偏差】

《分散の計算 (A5) ☆》

147. 7 人の小テストの点数は次の通りである.

8, 7, 2, 3, 9, 4, x

また，平均値が 6 であることがわかっている.

（1） x の値を求めよ.

（2） 分散を求めよ. （23 奈良大）

▶解答◀ （1） $\frac{1}{7}(8+7+2+3+9+4+x)$

$$=\frac{1}{7}(33+x)=6$$

$33+x=42$ であるから，$x=\mathbf{9}$

（2） $\frac{1}{7}\{(8-6)^2+(7-6)^2+(2-6)^2$

$$+(3-6)^2+(9-6)^2+(4-6)^2+(9-6)^2\}$$
$$=\frac{1}{7}(4+1+16+9+9+4+9)=\mathbf{\frac{52}{7}}$$

《2 つのグループの分散 (A10) ☆》

148. 20 個の値からなるデータがあり，平均値は 9 で分散は 9 である. また，このうち 15 個の平均値は 10 で分散は 7 である. このとき，残りの 5 個の値の平均値と分散を求めよ.

（23 青森公立大・経営経済）

▶解答◀ 20 個のデータを $x：x_1, \cdots, x_{20}$ とする.

$$\overline{x}=\frac{x_1+\cdots+x_{20}}{20}=9$$

$x_1+\cdots+x_{20}=9\cdot 20$ ……………………………①

$$\frac{{x_1}^2+\cdots+{x_{20}}^2}{20}-9^2=9$$

${x_1}^2+\cdots+{x_{20}}^2=90\cdot 20$ ……………………………②

問題文の「15 個」のデータを $x_1, \cdots, x_{15}$ とする.

$$\frac{x_1+\cdots+x_{15}}{15}=10$$

$x_1+\cdots+x_{15}=10\cdot 15$ ……………………………③

$$\frac{{x_1}^2+\cdots+{x_{15}}^2}{15}-10^2=7$$

${x_1}^2+\cdots+{x_{15}}^2=107\cdot 15$ ……………………………④

① − ③ より

$$x_{16}+\cdots+x_{20}=30$$

② − ④ より

$${x_{16}}^2+\cdots+{x_{20}}^2=195$$

$x_{16}, \cdots, x_{20}$ の平均は $\frac{30}{5}=6$，分散は

$$\frac{{x_{16}}^2+\cdots+{x_{20}}^2}{5}-6^2=\frac{195}{5}-36=\mathbf{3}$$

《(A0)》

149. 男子 10 名，女子 20 名からなるクラスで試験をした．試験の結果，男子の点数の平均値は 22，分散は 11 であり，女子の点数の平均値は 31，分散は 8 であった．このとき，クラス全体の点数の平均値は□，分散は□である．（23 武蔵大）

▶解答◀ 男子のデータを $x_1, \cdots, x_{10}$，女子のデータを $x_{11}, \cdots, x_{30}$ とする．

$$\frac{x_1+\cdots+x_{10}}{10}=22$$

$$x_1+\cdots+x_{10}=220 \quad \cdots\cdots①$$

$$\frac{{x_1}^2+\cdots+{x_{10}}^2}{10}-22^2=11$$

$$ {x_1}^2+\cdots+{x_{10}}^2=4950 \quad \cdots\cdots②$$

$$\frac{x_{11}+\cdots+x_{30}}{20}=31$$

$$x_{11}+\cdots+x_{30}=620 \quad \cdots\cdots③$$

$$\frac{{x_{11}}^2+\cdots+{x_{30}}^2}{20}-31^2=8$$

$$ {x_{11}}^2+\cdots+{x_{30}}^2=19380 \quad \cdots\cdots④$$

(①＋③)÷30 より，クラス全体の平均は

$$\frac{x_1+\cdots+x_{20}}{30}=\frac{840}{30}=\mathbf{28}$$

②＋④ より

$$ {x_1}^2+\cdots+{x_{30}}^2=4950+19380=24330$$

クラス全体の分散は

$$\frac{{x_1}^2+\cdots+{x_{30}}^2}{30}-28^2=811-784=\mathbf{27}$$

《奇妙な問題 (A20)》

150. 次の 2 つのデータを比較した時，両者の第 1 四分位数の差は ア であり，第 2 四分位数の差は イ である．散らばりの度合いが大きいのはデータ ウ である（ア，イは絶対値，ウは ① もしくは ② で答えよ）．

- データ ① 13, 17, 25, 36, 42, 52, 78, 99
- データ ② 12, 24, 36, 56, 86, 95

（23 北九州市立大・前期）

▶解答◀ 「散らばりの度合い」とは何か，いい加減な言葉を使うべきではない．入試には，こうした不適切な問題もある．悪問に対する訓練をしておくのも入試対策としては重要である．

「四分位数で判断するのでは？」という，さらにいい加減なことを言うスタッフもいました．「四分位数で散らばりが判断できる」などという奇妙な話を聞いたことはない．分散でやるのが自然であろう．

データ ①：13, 17, 25, 36, 42, 52, 78, 99

データ ②：12, 24, 36, 56, 86, 95

データ ① の第 1 四分位数は，$\frac{17+25}{2}=21$

第 2 四分位数は，$\frac{36+42}{2}=39$

データ ② の第 1 四分位数は，24

第 2 四分位数は，$\frac{36+56}{2}=46$

両者の第 1 四分位数の差は，**3**，第 2 四分位数の差は，**7**

このまま 2 乗したら数値が大きい．① のデータから 45 を引くと

$$-32, -28, -20, -9, -3, 7, 33, 54$$

これらの和は 2 でその平均は $\frac{2}{8}=\frac{1}{4}$，2 乗の和は

$$1024+784+400+81+9+49+1089+2916$$
$$=6352$$

で，分散は

$$\frac{6352}{8}-\left(\frac{1}{4}\right)^2=\frac{12704-1}{16}=\frac{12703}{16}$$
$$=793.9375$$

② のデータから 50 を引くと

$$-38, -26, -14, 6, 36, 45$$

これらの和は 9 で平均は $\frac{9}{6}$，2 乗の和は

$$1444+676+196+36+1296+2025=5673$$

で，分散は

$$\frac{5673}{6}-\left(\frac{9}{6}\right)^2=\frac{1891\cdot2-9}{4}=\frac{3773}{4}$$
$$=943.25$$

散らばりの度合いが大きいのはデータ **②** である．

《分散の計算 (A5)》

151. データ 1, 2, 3, 4, 5 の分散は□であり，データ 10, 20, 30, 40, 50 の分散は□である．

（23 三重県立看護大・前期）

▶解答◀ データ 1, 2, 3, 4, 5 の平均は

$\frac{1}{5}(1+2+3+4+5)=3$ であるから，分散は

$$\frac{1}{5}\{(1-3)^2+(2-3)^2+(3-3)^2+(4-3)^2+(5-3)^2\}$$
$$=\frac{1}{5}(4+1+0+1+4)=\mathbf{2}$$

データ 10, 20, 30, 40, 50 の平均は

$\frac{1}{5}(10+20+30+40+50)=30$ であるから，分散は

$$\frac{1}{5}\{(10-30)^2+(20-30)^2+(30-30)^2+(40-30)^2+(50-30)^2\}$$
$$=\frac{1}{5}(400+100+0+100+400)=\mathbf{200}$$

注意 2つ目のデータは1つ目のデータを10倍したもので，平均は10倍，分散は $10^2=100$ 倍になる．

《変量を置き換える（B30）☆》

152. 変量 x から得られた5個の値を，値が小さいものから順に並べ直したデータを x_1, x_2, x_3, x_4, x_5 とする．つまり，$x_1 \leqq x_2 \leqq x_3 \leqq x_4 \leqq x_5$ である．また，このデータの平均値を $\overline{x}$，分散を $s_x{}^2$ とする．いま，このデータの最小値 x_1 を値 y_1 に，最大値 x_5 を値 y_5 に置き換える．こうして得られたデータ y_1, x_2, x_3, x_4, y_5 の平均値を $\overline{y}$，分散を $s_y{}^2$ とする．

（1） $s_y{}^2=\dfrac{1}{5}\{(y_1-\overline{x})^2+(x_2-\overline{x})^2+(x_3-\overline{x})^2+(x_4-\overline{x})^2+(y_5-\overline{x})^2\}-(\overline{y}-\overline{x})^2$ となることを証明せよ．

（2） $y_1=x_2 \leqq \overline{x}, y_5=x_4 \geqq \overline{x}$ のとき，$s_x{}^2 \geqq s_y{}^2$ を証明せよ．（23 奈良教育大）

▶解答◀ （1）

$$\overline{x}=\frac{1}{5}(x_1+x_2+x_3+x_4+x_5)$$

$$\overline{y}=\frac{1}{5}(y_1+x_2+x_3+x_4+y_5)$$

$\overline{y}-\overline{x}=\dfrac{1}{5}(y_1-x_1+y_5-x_5)=d$ とおく．

$$\overline{y}=\overline{x}+d$$

$$\begin{aligned}5s_y{}^2&=(y_1-\overline{y})^2+(x_2-\overline{y})^2+(x_3-\overline{y})^2\\&\quad+(x_4-\overline{y})^2+(y_5-\overline{y})^2\\&=(y_1-\overline{x}-d)^2+(x_2-\overline{x}-d)^2\\&\quad+(x_3-\overline{x}-d)^2+(x_4-\overline{x}-d)^2\\&\quad+(y_5-\overline{x}-d)^2\\&=(y_1-\overline{x})^2+(x_2-\overline{x})^2+(x_3-\overline{x})^2\\&\quad+(x_4-\overline{x})^2+(y_5-\overline{x})^2+5d^2\\&\quad-2d(y_1-\overline{x}+x_2-\overline{x}+x_3-\overline{x}\\&\quad+x_4-\overline{x}+y_5-\overline{x})\end{aligned}$$

この最後の行のカッコ内が問題である．これは

$$\begin{aligned}&y_1+x_2+x_3+x_4+y_5-5\overline{x}\\&=5\overline{y}-5\overline{x}=5d\end{aligned}$$

と変形できる．よって

$$\begin{aligned}5s_y{}^2&=(y_1-\overline{x})^2+(x_2-\overline{x})^2+(x_3-\overline{x})^2\\&\quad+(x_4-\overline{x})^2+(y_5-\overline{x})^2+5d^2-2d\cdot 5d\\&=(y_1-\overline{x})^2+(x_2-\overline{x})^2+(x_3-\overline{x})^2\\&\quad+(x_4-\overline{x})^2+(y_5-\overline{x})^2-5d^2\\&=(y_1-\overline{x})^2+(x_2-\overline{x})^2+(x_3-\overline{x})^2\\&\quad+(x_4-\overline{x})^2+(y_5-\overline{x})^2\\&\quad-5(\overline{y}-\overline{x})^2 \quad\cdots\cdots①\end{aligned}$$

5で割れば証明すべき等式となる．

（2） $$\begin{aligned}5s_x{}^2&=(x_1-\overline{x})^2+(x_2-\overline{x})^2+(x_3-\overline{x})^2\\&\quad+(x_4-\overline{x})^2+(x_5-\overline{x})^2\end{aligned}$$

これと ① を辺ごとに引いて

$$\begin{aligned}5s_x{}^2-5s_y{}^2&=(x_1-\overline{x})^2-(y_1-\overline{x})^2+(x_5-\overline{x})^2\\&\quad-(y_5-\overline{x})^2+5(\overline{y}-\overline{x})^2\\&=(x_1-y_1)(x_1+y_1-2\overline{x})\\&\quad+(x_5-y_5)(x_5+y_5-2\overline{x})+5(\overline{y}-\overline{x})^2\\&=(x_1-x_2)(x_1+x_2-2\overline{x})\\&\quad+(x_5-x_4)(x_5+x_4-2\overline{x})\\&\quad+5(\overline{y}-\overline{x})^2 \quad\cdots\cdots②\end{aligned}$$

ここで $x_1 \leqq y_1=x_2 \leqq \overline{x}$ より

$$x_1-x_2 \leqq 0,\ x_1+x_2-2\overline{x} \leqq 0$$

$x_5 \geqq y_5=x_4 \geqq \overline{x}$ より

$$x_5-x_4 \geqq 0,\ x_5+x_4-2\overline{x} \geqq 0$$

よって ② $\geqq 0$ であるから不等式は証明された．

《2つのグループの分散（B10）》

153. 15人の生徒を3つのグループ A, B, C に分けて学力検査を行った．次の表は，その結果をまとめたものである．生徒全体の得点の平均値は，□.□ であり，生徒全体の得点の標準偏差は □.□ である．

グループ	人数	得点の平均値	得点の分散
A	7	2	1
B	4	3	1
C	4	4	2

（23 西南学院大）

▶解答◀ グループ A の7つのデータを $a_1 \sim a_7$，グループ B の4つのデータを $b_1 \sim b_4$，グループ C の4つのデータを $c_1 \sim c_4$ とする．平均値について

$$\frac{a_1+\cdots+a_7}{7}=2,\ \frac{b_1+\cdots+b_4}{4}=3$$

$$\frac{c_1+\cdots+c_4}{4}=4$$

が成り立つから

$$\begin{aligned}&\frac{1}{15}\{(a_1+\cdots+a_7)+(b_1+\cdots+b_4)+(c_1+\cdots+c_4)\}\\&=\frac{14+12+16}{15}=\frac{14}{5}=\mathbf{2.8}\end{aligned}$$

分散について

$$\frac{a_1{}^2+\cdots+a_7{}^2}{7}-2^2=1$$

$$\frac{b_1{}^2+\cdots+b_4{}^2}{4}-3^2=1$$

$$\frac{c_1{}^2+\cdots+c_4{}^2}{4}-4^2=2$$

すなわち

$$a_1{}^2+\cdots+a_7{}^2=35,\ b_1{}^2+\cdots+b_4{}^2=40$$

$$c_1{}^2+\cdots+c_4{}^2=72$$

が成り立つから

$$\frac{1}{15}\{(a_1{}^2+\cdots+a_7{}^2)+(b_1{}^2+\cdots+b_4{}^2)$$

$$+(c_1{}^2+\cdots+c_4{}^2)\}-\left(\frac{14}{5}\right)^2$$

$$=\frac{49}{5}-\frac{196}{25}=\frac{49}{25}$$

標準偏差は $\sqrt{\dfrac{49}{25}}=\dfrac{7}{5}=\mathbf{1.4}$

【散布図と相関係数】

《相関係数の計算（A10）》

154. A～Eの5名がゲームXとゲームYで競い合ったところ，以下の表のような結果（スコア，平均値，分散）となった．このとき，以下の問いに答えよ．

（1） CさんのゲームXのスコアは ア である．

（2） ゲームYのスコアの平均値は イ である．

（3） ゲームXのスコアの標準偏差は □ である．

（4） ゲームXとゲームYのスコアの相関係数は −□ である．

5名のゲームXとゲームYのスコアの結果

	ゲームX	ゲームY
Aさん	250	180
Bさん	110	220
Cさん	ア	100
Dさん	130	140
Eさん	170	160
平均値	166	イ
分散	2304	1600

（23 武蔵大）

▶解答◀ （1） CさんのゲームXのスコアを c とおくと

$$\frac{1}{5}(250+110+c+130+170)=166$$

$$c+660=830 \qquad \therefore\quad c=\mathbf{170}$$

（2） ゲームYのスコアの平均値は

$$\frac{1}{5}(180+220+100+140+160)$$

$$=\frac{1}{5}\cdot 800=\mathbf{160}$$

（3） ゲームXのスコアの標準偏差 s_x は

$$s_x=\sqrt{2304}=\mathbf{48}$$

（4） ゲームYのスコアの標準偏差 s_y は

$$s_y=\sqrt{1600}=40$$

ゲームXとゲームYのスコアの共分散 s_{xy} は

$$s_{xy}=\frac{1}{5}\{(250-166)(180-160)$$

$$+(110-166)(220-160)+(170-166)(100-160)$$

$$+(130-166)(140-160)+(170-166)(160-160)\}$$

$$=\frac{1}{5}(1680-3360-240+720)$$

$$=\frac{1}{5}\cdot(-1200)=-240$$

よって，求める相関係数は

$$\frac{s_{xy}}{s_x\cdot s_y}=\frac{-240}{48\cdot 40}=\mathbf{-0.125}$$

《相関係数の計算（B5）》

155. あるレストランチェーンでは，新しい料理メニューを開発中である．下の表は，試作した3つの料理A，B，Cについて，10人のモニターに5点満点で点数をつけてもらった結果をまとめたものである．これについて，次の問いに答えよ．

	料理A	料理B	料理C
モニター1	4	3	2
モニター2	1	3	4
モニター3	4	3	1
モニター4	5	4	2
モニター5	4	4	2
モニター6	3	3	3
モニター7	1	4	5
モニター8	2	3	5
モニター9	1	4	4
モニター10	4	4	2
平均値	2.9	3.5	3.0
分　散	2.09	[　　]	1.80

（1） 料理Bについて10人の点数の分散を求めよ．

（2） 各モニターを $k\,(k=1,2,\cdots,10)$ とし，モニター k が料理Aにつけた点数を x_k，料理Cにつけた点数を y_k とする．x_k から料理Aの点数の平均値をひいた数と，y_k から料理Cの点数の平均値をひいた数との積 $(x_k-2.9)\times(y_k-3.0)$ を計算し，それを10人について合計したものは -17.00 であった．

このことから，料理 A の点数を表す変量と料理 C の点数を表す変量の間の関係について相関係数を計算し，次の ①〜⑤ の中から関係として適切なものを一つ選び，番号で答えよ．ただし，相関係数は小数第 2 位を四捨五入して，小数第 1 位までを求めよ．

① 強い正の相関関係がある
② 弱い正の相関関係がある
③ 強い負の相関関係がある
④ 弱い負の相関関係がある
⑤ 相関関係がない (23 広島文教大)

▶解答◀ （1） 料理 B の得点のデータを z とする．z の分散は

$$\overline{z^2}-\left(\overline{z}\right)^2=\frac{1}{10}(3^2\cdot 5+4^2\cdot 5)-(3.5)^2$$

$$=\frac{25}{2}-\frac{49}{4}=\frac{1}{4}=\mathbf{0.25}$$

（2） 料理 A, C の得点のデータをそれぞれ x, y とし，求める相関係数を r とする．

x と y の共分散は $\dfrac{-17.00}{10}=-1.7$

$$r=\frac{-1.7}{\sqrt{2.09}\sqrt{1.80}}=\frac{-1.7}{\sqrt{3.762}}$$

$1.9^2=3.61$, $2^2=4$ であるから

$$1.9<\sqrt{3.762}<2$$

$$-\frac{1.7}{1.9}<r<-\frac{1.7}{2}$$

$-\dfrac{1.7}{1.9}=-0.89\cdots$, $-\dfrac{1.7}{2}=-0.85$ であるから，r の小数第 2 位を四捨五入した値は $\mathbf{-0.9}$

よって，x と y の間には**強い負の相関関係がある (③)**．

《相関係数の計算 (B20) ☆》

156. 以下の図は，ある小学校の 15 人の女子児童の 4 年生の 4 月に計測した身長を横軸に，6 年生の 4 月に計測した身長を縦軸にとった散布図である．

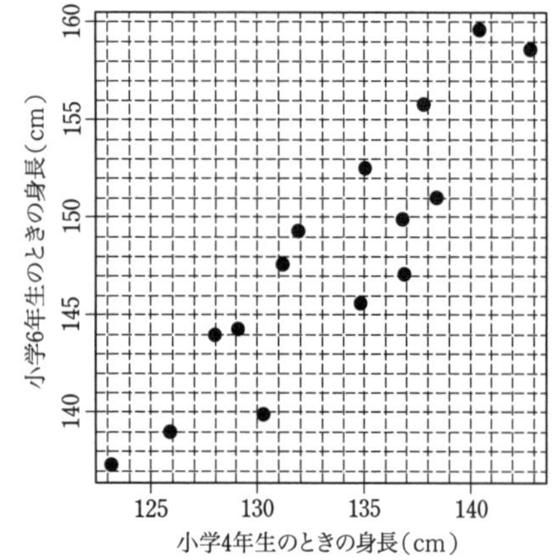

（1） 次の図の(A)から(F)のうち，この 15 人の女子児童の 4 年生のときの身長と 6 年生のときの身長の箱ひげ図として適切なものは □ である．

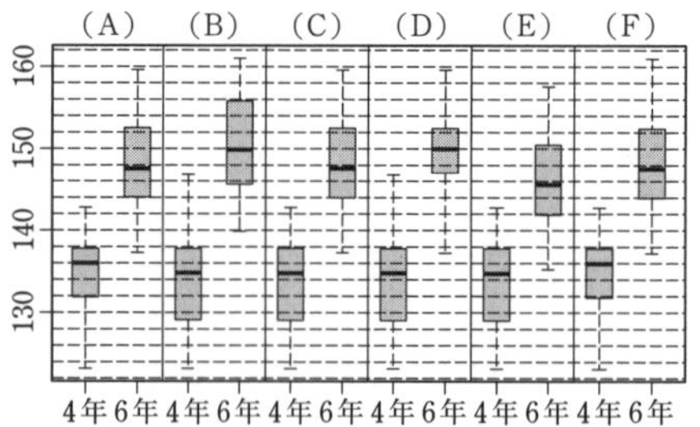

（2） この 15 人の女子児童の 4 年生のときと 6 年生のときの身長をそれぞれ x_i と y_i で表す $(i=1, 2, \cdots, 15)$．各児童の 6 年生のときの身長とそれらの平均値の差 $y_i-\overline{y}$ を 4 年生のときの身長とそれらの平均値との差 $x_i-\overline{x}$ の a 倍で近似することを考える．ただし，a は実数とする．近似の評価基準 $S(a)$ を近似誤差の 2 乗の 15 人全員分の和，つまり，

$$S(a)=\sum_{i=1}^{15}\{y_i-\overline{y}-a(x_i-\overline{x})\}^2$$

としたとき，$S(a)$ は，4 年生のときの身長の分散 ${s_x}^2$，6 年生のときの身長の分散 ${s_y}^2$，4 年生のときの身長と 6 年生のときの身長の共分散 s_{xy} を用いて，a の 2 次関数として

$$S(a)=\square a^2-\square a+15{s_y}^2$$

と表すことができる．よって $S(a)$ を最小にする a は $a=\square$ である．$S(a)$ の最小値は，女子児童の 4 年生のときと 6 年生のときの身長の相関係数 r と ${s_y}^2$ を用いて □ と表せる．

また，左の散布図で示した女子児童の計測値で計算すると

$${s_x}^2=29.00,\ {s_y}^2=42.65,\ s_{xy}=31.69$$

であった．これらを用いて $S(a)$ を最小にする a を計算し，小数第 4 位を四捨五入すると □ である． (23 慶應大・看護医療)

▶解答◀ （1） 散布図より，4 年生のときの身長の最大値は 142.⋯ cm，第 1 四分位数は 129.⋯ cm (下から 4 番目の身長)，6 年生のときの身長の最大値は 159.⋯cm と読み取れるから適切なものは **(C)** である．

（2） ${s_x}^2=\dfrac{1}{15}\displaystyle\sum_{i=1}^{15}(x_i-\overline{x})^2$, ${s_y}^2=\dfrac{1}{15}\displaystyle\sum_{i=1}^{15}(y_i-\overline{y})^2$,

$s_{xy} = \frac{1}{15}\sum_{i=1}^{15}(x_i - \overline{x})(y_i - \overline{y})$ より

$$S(a) = \sum_{i=1}^{15}\{(y_i - \overline{y})^2 - 2a(x_i - \overline{x})(y_i - \overline{y}) + a^2(x_i - \overline{x})^2\}$$

$$= \sum_{i=1}^{15}(y_i - \overline{y})^2 - 2a\sum_{i=1}^{15}(x_i - \overline{x})(y_i - \overline{y}) + a^2\sum_{i=1}^{15}(x_i - \overline{x})^2$$

$$= \mathbf{15s_x{}^2a^2 - 30s_{xy}a} + 15s_y{}^2$$

$$= 15s_x{}^2\left(a^2 - \frac{2s_{xy}}{s_x{}^2}a\right) + 15s_y{}^2$$

$$= 15s_x{}^2\left(a - \frac{s_{xy}}{s_x{}^2}\right)^2 - \frac{15s_{xy}{}^2}{s_x{}^2} + 15s_y{}^2$$

であるから，$S(a)$ は $a = \boldsymbol{\frac{s_{xy}}{s_x{}^2}}$ のとき最小である．

$r = \frac{s_{xy}}{s_x s_y}$ より，最小値は

$$-\frac{15s_{xy}{}^2}{s_x{}^2} + 15s_y{}^2 = 15s_y{}^2\left(1 - \frac{s_{xy}{}^2}{s_x{}^2 s_y{}^2}\right)$$

$$= \mathbf{15s_y{}^2(1 - r^2)}$$

$s_x{}^2 = 29.00$, $s_{xy} = 31.69$ から $S(a)$ を最小にする a を計算すると

$$a = \frac{31.69}{29.00} = 1.0927\cdots \fallingdotseq \mathbf{1.093}$$

《相関係数の計算 (B10) ☆》

157. 次のような 2 つの変量 X と Y からなるデータの相関係数の大きさ

Ⓐ

X	1	2	3	4	5
Y	5	4	3	2	1

Ⓑ

X	1	2	3	4	5
Y	2	1	4	3	5

Ⓒ

X	1	2	3	4	5
Y	1	2	3	4	5

(23　明治大・情報)

▶解答◀　図 a，図 b，図 c はそれぞれ Ⓐ，Ⓑ，Ⓒ のデータの散布図である．

Ⓒ のデータはすべて直線 $Y = X$ 上に並んでいて，正の相関が一番強く，Ⓐ のデータはすべて $X + Y = 6$ 上に並んでいて，負の相関が一番強い．よって，最大のものは **Ⓒ**，最小のものは **Ⓐ** である．

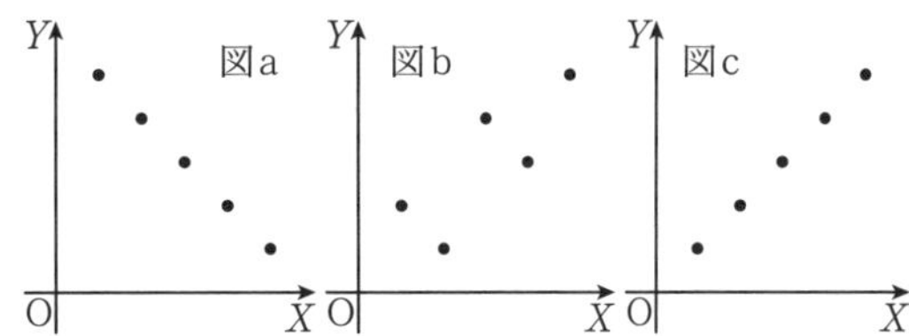

注意　きっちりと計算すると次のようになる．Ⓐ，Ⓑ，Ⓒ のデータ X, Y は 1, 2, 3, 4, 5 の並び方が違うだけであり，平均 $\overline{X}, \overline{Y}$ はいずれも 3 であり，分散も同じである．よって，相関係数の大きさの順は共分散の大きさの順と一致する．

表 a，表 b，表 c はそれぞれ Ⓐ，Ⓑ，Ⓒ のデータについての表である．Ⓐ，Ⓑ，Ⓒ の共分散をそれぞれ s_A, s_B, s_C とする．

表 a

X	Y	$X - \overline{X}$	$Y - \overline{Y}$
1	5	−2	2
2	4	−1	1
3	3	0	0
4	2	1	−1
5	1	2	−2

表 b

X	Y	$X - \overline{X}$	$Y - \overline{Y}$
1	2	−2	−1
2	1	−1	−2
3	4	0	1
4	3	1	0
5	5	2	2

表 c

X	Y	$X - \overline{X}$	$Y - \overline{Y}$
1	1	−2	−2
2	2	−1	−1
3	3	0	0
4	4	1	1
5	5	2	2

$$5s_A = -2\cdot 2 + (-1)\cdot 1 + 0 + 1\cdot(-1) + 2\cdot(-2) = -10$$

$$5s_B = -2\cdot(-1) + (-1)\cdot(-2) + 0 + 0 + 2\cdot 2 = 8$$

$$5s_C = -2\cdot(-2) + (-1)\cdot(-1) + 0 + 1\cdot 1 + 2\cdot 2 = 10$$

よって，最大のものは **Ⓒ**，最小のものは **Ⓐ** である．

《真偽の判定 (A10)》

158. 次の A〜C の命題について，真偽を述べよ．

A　一般に，変量 x のデータの範囲が変量 y の

データの範囲より大きいとき，変量 x のデータの標準偏差は変量 y のデータの標準偏差より常に大きい．

B　任意の正の実数 k に対して，変量 x のデータの各値を k 倍したときの分散は，変量 x のデータの分散の k 倍である．

C　変量 x のデータと変量 y のデータの共分散が正のとき，変量 x と変量 y の相関係数は正である．

（23　武蔵大）

▶解答◀　命題 A は**偽**である．

反例として次のようなデータ x と y がある．

x：1, 6, 6, 6, 6, 6, 6, 6, 6, 6

y：4, 4, 4, 4, 4, 8, 8, 8, 8, 8

x のデータの範囲は $6-1=5$，y のデータの範囲は $8-4=4$ であり，平均値 $\overline{x}$ と $\overline{y}$ は

$$\overline{x}=\frac{1+54}{10}=5.5$$

$$\overline{y}=\frac{20+40}{10}=6$$

分散 ${s_x}^2$ と ${s_y}^2$ は

$${s_x}^2=\frac{1}{10}(4.5^2+0.5^2\cdot 9)=\frac{22.5}{10}=2.25$$

$${s_y}^2=\frac{1}{10}(2^2\cdot 10)=4$$

標準偏差 s_x と s_y は $s_x=1.5,\ s_y=2$ であり，$s_y>s_x$ である．

命題 B は**偽**である．

変量 x のデータを $x_1,\ x_2,\ \cdots,\ x_n$ とすると，分散 ${s_x}^2$ は

$${s_x}^2=\frac{1}{n}\sum_{x=1}^{n}(x_i-\overline{x})^2$$

データの各値を k 倍すると平均値は $k\overline{x}$ になるから，分散 ${s_x}'^2$ は

$${s_x}'^2=\frac{1}{n}\sum_{x=1}^{n}(kx_i-k\overline{x})^2$$

$$=k^2\cdot\frac{1}{n}\sum_{x=1}^{n}(x_i-\overline{x})^2=k^2{s_x}^2$$

となり，分散は k^2 倍となる．

命題 C は**真**である．

x と y の標準偏差をそれぞれ s_x，s_y，共分散を s_{xy} とおくと，相関係数 r は $r=\dfrac{s_{xy}}{s_x\cdot s_y}$

共分散 $s_{xy}>0$ のときデータがすべて同じ値ではないから $s_x>0,\ s_y>0$ であり，$r>0$ である．

《共分散の計算 (B10)》

159．下の表は，10 人の社会人の 1 か月の収入と支出の金額（単位は万円）をまとめたものである．収入の金額を変量 x，支出の金額を変量 y で表し，それぞれの平均，分散が示されている．表の数値は x の小さいものから順に並んでいる．表中の $x_1,\ x_2,\ y_1$ については，数値が表示されていない．また，x の四分位偏差は 6 である．

なお，必要な場合は，$\sqrt{56.2}=7.50,\ \sqrt{19.2}=4.38$ として計算せよ．

表

番号	1	2	3	4	5	6	7	8	9	10	平均	分散
x	11	12	x_1	18	22	25	x_2	27	30	35	22	56.2
y	10	10	11	16	14	17	y_1	21	21	22	16	19.2

（1）　$x_1=$ □，$x_2=$ □ である．また，$y_1=$ □ である．

（2）　x と y の共分散は □ である．

（3）　x と y の相関係数を r とする．r の存在する範囲として正しいのは **ア** である．ただし，**ア** は下記の選択肢の中から適切なものを 1 つ選び，番号で答えよ．

①$r\leqq -0.9$　②$-0.9<r\leqq -0.8$

③$-0.8<r\leqq -0.7$　④$0.7\leqq r<0.8$

⑤$0.8\leqq r<0.9$　⑥$0.9\leqq r$

（4）　10 人全員に 1 ヶ月 5 万円の給付金が支給されることになった．給付金支給後の収入を変量 v とすると，v の平均は □，分散は □ である．

（5）　給付金支給後の収入 v を 1 ドル ＝ 100 円で換算した金額を変量 w とすると，w の平均は □ ドル，標準偏差は □ ドルである．

（6）　全員が支出後に残ったお金を全額貯蓄する場合を考える．貯蓄する金額（万円）を変量 z で表すと，

$z=x-y$ となる．z の分散 ${s_z}^2$ は，x と y の分散 ${s_x}^2,\ {s_y}^2$，x と y の共分散 s_{xy} を用いて表すと，

$${s_z}^2=\square{s_x}^2-\square s_{xy}+\square{s_y}^2$$

となる．したがって，${s_z}^2$ の値を求めると，${s_z}^2=$ □ である．

（23　立命館大・文系）

▶解答◀　（1）　x の第 1 四分位数は x_1，第 3 四分位数は 27 であり，四分位偏差は 6 であるから

$$\frac{27-x_1}{2}=6 \qquad \therefore\quad x_1=\mathbf{15}$$

番号	1	2	3	4	5	6	7	8	9	10
x	11	12	15	18	22	25	x_2	27	30	35
x'	−11	−10	−7	−4	0	3	x_2'	5	8	13

x' は x の偏差のことで，x と平均 $\overline{x}$ との差である．偏差の合計は 0 であることから

$$-11-10-7-4+0+3+x_2'+5+8+13=0$$

$$x_2'=3 \qquad \therefore \quad x_2=22+x_2'=\mathbf{25}$$

y	10	10	11	16	14	17	y_1	21	21	22
y'	−6	−6	−5	0	−2	1	y_1'	5	5	6

y'（y の偏差）の合計は 0 であるから

$$-6-6-5+0-2+1+y_1'+5+5+6=0$$

$$y_1'=2 \qquad \therefore \quad y_1=16+y_1'=\mathbf{18}$$

（**2**）x と y の共分散 s_{xy} は，$x'y'$ の平均であるから

x'	−11	−10	−7	−4	0	3	3	5	8	13
y'	−6	−6	−5	0	−2	1	2	5	5	6
$x'y'$	66	60	35	0	0	3	6	25	40	78

$$s_{xy}=\frac{1}{10}(66+60+35+0+0+3+6+25+40+78)=\mathbf{31.3}$$

（**3**）x の標準偏差を s_x，y の標準偏差を s_y とおく．分散の（正の）平方根が標準偏差であるから

$$s_x=\sqrt{56.2}=7.50,\ s_y=\sqrt{19.2}=4.38$$

よって，x と y の相関係数 r は

$$r=\frac{s_{xy}}{s_xs_y}=\frac{31.3}{7.50\cdot4.38}=0.95\cdots$$

となるから，$\mathbf{0.9\leqq r}$（**⑥**）である．

（**4**）v の平均を $\overline{v}$，偏差を v' とおく．$v=x+5$ であるから，$\overline{v}=\overline{x}+5=22+5=\mathbf{27}$

$$v'=v-\overline{v}=(x+5)-(\overline{x}+5)=x-\overline{x}=x'$$

分散は，偏差の 2 乗の平均値であるから

$$v\text{ の分散}=x\text{ の分散}=\mathbf{56.2}$$

（**5**）1 万円 $=100$ ドル であるから

$$w=100v$$

w の平均は，$\overline{w}=100\overline{v}=100\cdot27=\mathbf{2700}$

w の偏差を w' とおく．

$$w'=w-\overline{w}=100v-100\overline{v}=100v'$$

であるから，w の偏差は v の偏差の 100 倍になり，分散は 100^2 倍になる．標準偏差は分散の（正の）平方根であるから，w の標準偏差は v の標準偏差の 100 倍の $100\sqrt{56.2}=\mathbf{750}$ になる．

（**6**）10 人分のデータの合計を Σ（データ）と表す．y, z の偏差を y', z'，平均を $\overline{y}, \overline{z}$ とすると

$$z'=z-\overline{z}=x-y-(\overline{x}-\overline{y})=x'-y'$$

$$(z')^2=(x'-y')^2=(x')^2-2x'y'+(y')^2$$

であるから，z の分散は

$$s_z{}^2=\frac{1}{10}\Sigma(z-\overline{z})^2$$
$$=\frac{1}{10}\Sigma(x')^2-2\cdot\frac{1}{10}\Sigma x'y'+\frac{1}{10}\Sigma(y')^2$$
$$=\boldsymbol{s_x{}^2-2s_{xy}+s_y{}^2}$$

となるから

$$s_z{}^2=56.2-2\cdot31.3+19.2=\mathbf{12.8}$$

である．

【順列】

［ 順列 ］

《基本的な重複順列（A2）》

160．AITAIAKITA の 10 文字をすべて使って文字列を作るとき，文字列は何個作れるか．

（23　秋田県立大・前期）

▶解答◀ A が 4 個，I が 3 個，T が 2 個，K が 1 個の順列であるから，$\dfrac{10!}{4!3!2!}=\mathbf{12600}$ 個

《基本的な重複順列（A2）》

161．赤玉 3 個，白玉 5 個，青玉 2 個，黄玉 3 個の計 13 個の玉を 1 列に並べるとき，3 個の赤玉が続いて並び，かつ，5 個の白玉が続いて並ぶような並べ方は何通りあるか求めよ．ただし，同じ色の玉は区別できないものとする．（23　富山県立大・推薦）

▶解答◀ 赤玉 3 個のかたまり，白玉 5 個のかたまり，青玉 2 個，黄玉 3 個の順列であるから，$\dfrac{7!}{1!1!2!3!}=\mathbf{420}$ 通りある．

《突っ込む（A2）☆》

162．白玉 5 個と黒玉 10 個の合わせて 15 個すべてを，左から右へ横 1 列に並べる．白玉が 2 個以上つづかないように並べたとき，その並び方は全部で何通りあるか．

（23　東北大・歯 AO）

▶解答◀ 黒玉の間に白玉を入れるとき，白玉は 11 カ所の↓から 5 カ所に入れるから，白玉が 2 個以上続かないような順列は ${}_{11}\mathrm{C}_5=\mathbf{462}$ 通りある．

↓ 黒 ↓ 黒 ↓ 黒 ↓ …… ↓ 黒 ↓ 黒 ↓ 黒 ↓

10個

《基本的な重複順列（B2）》

163．（1）A, B, C, D, E, F, G, H, I, J の

10 文字の中から 4 文字を選んで並べてできる順列は□通りある.

(2) A, A, A, A, A, B, B, B, B, B の 10 文字の中から 4 文字を選んで並べてできる順列は□通りある.

(3) A, B, B, C, C, C, D, D, D, D の 10 文字の中から 4 文字を選んで並べてできる順列は□通りある.　(23 自治医大・看護)

▶解答◀ (1) 10 文字から 4 文字選んで並べる順列だから $10\cdot 9\cdot 8\cdot 7=\mathbf{5040}$ 通りある.

(2) A も B も十分な個数あるから, □□□□の左から順に A か B の 2 通りずつを入れることができる. よって求める順列は $2^4=\mathbf{16}$ 通りある.

(3) 4 文字が

(ア) 1 種類だけのとき, DDDD の 1 通り

(イ) 2 種類のとき, 組合せは { ○, ○, ○, × } と { ○, ○, ×, × } の 2 パターンある. 3 つ以上の文字があるのは C, D の 2 種類, 2 つ以上の文字があるのは B, C, D の 3 種類であるから, このときの順列は

$$2\cdot 3\cdot \frac{4!}{3!}+{}_3\mathrm{C}_2\cdot\frac{4!}{2!2!}=42\text{（通り）}$$

(ウ) 3 種類のとき, 組合せ { ○, ○, ×, △ } に対する順列は $3\cdot{}_3\mathrm{C}_2\cdot\dfrac{4!}{2!}=108$ 通り

(エ) 4 種類のとき, $4!=24$ 通りある.

(ア)〜(エ)より, $1+42+108+24=\mathbf{175}$ 通りある.

《母音と子音 (A2)》

164. kangogaku の 9 文字すべてを並べてできる文字列の種類は全部で□通りであり, このうち子音と母音が交互に並ぶものは□通りである.　(23 慶應大・看護医療)

▶解答◀ kangogaku の 9 文字 (k, a, g が 2 つずつある) の順列は $\dfrac{9!}{2!2!2!}=\mathbf{45360}$ 通りある. このうち子音 (k, k, n, g, g) と母音 (a, a, u, o) が交互に並ぶのは, 左端から子音, 母音, 子音 … の順に並ぶときで, 子音の順列が $\dfrac{5!}{2!2!}$ 通り, 母音の順列が $\dfrac{4!}{2!}$ 通りあるから,

$$\frac{5!}{2!2!}\cdot\frac{4!}{2!}=30\cdot 12=\mathbf{360}\text{ 通り}$$

《6 の倍数 (B5)》

165. 1 から 5 までの自然数が 1 つずつ書かれた 5 枚のカードがある. この中から 3 枚のカードを選んで, 3 桁(けた)の数を作る.

(1) これら 3 桁の数のうち, 偶数は全部で□個ある.

(2) これら 3 桁の数のうち, 3 の倍数は全部で□個ある.

(3) これら 3 桁の数のうち, 6 の倍数は全部で□個ある.　(23 近大・医-推薦)

▶解答◀ 作る 3 桁の数を abc と表す.

(1) $c=2$ または 4 のときである. このとき, ab は残り 4 数から 2 つをとる順列で $4\cdot 3$ 通りある. したがって, できる偶数の個数は

$$2\cdot 4\cdot 3=\mathbf{24}$$

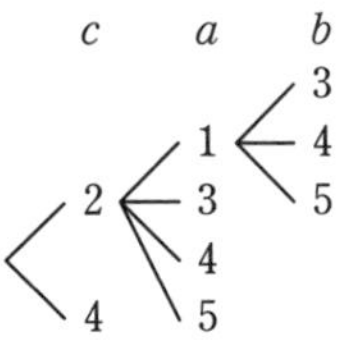

(2) $100a+10b+c=9(11a+b)+a+b+c$ が 3 の倍数となるのは $a+b+c$ が 3 の倍数になるときである. 1, 2, 3, 4, 5 を 3 で割った剰余で分類し

$$R_1=\{1, 4\},\ R_2=\{2, 5\},\ R_0=\{3\}$$

とする. $a+b+c$ が 3 の倍数になるのは, R_1, R_2, R_0 から 1 つずつとるときである. 1, 4 のどちらをとるか, 2, 5 のどちらをとるかで $2\cdot 2=4$ 通りある.

たとえばこれらが 1, 2 のとき, abc は 1, 2, 3 の順列で $3!$ 通りある.

3 の倍数の個数は $4\cdot 3!=\mathbf{24}$

(3) $\{a, b, c\}=\{1, 2, 3\}$ のとき $c=2$ で, ab は 2 通りある.

$\{a, b, c\}=\{1, 5, 3\}$ のときは不適.

$\{a, b, c\}=\{4, 2, 3\}$ のときは $c=2$ または 4 で, たとえば $c=2$ のとき ab は 2 通りある. このときは $2\cdot 2=4$ 通りある.

c a b
2 ＜ 3 — 4 / 4 — 3
4 ＜ 2 — 3 / 3 — 2

$\{a, b, c\}=\{4, 5, 3\}$ のときも 2 通りある.

全部で $2+4+2=\mathbf{8}$ 個ある.

《辞書式に並べる (A5)》

166. 1, 2, 3, 4, 5, 6, 7 から異なる 3 つの数を取り出し，3 桁の整数を作るとき，3 桁の整数の作り方の総数は □ 通りあり，それらの中で奇数であるものは □ 通り，560 よりも大きいものは □ 通りある．（23 明治薬大・前期）

▶解答◀ 3 桁の整数の総数は $7 \cdot 6 \cdot 5 = \mathbf{210}$ 通りある．

奇数であるものは一の位が奇数（1, 3, 5, 7 の 4 通り）で，残りの 6 個の数字から 2 個を百の位と十の位に並べて，$4 \cdot 6 \cdot 5 = \mathbf{120}$ 通りある．

560 より大きい数を考える．56□ となるのは，残る 5 個の数字を □ に入れる 5 通りある．57□ も同じである．6□□ となるのは，残る 6 個の数字から 2 個を □ に並べるから $6 \cdot 5 = 30$ 通りある．7□□ も同じである．よって，560 より大きい数は $5 \cdot 2 + 30 \cdot 2 = \mathbf{70}$ 通り

《人を 2 部屋に (A2)》

167. 7 人を 2 つの部屋 A，B に分けて入れる方法は何通りあるか．ただし，どちらの部屋にも必ず 1 人以上入れなくてはならないものとする．（23 酪農学園大・食農，獣医-看護）

▶解答◀ 人を a，b，c，d，e，f，g とし，(a が入る部屋，b が入る部屋，…，g が入る部屋）を考える．それは全部で 2^7 通りできるが，すべてが A になるものとすべてが B になる 2 通りは不適である．求める数は

$2^7 - 2 = \mathbf{126}$ 通り

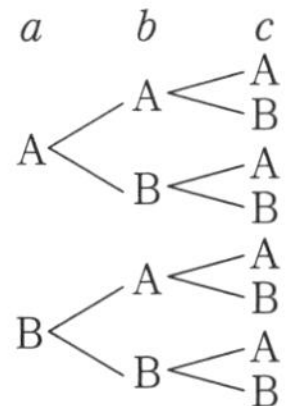

樹形図は c まで書いたものでこのあと g まで続く．

《互いに素 (A2)》

168. 1, 2, 3, 4, 5, 6 の 6 個の数字から，異なる 2 個の数字を選んでつくる 2 桁の整数は □ 個あり，その整数のうち，十の位の数 a と一の位の数 b が互いに素で $a > b$ となるものは □ 個ある．（23 東京慈恵医大・看護）

▶解答◀ 十の位を 1 とすると，一の位は 2～6 の 5 通りある．十の位が 2～6 のときも同様に 5 通りずつあるから，異なる 2 個の数字を選んでつくる 2 桁の整数は $6 \cdot 5 = \mathbf{30}$ 個ある．

$b = 1$ のとき，1 はどんな数とも互いに素であるから，$a = 2$～6 の 5 通り，

$b = 2$ のとき，$a = 3, 5$ の 2 通り，

$b = 3$ のとき，$a = 4, 5$ の 2 通り，

$b = 4$ のとき，$a = 5$ の 1 通り，

$b = 5$ のとき，$a = 6$ の 1 通り

となるから，a と b が互いに素で $a > b$ となるものは $5 + 2 + 2 + 1 + 1 = \mathbf{11}$ 個ある．

♦別解♦ 1～6 の中から異なる 2 個の数字を選び，大きい方を a，小さい方を b とすると，$a > b$ となる組合せは ${}_6\mathrm{C}_2 = 15$ 通りある．このうち，a と b が互いに素でないのは

$$(a, b) = (4, 2), (6, 2), (6, 3), (6, 4)$$

の 4 通りあるから，a と b が互いに素で $a > b$ となるものは $15 - 4 = \mathbf{11}$ 個ある．

【場合の数】

《母音と子音 (A2)》

169. kangogaku の 9 文字すべてを並べてできる文字列の種類は全部で □ 通りであり，このうち子音と母音が交互に並ぶものは □ 通りである．（23 慶應大・看護医療）

▶解答◀ kangogaku の 9 文字（k，a，g が 2 つずつある）の順列は $\dfrac{9!}{2!2!2!} = \mathbf{45360}$ 通りある．このうち子音（k，k，n，g，g）と母音（a，a，u，o）が交互に並ぶのは，左端から子音，母音，子音 … の順に並ぶときで，子音の順列が $\dfrac{5!}{2!2!}$ 通り，母音の順列が $\dfrac{4!}{2!}$ 通りあるから，

$$\frac{5!}{2!2!} \cdot \frac{4!}{2!} = 30 \cdot 12 = \mathbf{360} \text{ 通り}$$

《同じものがある順列 (A2)》

170. AITAIAKITA の 10 文字をすべて使って文字列を作るとき，文字列は何個作れるか．（23 秋田県立大・前期）

▶解答◀ A が 4 個，I が 3 個，T が 2 個，K が 1 個の順列であるから，$\dfrac{10!}{4!3!2!} = \mathbf{12600}$ 個

《重複順列 (B20) ☆》

171. 次の問いに答えよ．

（1） 方程式 $x + y + z + u = 8$ をみたす自然数の

組 (x, y, z, u) の総数を求めよ.

（2） 方程式 $|x|+|y|+|z|+|u|=8$ をみたし，どれも 0 とはならない整数の組 (x, y, z, u) の総数を求めよ.

（3） 方程式 $|x|+|y|+|z|+|u|=8$ をみたす整数の組 (x, y, z, u) の総数を求めよ.

（23　岐阜聖徳学園大）

▶解答◀ （1） $x+y+z+u=8$ をみたす自然数 x, y, z, u は，8 個の○を並べ，○と○の間の 7 ヵ所から 3 ヵ所を選んで |(仕切り) を入れ，1 本目の仕切りから左の○の個数を x，1 本目の仕切りから 2 本目の仕切りの間の○の個数を y，2 本目の仕切りから 3 本目の仕切りの間の○の個数を z，3 本目の仕切りから右の○の個数を u と考える. (x, y, z, u) は

$$_7\mathrm{C}_3=\frac{7\cdot 6\cdot 5}{3\cdot 2\cdot 1}=\mathbf{35}(\text{個})$$

ある. 下の場合は，$x=1, y=2, z=3, u=2$ となる.

○ | ○○ | ○○○ | ○○

（2） $|x|+|y|+|z|+|u|=8$ をみたす正の整数 $(|x|, |y|, |z|, |u|)$ は，（1）より 35 個あり，x, y, z, u それぞれ正負 2 種類の符号を考えると，(x, y, z, u) は $35\cdot 2^4=\mathbf{560}$(個) ある.

（3） 整数 x, y, z, u のうち 0 となるものの個数で場合分けする.

（ア） 0 が 1 個のとき

どれが 0 となるかで 4 通りあり，例えば $u=0$ のとき，$|x|+|y|+|z|=8$ をみたし，どれも 0 とはならない整数 x, y, z に対し (x, y, z) の総数は，（1），（2）と同様に考えて，$_7\mathrm{C}_2\cdot 2^3=168$ 個ある.

したがって，(x, y, z, u) は $4\cdot 168=672$ 個ある.

（イ） 0 が 2 個のとき

どの 2 つが 0 となるかで $_4\mathrm{C}_2=6$ 通りあり，例えば $z=u=0$ のとき，$|x|+|y|=8$ をみたし，どれも 0 とはならない整数 x, y に対し (x, y) の総数は，$_7\mathrm{C}_1\cdot 2^2=28$ 個ある.

したがって，(x, y, z, u) は $6\cdot 28=168$ 個ある.

（ウ） 0 が 3 個のとき

どの 3 つが 0 になるかで $_4\mathrm{C}_1=4$ 通りあり，残り 1 つは ± 8 で 2 通りあるから，(x, y, z, u) は $4\cdot 2=8$ 個ある.

（ア）〜（ウ）および（2）から，(x, y, z, u) の総数は $672+168+8+560=\mathbf{1408}$(個) ある.

《重複順列・悪文 (A2)》

172. $a+b+c+d=15$ を満たすような整数 a, b, c, d の組合せは □ 通りである. ただし，a, b, c, d は 0 より大きい整数とする.（23　松山大）

［編者註：「組合せ」は「組 (a, b, c, d) の間違いであると思われる. 組と組合わせの区別が付かない大人が多いから注意せよ. 不備な問題もあるから，対処の仕方を覚えるのも重要である.］

考え方 「組合せ」は「組 (a, b, c, d) の個数」の間違いだろう. 本当に組合せなら，たとえば

$a=1, b=3, c=3, d=8$ と，

$a=8, b=1, c=3, d=3$ を区別しない. ともに，1 が 1 個と 3 が 2 個と 8 が 1 個である. 組 (a, b, c, d) ならば，これらを異なるものとして区別する. 丸括弧で括ったものは順序対といい，たとえば点 $(1, 2)$ と点 $(2, 1)$ は別の点である. 本当に組合わせなら，大小を設定し

$a+b+c+d=15, 1\leqq a\leqq b\leqq c\leqq d$

の解の個数を求めることになる.

易しくはない. $a+b+c+d=n, 1\leqq a\leqq b\leqq c\leqq d$ の解 (a, b, c, d) の個数は

$$\left[\frac{2n^3+6n^2+64-9\{1-(-1)^n\}n}{288}\right]$$

であることが知られている. この n に 15 を入れれば答えを得る. [ ] はガウス記号である. 難しいから「組合せ」のはずがない. 組 (a, b, c, d) の個数である.

▶解答◀ 「組合せ」ではなく，組 (a, b, c, d) の個数を数える. ○を 15 個並べ，その間 (14 カ所ある) から異なる 3 カ所を選び，仕切りを 1 本ずつ入れ，1 本目の仕切りから左の○の個数を a，1 本目と 2 本目の仕切りの間の○の個数を b，2 本目と 3 本目の仕切りの間の○の個数を c，残りの○の個数を d と定める. (a, b, c, d) の個数は $_{14}\mathrm{C}_3=\mathbf{364}$

《題意が曖昧・悪文 (B5)》

173. サイコロ 2 個を同時に投げるとき，出る目がすべて偶数である組合せは □ 通り，出る目の和が偶数である組合せは □ 通りである.

（23　名城大）

考え方 典型的悪文である. 入試問題には，悪文が一定数含まれている. 悪文に適確に対処することも試験対策としては重要である. 問題点が大きく，2 つある.

（ア） 確率ならサイコロを区別するが，場合の数で，区別するのか？

白玉が 2 個あれば，場合の数では区別しない. サイコロが 2 個ならば，どうなのか？出題者の意図は，おそらく

区別している．

（イ）「組合せ」は本当に組合せか？

おそらく，順序対である．組合せとは「1 と 3」と「3 と 1」は区別しないという姿勢である．たとえば「1，2，3，4，5，6 のカードからから異なる 2 枚を選ぶ組合せは何通り？］というような問題を教科書で習うだろう．${}_6\mathrm{C}_2 = 15$ 通りと答える．これは「1 と 3」と「3 と 1」を区別していない．

もし，本当に組合せなら

前半「2 と 4，2 と 6，4 と 6，2 と 2，4 と 4，6 と 6」の 6 通りとなる．

後半「1 と 3，1 と 5，3 と 5，1 と 1，3 と 3，5 と 5」と上の 6 通りを加えて 12 通りとなる．この場合は，サイコロを区別しようとしまいと関係ない．

▶解答◀ サイコロを区別し，A, B とし，出る目を順に a, b とする．(a, b) は全部で $6 \cdot 6 = 36$ 通りある．この中で考える．

前半：a は 2, 4, 6 のどれか，b も 2, 4, 6 のどれかであるから (a, b) は $3^2 = \mathbf{9}$ 通りある．

前半：$a+b$ が偶数になるのは，a, b がともに偶数のとき（上の 9 通り）または，ともに奇数のときで，後者では a は 1, 3, 5 のどれか，b も 1, 3, 5 のどれかであるからこの場合も 9 通りとなる．(a, b) は全部で $9 \cdot 2 = \mathbf{18}$ 通りある．

普段から変数に名前をつける．可能な限り順序対 (a, b) のような書き方をする．そうすれば，問題文の不備に気づくはずである．これは出題者への助言である．

《重複順列（A2）☆》

174． $x + y + z = 13$ をみたす正の整数の組 (x, y, z) は何組あるか答えなさい．

（23　東邦大・看護）

▶解答◀ 13 個の玉を 1 列に並べ，その間（12 か所ある）に仕切りを異なる 2 か所に 1 本ずつ入れ，1 本目の仕切りの左側の玉の個数を x，1 本目と 2 本目の仕切りの間の玉の個数を y，2 本目の仕切りより右側の玉の個数を z とする．

(x, y, z) は ${}_{12}\mathrm{C}_2 = \dfrac{12 \cdot 11}{2 \cdot 1} = \mathbf{66}$ 組ある．

《同じものがある順列（A2）》

175． 赤玉 3 個，白玉 5 個，青玉 2 個，黄玉 3 個の計 13 個の玉を 1 列に並べるとき，3 個の赤玉が続いて並び，かつ，5 個の白玉が続いて並ぶような並べ方は何通りあるか求めよ．ただし，同じ色の玉は区別できないものとする．（23　富山県立大・推薦）

▶解答◀ 赤玉 3 個のかたまり，白玉 5 個のかたまり，青玉 2 個，黄玉 3 個の順列であるから，$\dfrac{7!}{1!1!2!3!} = \mathbf{420}$ 通りある．

《同じものがある順列（B5）☆》

176． 1，2，3 の 3 個の数字を用いて，6 桁の数字を作る．3 を用いる個数は，1 と 2 を用いる個数より多いものとし，1，2，3 のどの数字も少なくとも 1 個は用いるものとする．（ i ），（ ii ）に答えなさい．

（1）3 を 4 個用いて作られる数字は全部で何個出来るか求めなさい．

（2）全部で何個の数字を作ることが出来るか求めなさい．（23　長崎県立大・前期）

▶解答◀ 一般に a を p 個，b を q 個，c を r 個，…，合計 n 個の順列は $\dfrac{n!}{p!q!r!\cdots}$ 通りある．以下では 1! は省略する．

（1）3, 3, 3, 3, 1, 2 の順列は $\dfrac{6!}{4!} = \mathbf{30}$ 通りある．

（2）3 が 3 個の場合は 3, 3, 3, 1, 1, 2，または，3, 3, 3, 1, 2, 2 の順列であり，$\dfrac{6!}{3!2!} \cdot 2 = 120$ 通りある．

3 が 2 個以下，1 と 2 が 1 個以下では 4 個にしからないから不適である．

したがって，作ることのできる数字は，全部で $30 + 60 \cdot 2 = \mathbf{150}$ 個である．

《人を選んで並べる（A5）》

177． 大人 4 人，子供 5 人の計 9 人の中からグループを作る．それぞれ何通りあるか．

（1）大人 2 人，子供 3 人の 5 人組を 1 グループつくる方法は□通りある．

（2）子供が 1 人以上含まれる 4 人組を 1 グループつくる方法は□通りある．

（23　北九州市立大・前期）

▶解答◀（1）大人 4 人から 2 人，子供 5 人から 3 人を選ぶ．その組合せは

$$ {}_4\mathrm{C}_2 \cdot {}_5\mathrm{C}_3 = \frac{4 \cdot 3}{2 \cdot 1} \cdot \frac{5 \cdot 4 \cdot 3}{3 \cdot 2 \cdot 1} = \mathbf{60} \text{ 通り} $$

（2）計 9 人から 4 人を選ぶ組合せは，${}_9\mathrm{C}_4$ 通りある．そのうち子供が含まれない 4 人の組合せは，大人 4 人を選ぶ 1 通りであるから，求める組合せは

$$ {}_9\mathrm{C}_4 - 1 = \frac{9 \cdot 8 \cdot 7 \cdot 6}{4 \cdot 3 \cdot 2 \cdot 1} - 1 = \mathbf{125} \text{ 通り} $$

《選んで並べる (B2) ☆》

178. (1) A, B, C, D, E, F, G, H, I, J の 10 文字の中から 4 文字を選んで並べてできる順列は□通りある.

(2) A, A, A, A, A, B, B, B, B, B の 10 文字の中から 4 文字を選んで並べてできる順列は□通りある.

(3) A, B, B, C, C, C, D, D, D, D の 10 文字の中から 4 文字を選んで並べてできる順列は□通りある.　(23 自治医大・看護)

▶解答◀ (1) 10 文字から 4 文字選んで並べる順列だから $10\cdot9\cdot8\cdot7=\mathbf{5040}$ 通りある.

(2) A も B も十分な個数あるから, □□□□の左から順に A か B の 2 通りずつを入れることができる. よって求める順列は $2^4=\mathbf{16}$ 通りある.

(3) 4 文字が

(ア) 1 種類だけのとき, DDDD の 1 通り

(イ) 2 種類のとき, 組合せは { ○, ○, ○, × } と { ○, ○, ×, × } の 2 パターンある. 3 つ以上の文字があるのは C, D の 2 種類, 2 つ以上の文字があるのは B, C, D の 3 種類であるから, このときの順列は

$$2\cdot3\cdot\frac{4!}{3!}+{}_3C_2\cdot\frac{4!}{2!2!}=42\,(\text{通り})$$

(ウ) 3 種類のとき, 組合せ { ○, ○, ×, △ } に対する順列は $3\cdot{}_3C_2\cdot\frac{4!}{2!}=108$ 通り

(エ) 4 種類のとき, $4!=24$ 通りある.

(ア)~(エ) より, $1+42+108+24=\mathbf{175}$ 通りある.

《辞書式に並べる (A5)》

179. 1, 2, 3, 4, 5, 6, 7 から異なる 3 つの数を取り出し, 3 桁の整数を作るとき, 3 桁の整数の作り方の総数は□通りあり, それらの中で奇数であるものは□通り, 560 よりも大きいものは□通りある.　(23 明治薬大・前期)

▶解答◀ 3 桁の整数の総数は $7\cdot6\cdot5=\mathbf{210}$ 通りある.

奇数であるものは一の位が奇数 (1, 3, 5, 7 の 4 通り) で, 残りの 6 個の数字から 2 個を百の位と十の位に並べて, $4\cdot6\cdot5=\mathbf{120}$ 通りある.

560 より大きい数を考える. 56□ となるのは, 残る 5 個の数字を □ に入れる 5 通りある. 57□ も同じである. 6□□ となるのは, 残る 6 個の数字から 2 個を □ に並べるから $6\cdot5=30$ 通りある. 7□□ も同じである. よって, 560 より大きい数は $5\cdot2+30\cdot2=\mathbf{70}$ 通り

《辞書式順列 (B10) ☆》

180. 6 個の数字 1, 2, 3, 4, 5, 6 から異なる 3 個の数字をならべて 3 桁の整数を作る. このような整数は全部で[ア]個できる. その中で, 偶数は□個, 3 の倍数は□個, 324 以上の整数は□個ある. これら[ア]個の整数を小さいものから順にならべたとき, 第 55 番目にある整数は□である.　(23 摂南大)

▶解答◀ 全部で $6\cdot5\cdot4=\mathbf{120}$ 個でき, そのうち, 偶数は一の位が 2, 4, 6 のいずれかで, そのとき百の位と十の位はそれぞれ $5\cdot4$ 通りあり, $3\cdot5\cdot4=\mathbf{60}$ 個.

1, 2, 3, 4, 5, 6 を 3 で割った余りで 3 つの集合

$$R_0=\{3,6\},\ R_1=\{1,4\},\ R_2=\{2,5\}$$

に分類する. 3 桁の整数を abc (百の位が a, 十の位が b, 一の位が c) とすると

$$100a+10b+c=99a+9b+(a+b+c)$$

が 3 の倍数になるのは $a+b+c$ が 3 の倍数になるときである. R_0, R_1, R_2 から 1 つずつ選び ($2^3=8$ 通りある) それを並べるから ($3!$ 通り) 3 の倍数は全部で, $2^3\cdot3!=\mathbf{48}$ 個ある.

324 以上の整数は

324, 325, 326 が 3 個, 34□ の形のものが 4 個,
35□ の形のものが 4 個, 36□ の形のものが 4 個,
4□□ の形のものが $5\cdot4=20$ 個,
5□□ の形のものが 20 個, 6□□ の形のものが 20 個,

以上の **75** 個ある.

小さい順に並べたときに

1□□ の形のものが 20 個, 2□□ の形のものが 20 個,
31□ の形のものが 4 個, 32□ の形のものが 4 個,
34□ の形のものが 4 個,

351, 352, 354 となり, 55 番目のものは **354** である.

《人を 2 部屋に (A2)》

181. 5 人の役者が出演する芝居がライブハウスで行われる. 楽屋 A, B があり, 5 人にこのどちらかの楽屋に入ってもらう. どちらの楽屋にも少なくとも 1 人は入ることにすると, 5 人の楽屋の割り振り方は全部で何通りあるか.　(23 広島文教大)

▶解答◀ 1 人に対しては入れる楽屋が 2 通りずつある. 全員が A, 全員が B の 2 通りを除いて, 5 人の楽屋の割り振り方は $2^5-2=\mathbf{30}$ 通りある.

《人を2部屋に（A2）》

182．7人を2つの部屋A，Bに分けて入れる方法は何通りあるか．ただし，どちらの部屋にも必ず1人以上入れなくてはならないものとする．

（23 酪農学園大・食農，獣医-看護）

▶解答◀ 人を a，b，c，d，e，f，g とし，（a が入る部屋，b が入る部屋，…，g が入る部屋）を考える．それは全部で 2^7 通りできるが，すべてがAになるものとすべてがBになる2通りは不適である．求める数は

$2^7 - 2 = \mathbf{126}$ **通り**

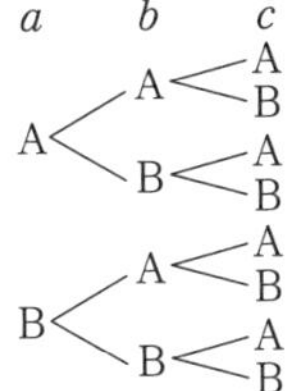

樹形図は c まで書いたものでこのあと g まで続く．

《互いに素（A2）》

183．1, 2, 3, 4, 5, 6 の6個の数字から，異なる2個の数字を選んでつくる2桁の整数は □ 個あり，その整数のうち，十の位の数 a と一の位の数 b が互いに素で $a > b$ となるものは □ 個ある．

（23 東京慈恵医大・看護）

▶解答◀ 十の位を1とすると，一の位は2〜6の5通りある．十の位が2〜6のときも同様に5通りずつあるから，異なる2個の数字を選んでつくる2桁の整数は $6 \cdot 5 = \mathbf{30}$ **個**ある．

$b = 1$ のとき，1はどんな数とも互いに素であるから，$a = 2$〜6 の5通り，

$b = 2$ のとき，$a = 3, 5$ の2通り，

$b = 3$ のとき，$a = 4, 5$ の2通り，

$b = 4$ のとき，$a = 5$ の1通り，

$b = 5$ のとき，$a = 6$ の1通り

となるから，a と b が互いに素で $a > b$ となるものは $5 + 2 + 2 + 1 + 1 = \mathbf{11}$ **個**ある．

◆別解◆ 1〜6の中から異なる2個の数字を選び，大きい方を a，小さい方を b とすると，$a > b$ となる組合せは ${}_6\mathrm{C}_2 = 15$ 通りある．このうち，a と b が互いに素でないのは

$(a, b) = (4, 2), (6, 2), (6, 3), (6, 4)$

の4通りあるから，a と b が互いに素で $a > b$ となるものは $15 - 4 = \mathbf{11}$ **個**ある．

《枠に並べる（B10）》

184．下図のように，縦2列，横3列に並んだ6つのマスがある．また，1，2，3，4，5，6の6個の数字がそれぞれ書かれたカードが1枚ずつある．すべてのカードを各マスに1枚ずつ置いていき，6つのマスに6枚のカードを並べる．上列の3つの数の積を a_1，下列の3つの数の積を a_2，左列の2つの数の積を b_1，中央列の2つの数の積を b_2，右列の2つの数の積を b_3 とする．以下の問に答えよ．

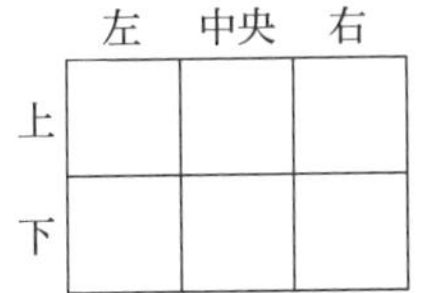

（1） a_1 が奇数となるような6枚のカードの並べ方は何通りあるか．

（2） a_1 が偶数となるような6枚のカードの並べ方は何通りあるか．

（3） b_1 が偶数となるような6枚のカードの並べ方は何通りあるか．

（4） a_1, a_2 がともに偶数となるような6枚のカードの並べ方は何通りあるか．

（5） a_1, a_2, b_1, b_2, b_3 がすべて偶数となるような6枚のカードの並べ方は何通りあるか．

（23 岐阜大・共通）

▶解答◀（1） 図のように6つのマスに名前をつける．

a_1 が奇数となるのは，A，B，Cの数がすべて奇数のときである．すなわち，A，B，Cは1，3，5の順列，D，E，Fは2，4，6の順列だから $3! \cdot 3! = \mathbf{36}$ **通り**

	左	中央	右
上	A	B	C
下	D	E	F

（2） すべての数の順列は $6! = 720$ 通りあるから，（1）より，$720 - 36 = \mathbf{684}$ **通り**

（3） b_1 が奇数となるのは，A，Dの数が奇数のときである．A，Dは，1，3，5から2つ選んで並べ $3 \cdot 2$ 通り，残り4つの数をB，C，E，Fに並べ $4!$ 通りあるから，全部で $3 \cdot 2 \cdot 4! = 144$ 通りある．

よって，$720 - 144 = \mathbf{576}$ **通り**

（4） a_1, a_2 がともに奇数となることはない．（1）より，a_1 が奇数となるのは36通りある．a_2 が奇数となる

のも同様であるから，$720-36\cdot 2=$ **648 通り**

（５） 題意のようになるのは，どの縦列，横列にも偶数があるときである．このようになるのは，上列に偶数が x 個，下列に偶数が y 個並ぶことを (x, y) と表すとすると，$(2, 1)$ か $(1, 2)$ のときである．$(2, 1)$ のとき，偶数の場所は次の図の通り（偶数の場所を○で示す）．

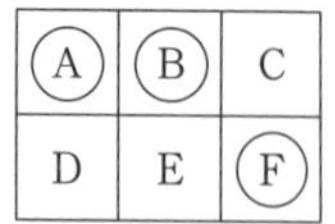

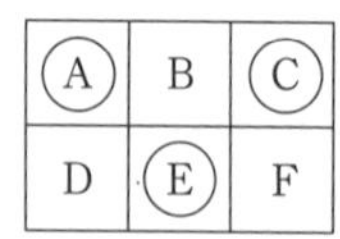

Ⓐ	Ⓑ	Ⓒ
D	Ⓔ	F

A	Ⓑ	Ⓒ
Ⓓ	E	F

それぞれ数の順列は $3!\cdot 3!$ 通りあるから，$(2, 1)$ のときは $3!\cdot 3!\cdot 3$ 通りある．$(1, 2)$ のときも同様である．

よって，$3!\cdot 3!\cdot 3\cdot 2=$ **216 通り**

《突っ込む (A2) ☆》

185．白玉 5 個と黒玉 10 個の合わせて 15 個すべてを，左から右へ横 1 列に並べる．白玉が 2 個以上つづかないように並べたとき，その並び方は全部で何通りあるか．（23 東北大・歯 AO）

▶解答◀ 黒玉の間に白玉を入れるとき，白玉は 11 カ所の↓から 5 カ所に入れるから，白玉が 2 個以上続かないような順列は $_{11}C_5=$ **462** 通りある．

↓ ↓ ↓ ↓ 　 ↓ ↓ ↓ ↓
黒 黒 黒 …… 黒 黒 黒
10個

《突っ込む (B5) ☆》

186．J，A，P，A，N，E，S，E の 8 個の文字を横一列に並べる．このとき，以下の問いに答えよ．

（１） J，P，N，S のうち 2 個の文字が両端に位置する並び方は何通りあるか．

（２） A，A，E，E のうちどの 2 個の文字も隣り合わない並び方は何通りあるか．

（23 甲南大・公募）

▶解答◀ （１） 左端が何かで 4 通り，右端が何かで 3 通りある（図 1）．例えばこれが J，P のとき（図 2），残る N，S と A，A，E，E をその間に並べる順列は $\frac{6!}{2!2!}$ 通りあるから，求める順列の総数は

$$4\cdot 3\cdot \frac{6!}{2!2!}=4\cdot 3\cdot 6\cdot 5\cdot 3\cdot 2=\textbf{2160}$$

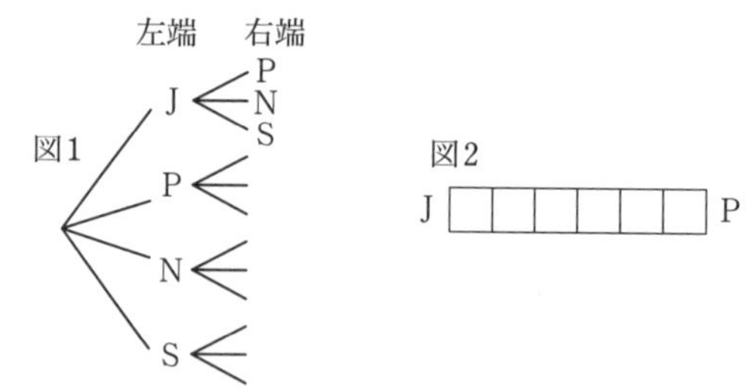

（２） 下図を参照せよ．J，P，N，S の 4 文字を先に左右一列に並べ（4! 通り），それらの両端または間（5 か所ある）のうちから 2 か所を選んで A，A を入れ（その組合せは $_5C_2$ 通りある），残る 3 か所のうちから 2 か所を選んで E，E を入れる（その組合せは $_3C_2$ 通りある）と考え，その総数は

$$4!\cdot {}_5C_2\cdot {}_3C_2=24\cdot 10\cdot 3=\textbf{720}$$

↓ J ↓ P ↓ N ↓ S ↓

《選んで分ける (B10)》

187．A 高校の生徒会の役員は 7 名で，そのうち 3 名は女子である．また，B 高校の生徒会の役員は 5 名で，そのうち 3 名は女子である．各高校の役員から，それぞれ 2 名以上を選出して，合計 5 名の合同委員会を作るとき，次の問いに答えよ．

（１） 合同委員会の作り方は □ 通りある．

（２） 合同委員会に少なくとも 1 名の男子が入っている場合は □ 通りある．

（３） 合同委員会に 1 名の男子が入っている場合は □ 通りある．（23 金城学院大）

▶解答◀ （１） A から 2 名，B から 3 名選ぶ場合と，A から 3 名，B から 2 名選ぶ場合があるから，組合せの総数は

$$_7C_2\cdot {}_5C_3+{}_7C_3\cdot {}_5C_2=({}_7C_2+{}_7C_3)\cdot {}_5C_2$$
$$=(21+35)\cdot 10=\textbf{560}(\text{通り})$$

（２） A：男子 4 名，女子 3 名

B：男子 2 名，女子 3 名

女子 6 名から 5 名を選ぶ組合せは $_6C_5=6$ 通りある．このとき，各高校から 2 名以上を選出できているから，合同委員会を女子だけで作るときの組合せは 6 通りある．よって，少なくとも 1 名の男子が入る組合せは，補集合を考えて $560-6=$ **554** 通りある．

（３） 男子 1 名を先に決める．6 通りある．残りの女子については，男子を選ぶ高校から 1 名，違う高校から 3 名選ぶ場合と，男子を選ぶ高校から 2 名，違う高校から

2 名選ぶ場合があるから

$$6\cdot(3\cdot1+{}_3C_2\cdot{}_3C_2)=6\cdot12=\mathbf{72}(\text{通り})$$

《最短格子路 (B5)》

188. 福井駅から福井県立病院までの道路が図のような碁盤の目で表されるものとする．次の（1）～（3）に答えよ．

福井県立病院 ケーキ屋 花屋 福井駅

（1） 福井駅から福井県立病院までの最短経路は何通りあるか．

（2） 福井駅から花屋を経由して福井県立病院までいく最短経路は何通りあるか．

（3） 福井駅から花屋とケーキ屋を経由して福井県立病院までいく最短経路は何通りあるか．

（23 福井県立大）

▶解答◀ 図のように点を取る．福井駅，花屋，ケーキ屋，福井県立病院をそれぞれ S，F，C，H としている．

（1） S → H の最短経路は 6 個の → と 5 個の ↑ の順列を考えて，${}_{11}C_6=\mathbf{462}$ 通りある．

（2） S → F の最短経路は 3 個の → と 2 個の ↑ の順列，F → H の最短経路は 3 個の → と 3 個の ↑ の順列を考える．S → F → H の最短経路は ${}_5C_3\cdot{}_6C_3=10\cdot20=\mathbf{200}$ 通りある．

（3） C を経由するのは A → B のときである．

S → F の最短経路は 3 個の → と 2 個の ↑ の順列，F → A の最短経路は 1 個の → と 1 個の ↑ の順列，A → B の最短経路は 1 個の →，B → H の最短経路は 1 個の → と 2 個の ↑ の順列を考える．

S → F → C → H の最短経路は

${}_5C_3\cdot{}_2C_1\cdot{}_3C_1=10\cdot2\cdot3=\mathbf{60}$ 通りある．

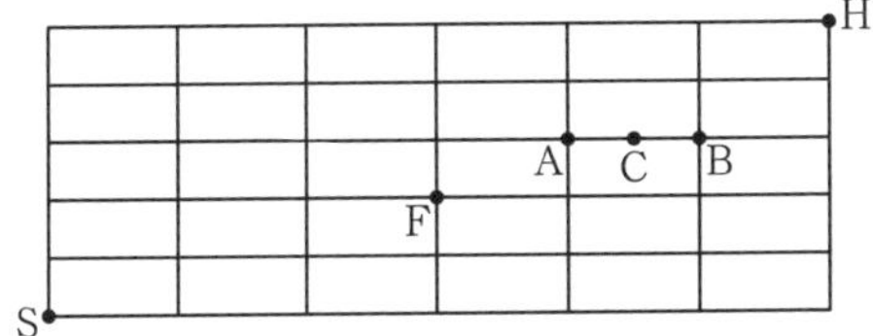

《最短格子路 (B10) ☆》

189. 下のような区画に，東西に 5 本，南北に 6 本の道路があるとする．次の問いに答えよ．

（1） A から B までの最短での行き方は何通りあるか．

（2） C が通行止めのとき，A から B までの最短での行き方は何通りあるか．

（3） C および D が通行止めのとき，A から B までの最短での行き方は何通りあるか．

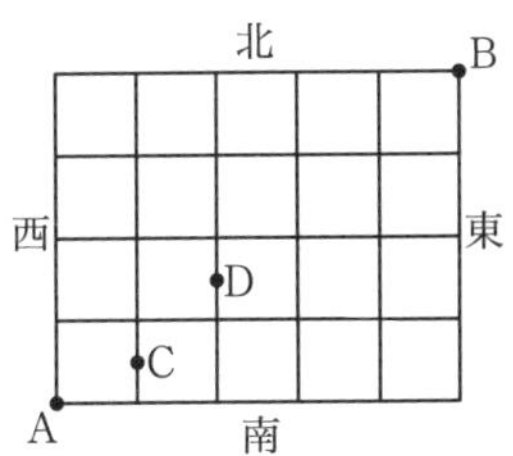

（23 愛知医大・看護）

▶解答◀ **（1）** A → B の最短格子路の集合を U とする．以下はこの中で考える．

$$n(U)={}_9C_4=\frac{9\cdot8\cdot7\cdot6}{4\cdot3\cdot2\cdot1}=\mathbf{126}\text{ 通り}$$

（2） C を通る格子路の集合を C とする．C を通るのは A → E → F → B と進むときである．A → E → F の経路の数は 1 通り，F → B の経路の数は

${}_7C_3=\dfrac{7\cdot6\cdot5}{3\cdot2\cdot1}=35$ 通りあるから，$n(C)=35$

よって，C を通らない経路の数は $126-35=\mathbf{91}$ 通り

（3） D を通る格子路の集合を D とする．

A → G → H → B として

$$n(D)=3\cdot{}_5C_2=30$$

A → E → F → G → H → B として

$$n(C\cap D)={}_5C_2=10$$

$$n(C\cup D)=n(C)+n(D)-n(C\cap D)$$

$$=35+30-10=55$$

C も D も通らない最短格子路の数は

$$n(U)-n(C\cup D)=126-55=\mathbf{71}\text{ 通り}$$

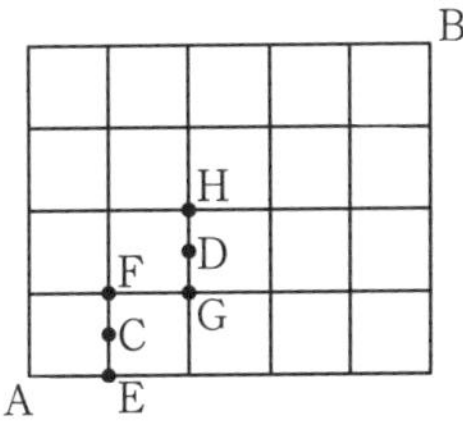

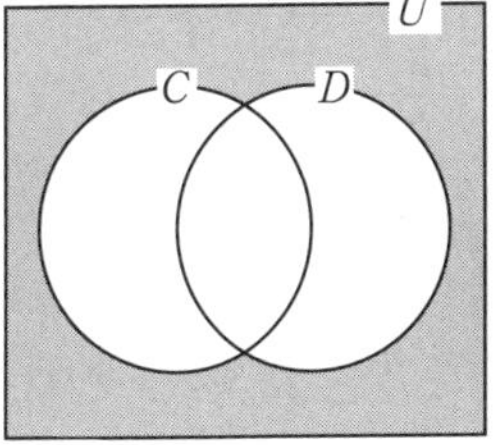

◆別解◆ （3） 直接数える．

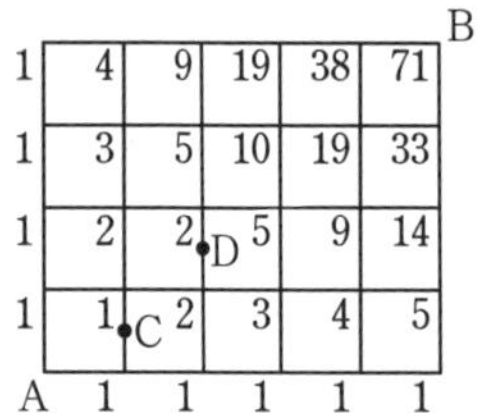

《最短格子路 (A5)》

190. 下の図のような道のある地域で，A から B まで行く最短の道順の総数は □ 通りである．

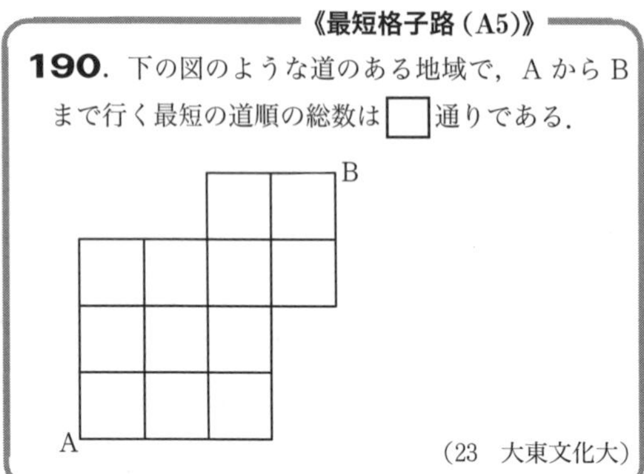

(23　大東文化大)

▶解答◀　図のように C，D を置く．

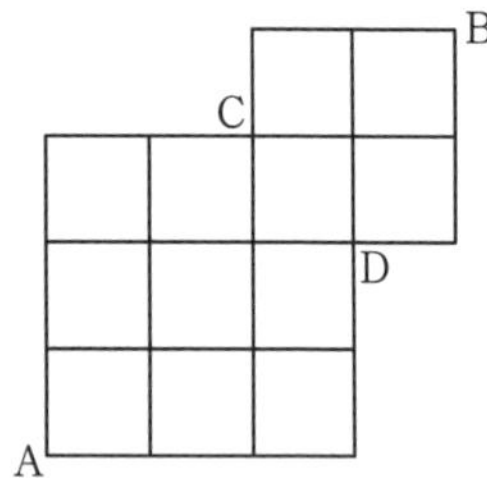

A から C までの道順は →2 個と ↑ 3 個の順列で，C から B までの道順は →2 個と ↑ 1 個の順列であるから ${}_5C_2 \cdot {}_3C_1$ 通りある．A から D を経由して B への道順も全く同様であるから，求める道順は

${}_5C_2 \cdot {}_3C_1 \cdot 2 = 10 \cdot 3 \cdot 2 = \mathbf{60}$ 通り．

♦別解♦　実際に道順の総数を書きこむ．

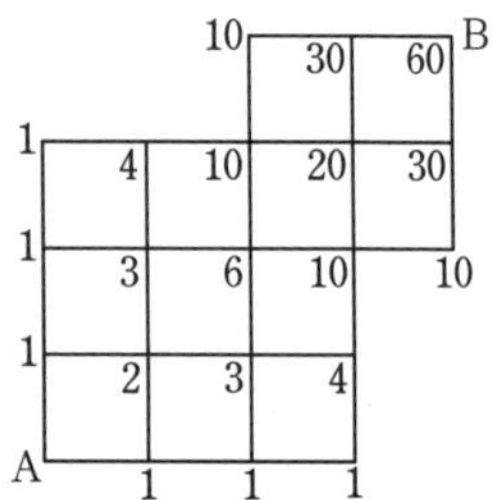

上の図から **60** 通り．

《最短格子路 (B10)》

191. 図のような道がある地域について，次の □ にあてはまる自然数を解答欄に記入せよ．

（1）　A 地点から B 地点まで行く最短経路は □ 通りある．

（2）　A 地点から B 地点を通って C 地点まで行く最短経路は □ 通りで，A 地点から B 地点を通らずに C 地点まで行く最短経路は □ 通りある．

（3）　A 地点から B 地点と C 地点の両方を通って D 地点まで行く最短経路は □ 通りあり，A 地点から B 地点を通るが，C 地点は通らずに D 地点まで行く最短経路は □ 通りある．

（4）　A 地点から D 地点まで行く最短経路のうち，B 地点も C 地点も通らない最短経路は □ 通りある．

(23　福山大)

▶解答◀　（1）　A から B へ行く最短経路の数を $n(A \to B)$ と表すことにする．他も同様である．

$$n(A \to B) = \frac{5!}{3!2!} = \mathbf{10}$$

（2）　$n(A \to B \to C) = \frac{5!}{3!2!} \cdot \frac{3!}{2!1!} = \mathbf{30}$

$n(A \to C) = \frac{8!}{5!3!} = 56$

A から B は行かずに C に行く経路の集合を $A \to \overline{B} \to C$ と書くことにする．

$$n(A \to \overline{B} \to C) = n(A \to C) - n(A \to B \to C)$$
$$= 56 - 30 = \mathbf{26}$$

（3）　$n(A \to B \to C \to D) = 10 \cdot 3 \cdot 3 = \mathbf{90}$

$n(A \to B \to D) = 10 \cdot \frac{6!}{3!3!} = 10 \cdot 20 = 200$

$n(A \to B \to \overline{C} \to D)$

$= n(A \to B \to D) - n(A \to B \to C \to D)$

$= 200 - 90 = \mathbf{110}$

（4）　筋の悪い問題である．数学は，目標に向かって最短距離を走るものである．最終目標が（4）ならば，どういう解法をとろうと，$n(A \to D) = 462$ は必要になる．中途半端な（1），（2），（3）の設問をする前に，462 は計算させるべきである．$n(A \to B \to D)$ は計算させているのはよい．後は $n(A \to C \to D)$，$n(A \to B \to C \to D)$ を求める．共通テストの試行テストは，最終目標に関係のない設問をつけ，フラフラした筋の悪い問題であった．本問は，あの筋の悪さ並である．悪問に惑わされない練習も必要だから，本問を取り上げる．

ここでは $A \to D$ を前提として，全体集合を U とする．$A \to B \to D$ は B と表す．$A \to B \to C \to D$ は $B \cap C$ と表す．

$$n(U) = n(A \to D) = \frac{11!}{6!5!} = \frac{11\cdot10\cdot9\cdot8\cdot7}{5\cdot4\cdot3\cdot2\cdot1}$$
$$= 7\cdot2\cdot3\cdot11 = 462$$

$n(B) = 200$

$n(C) = \frac{8!}{5!3!}\cdot3 = 56\cdot3 = 168$

$n(B \cap C) = 90$

$n(B \cup C) = n(B) + n(C) - n(B \cap C)$

$= 200 + 168 - 90 = 278$

$n(\overline{B} \cap \overline{C}) = n(U) - n(B \cup C)$

$= 462 - 278 = \mathbf{184}$

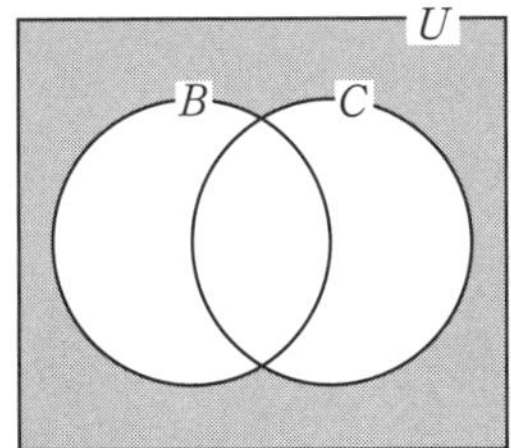

◆別解◆　（4）　図のように書き込む．**184** 通りある．

1	6	21	46	86	125	184 D
1	5	15	25	40	40	58
1	4	10	10	15	C	18
1	3	6	B	5	11	18
1	2	3	4	5	6	7
A	1	1	1	1	1	1

$b \longrightarrow a+b$，$\uparrow a$

《玉の区別と箱の区別（B5）》

192． 1〜10 までの自然数を 1 つずつ書いた 10 枚のカードがある．この 10 枚のカードを A，B，C の 3 つの箱に分ける．

（1）　空の箱があってもよい場合，分け方は全部で□通りある．

（2）　どれか 1 つの箱だけが空になる場合，分け方は全部で□通りある．

（3）　空の箱があってはいけない場合，分け方は全部で□通りある．

（23　武庫川女子大）

▶解答◀　**▶解答◀**　（1）1 のカードを A，B，C のどれに入れるかで 3 通りあり，2 のカードを A，B，C のどれに入れるかで 3 通りあり，… と考え，全部で $3^{10} = \mathbf{59049}$ 通りある．図は 3 のカードまでの樹形図である．

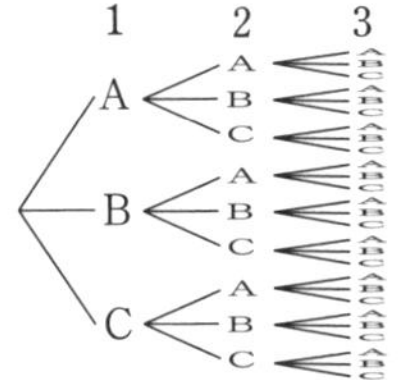

（2）　A の箱が空になるとき．1 のカードを B，C のどれに入れるかで 2 通りあり，2 のカードを B，C のどれに入れるかで 2 通りあり，… と考えると，全部で 2^{10} 通りある．この中には B が空になる 1 通りと，C が空になる 1 通りがあるから，A だけが空になるのは $2^{10} - 2 = 1022$ 通りある．B が空，C が空になるときも同様で，1 つの箱だけが空になるのは $3\cdot1022 = \mathbf{3066}$ 通りある．

（3）　1 つの箱にすべて集中する場合，A に集中する，B に集中する，C に集中する場合があり，3 通りある．求める数は

$$3^{10} - 3\cdot(2^{10} - 2) - 3 = 3^{10} + 3\cdot2^{10} + 3$$
$$= 59049 - 3\cdot1024 + 3 = \mathbf{55980}$$

注意　**【集合で考える】**

（1 のカードが入る箱，2 のカードが入る箱，…，10 のカードが入る箱）$= I$ とおく．たとえば (A, A, …, A) はすべてのカードが A の箱に入る場合を表す．全体集合を U とする．$n(U) = 3^{10}$ である．A が空になる I の集合を A で表す．これはすべてのカードが B か C に入る I の集合であるから $n(A) = 2^{10}$ である．同様に $n(B) = 2^{10}$，$n(C) = 2^{10}$ である．$A \cap B$ は A と B が空になる場合であるからすべてのカードが C に入り $n(A \cap B) = 1$ である．同様に，$n(B \cap C) = 1$，$n(C \cap A) = 1$ である．A，B，C のすべてが空ということはないから $n(A \cap B \cap C) = 0$ である．

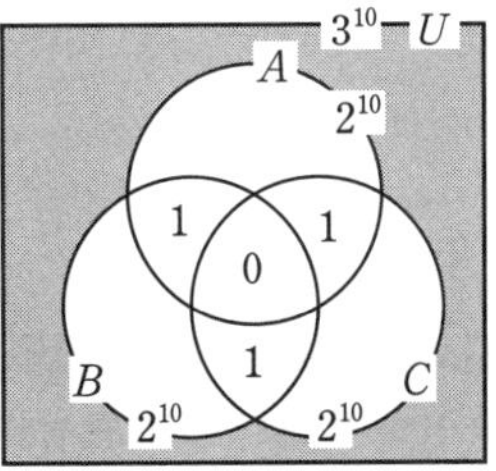

$$n(A \cup B \cup C) = n(A) + n(B) + n(C) - n(A \cap B)$$
$$-n(B \cap C) - n(C \cap A) + n(A \cap B \cap C)$$

$= 3 \cdot 2^{10} - 3 \cdot 1$

A, B, C が空でないのは [網目部分] であり，

$n(U) - n(A \cup B \cup C) = 3^{10} - 3 \cdot 2^{10} + 3$

$= 59049 - 3 \cdot 1024 + 3 = \mathbf{55980}$

《玉の区別と箱の区別 (B20) ☆》

193. 6 個の玉を 3 つの箱に分けて入れることを考える．

（1） 玉も箱も区別しないとき，入れ方は □ 通りである．ただし，玉を 1 個も入れない箱があってもよいものとする．

（2） 玉を区別せず箱を区別するとき，入れ方は □ 通りである．ただし，玉を 1 個も入れない箱があってもよいものとする．

（3） 玉も箱も区別するとき，入れ方は □ 通りである．ただし，玉を 1 個も入れない箱があってもよいものとする．

（4） 玉も箱も区別するとき，入れ方は □ 通りである．ただし，どの箱にも少なくとも 1 個の玉を入れるものとする． (23 青学大・社会情報)

▶解答◀ （1） 玉も箱も区別しないとき，

玉の個数の配分が問題である．$x + y + z = 6$, $0 \leqq x \leqq y \leqq z$ を満たす整数 x, y, z を考える．

$z = 6$ のとき $x + y = 0$ で $(x, y) = (0, 0)$

$z = 5$ のとき $x + y = 1$ で $(x, y) = (0, 1)$

$z = 4$ のとき $x + y = 2$ で $(x, y) = (0, 2), (1, 1)$

$z = 3$ のとき $x + y = 3$ で $(x, y) = (0, 3), (1, 2)$

$z = 2$ のとき $x + y = 4$ で $(x, y) = (2, 2)$

$0 \leqq x \leqq y \leqq z$ のとき，以上の **7** 通りある．

（2） 箱を A, B, C とし，A, B, C に入る玉の個数を順に a, b, c とする．

○を 6 個と仕切りを 2 本並べ 1 本目の仕切りから左の○の個数を a，2 本の仕切りの間の○の個数を b，残りの○の個数を c とする．

○○||○○○○

$a=2$ $b=0$ $c=4$

(a, b, c) は ${}_8\mathrm{C}_2 = \dfrac{8 \cdot 7}{2} = \mathbf{28}$ 通りある．

（3） 箱を A, B, C とし，玉に 1, 2, …, 6 の番号をつける．

1 を入れる箱は A, B, C の 3 通り，2 を入れる箱も A, B, C の 3 通り，… であるから，$3^6 = \mathbf{729}$ 通りある．

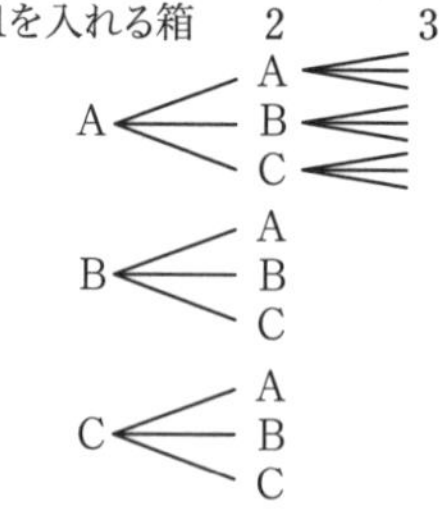

（4） （3）のうち，A が空になる (a, b, c) の集合を A とし，B, C も同様に定める．

A は 1, 2, …, 6 を B か C に入れる (a, b, c) の集合であるから $n(A) = 2^6$ である．$n(B) = 2^6$, $n(C) = 2^6$

$A \cap B$ になるのはすべて C に入れるときであるから

$$n(A \cap B) = 1, n(B \cap C) = n(C \cap A) = 1$$

$$n(A \cap B \cap C) = 0$$

$$n(A \cup B \cup C) = n(A) + n(B) + n(C) - n(A \cap B) - n(B \cap C) - n(C \cap A) + n(A \cap B \cap C)$$

$$= 2^6 \cdot 3 - 1 \cdot 3$$

全体集合を U として

$$n(U) - n(A \cup B \cup C)$$

$$= 3^6 - 2^6 \cdot 3 + 1 \cdot 3 = 729 - 64 \cdot 3 + 3 = \mathbf{540}$$

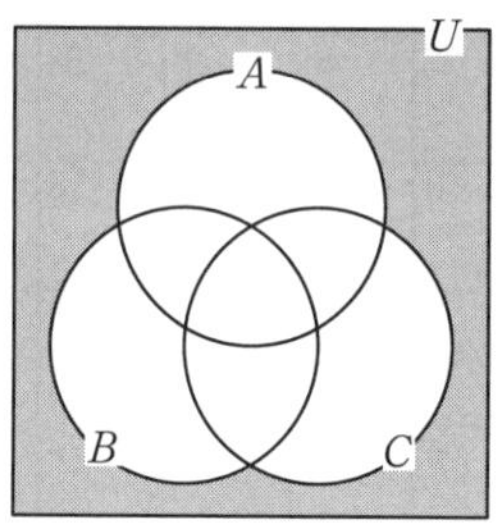

注意 （4） 3^6 通りの (a, b, c) のうち，A だけが空になるのは $2^6 - 2$ で A, B, C のうち 1 つだけが空になるのは $3 \cdot (2^6 - 2)$ 通り，2 つが空になるのは 3 通り．求める数は $3^6 - 3 \cdot (2^6 - 2) - 3$ としてもよい．

《塗り分け問題 (B10) ☆》

194. 下の図のような 6 つの区画に分けた円板を，隣り合う区画は異なる色で塗り分ける．

（1） 異なる 6 色すべてを使って塗り分ける方法は □ 通りある．

（2） 異なる 5 色すべてを使って塗り分ける方法は □ 通りある．

（3） 異なる 3 色すべてを使って塗り分ける方法は □ 通りある．

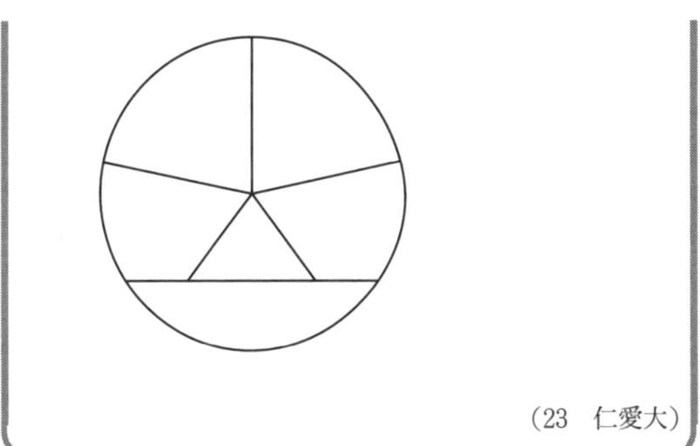

(23　仁愛大)

▶解答◀ (**1**) 「隣り合う区画」というのは線分で隣接する区画のことである．図 1 の A と D は隣り合ってはいない．6! = **720** 通りある．

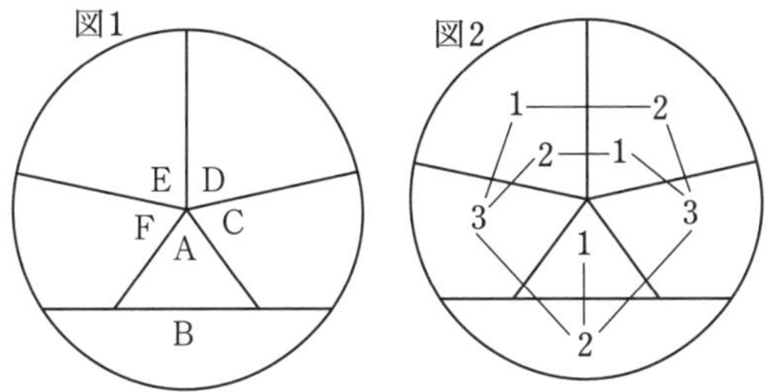

(**2**) 5 色を 1，2，3，4，5 とする．領域を図 1 のように A，B，C，D，E，F とする．6 つの領域を 5 色で塗るから，2 回使う色がある．それがどれかで 5 通りある．同色で塗ってもよい 2 つの領域は

A と D，A と E，B と D，B と E，C と E，C と F，D と F

の 7 通りある．全部で 5・7・4! = **840** 通りある．

(**3**) 図 2 を見よ．3 色を 1，2，3 とする．A，B，C は 3 つの領域が 2 つずつ接しているから，ここでは 3 色必要である．A，B，C にどの色を塗るかで，その順列は 3! = 6 通りある．A に 1，B に 2，C に 3 を塗るとき，F には C と同じ色 3 を塗る．すると，D，E には図 2 のように 2 通りに定まる．全部で 6・2 = **12** 通りある．

《円順列 (A2)》

195. 5 人席の丸いテーブルに 5 人が着席するとき，座り方は□通りある．

(23　大東文化大)

▶解答◀ 円順列の基本である．4! = **24** 通りある．

《数珠順列 (B10) ☆》

196. 赤い玉 1 つ，黄色い玉 1 つ，青い玉 1 つ，白い玉 4 つがあり，すべての玉の形状は完全に同一である．これら 7 つの玉の中から選んだ 4 つの玉を等間隔に紐でつないでブレスレットを作るとすると，ブレスレットの作り方は，全部で□通りである．ただし，回転したり裏返したりした場合に一致するものは同じとして扱う．

(23　成蹊大・法)

▶解答◀ 赤い玉，黄色い玉，青い玉，白い玉を順に R，Y，B，W とする．選ぶ 4 つの玉の色が

(ア) R，Y，B，W が 1 つずつのとき．円順列としては (4−1)! = 6 通りあるが，図 1 から図 3 の「円順列としては異なる左右非対称なもの (矢で示したもの) が 2 つで 1 つの数珠」になる．数珠順列としては，$\frac{(4-1)!}{2} = 3$ 通りある．

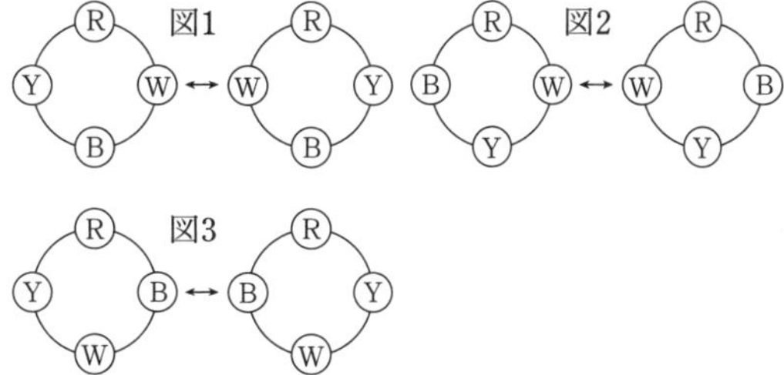

(イ) W が 2 つ，R，Y，B のうちの 2 つのとき．R，Y，B のどの 2 つかで ${}_3C_2 = 3$ 通りがある．たとえば W，W，R，Y のとき，図 4，5 のように 2 通りある．

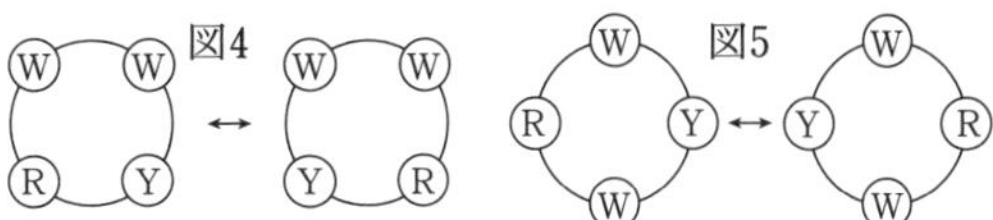

(ウ) W が 3 つで，R，Y，B のうちの 1 つのとき．R，Y，B のどの 1 つかで 3 通りがある．

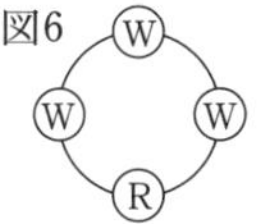

全部で 3 + 3・2 + 3 = **12** 通りある．

《個数の配分 (A10) ☆》

197. 大中小 3 つのカゴがあり，大には 3 個まで，中には 2 個まで，小には 1 個のみかんを入れることができる．種類の異なる 4 種類のみかん 4 個をカゴに入れるのは□通りある．ただし，空のカゴがあってもよいこととする．

(23　昭和薬大・B 方式)

▶解答◀ 大，中，小の 3 つのカゴに入るみかんの個数が順に a，b，c であることを (a, b, c) で表す．条件

を満たすのは (3, 0, 1), (3, 1, 0), (2, 2, 0), (2, 1, 1), (1, 2, 1) であり，全部で

$${}_4C_3+{}_4C_3+{}_4C_2+{}_4C_2\cdot 2+4\cdot{}_3C_2$$
$$=4+4+6+12+12=\mathbf{38}\text{ 通り}$$

ある．

《Blocks (B10)》

198. 同じ面積の正方形を組み合わせた 6 種類のピース (図 1) をはみ出すことなく決まった形の正方形のマス目に隙間なく敷き詰めるパズルゲームを考える．なお，各ピースは複数使用可能でかつ，使用しないピースがあってもよい．

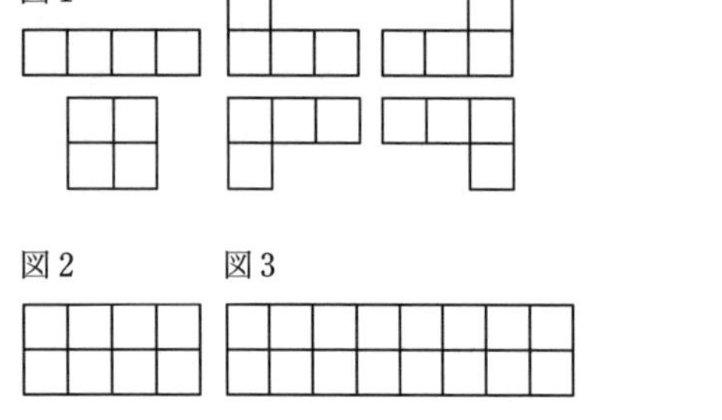

（1） 2 行 4 列の正方形のマス目 (図 2) を敷き詰めるピースの置き方は何通りあるか求めなさい．

（2） 2 行 8 列の正方形のマス目 (図 3) を敷き詰めるピースの置き方は何通りあるか求めなさい．

（23　東北福祉大）

▶解答◀ （1） 2 行 4 列の左上のマス目 (図 II の網目部分) を埋めることのできるピースを考えると，図 I の a, b, c, d の 4 種類ある．これらのそれぞれに対し，図 III のような敷き詰め方がある．したがって，ピースの置き方は **4 通り**ある．

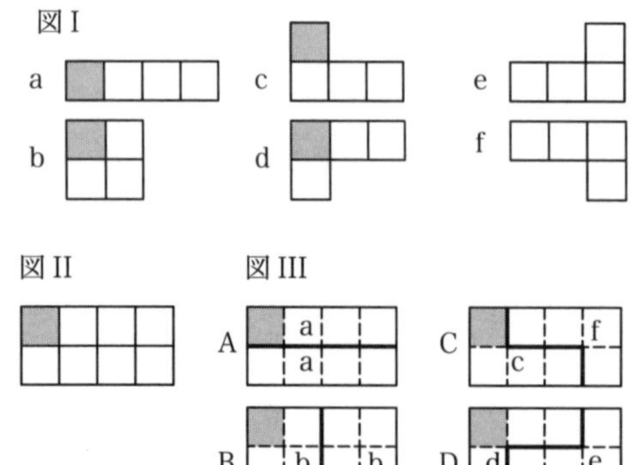

（2） 6 種類のピースを組み合わせて，これ以上分割できない 2 行 n 列の長方形ユニットを作る．

① 2 行 2 列ユニットは，図 I の b (1 通り)．

② 2 行 4 列ユニットは，図 III の A, C, D (3 通り)．B は 2 行 2 列×2 に分解されるから数えない．

③ 2 行 6 列ユニットは，図 IV の E, F (2 通り)．

④ 2 行 8 列ユニットは，図 V の G, H (2 通り)．

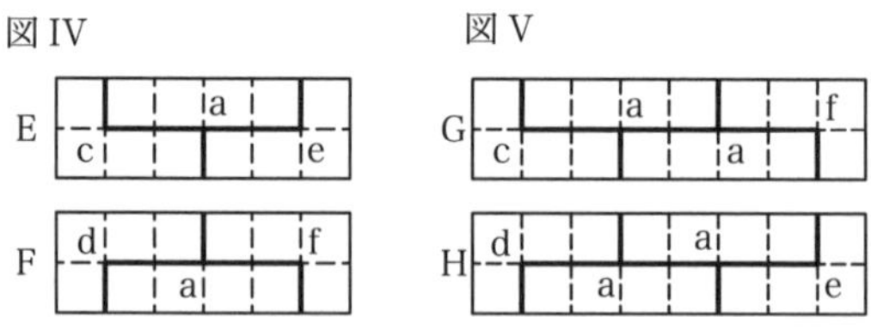

2 行 2 列ユニットを何個使うかで場合分けする．

（ア） 4 個使う場合．図 VI（ア）の 1 通り．

（イ） 2 個使う場合．図 VI（イ）の 3 通りについて，② が 3 通りあるから，全部で 3・3 通りある．

（ウ） 1 個使う場合．図 VI（ウ）のように，2・2 通り．

（エ） 使わない場合．図 VI（エ）(ｉ) は 3・3 通り，(ii) は 2 通り．

以上から，ピースの置き方は

$$1+3\cdot 3+2\cdot 2+3\cdot 3+2=\mathbf{25\text{ 通り}}$$

図 VI

(ア) ①①①①

(イ) ①①② 　①②①

②①①

(ウ) ①③ 　③①

(エ)(i) ②② 　(ii) ④

《格子点を考える (B10) ☆》

199. a, b, c は整数とする．

（1） $|a|\leqq 3$ を満たす a は □ 個ある．

（2） $|a|+|b|\leqq 3$ を満たす a, b の組は □ 個ある．

（3） $|a|+|b|+|c|\leqq 3$ を満たす a, b, c の組は □ 個ある．　（23　近大・法，経営，文芸）

▶解答◀ （1） $a=\pm 3, \pm 2, \pm 1, 0$ の **7** 通りある．

（2） $b=0$ のとき $|a|\leqq 3$ で 7 通りある．

$b=\pm 1$ のとき $|a|\leqq 2$ で 5 通りある．

$b=\pm 2$ のとき $|a|\leqq 1$ で 3 通りある．

$b=\pm 3$ のとき $|a|\leqq 0$ で 1 通りある．

(a, b) は $7+2\cdot 5+2\cdot 3+2\cdot 1=\mathbf{25}$ 通りある．

図のように正方形の形に数える方がよい．

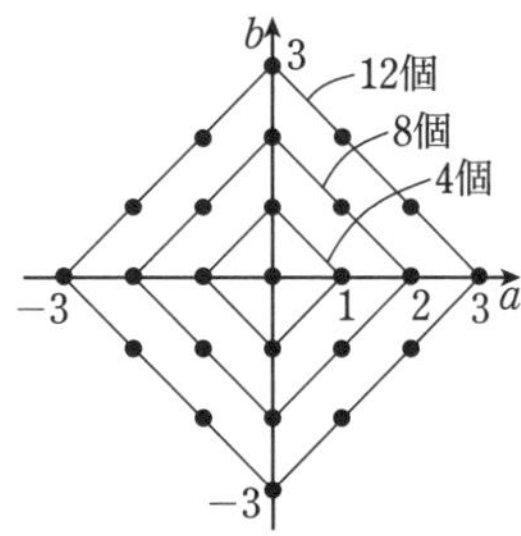

$1+4+8+12=25$ 個ある．
$|a|+|b|\leqq 2$ のときは $25-12=13$ 個,
$|a|+|b|\leqq 1$ のときは $1+4=5$ 個,
$|a|+|b|\leqq 0$ のときは 1 個ある．

(3) $c=0$ のとき $|a|+|b|\leqq 3$ で (a, b) は 25 個,
$c=\pm 1$ のとき $|a|+|b|\leqq 2$ で (a, b) は 13 個,
(a, b, c) は $2\cdot 13=26$ 個
$c=\pm 2$ のとき $|a|+|b|\leqq 1$ で (a, b) は 5 個, (a, b, c) は $2\cdot 5=10$ 個
$c=\pm 3$ のとき $|a|+|b|\leqq 0$ で (a, b) は 1 個, (a, b, c) は $2\cdot 1=2$ 個

(a, b, c) は全部で $2+10+26+25=\mathbf{63}$ 個ある．

【独立試行・反復試行の確率】

《独立試行の基本 (A3) ☆》

200. 1 つの問題につき，その解答の候補が 5 個提示されている試験があります．各問題に対して正解はちょうど 1 つだけ存在し，解答者は各問題に対して，必ず 1 つの解答を選択しなければならないものとします．このような問題が 5 問ある試験に対して，各問題の解答の候補からランダムにひとつを選んで答えることにします．このとき，5 問中 3 問が正解となる確率を求めなさい．

(23 横浜市大・共通)

▶解答◀ 1 つの問題が正解となる確率は $\frac{1}{5}$ であるから，5 問中 3 問が正解となる確率は

$$ {}_5\mathrm{C}_3\left(\frac{1}{5}\right)^3\left(\frac{4}{5}\right)^2=\frac{10\cdot 4^2}{5^5}=\mathbf{\frac{32}{625}} $$

《3 個目だけを考える (A2)》

201. 赤球 4 個と白球 5 個が入っている袋から，1 個ずつ順に 3 個の球を取り出すとき，3 回目に白球が取り出される確率を求めよ．ただし，取り出した球はもとには戻さないものとする．

(23 茨城大・工)

▶解答◀ 3 個目には 9 個のどれかが出る．それが白玉である確率は $\mathbf{\frac{5}{9}}$

《サイコロで数直線 (B5) ☆》

202. x 軸上を動く点 A があり，最初は原点にある．さいころを投げ，4 以下の目が出たら正の方向に 2 だけ進み，5 以上の目が出たら負の方向に 1 だけ進む．さいころを 6 回投げるものとして，次の確率を求めよ．

（1） 点 A が原点に戻る確率

（2） 点 A の座標が 8 以下である確率

(23 釧路公立大)

▶解答◀ さいころを 6 回振るとき，4 以下の目が x 回出るとすると，点 A の座標は

$$ 2x-(6-x)=3x-6 $$

である．

（1） 点 A が原点に戻るとき，$3x-6=0$ から $x=2$
よって求める確率は

$$ {}_6\mathrm{C}_2\left(\frac{4}{6}\right)^2\left(\frac{2}{6}\right)^4=15\left(\frac{2}{3}\right)^2\left(\frac{1}{3}\right)^4=\mathbf{\frac{20}{243}} $$

（2） 点 A の座標が 8 以下となるとき

$$ 3x-6\leqq 8 \qquad \therefore\ x\leqq\frac{14}{3} $$

つまり $x=0, 1, 2, 3, 4$ のときである．

$x=5, 6$ となるときの確率は

$$ {}_6\mathrm{C}_5\left(\frac{4}{6}\right)^5\left(\frac{2}{6}\right)+{}_6\mathrm{C}_6\left(\frac{4}{6}\right)^6 $$

$$ =6\left(\frac{2}{3}\right)^5\left(\frac{1}{3}\right)+\left(\frac{2}{3}\right)^6=\frac{6\cdot 2^5+2^6}{3^6}=\frac{256}{729} $$

よって求める確率は $1-\frac{256}{729}=\mathbf{\frac{473}{729}}$

《$a+b+c\leqq 6$ (B5) ☆》

203. 1 個のサイコロを 3 回投げるとき，出る目の和が 7 以上である確率を求めよ．

(23 鹿児島大・共通)

▶解答◀ 出る目を順に a, b, c とする．(a, b, c) は全部で 6^3 通りある．余事象を考える．

$a+b+c\leqq 6$ になるとき，$d=6-(a+b+c)+1$ とおく．$a+b+c+d=7$ かつ,

$1\leqq a\leqq 6, 1\leqq b\leqq 6, 1\leqq c\leqq 6, d\geqq 1$

である．$a+b+c+d=7$ で a, b, c, d が 1 以上のとき，a, b, c は 4 以下になるから必然的に 6 以下は満たされる．○を 7 個，左右一列に並べ，○と○の間（6 カ所ある）から 3 カ所を選んで仕切りを 3 本入れ，1 本目の仕切りから左の○の個数を a，1 本目と 2 本目の間の○の個数を b，2 本目と 3 本目の間の○の個数を c，残りの

○の個数を d とすると考える．仕切り 3 カ所の組合せは ${}_6\mathrm{C}_3=20$ 通りあるから求める確率は $1-\dfrac{20}{6^3}=\boldsymbol{\dfrac{49}{54}}$

◆別解◆ 組合せを調べる．$a+b+c \leqq 6$ のとき

$\{a, b, c\}=\{1, 1, 1\}$ のとき 1 通り

$\{a, b, c\}=\{2, 1, 1\}$ のとき 3 通り

$\{a, b, c\}=\{3, 1, 1\}, \{2, 2, 1\}$ のとき $3+3$ 通り

$\{a, b, c\}=\{4, 1, 1\}, \{3, 2, 1\}, \{2, 2, 2\}$ のとき $3+6+1$ 通り

の 20 通りあるから求める確率は $1-\dfrac{20}{6^3}=\boldsymbol{\dfrac{49}{54}}$

なお，$\{2, 1, 1\}$ などは組合せを表し，これを (a, b, c) にするときは $(2, 1, 1), (1, 2, 1), (1, 1, 2)$ の 3 通りになる．他も同様である．

《ジャンケンの基本 (A2)》

204. 5 人でグー，チョキ，パーのじゃんけんを 1 回行うとき，1 人だけが勝つ確率は □ である．ただし，どの人もグー，チョキ，パーを出す確率は等しくそれぞれ $\dfrac{1}{3}$ とする．（23 茨城大・工）

▶解答◀ 1 回のじゃんけんで 1 人だけ勝つ場合，誰が勝つかで 5 通りあり，どの手で勝つかで 3 通りあるから，求める確率は $5\cdot3\cdot\left(\dfrac{1}{3}\right)^5=\boldsymbol{\dfrac{5}{81}}$

《最初に 1 を出す (B20) ☆》

205. A, B, C の 3 人が，A, B, C, A, B, C, A, … という順番にさいころを投げ，最初に 1 を出した人を勝ちとする．だれかが 1 を出すか，全員が n 回ずつ投げたら，ゲームを終了する．A，B，C が勝つ確率 P_A，P_B，P_C をそれぞれ求めよ．（23 一橋大・前期）

▶解答◀ 誰かが勝つまでに 3 人がさいころを振る合計回数を X とし，$X=k$ となる確率を p_k とする．$X=k$ となるのは，$k-1$ 回連続で 1 以外が出て，k 回目に 1 が出る場合で

$$p_k=\left(\frac{5}{6}\right)^{k-1}\cdot\frac{1}{6}=\frac{1}{6}\left(\frac{5}{6}\right)^{k-1}$$

A が勝つのは，$X=1, 4, \cdots, 3n-2$ のときであるから

$$\begin{aligned}P_A&=p_1+p_4+\cdots+p_{3n-2}\\&=\frac{1}{6}+\frac{1}{6}\left(\frac{5}{6}\right)^3+\cdots+\frac{1}{6}\left(\frac{5}{6}\right)^{3n-3}\\&=\frac{1}{6}\cdot\frac{1-\left\{\left(\frac{5}{6}\right)^3\right\}^n}{1-\left(\frac{5}{6}\right)^3}\\&=\frac{1}{6}\cdot\frac{216}{91}\left\{1-\left(\frac{125}{216}\right)^n\right\}\\&=\boldsymbol{\frac{36}{91}\left\{1-\left(\frac{125}{216}\right)^n\right\}}\end{aligned}$$

B が勝つのは，$X=2, 5, \cdots, 3n-1$ のときであるから

$$\begin{aligned}P_B&=p_2+p_5+\cdots+p_{3n-1}\\&=\frac{1}{6}\left(\frac{5}{6}\right)+\frac{1}{6}\left(\frac{5}{6}\right)^4+\cdots+\frac{1}{6}\left(\frac{5}{6}\right)^{3n-2}\\&=\frac{5}{6}P_A=\boldsymbol{\frac{30}{91}\left\{1-\left(\frac{125}{216}\right)^n\right\}}\end{aligned}$$

C が勝つのは，$X=3, 6, \cdots, 3n$ のときであるから

$$\begin{aligned}P_C&=p_3+p_6+\cdots+p_{3n}\\&=\frac{1}{6}\left(\frac{5}{6}\right)^2+\frac{1}{6}\left(\frac{5}{6}\right)^5+\cdots+\frac{1}{6}\left(\frac{5}{6}\right)^{3n-1}\\&=\frac{5}{6}P_B=\boldsymbol{\frac{25}{91}\left\{1-\left(\frac{125}{216}\right)^n\right\}}\end{aligned}$$

《初めて 12 になる (B20) ☆》

206. n を 2 以上の自然数とする．1 個のさいころを n 回投げて，出た目の数の積をとる．積が 12 となる確率を p_n とする．以下の問いに答えよ．

（1） p_2，p_3 を求めよ．

（2） $n \geqq 4$ のとき，p_n を求めよ．

（3） $n \geqq 4$ とする．出た目の数の積が n 回目にはじめて 12 となる確率を求めよ．

（23 熊本大・医，理，薬，工，教）

▶解答◀ （1） さいころを振るとき，k 回目に出る目を x_k とする．2 回振るとき (x_1, x_2) は全部で 6^2 通りある．

$x_1\cdot x_2=12$ となるのは，2，6 が 1 回ずつまたは 3，4 が 1 回ずつ出るときで $2!\cdot2=4$ 通りある．$p_2=\dfrac{4}{6^2}=\boldsymbol{\dfrac{1}{9}}$

3 回振るとき (x_1, x_2, x_3) は全部で 6^3 通りある．

$x_1\cdot x_2\cdot x_3=12$ となるのは，1，2，6 が 1 回ずつまたは 1，3，4 が 1 回ずつ，または 2 が 2 回，3 が 1 回出るときで $3!\cdot2+\dfrac{3!}{2!}=15$ 通りある．よって $p_3=\dfrac{15}{6^3}=\boldsymbol{\dfrac{5}{72}}$

（2） $(x_1, x_2, \cdots, x_n)$ は全部で 6^n 通りある．

$x_1\cdot x_2\cdot\cdots\cdot x_n=12$ となるのは，2，6 が 1 回ずつ，1 が $(n-2)$ 回または 3，4 が 1 回ずつ，1 が $(n-2)$ 回または 2 が 2 回，3 が 1 回，1 が $(n-3)$ 回出るときで

$$\begin{aligned}&\frac{n!}{(n-2)!}+\frac{n!}{(n-2)!}+\frac{n!}{2!(n-3)!}\\&=\frac{1}{2}n(n-1)(n+2)\end{aligned}$$

通りある．$p_n=\boldsymbol{\dfrac{n(n-1)(n+2)}{2\cdot6^n}}$

（3） n 回目に出る目により場合分けする．

（ア） $x_n=2$ のとき

$x_1\cdot x_2\cdot\cdots\cdot x_{n-1}=6$ である．これは 6 が 1 回，1 が $(n-2)$ 回または 2，3 が 1 回ずつ，1 が $(n-3)$ 回出る

ときで $\dfrac{(n-1)!}{(n-2)!}+\dfrac{(n-1)!}{(n-3)!}$ 通りある．

（イ）　$x_n=3$ のとき

$x_1\cdot x_2\cdot\cdots\cdot x_{n-1}=4$ である．これは 4 が 1 回，1 が $(n-2)$ 回または 2 が 2 回，1 が $(n-3)$ 回出るときで $\dfrac{(n-1)!}{(n-2)!}+\dfrac{(n-1)!}{2!(n-3)!}$ 通りある．

（ウ）　$x_n=4$ のとき

$x_1\cdot x_2\cdot\cdots\cdot x_{n-1}=3$ である．これは 3 が 1 回，1 が $(n-2)$ 回出るときで $\dfrac{(n-1)!}{(n-2)!}$ 通りある．

（エ）　$x_n=6$ のとき

$x_1\cdot x_2\cdot\cdots\cdot x_{n-1}=2$ である．これは 2 が 1 回，1 が $(n-2)$ 回出るときで $\dfrac{(n-1)!}{(n-2)!}$ 通りある．

以上より，求める確率は

$$\frac{1}{6^{n-1}}\left\{4\cdot\frac{(n-1)!}{(n-2)!}+\frac{3}{2}\cdot\frac{(n-1)!}{(n-3)!}\right\}\cdot\frac{1}{6}$$
$$=\boldsymbol{\frac{(n-1)(3n+2)}{2\cdot 6^n}}$$

《余事象でベン図を書く (B10) ☆》

207．1 個のさいころを 3 回続けて投げる試行を考える．3 の目が 1 回以上出る確率は□である．1 の目と 6 の目がともに 1 回以上出る確率は□であり，出た目の最大値と最小値の差が 4 以下となる確率は□である．　（23　同志社大・文系）

▶解答◀　サイコロを 3 回振るとき一度も 3 の目が出ない確率は $\left(\frac{5}{6}\right)^3$ であり，3 の目が 1 回以上出る確率は

$$1-\left(\frac{5}{6}\right)^3=\boldsymbol{\frac{91}{216}}$$

である．

「1 の目と 6 の目がともに 1 回以上出る」とは，「1 の目と 6 の目が少なくとも 1 回出る」ことである．そこで余事象の重ね合わせを考える．余事象でベン図を描く．「1 の目が 1 回も出ない」という事象を I(いちの頭文字)，「6 の目が 1 回も出ない」という事象を R(ろくの頭文字) とする．

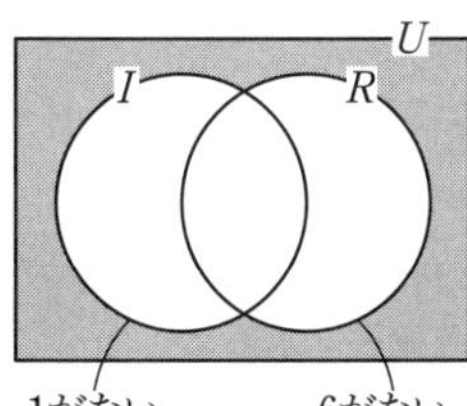

$$P(I)=\left(\frac{5}{6}\right)^3,\ P(R)=\left(\frac{5}{6}\right)^3$$
$$P(I\cap R)=\left(\frac{4}{6}\right)^3$$
$$P(I\cup R)=P(I)+P(R)-P(I\cap R)$$
$$=\frac{5^3+5^3-4^3}{6^3}=\frac{250-64}{6^3}=\frac{186}{6^3}=\frac{31}{36}$$

確率は

$$1-P(I\cup R)=1-\frac{31}{36}=\boldsymbol{\frac{5}{36}}$$

1 の目が少なくとも 1 回出て，6 の目が少なくとも 1 回出るときに限り，3 回の目の最小値が 1，最大値が 6 になり（その確率は $\frac{5}{36}$），最大値と最小値の差が 5 になる．これ以外のときは最大値と最小値の差が 4 以下となり，その確率は $\boldsymbol{\frac{31}{36}}$ である．

注意　**【直接数える】**

3 回の目を順に a, b, c とする．(a, b, c) は全部で 6^3 通りある．

1 の目と 6 の目がともに 1 回以上出るのは，3 回の目の組合せが

$\{1, 1, 6\}$ のとき，この順序を考え，(a, b, c) は 3 通りある．

$\{1, 6, 6\}$ のとき，この順序を考え，(a, b, c) は 3 通りある．

$\{1, k, 6\}$ $(k=2, 3, 4, 5)$ のとき，k が何かで 4 通り，順序が何かで 3! 通りあるから，(a, b, c) は $4\cdot 6=24$ 通りある．

1 の目が少なくとも 1 回出て，6 の目が少なくとも 1 回出る確率は $\dfrac{3+3+24}{6^3}=\boldsymbol{\dfrac{5}{36}}$

《余事象でベン図を書く (B10) ☆》

208．3 個のさいころを同時に投げるとき，次の確率を求めよ．

（1）　出た目の数のうち，ちょうど 2 個の数が等しくなる確率．

（2）　3 個の出た目の数の積が 5 の倍数となる確率．

（3）　出た目の数の最小値が 2 となり，かつ最大値が 6 となる確率．　（23　北海学園大・経済）

▶解答◀　**（1）**　等しい 2 個と異なる数の組合せが $6\cdot 5$ 通りあり，目の出る順序がそれぞれに 3 通りある．求める確率は

$$\frac{30\cdot 3}{6^3}=\boldsymbol{\frac{5}{12}}$$

（2）　余事象を考える．求める確率は

1 −「3 回とも 5 の目が出ない確率」

$$=1-\left(\frac{5}{6}\right)^3=\frac{216-125}{216}=\boldsymbol{\frac{91}{216}}$$

（3）　$\{2, 2, 6\}, \{2, 6, 6\}, \{2, k, 6\}$ $(k=3, 4, 5)$ の目

の組合せがある．目の出る順序を考えると求める確率は

$$\frac{3+3+3\cdot 3!}{6^3}=\mathbf{\frac{1}{9}}$$

《くじ引き (A3)》

209．当たりくじ5本を含む15本のくじがある．このくじを1回に1本ずつ引くこととし，当たりを引いたときはそのくじをもとに戻さないが，はずれを引いたときはそのくじを元に戻すことにする．この条件で2回続けてくじを引くとき，2本目が当たる確率は $\dfrac{\square}{\square}$ である．

（23　同志社女子大・共通）

▶解答◀　1本目，2本目がともに当たる確率は

$$\frac{5}{15}\cdot\frac{4}{14}=\frac{2}{21}$$

1本目がはずれ，2本目が当たる確率は $\dfrac{10}{15}\cdot\dfrac{5}{15}=\dfrac{2}{9}$

よって，求める確率は $\dfrac{2}{21}+\dfrac{2}{9}=\mathbf{\dfrac{20}{63}}$

《変化が起こる場所 (B20) ☆》

210．3個の赤球と4個の白球が袋の中に入っている．この袋から球を1個取り出した後，袋に戻す．この操作を n 回繰り返す．ただし，n は3以上の自然数とする．このとき，以下の設問に答えよ．

（1）色の変化が一度も起こらない確率を求めよ．ここで色の変化とは，2回の連続した操作において，異なる色の球が取り出されることをいう．

（2）色の変化が2回以上起こる確率を求めよ．

（23　東京女子大・文系）

▶解答◀　赤球を取り出す確率を p，白球を取り出す確率を q とすると，$p=\dfrac{3}{7}$, $q=\dfrac{4}{7}$ である．

（1）n 回の操作で色が変化しないのは n 回連続で赤球もしくは白球が出るときである．よって求める確率は

$$p^n+q^n=\mathbf{\frac{3^n+4^n}{7^n}}$$

（2）余事象（色の変化が1回以下起こる）を考える．色が変化しない確率は（1）で求めた．色の変化が1回だけ起こるのは

（ア）1回目から k 回目まで連続で赤球を取り出し $k+1$ 回目から n 回目まで連続で白球を取り出す．

（イ）1回目から k 回目まで連続で白球を取り出し $k+1$ 回目から n 回目まで連続で赤球を取り出す．

ときであるから，色の変化が1回だけ起こる確率は

$$\sum_{k=1}^{n-1}p^kq^{n-k}+\sum_{k=1}^{n-1}q^kp^{n-k}$$

$$=2(pq^{n-1}+p^2q^{n-2}+p^3q^{n-3}+\cdots+p^{n-1}q)$$

$$=2pq(q^{n-2}+pq^{n-3}+p^2q^{n-4}+\cdots+p^{n-2})$$

$$=2pq\cdot\frac{p^{n-1}-q^{n-1}}{p-q}=2\cdot\frac{p^nq-pq^n}{p-q}$$

よって色の変化が1回以下起こる確率は

$$p^n+q^n+2\cdot\frac{p^nq-pq^n}{p-q}$$

$$=\frac{p^{n+1}-p^nq+pq^n-q^{n+1}+2p^nq-2pq^n}{p-q}$$

$$=\frac{p^n(p+q)-q^n(p+q)}{p-q}=\frac{p^n-q^n}{p-q}$$

なお $p+q=1$ であることを用いた．したがって色の変化が2回以上起こる確率は

$$1-\frac{p^n-q^n}{p-q}=1+\frac{3^n-4^n}{7^{n-1}}$$

$$=\mathbf{\frac{7^{n-1}+3^n-4^n}{7^{n-1}}}$$

注意　a^n-b^n

$$=(a-b)(a^{n-1}+a^{n-2}b+a^{n-3}b^2+\cdots+b^{n-1})$$

より，$a\neq b$ のとき

$$a^{n-1}+a^{n-2}b+a^{n-3}b^2+\cdots+b^{n-1}=\frac{a^n-b^n}{a-b}$$

あるいは

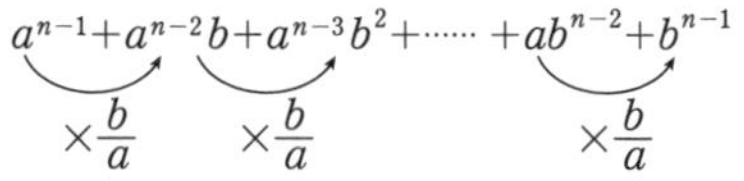

とみると公比 $\dfrac{b}{a}$（$\neq 1$）の等比数列の和であるから

$$a^{n-1}+a^{n-2}b+a^{n-3}b^2+\cdots+b^{n-1}$$

$$=a^{n-1}\cdot\frac{1-\left(\frac{b}{a}\right)^n}{1-\frac{b}{a}}=\frac{a^n-b^n}{a-b}$$

【条件付き確率】

《(B20) ☆》

211．さいころAとさいころBがある．はじめに，さいころAを2回投げ，1回目に出た目を a_1，2回目に出た目を a_2 とする．次に，さいころBを2回投げ，1回目に出た目を b_1，2回目に出た目を b_2 とする．次の問いに答えよ．

（1）$a_1\geqq b_1+b_2$ となる確率を求めよ．

（2）$a_1+a_2>b_1+b_2$ となる確率を求めよ．

（3）$a_1+a_2>b_1+b_2$ という条件のもとで，$a_2=1$ となる条件付き確率を求めよ．

（23　横浜国大・理工，都市，経済，経営）

▶解答◀　（1）$a_1+a_2=2$ のとき

$(a_1, a_2)=(1, 1)$ の1通りある．$a_1+a_2=3$ のとき

$(a_1, a_2) = (1, 2), (2, 1)$ の 2 通りある．$a_1 + a_2 = X$ に対して，(a_1, a_2) が何通りあるかを表にする．

X	2	3	4	5	6	7	8	9	10	11	12
	1	2	3	4	5	6	5	4	3	2	1

$A = a_1 + a_2$，$B = b_1 + b_2$ とおく．$6 \geqq a_1 \geqq B \geqq 2$ である．

$a_1 = 6$ のとき，$6 \geqq B \geqq 2$ を満たす (b_1, b_2) は $5+4+3+2+1 = 15$ 通りある．以下，(b_1, b_2) は

$a_1 = 5$ のとき，$4+3+2+1 = 10$ 通り

$a_1 = 4$ のとき，$3+2+1 = 6$ 通り

$a_1 = 3$ のとき，$2+1 = 3$ 通り

$a_1 = 2$ のとき，1 通り

求める確率は，$\dfrac{1}{6^3}(15+10+6+3+1) = \mathbf{\dfrac{35}{216}}$ である．

(2)　$12 \geqq A > B \geqq 2$ である．

$A = 12$ となる (a_1, a_2) は 1 通りあり，$12 > B \geqq 2$ となる (b_1, b_2) は 35 通りある．以下同様に，

$A = 11$ のとき，(a_1, a_2) は 2 通り，(b_1, b_2) は 33 通り

$A = 10$ のとき，3 通りと 30 通り

$A = 9$ のとき，4 通りと 26 通り

$A = 8$ のとき，5 通りと 21 通り

$A = 7$ のとき，6 通りと 15 通り

$A = 6$ のとき，5 通りと 10 通り

$A = 5$ のとき，4 通りと 6 通り

$A = 4$ のとき，3 通りと 3 通り

$A = 3$ のとき，2 通りと 1 通り

求める確率は

$$\frac{1}{6^4}(1\cdot35 + 2\cdot33 + 3\cdot30 + 4\cdot26 + 5\cdot21 + 6\cdot15 + 5\cdot10 + 4\cdot6 + 3\cdot3 + 2\cdot1)$$
$$= \frac{1}{6^4}(35 + 66 + 90 + 104 + 105 + 90 + 50 + 24 + 9 + 2) = \mathbf{\frac{575}{1296}}$$

(3)　$A > B$ であるという事象を Q，$a_2 = 1$ であるという事象を R とすると（2）より $P(Q) = \dfrac{575}{6^4}$ である．事象 $Q \cap R$ は $a_1 + 1 > B$，すなわち，$a_1 \geqq B$ で表されるから，（1）より $P(Q \cap R) = \dfrac{1}{6} \cdot \dfrac{35}{6^3} = \dfrac{35}{6^4}$ である．

求める確率は，$P_Q(R) = \dfrac{P(Q \cap R)}{P(Q)} = \dfrac{35}{575} = \mathbf{\dfrac{7}{115}}$

《トランプ (A10) ☆》

212. トランプのカードのうち，ハートの J, Q, K と，スペードの J, Q, K の合計 6 枚がある．これをよく混ぜて 2 枚だけ取り出したとき，このうちの少なくとも 1 枚がハートであることがわかった．取り出したカードの 1 枚がハートの K である条件

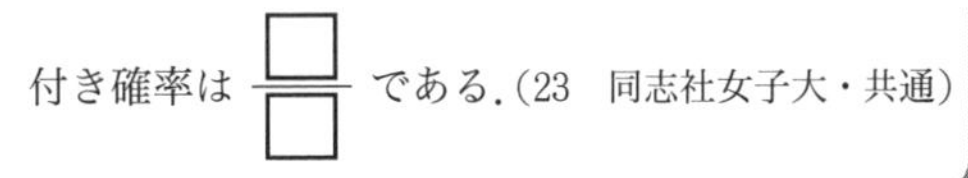
付き確率は $\dfrac{\square}{\square}$ である．(23　同志社女子大・共通)

▶解答◀　少なくとも 1 枚がハートである事象を A，1 枚がハートの K である事象を B とする．

ハートを 1 枚のみ取り出すのは，3 枚のハートから 1 枚，3 枚のスペードから 1 枚取り出すときで，ハートを 2 枚取り出すのは 3 枚のハートから 2 枚取り出すときであるから

$$P(A) = \frac{{}_3C_1 \cdot {}_3C_1 + {}_3C_2}{{}_6C_2} = \frac{12}{15} = \frac{4}{5}$$

事象 $A \cap B$ は，ハートの K と残り 5 枚から 1 枚を取り出すときであるから

$$P(A \cap B) = \frac{1 \cdot {}_5C_1}{{}_6C_2} = \frac{5}{15} = \frac{1}{3}$$

よって，求める条件付き確率は

$$P_A(B) = \frac{P(A \cap B)}{P(A)} = \frac{\frac{1}{3}}{\frac{4}{5}} = \mathbf{\frac{5}{12}}$$

《結局しらみつぶし (B20) ☆》

213. 3 個のサイコロを順に一回ずつ投げ，出た目によって次のように得点を決める．

- 3 個のサイコロがすべて同じ目 a を出したとき，a を得点とする．
- 2 個のサイコロが同じ目 a を出し，もう 1 個のサイコロがそれとは異なる目 b を出したとき，a を得点とする．
- 3 個のサイコロがすべて異なる目を出したとき，2 番目に大きい目を得点とする．

以下の空欄をうめよ．

（1）　得点が 6 になる確率を求めると $\square$ である．

（2）　得点が 3 になる確率を求めると $\square$ である．

（3）　得点が 2 だったとき，サイコロの目がすべて異なる確率を求めると $\square$ である．

(23　会津大・推薦)

▶解答◀　**(1)**　出る目を順に A, B, C とする．(A, B, C) は全部で 6^3 通りある．このうち得点が 6 になるのは次の場合である．

（ア）　$A = B = C = 6$ のときは 1 通りある．

（イ）　$A = B = 6, C \neq 6$

$A = C = 6, B \neq 6$

$B = C = 6, A \neq 6$

のとき5・3通りある.

求める確率は

$$\frac{1+15}{6^3}=\frac{16}{216}=\mathbf{\frac{2}{27}}$$

(2) 得点が3になるのは，次の場合である.(1)の(ア),(イ)の「6」を「3」に変えたケースが16通りあり，さらに$A=1$または2, $B=3$, $C=4$または5または6, あるいはこのA, B, Cを入れかえた$3\cdot2\cdot3!=36$通りある.

求める確率は

$$\frac{1+15+36}{6^3}=\frac{52}{216}=\mathbf{\frac{13}{54}}$$

(3) 事象X, YをX：得点が2, Y：サイコロの目がすべて異なるとする.

得点が2になるのは次の場合である.(1)の(ア),(イ)の「6」を「2」に変えたケースが16通りあり，さらに$A=1, B=2, C=3\sim6$あるいは，このA, B, Cを入れかえた$4\cdot3!=24$通りがある.

$$P(X)=\frac{16+24}{216}=\frac{40}{216}, P(X\cap Y)=\frac{24}{216}$$

$$P_X(Y)=\frac{P(X\cap Y)}{P(X)}=\frac{\frac{24}{216}}{\frac{40}{216}}=\mathbf{\frac{3}{5}}$$

《数の和を考える (B20) ☆》

214. 図のような正方形の4つの頂点A, B, C, Dを移動する動点Qを考える. 点Qは，最初は頂点Aにあり，1個のさいころを1回投げるごとに，次の(ア),(イ),(ウ)にしたがって図のように時計回りに移動する.

(ア) 出た目が1のとき，点Qは時計回りに1つ隣の頂点に移動する.

(イ) 出た目が2, 3のとき，点Qは時計回りに2つ隣の頂点に移動する.

(ウ) 出た目が4, 5, 6のとき，点Qは時計回りに3つ隣の頂点に移動する.

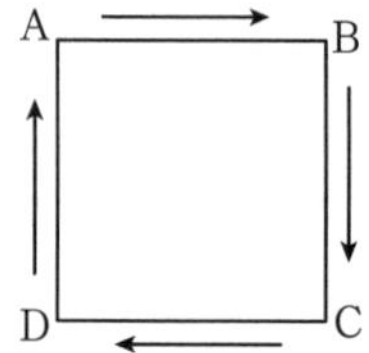

点Qは，さいころを投げて移動した頂点から再びさいころを投げて次の頂点へ移動するものとし，これを繰り返すものとする. 次の問いに答えなさい.

(1) さいころを2回投げる. 1回目に投げた後に点QがBにあり，かつ2回目に投げた後に点QがAにある確率を求めなさい.

(2) さいころを2回投げる. 2回目に投げた後に点QがAにある確率を求めなさい.

(3) さいころを3回投げる. 3回目に投げた後に点QがAにある確率を求めなさい.

(4) さいころを4回投げる. 2回目に投げた後に点QがAにあり，かつ4回目に投げた後にも点QがAにあるとき，点Qが1回目に投げた後にCにあった条件付き確率を求めなさい.

(23 長崎県立大・前期)

▶解答◀ サイコロを4回振るとき右回りに移動する頂点の数を順にa, b, c, dとする. $a=1, 2, 3$になる確率は順に$\frac{1}{6}$, $\frac{2}{6}$, $\frac{3}{6}$である. b, c, dについても同様である.

(1) $a=1, b=3$となる確率で$\frac{1}{6}\cdot\frac{3}{6}=\mathbf{\frac{1}{12}}$である.

(2) サイコロを2回振ってAにいるのは，

$(a, b)=(1, 3), (2, 2), (3, 1)$のときで，求める確率は

$$\frac{1}{12}+\frac{2}{6}\cdot\frac{2}{6}+\frac{1}{12}=\mathbf{\frac{5}{18}}$$

(3) 3回でAに戻るのは$a+b+c=4, 8$のときである.

$a+b+c=4$のときa, b, cの組合せは$\{1, 1, 2\}$で(a, b, c)は3通りある.

$a+b+c=8$のときa, b, cの組合せは$\{3, 3, 2\}$で(a, b, c)は3通りある.

求める確率は

$$\frac{1}{6}\cdot\frac{1}{6}\cdot\frac{2}{6}\cdot3+\frac{2}{6}\cdot\frac{3}{6}\cdot\frac{3}{6}\cdot3=\frac{10}{36}=\mathbf{\frac{5}{18}}$$

(4) 2回目と4回目にAにいる事象をA, 1回目にCにいる事象をCとする.

2回目と4回目にAにいるのは$a+b=4, c+d=4$のときで，その確率は(2)より$P(A)=\left(\frac{5}{18}\right)^2$

1回目にC, 2回目にA, 4回目にAにいるのは$a=2, b=2, c+d=4$のときでその確率は

$$P(A\cap C)=\frac{2}{6}\cdot\frac{2}{6}\cdot\frac{5}{18}=\frac{1}{9}\cdot\frac{5}{18}$$

したがって，求める条件付き確率は

$$P_A(C)=\frac{P(A\cap C)}{P(A)}=\frac{\frac{1}{9}\cdot\frac{5}{18}}{\left(\frac{5}{18}\right)^2}=\mathbf{\frac{2}{5}}$$

《本当のことを言う (B20) ☆》

215. 本当のことを言う確率が60%である人が3人いる. 3人がそれぞれ1枚ずつ硬貨を投げて，3人とも表が出たと報告した. このとき，3枚とも本

当に表が出ていた確率は $\frac{\square}{\square}$ である．また，本当は裏が出ていたのが１枚かまたは２枚であった確率は $\frac{\square}{\square}$ である．（23 東邦大・薬）

▶解答◀ ３人のうち表を出すのが k 人で，その k 人が表が出たと正しく伝え，残りの $3-k$ 人がうそを言う確率を p_k とする．

$$p_k=\frac{{}_3\mathrm{C}_k}{2^3}\left(\frac{3}{5}\right)^k\left(\frac{2}{5}\right)^{3-k}=\frac{{}_3\mathrm{C}_k\cdot3^k\cdot2^{3-k}}{2^3\cdot5^3}$$

３人とも表が出たと報告する事象を H とし，３枚とも表が出るという事象を S，表が１枚か２枚出るという事象を I とする．

$$P(H)=p_0+p_1+p_2+p_3$$
$$=\frac{1}{2^3\cdot5^3}(3+2)^3=\frac{1}{2^3}$$
$$P(S\cap H)=p_3=\frac{3^3}{2^3\cdot5^3}$$
$$P(I\cap H)=p_1+p_2$$
$$=\frac{3\cdot3\cdot2^2+3\cdot3^2\cdot2}{2^3\cdot5^3}=\frac{36+54}{2^3\cdot5^3}$$

答えは順に

$$P_H(S)=\frac{P(S\cap H)}{P(H)}=\mathbf{\frac{27}{125}}$$
$$P_H(I)=\frac{P(I\cap H)}{P(H)}=\frac{90}{125}=\mathbf{\frac{18}{25}}$$

注意 １人が表が出たと報告する確率は $\frac{1}{2}\cdot\frac{3}{5}+\frac{1}{2}\cdot\frac{2}{5}=\frac{1}{2}$ であるから，３人とも表が出たと報告する確率は $\left(\frac{1}{2}\right)^3$ である．

《色と数字（B20）☆》

216． 箱の中に赤，青，黄のカードが４枚ずつあり，それぞれの色のカードに１から４までの数字が１つずつ書いてある．この12枚のカードから無作為に３枚とり出すとき，次の問いに答えなさい．

（１） ３枚とも同じ数字である確率は $\frac{\square}{\square}$ であり，３枚とも同じ色である確率は $\frac{\square}{\square}$ である．

（２） ３枚とも異なる数字である確率は $\frac{\square}{\square}$ であり，３枚とも異なる色である確率は $\frac{\square}{\square}$ である．

（３） ３枚の数字が $(2, 3, 4)$ のように連続している確率は $\frac{\square}{\square}$ である．

（４） ３枚の中に数字の３が少なくとも１枚入っている確率は $\frac{\square}{\square}$ である．

（５） ３枚のうち少なくとも１枚は，色は不明であるが数字の３が書かれていた．このとき，３枚の数字が連続している条件付き確率は $\frac{\square}{\square}$ である．（23 天使大・看護栄養）

▶解答◀ （１） カード３枚を取り出す組合せは，${}_{12}\mathrm{C}_3=\frac{12\cdot11\cdot10}{3\cdot2\cdot1}=4\cdot11\cdot5$ 通りある．３枚とも同じ数字であるのは，赤，青，黄それぞれから同じ数字が書かれているものを取り出すときで４通りあるから，このときの確率は $\frac{4}{4\cdot11\cdot5}=\mathbf{\frac{1}{55}}$ である．３枚とも赤である組合せは ${}_4\mathrm{C}_3=4$ 通りで，青，黄についても同様であるから，その確率は $\frac{4\cdot3}{4\cdot11\cdot5}=\mathbf{\frac{3}{55}}$ である．

（２） ３枚とも異なる数字である組合せは

$$\{1, 2, 3\},\ \{1, 2, 4\},\ \{1, 3, 4\},\ \{2, 3, 4\}$$

の４通りあり，各数字の色は３通りあるから，このときの確率は $\frac{4\cdot3^3}{4\cdot11\cdot5}=\mathbf{\frac{27}{55}}$ である．また，３枚とも異なる色である組合せは，４枚ずつある赤，青，黄のカードから１枚ずつ取るときで，4^3 通りあるから，このときの確率は $\frac{4^3}{4\cdot11\cdot5}=\mathbf{\frac{16}{55}}$ である．

（３） ３枚のカードの数字が連続する組合せは $\{1, 2, 3\}$，$\{2, 3, 4\}$ の２通りあり，各数字の色は３通りあるから，求める確率は $\frac{2\cdot3^3}{4\cdot11\cdot5}=\mathbf{\frac{27}{110}}$ である．

（４） ３が１枚も取り出されない組合せは，３を除く９枚のカードから３枚取り出すときで，${}_9\mathrm{C}_3=\frac{9\cdot8\cdot7}{3\cdot2\cdot1}=3\cdot4\cdot7$ 通りあるから，余事象を考えて，求める確率は

$$1-\frac{3\cdot4\cdot7}{4\cdot11\cdot5}=1-\frac{21}{55}=\mathbf{\frac{34}{55}}$$

（５） 取り出すカードの少なくとも１枚が３である事象を A，取り出す３枚のカードの数字が連続している事象を B とする．

$$P(A)=\frac{34}{55},\ P(A\cap B)=\frac{27}{110}$$

であるから，求める条件付き確率は

$$P_A(B)=\frac{P(A\cap B)}{P(A)}=\frac{\frac{27}{110}}{\frac{34}{55}}=\mathbf{\frac{27}{68}}$$

《出会う (B20) ☆》

217. xy 平面上で 2 点 A, B の移動を考える．最初 2 点は，A が原点 (0, 0), B が点 (3, 3) にあるとし，以降，大きなコイン 1 枚と小さなコイン 1 枚を同時に投げて，次の規則に従って 2 点を移動する操作を行う．

(規則) A が点 (p, q)，B が点 (r, s) にあるとき，

- A は，大きなコインの表裏によって移動し，大きなコインが表ならば点 $(p, q+1)$ へ，裏ならば $(p+1, q)$ へ移動する．
- B は，小さなコインの表裏によって移動し，小さなコインが表ならば点 $(r, s-1)$ へ，裏ならば $(r-1, s)$ へ移動する．

(1) 操作を 3 回繰り返したあとに，A と B が同じ点にある確率を求めよ．

(2) 操作を 6 回繰り返して A が点 (3, 3)，B が点 (0, 0) にあるとき，3 回目の操作の終了時に A, B が同じ点にあった確率を求めよ．

(23 学習院大・経済)

▶解答◀ k は 0, 1, 2, 3 のいずれかとする．

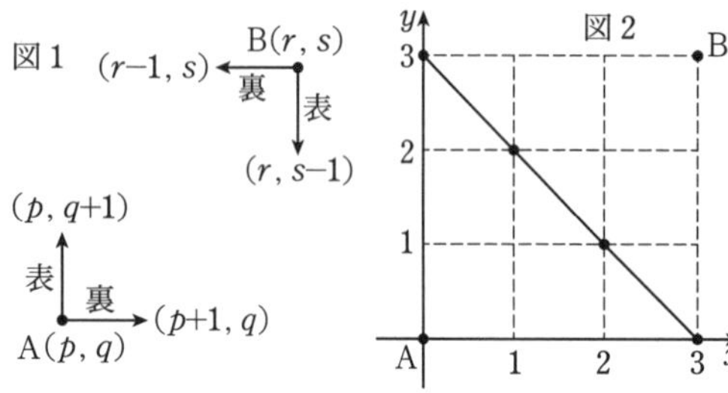

(1) 点 $(k, 3-k)$ を通る確率を p_k とする．$p_k=\dfrac{{}_3\mathrm{C}_k}{2^3}$ である．$p_0=\dfrac{1}{8},\ p_1=\dfrac{3}{8},\ p_2=\dfrac{3}{8},\ p_3=\dfrac{1}{8}$

3 回後に A と B が出会うという事象を D とする（出会うのつもり）．

$$P(D)=p_0{}^2+p_1{}^2+p_2{}^2+p_3{}^2$$
$$=2\cdot\frac{1+9}{64}=\mathbf{\frac{5}{16}}$$

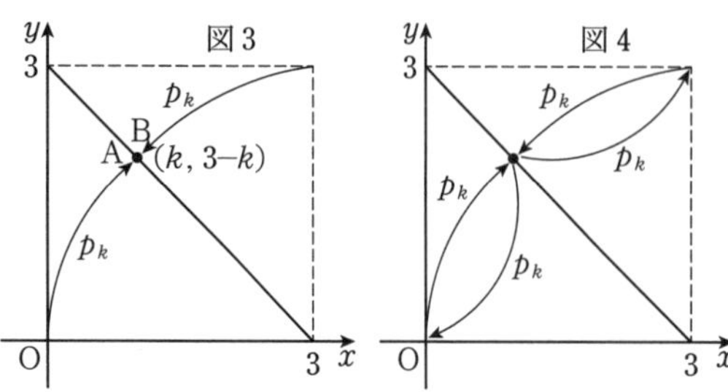

(2) 6 回後に A が (3, 3) に，B が (0, 0) に着くという事象を T とする（到着のつもり）．

$$P(T)=\left(\frac{{}_6\mathrm{C}_3}{2^6}\right)^2=\left(\frac{20}{2^6}\right)^2=\frac{400}{2^{12}}$$

A が 3 回後に点 $(k, 3-k)$ に達し，6 回後に (3, 3) に着き，B も 3 回後に点 $(k, 3-k)$ に達し，6 回後に (0, 0) に着く確率は $(p_k)^4$ である．

$$P(D\cap T)=p_0{}^4+p_1{}^4+p_2{}^4+p_3{}^4$$
$$=2\cdot\frac{1+81}{2^{12}}=\frac{2\cdot 82}{2^{12}}$$
$$P_T(D)=\frac{P(D\cap T)}{P(T)}=\frac{2\cdot 82}{400}=\mathbf{\frac{41}{100}}$$

《表の枚数 (B15) ☆》

218. 大小 2 種類のコインがそれぞれ 4 枚ずつある．これら 8 枚のコインを同時に投げたとき，大きなコインで表が出たものの枚数を X とし，小さなコインで表が出たものの枚数を Y とする．

(1) $X+Y=5$ である確率を求めよ．

(2) $XY=4$ である確率を求めよ．

(3) $X+Y=5$ であるとき，$XY=4$ である確率を求めよ． (23 学習院大・国際)

▶解答◀ (1) $X+Y=5$ となるのは

$$(X, Y)=(1, 4), (2, 3), (3, 2), (4, 1)$$

の場合である．

$$\left(\frac{{}_4\mathrm{C}_1}{2^4}\cdot\frac{1}{2^4}+\frac{{}_4\mathrm{C}_2}{2^4}\cdot\frac{{}_4\mathrm{C}_3}{2^4}\right)\cdot 2$$
$$=\frac{(4+24)\cdot 2}{2^8}=\mathbf{\frac{7}{32}}$$

(2) $XY=4$ となるのは

$(X, Y)=(1, 4), (2, 2), (4, 1)$ の場合である．

$$\frac{4}{2^4}\cdot\frac{1}{2^4}+\frac{6}{2^4}\cdot\frac{6}{2^4}+\frac{1}{2^4}\cdot\frac{4}{2^4}$$
$$=\frac{4+36+4}{2^8}=\mathbf{\frac{11}{64}}$$

(3) $X+Y=5$ となる事象を A，$XY=4$ となる事象を B とおく．$A\cap B$ は $(X, Y)=(1, 4), (4, 1)$ となる事象であるから

$$P(A\cap B)=\frac{4+4}{2^8}=\frac{1}{32}$$

$P(A)=\dfrac{7}{32}$ であるから，求める条件付き確率 $P_A(B)$ は

$$P_A(B)=\frac{P(A\cap B)}{P(A)}=\mathbf{\frac{1}{7}}$$

《発芽 (B10) ☆》

219. 1 粒の種子をまいたときに発芽する確率が $\dfrac{2}{3}$ であると知られている植物がある．この植物の

種子を何粒かまくとき，次の問いに答えよ．

（1） 2粒の種子を同時にまくとき，どちらも発芽しない確率を求めよ．

（2） 3粒の種子 a, b, c を同時にまくとき，そのうち2粒が発芽し，残り1粒は発芽しない確率を求めよ．

（3） 4粒の種子 p, q, r, s を同時にまいたとき，そのうち2粒が発芽し，残り2粒は発芽しなかった．このとき，種子 p と種子 q が発芽していた条件付き確率を求めよ． （23 広島文教大）

▶解答◀ （1） 1粒の種子が発芽しない確率は $1-\frac{2}{3}=\frac{1}{3}$ であるから，2粒がどちらも発芽しない確率は $\left(\frac{1}{3}\right)^2=\mathbf{\frac{1}{9}}$

（2） 2粒が発芽し，1粒が発芽しない確率は

$$_3C_2\left(\frac{2}{3}\right)^2\cdot\frac{1}{3}=\mathbf{\frac{4}{9}}$$

（3） 4粒の種子を同時にまき，2つが発芽し2つが発芽しないとき，どの2つが発芽するかの組合せは $_4C_2=6$ 通り（p と q, p と r, p と s, q と r, q と s, r と s）あり，どれであるかは等確率である．それが p と q である確率は $\mathbf{\frac{1}{6}}$ である．

◆別解◆ （3） 2粒が発芽し，2粒が発芽しない事象を F とする．$P(F)={}_4C_2\left(\frac{2}{3}\right)^2\cdot\left(\frac{1}{3}\right)^2=\frac{8}{27}$

p, q が発芽し，r, s が発芽しない事象を Q とする．

$$P(Q)=\left(\frac{2}{3}\right)^2\cdot\left(\frac{1}{3}\right)^2=\frac{4}{81}$$

よって，求める条件付き確率は

$$P_F(Q)=\frac{P(F\cap Q)}{P(F)}=\frac{P(Q)}{P(F)}=\frac{\frac{4}{81}}{\frac{8}{27}}=\mathbf{\frac{1}{6}}$$

《検査の確率（B20）☆》

220． ある病原菌にはA型，B型の2つの型があり，A型とB型に同時に感染することはない．その病原菌に対して，感染しているかどうかを調べる検査Yがある．検査結果は陽性か陰性のいずれかで，陽性であったときに病原菌の型までは判別できないものとする．検査Yで，A型の病原菌に感染しているのに陰性と判定される確率が10%であり，B型の病原菌に感染しているのに陰性と判定される確率が20%である．また，この病原菌に感染していないのに陽性と判定される確率が10%である．

全体の1%がA型に感染しており全体の4%がB型に感染している集団から1人を選び検査Yを実施する．

（1） 検査Yで陽性と判定される確率は $\frac{\square}{\square}$ である．

（2） 検査Yで陽性だったときに，A型に感染している確率は $\frac{\square}{\square}$ でありB型に感染している確率は $\frac{\square}{\square}$ である．

（3） 1回目の検査Yに加えて，その直後に同じ検査Yをもう一度行う．ただし，1回目と2回目の検査結果は互いに独立であるとする．2回の検査結果が共に陽性だったときに，A型に感染している確率は $\frac{\square}{\square}$ でありB型に感染している確率は $\frac{\square}{\square}$ である． （23 上智大・文系）

▶解答◀ A型，B型に感染している事象をそれぞれ A, B とし，病原菌に感染していない事象を C とする．また，陽性と判定される事象を E とすると

$$P(A)=\frac{1}{100},\ P(B)=\frac{4}{100},\ P_A(\overline{E})=\frac{10}{100}$$

$$P_B(\overline{E})=\frac{20}{100},\ P_C(E)=\frac{10}{100}$$

したがって

$$P_A(E)=1-P_A(\overline{E})=\frac{90}{100}$$

$$P_B(E)=1-P_B(\overline{E})=\frac{80}{100}$$

$$P_C(\overline{E})=1-P_C(E)=\frac{90}{100}$$

また，A型とB型に同時に感染することはないから

$$P(C)=1-P(A)-P(B)=\frac{95}{100}$$

A：A型に感染 $P(A)=\frac{1}{100}$		B：B型に感染 $P(B)=\frac{4}{100}$		C：非感染 $P(C)=\frac{95}{100}$	
E：陽性	$\overline{E}$：陰性	E：陽性	$\overline{E}$：陰性	E：陽性	$\overline{E}$：陰性
$\frac{1}{100}\cdot\frac{90}{100}$	$\frac{1}{100}\cdot\frac{10}{100}$	$\frac{4}{100}\cdot\frac{80}{100}$	$\frac{4}{100}\cdot\frac{20}{100}$	$\frac{95}{100}\cdot\frac{10}{100}$	$\frac{95}{100}\cdot\frac{90}{100}$

（1） 検査Yで陽性となる確率は

$$P(E)=P(A\cap E)+P(B\cap E)+P(C\cap E)$$
$$=P(A)\cdot P_A(E)+P(B)\cdot P_B(E)$$
$$+P(C)\cdot P_C(E)$$

$$= \frac{1}{100} \cdot \frac{90}{100} + \frac{4}{100} \cdot \frac{80}{100} + \frac{95}{100} \cdot \frac{10}{100}$$

$$= \frac{1360}{10000} = \mathbf{\frac{17}{125}}$$

（**2**） 検査 Y で陽性のとき，A 型に感染している確率は

$$P_E(A) = \frac{P(A \cap E)}{P(E)} = \frac{\frac{1}{100} \cdot \frac{90}{100}}{\frac{1360}{10000}} = \mathbf{\frac{9}{136}}$$

検査 Y で陽性のとき，B 型に感染している確率は

$$P_E(B) = \frac{P(B \cap E)}{P(E)} = \frac{\frac{4}{100} \cdot \frac{80}{100}}{\frac{1360}{10000}} = \mathbf{\frac{4}{17}}$$

（**3**） 2 回の検査結果が共に陽性である事象を F とする．1 回目と 2 回目の検査結果は互いに独立であるから

$$P(F) = P(A \cap F) + P(B \cap F) + P(C \cap F)$$

$$= P(A) \cdot \{P_A(E)\}^2 + P(B) \cdot \{P_B(E)\}^2 + P(C) \cdot \{P_C(E)\}^2$$

$$= \frac{1}{100} \cdot \left(\frac{90}{100}\right)^2 + \frac{4}{100} \cdot \left(\frac{80}{100}\right)^2 + \frac{95}{100} \cdot \left(\frac{10}{100}\right)^2$$

$$= \frac{8100 + 25600 + 9500}{1000000} = \frac{43200}{1000000}$$

$$P_F(A) = \frac{P(A \cap F)}{P(F)} = \frac{8100}{43200} = \mathbf{\frac{3}{16}}$$

$$P_F(B) = \frac{P(B \cap F)}{P(F)} = \frac{25600}{43200} = \mathbf{\frac{16}{27}}$$

《和が問題（B20）》

221. n 個のさいころを同時に 1 回投げ，出た目の数の和について，その一の位の数を X，出た目の数の積について，その一の位の数を Y とする．

（1） $n = 2$ とする．$Y = 0$ となる確率は □ であり，$X \leqq 7$ となる確率は □ である．

（2） $n = 3$ とする．$X = 3$ となる確率は □ である．$X = 3$ であったとき，$Y = 0$ である条件付き確率は

□ である．　（23　関西学院大・文系）

▶解答◀ （1） 2 個のサイコロを A，B とし，出る目を順に a, b とする．(a, b) は $6^2 = 36$ 通りある．

$Y = 0$，すなわち ab の一の位が 0 となるのは，a, b のいずれか一方が 5 で，もう一方が偶数のときである．

$$(a, b) = (5, 2), (5, 4), (5, 6), (2, 5), (4, 5), (6, 5)$$

の 6 通りある．$Y = 0$ となる確率は $\frac{6}{36} = \mathbf{\frac{1}{6}}$ である．

$2 \leqq a + b \leqq 12$ であるから，$X > 7$ となるのは，$a + b = 8, 9$ のときである．

$a + b = 8$ のとき $(a, b) = (2, 6) \sim (6, 2)$ の 5 通り

$a + b = 9$ のとき $(a, b) = (3, 6) \sim (6, 3)$ の 4 通りの 9 通りある．$X \leqq 7$ となる確率は $1 - \frac{9}{36} = \mathbf{\frac{3}{4}}$

（**2**） 3 個のサイコロを A，B，C とし，出る目を順に a, b, c とする．(a, b, c) は $6^3 = 216$ 通りある．

$X = 3$ になる事象を S（さんのつもり）とする．$3 \leqq a + b + c \leqq 18$ であるから，$X = 3$ になるのは $a + b + c = 3, 13$ のときである．

（ア） $a + b + c = 3$ のとき

$(a, b, c) = (1, 1, 1)$ のみである．

（イ） $a + b + c = 13$ のとき

1 以上 6 以下の整数 3 つの和が 13 となる組合せは

$$\{1, 6, 6\}, \{2, 5, 6\}, \{3, 4, 6\}, \{3, 5, 5\}, \{4, 4, 5\}$$

がある．これらを並べ替えて (a, b, c) をつくるとき，$\{1, 6, 6\}, \{3, 5, 5\}, \{4, 4, 5\}$ は 3 通りずつ，$\{2, 5, 6\}, \{3, 4, 6\}$ は $3! = 6$ 通りずつできるから，全部で $3 \cdot 3 + 2 \cdot 6 = 21$ 通りある．

（ア）（イ）より，$P(S) = \frac{1 + 21}{216} = \mathbf{\frac{11}{108}}$ である．

$Y = 0$ になる事象を Z（ぜろのつもり）とする．$X = 3$ となるものの中で，$Y = 0$ になるのは $\{2, 5, 6\}$ を並べ替えた 6 通りと，$\{4, 4, 5\}$ を並べ替えた 3 通りの，合計 9 通りある．$P(S \cap Z) = \frac{9}{216}$

求める条件付き確率は $P_S(Z) = \frac{P(S \cap Z)}{P(S)} = \mathbf{\frac{9}{22}}$

《（B20）》

222. 表に 1，裏に 5 と書かれたコインが 2 枚，表に 2，裏に 4 と書かれたコインが 2 枚，両面に 3 と書かれたコインが 1 枚ある．大きさや形が同じこれら 5 枚のコインを袋に入れ，1 枚ずつ無作為にコインのどちらかの面が上になるように取り出し，その上側の面に書かれた数字を記録する．コインは袋に戻さずに，この作業を袋が空になるまで，すなわち 5 回繰り返す．

（1） 1 回目に記録される数字が 1 である確率は $\frac{□}{□}$ であり，1 回目と 2 回目に記録される数字がともに 1 である確率は $\frac{□}{□}$ である．

（2） 1 回目と 2 回目に記録される数字がともに 1 で，かつ 3 回目と 4 回目に記録される数字がともに 2 である確率を p とする．このとき，$p = \frac{1}{□}$ である．記録される 5 つの数字が 11223 や，22311 など 1，2 がそれぞれともに連続

するように記録される確率は p を用いて $\square p$ と表される．

（３） 1が2回，2が2回記録される確率は $\dfrac{\square}{\square}$ である．記録される数字が3種類であるとき，11223 や 44355 など，そのうちの2種類が連続する条件付き確率は $\dfrac{\square}{\square}$ である．

（23 昭和女子大・A日程）

▶解答◀ （１） 表が1，裏が5のコインを I_1, I_2，表が2，裏が4のコインを N_1, N_2，表と裏が3のコインをSとする．

表1	表2	表3
裏5	裏4	裏3
2枚	2枚	1枚
I_1, I_2	N_1, N_2	S

1回目に記録される数字が1である確率は I_1 か I_2 を取り出し（確率 $\dfrac{2}{5}$），上面が1になる確率（$\dfrac{1}{2}$）であるから

$$\frac{2}{5}\cdot\frac{1}{2}=\mathbf{\frac{1}{5}}$$

1回目と2回目に記録される数字がともに1である確率は，I_1, I_2 の順で取り出して（確率 $\dfrac{1}{5}\cdot\dfrac{1}{4}$），ともに表面が出る（確率 $\dfrac{1}{2}\cdot\dfrac{1}{2}$）か，この I_1, I_2 が逆になるときで，求める確率は

$$\frac{1}{5}\cdot\frac{1}{4}\cdot\frac{1}{2}\cdot\frac{1}{2}\cdot 2=\mathbf{\frac{1}{40}}$$

（２） 1つ目の空欄について：

$I_1I_2N_1N_2$, $I_1I_2N_2N_1$, $I_2I_1N_1N_2$, $I_2I_1N_2N_1$

のいずれかの順に出て（それぞれ確率 $\dfrac{1}{5}\cdot\dfrac{1}{4}\cdot\dfrac{1}{3}\cdot\dfrac{1}{2}$），それぞれ表面が出る（確率 $\left(\dfrac{1}{2}\right)^4$）ときで

$$p=\frac{1}{120}\cdot\frac{1}{16}\cdot 4=\mathbf{\frac{1}{480}}$$

2つ目の空欄について：

たとえば $SI_1I_2N_1N_2$ になる確率は，2枚目から考える．2枚目には5枚のうちの I_1 が出て（確率 $\dfrac{1}{5}$），3枚目，4枚目，5枚目と考え（確率 $\dfrac{1}{4}, \dfrac{1}{3}, \dfrac{1}{2}$），1枚目には残るコインのSが出ると考える．上で並べた4通り全体をIINNと表すことにする．

2つのIが連続し，2つのNが連続する場合

SIINN, SNNII, IISNN, IINNS, NNSII, NNIIS

の6タイプがある．たとえば，SIINNになり I_1, I_2, N_1, N_2 に1, 1, 2, 2が出る確率は p であるから，求める確率は $\mathbf{6p}$ である．

（３） 1つ目の空欄について：

I_1, I_2, N_1, N_2 に1, 1, 2, 2が出る確率で $\left(\dfrac{1}{2}\right)^4=\mathbf{\dfrac{1}{16}}$

2つ目の空欄について：Sには3が出る．

記録される数字が3種類であるという事象を T（threeの頭文字），1どうしが連続し，2どうしが連続する事象を R（れんぞくの頭文字）とする．

$P(T)$ は，（I_1 と I_2 に出る同じ数，N_1 と N_2 に出る同じ数）$=(1, 2), (1, 4), (5, 2), (5, 4)$ になるときで

$$P(T)=\frac{1}{16}\cdot 4=\frac{1}{4}$$

$$P(T\cap R)=6p\cdot 4=\frac{6\cdot 4}{480}=\frac{1}{20}$$

$$P_T(R)=\frac{P(T\cap R)}{P(T)}=\frac{\frac{1}{20}}{\frac{1}{4}}=\mathbf{\frac{1}{5}}$$

注意 （３） I_1, I_2 に異なる数が出ると，それだけで1, 5, 3の3種類があり，N_1, N_2 もあわせれば4種類以上になる．

《不良品の確率（B20）》

223． ある工場で作られた製品には20％の割合で不良品が含まれている．この製品を1個取り出して，2つの検査機で別々に検査をする．

この2つの検査機がそれぞれ，不良品ではないのに不良品であると判定してしまう確率は10％であり，不良品であるのに不良品ではないと判定してしまう確率は10％である．また，検査機の判定は，もう片方の判定に影響を及ぼさないとする．以下の問に答えよ．

（１） 1個の製品を取り出して検査をしたときに，2つの検査機が両方とも不良品であると判定する確率は $\square$％である．

（２） 1個の製品を取り出して検査をしたときに，片方の検査機は不良品であると判定し，もう片方の検査機が不良品ではないと判定した．この製品が不良品である条件付き確率は $\square$％である．

（23 西南学院大）

▶解答◀ （１） 取り出す製品の良，不良をA，1つ目の検査機，2つ目の検査機の判定をそれぞれB，Cとする．表を見よ．

A	良$\left(\frac{8}{10}\right)$				不$\left(\frac{2}{10}\right)$			
B	良$\left(\frac{9}{10}\right)$		不$\left(\frac{1}{10}\right)$		良$\left(\frac{1}{10}\right)$		不$\left(\frac{9}{10}\right)$	
C	良$\left(\frac{9}{10}\right)$	不$\left(\frac{1}{10}\right)$	良$\left(\frac{9}{10}\right)$	不$\left(\frac{1}{10}\right)$	良$\left(\frac{1}{10}\right)$	不$\left(\frac{9}{10}\right)$	良$\left(\frac{1}{10}\right)$	不$\left(\frac{9}{10}\right)$
確率	$\frac{8}{10}\cdot\frac{9}{10}\cdot\frac{9}{10}$	$\frac{8}{10}\cdot\frac{9}{10}\cdot\frac{1}{10}$	$\frac{8}{10}\cdot\frac{1}{10}\cdot\frac{9}{10}$	$\frac{8}{10}\cdot\frac{1}{10}\cdot\frac{1}{10}$	$\frac{2}{10}\cdot\frac{1}{10}\cdot\frac{1}{10}$	$\frac{2}{10}\cdot\frac{1}{10}\cdot\frac{9}{10}$	$\frac{2}{10}\cdot\frac{9}{10}\cdot\frac{1}{10}$	$\frac{2}{10}\cdot\frac{9}{10}\cdot\frac{9}{10}$
	①	②	③	④	⑤	⑥	⑦	⑧

求める確率は④＋⑧で $\frac{8+162}{1000}=\frac{17}{100}$ **(17%)**

(**2**) 求める条件付き確率は $\frac{⑥+⑦}{②+③+⑥+⑦}$ で

$$\frac{18+18}{72+72+18+18}=\frac{36}{180}=\frac{1}{5}\quad\textbf{(20\%)}$$

《不良品の確率 (A20)》

224. 工場 A, 工場 B, 工場 C で，ある製品が製造されている．工場 A, 工場 B, 工場 C で製造される製品の割合は 6 : 9 : 5 である．工場 A は 3%, 工場 B は 1%, 工場 C は 2% の確率で，不良品を製造することがわかっている．取り出した 1 つの製品が工場 A, 工場 B, 工場 C によって製造されたものであるという事象をそれぞれ A, B, C で表すこととして，この取り出した製品が不良品であるという事象を E とする．このとき，事象 E の確率 $P(E)$ は

$$P(E)=\frac{\square}{\square}$$

となる．製品全体の中から 1 個の製品を無作為に取り出すとする．取り出した製品が不良品であるという条件の下で，その製品が工場 A によって製造されたものである確率 $P_E(A)$ は

$$P_E(A)=\frac{\square}{\square}$$

となる． (23 東京理科大・経営)

▶解答◀ $P(A)=\frac{6}{20}$, $P(B)=\frac{9}{20}$, $P(C)=\frac{5}{20}$ であり，$P_A(E)=\frac{3}{100}$, $P_B(E)=\frac{1}{100}$, $P_C(E)=\frac{2}{100}$ であるから

$$P(A\cap E)=P(A)\cdot P_A(E)=\frac{6}{20}\cdot\frac{3}{100}=\frac{18}{2000}$$

$$P(B\cap E)=P(B)\cdot P_B(E)=\frac{9}{20}\cdot\frac{1}{100}=\frac{9}{2000}$$

$$P(C\cap E)=P(C)\cdot P_C(E)=\frac{5}{20}\cdot\frac{2}{100}=\frac{10}{2000}$$

$$P(E)=P(A\cap E)+P(B\cap E)+P(C\cap E)$$

$$=\frac{18+9+10}{2000}=\mathbf{\frac{37}{2000}}$$

$$P_E(A)=\frac{P(A\cap E)}{P(E)}=\frac{\frac{18}{2000}}{\frac{37}{2000}}=\mathbf{\frac{18}{37}}$$

《サイコロとコイン (B20)》

225. 3 人の生徒がそれぞれ 1 枚のコインと 1 個のさいころを 1 回ずつ投げる．このとき，次の問いに答えよ．

(1) コインの表が出た生徒が少なくとも 1 人いるとき，3 枚とも表である確率を求めよ．

(2) 表が出る生徒が 2 人で，そのうち少なくとも 1 人はさいころの 1 の目が出る確率を求めよ．

(3) 表と 1 の目が出た生徒が少なくとも 1 人いるとき，3 枚とも表である確率を求めよ．

(23 滋賀大・経済-後期)

▶解答◀ (**1**) 3 枚のコインのうち少なくとも 1 枚が表である事象を A, 3 枚とも表である事象を B とすると，求める確率は $P_A(B)=\frac{P(A\cap B)}{P(A)}$ である．$\overline{A}$ は 3 枚とも裏である事象であるから

$$P(A)=1-P(\overline{A})=1-\left(\frac{1}{2}\right)^3=\frac{7}{8}$$

$$P(A\cap B)=P(B)=\left(\frac{1}{2}\right)^3=\frac{1}{8}$$

よって，$P_A(B)=\frac{P(A\cap B)}{P(A)}=\frac{\frac{1}{8}}{\frac{7}{8}}=\mathbf{\frac{1}{7}}$

(**2**) 表が出る生徒が 2 人である事象を C, 表が出る 2 人の生徒のうち少なくとも 1 人はサイコロの 1 の目が出る事象を D とする．$\overline{D}$ は表が出る 2 人の生徒のいずれもがサイコロの 1 以外の目が出る事象である．

$$P(C)={}_3C_2\left(\frac{1}{2}\right)^2\cdot\frac{1}{2}=\frac{3}{8}$$

$$P(D)=1-P(\overline{D})=1-\left(\frac{5}{6}\right)^2=\frac{11}{36}$$

C と D は独立であるから

$$P(C\cap D)=P(C)\cdot P(D)=\frac{3}{8}\cdot\frac{11}{36}=\mathbf{\frac{11}{96}}$$

(**3**) 表と 1 の目を出す生徒が少なくとも 1 人いる事象を E とすると，求める確率は $P_E(B)=\frac{P(E\cap B)}{P(E)}$ である．ある生徒が表と 1 の目を出す確率は

$$\frac{1}{2}\cdot\frac{1}{6}=\frac{1}{12}$$

$\overline{E}$ は表と 1 の目を出す生徒が 1 人もいない事象であるから

$$P(\overline{E})=\left(1-\frac{1}{12}\right)^3=\left(\frac{11}{12}\right)^3$$

$$P(E)=1-P(\overline{E})$$

$E \cap B$ は3枚とも表で少なくとも1人はサイコロの1の目が出る事象である．少なくとも1人はサイコロの1の目が出る事象を F とすると，$E \cap B = B \cap F$ である．$\overline{F}$ は生徒のいずれもがサイコロの1以外の目が出る事象である．

$$P(F) = 1 - P(\overline{F}) = 1 - \left(\frac{5}{6}\right)^3 = \frac{91}{216}$$

B と F は独立であるから

$$P(E \cap B) = P(B \cap F) = P(B) \cdot P(F) = \frac{1}{8} \cdot \frac{91}{216}$$

$$P_E(B) = \frac{P(E \cap B)}{P(E)} = \frac{\frac{1}{8} \cdot \frac{91}{216}}{1 - \left(\frac{11}{12}\right)^3}$$

$$= \frac{91}{12^3 - 11^3} = \mathbf{\frac{91}{397}}$$

《くじ引き (B20)》

226. A 君，B 君，C 君の3人が手分けしてクジを作った．A 君，B 君，C 君が作成したクジの本数の割合は $4:2:3$ であり，作成した当たりクジとはずれクジの本数の割合は，A 君が $1:3$，B 君が $2:5$，C 君が $2:3$ である．これらのクジを袋に入れ，袋の中からランダムに1本だけ引く試行について，次の設問に答えなさい．

（1） A 君の作成した当たりクジを引く確率は

．

（2） 当たりクジを引く確率は $\frac{\square}{\square}$．

（3） クジを実際に引いたところ当たりであった．この当たりクジが A 君の作成したものである確率は $\frac{\square}{\square}$．（23 立正大・経済）

▶解答◀ （1） 図を見よ．

本数	$A\left(\frac{4}{9}\right)$		$B\left(\frac{2}{9}\right)$		$C\left(\frac{3}{9}\right)$	
当たりはずれ	当$\left(\frac{1}{4}\right)$	は$\left(\frac{3}{4}\right)$	当$\left(\frac{2}{7}\right)$	は$\left(\frac{5}{7}\right)$	当$\left(\frac{2}{5}\right)$	は$\left(\frac{3}{5}\right)$
確率	$\frac{4}{9} \cdot \frac{1}{4}$	$\frac{4}{9} \cdot \frac{3}{4}$	$\frac{2}{9} \cdot \frac{2}{7}$	$\frac{2}{9} \cdot \frac{5}{7}$	$\frac{3}{9} \cdot \frac{2}{5}$	$\frac{3}{9} \cdot \frac{3}{5}$
	①		②		③	

求める確率は①で，$\frac{4}{9} \cdot \frac{1}{4} = \mathbf{\frac{1}{9}}$

（2） 求める確率は①＋②＋③で

$$\frac{4}{9} \cdot \frac{1}{4} + \frac{2}{9} \cdot \frac{2}{7} + \frac{3}{9} \cdot \frac{2}{5}$$

$$= \frac{1}{9} + \frac{4}{63} + \frac{2}{15}$$

$$= \frac{35 + 20 + 42}{315} = \mathbf{\frac{97}{315}}$$

（3） 求める条件付き確率は $\frac{①}{①+②+③}$ で

$$\frac{\frac{1}{9}}{\frac{97}{315}} = \mathbf{\frac{35}{97}}$$

《玉の取り出し (B10) ☆》

227. 袋Aに赤玉5個と白玉4個，袋Bに赤玉3個と白玉4個が入っている．袋Aから取り出した1個の玉を，袋Bに入れてよくかき混ぜた後，袋Bから玉を1個取り出す．

（1） 袋Bから赤玉を取り出す確率は $\frac{\square}{\square}$ である．

（2） 袋Bから赤玉を取り出したとき，袋Aから取り出した玉が赤玉である確率は $\frac{\square}{\square}$ である．（23 東邦大・健康科学-看護）

▶解答◀ （1） 袋Aから赤玉を取り出し（確率 $\frac{5}{9}$），その後，袋Bから赤玉を取り出す（確率 $\frac{4}{8}$）か，袋Aから白玉を取り出し（確率 $\frac{4}{9}$），その後，袋Bから赤玉を取り出す（確率 $\frac{3}{8}$）ときで，求める確率は

$$\frac{5}{9} \cdot \frac{4}{8} + \frac{4}{9} \cdot \frac{3}{8} = \frac{20 + 12}{72} = \mathbf{\frac{4}{9}}$$

（2） 袋Aから赤玉を取り出す事象を A，袋Bから赤玉を取り出す事象を B とする．$P(B) = \frac{4}{9}$ である．

（1）より $P(B \cap A) = \frac{20}{72}$ であるから，求める条件付き確率は

$$P_B(A) = \frac{P(B \cap A)}{P(B)} = \frac{\frac{20}{72}}{\frac{4}{9}} = \frac{20}{72} \cdot \frac{9}{4} = \mathbf{\frac{5}{8}}$$

【確率の雑題】

《目の積が素数 (A5) ☆》

228. 3個のさいころを同時に投げる試行において，出る目の積が素数になる確率を求めよ．（23 広島大・光り輝き入試-教育（数））

▶解答◀ 3個のさいころを振って出る目を順に a, b, c とする．組 (a, b, c) は 6^3 通りある．出る目の組合せを $\{a, b, c\}$ とかくことにすると，出る目の積が素数となる組合せは

$$\{1, 1, 2\},\ \{1, 1, 3\},\ \{1, 1, 5\}$$

であるから，(a, b, c) は $3 \cdot 3$ 通りある．よって，出る目の積が素数となる確率は $\frac{3^2}{6^3} = \mathbf{\frac{1}{24}}$ である．

《確率の最大 (B10) ☆》

229. 箱 A の中に赤球 6 個と白球 n 個の合計 $n+6$ 個の球が入っている．箱 B の中に白球 4 個の球が入っている．ただし，n は自然数とし，球はすべて同じ確率で取り出されるものとする．以下の問いに答えよ．

（1） 箱 A から同時に 2 個の球を取り出すとき，赤球が 1 個と白球が 1 個取り出される確率を p_n とする．p_n が最大となる n と，そのときの p_n の値を求めよ．

（2） 箱 A から同時に 2 個の球を取り出し箱 B に入れ，よくかき混ぜた後で箱 B から同時に 2 個の球を取り出すとき，赤球が 1 個と白球が 1 個取り出される確率を q_n とする．$q_n < \frac{1}{3}$ となる n の最小値を求めよ．　（23　鳥取大・共通）

▶解答◀ （1）$p_n = \frac{6 \cdot n}{{}_{n+6}\mathrm{C}_2}$

$$= \frac{12n}{(n+6)(n+5)}$$

$$p_{n+1} - p_n = \frac{12(n+1)}{(n+7)(n+6)} - \frac{12n}{(n+6)(n+5)}$$

$$= \frac{12(n+1)(n+5) - 12n(n+7)}{(n+7)(n+6)(n+5)}$$

$$= \frac{12(5-n)}{(n+7)(n+6)(n+5)}$$

$1 \leqq n \leqq 4$ のとき $p_{n+1} - p_n > 0$

$n = 5$ のとき $p_{n+1} = p_n$

$n \geqq 6$ のとき $p_{n+1} - p_n < 0$

$$p_1 < p_2 < p_3 < p_4 < p_5$$

$$p_5 = p_6$$

$$p_6 > p_7 > p_8 > \cdots$$

p_n を最大にする n は $n = \mathbf{5, 6}$ である．このとき，最大値は $p_5 = \frac{60}{11 \cdot 10} = \mathbf{\frac{6}{11}}$ である．

（2） 箱 B から赤球 1 個と白球 1 個を取り出すのは，箱 A から赤球 1 個と白球 1 個を取り出し，図 1 の状態の箱 B から取り出す場合か，箱 A から赤球 2 個を取り出し，図 2 の状態の箱 B から取り出す場合であるから

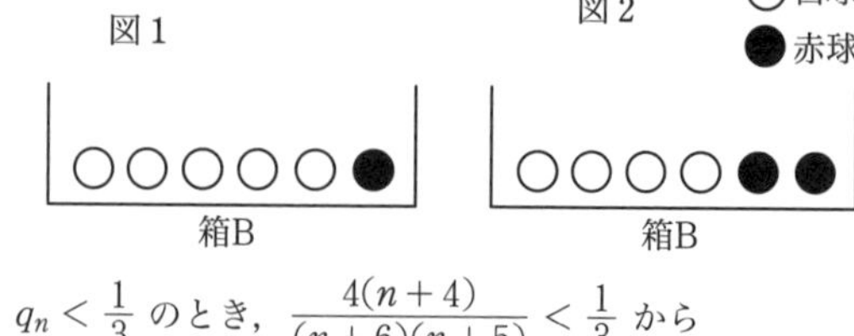

$$q_n = \frac{6n}{{}_{n+6}\mathrm{C}_2} \cdot \frac{1 \cdot 5}{{}_6\mathrm{C}_2} + \frac{{}_6\mathrm{C}_2}{{}_{n+6}\mathrm{C}_2} \cdot \frac{2 \cdot 4}{{}_6\mathrm{C}_2}$$

$$= \frac{12n}{(n+6)(n+5)} \cdot \frac{5}{15} + \frac{30}{(n+6)(n+5)} \cdot \frac{8}{15}$$

$$= \frac{4(n+4)}{(n+6)(n+5)}$$

$q_n < \frac{1}{3}$ のとき，$\frac{4(n+4)}{(n+6)(n+5)} < \frac{1}{3}$ から

$$12(n+4) < (n+6)(n+5)$$

$$n(n-1) > 18 \quad \cdots\cdots ①$$

$n(n-1)$ は n が増加すると増加する．

$3 \cdot 4 = 12$, $4 \cdot 5 = 20$ であるから，① すなわち $q_n < \frac{1}{3}$ を満たす n の最小値は $\mathbf{5}$ である．

《玉の移動 (B5) ☆》

230. 袋 A には白球 4 個，黒球 5 個，袋 B には白球 4 個，黒球 2 個が入っている．まず，袋 A から 2 個を取り出して袋 B に入れ，次に袋 B から 2 個を取り出して袋 A に戻す．このとき，次の問いに答えよ．

（1） 袋 A の中の白球，黒球の個数が初めと変わらない確率は $\frac{\square}{\square}$ である．

（2） 袋 A の中の白球の個数が初めより増加する確率は $\frac{\square}{\square}$ である．　（23　金城学院大）

▶解答◀ （1） 白球を W，黒球を K とする．A に W が x 個，K が y 個，B に W が z 個，K が w 個入っている状態を $\begin{pmatrix} x & y \\ z & w \end{pmatrix}$ で表す．最初の状態は $\begin{pmatrix} 4 & 5 \\ 4 & 2 \end{pmatrix}$ である．

A の W と K の個数が初めと変わらないのは，A から取り出す球と同じ色の組合せで B から戻すときである．

（ア） {W, W} を取り出して戻すとき

$$\begin{pmatrix} 4 & 5 \\ 4 & 2 \end{pmatrix} \to \begin{pmatrix} 2 & 5 \\ 6 & 2 \end{pmatrix} \to \begin{pmatrix} 4 & 5 \\ 4 & 2 \end{pmatrix}$$

であるから，この確率は

$$\frac{{}_4\mathrm{C}_2}{{}_9\mathrm{C}_2} \cdot \frac{{}_6\mathrm{C}_2}{{}_8\mathrm{C}_2} = \frac{6 \cdot 15}{{}_9\mathrm{C}_2 \cdot {}_8\mathrm{C}_2} = \frac{90}{{}_9\mathrm{C}_2 \cdot {}_8\mathrm{C}_2}$$

（イ） {W, K} を取り出して戻すとき

$$\begin{pmatrix} 4 & 5 \\ 4 & 2 \end{pmatrix} \to \begin{pmatrix} 3 & 4 \\ 5 & 3 \end{pmatrix} \to \begin{pmatrix} 4 & 5 \\ 4 & 2 \end{pmatrix}$$

であるから，この確率は $\frac{4 \cdot 5}{{}_9\mathrm{C}_2} \cdot \frac{5 \cdot 3}{{}_8\mathrm{C}_2} = \frac{300}{{}_9\mathrm{C}_2 \cdot {}_8\mathrm{C}_2}$

（ウ） {K, K} を取り出して戻すとき

$$\begin{pmatrix} 4 & 5 \\ 4 & 2 \end{pmatrix} \to \begin{pmatrix} 4 & 3 \\ 4 & 4 \end{pmatrix} \to \begin{pmatrix} 4 & 5 \\ 4 & 2 \end{pmatrix}$$

であるから，この確率は

$$\frac{{}_5C_2}{{}_9C_2}\cdot\frac{{}_4C_2}{{}_8C_2}=\frac{10\cdot 6}{{}_9C_2\cdot{}_8C_2}=\frac{60}{{}_9C_2\cdot{}_8C_2}$$

（ア）〜（ウ）より $\dfrac{90+300+60}{{}_9C_2\cdot{}_8C_2}=\dfrac{450}{36\cdot 28}=\mathbf{\dfrac{25}{56}}$

（**2**）（エ） A から $\{W, W\}$ を取り出すとき，A の W の個数は初めよりも増加することはない．

（オ） A から $\{W, K\}$ を取り出すとき，W の個数が初めよりも増加するのは，B から $\{W, W\}$ を戻すときで

$$\begin{pmatrix}4&5\\4&2\end{pmatrix}\to\begin{pmatrix}3&4\\5&3\end{pmatrix}\to\begin{pmatrix}5&4\\3&3\end{pmatrix}$$

であるから，この確率は

$$\frac{4\cdot 5}{{}_9C_2}\cdot\frac{{}_5C_2}{{}_8C_2}=\frac{20\cdot 10}{{}_9C_2\cdot{}_8C_2}=\frac{200}{{}_9C_2\cdot{}_8C_2}$$

（カ） A から $\{K, K\}$ を取り出すとき，B から $\{W, W\}$ を戻して

$$\begin{pmatrix}4&5\\4&2\end{pmatrix}\to\begin{pmatrix}4&3\\4&4\end{pmatrix}\to\begin{pmatrix}6&3\\2&4\end{pmatrix}$$

または，B から $\{W, K\}$ を戻して

$$\begin{pmatrix}4&5\\4&2\end{pmatrix}\to\begin{pmatrix}4&3\\4&4\end{pmatrix}\to\begin{pmatrix}5&4\\3&3\end{pmatrix}$$

のとき，A の W は初めより増加する．この確率は

$$\frac{{}_5C_2}{{}_9C_2}\cdot\left(\frac{{}_4C_2}{{}_8C_2}+\frac{4\cdot 4}{{}_8C_2}\right)=\frac{10\cdot 22}{{}_9C_2\cdot{}_8C_2}=\frac{220}{{}_9C_2\cdot{}_8C_2}$$

（エ）〜（カ）より $\dfrac{200+220}{{}_9C_2\cdot{}_8C_2}=\dfrac{420}{36\cdot 28}=\mathbf{\dfrac{5}{12}}$

《ジャンケンの問題（B10）》

231．5 人でじゃんけんをする．一度じゃんけんで負けた人は，その時点でじゃんけんから抜ける．残りが 1 人になるまでじゃんけんを繰り返す．ただし，あいこの場合も 1 回のじゃんけんを行ったと数える．

（1） 1 回目終了時点でちょうど 4 人が残っている確率を求めよ．

（2） 2 回目終了時点でちょうど 4 人が残っている確率を求めよ． （23 青森公立大・経営経済）

▶解答◀ （1） 1 回目のジャンケンで 1 人だけが負ける確率 p を求める．手の出し方は全部で 3^5 通りある．5 人の手の出し方は，誰が負けるかで 5 通り，どの手で負けるかで 3 通りあって，それらが決まれば残りの人の手は確定するから，$5\cdot 3$ 通りある．

よって，求める確率は

$$p=\frac{5\cdot 3}{3^5}=\mathbf{\frac{5}{81}}$$

（**2**） 5 人のジャンケンでアイコになる確率を q，4 人のジャンケンでアイコになる確率を r とおく．2 回目終了時点でちょうど 4 人が残っているのは，人数の推移に着目すると，次の（ア），（イ）の場合がある．

（ア） 5 人 $\xrightarrow{q}$ 5 人 $\xrightarrow{p}$ 4 人

（イ） 5 人 $\xrightarrow{p}$ 4 人 $\xrightarrow{r}$ 4 人

q を求める．

5 人とも同じ手を出す場合，同じ手がどれかで 3 通りある．3 種の手がすべて出る場合，3 人が同じ手を出して残り 2 人が異なる手を出す，もしくは 2 人が同じ手を出してさらに 2 人がそれとは別の同じ手を出し残り 1 人が異なる手を出すときがある．

前者は 3 人の決め方が ${}_5C_3$ 通り，その手の決め方が 3 通りある．残り 2 人が残った 2 種の手を出すから，その出し方は 2 通りある．${}_5C_3\cdot 3\cdot 2=60$ 通りある．

後者は 4 人の決め方が ${}_5C_2\cdot{}_3C_2$ 通り，残り 1 人がどの手を出すかで 3 通りある．${}_5C_2\cdot{}_3C_2\cdot 3=90$ 通りある．

よって，$q=\dfrac{3+60+90}{3^5}=\dfrac{17}{27}$

r を求める．

4 人とも同じ手を出す場合，同じ手がどれかで 3 通りある．3 種の手がすべて出る場合，2 人が同じ手を出すから，その 2 人の決め方が ${}_4C_2$ 通り．その手の決め方が 3 通りある．残り 2 人が残った 2 種の手を出すから，その出し方は 2 通りある．

よって，$r=\dfrac{3+{}_4C_2\cdot 3\cdot 2}{3^4}=\dfrac{13}{27}$

以上より求める確率は

$$pq+pr=p(q+r)$$
$$=\frac{5}{81}\left(\frac{17}{27}+\frac{13}{27}\right)$$
$$=\frac{5}{81}\cdot\frac{10}{9}=\mathbf{\frac{50}{729}}$$

注意 n 人で 1 回ジャンケンをしてアイコになる確率は次のように考えることができる．

勝負が決まるのは，勝ちグループと負けグループに分かれるときである．たとえば勝ちグループがグー，負けグループがチョキのとき，n 人の手が何かで 2^n-2 通りある．各人はグーかチョキを出し，グーだけ，チョキだけのときを除くのである．「勝ちグループがチョキ，負けグループがパー」，「勝ちグループがパー，負けグループがグー」のときもある．n 人で 1 回ジャンケンをしてアイコになる確率は

$$1-\frac{3(2^n-2)}{3^n}=1-\frac{2^n-2}{3^{n-1}}$$

である．これを用いると

$$q=1-\frac{2^5-2}{3^4}=1-\frac{10}{27}=\frac{17}{27}$$

$$r=1-\frac{2^4-2}{3^3}=1-\frac{14}{27}=\frac{13}{27}$$

となる．

《6 の倍数 (B10) ☆》

232. 1 から 9 までの数字が書かれたカードが 9 枚ある．この中から同時に 3 枚のカードを選び出すとき，書かれた数字の和が 6 の倍数である確率を求めよ． (23 愛知医大・看護)

▶解答◀ 1~9 を 3 で割った剰余で分類し

$R_1 = \{1, 4, 7\}$, $R_2 = \{2, 5, 8\}$, $R_0 = \{3, 6, 9\}$

とする．1~9 のカードから 3 枚を選ぶ組合せは全部で ${}_9C_3 = \frac{9 \cdot 8 \cdot 7}{3 \cdot 2 \cdot 1} = 84$ 通りある．カードに書かれた数を a, b, c とする．$a + b + c$ が 6 の倍数となるのは

$a + b + c$ が 3 の倍数 ……………………………①

かつ $a + b + c$ が偶数

になるときである．① になるのは次の 4 タイプがある．

（ア） R_1 から 3 つとる．

（イ） R_2 から 3 つとる．

（ウ） R_0 から 3 つとる．

（エ） R_1, R_2, R_3 から 1 つずつとる．

（ア）のとき $a + b + c = 1 + 4 + 7 = 12$ は 6 の倍数

（イ）のとき $a + b + c = 15$ は 6 の倍数でない．

（ウ）のとき $a + b + c = 18$ は 6 の倍数

（エ）のとき $a + b + c$ が偶数となるのは a, b, c が 3 つとも偶数か，偶数 1 つと奇数 2 つのときである．前者は 4 と 2 と 6 または 4 と 8 と 6 をとるときであり，後者は図のようになるときである．

以上 $2 + 2 + 2 + 4 \cdot 2 + 2 = 16$ 通りある．求める確率は $\frac{16}{84} = \mathbf{\frac{4}{21}}$

偶数　奇数　奇数

4 — 5 < 3, 9　（偶数を R_1 からとり，R_2, R_0 から奇数をとる）

2 < 1 < 3, 9 ／ 7 < 3, 9　（偶数を R_2 の2をとり，R_1, R_0 から奇数をとる）

8 < 1 < 3, 9 ／ 7 < 3, 9　（偶数を R_2 の8をとり，R_1, R_0 から奇数をとる）

6 < 1 — 5 ／ 7 — 5　（偶数を R_0 からとり，R_1, R_2 から奇数をとる）

《3 で割った余りで分類 (B10)》

233. 1 から 9 までの番号が 1 つずつ書かれた 9 枚のカードが箱に入っている．箱から同時に 2 枚のカードを取り出し，取り出した 2 枚のカードの番号の和を S とする．次の問いに答えなさい．

（1） S が 3 の倍数になる確率を求めなさい．

（2） S が素数になる確率を求めなさい．

（3） $\sqrt{S^2 + 36}$ が整数になる確率を求めなさい．

(23 秋田大・前期)

▶解答◀ （1） 2 枚のカードの組合せは全部で ${}_9C_2 = 36$ 通りある．

9 枚を 3 で割った余りで分類し $R_1 = \{1, 4, 7\}$, $R_2 = \{2, 5, 8\}$, $R_0 = \{3, 6, 9\}$ とする．

R_0 から 2 枚取り出すか，R_1, R_2 から 1 枚ずつ取り出すときである．求める確率は，

$$\frac{{}_3C_2 + 3 \cdot 3}{9 \cdot 4} = \frac{3 + 3 \cdot 3}{9 \cdot 4} = \mathbf{\frac{1}{3}}$$

（**2**） S が素数になるのは，

$3 = 1 + 2$,

$5 = 1 + 4 = 2 + 3$,

$7 = 1 + 6 = 2 + 5 = 3 + 4$,

$11 = 2 + 9 = 3 + 8 = 4 + 7 = 5 + 6$,

$13 = 4 + 9 = 5 + 8 = 6 + 7$,

$17 = 8 + 9$

の計 14 通りある．求める確率は $\frac{14}{9 \cdot 4} = \mathbf{\frac{7}{18}}$ である．

（**3**） $\sqrt{S^2 + 36} = n$ とおく．n は自然数である．

$n^2 - S^2 = 36$

$(n + S)(n - S) = 36$

$(n+S) + (n-S) = 2n$ は偶数であるから $n+S$ と $n-S$ の偶奇は一致し，積が偶数であるから両方とも偶数である．$0 < n - S < n + S$ であるから

$(n + S, n - S) = (18, 2)$

$n = 10, S = 8$

$S = 8$ となるのは

$8 = 1 + 7 = 2 + 6 = 3 + 5$

のときである．求める確率は $\frac{3}{9 \cdot 4} = \mathbf{\frac{1}{12}}$ である．

《3 つ選ぶ (B2)》

234. n を 4 以上の自然数とする．$1, 2, \cdots, n$ から異なる 3 つの数を無作為に選び，それらを小さい順に並べかえたものを，$X_1 < X_2 < X_3$ とするとき，$X_2 = 4$ となる確率を求めよ．(23 釧路公立大)

▶解答◀ (X_1, X_2, X_3) は全部で ${}_nC_3$ 通りある．このうち $X_2 = 4$ のとき，X_1 は 1~3 の 3 通り，

X_3 は 5〜n の $n-4$ 通りである．求める確率は

$$\frac{3(n-4)}{{}_n\mathrm{C}_3}=\frac{3(n-4)}{\frac{n(n-1)(n-2)}{6}}$$

$$=\boldsymbol{\frac{18(n-4)}{n(n-1)(n-2)}}$$

《幅を広げる (B5) ☆》

235．1 から 7 までの番号が 1 つずつ書かれた 7 枚のカードの中から 1 枚のカードを引き，書かれた番号を調べてもとに戻す．この試行を 3 回繰り返し，1 回目，2 回目，3 回目に引いたカードの番号を順に a, b, c とする．このとき，$a<b<c$ となる確率は □ であり，$a \leqq b \leqq c$ となる確率は □ である．　（23　愛媛大・後期）

▶解答◀　(a, b, c) は全部で $7^3=343$ 通りある．このうち $a<b<c$ となるのは 1〜7 から異なる 3 つを選び，小さい順に a, b, c とすると考え，${}_7\mathrm{C}_3=35$ 通りある．よって，$a<b<c$ となる確率は $\frac{35}{343}=\boldsymbol{\frac{5}{49}}$ である．

$1 \leqq a \leqq b \leqq c \leqq 7$ のとき $1 \leqq a<b+1<c+2 \leqq 9$ であり，$a, b+1, c+2$ は 1〜9 から異なる 3 つの自然数を選ぶと考え，(a, b, c) は ${}_9\mathrm{C}_3=\frac{9\cdot8\cdot7}{3\cdot2\cdot1}=84$ 通りある．$a \leqq b \leqq c$ となる確率は $\frac{84}{343}=\boldsymbol{\frac{12}{49}}$ である．

《3 個の最大 (B10)》

236．大中小 3 つのさいころを同時に投げ，出た目をそれぞれ a, b, c とする．

（1） a, b, c がすべて 15 の約数である確率を求めよ．

（2） a, b, c がすべて異なる確率を求めよ．

（3） a, b, c の最大値が 4 である確率を求めよ．

（23　学習院大・法）

▶解答◀　（1） 15 の約数は 1，3，5，15 である．これらのうち，サイコロの目である 1，3，5 の目のみが出る確率は

$$\frac{3^3}{6^3}=\boldsymbol{\frac{1}{8}}$$

（2） a はなんでもよく，b は a 以外の目になり（確率 $\frac{5}{6}$），c は a, b 以外の目になる（確率 $\frac{4}{6}$）ときで，

$$1\cdot\frac{5}{6}\cdot\frac{4}{6}=\boldsymbol{\frac{5}{9}}$$

（3） 出る目の最大値が 4 である確率は，3 つとも 4 以下になる確率から，3 つとも 3 以下になる確率を引いたもので

$$\left(\frac{4}{6}\right)^3-\left(\frac{3}{6}\right)^3=\frac{64-27}{216}=\boldsymbol{\frac{37}{216}}$$

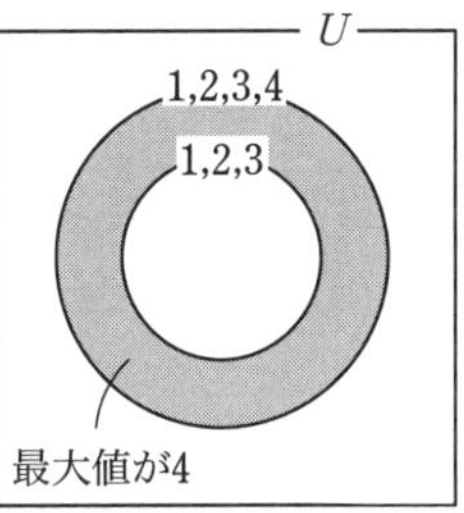

《3 個の和と積 (B10) ☆》

237．3 個のサイコロ A，B，C を同時に振って出た目をそれぞれ a, b, c とするとき，次の確率を求めなさい．

（1） $a+b+c=10$ となる確率

（2） $a<b<c$ となる確率

（3） 積 abc が偶数となる確率

（4） 積 abc が偶数になったとき，b が奇数である条件つき確率　（23　福岡歯科大）

▶解答◀　（1） (a, b, c) は $6^3=216$ 通りある．a, b, c の組合せを $\{a, b, c\}$ で表す．目の和が 10 になる目は，$\{a, b, c\}=\{1, 3, 6\}$ のとき (a, b, c) は $3!=6$ 通りできる．$\{1, 4, 5\}$，$\{2, 3, 5\}$ について，同様に $3!$ 通りある．$\{a, b, c\}=\{2, 2, 6\}$ のとき (a, b, c) は 3 通りできる．$\{2, 4, 4\}$，$\{3, 3, 4\}$ について，同様に 3 通りある．したがって $\frac{3\cdot6+3\cdot3}{216}=\frac{27}{216}=\boldsymbol{\frac{1}{8}}$

（2） 1〜6 から異なる 3 個を選び，小さい順に a, b, c とする．目の組合せは ${}_6\mathrm{C}_3=\frac{6\cdot5\cdot4}{3\cdot2\cdot1}=20$ 通りある．したがって $\frac{20}{216}=\boldsymbol{\frac{5}{54}}$

（3） abc が偶数になる事象を G(偶数) とする．G は「a, b, c の少なくとも 1 つが偶数になる」ときであり，その余事象は「a, b, c のすべてが奇数になる」である．したがって

$$P(G)=1-P(\overline{G})=1-\left(\frac{3}{6}\right)^3$$

$$=1-\frac{1}{8}=\boldsymbol{\frac{7}{8}}$$

（4） b が奇数である事象を B とする．$G\cap B$ は「b が奇数で，ac は偶数になる」である．ac が偶数になる事象は「a, c がともに奇数になる」ときの余事象を考えて

$$P(G\cap B)=\left\{1-\left(\frac{1}{2}\right)^2\right\}\cdot\frac{1}{2}=\frac{3}{4}\cdot\frac{1}{2}=\frac{3}{8}$$

したがって

$$P_G(B)=\frac{P(G\cap B)}{P(G)}=\frac{\frac{3}{8}}{\frac{7}{8}}=\boldsymbol{\frac{3}{7}}$$

♦別解♦　（1） ○を 10 個並べてその間（9 か所ある）

から2か所を選んで（その組合せは${}_9C_2$通りある）2本の仕切りを入れ，1本目から左の○の個数をa，1本目と2本目の間の○の個数をb，残りの○の個数をcとする．たとえば

$$\underbrace{\bigcirc\bigcirc}_{a=2}|\underbrace{\bigcirc\bigcirc\bigcirc}_{b=3}|\underbrace{\bigcirc\bigcirc\bigcirc\bigcirc\bigcirc}_{c=5}$$

図のようになる．${}_9C_2=36$通りの中にはたとえば$a\geqq 7$のものがあり，そのとき$(a-6)+b+c=4$として，${}_3C_2=3$通りある．$b\geqq 7$, $c\geqq 7$のときもあるから${}_9C_2-3\cdot 3=27$通りが適する．答えは同じである．

（**4**）aが偶数，奇数であることをそれぞれ○，×と表す．積a, b, cが偶数になるとき

a	b	c
○	○	○
○	○	×
○	×	○
×	○	○
○	×	×
×	○	×
×	×	○

の7通りがあり，このうちbが奇数なのは3通りあるから，求める確率は$\boldsymbol{\dfrac{3}{7}}$

《玉の取り出し（B10）》

238. 赤球2個と白球4個が入っている袋Aと，赤球3個と白球2個が入っている袋Bがある．このとき，次の問に答えよ．

（1）袋A，袋Bそれぞれから球を1個ずつ取り出すとき，取り出した2個の球の色が異なる確率を求めよ．

（2）袋A，袋Bそれぞれから球を2個ずつ取り出すとき，取り出した4個の球の色がすべて同じである確率を求めよ．

（3）袋Aから2個の球を取り出して袋Bに入れ，よくかき混ぜて，袋Bから2個の球を取り出して袋Aに入れる．このとき，袋Aの白球の個数が4個になる確率を求めよ．

（23　香川大・創造工，法，教，医-臨床，農）

▶解答◀（**1**）取り出す2個の球の色が異なるのは，「袋Aから赤球，袋Bから白球」または「袋Aから白球，袋Bから赤球」のいずれかの場合であるから，求める確率は$\dfrac{2}{6}\cdot\dfrac{2}{5}+\dfrac{4}{6}\cdot\dfrac{3}{5}=\dfrac{16}{30}=\boldsymbol{\dfrac{8}{15}}$

（**2**）取り出す4個の球の色がすべて同じであるのは，「袋Aから赤球2個，袋Bから赤球2個」または「袋Aから白球2個，袋Bから白球2個」のいずれかの場合であるから，求める確率は

$$\frac{{}_2C_2}{{}_6C_2}\cdot\frac{{}_3C_2}{{}_5C_2}+\frac{{}_4C_2}{{}_6C_2}\cdot\frac{{}_2C_2}{{}_5C_2}=\frac{1}{15}\cdot\frac{3}{10}+\frac{6}{15}\cdot\frac{1}{10}$$
$$=\frac{9}{150}=\boldsymbol{\frac{3}{50}}$$

（**3**）袋Aの白球の個数が4個になるのは

（ア）袋Aから赤球2個を取り出し，袋Bから赤球2個を取り出す．

（イ）袋Aから赤球，白球を1個ずつ取り出し，袋Bから赤球，白球を1個ずつ取り出す．

（ウ）袋Aから白球2個を取り出し，袋Bから白球2個を取り出す．

これらのいずれかであるから，求める確率は

$$\frac{{}_2C_2}{{}_6C_2}\cdot\frac{{}_5C_2}{{}_7C_2}+\frac{{}_2C_1\cdot{}_4C_1}{{}_6C_2}\cdot\frac{{}_4C_1\cdot{}_3C_1}{{}_7C_2}+\frac{{}_4C_2}{{}_6C_2}\cdot\frac{{}_4C_2}{{}_7C_2}$$
$$=\frac{1}{15}\cdot\frac{10}{21}+\frac{8}{15}\cdot\frac{12}{21}+\frac{6}{15}\cdot\frac{6}{21}=\boldsymbol{\frac{142}{315}}$$

《玉の取り出し（B10）》

239. Aの袋には白玉がw個，青玉がb個入っていて，Bの袋にも白玉がw個，青玉がb個入っている．次の問いに答えよ．ただし，w, bはそれぞれ自然数とする．

（1）Aの袋から玉を2個同時に取り出したとき，白玉，青玉が1個ずつ取り出される確率を求めよ．

（2）Aの袋から玉を2個同時に取り出し，それらをBの袋に入れる．よくかき混ぜてBの袋から玉を1個取り出したとき，この玉が白玉である確率を求めよ．

（23　福岡教育大・中等）

▶解答◀（**1**）Aの袋の中にある$w+b$個の玉から2個を取り出すとき，その組合せは${}_{w+b}C_2$通りあり，このうち白玉1個と青玉1個を取り出すのは$w\cdot b$通りあるから，求める確率は

$$\frac{wb}{{}_{w+b}C_2}=\boldsymbol{\frac{2wb}{(w+b)(w+b-1)}}$$

（**2**）（ア）Aの袋から白玉2個を取り出すとき

Bの袋には白玉$w+2$個，青玉b個入っているから，Bから白玉を取り出す確率は，$w\geqq 2$で

$$\frac{{}_wC_2}{{}_{w+b}C_2}\cdot\frac{w+2}{w+b+2}$$
$$=\frac{w(w-1)(w+2)}{(w+b)(w+b-1)(w+b+2)}$$

結果は$w=1$としても成り立つ．

（イ）Aの袋から白玉1個と青玉1個を取り出すとき

Bの袋には白玉$w+1$個，青玉$b+1$個入っているから，（1）から，Bから白玉を取り出す確率は

$$\frac{2wb}{(w+b)(w+b-1)}\cdot\frac{w+1}{w+b+2}$$

$$= \frac{2wb(w+1)}{(w+b)(w+b-1)(w+b+2)}$$

（ウ） Aの袋から青玉2個を取り出すとき

Bの袋には白玉 w 個，青玉 $b+2$ 個入っているから，Bから白玉を取り出す確率は，$b \geqq 2$ で

$$\frac{{}_b\mathrm{C}_2}{{}_{w+b}\mathrm{C}_2} \cdot \frac{w}{w+b+2}$$

$$= \frac{wb(b-1)}{(w+b)(w+b-1)(w+b+2)}$$

結果は $b=1$ としても成り立つ．

（ア）〜（ウ）より

$$\frac{w(w-1)(w+2)+2wb(w+1)+wb(b-1)}{(w+b)(w+b-1)(w+b+2)}$$

$$= \frac{w\{(w-1)(w+2)+(2w+1)b+b^2\}}{(w+b)(w+b-1)(w+b+2)}$$

$$= \frac{w(w-1+b)(w+2+b)}{(w+b)(w+b-1)(w+b+2)} = \boldsymbol{\frac{w}{w+b}}$$

《ベン図で考える（B10）☆》

240．箱の中に，1から8までの赤色の番号札8枚と，1から8までの青色の番号札8枚が入っている．この箱から番号札を3枚引くとき，次の問いに答えよ．

（1） 3枚とも同じ色の札である確率を求めよ．

（2） 3枚が連続した数である確率を求めよ．

（3） 3枚が同じ色であり，かつ連続した数である確率を求めよ．

（4） 3枚が同じ色であるか，または連続した数である確率を求めよ．

（5） 3枚のうち，2枚が同じ数である確率を求めよ．

（23 広島市立大）

▶解答◀ （1） 3枚の組合せは全部で

$${}_{16}\mathrm{C}_3 = \frac{16\cdot15\cdot14}{3\cdot2\cdot1} = 16\cdot5\cdot7$$

通りある．これが赤3枚または青3枚になるのは

${}_8\mathrm{C}_3\cdot2 = \frac{8\cdot7\cdot6}{3\cdot2\cdot1}\cdot2 = 8\cdot7\cdot2$ 通りある．

求める確率は $\frac{8\cdot7\cdot2}{16\cdot5\cdot7} = \boldsymbol{\frac{1}{5}}$

（2） 連続する3数の組合せは $\{1, 2, 3\}$，$\{2, 3, 4\}$，$\{3, 4, 5\}$，$\{4, 5, 6\}$，$\{5, 6, 7\}$，$\{6, 7, 8\}$ の6つある．たとえばこれが $\{1, 2, 3\}$ のとき，1は2枚あるうちのどちらか，2も，3も2通りずつあるから，求める確率は

$$\frac{6\cdot2^3}{{}_{16}\mathrm{C}_3} = \frac{6\cdot8}{16\cdot5\cdot7} = \boldsymbol{\frac{3}{35}}$$

（3） （2）において，たとえば $\{1, 2, 3\}$ のとき，これが赤の $\{1, 2, 3\}$ か，青の $\{1, 2, 3\}$ かで2通りある．求める確率は

$$\frac{6\cdot2}{{}_{16}\mathrm{C}_3} = \boldsymbol{\frac{3}{140}}$$

（4） 同じ色であるという事象を A，3枚が連続した数であるという事象を B とおく．（1）〜（3）より

$$P(A) = \frac{1}{5},\ P(B) = \frac{3}{35},\ P(A\cap B) = \frac{3}{140}$$

であるから，求める確率は

$$P(A\cup B) = P(A)+P(B)-P(A\cap B)$$

$$= \frac{1}{5}+\frac{3}{35}-\frac{3}{140} = \boldsymbol{\frac{37}{140}}$$

（5） 同じ番号が何かで8通りある．たとえばこれが1のとき赤の1と青の1，他の14枚のうちの1枚をとると考え $8\cdot14$ 通りある．

$$\frac{8\cdot14}{{}_{16}\mathrm{C}_3} = \frac{8\cdot14}{16\cdot5\cdot7} = \boldsymbol{\frac{1}{5}}$$

《余事象（B3）》

241．n を自然数とする．1個のさいころを n 回投げるとき，出た目の積が5で割り切れる確率を求めよ．

（23 京大・前期）

▶解答◀ 余事象は n 回とも5以外のいずれかが出るという事象で，その確率は $\left(\frac{5}{6}\right)^n$ である．よって，求める確率は $\boldsymbol{1-\left(\frac{5}{6}\right)^n}$ である．

《軸の位置で分類（B10）☆》

242．サイコロを2回振るとき，次の条件が成り立つ確率を求めなさい．

条件

1回目に出た目を a，2回目に出た目を b とするとき，0以上の任意の整数 n に対し $n^2-an+b \geqq 0$ が成立する．

（23 福島大・人間発達文化）

▶解答◀ $f(x) = x^2-ax+b$ とおく．

$$f(x) = \left(x-\frac{a}{2}\right)^2+b-\frac{a^2}{4}$$

$$f\left(\frac{a-1}{2}\right) = f\left(\frac{a+1}{2}\right) = b-\frac{a^2}{4}+\frac{1}{4}$$

$$f\left(\frac{a}{2}\right) = b-\frac{a^2}{4}$$

である．a が自然数であるから $\frac{a}{2}$ は整数または半整数（整数 $+\frac{1}{2}$ の形の数）であることに注意する．0以上の任意の整数 n に対して $f(n) \geqq 0$ となる条件は

a が奇数のとき $f\left(\frac{a+1}{2}\right) \geqq 0$

a が偶数のとき $f\left(\frac{a}{2}\right) \geqq 0$

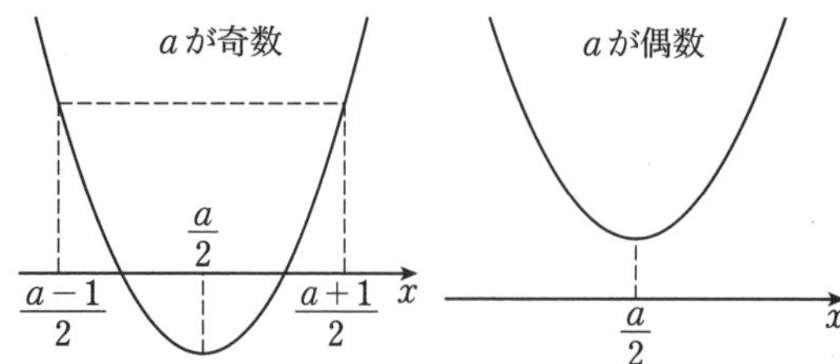

aが奇数のとき$b \geqq \frac{1}{4}(a^2-1)$

aが偶数のとき$b \geqq \frac{a^2}{4}$ である．

$a=1$のとき$b \geqq 0$で$b=1\sim6$

$a=3$のとき$b \geqq 2$で$b=2\sim6$

$a=5$のとき$b \geqq 6$で$b=6$

$a=2$のとき$b \geqq 1$で$b=1\sim6$

$a=4$のとき$b \geqq 4$で$b=4, 5, 6$

$a=6$のとき$b \geqq 9$で成立しない．

求める確率は

$$\frac{6+5+1+6+3}{36}=\frac{21}{36}=\mathbf{\frac{7}{12}}$$

《三角不等式と広げる (B20) ☆》

243. nを2以上の自然数とする．1個のさいころをn回投げて出た目の数を順に$a_1, a_2, \cdots, a_n$とし，

$$K_n=|1-a_1|+|a_1-a_2|+\cdots+|a_{n-1}-a_n|+|a_n-6|$$

とおく．またK_nのとりうる値の最小値をq_nとする．

（1） $K_2=5$となる確率を求めよ．

（2） $K_3=5$となる確率を求めよ．

（3） q_nを求めよ．また$K_n=q_n$となるための$a_1, a_2, \cdots, a_n$に関する必要十分条件を求めよ．

（23　北海道大・文系）

▶解答◀ 組$(a_1, a_2, \cdots, a_n)$は6^n通りある．

（**1**） $|1-a_1|+|a_1-a_2|+|a_2-6|$

は数直線上で，点1から点a_1，点a_1から点a_2，点a_2から点6までの距離の合計を表す．シグザグすると距離が長くなる．移動距離が最短になるときを考え，

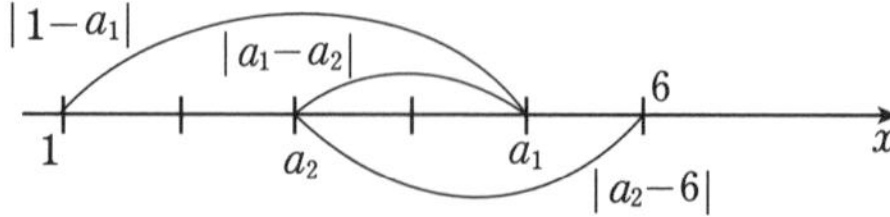

$$|1-a_1|+|a_1-a_2|+|a_2-6| \geqq 6-1=5$$

であり，等号は$1 \leqq a_1 \leqq a_2 \leqq 6$と一直線上に並ぶときである．これを続けると，以下の設問で，

$$1 \leqq a_1 \leqq a_2 \leqq 6$$

$$1 \leqq a_1 \leqq a_2 \leqq a_3 \leqq 6$$

$$1 \leqq a_1 \leqq a_2 \leqq \cdots \leqq a_n \leqq 6$$

になるときであることは明白である．以下では，このことを使わないで説明する．

$K_2=5$のとき

$$|1-a_1|+|a_1-a_2|+|a_2-6|=5$$

三角不等式より，

$$5=|1-a_1|+|a_1-a_2|+|a_2-6|$$
$$\geqq |(1-a_1)+(a_1-a_2)+(a_2-6)|=5$$

である．等号成立は，

$$1-a_1,\ a_1-a_2,\ a_2-6$$

がすべて同符号のときであり，$1-a_1 \leqq 0, a_2-6 \leqq 0$であることから，これらがすべて0以下であること，すなわち

$$1 \leqq a_1 \leqq a_2 \leqq 6$$

となるときである．$1 \leqq a_1 < a_2+1 \leqq 7$

(a_1, a_2+1)は1から7までの自然数の中の異なる2数であるから(a_1, a_2+1)は${}_7\mathrm{C}_2=21$通りある．よって，$K_2=5$となる確率は$\frac{21}{6^2}=\mathbf{\frac{7}{12}}$である．

（**2**） $K_3=5$のとき

$$|1-a_1|+|a_1-a_2|+|a_2-a_3|+|a_3-6|=5$$

三角不等式より，

$$5=|1-a_1|+|a_1-a_2|+|a_2-a_3|+|a_3-6|$$
$$\geqq |(1-a_1)+(a_1-a_2)+(a_2-a_3)+(a_3-6)|=5$$

等号が成り立つから，

$$1-a_1,\ a_1-a_2,\ a_2-a_3,\ a_3-6$$

がすべて同符号であり，$1-a_1 \leqq 0, a_3-6 \leqq 0$であることから，これらがすべて0以下であること，すなわち

$$1 \leqq a_1 \leqq a_2 \leqq a_3 \leqq 6$$

となるときである．

$$1 \leqq a_1 < a_2+1 < a_3+2 \leqq 8$$

(a_1, a_2+1, a_3+2)は1，…，8から選ぶ3つの自然数であり，$K_3=5$となる確率は$\frac{56}{6^3}=\mathbf{\frac{7}{27}}$である．

（**3**） （1）と同様に考えると，三角不等式より

$$K_n \geqq |(1-a_1)+(a_1-a_2)+\cdots+(a_n-6)|=5$$

であり，等号成立は，

$$1-a_1,\ a_1-a_2, \cdots,\ a_n-6$$

がすべて同符号のとき，すなわち

$$\mathbf{1 \leqq a_1 \leqq a_2 \leqq \cdots \leqq a_n \leqq 6}$$

となるときである．$q_n=\mathbf{5}$である．

《漸化式で計算する (B20) ☆》

244. A, B の 2 人が，はじめに，A は 2 枚の硬貨を，B は 1 枚の硬貨を持っている．2 人は次の操作 (P) を繰り返すゲームを行う．

(P) 2 人は持っている硬貨すべてを同時に投げる．それぞれが投げた硬貨のうち表が出た硬貨の枚数を数え，その枚数が少ない方が相手に 1 枚の硬貨を渡す．表が出た硬貨の枚数が同じときは硬貨のやりとりは行わない

操作 (P) を繰り返し，2 人のどちらかが持っている硬貨の枚数が 3 枚となった時点でこのゲームは終了する．操作 (P) を n 回繰り返し行ったとき，A が持っている硬貨の枚数が 3 枚となってゲームが終了する確率を p_n とする．ただし，どの硬貨も 1 回投げたとき，表の出る確率は $\frac{1}{2}$ とする．以下の問に答えよ．

(1) p_1 の値を求めよ．

(2) p_2 の値を求めよ．

(3) p_3 の値を求めよ．（23 神戸大・文系）

▶解答◀ A が a 枚，B が b 枚持っている状態を (a, b) とかくことにする．

(1) $(2, 1) \to (3, 0)$ となる確率を考える．これは次のような場合がある．

- A の硬貨が 2 枚とも表のとき：

この確率は $\left(\frac{1}{2}\right)^2 = \frac{1}{4}$ である．

- A の硬貨が 1 枚だけ表で，B の硬貨が裏のとき：この確率は $2\left(\frac{1}{2}\right)\left(\frac{1}{2}\right)\cdot\frac{1}{2} = \frac{1}{4}$ である．

よって，$(2, 1) \to (3, 0)$ となる確率は $\frac{1}{4} + \frac{1}{4} = \frac{1}{2}$ であり，$p_1 = \boldsymbol{\frac{1}{2}}$ である．

(2) $(2, 1) \to (1, 2)$ となる確率を考える．これは A の硬貨が 2 枚とも裏で，B の硬貨が表のときであるから，$\left(\frac{1}{2}\right)^2\cdot\frac{1}{2} = \frac{1}{8}$ である．余事象を考えると $(2, 1) \to (2, 1)$ となる確率は $1 - \frac{1}{2} - \frac{1}{8} = \frac{3}{8}$ である．A と B は対称であるから，遷移図は次のようになる．

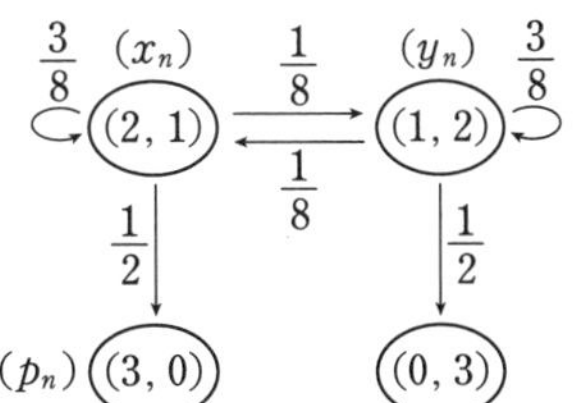

n 回後に $(2, 1), (1, 2)$ になる確率を順に x_n, y_n とすると $x_0 = 1, y_0 = 0$ として

$$x_{n+1} = \frac{3}{8}x_n + \frac{1}{8}y_n$$

$$y_{n+1} = \frac{1}{8}x_n + \frac{3}{8}y_n$$

となる．$p_{n+1} = \frac{1}{2}x_n$ である．

$x_1 = \frac{3}{8}x_0 + \frac{1}{8}y_0 = \frac{3}{8}, y_1 = \frac{1}{8}x_0 + \frac{3}{8}y_0 = \frac{1}{8}$

$x_2 = \frac{3}{8}x_1 + \frac{1}{8}y_1 = \frac{10}{64}, y_2 = \frac{1}{8}x_1 + \frac{3}{8}y_1 = \frac{6}{64}$

よって，$p_2 = \frac{1}{2}x_1 = \boldsymbol{\frac{3}{16}}$ である．

(3) $p_3 = \frac{1}{2}x_2 = \boldsymbol{\frac{5}{64}}$

注意 【一般項】

$$x_{n+1} + y_{n+1} = \frac{1}{2}(x_n + y_n)$$

$$x_{n+1} - y_{n+1} = \frac{1}{4}(x_n - y_n)$$

数列 $\{x_n + y_n\}$，$\{x_n - y_n\}$ は等比数列をなし，

$$x_n + y_n = \left(\frac{1}{2}\right)^n(x_0 + y_0) = \left(\frac{1}{2}\right)^n$$

$$x_n - y_n = \left(\frac{1}{4}\right)^n(x_0 - y_0) = \left(\frac{1}{4}\right)^n$$

$$x_n = \frac{1}{2}\left\{\left(\frac{1}{2}\right)^n + \left(\frac{1}{4}\right)^n\right\}$$

$n \geqq 1$ のとき $p_n = \frac{1}{2}x_{n-1} = \left(\frac{1}{2}\right)^{n+1} + \left(\frac{1}{4}\right)^n$

《カードの列を考える (B20) ☆》

245. 数字 1 が書かれた球が 2 個，数字 2 が書かれた球が 2 個，数字 3 が書かれた球が 2 個，数字 4 が書かれた球が 2 個，合わせて 8 個の球が袋に入っている．カードを 8 枚用意し，次の試行を 8 回行う．

袋から球を 1 個取り出し，数字 k が書かれていたとき，

- 残っているカードの枚数が k 以上の場合，カードを 1 枚取り除く．
- 残っているカードの枚数が k 未満の場合，カードは取り除かない．

(1) 取り出した球を毎回袋の中に戻すとき，8 回の試行のあとでカードが 1 枚だけ残っている確率を求めよ．

(2) 取り出した球を袋の中に戻さないとき，8 回の試行のあとでカードが残っていない確率を求めよ．（23 名古屋大・前期）

▶解答◀ (1) 1 回目の試行を行うとき，残っているカードの枚数は 8 である．数字 k の球を取り出すとする．$k = 1, 2, 3, 4$ であるから，k がいくつであっても $8 \geqq k$ であり，カードを 1 枚取り除く．

2回目の試行を行うとき，残っているカードの枚数は7である．数字kの球を取り出すとすると，kがいくつであっても$7 \geqq k$であるから，カードを1枚取り除く．

同様にして，5回目までは必ずカードを1枚取り除く．

6回目の試行を行うとき，残っているカードの枚数は3である．6回目も含めて3回の試行が残っているから，8回の試行のあとでカードが1枚だけ残っているのは，その3回の試行のうち1回だけカードを取り除かないときである．よって，6回目以降の各試行後のカードの枚数の変化は

$$3 \to 2 \to 1 \to 1,\ 3 \to 2 \to 2 \to 1,\ 3 \to 3 \to 2 \to 1$$

のいずれかである．必要な確率を求めておく．

$3 \to 2$となるのは，1か2か3の球を取り出す場合で，この確率は$\frac{6}{8} = \frac{3}{4}$である．

$3 \to 3$となるのは，4の球を取り出す場合で，この確率は$\frac{2}{8} = \frac{1}{4}$である．

$2 \to 1$となるのは，1か2の球を取り出す場合で，この確率は$\frac{4}{8} = \frac{1}{2}$である．

$2 \to 2$となるのは，3か4の球を取り出す場合で，この確率は$\frac{4}{8} = \frac{1}{2}$である．

$1 \to 1$となるのは，2か3か4の球を取り出す場合で，この確率は$\frac{6}{8} = \frac{3}{4}$である．

求める確率は

$$\frac{3}{4} \cdot \frac{1}{2} \cdot \frac{3}{4} + \frac{3}{4} \cdot \frac{1}{2} \cdot \frac{1}{2} + \frac{1}{4} \cdot \frac{3}{4} \cdot \frac{1}{2}$$
$$= \frac{9+6+3}{32} = \frac{18}{32} = \mathbf{\frac{9}{16}}$$

(2) 袋から1個ずつ球を取り出していくとき，8個の球の順列は8!通りある．このうち，8回連続でカードを取り除く順列の数を求める．最後から考えていく．

（ア） 8回目の試行を行うとき

残っているカードの枚数は1である．これを取り除くのは1の球を取り出すときで，2通りある．

（イ） 7回目の試行を行うとき

残っているカードの枚数は2である．カードを1枚取り除くのは1か2の球を取り出すときで，（ア）で取り出す球以外であるから，3通りある．

（ウ） 6回目の試行を行うとき

残っているカードの枚数は3である．カードを1枚取り除くのは1か2か3の球を取り出すときで，（ア），（イ）で取り出す球以外であるから，4通りある．

（エ） 5回目の試行を行うとき

残っているカードの枚数は4である．どの球を取り出してもカードを取り除くから，（ア），（イ），（ウ）で取り出す球以外の5通りある．

（オ） 4～1回目の試行を行うとき

残っているカードの枚数は5以上である．どの球を取り出してもカードを取り除くから，4，3，2，1回目はそれぞれ4，3，2，1通りある．

以上より，求める確率は

$$\frac{2 \cdot 3 \cdot 4 \cdot 5 \cdot 4 \cdot 3 \cdot 2 \cdot 1}{8!} = \frac{2 \cdot 3 \cdot 4}{8 \cdot 7 \cdot 6} = \mathbf{\frac{1}{14}}$$

《玉の取り出し (B10)》

246．箱の中に金色の球が1個，銀色の球が3個，白色の球が8個，計12個の球が入っている．さらに金色の球は1個で景品と交換でき，銀色の球は2個で景品と交換できる．このとき，次の問いに答えなさい．

（1） この箱から2個の球を同時に取り出すとき，景品がもらえる確率を求めなさい．

（2） この箱から3個の球を同時に取り出すとき，景品がもらえる確率を求めなさい．

（3） この箱から4個の球を同時に取り出すとき，景品がもらえる確率を求めなさい．

（23 尾道市立大）

▶解答◀ 取り出す金色，銀色，白色の球の個数をそれぞれa, b, cとおく．余事象を考える．

景品がもらえないのは$(a, b, c) = (0, 1, 1), (0, 0, 2)$のときだから，求める確率は

$$1 - \frac{3 \cdot 8 + {}_8\mathrm{C}_2}{{}_{12}\mathrm{C}_2} = 1 - \frac{3 \cdot 8 + 4 \cdot 7}{6 \cdot 11} = \mathbf{\frac{7}{33}}$$

景品がもらえないのは$(a, b, c) = (0, 1, 2), (0, 0, 3)$のときだから，求める確率は

$$1 - \frac{3 \cdot {}_8\mathrm{C}_2 + {}_8\mathrm{C}_3}{{}_{12}\mathrm{C}_3} = 1 - \frac{3 \cdot 4 \cdot 7 + 8 \cdot 7}{2 \cdot 11 \cdot 10} = 1 - \frac{7}{11} = \mathbf{\frac{4}{11}}$$

景品がもらえないのは$(a, b, c) = (0, 1, 3), (0, 0, 4)$のときだから，求める確率は

$$1 - \frac{3 \cdot {}_8\mathrm{C}_3 + {}_8\mathrm{C}_4}{{}_{12}\mathrm{C}_4} = 1 - \frac{3 \cdot 8 \cdot 7 + 7 \cdot 2 \cdot 5}{11 \cdot 5 \cdot 9}$$
$$= 1 - \frac{238}{495} = \mathbf{\frac{257}{495}}$$

《玉の取り出し (B20) ☆》

247．赤球4個と白球6個が入った袋がある．このとき，次の問に答えよ．

（1） 袋から球を同時に2個取り出すとき，赤球1個，白球1個となる確率を求めよ．

（2） 袋から球を同時に3個取り出すとき，赤球が少なくとも1個含まれる確率を求めよ．

（3） 袋から球を1個取り出して色を調べてから袋に戻すことを2回続けて行うとき，1回目と2回目で同じ色の球が出る確率を求めよ．

（4） 袋から球を1個取り出して色を調べてから袋に戻すことを5回続けて行うとき，2回目に赤球が出て，かつ全部で赤球が少なくとも3回出る確率を求めよ．

（5） 袋から球を1個取り出し，赤球であれば袋に戻し，白球であれば袋に戻さないものとする．この操作を3回繰り返すとき，袋の中の白球が4個以下となる確率を求めよ．

（23 山形大・医，理，農，人文社会）

▶解答◀ （1） 袋から2個の球を取り出す組合せは $_{10}C_2=\frac{10\cdot 9}{2\cdot 1}=45$ 通りある．

赤球1個，白球1個を取る組合せは $_4C_1\cdot{}_6C_1=24$ 通りあるから，求める確率は $\frac{24}{45}=\mathbf{\frac{8}{15}}$ である．

（2） 袋から3個の球を取り出す組合せは $_{10}C_3=\frac{10\cdot 9\cdot 8}{3\cdot 2\cdot 1}=10\cdot 3\cdot 4$ 通りある．

白球3個を取る組合せは $_6C_3=\frac{6\cdot 5\cdot 4}{3\cdot 2\cdot 1}=5\cdot 4$ 通りあるから，求める確率は余事象を考えて

$$1-\frac{5\cdot 4}{10\cdot 3\cdot 4}=1-\frac{1}{6}=\mathbf{\frac{5}{6}}$$

（3） 1回の試行で赤球を取り出す確率は $\frac{2}{5}$，白球を取り出す確率は $\frac{3}{5}$ であるから，求める確率は

$\left(\frac{2}{5}\right)^2+\left(\frac{3}{5}\right)^2=\mathbf{\frac{13}{25}}$ である．

（4） 2回目に赤玉が出て，2回目以外の4回で，赤玉が k 回出る確率を p_k とすると $p_k=\frac{2}{5}{}_4C_k\left(\frac{2}{5}\right)^k\left(\frac{3}{5}\right)^{4-k}$ である．（「少なくとも1回」ときたら余事象を考えるのが常識であるが，直接求めるなら $p_2+p_3+p_4$，余事象なら $\frac{2}{5}-(p_0+p_1)$ を求める．2つと3つでは，大差ないというか，むしろ微妙に難しい．$1-p_0-p_1$ とやりそうである．）求める確率は

$$p_2+p_3+p_4$$
$$={}_4C_2\left(\frac{2}{5}\right)^3\left(\frac{3}{5}\right)^2+{}_4C_3\left(\frac{2}{5}\right)^4\cdot\frac{3}{5}+\left(\frac{2}{5}\right)^5$$
$$=\frac{1}{5^5}(2^4\cdot 3^3+2^6\cdot 3+2^5)$$
$$=\frac{2^4}{5^5}(27+12+2)=\frac{16\cdot 41}{3125}=\mathbf{\frac{656}{3125}}$$

（5） 袋の中に赤球 r 個，白球 w 個が入っている状態を (r, w) で表す．3回の試行による袋の中の球の個数は次のように推移する．

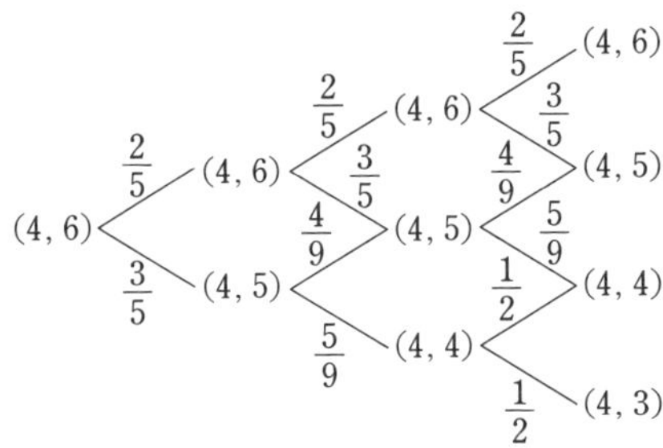

図で赤球を取り出すとき ↗，白球を取り出すとき ↘ である．

袋の中の白球が4個以下になるのは $(4, 4)$, $(4, 3)$ のときである．3回目に $(4, 4)$ になるのは，赤白白，白赤白，白白赤の順で取り出すときで，このときの確率は

$$\frac{2}{5}\cdot\frac{3}{5}\cdot\frac{5}{9}+\frac{3}{5}\cdot\frac{4}{9}\cdot\frac{5}{9}+\frac{3}{5}\cdot\frac{5}{9}\cdot\frac{1}{2}$$
$$=\frac{2}{15}+\frac{4}{27}+\frac{1}{6}$$

である．3回目に $(4, 3)$ になるのは白白白と取り出すときで，このときの確率は

$$\frac{3}{5}\cdot\frac{5}{9}\cdot\frac{1}{2}=\frac{1}{6}$$

である．求める確率は

$$\frac{2}{15}+\frac{4}{27}+\frac{1}{6}+\frac{1}{6}=\frac{18+20+45}{135}=\mathbf{\frac{83}{135}}$$

《カードの取り出し (B10)》

248. n は自然数とする．「A」と書かれたカードが4枚，「B」と書かれたカードが1枚，「C」と書かれたカードが n 枚，「D」と書かれたカードが $(15-n)$ 枚，計20枚のカードがある．この中から無作為に2枚のカードを同時に引くとき，次の問いに答えなさい．

ただし，「隣り合うアルファベットのペア」とは，「AとB」，「BとC」，「CとD」のいずれかを表すものとする．

（1） 隣り合うアルファベットのペアのカードを引く確率を，n を用いて表しなさい．

（2） 隣り合うアルファベットのペアのカードを引く確率が $\frac{3}{10}$ 以上となるような自然数 n をすべて求めなさい．

（3） 隣り合うアルファベットのペアのカードを引く確率が $\frac{1}{2}$ 以上となるように n を決定することは可能か否か，根拠とともに述べなさい．

（23 尾道市立大）

▶解答◀ （1） 隣り合うアルファベットのペアを引くのは，AとBを引く（$_4C_1\cdot 1=4$ 通り），BとCを引

く（$1\cdot{}_n\mathrm{C}_1=n$ 通り），C と D を引く（${}_n\mathrm{C}_1\cdot{}_{15-n}\mathrm{C}_1=n(15-n)$ 通り）の場合があるから，求める確率は

$$\frac{4+n+n(15-n)}{{}_{20}\mathrm{C}_2}=\boldsymbol{\frac{-n^2+16n+4}{190}}$$

（2）（1）より

$$\frac{-n^2+16n+4}{190}\geqq\frac{3}{10}$$

$$n^2-16n-4\leqq-57$$

$$(n-8)^2\leqq11$$

$n-8$ は整数であるから

$$n-8=0,\ \pm1,\ \pm2,\ \pm3$$

より，$n=\mathbf{5,\ 6,\ 7,\ 8,\ 9,\ 10,\ 11}$

（3）（1）より

$$\frac{-n^2+16n+4}{190}\geqq\frac{1}{2}$$

$$n^2-16n-4\leqq-95$$

$$(n-8)^2+27\leqq0$$

左辺は必ず正であるから，この不等式を満たす整数 n は存在しない．n を決定することは**否**である．

《赤玉白玉が出る・面倒（B20）》

249．1回の試行ごとに赤玉か白玉を1個出す機械を考える．この機械からは1回目の試行では赤玉か白玉がそれぞれ $\frac{1}{2}$ の確率で出るが，2回目以降には直前に出たものと同じ色の玉が α の確率で，直前に出たものと異なる色の玉が $1-\alpha$ の確率で，それぞれ出るものとする．ただし，α は $0<\alpha<1$ を満たす定数とする．$(n+m)$ 回目の試行を終えた時点で赤玉が n 個，白玉が m 個出ている確率を $P_{n,m}$ とする．次の問いに答えよ．

（1）$P_{2,2}$ を α の式で表せ．

（2）$P_{n,1}$ $(n=1,2,3,\cdots)$ を α と n の式で表せ．

（3）$P_{4,1}$ の値が最大となる α を求めよ．

（23　大阪公立大・文系）

▶解答◀　赤玉が出ることを R，白玉が出ることを W で表す．また，$\beta=1-\alpha$ とおく．直前の試行と同じ色が出る確率は α で，異なる色が出る確率は β である．

4回の試行で $RRWW$ の順に出る場合を考える．

1回目が R となる確率は $\frac{1}{2}$

2回目の R は1回目と同じ色だから確率は α

3回目の W は2回目と異なる色だから確率は β

4回目の W は3回目と同じ色だから確率は α

であるから，これを $\text{Ⓢ}\xrightarrow{\frac{1}{2}}R\xrightarrow{\alpha}R\xrightarrow{\beta}W\xrightarrow{\alpha}W$ で表す．最初の Ⓢ は4回の試行を始める前の状態を表す．

（1）樹形図を参照せよ．

図1

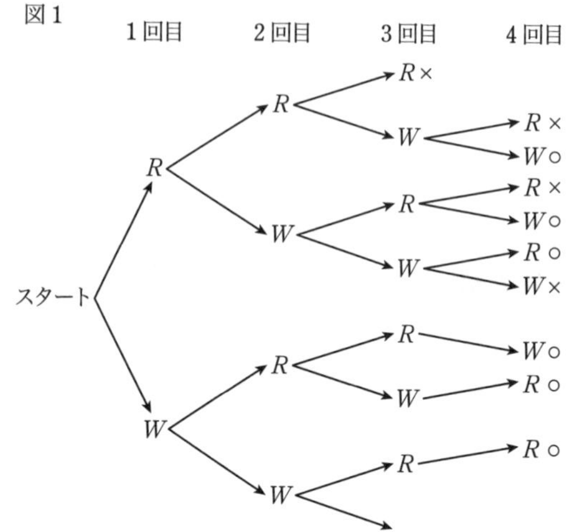

1回目が W のときは，1回目が R のときの W と R を入れ替えたものになるから，記述を省略している．

4回の試行で R と W が2回ずつ出るのは6通りあり，各場合の確率は次の通りである．

$\text{Ⓢ}\xrightarrow{\frac{1}{2}}R\xrightarrow{\alpha}R\xrightarrow{\beta}W\xrightarrow{\alpha}W$　確率 $\frac{1}{2}\alpha^2\beta$

$\text{Ⓢ}\xrightarrow{\frac{1}{2}}R\xrightarrow{\beta}W\xrightarrow{\beta}R\xrightarrow{\beta}W$　確率 $\frac{1}{2}\beta^3$

$\text{Ⓢ}\xrightarrow{\frac{1}{2}}R\xrightarrow{\beta}W\xrightarrow{\alpha}W\xrightarrow{\beta}R$　確率 $\frac{1}{2}\alpha\beta^2$

$\text{Ⓢ}\xrightarrow{\frac{1}{2}}W\xrightarrow{\beta}R\xrightarrow{\alpha}R\xrightarrow{\beta}W$　確率 $\frac{1}{2}\alpha\beta^2$

$\text{Ⓢ}\xrightarrow{\frac{1}{2}}W\xrightarrow{\beta}R\xrightarrow{\beta}W\xrightarrow{\beta}R$　確率 $\frac{1}{2}\beta^3$

$\text{Ⓢ}\xrightarrow{\frac{1}{2}}W\xrightarrow{\alpha}W\xrightarrow{\beta}R\xrightarrow{\alpha}R$　確率 $\frac{1}{2}\alpha^2\beta$

求める確率 $P_{2,2}$ は

$$\begin{aligned}P_{2,2}&=2\left(\frac{1}{2}\alpha^2\beta+\frac{1}{2}\beta^3+\frac{1}{2}\alpha\beta^2\right)\\&=(\alpha^2+\alpha\beta+\beta^2)\beta\\&=\{\alpha^2+\alpha(1-\alpha)+(1-\alpha)^2\}(1-\alpha)\\&=\boldsymbol{(\alpha^2-\alpha+1)(1-\alpha)}\end{aligned}$$

（2）$n+1$ 回の試行で，R が n 回，W が1回出るのは，何回目に W が出るかで $n+1$ 通りの場合がある．

次は $n=5$ の場合である．

（ア）W が最初に出るとき．

$$\text{Ⓢ}\xrightarrow{\frac{1}{2}}W\xrightarrow{\beta}R\xrightarrow{\alpha}R\xrightarrow{\alpha}R\xrightarrow{\alpha}R\xrightarrow{\alpha}R$$

異なる色が出るのは $W\to R$ の1回だけで，以降 $R\to R$ が $n-1=4$ 回続く．確率は $\frac{1}{2}\alpha^{n-1}\beta$ である．

（イ） W が $2\sim n$ 回目までに出るとき．

$$\text{Ⓢ}\xrightarrow{\frac{1}{2}}R\xrightarrow{\beta}W\xrightarrow{\beta}R\xrightarrow{\alpha}R\xrightarrow{\alpha}R\xrightarrow{\alpha}R$$

$$\text{Ⓢ}\xrightarrow{\frac{1}{2}}R\xrightarrow{\alpha}R\xrightarrow{\beta}W\xrightarrow{\beta}R\xrightarrow{\alpha}R\xrightarrow{\alpha}R$$

$$\text{Ⓢ}\xrightarrow{\frac{1}{2}}R\xrightarrow{\alpha}R\xrightarrow{\alpha}R\xrightarrow{\beta}W\xrightarrow{\beta}R\xrightarrow{\alpha}R$$

$$\text{Ⓢ}\xrightarrow{\frac{1}{2}}R\xrightarrow{\alpha}R\xrightarrow{\alpha}R\xrightarrow{\alpha}R\xrightarrow{\beta}W\xrightarrow{\beta}R$$

の $n-1=4$ 通りあり，いずれの場合も，$R\to W$, $W\to R$ が各 1 回あり，それ以外の $n-2=3$ 回は $R\to R$ である．確率は $(n-1)\cdot\dfrac{1}{2}\alpha^{n-2}\beta^2$ である．

（ウ） W が最後に出るとき．

$$\text{Ⓢ}\xrightarrow{\frac{1}{2}}R\xrightarrow{\alpha}R\xrightarrow{\alpha}R\xrightarrow{\alpha}R\xrightarrow{\alpha}R\xrightarrow{\beta}W$$

$R\to R$ が $n-1=4$ 回続き，最後に $R\to W$ となる．

確率は $\dfrac{1}{2}\alpha^{n-1}\beta$ である．

$n=5$ 以外の自然数の場合，$n\geqq 2$ のとき，（ア），（イ），（ウ）より

$$P_{n,1}=2\cdot\frac{1}{2}\alpha^{n-1}\beta+\frac{n-1}{2}\alpha^{n-2}\beta^2 \quad \cdots\cdots\cdots\cdots ①$$

$$=\frac{1}{2}\alpha^{n-2}\beta\{2\alpha+(n-1)\beta\}$$

$$=\frac{1}{2}\alpha^{n-2}(1-\alpha)\{2\alpha+(n-1)(1-\alpha)\}$$

$$=\boldsymbol{\frac{1}{2}\alpha^{n-2}(1-\alpha)\{n-1-(n-3)\alpha\}} \quad \cdots\cdots\cdots ②$$

となる．$n=1$ のとき，R と W が 1 回ずつ出るのは，

$$\text{Ⓢ}\xrightarrow{\frac{1}{2}}R\xrightarrow{\beta}W,\ \text{Ⓢ}\xrightarrow{\frac{1}{2}}W\xrightarrow{\beta}R$$

の 2 通りであるから

$$P_{1,1}=2\cdot\frac{1}{2}\beta=\beta$$

となる．この結果は，① で $n=1$ としたものと等しいから，② はすべての自然数 n に対して成立する．

（**3**） $P_{4,1}=\dfrac{1}{2}\alpha^2(1-\alpha)(3-\alpha)$

$$=\frac{1}{2}(\alpha^4-4\alpha^3+3\alpha^2)$$

$f(x)=x^4-4x^3+3x^2$ とおく．

$$f'(x)=4x^3-12x^2+6x=2x(2x^2-6x+3)$$

$2x^2-6x+3=0$ の解を $a,b\ (a<b)$ とおく．

$$a=\frac{3-\sqrt{3}}{2},\ b=\frac{3+\sqrt{3}}{2}$$

$0<a<1<b$ であるから増減は表のとおりである．

x	0	$\cdots$	a	$\cdots$	1
$f'(x)$	0	$+$	0	$-$	
$f(x)$		↗		↘	

$P_{4,1}$ は $\alpha=a=\boldsymbol{\dfrac{3-\sqrt{3}}{2}}$ のときに最大となる．

《和が 1 つの目（A5）》

250．さいころを 3 回投げ，出た目を順に a,b,c とする．$a+b=c$ となる確率は □ である．

（23　小樽商大）

▶解答◀ （1） (a,b,c) は全部で $6^3=216$（通り）ある．

c を定めたとき，$a+b=c$ となる (a,b) は $(a,b)=(1,c-1)\sim(c-1,1)$ の $c-1$ 通りある．具体的に書けば

$c=2$ なら $(a,b)=(1,1)$ の 1 通り．

$c=3$ なら $(a,b)=(1,2),(2,1)$ の 2 通り．

$c=4$ なら $(a,b)=(1,3),(2,2),(3,1)$ の 3 通り．

$c=5$ なら 4 通り．$c=6$ なら 5 通り．全部で 15（通り）ある．求める確率は $\dfrac{15}{216}=\boldsymbol{\dfrac{5}{72}}$

《包含と排除の原理（B20）☆》

251．n 個のさいころを同時にふるとき，次の問いに答えよ．ただし，n は正の整数である．

（1） 出る目の最大値が 5 以下である確率を求めよ．

（2） 出る目の最大値が 6 で最小値が 1 である確率を求めよ．

（23　日本福祉大・全）

▶解答◀ （**1**） 出る目の最大値が 5 以下となるのは n 個のさいころの目がすべて 5 以下となるときであるから，求める確率は $\boldsymbol{\left(\dfrac{5}{6}\right)^n}$ である．

（**2**） 出る目の最大値が 6 で最小値が 1 となるのは，1 と 6 が少なくとも 1 個は出るときである．n 個のさいころをふるとき，全事象を U とし，このうち 1 が出ない（2〜6 が出る）という事象を I，6 が出ない（1〜5 が出る）という事象を R とすると，それぞれの事象が起こる確率は

$$P(I)=\left(\frac{5}{6}\right)^n,\ P(R)=\left(\frac{5}{6}\right)^n$$

$P(I\cap R)$ は 1 も 6 も出ない（2〜5 が出る）確率であるから

$$P(I\cap R)=\left(\frac{4}{6}\right)^n$$

よって求める確率は

$$P(U)-P(I\cup R)$$

$$=1-\{P(I)+P(R)-P(I\cap R)\}$$

$$=1-\left\{\left(\frac{5}{6}\right)^n+\left(\frac{5}{6}\right)^n-\left(\frac{4}{6}\right)^n\right\}$$

$$=\boldsymbol{\frac{6^n-2\cdot 5^n+4^n}{6^n}}$$

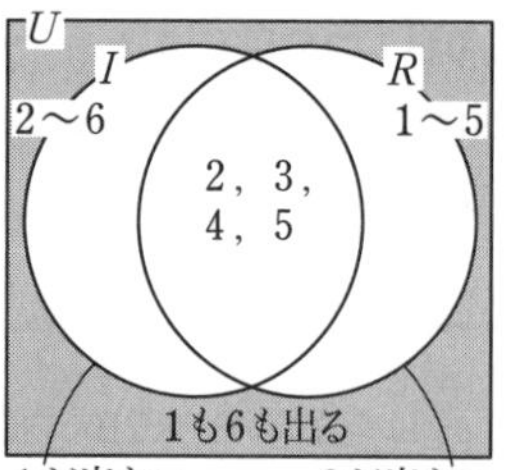

《包含と排除の原理（B10）☆》

252．さいころを3回投げ，1回目，2回目，3回目に出た目をそれぞれ X, Y, Z とする．以下の問いに答えよ．

（1） $XYZ=5$ である確率を求めよ．

（2） XYZ が5の倍数である確率を求めよ．

（3） $XY=5$ または $XYZ=5$ である確率を求めよ．　　（23　中央大・商）

▶解答◀（1） $XYZ=5$ となるのは，X，Y，Z のいずれか1つは5，他の2つは1になるときであるから求める確率は $\left(\frac{1}{6}\right)^3\cdot 3=\mathbf{\frac{1}{72}}$ である．

（2） XYZ が5の倍数になるのは少なくとも1つは5が出るときである．余事象を考えて，求める確率は $1-\left(\frac{5}{6}\right)^3=\mathbf{\frac{91}{216}}$ である．

（3） $XY=5$ となる事象を A，$XYZ=5$ となる事象を B とすると

$$P(A)=\left(\frac{1}{6}\right)^2\cdot 2=\frac{1}{18}$$

$$P(B)=\frac{1}{72}$$

事象 $A\cap B$ は $XY=5$ かつ $Z=1$ のことであるから

$$P(A\cap B)=\frac{1}{18}\cdot\frac{1}{6}=\frac{1}{108}$$

求める確率は

$$P(A\cup B)=P(A)+P(B)-P(A\cap B)$$
$$=\frac{1}{18}+\frac{1}{72}-\frac{1}{108}=\frac{12+3-2}{216}=\mathbf{\frac{13}{216}}$$

《カードを取り出す（B10）》

253．箱の中に，1から3までの数字を書いた札がそれぞれ3枚ずつあり，全部で9枚入っている．A，Bの2人がこの箱から札を無作為に取り出す．Aが2枚，Bが3枚取り出すとき，以下の問いに答えよ．

（1） Aが持つ札の数字が同じである確率を求めよ．

（2） Aが持つ札の数字のいずれかが，Bが持つ札の数字のいずれかと同じである確率を求めよ．

（23　岡山大・文系）

▶解答◀ 9枚の札は区別して考える．

（1） Aの取り出す2枚の組合せは全部で ${}_9C_2=9\cdot 4$ 通りある．Aが持つ2枚の札の数字が，同じ数字（1，2，3の3通り）である確率は $\frac{3\cdot{}_3C_2}{9\cdot 4}=\frac{3^2}{9\cdot 4}=\mathbf{\frac{1}{4}}$

（2） Aの後，Bの取り出す3枚の組合せは全部で ${}_7C_3=7\cdot 5$ 通りある．Aの持つ札の数字のいずれかが，Bの持つ札の数字のいずれかと同じであるのは

（ア） Aの持つ札の数字が同じ場合．例えば，Aが1，1の札を持つときは，Bは最後の1と2，2，2，3，3，3から2枚の計3枚の札を持つから

$$\frac{3\cdot{}_3C_2}{9\cdot 4}\cdot\frac{{}_6C_2}{7\cdot 5}=\frac{1}{4}\cdot\frac{3\cdot 5}{7\cdot 5}=\frac{3}{4\cdot 7}$$

（イ） Aの持つ札の数字が異なる場合．例えば，Aが1，2の札を持つときは，Bは残りの7枚の札から3，3，3以外の3枚の札を持つから

$$\frac{{}_3C_2\cdot 3^2}{9\cdot 4}\cdot\frac{{}_7C_3-1}{7\cdot 5}=\frac{3^3}{9\cdot 4}\cdot\frac{35-1}{7\cdot 5}$$
$$=\frac{3}{4}\cdot\frac{34}{7\cdot 5}=\frac{3\cdot 17}{2\cdot 7\cdot 5}$$

よって，求める確率は

$$\frac{3}{4\cdot 7}+\frac{3\cdot 17}{2\cdot 7\cdot 5}=\frac{3(5+17\cdot 2)}{4\cdot 7\cdot 5}=\mathbf{\frac{117}{140}}$$

《サイコロで積（B20）》

254．1個のさいころを投げた場合にどの目が出ることも同様に確からしいものとする．このことを（2）と（3）の前提として，以下の問に答えなさい．

（1） 整数 m, n を6で割ったときの余りを，それぞれ，r, s とする．積 mn を6で割ったときの余りと積 rs を6で割ったときの余りが等しいことを証明しなさい．

（2） 1個のさいころを2回続けて投げ，第1回目に出た目の数を X とし，第2回目に出た目の数を Y とする．積 XY を6で割ったときの余りが0となる事象が起こる確率を p_0，積 XY を6で割ったときの余りが1となる事象が起こる確率を p_1，積 XY を6で割ったときの余りが2となる事象が起こる確率を p_2，積 XY を6で割ったときの余りが3となる事象が起こる確率を p_3，積 XY を6で割ったときの余りが4となる事象が起こる確率を p_4，および，積 XY を6で割ったときの余りが5となる事象が起こる確率を p_5 とする．$p_0, p_1, p_2, p_3, p_4, p_5$ をそれぞれ求め

なさい．

（3） 1個のさいころを3回続けて投げ，第1回目に出た目の数を X とし，第2回目に出た目の数を Y とし，第3回目に出た目の数を Z とする．積 XYZ を6で割ったときの余りが2となる事象が起こる確率を求めなさい．

（23　埼玉大・文系）

▶解答◀ （1） 整数 m', n' を用いて，

$$m = 6m' + r,\ n = 6n' + s$$

とかくと，

$$mn - rs = (6m' + r)(6n' + s) - rs$$
$$= 6(6m'n' + sm' + rn')$$

となるから，$mn - rs$ は6の倍数になる．よって，mn を6で割った余りと rs を6で割った余りは等しい．

（2） XY を6で割った余りを表にすると次のようになる．

X＼Y	1	2	3	4	5	6
1	1	2	3	4	5	0
2	2	4	0	2	4	0
3	3	0	3	0	3	0
4	4	2	0	4	2	0
5	5	4	3	2	1	0
6	0	0	0	0	0	0

上の表から，

$$p_0 = \frac{15}{36} = \mathbf{\frac{5}{12}},\ p_1 = \frac{2}{36} = \mathbf{\frac{1}{18}},$$

$$p_2 = \frac{6}{36} = \mathbf{\frac{1}{6}},\ p_3 = \mathbf{\frac{5}{36}},$$

$$p_4 = \frac{6}{36} = \mathbf{\frac{1}{6}},\ p_5 = \frac{2}{36} = \mathbf{\frac{1}{18}}$$

（3） XYZ を6で割った余りが2となるのは，XY を6で割った余りが1（確率 p_1）で $Z = 2$（確率 $\frac{1}{6}$）か，XY を6で割った余りが2（確率 p_2）で $Z = 1, 4$（確率 $\frac{1}{3}$）か，XY を6で割った余りが4（確率 p_4）で $Z = 2, 5$（確率 $\frac{1}{3}$）か，XY を6で割った余りが5（確率 p_5）で $Z = 4$（確率 $\frac{1}{6}$）かのいずれかであるから，求める確率は

$$\frac{1}{6}p_1 + \frac{1}{3}p_2 + \frac{1}{3}p_4 + \frac{1}{6}p_5$$
$$= \frac{2 + 12 + 12 + 2}{216} = \mathbf{\frac{7}{54}}$$

《玉を取り出して勝負（B20）》

255. 赤玉4個と白玉5個の入った，中の見えない袋がある．玉はすべて，色が区別できる他には違いはないものとする．A，Bの2人が，Aから交互に，袋から玉を1個ずつ取り出すゲームを行う．ただし取り出した玉は袋の中に戻さない．Aが赤玉を取り出したらAの勝ちとし，その時点でゲームを終了する．Bが白玉を取り出したらBの勝ちとし，その時点でゲームを終了する．袋から玉がなくなったら引き分けとし，ゲームを終了する．

（1） このゲームが引き分けとなる確率を求めよ．

（2） このゲームにAが勝つ確率を求めよ．

（23　東北大・共通）

▶解答◀ （1） 赤玉を取り出すことを○，白玉を取り出すことを×と書くことにすると，引き分けとなるのは

A：×××××，B：○○○○

となるときであるから，その確率は

$$\frac{5}{9}\cdot\frac{4}{8}\cdot\frac{4}{7}\cdot\frac{3}{6}\cdot\frac{3}{5}\cdot\frac{2}{4}\cdot\frac{2}{3}\cdot\frac{1}{2} = \mathbf{\frac{1}{126}}$$

（2） Aが勝つのは次の場合がある．

（ア） A：○となるとき：この確率は $\frac{4}{9}$ である．

（イ） A：×○，B：○となるとき：この確率は $\frac{5}{9}\cdot\frac{4}{8}\cdot\frac{3}{7} = \frac{5}{42}$ である．

（ウ） A：××○，B：○○となるとき：この確率は $\frac{5}{9}\cdot\frac{4}{8}\cdot\frac{4}{7}\cdot\frac{3}{6}\cdot\frac{2}{5} = \frac{2}{63}$ である．

（エ） A：×××○，B：○○○となるとき：この確率は $\frac{5}{9}\cdot\frac{4}{8}\cdot\frac{4}{7}\cdot\frac{3}{6}\cdot\frac{3}{5}\cdot\frac{2}{4}\cdot\frac{1}{3} = \frac{1}{126}$ である．

以上（ア）〜（エ）より，Aが勝つ確率は

$$\frac{4}{9} + \frac{5}{42} + \frac{2}{63} + \frac{1}{126} = \mathbf{\frac{38}{63}}$$

《突っ込む（B20）☆》

256. 黒玉3個，赤玉4個，白玉5個が入っている袋から玉を1個ずつ取り出し，取り出した玉を順に横一列に12個すべて並べる．ただし，袋から個々の玉が取り出される確率は等しいものとする．

（1） どの赤玉も隣り合わない確率 p を求めよ．

（2） どの赤玉も隣り合わないとき，どの黒玉も隣り合わない条件付き確率 q を求めよ．

（23　東大・理科）

▶解答◀ 黒玉3個，赤玉4個，白玉5個の順列は $\frac{12!}{3!4!5!} = 3\cdot7\cdot10\cdot11\cdot12$ 通りある．

（1） 黒玉3個，白玉5個をまず並べる．この順列は $\frac{8!}{3!5!} = 8\cdot7$ 通りある．この8個の間または両端の9か

所のうち4か所を選び（その位置の組合せは ${}_9C_4 = 3 \cdot 7 \cdot 6$ 通り）赤玉を突っ込むと考える．

$\vee\bigcirc\vee\bigcirc\vee\bigcirc\vee\bigcirc\vee\bigcirc\vee\bigcirc\vee\bigcirc\vee\bigcirc\vee$

よって求める確率 p は

$$p = \frac{8 \cdot 7 \cdot 3 \cdot 7 \cdot 6}{3 \cdot 7 \cdot 10 \cdot 11 \cdot 12} = \mathbf{\frac{14}{55}}$$

(2) 黒玉をB，赤玉をR，白玉をWとする．最初に5個のWを並べておいて，その間か両端に3個のBを突っ込む．タイプ分けはこのときの状態で行う，その後で，その8文字の間か両端に4個のRを突っ込み，最終的にBもRも同色の玉は連続しないようにする．

（ア） 3個のBがバラバラになるとき．

$^\vee W^\vee W^\vee W^\vee W^\vee W^\vee$

の6カ所の $^\vee$ のうちの3カ所を選び（組合せは ${}_6C_3 = 20$ 通り）Bを突っ込む．たとえば

BWBWBWWW

になったとする．すると，これら8文字の間または両端から4カ所を選び4個のRを突っ込む．その位置の組合せは ${}_9C_4 = \dfrac{9 \cdot 8 \cdot 7 \cdot 6}{4 \cdot 3 \cdot 2 \cdot 1} = 3 \cdot 7 \cdot 6$ 通りある．

（イ） 2個のBが隣接し，他のBが離れるとき．

$^\vee W^\vee W^\vee W^\vee W^\vee W^\vee$

の6カ所の $^\vee$ のうちの1カ所を選び（6通り）BBを突っ込み，他の $^\vee$ を選び（5通り）Bを突っ込む．たとえば

BBWWBWWW

になったとする．すると，BBの間（次の↓の位置）

$^\vee B{\downarrow}B^\vee W^\vee W^\vee B^\vee W^\vee W^\vee W^\vee$

にはRを入れ，他の8カ所の $^\vee$ から3カ所を選んで（組合せは ${}_8C_3 = 8 \cdot 7$ 通りある）Rを突っ込む．

（ウ） 3個のBが隣接するとき．

$^\vee W^\vee W^\vee W^\vee W^\vee W^\vee$

の6カ所の $^\vee$ のうちの1カ所を選び（6通り）BBBを突っ込む．たとえば

BBBWWWWW

になったとする．すると，BBBの間（次の↓の位置）

$^\vee B{\downarrow}B{\downarrow}B^\vee W^\vee W^\vee W^\vee W^\vee W^\vee$

にはRを突っ込み，他の7カ所の $^\vee$ から2カ所を選んで（その位置の組合せは ${}_7C_2 = 7 \cdot 3$ 通りある）Rを突っ込む．

求める確率 q は

$$q = \frac{20 \cdot 3 \cdot 7 \cdot 6 + 6 \cdot 5 \cdot 8 \cdot 7 + 6 \cdot 7 \cdot 3}{8 \cdot 7 \cdot 3 \cdot 7 \cdot 6}$$

$$= \frac{20 \cdot 3 + 5 \cdot 8 + 3}{8 \cdot 7 \cdot 3} = \mathbf{\frac{103}{168}}$$

♦別解♦ （2） 黒玉をB，赤玉をR，白玉をWとする．最初に5個のWを並べておいて，その間か両端に4個のRを突っ込む．タイプ分けはこのときの状態で行う．その後で，その9文字の間か両端に3個のRを突っ込み，最終的にBもRも同色の玉は連続しないようにする．この方法は解答に比べるとタイプが多く，無駄がある．

（ア） 4個のRがバラバラになるとき．

$^\vee W^\vee W^\vee W^\vee W^\vee W^\vee$

の6カ所の $^\vee$ のうちの4カ所を選び（組合せは ${}_6C_4 = {}_6C_2 = 15$ 通り）Rを突っ込む．たとえば

RWRWRWRWW

になったとする．すると，これら9文字の間または両端から3カ所を選び3個のBを突っ込む．その位置の組合せは ${}_{10}C_3 = \dfrac{10 \cdot 9 \cdot 8}{3 \cdot 2 \cdot 1} = 10 \cdot 3 \cdot 4$ 通りある．

（イ） 2個のRが隣接し，他のR，Rがお互いに離れ，RRとも離れるとき．

$^\vee W^\vee W^\vee W^\vee W^\vee W^\vee$

の6カ所の $^\vee$ のうちの1カ所を選び（6通り）RRを突っ込み，他の $^\vee$ を2カ所選び（その組合せは ${}_5C_2$ 通り）Rを1個ずつ突っ込む．たとえば

RRWWRWRWW

になったとする．すると，RRの間（次の↓の位置）

$^\vee R{\downarrow}R^\vee W^\vee W^\vee R^\vee W^\vee R^\vee W^\vee W^\vee$

にはBを突っ込み，他の9カ所の $^\vee$ から2カ所を選んで（組合せは ${}_9C_2 = 9 \cdot 4$ 通りある）Bを突っ込む．

（ウ） Rが2個ずつRR，RRという形で隣接し，RRRRという形では隣接しないとき．

$^\vee W^\vee W^\vee W^\vee W^\vee W^\vee$

の6カ所の $^\vee$ のうちの2カ所を選び（組合せは ${}_6C_2 = 15$ 通り）RR，RRを突っ込む．たとえば

RRWRRWWWW

になったとする．すると，RRの間（次の↓の位置）

$^\vee R{\downarrow}R^\vee W^\vee R{\downarrow}R^\vee W^\vee W^\vee W^\vee W^\vee$

にはBを入れ，他の8カ所の $^\vee$ から1カ所を選んで（8通りある）Bを突っ込む．

（エ） Rが3個RRRという形で隣接し，他の1個のRがRRRとは隣接しないとき．

$^\vee W^\vee W^\vee W^\vee W^\vee W^\vee$

の6カ所の $^\vee$ のうちの1カ所を選び（6通り）RRRを突っ込み，他の $^\vee$ のうちの1カ所を選び（5通り）Rを突っ込む．たとえば

RRRWRWWWW

になったとする．すると，RRRの間（次の↓の位置）

$^\vee R{\downarrow}R{\downarrow}R^\vee W^\vee R^\vee W^\vee W^\vee W^\vee W^\vee$

にはBを入れ，他の8カ所の $^\vee$ から1カ所を選んで（8通りある）Bを突っ込む．

（オ） RRRRという形で隣接するとき．

$^\vee W^\vee W^\vee W^\vee W^\vee W^\vee$

の6カ所の$^\vee$のうちの1カ所を選び（6通り）RRRRを突っ込む．たとえば

RRRRWWWWW

になったとする．RRの間（次の↓の位置）

R↓R↓R↓RWWWWW

にBを突っ込む．

求める確率qは

$$q=\frac{15\cdot10\cdot3\cdot4+6\cdot10\cdot9\cdot4+15\cdot8+6\cdot5\cdot8+6}{8\cdot7\cdot3\cdot7\cdot6}$$

$$=\frac{15\cdot10\cdot2+10\cdot9\cdot4+20+5\cdot8+1}{8\cdot7\cdot3\cdot7}$$

$$=\frac{721}{8\cdot7\cdot3\cdot7}=\mathbf{\frac{103}{168}}$$

《トーナメント（B20）》

257．A，B，C，D，E，F，G，Hの8チームが下の図で示すトーナメント方式で競技を行う．AとBの対戦では，どちらが勝つ確率も$\frac{1}{2}$とする．C，D，E，F，G，Hの6チームのうち，どの2チームが対戦する場合にも，両チームとも勝つ確率は$\frac{1}{2}$とする．また，AあるいはBがC，D，E，F，G，Hのいずれかと対戦するときに勝つ確率は$\frac{2}{3}$とする．ただし，引き分けは起こらないものとする．このとき，次の問いに答えよ．

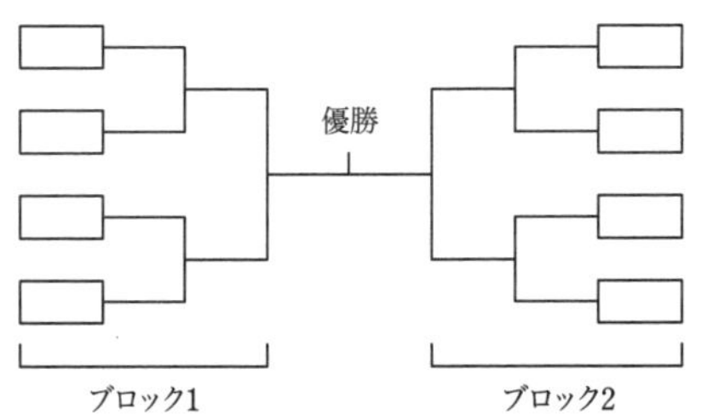

（1） Aはブロック1に，Bはブロック2に配置され，CからHの6チームは無作為に配置されるとき，Aが優勝する確率を求めよ．

（2） AとBも含めた8チームが無作為に配置されるとき，Aが優勝する確率を求めよ．

（23 東京海洋大・海洋科）

▶解答◀ （1） X_1～X_6はC～Hのいずれかのチームである．

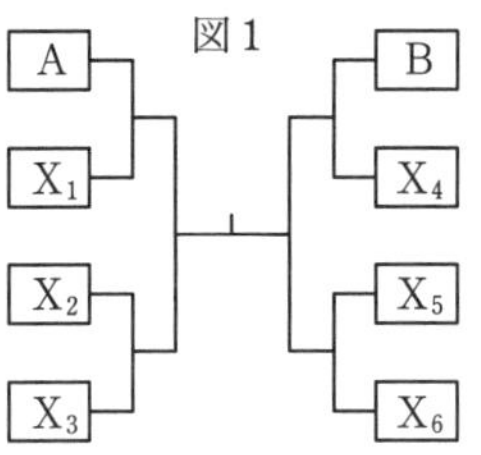

Aが決勝戦に進むのは，1回戦でAがX_1に勝ち（確率$\frac{2}{3}$），2回戦でX_2, X_3のどちらかと対戦して勝つ（確率$\frac{2}{3}$）ときである．

Aが決勝戦に進む確率は$\left(\frac{2}{3}\right)^2=\frac{4}{9}$である．

（ア） 決勝戦でBと対戦するとき．

Bが決勝戦まで進む確率は，Aのときと同様に考えて$\frac{4}{9}$である．

決勝戦でAがBに勝つ確率は$\frac{1}{2}$である．このときAが優勝する確率は，$\frac{4}{9}\cdot\frac{4}{9}\cdot\frac{1}{2}=\frac{8}{81}$である．

（イ） Bがブロックで勝ち上がらないとき．

Bが決勝戦まで残らない確率は$1-\frac{4}{9}=\frac{5}{9}$であるから，Aが決勝戦まで残り，Bは敗退し，最後にAがB以外のチームに勝つと考えてAが優勝する確率は$\frac{4}{9}\cdot\frac{5}{9}\cdot\frac{2}{3}=\frac{40}{243}$

以上より，Aが優勝する確率は$\frac{8}{81}+\frac{40}{243}=\mathbf{\frac{64}{243}}$

（**2**） AとBが同じブロックにいるときを考える．

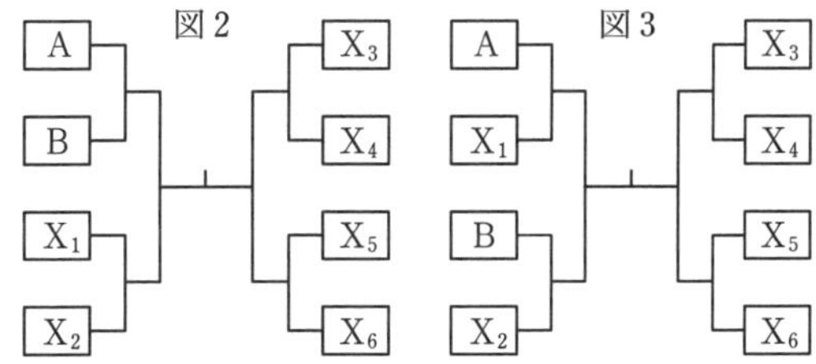

（ア） AとBが1回戦で対戦するとき．

図2を見よ．AとBが1回戦で対戦することになるのは，まずAを配置（確率1）し，その隣にBを配置（確率$\frac{1}{7}$）するときで，その確率は$1\cdot\frac{1}{7}=\frac{1}{7}$である．そして，AがBに勝ち（確率$\frac{1}{2}$），2回戦で$X_1$または$X_2$に勝ち（確率$\frac{2}{3}$），決勝戦で$X_3$～$X_6$のいずれかに勝つ（確率$\frac{2}{3}$）ときである．このときAが優勝する確率は$\frac{1}{7}\cdot\frac{1}{2}\cdot\frac{2}{3}\cdot\frac{2}{3}=\frac{1}{7}\cdot\frac{2}{9}$である．

（イ） BがA以外に1回戦で負けるとき．

図3を見よ．AとBが1回戦で対戦せず，同じブロックにいるのは，まずAを配置（確率1）し，次にBをA

の隣以外に配置(確率 $\frac{2}{7}$)するときで，その確率は $1\cdot\frac{2}{7}=\frac{2}{7}$ である．そして，A が 1 回戦で X_1 に勝ち(確率 $\frac{2}{3}$)，X_2 が 1 回戦で B に勝ち(確率 $\frac{1}{3}$)，A が X_2 に 2 回戦で勝ち(確率 $\frac{2}{3}$)，決勝戦で A が X_3〜X_6 のいずれかに勝つ(確率 $\frac{2}{3}$)ときである．

(ウ) B が A に 2 回戦で負けるとき．

図 3 を見よ．A が 1 回戦で X_1 に勝ち(確率 $\frac{2}{3}$)，B が 1 回戦で X_2 に勝ち(確率 $\frac{2}{3}$)，A が B に 2 回戦で勝ち(確率 $\frac{1}{2}$)，決勝戦で A が X_3〜X_6 のいずれかに勝つ(確率 $\frac{2}{3}$)ときである．

(イ)，(ウ)のとき A が優勝する確率は

$$\frac{2}{7}\left(\frac{2}{3}\cdot\frac{1}{3}\cdot\frac{2}{3}\cdot\frac{2}{3}+\frac{2}{3}\cdot\frac{2}{3}\cdot\frac{1}{2}\cdot\frac{2}{3}\right)=\frac{2}{7}\cdot\frac{20}{81}$$

である．

A と B が異なるブロックになるのは，まず A を配置(確率 1)し，次に B を A のいないブロックの 4 か所のいずれかに配置(確率 $\frac{4}{7}$)するときで，その確率は $1\cdot\frac{4}{7}=\frac{4}{7}$ である．

(1)と合わせて，求める確率は

$$\frac{1}{7}\cdot\frac{2}{9}+\frac{2}{7}\cdot\frac{20}{81}+\frac{4}{7}\cdot\frac{64}{243}$$
$$=\frac{54+120+256}{7\cdot 243}=\mathbf{\frac{430}{1701}}$$

《正六角形で動く(B20)》

258. 座標平面上の点 $A_n(x_n, y_n)$ $(n=0, 1, 2, 3, 4)$ を以下のように定める．A_0 は原点 O(0, 0) とする．A_n (ただし $n<4$) が決まったとき，さいころを投げて出た目を k とし，

$$x_{n+1}=x_n+\cos\frac{k\pi}{3},\ y_{n+1}=y_n+\sin\frac{k\pi}{3}$$

として $A_{n+1}(x_{n+1}, y_{n+1})$ を決める．以下の問いに答えなさい．

(1) 座標平面上の点のうち，A_1 または A_2 または A_3 として選ばれる可能性のある点の個数を求めなさい．

(2) A_2 が原点 O と一致する確率を求めなさい．

(3) A_2 が原点 O を中心とする半径 1 の円周上にある確率を求めなさい．

(4) A_3 が原点 O と一致する確率を求めなさい．

(5) A_4 が原点 O と一致する確率を求めなさい．

(23 都立大・文系)

考え方 試験には定規，コンパスの持ち込み可であるから，図を丁寧に描くとよい．

▶解答◀ (1) 図 1 を見よ．サイコロを 1 回振る毎に自身を中心とする 1 辺 1 の正六角形の頂点のいずれかに確率 $\frac{1}{6}$ で移ることで，点 A_n の移動できる範囲が広がっていく．I は 1 回目の試行で移ることができる点，N と O は 2 回目の試行で新たに移ることができるようになる点，S は 3 回目の試行で新たに移ることができるようになる点である．点にはすべて番号を振った．

可能性のある点の個数は $1+6+12+18=\mathbf{37}$ である．

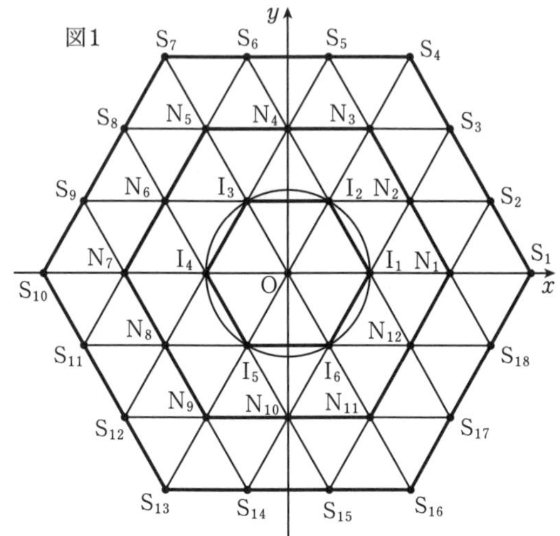

(2) A_2 が原点と一致するのは，1 回目に例えば I_1 に移り，2 回目に O に移る(往復する)ときである．1 回目の I が 6 通りあるから，求める確率は $\left(\frac{1}{6}\right)^2\cdot 6=\mathbf{\frac{1}{6}}$

(3) A_2 が単位円周上にあるのは，例えば 1 回目に I_1 に移り，2 回目に I_2 に移るときである．1 回目の I が 6 通り，2 回目の I が右回りと左回りで 2 通りあるから，求める確率は $\left(\frac{1}{6}\right)^2\cdot 6\cdot 2=\mathbf{\frac{1}{3}}$ である．

(4) A_3 が原点にいるのは，例えば 1 回目に I_1 に移り，2 回目に I_2 に移り，3 回目に O に移る(正三角形を 1 周する)ときである．1 回目の I が 6 通り，2 回目が 2 通りあるから，求める確率は $\left(\frac{1}{6}\right)^3\cdot 6\cdot 2=\mathbf{\frac{1}{18}}$ である．

(5) A_3 が I のいずれかにある確率をまず求める．

(ア) $O\to I_1\to O\to I_2$

1 回目の I が 6 通り，3 回目の I が 6 通りあるから，

$\left(\frac{1}{6}\right)^3\cdot 6\cdot 6=\frac{36}{6^3}$

(イ) $O\to I_1\to I_2\to I_3$

1 回目の I が 6 通り，2 回目と 3 回目の I がそれぞれ 2 通りずつあるから，$\left(\frac{1}{6}\right)^3\cdot 6\cdot 2\cdot 2=\frac{24}{6^3}$

(ウ) $O\to I_1\to N_1\to I_1$

直進して戻るタイプである．1 回目の I が 6 通りある

から，$\left(\frac{1}{6}\right)^3\cdot 6=\frac{6}{6^3}$

（エ）　$\mathrm{O}\to\mathrm{I}_1\to\mathrm{N}_2\to\mathrm{I}_2$

2回目に直進しないときは，1回目のIが6通り，2回目のNが2通り，3回目のIが2通りあるから，

$\left(\frac{1}{6}\right)^3\cdot 6\cdot 2\cdot 2=\frac{24}{6^3}$

4回目にIからOに移る確率は $\frac{1}{6}$ であるから，求める確率は $\left(\frac{36}{6^3}+\frac{24}{6^3}+\frac{6}{6^3}+\frac{24}{6^3}\right)\cdot\frac{1}{6}=\mathbf{\frac{5}{72}}$ である．

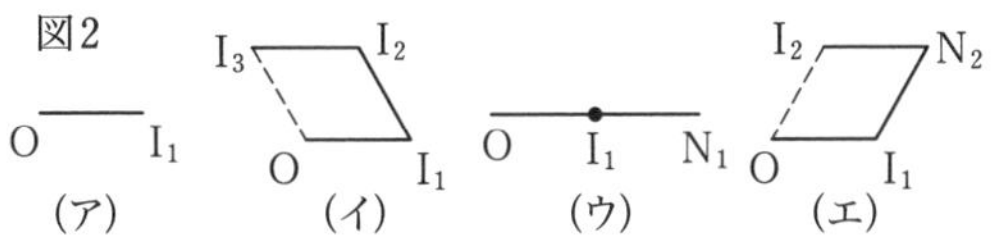

♦別解♦　（5）　A_2 の位置で場合分けする．

（ア）　$\mathrm{O}\to\mathrm{I}_1\to\mathrm{O}$

（2）を2回繰り返すから，$\left(\frac{1}{6}\right)^4\cdot 6\cdot 6=\frac{36}{6^4}$

（イ）　$\mathrm{O}\to\mathrm{I}_1\to\mathrm{I}_2$

例えば，1回目は I_1 に，2回目は I_2 に，3回目は I_3 に移ってからOに移る．1回目のIが6通り，2回目と3回目のIが2通りずつあるから，$\left(\frac{1}{6}\right)^4\cdot 6\cdot 2\cdot 2=\frac{24}{6^4}$

（ウ）　$\mathrm{O}\to\mathrm{I}_1\to\mathrm{N}_1$

直進して戻るタイプである．1回目のIが6通りあるから，$\left(\frac{1}{6}\right)^4\cdot 6=\frac{6}{6^4}$

（エ）　$\mathrm{O}\to\mathrm{I}_1\to\mathrm{N}_2$

直進しないときは，1回目のIが6通り，2回目のNが2通り，3回目のIが2通りあるから $\left(\frac{1}{6}\right)^4\cdot 6\cdot 2\cdot 2=\frac{24}{6^4}$

以上より求める確率は，$\frac{36}{6^4}+\frac{24}{6^4}+\frac{6}{6^4}+\frac{24}{6^4}=\mathbf{\frac{5}{72}}$

《増加から減少（B20）》

259．n を2以上の整数とする．1から3までの異なる番号を1つずつ書いた3枚のカードが1つの袋に入っている．この袋からカードを1枚取り出し，カードに書かれている番号を記録して袋に戻すという試行を考える．この試行を n 回繰り返したときに記録した番号を順に $X_1, X_2, \cdots, X_n$ とし，$1\leqq k\leqq n-1$ を満たす整数 k のうち $X_k<X_{k+1}$ が成り立つような k の値の個数を Y_n とする．$n=3$ のとき，$X_1=X_2<X_3$ となる確率は□，$X_1\leqq X_2\leqq X_3$ となる確率は□であり，$Y_3=0$ である確率は□，$Y_3=1$ である確率は□である．$Y_n=0$ である確率を n の式で表すと，□となる．（23　同志社大・文化情報，生命医科，スポーツ）

▶解答◀　X_1，X_2，X_3 はそれぞれ3通りの値をとるから，(X_1, X_2, X_3) は全部で $3^3=27$ 通りある．このうち $X_1=X_2<X_3$ となるのは，3数から2数を選び，小さい方を $X_2(=X_1)$，大きい方を X_3 とすれば得られるから，${}_3\mathrm{C}_2=3$ 通りある．よって

$$P(X_1=X_2<X_3)=\frac{3}{27}=\mathbf{\frac{1}{9}}$$

$X_1\leqq X_2\leqq X_3$ となるのは

（ア）　$X_1=X_2=X_3$ のとき3通り

（イ）　$X_1=X_2<X_3$ のとき3通り

（ウ）　$X_1<X_2=X_3$ のとき（イ）と同様で3通り

（エ）　$X_1<X_2<X_3$ のとき

$(X_1, X_2, X_3)=(1, 2, 3)$ の1通り

であるから

$$P(X_1\leqq X_2\leqq X_3)=\frac{3+3+3+1}{27}=\mathbf{\frac{10}{27}}$$

$Y_3=0$ となるのは

$$X_1\geqq X_2\geqq X_3$$

となるときであるから，その確率は，$X_1\leqq X_2\leqq X_3$ となる確率と等しく

$$P(Y_3=0)=\mathbf{\frac{10}{27}}$$

$Y_3=2$ となるのは

$$X_1<X_2<X_3$$

となるときであるから，その確率は（エ）より

$$P(Y_3=2)=\frac{1}{27}$$

$Y_3=1$ となるのは

$$X_1<X_2,\ X_2\geqq X_3 \text{ または } X_1\geqq X_2,\ X_2<X_3$$

となるときで，$X_1<X_2$（確率 $\frac{{}_3\mathrm{C}_2}{3^2}$）のときから $X_1<X_2<X_3$（確率 $\frac{1}{3^3}$）となるときを除いた場合と，$X_2<X_3$ のときから $X_1<X_2<X_3$ となるときを除いた場合である．

$$P(Y_3=1)=\left(\frac{3}{9}-\frac{1}{27}\right)\cdot 2=\mathbf{\frac{16}{27}}$$

$Y_n=0$ となるのは

$$X_1\geqq X_2\geqq\cdots\geqq X_n$$

となるときである．$n+2$ 個の席と2本の仕切りを用意し，その2つを仕切りにして（2つの位置の組合せは ${}_{n+2}\mathrm{C}_2$ 通りある）残る n 個の席に左から順に $X_1, \cdots, X_n$ を入れ1本目から左を3，2本の仕切りの間を2，残りを1にすると考える．たとえば $n=5$ のとき

X_1	X_2	X_3	X_4	X_5			

ならば $X_1=\cdots=X_5=3$

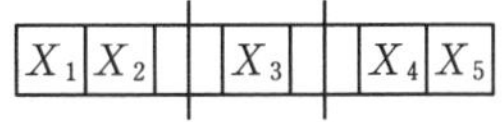

ならば $X_1 = X_2 = 3$, $X_3 = 2$, $X_4 = X_5 = 1$ と考える.

$$P(Y_n = 0) = \frac{{}_{n+2}\mathrm{C}_2}{3^n} = \boldsymbol{\frac{(n+2)(n+1)}{2\cdot 3^n}}$$

注意 $P(Y_3 = 0) + P(Y_3 = 2) + P(Y_3 = 1) = 1$ であるから $P(Y_3 = 1) = 1 - P_3(Y_3 = 0) - P(Y_3 = 2)$ としてもよいが, むしろ, 個別に全部求め,「3 つの和が 1」を確認する方がよい.

《(B0)》

260. (1) 男子 1 人と女子 1 人がカップル成立ゲームをする. 2 人がそれぞれのコインを投げ, 両方とも表であればカップル成立で, それ以外は不成立とする. このとき, この 2 人がカップルになる確率は $\frac{\square}{\square}$

(2) 男子 2 人と女子 1 人がカップル成立ゲームをする. 3 人はそれぞれ自分以外の 2 人の名前が表裏に記されているコインをそれぞれ 1 枚ずつ持っている. 3 人がそれぞれのコインを投げ, 出た面に記されている名前の相手にカップルを希望するとする. 2 人がお互いにカップルを希望するとカップルが成立する. このとき, 異性カップルが成立する確率は $\frac{\square}{\square}$

(3) 男子 2 人と女子 2 人がカップル成立ゲームをする. 4 人が 1 枚ずつ持っているコインの表裏には異性 2 人の名前がそれぞれ記されている. 4 人がそれぞれのコインを投げ, 出た面に記されている名前の相手にカップルを希望するとする. 2 人がお互いにカップルを希望するとカップルが成立する. このとき, 2 組のカップルが成立する確率は $\frac{\square}{\square}$

(4) (3) の条件において, 少なくとも 1 組のカップルが成立する確率は $\frac{\square}{\square}$ (23 阪南大)

▶解答◀ (1) 2 人のコインがともに表である確率であるから $\frac{1}{2}\cdot\frac{1}{2} = \boldsymbol{\frac{1}{4}}$

(2) A が投げるコインに C の名前が出ることを $A \Rightarrow C$ と表し, 他も同様とする.

男子を A, B, 女子を C とする.「$C \Rightarrow A$ かつ $A \Rightarrow C$」または「$C \Rightarrow B$ かつ $B \Rightarrow C$」になるときで, その確率は $\frac{1}{2}\cdot\frac{1}{2}\cdot 2 = \boldsymbol{\frac{1}{2}}$

(3) 男子を A, B, 女子を C, D とする.

「$A \Rightarrow C$, $C \Rightarrow A$, $B \Rightarrow D$, $D \Rightarrow B$」のすべてが起こるか,「$B \Rightarrow C$, $C \Rightarrow B$, $A \Rightarrow D$, $D \Rightarrow A$」のすべてが起こるときで, その確率は $\left(\frac{1}{2}\right)^4\cdot 2 = \boldsymbol{\frac{1}{8}}$

(4) 男子を A, B, 女子を C, D とする.

A が女子とカップルになるという事象を A で表し, B も同様に定める. A は「$A \Rightarrow C$ かつ $C \Rightarrow A$」または「$A \Rightarrow D$ かつ $D \Rightarrow A$」となるときで

$$P(A) = \frac{1}{2}\cdot\frac{1}{2}\cdot 2 = \frac{1}{2}$$

同じく $P(B) = \frac{1}{2}$, また $P(A \cap B) = \frac{1}{8}$ である.

$$P(A \cup B) = P(A) + P(B) - P(A \cap B)$$
$$= \frac{1}{2} + \frac{1}{2} - \frac{1}{8} = \boldsymbol{\frac{7}{8}}$$

《最短でない格子路 (B20) ☆》

261. 次の $\square$ にあてはまる数値を答えよ.

下図のような正方形の格子状の道がある. A から出発して, 1 区画を 1 分で進むものとする. ただし, 分岐点に到着し, 次の道に進むときに, 直前の道を戻ることはできず, 進むことができる道が複数あるときは等確率でいずれかの道を進み, 1 方向しか移動できない場合にはその方向に必ず進むものとする. 例えば, P から Q に進んだときは, 次の移動では Q から P には移動できず, Q から右, 上, 左のいずれかの方向に $\frac{1}{3}$ の確率で移動するものとする. このとき, 次のことがいえる.

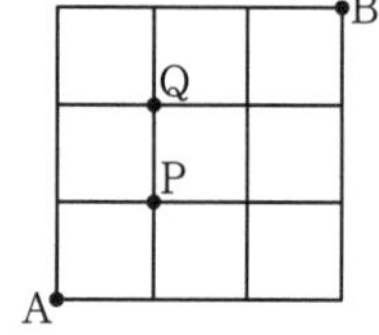

(1) A を出発してから 2 分後に P にいる確率は $\frac{\square}{\square}$ である.

(2) A を出発してから 3 分後に Q にいる確率は $\frac{\square}{\square}$ である.

(3) A を出発してから 4 分後に A にいる確率は $\frac{\square}{\square}$ である.

(4) A を出発してから 4 分後の時点で Q を一度も通過していない確率は $\frac{\square}{\square}$ である.

(5) A を出発してから 6 分後に B にいる確率は

$\dfrac{\square}{\square}$ である．　　　　（23　神戸学院大・文系）

▶解答◀　（1）　A を出発してから 2 分後に P にいるのは右に 1 回，上に 1 回進む場合であり，各格子点を通る確率は図 1 のようになる．よって，求める確率は $\boldsymbol{\dfrac{1}{2}}$

（2）　A を出発してから 3 分後に Q にいるのは右に 1 回，上に 2 回進む場合であり，各格子点を通る確率は図 2 のようになる．よって，求める確率は $\boldsymbol{\dfrac{7}{24}}$

（3）　A を出発してから 4 分後に A にいるのは反時計回りまたは時計回りに一周する場合であり，反時計回りに一周するときに各格子点を通る確率は図 3 のようになる．時計回りに一周するときも同様に考えて，求める確率は

$$\frac{1}{24}+\frac{1}{24}=\boldsymbol{\frac{1}{12}}$$

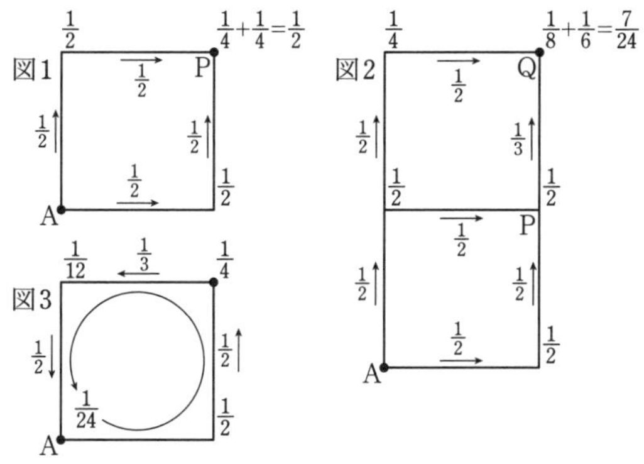

（4）　A を出発してから 4 分以内に Q を通過することがあるのは，3 分後の時点のみである．よって，A を出発してから 4 分後の時点で Q を一度も通過しないのは，3 分後の時点で Q にいない場合であるから，（2）より

$$1-\frac{7}{24}=\boldsymbol{\frac{17}{24}}$$

（5）　A を出発してから 6 分後に B にいるのは右に 3 回，上に 3 回進む場合であり，各格子点を通る確率は図 4 のようになる．よって，求める確率は $\boldsymbol{\dfrac{19}{108}}$

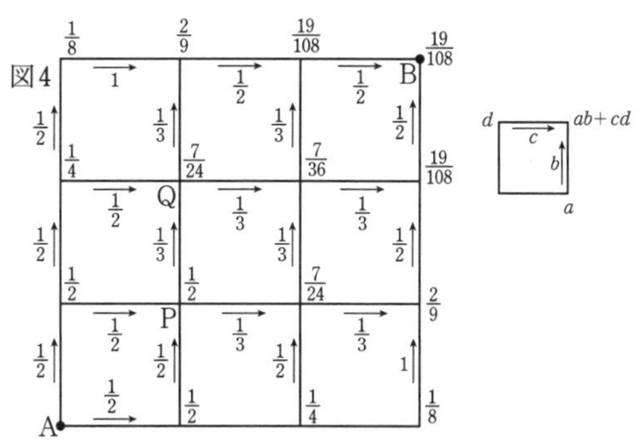

《ジャンケン (B10) ☆》

262．A, B, C, D の 4 人でじゃんけんをするゲームを行う．1 回のじゃんけんで 1 人でも勝者がでた場合は，ゲームを終了する．だれも勝たずあいこになる場合は，4 人でもう一 度じゃんけんをし，勝者がでるまでじゃんけんを繰り返す．次の問（1）～（5）に答えよ．解答欄には，（1）については答えのみを，（2）～（5）については答えだけでなく途中経過も書くこと．

（1）　1 回目のじゃんけんで，A だけが勝つ確率を求めよ．

（2）　1 回目のじゃんけんで，A を含む 2 人だけが勝つ確率を求めよ．

（3）　1 回目のじゃんけんで，A が勝者に含まれる確率を求めよ．

（4）　1 回目のじゃんけんで，だれも勝たずあいこになる確率を求めよ．

（5）　2 回目のじゃんけんで，ゲームが終了する確率を求めよ．　　（23　立教大・文系）

▶解答◀　（1）　1 回のじゃんけんで 4 人の手の出し方は 3^4 通りある．A だけが勝つ場合，A がどの手で勝つかで 3 通りあり，それが決まれば残りの人の手は確定する．よって確率は $\dfrac{3}{3^4}=\boldsymbol{\dfrac{1}{27}}$ である．

（2）　A を含む 2 人だけが勝つ場合，A 以外のどの 1 人が勝つかで 3 通りあり，どの手で勝つかで 3 通りある．よって確率は $\dfrac{3\cdot 3}{3^4}=\boldsymbol{\dfrac{1}{9}}$ である．

（3）　A が勝者に含まれるのは，（1），（2）の場合と，A を含む 3 人だけが勝つ場合がある．A を含む 3 人だけが勝つ場合は，A 以外のうち 1 人だけが負ける場合である．そのとき，誰が負けるかで 3 通りあり，どの手で負けるかで 3 通りあるから，その確率は $\dfrac{3\cdot 3}{3^4}=\dfrac{1}{9}$ である．

　これと（1），（2）の結果から，A が勝者に含まれる

確率は $\frac{1}{27}+\frac{1}{9}+\frac{1}{9}=\mathbf{\frac{7}{27}}$ である．

(4) あいこになるのは，次の(ア)，(イ)の場合がある．

(ア) 4人とも同じ手を出す場合．同じ手がどの種類かで3通りあるから，この場合の確率は $\frac{3}{3^4}$ である．

(イ) 3種の手がすべて出る場合．2人が同じ手を出すから，その2人が誰かで ${}_4C_2$ 通りあり，その手の種類が何かで3通りある．残り2人が残った2種の手を出すから，その出し方は2通りある．よって，この場合の確率は $\frac{{}_4C_2\cdot3\cdot2}{3^4}$ である．

(ア)，(イ)より，あいこになる確率は

$$\frac{3}{3^4}+\frac{{}_4C_2\cdot3\cdot2}{3^4}=\frac{1}{3^3}+\frac{4\cdot3}{2\cdot1}\cdot\frac{2}{3^3}=\mathbf{\frac{13}{27}}$$

(5) 2回目のじゃんけんでゲームが終了するのは，1回目であいこであり，2回目であいこでない場合である．よって，その確率は

$$\frac{13}{27}\left(1-\frac{13}{27}\right)=\frac{13}{27}\cdot\frac{14}{27}=\mathbf{\frac{182}{729}}$$

《モンモールの問題(B20)☆》

263． A，B，C，Dの4人の名刺が，1枚ずつ別々の封筒に入っている．4人が4つの封筒を1つずつ選んだとき，全員が自分の名刺が入っている封筒を選ぶ確率は $\frac{\square}{\square}$ であり，全員が自分以外の名刺が入っている封筒を選ぶ確率は $\frac{\square}{\square}$ である．ただし，全員名前は異なるとする．

（23 東京工芸大・工）

▶解答◀ A，B，C，Dの名刺が入っている封筒をそれぞれ a, b, c, d とおく．Aが b の名刺を選ぶことをA→b などと表す．

全員が自分の名刺を選ぶのは図1の1通りで，求める確率は $\frac{1}{4!}=\mathbf{\frac{1}{24}}$ である．

図1 A→a，B→b，C→c，D→d　図2 A→b，B→a，C→d，D→c

全員が自分以外の名刺を選ぶことを考える．A→b のときは図2〜図4の3通りある．

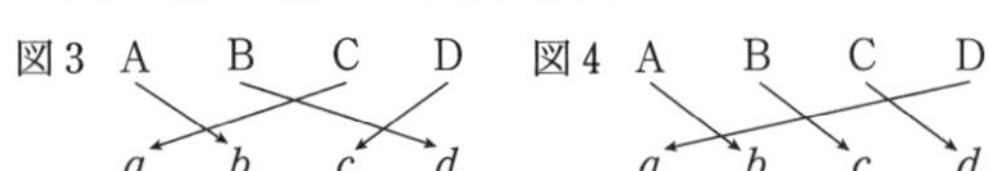

A→c，A→d のときも同様であるから，全員が自分以外の名刺を選ぶ確率は $\frac{3\cdot3}{4!}=\mathbf{\frac{3}{8}}$ である．

《立方体と確率(C20)》

264． 次の操作(＊)を考える．

(＊) 1個のサイコロを3回続けて投げ，出た目を順に a_1, a_2, a_3 とする．a_1, a_2, a_3 を3で割った余りをそれぞれ r_1, r_2, r_3 とするとき，座標空間の点 (r_1, r_2, r_3) を定める．

この操作(＊)を3回続けて行い，定まる点を順に A_1, A_2, A_3 とする．このとき，A_1, A_2, A_3 が正三角形の異なる3頂点となる確率は $\square$ である．

（23 早稲田大・商）

▶解答◀ r_1, r_2, r_3 がそれぞれ 0, 1, 2 となる確率は，すべて $\frac{1}{3}$ である．よって，A_1, A_2, A_3 がそれぞれ図1に示した27個の点のいずれかになる確率も等しく $\left(\frac{1}{3}\right)^3=\frac{1}{27}$ である．

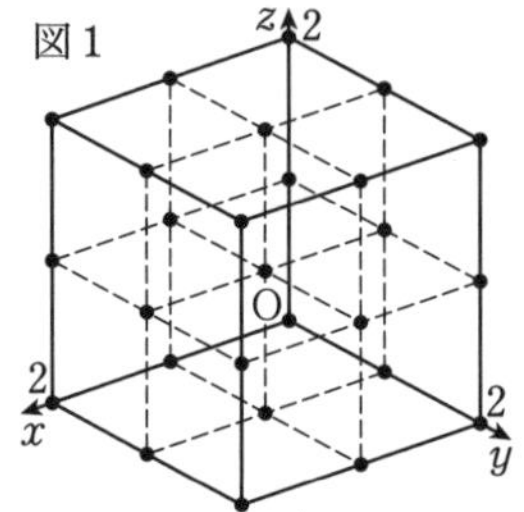

(ア) 正三角形の3頂点が，1辺の長さが2の立方体の3頂点となる場合．図2を見よ．頂点Aに注目すると，Aに隣接する3頂点B，C，Dを結ぶと正三角形になり，この正三角形は

$$(A_1, A_2, A_3)=(B, C, D), (B, D, C),$$
$$(C, B, D), (C, D, B), (D, B, C), (D, C, B)$$

の6通りある．頂点は8個あるから，(ア)の場合は8・6通り．

(イ) 正三角形の3頂点が，1辺の長さが1の立方体の3頂点となる場合．図3を見よ．1つの立方体に注目すると，(ア)と同様に考えて，正三角形は8・6通りある．1辺の長さが1の立方体は8個あるから，(イ)の場合は8・8・6通り．

(ウ) 正三角形の頂点が，1辺の長さが2の立方体の3辺の中点となる場合．図4を見よ．1つの辺の中点に A_1 を固定すると，3点 A_1, P, Q，または A_1, R, S を結ぶと正三角形になり，この正三角形は

$$(A_2, A_3)=(P, Q), (Q, P), (R, S), (S, R)$$

の4通りある．A_1 を固定する辺は12本あるから，(ウ)の場合は12・4通り．

図 2

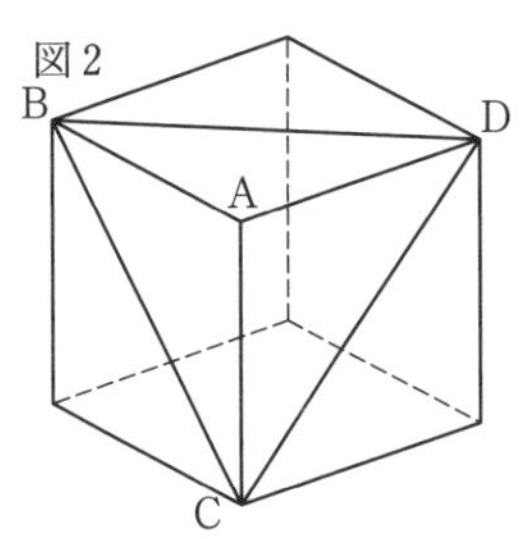

図 3

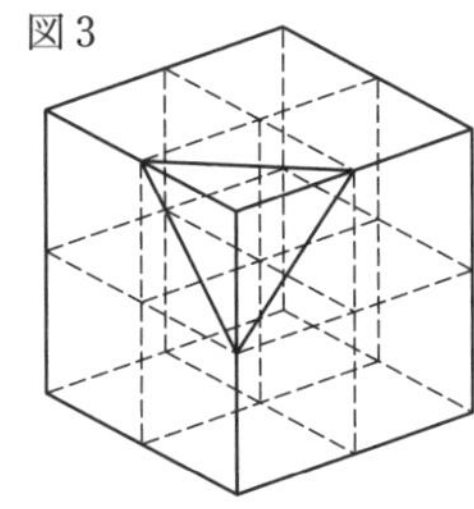

図 4

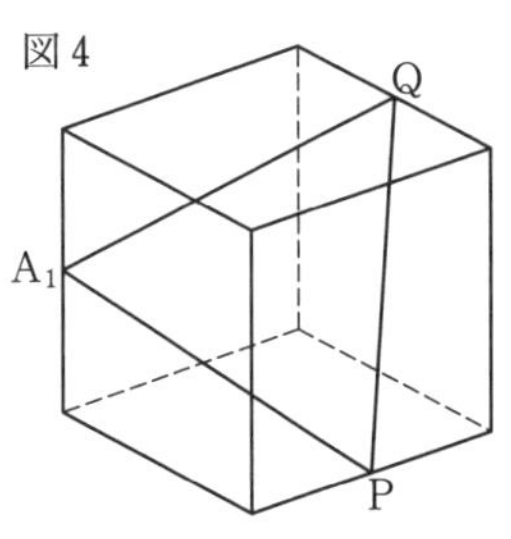

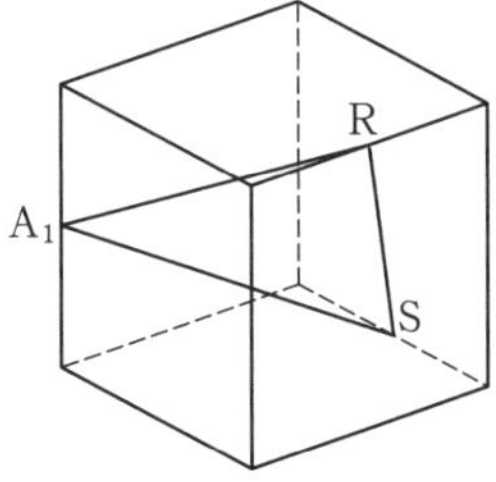

以上より，求める確率は

$$\frac{8\cdot6+8\cdot8\cdot6+12\cdot4}{27^3}=\frac{8\cdot2+8\cdot8\cdot2+4\cdot4}{3^8}$$

$$=\frac{8(2+16+2)}{3^8}=\mathbf{\frac{160}{6561}}$$

【三角形の基本性質】

《角の三等分（A10）☆》

265. 下図の △ABC において，点 P と点 Q は辺 BC 上にあり，

$\angle \mathrm{PBA}=\angle \mathrm{BAP}=\angle \mathrm{PAQ}=\angle \mathrm{QAC}$

であり，BP = 5 である．∠PAC を θ とおくとき，

$\mathrm{AC}=\dfrac{\square}{\square\times\cos\theta}$

である．とくに，$\cos\theta=\dfrac{5}{9}$ であるとき，

$\mathrm{AC}=\dfrac{\square}{\square},\ \mathrm{CQ}=\dfrac{\square}{\square}$

である．

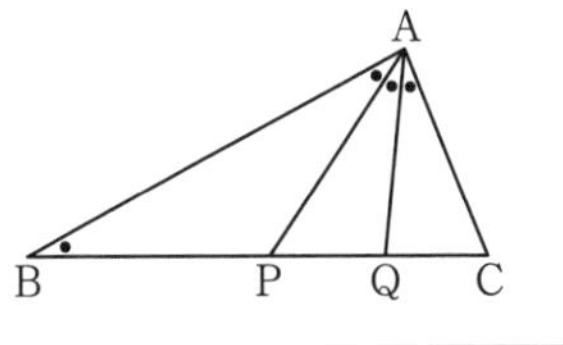

（23　大東文化大）

▶解答◀ $\angle \mathrm{PAB}=\angle \mathrm{PBA}$ より

$\mathrm{PA}=\mathrm{PB}=5$ であり，$\angle \mathrm{APC}=\angle \mathrm{PAB}+\angle \mathrm{PBA}=\theta$ であるから，CA = CP である．

C から AP へ垂線を引き，交点を M とすると M は AP の中点であるから $\mathrm{AM}=\dfrac{5}{2}$ である．

$\mathrm{AC}\cos\theta=\mathrm{AM}$

$\mathrm{AC}=\mathbf{\dfrac{5}{2\cos\theta}}$

$\cos\theta=\dfrac{5}{9}$ のとき，$\mathrm{AC}=\dfrac{5}{2\cdot\frac{5}{9}}=\mathbf{\dfrac{9}{2}}$ である．

したがって $\mathrm{CP}=\dfrac{9}{2}$ である．△APC において，角の二等分線の定理を用いて

$\mathrm{PQ}:\mathrm{QC}=\mathrm{AP}:\mathrm{AC}=5:\dfrac{9}{2}=10:9$

であるから

$\mathrm{CQ}=\dfrac{9}{19}\mathrm{CP}=\dfrac{9}{19}\cdot\dfrac{9}{2}=\mathbf{\dfrac{81}{38}}$

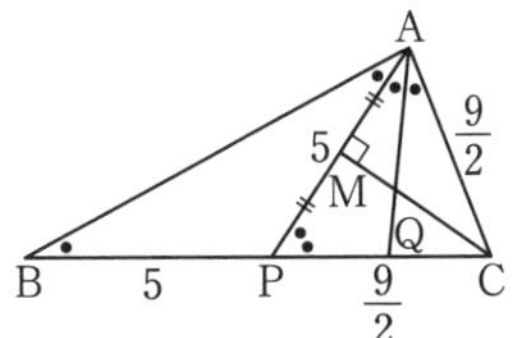

《角の二等分線の定理（A10）☆》

266. AB = 6, AC = 4 である △ABC において，∠BAC の二等分線と辺 BC の交点を D とする．BD = 4 のとき，線分 CD の長さを求めよ．

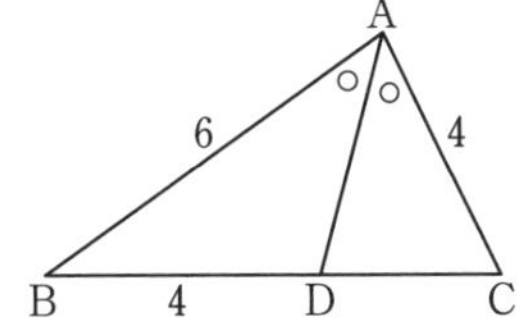

（23　奈良大）

▶解答◀ 角の二等分線の定理から

$\mathrm{AB}:\mathrm{AC}=\mathrm{BD}:\mathrm{CD}$

であるから，$\mathrm{CD}=4\cdot\dfrac{4}{6}=\mathbf{\dfrac{8}{3}}$

《角の二等分線の定理（A10）☆》

267. △ABC において，AB = 5, BC = 4, CA = 3 とし，∠A の二等分線と辺 BC との交点を D とします．このとき，線分 BD の長さを求めなさい．

（23　東邦大・看護）

▶解答◀ 角の二等分線の定理から

$\mathrm{BD}:\mathrm{DC}=\mathrm{AB}:\mathrm{AC}=5:3$

$\mathrm{BD}=4\cdot\dfrac{5}{8}=\mathbf{\dfrac{5}{2}}$

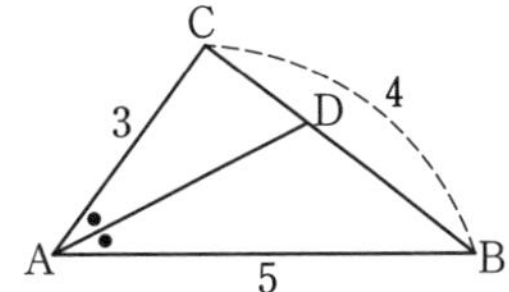

《直角三角形の外接円（A5）》

268. △ABC において，AB = 6, BC = 8, CA = 10 とする．
この三角形の外心を O とすると，点 O は △ABC の □ にある．

□ に当てはまるものを，下の ①～③ のうちから選べ．
① 内部（辺を含まない）
② 外部（辺を含まない）
③ 辺上

また，△ABC の重心を G とすると，線分 OG の長さは $\frac{\square}{\square}$ である．（23 同志社女子大・共通）

▶解答◀ AB : BC : CA = 3 : 4 : 5 より，△ABC は ∠B = 90° の直角三角形である．△ABC の外心 O は，AC の中点となるから，**辺上にある．（③）**

△ABC の外接円の半径は 5 より，OB = 5

OG : GB = 1 : 2 であるから

$$OG = \frac{1}{3} \cdot 5 = \mathbf{\frac{5}{3}}$$

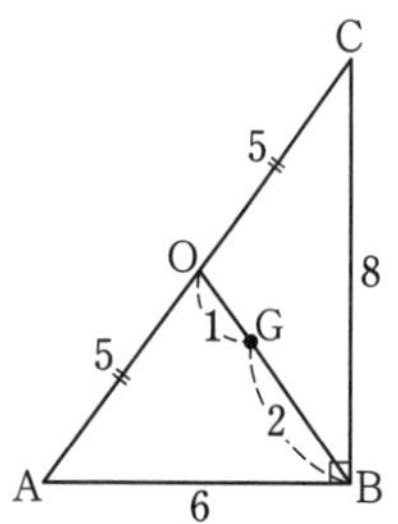

【三角形の辺と角の大小関係】

《辺と角の大小（A10）☆》

269. △ABC において，∠A, ∠B, ∠C の大きさをそれぞれ A, B, C で表す．3 辺の長さが AB = 7, BC = 5, CA = 8 のとき，A, B, C のうち最大のものは □ である．また，その最大の角の余弦の値は □ である．（23 三重県立看護大・前期）

▶解答◀ 角の大小と対辺の大小は一致するから，最大辺 CA の対角 $\boldsymbol{B}$ が最大である．

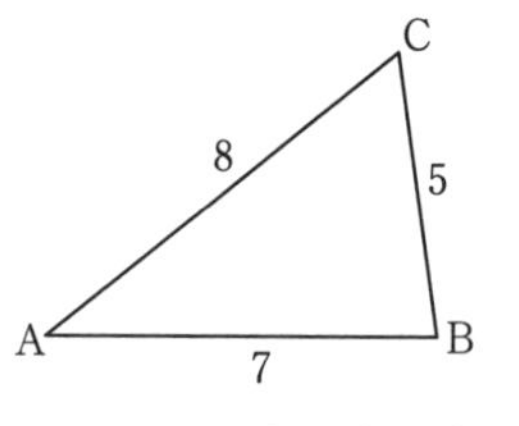

$$\cos B = \frac{7^2 + 5^2 - 8^2}{2 \cdot 7 \cdot 5} = \frac{10}{70} = \mathbf{\frac{1}{7}}$$

【メネラウスの定理・チェバの定理】

《チェバとメネラウス（A20）☆》

270. △ABC において，辺 AB, BC を 2 : 1 に内分する点をそれぞれ D, E とする．
また，線分 AE と線分 CD の交点を F，直線 BF と辺 AC の交点を G とするとき，次の各問いに答えよ．

（1） AG : GC を求めよ．

（2） △ABC と △AGF の面積比を求めよ．

（23 静岡文化芸術大）

▶解答◀（**1**） 三角形 ABC と点 F に関してチェバの定理を用いて

$$\frac{AG}{GC} \cdot \frac{CE}{EB} \cdot \frac{BD}{DA} = 1$$

$$\frac{AG}{GC} \cdot \frac{1}{2} \cdot \frac{1}{2} = 1 \qquad \therefore \quad AG : GC = \mathbf{4 : 1}$$

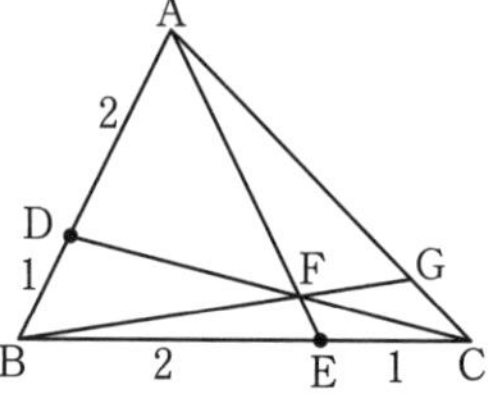

（**2**） 三角形 ABG と直線 CD に関してメネラウスの定理を用いて

$$\frac{BF}{FG} \cdot \frac{GC}{CA} \cdot \frac{AD}{DB} = 1$$

$$\frac{BF}{FG} \cdot \frac{1}{5} \cdot \frac{2}{1} = 1 \qquad \therefore \quad BF : FG = 5 : 2$$

よって

$$\triangle AGF = \frac{FG}{BG} \triangle ABG$$

$$= \frac{FG}{BG} \cdot \frac{AG}{AC} \triangle ABC = \frac{2}{7} \cdot \frac{4}{5} \triangle ABC$$

したがって，△ABC : △AGF = **35 : 8**

《角の二等分選の長さ（B20）☆》

271. 鋭角三角形 ABC があり，

AB = 7, AC = 5, $\sin \angle BAC = \frac{4\sqrt{3}}{7}$

である．

また，∠BAC の二等分線と辺 BC の交点を D とする．

（1） $\cos\angle BAC=\dfrac{\square}{\square}$ であり，BC $=\square$ である．

また，$BD=\dfrac{\square}{\square}$ であり，$AD=\dfrac{\square\sqrt{\square}}{\square}$ である．

（2） 点 D を通り，直線 AB に平行な直線と辺 AC との交点を E とする．

また，3 点 C，D，E を通る円 O と線分 AD の交点のうち，D でない方を F とする．

このとき，円 O の半径は $\dfrac{\square\sqrt{\square}}{\square}$ であり，

$AF=\dfrac{\square\sqrt{\square}}{\square}$ である．

（3）（2）のとき，直線 CF と線分 AB，DE の交点をそれぞれ G，H とする．このとき，

$AG=\dfrac{\square}{\square}$

であり，

$\dfrac{\triangle DHF\text{の面積}}{\triangle ABC\text{の面積}}=\dfrac{\square}{\square}$

である．

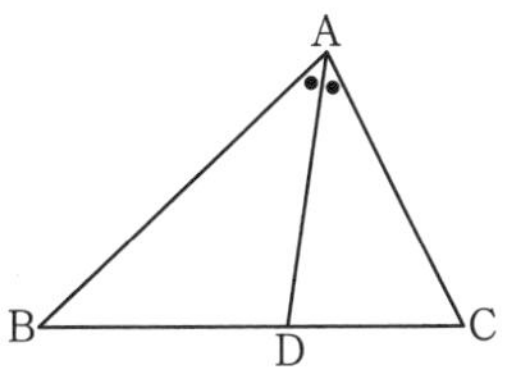

（23 同志社女子大）

▶解答◀（1）

角の二等分線の長さの定理を使うと早い．注を見よ．

$$\cos\angle BAC=\sqrt{1-\left(\frac{4\sqrt{3}}{7}\right)^2}=\mathbf{\frac{1}{7}}$$

△ABC で余弦定理より

$$BC^2=AB^2+AC^2-2\cdot AB\cdot AC\cdot\cos\angle BAC$$

$$=7^2+5^2-2\cdot7\cdot5\cdot\frac{1}{7}=64$$

$$BC=\mathbf{8}$$

角の二等分線の定理より

$$BD:DC=AB:AC=7:5$$

であるから，$BD=8\cdot\dfrac{7}{7+5}=\mathbf{\dfrac{14}{3}}$

△ABC で余弦定理より

$$\cos\angle ABC=\frac{BA^2+BC^2-AC^2}{2\cdot BA\cdot BC}$$

$$=\frac{7^2+8^2-5^2}{2\cdot7\cdot8}=\frac{88}{2\cdot7\cdot8}=\frac{11}{14}$$

△ABD で余弦定理より

$$AD^2=AB^2+BD^2-2\cdot AB\cdot BD\cdot\cos\angle ABC$$

$$=7^2+\left(\frac{14}{3}\right)^2-2\cdot7\cdot\frac{14}{3}\cdot\frac{11}{14}$$

$$=49+\frac{196}{9}-\frac{154}{3}=\frac{175}{9}$$

$$AD=\mathbf{\frac{5\sqrt{7}}{3}}$$

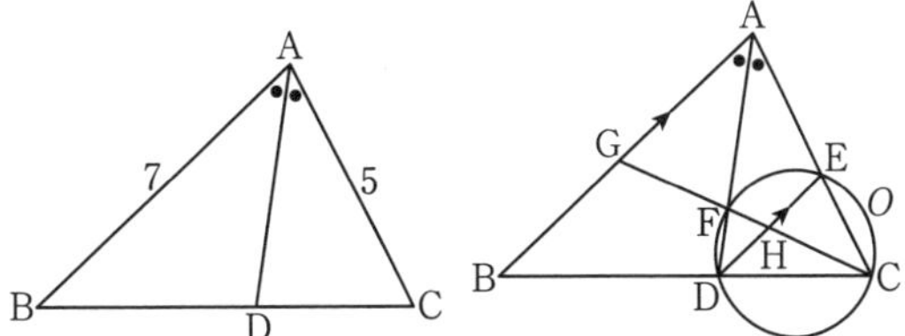

（2） AB // ED より，∠BAC = ∠DEC で

$$\sin\angle BAC=\sin\angle DEC=\frac{4\sqrt{3}}{7}$$

円 O の半径を R として，△CDE で正弦定理より

$$R=\frac{CD}{2\sin\angle DEC}=\frac{8-\frac{14}{3}}{2\cdot\frac{4\sqrt{3}}{7}}=\mathbf{\frac{35\sqrt{3}}{36}}$$

AB // ED より

$$CE:EA=CD:DB=\frac{10}{3}:\frac{14}{3}=5:7$$

$$AE=5\cdot\frac{7}{5+7}=\frac{35}{12}$$

方べきの定理より

$$AF\cdot AD=AE\cdot AC$$

$$AF\cdot\frac{5\sqrt{7}}{3}=\frac{35}{12}\cdot5$$

$$AF=\frac{35}{12}\cdot5\cdot\frac{3}{5\sqrt{7}}=\mathbf{\frac{5\sqrt{7}}{4}}$$

（3） △ABD と直線 CG について，メネラウスの定理より

$$\frac{AG}{GB}\cdot\frac{BC}{CD}\cdot\frac{DF}{FA}=1$$

$$\frac{AG}{7-AG}\cdot\frac{8}{\frac{10}{3}}\cdot\frac{\frac{5\sqrt{7}}{3}-\frac{5\sqrt{7}}{4}}{\frac{5\sqrt{7}}{4}}=1$$

$$\frac{AG}{7-AG}\cdot\frac{24}{10}\cdot\frac{4}{12}=1$$

$$\frac{AG}{7-AG}=\frac{5}{4}$$

$$4AG=5(7-AG)\qquad\therefore\quad AG=\mathbf{\frac{35}{9}}$$

また，$\triangle ABC=S$ とおく．

BD : DC = 7 : 5, AE : EC = 7 : 5 より

$$\triangle \mathrm{ADE} = \frac{5}{12} \cdot \frac{7}{12} S = \frac{35}{144} S$$

AF : FD = 3 : 1 より

$$\triangle \mathrm{EDF} = \frac{1}{4} \triangle \mathrm{ADE} = \frac{35}{576} S$$

$$\mathrm{EH} : \mathrm{HD} = \mathrm{AG} : \mathrm{GB} = \frac{35}{9} : \frac{28}{9} = 5 : 4$$ より

$$\triangle \mathrm{DHF} = \frac{4}{9} \triangle \mathrm{EDF} = \frac{35}{1296} S$$

よって $\dfrac{\triangle \mathrm{DHF}}{\triangle \mathrm{ABC}} = \mathbf{\dfrac{35}{1296}}$

◆別解◆ （1） 角の二等分選の長さの定理より

$$\mathrm{AD}^2 = \mathrm{AB} \cdot \mathrm{AC} - \mathrm{BD} \cdot \mathrm{DC}$$
$$= 7 \cdot 5 - \frac{14}{3} \cdot \frac{10}{3} = \frac{175}{9}$$
$$\mathrm{AD} = \mathbf{\frac{5\sqrt{7}}{3}}$$

【角の二等分選の長さの定理の証明】

入試では証明など不要である．大体，もはや業界では有名公式である．

$\mathrm{BP} = x$, $\mathrm{AB} = a$, $\mathrm{BC} = b$,

$\mathrm{PA} = c$, $\mathrm{PC} = d$

とおく．このとき $x^2 = ab - cd$ が成り立つ．

$\mathrm{PD} = w$ とする．まず，方べきの定理より $xw = cd$ である．次に $\triangle \mathrm{BCD} \backsim \triangle \mathrm{BPA}$ であるから

$\dfrac{x + w}{b} = \dfrac{a}{x}$ である．

$$x^2 + xw = ab$$

ここに $xw = cd$ を代入して $x^2 = ab - cd$ を得る．

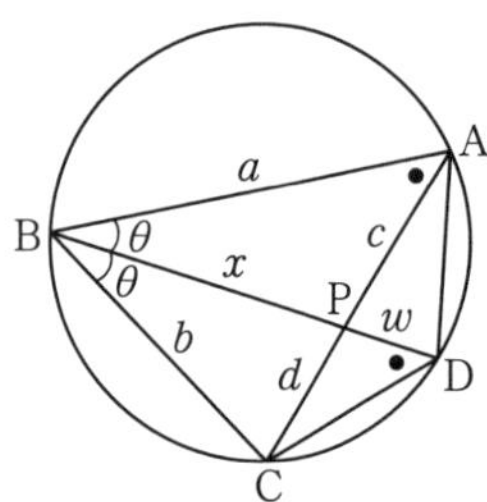

《四角形の面積 (A5) ☆》

272. △ABC において，辺 AB の中点を D とし，辺 AC を 2 : 1 に内分する点を E とする．線分 CD と BE の交点を F とするとき，四角形 ADFE の面積は △ABC の面積の $\dfrac{\square}{\square}$ 倍である．

（23　同志社女子大）

▶解答◀ △ACD と直線 BE について，メネラウスの定理より

$$\frac{\mathrm{AE}}{\mathrm{EC}} \cdot \frac{\mathrm{CF}}{\mathrm{FD}} \cdot \frac{\mathrm{DB}}{\mathrm{BA}} = 1$$

$$\frac{2}{1} \cdot \frac{\mathrm{CF}}{\mathrm{FD}} \cdot \frac{1}{2} = 1$$

よって，CF : FD = 1 : 1

ADFE の面積を [ADEF] と書く，

△ABC = S とおく．

$$\triangle \mathrm{ADF} = \frac{1}{2} \triangle \mathrm{ADC} = \frac{1}{2} \cdot \frac{1}{2} \triangle \mathrm{ABC} = \frac{1}{4} S$$

$$\triangle \mathrm{AEF} = \frac{2}{3} \triangle \mathrm{AFC} = \frac{2}{3} \cdot \frac{1}{2} \triangle \mathrm{ADC}$$
$$= \frac{1}{3} \cdot \frac{1}{2} S = \frac{1}{6} S$$

$$[\mathrm{ADEF}] = \triangle \mathrm{ADF} + \triangle \mathrm{AEF}$$
$$= \frac{1}{4} S + \frac{1}{6} S = \frac{5}{12} S$$

[ADEF] は S の $\mathbf{\dfrac{5}{12}}$ 倍である．

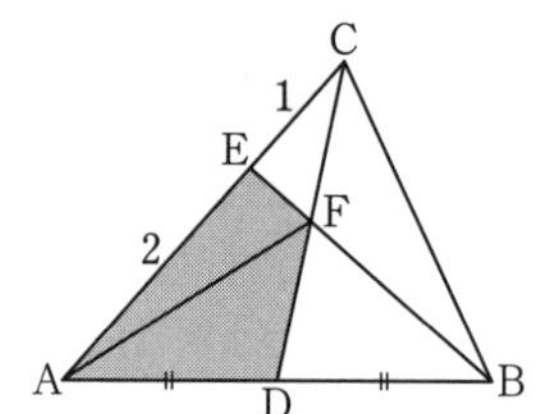

《メネラウスの定理 (B5)》

273. △ABC において，辺 AB を 5 : 3 に内分する点を P，辺 AC を 8 : 3 に外分する点を Q，直線 PQ と辺 BC の交点を R とする．このとき，次の値を求めよ．

（1） BR : RC = □ : □ である．

（2） △BPR の面積 ： 四角形 ACRP の面積 ＝ □ : □ である．

（3） △BPR の面積 : △CQR の面積 ＝ □ : □ である．

（23　金城学院大）

▶解答◀ （1） △BCA と直線 PQ でメネラウスの定理より

$$\frac{\mathrm{BR}}{\mathrm{RC}} \cdot \frac{\mathrm{CQ}}{\mathrm{QA}} \cdot \frac{\mathrm{AP}}{\mathrm{PB}} = 1$$

$$\frac{\mathrm{BR}}{\mathrm{RC}} \cdot \frac{3}{8} \cdot \frac{5}{3} = 1 \qquad \therefore \ \mathrm{BR} : \mathrm{RC} = \mathbf{8 : 5}$$

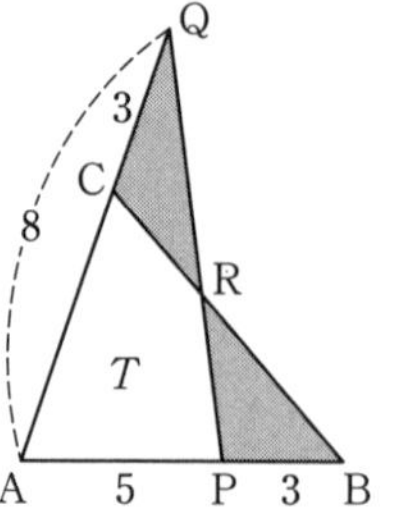

（2） △ABC，四角形 ACRP の面積をそれぞれ S, T と

おく．

$$\triangle \mathrm{BPR} = \frac{\mathrm{BP}}{\mathrm{BA}} \cdot \frac{\mathrm{BR}}{\mathrm{BC}} \cdot S$$
$$= \frac{3}{8} \cdot \frac{8}{8+5} \cdot S = \frac{3}{13}S$$
$$T = S - \triangle \mathrm{BPR} = S - \frac{3}{13}S = \frac{10}{13}S$$
$$\triangle \mathrm{BPR} : T = \frac{3}{13}S : \frac{10}{13}S = \mathbf{3 : 10}$$

（３） $\triangle \mathrm{APQ} = \frac{\mathrm{AP}}{\mathrm{AB}} \cdot \frac{\mathrm{AQ}}{\mathrm{AC}} \cdot S = \frac{5}{8} \cdot \frac{8}{5} \cdot S = S$ であるから，$\triangle \mathrm{BPR}$ と $\triangle \mathrm{CQR}$ はどちらも $S-T$ となり等しい．よって，$\triangle \mathrm{BPR} : \triangle \mathrm{CQR} = \mathbf{1 : 1}$ である．

【円に関する定理】

《図形で解くか座標か (B10) ☆》

274. 四角形 ABCD は円 S に内接しており，辺 AB と CD は平行で AB = 3, CD = 4 とする．円 S の中心は四角形 ABCD の内側にあり，S の直径は 5 とする．このとき，次の問いに答えよ．

（１） AD = BC であることを証明せよ．

（２） 四角形 ABCD の面積を求めよ．

（３） 対角線 AC と BD は直交することを証明せよ．

（23　福井大・教育）

▶解答◀ （１） 円 S の中心を O とする．AB // CD で平行線の錯角より $\angle \mathrm{ABD} = \angle \mathrm{BDC}$ となり，円周角と中心角の関係から $\angle \mathrm{AOD} = \angle \mathrm{BOC}$ であり，$\triangle \mathrm{AOD} \equiv \triangle \mathrm{BOC}$ であるから AD = BC である．

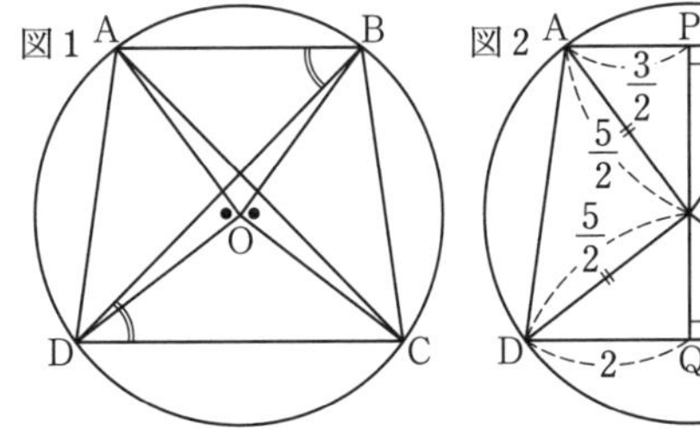

（２） 図 2 のように，中心 O から AB, CD にそれぞれ垂線 OP, OQ を下ろす．

$$\mathrm{OP} = \sqrt{\left(\frac{5}{2}\right)^2 - \left(\frac{3}{2}\right)^2} = 2$$
$$\mathrm{OQ} = \sqrt{\left(\frac{5}{2}\right)^2 - 2^2} = \frac{3}{2}$$

であるから，$\mathrm{PQ} = 2 + \frac{3}{2} = \frac{7}{2}$ である．求める面積は

$$\frac{1}{2} \cdot (3+4) \cdot \frac{7}{2} = \mathbf{\frac{49}{4}}$$

（３） A から CD に垂線 AH を下ろす．

$\mathrm{DH} = \frac{1}{2}$, $\mathrm{AH} = \frac{7}{2}$ より

$$\mathrm{AD} = \sqrt{\left(\frac{1}{2}\right)^2 + \left(\frac{7}{2}\right)^2} = \frac{5\sqrt{2}}{2}$$

$\triangle \mathrm{AOD}$ は $1 : 1 : \sqrt{2}$ の直角二等辺三角形となり $\angle \mathrm{AOD} = 90°$，同様に $\angle \mathrm{BOC} = 90°$

AC と BD の交点を R とすると

$$\angle \mathrm{ABR} = \angle \mathrm{BAR} = 45°$$

よって，$\angle \mathrm{ARB} = 90°$ となり，AC と BD は直交する．

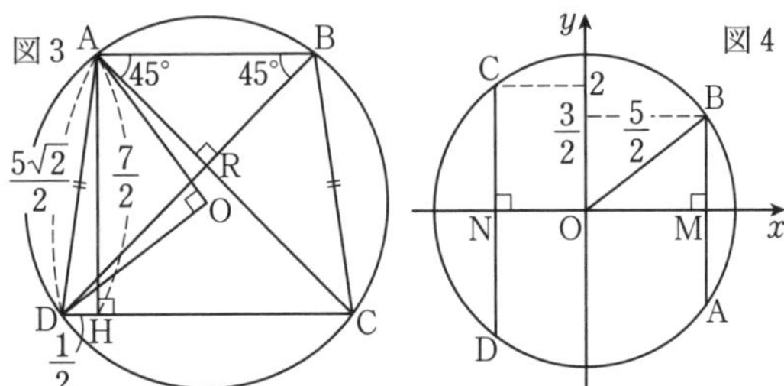

♦別解♦ （１） 図 4 を見よ．座標計算すればあっという間である．円の弦の垂直二等分線は円の中心（O とする）を通る．AB の中点を M，CD の中点を N とする．M，O，N の順で一直線上にある．円は $x^2 + y^2 = \frac{25}{4}$ とおけて，M が x 軸の正の部分にあるように座標軸を定める．B を第 1 象限，C を第 2 象限にとる．

$$\sqrt{\left(\frac{5}{2}\right)^2 - \left(\frac{3}{2}\right)^2} = 2, \quad \sqrt{\left(\frac{5}{2}\right)^2 - 2^2} = \frac{3}{2}$$

より $\mathrm{B}\left(2, \frac{3}{2}\right)$, $\mathrm{A}\left(2, -\frac{3}{2}\right)$, $\mathrm{C}\left(-\frac{3}{2}, 2\right)$, $\mathrm{D}\left(-\frac{3}{2}, -2\right)$ となる．$\mathrm{AD} = \sqrt{\left(2+\frac{3}{2}\right)^2 + \left(\frac{3}{2}-2\right)^2}$,

$\mathrm{BC} = \sqrt{\left(2+\frac{3}{2}\right)^2 + \left(\frac{3}{2}-2\right)^2}$ となり，AD = BC

（２） 台形 ABCD の面積は，$\frac{1}{2}(3+4)\left(2+\frac{3}{2}\right) = \mathbf{\frac{49}{4}}$

（３） BD の傾き $= \dfrac{\frac{3}{2}+2}{2+\frac{3}{2}} = 1$, AC の傾き $= -1$ であり，$\mathrm{AC} \perp \mathrm{BD}$

《接弦定理 (B10)》

275. 三角形 ABC において，$\angle \mathrm{A}$ は鋭角，$\angle \mathrm{C} = 30°$ であるとし，辺 AC の中点を D とする．さらに，3 点 B，C，D を通る円を考えると，この円は直線 AB と点 B で接しているとする．このとき，次の問いに答えなさい．

（１） 三角形 ABC と三角形 ADB が相似であることを証明しなさい．

（２） 辺 AB の長さは線分 DC の長さの何倍か求めなさい．

（３） $\angle \mathrm{BDC}$ の大きさを求めなさい．

（23　尾道市立大）

▶解答◀ （１） $\triangle \mathrm{ABC}$ と $\triangle \mathrm{ADB}$ で

$\angle \mathrm{BAC} = \angle \mathrm{DAB}$（共通）

接弦定理より $\angle ACB = \angle ABD$

二角相等により，$\triangle ABC \backsim \triangle ADB$

（**2**） $DC = DA = x$ とおく．方べきの定理により

$$AB^2 = AD \cdot AC = x \cdot 2x$$

$AB = \sqrt{2}x$ であるから辺 AB の長さは線分 DC の長さの $\sqrt{\mathbf{2}}$ 倍．

（**3**） 図を見よ．$\angle BDC = \theta$ とおくと，接弦定理により $\angle CBE = \theta$ であるから，$\angle ABC = 180° - \theta$ となる．

（2）より，$AC = 2x$ のとき $AB = \sqrt{2}x$ であるから

$\triangle ABC$ において正弦定理により

$$\frac{\sqrt{2}x}{\sin 30°} = \frac{2x}{\sin(180° - \theta)}$$

$$\sin(180° - \theta) = \frac{2}{\sqrt{2}} \sin 30° = \frac{1}{\sqrt{2}}$$

$$180° - \theta = 45°, 135°$$

$180° - \theta = 45°$ のとき，$\angle A = 105°$（鈍角）となり不適．

$180° - \theta = 135°$ から $\theta = \mathbf{45°}$

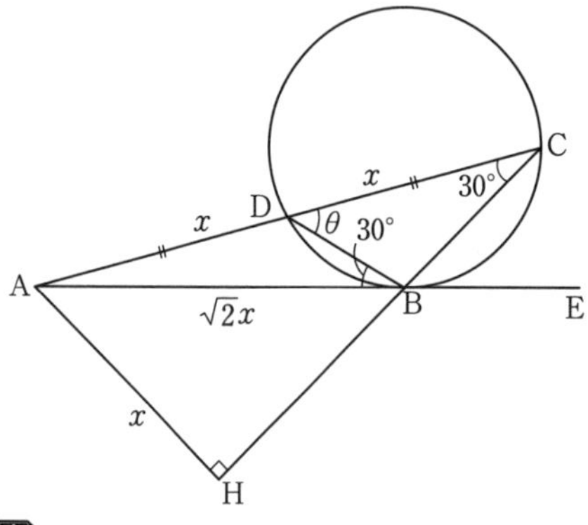

注意 【外接円の半径を使わない正弦定理】

CB の延長に A から下ろした垂線のを H とする．三角形 AHC は 60 度定規で $AH = x$ である．また（2）より $AB = \sqrt{2}x$ である．よって三角形 ABH は 45 度定規で $\angle BAH = 45°$ である．$\angle BAC = 60°$ とから $\angle DAB = 15°$ となり，$\theta = \angle DAB + \angle DBA = 45°$ となる．

《方べきと接弦（A10）》

276. 円 O に鋭角三角形 ABC が内接している．A における接線と直線 BC との交点を P とするとき，次の問いに答えよ．

（1） 三角形 PBA と三角形 PAC は相似であることを示せ．

（2） $PB \cdot PC = 75$, $OP = 10$ のとき，円 O の半径 r を求めよ．

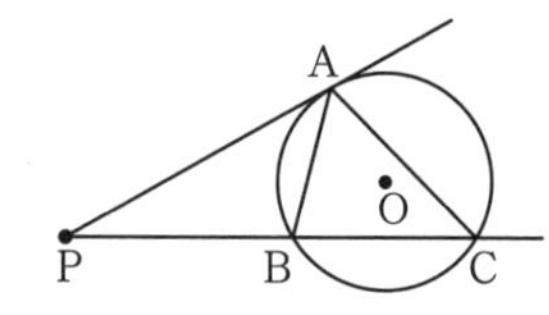

（23　愛知医大・看護）

▶解答◀ （**1**） 接弦定理より

$\angle PAB = \angle PCA$，$\angle P$ が共通であるから

$\triangle PBA \backsim \triangle PAC$ である．

（**2**） 方べきの定理より $PA^2 = PB \cdot PC = 75$

$$r = OA = \sqrt{OP^2 - PA^2} = \sqrt{100 - 75} = \mathbf{5}$$

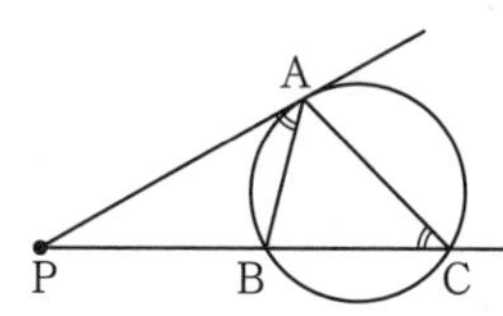

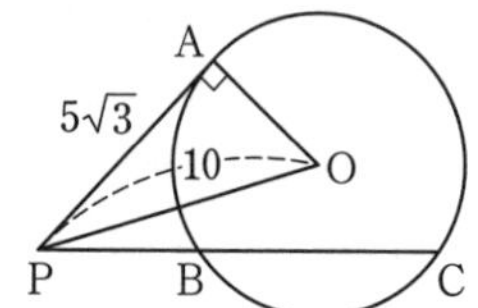

《方べきの定理（B20）☆》

277. 図のように $AB = 4$, $BC = 5$, $CA = 3$ の $\triangle ABC$ において，頂点 A から辺 BC に垂線 AD を下ろし，辺 BC の中点を E，$\triangle AED$ の外接円と辺 AC の交点のうち A と異なる方を F とするとき，

$ED = \dfrac{\square}{\square}$，$AF = \dfrac{\square}{\square}$ である．

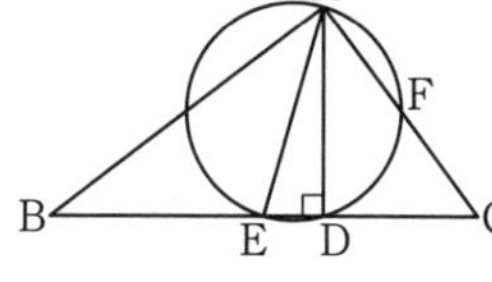

（23　星薬大・B 方式）

▶解答◀ $BC^2 = AB^2 + CA^2$ が成り立っているから，$\triangle ABC$ は $A = 90°$ の直角三角形である．よって

$$\sin C = \frac{4}{5}, \cos C = \frac{3}{5}$$

$\triangle ACD$ において

$$CD = CA \cos C = 3 \cdot \frac{3}{5} = \frac{9}{5}$$

$$ED = CE - CD = \frac{5}{2} - \frac{9}{5} = \mathbf{\frac{7}{10}}$$

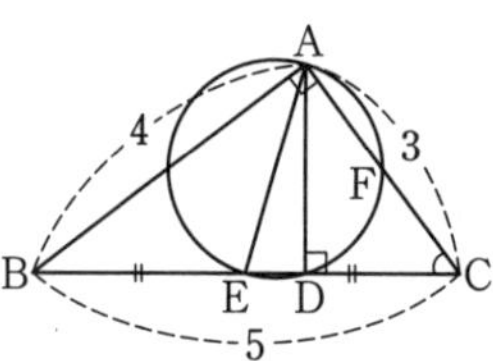

方べきの定理より $CF \cdot CA = CD \cdot CE$ が成り立つから

$$CF \cdot 3 = \frac{9}{5} \cdot \frac{5}{2} \qquad \therefore \quad CF = \frac{3}{2}$$

$AF = CA - CF = 3 - \frac{3}{2} = \mathbf{\frac{3}{2}}$

《(B20)☆》

278. 円 O に点Pで内接する円 O' があり，円 O' は図1のように円 O の直径ABにも接している．

その接点をQとすると，$AQ = 2, BQ = 4$ である．

このとき，次の問いに答えよ．

図1
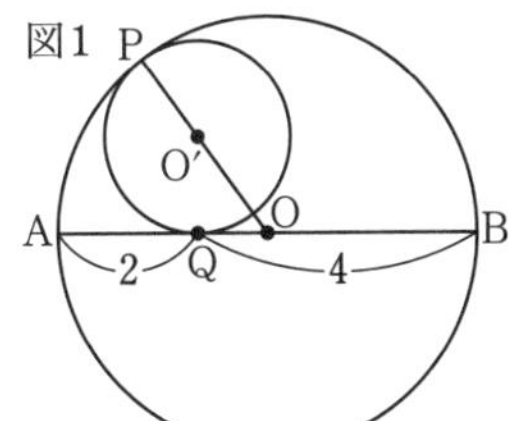

図2
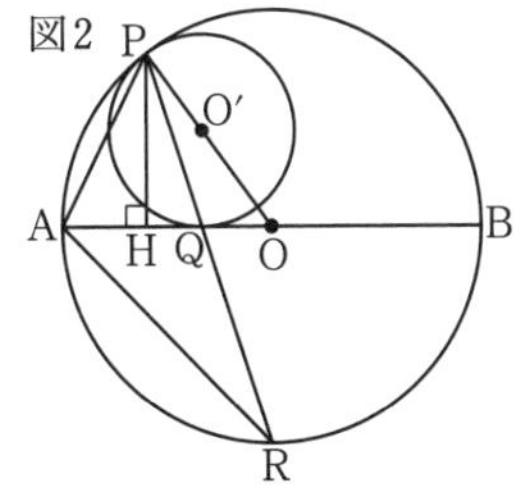

(1) 円 O' の半径を r とする．

(i) 線分 OO' の長さを，r を用いた式で表せ．

(ii) $\triangle O'QO$ に着目して，r を求めよ．

(2) 図2のように，点Pから直径ABに垂線PHを引く．

また，2点P，Qを通る直線と円 O との交点で点Pと異なる点をRとする．

(i) 線分PHの長さを求めよ．

(ii) $\triangle PAQ$ と $\triangle RAQ$ の面積の比を最も簡単な整数の比で表せ．（23 広島文教大）

▶解答◀ (1) (i) 円 O の半径は

$\frac{AB}{2} = 3$ であるから $OO' = OP - O'P = \mathbf{3 - r}$

(ii) $OQ = AO - AQ = 3 - 2 = 1$

$\angle O'QO = 90°$ であるから

$$OO'^2 = O'Q^2 + OQ^2$$

$$(3-r)^2 = r^2 + 1^2$$

$$9 - 6r + r^2 = r^2 + 1 \qquad \therefore \quad r = \mathbf{\frac{4}{3}}$$

図1
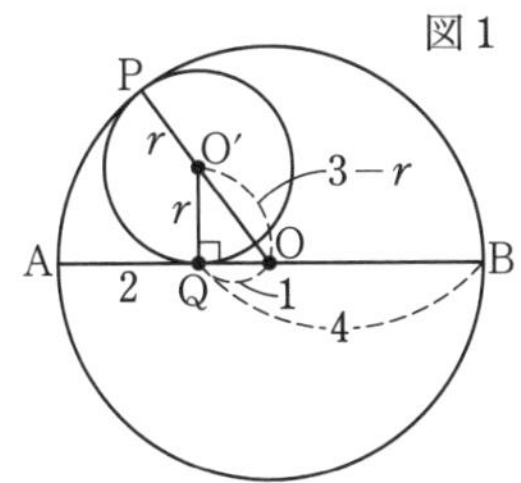

図2
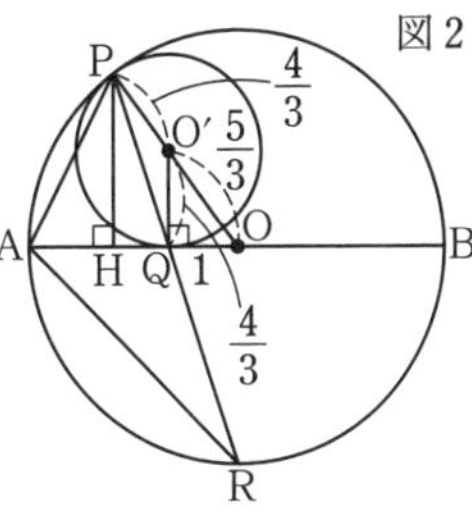

(2) (i) $OO' = 3 - \frac{4}{3} = \frac{5}{3}$

$\triangle PHO \backsim \triangle O'QO$ であり，$\frac{PH}{O'Q} = \frac{PO}{O'O} = \frac{HO}{QO}$

$$\frac{PH}{\frac{4}{3}} = \frac{3}{\frac{5}{3}} = \frac{HO}{1}$$

$$PH = \mathbf{\frac{12}{5}},\ HO = \frac{9}{5}$$

(ii) $QH = OH - OQ = \frac{9}{5} - 1 = \frac{4}{5}$

$$PQ = \sqrt{PH^2 + QH^2}$$

$$= \sqrt{\left(\frac{12}{5}\right)^2 + \left(\frac{4}{5}\right)^2} = \frac{4}{5}\sqrt{10}$$

方べきの定理より $QP \cdot QR = QA \cdot QB$

$$QR = 2 \cdot 4 \cdot \frac{5}{4\sqrt{10}} = \sqrt{10}$$

$$\triangle PAQ : \triangle RAQ = PQ : QR$$

$$= \frac{4}{5}\sqrt{10} : \sqrt{10} = \mathbf{4:5}$$

《方べきとメネラウス (A10)》

279. 三角形ABCにおいて，辺CAを3：2に内分する点をD，辺BCを2：1に内分する点をEとする．直線ABと直線DEの交点をPとし，三角形ABCの外接円と直線DEの交点をPに近い方から順にQ，Rとする．$AB = 3$ のとき，$AP = \frac{\square}{\square}$ である．さらに，$PR = \frac{27}{5}$ とすると，$QR = \frac{\square}{\square}$ である．

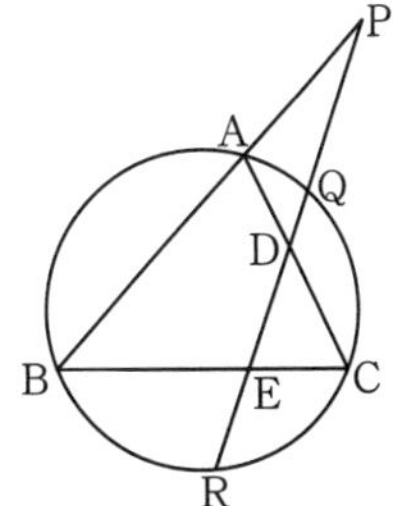

（23 自治医大・看護）

▶解答◀ $\triangle CAB$ と直線PEに関してメネラウスの

定理を用いて

$$\frac{CD}{DA}\cdot\frac{AP}{PB}\cdot\frac{BE}{EC}=1$$

$$\frac{3}{2}\cdot\frac{AP}{AP+3}\cdot\frac{2}{1}=1$$

$$3AP=AP+3 \qquad \therefore \quad AP=\mathbf{\frac{3}{2}}$$

方べきの定理より PA・PB＝PQ・PR が成り立つから

$PR=\frac{27}{5}$ のとき

$$\frac{3}{2}\cdot\left(\frac{3}{2}+3\right)=PQ\cdot\frac{27}{5}$$

$$PQ=\frac{3}{2}\cdot\frac{9}{2}\cdot\frac{5}{27}=\frac{5}{4}$$

$$QR=PR-PQ=\frac{27}{5}-\frac{5}{4}=\mathbf{\frac{83}{20}}$$

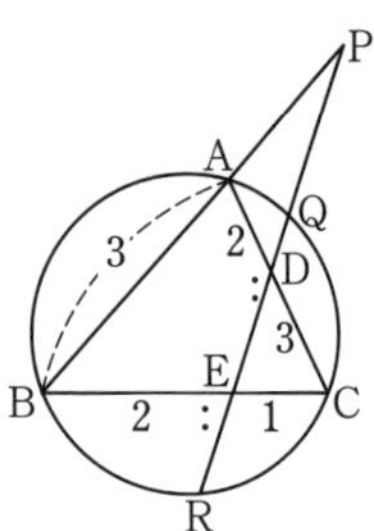

《中線定理 (B10)》

280. △ABC において，AB＝6, BC＝5, CA＝7 とする．cos∠ABC＝□ である．また，辺 AB の中点を M とすると，CM＝□ であり，3 点 M, B, C を通る円の半径を R とすると，R＝□ である．また，この円と辺 AC の交点のうち，C でない方の点を P とすると，AP＝□ である．

(23　関西学院大・経済)

▶解答◀　△ABC に余弦定理を用いて

$$\cos\angle ABC=\frac{6^2+5^2-7^2}{2\cdot6\cdot5}=\frac{12}{2\cdot6\cdot5}=\mathbf{\frac{1}{5}}$$

△BCM に余弦定理を用いて

$$CM^2=BM^2+BC^2-2BM\cdot BC\cos\angle ABC$$

$$=3^2+5^2-2\cdot3\cdot5\cdot\frac{1}{5}=28$$

$$CM=\mathbf{2\sqrt{7}}$$

$$\sin\angle ABC=\sqrt{1-\cos^2\angle ABC}$$

$$=\sqrt{1-\left(\frac{1}{5}\right)^2}=\frac{2\sqrt{6}}{5}$$

△BCM に正弦定理を用いて

$$\frac{CM}{\sin\angle ABC}=2R$$

$$R=\frac{2\sqrt{7}}{2\cdot\frac{2\sqrt{6}}{5}}=\frac{5\sqrt{7}}{2\sqrt{6}}=\mathbf{\frac{5\sqrt{42}}{12}}$$

方べきの定理を用いて

$$AC\cdot AP=AB\cdot AM$$

$$7AP=6\cdot3 \qquad \therefore \quad AP=\mathbf{\frac{18}{7}}$$

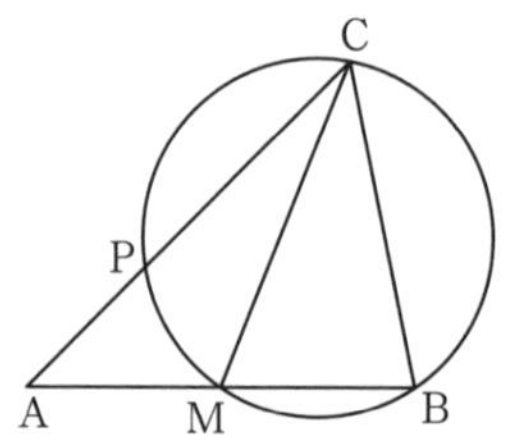

注意　**【中線定理を用いる】**

$$CA^2+CB^2=2(CM^2+AM^2)$$

$$49+25=2(CM^2+9)$$

$$CM^2=28 \qquad \therefore \quad CM=2\sqrt{7}$$

《相似を見落とすな (B20) ☆》

281. 次の空欄に当てはまる数値または符号をマークしなさい．

図のように，BC＝CD である四角形 ABCD が円に内接している．この円の点 B における接線と，辺 DA の延長との交点を E，対角線 AC の延長との交点を F とし，また対角線 AC と BD の交点を G とする．

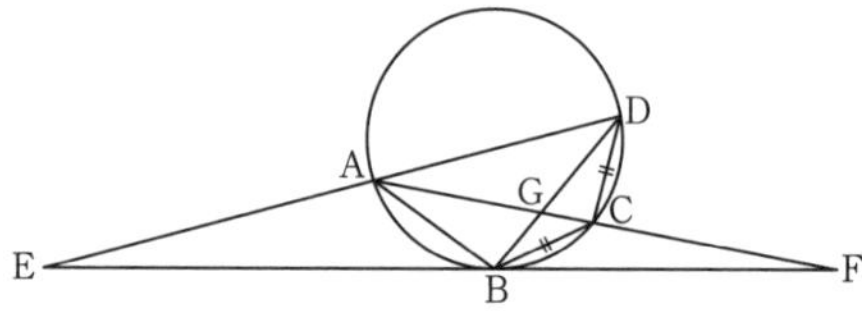

(1)　∠CBF＝24° であるとき，∠DBC＝□°, ∠DCB＝□° である．

(2)　EA＝8, EB＝10, AB＝3 であるとき，AD＝$\frac{\square}{\square}$, BF＝□ である．これらの値を利用すると，FG：GA＝□：□ であり，AC＝$3\sqrt{2}$ であるとき，CG＝$\frac{\square\sqrt{\square}}{\square}$ である．

(23　京都橘大)

▶解答◀　(1)　∠CBF＝24° のとき，接弦定理より，∠CDB＝24°，△BCD は CB＝CD の二等辺三角形であるから，∠DBC＝∠CDB＝**24°**

また，∠DCB＝180°－(24°＋24°)＝**132°**

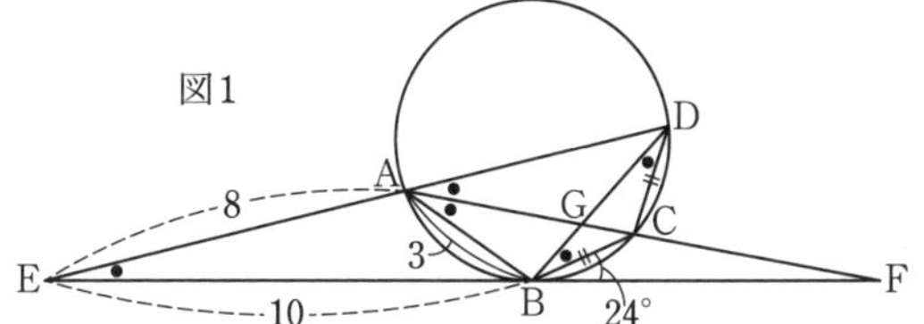

（**2**） 角の二等分線の定理と相似だけで押してみる．
接弦定理より $\angle ABE=\angle EDB$ であり

$$\triangle EBA \backsim \triangle EDB$$

$$\frac{EB}{ED}=\frac{EA}{EB}=\frac{BA}{DB}$$

$$\frac{10}{ED}=\frac{8}{10}=\frac{3}{DB}$$

$$ED=\frac{100}{8}=\frac{25}{2},\ DB=\frac{30}{8}=\frac{15}{4}$$

$$AD=ED-EA=\frac{25}{2}-8=\boldsymbol{\frac{9}{2}}$$

なお，$\dfrac{EB}{ED}=\dfrac{EA}{EB}$ は方べきの定理として知られている関係だが，それは相似の一部を用いただけである．
角の二等分線の定理より

$$BG:GD=AB:AD=3:\frac{9}{2}=2:3$$

$$BG=\frac{15}{4}\cdot\frac{2}{2+3}=\frac{3}{2},\ GD=\frac{15}{4}\cdot\frac{3}{5}=\frac{9}{4}$$

角の二等分線の長さの定理として

$$AG^2=AB\cdot AD-BG\cdot GD$$

$$=3\cdot\frac{9}{2}-\frac{3}{2}\cdot\frac{9}{4}\ \cdots\cdots\text{①}$$

$$=\frac{3\cdot 9(4-1)}{2\cdot 4}=\frac{9^2}{2\cdot 4}$$

$$AG=\frac{9}{2\sqrt{2}}$$

がわかるが，① は次の二組の相似比を組合せるとえられる．$BC=CD=x$ とおく．

$$\triangle ABC \backsim \triangle AGD,\ \triangle AGB \backsim \triangle DGC$$

$$\frac{AB}{AG}=\frac{AC}{AD}=\frac{BC}{GD},\ \frac{AG}{DG}=\frac{AB}{DC}=\frac{GB}{GC}$$

$$\frac{3}{AG}=\frac{AC}{\frac{9}{2}}=\frac{x}{\frac{9}{4}},\ \frac{AG}{\frac{9}{4}}=\frac{3}{x}=\frac{\frac{3}{2}}{GC}\ \cdots\cdots\text{②}$$

最初は図 2 しか長さがわからない．

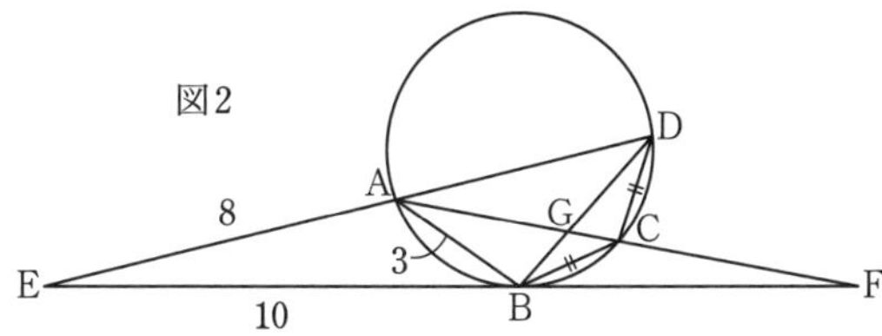

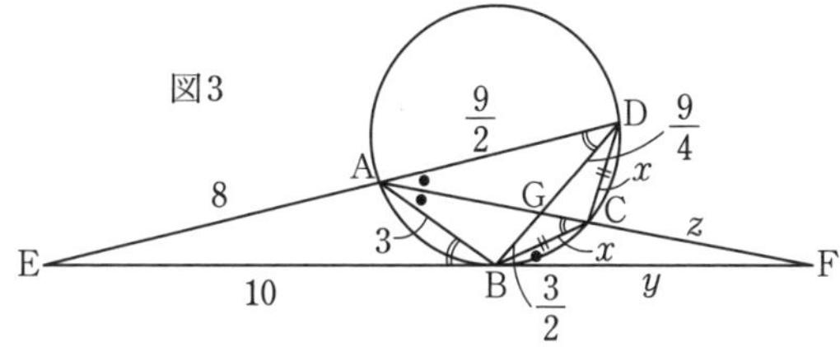

わかった長さを $x=\dfrac{3}{\sqrt{2}}$ がわかる手前まで図 3 に書き込んだ．これらより

$$AG\cdot AC=\frac{27}{2},\ AG\cdot GC=\frac{27}{8}$$

となり，これらを辺ごとにひくと

$$AG\cdot(AC-GC)=\frac{27}{2}-\frac{27}{8}$$

これが ① になっている．さて，$AG=\dfrac{9}{2\sqrt{2}}$ を ② に代入しよう．

$$\frac{3}{\frac{9}{2\sqrt{2}}}=\frac{AC}{\frac{9}{2}}=\frac{x}{\frac{9}{4}},\ \frac{\frac{9}{2\sqrt{2}}}{\frac{9}{4}}=\frac{3}{x}=\frac{\frac{3}{2}}{GC}$$

これより $AC=3\sqrt{2},\ x=\dfrac{3}{\sqrt{2}}$ となる．

$$CG=AC-AG=3\sqrt{2}-\frac{9}{2\sqrt{2}}=\boldsymbol{\frac{3\sqrt{2}}{4}}$$

$FB=y,\ FC=z$ とおく．

$$\triangle FBC \backsim \triangle FAB$$

$$\frac{FB}{FA}=\frac{FC}{FB}=\frac{BC}{AB}$$

$$\frac{y}{3\sqrt{2}+z}=\frac{z}{y}=\frac{\frac{3}{\sqrt{2}}}{3}$$

これより $y=\sqrt{2}z,\ \sqrt{2}y=3\sqrt{2}+z$ をえる．
y を消去して

$$2z=3\sqrt{2}+z \qquad \therefore\ z=3\sqrt{2}$$

よって $y=6$ であるから，$BF=\boldsymbol{6}$ となる．

$$FG=z+\frac{3}{2\sqrt{2}}=3\sqrt{2}+\frac{3}{2\sqrt{2}}=\frac{15}{2\sqrt{2}}$$

$$FG:GA=\frac{15}{2\sqrt{2}}:\frac{9}{2\sqrt{2}}=\boldsymbol{5:3}$$

♦別解♦ （**2**） 方べきの定理より

$$EA\cdot ED=EB^2$$

$$8(8+AD)=10^2 \qquad \therefore\ AD=\boldsymbol{\frac{9}{2}}$$

また，$\angle BAF=\angle DAF=24°$ より AF は $\angle A$ の外角の二等分線となる．外角の二等分線の定理を用いると
（なじみがない人のために証明を書いておくと，

$\angle BAF=\angle FAD=\theta$ とすると

$$EF:BF=\triangle AEF:\triangle ABF$$

$= \frac{1}{2}\mathrm{AE}\cdot\mathrm{AF}\sin(180^\circ-\theta) : \frac{1}{2}\mathrm{AB}\cdot\mathrm{AF}\sin\theta$

$= \mathrm{AE} : \mathrm{AB})$

$\mathrm{AE} : \mathrm{AB} = \mathrm{EF} : \mathrm{BF}$

$8 : 3 = (10 + \mathrm{BF}) : \mathrm{BF}$

$8\mathrm{BF} = 3(10 + \mathrm{BF}) \qquad \therefore \quad \mathrm{BF} = \mathbf{6}$

$\triangle$AEF と直線 BGD において，メネラウスの定理より

$$\frac{\mathrm{AD}}{\mathrm{DE}}\cdot\frac{\mathrm{EB}}{\mathrm{BF}}\cdot\frac{\mathrm{FG}}{\mathrm{GA}} = 1$$

$$\frac{\frac{9}{2}}{8+\frac{9}{2}}\cdot\frac{10}{6}\cdot\frac{\mathrm{FG}}{\mathrm{GA}} = 1$$

$$\frac{3}{5}\cdot\frac{\mathrm{FG}}{\mathrm{GA}} = 1$$

よって，$\mathrm{FG} : \mathrm{GA} = \mathbf{5 : 3}$

また，$\mathrm{FC} = w$ として，方べきの定理より

$$\mathrm{FC}\cdot\mathrm{FA} = \mathrm{FB}^2$$

$$w(w + 3\sqrt{2}) = 6^2$$

$$w^2 + 3\sqrt{2}w - 36 = 0$$

$$(w - 3\sqrt{2})(w + 6\sqrt{2}) = 0$$

$w = 3\sqrt{2}$ で，$\mathrm{FC} = 3\sqrt{2}$

$\mathrm{AC} = 3\sqrt{2}$ のとき，$\mathrm{FC} : \mathrm{CA} = 1 : 1$

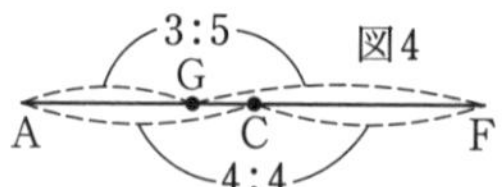

図 4 より $\mathrm{CG} = \frac{1}{4}\mathrm{AC} = \mathbf{\frac{3\sqrt{2}}{4}}$

注意 出題者は「$\mathrm{AC} = 3\sqrt{2}$ であるとき」と書いているが，それまでの条件から $\mathrm{AC} = 3\sqrt{2}$ になるのである．それもこれも，相似からえられる比を，一部（方べきの定理）しか使わないから，迷子になり，とってつけたように「$\mathrm{AC} = 3\sqrt{2}$ であるとき」とつけ加えているのである．

《共通接線の本数（B10）》

282. 座標平面上に点 A を中心とする半径 4 の円と，点 B を中心とする半径 a の円がある．$\mathrm{AB} = 7$ のとき，2 つの円の共通接線の本数を求めよ．

（23　日本福祉大・全）

▶解答◀ A を中心とする半径 4 の円を C_{A}，B を中心とする半径 a の円を C_{B} とする．C_{A} の半径が 4 であり，$\mathrm{AB} = 7$ であるから，B は C_{A} の外部にある．

a の値を増加させていくと 2 円の位置関係は

（ア）　2 円は互いの外部にある　　（イ）　外接する

（ウ）　2 点で交わる　　（エ）　C_{A} が C_{B} に内接する

（オ）　C_{A} が C_{B} の内部にある

と図 1 のように変化していく．

（イ）となるのは $4 + a = 7$ すなわち $a = 3$ のときであり，（エ）となるのは $a - 4 = 7$ すなわち $a = 11$ のときである．

（ア）となるのは **$0 < a < 3$ のとき**であり，このとき共通接線の本数は **4** である．

（イ）となるのは **$a = 3$ のとき**であり，このとき共通接線の本数は **3** である．

（ウ）となるのは **$3 < a < 11$ のとき**であり，このとき共通接線の本数は **2** である．

（エ）となるのは **$a = 11$ のとき**であり，このとき共通接線の本数は **1** である．

（オ）となるのは **$a > 11$ のとき**であり，このとき共通接線の本数は **0** である．

図アは（ア）のときの図で，他も同じである．

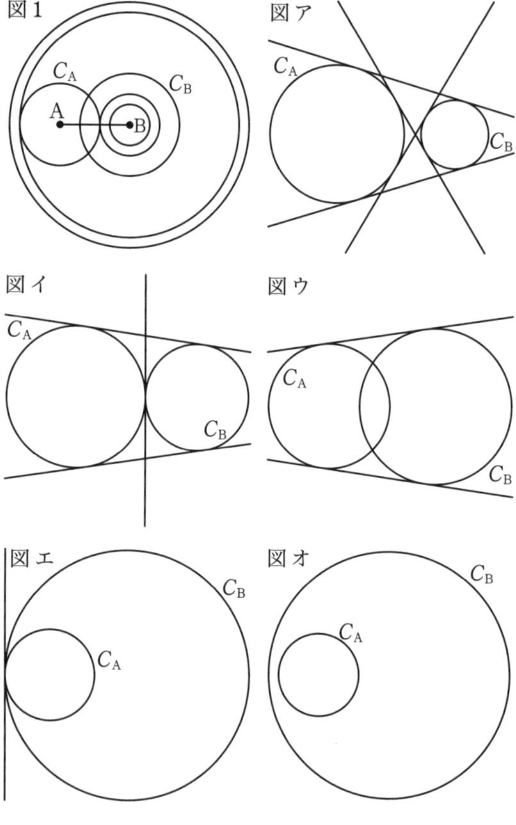

《方べきを作る（B5）》

283. 図のように円 O の外部にある点 P を通る直線が円 O と点 A, B で交わっている．また，直線 PT は T における接線である．さらに $\mathrm{PO} \perp \mathrm{TT'}$ となるように円 O 上に T′ をとり，OP と TT′ の交点を Q とする．

このとき4点 A, Q, O, B は同一円周上にあることを証明しなさい．

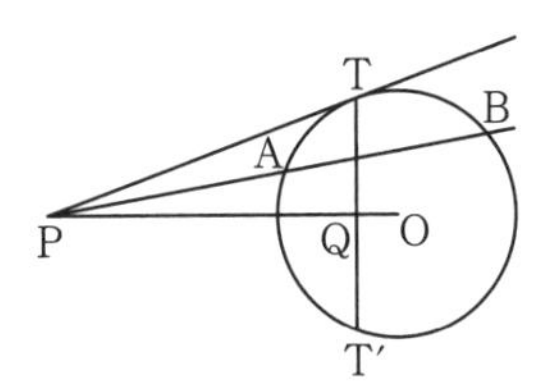

（23　東北福祉大）

▶解答◀　$\angle \mathrm{TQO} = 90^\circ$ であるから TO を直径とする円は直線 PT と T で接し Q を通る．

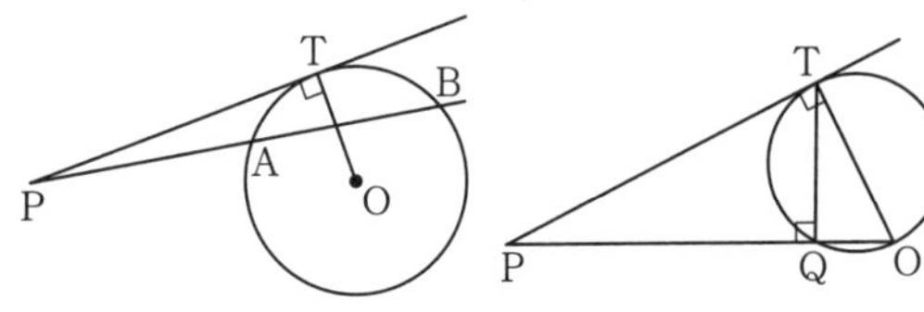

方べきの定理より

$$\mathrm{PA}\cdot\mathrm{PB} = \mathrm{PT}^2,\ \mathrm{PQ}\cdot\mathrm{PO} = \mathrm{PT}^2$$

$\mathrm{PA}\cdot\mathrm{PB} = \mathrm{PQ}\cdot\mathrm{PO}$ であるから A, B, Q, O は同一円周上にある．

《方べきの論証（B25）》

284. 平面上に2点 A, B と円 O があり，全て平面上に固定されているとします．ただし，2点 A, B は円 O の外部にあるとします．点 A を通り円 O と2点で交わるように直線 l を引き，この2つの交点を M, N とします．ここで，直線 l は点 B を通らないものとします．また，点 A を通る円 O の接線の1つと円 O との接点を T とします．次の問いに答えなさい．

（1） 直線 l の引き方によらず，$\mathrm{AM}\cdot\mathrm{AN}$ が一定であることを証明しなさい．

（2） 3点 B, M, N を通る円を O' とします．$\mathrm{AT} \neq \mathrm{AB}$ ならば，円 O' と直線 AB が2点で交わることを証明しなさい．

（3） $\mathrm{AT} \neq \mathrm{AB}$ のとき，円 O' と直線 AB の交点のうち，点 B でないものを点 C とします．直線 l の引き方によらず線分 AC の長さが一定であることを証明しなさい．

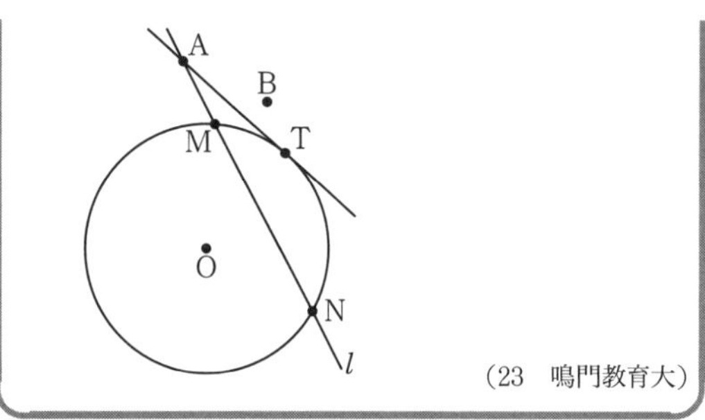

（23　鳴門教育大）

▶解答◀　（1） 図1を見よ．△AMT と △ATN で，

$\angle \mathrm{TAM} = \angle \mathrm{NAT}$ は共通，

$\angle \mathrm{ATM} = \angle \mathrm{ANT}$（接弦定理）

であるから △AMT ∽ △ATN である．

$$\frac{\mathrm{AM}}{\mathrm{AT}} = \frac{\mathrm{AT}}{\mathrm{AN}} = \frac{\mathrm{MT}}{\mathrm{TN}}$$

左の等式から，$\mathrm{AM}\cdot\mathrm{AN} = \mathrm{AT}^2$（一定）である．

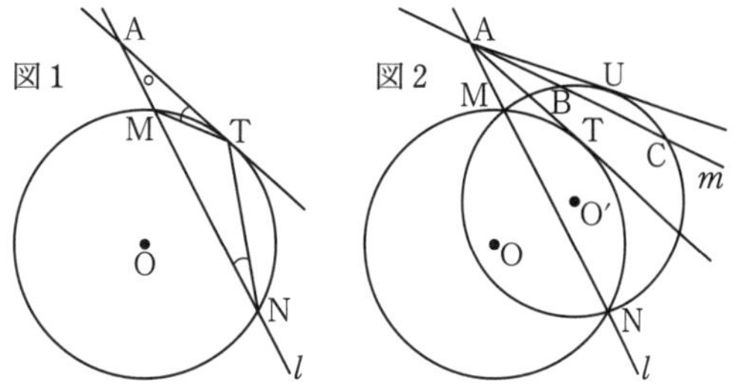

（2） 円 O, O' と l の交点が M, N であるから，A は円 O' の外部にある．A から円 O' に引いた接線と円の接点（2つあるうちの任意の1つ）を U とする．方べきの定理より

$$\mathrm{AU}^2 = \mathrm{AM}\cdot\mathrm{AN} = \mathrm{AT}^2 \quad \cdots\cdots\text{①}$$

$\mathrm{AT} \neq \mathrm{AB}$ であるから B と U は一致しない．よって直線 AB は円 O' とは接しないから，B 以外の交点をもつ．

（3） ① より $\mathrm{AB}\cdot\mathrm{AC} = \mathrm{AM}\cdot\mathrm{AN} = \mathrm{AT}^2$

$$\mathrm{AC} = \frac{\mathrm{AT}^2}{\mathrm{AB}}$$

円 O は与えられているから AT の長さは確定する．AB, AT は定数であるから，AC の長さは一定である．

《角を問う（A5）》

285. 図において，O を円の中心，直線 PT を点 T における円の接線とする．また，A を円周上の点とし，線分 AP は点 O を通るものとする．$\angle \mathrm{APT} = 28^\circ$ のとき，$\angle \mathrm{PAT} = \square^\circ$ である．

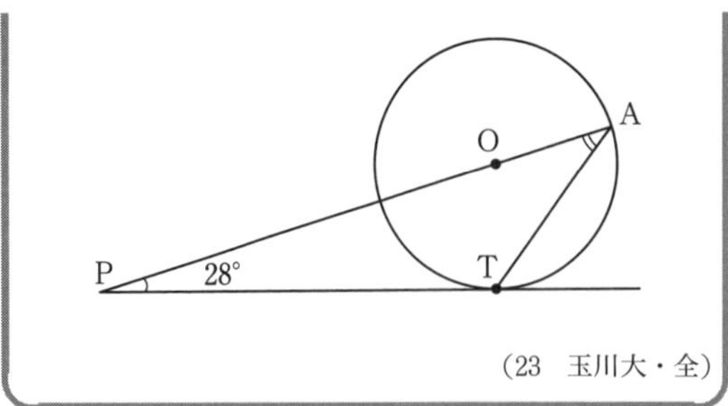

(23　玉川大・全)

▶解答◀　$\angle \mathrm{PAT} = \theta$ とおく．$\angle \mathrm{POT} = 2\theta$

$2\theta + 28° = 90°$ であり，$\theta = \frac{1}{2}(90° - 28°) = \mathbf{31°}$

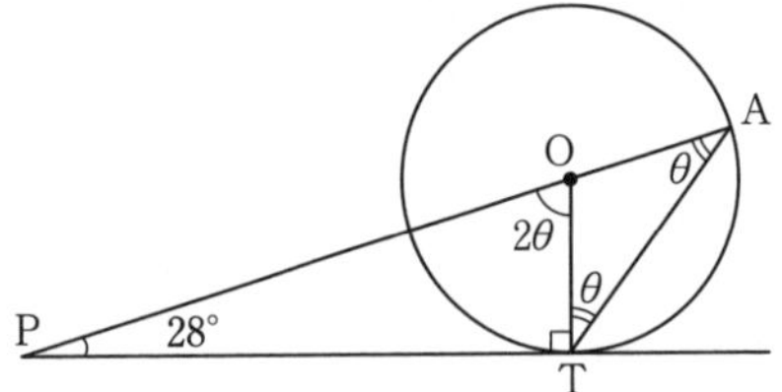

◆別解◆　$\angle \mathrm{AOT} = \angle \mathrm{OPT} + \angle \mathrm{OTP}$

$= 28° + 90° = 118°$

$\angle \mathrm{PAT} = \angle \mathrm{OTA}$ より

$$\angle \mathrm{PAT} = \frac{1}{2}(180° - \angle \mathrm{AOT}) = \mathbf{31°}$$

【空間図形】

《三角柱と球 (B20)》

286．x を正の実数とする．空間内に互いに外接しあう 3 つの球 S_1，S_2，S_3 があり，それぞれの半径は 1，x，x^2 である．また，これらは同一の平面 P にそれぞれ点 A_1，A_2，A_3 で接している．$\angle \mathrm{A}_1\mathrm{A}_2\mathrm{A}_3$ の大きさを θ $(0 \leqq \theta \leqq \pi)$ とするとき，θ のとり得る値の範囲を求めよ．　(23　一橋大・後期)

▶解答◀　S_1，S_2，S_3 の中心をそれぞれ E_1，E_2，E_3 とおく．

S_1 と S_2 がそれぞれ P に点 A_1，A_2 で接するから

$$\mathrm{E}_1\mathrm{A}_1 = 1,\ \mathrm{E}_2\mathrm{A}_2 = x$$

S_1 と S_2 が外接するから

$$\mathrm{E}_1\mathrm{E}_2 = x + 1$$

E_1 から直線 $\mathrm{A}_2\mathrm{E}_2$ に下ろした垂線の足を H とおくと

$$\mathrm{E}_2\mathrm{H} = |\mathrm{E}_2\mathrm{A}_2 - \mathrm{E}_1\mathrm{A}_1| = |x - 1|$$

$\triangle \mathrm{E}_1\mathrm{E}_2\mathrm{H}$ で三平方の定理を用いて

$$\mathrm{A}_1\mathrm{A}_2 = \mathrm{E}_1\mathrm{H} = \sqrt{\mathrm{E}_1\mathrm{E}_2{}^2 - \mathrm{E}_2\mathrm{H}^2}$$

$$= \sqrt{(x+1)^2 - (x-1)^2} = 2\sqrt{x}$$

同様にして

$$\mathrm{A}_1\mathrm{A}_3 = \sqrt{(x^2+1)^2 - (x^2-1)^2} = 2x$$

$$\mathrm{A}_2\mathrm{A}_3 = \sqrt{(x^2+x)^2 - (x^2-x)^2} = 2\sqrt{x^3}$$

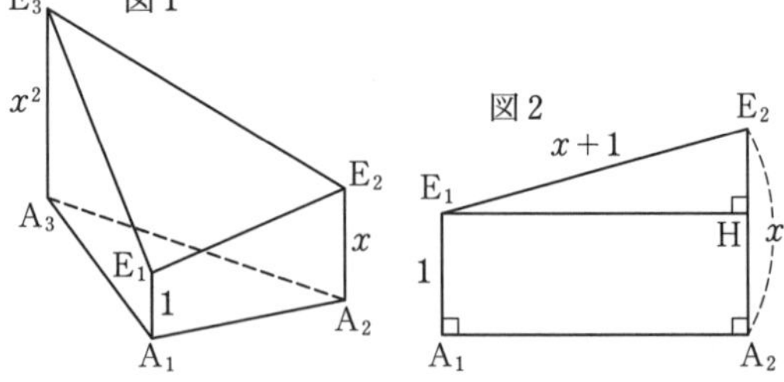

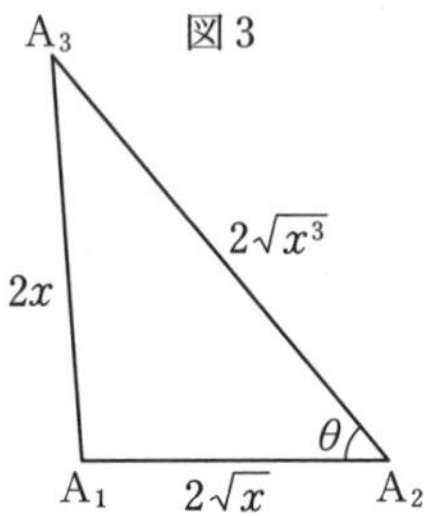

3 点 A_1，A_2，A_3 が存在するとき，$\triangle \mathrm{A}_1\mathrm{A}_2\mathrm{A}_3$ で余弦定理を用いて

$$\cos\theta = \frac{(2\sqrt{x})^2 + \left(2\sqrt{x^3}\right)^2 - (2x)^2}{2\cdot 2\sqrt{x}\cdot 2\sqrt{x^3}}$$

$$= \frac{1 + x^2 - x}{2x} = \frac{1}{2}\left(x + \frac{1}{x} - 1\right)$$

相加相乗平均の不等式を用いて

$$x + \frac{1}{x} \geqq 2\sqrt{x\cdot\frac{1}{x}} = 2 \qquad \therefore\ \cos\theta \geqq \frac{1}{2}$$

等号成立は $x = \frac{1}{x}$，すなわち $x = 1$ のときである．一方 $\cos\theta \leqq 1$ で，等号成立は $\frac{1 + x^2 - x}{2x} = 1$，すなわち

$$1 + x^2 - x = 2x$$

$$x^2 - 3x + 1 = 0 \qquad \therefore\ x = \frac{3 \pm \sqrt{5}}{2}$$

のときである．よって，$\cos\theta$ の値域は $\frac{1}{2} \leqq \cos\theta \leqq 1$ であり，θ のとりうる値の範囲は $\boldsymbol{0 \leqq \theta \leqq \frac{\pi}{3}}$ である．

注意　**1°【x の値域】**

x の値域は $-1 \leqq \cos\theta \leqq 1$ によって得られる．

$$-1 \leqq \frac{1 + x^2 - x}{2x} \leqq 1$$

$$-2x \leqq x^2 - x + 1 \leqq 2x$$

$$x^2 + x + 1 \geqq 0,\ x^2 - 3x + 1 \leqq 0$$

$$\frac{3 - \sqrt{5}}{2} \leqq x \leqq \frac{3 + \sqrt{5}}{2}$$

2°【3 つの球を図示してみる】

$x = 0.8$ のときの 3 つの球は図 4 のようになる．

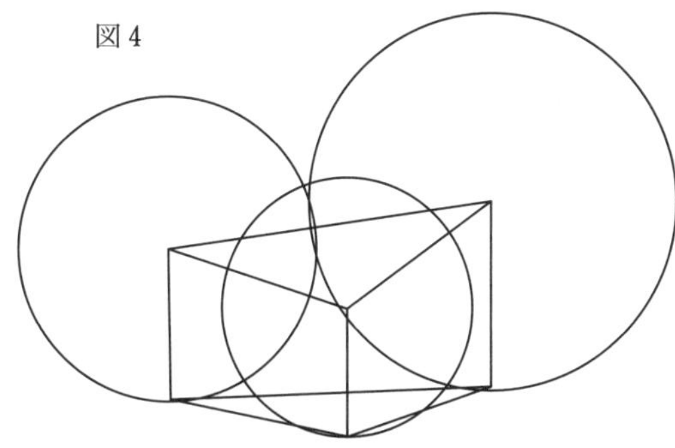

《立方体と三角錐 (B20) ☆》

287. 図のような 1 辺の長さが 1 の立方体 ABCD − EFGH において，辺 AD 上に点 P をとり，線分 AP の長さを p とする．このとき，線分 AG と線分 FP は四角形 ADGF 上で交わる．その交点を X とする．

（1） 線分 AX の長さを p を用いて表せ．

（2） 三角形 APX の面積を p を用いて表せ．

（3） 四面体 ABPX と四面体 EFGX の体積の和を V とする．V を p を用いて表せ．

（4） 点 P を辺 AD 上で動かすとき，V の最小値を求めよ．

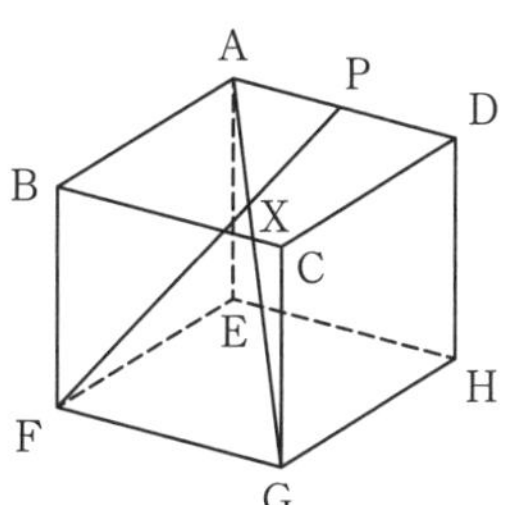

（23 名古屋大・文系）

▶解答◀ （1） △APX ∽ △GFX で，相似比は AP : GF $= p : 1$ であるから

$$\text{AX} : \text{GX} = p : 1$$

$$\text{AX} = \frac{p}{p+1}\text{AG} = \boldsymbol{\frac{\sqrt{3}p}{p+1}}$$

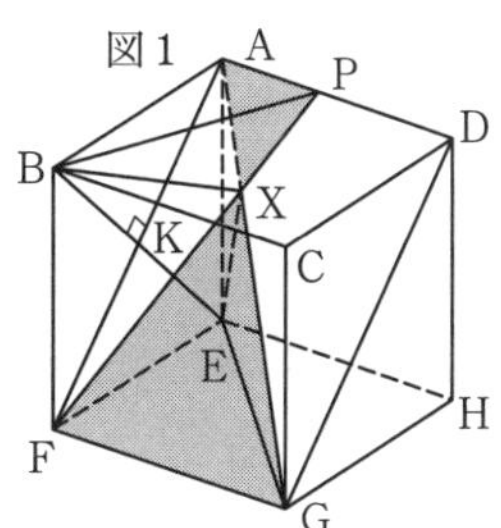

（2） $\triangle\text{ADG} = \dfrac{1}{2}\cdot 1\cdot\sqrt{2} = \dfrac{1}{\sqrt{2}}$ に対する面積比を考えて

$$\triangle\text{APX} = \frac{\text{AP}}{\text{AD}}\cdot\frac{\text{AX}}{\text{AG}}\cdot\triangle\text{ADG}$$

$$= p\cdot\frac{p}{p+1}\cdot\frac{1}{\sqrt{2}} = \boldsymbol{\frac{p^2}{\sqrt{2}(p+1)}}$$

（3） 四面体 ABPX, EFGX の体積をそれぞれ V_1, V_2 とする．B から AF に下ろした垂線の足を K とする．K は AF の中点であり，$\text{BK} = \dfrac{1}{\sqrt{2}}$ である．BK ⊥ 平面 AFGD であるから

$$V_1 = \frac{1}{3}\cdot\triangle\text{APX}\cdot\text{BK}$$

$$= \frac{1}{3}\cdot\frac{p^2}{\sqrt{2}(p+1)}\cdot\frac{1}{\sqrt{2}} = \frac{p^2}{6(p+1)}$$

一方，面積比は相似比の 2 乗であるから

$$\triangle\text{GFX} = \left(\frac{1}{p}\right)^2\triangle\text{APX} = \frac{1}{\sqrt{2}(p+1)}$$

であり，同様にして

$$V_2 = \frac{1}{3}\cdot\triangle\text{GFX}\cdot\text{EK}$$

$$= \frac{1}{3}\cdot\frac{1}{\sqrt{2}(p+1)}\cdot\frac{1}{\sqrt{2}} = \frac{1}{6(p+1)}$$

よって

$$V = V_1 + V_2$$

$$= \frac{p^2}{6(p+1)} + \frac{1}{6(p+1)} = \boldsymbol{\frac{p^2+1}{6(p+1)}}$$

（4） $q = p+1$ とおくと，$0 \leqq p \leqq 1$ より $1 \leqq q \leqq 2$ である．$p = q-1$ であるから

$$V = \frac{(q-1)^2+1}{6q} = \frac{q^2-2q+2}{6q}$$

$$= \frac{1}{6}\left(q + \frac{2}{q} - 2\right)$$

相加相乗平均の不等式を用いて

$$q + \frac{2}{q} \geqq 2\sqrt{q\cdot\frac{2}{q}} = 2\sqrt{2}$$

$$V \geqq \frac{1}{6}(2\sqrt{2}-2) = \frac{\sqrt{2}-1}{3}$$

等号成立は $q = \dfrac{2}{q}$，すなわち $q = \sqrt{2}$ のときである．V の最小値は $\boldsymbol{\dfrac{\sqrt{2}-1}{3}}$ である．

注意 立方体があるから，V を求めるには，座標を設定するのが明快である．図 2 のように座標を設定すると，X は AG を $p : 1$ に内分するから

$$\overrightarrow{\text{FX}} = \frac{\overrightarrow{\text{FA}} + p\overrightarrow{\text{FG}}}{p+1} = \frac{1}{p+1}(p,\ 1,\ 1)$$

であり，X の z 座標 z_0 は $z_0 = \dfrac{1}{p+1}$ である．よって

$$V_1 = \frac{1}{3}\cdot\triangle\text{ABP}\cdot(1-z_0)$$

$$= \frac{1}{3}\cdot\frac{1}{2}\cdot 1\cdot p\cdot\left(1 - \frac{1}{p+1}\right) = \frac{p^2}{6(p+1)}$$

$$V_2 = \frac{1}{3} \cdot \triangle \mathrm{EFG} \cdot z_0$$
$$= \frac{1}{3} \cdot \frac{1}{2} \cdot 1 \cdot 1 \cdot \frac{1}{p+1} = \frac{1}{6(p+1)}$$

が得られる．

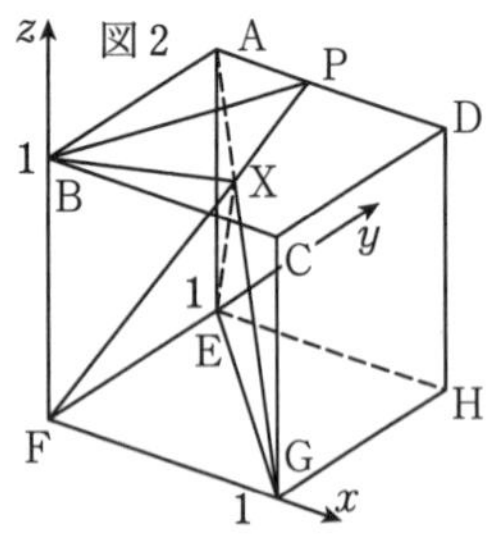

《(B0)》

288. 半径 1 の球面上の相異なる 4 点 A，B，C，D が

$$\mathrm{AB} = 1,\ \mathrm{AC} = \mathrm{BC},\ \mathrm{AD} = \mathrm{BD},$$
$$\cos\angle\mathrm{ACB} = \cos\angle\mathrm{ADB} = \frac{4}{5}$$

を満たしているとする．

（1） 三角形 ABC の面積を求めよ．

（2） 四面体 ABCD の体積を求めよ．

（23　東大・文科）

考え方 図形問題は多くの解法があり，解法の選択が重要である．
図形的に解く，ベクトルで計算する，三角関数の計算をする，座標計算する．
最初は図形的な解法を示す．

▶解答◀ （1） $\angle\mathrm{ACB} = \alpha$，
$\mathrm{CA} = \mathrm{CB} = l$ とおく．余弦定理より

$$\mathrm{AB}^2 = l^2 + l^2 - 2l \cdot l\cos\alpha$$

$1 = 2l^2 - 2l^2 \cdot \frac{4}{5}$ となり $l^2 = \frac{5}{2}$ となる．

$\sin\alpha = \sqrt{1 - \cos^2\alpha} = \frac{3}{5}$

$$\triangle\mathrm{ABC} = \frac{1}{2}l^2\sin\alpha = \frac{1}{2} \cdot \frac{5}{2} \cdot \frac{3}{5} = \boldsymbol{\frac{3}{4}}$$

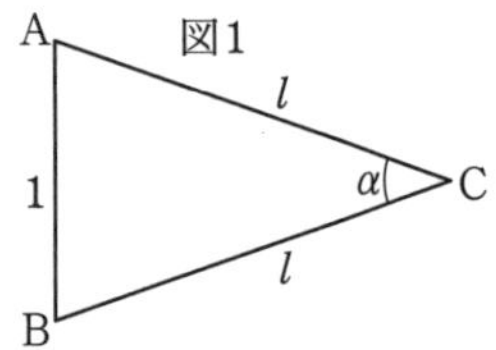

（2） 三角形 DAB と三角形 CAB は合同であるから，$\mathrm{DA} = \mathrm{DB} = l$ である．AB の中点を M，CD の中点を N とする．三角形 ABC は二等辺三角形であるから CM は AB と垂直である．同様に DM も AB に垂直である．したがって平面 CDM と AB は垂直である．ゆえに MN は AB と垂直である．また，三角形 BCD，ACD も二等辺三角形であるから，BN と AN は CD と垂直であり，平面 ABN と CD は垂直である．ゆえに MN は CD と垂直である．

外接球の中心を O とする．$\mathrm{OA} = \mathrm{OB} = 1$ であるから，O は AB の垂直二等分面である平面 MCD 上にある．同様に $\mathrm{OC} = \mathrm{OD} = 1$ であるから，O は CD の垂直二等分面である平面 NAB 上にある．ゆえに O は平面 MCD と平面 NAB の交線である MN 上にある．

$$\mathrm{CM}^2 = l^2 - \mathrm{BM}^2 = \frac{5}{2} - \frac{1}{4} = \frac{9}{4}$$

よって $\mathrm{CM} = \mathrm{DM} = \frac{3}{2}$ である．

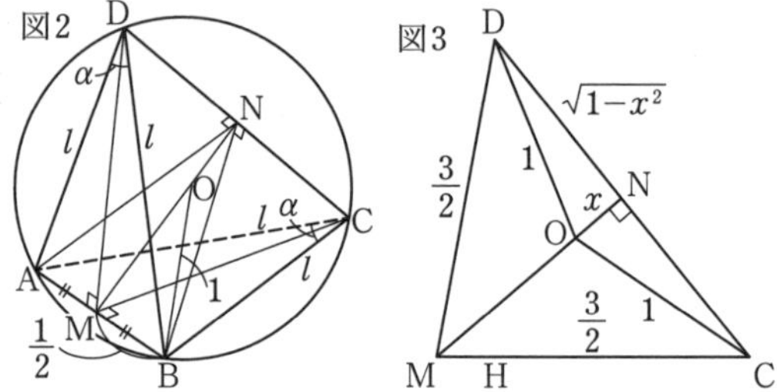

図 2 を見よ．$\mathrm{OA} = \mathrm{OB} = \mathrm{AB} = 1$ だから三角形 OAB は 1 辺の長さが 1 の正三角形である．$\mathrm{OM} = \frac{\sqrt{3}}{2}$ である．次は図 3 を見よ．$\mathrm{ON} = x$ とおく．三角形 OND で三平方の定理より $\mathrm{DN} = \sqrt{1 - x^2}$ である．次に三角形 DMN で三平方の定理より

$$\left(\frac{3}{2}\right)^2 = \left(\frac{\sqrt{3}}{2} + x\right)^2 + 1 - x^2$$
$$\frac{9}{4} = \frac{3}{4} + \sqrt{3}x + 1$$

$x = \frac{1}{2\sqrt{3}}$ となる．$\mathrm{CD} = 2\sqrt{1 - x^2} = \frac{\sqrt{11}}{\sqrt{3}}$

$$\mathrm{MN} = \mathrm{OM} + x = \frac{\sqrt{3}}{2} + \frac{\sqrt{3}}{6} = \frac{2}{3}\sqrt{3}$$

求める体積を V とすると，

$$V = \frac{1}{3}\triangle\mathrm{NAB} \cdot \mathrm{CD} = \frac{1}{3}\left(\frac{1}{2} \cdot 1 \cdot \frac{2}{3}\sqrt{3}\right)\frac{\sqrt{11}}{\sqrt{3}} = \boldsymbol{\frac{\sqrt{11}}{9}}$$

◆別解◆ 座標計算の解法を示す．α，V，M，N は解答と同じものとする．外接球の中心を O とし，O を原点とする xyz 座標を設定する．A，B が xy 平面の円 $x^2 + y^2 = 1$，$z = 0$ 上の，$y < 0$ で y 軸に関して左右対称な位置にあるようにする．$\mathrm{AB} = 1$ であるから A，B の x 座標は $\pm\frac{1}{2}$ で，A の x 座標が $-\frac{1}{2}$，B の x 座標が $\frac{1}{2}$ であるようにする．$x^2 + y^2 = 1$ で $x = \pm\frac{1}{2}$ とすると $y^2 = 1 - \frac{1}{4} = \frac{3}{4}$ となる．$y = -\frac{\sqrt{3}}{2}$ となる．

$\mathrm{A}\left(-\frac{1}{2}, -\frac{\sqrt{3}}{2}, 0\right)$，$\mathrm{B}\left(\frac{1}{2}, -\frac{\sqrt{3}}{2}, 0\right)$

となる．対称性から D の x 座標は 0 で，$D(0, p, q)$ とおける．ただし $p^2+q^2=1,\ q>0$ とする．

$$\overrightarrow{DA}=\left(-\frac{1}{2},\ -\frac{\sqrt{3}}{2}-p,\ -q\right)$$

$$\overrightarrow{DB}=\left(\frac{1}{2},\ -\frac{\sqrt{3}}{2}-p,\ -q\right)$$

$$\cos\alpha=\frac{\overrightarrow{DA}\cdot\overrightarrow{DB}}{|\overrightarrow{DA}||\overrightarrow{DB}|}$$

$$\frac{4}{5}=\frac{-\frac{1}{4}+\left(\frac{\sqrt{3}}{2}+p\right)^2+q^2}{\frac{1}{4}+\left(\frac{\sqrt{3}}{2}+p\right)^2+q^2}$$

右辺の分母分子を展開して $p^2+q^2=1$ を用いると

$$\frac{4}{5}=\frac{\frac{1}{2}+\sqrt{3}\,p+1}{1+\sqrt{3}\,p+1}$$

$8+4\sqrt{3}\,p=\dfrac{15}{2}+5\sqrt{3}\,p$ となり，$p=\dfrac{1}{2\sqrt{3}}$

$q^2=1-p^2=1-\dfrac{1}{12}=\dfrac{11}{12}$ となる．

$$V=\frac{1}{3}\triangle NAB\cdot(2|q|)=\frac{1}{3}\left(\frac{1}{2}\cdot1\cdot\left(p+\frac{\sqrt{3}}{2}\right)\right)q$$

$$=\frac{1}{3}\left(\frac{1}{2}\cdot1\cdot\frac{2}{3}\sqrt{3}\right)\frac{\sqrt{11}}{\sqrt{3}}=\boldsymbol{\frac{\sqrt{11}}{9}}$$

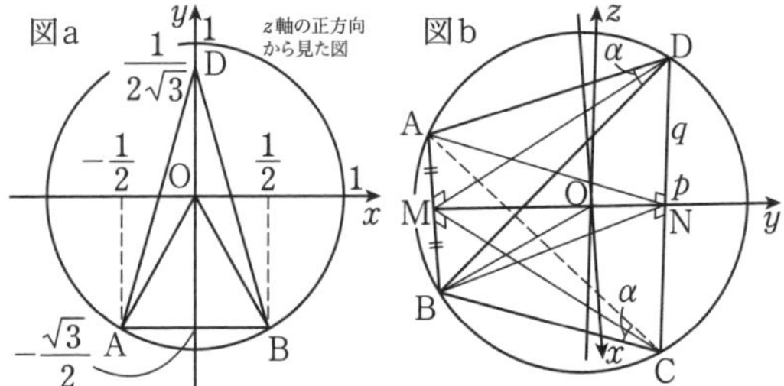

《四面体の内接球 (B20)》

289．1 辺の長さが a の正四面体 OABC がある．辺 AB の中点を M とし，直線 OH と平面 ABC が垂直になるよう，平面 ABC 上の点 H を定める．また，線分 HO を O 側に延長し，$HO'=2HO$ となる点 O' をとる．

（1） H は △ABC の重心であり，HM の長さは $\dfrac{\sqrt{\square}}{\square}a$ である．

（2） O′M の長さは $\dfrac{\sqrt{\square}}{\square}a$ である．

（3） 四面体 OO′AB の体積は $\dfrac{\sqrt{\square}}{\square}a^3$ である．

（4） 四面体 O′ABC の内接球の半径は

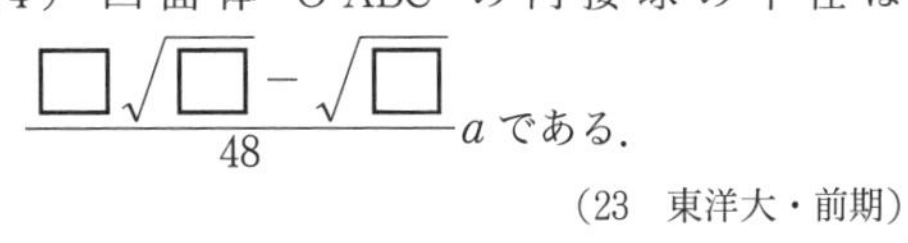

$\dfrac{\square\sqrt{\square}-\sqrt{\square}}{48}a$ である．

（23　東洋大・前期）

▶解答◀ （1） △AMC は 60° 定規だから

$CM=\dfrac{\sqrt{3}}{2}a$ であり，H は △ABC の重心だから

$$HM=\frac{1}{3}CM=\boldsymbol{\frac{\sqrt{3}}{6}a}$$

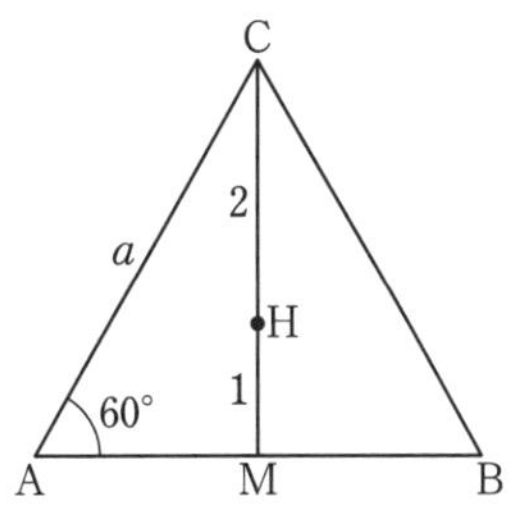

（2） $AH=\dfrac{\sqrt{3}}{3}a$ だから

$$OH=\sqrt{OA^2-AH^2}=\sqrt{a^2-\frac{3}{9}a^2}=\frac{\sqrt{6}}{3}a$$

よって，$O'H=2OH=\dfrac{2\sqrt{6}}{3}a$

$$O'M=\sqrt{O'H^2+HM^2}=\sqrt{\frac{24}{9}a^2+\frac{1}{12}a^2}=\boldsymbol{\frac{\sqrt{11}}{2}a}$$

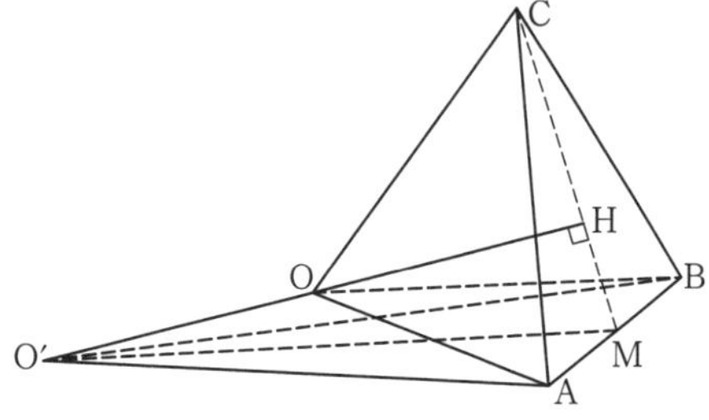

（3） △AHB の面積 S は $S=\dfrac{1}{2}a\cdot\dfrac{\sqrt{3}}{6}a=\dfrac{\sqrt{3}}{12}a^2$ だから求める体積は

$$\frac{1}{3}S\cdot OH'-\frac{1}{3}S\cdot OH$$

$$=\frac{1}{3}\cdot\frac{\sqrt{3}}{12}a^2\left(\frac{2\sqrt{6}}{3}a-\frac{\sqrt{6}}{3}a\right)=\boldsymbol{\frac{\sqrt{2}}{36}a^3}$$

（4） 四面体 O′ABC の体積を V とすると

$$V=\frac{1}{3}\cdot\triangle ABC\cdot OH'$$

$$=\frac{1}{3}\cdot\frac{\sqrt{3}}{4}a^2\cdot\frac{2\sqrt{6}}{3}a=\frac{2\sqrt{2}}{12}a^3$$

また △O′AB の面積は $\dfrac{1}{2}a\cdot\dfrac{\sqrt{11}}{2}a=\dfrac{\sqrt{11}}{4}a^2$ であるから四面体 O′ABC の内接球の半径を r とおくと

$$V=\frac{1}{3}\cdot\triangle ABC\cdot r+\left(\frac{1}{3}\cdot\triangle O'AB\cdot r\right)\cdot3$$

$$\frac{2\sqrt{2}}{12}a^3 = \frac{1}{3}\cdot\frac{\sqrt{3}}{4}a^2\cdot r + \left(\frac{1}{3}\cdot\frac{\sqrt{11}}{4}a^2\cdot r\right)\cdot 3$$

$$\frac{2\sqrt{2}}{12}a^3 = \frac{\sqrt{3}+3\sqrt{11}}{12}a^2 r$$

よって $r = \dfrac{2\sqrt{2}}{3\sqrt{11}+\sqrt{3}}a = \dfrac{2\sqrt{2}(3\sqrt{11}-\sqrt{3})}{(3\sqrt{11}+\sqrt{3})(3\sqrt{11}-\sqrt{3})}a$

$$= \frac{6\sqrt{22}-2\sqrt{6}}{99-3}a = \boldsymbol{\frac{3\sqrt{22}-\sqrt{6}}{48}a}$$

【図形の雑題】

《正五角形の定石 (B10) ☆》

290. 点 O を中心とする半径 1 の円に内接する正五角形 ABCDE において，線分 AB の中点を F，直線 BE と直線 AC の交点を G，直線 AC と直線 BD の交点を H とする．

（1） $\angle ADB = \dfrac{\square}{\square}\pi$，$\angle BAC = \dfrac{\square}{\square}\pi$，$\angle AHB = \dfrac{\square}{\square}\pi$ である．

（2） 三角形 ABD と三角形 ABH を比較すると，$AB : BD = \left(\dfrac{\square}{\square} + \dfrac{\sqrt{\square}}{\square}\right) : 1$ である．

（3） $\angle FAG = \theta$ とおくと $\cos\theta = \dfrac{\square}{\square} + \dfrac{\sqrt{\square}}{\square}$ である．

（4） $FG = \square$ である．

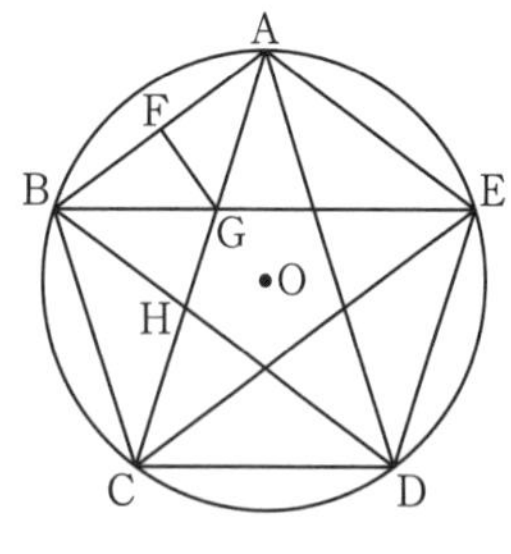

（23　上智大・経済）

▶解答◀ （1） 弧 AB，AC に対する円周角がそれぞれ ∠ADB，∠BAC であるから，

$$\angle ADB = \angle BAC = \boldsymbol{\frac{2}{5}\pi}$$

$$\angle AHB = \angle DBA = 2\cdot\frac{2}{5}\pi = \boldsymbol{\frac{4}{5}}\pi$$

（2） $AB = a$，$BD = b$ とおくと，$BH = b-a$ となる．$\triangle ABD \backsim \triangle BHA$ であるから

$$a : b = (b-a) : a$$

$$a^2 = b(b-a)$$

$$a^2 + ba - b^2 = 0 \qquad \therefore \quad a = \frac{-1\pm\sqrt{5}}{2}b$$

$b > a > 0$ であるから $a = \dfrac{-1+\sqrt{5}}{2}b$

$$AB : BD = \left(\boldsymbol{-\frac{1}{2}+\frac{\sqrt{5}}{2}}\right) : 1$$

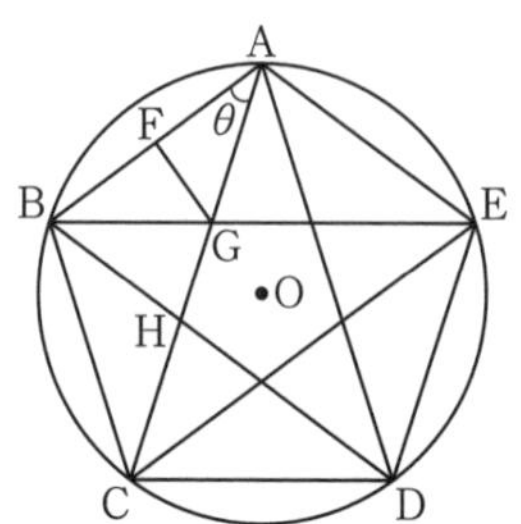

（3） （2）において，$AB = BC = a$，$AC = BD = b$ である．△ABC で余弦定理により

$$a^2 = a^2 + b^2 - 2ab\cos\theta$$

$$\cos\theta = \frac{b}{2a} = \frac{1}{\sqrt{5}-1} = \boldsymbol{\frac{1}{4}+\frac{\sqrt{5}}{4}}$$

（4） （3）において，△ABC で正弦定理により

$$\frac{a}{\sin\theta} = 2\cdot 1 \qquad \therefore \quad a = 2\sin\theta$$

$AF = \sin\theta$ であるから

$$FG = \sin\theta\cdot\tan\theta = \frac{1-\cos^2\theta}{\cos\theta}$$

$$= \left\{1 - \left(\frac{1+\sqrt{5}}{4}\right)^2\right\}\cdot\frac{4}{\sqrt{5}+1}$$

$$= \frac{16-(6+2\sqrt{5})}{16}\cdot(\sqrt{5}-1) = \boldsymbol{\frac{3\sqrt{5}-5}{4}}$$

《内心 (A10) ☆》

291. △ABC において，3 辺の長さを $AB = c$，$BC = a$，$CA = b$ とする．また，この △ABC の内心を I とし，直線 AI と辺 BC の交点を D とする．このとき，次の問いに答えよ．

（1） △IAB と △IBC と △ICA の面積比を a, b, c を用いて表せ．

（2） 線分の長さの比 AI : ID を a, b, c を用いて表せ．

（3） △ABC と △IBC の面積比を a, b, c を用いて表せ．　（23　広島大・光り輝き入試-教育(数)）

▶解答◀ （1） △IAB，△IBC，△ICA の底辺をそれぞれ AB，BC，CA として見ると，高さはすべて △ABC の内接円の半径になるから，面積比は底辺の比に等しい．よって，

$$\triangle IAB : \triangle IBC : \triangle ICA = \boldsymbol{c : a : b}$$

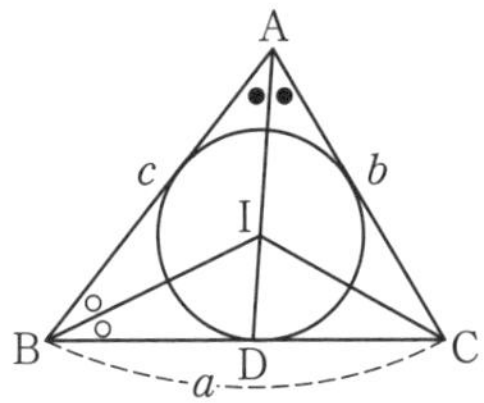

（2） 内角の二等分線の定理より

$$BD : DC = c : b$$

であるから，$BD = \dfrac{c}{b+c}a$ である．これより，再び内角の二等分線の定理より

$$AI : ID = AB : BD$$

$$= c : \frac{c}{b+c}a = \boldsymbol{(b+c) : a}$$

（3） $\triangle ABC : \triangle IBC = AD : ID$

$$= \boldsymbol{(a+b+c) : a}$$

《(B30)》

292. 平面上に △ABC がある．$AB = 15$，$AC = 8$ とし，∠BAC の二等分線と辺 BC との交点を P とする．

$PC = \dfrac{136}{23}$ のとき，次の問いに答えよ．

（1） 辺 BP の長さを求めよ．

（2） △ABC の面積を求めよ．

（23 富山大・教，経）

▶解答◀ （1） $\angle BAP = \angle CAP$ より

$$BP : PC = BA : AC$$

$$BP : \frac{136}{23} = 15 : 8$$

$$BP = \frac{136}{23} \cdot \frac{15}{8} = \boldsymbol{\frac{255}{23}}$$

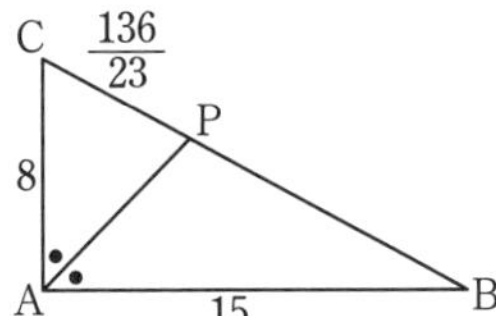

（2） （1）より

$$BC = \frac{255}{23} + \frac{136}{23} = 17$$

$$AB^2 + AC^2 = 225 + 64 = 17^2 = BC^2$$

であるから，△ABC は $\angle BAC = 90°$ の直角三角形である．したがって，△ABC の面積は

$$\frac{1}{2} \cdot 15 \cdot 8 = \boldsymbol{60}$$

《方べきの定理 (B10) ☆》

293. 下の図の様に，△PQR は $PQ = 5$, $QR = 3$, $\angle PRQ = 90°$ の直角三角形であり，円 O は △PQR の外接円である．弦 IR と，線分 PQ との交点を J，∠QPR の 2 等分線との交点を H とする．$PH \perp IR$ の場合について，次の問いに答えよ．

（1） 線分 PJ の長さを求めよ．

（2） 線分 JR の長さを求めよ．

（3） 線分 IJ の長さを求めよ．

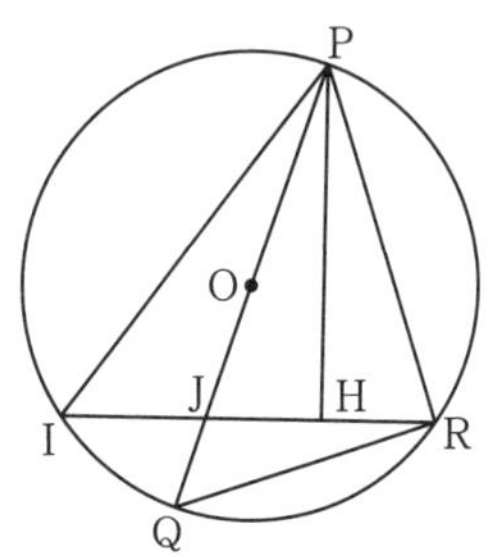

（23 岐阜聖徳学園大）

▶解答◀ （1） △PQR で三平方の定理により

$$PR = \sqrt{5^2 - 3^2} = 4$$

△PJR において，∠JPR の二等分線 PH が JR と垂直であるから，△PJR は $PJ = PR$ の二等辺三角形である．

したがって，$PJ = PR = \boldsymbol{4}$ である．

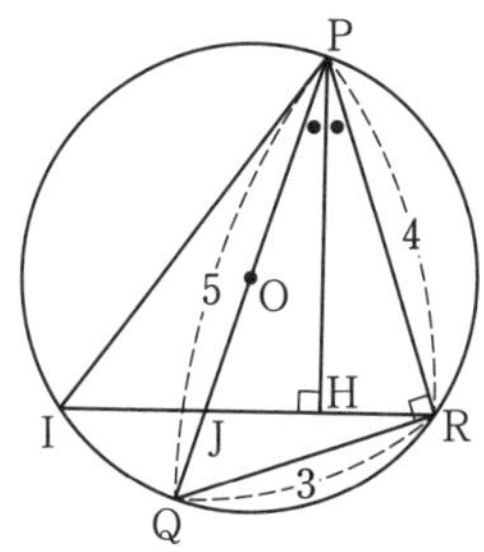

（2） $\cos\angle JPR = \dfrac{PR}{PQ} = \dfrac{4}{5}$

であるから △PJR で余弦定理により

$$JR^2 = 4^2 + 4^2 - 2 \cdot 4 \cdot 4\cos\angle JPR$$

$$= 32\left(1 - \frac{4}{5}\right) = \frac{32}{5}$$

$$JR = \boldsymbol{\frac{4\sqrt{10}}{5}}$$

（3） $PJ = 4$, $JQ = 5 - 4 = 1$ であるから，方べきの定理により

$$IJ \cdot JR = PJ \cdot JQ$$

$$IJ = 4 \cdot 1 \cdot \frac{5}{4\sqrt{10}} = \boldsymbol{\frac{\sqrt{10}}{2}}$$

《方べきとメネラウス (B10)》

294. 下の図のように，円 O の外部の点 P から円 O に引いた接線の接点を T とし，P と円 O の

中心を通る直線が，円 O と交わる 2 つの点を，P に近い方から順に A，B とする．△TAB の重心を G とし，線分 PG と線分 TA との交点を C とする．$\mathrm{PT} = 2\sqrt{3}$, $\mathrm{PB} = 6$ とするとき，次の問いに答えよ．

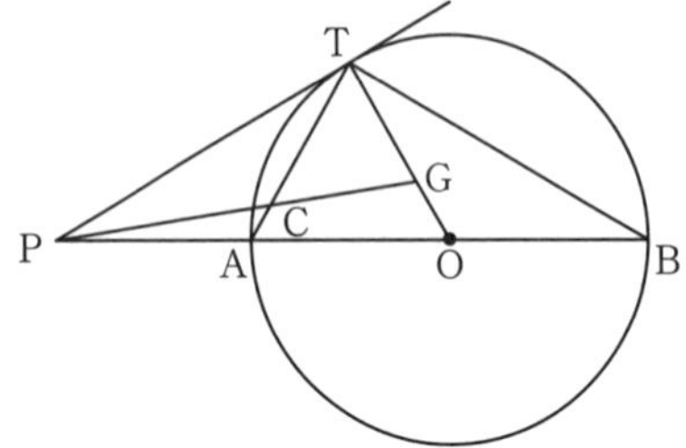

（1） 円 O の半径と TA の長さを求めよ．

（2） △TCG の面積を求めよ．

（23 東京慈恵医大・看護）

▶解答◀ （**1**） 円 O の半径を r とすると $\mathrm{PA} = 6 - 2r$ である．方べきの定理より

$$\mathrm{PA} \cdot \mathrm{PB} = \mathrm{PT}^2$$

$$(6 - 2r) \cdot 6 = 12 \qquad \therefore \quad r = \mathbf{2}$$

$\mathrm{OT} = 2$, $\mathrm{PT} = 2\sqrt{3}$, $\angle\mathrm{PTO} = 90^\circ$ より △POT は 60 度定規であり，$\angle\mathrm{POT} = 60^\circ$ とわかる．これより △AOT は正三角形であるから，$\mathrm{TA} = \mathbf{2}$ である．

（**2**） G は △TAB の重心より TG : GO = 2 : 1 である．△OAT と直線 PG についてメネラウスの定理より

$$\frac{\mathrm{TC}}{\mathrm{CA}} \cdot \frac{\mathrm{AP}}{\mathrm{PO}} \cdot \frac{\mathrm{OG}}{\mathrm{GT}} = 1$$

$$\frac{\mathrm{TC}}{\mathrm{CA}} \cdot \frac{2}{4} \cdot \frac{1}{2} = 1$$

これより TC : CA = 4 : 1 である．よって，

$$\triangle\mathrm{TCG} = \frac{4}{5}\triangle\mathrm{TAG} = \frac{4}{5} \cdot \frac{2}{3}\triangle\mathrm{TAO}$$

$$= \frac{8}{15} \cdot \frac{\sqrt{3}}{4} \cdot 2^2 = \mathbf{\frac{8\sqrt{3}}{15}}$$

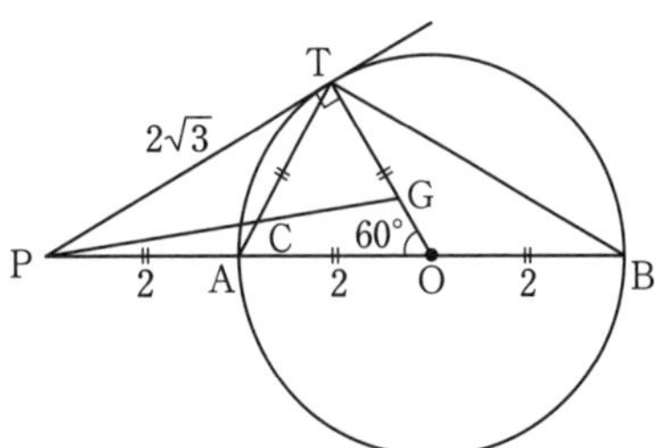

《方べきの定理（B20）》

295. 下図のように，中心が O で半径が 5 の円の円周上にある点 A，B，C，D と，この円の外部にある点 P について考える．点 P，A，O，B は一直線上にあり，PA = 2 である．点 P，C，D も一直線上にある．△DOP の面積について考える．

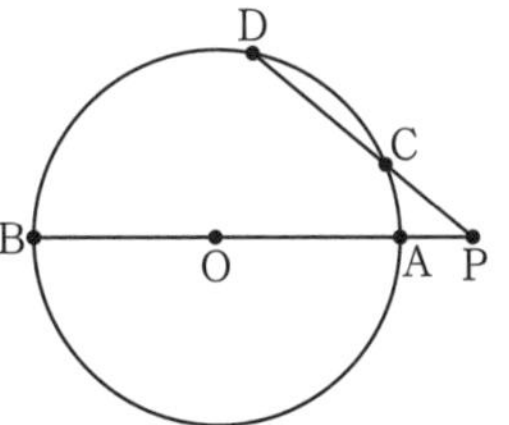

（1） DB = DP である場合の △DOP の面積を求めよう．線分 PB 上の点 H を ∠DHP = 90° であるようにとると，DH = $\square\sqrt{\square}$ であるから，△DOP の面積は $\square\sqrt{\square}$ である．

（2） △COD が正三角形である場合の △DOP の面積を求めよう．△COD の面積は

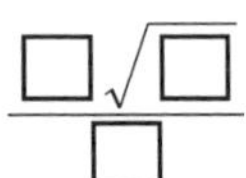

であり，PC = $\square$ であるから，△DOP の面積は $\square\sqrt{\square}$ である．

（3） PC = CD である場合の △DOP の面積を求めよう．PC = CD = $\square\sqrt{\square}$ であるから，△DOP の面積は $\square\sqrt{\square}$ である．

（23 大東文化大）

▶解答◀ （**1**） DB = DP のとき H は BP の中点である．BP = 12 であるから PH = 6 で，PA = 2 より AH = 4 となる．したがって OH = 1 であるから，△OHD に三平方の定理を用いて

$$\mathrm{DH} = \sqrt{\mathrm{OD}^2 - \mathrm{OH}^2} = \sqrt{5^2 - 1^2} = \mathbf{2\sqrt{6}}$$

$$\triangle\mathrm{DOP} = \frac{1}{2} \cdot \mathrm{OP} \cdot \mathrm{DH} = \frac{1}{2} \cdot 7 \cdot 2\sqrt{6} = \mathbf{7\sqrt{6}}$$

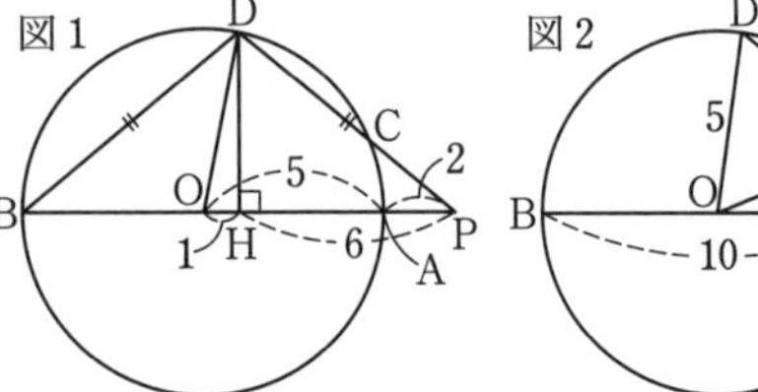

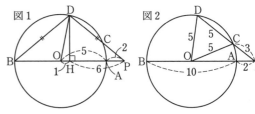

（**2**） △COD が正三角形のとき

$$\triangle\mathrm{COD} = \frac{\sqrt{3}}{4} \cdot 5^2 = \mathbf{\frac{25\sqrt{3}}{4}}$$

$\mathrm{PC} = x$ とおくと，方べきの定理を用いて

$$\mathrm{PC} \cdot \mathrm{PD} = \mathrm{PA} \cdot \mathrm{PB}$$

$$x(x+5)=2\cdot 12$$

$$x^2+5x-24=0$$

$$(x-3)(x+8)=0$$

$x>0$ より $x=\mathrm{PC}=\mathbf{3}$ である.

$$\triangle\mathrm{COD}:\triangle\mathrm{COP}=\mathrm{CD}:\mathrm{CP}=5:3$$

であるから

$$\triangle\mathrm{DOP}=\frac{8}{5}\triangle\mathrm{COD}=\frac{8}{5}\cdot\frac{25\sqrt{3}}{4}=\mathbf{10\sqrt{3}}$$

(**3**) PC = CD のとき，方べきの定理を用いて

$$\mathrm{PC}\cdot\mathrm{PD}=\mathrm{PA}\cdot\mathrm{PB}$$

$$\mathrm{PC}\cdot 2\mathrm{PC}=\mathrm{PA}\cdot\mathrm{PB}$$

$$2\mathrm{PC}^2=2\cdot 12$$

したがって $\mathrm{PC}=\mathrm{CD}=\mathbf{2\sqrt{3}}$ である.

O から CD に垂線を引き，交点を M とする．$\mathrm{CM}=\mathrm{DM}=\sqrt{3}$ であるから，△OCM に三平方の定理を用いて

$$\mathrm{OM}=\sqrt{\mathrm{OC}^2-\mathrm{CM}^2}=\sqrt{25-3}=\sqrt{22}$$

したがって

$$\triangle\mathrm{DOP}=\frac{1}{2}\mathrm{PD}\cdot\mathrm{OM}=\frac{1}{2}\cdot 4\sqrt{3}\cdot\sqrt{22}=\mathbf{2\sqrt{66}}$$

図 3

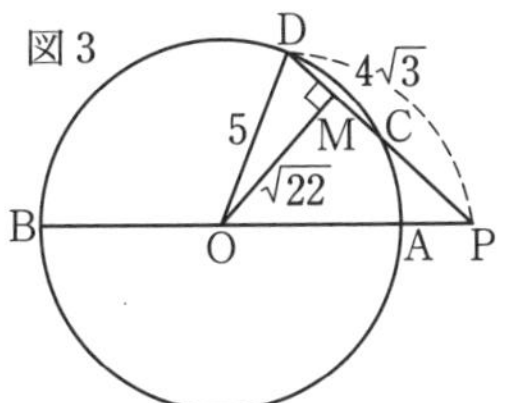

《弓形 (A5)》

296. 半径 3 の 2 つの円があり，互いに他の円の中心 O_1, O_2 を通るように交わっている．次の□に当てはまる値を求めよ.

2 つの円の交点をそれぞれ A，B とするとき，

$\angle\mathrm{AO_1B}=\dfrac{\square}{\square}\pi$ となる.

また，2 つの円が重なる部分の周の長さは □π，

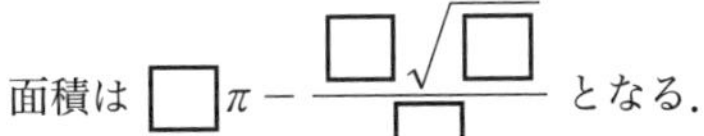

面積は $\square\pi-\dfrac{\square\sqrt{\square}}{\square}$ となる.

(23　共立女子大)

▶解答◀ $\mathrm{O_1A}=\mathrm{O_2A}=\mathrm{O_1O_2}=3$ より，$\triangle\mathrm{AO_1O_2}$ は正三角形となるから

$$\angle\mathrm{AO_1B}=\frac{\pi}{3}\cdot 2=\mathbf{\frac{2}{3}\pi}$$

弧 $\mathrm{AO_2B}$ の長さは，$3\cdot\dfrac{2}{3}\pi=2\pi$ であるから，求める周の長さは，$2\pi\cdot 2=\mathbf{4\pi}$

図の面積を S とする．弦 AB で 2 つに分けると

$$\frac{S}{2}=(\text{扇形 }\mathrm{O_1AB})-(\triangle\mathrm{O_1AB})$$

$$=\frac{1}{2}\cdot 3^2\cdot\frac{2}{3}\pi-\frac{1}{2}\cdot 3^2\cdot\sin\frac{2}{3}\pi=3\pi-\frac{9\sqrt{3}}{4}$$

よって，$S=\mathbf{6\pi-\frac{9\sqrt{3}}{2}}$

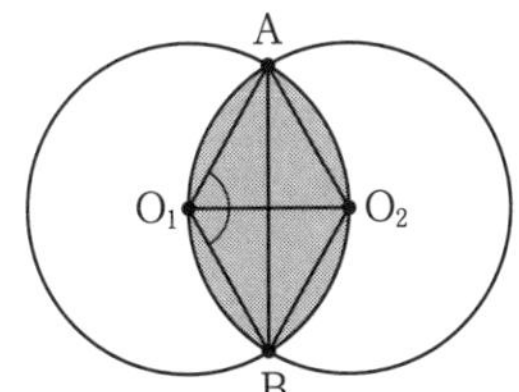

《接線の長さと内接円 (B10)》

297. AB = 5, BC = 6, CA = 7 である △ABC の内接円が辺 BC と接する点を D とする．このとき，BD = □ であり，内接円の半径は□である.

(23　明治薬大・公募)

▶解答◀ 内接円が辺 CA，辺 AB と接する点をそれぞれ E, F とする．図で

$$\mathrm{BC}+\mathrm{BA}-\mathrm{AC}$$

$$=(x+y)+(x+z)-(y+z)=2x$$

$$\mathrm{BD}=\frac{1}{2}(\mathrm{BC}+\mathrm{BA}-\mathrm{AC})=\frac{1}{2}(6+5-7)=\mathbf{2}$$

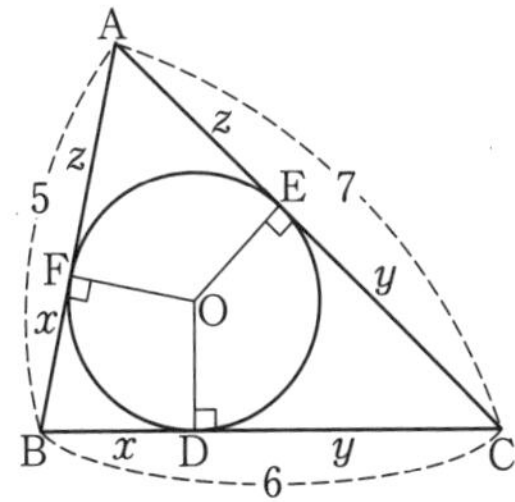

△ABC で余弦定理より

$$\cos\angle\mathrm{B}=\frac{5^2+6^2-7^2}{2\cdot 5\cdot 6}=\frac{1}{5}$$

$$\sin\angle\mathrm{B}=\sqrt{1-\cos^2\angle\mathrm{B}}=\frac{2\sqrt{6}}{5}$$

内接円の半径を r とし，△ABC の面積を 2 通りで表し

$$\frac{1}{2}\cdot\mathrm{AB}\cdot\mathrm{BC}\sin\angle\mathrm{B}=\frac{1}{2}r(\mathrm{AB}+\mathrm{BC}+\mathrm{CA})$$

$$\frac{1}{2}\cdot 5\cdot 6\cdot\frac{2\sqrt{6}}{5}=\frac{1}{2}r(5+6+7)$$

$$r=\mathbf{\frac{2\sqrt{6}}{3}}$$

《接する円群 (B10)》

298. 図のように，半径 R の円 O に三つの円 A, B, C が内接し，三つの円 A, B, C は互いに外接している．円 A の半径は a，円 B の半径は b，円 C の半径は c とする．また，円の中心をそれぞれ，点 O，点 A，点 B，点 C とする．このとき，設問の場合について，各問いに答えなさい．

（1） 円 O と三つの円 A, B, C との接点をそれぞれ A′, B′, C′ とすると，△A′B′C′ は正三角形になった．このとき円の中心を頂点とする △ABC の一辺の長さを a で表しなさい．

（2）（1）のとき，三角形 ABC の一辺の長さを R で表しなさい．

（3）（場合を変えて）線分 BC の中点が点 O となるとき，円 B の半径 b を R で表しなさい．

（4）（3）のとき，円 A の半径 a を R で表しなさい．

（5）（場合を変えて）点 O が円 A の円周上にあり，円 A と円 O との接点と，点 A，点 O，さらに円 B と円 C の接点が一直線上にある場合，円 A の半径 a を R で表しなさい．

（6）（5）のとき，円 B の半径 b を R で表しなさい．

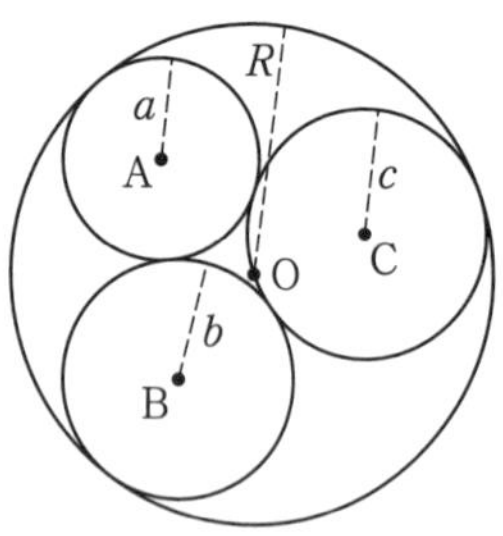

（23　名古屋女子大）

▶解答◀ （1） 円 O と円 A は共通の接線をもつから，点 O，A，A′ は一直線上にある．点 O，B，B′ と点 O，C，C′ についても同様である．△A′B′C′ は正三角形だから直線 OA′ に対して対称である．同様に直線 OB′，OC′ に対しても対称である．よって，円 A と円 B と円 C の半径は等しく，$a=b=c$ となる．

円 A と円 B，円 B と円 C，円 C と円 A はそれぞれ接線を共有しているから 2 つの円の中心と接点は一直線上にある．したがって，AB = BC = CA = $\boldsymbol{2a}$

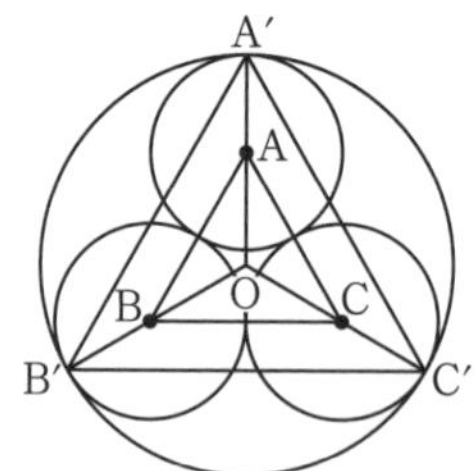

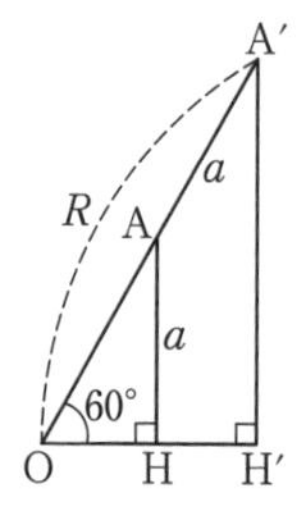

（2） O から AC, A′C′ に下ろした垂線の足をそれぞれ H, H′ とすると，△AOH と △A′OH′ は 60° 定規だから

$$\mathrm{OA}+\mathrm{AA'}=\mathrm{OA'}$$

$$\frac{2}{\sqrt{3}}a+a=\frac{2+\sqrt{3}}{\sqrt{3}}a=R$$

$$a=\frac{\sqrt{3}}{2+\sqrt{3}}R=\boldsymbol{(2\sqrt{3}-3)R}$$

（3） BC の中点が O だから，△ABC は直線 AO に対して対称である．よって，円 B と円 C の半径は等しく，$b=c$ となる．B′，B，O，C，C′ は同一直線上にあるから $2R=2b+2c$ であり $R=b+c$ となる．よって

$$R=b+b=2b \qquad \therefore\quad b=\boldsymbol{\frac{R}{2}}$$

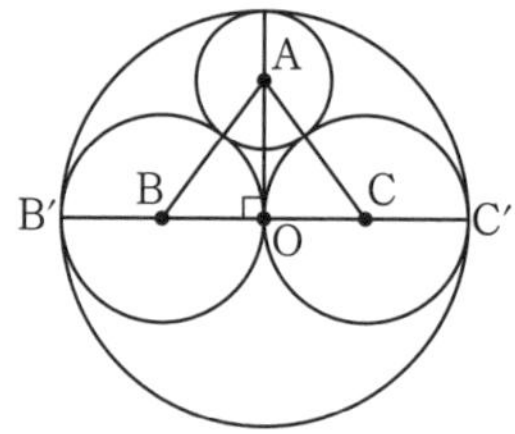

（4） △ABC は AB = AC = $a+b$ の二等辺三角形である．△OAB について ∠AOB = 90° であるから

$$\mathrm{OA}^2+\mathrm{OB}^2=\mathrm{AB}^2$$

$$(R-a)^2+b^2=(a+b)^2$$

$$R^2-2aR+a^2+b^2=a^2+2ab+b^2$$

$$2(R+b)a=R^2$$

$a=\dfrac{R^2}{2(R+b)}$ である．$b=\dfrac{R}{2}$ を代入して

$$a=\frac{R^2}{2\left(R+\frac{R}{2}\right)}=\boldsymbol{\frac{R}{3}}$$

（5） 点 O，A，A′ は一直線上にあるから OA′ = $2a$ であり，OA′ = R でもあるから，$2a=R$ すなわち $a=\boldsymbol{\dfrac{R}{2}}$

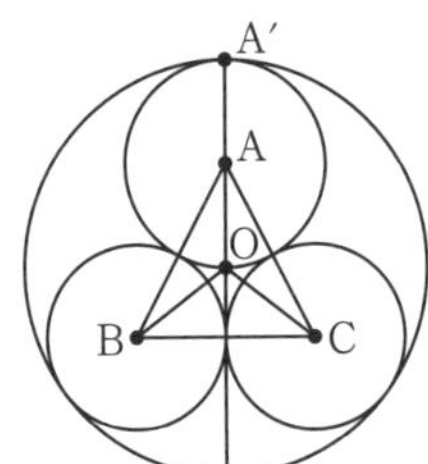

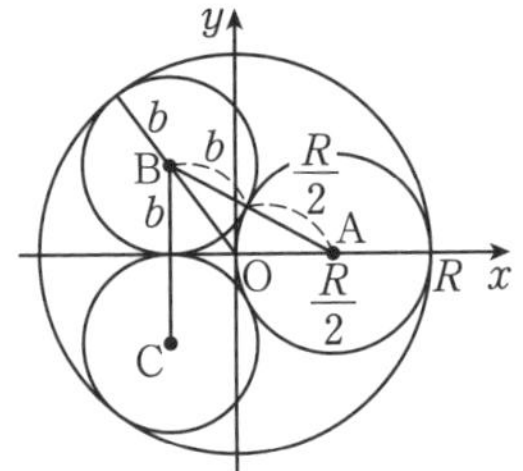

(**6**) B(t, b) とおく．$\mathrm{OB} = R - b$, $\mathrm{AB} = b + \dfrac{R}{2}$

$$t^2 + b^2 = (R - b)^2 \quad \cdots\cdots①$$

$$\left(t - \frac{R}{2}\right)^2 + b^2 = \left(b + \frac{R}{2}\right)^2 \quad \cdots\cdots②$$

① − ② より，$tR - \dfrac{R^2}{4} = R^2 - 2bR - bR - \dfrac{R^2}{4}$

$$tR = R^2 - 3bR \qquad \therefore \quad t = R - 3b$$

① に代入して，$R^2 - 6bR + 9b^2 + b^2 = R^2 - 2bR + b^2$

$$9b^2 = 4bR \qquad \therefore \quad b = \boldsymbol{\frac{4}{9}R}$$

【約数と倍数】

《約数の個数 (B10) ☆》

299．(1) m を自然数とする．$504m = n^2$ をみたす自然数 n が存在するような m のうち，最小のものを求めなさい．

(2) 22, 25, 27 の正の約数の個数を求めなさい．

(3) 正の約数の個数が 3 個であるような 100 以下の自然数の個数を求めなさい．

(4) 正の約数の個数が 4 個であるような 30 以下の自然数の個数を求めなさい．(23　愛知学院大)

▶解答◀ (1) $504m = n^2$ より

$$2^3 \cdot 3^2 \cdot 7m = n^2$$

n は自然数であるから，k を自然数として $m = 2 \cdot 7 \cdot k$ とおける．最小の m は $k = 1$ のとき $m = \mathbf{14}$ である．

(**2**) $22 = 2 \cdot 11$, $25 = 5^2$, $27 = 3^3$ より正の約数の個数はそれぞれ $(1+1)(1+1) = \mathbf{4}$, **3**, **4**

(**3**) 正の約数の個数が 3 個であるから，求める自然数は p^2 (p は素数) と表せる．

$$p^2 \leqq 100 \qquad \therefore \quad p \leqq 10$$

これを満たす素数は $p = 2, 3, 5, 7$ の **4 個**

(**4**) 正の約数の個数が 4 個であるから，求める自然数は p^3, qr (p, q, r は素数で $q < r$) のいずれかである．

$p^3 \leqq 30$ よりこれを満たす素数 p は 2, 3 である．

$qr \leqq 30$ について $q^2 < qr$ より $q^2 < 30$

q は素数より $q = 2, 3, 5$ である．

$q = 2$ のとき $r \leqq 15$ で，条件をみたす r は 3, 5, 7, 11, 13

$q = 3$ のとき $r \leqq 10$ で，条件をみたす r は 5, 7

$q = 5$ のとき $r \leqq 6$ で，これと $q < r$ を満たす r は存在しない．

以上より 2^3, 3^3, $2 \cdot 3$, $2 \cdot 5$, $2 \cdot 7$, $2 \cdot 11$, $2 \cdot 13$, $3 \cdot 5$, $3 \cdot 7$ の **9 個**である．

《約数の総和 (B5)》

300．12^3 のすべての正の約数の和は □ である．

(23　上智大・経済)

▶解答◀ $12^3 = 2^6 \cdot 3^3$ であるから，正の約数の和は

$$(1 + 2 + 2^2 + 2^3 + 2^4 + 2^5 + 2^6)(1 + 3 + 3^2 + 3^3)$$
$$= 127 \cdot 40 = \mathbf{5080}$$

《ルートを外せ (A5)》

301．n を自然数とする．$\sqrt{\dfrac{200}{\sqrt{n}}}$ が自然数となるような n をすべて求めると $n =$ □ である．

(23　慶應大・看護医療)

▶解答◀ 空欄に入れるだけだから論証よりは見つければよい．$\sqrt{\dfrac{200}{\sqrt{n}}} = \sqrt{\dfrac{2^3 \cdot 5^2}{\sqrt{n}}}$ が自然数になるものは $\sqrt{n}$ が 2 を奇数個，5 を偶数個もつ．

2 を 1 個もつものが 2, $2 \cdot 5^2$, 2 を 3 個もつものが 2^3, $2^3 \cdot 5^2$ であり $\sqrt{n} = 2, 2^3, 2 \cdot 5^2, 2^3 \cdot 5^2$

$$n = \mathbf{4, 64, 2500, 40000}$$

《最大公約数と最小公倍数 (B10) ☆》

302．(1) 2 つの自然数 a, b $(a < b)$ について，a と b の和は 312 で，最大公約数は 12 であるとする．このとき，a, b の組 (a, b) は全部で □ 組である．

(2) 2 つの自然数 c, d $(c < d)$ について，最大公約数は 23 で，最小公倍数は 1380 であるとする．このとき，c, d の組 (c, d) は全部で □ 組であり，$c + d$ の最小値は □ である．

(23　関西学院大・経済)

▶解答◀ (1) 互いに素な自然数 a', b' を用いて，$a = 12a'$, $b = 12b'$ とおく．

$$a + b = 312$$

$$12(a' + b') = 312 \qquad \therefore \quad a' + b' = 26$$

$a < b$ より $a' < b'$ であるから，

$$(a', b') = (1, 25), (3, 23), (5, 21), (7, 19),$$
$$(9, 17), (11, 15)$$

より，(a, b) は **6** 組ある．

（２） 互いに素な自然数 c', d' を用いて，$c = 23c'$, $d = 23d'$ とおく．このとき

$$23c'd' = 1380$$

$$c'd' = 60 = 2^2 \cdot 3 \cdot 5$$

$c < d$ より $c' < d'$ であるから，

$$(c', d') = (1, 60), (3, 20), (4, 15), (5, 12)$$

より，(c, d) は **4** 組ある．$c' + d'$ の取る値の最小値は 17 であるから $c + d$ の最小値は **391** である．

《最大公約数 (B5)》

303. $n^2 + 4n - 32$ が素数となるような自然数 n は□である．

また，$\sqrt{n^2 + 60}$ が自然数となるような自然数 n は□と□である．（23 京都橘大）

▶解答◀ 前半の空欄：$N = n^2 + 4n - 32$ とおく．$N = (n-4)(n+8)$ である．

$n = 1, 2, 3, 4$ のとき $N \leqq 0$ となり素数にならない．

$n = 5$ のとき $N = 13$ となり素数である．$n \geqq 6$ のとき $n - 4 \geqq 2$, $n + 8 \geqq 14$ であるから N は素数にならない．

よって $n = \mathbf{5}$

後半の空欄：k を自然数として $\sqrt{n^2+60} = k$ とおくと，$n^2 + 60 = k^2$, $(k-n)(k+n) = 2^2 \cdot 3 \cdot 5$ は偶数であるから，$k - n$ と $k + n$ の少なくとも一方は偶数で，$(k+n) + (k-n) = 2k$ が偶数であるから，両方とも偶数である．$0 < k - n < k + n$ より

$$(k - n, k + n) = (2, 30), (6, 10)$$

これを解いて，$(k, n) = (16, 14), (8, 2)$

したがって，求める n の値は $n = \mathbf{2, 14}$

《オイラー関数 (B20) ☆》

304. n は自然数とする．1 から n までの自然数のうち，n と互いに素であるものの個数を $f(n)$ とする．また p, q は相異なる素数とする．このとき，

（１） $f(31) =$ □ である．

（２） pq と互いに素である自然数は，p の倍数でも q の倍数でもない自然数である．1 から pq までの自然数のうち，p の倍数は□個，q の倍数は□個ある．また，p の倍数かつ q の倍数となる自然数は□個ある．したがって，$f(pq) =$ □ である．

（３） $f(35) =$ □ である．

（４） $f(pq) = 60$ をみたす pq の値は□個あり，このうち最大のものは□，最小のものは□である．（23 武庫川女子大）

▶解答◀ （１） 互いに素というのは「共通な素因数をもたない」ことで 1～31 のうちで 31 と共通な素因数をもたないものは 1～30 の 30 個ある．

$f(31) = \mathbf{30}$

（２） 自然数 n, k に対し，1～n の中に k の倍数は $\left[\dfrac{n}{k}\right]$ 個ある．$[x]$ はガウス記号で小数部分を切り捨てた整数を表す．1～pq の自然数の集合を U，この中で p の倍数の集合を P，q の倍数の集合を Q とする．

p の倍数は $\left[\dfrac{pq}{p}\right] = \boldsymbol{q}$ 個，q の倍数は $\left[\dfrac{pq}{q}\right] = \boldsymbol{p}$ 個，pq の倍数は **1** 個ある．

$$n(P) = p, n(Q) = q, n(P \cap Q) = 1$$

$$n(P \cup Q) = n(P) + n(Q) - n(P \cap Q)$$

$$= p + q - 1$$

$$f(pq) = n(U) - n(P \cup Q)$$

$$= pq - (p + q - 1) = \boldsymbol{(p-1)(q-1)}$$

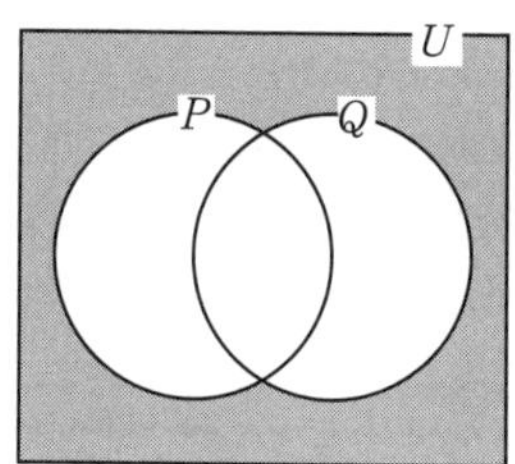

（３） $f(35) = (5-1)(7-1) = \mathbf{24}$

（４） $(p-1)(q-1) = 60$

$p < q$ のとき

$$\begin{pmatrix} p-1 \\ q-1 \end{pmatrix} = \begin{pmatrix} 1 \\ 60 \end{pmatrix}, \begin{pmatrix} 2 \\ 30 \end{pmatrix}, \begin{pmatrix} 3 \\ 20 \end{pmatrix}, \begin{pmatrix} 4 \\ 15 \end{pmatrix}, \begin{pmatrix} 5 \\ 12 \end{pmatrix}, \begin{pmatrix} 6 \\ 10 \end{pmatrix}$$

$$\begin{pmatrix} p \\ q \end{pmatrix} = \begin{pmatrix} 2 \\ 61 \end{pmatrix}, \begin{pmatrix} 3 \\ 31 \end{pmatrix}, \begin{pmatrix} 4 \\ 21 \end{pmatrix}, \begin{pmatrix} 5 \\ 16 \end{pmatrix}, \begin{pmatrix} 6 \\ 13 \end{pmatrix}, \begin{pmatrix} 7 \\ 11 \end{pmatrix}$$

p, q ともに素数であるのは

$$\begin{pmatrix} p \\ q \end{pmatrix} = \begin{pmatrix} 2 \\ 61 \end{pmatrix}, \begin{pmatrix} 3 \\ 31 \end{pmatrix}, \begin{pmatrix} 6 \\ 13 \end{pmatrix}, \begin{pmatrix} 7 \\ 11 \end{pmatrix}$$

この値を逆にしたものもある．pq の値は **4** 個あり pq の最大値は **122**，最小値は **77** である．

《正しい日本語 (A5) ☆》

305. 座標平面上の 2 点 O(0, 0) と P(2023, 1071) について，線分 OP 上にある点 (x, y) で x, y が

共に整数であるものの個数は□である．ただし，線分 OP は両端点を含むものとする．

（23　立教大・数学）

▶解答◀ 直線 OP の方程式は，$y=\dfrac{1071}{2023}x$

$$y=\frac{3^2\cdot7\cdot17}{7\cdot17^2}x \qquad \therefore\quad y=\frac{9}{17}x$$

線分 OP 上の格子点は，$(17k,\ 9k)$（k は整数，$0\leqq 17k\leqq 2023$）と表される．$0\leqq k\leqq 7\cdot17$ すなわち $0\leqq k\leqq 119$ であるから，求める個数は **120** である．

注意 「個数は□である」という問題文で，久しぶりに正しい日本語を見た．

《互除法の原理（B5）☆》

306． x と y とが互いに素な自然数であるとき，次の問に答えなさい．

（1） $x=3,\ y=2$ を代入したとき，$10x+3y$ と $3x+y$ とが互いに素な自然数であることを証明しなさい．

（2） $10x+3y$ と $3x+y$ とが互いに素な自然数であることを証明しなさい．　（23　東北福祉大）

▶解答◀（1） $x=3,\ y=2$ のとき

$$10x+3y=36=2^2\cdot3^2$$

$$3x+y=11$$

であるから，$10x+3y$ と $3x+y$ は互いに素である．

（2） $10x+3y$ と $3x+y$ は互いに素でないと仮定する．共通な素因数をもつ．その 1 つを p とする．自然数 $A,\ B$ を用いて

$$10x+3y=pA \quad\cdots\cdots①$$

$$3x+y=pB \quad\cdots\cdots②$$

と表すことができる．

①－②×3 より $x=(A-3B)p$ となる．これと ② より

$$y=pB-3(A-3B)p=(10B-3A)p$$

$x,\ y$ が共通な素因数 p をもち，x と y が互いに素であることに矛盾する．

したがって，$10x+3y$ と $3x+y$ は互いに素である．

◆別解◆（2） 自然数 $a,\ b$ の最大公約数を $(a,\ b)$ と表す．$a<b$ のとき $(a,\ b)=(a,\ b-a)$ が成り立つ．ユークリッドの互除法の原理と呼ばれている関係である．これを繰り返し用いる．

$$(10x+3y,\ 3x+y)$$

$$=(10x+3y-3(3x+y),\ 3x+y)$$

$$=(x,\ 3x+y)=(x,\ 3x+y-3x)=(x,\ y)=1$$

したがって，$10x+3y$ と $3x+y$ は互いに素である．

《素数の振り分け（A5）☆》

307． $(a+1)(b+2)(c-3)=21$ をみたす 0 以上の整数 $a,\ b,\ c$ において，その組は□個あり，$a-b+c$ の最大値は□である．

（23　東京慈恵医大・看護）

▶解答◀ $a+1\geqq1,\ b+2\geqq2$ であるから，等式が成立しているとき $c-3\geqq0$ である．$21=3\cdot7$ も合わせると

$$(a+1,\ b+2,\ c-3)=(1,\ 3,\ 7),\ (7,\ 3,\ 1),$$
$$(1,\ 7,\ 3),\ (3,\ 7,\ 1),\ (1,\ 21,\ 1)$$

$$(a,\ b,\ c)=(0,\ 1,\ 10),\ (6,\ 1,\ 4),$$
$$(0,\ 5,\ 6),\ (2,\ 5,\ 4),\ (0,\ 19,\ 4)$$

となるから組は **5** 個ある．$a-b+c$ は順に $9,\ 9,\ 1,\ 1,\ -15$ となるから，$a-b+c$ の最大値は **9** である．

《集合 2 つと 3 つ（B10）☆》

308． 整数に対する次の条件を考える．

条件 A：5 の倍数である

条件 B：7 の倍数である

条件 C：11 の倍数である

（1） 1 以上 2023 以下の整数で，条件 A と条件 B のいずれも成り立つような数の個数は□である．

（2） 1 以上 2023 以下の整数で，条件 A は成り立つが，条件 B は成り立たないような数の個数は□である．

（3） 1 以上 2023 以下の整数で，条件 A と条件 B のいずれも成り立つが，条件 C が成り立たないような数の個数は□である．

（4） 1 以上 2023 以下の整数で，条件 A は成り立つが，条件 B と条件 C のいずれも成り立たないような数の個数は□である．

（5） 整数に対する次の条件を考える．

条件 D：5 の倍数であるが，7 の倍数でない

条件 E：7 の倍数であるが，11 の倍数でない

条件 F：5 の倍数であるが，11 の倍数でない

1 以上 2023 以下の整数で，条件 D，条件 E，条件 F のうち少なくとも一つの条件が成り立つような数の個数は□である．　（23　東京理科大・経営）

▶解答◀ (1) 条件 A を満たす集合を A，要素の個数を $n(A)$ などと表す．ガウス記号 $[x]$ を用いる．自然数 m, k に対し，1 以上 m 以下で k の倍数の個数は $\left[\dfrac{m}{k}\right]$ である．$A\cap B$ は 35 の倍数の集合で

$$n(A\cap B)=\left[\frac{2023}{35}\right]=\mathbf{57}$$

(2) $n(A\cap\overline{B})=n(A)-n(A\cap B)$

$$=\left[\frac{2023}{5}\right]-57=404-57=\mathbf{347}$$

図 1

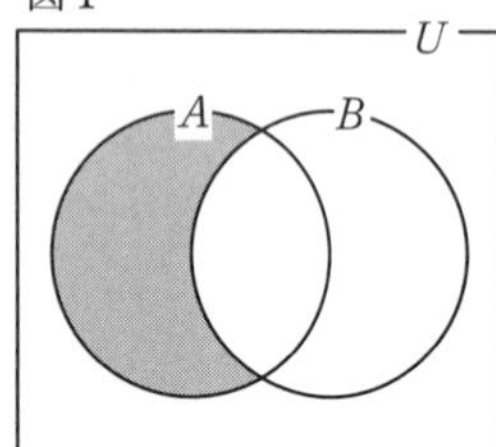

図 2

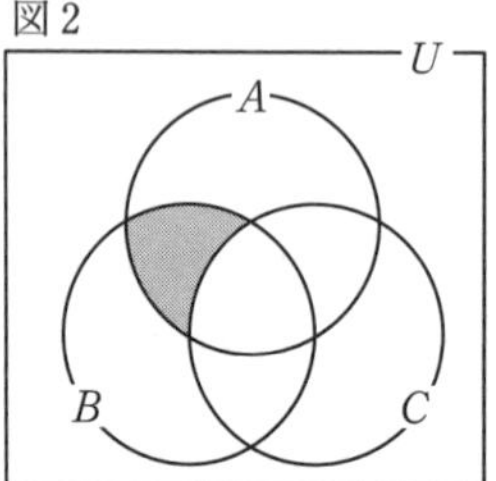

(3) $A\cap B\cap C$ は 385 の倍数の集合である．

$$n(A\cap B\cap\overline{C})=n(A\cap B)-n(A\cap B\cap C)$$

$$=57-\left[\frac{2023}{385}\right]=57-5=\mathbf{52}$$

(4) $A\cap C$ は 55 の倍数の集合である．

$$n(A\cap\overline{B}\cap\overline{C})$$

$$=n(A)-n(A\cap B\cap\overline{C})-n(A\cap C)$$

$$=404-52-\left[\frac{2023}{55}\right]=404-52-36=\mathbf{316}$$

図 3

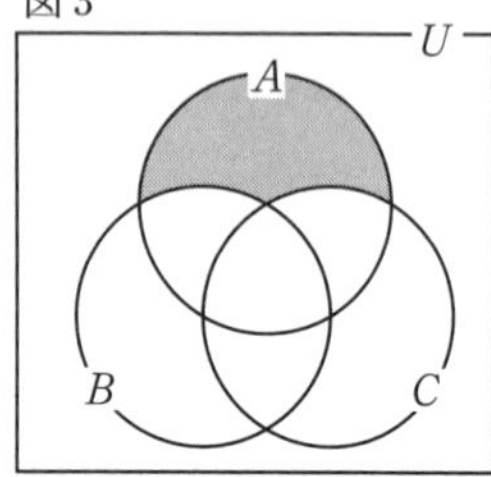

図 4

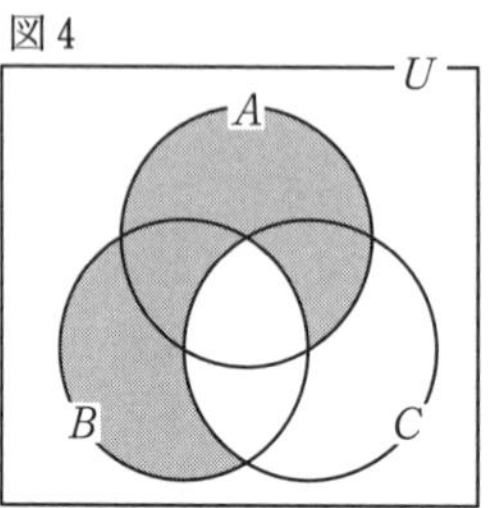

(5) $D=A\cap\overline{B}$, $E=B\cap\overline{C}$, $F=A\cap\overline{C}$ で，$D\cup E\cup F$ は図 4 の網目部分の集合である．

$B\cap C$ は 77 の倍数の集合である．

$$n(D\cup E\cup F)=n(A\cup B)-n(B\cap C)$$

$$=n(A)+n(B)-n(A\cap B)-n(B\cap C)$$

$$=404+\left[\frac{2023}{7}\right]-57-\left[\frac{2023}{77}\right]$$

$$=404+289-57-26=\mathbf{610}$$

《素因数の振り分け (B10) ☆》

309. (1) 1625 を素因数分解すると □ です．

(2) 2 つの自然数 m, n について，その積が 300，最小公倍数が 60 となるとき，m, n の最大公約数は □ です．また，$m+n$ のとりうる値は，小さい順に □，または □ です．

(3) 2 つの自然数 A, B $(A<B)$ について，$A+B=1625$ で，A, B の最小公倍数 l を最大公約数 g で割ったときの商が 126 でした．このような A, B の組をすべて求めなさい．

(23 東邦大・看護)

▶解答◀ (1) $1625=\mathbf{5^3\cdot 13}$

(2) $m\leqq n$ としても一般性を失わない．

m, n の最大公約数を g とし

$m=gM$, $n=gN$ (M, N は互いに素な自然数で $M\leqq N$)

とおくと

$$g^2MN=300,\ gMN=60$$

$$g=5,\ MN=12$$

M, N は互いに素であるから，4 は M, N の一方がもつ．

$(M, N)=(1, 12), (3, 4)$

$m+n=g(M+N)=\mathbf{35, 65}$

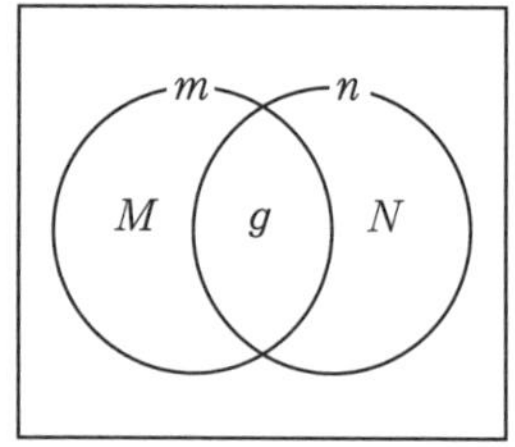

(3) $A=ga$, $B=gb$ とおく．a, b は $a<b$ を満たす互いに素な自然数である．

$$g(a+b)=5^3\cdot 13$$

$$l=gab$$

$\dfrac{l}{g}=ab$ であるから $ab=2\cdot 3^2\cdot 7$

である．3^2 は a, b の一方に入る．

$(a, b)=(1, 126), (2, 63), (7, 18), (9, 14)$

$$a+b=127, 65, 25, 23$$

が $5^3\cdot 13$ の約数であるから，$a+b=65, 25$

$$(a, b)=(2, 63), (7, 18)$$

$g(a+b)=5^3\cdot 13$ より順に $g=25, 65$ となる．

$$(A, B)=(ga, gb)=\mathbf{(50, 1575), (455, 1170)}$$

《約数の個数の最大 (C0)》

310. 整数 n の正の約数の個数を $d(n)$ と書くことにする．たとえば，10 の正の約数は 1, 2, 5, 10 であるから $d(10)=4$ である．

（1） 2023 以下の正の整数 n の中で，$d(n)=5$ となる数は，□個ある．

（2） 2023 以下の正の整数 n の中で，$d(n)=15$ となる数は，□個ある．

（3） 2023 以下の正の整数 n の中で，$d(n)$ が最大となるのは $n=$ □ のときである．

（23 慶應大・総合政策）

▶解答◀ 自然数 n を

$$n=p_1^{e_1}p_2^{e_2}\cdots p_k^{e_k}$$

（$p_1, p_2, \cdots, p_k$ は異なる素数，$e_1, e_2, \cdots, e_k$ は自然数）と表すとき

$$d(n)=(1+e_1)(1+e_2)\cdots(1+e_k)$$

である．以下，添字がうるさいから添字を取る．$p, q, r, \cdots$ は異なる素数，$e, f, g, \cdots$ は自然数である．適宜読め．

（1） $n=p^4$ の形のときである．

$$2^4=16,\ 3^4=81,\ 5^4=625,\ 7^4=2401>2023$$

n は **3** 個ある．

（2） $15=1+14$, $15=3\cdot 5=(1+2)(1+4)$ であるから

（ア） $n=p^{14}$

（イ） $n=p^2q^4$

のいずれかの形である．

（ア）のとき

$$n=p^{14}\geqq 2^{14}=2^4\cdot 2^{10}=16\cdot 1024>2023$$

であるから不適．

（イ）のとき

$q=2$ のとき $p^2\cdot 16\leqq 2023$

$$p^2\leqq\frac{2023}{16}=126.\cdots$$

$$p=3, 5, 7, 11$$

$q=3$ のとき $p^2\cdot 81\leqq 2023$

$$p^2\leqq\frac{2023}{81}=24.\cdots$$

$p=2$ だけである．

$q\geqq 5$ のとき

$$p^2q^4\geqq 2^2\cdot 5^4=4\cdot 625=2500>2023$$

より不適．

以上より n は **5** 個ある．

（3） $2\cdot 3\cdot 5\cdot 7\cdot 11=2310>2023$

であるから $n\leqq 2023$ のとき n がもつ素因数の種類は 4 以下である．

（ア） n が 4 種類の素因数をもつとき

$n=p^eq^fr^gs^h\ (e\geqq f\geqq g\geqq h)$ とおく．p, q, r, s は素数 2, 3, 5, 7, 11, 13, ⋯ のいずれかである．一組の (e, f, g, h) を定めたとき，$p^eq^fr^gs^h$ ができるだけ小さくなるのは $2^e\cdot 3^f\cdot 5^g\cdot 7^h$ としたときである．これについては後に補足する．……………………………………Ⓐ

$$2023\geqq n\geqq 2^e\cdot 3^f\cdot 5^g\cdot 7^h$$

$$\geqq 2^h\cdot 3^h\cdot 5^h\cdot 7^h=210^h$$

$h\geqq 2$ とすると成立しない．$h=1$ である．

$$2023\geqq n\geqq 2^e\cdot 3^f\cdot 5^g\cdot 7$$

$$\geqq(2\cdot 3\cdot 5)^g\cdot 7=30^g\cdot 7$$

$g\geqq 2$ とすると成立しない．$g=1$ である．

$$2023\geqq n\geqq 2^e\cdot 3^f\cdot 5\cdot 7$$

$$2^e\cdot 3^f\leqq\frac{2023}{35}=57.\cdots$$

$f=1$ のとき $2^e\leqq\dfrac{57.\cdots}{3}=19.\cdots$

$$e=1, 2, 3, 4$$

$$d(n)=(1+e)\cdot 2^3\leqq 5\cdot 8=40$$

$f=2$ のとき $2^e\leqq\dfrac{57.\cdots}{9}=6.\cdots$

$e\geqq f$ であるから $e=2$

$$d(n)=(1+e)\cdot 3\cdot 4=3\cdot 3\cdot 4=36$$

$f=3$ のとき $2^e\leqq\dfrac{57.\cdots}{27}=2.\cdots$ であるから $e=1$ で不適．

$f\geqq 4$ のときは当然不適．

よって n が 4 種類の素因数をもつときの $d(n)$ の最大値は 40 で，それは $n=2^4\cdot 3\cdot 5\cdot 7=1680$ のときにおこる．

（イ） n が 3 種類の素因数をもつとき

（ア）と同じようにして

$$n=p^eq^fr^g\ (e\geqq f\geqq g)$$

とする．

$$2023\geqq n\geqq 2^e\cdot 3^f\cdot 5^g\geqq(2\cdot 3\cdot 5)^g=30^g$$

$g\geqq 3$ とすると成立しない．$g=1, 2$ である．

$g=1$ のとき $6^f\leqq 2^e\cdot 3^f\leqq\dfrac{2023}{5}=404.\cdots$

$$f=1, 2, 3$$

$f=1$ のとき $2^e\leqq\dfrac{404.\cdots}{3}=134.\cdots$

$e\leqq 7$ であり $d(n)\leqq(1+7)(1+1)(1+1)=32$

$f=2$ のとき $2^e\leqq\dfrac{404.\cdots}{9}=44.\cdots$

$2\leqq e\leqq 5$ であり $d(n)\leqq(1+5)(1+2)(1+1)=36$

$f=3$ のとき $2^e\leqq\dfrac{404.\cdots}{27}=14.\cdots$

$e=3$ であり $d(n)=(1+3)(1+3)(1+1)=32$

$g=2$ のとき

$$2^e\cdot 3^f\leqq\frac{2023}{25}=80.\cdots$$

$f=2$, $2 \leqq e \leqq 3$ で $d(n) \leqq 36$

よって n が 3 種類の素因数をもつときの $d(n)$ の最大値は 36 である．

（ウ） n が 2 種類の素因数をもつとき

$$n = p^e q^f \ (e \geqq f)$$

$$2023 \geqq n \geqq 2^e \cdot 3^f \geqq 6^f$$

$6^4 = 1296$, $6^5 = 7776$ であるから $f \leqq 4$

$f=1$ のとき $e \leqq 9$ で $d(n) \leqq 20$

$f=2$ のとき $2 \leqq e \leqq 7$ で $d(n) \leqq 24$

$f=3$ のとき $3 \leqq e \leqq 6$ で $d(n) \leqq 28$

$f=4$ のとき $e=4$ で $d(n)=25$

（エ） n が 1 種類の素因数をもつとき

$$n = p^e$$

$$2023 \geqq n \geqq 2^e$$

$e \leqq 10$ で $d(n) \leqq 11$

以上より $d(n)$ の最大値は 40 で $n=$ **1680** のときにおこる．

注意 【Ⓐについて】

文字は自然数とする．$x \leqq y$, $a \leqq b$ のとき

$x^a y^b \geqq x^b y^a$ が成り立つ．

$$x^a y^b \geqq x^b y^a \iff y^{b-a} \geqq x^{b-a}$$

$y \geqq x$, $b-a \geqq 0$ であるから，これは成り立つ．

よって $e \geqq f \geqq g \geqq h$ のとき，4 つの素数の集合 $\{p, q, r, s\}$ の各数の指数に e, f, g, h をのせて最小にする場合，一番小さいものの指数に e をのせて，…，一番大きいものの指数に h をのせることになる．だから $p<q<r<s$ として $p^e q^f r^g s^h$ にする．

【剰余による分類】

《4 で割った剰余 (A5) ☆》

311. n を整数とする．n^2 を 4 で割ったときの余りは，0 または 1 であることを示せ．

（23　奈良教育大・前期）

▶解答◀ k を整数とする．n が偶数のとき $n=2k$ とおけて

$$n^2 = 4k^2$$

n が奇数のとき $n=2k-1$ とおけて

$$n^2 = 4(k^2-k)+1$$

n^2 を 4 で割った余りは 0 または 1 である．

《式で置く (A5) ☆》

312. n を整数としたとき，n が奇数ならば，n^2-1 が 8 の倍数であることを証明しなさい．

（23　岩手県立大・ソフトウェア-推薦）

▶解答◀ n が奇数のとき，$n=2k-1$（k は整数）とおけて

$$n^2-1 = (2k-1)^2-1$$

$$= 4k^2-4k = 4k(k-1)$$

となる．$k(k-1)$ は連続する 2 整数の積であるから 2 の倍数である．よって，$4k(k-1)$ は 8 の倍数であるから証明された．

《合同式 (A5)》

313. 2023^{2023} を 12 で割った余りを求めなさい．

（23　東邦大・看護）

▶解答◀ 12 を法とする．$2023 \equiv 7$ より

$$2023^2 \equiv 7^2 = 49 \equiv 1$$

$$2023^{2023} \equiv 7^{2023} = (7^2)^{1011} \cdot 7 \equiv 1^{1011} \cdot 7 \equiv 7$$

よって，2023^{2023} を 12 で割った余りは **7** である．

《3 の倍数と 5 の倍数 (B10) ☆》

314. m を自然数とするとき，次の問いに答えよ．

（1） m^3-m は 3 の倍数であることを示せ．

（2） m^5-m は 5 の倍数であることを示せ．

（23　広島市立大・前期）

▶解答◀ （1） $m^3-m = (m-1)m(m+1)$

連続 3 整数 $m-1, m, m+1$ のいずれかは 3 の倍数である．したがって，$m^3-m=(m-1)m(m+1)$ は 3 の倍数である．

（2） $m^5-m = m(m^2-1)(m^2+1)$

$$= (m-1)m(m+1)\{(m^2-4)+5\}$$

$$= (m-2)(m-1)m(m+1)(m+2)$$

$$+5(m-1)m(m+1)$$

連続 5 整数 $m-2, m-1, m, m+1, m+2$ のいずれかは 5 の倍数であるから $(m-2)(m-1)m(m+1)(m+2)$ は 5 の倍数である．

$5(m-1)m(m+1)$ も 5 の倍数であるから，m^5-m は 5 の倍数である．

◆別解◆ （ii） 5 を法とする．

$m \equiv 0$ のとき $m^5-m \equiv 0-0 \equiv 0$

$m \equiv 1$ のとき $m^5-m \equiv 1-1 \equiv 0$

$m \equiv 2$ のとき $m^5-m \equiv 32-2 \equiv 30 \equiv 0$

$m \equiv -2$ のとき $m^5-m \equiv -32+2 \equiv -30 \equiv 0$

$m \equiv -1$ のとき $m^5-m \equiv -1+1 \equiv 0$

であるから，$m^5 - m$ は5の倍数である．

（i）についても3を法として同様にできる．(省略)

《素数の論証 (B10) ☆》

315. 3つの自然数 p, $p+10$, $p+20$ がすべて素数となるような p がただ1つ存在することを示せ．

(23　信州大・医，工，医-保健，経法)

▶解答◀　$p=2$ のとき，$p+10=12$

$p+20=22$ は素数ではない．

$p=3$ のとき，$p+10=13$, $p+20=23$ で，p と $p+10$ と $p+20$ はすべて素数となる．

以下，$p \geqq 5$ のとき mod 3 で考える．

（ア）　$p \equiv 0$ のとき p は素数でない．

（イ）　$p \equiv 1$ のとき $p+20 \equiv 21 \equiv 0$ で素数ではない．

（ウ）　$p \equiv 2$ のとき $p+10 \equiv 12 \equiv 0$ で素数ではない．

よって，p, $p+10$, $p+20$ がすべて素数となるような p は $p=3$ のみである．

《素数の論証 (B10)》

316. 2以外の任意の2つの素数 a, b に対して次の命題を背理法を用いて，以下の手順で証明したい．

命題：$a^2+b^2=c^2$ を満たす自然数 c は存在しない．

（1）　2以外の素数は必ず奇数であることを，素数の定義に基づいて説明せよ．

（2）　以下の空欄に適切な文字式を入れよ．

『（1）より，2つの素数 a, b は共に奇数であるから，$a=2n+1, b=2m+1$ と表すことができる．(ただし，n, m は自然数で $n=m$ の場合も含む．) このとき，この n と m を用いて $a^2+b^2=4\square+2$ と表される．』

（3）　もし，上記命題を満たす自然数 c が存在したとすると，c^2 が必ず4の倍数となることを，a, b が共に奇数であることを用いて示し，矛盾が生じることを示すことで，上記命題が成立することを証明せよ．

(23　北星学園大・経済，社会福祉，文)

▶解答◀　（1）　素数は1とその数自身以外の数を約数にもたない自然数であるから2以外の偶数は素数でない．よって，2以外の素数は必ず奇数である．

（2）　$a^2+b^2=(2n+1)^2+(2m+1)^2$

$$= 4(\boldsymbol{m^2+n^2+m+n})+2$$

（3）　a, b は2以外の素数であるから奇数であり，a^2 と b^2 も奇数である．よって，a^2+b^2 は偶数であるから c^2 は偶数であり，c も偶数となる．$c=2k$ とおくと，$c^2=4k^2$ となり，c^2 は4の倍数である．一方，（2）の結果より c^2 は4で割ると2余るから矛盾が生じる．

背理法より，2以外の素数 a, b に対して $a^2+b^2=c^2$ を満たす自然数 c は存在しない．

《5で割った余りで分類 (B10)》

317. 平方数とは自然数の2乗で表される数である．1, 4, 9, 16, … は平方数である．

x を自然数とする．x 以下の平方数のうち5で割ると余りが j となるものの個数を $N(x, j)$ と表す．例えば，

$N(10, 0)=0$, $N(10, 1)=1$, $N(10, 2)=0$,

$N(10, 3)=0$, $N(10, 4)=2$ である．

（1）　$N(1000, 0)=\square$, $N(1000, 2)=\square$ である．

（2）　$N(x, 1)=3$ を満たす最大の x は $\square$ である．

(23　上智大・経済)

▶解答◀　（1）　無駄な記号についていけない．$N(x, j)$ という記号を出す意味があるのか？

1000以下の平方数で5で割った余りが0になるのは，5の倍数を平方したものである．平方する前は $\sqrt{1000}=10\sqrt{10}=31.162\cdots$ 以下の5の倍数で6個ある．$N(1000, 0)=\boldsymbol{6}$ である．

1000以下の平方数で5で割った余りが2になるものはない．整数は k を整数として $5k+r$ ($r=0, \pm 1, \pm 2$) とおけて，

$(5k+r)^2=25k^2+10kr+r^2=5(5k^2+2kr)+r^2$

$r^2=0, 1, 4$ で，5で割って余りが2になることはない．$N(1000, 2)=\boldsymbol{0}$ である．

（2）　$r^2=1$ になるのは $r=\pm 1$ (5で割った余りの世界では，-1 は4と同じ)，すなわち，$5k+1$, $5k+4$ の形の数だから，平方数にすると $1^2, 4^2, 6^2, 9^2, \cdots$ となる．x 以下で3つだけあるのは $6^2 \leqq x < 9^2$ のときで，最大の $x=\boldsymbol{80}$

◆別解◆　合同式で書く．mod 5 とする．

$$1^2 \equiv 1,\ 2^2 \equiv 4,\ 3^2 \equiv 4,\ 4^2 \equiv 1,\ 0^2 \equiv 0$$

であるから，平方数を5で割った余りは0，1，4であり．余りが0となる平方数は5の倍数のみである．

$N(1000, 0)$ は1000以下の平方数で5の倍数となる自然数の個数である．自然数 n に対して

$(5n)^2 \leqq 1000$

$n^2 \leqq 40 \qquad \therefore \quad n=1, 2, 3, 4, 5, 6$

であるから，$N(1000, 0) = \mathbf{6}$

$N(x, j)$ において，$j = 2$ となる場合はないから

$N(1000, 2) = \mathbf{0}$

《因数分解の利用 (B20)》

318. 整数 Z は n 進法で表すと $k+1$ 桁(けた)であり，n^k の位の数が 4, $n^i (1 \leqq i \leqq k-1)$ の位の数が 0, n^0 の位の数が 1 となる．ただし，n は $n \geqq 3$ を満たす整数，k は $k \geqq 2$ を満たす整数とする．

（1） $k = 3$ とする．Z を $n+1$ で割ったときの余りは □ である．

（2） Z が $n-1$ で割り切れるときの n の値をすべて求めると □ である．　(23　慶應大・薬)

▶解答◀ （1） $Z = 4n^k + 1$ であり，Z の n^k の位の数が 4 より $n \geqq 5$ である．$k = 3$ のとき

$$Z = 4n^3 + 1$$
$$= 4(n^3+1) - 4 + 1$$
$$= (n+1)(4n^2 - 4n + 4) - 3$$
$$= (n+1)\left(4n^2 - 4n + 3\right) + n - 2$$

$4n^2 - 4n + 3$ は整数で $3 \leqq n-2 < n+1$ であるから，求める余りは $\boldsymbol{n-2}$ である．

（2） $Z = 4(n^k - 1) + 4 + 1$

$$= 4(n-1)(n^{k-1} + n^{k-2} + \cdots + n + 1) + 5$$

であるから，Z が $n-1$ で割り切れるのは，5 が $n-1$ で割り切れるときである．$n-1 \geqq 4$ に注意して

$$n - 1 = 5 \qquad \therefore \quad n = \mathbf{6}$$

《連続整数の形 (A5)》

319. n が整数のとき，$n^5 - n^3$ が 6 の倍数であることを示せ．　(23　釧路公立大)

▶解答◀ $n^5 - n^3 = n^3(n+1)(n-1)$

$$= n^2 \cdot (n-1)n(n+1)$$

$(n-1)n(n+1)$ は連続 3 整数の積であるから，$3! = 6$ の倍数である．よって $n^5 - n^3$ は 6 の倍数である．

《数列的な問題 (B20)》

320. n を正の整数とする．次の設問に答えよ．

（1） n^2+n+1 が 7 で割り切れるような n を小さい順に並べるとき，100 番目の整数 n を求めよ．

（2） n^2+n+1 が 91 で割り切れるような n を小さい順に並べるとき，100 番目の整数 n を求めよ．　(23　早稲田大・商)

考え方 下では一応，高校数学らしく式を使って書くが，「小学生のように解く」のである．

（1） $n = 1, 2, 3, 4, 5, 6, 7$ で調べ，$n = 2, 4$ が適するとわかり，$n = 7k+2, 7k+4$ 型とわかる．

（2） $n = 1, 2, \cdots, 13$ で調べ，$n = 3, 9$ のときに 13 の倍数になるとわかる．次に $1 \leqq n \leqq 91$ の自然数のうちで，13 で割った余りが 3, 9 になるものを並べ，そのうちで 7 で割った余りが 2, 4 になるものを調べる．すると $n = 9, 16, 74, 81$ とわかる．あとは 91 ごとに現れる．

▶解答◀ 以下，文字は整数とする．

（1） $n = 7k + r\ (r = 0, \pm1, \pm2, \pm3)$ とおける．

$n^2 + n + 1 = (7k+r)^2 + 7k + r + 1$ を整理すると

$$n^2 + n + 1 = 7K + r^2 + r + 1$$

の形となり，$r = 0, 1, 2, 3, -3, -2, -1$ に対して

$$r^2 + r + 1 = 1, 3, 7, 13, 7, 3, 1$$

と（左右対称に）なるから，n^2+n+1 が 7 の倍数になるのは $r = 2, -3$ のとき（7 で割った余りが 2, 4）である．

$$n = 2, 4, 9, 11, \cdots$$

となるから，100 番目は $n = 7k - 3$ の 50 番目の数で

$$7 \cdot 50 - 3 = \mathbf{347}$$

（2） $n = 13m + r\ (r = 0, \pm1, \pm2, \pm3, \pm4, \pm5, \pm6)$ とおけて

$$n^2 + n + 1 = 13M + r^2 + r + 1$$

の形となる．

$$r = 0, 1, 2, 3, 4, 5, 6, -6, -5, -4, -3, -2, -1$$

のとき

$$r^2 + r + 1 = 1, 3, 7, 13, 21, 31, 43, 31, 21, 13, 7, 3, 1$$

と（左右対称に）なるから，n^2+n+1 が 13 の倍数になるのは $r = 3, -4$ のときである．$n = 13m+3, 13m+9$ $(m = 0, 1, \cdots, 6)$ を並べると

$$n = 3, 9, 16, 22, 29, 35, 42, 48, 55, 61, 68, 74, 81, 87$$

であり，7 で割った余りは

$$3, 2, 2, 1, 1, 0, 0, 6, 6, 5, 5, 4, 4, 3$$

である．7 で割った余りが 2, 4 になる n は

$$n = 9, 16, 74, 81$$

である．n^2+n+1 が $13 \cdot 7$ の倍数になる n のうちで，$1 \leqq n \leqq 91$ のものは上の 4 つ，他は 91 ずつ大きくしたものになるから，100 番目は $91l + 81$ 型の 25 番目で

$$n = 91 \cdot 24 + 81 = 2184 + 81 = \mathbf{2265}$$

《式で置く (B10)》

321. $a, b\ (a > b)$ を自然数とします．次の（1）〜（3）に答えなさい．

（1） n を自然数とします．8^n-1 は 7 の倍数であることを，数学的帰納法によって証明しなさい．

（2） $a-b$ が 3 の倍数ならば，2^a-2^b は 7 の倍数であることを証明しなさい．

（3） 2^a-2^b が 7 の倍数ならば，$a-b$ は 3 の倍数であることを証明しなさい．

（23　神戸大・文系-「志」入試）

▶解答◀ （1） $n=1$ のとき $8^1-1=7$ より成り立つ．$n=k$ で成り立つとする．m を整数として $8^k-1=7m$ と書ける．

$$8^{k+1}-1=8\cdot 8^k-1$$
$$=8\cdot(8^k-1)+7=8\cdot 7m+7=7(8m+1)$$

となるから，$n=k+1$ でも成り立つ．数学的帰納法により証明された．

（2） $a-b$ が 3 の倍数ならば $a-b=3k$（k は自然数）とおける．m を自然数として $2^{3k}-1=8^k-1=7m$ とおける．

$$2^a-2^b=2^b(2^{a-b}-1)=2^b(2^{3k}-1)$$
$$=2^b(8^k-1)=2^b\cdot 7m$$

は 7 の倍数である．

（3） $a-b$ が 3 の倍数でないときは $a-b=3k+r$（$r=1, 2$）とおける．

$$2^a-2^b=2^b(2^{a-b}-1)=2^b(2^{3k+r}-1)$$
$$=2^b(8^k\cdot 2^r-1)=2^b((7m+1)\cdot 2^r-1)$$
$$=2^b(7m\cdot 2^r+2^r-1) \quad \cdots\cdots①$$

$r=1$ のとき $2^r-1=1$，$r=2$ のとき $2^r-1=3$ となり，これらは 7 の倍数でないから，① は 7 の倍数でない．

2^a-2^b が 7 の倍数になるのは $a-b$ が 3 の倍数のときに限る．

【ユークリッドの互除法】

《ユークリッドの互除法（A2）☆》

322. 2023 と 1547 の最大公約数を求めよ．

（23　広島市立大・前期）

▶解答◀ ユークリッドの互除法により

$$2023=1547\cdot 1+476$$
$$1547=476\cdot 3+119$$
$$476=119\cdot 4$$

最大公約数は **119** である．

《ユークリッドの互除法（A2）》

323. 2072 と 4847 の最大公約数を求めよ．

（23　奈良大）

▶解答◀ $4847=2072\cdot 2+703$

$$2072=703\cdot 2+666$$
$$703=666\cdot 1+37$$
$$666=37\cdot 18$$

2072 と 4847 の最大公約数は **37** である．

【不定方程式】

《1 次不定方程式（B10）》

324. 次の問いに答えよ．

（1） 整数 n に対して，$x=7n, y=17(17-n)$ が不定方程式 $17x+7y=2023$ を満たすことを示せ．

（2） $17x+7y=2023$ を満たす整数 x, y は，整数 n を用いて $x=7n, y=17(17-n)$ と表されるものに限ることを示せ．

（3） $17x+7y=2023$ を満たす整数 x, y のうち，$|xy-2023|$ を最小にするものを求めよ．

（23　金沢大・文系）

▶解答◀ （1） $17\cdot 7n+7\cdot 17(17-n)$

$$=17\cdot 7n+2023-7\cdot 17n=2023$$

であるから，$x=7n, y=17(17-n)$ は

$$17x+7y=2023 \quad \cdots\cdots①$$

を満たしている．

（2） $2023=7\cdot 17^2$ より，$x=0, y=17^2$ は ① を満たすから

$$17\cdot 0+7\cdot 17^2=2023 \quad \cdots\cdots②$$

① − ② より

$$17x+7(y-17^2)=0$$

17 と 7 は互いに素であるから，整数 n を用いて

$$x=7n, y-17^2=-17n$$
$$x=7n, y=17(17-n)$$

という形で書ける．よって，① の解はこの形で表されるものに限られる．

（3） $|xy-2023|=|7n\cdot 17(17-n)-2023|$

$$=7\cdot 17|n(17-n)-17|$$

ここで，$f(t)=t(17-t)-17$ のグラフは次のようになっている．$f(t)$ の軸は $t=\dfrac{17}{2}$ であるから，これに関して対称であることに注意せよ．（図はデフォルメしてある）

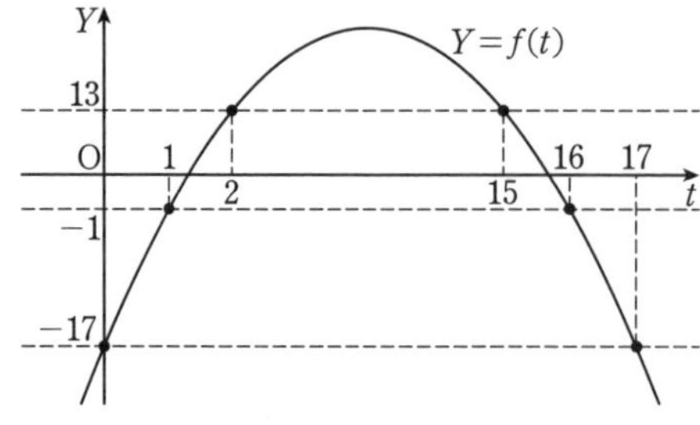

$f(0)=f(17)=-17$

$f(1)=f(16)=1\cdot16-17=-1$

$f(2)=f(15)=2\cdot15-17=13$

であるから，$|f(n)|$ が最小になるのは $n=1, 16$ のときである．よって，$n=1$ のとき，$(x, y)=\mathbf{(7, 272)}$，$n=16$ のとき $(x, y)=\mathbf{(112, 17)}$ である．

《1 次不定方程式 (A2) ☆》

325. $xy-5x+y+4=0$ をみたす正の整数の組 (x, y) を全て求めなさい．

（23　福島大・人間発達文化）

▶解答◀ $(x+1)(y-5)=-9$

$x+1 \geqq 2,\ y-5 \geqq -4$ であるから

$(x+1,\ y-5)=(3, -3), (9, -1)$

$(x, y)=\mathbf{(2, 2), (8, 4)}$

《1 次不定方程式 (B10)》

326. 5 で割ると余りは 3 となり，17 で割ると余りは 6 となるような自然数 n のうち，3 桁で最大のものを求めよ．

（23　富山県立大・推薦）

▶解答◀ a, b を整数とすると

$n=5a+3,\ n=17b+6$ と表せるから

$5a+3=17b+6$

$5a-17b=3$ ……………………①

$5\cdot4-17\cdot1=3$ ……………………②

①，② を辺ごとに引いて

$5(a-4)-17(b-1)=0$

$5(a-4)=17(b-1)$

5 と 17 は互いに素であるから，k を整数として

$a=17k+4,\ b=5k+1$

このとき

$5a+3 \leqq 999$

$5(17k+4)+3 \leqq 999$

$85k \leqq 976$

$k \leqq \dfrac{976}{85}=11.4\cdots$

$k=11$ のとき $a=17\cdot11+4=187+4=191$ であるから，求める n は

$n=5\cdot191+3=\mathbf{958}$

◆別解◆ 以下文字は整数とする．

$5a-17b=3$

$a=\dfrac{20b-3(b-1)}{5}=4b-\dfrac{3}{5}(b-1)$

が整数であるから，k を整数として $b-1=5k$ とおける．

$b=5k+1$

$n=17(5k+1)+6=85k+23$

n が 3 桁のとき

$85k+23 \leqq 999$

$k \leqq \dfrac{976}{85}=11.4\cdots$

最大の $k=11$ で，最大の

$n=85\cdot11+23=935+23=\mathbf{958}$

《1 次不定方程式 (B20) ☆》

327. 次の問いに答えなさい．

（1） 3451 と 2737 の最大公約数を d とするとき，ユークリッドの互除法を用いて d の値を求めなさい．

（2）（1）で求めた d に対して，x, y についての一次不定方程式

$3451x-2737y=6d$

の整数解をすべて求めなさい．

（3） すべての 2023 の倍数は，整数 x, y を用いて $3451x-2737y$ と表されることを示しなさい．

（23　山口大・文系）

▶解答◀ （1） ユークリッドの互除法より

$3451=2737\cdot1+714$

$2737=714\cdot3+595$

$714=595\cdot1+119$

$595=119\cdot5 \qquad \therefore\ d=\mathbf{119}$

（2） $3451x-2737y=6\cdot119$

$119\cdot29x-119\cdot23y=6\cdot119$

$29x-23y=6$ ……………………①

$29\cdot1-23\cdot1=6$ ……………………②

① − ② より

$29(x-1)-23(y-1)=0$

$$29(x-1)=23(y-1)$$

29 と 23 は互いに素であるから，k を整数として

$x-1=23k$ とおくと $y-1=29k$

したがって，$x=\mathbf{23k+1}$, $y=\mathbf{29k+1}$ (**k は整数**)

(**3**) $2023n=3451x-2737y$ とおく．(n は整数)

$2023=17\cdot 119$ から，両辺を 119 で割ると

$$29x-23y=17n \text{ ……③}$$

$$29\cdot(-n)-23\cdot(-2n)=17n \text{ ……④}$$

③ − ④ より

$$29(x+n)-23(y+2n)=0$$

29 と 23 は互いに素であるから m を整数として

$x+n=23m$ とおくと $y+2n=29m$

したがって，2023 の倍数 $2023n$ は，m を整数として $x=23m-n$, $y=29m-2n$ とおくことにより $3451x-2737y$ と表される．

◆別解◆ (**2**) ① から

$$29x-23y=6$$

$$y=x+\frac{6(x-1)}{23} \text{ ……⑤}$$

$\frac{x-1}{23}=k$ (k は整数) とおくと，$x=23k+1$

⑤ から $y=23k+1+6k=29k+1$

したがって，$x=\mathbf{23k+1}$, $y=\mathbf{29k+1}$

《1 次不定方程式 (B10)》

328. m を自然数とする．方程式 $14x+3y=m$ をみたし，x, y がともに整数となる解を考える．$m=1$ のとき，$x=-1$, $y=$ [ア] は，方程式 $14x+3y=1$ の解の 1 つであるので，$14x+3y=1$ の整数解 (x, y) は $14(x+1)=-3(y-$ [ア] $)$ をみたす．14 と 3 は互いに素なので，整数 k を用いて $x+1=3k$ と表せ，$y=$ [　] となる．
次に，$m=148$ のとき $14x+3y=148$ の解のうち，x, y がともに正の整数であるものを考える．$x+y$ は，$x=$ [　], $y=$ [　] のときに最大値 [　] をとる．　(23　同志社大・文系)

▶解答◀ $m=1$ のとき $14x+3y=1$ ……① に $x=-1$ を代入して

$$-14+3y=1 \qquad \therefore \quad y=\mathbf{5}$$

よって $14\cdot(-1)+3\cdot 5=1$ ……②

① − ② より $14(x+1)+3(y-5)=0$

$$14(x+1)=-3(y-5) \text{ ……③}$$

となる．14 と 3 は互いに素であるから，$x+1$ は 3 の倍数であり，整数 k を用いて $x+1=3k$ と表すことができる．これを ③ に代入して

$$14\cdot 3k=-14(y-5)$$

$$y-5=-14k \qquad \therefore \quad y=\mathbf{-14k+5}$$

次に，$m=148$ のとき $14x+3y=148$ ……④

④ − ② × 148 より $14(x+148)+3(y-740)=0$

$$14(x+148)=-3(y-740)$$

14 と 3 は互いに素であるから，上と同様にして

$x+148=3k$, $y-740=-14k$ (k は整数)

よって $x=3k-148$, $y=-14k+740$ となる．

$x>0$ より，$k>\frac{148}{3}=49.3\cdots$

$y>0$ より，$k<\frac{740}{14}=52.8\cdots$

よって，$k=50, 51, 52$ である．

$$x+y=-11k+592$$

であるから，$x+y$ が最大になるのは，$k=50$ のときであり，$x=\mathbf{2}$, $y=\mathbf{40}$, $x+y=\mathbf{42}$ である．

注意 文字は整数である．$14x+3y=m$ のとき

$$y=\frac{m-14x}{3}=\frac{-15x+m+x}{3}$$

$$=-5x+\frac{m+x}{3}$$

$\frac{m+x}{3}=k$ とおけて $x=3k-m$

$$y=-5(3k-m)+k=5m-14k$$

この方が絶対に早く，単純である．

《1 次不定方程式 (A10)》

329. 120 と 168 の最大公約数を d とすると，$d=$ [　] である．
また，方程式 $120x-168y=d$ を満たす整数 x, y の組は，k を整数として

$x=$ [　] $+$ [　] k, $y=$ [　] $+$ [　] k

と表される．　(23　同志社女子大・共通)

▶解答◀ $120=2^3\cdot 3\cdot 5$, $168=2^3\cdot 3\cdot 7$ であるから

$$d=2^3\cdot 3=\mathbf{24}$$

$$120x-168y=24$$

$$5x-7y=1 \text{ ……①}$$

$5\cdot 3-7\cdot 2=1$ ……② であるから，① から ② を辺々引いて

$$5(x-3)-7(y-2)=0$$

$$5(x-3)=7(y-2)$$

5 と 7 は互いに素であるから，$x-3$ は 7 の倍数で，k を整数とすると，$x-3=7k$ とおける．このとき，

$$5\cdot 7k=7(y-2)$$

$y = 2 + 5k$

$(x, y) = \mathbf{(3+7k,\ 2+5k)}$

♦別解♦

① は次のようにしても解ける．
以下文字は整数とする．

$$x = \frac{7y+1}{5} = y + \frac{2y+1}{5}$$

$\frac{2y+1}{5} = z$ とおけて

$$y = \frac{5z-1}{2} = 2z + \frac{z-1}{2}$$

$\frac{z-1}{2} = k$ とおけて $z = 2k+1$

$$y = 2(2k+1) + k = \mathbf{5k+2}$$

$$x = (5k+2) + (2k+1) = \mathbf{7k+3}$$

《(B0)》

330. $2023x + 374y = 17$ を満たす整数 x, y の組を1つ求めよ．（23　琉球大）

▶解答◀ $2023 - 374 \cdot 5 = 153$

$374 - 153 \cdot 2 = 68$

$153 - 68 \cdot 2 = 17$

より

$$17 = 153 - (374 - 153 \cdot 2) \cdot 2$$
$$= 153 \cdot 5 - 374 \cdot 2$$
$$= (2023 - 374 \cdot 5) \cdot 5 - 374 \cdot 2$$
$$= 2023 \cdot 5 - 374 \cdot 27$$

$\boldsymbol{x = 5,\ y = -27}$

《3 変数分数形 (B10) ☆》

331. $\frac{1}{l} + \frac{1}{2m} + \frac{1}{3n} = \frac{4}{3}$ $(l < m < n)$ を満たす自然数 l, m, n の組を求めよ．（23　釧路公立大）

▶解答◀ 3変数では等式の変形は，ほとんどできない．不等式で範囲を絞る．

$0 < l < m < n$ だから $\frac{1}{n} < \frac{1}{m} < \frac{1}{l}$

$$\frac{4}{3} = \frac{1}{l} + \frac{1}{2m} + \frac{1}{3n} < \frac{1}{l} + \frac{1}{2l} + \frac{1}{3l} = \frac{11}{6l}$$

よって $\frac{4}{3} < \frac{11}{6l}$ となるから $l < \frac{11}{8} < 2$ となり，$l = 1$

このとき

$$\frac{1}{2m} + \frac{1}{3n} = \frac{1}{3} \quad \cdots\cdots①$$

となる．2変数になったら，等式の変形をする方がよい．

$\frac{1}{2m} < \frac{1}{3}$, $\frac{1}{3n} < \frac{1}{3}$ だから $m > \frac{3}{2}$, $n > 1$ である．

① を $3mn$ 倍して $\frac{3}{2}n + m = mn$

$$\left(m - \frac{3}{2}\right)(n-1) = \frac{3}{2}$$

$(2m-3)(n-1) = 3$, $2m - 3 > 0$, $n - 1 > 0$

$(2m-3, n-1) = (1, 3), (3, 1)$

$(m, n) = (2, 4), (3, 2)$

$l < m < n$ より $(l, m, n) = \mathbf{(1, 2, 4)}$

《3 変数分数形 (A20) ☆》

332. 次の問いに答えよ．

（1） 等式 $\frac{1}{x} + \frac{1}{y} = \frac{1}{3}$ を満たす2つの正の整数 x, y $(x \leqq y)$ の組をすべて求めよ．

（2） 等式 $\frac{1}{x} + \frac{1}{y} + \frac{1}{z} = \frac{4}{3}$ を満たす3つの正の整数 x, y, z $(x \leqq y \leqq z)$ の組をすべて求めよ．（23　日本女子大・人間）

▶解答◀ （1） $\frac{1}{x} + \frac{1}{y} = \frac{1}{3}$

$xy - 3x - 3y = 0$

$(x-3)(y-3) = 9$

$\frac{1}{y} = \frac{1}{3} - \frac{1}{x} > 0$ であるから，$x > 3$ で $0 < x-3 \leqq y-3$ となる．

$(x-3, y-3) = (1, 9), (3, 3)$

$(x, y) = \mathbf{(4, 12), (6, 6)}$

（2） $x \leqq y \leqq z$ であるから $\frac{1}{z} \leqq \frac{1}{y} \leqq \frac{1}{x}$ であり

$$\frac{1}{x} + \frac{1}{y} + \frac{1}{z} \leqq \frac{1}{x} + \frac{1}{x} + \frac{1}{x} = \frac{3}{x}$$

$$\frac{4}{3} \leqq \frac{3}{x}$$

$$x \leqq \frac{9}{4}$$

よって，$x = 1, 2$ である．

（ア） $x = 1$ のとき

$$\frac{1}{y} + \frac{1}{z} = \frac{1}{3}$$

（1）の結果を用いて

$(y, z) = (4, 12), (6, 6)$

（イ） $x = 2$ のとき

$$\frac{1}{y} + \frac{1}{z} = \frac{5}{6} \quad \cdots\cdots①$$

$y \leqq z$ であるから $\frac{1}{z} \leqq \frac{1}{y}$ であり

$$\frac{1}{y} + \frac{1}{z} \leqq \frac{1}{y} + \frac{1}{y} = \frac{2}{y}$$

$$\frac{5}{6} \leqq \frac{2}{y}$$

$$y \leqq \frac{12}{5}$$

$y \geqq 2$ であるから，$y = 2$

このとき

$$\frac{1}{2}+\frac{1}{z}=\frac{5}{6}$$

$$z=3$$

よって，$(y, z)=(2, 3)$

以上より，求める (x, y, z) は

$$(x, y, z)=\mathbf{(1, 4, 12), (1, 6, 6), (2, 2, 3)}$$

注意

① について

$$5yz-6y-6z=0$$

$$(5y-6)\left(z-\frac{6}{5}\right)=\frac{36}{5}$$

$$(5y-6)(5z-6)=36$$

$\frac{1}{z}=\frac{5}{6}-\frac{1}{y}>0$ であるから $y>\frac{6}{5}$ で $5y-6>0$ である．$0<5y-6<5z-6$ であるから

$$(5y-6, 5z-6)=(1, 36), (2, 18), (3, 12), (4, 9)$$

y, z が自然数になるのは $(y, z)=(2, 3)$

《基本的双曲型 (A20) ☆》

333. 以下の問に答えよ．

（1） 2023 を素因数分解せよ．

（2） n を自然数とする．$2023n$ がある自然数の 3 乗になるような n のうち，最小のものを求めよ．

（3） 方程式 $49x+91y=2023$ を満たす自然数の組 (x, y) をすべて求めよ．

（4） 方程式 $xy+116x+16y-167=0$ を満たす自然数の組 (x, y) をすべて求めよ．

（23 公立鳥取環境大・前期）

▶解答◀ （1） $2023=\mathbf{7\cdot 17^2}$

（2） $2023n=7\cdot 17^2 n$ がある自然数の 3 乗になるような n のうち最小のものは $n=7^2\cdot 17=\mathbf{833}$

（3） $49x+91y=7\cdot 289$

$$7x+13y=289 \quad\cdots\cdots\text{①}$$

$$x=\frac{289-13y}{7}=-2y+41+\frac{2+y}{7}$$

$\frac{2+y}{7}=k$ とおける．k は自然数である．

$$y=7k-2$$

$$x=-2(7k-2)+41+k=45-13k>0$$

より $k=1, 2, 3$ で $(x, y)=\mathbf{(32, 5), (19, 12), (6, 19)}$

（4） $xy+116x+16y-167=0$

$$(x+16)(y+116)=16\cdot 116+167$$

$$(x+16)(y+116)=2023$$

$x+16 \geqq 17$, $y+116 \geqq 117$ であるから

$$(x+16, y+116)=(17, 119)$$

$$(x, y)=\mathbf{(1, 3)}$$

♦別解♦ （3） m を整数とする．$7\cdot 2-13=1$

これを 289 倍し，$7\cdot 578-13\cdot 289=289$ ⋯⋯⋯⋯②

① − ② より

$$7(x-578)+13(y+289)=0$$

$$7(x-578)=-13(y+289)$$

$y+289=7m$, $x-578=-13m$ とおける．

$$x=578-13m>0,\ y=7m-289>0$$

$$\frac{289}{7}<m<\frac{578}{13}$$

$$41.\cdots<m<44.4\cdots$$

$m=42, 43, 44$ であり $(x, y)=\mathbf{(32, 5), (19, 12), (6, 19)}$

《基本的双曲型 (A5)》

334. 方程式 $xy+6x-y=10$ をみたす整数 x, y の組 (x, y) のうち x が最も小さいものは，

$$(x, y)=(-\square, -\square)$$

である．（23 大東文化大）

▶解答◀ $xy+6x-y=10$

$$(x-1)(y+6)=4$$

これを満たす整数 x, y は

$$(x-1, y+6)=(-4, -1), (-2, -2), (-1, -4), (1, 4), (2, 2), (4, 1)$$

$$(x, y)=(-3, -7), (-1, -8), (0, -10), (2, -2), (3, -4), (5, -5)$$

x が最も小さいものは，$(x, y)=\mathbf{(-3, -7)}$ である．

注意 【いいわけ】

x が最小のときを求めるだけであるから $x-1=-4$ は明らかだが，解答は最もていねいな形で書いた．

《1 次不定方程式 (B10)》

335. 1 次不定方程式 $273x+112y=21$ を満たす整数 x, y の組の中で，y が正で最小となる組を求めよ．（23 山梨大・教）

▶解答◀ $273x+112y=21$ より

$$39x+16y=3 \quad\cdots\cdots\text{①}$$

$$39=16\cdot 2+7$$

$$16=7\cdot 2+2$$

$$7=2\cdot 3+1$$

$$1=7-2\cdot 3=7-(16-7\cdot 2)\cdot 3$$

$= 7 \cdot 7 - 16 \cdot 3 = (39 - 16 \cdot 2) \cdot 7 - 16 \cdot 3$

$= 39 \cdot 7 - 16 \cdot 17$

であるから

$39 \cdot 21 - 16 \cdot 51 = 3$ ……………………………②

①－②より

$39(x - 21) + 16(y + 51) = 0$

$39(x - 21) = -16(y + 51)$

39 と 16 は互いに素であるから，k を整数として

$x - 21 = -16k,\ y + 51 = 39k$

つまり $x = -16k + 21,\ y = 39k - 51$

y が正で最小となるのは $k = 2$ のときであり，このとき

$(x, y) = \mathbf{(-11, 27)}$

◆別解◆ 以下文字は整数とする．

$$y = \frac{21 - 273x}{112} = \frac{3 - 39x}{16} = -2x + \frac{3 - 7x}{16}$$

$\dfrac{3 - 7x}{16} = z$ とおけて

$$x = \frac{3 - 16z}{7} = -2z + \frac{3 - 2z}{7}$$

$\dfrac{3 - 2z}{7} = w$ とおけて

$$z = \frac{3 - 7w}{2} = 2 - 3w - \frac{1 + w}{2}$$

$\dfrac{1 + w}{2} = k$ とおけて $w = 2k - 1$

$z = 2 - 3(2k - 1) - k = 5 - 7k$

$x = -2(5 - 7k) + 2k - 1 = 16k - 11$

$y = -2(16k - 11) + 5 - 7k = 27 - 39k$

$y > 0$ で最小になるのは $k = 0$, $\boldsymbol{y = 27, x = -11}$ のときである．

注意 【解くのが第 1】ユークリッドの方法は第 2. 教科書にのっているから書くが解く方法の方がよい．

《因数分解の活用 (B10)》

336. $x^2 + 5xy + 6y^2 - 3x - 7y = 0$ をみたす整数の組 (x, y) を全て求めなさい．(23 東北福祉大)

▶解答◀ $x^2 + 5xy + 6y^2 - 3x - 7y = 0$

$(x + 2y)(x + 3y) - 3x - 7y = 0$

これを $(x + 2y + a)(x + 3y + b) = ab$ の形にする．展開して元に戻るように x, y の係数を比べる．

$x+2y+a \quad x+3y+b$

$a + b = -3,\ 3a + 2b = -7$

$a = -1,\ b = -2$

よって，方程式は次のように変形できる．

$(x + 2y - 1)(x + 3y - 2) = 2$

$x + 2y - 1 = m,\ x + 3y - 2 = n$ とおくと

$$\begin{pmatrix} m \\ n \end{pmatrix} = \begin{pmatrix} 1 \\ 2 \end{pmatrix}, \begin{pmatrix} 2 \\ 1 \end{pmatrix}, \begin{pmatrix} -1 \\ -2 \end{pmatrix}, \begin{pmatrix} -2 \\ -1 \end{pmatrix}$$

となる．x, y について解く．

$n - m = y - 1$

$3m - 2n = x + 1$

$$\begin{pmatrix} x \\ y \end{pmatrix} = \begin{pmatrix} 3m - 2n - 1 \\ n - m + 1 \end{pmatrix}$$

ここに代入し

$(x, y) = \mathbf{(-2, 2), (3, 0), (0, 0), (-5, 2)}$

◆別解◆ 方程式を x の 2 次方程式と考え，判別式を D とする．

$x^2 + (5y - 3)x + (6y^2 - 7y) = 0$ ……………①

$D = (5y - 3)^2 - 4(6y^2 - 7y) = y^2 - 2y + 9$

① を x について解くと

$$x = \frac{-(5y - 3) \pm \sqrt{D}}{2}$$

$\sqrt{D} = N$ とする．N は $N \geqq 0$ の整数である．

$y^2 - 2y + 9 = N^2$

$N^2 - |y - 1|^2 = 8$

$(N + |y - 1|)(N - |y - 1|) = 8$

$N + |y - 1|,\ N - |y - 1|$ は整数で，和が偶数であるから 2 数の奇偶が一致する．

$0 < N - |y - 1| \leqq N + |y - 1|$

$N + |y - 1| = 4,\ N - |y - 1| = 2$

$N = 3,\ |y - 1| = 1$

$y - 1 = \pm 1$ で $y = 0, 2$ となる．

$$x = \frac{-5y + 3 \pm 3}{2} = \frac{3 \pm 3}{2},\ \frac{-10 + 3 \pm 3}{2}$$

$(x, y) = \mathbf{(3, 0), (0, 0), (-2, 2), (-5, 2)}$

注意 $N^2 - (y - 1)^2 = 8$

$(N + y - 1)(N - y + 1) = 8$ にすると

$(N + y - 1,\ N - y + 1) = (2, 4), (4, 2),$

$(-2, -4), (-4, -2)$

とタイプが，一瞬多くなる．$|y - 1|^2$ にすると途中まではタイプが少ない．

《3 変数因数分解 (B20)》

337. 定数 m に対して x, y, z の方程式

$xyz + x + y + z = xy + yz + zx + m$ ·①

を考える．次の問に答えよ．

（1） $m=1$ のとき ① 式をみたす実数 x, y, z の組をすべて求めよ．

（2） $m=5$ のとき ① 式をみたす整数 x, y, z の組をすべて求めよ．ただし $x \leqq y \leqq z$ とする．

（3） $xyz = x+y+z$ をみたす整数 x, y, z の組をすべて求めよ．ただし $0 < x \leqq y \leqq z$ とする．　（23　早稲田大・社会）

▶解答◀ （1） $m=1$ のとき

$$xyz + x + y + z = xy + yz + zx + 1$$
$$(x-1)(y-1)(z-1) = 0$$

$x=1$ または $y=1$ または $z=1$ である．

(x, y, z) は x, y, z のうちの少なくとも 1 つが 1 であるすべてのものである．

（2） $m=5$ のとき

$$xyz + x + y + z = xy + yz + zx + 5$$
$$(x-1)(y-1)(z-1) = 4$$

$\{x-1, y-1, z-1\}$ は組合せを表す．

$$\{x-1, y-1, z-1\} = \{1, 1, 4\}, \{1, 2, 2\}, \{-1, -1, 4\}, \{-1, 1, -4\}, \{-1, -2, 2\}, \{-2, -2, 1\}$$
$$\{x, y, z\} = \{2, 2, 5\}, \{2, 3, 3\}, \{0, 0, 5\}, \{0, 2, -3\}, \{0, -1, 3\}, \{-1, -1, 2\}$$

$x \leqq y \leqq z$ より

$$\boldsymbol{(x, y, z) = (2, 2, 5), (2, 3, 3), (0, 0, 5), (-3, 0, 2), (-1, 0, 3), (-1, -1, 2)}$$

（3） $0 < x \leqq y \leqq z$ より $xyz = x+y+z \leqq 3z$

z で割って $xy \leqq 3$

よって，$(x, y) = (1, 1), (1, 2), (1, 3)$

（ア） $(x, y) = (1, 1)$ のとき

$xyz = x+y+z$ に代入し $z = z+2$ より不適．

（イ） $(x, y) = (1, 2)$ のとき

$xyz = x+y+z$ に代入し $2z = z+3$ となり $z=3$

（ウ） $(x, y) = (1, 3)$ のとき

$xyz = x+y+z$ に代入し $3z = z+4$

$z=2$ となり $y \leqq z$ を満たさないので不適．

以上より $\boldsymbol{(x, y, z) = (1, 2, 3)}$

《双曲型不定方程式（A5）》

338． n を整数として，$\sqrt{n^2-10n+2}$ が整数となるときの n の最大値は□であり，最小値は $-$□である．　（23　星薬大・推薦）

▶解答◀ $\sqrt{n^2-10n+2} = k$ とおく．ただし，k は $k \geqq 0$ の整数である．

$$\sqrt{(n-5)^2-23} = k$$
$$(n-5)^2 - k^2 = 23$$
$$(n-5+k)(n-5-k) = 23$$

$k \geqq 0$ より $n-5+k \geqq n-5-k$ であるから

$$(n-5+k, n-5-k) = (23, 1), (-1, -23)$$
$$(n, k) = (17, 11), (-7, 11)$$

よって，n の最大値は **17**，最小値は **-7** である．

注意　**【絶対値をつけて解く】**

$$|n-5|^2 - k^2 = 23$$
$$(|n-5|+k)(|n-5|-k) = 23$$

$k \geqq 0$ であるから $|n-5|+k \geqq 0$ である．

$$|n-5|+k \geqq |n-5|-k > 0$$
$$|n-5|+k = 23, \ |n-5|-k = 1$$
$$|n-5| = 12, \ k = 11$$
$$n-5 = \pm 12$$
$$\boldsymbol{n = -7, 17}$$

今は 23 が素数だから簡単だが，24 とか，約数が多くなると絶対値を用いる形にしないと場合が多くなる．

《長い問題文（B20）》

339． 自然数 N $(N \geqq 10)$ が 17 の倍数であることを判定する 1 つの方法として，次の命題がある．

命題「自然数 N の一の位を除いた数から一の位の数の 5 倍を引いた数が 17 の倍数であれば，N は 17 の倍数である」

例えば，2023 の場合，一の位を除いた数は 202 で，一の位の数 3 の 5 倍は 15 である．したがって，$202-15 = 187 = 11 \times 17$ より 17 の倍数となり，$2023 = 7 \times 17 \times 17$ も 17 の倍数であることが分かる．

この命題が成り立つことを示す．N は，自然数 a と整数 b $(0 \leqq b \leqq 9)$ を用いて，$N = 10a+b$ と表される．このとき，「一の位を除いた数から一の位の数の 5 倍を引いた数」は，[ア]と表される．

[ア]が 17 の倍数であれば整数 k を用いて [ア] $= 17k$ とおけるので，N は a を消去することにより $N = 17$([イ]) となる．したがって，[イ]は整数であることより，命題は成立する．なお，この命

題の逆，すなわち，「自然数 N が 17 の倍数ならば，N の一の位を除いた数から一の位の数の 5 倍を引いた数は 17 の倍数となる」も成立する．
次に，1 次不定方程式 $7x+17y=1$ の整数解の組 (x, y) を考える．この整数解の組のうち，x の値が最も小さい自然数であるのは $(\square, \square)$ である．また，この 1 次不定方程式を満たす整数解の組 (x, y) のうち，
和 $x+y$ が 17 の倍数で最も小さい自然数は $x+y=\square$ である．そのときの整数解の組は $(x, y)=(\square, \square)$ である．

（23　立命館大・文系）

▶解答◀　b は自然数 N の一の位の数，a は N から一の位を除いた数である．

$$0 \leqq b \leqq 9,\ N=10a+b$$

であり，一の位を除いた数から一の位の数の 5 倍を引いた数は，$\boldsymbol{a-5b}$ と表される．$a-5b$ が 17 の倍数であれば，整数 k を用いて

$$a-5b=17k \qquad \therefore\ a=17k+5b$$

とおけるから

$$N=10a+b=10(17k+5b)+b=\boldsymbol{17(3b+10k)}$$

となり，N は 17 の倍数である．

1 次不定方程式

$$7x+17y=1 \quad \cdots\cdots ①$$

について

$$7 \cdot 5+17 \cdot(-2)=1 \quad \cdots\cdots ②$$

① − ② より

$$7(x-5)+17(y+2)=0$$

$$7(x-5)=-17(y+2)$$

左辺は 7 の倍数，右辺は 17 の倍数であり，7 と 17 は互いに素であるから，整数 l を用いて

$$7(x-5)=-17(y+2)=7 \cdot 17l$$

とおけて

$$x=5+17l,\ y=-2-7l$$

となる．x が自然数であるとすると $l=0$ のときに最小になり，$(x, y)=\boldsymbol{(5, -2)}$ である．

$$x+y=3+10l \quad \cdots\cdots ③$$

であるから，$x+y$ の一の位の数は 3 であり，$x+y$ から一の位を除いた数が l であるから，$x+y$ が 17 の倍数である条件は，$l-15$ が 17 の倍数になることである．

よって，整数 m を用いて，$l-15=17m$ と表すことができるから

$$l=17m+15$$

$$x+y=170m+153$$

となる．$x+y$ は自然数であるから，$m=0$ のとき最小値 **153** となる．このとき，$l=15$ であるから

$$(x, y)=\boldsymbol{(260, -107)}$$

となる．

◆別解◆　**【不定方程式 $7x+17y=1$ の整数解】**

$$7x+17y=1$$

$$x=\frac{-17y+1}{7}=-2y+\frac{-3y+1}{7}$$

x は整数だから，$\dfrac{-3y+1}{7}=z$ (z は整数) とおける．

$$3y+7z=1$$

$$y=\frac{-7z+1}{3}=-2z+\frac{-z+1}{3}$$

y は整数だから，$\dfrac{-z+1}{3}=l$ (l は整数) とおける．

$$z=-3l+1,\ y=\frac{-7(-3l+1)+1}{3}=7l-2$$

$$x=\frac{-17(7l-2)+1}{7}=-17l+5$$

となる．

【p 進法】

《3 進法 (A5)》

340．10 進法で表された数 116 を 3 進法で表せ．

（23　富山県立大・推薦）

▶解答◀　$116_{(10)}=\boldsymbol{11022_{(3)}}$

```
3) 116
3)  38 … 2
3)  12 … 2
3)   4 … 0
     1 … 1
```

《 (B0)》

341．n を自然数とする．10 進法で表された整数 59 は，3 進法では $2012_{(3)}$ と表記され，4 桁になる．同様に，10 進法で表された 2023 は，8 進法で $\square$ と表記される．ある自然数 x を 8 進法で表すと n 桁となり，2 進法で表すと $(n+6)$ 桁となる．このような n の最大値は 10 進法で表すと $n=\square$ である．この性質をみたす x の最大値を 10 進法で表すと $\square$ であり，8 進法で表すと $\square$ となる．

（23　同志社大・経済）

▶解答◀　$2023_{(10)}=\boldsymbol{3747_{(8)}}$

$$
\begin{array}{r}
8\,)\,\underline{2023} \\
8\,)\,\underline{\;252}\;\cdots\cdots 7 \\
8\,)\,\underline{\;\;31}\;\cdots\cdots 4 \\
3\;\cdots\cdots 7
\end{array}
$$

x を 8 進法で表すと n 桁になるから

$$8^{n-1} \leqq x < 8^n$$

底が 2 の対数をとると

$$(n-1)\log_2 8 \leqq \log_2 x < n\log_2 8$$

$$3(n-1) \leqq \log_2 x < 3n \quad \cdots\cdots ①$$

となり，x を 2 進法で表すと $n+6$ 桁になるから

$$2^{n+5} \leqq x < 2^{n+6}$$

$$n+5 \leqq \log_2 x < n+6 \quad \cdots\cdots ②$$

①，② より

$$n+5 < 3n \text{ かつ } 3(n-1) < n+6$$

$$\frac{5}{2} < n < \frac{9}{2} \qquad \therefore \quad n = 3, 4$$

したがって n の最大値は $n = \mathbf{4}$ である．

$n=4$ のとき

$$9 \leqq \log_2 x < 12,\ 9 \leqq \log_2 x < 10$$

より $9 \leqq \log_2 x < 10$ であり $2^9 \leqq x < 2^{10}$ である．

x の最大値は $2^{10}-1 = \mathbf{1023}$ である．

$$2^{10} = 8^3 \cdot 2 = 2000_{(8)}$$

$$2^{10}-1 = 1023_{(10)} = \mathbf{1777_{(8)}}$$

《8 進法など (A20) ☆》

342. 3 進法で表されたとき，5 桁となるような自然数の個数を求めよ． (23 北海学園大・経済)

▶解答◀ 3 進法で 5 桁の自然数 n は

$$3^4 \leqq n < 3^5$$

が成り立つ．

$$81 \leqq n < 243$$

この範囲にある自然数の個数は $242-80 = \mathbf{162}$ である．

【整数問題の雑題】

《図形と整数 (B10)》

343. 3 辺の長さがいずれも整数値であるような直角三角形について，次の問いに答えなさい．

（1） 3 辺の長さはすべて異なることを証明しなさい．

（2） 1 番短い辺の長さと 2 番目に短い辺の長さのうち，少なくとも一方は偶数であることを証明しなさい．

（3） 1 番短い辺の長さが 5 であるとき，残りの 2 辺の長さの組をすべて求めなさい．

(23 鳴門教育大)

▶解答◀ 以下，文字はすべて整数とする．直角三角形の 3 辺の長さを a, b, c とおき，c を斜辺の長さとする．$a^2+b^2=c^2$ $\cdots\cdots$① が成り立つ．

（1） 背理法で証明する．c は最大辺であるから，$c>a, c>b$ である．$a=b$ であると仮定すると $2a^2=c^2$ となり，$c=\sqrt{2}a$ となる．左辺は整数，右辺は無理数であるから矛盾する．よって，3 辺の長さはすべて異なる．

（2） 背理法で証明する．

a と b が両方とも奇数であると仮定する．このとき，a^2, b^2 も奇数で ① の左辺は偶数となるから c^2 も偶数で，c も偶数となる．よって，$a=2k+1, b=2l+1$，$c=2m$ とおけて，① より

$$(2k+1)^2+(2l+1)^2=(2m)^2$$

$$4(k^2+k+l^2+l)+2=4m^2$$

左辺は 4 で割って 2 余る数，右辺は 4 の倍数で矛盾する．よって，a, b のうち少なくとも 1 つは偶数である．

（3） $a<b$ としても一般性を失わない．$a=5$ のとき，① より

$$25+b^2=c^2$$

$$(c+b)(c-b)=25$$

c は斜辺で $c>b$ であるから，$c+b>c-b>0$ である．よって

$$c+b=25,\ c-b=1$$

$$b=12,\ c=13$$

残り 2 辺の長さの組は $\mathbf{(12, 13)}$ の 1 組である．

《図形と整数 (B10)》

344. $\angle\mathrm{BAC}=2\angle\mathrm{ABC}$ を満たす $\triangle\mathrm{ABC}$ において，$a=\mathrm{BC}, b=\mathrm{CA}, c=\mathrm{AB}$ とする．このとき，次の各問に答えよ．

（1） $\angle\mathrm{ABC}=\alpha$ とする．正弦定理を用いて，$\cos\alpha$ を a, b の式で表せ．

（2） c を a, b の式で表せ．

（3） a, b, c は最大公約数が 1 の整数であり，$2c=a+b$ を満たすとする．このとき，a, b, c の値を求めよ． (23 名城大・農)

▶解答◀ （1） 図 1 参照．正弦定理より

$\frac{a}{\sin 2\alpha}=\frac{b}{\sin\alpha}$ であり，$\frac{a}{2\sin\alpha\cos\alpha}=\frac{b}{\sin\alpha}$ となる．

$$\cos\alpha=\boldsymbol{\frac{a}{2b}}$$

（２） 図１参照．余弦定理より

$$b^2=a^2+c^2-2ac\cos\alpha$$

$$b^2=a^2+c^2-2ac\cdot\frac{a}{2b}$$

$$b^3=a^2b+bc^2-a^2c$$

$$a^2(b-c)-b(b+c)(b-c)=0$$

$$(b-c)(a^2-b^2-bc)=0$$

$$c=b,\ \frac{a^2-b^2}{b}$$

$c=b$ のとき（図２参照）△ABC は AB = AC の二等辺三角形で，内角の和について $2\alpha+\alpha+\alpha=180°$ であるから $\alpha=45°$ である．よって $a=\sqrt{2}b$ であり，このときも $c=\frac{a^2-b^2}{b}$ が成り立つ．$\boldsymbol{c=\frac{a^2-b^2}{b}}$

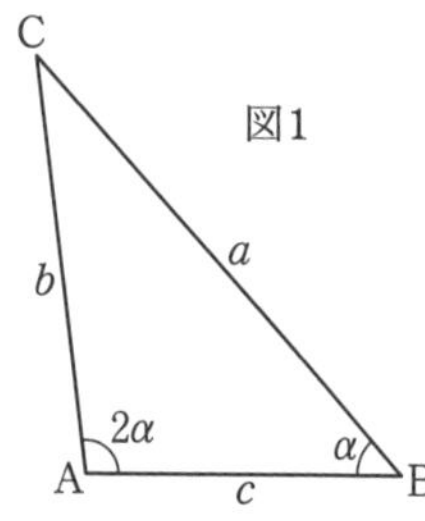

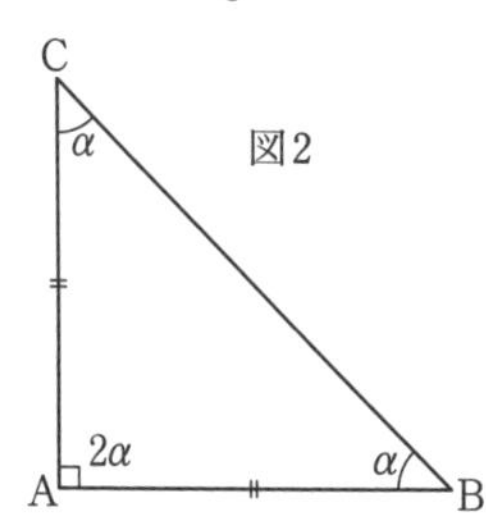

（３） $bc=a^2-b^2$ より $bc=(a+b)(a-b)$ であり $a+b=2c$ を代入して $bc=2c(a-b)$ となる．これを整理して $2a=3b$ となる．k を正の整数として $a=3k,\ b=2k$ と表せて $c=\frac{a+b}{2}=\frac{5}{2}k$ となる．k は偶数で正の整数 l を用いて $k=2l$ とおけて，$a=6l,\ b=4l,\ c=5l$ となる．$a,\ b,\ c$ の最大公約数は 1 であるから $l=1$ で $\boldsymbol{a=6,\ b=4,\ c=5}$

《因数に着目する (B10) ☆》

345. $\sqrt{m}+\sqrt{n}=\sqrt{2023}$ を満たす正の整数の組 $(m,\ n)$ の個数を求めよ． （23 一橋大・後期）

▶解答◀ $0<m<2023,\ 0<n<2023$ である．$\sqrt{m}=\sqrt{2023}-\sqrt{n}$ であるから

$$m=(\sqrt{2023}-\sqrt{n})^2$$

$$m=n+2023-2\sqrt{2023}\sqrt{n} \quad\cdots\cdots\text{①}$$

$$2\sqrt{2023}\sqrt{n}=n+2023-m$$

両辺を 2 乗して

$$4\cdot 2023n=(n+2023-m)^2$$

$$2^2\cdot 7\cdot 17^2n=(n+2023-m)^2$$

右辺は平方数であるから，左辺も平方数であり，k を自然数として $n=7k^2$ と書ける．① に代入して

$$m=7k^2+2023-2\cdot 7\cdot 17k=7(k-17)^2$$

$0<m<2023,\ 0<n<2023$ より $k=1,\ 2,\ \cdots,\ 16$ であるから，$(m,\ n)$ の個数は **16** である．

《放物型 (B10) ☆》

346. n を 2 以上 20 以下の整数，k を 1 以上 $n-1$ 以下の整数とする．

$${}_{n+2}\mathrm{C}_{k+1}=2({}_n\mathrm{C}_{k-1}+{}_n\mathrm{C}_{k+1})$$

が成り立つような整数の組 $(n,\ k)$ を求めよ． （23 一橋大・前期）

▶解答◀ 二項係数を階乗で表して

$$\frac{(n+2)!}{(k+1)!(n-k+1)!}$$

$$=2\left\{\frac{n!}{(k-1)!(n-k+1)!}+\frac{n!}{(k+1)!(n-k-1)!}\right\}$$

両辺に $\frac{(k+1)!(n-k+1)!}{n!}$ をかけて

$$(n+2)(n+1)=2\{(k+1)k+(n-k+1)(n-k)\}$$

$$n^2+3n+2=2(2k^2-2nk+n^2+n)$$

$$4k^2-4nk+n^2-n-2=0$$

これを k について解いて

$$k=\frac{2n\pm\sqrt{4n+8}}{4}=\frac{n\pm\sqrt{n+2}}{2} \quad\cdots\cdots\cdots\text{①}$$

$n,\ k$ は自然数であるから，$\sqrt{n+2}$ も自然数で

$$n+2=m^2\ (m \text{ は自然数})$$

と書ける．$n=m^2-2$ で，$2\leqq n\leqq 20$ であるから

$$(m,\ n)=(2,\ 2),\ (3,\ 7),\ (4,\ 14)$$

① より $k=\frac{n\pm m}{2}$ であることを用いる．

$(m,\ n)=(2,\ 2)$ のとき，$k=\frac{2\pm 2}{2}=2,\ 0$ であり，これらは $1\leqq k\leqq n-1$ に反する．

$(m,\ n)=(3,\ 7)$ のとき，$k=\frac{7\pm 3}{2}=5,\ 2$ であり，これらは $1\leqq k\leqq n-1$ を満たす．

$(m,\ n)=(4,\ 14)$ のとき，$k=\frac{14\pm 4}{2}=9,\ 5$ であり，これらは $1\leqq k\leqq n-1$ を満たす．

以上より，求める整数の組 $(n,\ k)$ は

$$(n,\ k)=\boldsymbol{(7,\ 5),\ (7,\ 2),\ (14,\ 9),\ (14,\ 5)}$$

注意 **【放物型】**

曲線 $y=\frac{x\pm\sqrt{x+2}}{2}$ は斜めの放物線である．どうしても範囲を出題者が与える必要があり，その範囲の中で調べることになる．

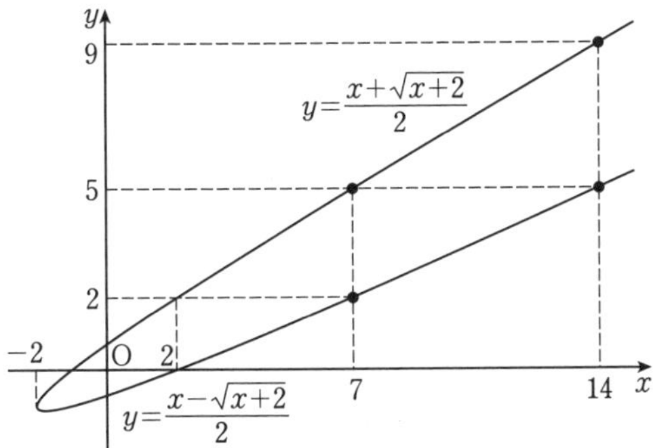

《集合で共通因数を捉える (D40)》

347. a, b, c を $a>b>c$ を満たす自然数とする．a と b の最大公約数と最小公倍数の和は c で割り切れ，b と c の最大公約数と最小公倍数の和は a で割り切れ，c と a の最大公約数と最小公倍数の和は b で割り切れるとする．$d=\frac{a}{c}$ とする．以下の問いに答えよ．

（1） a と b の正の公約数は c の約数であることを示せ．

（2） a と b が，b と c が，c と a がそれぞれ互いに素であるとき，$1+ab+bc+ca \geqq abc$ であることを示せ．

（3） d のとりうる最大の値を求めよ．

（23　京都府立大・環境・情報）

考え方 今の小学校では素因数分解を教えないらしいが，私が小学生のときには素因数分解して最大公約数，最小公倍数を求めた．

$$a=2^2 \cdot 3 \cdot 5,\ b=2^3 \cdot 3 \cdot 7$$

のとき，共通部分は $2^2 \cdot 3$ で，5 は a だけが持っているもの，2 と 7 は b だけが持っているもので図 a のようにする．最大公約数は $2^2 \cdot 3$ で，最小公倍数は 5，$2^2 \cdot 3$，$2 \cdot 7$ を全部掛けてえられる．a, b の公約数は $2^2 \cdot 3$ から素因数を拾って作る．同様に，3 つの場合は，

$$a=2^4 \cdot 3^2 \cdot 5 \cdot 7,\ b=2^3 \cdot 3 \cdot 5,\ c=2^2 \cdot 3 \cdot 7 \cdot 11$$

のとき図 b のようになる．何もないところは 1 を入れておく．たとえば a, c の最大公約数は $2^2 \cdot 3 \cdot 7$，a, c の公約数として $3 \cdot 7$ などがある．

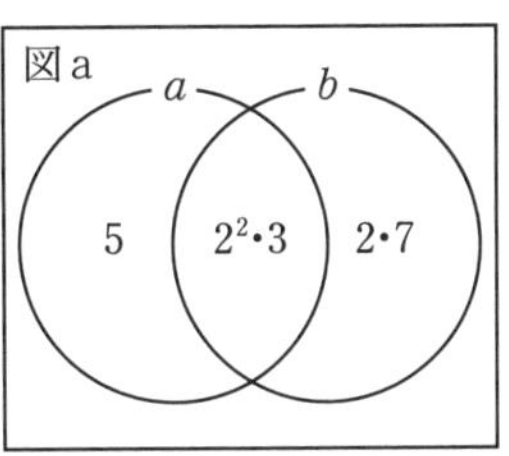

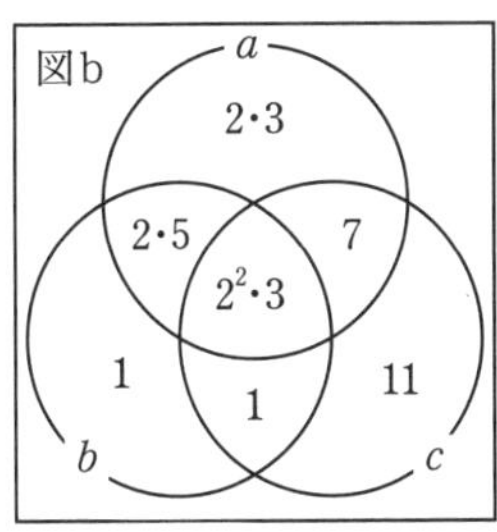

▶解答◀ （1） 文字はすべて自然数である．a と b の最大公約数，最小公倍数をそれぞれ G_{ab}, L_{ab} と書く．a, b, c の最大公約数を s とし，$G_{ab}=rs$ となるように r を定義する．以下同様に定める．説明は省く．図を見よ．$G_{ab}=rs$, $L_{ab}=pqrsAB$ であり，a と b の最大公約数と最小公倍数の和は c で割り切れるから $rs+pqrsAB=cx$ とおける．$c=pqsC$ だから

$$rs+pqrsAB=pqsCx \quad \cdots\cdots ①$$

である．

$$rs=pqs(Cx-rAB) \quad \cdots\cdots ②$$

となる．同様に

$$ps=qrs(Ay-pBC) \quad \cdots\cdots ③$$

$$qs=prs(Bz-qAC) \quad \cdots\cdots ④$$

という形となる．a と b の正の（最大公約数は rs）公約数は rs の約数で，③ より ps の中に含まれているから c の約数である．（証明終わり）

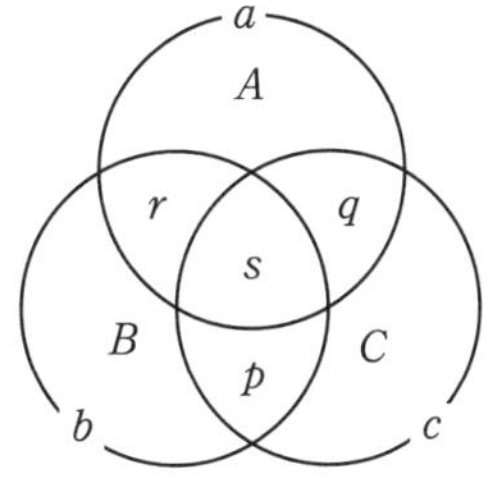

考察を続ける．

② を s で割り $r=pq(Cx-rAB) \geqq p$, $r=pq(Cx-rAB) \geqq q$ となり，③，④ より同様に $p \geqq q$, $p \geqq r$, $q \geqq p$, $q \geqq r$ である．$p=q=r$ となり，② より $1=p(Cx-rAB)$ となる．よって $p=1$ である．$p=q=r=1$ であるから，① に戻って $s+sAB=sCx$ となる．s で割って $1+AB=Cx$ となる．同様に $1+BC=Ay$, $1+CA=Bz$ の形となる．

（2） 「a と b が，b と c が，c と a がそれぞれ互いに素であるとき」というのは「$p=q=r=s=1$ になるとき」ということである．$p=q=r=1$ は成り立つから，「$s=1$ になるとき」ということである．その場合，$a=A$, $b=B$, $c=C$ となる．$1+AB=Cx$ より $1+ab=cx$ となり，同様に $1+bc=ay$, $1+ca=bz$

となる．

$$(1+ab)(1+bc)(1+ca)=abcxyz$$

$$1+ab+bc+ca+a^2b^2c^2+abc(a+b+c)$$
$$=abcxyz$$

$$1+ab+bc+ca=abc(xyz-abc-a-b-c)$$
$$\geqq abc$$

（３） $d=\dfrac{a}{c}$ を考えるから，a, c の最大公約数（それは s である）が１であっても $s\neq 1$ であっても d の値には影響しない．よって以下は $s=1$ の場合を考える．すると，題意の条件は「a, b, c がどの２つも互いに素で，$1+ab$ が c で割り切れ，$1+bc$ が a で割り切れ，$1+ca$ が b で割り切れる」ということである．さらに（２）の結果 $1+ab+bc+ca\geqq abc$ が使える．abc で割って

$$\frac{1}{abc}+\frac{1}{c}+\frac{1}{a}+\frac{1}{b}\geqq 1$$

$a>b>c$ であるから $ab>ac>bc$ である．ab, bc の差は２以上ある．$ab-bc\geqq 2$ だから $ab>bc+1$

$3ab>ab+(bc+1)+ca\geqq abc$

$3ab>abc$ から $c<3$ となる．$c=1, 2$ となる．

（ア） $c=1$ のとき，$1+bc=ay$ より $1+b=ay\geqq a$ であり，$a>b$ と合わせて $a=b+1$ となる．$1+ca=bz$ より $2+b=bz$ であり，$b(z-1)=2$，$a>b>c=1$ より $b=2$ である．よって $a=b+1=3$ となる．このとき $1+ab=7$ は $c=1$ の倍数，$1+bc=3$ は $a=3$ の倍数，$1+ca=4$ は $b=2$ の倍数，a, b, c は互いに素となり，適する．$d=3$ である．

（イ） $c=2$ のとき，$1+ab+bc+ca\geqq abc$ に代入して $1+ab+2a+2b\geqq 2ab$ となり，$(a-2)(b-2)\leqq 5$ となる．$b\geqq 4$ であるとすると $a>b\geqq 4$ だから $a\geqq 5$ となり，$a-2\geqq 3, b-2\geqq 2$ となって $(a-2)(b-2)\leqq 5$ は成立しない．ゆえに $b=3$ であり，$1+bc=ay$ より $7=ay$ であり，$a>b=3$ から $a=7$ である．このときも条件を満たす．$d=\dfrac{7}{2}$

（ア），（イ）より d の最大の値は $\boldsymbol{\dfrac{7}{2}}$ である．

注意 1°【少し残念な出題】

本当に $s=1$ として答えが変わらないのか？心配な人もあるだろう．$s=1$ など使わず

$1+AB=Cx, 1+BC=Ay, 1+CA=Bz$

から $(A, B, C)=(3, 2, 1), (7, 3, 2)$ を求め，

$(a, b, c)=(3s, 2s, s), (7s, 3s, 2s)$ とする方がよい．

2°【評価の仕方】

$a>b>c$ より $a\geqq c+2, b\geqq c+1$ であるから

$$1\leqq\frac{1}{c(c+1)(c+2)}+\frac{1}{c}+\frac{1}{c+2}+\frac{1}{c+1}$$

$$c(c+1)(c+2)$$
$$\leqq 1+(c+1)(c+2)+c(c+1)+c(c+2)$$

$$c^3+3c^2+2c\leqq 1+3c^2+6c+2$$

$c^3-4c-3\leqq 0$ となり，$c(c^2-4)\leqq 3$ に $c=1, 2, 3, \cdots$ を代入して成立するのは $c=1, 2$

《3 次の因数分解 (B20) ☆》

348． x, y を整数とする．次の問いに答えなさい．

（１） 不等式 $x^2+y^2-xy\geqq 0$ が成立することを証明しなさい．

（２） $3x^2-3px+p^2-1=0$ を満たす整数 x と素数 p の組 (x, p) をすべて求めなさい．

（３） $p=x^3+y^3$ と表せる素数 p を小さいものから順に４つ求めなさい． （23 尾道市立大）

▶解答◀ （１） x^2+y^2-xy

$$=\left(x-\frac{y}{2}\right)^2+\frac{3}{4}y^2\geqq 0$$

であるから，$x^2+y^2-xy\geqq 0$ は成り立つ．

（２） x についての２次方程式

$$3x^2-3px+p^2-1=0$$

$$x=\frac{3p\pm\sqrt{12-3p^2}}{6}$$

$12-3p^2\geqq 0$ より $p^2\leqq 4$ であり，p は素数であるから $\boldsymbol{p=2}$ だけである．このとき解は $x=\dfrac{3p}{6}=\boldsymbol{1}$ である．

（３） $p=x^3+y^3=(x+y)(x^2-xy+y^2)$

p は素数であるから $x^2-xy+y^2=1$ または $x+y=1$

（ア） $x^2-xy+y^2=1$ のとき

$$x^2-xy+y^2-1=0$$

$$x=\frac{y\pm\sqrt{4-3y^2}}{2}$$

$4-3y^2\geqq 0$ より $y=0, \pm 1$

$y=1$ のとき $x=\dfrac{1\pm 1}{2}=0, 1$

$$p=x+y=1, 2$$

$y=-1$ のとき $x=\dfrac{-1\pm 1}{2}=-1, 0,$

$$p=x+y=-2, -1$$

$y=0$ のとき $x=\dfrac{\pm 2}{2}=\pm 1$

$$p=x+y=1, -1$$

素数となる p は $p=2$ のみ

（イ） $x+y=1$ のとき $y=-x+1$ から

$$p=x^2-x(-x+1)+(-x+1)^2$$
$$=3x(x-1)+1$$

$f(x)=3x(x-1)+1$ はグラフが $x=\dfrac{1}{2}$ を軸にもつ２次関数である．$x=0, -1, -2, -3, \cdots$ でとる値と，

$x=1, 2, 3, 4, \cdots$ でとる値は同じである．$x \geqq 1$ となる整数 x を順に代入していくと

$$f(1)=1,\ f(2)=7,\ f(3)=19,\ f(4)=37,\ \cdots$$

（ア），（イ）より素数 p を小さい順に 4 つ求めると **2, 7, 19, 37** である．

《3 次の不定方程式（B30）》

349．正の整数 a, b, c に対して，

$$2a^3+b^3=c^3+2023$$

が成り立つとする．次の問いに答えよ．

（1） $b-c=3k+r$（k, r は整数であり，r は $-1 \leqq r \leqq 1$ をみたす）と表すとき，b^2+bc+c^2 を 3 で割った余りを，r の式で表せ．

（2） a を 3 で割った余りが 2 であるとき，$b-c, b^2+bc+c^2$ をそれぞれ 3 で割った余りを求めよ．

（3） $a=8$ のとき，(b, c) をすべて求めよ．

（23　横浜国大・理工，都市科学）

▶解答◀（1） mod 3 で $b-c \equiv r$ のとき

$$(b-c)^2 \equiv r^2 \qquad \therefore \quad b^2-2bc+c^2 \equiv r^2$$

$3bc \equiv 0$ を辺ごと足して

$$b^2+bc+c^2 \equiv r^2$$

b^2+bc+c^2 を 3 で割った余りは $\boldsymbol{r^2}$ である．

（**2**） $a \equiv 2$ のとき，$2a^3 \equiv 16 \equiv 1$

$$2a^3=2023-(b^3-c^3)$$

$2023 \equiv 1$ であるから

$$1 \equiv 1-(b^3-c^3) \qquad \therefore \quad b^3-c^3 \equiv 0$$

$$(b-c)(b^2+bc+c^2) \equiv 0$$

（1）より，$b-c \equiv r$ のとき $b^2+bc+c^2 \equiv r^2$ だから

$$r^3 \equiv 0 \qquad \therefore \quad r=0$$

$b-c$，b^2+bc+c^2 を 3 で割った余りはいずれも **0** である．

（**3**） $a=8$ のとき

$$b^3-c^3=2023-1024=999=3^3 \cdot 37$$

$a \equiv 2$ であるから（2）より $b-c \equiv 0$，$b^2+bc+c^2 \equiv 0$ である．$b-c$ と b^2+bc+c^2 はいずれも 3 の倍数である．$b^3-c^3=(b-c)(b^2+bc+c^2)$，$b>c$ であるから

$$(b-c, b^2+bc+c^2)=(3, 333), (9, 111)$$

$(b-c, b^2+bc+c^2)=(3, 333)$ のとき

$$(b-c)^2+3bc=333$$

$$9+3bc=333 \qquad \therefore \quad bc=108$$

$b=c+3$ を代入して

$$(c+3)c=108 \qquad \therefore \quad c^2+3c-108=0$$

$$(c-9)(c+12)=0$$

$c>0$ であるから $c=9$，$b=12$

$(b-c, b^2+bc+c^2)=(9, 111)$ のとき

$$(b-c)^2+3bc=111$$

$$81+3bc=111 \qquad \therefore \quad bc=10$$

$b=c+9$ を代入して

$$(c+9)c=10 \qquad \therefore \quad c^2+9c-10=0$$

$$(c-1)(c+10)=0$$

$c>0$ であるから，$c=1$，$b=10$

以上より，$\boldsymbol{(b, c)=(12, 9), (10, 1)}$ である．

《ラグランジュの恒等式（B20）》

350．次の問いに答えよ．

（1） p, q を，$2<p<q$ を満たす素数とする．$a^2-c^2=d^2-b^2=pq$ を満たす相異なる 4 つの正の整数 a，b，c，d が存在するとき，a^2+b^2 は素数でないことを示せ．

（2） 実数 a, b, c, d が $a^2+b^2=c^2+d^2$ を満たすとき，以下の等式が成り立つことを示せ．

$$\begin{aligned}(a^2+b^2)^2 &= (ac-bd)^2+(ad+bc)^2 \\ &= (a^2-b^2)^2+(2ab)^2 \\ &= (ac+bd)^2+(ad-bc)^2 \\ &= (c^2-d^2)^2+(2cd)^2\end{aligned}$$

（3） $x^2+y^2=65^2$ かつ $0<x<y$ を満たす整数の組 (x, y) を 4 つ求めよ．

（23　横浜国大・経済，経営）

▶解答◀（1） $(a-c)(a+c)=pq$ ……………①

$$(d-b)(d+b)=pq \quad \cdots\cdots②$$

$a-c<a+c$ に注意して ① より

$$(a-c, a+c)=(1, pq), (p, q)$$

② より，$(d-b, d+b)=(1, pq), (p, q)$

a, b, c, d は相異なるから $(a-c, a+c)$ と $(d-b, d+b)$ は $(1, pq)$ と (p, q) のうちお互い異なる方と一致する．

$(a-c, a+c)=(1, pq)$，$(d-b, d+b)=(p, q)$ としても一般性は失わない．

$$a=\frac{pq+1}{2},\ b=\frac{q-p}{2}$$

$$a^2+b^2=\left(\frac{pq+1}{2}\right)^2+\left(\frac{q-p}{2}\right)^2$$

$$=\frac{1}{4}(p^2q^2+p^2+q^2+1)=\frac{p^2+1}{2}\cdot\frac{q^2+1}{2}$$

p と q は3以上の奇素数であるから，$\dfrac{p^2+1}{2}$ と $\dfrac{q^2+1}{2}$ はどちらも整数で，$5 \leqq \dfrac{p^2+1}{2} < \dfrac{q^2+1}{2}$ であるから a^2+b^2 は素数ではない．

（２） $(ac-bd)^2+(ad+bc)^2$

$$=a^2c^2+b^2d^2+a^2d^2+b^2c^2$$
$$=a^2(c^2+d^2)+b^2(d^2+c^2)$$
$$=(a^2+b^2)(c^2+d^2)=(a^2+b^2)^2 \quad \cdots\cdots③$$

③ で b を $-b$ に取り替えると

$$(ac+bd)^2+(ad-bc)^2=(a^2+b^2)^2 \quad \cdots\cdots④$$
$$(a^2-b^2)^2+(2ab)^2=a^4+2a^2b^2+b^4$$
$$=(a^2+b^2)^2 \quad \cdots\cdots⑤$$

⑤ で a を c に，b を d に取り替えると

$$(c^2-d^2)^2+(2cd)^2=(c^2+d^2)^2=(a^2+b^2)^2 \quad \cdots⑥$$

③〜⑥ よりすべての等号が示された．

（３） $65=1^2+8^2=4^2+7^2$ であるから，（２）において $a=1, b=8, c=4, d=7$ とすると

$$65^2=(4-56)^2+(7+32)^2=52^2+39^2$$
$$65^2=(1-64)^2+16^2=63^2+16^2$$
$$65^2=(4+56)^2+(7-32)^2=60^2+25^2$$
$$65^2=(16-49)^2+56^2=33^2+56^2$$

$\boldsymbol{(x, y)=(39, 52), (16, 63), (25, 60), (33, 56)}$

《因数分解の活用（B20）》

351．a, b を定数とする．連立方程式

$$\begin{cases} 5x+2x^{a-1}y^b=26 \\ x-x^ay^{b-1}=0 \end{cases}$$

を満たす (x, y) の組のうち，x と y がともに自然数であるのは，x の値が小さい方から順に，(□, □), (□, □) である．

（23　青学大・経済）

▶解答◀ $5x+2^{a-1}y^b=26 \cdots\cdots①$

$$x-x^ay^{b-1}=0 \quad \cdots\cdots②$$

$x>0$ であるから ② より

$$y^{b-1}=\frac{x}{x^a}=\frac{1}{x^{a-1}}$$

① を $5x+2x^{a-1}\cdot y\cdot y^{b-1}=26$ として代入すると

$$5x+2x^{a-1}\cdot y\cdot\frac{1}{x^{a-1}}=26$$
$$5x+2y=26$$
$$y=13-\frac{5x}{2}$$

x は偶数で k を自然数として $x=2k$ とおくと

$$y=13-5k \ (k \text{ は整数})$$

とおける．x と y が自然数より，$k=1, 2$ で

$$(x, y)=\boldsymbol{(2, 8), (4, 3)}$$

《虫食い算（B5）》

352．以下の虫食い算の解は $A=$ □, $B=$ □, $C=$ □, $D=$ □ である．

$\boxed{A}\times\boxed{B}\boxed{A}\times\boxed{B}\boxed{A}=\boxed{C}\boxed{D}\boxed{C}3$

（23　中部大）

▶解答◀ 虫食い算のお約束がある．空欄には，普通は1から9までの一桁の数が入る．異なる文字は異なる数である．答えは1つに確定するものがよく，答えが2通り以上あるのは出来が悪い．

左辺の一の位の数は A^3 の一の位の数である．1から9まで3乗する．

1,　8,　27,　64,　125,　216,　343,　512,　729

のうちで一の位が3になるのは $7^3=343$ である．あとは $7\cdot17^2$ から $7\cdot97^2$ まで千の位と十の位の数が同じになるものが出てくるまで計算してみる．$7\cdot17^2=2023$ であるから終わりである．$A=\boldsymbol{7}, B=\boldsymbol{1}, C=\boldsymbol{2}, D=\boldsymbol{0}$

《数列と整数の融合（B20）☆》

353．2次方程式 $x^2-10x-10=0$ の2つの実数解のうち，大きい方を α，小さい方を β とし，自然数 n に対して $r_n=\alpha^n+\beta^n$ とおく．このとき，以下の問いに答えよ．

（１） r_2 および r_3 の値を求めよ．答えは結果のみ解答欄に記入せよ．

（２） r_{n+2} を r_{n+1} と r_n を用いて表せ．

（３） α^{100} の整数部分の一の位と十の位を求めよ．

（23　中央大・経）

▶解答◀ （１） $x^2-10x-10=0$ を解いて $x=5\pm\sqrt{35}$ であるから $\alpha=5+\sqrt{35}$，$\beta=5-\sqrt{35}$

$$\alpha+\beta=10,\ \alpha\beta=-10$$
$$r_2=(\alpha+\beta)^2-2\alpha\beta=\boldsymbol{120}$$
$$r_3=(\alpha+\beta)^3-3\alpha\beta(\alpha+\beta)$$
$$=1000+300=\boldsymbol{1300}$$

（２） $x=\alpha$ は方程式 $x^2-10x-10=0$ の解だから

$$\alpha^2-10\alpha-10=0 \qquad \therefore\ \alpha^2=10\alpha+10$$

α^n を両辺にかけて

$$\alpha^{n+2}=10\alpha^{n+1}+10\alpha^n \quad \cdots\cdots①$$

同様にして

$$\beta^{n+2}=10\beta^{n+1}+10\beta^n \quad \cdots\cdots②$$

①＋② より

$$\alpha^{n+2}+\beta^{n+2}=10(\alpha^{n+1}+\beta^{n+1})+10(\alpha^n+\beta^n)$$

$$\boldsymbol{r_{n+2}=10(r_{n+1}+r_n)}$$

（**3**） $n\geqq 3$ のとき r_n の下 2 桁は 00 であることを示す．

$r_3=1300$，$r_4=10(1300+120)=14200$ であるから $n=3,4$ のとき成り立つ．

$n=k,k+1$ のとき成り立つと仮定する．N,M を正の整数として $r_k=100N$，$r_{k+1}=100M$ とおく．

$$r_{k+2}=10(100N+100M)=1000(N+M)$$

であるから $n=k+2$ でも成り立つ．
数学的帰納法により示された．

次に，$-1<\beta<0$ より $0<\beta^{100}<1$ であるから $\alpha^{100}=r_{100}-\beta^{100}$ の整数部分の一の位と十の位はいずれも **9** である．

《オセロの問題（B20）》

354．オセロゲームのコマ（1 つの面が白，反対の面が黒）64 枚を図 1 のように全部黒にして 1 列に並べる．

図1　●●●●●●●●・・・・・・

1 回目の操作として，図 2 のように 2 枚目，4 枚目，6 枚目，… と 2 枚目ごとにコマを裏返す．すると，コマは，黒，白，黒，白，… になる．

図2　●○●○●○●○・・・・・・

この操作をするとき，次の問いに答えよ．

（1） 2 回目の操作として，3 枚目，6 枚目，9 枚目，… と 3 枚目ごとにコマを裏返すと，白いコマは何枚あるか．

（2） 3 回目の操作として，4 枚目，8 枚目，12 枚目，… と 4 枚目ごとにコマを裏返すと，白いコマは何枚あるか．

（3） 4 回目の操作として，5 枚目，10 枚目，15 枚目，… と 5 枚目ごとにコマを裏返す．これまでの 4 回の操作で，1 度も裏返されなかったコマは何枚あるか．　（23　岐阜聖徳学園大）

▶解答◀ （1） 1 回の操作で，2 の倍数の 32 枚が白いコマになっている．2 回目の操作で 3 の倍数の 21 枚が裏返るが，2 と 3 の倍数である 6 の倍数（10 枚）は白から黒に戻る．したがって，白いコマの枚数は $(32-10)+(21-10)=$ **33** 枚ある．

（**2**） 2, 3, 4 の最小公倍数は 12 である．表を見よ．
○，●は裏返ったコマである．

操作	1	2	3	4	5	6	7	8	9	10	11	12
1回目		○		○		○		○		○		○
2回目			○			●			○			●
3回目				●				●				○

1～12 枚目に○が 5 つある．13～24 枚目，…，48～60 枚目にそれぞれが○が 5 つあり，61～64 枚目に○が 2 つあるから，白いコマの枚数は $5\cdot 5+2=$ **27** 枚ある．

（**3**） （2）の表において，3 回目までの操作で，1 度も裏返されなかったコマは，1, 5, 7, 11 であり，1～64 枚目には，

$6m+1\ (m=0,1,\cdots,10)$

$6n+5\ (n=0,1,\cdots,9)$

の 21 枚ある．このうち 5 の倍数のものが 4 回目に裏返る．$6m+1=5m+m+1$ が 5 の倍数になるのは $m+1=5,10$ のもので，$6n+5$ が 5 の倍数になるのは $n=0,5$ のもので合計 4 枚ある．

したがって，これまでの 4 回の操作で，1 度も裏返されなかったコマは $21-4=$ **17** 枚ある．

《分数を見つける（B10）》

355．正の整数 m と n は，不等式 $\dfrac{2022}{2023}<\dfrac{m}{n}<\dfrac{2023}{2024}$ を満たしている．このような分数 $\dfrac{m}{n}$ の中で n が最小のものは，$\dfrac{\square}{\square}$ である．

（23　慶應大・環境情報）

▶解答◀ $\dfrac{2022}{2023}<\dfrac{m}{n}<\dfrac{2023}{2024}$

$$1-\frac{1}{2023}<\frac{m}{n}<1-\frac{1}{2024}$$

$$\frac{1}{2024}<1-\frac{m}{n}<\frac{1}{2023}$$

$$\frac{1}{2024}<\frac{n-m}{n}<\frac{1}{2023}$$

$n-m=1$ のとき $2023<n<2024$ となり，n は自然数であるから不適．$n-m\geqq 2$ である．

$$n>2023(n-m)\geqq 2023\cdot 2=4046$$

最小の $n=4047$ である．このとき

$$\frac{1}{2024}<\frac{n-m}{4047}<\frac{1}{2023}$$

$$1.9\cdots=\frac{4047}{2024}<n-m<\frac{4047}{2023}=2.0\cdots$$

$n-m=2$ であり，$m=n-2=4045$

したがって，n が最小となるものは $\boldsymbol{\dfrac{4045}{4047}}$ である．

《循環小数（A2）》

356．分数 $\dfrac{22}{7}$ を小数で表したとき，小数第 50 位

の数字を求めよ．(23　酪農学園大・食農，獣医-看護)

▶解答◀　下の割り算により

$$\frac{22}{7}=3.\dot{1}4285\dot{7}$$

循環節の長さが6で，$50=6\cdot8+2$ であるから，小数第50位の数字は **4** である．

```
   3.142857
7)22
  21
   10
    7
    30
    28
     20
     14
      60
      56
       40
       35
        50
        49
         1
```

《目標が見えない (C40)》

357．数列 $\{a_n\}$, $\{b_n\}$ をそれぞれ

$$a_n=\frac{5^{2^{n-1}}-1}{2^{n+1}},\ b_n=\frac{a_{n+1}}{a_n}\ (n=1,2,3,\cdots)$$

により定める．ただし，$5^{2^{n-1}}$ は5の 2^{n-1} 乗を表す．次の問いに答えよ．

(1)　a_1, a_2, a_3 を求めよ．

(2)　すべての自然数 n について b_n は整数であることを示せ．

(3)　すべての自然数 n について a_n は整数であることを示せ．

(4)　すべての自然数 n について a_n は奇数であることを示せ．　(23　大阪公立大・文系)

▶解答◀　(1)

$$a_1=\frac{5^{2^0}-1}{4}=\frac{5-1}{4}=\mathbf{1}$$

$$a_2=\frac{5^{2^1}-1}{8}=\frac{25-1}{8}=\mathbf{3}$$

$$a_3=\frac{5^{2^2}-1}{16}=\frac{5^4-1}{16}=\frac{624}{16}=\mathbf{39}$$

(2)　$b_n=\dfrac{a_{n+1}}{a_n}=\dfrac{5^{2^n}-1}{2^{n+2}}\cdot\dfrac{2^{n+1}}{5^{2^{n-1}}-1}=\dfrac{1}{2}\cdot\dfrac{5^{2^n}-1}{5^{2^{n-1}}-1}$

ここで，$(5^{2^{n-1}})^2=5^{(2^{n-1})\cdot2}=5^{2^{n-1+1}}=5^{2^n}$ であるから

$$b_n=\frac{1}{2}\cdot\frac{(5^{2^{n-1}})^2-1}{5^{2^{n-1}}-1}$$

$$=\frac{1}{2}\cdot\frac{(5^{2^{n-1}}-1)(5^{2^{n-1}}+1)}{5^{2^{n-1}}-1}=\frac{5^{2^{n-1}}+1}{2}$$

$5^{2^{n-1}}$ は奇数であるから，$5^{2^{n-1}}+1$ は偶数であり，b_n は整数である．

(3)　$a_n=a_{n-1}b_{n-1}\ (n\geqq2)$ であるから

$$a_n=b_{n-1}a_{n-1}=b_{n-1}b_{n-2}a_{n-2}=\cdots$$

$$=b_{n-1}\cdots b_1a_1\ \cdots\cdots\cdots①$$

となる．a_1 は整数であり，$b_1,\cdots,b_{n-1}$ は整数であるから，a_n は整数である．

(4)　$n\geqq2$ のとき．

$$2b_n-1=5^{2^{n-1}},\ 2b_{n-1}-1=5^{2^{n-2}}$$

$(5^{2^{n-2}})^2=5^{2^{n-2}\cdot2}=5^{2^{n-1}}$ であるから

$$2b_n-1=(2b_{n-1}-1)^2$$

$$b_n=2({b_{n-1}}^2-b_{n-1})+1$$

となる．b_{n-1} は整数であるから，b_n は奇数である．

$n=1$ のとき，$b_1=3$ は奇数であるから，すべての自然数 n について b_n は奇数である．

①より，$a_n=b_{n-1}\cdots b_1a_1$ であり，$b_1,\cdots,b_{n-1}$ は奇数で，$a_1=1$ であるから，a_n は奇数である．

【二項定理】

《多項定理 (A5)》

358．$(x-2y+3z)^6$ を展開した整式の x^2y^3z の係数を求めよ．　(23　学習院大・経済)

▶解答◀　$(x-2y+3z)^6$ を展開した一般項は

$$\frac{6!}{p!q!r!}x^p(-2y)^q(3z)^r$$

$$p+q+r=6$$

である．x^2y^3z の係数は $p=2, q=3, r=1$ のときの

$$\frac{6!}{2!3!1!}(-2)^3\cdot3^1=\mathbf{-1440}$$

《多項定理 (B2)》

359．p, q は0でない定数とする．$(px-q)^{11}$ の展開式における x^9 の係数は $\square p^{\square}q^{\square}$ である．$(x-2y^2+3z)^7$ の展開式における $x^3y^4z^2$ の係数は $\square$ である．　(23　京産大)

▶解答◀　$(px-q)^{11}$ の展開式の一般項は

$${}_{11}\mathrm{C}_r(px)^{11-r}(-q)^r,\ 0\leqq r\leqq11$$

である．x^9 の項は $r=2$ のときに得られ，その係数は

$${}_{11}\mathrm{C}_2p^9(-q)^2=\frac{11\cdot10}{2\cdot1}p^9q^2=\mathbf{55p^9q^2}$$

$(x-2y^2+3z)^7$ の展開式の一般項は

$$\frac{7!}{l!m!n!}x^l(-2y^2)^m(3z)^n,\ l+m+n=7,$$

$$l\geqq0,\ m\geqq0,\ n\geqq0$$

$x^3y^4z^2$ の項は $l=3,\ m=2,\ n=2$ のときに得られ，その係数は，$\dfrac{7!}{3!2!2!}(-2)^2\cdot 3^2=210\cdot 4\cdot 9=\mathbf{7560}$

《多項定理 (A5)》

360． $(x^2-2x+1)^7$ の展開式における x^3 の係数を求めなさい．（23　龍谷大・推薦）

▶解答◀ $(x^2-2x+1)^7=\{(x-1)^2\}^7=(x-1)^{14}$

$(x-1)^{14}$ の展開式の一般項は

$$_{14}\mathrm{C}_r x^{14-r}(-1)^r,\ 0\leqq r\leqq 14$$

である．x^3 の項は $r=11$ のときに得られ，その係数は

$$_{14}\mathrm{C}_{11}(-1)^{11}=-{}_{14}\mathrm{C}_3=-\frac{14\cdot 13\cdot 12}{3\cdot 2\cdot 1}$$

$$=\mathbf{-364}$$

《二項定理 (A4)》

361． $\left(x+\dfrac{1}{2}\right)^6\left(x-\dfrac{1}{2}\right)^6$ を展開したときの x^8 の係数を求めなさい．（23　秋田大・前期）

▶解答◀ $\left(x+\dfrac{1}{2}\right)^6\left(x-\dfrac{1}{2}\right)^6=\left(x^2-\dfrac{1}{4}\right)^6$ の展開式の一般項は $_6\mathrm{C}_k(x^2)^k\left(-\dfrac{1}{4}\right)^{6-k}$ である．

x^8 の係数は $k=4$ のときで

$$_6\mathrm{C}_4\left(-\frac{1}{4}\right)^{6-4}=\frac{6\cdot 5}{2\cdot 1}\cdot\frac{1}{4^2}=\mathbf{\frac{15}{16}}$$

《二項係数の和 (B10)》

362． 以下の問いに答えよ．

（1） n を正の整数とする．$_n\mathrm{C}_0+{}_n\mathrm{C}_1+\cdots+{}_n\mathrm{C}_n$ を求めよ．

（2） n を 2 以上の整数とし，k を 1 以上 n 以下の整数とする．$k\times{}_n\mathrm{C}_k=n\times{}_{n-1}\mathrm{C}_{k-1}$ を示せ．

（3） n を 2 以上の整数とする．$1\times{}_n\mathrm{C}_1+2\times{}_n\mathrm{C}_2+\cdots+n\times{}_n\mathrm{C}_n$ を求めよ．（23　中央大・商）

▶解答◀ （1） 二項定理

$$(x+1)^n={}_n\mathrm{C}_0x^n+{}_n\mathrm{C}_1x^{n-1}+\cdots+{}_n\mathrm{C}_n$$

に $x=1$ を代入して

$$_n\mathrm{C}_0+{}_n\mathrm{C}_1+\cdots+{}_n\mathrm{C}_n=\mathbf{2^n}$$

（2） $k\cdot{}_n\mathrm{C}_k=k\cdot\dfrac{n!}{k!(n-k)!}$

$$=n\cdot\frac{(n-1)!}{(k-1)!(n-k)!}=n\cdot{}_{n-1}\mathrm{C}_{k-1}$$

（3） $1\cdot{}_n\mathrm{C}_1+2\cdot{}_n\mathrm{C}_2+\cdots+n\cdot{}_n\mathrm{C}_n$

$$=n\cdot{}_{n-1}\mathrm{C}_0+n\cdot{}_{n-1}\mathrm{C}_1+\cdots+n\cdot{}_{n-1}\mathrm{C}_{n-1}$$

$$=n({}_{n-1}\mathrm{C}_0+{}_{n-1}\mathrm{C}_1+\cdots+{}_{n-1}\mathrm{C}_{n-1})=\mathbf{n\cdot 2^{n-1}}$$

《割り算の実行 (B10)》

363． 等式

$$x^3-5=a+b(x-1)+c(x-1)(x+1)$$
$$+(x-1)(x-2)(x+1)$$

が x についての恒等式であるとき，定数 a,b,c の値は $(a,b,c)=\boxed{}$ である．

x の整式 $f(x)=x^2+px+1$ について，$f(x^2)$ が $f(x)$ で割り切れるとき，定数 p の値は $\boxed{}$ である．（23　福岡大）

▶解答◀ 満たすべき等式を

$$x^3-5=a+(x-1)\{b+c(x+1)+(x-2)(x+1)\}$$

$$=a+(x-1)\{b+(x+1)(c+x-2)\}$$

と書いて，これを次のように読む．

x^3-5 を $x-1$ で割ると，余りが a，商が

$$b+(x+1)(c+x-2)\ \cdots\cdots\cdots①$$

であり，それ（① のこと）を $x+1$ で割ると余りが b，その商を $x-2$ で割ると余りが c，最後の商が 1 である．そこで，x^3-5 に対して組立除法（教科書の発展事項に載っている）を次々に行うと，$(a,b,c)=\mathbf{(-4,1,2)}$

$$\begin{array}{r|rrrr}
1 & 1 & 0 & 0 & -5\\
 & & 1 & 1 & 1\\ \hline
-1 & 1 & 1 & 1 & -4\\
 & & -1 & 0 & \\ \hline
2 & 1 & 0 & 1 & \\
 & & 2 & & \\ \hline
 & 1 & 2 & &
\end{array}$$

$f(x^2)=x^4+px^2+1$ を $f(x)=x^2+px+1$ で割ると（割り算を実行する）と，商は x^2-px+p^2+p-1，余りは $-p(p^2+p-2)x-(p^2+p-2)$ である．これが 0 になるのは $p^2+p-2=(p+2)(p-1)=0$ になるときで，$p=\mathbf{-2,1}$

$$\begin{array}{rl}
 & x^2-px+p^2+p-1\\ \hline
x^2+px+1\ \big) & x^4+px^2+1\\
-\big) & x^4+px^3+x^2\\ \hline
 & -px^3+(p-1)x^2\\
-\big) & -px^3-p^2x^2-px\\ \hline
 & (p^2+p-1)x^2+px+1\\
-\big) & (p^2+p-1)x^2+(p^3+p^2-p)x+p^2+p-1\\ \hline
 & (-p^3-p^2+2p)x-p^2-p+2
\end{array}$$

◆別解◆ 与式は 3 次の恒等式であるから，異なる 4 つの x の値で成り立つことが必要十分である．

$x=1,-1,2,0$ を代入し

$$-4=a,\ -6=a-2b,\ 3=a+b+3c,$$

$$-5=a-b-c+2$$

前の 3 つから $(a, b, c) = (\mathbf{-4, 1, 2})$ となり，これは 4 つ目の式を満たす．

あるいは展開してもよい．

$$x^3 + (c-2)x^2 + (b-1)x + a - b - c + 2$$

が $x^3 - 5$ に一致するから

$$c - 2 = 0,\ b - 1 = 0,\ a - b - c + 2 = -5$$

$(a, b, c) = (\mathbf{-4, 1, 2})$ となる．

後半の別解である．$f(x^2) = x^4 + px^2 + 1$ が $f(x) = x^2 + px + 1$ で割り切れるならば，商の定数項は 1 になり

$$x^4 + px^2 + 1 = (x^2 + px + 1)(x^2 + qx + 1)$$

$$x^4 + px^2 + 1$$
$$= x^4 + (p+q)x^3 + (pq+2)x^2 + (p+q)x + 1$$

となるから，係数を比べ

$$p + q = 0,\ pq + 2 = p$$

となる．第 2 式に $q = -p$ を代入し $p^2 + p - 2 = 0$ となり $p = \mathbf{-2, 1}$

《オメガの問題 (B3)》

364. 方程式 $x^2 + x + 1 = 0$ の解の 1 つを ω とすると，$\omega^3 = \square$ である．また，$x^{2023} - x^2$ を $x^2 + x + 1$ で割ったときの余りは $\square x + \square$ である．（23　星薬大・B 方式）

▶解答◀ $\omega^2 + \omega + 1 = 0$ の両辺に $\omega - 1$ をかけて $\omega^3 - 1 = 0$ となり，$\omega^3 = \mathbf{1}$

$x^{2023} - x^2$ を $x^2 + x + 1$ で割ったときの商を $Q(x)$，余りを $ax + b$ とおくと，a, b は実数で

$$x^{2023} - x^2 = (x^2 + x + 1)Q(x) + ax + b$$

これに $x = \omega$ を代入する．

$$\omega^{2023} - \omega^2 = a\omega + b$$
$$(\omega^3)^{674}\omega - \omega^2 = a\omega + b$$

$\omega^3 = 1$，$\omega^2 = -\omega - 1$ を用いて

$$\omega - (-\omega - 1) = a\omega + b$$
$$(a-2)\omega + b - 1 = 0$$

ω は虚数だから $a = 2, b = 1$ で求める余りは $\mathbf{2x + 1}$

《多項式の割り算の利用 (A2)》

365. 整式 $3x^3 + 4x^2 + 9x$ を整式 $x^2 + x + 2$ で割った余りは $\square x + \square$ である．方程式 $x^2 + x + 2 = 0$ のひとつの解を α とするとき，$3\alpha^3 + 4\alpha^2 + 9\alpha$ の値の実部は $\square$ である．（23　東京薬大）

▶解答◀ 割り算を実行し，

$$\begin{array}{r|llll} & 3x & +1 & & \\ \hline x^2+x+2 & 3x^3 & +4x^2 & +9x & \\ & 3x^3 & +3x^2 & +6x & \\ \hline & & x^2 & +3x & \\ & & x^2 & +x & +2 \\ \hline & & & 2x & -2 \end{array}$$

$$3x^3 + 4x^2 + 9x = (x^2 + x + 2)(3x + 1) + 2x - 2$$

であるから，求める余りは $\mathbf{2x - 2}$ である．

$x^2 + x + 2 = 0$ の解は $x = \dfrac{-1 \pm \sqrt{7}i}{2}$ であり，これを α とおくと $\alpha^2 + \alpha + 2 = 0$ が成り立つから

$$3\alpha^3 + 4\alpha^2 + 9\alpha = (\alpha^2 + \alpha + 2)(3\alpha + 1) + 2\alpha - 2$$
$$= 2\alpha - 2 = (-1 \pm \sqrt{7}i) - 2 = -3 \pm \sqrt{7}i$$

求める実部は $\mathbf{-3}$ である．

《多項式の割り算の利用 (A5)》

366. $z = \dfrac{-3 + \sqrt{7}i}{2}$ とするとき，次の値を求めなさい．ただし i は虚数単位とする．

$$z^4 + 3z^3 + 2z^2 - z - 2$$

（23　福島大・人間発達文化）

▶解答◀ $z = \dfrac{-3 + \sqrt{7}i}{2}$ より $z + \dfrac{3}{2} = \dfrac{\sqrt{7}}{2}i$ であり，両辺を 2 乗すると

$$z^2 + 3z + \frac{9}{4} = -\frac{7}{4} \qquad \therefore\ z^2 + 3z + 4 = 0$$

となる．よって

$$z^4 + 3z^3 + 2z^2 - z - 2$$
$$= (z^2 + 3z + 4)(z^2 - 2) + 5z + 6$$
$$= 0 \cdot (z^2 - 2) + 5z + 6$$
$$= 5z + 6 = 5 \cdot \frac{-3 + \sqrt{7}i}{2} + 6 = \mathbf{\frac{-3 + 5\sqrt{7}i}{2}}$$

$$\begin{array}{r|l} & z^2-2 \\ \hline z^2+3z+4 & z^4+3z^3+2z^2-z-2 \\ & z^4+3z^3+4z^2 \\ \hline & \qquad\quad -2z^2-z-2 \\ & \qquad\quad -2z^2-6z-8 \\ \hline & \qquad\qquad\quad 5z+6 \end{array}$$

注意 多項式の割り算の段階では不定元（一般の変数）として割っている．0 で割っているわけではない．

《微分法の応用 (B5) ☆》

367. 整式 $x^{20} - 3x + 5$ を $(x-1)^2$ で割った余りは，$\square x - \square$ である．（23　金城学院大）

▶解答◀ 商を $Q(x)$，余りを $Ax + B$ とおくと，

$x^{20} - 3x + 5 = (x-1)^2 Q(x) + Ax + B$ ……………①

両辺を x で微分する．積の微分法を用いて

$$20x^{19}-3$$
$$=2(x-1)Q(x)+(x-1)^2Q'(x)+A \cdots\cdots\cdots ②$$

①，② で $x=1$ とすると

$$3=A+B,\ 17=A$$
$$A=17,\ B=-14$$

求める余りは，$\boldsymbol{17x-14}$

注意【積の微分法】

$$\{f(x)g(x)\}'=f'(x)g(x)+f(x)g'(x)$$

◆別解◆ 二項定理を用いる．

$$x^{20}-3x+5=\{(x-1)+1\}^{20}-3x+5$$
$$=(x-1)^{20}+\cdots+{}_{20}\mathrm{C}_{18}(x-1)^2$$
$$+{}_{20}\mathrm{C}_{19}(x-1)+1-3x+5$$

よって，$x^{20}-3x+5$ を $(x-1)^2$ で割った余りは

$${}_{20}\mathrm{C}_{19}(x-1)+1-3x+5=\boldsymbol{17x-14}$$

《余りを求める (A2)》

368． 整式 $(x+1)^{2023}$ を x^2 で割った余りは $\square$ である．
（23　立教大・文系）

▶解答◀ n を 2 以上の整数とすると

$$(x+1)^n={}_n\mathrm{C}_0x^n+{}_n\mathrm{C}_1x^{n-1}+\cdots$$
$$\cdots+{}_n\mathrm{C}_{n-2}x^2+{}_n\mathrm{C}_{n-1}x+{}_n\mathrm{C}_n$$
$$=x^2({}_n\mathrm{C}_0x^{n-2}+{}_n\mathrm{C}_1x^{n-3}+\cdots+{}_n\mathrm{C}_{n-2})+nx+1$$

よって，$(x+1)^n$ を x^2 で割ったときの余りは $nx+1$ である．したがって，$(x+1)^{2023}$ を x^2 で割ったときの余りは $\boldsymbol{2023x+1}$

《余りを求める (B10) ☆》

369． 整式 $f(x)$ を
$(x-2)^2$ で割った余りは $3x+2$,
$(x+1)^2$ で割った余りは x であるという．このとき以下の設問に答えよ．

（1） $f(x)$ を $(x-2)(x+1)$ で割った余りを求めよ．

（2） $f(x)$ を x^3-3x-2 で割った余りを求めよ．
（23　東京女子大・文系）

▶解答◀ （1） 以下 $A(x)$ などは商を表す．

$$f(x)=(x-2)^2A(x)+3x+2 \cdots\cdots\cdots ①$$
$$f(x)=(x+1)^2B(x)+x \cdots\cdots\cdots ②$$
$$f(x)=(x-2)(x+1)C(x)+ax+b \cdots\cdots\cdots ③$$

とおける．③ = ① で $x=2$ として $2a+b=8$
③ = ② で $x=-1$ として $-a+b=-1$

これを解いて $a=3,\ b=2$ となり，求める余りは
$\boldsymbol{3x+2}$

（2） $x^3-3x-2=(x+1)(x^2-x-2)$

$$=(x+1)^2(x-2)$$

であるから，② = ① で $x=2$ とする．

$$9B(2)+2=8 \qquad \therefore\quad B(2)=\frac{2}{3}$$

$B(x)$ を $x-2$ で割った余りは $\frac{2}{3}$ で

$$B(x)=(x-2)D(x)+\frac{2}{3}$$

とおけて，② に代入し

$$f(x)=(x+1)^2\left\{(x-2)D(x)+\frac{2}{3}\right\}+x$$
$$=(x+1)^2(x-2)D(x)+\frac{2}{3}(x+1)^2+x$$
$$=(x+1)^2(x-2)D(x)+\frac{2}{3}x^2+\frac{7}{3}x+\frac{2}{3}$$

よって求める余りは $\boldsymbol{\frac{2}{3}x^2+\frac{7}{3}x+\frac{2}{3}}$

《余りを求める (B10)》

370．（1） 整式 $P(x)$ を x^2-3x+2 で割ると余りが $x+2$, x^2-4x+3 で割ると余りが $2x+1$ であるとき，$P(x)$ を x^2-5x+6 で割ったときの余りは $\square$ である．

（2） $Q(x)$ を 3 次式とし，$Q(x)$ の x^3 の項の係数は 1 であるとする．$Q(x)$ を $x-1$ で割ると余りが 3, $x-2$ で割ると余りが 2, $x-3$ で割ると余りが 1 であるとき，$Q(x)=\square$ である．$Q(x)$ を $(x+2)^2$ で割ると余りが $3x-2$, $x-4$ で割ると余りが 7 であるとき，$Q(x)=\square$ である．
（23　北里大・薬）

考え方 （2） は「$Q(x)$ は 3 次式で x^3 の係数が 1」は共通で，他の条件は前半と後半で違うということだろう．問題文が少し雑である．

▶解答◀ （1） $A(x)$ などは商，$ax+b$ などは余りを表す．

$$P(x)=(x-1)(x-2)A(x)+x+2 \cdots\cdots\cdots ①$$
$$P(x)=(x-1)(x-3)B(x)+2x+1 \cdots\cdots\cdots ②$$
$$P(x)=(x-2)(x-3)C(x)+ax+b \cdots\cdots\cdots ③$$

とおける．① = ③ で $x=2$，② = ③ で $x=3$ として

$$4=2a+b,\ 7=3a+b$$

これを解くと $a=3,\ b=-2$ となる．

求める余りは $\boldsymbol{3x-2}$ である.

（２） 前半について：剰余の定理より

$$Q(1)=3,\ Q(2)=2,\ Q(3)=1$$

括弧内の数と右辺の数の和は3つとも4であるから次のように変形する.

$$Q(1)=4-1,\ Q(2)=4-2,\ Q(3)=4-3$$

$Q(x)=4-x$ が $x=1, 2, 3$ で成り立つから因数定理より $Q(x)-(4-x)$ が $x-1,\ x-2,\ x-3$ で割り切れ, x^3 の係数が1であるから

$$Q(x)-(4-x)=(x-1)(x-2)(x-3)$$

$$Q(x)=x^3-6x^2+11x-6+(4-x)$$

$$=\boldsymbol{x^3-6x^2+10x-2}$$

後半について：

$$Q(x)=(x+2)^2D(x)+3x-2 \quad \cdots\cdots④$$

$$Q(x)=(x-4)E(x)+7 \quad \cdots\cdots⑤$$

とおける. ④＝⑤で $x=4$ として

$$36D(4)+10=7 \qquad \therefore\quad D(4)=-\frac{1}{12}$$

剰余の定理により $D(x)$ を $x-4$ で割ったときの余りが $-\frac{1}{12}$ である. $Q(x)$ は x の3次式で x^3 の係数が1だから, $D(x)$ は1次式で x の係数は1である.

$$D(x)=(x-4)\cdot 1-\frac{1}{12}$$

④に代入し

$$Q(x)=(x+2)^2\left(x-\frac{49}{12}\right)+3x-2$$

$$=(x^2+4x+4)\left(x-\frac{49}{12}\right)+3x-2$$

$$=x^3+4x^2+4x-\frac{49}{12}x^2$$

$$-\frac{49}{3}x-\frac{49}{3}+3x-2$$

$$=\boldsymbol{x^3-\frac{1}{12}x^2-\frac{28}{3}x-\frac{55}{3}}$$

注意 （１）について：①＝②で $x=3$ として

$$2\cdot 1\cdot A(3)+5=7$$

$A(3)=1$ となるから, 剰余の定理より $A(x)$ を $x-3$ で割った余りは1である.

$A(x)=(x-3)f(x)+1$ とおけて①に代入すると

$$P(x)=(x-1)(x-2)\{(x-3)f(x)+1\}$$

$$+x+2$$

$$=(x-1)(x-2)(x-3)f(x)$$

$$+(x-1)(x-2)+x+2$$

$(x-1)(x-2)(x-3)$ で割ったときの余りが求められる. $(x-2)(x-3)$ で割った余りを求めるのは, 少し追求不足感がある.

（２）の前半について, 式番号を①からふりなおす. $Q(x)=x^3+px^2+qx+r$ とおく.

$$1+p+q+r=3 \quad \cdots\cdots①$$

$$8+4p+2q+r=2 \quad \cdots\cdots②$$

$$27+9p+3q+r=1 \quad \cdots\cdots③$$

②－①より $7+3p+q=-1$ ……④

③－②より $19+5p+q=-1$ ……⑤

⑤－④より $12+2p=0$ で $p=-6$

④に代入し $q=-3p-8=18-8=10$

①に代入し $1-6+10+r=3$ で $r=-2$ となる.

$$\boldsymbol{Q(x)=x^3-6x^2+10x-2}$$

《多項式を求める (B20) ☆》

371. $P(x)$ を x についての整式とし,

$P(x)P(-x)=P(x^2)$

は x についての恒等式であるとする.

（１） $P(0)=0$ または $P(0)=1$ であることを示せ.

（２） $P(x)$ が $x-1$ で割り切れないならば, $P(x)-1$ は $x+1$ で割り切れることを示せ.

（３） 次数が2である $P(x)$ をすべて求めよ.

（23 北海道大・文系）

▶解答◀ （１） $x=0$ とすると

$$P(0)P(0)=P(0)$$

$$P(0)(P(0)-1)=0$$

よって, $P(0)=0$ または1である.

（２） $x=1$ とすると

$$P(1)P(-1)=P(1)$$

$$P(1)=0 \text{ または } P(-1)-1=0$$

いま, $P(x)$ が $x-1$ で割り切れないならば, $P(1)\neq 0$ であるから, $P(-1)-1=0$ である. よって, 因数定理より $P(x)-1$ は $x+1$ で割り切れる.

（３） $P(x)=ax^2+bx+c\ (a\neq 0)$ とおくと,

$$P(x)P(-x)=(ax^2+bx+c)(ax^2-bx+c)$$

$$=(ax^2+c)^2-(bx)^2$$

$$=a^2x^4+(2ac-b^2)x^2+c^2$$

$$P(x^2)=ax^4+bx^2+c$$

この係数を比較すると

$$a^2=a,\ 2ac-b^2=b,\ c^2=c$$

$a^2=a$ より $a=1$ である. このとき, $2ac-b^2=b$ は $2c-b^2=b$ となる. $c^2=c$ より $c=0, 1$ である. $c=0$

のとき，$-b^2=b$ となり，$b=0$ または -1 である．また，$c=1$ のとき $2-b^2=b$ となり，$b=-2$ または 1 である．

$$P(x)=\boldsymbol{x^2, x^2-x, x^2-2x+1, x^2+x+1}$$

♦別解♦（３）

$P(x)$ の 2 次の係数を $a\neq 0$ とすると，$P(x)P(-x)=P(x^2)$ における左辺の 4 次の係数は a^2，右辺の 4 次の係数は a となる．これが恒等式となるとき，4 次の係数は等しいから

$$a^2=a \qquad \therefore \quad a=1$$

（１）と（２）から次の 4 通りの場合が考えられる．それぞれについて考える．

（ア） $P(0)=0$ かつ $P(1)=0$ のとき：

$$P(x)=x(x-1)$$

（イ） $P(0)=0$ かつ $P(-1)=1$ のとき：

$$P(x)=x^2$$

（ウ） $P(0)=1$ かつ $P(1)=0$ のとき：

$$P(x)=(x-1)^2$$

（エ） $P(0)=1$ かつ $P(-1)=1$ のとき：

$$P(x)-1=x(x+1)$$

$$P(x)=x^2+x+1$$

これらはいずれも $P(x)P(-x)=P(x^2)$ を満たしている．実際に代入して確認する．よって，

$$P(x)=\boldsymbol{x(x-1), x^2, (x-1)^2, x^2+x+1}$$

《商が残るように代入する (B10) ☆》

372. 整式 $P(x)$ を x^2+x-2 で割った余りが $x+1$ であり，$x-2$ で割った余りが 7 であるとき，$P(x)$ を x^3-x^2-4x+4 で割ったときの余りを求めよ．（23 愛知医大・看護）

▶解答◀ $A(x)$ などは商とする．

$$P(x)=(x+2)(x-1)A(x)+x+1 \quad \cdots\cdots ①$$

$$P(x)=(x-2)B(x)+7 \quad \cdots\cdots ②$$

と表せる．

$$x^3-x^2-4x+4=x^2(x-1)-4(x-1)$$
$$=(x-1)(x^2-4)$$
$$=(x-1)(x-2)(x+2)$$

$$P(x)=(x-1)(x-2)(x+2)C(x)$$
$$+ax^2+bx+c \quad \cdots\cdots ③$$

とおく．③ の形を目標とする．① = ② で $x=2$ として

$$4A(2)+3=7$$

よって $A(2)=1$ となり，$A(x)$ を $x-2$ で割った余りは 1 であるから

$$A(x)=(x-2)D(x)+1$$

と表せる．① に代入すると

$$P(x)=(x-1)(x+2)\{(x-2)D(x)+1\}+x+1$$
$$=(x-1)(x-2)(x+2)D(x)+x^2+2x-1$$

となる．したがって，求める余りは $\boldsymbol{x^2+2x-1}$

♦別解♦（③ まで解答と同じ）

① = ③ で $x=1$ を代入し

$$2=a+b+c \quad \cdots\cdots ④$$

$x=-2$ を代入し

$$-1=4a-2b+c \quad \cdots\cdots ⑤$$

② = ③ で $x=2$ を代入し

$$7=4a+2b+c \quad \cdots\cdots ⑥$$

⑤ − ④ より $-3=3a-3b \qquad \therefore \quad a=b-1$

⑥ − ⑤ より $8=4b \qquad \therefore \quad b=2$

よって，$(a, b, c)=(1, 2, -1)$ となるから，余りは $\boldsymbol{x^2+2x-1}$

《因数で表す (B3)》

373. x の 3 次式 $x^3+\alpha x^2+\beta x+\gamma$ が x^2-1 で割り切れ，$x+2$ で割ると余りが -3 になるとき

$\alpha=\square$，$\beta=\square$，$\gamma=\square$

である．（23 東邦大・健康科学-看護）

▶解答◀ $f(x)=x^3+\alpha x^2+\beta x+\gamma$ とする．

$f(x)=(x^2-1)(x-p)$ とおけて $f(-2)=-3$ であるから $3(-2-p)=-3$ となる．$p=-1$ である．

$f(x)=(x^2-1)(x+1)=x^3+x^2-x-1$

$\boldsymbol{\alpha=1, \beta=-1, \gamma=-1}$ である．

♦別解♦ $f(x)$ が x^2-1 で割り切れるから

$f(1)=0, f(-1)=0$

$$\alpha+\beta+\gamma+1=0 \quad \cdots\cdots ①$$

$$\alpha-\beta+\gamma-1=0 \quad \cdots\cdots ②$$

$f(x)$ を $x+2$ で割ると余りが -3 であるから

$f(-2)-3$

$$4\alpha-2\beta+\gamma-8=-3 \quad \cdots\cdots ③$$

①, ② より $\beta=-1, \gamma=-\alpha$ である．③ に代入し $4\alpha+2-\alpha=5$ となり $\alpha=1$

$\alpha = \mathbf{1}, \beta = \mathbf{-1}, \gamma = \mathbf{-1}$

《余りを求める (B10)》

374. a を実数，n を正の奇数とし，x の整式

$$f(x) = a + \sum_{k=1}^{n} x^k$$

を $x+1$ で割った余りは 1 であるとする．このとき，a の値は □ である．また，$f(x)$ を x^2-1 で割った余りを n を用いて表すと □ である．

（23　福岡大）

▶解答◀　$x \neq 1$ のとき

$$f(x) = a + x \cdot \frac{1-x^n}{1-x}$$

n は奇数であるから

$$f(-1) = a - \frac{1-(-1)^n}{2} = a - \frac{2}{2} = a - 1$$

であり，剰余の定理より $f(-1) = 1$ だから $a - 1 = 1$ であり，$a = \mathbf{2}$

$f(1) = a + n = 2 + n$ である．$f(x)$ を x^2-1 で割ったときの商を $A(x)$，余りを $ax+b$ とおくと

$$f(x) = (x^2-1)A(x) + ax + b$$

$f(-1) = 1$，$f(1) = n+2$ より

$$-a + b = 1, a + b = n + 2$$

$a = \dfrac{n+1}{2}, b = \dfrac{n+3}{2}$ で，余りは $\boldsymbol{\dfrac{n+1}{2}x + \dfrac{n+3}{2}}$

《余りを求める (B3)》

375. 整式 $P(x)$ を

$$P(x) = \sum_{n=1}^{20} nx^n$$
$$= 20x^{20} + 19x^{19} + 18x^{18} + \cdots + 2x^2 + x$$

と定める．このとき，$P(x)$ を $x-1$ で割ったときの余りは □ である．また，$P(x)$ を x^2-1 で割ったときの余りは □ である．

（23　慶應大・看護医療）

▶解答◀　$P(x)$ を $x-1$ で割った余りは

$$P(1) = \sum_{n=1}^{20} n = \frac{1}{2} \cdot 20 \cdot 21 = \mathbf{210}$$

また，$P(-1) = \displaystyle\sum_{n=1}^{20} (-1)^n \cdot n$

$$= (-1+2) + (-3+4) + \cdots + (-19+20)$$
$$= 1 \cdot 10 = 10$$

$P(x)$ を $x^2-1 = (x+1)(x-1)$ で割った商を $Q(x)$，余りを $ax+b$ とすると

$$P(x) = (x+1)(x-1)Q(x) + ax + b$$

$x = 1, x = -1$ として

$$P(1) = a + b, P(-1) = -a + b$$
$$a + b = 210, -a + b = 10$$

これを解いて，$a = 100, b = 110$ であるから，求める余りは $\mathbf{100x + 110}$

【恒等式】

《4 次の恒等式 (A2) ☆》

376. $(x+1)(3x+2)(5x^2 + \square x - 1)$
$= 15x^4 + 37x^3 + 27x^2 + \square x - 2$ である．

（23　東洋大）

▶解答◀　空欄を順に a, b とおく．

$$(x+1)(3x+2)(5x^2 + ax - 1)$$
$$= 15x^4 + 37x^3 + 27x^2 + bx - 2$$

となる．左辺を展開して係数を比べてもよいが，試験下手である．答えを見つける．

$x = -1$ とすると $0 = 15 - 37 + 27 - b - 2$ となり $b = \mathbf{3}$ を得る．$x = 1$ とすると $10(a+4) = 80$ となり，$a = \mathbf{4}$ を得る．

◆別解◆　左辺を展開すると

$$(3x^2 + 5x + 2)(5x^2 + ax - 1)$$
$$= 15x^4 + (3a+25)x^3 + (5a+7)x^2 + (2a-5)x - 2$$

係数を比較して $3a + 25 = 37, 2a - 5 = b$

$a = \mathbf{4}$，$b = \mathbf{3}$

《分数の恒等式 (A2)》

377. 次の式が恒等式になるように，定数 a, b の値を定めよ．ただし，x は分母が 0 になる値をとらないものとする．

$$\frac{6x+5}{(3x-1)(x+2)} = \frac{a}{x+2} + \frac{b}{3x-1}$$

（23　倉敷芸術科学大）

▶解答◀　両辺に $(3x-1)(x+2)$ をかけて

$$6x + 5 = a(3x-1) + b(x+2) \quad \cdots\cdots\cdots\cdots\text{①}$$
$$6x + 5 = (3a+b)x - a + 2b$$

これが x についての恒等式であるから

$$3a + b = 6, -a + 2b = 5$$
$$\boldsymbol{a = 1, b = 3}$$

注意　① で $x = \dfrac{1}{3}, -2$ として

$$7 = b \cdot \frac{7}{3}, -7 = a \cdot (-7)$$
$$a = 1, b = 3$$

① の左辺と右辺が同じ式で $x = \dfrac{1}{3}, -2$ も成り立つ．

《多項式を求める (A1) ☆》

378. 2 次式 $f(x)$ が $f(f(x)) = f(x)^2 + 1$ を満たすとき，$f(x) = \boxed{}$ である．(23 立教大・文系)

▶解答◀ $f(x) = y$ とすると $f(y) = y^2 + 1$
これが $f(x)$ の値域に含まれるすべての実数 y について成り立つから，$f(x) = \boldsymbol{x^2 + 1}$

【不等式の証明】

《相加相乗平均の証明 (A5)》

379. $a > 1, b > 1$ のとき，次の不等式を証明しなさい．また，等号が成立するための必要十分条件を求めなさい．$\log_a b + \log_b a \geqq 2$

(23 福島大・人間発達文化)

▶解答◀ $\log_a b + \log_b a - 2 = \log_a b + \dfrac{1}{\log_a b} - 2$

$$= \left(\sqrt{\log_a b} - \frac{1}{\sqrt{\log_a b}}\right)^2 \geqq 0$$

等号は $\sqrt{\log_a b} = \dfrac{1}{\sqrt{\log_a b}}$ のとき成り立ち，そのとき $\log_a b = 1$，すなわち $\boldsymbol{a = b}$ である．

なお，$a > 1, b > 1$ より $\log_a b > 0$ である．

注意 $a > 1, b > 1$ より $\log_a b > 0, \log_b a > 0$ であるから，相加相乗平均の不等式より

$$\log_a b + \log_b a = \log_a b + \frac{1}{\log_a b}$$

$$\geqq 2\sqrt{\log_a b \cdot \frac{1}{\log_a b}} = 2$$

は，証明したことになっているか微妙である．

《相加相乗平均の不等式 (B10) ☆》

380. 座標平面上の曲線 $C : y = \dfrac{1}{2x}\ (x > 0)$ を考える．k を実数とし，点 $(1, 1)$ を通り傾きが k の直線を l とする．C と l が 2 つの共有点 A，B をもつとき，以下の問いに答えよ．

（1） k の条件を求めよ．

（2） 線分 AB の長さ L について，以下の（i），(ii) に答えよ．

（i） L を k を用いて表せ．

(ii) $L \geqq 2$ が成り立つことを示せ．また，$L = 2$ が成り立つとき，k の値を求めよ．

(23 奈良女子大・生活環境，工)

▶解答◀ （1） 図形的に，$k > 0, k = 0$ のときは不適で，明らかに $\boldsymbol{k < 0}$ であるが式で書くなら次のようになる．

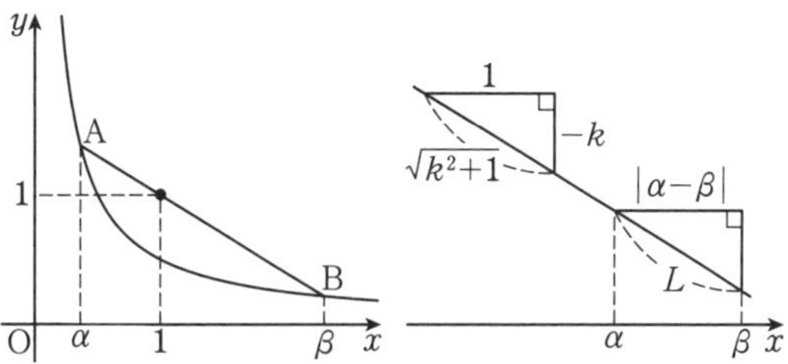

$l : y = k(x - 1) + 1$ で，C と連立させて

$$kx - k + 1 = \frac{1}{2x}$$

$$2kx^2 - 2(k - 1)x - 1 = 0 \quad \cdots\cdots ①$$

$k = 0$ のときは不適．判別式を D とする．これが正の 2 解をもつ条件は

$$\frac{D}{4} = (k - 1)^2 + 2k = k^2 + 1 > 0 \quad \cdots\cdots ②$$

$$2\text{ 解の和} = \frac{2(k - 1)}{2k} > 0 \quad \cdots\cdots ③$$

$$2\text{ 解の積} = -\frac{1}{2k} > 0 \quad \cdots\cdots ④$$

② は成り立ち，④ より $\boldsymbol{k < 0}$ で，このとき ③ は成り立つ．

（2）（i） ① を解いて

$$\alpha = \frac{k - 1 + \sqrt{D}}{2k},\ \beta = \frac{k - 1 - \sqrt{D}}{2k}$$

とする．

$$L = \sqrt{1 + k^2}\,|\alpha - \beta|$$

$$= \sqrt{1 + k^2} \cdot \frac{\sqrt{D}}{|k|} = \boldsymbol{\frac{k^2 + 1}{-k}}$$

(ii) $L - 2 = \dfrac{k^2 + 2k + 1}{-k} = \dfrac{(k + 1)^2}{-k} \geqq 0$

$L \geqq 2$ が証明された．等号は $k = \boldsymbol{-1}$ のとき成り立つ．

注意 相加・相乗平均の不等式より

$$L = (-k) + \frac{1}{-k} \geqq 2\sqrt{(-k) \cdot \frac{1}{-k}} = 2$$

等号は $-k = \dfrac{1}{-k}$，すなわち $k = \boldsymbol{-1}$ のとき成り立つ．

という解法でもよいかもしれない．

《二項定理の不等式証明 (B10)》

381. 整数 n は 1 以上であるとする．この場合に，以下の問に答えなさい．

（1） k が 0 以上 n 以下の整数であるとき，不等式 ${}_n\mathrm{C}_k \leqq n^k$ が成り立つことを証明しなさい．

（2） n が 3 以上であるとき，不等式
$n^2 + 1 < n^n$ が成り立つことを証明しなさい．

（3） n が 3 以上であるとき，不等式

$\log_n(n+1) < \dfrac{n+1}{n}$ が成り立つことを証明しなさい．　（23　埼玉大・文系）

▶解答◀　（1）　$k \geqq 1$ のとき，

$$ {}_n\mathrm{C}_k = \frac{n(n-1)\cdots(n-k+1)}{k(k-1)\cdots 1} $$
$$ \leqq \frac{n^k}{1} = n^k $$

である．$k=0$ のときも，$1 = {}_n\mathrm{C}_0 \leqq n^0 = 1$ より成立している．よって，示された．

（2）　$n^2+1 < n^2+(n-1)n^2 = n^3 \leqq n^n$ であるから示された．

（3）　$n\log_n(n+1) < n+1$

$$ (n+1)^n < n^{n+1} $$

を示す．ここで，

$$ \sum_{k=0}^{n} {}_n\mathrm{C}_k n^{n-k} = \sum_{k=0}^{n-2} {}_n\mathrm{C}_k n^{n-k} + {}_n\mathrm{C}_{n-1} n + 1 $$
$$ \leqq \sum_{k=0}^{n-2} n^k \cdot n^{n-k} + n^2 + 1 $$
$$ < (n-1)n^n + n^n = n^{n+1} $$

であるから，示された．

《図形と値域（A10）》

382．$a>0$ とし，$\triangle$ABC において，$\angle \mathrm{A} = 120°$，$\mathrm{AB} = 2a$，$\mathrm{AC} = \dfrac{1}{a}$ とする．このとき，$\triangle$ABC の面積は □ である．また，$\angle$A の 2 等分線と辺 BC との交点を D とするとき，線分 AD の長さがとりうる値の範囲は $0 < \mathrm{AD} \leqq$ □ である．

（23　福岡大）

▶解答◀　$\triangle \mathrm{ABC} = \dfrac{1}{2}\mathrm{AB}\cdot\mathrm{AC}\sin 120°$

$$ = \frac{1}{2}\cdot 2a \cdot \frac{1}{a}\cdot\frac{\sqrt{3}}{2} = \boldsymbol{\frac{\sqrt{3}}{2}} $$

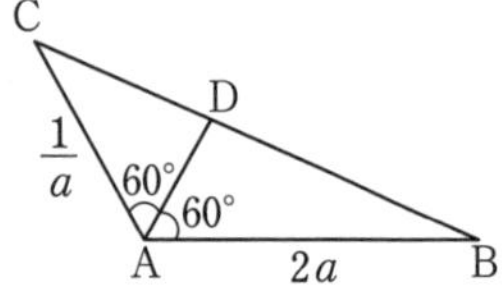

$\triangle\mathrm{ABC} = \triangle\mathrm{ABD} + \triangle\mathrm{ACD}$ であるから

$$ \frac{1}{2}\cdot 2a\cdot \mathrm{AD}\sin 60° + \frac{1}{2}\cdot\frac{1}{a}\cdot\mathrm{AD}\sin 60° = \frac{\sqrt{3}}{2} $$
$$ \left(a + \frac{1}{2a}\right)\mathrm{AD} = 1 $$

したがって，相加相乗平均の不等式を用いて

$$ 0 < \mathrm{AD} = \frac{1}{a+\frac{1}{2a}} \leqq \frac{1}{2\sqrt{a\cdot\frac{1}{2a}}} = \boldsymbol{\frac{1}{\sqrt{2}}} $$

等号は $a = \dfrac{1}{2a}$，$a>0$ より $a = \dfrac{1}{\sqrt{2}}$ のとき成り立つ．

a を大きくすると $\mathrm{AD} = \dfrac{1}{a+\frac{1}{2a}}$ は幾らでも小さくなる．

《座標と最小（A10）》

383．平面上に点 R(1, 8) がある．正の実数 t に対して，R を通る傾き $-t$ の直線を L とし，L と x 軸，y 軸との交点をそれぞれ A, B とする．長さの和 OA + OB の最小値と，最小値を与える t の値を求めよ．　（23　学習院大・文）

▶解答◀　$L: y = -t(x-1)+8$

$$ y = -tx + t + 8 $$

であるから，x 切片は $\dfrac{t+8}{t}$，y 切片は $t+8$ である．

$$ \mathrm{OA}+\mathrm{OB} = \frac{t+8}{t} + t + 8 = t + \frac{8}{t} + 9 $$
$$ \geqq 2\sqrt{t\cdot\frac{8}{t}} + 9 = 4\sqrt{2}+9 $$

相加相乗平均の不等式を用いた．等号は $t = \dfrac{8}{t}$ すなわち $\boldsymbol{t = 2\sqrt{2}}$ のとき成り立つ．求める最小値は $\boldsymbol{4\sqrt{2}+9}$

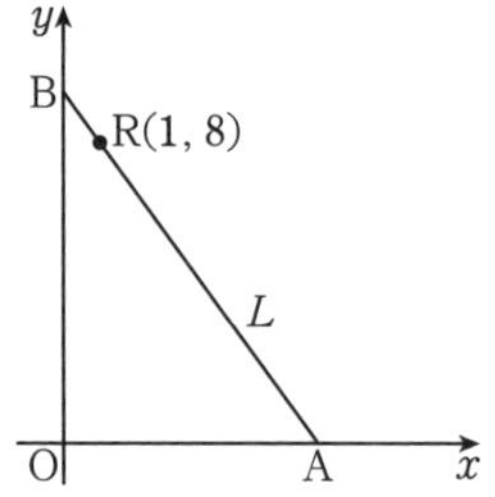

《平方完成（B5）☆》

384．a, b, c を実数とするとき，不等式

$$ a^2+b^2+c^2 \geqq ab+bc+ca $$

が成り立つことを証明しなさい．

（23　駒澤大・医療健康）

▶解答◀　$a^2+b^2+c^2-(ab+bc+ca)$ …………①

$$ = \frac{1}{2}\{(a-b)^2+(b-c)^2+(c-a)^2\} \geqq 0 $$

証明された．

♦別解♦　$① = a^2 - a(b+c) + b^2 + c^2 - bc$

$$ = \left\{a - \frac{1}{2}(b+c)\right\}^2 - \frac{1}{4}(b+c)^2 + b^2 + c^2 - bc $$
$$ = \left\{a - \frac{1}{2}(b+c)\right\}^2 + \frac{3}{4}(b^2+c^2-2bc) $$
$$ = \left\{a - \frac{1}{2}(b+c)\right\}^2 + \frac{3}{4}(b-c)^2 \geqq 0 $$

この変形も，目的によっては重要である．

《最小問題（B10）》

385. 正の実数 x と y が $\dfrac{1}{x}+\dfrac{1}{y}=1$ を満たしている．ただし，$x\neq 1, y\neq 1$ とする．このとき $(x-1)(y-1)=\square$ であり，xy の最小値は $\square$ である．また，$\dfrac{1}{x-1}+\dfrac{1}{y-1}$ の最小値は $\square$ であり，$\dfrac{y^2}{x}+\dfrac{x^2}{y}$ の最小値は $\square$ である．

（23　明治学院大）

▶解答◀ $\dfrac{1}{x}+\dfrac{1}{y}=1$ より $x+y=xy$ となり，$(x-1)(y-1)=\mathbf{1}$ となる．

相加相乗平均の不等式より

$$1=\frac{1}{x}+\frac{1}{y}\geqq 2\sqrt{\frac{1}{x}\cdot\frac{1}{y}}$$

となり，$xy\geqq 4$ となる．等号は $\dfrac{1}{x}=\dfrac{1}{y}=\dfrac{1}{2}$ のときに成り立つから xy の最小値は **4** である．

$\dfrac{1}{x}<\dfrac{1}{x}+\dfrac{1}{y}=1$ であるから $\dfrac{1}{x}<1$ となり，$x>1$ である．同様に $y>1$ である．

$$\frac{1}{x-1}+\frac{1}{y-1}\geqq 2\sqrt{\frac{1}{x-1}\cdot\frac{1}{y-1}}=2$$

等号は $x-1=y-1=1$ のときに成り立つ．

$\dfrac{1}{x-1}+\dfrac{1}{y-1}$ の最小値は **2**

$$\frac{y^2}{x}+\frac{x^2}{y}\geqq 2\sqrt{\frac{y^2}{x}\cdot\frac{x^2}{y}}=2\sqrt{xy}\geqq 2\sqrt{4}=4$$

等号は $x=y=2$ のとき成り立つ．$\dfrac{y^2}{x}+\dfrac{x^2}{y}$ の最小値は **4**

《最小問題（A5）》

386. x を実数とする．$9\cdot 2^x+\dfrac{1}{2^x}$ は $x=-\log_2\square$ のとき最小値 $\square$ となる．

（23　金城学院大）

▶解答◀ $9\cdot 2^x>0$, $\dfrac{1}{2^x}>0$ であるから，相加相乗平均の不等式より

$$9\cdot 2^x+\frac{1}{2^x}\geqq 2\sqrt{9\cdot 2^x\cdot\frac{1}{2^x}}=6$$

等号は $9\cdot 2^x=\dfrac{1}{2^x}$ すなわち

$$(2^x)^2=\frac{1}{9}$$

$$2^x=\frac{1}{3}\qquad \therefore\quad x=-\log_2 3$$

のとき成り立つ．このとき最小値 **6** をとる．

《分数関数と最小値（B10）》

387. a は正の実数であるとする．$x>0$ における $x+a+\dfrac{4a^2}{x+a}$ の最小値は $\square$ である．また，$x>0$ において，$\dfrac{x^2+6x+13}{x+2}$ は $x=\square$ のとき最小値 $\square$ をとる．

（23　関西学院大）

▶解答◀ 相加相乗平均の不等式より

$$(x+a)+\frac{4a^2}{x+a}\geqq 2\sqrt{(x+a)\cdot\frac{4a^2}{x+a}}$$
$$=2\cdot 2a=4a$$

であり，等号は

$$x+a=\frac{4a^2}{x+a}$$
$$(x+a)^2=4a^2$$
$$x+a=2a\qquad \therefore\quad x=a$$

のときに成り立つ．よって，求める最小値は $\mathbf{4a}$

また，相加相乗平均の不等式より

$$\frac{x^2+6x+13}{x+2}=\frac{(x+2)(x+4)+5}{x+2}$$
$$=x+4+\frac{5}{x+2}=(x+2)+\frac{5}{x+2}+2$$
$$\geqq 2\sqrt{(x+2)\cdot\frac{5}{x+2}}+2=2\sqrt{5}+2$$

であり，等号は

$$x+2=\frac{5}{x+2}$$
$$(x+2)^2=5$$
$$x=-2\pm\sqrt{5}$$

$x>0$ より $x=\sqrt{5}-2$ のときに成り立つ．よって

$x=\sqrt{5}-2$ のとき最小値 $2\sqrt{5}+2$

《分数関数と相加相乗（A5）》

388. $x>0, y>0$ のとき，$(x+2y)\left(\dfrac{2}{x}+\dfrac{1}{y}\right)$ の最小値は $\square$ である．

（23　京産大）

▶解答◀ 相加相乗平均の不等式を用いる．

$$(x+2y)\left(\frac{2}{x}+\frac{1}{y}\right)=2+2+\frac{4y}{x}+\frac{x}{y}$$
$$\geqq 4+2\sqrt{\frac{4y}{x}\cdot\frac{x}{y}}=4+2\cdot 2=8$$

等号は $\dfrac{4y}{x}=\dfrac{x}{y}$，すなわち $x=2y$ のときに成り立つ．求める最小値は **8**

個別に使い，

$$x+2y\geqq 2\sqrt{x\cdot 2y},\ \frac{2}{x}+\frac{1}{y}\geqq 2\sqrt{\frac{2}{x}\cdot\frac{1}{y}}$$

を辺ごとに掛けると

$$(x+2y)\left(\frac{2}{x}+\frac{1}{y}\right)\geqq 2\left(\sqrt{x\cdot 2y}\right)2\sqrt{\frac{2}{x}\cdot\frac{1}{y}}=8$$

で，答えが合ってしまうのは，驚きである．

《（B0）》

389. $a>0, b>0$ のとき，$\sqrt{\left(a+\frac{6}{b}\right)\left(b+\frac{24}{a}\right)}$ の最小値は $\square\sqrt{\square}$ である．（23　東京農大）

▶解答◀ $\left(a+\frac{6}{b}\right)\left(b+\frac{24}{a}\right)$

$$=ab+\frac{144}{ab}+30$$

$a>0, b>0$ であるから，相加相乗平均の不等式より

$$ab+\frac{144}{ab} \geqq 2\sqrt{ab\cdot\frac{144}{ab}}=2\cdot 12=24$$

等号が成り立つのは $ab=\frac{144}{ab}$ かつ $ab>0$，つまり $ab=12$ のときである．よって，求める最小値は

$$\sqrt{24+30}=\sqrt{54}=\mathbf{3\sqrt{6}}$$

《相加相乗 2 連発 (B10) ☆》

390. $t>0$ のとき，$t+\frac{1}{t}$ が最小値をとるときの t の値は $t=\square$ である．また，$s>0$ のとき，$s+\frac{1}{s}+\frac{25}{4s+\frac{4}{s}}$ が最小値をとるときの s の値は $s=\square$ である．（23　南山大・経済）

▶解答◀ 相加相乗平均の不等式を用いる．

$$t+\frac{1}{t} \geqq 2\sqrt{t\cdot\frac{1}{t}}=2$$

等号は $t=\frac{1}{t}$，すなわち $t=1$ のとき成り立つから，$t+\frac{1}{t}$ は $t=\mathbf{1}$ で最小値 2 をとる．$s+\frac{1}{s}=u$ とおくと，$s>0$ より $u \geqq 2$ である．

$$s+\frac{1}{s}+\frac{25}{4s+\frac{4}{s}}=u+\frac{25}{4u} \geqq 2\sqrt{u\cdot\frac{25}{4u}}=5$$

等号は $u=\frac{25}{4u}$，すなわち，$u=\frac{5}{2}$ のとき成り立つから最小値は 5 である．

$s+\frac{1}{s}=\frac{5}{2}, s>0$ を解く．$2s^2-5s+2=0$ となり $(2s-1)(s-2)=0$ となるから $s=\mathbf{\frac{1}{2}, 2}$ となる．

《不等式証明 (B5) ☆》

391. x, y を $|x|<1, |y|<1$ を満たす実数とするとき，$\left|\frac{x+y}{1+xy}\right|<1$ となることを示せ．（23　甲南大）

▶解答◀ $|xy|<1$ であるから $1+xy>0$ である．証明すべき不等式は $|x+y|<1+xy$ となり，さらに，これは $-(1+xy)<x+y<1+xy$ と書ける．

$$1+xy-(x+y)=(1-x)(1-y)>0$$

$$(x+y)+(1+xy)=(1+x)(1+y)>0$$

である．よって不等式は証明された．

【複素数の計算】

《2 次方程式を解く (B5)》

392. 2 次方程式 $x^2=-1$ の解は $\square$ で，2 次方程式 $x^2=i$ の解は $\square$ である．ただし，$i=\sqrt{-1}$ は虚数単位とする．（23　三重県立看護大・前期）

▶解答◀ $x^2=-1$ の解は，$x=\pm\boldsymbol{i}$

$x^2=i$ のとき，$x=a+bi$ とおく．a, b は実数である．

$$a^2-b^2+2abi=i$$

$a^2-b^2=0, 2ab=1$ であり，$ab>0$ であるから a, b は同符号で $b^2=a^2$ から $b=a$ となる．$2ab=1$ に代入し $a^2=\frac{1}{2}$ を得る．$a=\pm\frac{1}{\sqrt{2}}$ となり $x=\pm\mathbf{\frac{1}{\sqrt{2}}(1+i)}$

《2 次方程式を解く (B5)》

393. x, y を実数とし，i を虚数単位とする．$z=x+yi$ が複素数の等式 $z^2=-128i$ を満たすとき，

$(x, y)=($ ア ， イ $)$，または，

$(x, y)=($ イ ， ア $)$ となり，$z=x+yi$ が複素数の等式 $z^2+8-6i=0$ を満たすとき，

$(x, y)=($ ウ ， エ $)$，または，

$(x, y)=(-$ ウ ，$-$ エ $)$ となる．

（23　西南学院大）

▶解答◀ $z=x+yi$ のとき，$z^2=-128i$ から

$$x^2-y^2+2xyi=-128i$$

$x^2-y^2=0$ ……………①

$2xy=-128$ ……………②

① より $(x-y)(x+y)=0$

② から x と y は異符号より $y=-x$

これを ② に代入して $x^2=64$

$$(x, y)=\mathbf{(-8, 8), (8, -8)}$$

$z^2=-8+6i$ から

$$x^2-y^2+2xyi=-8+6i$$

$x^2-y^2=-8$ ……………③

$2xy=6$ ……………④

④ より $y=\frac{3}{x}$ であり，これを ③ に代入して

$$x^2-\left(\frac{3}{x}\right)^2=-8$$

$x^4+8x^2-9=0$

$(x^2+9)(x^2-1)=0$

$x=\pm 1$

$(x,\ y)=\mathbf{(1,\ 3),\ (-1,\ -3)}$

《オメガの友達 (A5)》

394. 複素数 z が $z^4=z^2-1$ をみたすとき，$z^{40}+2z^{10}+\dfrac{1}{z^{20}}$ の値を求めなさい．

(23　横浜市大・共通)

▶解答◀ $z^4-z^2+1=0$ であるから，$w=z^2$ とおくと $w^2-w+1=0$ である．$w+1$ を掛けて $w^3+1=0$ となる．$z^6=-1$ である．

$$z^{40}+2z^{10}+\frac{1}{z^{20}}=(z^6)^6z^4+2z^6\cdot z^4+\frac{z^4}{(z^6)^4}$$

$$=z^4-2z^4+z^4=\mathbf{0}$$

注意【次数下げ】

$z^4=z^2-1$ のとき

$z^6=z^4\cdot z^2=(z^2-1)z^2=z^4-z^2$

$=(z^2-1)-z^2=-1$

《虚数係数の2次方程式 (B10)》

395. a を実数の定数とする．虚数単位 i を含む方程式 $x^2+(1+i)x-2+ia=0$ が実数解 x をもつ条件は，

$a=$ □, □ である．

(23　中部大)

考え方 判別式

$D=(1+i)^2-4(-2+ia)\geqq 0$ というのは使えない．

▶解答◀ $x^2+x-2+i(x+a)=0$

$x^2+x-2,\ x+a$ は実数であるから

$x^2+x-2=0,\ x+a=0$ である．

$(x-1)(x+2)=0,\ a=-x$ となるから $x=1,\ -2$ であり，$a=\mathbf{-1,\ 2}$

《6乗の計算 (A3)》

396. $z=\dfrac{\sqrt{3}+i}{2}$ に対して，$z^6=a+bi$ とする．このとき，$a=$ □, $b=$ □ である．ただし，i は虚数単位とし，$a,\ b$ は実数とする．

(23　立教大・文系)

▶解答◀ $z^3=\left(\dfrac{\sqrt{3}+i}{2}\right)^3=\dfrac{1}{8}\left(\sqrt{3}+i\right)^3$

$$=\frac{1}{8}\left(3\sqrt{3}+9i-3\sqrt{3}-i\right)=i$$

であるから，$z^6=(z^3)^2=i^2=-1$

したがって，$a=\mathbf{-1},\ b=\mathbf{0}$

♦別解♦ $z=\cos\dfrac{\pi}{6}+i\sin\dfrac{\pi}{6}$ であるから，ド・モアブルの定理より

$$z^6=\cos\left(6\cdot\frac{\pi}{6}\right)+i\sin\left(6\cdot\frac{\pi}{6}\right)$$

$$=\cos\pi+i\sin\pi=-1$$

《(A0)》

397. $x=2+\sqrt{3}i$ のとき，$x^3-6x^2+7x-1=$ □ $-$ □ $\sqrt{3}i$ である．ただし，i は虚数単位を表す．

(23　東邦大・健康科学-看護)

▶解答◀ $x=2+\sqrt{3}i$ を解にもつ実数係数の2次方程式は，共役な複素数 $2-\sqrt{3}i$ を解にもつ．これら2数を解にもつ2次方程式は

$$x^2-4x+7=0$$

である．したがって $x=2+\sqrt{3}i$ のとき

x^3-6x^2+7x-1

$=(x-2)(x^2-4x+7)-8x+13$

$=-8(2+\sqrt{3}i)+13=\mathbf{-3-8\sqrt{3}i}$

【解と係数の関係】

《2次方程式 (A5) ☆》

398. 2次方程式 $x^2+x+3=0$ の2つの解を $\alpha,\ \beta$ とするとき，$\dfrac{\beta}{\alpha}+\dfrac{\alpha}{\beta}=$ □ であり，$\dfrac{\beta^2}{\alpha}+\dfrac{\alpha^2}{\beta}=$ □ である．

(23　慶應大・看護医療)

▶解答◀ 解と係数の関係より，$\alpha+\beta=-1,\ \alpha\beta=3$ であるから

$$\frac{\beta}{\alpha}+\frac{\alpha}{\beta}=\frac{\alpha^2+\beta^2}{\alpha\beta}=\frac{(\alpha+\beta)^2-2\alpha\beta}{\alpha\beta}=-\mathbf{\frac{5}{3}}$$

$$\frac{\beta^2}{\alpha}+\frac{\alpha^2}{\beta}=\frac{\alpha^3+\beta^3}{\alpha\beta}$$

$$=\frac{(\alpha+\beta)^3-3\alpha\beta(\alpha+\beta)}{\alpha\beta}=\mathbf{\frac{8}{3}}$$

《2次方程式 (B5)》

399. 2次方程式 $2x^2-6x+5=0$ の2つの解を α と β とするとき，$\dfrac{\alpha}{\beta}+\dfrac{\beta}{\alpha}=\dfrac{□}{□}$ である．また，

$(2\alpha^2+4\alpha+5)(2\beta^2-5\beta+5)=$ □

である．

(23　京産大)

▶解答◀ 解と係数の関係より

$$\alpha+\beta=-\frac{-6}{2}=3,\ \alpha\beta=\frac{5}{2}$$

$$\frac{\alpha}{\beta}+\frac{\beta}{\alpha}=\frac{\alpha^2+\beta^2}{\alpha\beta}=\frac{(\alpha+\beta)^2-2\alpha\beta}{\alpha\beta}$$
$$=\left(3^2-2\cdot\frac{5}{2}\right)\cdot\frac{2}{5}=4\cdot\frac{2}{5}=\mathbf{\frac{8}{5}}$$

α は $2x^2-6x+5=0$ の解であるから

$$2\alpha^2-6\alpha+5=0 \qquad \therefore \quad 2\alpha^2+5=6\alpha$$

同様にして $2\beta^2+5=6\beta$ であるから

$$(2\alpha^2+4\alpha+5)(2\beta^2-5\beta+5)$$
$$=(6\alpha+4\alpha)(6\beta-5\beta)=10\alpha\beta=10\cdot\frac{5}{2}=\mathbf{25}$$

《2 次方程式 (A10)》

400. 2 次方程式 $2x^2-4x+5=0$ の 2 つの解 α,β のうち，虚部が正のものを α とすると $\alpha=$ □ である．また，2 次方程式 $x^2-px+q=0$ の 2 つの解が $\alpha-1,\beta-1$ であるとき，$p+q=$ □ である．（23　名城大・農）

▶解答◀ $2x^2-4x+5=0$

$$x=\frac{2\pm\sqrt{6}i}{2}$$

虚部が正のものは $\alpha=\mathbf{\frac{2+\sqrt{6}i}{2}}$ であり，解と係数の関係より $\alpha+\beta=2,\ \alpha\beta=\frac{5}{2}$

$x^2-px+q=0$ の 2 解が $\alpha-1,\beta-1$ であるから

$$(\alpha-1)+(\beta-1)=p,\ (\alpha-1)(\beta-1)=q$$
$$p=\alpha+\beta-2,\ q=\alpha\beta-(\alpha+\beta)+1$$

であり，$p+q=\alpha\beta-1=\frac{5}{2}-1=\mathbf{\frac{3}{2}}$

《連立方程式を解く (B10)》

401. 2 つの式

$x^2-xy+y^2=10$ ……①，

$x+y+xy=0$ ……②

を満たす実数 x,y の組のうち，$y\geqq 0$ となるものを求める．$x+y=s,\ xy=t$ とおくと，① より s^2- □ $t=10$ が得られる．これと ② より t を消去すると s^2+ □ $s-$ □ $=0$ となる．以上から，求める x,y の組は

$x=$ □ $-\sqrt{□}$，$y=$ □ $+\sqrt{□}$

である．（23　昭和女子大・B 日程）

▶解答◀ ① は $(x+y)^2-3xy=10$ と書けて $\mathbf{s^2-3t=10}$ となる．② から $t=-s$ となるからこれを代入し $\mathbf{s^2+3s-10=0}$ となり，$(s+5)(s-2)=0$ となる．$s=-5,2$ である．$x+y=s,\ xy=-s$ だから x,y を解とする 2 次方程式は $X^2-sX-s=0$.

$s=-5$ のとき $X^2+5X+5=0$ となり $X=\frac{-5\pm\sqrt{5}}{2}$ は 2 解とも負で，不適である．

$s=2$ のとき $X^2-2X-2=0$ となり $X=1\pm\sqrt{3}$

$y\geqq 0$ だから $x=\mathbf{1-\sqrt{3}}$，$y=\mathbf{1+\sqrt{3}}$

《2 次方程式 3 次 (B5)》

402. n を 4 以上の整数とし，2 次方程式

$${}_n\mathrm{C}_2x^2+{}_n\mathrm{C}_3x+{}_n\mathrm{C}_4=0$$

の 2 つの解 α，β は $\alpha\beta=\frac{5}{3}$ を満たすとする．このとき，n の値は □ であり，$\alpha^3+\beta^3$ の値は □ である．（23　福岡大）

▶解答◀ $n\geqq 4$ のとき

$${}_n\mathrm{C}_2x^2+{}_n\mathrm{C}_3x+{}_n\mathrm{C}_4=0$$
$$\frac{n(n-1)}{2}x^2+\frac{1}{6}n(n-1)(n-2)x$$
$$+\frac{1}{24}n(n-1)(n-2)(n-3)=0$$
$$12x^2+4(n-2)x+(n-2)(n-3)=0 \quad \cdots\cdots①$$

解と係数の関係を用いて

$$\alpha\beta=\frac{(n-2)(n-3)}{12}=\frac{5}{3}$$
$$(n-2)(n-3)=20$$
$$n^2-5n-14=0$$
$$(n-7)(n+2)=0$$

$n\geqq 4$ であるから $n=\mathbf{7}$ となり，① は

$$12x^2+20x+20=0$$
$$3x^2+5x+5=0$$

したがって $\alpha+\beta=-\frac{5}{3}$ であるから

$$\alpha^3+\beta^3=(\alpha+\beta)^3-3\alpha\beta(\alpha+\beta)$$
$$=\left(-\frac{5}{3}\right)^3-3\cdot\frac{5}{3}\cdot\left(-\frac{5}{3}\right)$$
$$=-\frac{125}{27}+\frac{25}{3}=\mathbf{\frac{100}{27}}$$

《2 次方程式 3 次 (B5)》

403. 方程式 $x^2+2x-2=0$ の解を $\alpha,\ \beta\ (\alpha<\beta)$ とおく．次の式の値を求めなさい．

（1） $(\alpha-2)(\beta-2)=$ □

（2） $\alpha^3+\beta^3=$ □

（3） $\alpha^3-\beta^3=-$ □ $\sqrt{□}$ （23　愛知学院大）

▶解答◀ 解と係数の関係より

$$\alpha+\beta=-2,\ \alpha\beta=-2$$

（1） $(\alpha-2)(\beta-2)=\alpha\beta-2(\alpha+\beta)+4$

$$=-2+4+4=\mathbf{6}$$

（２）　$\alpha^3+\beta^3=(\alpha+\beta)^3-3\alpha\beta(\alpha+\beta)$

$$=(-2)^3-3\cdot(-2)\cdot(-2)=-8-12=\mathbf{-20}$$

（３）　$x^2+2x-2=0$ を解くと $x=-1\pm\sqrt{3}$ であるから $\alpha<\beta$ より $\alpha=-1-\sqrt{3},\ \beta=-1+\sqrt{3}$

つまり $\alpha-\beta=-2\sqrt{3}$ であるから，

$$\alpha^3-\beta^3=(\alpha-\beta)(\alpha^2+\alpha\beta+\beta^2)$$
$$=(\alpha-\beta)\{(\alpha+\beta)^2-\alpha\beta\}$$
$$=-2\sqrt{3}\{(-2)^2-(-2)\}=-2\sqrt{3}\cdot 6=\mathbf{-12\sqrt{3}}$$

《実部の話（B20）☆》

404. a,b を実数とする．整式 $f(x)$ を $f(x)=x^2+ax+b$ で定める．以下の問に答えよ．

（１）　2次方程式 $f(x)=0$ が異なる2つの正の解をもつための a と b がみたすべき必要十分条件を求めよ．

（２）　2次方程式 $f(x)=0$ が異なる2つの実数解をもち，それらが共に -1 より大きく，0より小さくなるような点 (a,b) の存在する範囲を ab 平面上に図示せよ．

（３）　2次方程式 $f(x)=0$ の2つの解の実部が共に -1 より大きく，0より小さくなるような点 (a,b) の存在する範囲を ab 平面上に図示せよ．ただし，2次方程式の重解は2つと数える．

（23　神戸大・文系）

考え方　α,β が実数のとき

$\alpha>0$ かつ $\beta>0 \iff \alpha+\beta>0$ かつ $\alpha\beta>0$

を使う．

▶解答◀　$f(x)$ の判別式を D，2解を α,β とする．

$D=a^2-4b,\ \alpha+\beta=-a,\ \alpha\beta=b$

（１）　$D>0,\ \alpha+\beta>0,\ \alpha\beta>0$

のときで $\boldsymbol{b<\frac{a^2}{4},\ a<0,\ b>0}$

カンマは「かつ」を表す．

（２）　$f(x)=0$ の解が異なる実数で，$-1<x<0$ にある条件は，

$$D>0,\ -1<-\frac{a}{2}<0,\ f(0)>0,\ f(-1)>0$$

$$b<\frac{a^2}{4},\ 0<a<2,\ b>0,\ b>a-1$$

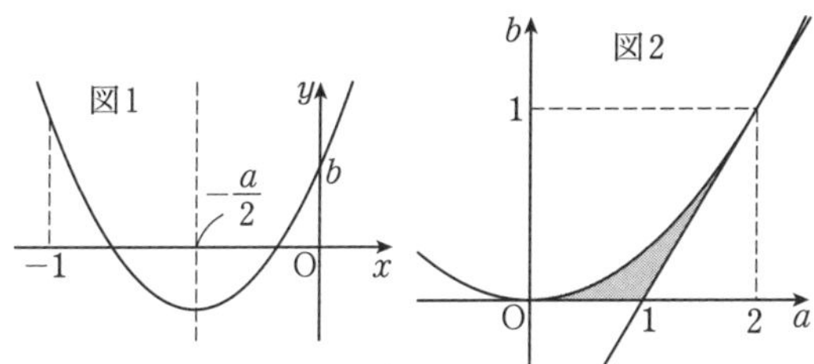

図示すると図2の境界を除く網目部分となる．

（３）　●　解が実数のとき：$f(x)=0$ の解が $-1<x<0$ にある条件は，

$$D\geqq 0,\ -1<-\frac{a}{2}<0,\ f(0)>0,\ f(-1)>0$$

$$b\leqq\frac{a^2}{4},\ 0<a<2,\ b>0,\ b>a-1 \quad\cdots\cdots\text{①}$$

●　解が虚数のとき：解 $x=\dfrac{-a\pm\sqrt{-D}\,i}{2}$ の実部は $-\dfrac{a}{2}$ であるから，2解の実部が -1 より大きく，0より小さくなる条件は

$$D<0,\ -1<-\frac{a}{2}<0$$

$$b>\frac{a^2}{4},\ 0<a<2 \quad\cdots\cdots\text{②}$$

① または ② を図示すると図3の境界を除く網目部分になる．

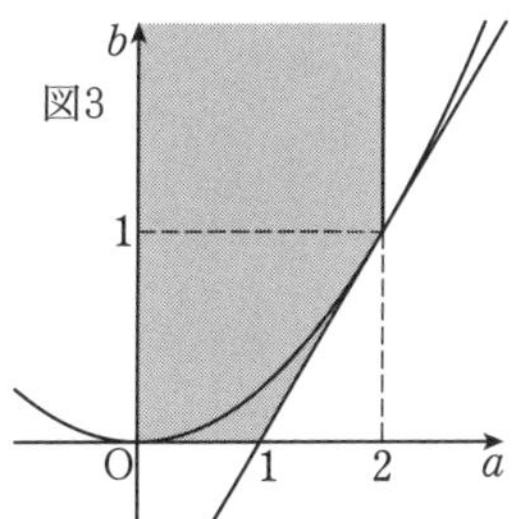

これらは $0<a<2,\ b>0,\ b>a-1$ を $b\leqq\dfrac{a^2}{4}$ と $b>\dfrac{a^2}{4}$ に分けて扱っていることになる．

注意　過去には何題かの類題があり，一番有名なのは1992年の東大である．この問題は判別式 D で与えられる式が複雑な形になるが，結局最終結果には影響しないことがミソになっている．

【類題】 x についての方程式

$$px^2+(p^2-q)x-(2p-q-1)=0$$

が解をもち，すべての解の実部が負となるような実数の組 (p,q) の範囲を pq 平面上に図示せよ．

（92　東大・文科）

《虚数解の設定（B10）》

405. 3次方程式 $ax^3+x^2-bx+6=0$ が $1-i$ を解にもつとき，実数の定数 $a,\ b$ の値を求めると，$(a,b)=$ □ であり，この方程式の実数解は $x=$ □ である．ただし，i は虚数単位とする．

（23　福岡大）

▶解答◀　$a,\ b$ が実数であるから

$ax^3+x^2-bx+6=0$ が $x=1-i$ を解にもつとき，

$x=1+i$ も解である．残りの解を $x=\alpha$ とすると解と係数の関係を用いて

$$(1-i)+(1+i)+\alpha=-\frac{1}{a} \quad \cdots\cdots ①$$

$$(1-i)(1+i)+(1+i)\alpha+\alpha(1-i)=-\frac{b}{a} \quad \cdots ②$$

$$(1-i)(1+i)\alpha=-\frac{6}{a} \quad \cdots\cdots ③$$

③ より

$$2\alpha=-\frac{6}{a}$$

$$-\frac{1}{a}=\frac{\alpha}{3} \quad \cdots\cdots ④$$

① に代入して

$$2+\alpha=\frac{\alpha}{3} \qquad \therefore \quad \alpha=\mathbf{-3}$$

④ に代入して $a=1$ である．

したがって ② より

$$2+2\alpha=-\frac{b}{a}$$

$$2-6=-b \qquad \therefore \quad b=4$$

$(a, b)=(\mathbf{1, 4})$ である．

《虚数係数の 2 次方程式 (B10) ☆》

406. k を実数とする．x についての等式

$$x^2-(4-3i)x+(4-ki)=0$$

を満たす実数 x があるとき，$k=$ キ である．このとき，上の数式を満たす x の値は 2 つあり，

ク と

ケ $-$ コ i である．ただし，i は虚数単位とする． (23 明治大・全)

▶解答◀ $x^2-(4-3i)x+(4-ki)=0 \cdots\cdots ①$

$$(x-2)^2+i(3x-k)=0$$

これを満たす実数 k, x に対して

$$x-2=0 \text{ かつ } 3x-k=0$$

$k=\mathbf{6}$ となる．① の 2 解を α, β とすると，$\alpha+\beta=4-3i$ であり，$\alpha=2$ とすれば $\beta=2-3i$ となる．

2 解は $\mathbf{2, 2-3i}$

《6 乗の和 (A10) ☆》

407. 2 次方程式 $x^2-3x-2=0$ の 2 つの解を α, β とするとき，以下の問いに答えよ．

（1） 2 次方程式 $x^2+ax+b=0$ が α^2, β^2 を解にもつとき，a, b の値を求めよ．

（2） 2 次方程式 $x^2+cx+d=0$ が α^6, β^6 を解にもつとき，c, d の値を求めよ． (23 小樽商大)

▶解答◀ 解と係数の関係を用いる．

（1） $x^2-3x-2=0$ の 2 解が α, β であるから

$$\alpha+\beta=3, \ \alpha\beta=-2$$

$x^2+ax+b=0$ の 2 解が α^2, β^2 であるから

$$a=-(\alpha^2+\beta^2)=-\{(\alpha+\beta)^2-2\alpha\beta\}$$

$$=-(9+4)=\mathbf{-13}$$

$$b=\alpha^2\beta^2=(-2)^2=\mathbf{4}$$

（2） $x^2+cx+d=0$ の 2 解が α^6, β^6 であるから

$$c=-(\alpha^6+\beta^6)$$

$$=-\{(\alpha^2+\beta^2)^3-3\alpha^2\beta^2(\alpha^2+\beta^2)\}$$

$$=-(13^3-3\cdot4\cdot13)=\mathbf{-2041}$$

$$d=\alpha^6\beta^6=(-2)^6=\mathbf{64}$$

《分数関数の最小 (B20) ☆》

408. k を正の実数とし，2 次方程式 $x^2+x-k=0$ の 2 つの実数解を α, β とする．k が $k>2$ の範囲を動くとき，$\dfrac{\alpha^3}{1-\beta}+\dfrac{\beta^3}{1-\alpha}$ の最小値を求めよ． (23 東大・文科)

▶解答◀ $k>0$ より $x^2+x-k=0$ は確かに実数解をもつ．解と係数の関係により

$$\alpha+\beta=-1, \ \alpha\beta=-k$$

である．このとき，

$$f=\frac{\alpha^3}{1-\beta}+\frac{\beta^3}{1-\alpha}$$

とおくと，

$$f=\frac{\alpha^3(1-\alpha)+\beta^3(1-\beta)}{(1-\alpha)(1-\beta)}$$

この分子について

$$\alpha^3(1-\alpha)+\beta^3(1-\beta)$$

$$=(\alpha^3+\beta^3)-(\alpha^4+\beta^4)$$

ここで，

$$\alpha^3+\beta^3=(\alpha+\beta)^3-3\alpha\beta(\alpha+\beta)=-1-3k$$

$$\alpha^4+\beta^4=(\alpha^2+\beta^2)^2-2(\alpha\beta)^2$$

$$=\{(\alpha+\beta)^2-2\alpha\beta\}^2-2(\alpha\beta)^2$$

$$=(1+2k)^2-2k^2=2k^2+4k+1$$

であるから，分子は

$$(-1-3k)-(2k^2+4k+1)=-2k^2-7k-2$$

となる．また，分母は

$$(1-\alpha)(1-\beta)=\alpha\beta-(\alpha+\beta)+1=-k+2$$

であるから，

$$f=\frac{-2k^2-7k-2}{-k+2}=\frac{2k^2+7k+2}{k-2} \quad \cdots\cdots ①$$

$$= 2k + 11 + \frac{24}{k-2} = 15 + 2(k-2) + \frac{24}{k-2}$$

$$= 15 + 2\left\{(k-2) + \frac{12}{k-2}\right\}$$

$$\geqq 15 + 2\cdot 2\sqrt{(k-2)\cdot\frac{12}{k-2}} = 15 + 8\sqrt{3}$$

なお，相加相乗平均の不等式を用いた．勿論，$k > 2$ より $k-2 > 0$ である．等号は $k-2 = \frac{12}{k-2}$，すなわち $k = 2+2\sqrt{3}$ のとき成り立つから，f の最小値は $\mathbf{15+8\sqrt{3}}$

$$\begin{array}{rrrr} & 2k & +11 & \\ \hline k-2\ ) & 2k^2 & +7k & +2 \\ & 2k^2 & -4k & \\ \hline & & 11k & +2 \\ & & 11k & -22 \\ \hline & & & 24 \end{array}$$

注意 1°【分数関数の最大・最小】

分数関数の最大・最小は，微分する（数学 III），相加相乗平均の不等式の利用，判別式の利用，という 3 つの方法がある．ただし，**後の 2 つは，分母分子が 2 次以下の式のとき**である．生徒に解いてもらうと分かるが，$\frac{2k^2+7k+2}{k-2}$ を $2k+11+\frac{24}{k-2}$ にするという変形は，できない生徒が多い．また，恐るべきことに，判別式の利用を知らない生徒も多い．

【相加相乗平均の不等式】

相加相乗平均の不等式を使いやすくするコツは分母に名前を付けることである．

$s = k-2 > 0$ とおく．$k = s+2$ であり，

$$f = \frac{2(s+2)^2 + 7(s+2) + 2}{s}$$

$$= \frac{2s^2 + 15s + 24}{s} = 2\left(s + \frac{12}{s}\right) + 15$$

$$\geqq 2\cdot 2\sqrt{s\cdot\frac{12}{s}} + 15 = 8\sqrt{3} + 15$$

等号は $s = \frac{12}{s}$，すなわち $s = 2\sqrt{3}$ のとき成り立つ．

【判別式の利用】

$$f = \frac{2k^2+7k+2}{k-2}$$

を k について整理する．

$$fk - 2f = 2k^2 + 7k + 2$$

$$2k^2 - (f-7)k + 2f + 2 = 0 \quad \cdots\cdots ②$$

$$k = \frac{f-7\pm\sqrt{D}}{4}$$

ただし

$D = (f-7)^2 - 8(2f+2)$

$= f^2 - 30f + 33 \geqq 0$

である．$D=0$ を解くと

$f = 15 \pm \sqrt{15^2 - 33} = 15 \pm \sqrt{192} = 15 \pm 8\sqrt{3}$

よって $D \geqq 0$ を解くと

$f \leqq 15 - 8\sqrt{3}$ または $f \geqq 15 + 8\sqrt{3}$

ただし，① で $k > 2$ だから $f > 0$ である．$f - 7 < 0$ とすると ② の左辺は正になり，成立しない．ゆえに $f - 7 \geqq 0$ である．しかるに，$15-8\sqrt{3} < 15-8\cdot 1 = 7$ だから，$f \geqq 15+8\sqrt{3}$ である．f の最小値は $\mathbf{15+8\sqrt{3}}$ であり，そのとき $D=0$ になるから

$$k = \frac{f-7}{4} = \frac{8+8\sqrt{3}}{4} = 2+2\sqrt{3}$$

である．

なお，東大文科で，分数関数の最大・最小は過去にも何度か出題があり，2012 年にもある．

【数学 III の微分】

数学 III の微分を知っていれば次のようにできる，

$$f(k) = \frac{2k^2+7k+2}{k-2}$$

とする．

$$f'(k) = \frac{(4k+7)(k-2) - (2k^2+7k+2)\cdot 1}{(k-2)^2} \cdots ③$$

$$= \frac{2(k^2-4k-8)}{(k-2)^2}$$

$k^2 - 4k - 8 = 0,\ k > 2$ を解くと $k = 2+2\sqrt{3}$ となる．求める最小値は

$$f(2+2\sqrt{3}) = \frac{2(16+8\sqrt{3}) + 7(2+2\sqrt{3}) + 2}{2\sqrt{3}}$$

$$= \frac{48+30\sqrt{3}}{2\sqrt{3}} = \mathbf{15+8\sqrt{3}}$$

k	2	$\cdots$	$2+2\sqrt{3}$	$\cdots$
$f'(k)$		$-$	0	$+$
$f(k)$		↘		↗

なお，極値の計算は次の安田の定理を知っていると，$\frac{2k^2+7k+2}{k-2}$ の分母・分子を k で微分した $\frac{4k+7}{1}$ の k に代入して $4(2+2\sqrt{3}) + 7 = 15 + 8\sqrt{3}$ と出来る．よく「これは証明せずに使ってもいいですか？」と聞く人がいるが「証明」というほどのことではあるまい．たかが代入して計算するだけである．好きにすればよい．

【安田の定理】

$f(x) = \frac{g(x)}{h(x)}$ が $x = \alpha$ で極値をとり

$h'(\alpha) \neq 0$ のとき $f(\alpha) = \frac{g'(\alpha)}{h'(\alpha)}$ となる．

【証明】 $f'(x) = \frac{g'(x)h(x) - g(x)h'(x)}{\{h(x)\}^2}$

が $x = \alpha$ で 0 になるときであるから，

$$g'(\alpha)h(\alpha) = g(\alpha)h'(\alpha)$$

であり，$h(\alpha)h'(\alpha)$ で割ると $\dfrac{g'(\alpha)}{h'(\alpha)}=\dfrac{g(\alpha)}{h(\alpha)}$

よって $f(\alpha)=\dfrac{g(\alpha)}{h(\alpha)}=\dfrac{g'(\alpha)}{h'(\alpha)}$

《解と係数から 2 次関数 (A10)》

409. x についての 2 次方程式

$$x^2-2mx+3m^2-m-3=0$$

が実数解をもつとき，その解を α, β とする．このとき，$\alpha^2+\beta^2$ は，$m=-\square$ のときに最小となり，その値は $\square$ である．（23 東洋大）

▶解答◀ 判別式を D とおくと $D\geqq 0$ より

$$\frac{D}{4}=m^2-(3m^2-m-3)\geqq 0$$

$$(2m-3)(m+1)\leqq 0 \qquad \therefore\ -1\leqq m\leqq \frac{3}{2}$$

2 解を α, β とおくと解と係数の関係より

$$\alpha+\beta=2m, \alpha\beta=3m^2-m-3$$

$$\alpha^2+\beta^2=(\alpha+\beta)^2-2\alpha\beta=4m^2-2(3m^2-m-3)$$

$$=-2m^2+2m+6=-2\left(m-\frac{1}{2}\right)^2+\frac{13}{2}$$

$-1\leqq m\leqq \dfrac{3}{2}$ より $m=\mathbf{-1}$ のとき最小値 **2** をとる．

《2 次方程式の決定 (A5)》

410. a, b を実数とする．

x の 2 次方程式 $x^2+ax+b=0$

の 2 解が a, b であるとき

$a=\square$ かつ $b=\square$

または

$a=\square$ かつ $b=\square$

となる．（23 東邦大・健康科学-看護）

▶解答◀ $x^2+ax+b=0$ の解が a, b のとき，解と係数の関係を用いて

$$a+b=-a \quad\cdots\cdots①$$

$$ab=b \quad\cdots\cdots②$$

② より，$b(a-1)=0$

$b=0$ のとき，① より $a=-a$ であるから $a=0$ である．$a=1$ のとき，① より $b=-2$ である．

したがって $(a, b)=\mathbf{(0, 0)}$ または $\mathbf{(1, -2)}$ である．

【因数定理】

《因数で表す (A5) ☆》

411. a, b, c, d は定数とする．関数

$f(x)=ax^4+bx^3+cx^2+dx$

が $f(-1)=f(1)=f(2)=f(3)=1$

を満たしているとき，$f(4)$ の値を求めると，$f(4)=\square$ である．（23 小樽商大）

▶解答◀ $f(-1)-1=0, f(1)-1=0, f(2)-1=0, f(3)-1=0$ であるから，$f(x)-1$ は $x+1$，$x-1$，$x-2$，$x-3$ を因数にもつ．

$$f(x)-1=a(x+1)(x-1)(x-2)(x-3)$$

とおけて，$f(0)=0$ であるから $-1=-6a$ となり，$a=\dfrac{1}{6}$ である．

$$f(x)=\frac{1}{6}(x+1)(x-1)(x-2)(x-3)+1$$

$$f(4)=\frac{1}{6}\cdot5\cdot3\cdot2\cdot1+1=\mathbf{6}$$

♦別解♦ $f(-1)=a-b+c-d=1 \quad\cdots\cdots①$

$f(1)=a+b+c+d=1 \quad\cdots\cdots②$

$f(2)=16a+8b+4c+2d=1 \quad\cdots\cdots③$

$f(3)=81a+27b+9c+3d=1 \quad\cdots\cdots④$

①＋② より，$2a+2c=2 \qquad \therefore\ c=-a+1$

①－② より，$-2b-2d=0 \qquad \therefore\ d=-b$

これらを ③ と ④ に代入して

$12a+6b=-3 \qquad \therefore\ 4a+2b=-1$

$72a+24b=-8 \qquad \therefore\ 9a+3b=-1$

よって，$a=\dfrac{1}{6}, b=-\dfrac{5}{6}, c=\dfrac{5}{6}, d=\dfrac{5}{6}$

$$f(x)=\frac{1}{6}x^4-\frac{5}{6}x^3+\frac{5}{6}x^2+\frac{5}{6}x$$

$$f(4)=\frac{256}{6}-\frac{320}{6}+\frac{80}{6}+\frac{20}{6}=\mathbf{6}$$

【高次方程式】

《4 次の相反方程式 (B10)》

412. p を実数とし，x の 4 次方程式

$$x^4-2x^3+px^2-4x+4=0 \quad\cdots\cdots①$$

を考える．$x=0$ は ① の解ではないので，$t=x+\dfrac{2}{x}$ とおくと，① は t の方程式 $\square=0$ と表される．

(1) $p=5$ のとき，x の方程式 ① は異なる 2 つの虚数解をもち，このうち虚部が正のものを β とすると，$\beta=\square$ である．

(2) x の方程式 ① が異なる 4 つの実数解をもつとき，p の取りうる値の範囲は $\square$ である．

（23 関西学院大）

▶解答◀ $x^4-2x^3+px^2-4x+4=0\cdots①$

$t=x+\dfrac{2}{x}$ より

$$t^2=x^2+\frac{4}{x^2}+4$$

であるから，① は

$$x^2-2x+p-\frac{4}{x}+\frac{4}{x^2}=0$$

$$\left(x^2+\frac{4}{x^2}\right)-2\left(x+\frac{2}{x}\right)+p=0$$

$$(t^2-4)-2t+p=0$$

$$\boldsymbol{t^2-2t+p-4=0} \quad \cdots\cdots ②$$

（1） $p=5$ のとき，② より

$$t^2-2t+1=0$$

$$(t-1)^2=0 \qquad \therefore \quad t=1$$

である．$t=x+\dfrac{2}{x}$ より

$$x^2-tx+2=0 \quad \cdots\cdots ③$$

であるから，$t=1$ より

$$x^2-x+2=0$$

$$x=\frac{1\pm\sqrt{7}i}{2} \qquad \therefore \quad \beta=\boldsymbol{\frac{1+\sqrt{7}i}{2}}$$

（2） ③ が異なる 2 つの実数解をもつのは，③ の判別式を D として $D>0$，すなわち

$$t^2-8>0$$

$$t<-2\sqrt{2},\ 2\sqrt{2}<t \quad \cdots\cdots ④$$

のときである．① が異なる 4 つの実数解をもつ条件は，② が ④ の範囲に異なる 2 つの実数解をもつことである．② は

$$p=-(t-1)^2+5$$

となるから，グラフより

$$\boldsymbol{p<-4\sqrt{2}-4}$$

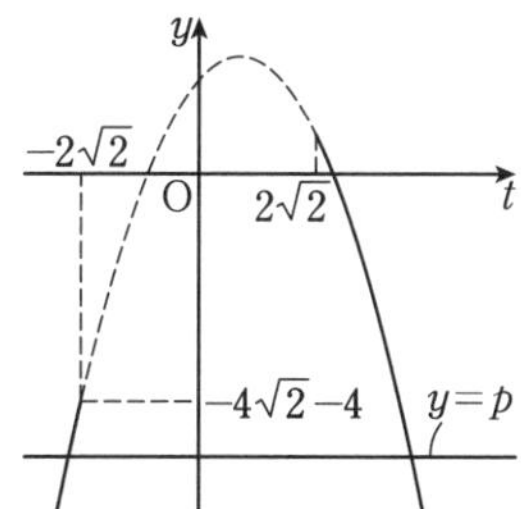

《4 次の相反方程式（B20）》

413. 4 次方程式

$$2x^4+9x^3-14x^2+9x+2=0 \quad \cdots\cdots (a)$$

を次の手順で解く．

（1） $t=x+\dfrac{1}{x}$ とおくと，(a) は t の 2 次方程式

$$2t^2+\square t-\square=0 \quad \cdots\cdots (b)$$

に変形することができる．方程式 (b) の解は，

$t=-$ ア ，$\dfrac{\text{イ}}{\text{ウ}}$ である．

（2） （1）の結果の $t=-$ ア より，(a) の解 $x=-\square\pm\square\sqrt{\square}$ を得る．

また，$t=\dfrac{\text{イ}}{\text{ウ}}$ より，(a) の解 $x=\dfrac{\square\pm\sqrt{\square}i}{\square}$ を得る．ただし，i は虚数単位とする． （23 東京農大）

▶解答◀ （1） (a) は $x=0$ を解にもたないから，両辺を x^2 で割って

$$2x^2+9x-14+\frac{9}{x}+\frac{2}{x^2}=0$$

$$2\left(x+\frac{1}{x}\right)^2-4+9\left(x+\frac{1}{x}\right)-14=0$$

$$2\left(x+\frac{1}{x}\right)^2+9\left(x+\frac{1}{x}\right)-18=0$$

$t=x+\dfrac{1}{x}$ より $\boldsymbol{2t^2+9t-18=0}$

これを解くと

$$(t+6)(2t-3)=0 \qquad \therefore \quad t=\boldsymbol{-6,\ \frac{3}{2}}$$

（2） $t=-6$ のとき，$x+\dfrac{1}{x}=-6$ より

$$x^2+6x+1=0 \qquad \therefore \quad x=\boldsymbol{-3\pm2\sqrt{2}}$$

$t=\dfrac{3}{2}$ のとき，$x+\dfrac{1}{x}=\dfrac{3}{2}$ より

$$2x^2-3x+2=0 \qquad \therefore \quad x=\boldsymbol{\frac{3\pm\sqrt{7}i}{4}}$$

《4 次方程式の解（B20）》

414. 次の問いに答えなさい．

（1） x^4-6x^2+25 を因数分解しなさい．

（2） 方程式 $x^4-6x^2+25=0$ の 4 つの解を p, q, r, s とするとき，$p^3+q^3+r^3+s^3$ の値を求めなさい．

（3） （2）で定めた p, q, r, s に対して，$p^3q^3+p^3r^3+p^3s^3+q^3r^3+q^3s^3+r^3s^3$ の値を求めなさい． （23 山口大・文系）

▶解答◀ （1） x^4-6x^2+25

$$=(x^2+5)^2-16x^2$$

$$=\boldsymbol{(x^2-4x+5)(x^2+4x+5)}$$

（2） $p^3+q^3+r^3+s^3$ は，p, q, r, s に関する対称式であるので，$x^2-4x+5=0$ の解を p, q，$x^2+4x+5=0$ の解を r, s とおいても一般性を失うことはない．

解と係数の関係から

$$p+q=4,\ pq=5 \quad \cdots\cdots ①$$

$$r+s=-4,\ rs=5 \quad \cdots\cdots ②$$

① より

$$p^3+q^3=(p+q)^3-3pq(p+q)$$
$$=64-3\cdot5\cdot4=4$$

② より

$$r^3+s^3=(r+s)^3-3rs(r+s)$$
$$=-64-3\cdot5\cdot(-4)=-4$$

したがって

$$p^3+q^3+r^3+s^3=4-4=\mathbf{0}$$

（3） $T=p^3q^3+p^3r^3+p^3s^3+q^3r^3+q^3s^3+r^3s^3$ とおく．（2）より

$$p^6+q^6+r^6+s^6$$
$$=(p^3+q^3)^2-2(pq)^3+(r^3+s^3)^2-2(rs)^3$$
$$=16-2\cdot125+16-2\cdot125=-468$$

であるから

$$(p^3+q^3+r^3+s^3)^2=p^6+q^6+r^6+s^6+2T$$
$$0=-468+2T$$

したがって，$T=\mathbf{234}$

◆別解◆ （1）から，4 つの解が $\pm2\pm i$（複号任意）とわかるので，具体的な計算でも求められる．

（2） $p^3+q^3+r^3+s^3$

$$=(2+i)^3+(2-i)^3+(-2-i)^3+(-2+i)^3$$
$$=(2+i)^3+(2-i)^3-(2+i)^3-(2-i)^3=\mathbf{0}$$

（3） $p^3q^3+p^3r^3+p^3s^3+q^3r^3+q^3s^3+r^3s^3$

$$=\{(2+i)(2-i)\}^3+\{(2+i)(-2-i)\}^3$$
$$+\{(2+i)(-2+i)\}^3+\{(2-i)(-2-i)\}^3$$
$$+\{(2-i)(-2+i)\}^3+\{(-2-i)(-2+i)\}^3$$
$$=5^3-(3+4i)^3-5^3-5^3-(3-4i)^3+5^3$$
$$=-(27+108i-144-64i)$$
$$-(27-108i-144+64i)$$
$$=\mathbf{234}$$

《3 次の解と係数の関係（B20）》

415. 方程式 $x^3+5x^2+7x+2=0$ の解を α，β，γ とするとき，

（1） $\alpha\beta+\beta\gamma+\gamma\alpha$ を求めなさい．

（2） $\dfrac{1}{\alpha}+\dfrac{1}{\beta}+\dfrac{1}{\gamma}$ を求めなさい．

（3） $\alpha^3+\beta^3+\gamma^3$ を求めなさい．（23　愛知学院大）

▶解答◀ （1） 解と係数の関係より

$$\alpha+\beta+\gamma=-5,\ \alpha\beta+\beta\gamma+\gamma\alpha=\mathbf{7},\ \alpha\beta\gamma=-2$$

（2） $\dfrac{1}{\alpha}+\dfrac{1}{\beta}+\dfrac{1}{\gamma}=\dfrac{\alpha\beta+\beta\gamma+\gamma\alpha}{\alpha\beta\gamma}=\mathbf{-\dfrac{7}{2}}$

（3） $\alpha^3+\beta^3+\gamma^3-3\alpha\beta\gamma$

$$=(\alpha+\beta+\gamma)(\alpha^2+\beta^2+\gamma^2-\alpha\beta-\beta\gamma-\gamma\alpha)$$
$$=(\alpha+\beta+\gamma)\{(\alpha+\beta+\gamma)^2-3(\alpha\beta+\beta\gamma+\gamma\alpha)\}$$
$$\alpha^3+\beta^3+\gamma^3-3\cdot(-2)=(-5)\{(-5)^2-3\cdot7\}$$
$$\alpha^3+\beta^3+\gamma^3=-6-5\cdot4=\mathbf{-26}$$

《複 2 次方程式（B10）》

416. a を実数の定数とする．x についての 4 次方程式 $x^4-2ax^2+a+1=0$ が異なる 4 つの実数解をもつような定数 a の範囲を求めよ．

（23　中部大）

▶解答◀ $x^2=t$ とおく．$t^2-2at+a+1=0$ となる．この解 t が定まったとき $x=\pm\sqrt{t}$ で x が定まるから，実数解 x が 4 つある条件は $t^2-2at+a+1=0$ が異なる 2 つの正の解をもつことである．判別式を D とする．また 2 解を α,β とする．$D>0$ のもとでは $\alpha>0,\beta>0$ は $\alpha+\beta>0,\alpha\beta>0$ と同値であるから，a の満たす条件は $a^2-a-1>0,2a>0,a+1>0$ となる．$\boldsymbol{a>\dfrac{1+\sqrt{5}}{2}}$

《共役解（A10）》

417. a,b は整数で，x の 3 次方程式

$x^3-ax^2+10x-b=0$

が $x=1\pm i$ を解にもつとき，$a=$ □，$b=$ □ である．また，他の解は，$x=$ □ である．i は虚数単位を表す．（23　明治大・情報）

▶解答◀ 他の解を α とすると，解と係数の関係より

$(1+i)+(1-i)+\alpha=a$ ……………………①

$(1+i)(1-i)+\alpha(1+i)+\alpha(1-i)=10$ ……②

$\alpha(1+i)(1-i)=b$ ……………………………③

② より

$$2+2\alpha=10 \qquad \therefore \quad \alpha=\mathbf{4}$$

①，③ に代入して $a=\mathbf{6},b=\mathbf{8}$

《共役解（B10）☆》

418. a,b を実数の定数とし，i を虚数単位とする．x についての方程式

$x^4+ax^2+bx+20=0$ ………………（＊）

が $x=2-i$ を解にもつとき，$a=-$□，$b=$□ であり，方程式（＊）の $x=2-i$ 以外の解は $x=-$□，□＋□i である．（23　中京大）

考え方 割り算の活用をします.

▶解答◀ $f(x)=x^4+ax^2+bx+20$ とおく. $f(x)$ は実数係数であるから $x=2-i$ が $f(x)=0$ の解なら $x=2+i$ も解で $f(x)$ は

$\{x-(2-i)\}\{x-(2+i)\}=(x-2)^2+1=x^2-4x+5$

で割り切れる. 割り算を実行すると,

商は $x^2+4x+a+11$,

余りは $(b+4a+24)x-35-5a$ となる.

$b+4a+24=0$, $-35-5a=0$ であるから

$$a=\mathbf{-7},\ b=-4a-24=\mathbf{4}$$

$$\begin{array}{rl}
 & x^2+4x+a+11 \\
x^2-4x+5\,\big) & x^4+ax^2+bx+20 \\
-\big) & x^4-4x^3+5x^2 \\
 & 4x^3+(a-5)x^2+bx+20 \\
-\big) & 4x^3-16x^2+20x \\
 & (a+11)x^2+(b-20)x+20 \\
-\big) & (a+11)x^2-(4a+44)x+5a+55 \\
 & (b+4a+24)x-35-5a
\end{array}$$

$f(x)=(x^2-4x+5)(x^2+4x+4)$ となる. $f(x)=0$ の $x=2-i$ 以外の解は $\mathbf{2+i},\ \mathbf{-2}$

《共役解 (B10)》

419. $i^2=-1$ とする. 3 次方程式

$x^3+ax^2+bx+6=0$

の 1 つの解が $x=2+\sqrt{2}i$ であるとき, 実数 a, b の値は, $(a,\ b)=(\square,\ \square)$ である.

(23 松山大・薬)

▶解答◀ $x^3+ax^2+bx+6=0$ の解の 1 つが $2+\sqrt{2}i$ であるとき, 共役な複素数 $2-\sqrt{2}i$ も解となる. もう 1 つの解を α とおくと, 解と係数の関係から

$$2+\sqrt{2}i+2-\sqrt{2}i+\alpha=-a \quad \cdots\cdots①$$

$$\alpha(2+\sqrt{2}i)+\alpha(2-\sqrt{2}i)+(2+\sqrt{2}i)(2-\sqrt{2}i)=b \quad \cdots\cdots②$$

$$\alpha(2+\sqrt{2}i)(2-\sqrt{2}i)=-6 \quad \cdots\cdots③$$

③ より, $6\alpha=-6$ $\quad\therefore\ \alpha=-1$

① より, $4-1=-a$ $\quad\therefore\ a=-3$

② より, $-4+6=b$ $\quad\therefore\ b=2$

よって, $(a,\ b)=(\mathbf{-3},\ \mathbf{2})$

《共役解 (B10)》

420. a, b を実数の定数とし, i を虚数単位とする. 方程式 $x^3+ax^2+9x+b=0$ の解の 1 つが $x=1-2i$ であるとき, $a=\square$, $b=-\square$ となる.

また, この方程式の実数解は $x=\square$ となる.

(23 西南学院大)

▶解答◀ 方程式の係数はすべて実数より, $1-2i$ が解のとき, $1+2i$ も解にもつ. 残りの解を c とおくと, 解と係数の関係から

$$(1-2i)+(1+2i)+c=-a \quad \cdots\cdots①$$

$$(1-2i)(1+2i)+c(1-2i)+c(1+2i)=9 \quad ②$$

$$(1-2i)(1+2i)c=-b \quad \cdots\cdots③$$

② より $5+2c=9$ となり $c=2$ だから実数解は $\mathbf{2}$

また, ①, ③ より

$$a=-(2+c)=\mathbf{-4},\ b=-5c=\mathbf{-10}$$

《3 次の解と係数の関係 (B10)》

421. 3 次方程式 $2x^3+2x^2+5x+7=0$ の 3 つの解を $\alpha,\ \beta,\ \gamma$ とするとき, $\alpha+\beta+\gamma=\square$, $\alpha\beta+\beta\gamma+\gamma\alpha=\square$, $\alpha\beta\gamma=\square$ である. このとき, 次の式の値を求めよ.

(1) $\alpha^2+\beta^2+\gamma^2=\square$

(2) $(\alpha-1)(\beta-1)(\gamma-1)=\square$

(3) $(\alpha+\beta)(\beta+\gamma)(\gamma+\alpha)\left(\dfrac{1}{\alpha\beta}+\dfrac{1}{\beta\gamma}+\dfrac{1}{\gamma\alpha}\right)=\square$

(4) $\alpha^3+\beta^3+\gamma^3=\square$ (23 立命館大・文系)

▶解答◀ 3 次方程式 $2x^3+2x^2+5x+7=0$ において, 解と係数の関係より

$$\alpha+\beta+\gamma=-\frac{2}{2}=\mathbf{-1} \quad \cdots\cdots①$$

$$\alpha\beta+\beta\gamma+\gamma\alpha=\mathbf{\frac{5}{2}},\ \alpha\beta\gamma=\mathbf{-\frac{7}{2}}$$

(1) $\alpha^2+\beta^2+\gamma^2$

$$=(\alpha+\beta+\gamma)^2-2(\alpha\beta+\beta\gamma+\gamma\alpha)$$

$$=(-1)^2-2\cdot\frac{5}{2}=\mathbf{-4}$$

(2) $(\alpha-1)(\beta-1)(\gamma-1)$

$$=\alpha\beta\gamma-(\alpha\beta+\beta\gamma+\gamma\alpha)+(\alpha+\beta+\gamma)-1$$

$$=-\frac{7}{2}-\frac{5}{2}-1-1=\mathbf{-8}$$

(3) ① より

$$(\alpha+\beta)(\beta+\gamma)(\gamma+\alpha)$$

$$=(-1-\alpha)(-1-\beta)(-1-\gamma)$$

$$=-(\alpha+1)(\beta+1)(\gamma+1)$$

$$=-\{\alpha\beta\gamma+(\alpha\beta+\beta\gamma+\gamma\alpha)+(\alpha+\beta+\gamma)+1\}$$

$$=-\left(-\frac{7}{2}+\frac{5}{2}-1+1\right)=1$$

$$\frac{1}{\alpha\beta}+\frac{1}{\beta\gamma}+\frac{1}{\gamma\alpha}$$
$$=\frac{\gamma+\alpha+\beta}{\alpha\beta\gamma}=\frac{-1}{-\frac{7}{2}}=\frac{2}{7}$$

したがって

$$(\alpha+\beta)(\beta+\gamma)(\gamma+\alpha)\left(\frac{1}{\alpha\beta}+\frac{1}{\beta\gamma}+\frac{1}{\gamma\alpha}\right)$$
$$=1\cdot\frac{2}{7}=\boldsymbol{\frac{2}{7}}$$

（4） $\alpha^3+\beta^3+\gamma^3-3\alpha\beta\gamma$

$$=(\alpha+\beta+\gamma)(\alpha^2+\beta^2+\gamma^2-\alpha\beta-\beta\gamma-\gamma\alpha)$$

より

$$\alpha^3+\beta^3+\gamma^3-3\left(-\frac{7}{2}\right)=(-1)\left(-4-\frac{5}{2}\right)$$
$$\alpha^3+\beta^3+\gamma^3=\frac{13}{2}+3\left(-\frac{7}{2}\right)=\boldsymbol{-4}$$

♦別解♦ **【解を用いた因数分解の利用】**

（ii） $2x^3+2x^2+5x+7=0$ の解が α, β, γ であるから

$$2x^3+2x^2+5x+7=2(x-\alpha)(x-\beta)(x-\gamma)$$

である．$x=1$ を代入して

$$2(1-\alpha)(1-\beta)(1-\gamma)=2+2+5+7=16$$

よって　$(\alpha-1)(\beta-1)(\gamma-1)=\boldsymbol{-8}$

♦別解♦ （iv） α, β, γ は $2x^3+2x^2+5x+7=0$ の解であるから

$$2\alpha^3+2\alpha^2+5\alpha+7=0$$
$$2\beta^3+2\beta^2+5\beta+7=0$$
$$2\gamma^3+2\gamma^2+5\gamma+7=0$$

この3式を辺々加えて

$$2(\alpha^3+\beta^3+\gamma^3)+2(\alpha^2+\beta^2+\gamma^2)+5(\alpha+\beta+\gamma)+7\cdot3=0$$
$$2(\alpha^3+\beta^3+\gamma^3)+2(-4)+5(-1)+7\cdot3=0$$
$$\alpha^3+\beta^3+\gamma^3=\boldsymbol{-4}$$

《3 乗根が外れる話（B20）》

422. $a=\sqrt[3]{5\sqrt{2}+7}-\sqrt[3]{5\sqrt{2}-7}$ とする．次の問に答えよ．

（1） a^3 を a の1次式で表せ．

（2） a は整数であることを示せ．

（3） $b=\sqrt[3]{5\sqrt{2}+7}+\sqrt[3]{5\sqrt{2}-7}$ とするとき，b を越えない最大の整数を求めよ．

（23　早稲田大・社会）

▶解答◀ （1） $\alpha=\sqrt[3]{5\sqrt{2}+7}$, $\beta=\sqrt[3]{5\sqrt{2}-7}$ とすると

$$\alpha^3=5\sqrt{2}+7,\ \beta^3=5\sqrt{2}-7,\ \alpha\beta=\sqrt[3]{50-49}=1$$

一般に

$$x^3+y^3=(x+y)^3-3xy(x+y)$$
$$x^3-y^3=(x-y)^3+3xy(x-y)$$

が成り立つ．後者を利用して

$$\alpha^3-\beta^3=(\alpha-\beta)^3+3\alpha\beta(\alpha-\beta)$$
$$14=a^3+3\cdot1\cdot a$$
$$\boldsymbol{a^3=-3a+14}$$

（2） $a^3+3a-14=0$

$$(a-2)(a^2+2a+7)=0$$

α, β は実数であるから a は実数である．$a=2$ となり整数である．

（3） $\alpha-\beta=2, \alpha^3+\beta^3=10\sqrt{2}$ である．

$$\alpha^3+\beta^3=(\alpha+\beta)(\alpha^2-\alpha\beta+\beta^2)$$
$$\alpha^3+\beta^3=(\alpha+\beta)\{(\alpha-\beta)^2+\alpha\beta\}$$
$$10\sqrt{2}=(\alpha+\beta)(4+1)$$
$$b=\alpha+\beta=2\sqrt{2}=2.828\cdots$$

を越えない最大の整数は **2** である．

注意 1° （3） 前半と同じ方法を使えば

$$\alpha^3+\beta^3=(\alpha+\beta)^3-3\alpha\beta(\alpha+\beta)$$
$$10\sqrt{2}=(\alpha+\beta)^3-3(\alpha+\beta)$$

$\alpha+\beta=t\sqrt{2}$ とおくと

$$10\sqrt{2}=2t^3\sqrt{2}-3t\sqrt{2}$$
$$2t^3-3t-10=0$$
$$(t-2)(2t^2+4t+5)=0$$

これを満たす実数は $t=2$ となり $\alpha+\beta=2\sqrt{2}$

2° $\sqrt[3]{5\sqrt{2}+7}-\sqrt[3]{5\sqrt{2}-7}=2$

$$\sqrt[3]{5\sqrt{2}+7}+\sqrt[3]{5\sqrt{2}-7}=2\sqrt{2}$$
$$\sqrt[3]{5\sqrt{2}+7}=\sqrt{2}+1,\ \sqrt[3]{5\sqrt{2}-7}=\sqrt{2}-1$$

となる．

《4 次の基本対称式の計算（B10）》

423. $x+y+z=0, xy+yz+zx=2$ であるとき，

$$x^2+y^2+z^2=\square,\ x^4+y^4+z^4=\square$$

となる．

（22　東邦大・健康，看護）

▶解答◀ これは実数でなく，虚数の問題である．数字を調整して実数の問題にすればいいのに．符号を変えて $xy+yz+zx=-2$ にすれば，それだけで実数の問

題になるのに．残念である．虚数にしたところで，なんの意味もないだろう．

$(x+y+z)^2=x^2+y^2+z^2+2(xy+yz+zx)$

$x+y+z=0,\ xy+yz+zx=2$ ……………………①

を適用すると

$0=x^2+y^2+z^2+2\cdot 2$

$x^2+y^2+z^2=-4$ ……………………②

$(xy+yz+zx)^2$

$=x^2y^2+y^2z^2+z^2x^2+2(xy\cdot yz+yz\cdot zx+zx\cdot xy)$

$(xy+yz+zx)^2$

$=x^2y^2+y^2z^2+z^2x^2+2xyz(x+y+z)$

であり，① を適用すると

$4=x^2y^2+y^2z^2+z^2x^2$ ……………………③

$(x^2+y^2+z^2)^2$

$=x^4+y^4+z^4+2(x^2y^2+y^2z^2+z^2x^2)$

②，③ を適用すると $16=x^4+y^4+z^4+2\cdot 4$

$x^4+y^4+z^4=\mathbf{8}$

《3 次の共役解 (B10)》

424．実数係数の x の 3 次方程式

$2x^3+sx^2+tx-6=0$

の 1 つの解が $1+i$ であるとき

$s=$ □，$t=$ □

である．また，残りの解のうち実数であるものは

$x=\dfrac{□}{□}$

である．（23　東邦大・健康科学-看護）

▶解答◀　3 次方程式は実数係数であるから $x=1+i$ が解のとき，$x=1-i$ も解である．残りの解は実数で，それを $x=r$ とおくと解と係数の関係より

$(1+i)+(1-i)+r=-\dfrac{s}{2}$ ……………………①

$(1+i)(1-i)+(1+i)r+(1-i)r=\dfrac{t}{2}$ ……②

$(1+i)(1-i)r=3$ ……………………③

③ より

$2r=3 \qquad \therefore\ r=\mathbf{\dfrac{3}{2}}$

① より

$2+\dfrac{3}{2}=-\dfrac{s}{2} \qquad \therefore\ s=\mathbf{-7}$

② より

$2+\dfrac{3}{2}(1+i)+\dfrac{3}{2}(1-i)=\dfrac{t}{2} \qquad \therefore\ t=\mathbf{10}$

【直線の方程式 (数 II)】

《平行条件と垂直条件 (A3) ☆》

425．a を定数とする．2 直線 $ax-3y=4,\ x+(2-a)y=5$ が，平行であるとき $a=-$ □ または □ であり，垂直であるとき $a=\dfrac{□}{□}$ である．（23　日大）

▶解答◀　2 直線 $ax+by+c=0$，$a'x+b'y+c'=0$ の平行条件は $ab'-a'b=0$

垂直条件は $aa'+bb'=0$ だから，本問では，

平行であるとき $a(2-a)-(-3)\cdot 1=0$

$a^2-2a-3=0$ となり，$(a+1)(a-3)=0$

$\mathbf{a=-1,\ 3}$

垂直であるとき $a\cdot 1+(-3)(2-a)=0$ で $\mathbf{a=\dfrac{3}{2}}$

《折れ線の最短 (B10)》

426．a は正の定数とする．原点を O とする xy 平面上に直線 $l : y=\dfrac{2}{3}x$ と 2 点 A$(0,\ a)$，B$(17,\ 20)$ がある．直線 l 上にとった動点 P と 2 点 A，B それぞれを線分で結び，2 つの線分の長さの和 AP + BP が最小となったとき，$\angle$APO $=45^\circ$ であった．AP + BP が最小であるとき，直線 BP を表す方程式は $y=$ □ であり，三角形 ABP の内接円の半径は □ である．（23　慶應大・薬）

▶解答◀　図 1 を見よ．$a>0$ より，点 A と点 B は直線 l に関して同じ側にある．よって，点 A の直線 l に関する対称点を A′ とすると，AP = A′P で

$\mathrm{AP}+\mathrm{BP}=\mathrm{A'P}+\mathrm{BP} \geqq \mathrm{A'B}$

等号は，A′，P，B がこの順に一直線上にあるときに成り立つ．よって，AP + BP が最小になるとき，P は直線 l と直線 A′B の交点である．

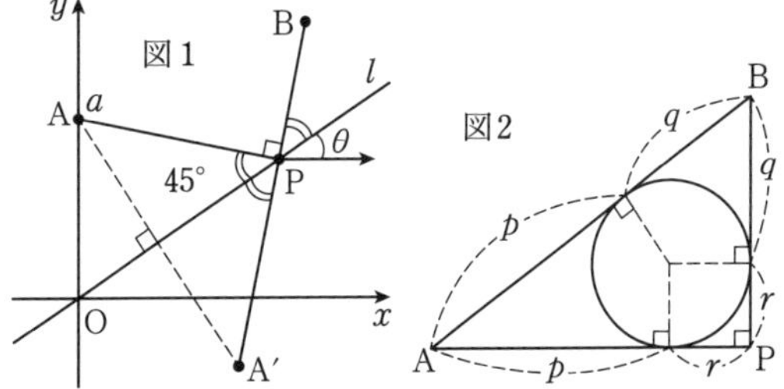

$\angle$A′PO $=\angle$APO $=45^\circ$ であるから，直線 l と直線 BP のなす角は 45° である．直線 l と x 軸正の部分とのなす角を θ とすると，$\tan\theta=\dfrac{2}{3}$ で直線 BP の傾きは

$\tan(\theta+45^\circ)=\dfrac{\tan\theta+\tan 45^\circ}{1-\tan\theta\tan 45^\circ}$

$$= \frac{\frac{2}{3}+1}{1-\frac{2}{3}\cdot 1} = 5$$

よって，直線 BP の方程式は

$$y = 5(x-17)+20 \qquad \therefore \quad \boldsymbol{y = 5x - 65}$$

直線 BP の方程式と直線 l の方程式を連立させた

$$y = \frac{2}{3}x,\ y = 5x - 65$$

の解が点 P の座標であり，これを解いて P(15, 10) である．直線 AP は直線 BP と垂直だから，その方程式は

$$y = -\frac{1}{5}(x-15)+10 \qquad \therefore \quad y = -\frac{1}{5}x + 13$$

よって，A(0, 13) で

$$\mathrm{AP} = \sqrt{(15-0)^2+(10-13)^2} = 3\sqrt{26}$$

同様に，$\mathrm{BP} = 2\sqrt{26}$, $\mathrm{AB} = 13\sqrt{2}$ である．△ABP は直角三角形であり，その内接円の半径を r とすると図 2 で

$$\mathrm{AP}+\mathrm{BP}-\mathrm{AB}$$
$$= (p+r)+(q+r)-(p+q) = 2r$$
$$r = \frac{1}{2}(\mathrm{AP}+\mathrm{BP}-\mathrm{AB})$$
$$= \boldsymbol{\frac{1}{2}(5\sqrt{26}-13\sqrt{2})}$$

《最も近い点 (B40)》

427. 座標平面上で，原点 O と点 A(1, 3) を結ぶ線分 OA を考える．与えられた点 P に対し，P と線分 OA の距離を $d(\mathrm{P})$ とおく．すなわち $d(\mathrm{P})$ は，点 Q が線分 OA 上を動くときの線分 PQ の長さの最小値である．次の問いに答えよ．

（1） 点 P の座標が (5, 2) のとき，$d(\mathrm{P})$ の値を求めよ．

（2） 点 P の座標が (a, b) のとき，$d(\mathrm{P})$ を a, b の式で表せ．

（3） 放物線 $y = x^2$ 上にあり，$d(\mathrm{P}) = \sqrt{10}$ を満たす点 P の x 座標をすべて求めよ．

（23　大阪公立大・文系）

▶解答◀ （**2**） 図 1 を参照せよ．線分 OA 上に点 $\mathrm{Q}(t, 3t)$ $(0 \leqq t \leqq 1)$ をとり $f(t) = \mathrm{PQ}^2$ とおく．

$$f(t) = (t-a)^2 + (3t-b)^2$$
$$= 10t^2 - 2(a+3b)t + a^2 + b^2$$
$$= 10\left(t - \frac{a+3b}{10}\right)^2 - \frac{(a+3b)^2}{10} + a^2 + b^2$$

$0 \leqq t \leqq 1$ であるから，$f(t)$ の最小値は

（ア） $\frac{a+3b}{10} < 0$ のとき $f(0) = a^2 + b^2$

（イ） $0 \leqq \frac{a+3b}{10} \leqq 1$ のとき

$$f\left(\frac{a+3b}{10}\right) = \frac{9a^2-6ab+b^2}{10} = \frac{(3a-b)^2}{10}$$

（ウ） $1 < \frac{a+3b}{10}$ のとき $f(1) = (a-1)^2 + (b-3)^2$

$d(\mathrm{P})$ は $\mathrm{PQ} = \sqrt{f(t)}$ の最小値であるから

$\boldsymbol{a+3b<0}$ **のとき，** $\boldsymbol{d(\mathrm{P}) = \sqrt{a^2+b^2}}$

$\boldsymbol{0 \leqq a+3b \leqq 10}$ **のとき，** $\boldsymbol{d(\mathrm{P}) = \frac{|3a-b|}{\sqrt{10}}}$

$\boldsymbol{10 < a+3b}$ **のとき，** $\boldsymbol{d(\mathrm{P}) = \sqrt{(a-1)^2+(b-3)^2}}$

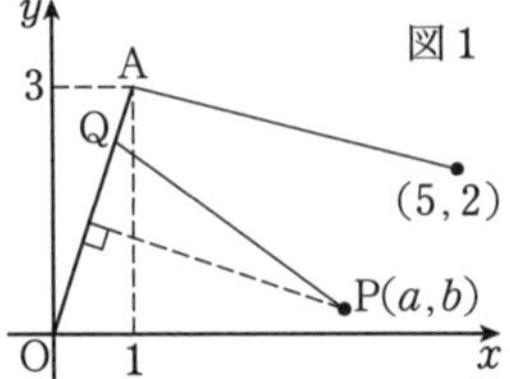

図 1

（**1**） $5+3\cdot 2 > 10$ であるから

$$d(\mathrm{P}) = \sqrt{(5-1)^2+(2-3)^2} = \boldsymbol{\sqrt{17}}$$

（**3**） 放物線 $y = x^2$ 上の点 P の座標を (t, t^2) とおく．

（ア） $t + 3t^2 < 0$ すなわち $-\frac{1}{3} < t < 0$ のとき

$t^2 < \frac{1}{9} < 1$ であるから

$$d(\mathrm{P}) = \mathrm{OP} = \sqrt{t^2+t^4} < \sqrt{1+1} < \sqrt{10}$$

となり，$d(\mathrm{P}) = \sqrt{10}$ となることはない．

（イ） $0 \leqq t + 3t^2 \leqq 10$ ……………………①

のとき

$$d(\mathrm{P}) = \frac{|3t-t^2|}{\sqrt{10}} = \sqrt{10}$$
$$3t - t^2 = \pm 10$$

$t^2 - 3t - 10 = 0$ のとき

$$(t-5)(t+2) = 0 \qquad \therefore \quad t = 5, -2$$

① より $t = -2$

$t^2 - 3t + 10 = 0$ のとき

判別式 $D = 9 - 40 < 0$ より実数解はない．

（ウ） $t + 3t^2 > 10$ ……………………②

のとき，$d(\mathrm{P}) = \mathrm{AP}$ であるから

$$\sqrt{(t-1)^2+(t^2-3)^2} = \sqrt{10}$$
$$t(t^3-5t-2) = 0$$
$$t(t+2)(t^2-2t-1) = 0$$
$$t = -2, 0, 1 \pm \sqrt{2}$$

② より $t = 1 + \sqrt{2}$

以上，（ア），（イ），（ウ）より $d(\mathrm{P}) = \sqrt{10}$ をみたす放物線 $y = x^2$ 上の点 P の x 座標は，$\boldsymbol{x = -2, 1+\sqrt{2}}$

◆別解◆ （**2**） 図 2 を参照せよ．直線 OA の方程式は $3x - y = 0$ であるから，直線 OA と直交する直線の方程式は，$x + 3y = c$（c は定数）で表される．直線 OA の

垂線のうち，原点を通る垂線を l_{O}，点 A を通る垂線を l_{A} とおく．

$$l_{\mathrm{O}} : x+3y=0,\ l_{\mathrm{A}} : x+3y=10$$

（ア） $a+3b<0$ のとき（図 2 の P′）

$$d(\mathrm{P})=\mathrm{OP}=\sqrt{a^2+b^2}$$

（イ） $0 \leqq a+3b \leqq 10$ のとき（図 2 の P）

点 P から線分 OA に垂線を下ろすことができるから，$d(\mathrm{P})$ はその垂線の長さであり

$$d(\mathrm{P})=\frac{|3a-b|}{\sqrt{3^2+(-1)^2}}=\frac{|3a-b|}{\sqrt{10}}$$

（ウ） $10<a+3b$ のとき（図 2 の P″）

$$d(\mathrm{P})=\mathrm{AP}=\sqrt{(a-1)^2+(b-3)^2}$$

となる．よって，

$\boldsymbol{a+3b<0}$ **のとき，** $\boldsymbol{d(\mathrm{P})=\sqrt{a^2+b^2}}$

$\boldsymbol{0 \leqq a+3b \leqq 10}$ **のとき，** $\boldsymbol{d(\mathrm{P})=\dfrac{|3a-b|}{\sqrt{10}}}$

$\boldsymbol{10<a+3b}$ **のとき，** $\boldsymbol{d(\mathrm{P})=\sqrt{(a-1)^2+(b-3)^2}}$

（3） $d(\mathrm{P})=\sqrt{10}$ となる点 P の存在範囲は図 3 の太線部分である．これを曲線 T とする．また，放物線 $y=x^2$ を C とする．

直線 GH と EF の方程式は，直線 OA との距離を考えて，$\dfrac{|3x-y|}{\sqrt{10}}=\sqrt{10}$ となるから，$3x-y=\pm 10$ である．

これらと 2 直線 l_{A}, l_{O} の交点は，E(4, 2)，F(3, −1)，G(−2, 4)，H(−3, 1) である．

グラフより曲線 T と放物線 C は，$x>0$ の領域に 1 個，$x<0$ の領域に 1 個の共有点をもつ．

$(-2)^2=4$ であるから，点 G は放物線 C 上の点であり，T と C の共有点で x 座標が負であるものは，点 G だけである．

$x>0$ のとき．

放物線 C と曲線 T は，$x+3y>10$ の領域で交わる．放物線 $C : y=x^2$ と円 $(x-1)^2+(y-3)^2=10$ を連立させて

$$(x-1)^2+(x^2-3)^2=10$$

$$x^4-5x^2-2x=0$$

$$x(x+2)(x^2-2x-1)=0$$

$$x=-2,\ 0,\ 1\pm\sqrt{2}$$

$x>0$ であるから $x=1+\sqrt{2}$

このとき，$y=x^2=3+2\sqrt{2}$ となるから，$x+3y>10$ をみたしている．

以上より，$d(\mathrm{P})=\sqrt{10}$ をみたす放物線 $y=x^2$ 上の点 P の x 座標は $\boldsymbol{x=-2,\ 1+\sqrt{2}}$ である．

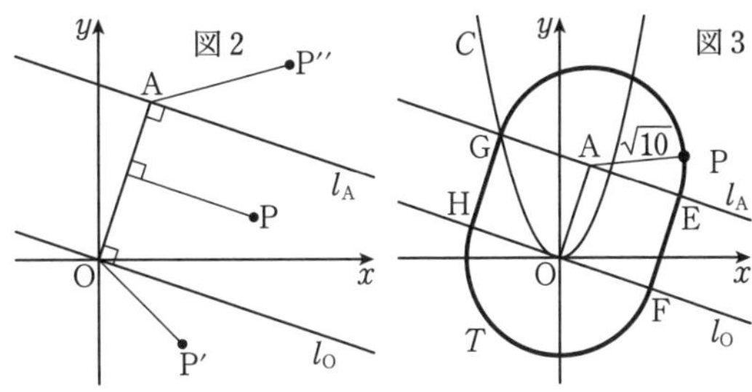

【円の方程式】

《3 点を通る円（A3）》

428. 3 点 (7, 10), (9, 8), (−1, 8) を通る円の方程式を求めると □ である． （23 会津大・推薦）

▶解答◀ 求める円の方程式を

$$x^2+y^2+ax+by+c=0$$

とおく．3 点 (7, 10), (9, 8), (−1, 8) を通るから

$$49+100+7a+10b+c=0 \quad \cdots\cdots①$$

$$81+64+9a+8b+c=0 \quad \cdots\cdots②$$

$$1+64-a+8b+c=0 \quad \cdots\cdots③$$

② − ① より

$$-4+2a-2b=0 \qquad \therefore\ a-b=2$$

② − ③ より

$$80+10a=0$$

よって，$a=-8,\ b=-8-2=-10$

これを ③ に代入して

$$c=-8-8\cdot(-10)-65=7$$

求める円の方程式は

$$\boldsymbol{x^2+y^2-8x-10y+7=0}$$

《3 点を通る円（A5）》

429. 3 点 (−3, 7), (1, −1), (4, 0) を通る円について，次の設問に答えよ．

（1） 円の方程式を求めよ．

（2） 中心の座標と半径を求めよ．

（23 倉敷芸術科学大）

▶解答◀ （1） 円の方程式を $x^2+y^2+ax+by+c=0$ とおく．(−3, 7), (1, −1), (4, 0) を通るから代入し

$$58-3a+7b+c=0 \quad \cdots\cdots①$$

$$2+a-b+c=0 \quad \cdots\cdots②$$

$$16+4a+c=0 \quad \cdots\cdots③$$

① − ② より，$56-4a+8b=0$

$$14-a+2b=0 \quad \cdots\cdots④$$

②－③より，$-14-3a-b=0$ ……………………⑤

④＋⑤×2より，$-14-7a=0$　　∴　$a=-2$

⑤より，$b=-14-3a=-8$

②より，$c=-a+b-2=-8$

求める方程式は，$\boldsymbol{x^2+y^2-2x-8y-8=0}$

（**2**）$(x-1)^2+(y-4)^2=25$ で，中心 **(1, 4)**，半径 **5**

《根軸の方程式 (B3)》

430．xy 平面において，中心が A(4, 3) で半径が 2 の円 C_1 に原点 O から引いた 2 本の接線の接点を P，Q とする．

2 点 O，A を直径の両端とする円 C_2 を考えると，円周角の性質より 2 点 P，Q もこの円 C_2 の上にある．したがって C_1 と C_2 の方程式を用いることにより直線 PQ の方程式は

$$y=-\frac{\square}{\square}x+7$$

と求められる．　（23　東邦大・健康科学-看護）

▶解答◀　C_1 は

$$(x-4)^2+(y-3)^2=4$$

$$x^2+y^2-8x-6y+21=0 \quad \cdots\cdots ①$$

$\mathrm{OA}=\sqrt{4^2+3^2}=5$ より C_2 の半径は $\frac{5}{2}$ で，中心は OA の中点であるから $\left(2,\ \frac{3}{2}\right)$ となり，C_2 は

$$(x-2)^2+\left(y-\frac{3}{2}\right)^2=\frac{25}{4}$$

$$x^2+y^2-4x-3y=0 \quad \cdots\cdots ②$$

①－②より PQ は

$$-4x-3y+21=0$$

$$\boldsymbol{y=-\frac{4}{3}x+7}$$

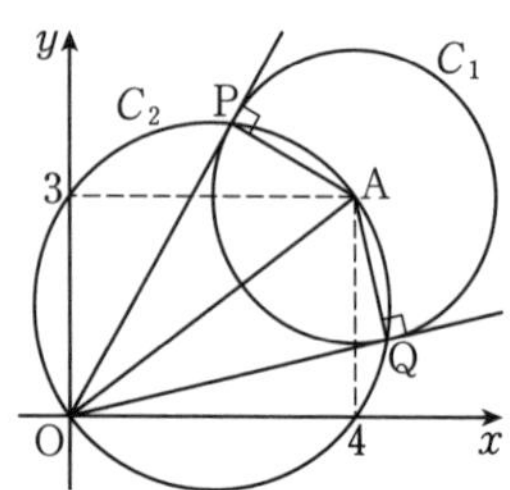

【円と直線】

《対称点 (B5) ☆》

431．$2x^2-6x+2y^2+10y=1$ で表される円を，直線 $x+2y=1$ に関して対称移動したときの円の方程式は，$\square$ である．（23　北九州市立大・前期）

▶解答◀　与式より，$x^2-3x+y^2+5y=\frac{1}{2}$

$$\left(x-\frac{3}{2}\right)^2+\left(y+\frac{5}{2}\right)^2=\frac{1}{2}+\frac{9}{4}+\frac{25}{4}$$

$$\left(x-\frac{3}{2}\right)^2+\left(y+\frac{5}{2}\right)^2=9$$

この円の中心は $\mathrm{C}\left(\frac{3}{2},\ -\frac{5}{2}\right)$，半径は 3 である．

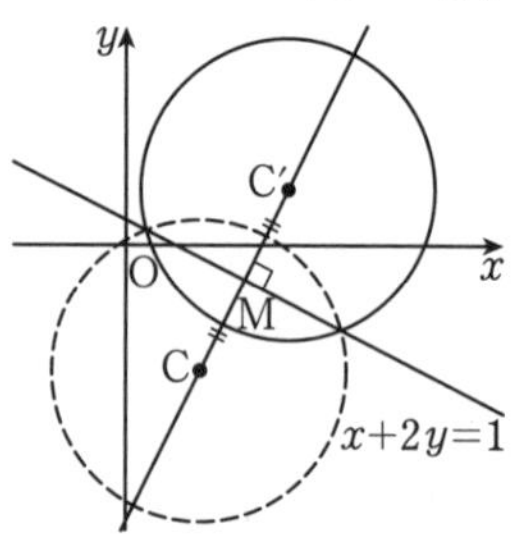

求める円の中心を C′ とする．C を通り直線

$$x+2y=1 \quad \cdots\cdots ①$$

に垂直な直線の方程式は

$$y=2\left(x-\frac{3}{2}\right)-\frac{5}{2} \qquad \therefore \quad y=2x-\frac{11}{2} \quad \cdots ②$$

である．①，②の交点 M を求める．

$x+2\left(2x-\frac{11}{2}\right)=1$ であるから $x=\frac{12}{5}$ となり，

$y=2\cdot\frac{12}{5}-\frac{11}{2}=-\frac{7}{10}$ となる．

線分 CC′ の中点 M は $\left(\frac{12}{5},\ -\frac{7}{10}\right)$ である．C′$(s,\ t)$ とおくと $\frac{1}{2}\left(\frac{3}{2}+s\right)=\frac{12}{5}$，$\frac{1}{2}\left(-\frac{5}{2}+t\right)=-\frac{7}{10}$

$$s=\frac{24}{5}-\frac{3}{2}=\frac{33}{10},\ t=-\frac{14}{10}+\frac{5}{2}=\frac{11}{10}$$

求める円の方程式は，$\boldsymbol{\left(x-\frac{33}{10}\right)^2+\left(y-\frac{11}{10}\right)^2=9}$

《2 円が交わる条件 (B10) ☆》

432．a を正の実数とする．2 つの円

$C_1 : x^2+y^2=a$,

$C_2 : x^2+y^2-6x-4y+3=0$

が異なる 2 点 A，B で交わっているとする．直線 AB が x 軸および y 軸と交わる点をそれぞれ $(p,\ 0)$, $(0,\ q)$ とするとき，以下の問に答えよ．

（1）a のとりうる値の範囲を求めよ．

（2）$p,\ q$ の値を a を用いて表せ．

（3）$p,\ q$ の値が共に整数となるような a の値をすべて求めよ．（23　神戸大・文系）

▶解答◀（1）

$$C_2 : (x-3)^2+(y-2)^2=10$$

C_1 の半径は $\sqrt{a}$，C_2 の半径は $\sqrt{10}$，中心間の距離は $\sqrt{3^2+2^2}=\sqrt{13}$ であるから，C_1 と C_2 が異なる 2 点で

交わる条件は，長さ $\sqrt{a}$, $\sqrt{10}$, $\sqrt{13}$ の線分が三角形をなす条件を考えて

$$\sqrt{13}-\sqrt{10}<\sqrt{a}<\sqrt{13}+\sqrt{10}$$

$$(\sqrt{13}-\sqrt{10})^2<a<(\sqrt{13}+\sqrt{10})^2$$

$$\mathbf{23-2\sqrt{130}<a<23+2\sqrt{130}}$$

（2） $x^2+y^2=a$ ……①

$x^2+y^2-6x-4y+3=0$ ……②

①－②を考えると，直線 AB の方程式は

$$6x+4y=a+3$$

であるから，x 切片，y 切片を考えると

$$6p=a+3,\ 4q=a+3$$

$$p=\frac{1}{6}(a+3),\ q=\frac{1}{4}(a+3)$$

（3） p, q がともに整数となる条件は，$a+3$ が 12 の倍数となることである．ここで，$22^2<520<23^2$ より，

$$22<\sqrt{520}=2\sqrt{130}<23$$

であるから，

$$0<23-2\sqrt{130}<1,\ 45<23+2\sqrt{130}<46$$

となる．これより，$a+3$ が 12 の倍数になるのは

$$a+3=12,\ 24,\ 36,\ 48$$

$$a=\mathbf{9,\ 21,\ 33,\ 45}$$

《2 円が交わる条件（B0）》

433. 座標平面上で，円 $x^2+y^2-2ax-4by-a^2+8a+4b^2-10=0$ を C_1 とし，円 $x^2+y^2+2x-4y+3=0$ を C_2 とする．ただし，a, b は定数である．

以下の問に答えなさい．ただし，分数はすべて既約分数にしなさい．設問（1）は空欄内の各文字に当てはまる数字を所定の解答欄にマークしなさい．設問（2），（3），（4）は裏面の所定の欄に解答のみ書きなさい．

（1） 円 C_1 が点 $(1, 0)$ と点 $(1, 6)$ と点 $(3, 2)$ を通るとき，

円 C_1 は中心が点（ ル ， レ ），半径が $\sqrt{\boxed{\text{ロワ}}}$ の円である．

（2） 円 C_1 の中心が直線 $y=x+3$ 上にあるとき，b を a を用いて表した式を書きなさい．

（3） a, b が（2）の式をみたすとき，円 C_1 と C_2 が異なる 2 点で交わる a の範囲を書きなさい．

（4） a, b が（2）の式をみたし，a が（3）の範囲にあるとき，円 C_1 と C_2 の 2 つの交点を通る直線を l とする．円 C_1 の中心と直線 l の距離が $\frac{5\sqrt{8}}{8}$ であるとき，直線 l の方程式を書きなさい．

（23　明治大・経営）

▶解答◀（1）

$C_1: x^2+y^2-2ax-4by$

$-a^2+8a+4b^2-10=0$ ……①

$C_2: x^2+y^2+2x-4y+3=0$ ……②

C_1 が $(1, 0)$，$(1, 6)$，$(3, 2)$ を通るから

$-a^2+6a+4b^2-9=0$ ……③

$-a^2+6a+4b^2-24b+27=0$ ……④

$-a^2+2a+4b^2-8b+3=0$ ……⑤

③－④より，$24b-36=0$　　$\therefore\ b=\frac{3}{2}$

③に代入して，$-a^2+6a=0$　　$\therefore\ a=0,\ 6$

これらを⑤に代入して成立するのは $a=0$, $b=\frac{3}{2}$ である．C_1 の方程式は

$$x^2+y^2-6y-1=0$$

$$x^2+(y-3)^2=10$$

となるから中心が $\mathbf{(0, 3)}$，半径が $\sqrt{\mathbf{10}}$ の円である．

（2） C_1 の方程式は

$$(x-a)^2+(y-2b)^2=2a^2-8a+10$$

となるから，中心 $(a, 2b)$ の円である．中心が $y=x+3$ 上にあるから

$$2b=a+3 \qquad \therefore\ b=\frac{1}{2}a+\frac{3}{2}$$

（3） $2b=a+3$ を①に代入し

$x^2+y^2-2ax-(2a+6)y-a^2+8a$

$+(a+3)^2-10=0$

$x^2+y^2-2ax-(2a+6)y+14a-1=0$ ……⑥

②－⑥より

$$(2a+2)x+(2a+2)y-14a+4=0$$

$(a+1)x+(a+1)y-7a+2=0$ ……⑦

$C_2: (x+1)^2+(y-2)^2=2$ の中心 $(-1, 2)$ と⑦の距離 $<\sqrt{2}$ として

$$\frac{|-a-1+2(a+1)-7a+2|}{\sqrt{2(a+1)^2}}<\sqrt{2}$$

$$|-6a+3|<|2a+2|$$

$$(6a-3)^2-(2a+2)^2<0$$

$$(8a-1)(4a-5)<0 \qquad \therefore\ \frac{1}{8}<a<\frac{5}{4}$$

（4） ⑦と点 $(a, a+3)$ の距離が $\frac{5\sqrt{8}}{8}=\frac{5\sqrt{2}}{4}$ だから

$$\frac{|a(a+1)+(a+1)(a+3)-7a+2|}{\sqrt{(a+1)^2+(a+1)^2}}=\frac{5\sqrt{2}}{4}$$

$$\frac{|2a^2-2a+5|}{\sqrt{2}|a+1|}=\frac{5\sqrt{2}}{4}$$

$2a^2-2a+5=2\left(a-\frac{1}{2}\right)^2+\frac{9}{2}>0$, $\frac{1}{8}<a<\frac{5}{4}$ より

$$4(2a^2-2a+5)=10(a+1)$$

$$4a^2-9a+5=0$$

$$(a-1)(4a-5)=0 \qquad \therefore \quad a=1$$

よって直線 l の方程式は $\boldsymbol{2x+2y-5=0}$ となる．

注意 1°【同値性】

① かつ ② をみたす (x, y) が 2 つ存在する．

$\iff$ (① − ②) かつ ② が 2 交点をもつ

$\iff$ ⑦ かつ ② が 2 交点をもつ

$\iff$ ⑦ と $(-1, 2)$ の距離 $<\sqrt{2}$

2°【2 円が交わる条件】

◆別解◆ (3)

C_1 の中心が $\mathrm{A}(a, a+3)$，半径 $r_1=\sqrt{2a^2-8a+10}$

C_2 の中心が $\mathrm{B}(-1, 2)$，半径 $r_2=\sqrt{2}$

$\mathrm{AB}=d$ とすると，

$$d=\sqrt{(a+1)^2+(a+1)^2}=\sqrt{2}|a+1|$$

2 円が 2 交点をもつ条件は d，r_1，r_2 で三角形ができることで

$$|d-r_2|<r_1<d+r_2$$

$$\big||a+1|-1\big|<\sqrt{a^2-4a+5}<|a+1|+1$$

2 乗して

$$a^2+2a+1-2|a+1|+1<a^2-4a+5$$
$$<a^2+2a+1+2|a+1|+1$$

$$6a-3<2|a+1| \text{ かつ } 6a-3>-2|a+1|$$

これは $|6a-3|<2|a+1|$ と同値である（後略）．

《円の束 (B10) ☆》

434. 2 つの円

$C_1: x^2+y^2-3=0$,

$C_2: x^2+y^2-2x-6y+1=0$

について，次の問いに答えよ．

(1) C_1 と C_2 が 2 点で交わることを示し，それら 2 つの交点を通る直線の方程式を求めよ．

(2) C_1 と C_2 の 2 つの交点，および原点を通る円の方程式を求めよ．

(3) C_1 と C_2 の 2 つの交点を通り，x 軸に接する円で，C_2 以外の円の方程式を求めよ．

(23 中央大・法)

▶解答◀ (1) $C_1: x^2+y^2=3$

$C_2: (x-1)^2+(y-3)^2=9$

C_1 と C_2 の中心間の距離は $\sqrt{1+9}=\sqrt{10}$ である．

$\left|3-\sqrt{3}\right|<\sqrt{10}<3+\sqrt{3}$ が成り立つから C_1 と C_2 は 2 点で交わる．2 つの交点を通る直線の方程式は

$$x^2+y^2-3-(x^2+y^2-2x-6y+1)=0$$

$$2x+6y-4=0$$

$$\boldsymbol{x+3y-2=0}$$

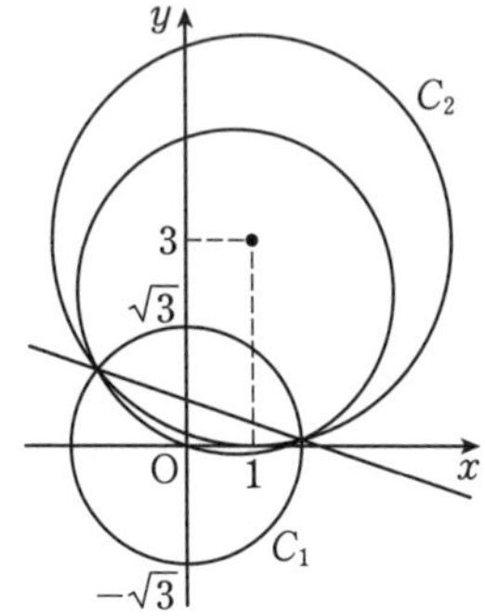

(2) 2 つの交点を通る円の方程式を

$$C: x^2+y^2-2x-6y+1+k(x^2+y^2-3)=0$$

とおく．これが $(0, 0)$ を通るとき

$$1-3k=0 \qquad \therefore \quad k=\frac{1}{3}$$

$$x^2+y^2-2x-6y+1+\frac{1}{3}(x^2+y^2-3)=0$$

$$4x^2+4y^2-6x-18y=0$$

$$x^2+y^2-\frac{3}{2}x-\frac{9}{2}y=0$$

$$\boldsymbol{\left(x-\frac{3}{4}\right)^2+\left(y-\frac{9}{4}\right)^2=\frac{45}{8}}$$

(3) (2) の C の方程式に $y=0$ を代入して

$$(k+1)x^2-2x+1-3k=0 \quad \cdots\cdots①$$

$k \neq -1$ のとき C が x 軸に接する条件は ① の判別式を D とすると

$$\frac{D}{4}=1-(k+1)(1-3k)$$
$$=3k^2+2k=k(3k+2)=0$$

$k=0$ のときは C は C_2 に一致するから $k=-\frac{2}{3}$

$$x^2+y^2-2x-6y+1-\frac{2}{3}(x^2+y^2-3)=0$$

$$x^2+y^2-6x-18y+9=0$$

$$\boldsymbol{(x-3)^2+(y-9)^2=81}$$

《共有点をもつ条件 (A5)》

435. xy 平面上において，点 $(4, 3)$ を中心とする

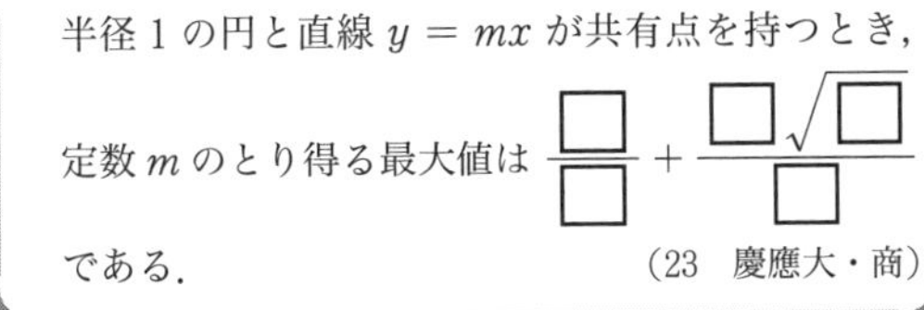
半径 1 の円と直線 $y = mx$ が共有点を持つとき，定数 m のとり得る最大値は $\frac{\square}{\square} + \frac{\square\sqrt{\square}}{\square}$ である．（23　慶應大・商）

▶解答◀　円の中心 (4, 3) から直線 $mx - y = 0$ までの距離 d は

$$d = \frac{|m\cdot 4 - 3|}{\sqrt{m^2 + (-1)^2}} = \frac{|4m - 3|}{\sqrt{m^2 + 1}}$$

円の半径は 1 であるから，円と直線が共有点をもつとき，$d \leqq 1$ であり

$$|4m - 3| \leqq \sqrt{m^2 + 1}$$

$$(4m - 3)^2 \leqq m^2 + 1$$

$$15m^2 - 24m + 8 \leqq 0$$

$$\frac{12 - \sqrt{12^2 - 15\cdot 8}}{15} \leqq m \leqq \frac{12 + \sqrt{12^2 - 15\cdot 8}}{15}$$

$$\frac{4}{5} - \frac{2\sqrt{6}}{15} \leqq m \leqq \frac{4}{5} + \frac{2\sqrt{6}}{15}$$

よって，求める m の最大値は，$\boldsymbol{\frac{4}{5} + \frac{2\sqrt{6}}{15}}$ である．

《極と極線 (B10)》

436. 円 $C : x^2 + y^2 - 10x + 10y + 25 = 0$ と，点 A(6, 2) について考える．以下の問に答えよ．

（1） 点 A を通り，円 C に接する直線は 2 本あり，その方程式は，$\square x - \square y - 10 = 0$ と，$\square x + \square y - 30 = 0$ である．

（2） (i) で求めた 2 本の直線と円 C の接点を P，Q とする．点 P，Q を結ぶ直線の方程式は，$x + \square y + \square = 0$ となる．（23　西南学院大）

▶解答◀　（1）　$C : (x - 5)^2 + (y + 5)^2 = 25$

C の中心 B は $(5, -5)$ である．点 A を通り，円 C に接する直線を l とする．l は y 軸に平行ではないので，傾きを m とすると

$$l : y = m(x - 6) + 2$$

$$mx - y - 6m + 2 = 0 \quad \cdots\cdots①$$

とおけて，点 B と l の距離が円 C の半径 5 に等しいから

$$\frac{|5m - (-5) - 6m + 2|}{\sqrt{m^2 + (-1)^2}} = 5$$

$$|-m + 7| = 5\sqrt{m^2 + 1}$$

$$(-m + 7)^2 = 25(m^2 + 1)$$

$$12m^2 + 7m - 12 = 0$$

$$(4m - 3)(3m + 4) = 0$$

$m = \frac{3}{4}, -\frac{4}{3}$ である．① から

$m = \frac{3}{4}$ のとき $\boldsymbol{3x - 4y - 10 = 0}$

$m = -\frac{4}{3}$ のとき $\boldsymbol{4x + 3y - 30 = 0}$

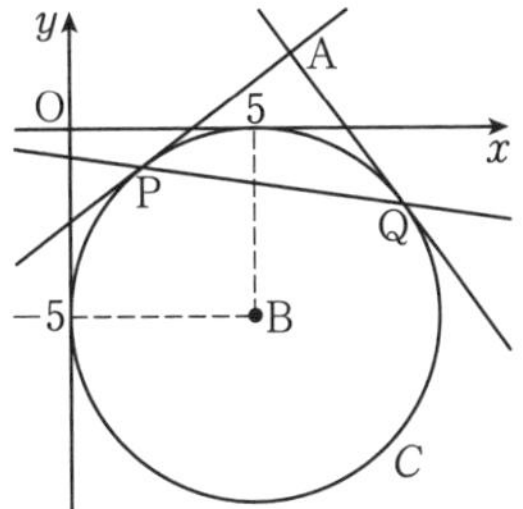

（2）　$P(x_1, y_1)$，$Q(x_2, y_2)$ とおくと，円 C における接線の方程式は

$$(x_1 - 5)(x - 5) + (y_1 + 5)(y + 5) = 25$$

$$(x_2 - 5)(x - 5) + (y_2 + 5)(y + 5) = 25$$

と表せる．点 A を通るから

$$(x_1 - 5) + 7(y_1 + 5) = 25$$

$$(x_2 - 5) + 7(y_2 + 5) = 25$$

点 P，Q は直線 $(x - 5) + 7(y + 5) = 25$ 上にあり，これが求める方程式である．

$$\boldsymbol{x + 7y + 5 = 0}$$

注意　円外の点 A から円に引いた 2 本の接点を結ぶ直線を，A を極とする極線という．

《外接円と内接円 (B10)》

437. 座標平面上の 3 点 A(1, 0), B(14, 0), C(5, 3) を頂点とする △ABC について，次の問いに答えよ．

（1） △ABC の重心の座標を求めよ．

（2） △ABC の外心の座標を求めよ．

（3） △ABC の内心の座標を求めよ．

（23　静岡大・理，教，農，グローバル共創）

▶解答◀　（1）　△ABC の重心を G とすると，G の座標は

$$\left(\frac{1 + 14 + 5}{3}, \frac{3}{3}\right) = \left(\boldsymbol{\frac{20}{3}, 1}\right)$$

（2）　外心を $P(x, y)$ とする．PA = PC が成り立つから

$$(x - 1)^2 + y^2 = (x - 5)^2 + (y - 3)^2$$

$$8x + 6y = 33$$

が成り立つ（これは AC の垂直二等分線の方程式である）．G は AB の垂直二等分線 $x = \frac{15}{2}$ 上にあるからこ

れを代入し $60+6y=33$ となり，$y=-\frac{27}{6}=-\frac{9}{2}$ となる．P の座標は $\left(\mathbf{\frac{15}{2}},\ \mathbf{-\frac{9}{2}}\right)$ である．

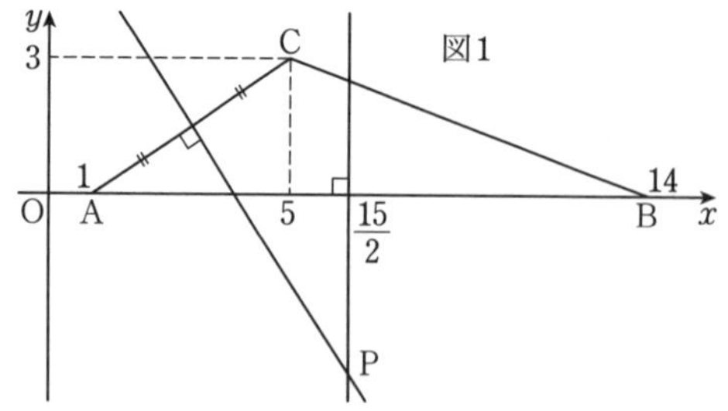

（**3**） 内接円の半径を r とする．内心 I は $(a,\ r)$ とおけて，直線 AC : $4y-3x+3=0$, BC : $3y+x-14=0$ と I の距離が r であるから

$$r=\frac{|4r-3a+3|}{\sqrt{4^2+(-3)^2}}=\frac{|3r+a-14|}{\sqrt{3^2+1^2}}$$

$f(x,\ y)=4y-3x+3$, $g(x,\ y)=3y+x-14$ とする．
$f(0,\ 0)=3>0$, $g(0,\ 0)=-14<0$ であり，
$4y-3x+3=0$ に関して原点 O は正領域（I は反対の側）にあり，$3y+x-14=0$ に関して O は負領域（I は同じ側）にある．$4r-3a+3<0$, $3r+a-14<0$ である．

$$r=\frac{-4r+3a-3}{5}=\frac{-3r-a+14}{\sqrt{10}}$$

左辺 = 中辺から $a=3r+1$ となり，左辺 = 右辺の式に代入し $\sqrt{10}r=-6r+13$ となる．

$$r=\frac{13}{6+\sqrt{10}}=\frac{6-\sqrt{10}}{2}$$

$$a=3r+1=10-\frac{3\sqrt{10}}{2}$$

となる．$\mathrm{I}\left(\mathbf{10-\frac{3\sqrt{10}}{2},\ 3-\frac{\sqrt{10}}{2}}\right)$ である．

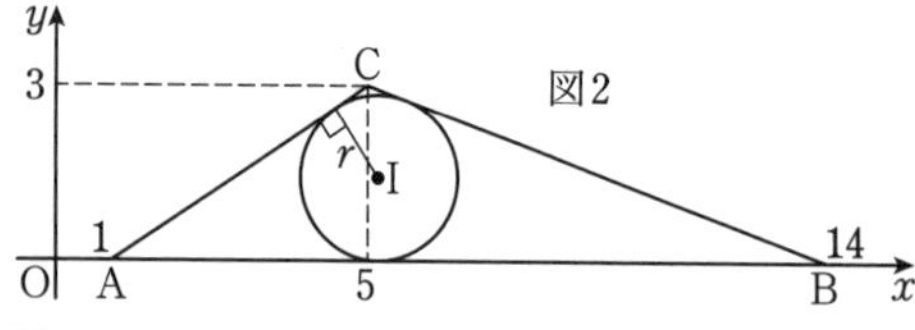

注意 【**側の判断**】

xy 平面の曲線 C を $C: f(x,\ y)=0$ の形で表すとき，$f(x_0,\ y_0)>0$ を満たす $(x_0,\ y_0)$ の集合を $f(x,\ y)=0$ に関する正領域，$f(x_0,\ y_0)<0$ を満たす $(x_0,\ y_0)$ の集合を $f(x,\ y)=0$ に関する負領域という．50 年前は高校で普通に教えられていた．I は直線 AC の下側 $y<\frac{3}{4}(x-1)$, 直線 BC の下側 $y<-\frac{1}{3}(x-14)$ にあるから $r<\frac{3}{4}(a-1)$, $r<\frac{3}{4}(a-1)$ としてもよいが….

【軌跡】

《直線（A10）☆》

438. 点 A$(-3,\ 4)$ と点 B$(3,\ -4)$ について，$\mathrm{AP}^2-\mathrm{BP}^2=8$ を満たす点 P の軌跡を求めよ．

（23　釧路公立大）

▶解答◀ P$(x,\ y)$ とおくと $\mathrm{AP}^2-\mathrm{BP}^2=8$ だから

$$\{(x+3)^2+(y-4)^2\}-\{(x-3)^2+(y+4)^2\}=8$$

$$12x-16y=8$$

$$3x-4y-2=0$$

よって点 P の軌跡は**直線** $\boldsymbol{3x-4y-2=0}$ である．

《アポロニウスの円（B10）☆》

439. 座標平面上の 2 点 A$(0,\ 0)$, B$(0,\ 5k)$ および放物線 $C: y=\frac{1}{3}x^2+\frac{3}{4}$ を考える．ただし，k は正の定数とする．

（1） 点 P が A, B からの距離の比が 3 : 2 の点をすべて動くとき，P の軌跡を求めよ．

（2）（1）の軌跡と放物線 C の共有点の個数がちょうど 2 になるような k の値の範囲を求めよ．

（23　鹿児島大・共通）

▶解答◀（**1**） 点 P の座標を $(x,\ y)$ とおく．PA : PB = 3 : 2 から $9\mathrm{PB}^2=4\mathrm{PA}^2$

$$9\{x^2+(y-5k)^2\}=4(x^2+y^2)$$

$$x^2+y^2-18ky+45k^2=0$$

$$x^2+(y-9k)^2=36k^2$$

点 P の軌跡は**円** $\boldsymbol{x^2+(y-9k)^2=36k^2}$ である．

（**2**） $C: y=\frac{1}{3}x^2+\frac{3}{4}$, $E: x^2+(y-9k)^2=36k^2$ を連立させる．C から $x=\pm\sqrt{3\left(y-\frac{3}{4}\right)}$ となる．これを E に代入すると

$$3y-\frac{9}{4}+(y-9k)^2-36k^2=0$$

となり，

$$y^2-3(6k-1)y+45k^2-\frac{9}{4}=0$$

$$4y^2-12(6k-1)y+9(20k^2-1)=0 \quad \cdots\cdots\cdots①$$

この 1 つの解 y に対して $\left(\pm\sqrt{3y-\frac{9}{4}},\ y\right)$ で共有点が定まる．C と E の共有点の個数がちょうど 2 になるのは

（ア） $y>\frac{3}{4}$ の重解をもつ

（イ） $y>\frac{3}{4}$ の解を 1 つと $y<\frac{3}{4}$ の解を 1 つもつ

のいずれかである．

$f(y)=4y^2-12(6k-1)y+9(20k^2-1)$ とおく．

判別式を D とする．

$$\frac{D}{4}=36(6k-1)^2-36(20k^2-1)$$
$$=36(16k^2-12k+2)$$
$$=72(4k-1)(2k-1)$$

（ア）のとき $D=0$ で $k=\frac{1}{4}$ または $\frac{1}{2}$

重解 $y=\frac{6(6k-1)}{4}>\frac{3}{4}$ になるのは $k=\frac{1}{2}$ のときである．

（イ）のとき $f\left(\frac{3}{4}\right)=\frac{9}{4}-9(6k-1)+9(20k^2-1)$

$$=9\left(20k^2-6k+\frac{1}{4}\right)$$
$$=9(20k-1)\left(k-\frac{1}{4}\right)<0$$
$$\frac{1}{20}<k<\frac{1}{4}$$

以上より $\boldsymbol{k=\frac{1}{2}}$ または $\boldsymbol{\frac{1}{20}<k<\frac{1}{4}}$

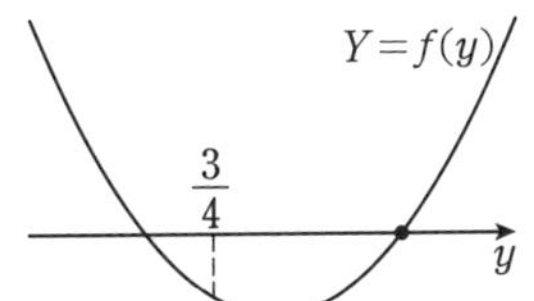

《直交する直線の交点（B10）☆》

440． a を実数とする．座標平面上の 2 直線

$l_1: ax+y-a+1=0$,

$l_2: x-ay+3a-4=0$

について考える．

（1） a の値によらず，直線 l_1 は点（□，□）を通り，直線 l_2 は点（□，□）を通る．

（2） 2 直線 l_1, l_2 の交点を P とする．a がすべての実数値をとって変化するとき，点 P の軌跡は中心 $\left(\frac{□}{□}, □\right)$，半径 $\frac{□}{□}$ の円のうち，点（□，□）を除いた部分となる．

（3） 点 (x, y) が（2）で求めた軌跡上を動くとき，$(x-1)^2+(y-1)^2$ の最大値は □，最小値は □ である．　（23　玉川大・全）

▶解答◀ （1） a の値によらず

$l_1: a(x-1)+y+1=0$ ……………………①

は $\boldsymbol{(1, -1)}$ を通り

$l_2: x-4-a(y-3)=0$ ……………………②

は $\boldsymbol{(4, 3)}$ を通る．

（2） $x \neq 1$ のとき ① は $a=-\frac{y+1}{x-1}$ で，② に代入して

$$x-4+\frac{y+1}{x-1}(y-3)=0$$
$$(x-4)(x-1)+(y+1)(y-3)=0 \quad \cdots\cdots③$$
$$\left(x-\frac{5}{2}\right)^2+(y-1)^2=\frac{25}{4}$$

となる．

$x=1$ のとき ① に代入し $y=-1$ となり ② に代入すると $-3+4a=0$ となる．③ で $x=1$ とすると $(y+1)(y-3)=0$ となるから，$(1, -1)$ は $a=\frac{3}{4}$ のとき実現可能であるが，$(1, 3)$ は実現できない．

したがって，P の軌跡は中心 $\boldsymbol{\left(\frac{5}{2}, 1\right)}$，半径 $\boldsymbol{\frac{5}{2}}$ の円のうち，点 $\boldsymbol{(1, 3)}$ を除いた部分である．

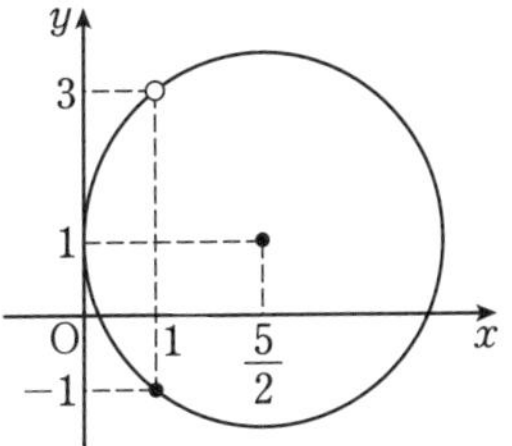

（3） $C\left(\frac{5}{2}, 1\right)$, $D(1, 1)$, $P(x, y)$ とおく．

$$CP-CD \leqq DP \leqq DC+CP \quad \cdots\cdots④$$
$$1=\frac{5}{2}-\frac{3}{2} \leqq DP \leqq \frac{3}{2}+\frac{5}{2}=4$$
$$1 \leqq (x-1)^2+(y-1)^2 \leqq 16$$

④ の右の等号は D，C，P の順で一直線上にあるときに成り立ち，左の等号は C，D，P の順で一直線上にあるときに成り立つ．求める最大値は **16**，最小値は **1** である．

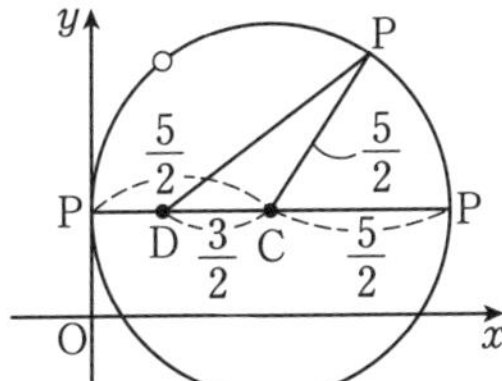

◆別解◆ （2） 2 直線

$$ax+by+c=0$$
$$a'x+b'y+c'=0$$

の直交条件は $aa'+bb'=0$ である．l_1, l_2 は

$$a \cdot 1+1 \cdot (-a)=0$$

でこれをみたす．l_1 は $A(1, -1)$ を通り l_2 は $B(4, 3)$ を通るから，P の軌跡は 2 点 A，B を直径の両端とする円である．ただし，l_1 は $x-1=0$，l_2 は $y-3=0$ を表すことができないため，この 2 直線の交点である $(1, 3)$ は除かれる．

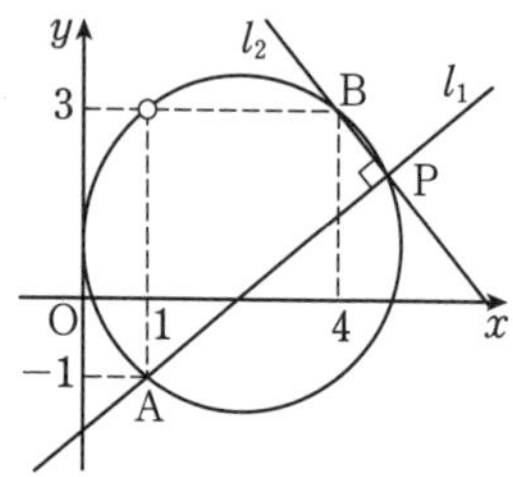

《直線が動く（B10）》

441．放物線 $y=2x^2$ 上の点 $(a,\ 2a^2)$ における接線が，放物線 $y=-x^2-1$ と相異なる 2 点 P, Q で交わるとき，a の範囲は，$|a|>\dfrac{\sqrt{\square}}{\square}$ となる．また，線分 PQ の中点について，その軌跡の方程式は，$y=\dfrac{\square}{\square}x^2$ となり，x の取りうる範囲は，$|x|>\dfrac{\sqrt{\square}}{\square}$ となる．（23　西南学院大）

▶解答◀　$C:y=-x^2-1$ とおく．$y=2x^2$ について，$y'=4x$

点 $(a,\ 2a^2)$ における接線を l とする．

$$l:y=4a(x-a)+2a^2$$

$$y=4ax-2a^2 \quad \cdots\cdots①$$

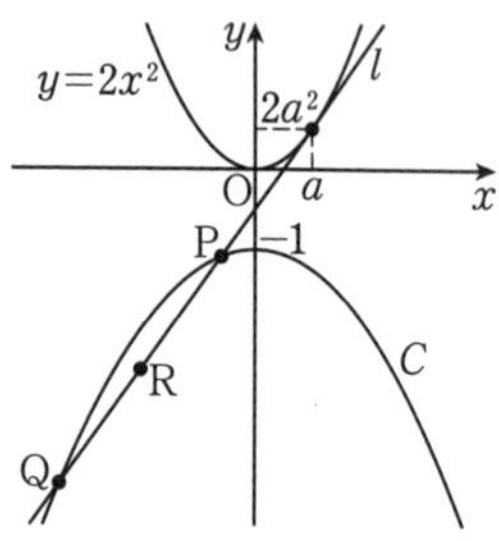

l と C の方程式を連立して

$$4ax-2a^2=-x^2-1$$

$$x^2+4ax-2a^2+1=0 \quad \cdots\cdots②$$

l と C が異なる 2 点で交わるとき

$$\frac{D}{4}=(2a)^2-(-2a^2+1)>0$$

$$6a^2-1>0$$

$$|\boldsymbol{a}|>\frac{\sqrt{6}}{6}$$

このとき，② の 2 解 α,β が点 P，Q の x 座標となる．解と係数の関係より

$$\alpha+\beta=-4a,\ \alpha\beta=-2a^2+1$$

線分 PQ の中点 R の座標を $(X,\ Y)$ とすると

$$X=\frac{\alpha+\beta}{2}=-2a$$

① から

$$Y=4aX-2a^2=-10a^2$$

$|a|>\dfrac{\sqrt{6}}{6}$ より，$|X|>\dfrac{\sqrt{6}}{3}$ である．

$a=-\dfrac{X}{2}$ で $Y=-10\left(-\dfrac{X}{2}\right)^2=-\dfrac{5}{2}X^2$

求める軌跡は $\boldsymbol{y=-\dfrac{5}{2}x^2}$　$\left(\boldsymbol{|x|>\dfrac{\sqrt{6}}{3}}\right)$

《点が動く（B10）》

442．座標平面上に点 O(0, 0), A(0, 2), B($\sqrt{2}$, 1) をとる．線分 OA 上に点 O，点 A と異なる点 P(0, p) をとり，線分 BP 上の点 Q を，△APQ と △OBQ の面積が等しくなるようにとる．

（1）　直線 BP を表す方程式を求めよ．

（2）　△OBQ の面積を p を用いて表せ．

（3）　p が $0<p<2$ の範囲を動くとき，点 Q の軌跡を求めよ．（23　千葉大・前期）

▶解答◀　（1）　P(0, p) と B($\sqrt{2}$, 1) を通る直線の方程式は

$$\boldsymbol{y=\frac{1-p}{\sqrt{2}}x+p} \quad \cdots\cdots①$$

（2）　点 Q の x 座標を q とする．

$$\triangle\mathrm{APQ}=\frac{1}{2}(2-p)q$$

$$\triangle\mathrm{OBQ}=\triangle\mathrm{OBP}-\triangle\mathrm{OPQ}$$

$$=\frac{1}{2}p\cdot\sqrt{2}-\frac{1}{2}pq=\frac{1}{2}p(\sqrt{2}-q)$$

△APQ = △OBQ であるから，

$$\frac{1}{2}(2-p)q=\frac{1}{2}p(\sqrt{2}-q)$$

$$2q-pq=\sqrt{2}p-pq$$

すなわち，$q=\dfrac{\sqrt{2}}{2}p$ である．このとき，

$$\triangle\mathrm{OBQ}=\frac{1}{2}p(\sqrt{2}-q)=\boldsymbol{\frac{\sqrt{2}}{2}p-\frac{\sqrt{2}}{4}p^2}$$

（3）　点 Q は直線 BP 上の点であるから，① より，座標は $\left(\dfrac{\sqrt{2}}{2}p,\ \dfrac{3p-p^2}{2}\right)$ である．

$$x=\frac{\sqrt{2}}{2}p,\ y=\frac{3p-p^2}{2}$$

とする．$0<p<2$ のとき，$0<x<\sqrt{2}$ である．

$x=\dfrac{\sqrt{2}}{2}p$ より，$p=\sqrt{2}x$ であるから，求める軌跡は

$$\boldsymbol{y=-x^2+\frac{3\sqrt{2}}{2}x}$$

である（ただし，$\boldsymbol{0<x<\sqrt{2}}$ である）．図示すると図 2 のようになる．

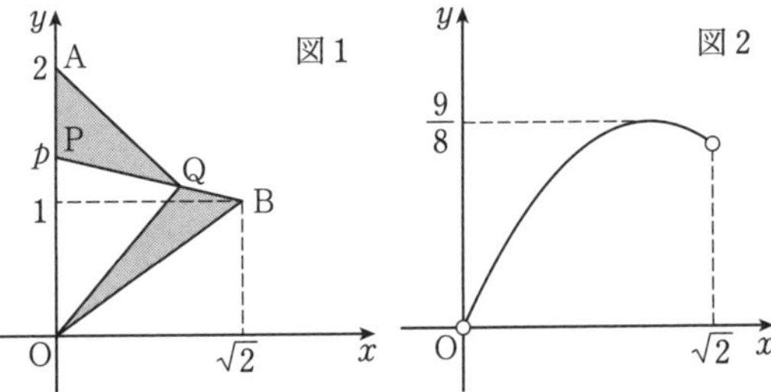

【不等式と領域】

《斜めの正方形 (A2)》

443. 次の不等式で表される領域の面積を求めよ．

$|x|+|y| \leqq 7$　(23　秋田県立大・前期)

▶解答◀ 有名であるから入試ではすぐに図示すればよい．

$|x|+|y| \leqq 7$ で表される領域は図の網目部分で，1 辺の長さが $7\sqrt{2}$ の正方形の周，およびその内部である．その面積は，$(7\sqrt{2})^2 = \mathbf{98}$

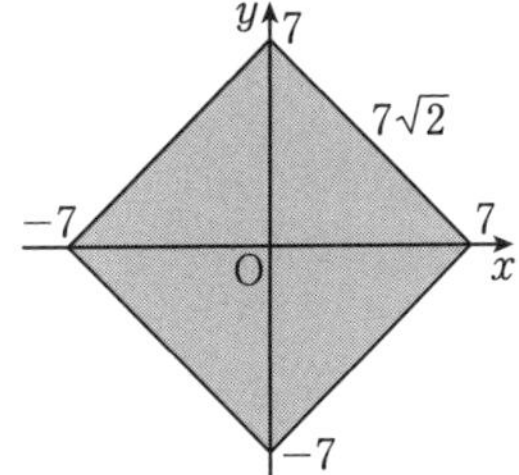

《正領域と負領域 (B10) ☆》

444. 実数 a, b が，次の条件を満たすとする．

(x, y) を座標とする座標平面において，不等式 $y \geqq ax+b$ が表す領域に点 A$(-1, 1)$ と点 B$(1, 1)$ があり，不等式 $y \leqq ax+b$ が表す領域に点 C$(-3, -1)$ と点 D$(3, -1)$ がある．

次の問いに答えよ．

（1） $b=0$ のとき，a のとり得る値の範囲を求めよ．

（2） 与えられた条件を満たす (a, b) 全体の集合を，(a, b) を座標とする座標平面に図示せよ．

（3） (x, y) を座標とする座標平面上で，点 P$(5, -2)$，点 Q$(5, 3)$ を考える．このとき，直線 $y=ax+b$ は線分 PQ と必ず共有点を持つことを示せ．　(23　金沢大・文系)

▶解答◀ （1） 図 1 を見よ．$b=0$ のとき，

$-\frac{1}{3} \leqq a \leqq \frac{1}{3}$

（2） 条件より $b \leqq a+1$，$b \leqq -a+1$，

$b \geqq 3a-1$，$b \geqq -3a-1$

これらの領域を図示すると，(a, b) 全体の集合は図 1 の境界を含む斜線部分となる．これを D とする．

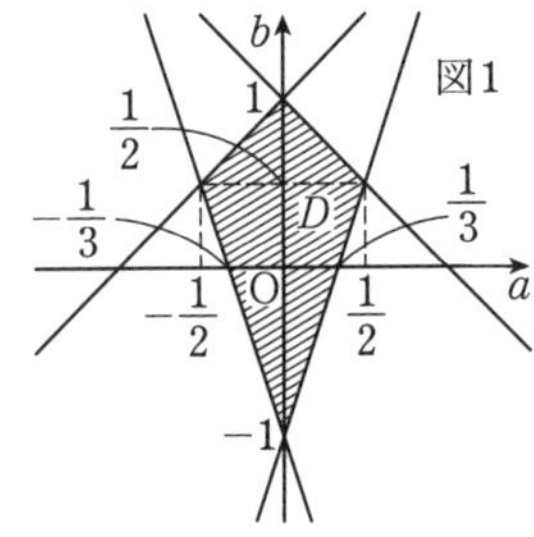

（3） $F(x, y) = y-ax-b$ とおく．$y=ax+b$ と線分 PQ が共有点を持つ条件は，P と Q が $y=ax+b$ に関して異なる側（直線上を含む）にあることで，その条件は

$$F(5, -2)F(5, 3) \leqq 0$$

$$(-2-5a-b)(3-5a-b) \leqq 0$$

である．これを満たす点 (a, b) の存在範囲は図 2 である．これを E とする．いま，図 3 より $D \subset E$ であるから，(a, b) が与えられた条件を満たしているとき，P と Q は $y=ax+b$ に関して異なる側にあることが示された．よって，$y=ax+b$ は線分 PQ と必ず共有点を持つ．

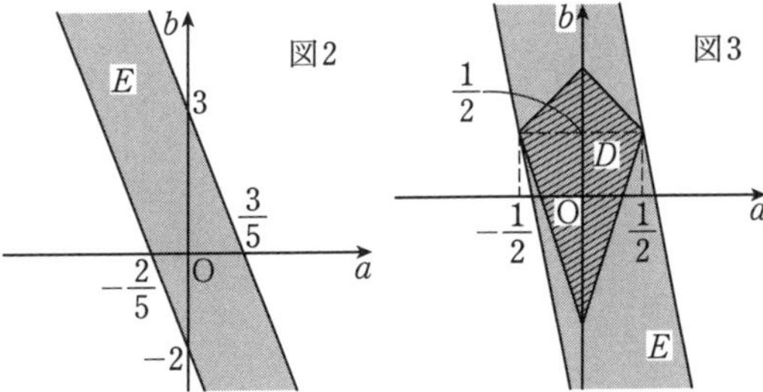

注意 【E の図示】

E は 2 直線 $-2-5a-b=0$，$3-5a-b=0$ で平面を区切り，$(a, b)=(0, 0)$ は $(-2-5a-b)(3-5a-b) \leqq 0$ を満たすから，原点 O を含む側である．なお，$\left(-\frac{1}{2}, \frac{1}{2}\right)$ は $-2-5a-b=0$ 上に，$\left(\frac{1}{2}, \frac{1}{2}\right)$ は $3-5a-b=0$ 上にある．

《領域の包含 (B5) ☆》

445. a を 0 以上の定数とする．次の命題を考える．

p：実数 x, y は $|x|+|y| \leqq a$ を満たす．

q：実数 x, y は $x^2+y^2 \leqq 1$ を満たす．

命題 p が命題 q であるための十分条件であるような a の範囲は □ で，命題 p が命題 q であるため

の必要条件であるような a の範囲は $\square$ である.

(23　明治薬大・公募)

▶解答◀　$|x|+|y|\leqq a$ をみたす領域を P, $x^2+y^2\leqq 1$ をみたす領域を Q とすると, $p\Rightarrow q$ になるのは $P\subset Q$ になるときで, 図1より $\boldsymbol{0\leqq a\leqq 1}$

$q\Rightarrow p$ になるのは $Q\subset P$ になるときで, $x+y=a$ と原点の距離が $x^2+y^2=1$ の半径以上になることで

$$\frac{|0+0-a|}{\sqrt{1^2+1^2}}\geqq 1$$

$$|a|\geqq\sqrt{2}$$

$a\geqq 0$ より $\boldsymbol{a\geqq\sqrt{2}}$

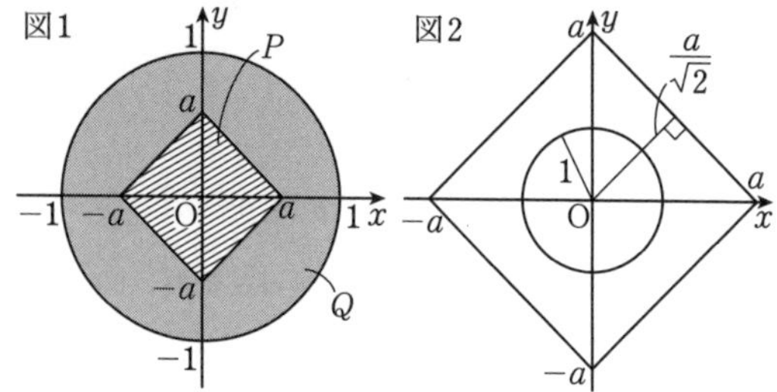

《3 式の領域 (B20)》

446. 以下の曲線を考える.

$C_1: y=-2x^2+4x$, $C_2: y=x^3-x$,
$C_3: x^2+y^2=1$

(1) 曲線 C_1 と C_2 のすべての交点の x 座標を求めよ.

(2) 曲線 C_2 と円 C_3 の交点をすべて求めよ.

(3) 以下の領域を $-1\leqq x\leqq 2$, $-1\leqq y\leqq 2$ において図示せよ.

$(2x^2-4x+y)(x^3-x-y)(x^2+y^2-1)\geqq 0$

(23　昭和薬大・B 方式)

［編者註：C_1 と C_3 の交点は求める必要はない, ということらしい］

▶解答◀　(1) C_1 と C_2 の方程式を連立して

$$-2x^2+4x=x^3-x$$

$$x(x^2+2x-5)=0 \qquad \therefore\ x=\boldsymbol{0,\ -1\pm\sqrt{6}}$$

(2) C_2 を C_3 の方程式に代入して

$$x^2+(x^3-x)^2=1$$

$$x^2-1+x^2(x^2-1)^2=0$$

$$(x^2-1)\{1+x^2(x^2-1)\}=0$$

$$(x-1)(x+1)(x^4-x^2+1)=0$$

$$x=-1,\ 1$$

よって, 交点の座標は $\boldsymbol{(-1,0),\ (1,0)}$

(3) $C_1: y=-2(x-1)^2+2$

図示すると境界を含む網目部分.

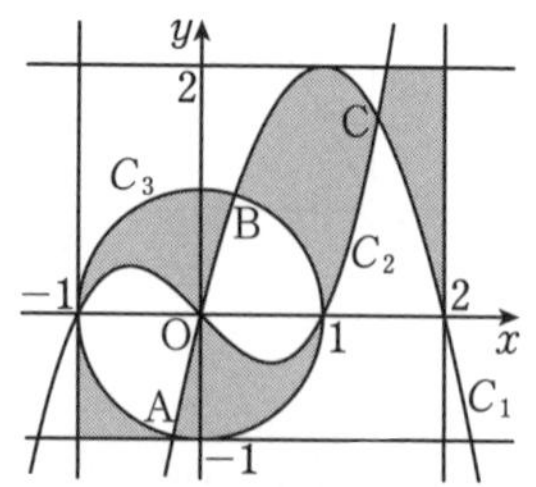

注意 1°【図示のしかた】

まず, 境界 $2x^2-4x+y=0$, $x^3-x-y=0$, $x^2+y^2-1=0$, $x=-1$, $x=2$, $y=-1$, $y=2$ で平面を区切る. 例えば $(x,y)=(0,100)$ を代入すると成立しない. y 軸の上方は不適である. あとは境界を線で飛び越える度に適と不適を繰り返す.

2°【交点について】

$-1\leqq x\leqq 2$, $-1\leqq y\leqq 2$ において, C_1 と C_2 の交点を C, C_1 と C_3 の交点を A, B とする.

点 C の座標は $(-1+\sqrt{6},\ -18+8\sqrt{6})$ である.

C_1, C_3 の方程式から

$$x^2+(-2x^2+4x)^2=1$$

$$4x^4-16x^3+17x^2-1=0$$

この解は容易に求めることができないから, 点 A, B の座標は特に不要と思われる.

《円の状態 (A2)》

447. r を正の実数とする. 座標平面上の点集合 A, B を次のように定義する.

$$A=\{(x,y)\mid x^2+(y-3)^2\leqq 1\},$$

$$B=\{(x,y)\mid (x+4)^2+y^2\leqq r^2\}$$

$A\cap B=\emptyset$ であるような r の値の範囲は $0<r<\square$ である. 座標平面上の点 P に対し, $\mathrm{P}\in B$ であることが $\mathrm{P}\in A$ であるための必要条件になるような r の最小値は $r=\square$ である.

(23　東京薬大)

▶解答◀　2 つの円の半径の和, 差と中心間距離を考える. $A\cap B=\emptyset$ (図 1) となるのは $r+1<5$ すなわち $\boldsymbol{0<r<4}$ のときである. $P\in B$ であることが $P\in A$ であるための必要条件になる, つまり $A\subset B$ (図 2) となるのは $r-1\geqq 5$ すなわち $r\geqq 6$ のときで, r の最小値は $\boldsymbol{6}$ である.

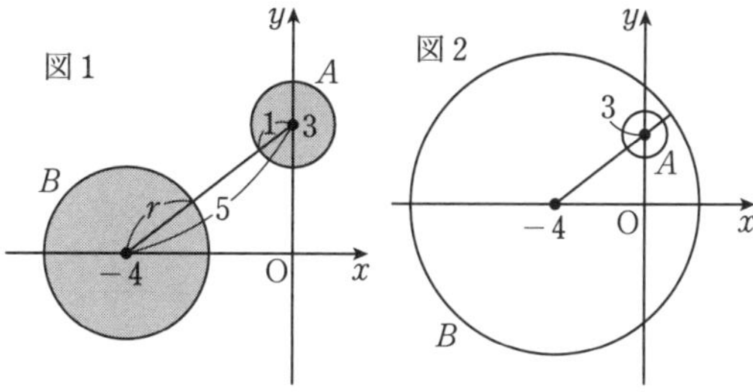

【領域と最大・最小】

《円と直線 (B10) ☆》

448. 連立不等式

$$x^2+y^2-2x-4y+1 \leqq 0,\ x+y-3 \geqq 0$$

が表す領域を D とする．点 $\mathrm{P}(x, y)$ がこの領域 D を動くとき，以下の問いに答えなさい．

（1） 領域 D を図示しなさい．

（2） 領域 D において $y-x$ の最大値とそのときの点 $\mathrm{P}(x, y)$ を求めなさい．

（3） 領域 D において $y+2x$ の最小値とそのときの点 $\mathrm{P}(x, y)$ を求めなさい．

（4） 領域 D において $y+2x$ の最大値を求めなさい．

（23　福島大・食農）

▶解答◀ （1） $x^2+y^2-2x-4y+1 \leqq 0$

$$(x-1)^2+(y-2)^2 \leqq 4$$

円 $C:(x-1)^2+(y-2)^2=4$ と直線 $l:x+y-3=0$ を連立すると

$$(x-1)^2+(-x+1)^2=4$$

$$2(x-1)^2=4$$

$$(x-1)^2=2 \qquad \therefore \quad x=1\pm\sqrt{2}$$

$$y=-x+3=2\mp\sqrt{2}\text{（複号同順）}$$

であるから，C と l の 2 交点を図のように A，B とおくと，$\mathrm{A}(1-\sqrt{2},\ 2+\sqrt{2})$，$\mathrm{B}(1+\sqrt{2},\ 2-\sqrt{2})$ である．D は図の境界を含む網目部分である．

（2） $y-x$ が値 k をとるのは $y-x=k$ を満たす点 (x, y) が D 内にあるとき，すなわち $y=x+k$ が表す直線 m が D と共有点をもつときである．いま，m の y 切片は k であり，傾きは 1 である．よって，k が最大となるのは m が A で C に接するときであり，最大値は

$$y-x=(2+\sqrt{2})-(1-\sqrt{2})=\mathbf{1+2\sqrt{2}}$$

このとき，$(x, y)=\mathbf{(1-\sqrt{2},\ 2+\sqrt{2})}$ である．

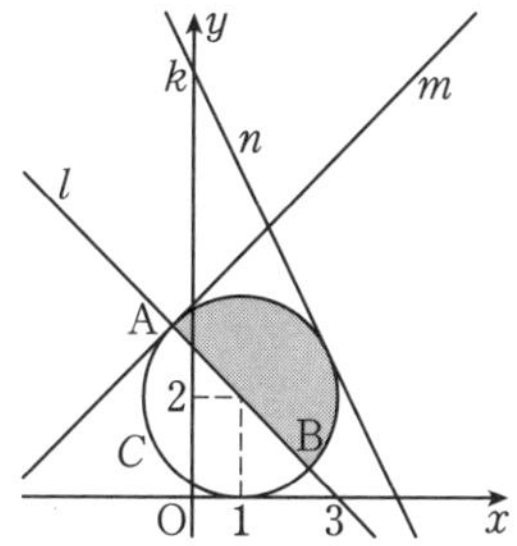

（3） （2）と同様に，$y+2x=k$ とおいて $y=-2x+k$ が表す直線 n が D と共有点をもつときを考える．k が最小となるのは n が A を通るときであり，最小値は

$$y+2x=(2+\sqrt{2})+2(1-\sqrt{2})=\mathbf{4-\sqrt{2}}$$

このとき，$(x, y)=\mathbf{(1-\sqrt{2},\ 2+\sqrt{2})}$ である．

（4） $k=y+2x$ が最大となるのは n が図のように C の上側から C に接するときである．

$n:2x+y-k=0$ と C の中心 $(1, 2)$ の距離 d は

$$d=\frac{|2\cdot 1+2-k|}{\sqrt{4+1}}=\frac{|4-k|}{\sqrt{5}}$$

であるから，n が C に接する条件は

$$\frac{|k-4|}{\sqrt{5}}=2$$

$$k-4=\pm 2\sqrt{5} \qquad \therefore \quad k=4\pm 2\sqrt{5}$$

$\pm$ のうち $-$ の方は下側から C に接するときだから，$+$ の方を採用して，求める最大値は $\mathbf{4+2\sqrt{5}}$

《円と正方形 (B10) ☆》

449. 実数 x, y に対する次の 2 つの条件 p, q を考える．ただし，r は正の定数である．

$$p:|x+y| \leqq 3 \text{ かつ } |x-y| \leqq 3$$

$$q:(x-1)^2+(y-1)^2 \leqq r^2$$

（1） 命題「p ならば q」が真となるような r の最小値は $\sqrt{\square}$ である．

（2） 命題「q ならば p」が真となるような r の最大値は

$\dfrac{\square}{\square}\sqrt{\square}$ である．（23　上智大・文系）

▶解答◀ 条件 p, q を満たす点 (x, y) の領域をそれぞれ P，Q とする．$|x+y| \leqq 3$ のとき

$$-3 \leqq x+y \leqq 3$$

$$-x-3 \leqq y \leqq -x+3$$

また，$|x-y| \leqq 3$ のとき

$$-3 \leqq x-y \leqq 3 \qquad \therefore \quad x-3 \leqq y \leqq x+3$$

P は図の境界を含む網目部分である．また，中心 $(1, 1)$，

半径 r の円を C とすると，Q は円 C の周および内部である．

（1） 図のように 4 点 A，B，C，D を定め，円 C の中心を E とする．「p ならば q」が真となるのは $P \subset Q$ のときで，このうち r が最小となるのは，円 C が 2 点 A$(-3, 0)$，B$(0, -3)$ を通るときである．このとき

$$r^2 = \mathrm{AE}^2 = (-3-1)^2 + (0-1)^2 = 17$$

$r > 0$ であるから $r = \boldsymbol{\sqrt{17}}$

（2） 「q ならば p」が真となるのは，$Q \subset P$ のときで，このうち r が最大となるのは，円 C が直線 CD に接するときである．このとき，直線 CD：$x + y - 3 = 0$ と E$(1, 1)$ の距離が r に等しいから

$$r = \frac{|1+1-3|}{\sqrt{1^2+1^2}} = \frac{1}{\sqrt{2}} = \boldsymbol{\frac{1}{2}\sqrt{2}}$$

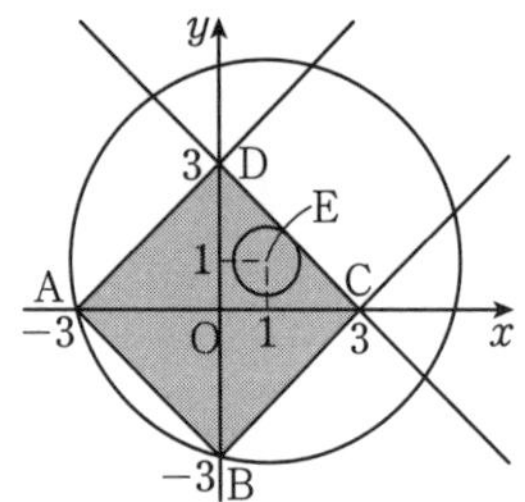

《格子点と線形計画法 (B30) ☆》

450．食品 A は 1 個あたりタンパク質が 1.2g，食物繊維が 0.6g 含まれていて価格は 200 円，食品 B は 1 個あたりタンパク質が 1.6g，食物繊維が 0.4g 含まれていて価格は 250 円である．A，B を組み合わせて購入して，タンパク質が 20g 以上，食物繊維が 6g 以上含まれるようにしたい．購入金額を最小にするためには，A，B を何個ずつ購入すれば良いか．

	タンパク質	食物繊維
食品 A	1.2g	0.6g
食品 B	1.6g	0.4g
必要量	20g 以上	6g 以上

（23　愛知医大・看護）

▶解答◀ 食品 A を x 個，食品 B を y 個購入するとする．タンパク質が 20g 以上となる条件は

$$1.2x + 1.6y \geqq 20 \qquad \therefore \quad 3x + 4y \geqq 50$$

であり，食物繊維が 6g 以上となる条件は

$$0.6x + 0.4y \geqq 6 \qquad \therefore \quad 3x + 2y \geqq 30$$

である．

$$l_1 : 3x + 4y = 50,\ l_2 : 3x + 2y = 30$$

とする．l_1, l_2 の交点は A$\left(\frac{10}{3}, 10\right)$ である．以下で $x \geqq 0$，$y \geqq 0$，k，$m \geqq 1$ は整数とする．購入金額を K とする．

$$K = 200x + 250y = 50(4x + 5y)$$

$4x + 5y = k$ とおく．$0 \leqq x \leqq 3$ では $y \geqq \frac{30-3x}{2}$ である．

$x = 0$ のとき $y \geqq 15$ で，$k \geqq 75$

$x = 1$ のとき $y \geqq 14$ で，$k \geqq 4 + 70 = 74$

$x = 2$ のとき $y \geqq 12$ で，$k \geqq 8 + 60 = 68$

$x = 3$ のとき $y \geqq 11$ で，$k \geqq 12 + 55 = 67$

以下は $x \geqq 4$ のときである．$y \geqq \frac{50-3x}{4}$

$x = 4m$ のとき $y \geqq 12.5 - 3m$ で，$y \geqq 13 - 3m$

$$k \geqq 4 \cdot 4m + 5(13 - 3m) = 65 + m \geqq 66$$

$x = 4m + 1$ のとき $y \geqq \frac{47-12m}{4} = 11.75 - 3m$ で，$y \geqq 12 - 3m$

$$k \geqq 4(4m+1) + 5(12 - 3m) = 64 + m \geqq 65$$

$x = 4m + 2$ のとき $y \geqq \frac{44-12m}{4} = 11 - 3m$ で，

$$k \geqq 4(4m+2) + 5(11 - 3m) = 63 + m \geqq 64$$

$x = 4m + 3$ のとき $y \geqq \frac{41-12m}{4} = 10.25 - 3m$ で，$y \geqq 11 - 3m$

$$k \geqq 4(4m+3) + 5(11 - 3m) = 67 + m \geqq 68$$

以上より k の最小値は 64 で，それは $x = 6$, $y = 8$ のときにとる．$K = 50k = 3200$ となる．

A を **6** 個，B を **8** 個購入するときに最小金額をとる．

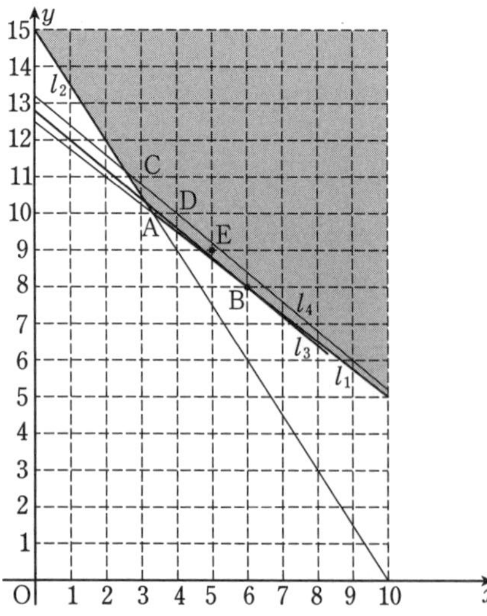

注意 A の近くの格子点 C(3, 11)，D(4, 10) に目をうばわれるだろう．しかし，最小を与えるのは B(6, 8) であり，このとき $k = 64$ である．

D(4, 10) のときの $k=66$ は，E(5, 9) のときの $k=65$ よりも大きい．l_3 は直線 $4x+5y=64$，l_4 は直線 $4x+5y=66$ である．実戦的には図で考える．

《円と直線 (B10) ☆》

451. xy 平面において，連立不等式

$x \geqq 0,\ y \geqq 0,\ (x+y-1)(x^2+y^2-2) \leqq 0$

の表す領域を D とする．

（1） 領域 D を図示せよ．

（2） 点 P(x, y) が領域 D を動くとき，$2x+y$ の最小値と最大値を求めよ． （23 岐阜薬大）

▶解答◀ （1） 領域 D は図 1 の境界を含む網目部分である．

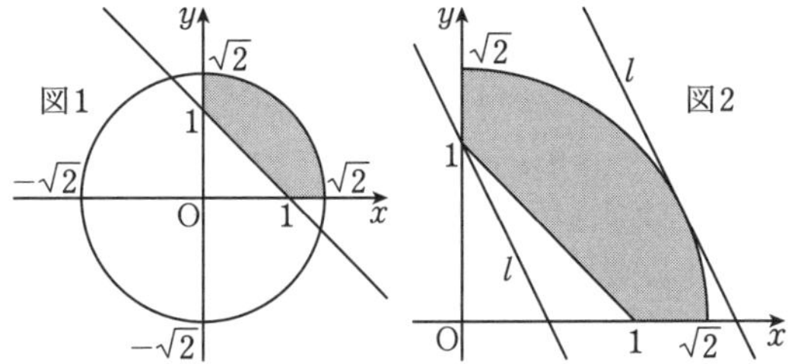

（2） $2x+y=k$ とおくと $y=-2x+k$ である．これを l とおく．l と領域 D が共有点をもつときの k の最小値と最大値を求める．図 2 を見よ．k が最小となるのは l が点 (0, 1) を通るときで，このとき $k=2\cdot 0+1=\mathbf{1}$

k が最大となるのは，l と $x^2+y^2=2$ が第 1 象限で接するときである．このとき l と円の中心との距離が円の半径に等しくなるから $\dfrac{|-k|}{\sqrt{2^2+1^2}}=\sqrt{2}$

$k>0$ であるから，$k=\boldsymbol{\sqrt{10}}$

注意

$(x+y-1)(x^2+y^2-2) \leqq 0$ ……………………①

の表す領域は，直線 $x+y-1=0$ と円 $x^2+y^2-2=0$ で区切られた 4 つの各領域について調べることで求めることができる．

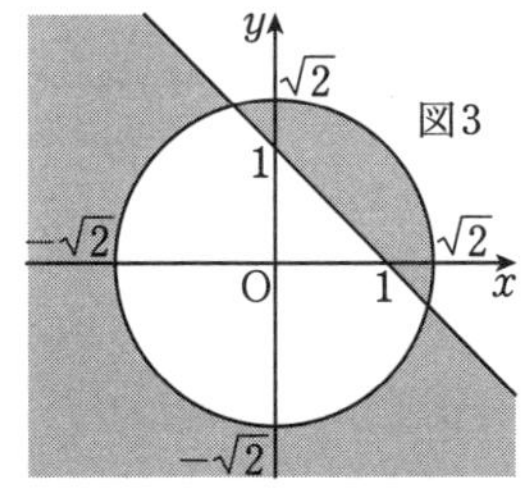

例えば $x=0, y=0$ を代入すると $(x+y-1)(x^2+y^2-2)>0$ となるから ① を満たさない．すなわち，原点は ① が表す領域には含まれない．次に，$x^2+y^2-2<0$（円の内部）の部分のまま $x+y-1<0$ から $x+y-1>0$ へ直線 $x+y-1=0$ を飛び越えると $(x+y-1)(x^2+y^2-2)<0$ に変わり，適す．このように，境界を線で飛び越える度に不等号の向きは入れかわって，適と不適を繰り返すから，① の表す領域は境界を含む図 3 の網目部分であり，本問ではさらにここから $x \geqq 0, y \geqq 0$ の部分をとって D としている．

《距離 (B10)》

452. a, b を正の実数とする．座標平面上に点 A$(a, \sqrt{3}a)$，点 B$(\sqrt{3}b, -b)$ をとる．原点を O とし，3 点 O，A，B を通る円を C とする．x 軸と C の共有点で，O とは異なるものを D$(d, 0)$ とする．以下の問いに答えよ．

（1） ∠ADB を求めよ．

（2） d を a, b を用いて表せ．

（3） $d \geqq 1$ のとき，三角形 ABD の面積の最小値を求めよ． （23 奈良女子大・生活環境，工）

▶解答◀ （1） $\angle\mathrm{AOD}=60^\circ$，$\angle\mathrm{BOD}=30^\circ$ であるから，$\angle\mathrm{AOB}=90^\circ$

四角形 AOBD は円に内接するから $\angle\mathrm{ADB}=\mathbf{90^\circ}$

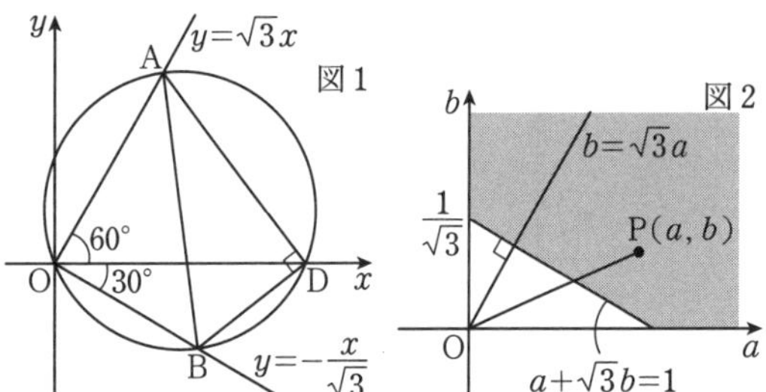

（2） $\overrightarrow{\mathrm{DA}}=(a-d, \sqrt{3}a)$，$\overrightarrow{\mathrm{DB}}=(\sqrt{3}b-d, -b)$ であり，$\overrightarrow{\mathrm{DA}} \perp \overrightarrow{\mathrm{DB}}$ より $\overrightarrow{\mathrm{DA}}\cdot\overrightarrow{\mathrm{DB}}=0$ が成り立つから

$$(a-d)(\sqrt{3}b-d)-\sqrt{3}ab=0$$

$$-ad-\sqrt{3}bd+d^2=0$$

$d \neq 0$ より $-a-\sqrt{3}b+d=0$ で $d=\boldsymbol{a+\sqrt{3}b}$

（3） （2）より $\overrightarrow{\mathrm{DA}}=(-\sqrt{3}b, \sqrt{3}a)$，$\overrightarrow{\mathrm{DB}}=(-a, -b)$ であるから △ABD の面積を S とすると

$$S=\frac{1}{2}\left|(-\sqrt{3}b)\cdot(-b)-\sqrt{3}a\cdot(-a)\right|$$

$$=\frac{\sqrt{3}}{2}\left|a^2+b^2\right|=\frac{\sqrt{3}}{2}(a^2+b^2)$$

$d \geqq 1$ であるから $a+\sqrt{3}b \geqq 1$ のときの a^2+b^2 の最小値を求める．図 2 を見よ．P(a, b) として，$\sqrt{a^2+b^2}=\mathrm{OP}$ の最小値は O と直線 $a+\sqrt{3}b=1$ の距離で $\dfrac{1}{\sqrt{1+3}}=\dfrac{1}{2}$ である．

S の最小値は $\dfrac{\sqrt{3}}{2}\cdot\left(\dfrac{1}{2}\right)^2=\boldsymbol{\dfrac{\sqrt{3}}{8}}$ である．

《少し複雑な形 (B20) ☆》

453. (1) 関数 $y=3-|2x+1|-|2x-1|$ のグラフをかけ.

(2) x, y が $x^2+y^2=1$ を満たしながら動くとき

$$y+|2x+1|+|2x-1|$$

の最小値と最大値を求めよ．また，最小値を与える x, y，および最大値を与える x, y を求めよ． (23 学習院大・文)

▶解答◀ (1)

$$y=3-|2x+1|-|2x-1| \quad \cdots\cdots\cdots\cdots ①$$

(ア) $x \leqq -\dfrac{1}{2}$ のとき

$$y=3+(2x+1)+(2x-1)=4x+3$$

(イ) $-\dfrac{1}{2} \leqq x \leqq \dfrac{1}{2}$ のとき

$$y=3-(2x+1)+(2x-1)=1$$

(ウ) $x \geqq \dfrac{1}{2}$ のとき

$$y=3-(2x+1)-(2x-1)=-4x+3$$

よって，① のグラフを C とすると，図 1 のようになる．

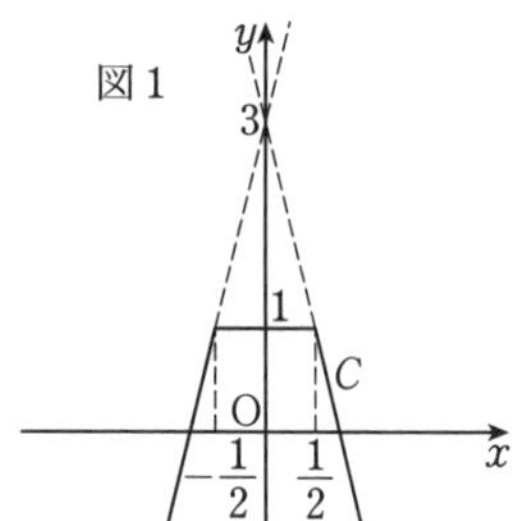

(2) $y+|2x+1|+|2x-1|=k$ とおく．

$$y=k-|2x+1|-|2x-1| \quad \cdots\cdots\cdots\cdots ②$$
$$=3-|2x+1|-|2x-1|+k-3$$

であるから，② のグラフを C' とすると，C を y 軸方向に $k-3$ だけ平行移動したものが C' である (図 2)．

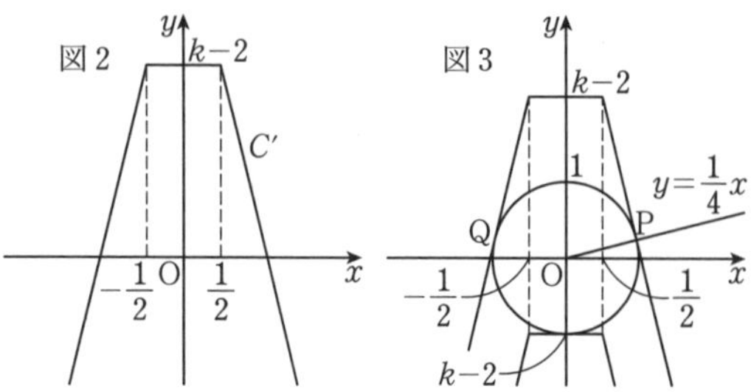

k の値が最大となるのは $y=\pm 4x+k$ と $x^2+y^2=1$ が接するときである．

$$\frac{|k|}{\sqrt{16+1}}=1 \qquad \therefore \quad |k|=\sqrt{17}$$

$k-2>1$ すなわち $k>3$ であるから，$k=\sqrt{17}$

図 3 の接点 P については $4x+y=\sqrt{17}$ と直線 $y=\dfrac{x}{4}$ を連立させて $x=\dfrac{4\sqrt{17}}{17}$, $y=\dfrac{\sqrt{17}}{17}$ を得る．左の接点 Q は $\left(-\dfrac{4\sqrt{17}}{17}, \dfrac{\sqrt{17}}{17}\right)$ となる．よって，

$\boldsymbol{x=\pm\dfrac{4\sqrt{17}}{17}, y=\dfrac{\sqrt{17}}{17}}$ のとき最大値 $\boldsymbol{\sqrt{17}}$ をとる．

k の値が最小となるのは $y=k-2$ と $x^2+y^2=1$ が $(0, -1)$ で接するときである．

$$k-2=-1 \qquad \therefore \quad k=1$$

よって，$\boldsymbol{x=0, y=-1}$ のとき最小値 **1** をとる．

《ひし形 (B10)》

454. 以下の連立不等式を満たす領域を D とする．

$$\begin{cases} |2x-2|+|y-1| \leqq 4 \\ x \geqq 0, y \geqq 0 \end{cases}$$

このとき，以下の設問に答えよ．

(1) 領域 D を図示せよ．ただし，境界の角の点の座標 (x, y) をすべて明記すること．

(2) 点 (x, y) が領域 D 上を動くとき，$3x+y$ の最大値を求めよ．

(3) 点 (x, y) が領域 D 上を動くとき，

$x^2+y^2+3x-10y$

の最小値を求めよ． (23 愛知大)

▶解答◀ (1) $2|x|+|y|=4$ は原点を中心とする図 1 のようなひし形であり

$2|x-1|+|y-1|=4$ はこれを x 軸方向へ 1，y 軸方向へ 1 だけ平行移動したものである．よって，領域 D は図 2 の網目部分で境界を含む．

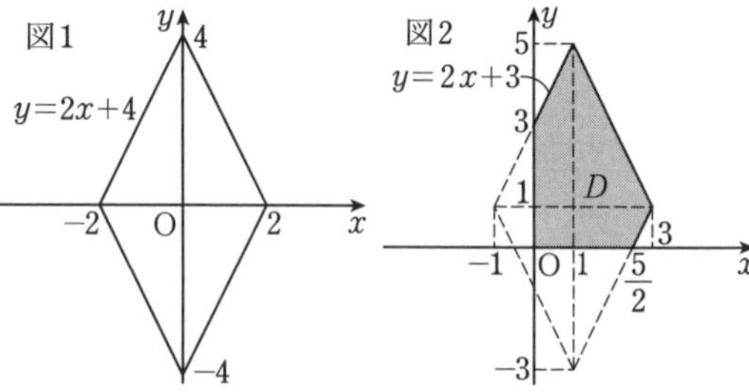

(2) $3x+y=k$ とおくと，$y=-3x+k$ となり k は傾き -3 の直線の y 切片である．この直線が点 $(3, 1)$ を通るとき k は最大となり，最大値は $3\cdot 3+1=\mathbf{10}$

(3) $\mathrm{A}\left(-\dfrac{3}{2}, 5\right)$，$\mathrm{P}(x, y)$ とおく．

$$x^2+y^2+3x-10y$$
$$=\left(x+\frac{3}{2}\right)^2+(y-5)^2-\frac{9}{4}-25$$

$= \mathrm{AP}^2 - \dfrac{109}{4}$

を最小にする P は A から直線 $y = 2x + 3$ におろした垂線の足であり，そのとき，点と直線の距離の公式から

$$\mathrm{AP} = \frac{\left|2\cdot\left(-\frac{3}{2}\right) - 5 + 3\right|}{\sqrt{1^2 + 2^2}} = \frac{5}{\sqrt{5}} = \sqrt{5}$$

求める最小値は $5 - \dfrac{109}{4} = -\dfrac{\mathbf{89}}{\mathbf{4}}$

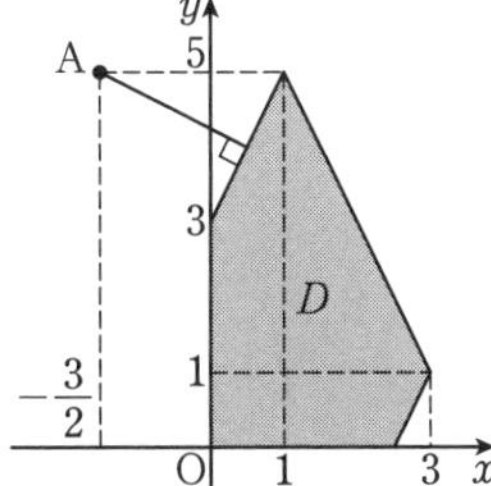

注意 H の x 座標が $0 \leqq x \leqq 1$ にあることは明らかであろう．実際，求めると $x = \dfrac{1}{2}$ である．

《文字がある (B10)》

455. 連立不等式

$$\begin{cases} 3x + 2y \leqq 18 \\ x + 4y \leqq 16 \\ x \geqq 0 \\ y \geqq 0 \end{cases}$$

の表す領域を D とする．

（1） 領域 D を図示せよ．

（2） 点 (x, y) が領域 D を動くとき，$x + y$ の最大値を求めよ．

（3） 点 (x, y) が領域 D を動くとき，$2x + y$ の最大値を求めよ．

（4） a を正の定数とする．点 (x, y) が領域 D を動くとき，$ax + y$ の最大値を求めよ．

（23　青学大）

▶解答◀ （1） $3x + 2y = 18$ と $x + 4y = 16$ を解くと $x = 4, y = 3$ であるから，領域 D は図 1 の網目部分で境界線も含む．

（2） $x + y = k$ とおくと

$y = -x + k$ ……………………………①

k が最大となるのは ① が $(4, 3)$ を通るときで

$k = 4 + 3 = \mathbf{7}$

（3） $2x + y = l$ とおくと

$y = -2x + l$ ……………………………②

l が最大となるのは ② が $(6, 0)$ を通るときで

$l = 2\cdot 6 + 0 = \mathbf{12}$

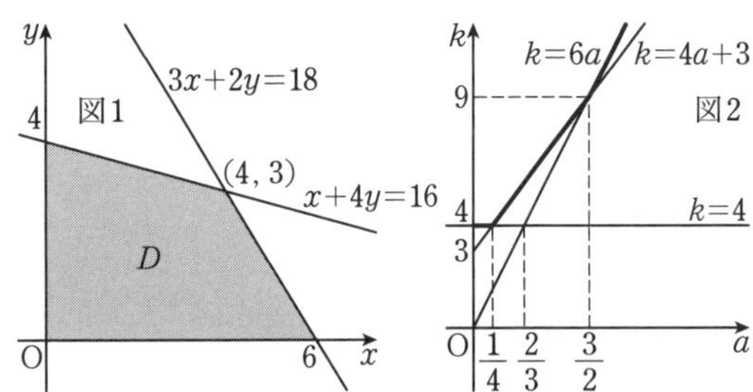

（4） $ax + y = k$ とおく．$(6, 0), (4, 3), (0, 4)$ を通るとき，順に $k = 6a, 4a + 3, 4$ となる．

このうちで最大のものをとる．

$\mathbf{0 < a \leqq \dfrac{1}{4}}$ のとき $\mathbf{4}$

$\mathbf{\dfrac{1}{4} \leqq a \leqq \dfrac{3}{2}}$ のとき $\mathbf{4a + 3}$

$\mathbf{\dfrac{3}{2} \leqq a}$ のとき $\mathbf{6a}$

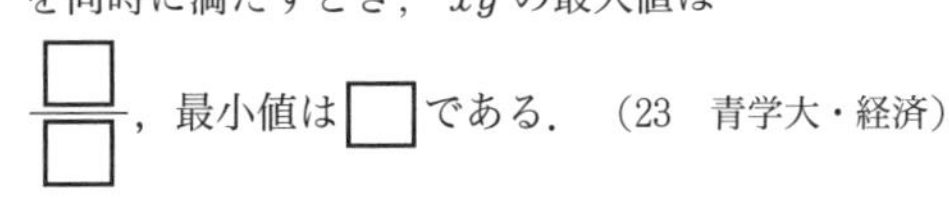

《反比例のグラフ (B10)》

456. x, y が 4 つの不等式

$x \geqq 0,\ y \geqq 0,\ x + 2y \leqq 10,\ 4x + y \leqq 15$

を同時に満たすとき，xy の最大値は $\dfrac{\square}{\square}$，最小値は $\square$ である．（23　青学大・経済）

▶解答◀ 与えられた 4 つの不等式が表す領域を D とし，$l_1 : x + 2y = 10$, $l_2 : 4x + y = 15$ とする．l_1 と l_2 を連立させて交点を求めると $\left(\dfrac{20}{7}, \dfrac{25}{7}\right)$ であり，D は境界を含む図の網目部分である．

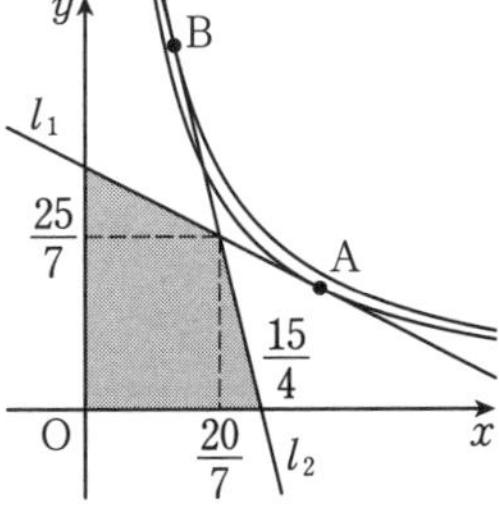

（ア） $0 \leqq x \leqq \dfrac{20}{7}$ のとき

$$xy \leqq x\left(5 - \frac{1}{2}x\right) = -\frac{1}{2}(x - 5)^2 + \frac{25}{2}$$

右辺は $x = \dfrac{20}{7}$ のとき最大だから，xy の最大値は $\dfrac{20}{7}\cdot\dfrac{25}{7} = \dfrac{500}{49}$

（イ） $\dfrac{20}{7} \leqq x \leqq \dfrac{15}{4}$ のとき

$$xy \leqq x(15 - 4x) = -4\left(x - \frac{15}{8}\right)^2 + \frac{15^2}{16}$$

右辺は $x = \dfrac{20}{7}$ のとき最大だから，xy の最大値は

$\frac{20}{7}\cdot\frac{25}{7}=\frac{500}{49}$

(ア), (イ) より xy の最大値は $\mathbf{\frac{500}{49}}$ である．また，最小値は **0** である．

♦別解♦ $xy=k$ とおく．$k>0$ のとき．これが直線 $y=5-\frac{1}{2}x$ と接するとき

$$x\left(5-\frac{1}{2}x\right)=k$$

$$x^2-10x+2k=0$$

$$x=5\pm\sqrt{5^2-2k}$$

$2k=25$ のときで $x=5$ (図の $\mathrm{A}\left(5,\ \frac{5}{2}\right)$) で接する．次に $xy=k$ が $y=15-4x$ と接するとき

$$x(15-4x)=k$$

$$4x^2-15x+k=0$$

$$x=\frac{15\pm\sqrt{15^2-16k}}{8}$$

$16k=225$ のときで $x=\frac{15}{8}$ (図の $\mathrm{B}\left(\frac{15}{8},\ \frac{15}{2}\right)$) で接する．いずれも網目部分の中にはないから $xy=k$ が $\left(\frac{20}{7},\ \frac{25}{7}\right)$ を通るときに最大値 $\mathbf{\frac{500}{49}}$ をとる．最小値は **0** である．

《放物線と接線 (B10)》

457. 座標平面上の直線 $y=x+5$ を l, 放物線 $y=(x-3)(x-4)$ を C とする．l と C の共有点の x 座標を $a, b\ (a<b)$ とするとき，$a=$ □ である．また，連立不等式 $\begin{cases} y\leqq x+5 \\ y\geqq (x-3)(x-4) \end{cases}$ で表される領域を D とする．点 (x, y) が領域 D を動くとき，$\frac{y-3}{x}$ の最大値は □ であり，最小値は □ である．

(23 関西学院大・経済)

▶解答◀ C と l を連立して

$$(x-3)(x-4)=x+5$$

$$x^2-8x+7=0$$

$$(x-1)(x-7)=0$$

したがって $a=\mathbf{1}$ である．

このとき共有点の座標は $(1, 6)$ である．

$\frac{y-3}{x}=k$ とおくと，$y=kx+3$ で，点 $(0, 3)$ を通る傾き k の直線である．この直線を m とする．

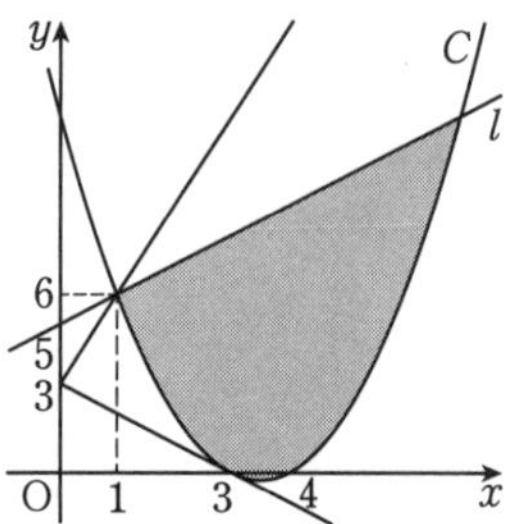

図を参照せよ．m が $(1, 6)$ を通るとき k は最大値 **3** をとる．

C と m を連立する．

$$(x-3)(x-4)=kx+3$$

$$x^2-(k+7)x+9=0$$

判別式を D_1 とすると，

$$D_1=(k+7)^2-36$$

$$=k^2+14k+13=(k+1)(k+13)$$

C と m が接する条件は $D_1=0$ で $k=-13, -1$ である．m が $(3, 0)$ で接するとき，k は最小値 $\mathbf{-1}$ をとる．

《円と距離 (B10)》

458. 座標平面において，連立不等式

$2x-3y+6\geqq 0,\ 2x-y-2\leqq 0,$

$2x+y-2\geqq 0$

の表す領域を D とする．

(1) 領域 D は，3 点

(□, 0), (0, □), (□, □)

を頂点とする三角形の周および内部である．

(2) 点 $\mathrm{P}(x, y)$ が領域 D 内を動くとき，$x-y$ の最大値は □，最小値は □ である．

(3) 点 $\mathrm{P}(x, y)$ が領域 D 内を動くとき，x^2+y^2 の最大値は □，最小値は $\frac{□}{□}$ である．

(23 東邦大・健康科学-看護)

▶解答◀ (1) $2x-3y+6=0$ ……………………①

$2x-y-2=0$ ……………………②

$2x+y-2=0$ ……………………③

①, ② を連立して $(x, y)=(3, 4)$ である．

②, ③ を連立して $(x, y)=(1, 0)$ である．

③, ① を連立して $(x, y)=(0, 2)$ である．

D は 3 点 **(1, 0), (0, 2), (3, 4)** を頂点とする三角形の周および内部で，図 1 の網目部分になる．

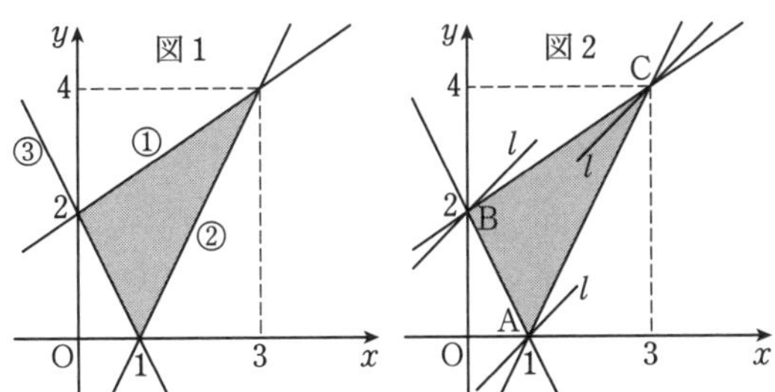

（2） A(1, 0), B(0, 2), C(3, 4) とする．$x-y=k$ とおく．この直線を l とする．l の傾きは 1 である．①, ②, ③ の傾きはそれぞれ $\frac{2}{3}$, 2, -2 である．

図 2 を見よ．$y=x-k$ が A を通るとき $-k$ は最小であるから，k は最大になり，B を通るとき $-k$ は最大であるから，k は最小になる．

$x-y$ の最大値は **1**，最小値は **−2** である．

（3） $x^2+y^2=r^2$ とおく．この円を P とする．

図 3 を見よ．P と ③ が接するとき r は最小で，P が C を通るとき r は最大である．

中心 O との距離を考えて，半径の最大値は

$$\mathrm{OC}=\sqrt{3^2+4^2}=5$$

より，r^2 の最大値は $5^2=$ **25**，半径の最小値は

$$\frac{|2\cdot 0+1\cdot 0-2|}{\sqrt{2^2+1^2}}=\frac{2}{\sqrt{5}}$$

より，r^2 の最小値は $\left(\frac{2}{\sqrt{5}}\right)^2=\boldsymbol{\frac{4}{5}}$ である．

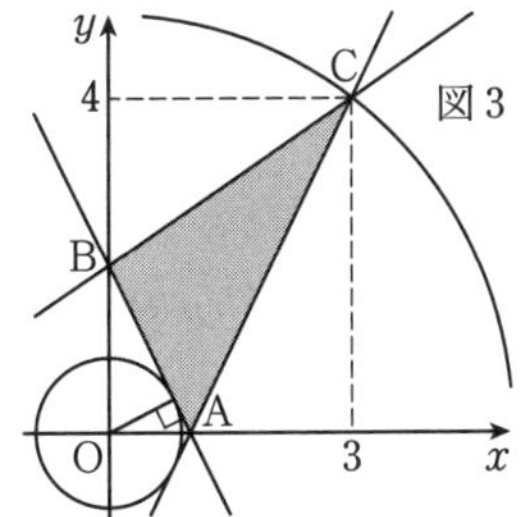

【弧度法】

《扇形 (A5)》

459. 半径 4 の円 O があり，円の中心からの距離が 8 である点を P，点 P から円に引いた接線の接点を Q，R とする．線分 PQ，線分 PR，中心角の小さい側の弧 QR によって囲まれた部分の面積を求めよ．（23 静岡文化芸術大）

▶解答◀ OP = 8，OQ = 4，∠OQP が直角であるから，三角形 OPQ は，$\angle\mathrm{POQ}=\frac{\pi}{3}$ の直角三角形である．よって，求める面積は

2△OPQ −（扇形 OQR の面積）

$$=2\cdot\frac{1}{2}\cdot 8\cdot 4\cdot\sin\frac{\pi}{3}-\frac{1}{2}\cdot 4^2\cdot\frac{2\pi}{3}$$

$$=\boldsymbol{16\sqrt{3}-\frac{16\pi}{3}}$$

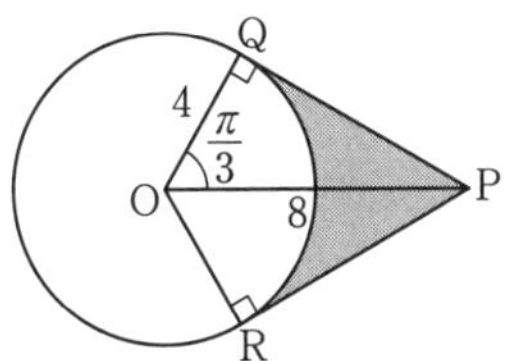

《偏角を調べる (B30)》

460. 座標平面上の直線

$$l_1: y=\sqrt{3}x,\ l_2: y=-\sqrt{3}x,\ l_3: y=0$$

を考える．点 $\mathrm{P_0}(\cos t_0, \sin t_0)$ $\left(0\leqq t_0\leqq\frac{\pi}{3}\right)$ に対して，l_1，原点，l_2，原点，l_3，原点に関して対称な点を次々にとることにより，点 $\mathrm{P_1}$ から $\mathrm{P_6}$ を定める．つまり，$\mathrm{P_0}$ と l_1 に関して対称な点が $\mathrm{P_1}$ であり，$\mathrm{P_1}$ と原点に関して対称な点が $\mathrm{P_2}$ であり，以下，同様に $\mathrm{P_3}, \mathrm{P_4}, \mathrm{P_5}, \mathrm{P_6}$ を定める．また，$\mathrm{P_6}$ から始めて，再び l_1，原点，l_2，原点，l_3，原点に関して対称な点を次々にとることにより，点 $\mathrm{P_7}$ から $\mathrm{P_{12}}$ を定める．つまり，$\mathrm{P_6}$ と l_1 に関して対称な点が $\mathrm{P_7}$ であり，$\mathrm{P_7}$ と原点に関して対称な点が $\mathrm{P_8}$ であり，以下，同様に $\mathrm{P_9}, \mathrm{P_{10}}, \mathrm{P_{11}}, \mathrm{P_{12}}$ を定める．さらに，t_i $(i=1, 2, 3, \cdots, 12)$ を P_i の座標が $(\cos t_i, \sin t_i)$ $(0\leqq t_i<2\pi)$ となる実数とする．次の問いに答えよ．

（1） $t_0=\frac{\pi}{4}$ のとき，t_1 と t_2 を求めよ．

（2） t_6 を t_0 の式で表し，$\mathrm{P_6}$ は不等式 $0\leqq y\leqq\sqrt{3}x$ の表す領域の点であることを示せ．

（3） $\mathrm{P_0}=\mathrm{P_{12}}$ を示せ．（23 大阪公立大・文系）

▶解答◀ 図 1，図 2 を参照せよ．単位円上の 2 点 $\mathrm{P}(\cos\theta, \sin\theta)$, $\mathrm{P'}(\cos\theta', \sin\theta')$ について

（ア） $\theta'=\theta+\pi$ のとき，2 点 P, P′ は原点対称の位置にある（図 1）．

（イ） $\frac{\theta+\theta'}{2}=\alpha$ すなわち $\theta'=2\alpha-\theta$ のとき，2 点 P, P′ は直線 $l: y=(\tan\alpha)x$ に関して対称の位置にある（図 2）．

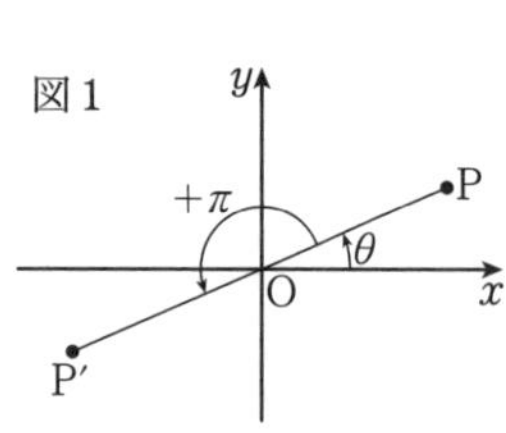

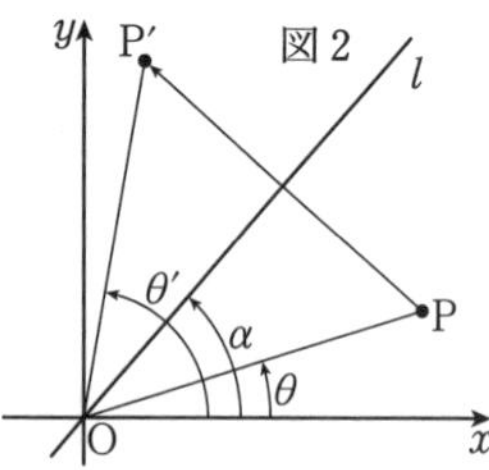

（1） 点 P_1 は，直線 $l_1: y=\left(\tan\frac{\pi}{3}\right)x$ に関する P_0 の対称点であり

$$2\cdot\frac{\pi}{3}-t_0=\frac{2}{3}\pi-\frac{\pi}{4}=\frac{5}{12}\pi,\ 0\leqq\frac{5}{12}\pi<2\pi$$

であるから，$t_1=\boldsymbol{\frac{5}{12}\pi}$ である．

点 P_2 は，原点に関する点 P_1 の対称点であり

$$t_1+\pi=\frac{17}{12}\pi,\ 0\leqq\frac{17}{12}\pi<2\pi$$

であるから，$t_2=\boldsymbol{\frac{17}{12}\pi}$ である．

（2） $t_1{}'=2\cdot\frac{\pi}{3}-t_0$ とおく．点 $(\cos t_1{}', \sin t_1{}')$ は直線 l_1 に関する P_0 の対称点であるから，点 P_1 と一致する．よって，$t_1=t_1{}'+2k\pi$（k は整数）と表される．

次に $t_2{}'=t_1{}'+\pi=\frac{5}{3}\pi-t_0$ とおく．点 $(\cos t_2{}', \sin t_2{}')$ は原点に関する P_1 の対称点であるから，点 P_2 と一致する．よって，$t_2=t_2{}'+2m\pi$（m は整数）と表される．

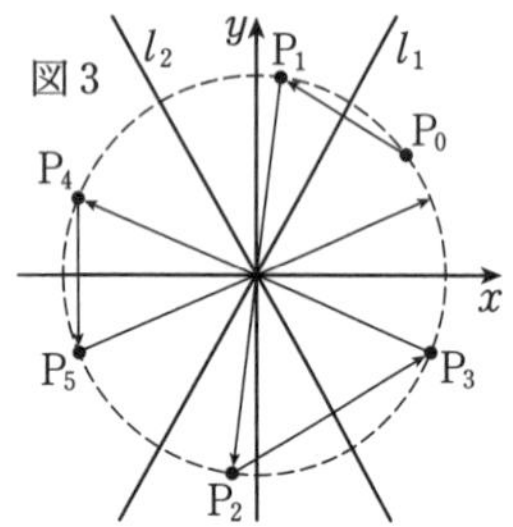

以下同様にして，点 P_3 は $l_2: y=\left(\tan\frac{5}{3}\pi\right)x$ に関する点 P_2 の対称点であるから

$$t_3{}'=\frac{10}{3}\pi-t_2{}'=\frac{5}{3}\pi+t_0$$

$$t_4{}'=t_3{}'+\pi=\frac{8}{3}\pi+t_0\ (\text{原点対称})$$

$$t_5{}'=-t_4{}'=-\frac{8}{3}\pi-t_0\ (x\text{ 軸対称})$$

$$t_6{}'=t_5{}'+\pi=-\frac{5}{3}\pi-t_0\ (\text{原点対称})\ \cdots\cdots\cdots①$$

とおく．$0\leqq t_0\leqq\frac{\pi}{3}$ であるから，① より

$$-2\pi\leqq t_6{}'\leqq-\frac{5}{3}\pi$$

となる．$0\leqq t_6<2\pi$ であり，$t_6=t_6{}'+2n\pi$（n は整数）と表せるから，$n=1$ であり

$$0\leqq t_6\leqq\frac{\pi}{3}\ \cdots\cdots②$$

$$t_6=t_6{}'+2\pi=\boldsymbol{\frac{\pi}{3}-t_0}\ \cdots\cdots③$$

となる．$x=\cos t_6$, $y=\sin t_6$ とおくと，② より

$$0\leqq\tan t_6\leqq\tan\frac{\pi}{3}=\sqrt{3}$$

$$0\leqq\frac{y}{x}\leqq\sqrt{3}$$

となり，$x=\cos t_6>0$ であるから，$0\leqq y\leqq\sqrt{3}x$

（3） t_6 の範囲 $0\leqq t_6\leqq\frac{\pi}{3}$ と t_0 の範囲 $0\leqq t_0\leqq\frac{\pi}{3}$ は同じであり，P_6 から P_{12} を求める操作は，P_0 から P_6 を求める操作と同じであるから，③ より，$t_{12}=\frac{\pi}{3}-t_6$

よって $t_{12}=\frac{\pi}{3}-\left(\frac{\pi}{3}-t_0\right)=t_0$ となるから $P_0=P_{12}$

《グラフの移動（B2）》

461．$y=3\cos\left(2\theta-\frac{\pi}{3}\right)$ のグラフは，$y=3\cos 2\theta$ のグラフを θ 軸方向に □ だけ平行移動したもので，その周期は □ である．ただし，移動は正で最小のものとする．また，周期も正で最小のものとする．（23 三重県立看護大・前期）

▶解答◀

$$y=3\cos\left(2\theta-\frac{\pi}{3}\right)=3\cos\left\{2\left(\theta-\frac{\pi}{6}\right)\right\}$$

である．$y=3\cos\left(2\theta-\frac{\pi}{3}\right)$ は $y=3\cos 2\theta$ のグラフを θ 軸方向に $\boldsymbol{\frac{\pi}{6}}$ だけ平行移動したものであり，周期は 2 つのグラフとも $\frac{2\pi}{2}=\boldsymbol{\pi}$

《グラフの移動（B15）☆》

462．関数 $y=\sin 2x+\sqrt{3}\cos 2x$ のグラフを考える．

このグラフは，$y=\sin x$ のグラフを（x 軸を基準に）y 軸方向に □ 倍に拡大し，（y 軸を基準に）x 軸方向に □ 倍に縮小し，x 軸方向に ア だけ平行移動したグラフであり，周期は □ である．ただし，$-\pi\leqq$ ア $<\pi$ とする．したがって，$0\leqq x<\pi$ のとき，最小値は $x=$ □ のとき，$y=$ □ である．（23 立命館大・薬）

▶解答◀ $y=\sin 2x+\sqrt{3}\cos 2x$ ……………①

$$=2\sin\left(2x+\frac{\pi}{3}\right)=2\sin 2\left(x+\frac{\pi}{6}\right)\ \cdots\cdots②$$

であるから，① のグラフは $y=\sin x$ のグラフ C_0 を

y 軸方向に **2** 倍に拡大し（$C_1: y=2\sin x$）

x 軸方向に $\boldsymbol{\frac{1}{2}}$ 倍に縮小し（$C_2: y=2\sin 2x$）

x 軸方向に $\boldsymbol{-\frac{\pi}{6}}$ だけ平行移動したグラフである．

$$\left(C_3: y=2\sin 2\left(x+\frac{\pi}{6}\right)\right)$$

周期は $\frac{2\pi}{2} = \pi$ である．

n を整数として，$2x + \frac{\pi}{3} = \frac{3\pi}{2} + 2n\pi$，すなわち，$x = \frac{7\pi}{12} + n\pi$ で最小値 $\mathbf{-2}$ をとる．$0 \leqq x < \pi$ より $n = 0$ で $x = \boldsymbol{\frac{7\pi}{12}}$

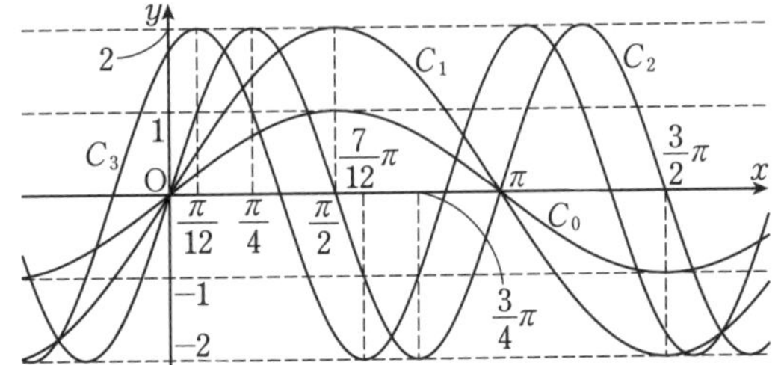

《sin と cos の値（B2）》

463. α が第 3 象限の角，β が第 4 象限の角で，$\sin\alpha = -\frac{1}{2}$, $\cos\beta = \frac{3}{5}$ のとき，$\sin(\alpha+\beta) = \square$ であり，$\cos(\alpha+\beta) = \square$ である．（23 広島修道大）

▶解答◀ 基本問題である．単位円を描く人と，直角三角形を描く人がいるだろう．そもそも，そんな図形そのものを描かないという人も，学校で習い初めの頃は，おそらく，描いていたのである．

$\cos\alpha = -\frac{\sqrt{3}}{2}$, $\sin\alpha = -\frac{1}{2}$,

$\cos\beta = \frac{3}{5}$, $\sin\beta = -\frac{4}{5}$

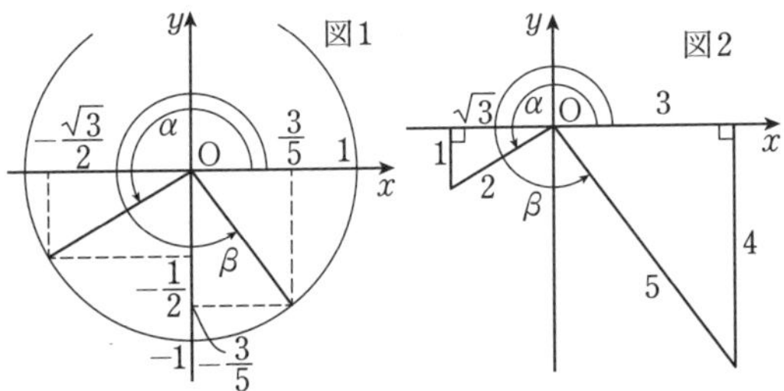

$\sin(\alpha+\beta) = \sin\alpha\cos\beta + \cos\alpha\sin\beta$

$= -\frac{1}{2}\cdot\frac{3}{5} + \frac{-\sqrt{3}}{2}\cdot\frac{-4}{5} = \boldsymbol{\frac{-3+4\sqrt{3}}{10}}$

$\cos(\alpha+\beta) = \cos\alpha\cos\beta - \sin\alpha\sin\beta$

$= -\frac{\sqrt{3}}{2}\cdot\frac{3}{5} - \frac{-1}{2}\cdot\frac{-4}{5} = \boldsymbol{\frac{-3\sqrt{3}-4}{10}}$

《tan の値（B2）》

464. $0 < \alpha < \pi$, $0 < \beta < \pi$, $\tan\alpha = \frac{2}{5}$, $\tan\beta = -\frac{3}{7}$ のとき，$\tan(\alpha-\beta)$ の値を求めよ．さらに，$\alpha-\beta$ の値を求めよ．（23 岩手大・前期）

▶解答◀ $\tan(\alpha-\beta) = \frac{\tan\alpha - \tan\beta}{1+\tan\alpha\tan\beta}$

$$= \frac{\frac{2}{5} - \left(-\frac{3}{7}\right)}{1 + \frac{2}{5}\cdot\left(-\frac{3}{7}\right)} = \frac{14+15}{35-6} = \mathbf{1}$$

$0 < \alpha < \pi$, $0 < \beta < \pi$ と $\tan\alpha > 0$, $\tan\beta < 0$ から，$0 < \alpha < \frac{\pi}{2}$, $\frac{\pi}{2} < \beta < \pi$ である．

よって，$-\pi < \alpha - \beta < 0$ であるから，$\alpha - \beta = \boldsymbol{-\frac{3}{4}\pi}$

《tan の値（A2）》

465. 平面上に 2 点 P(2, 1), Q(3, 1) がある．直線 OP と x 軸のなす角度を α，直線 OQ と x 軸のなす角度を β とするとき，$\alpha+\beta$ の値を求めよ．ただし，$0 \leqq \alpha \leqq \frac{\pi}{2}$, $0 \leqq \beta \leqq \frac{\pi}{2}$ とする．（23 学習院大・文）

▶解答◀ $\tan\alpha = \frac{1}{2}$, $\tan\beta = \frac{1}{3}$ である．

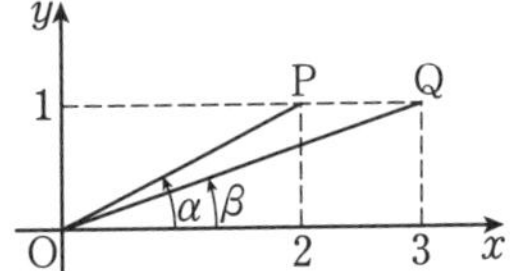

$$\tan(\alpha+\beta) = \frac{\tan\alpha + \tan\beta}{1-\tan\alpha\tan\beta} = \frac{\frac{1}{2}+\frac{1}{3}}{1-\frac{1}{2}\cdot\frac{1}{3}} = 1$$

$0 \leqq \alpha \leqq \frac{\pi}{2}$, $0 \leqq \beta \leqq \frac{\pi}{2}$ より $0 \leqq \alpha+\beta \leqq \pi$ であるから，$\alpha + \beta = \boldsymbol{\frac{\pi}{4}}$

《sin の値（B2）》

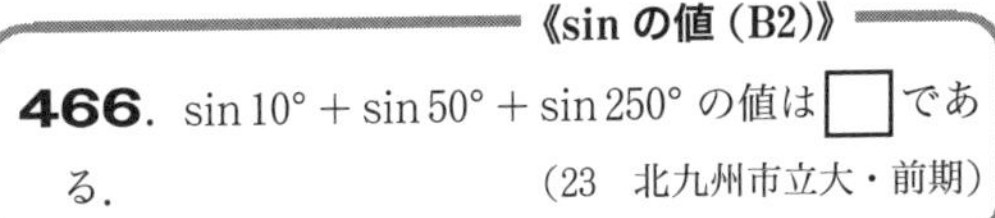

466. $\sin 10° + \sin 50° + \sin 250°$ の値は $\square$ である．（23 北九州市立大・前期）

▶解答◀ $\sin 10° + \sin 250°$

$= \sin(130° - 120°) + \sin(130° + 120°)$

$= (\sin 130° \cos 120° - \cos 130° \sin 120°)$

$+(\sin 130° \cos 120° + \cos 130° \sin 120°)$

$= 2\sin 130° \cos 120° = -\sin 130°$

$= -\sin(180° - 50°) = -\sin 50°$

よって，求める値は $\mathbf{0}$ である．

注意【正三角形を作る】

$(\cos\theta, \sin\theta)$ を点 θ（度数法）として図に表す．3 点 10°, 130°, 250° は正三角形をなすから重心は原点 O である．よって $\sin 10° + \sin 130° + \sin 250° = 0$ である．点 50° と点 130° は y 軸に関して対称だから

$\sin 130° = \sin 50°$ であり，

$\sin 10° + \sin 50° + \sin 250° = 0$

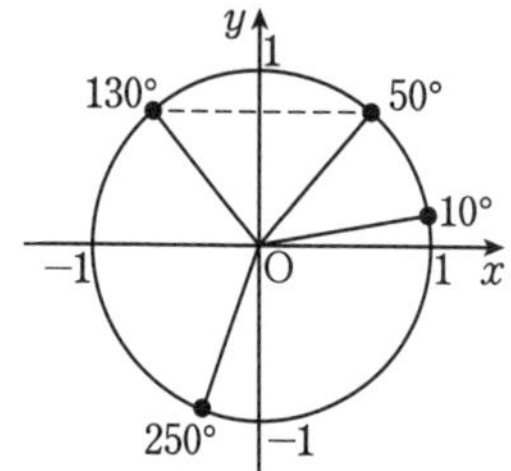

《sin の 2 倍角 (A2)》

467. $\sin 2\theta = -\frac{3}{4}$ であるとき，$\left(\frac{1}{\sin\theta}+\frac{1}{\cos\theta}\right)^2$ の値を求めなさい．ただし，$-\frac{\pi}{2}<\theta<\frac{\pi}{2}$ とする．　(23　帯広畜産大)

▶解答◀ $\left(\frac{1}{\sin\theta}+\frac{1}{\cos\theta}\right)^2=\left(\frac{\sin\theta+\cos\theta}{\sin\theta\cos\theta}\right)^2$

$$=\frac{\cos^2\theta+\sin^2\theta+2\sin\theta\cos\theta}{\sin^2\theta\cos^2\theta}$$

$$=\frac{1+\sin 2\theta}{\frac{1}{4}\sin^2 2\theta}=\frac{1-\frac{3}{4}}{\frac{1}{4}\cdot\left(-\frac{3}{4}\right)^2}=\boldsymbol{\frac{16}{9}}$$

《sin の 2 倍角 (B5)》

468. 方程式 $2\sin\theta+\sqrt{5}\cos\theta=3,\ 0\leqq\theta<2\pi$ を満たす θ に対して，$\sin\theta=\square$ であり，$\sin 2\theta=\square$ である．　(23　名城大・薬)

▶解答◀ $c=\cos\theta,\ s=\sin\theta$ とおくと $c=\frac{3-2s}{\sqrt{5}}$ で，$c^2+s^2=1$ に代入すると

$\frac{(3-2s)^2}{5}+s^2=1$ となり，$10s^2-12s+4=0$ となる．

$(3s-2)^2=0$ で $\sin\theta=\boldsymbol{\frac{2}{3}}$ である．

$c=\frac{3-2\frac{2}{3}}{\sqrt{5}}=\frac{\sqrt{5}}{3}$ となる．$\sin 2\theta=2sc=\boldsymbol{\frac{4\sqrt{5}}{10}}$

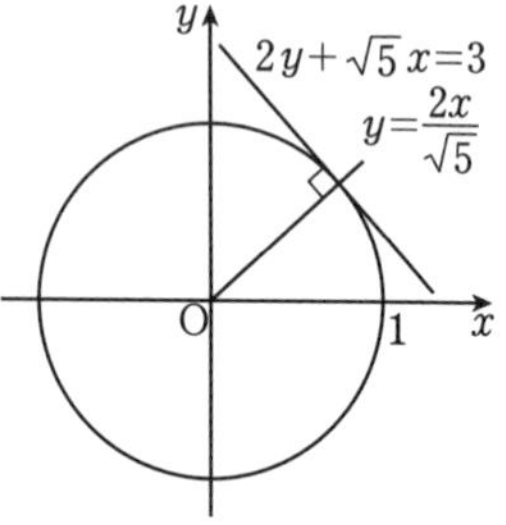

$x=\cos\theta,\ y=\sin\theta$ とおくと $l: 2y+\sqrt{5}x=3$ となる．点と直線の距離の公式より O との距離が 1 であるから単位円と接する．O から l に下ろした垂線 $y=\frac{2}{\sqrt{5}}x$ と l の交点を求めて $x=\frac{\sqrt{5}}{3},\ y=\frac{2}{3}$ となる．

《和から積 (B5)》

469. $\sin\theta+\cos\theta=\frac{1}{\sqrt{3}}\ (0\leqq\theta\leqq\pi)$ のとき，次の式の値を求めよ．

(1) $\sin\theta\cos\theta$

(2) $\sin^3\theta+\cos^3\theta$

(3) $\tan^3\theta+\frac{1}{\tan^3\theta}$　(23　釧路公立大)

▶解答◀ (1) $(\sin\theta+\cos\theta)^2=\left(\frac{1}{\sqrt{3}}\right)^2$

$$1+2\sin\theta\cos\theta=\frac{1}{3}$$

$$\sin\theta\cos\theta=\boldsymbol{-\frac{1}{3}}$$

(2) $\cos\theta=c,\ \sin\theta=s$ とおく．

$$\sin^3\theta+\cos^3\theta=(s+c)^3-3sc(s+c)$$

$$=\left(\frac{1}{\sqrt{3}}\right)^3-3\left(-\frac{1}{3}\right)\cdot\frac{1}{\sqrt{3}}$$

$$=\frac{1}{3\sqrt{3}}+\frac{3}{3\sqrt{3}}=\frac{4}{3\sqrt{3}}=\boldsymbol{\frac{4\sqrt{3}}{9}}$$

(3) $\tan^3\theta+\frac{1}{\tan^3\theta}=\frac{s^3}{c^3}+\frac{c^3}{s^3}$

$$=\frac{s^6+c^6}{s^3c^3}$$

$$=\frac{(s^3+c^3)^2-2(sc)^3}{(sc)^3}=\frac{(s^3+c^3)^2}{(sc)^3}-2$$

$$=\left(\frac{4\sqrt{3}}{9}\right)^2\cdot(-3)^3-2=-16-2=\boldsymbol{-18}$$

《sin の合成 (B5)》

470. A,α は $A>0,\ 0\leqq\alpha<2\pi$ をみたす定数とする．実数 x に関する恒等式として $3\cos x-\sqrt{3}\sin x=A\sin(x-\alpha)$ が成り立つとき $A=\square,\ \alpha=\square$ である．(23　同志社大・文系)

▶解答◀ 合成のいつもの手順である．空欄に入れるだけだから次で十分だろう．

$$\mathrm{A}=\sqrt{3^2+(-\sqrt{3})^2}=\sqrt{12}=\boldsymbol{2\sqrt{3}}$$

$$-\sqrt{3}\sin x+3\cos x$$

$$=2\sqrt{3}\left(-\frac{1}{2}\sin x+\frac{\sqrt{3}}{2}\cos x\right)$$

$$=2\sqrt{3}\sin\left(x+\frac{2}{3}\pi\right)\ \cdots\cdots\text{①}$$

$$=2\sqrt{3}\sin\left(x+\frac{2}{3}\pi-2\pi\right)$$

$$=2\sqrt{3}\sin\left(x-\boldsymbol{\frac{4}{3}\pi}\right)\ \cdots\cdots\text{②}$$

注意 1° **【合成の基本】**

$a\sin x + b\cos x = \sqrt{a^2+b^2}\sin(x+\beta)$ と合成する．右辺を展開した

$$\sqrt{a^2+b^2}(\sin x\cos\beta + \cos x\sin\beta)$$

と係数をくらべ

$$a = \sqrt{a^2+b^2}\cos\beta,\ b = \sqrt{a^2+b^2}\sin\beta$$

であるから，ベクトル (a, b) の偏角を β にとる．

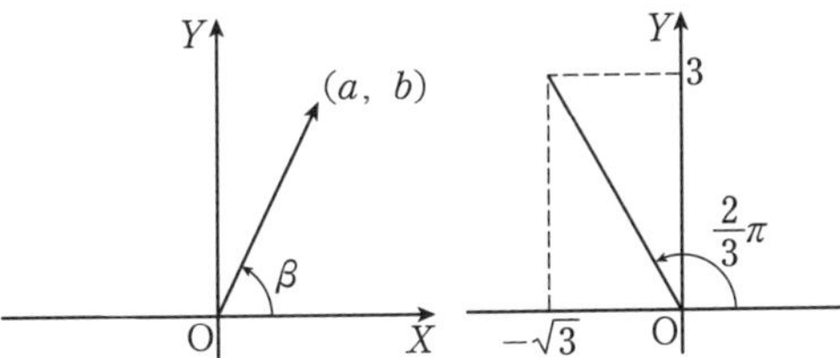

今は ① の方が自然であるが，$-\alpha$ の形にしろといっているから ② にした．

2°【うるさい人のために】

こんな解法でよいのか？とうるさい大人もいるだろう．

◆別解◆ $3\cos x - \sqrt{3}\sin x = A\sin(x-\alpha)$

$$3\cos x - \sqrt{3}\sin x = A\sin x\cos\alpha - A\cos x\sin\alpha$$

$$(3 + A\sin\alpha)\cos x = (\sqrt{3} + A\cos\alpha)\sin x$$

$\cos x \neq 0$ のとき

$$3 + A\sin\alpha - (\sqrt{3} + A\cos\alpha)\tan x = 0$$

$\tan x$ は任意の実数をとるから，これを恒等式と見て

$$3 + A\sin\alpha = 0,\ \sqrt{3} + A\cos\alpha = 0$$

$A > 0$ であるから $\cos\alpha < 0,\ \sin\alpha < 0$ で α は第 3 象限の角である．$A\sin\alpha = -3$ を $A\cos\alpha = -\sqrt{3}$ で割って $\tan\alpha = \sqrt{3}$ となるから $\alpha = \boldsymbol{\frac{4}{3}\pi}$

$A\left(-\frac{1}{2}\right) = -\sqrt{3}$ となり，$A = \mathbf{2\sqrt{3}}$

《置き換えて 2 次関数 (B10)》

471． $0 \leqq x \leqq \pi$ とする．x の関数

$$f(x) = -\sqrt{3}\sin 2x + \cos 2x + \sqrt{6}\sin x + \sqrt{2}\cos x + 2$$

について，次の問いに答えなさい．ただし，必要ならば $1.4 < \sqrt{2} < 1.5,\ 1.7 < \sqrt{3} < 1.8$ であることは証明なしに用いてよい．

（1） $t = \sqrt{3}\sin x + \cos x$ とおくとき，t の取りうる値の範囲を求めなさい．

（2） $f(x)$ を t の式で表しなさい．

（3）（2）で得られた t の式を $g(t)$ とするとき，$g(t)$ の最大値と最小値，およびそれらを与える t の値を求めなさい．

（4） $f(x)$ の最大値を与える x を $x = \alpha$ と表すとする．このとき，α が含まれる範囲として正しいものを次の（ア）～（エ）の中から選び，それを理由とともに答えなさい．

（ア） $\frac{\pi}{2} < \alpha < \frac{7}{12}\pi$

（イ） $\frac{7}{12}\pi < \alpha < \frac{2}{3}\pi$

（ウ） $\frac{2}{3}\pi < \alpha < \frac{3}{4}\pi$

（エ） $\frac{3}{4}\pi < \alpha < \frac{5}{6}\pi$ （23 尾道市立大）

▶解答◀（1） $X = \cos x,\ Y = \sin x$ とおく．$0 \leqq x \leqq \pi$ より $X^2 + Y^2 = 1,\ Y \geqq 0$

直線 $l : \sqrt{3}Y + X - t = 0$ をずらして考える．

l が半円の上側から接するとき

$$\frac{|t|}{\sqrt{3+1}} = 1$$

で $t = 2$ である．l が $(-1, 0)$ を通るとき $t = -1$ であるから $\boldsymbol{-1 \leqq t \leqq 2}$

図 1 で $l_1 : \sqrt{3}Y + X - 2 = 0,\ l_2 : \sqrt{3}Y + X + 1 = 0$，$l_3$ は（3）の最大を与える $t = \frac{1}{\sqrt{2}}$ に対するものである．

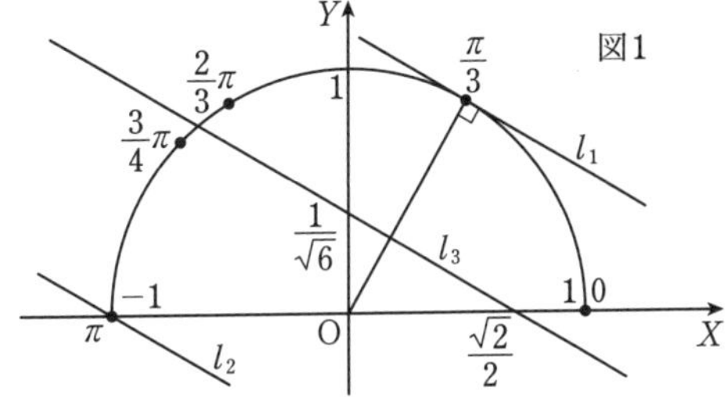

（2） $t^2 = 3\sin^2 x + 2\sqrt{3}\sin x\cos x + \cos^2 x$

$$t^2 = 2\sin^2 x + \sqrt{3}\sin 2x + 1$$

$$= 1 - \cos 2x + \sqrt{3}\sin 2x + 1$$

$$-\sqrt{3}\sin 2x + \cos 2x = -t^2 + 2$$

であるから

$$f(x) = -\sqrt{3}\sin 2x + \cos 2x + \sqrt{2}(\sqrt{3}\sin x + \cos x) + 2$$

$$= -t^2 + 2 + \sqrt{2}t + 2 = \boldsymbol{-t^2 + \sqrt{2}t + 4}$$

（3） $g(t) = -t^2 + \sqrt{2}t + 4 = -\left(t - \frac{1}{\sqrt{2}}\right)^2 + \frac{9}{2}$

$-1 \leqq t \leqq 2$ より，$t = \boldsymbol{\frac{1}{\sqrt{2}}}$ のとき最大値 $\boldsymbol{\frac{9}{2}}$，$t = \mathbf{-1}$ のとき最小値 $\mathbf{3 - \sqrt{2}}$ である．

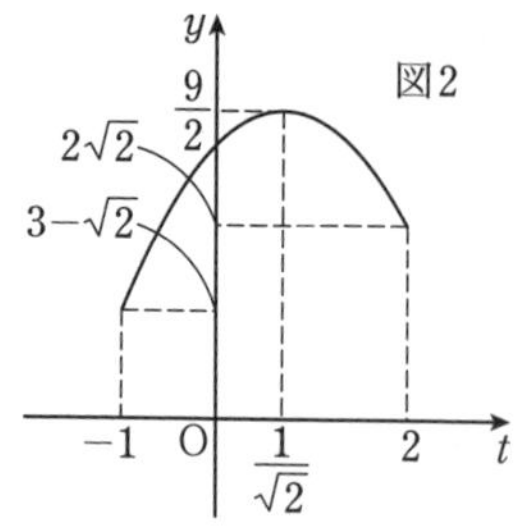

（4） $\frac{1}{\sqrt{2}}=\sqrt{3}\sin x+\cos x$

$X=\cos x,\ Y=\sin x$ だから

$$l_3 : \sqrt{3}Y+X-\frac{1}{\sqrt{2}}=0$$

$F(X,\ Y)=\sqrt{3}Y+X-\frac{1}{\sqrt{2}}$ とする．

$$F\left(-\frac{1}{2},\ \frac{\sqrt{3}}{2}\right)=\frac{3}{2}-\frac{1}{2}-\frac{1}{\sqrt{2}}=1-\frac{1}{\sqrt{2}}>0$$

$$F\left(-\frac{\sqrt{2}}{2},\ \frac{\sqrt{2}}{2}\right)=\frac{\sqrt{6}}{2}-\sqrt{2}=\frac{\sqrt{2}(\sqrt{3}-2)}{2}<0$$

$P(x)=(\cos x,\ \sin x)$ とする．図1で円周の外側に書いたのは，その黒丸に対する偏角である．円の内側にあるのは切片である．l_3 は $P\left(\frac{2}{3}\pi\right)$ と $P\left(\frac{3}{4}\pi\right)$ の間を通過する．（ウ） $\boldsymbol{\frac{2}{3}\pi<\alpha<\frac{3}{4}\pi}$ である．

♦別解♦ **【合成するならコス】**

教科書では sin の合成だけが載っている．変域が $0\leqq x\leqq 2\pi$ でなく $0\leqq x\leqq \pi$ のように中途半端なときには，最もよいのは合成などせず直線をずらす方法である．そして，合成するならコスで合成する．

$$t=\cos x+\sqrt{3}\sin x \quad \cdots\cdots\cdots\cdots Ⓐ$$

$$t=2\cos\left(x-\frac{\pi}{3}\right) \quad \cdots\cdots\cdots\cdots Ⓑ$$

t は $x=\frac{\pi}{3}$ で最大値 2 をとり，x が $\frac{\pi}{3}$ から離れるに従って Ⓑ は小さくなる．コサインは減少するからである．P が円周上を A から左に行くほど $x-\frac{\pi}{3}$ は大きくなり ∠AOP が開く．$x-\frac{\pi}{3}$ が最も大きく開くとき，すなわち $x=\pi$ のときに最小値 -1 をとる．$-1\leqq t\leqq 2$ である．$x=\pi$ は Ⓑ に代入するのではなく Ⓐ の方がよい．

（4）では $t=\frac{1}{\sqrt{2}}$ のときの $x=\alpha$ である．

Ⓐ の右辺に $x=\frac{2}{3}\pi$ を代入すると

$$\cos x+\sqrt{3}\sin x=-\frac{1}{2}+\frac{3}{2}=1>\frac{1}{\sqrt{2}}$$

$x=\frac{3}{4}\pi$ を代入すると

$$\cos x+\sqrt{3}\sin x=\frac{\sqrt{6}}{2}-\frac{\sqrt{2}}{2}<\frac{\sqrt{2}}{2}$$

α は $\frac{2}{3}\pi<\alpha<\frac{3}{4}\pi$ である．

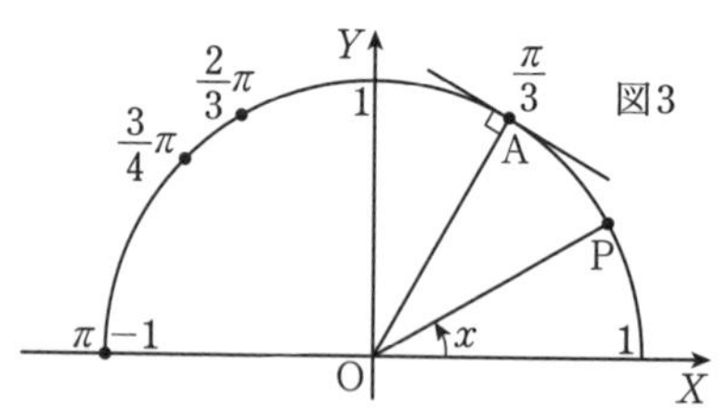

注意 **【サインで合成すると】**

$$t=2\sin\left(x+\frac{\pi}{6}\right)$$

$x+\frac{\pi}{6}$ という角は図1や図3（コスの合成）のように直接的に見ることはできない．（1）では $-1\leqq t\leqq 2$ を求めるのに，コサインの合成と大差ない．

$\frac{\sqrt{2}}{2}=2\sin\left(\alpha+\frac{\pi}{6}\right)$ のままではよくわからない．

$\frac{\sqrt{2}}{2}=\sqrt{3}\sin x+\cos x$ に戻り

$$g(x)=\sqrt{3}\sin x+\cos x-\frac{\sqrt{2}}{2}$$

にして，x に $\frac{\pi}{2},\ \frac{7}{12}\pi,\ \frac{2}{3}\pi,\ \frac{3}{4}\pi,\ \frac{5}{6}\pi$ を入れていって，途中で符号が変わるところを探すのがよかろう．これらの角は $\frac{\pi}{2}\leqq x<\pi$ にある．$\frac{7}{12}\pi$ だけは，もし代入するなら $g(x)=2\sin\left(x+\frac{\pi}{6}\right)-\frac{\sqrt{2}}{2}$ に代入する．

$$g\left(\frac{7}{12}\pi\right)=2\sin\frac{3}{4}\pi-\frac{\sqrt{2}}{2}=\sqrt{2}-\frac{\sqrt{2}}{2}>0$$

$$g\left(\frac{2}{3}\pi\right)=\sqrt{3}\cdot\frac{\sqrt{3}}{2}-\frac{1}{2}-\frac{\sqrt{2}}{2}=1-\frac{\sqrt{2}}{2}>0$$

$$g\left(\frac{3}{4}\pi\right)=\frac{\sqrt{6}}{2}-\sqrt{2}=\frac{\sqrt{2}(\sqrt{3}-2)}{2}<0$$

$$\frac{2}{3}\pi<\alpha<\frac{3}{4}\pi$$

《3 次方程式の解（B20）☆》

472. $a,\ b$ を実数の定数とし，$b>0$ とする．x についての 3 次方程式 $x^3-ax+b=0$ の 3 つの解が，ある実数の定数 θ を用いて $2\sin\theta,\ 3\cos 2\theta,\ -\frac{5}{3}$ と表せるとき，$a=\frac{\square}{\square},\ b=\frac{\square}{\square}$ である．

（23　成蹊大）

考え方 3 次方程式では，3 解の情報があるときには，解と係数の関係を 3 つとも使うと必要十分である．たとえば，$x^3-ax+b=0$ の x に $x=-\frac{5}{3}$ を代入するという中途半端な使い方は時間の浪費である．

▶解答◀ 解と係数の関係より

$$2\sin\theta+3\cos 2\theta-\frac{5}{3}=0 \quad \cdots\cdots\cdots\cdots ①$$

$(2\sin\theta)(3\cos 2\theta) - \frac{5}{3}(2\sin\theta + 3\cos 2\theta) = -a$ ……②

$$(2\sin\theta)(3\cos 2\theta)\left(-\frac{5}{3}\right) = -b \quad \text{……………③}$$

$s = \sin\theta$ とおく．① より $2s + 3(1 - 2s^2) - \frac{5}{3} = 0$ となり，$6s^2 - 2s - \frac{4}{3} = 0$ となる．よって $9s^2 - 3s - 2 = 0$ となり $(3s + 1)(3s - 2) = 0$ となる．

$s = -\frac{1}{3}$ または $s = \frac{2}{3}$ ……………………………④

である．③ より $b = 10s(1 - 2s^2)$ となる．④ のいずれでも $1 - 2s^2 > 0$ であるから，$b > 0$ より $s = \frac{2}{3}$ となる．$b = 10 \cdot \frac{2}{3} \cdot \frac{1}{9} = \mathbf{\frac{20}{27}}$ となる．② より

$$a = -6s(1 - 2s^2) + \frac{10}{3}s + 5(1 - 2s^2)$$

$$= 5 - \frac{8}{3}s - 10s^2 + 12s^3$$

$$= 5 - \frac{16}{9} - \frac{40}{9} + 4 \cdot \frac{8}{9} = \frac{21}{9} = \mathbf{\frac{7}{3}}$$

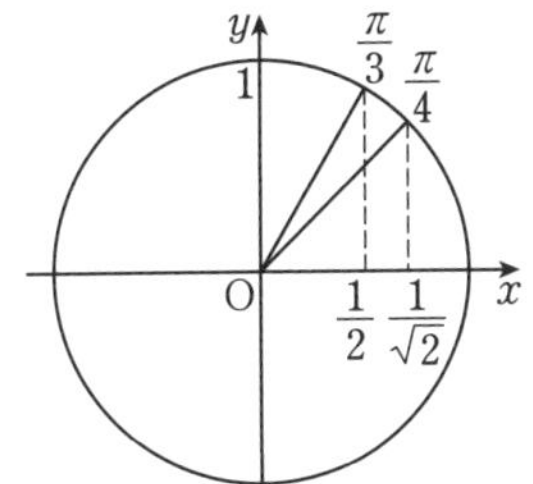

《多項式で表す (B10)》

473. $\sin x = a$ とおくとき，$\sin 3x$ は a の整式で□と表せて，$\sin 5x$ は a の整式で□と表せる．（23　京都薬大）

▶解答◀ $f_n = \sin nx$ とおく．

$f_3 = \sin 3x = 3\sin x - 4\sin^3 x = \mathbf{3a - 4a^3}$

$f_5 + f_3 = \sin(4x + x) + \sin(4x - x)$

$= 2\sin 4x \cos x = 4\sin 2x \cos 2x \cos x$

$= 8\sin x \cos^2 x \cos 2x = 8a(1 - a^2)(1 - 2a^2)$

$f_5 = 8a(1 - 3a^2 + 2a^4) - (3a - 4a^3)$

$= \mathbf{16a^5 - 20a^3 + 5a}$

【三角関数の方程式】

《2 倍角で展開 (A5)》

474. $0 \leqq \theta \leqq \pi$ のとき，θ についての方程式

$2\cos 2\theta - 2(1 + \sqrt{2})\cos\theta + 2 + \sqrt{2} = 0$

の解は，θ の小さい方から順に

$\theta = \frac{\square}{\square}\pi, \frac{\square}{\square}\pi$ である．（23　東洋大）

▶解答◀ $2\cos 2\theta - 2(1 + \sqrt{2})\cos\theta + 2 + \sqrt{2} = 0$

$2(2\cos^2\theta - 1) - 2(1 + \sqrt{2})\cos\theta + 2 + \sqrt{2} = 0$

$4\cos^2\theta - 2(1 + \sqrt{2})\cos\theta + \sqrt{2} = 0$

$(2\cos\theta - \sqrt{2})(2\cos\theta - 1) = 0$

$\cos\theta = \frac{1}{\sqrt{2}}, \frac{1}{2}$ で，$0 \leqq \theta \leqq \pi$ より，$\theta = \mathbf{\frac{1}{4}\pi, \frac{1}{3}\pi}$

《2 倍角で展開 (A2) ☆》

475. $0 \leqq \theta < 2\pi$ のとき，方程式 $2\cos 2\theta + 12\sin\theta - 7 = 0$ を解くと，

$\theta = \frac{\boxed{ア}}{\boxed{イ}}\pi, \frac{\boxed{ウ}}{\boxed{エ}}\pi$

となる．ただし，$\frac{\boxed{ア}}{\boxed{イ}} < \frac{\boxed{ウ}}{\boxed{エ}}$ とする．（23　京産大）

▶解答◀ $2\cos 2\theta + 12\sin\theta - 7 = 0$ より

$2(1 - 2\sin^2\theta) + 12\sin\theta - 7 = 0$

$4\sin^2\theta - 12\sin\theta + 5 = 0$

$(2\sin\theta - 1)(2\sin\theta - 5) = 0$

$-1 \leqq \sin\theta \leqq 1$ より $\sin\theta = \frac{1}{2}$

$0 \leqq \theta < 2\pi$ のとき $\theta = \mathbf{\frac{1}{6}\pi, \frac{5}{6}\pi}$

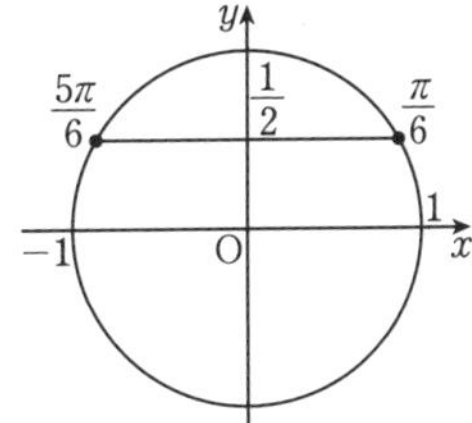

《連立方程式 (B10) ☆》

476. $0 \leqq x < \pi, 0 \leqq y < \pi$ とする．2 つの等式

$$\begin{cases} \sin x = \sqrt{3}\sin y \\ \sqrt{3}\cos x = -\cos y \end{cases}$$

を満たす x, y の組は $(x, y) =$ □, □ である．（23　京都産業大）

▶解答◀ $\sin x = s, \cos x = c$ とおく．

$\sin y = \frac{s}{\sqrt{3}}, \cos y = -\sqrt{3}c$ を $\sin^2 y + \cos^2 y = 1$ に代入し $\frac{s^2}{3} + 3c^2 = 1$ となる．$s^2 = 1 - c^2$ であるから，$1 - c^2 + 9c^2 = 3$ であり，$c^2 = \frac{1}{4}$ となる．$c = \pm\frac{1}{2}$ となり，$0 \leqq x < \pi$ より $x = \frac{\pi}{3}, \frac{2\pi}{3}$ となる．

$x = \frac{\pi}{3}$ のとき，与式に代入し

$\dfrac{\sqrt{3}}{2}=\sqrt{3}\sin y,\ \dfrac{\sqrt{3}}{2}=-\cos y$

$\sin y=\dfrac{1}{2},\ \cos y=-\dfrac{\sqrt{3}}{2}$ となるから $y=\dfrac{5\pi}{6}$

$x=\dfrac{2\pi}{3}$ のとき，与式に代入し

$\dfrac{\sqrt{3}}{2}=\sqrt{3}\sin y,\ \dfrac{\sqrt{3}}{2}=\cos y$

$\sin y=\dfrac{1}{2},\ \cos y=\dfrac{\sqrt{3}}{2}$ となるから $y=\dfrac{\pi}{6}$

$(x,\ y)=\left(\boldsymbol{\dfrac{\pi}{3}},\ \boldsymbol{\dfrac{5\pi}{6}}\right),\left(\boldsymbol{\dfrac{2\pi}{3}},\ \boldsymbol{\dfrac{\pi}{6}}\right)$

《和→積 (B10) ☆》

477. $0<\theta<\dfrac{\pi}{2}$ のとき，$\sin\theta+\cos 2\theta=\sin 3\theta$ を満たすならば，

$\theta=$ [（v）] π または，$\theta=$ [（vi）] π

である．(但し，[（v）] $\leqq$ [（vi）]．)

（23　明治大・商）

▶解答◀ $\sin 3\theta-\sin\theta=\sin(2\theta+\theta)-\sin(2\theta-\theta)$

$=(\sin 2\theta\cos\theta+\cos 2\theta\sin\theta)$

$\quad-(\sin 2\theta\cos\theta-\cos 2\theta\sin\theta)$

$=2\cos 2\theta\sin\theta$

であるから，与式は $2\cos 2\theta\sin\theta-\cos 2\theta=0$ となる．

$\cos 2\theta(2\sin\theta-1)=0$

$\cos 2\theta=0$ または $\sin\theta=\dfrac{1}{2}$

$0<\theta<\dfrac{\pi}{2}$ より $0<2\theta<\pi$ であるから

$2\theta=\dfrac{\pi}{2}$ または $\theta=\dfrac{\pi}{6}$

$\theta=\boldsymbol{\dfrac{\pi}{6}},\ \boldsymbol{\dfrac{\pi}{4}}$

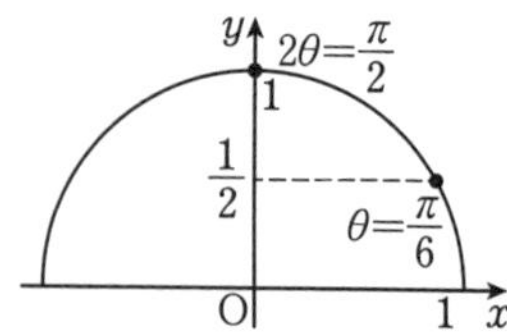

◆別解◆ $\cos 2\theta=1-2\sin^2\theta$,

$\sin 3\theta=3\sin\theta-4\sin^3\theta$ であるから

$\sin\theta+\cos 2\theta=\sin 3\theta$

$\sin\theta+(1-2\sin^2\theta)=3\sin\theta-4\sin^3\theta$

$4\sin^3\theta-2\sin^2\theta-2\sin\theta+1=0$

$(2\sin\theta-1)(2\sin^2\theta-1)=0$

$0<\theta<\dfrac{\pi}{2}$ より $0<\sin\theta<1$ であるから

$\sin\theta=\dfrac{1}{2},\ \dfrac{1}{\sqrt{2}}$　　　$\therefore\ \theta=\boldsymbol{\dfrac{\pi}{6}},\ \boldsymbol{\dfrac{\pi}{4}}$

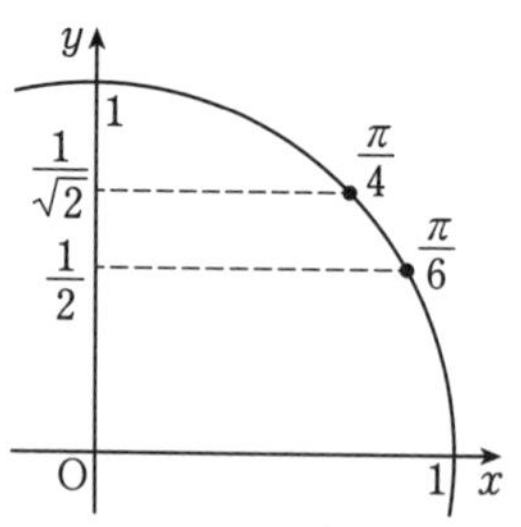

《和→積 (A5) ☆》

478. $0\leqq\theta<2\pi$ のとき，次の方程式を解きなさい．

$$\cos\theta+\cos 2\theta+\cos 3\theta=0$$

（23　福島大・人間発達文化）

▶解答◀ $\cos\theta+\cos 3\theta$

$=\cos(2\theta-\theta)+\cos(2\theta+\theta)$

$=\cos 2\theta\cos\theta+\sin 2\theta\sin\theta$

$\quad+\cos 2\theta\cos\theta-\sin 2\theta\sin\theta$

$=2\cos 2\theta\cos\theta$

よって，与式は $\cos 2\theta(2\cos\theta+1)=0$ となる．

$0\leqq 2\theta<4\pi$ であるから $\cos 2\theta=0$ のとき

$2\theta=\dfrac{\pi}{2},\ \dfrac{3}{2}\pi,\ \dfrac{5}{2}\pi,\ \dfrac{7}{2}\pi$ である．

$\cos\theta=-\dfrac{1}{2}$ のとき $\theta=\dfrac{2}{3}\pi,\ \dfrac{4}{3}\pi$ である．

$\theta=\boldsymbol{\dfrac{\pi}{4},\ \dfrac{2}{3}\pi,\ \dfrac{3}{4}\pi,\ \dfrac{5}{4}\pi,\ \dfrac{4}{3}\pi,\ \dfrac{7}{4}\pi}$

◆別解◆ $c=\cos\theta$ として

$c+(2c^2-1)+(4c^3-3c)=0$

$(2c^2-1)+2c(2c^2-1)=0$

$(2c^2-1)(2c+1)=0$

$c=\pm\dfrac{1}{\sqrt{2}},\ -\dfrac{1}{2}$

答えは同じである．

《解の個数 (B5) ☆》

479. 方程式

$$2\cos 2x+a\cos\left(x+\dfrac{\pi}{2}\right)=0\ \cdots\cdots\cdots(*)$$

について，次の各問に答えよ．ただし，a を実数とし，$0\leqq x\leqq\pi$ とする．

（1） $a=2$ のとき，$(*)$ を満たす x の値を求めよ．

（2） $t=\sin x$ とおいて，t のとり得る値の範囲を求め，$(*)$ を t の方程式で表せ．

（3） $(*)$ を満たす x はいくつあるか．a の値によって分類せよ．

（23　茨城大・教育）

▶解答◀ （**1**） $a=2$ のとき

$$2(1-2\sin^2 x)+2(-\sin x)=0$$

$$2\sin^2 x+\sin x-1=0$$

$$(\sin x+1)(2\sin x-1)=0$$

$$\sin x=-1,\ \frac{1}{2}$$

$0 \leqq x \leqq \pi$ より $x=\boldsymbol{\frac{\pi}{6},\ \frac{5}{6}\pi}$

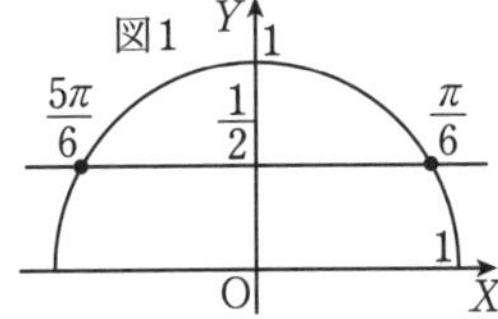

（**2**） $0 \leqq x \leqq \pi$ より $\boldsymbol{0 \leqq t \leqq 1}$ であり

$$2(1-2\sin^2 x)+a(-\sin x)=0$$

$$2(1-2t^2)-at=0 \qquad \therefore\ \boldsymbol{4t^2+at-2=0}$$

（**3**） $2-4t^2=at$ で，$t=0$ は解ではない．$t=1$ が解になるのは $a=-2$ のときである．$0<t<1$ の解1つに対して $\sin x=t,\ 0<x<\pi$ を満たす x は2つ決まる．$t=1$ が解のとき $\sin x=1,\ 0<x<\pi$ となる $x=\frac{\pi}{2}$ が1つ決まる．後は曲線 $y=2-4t^2$ と直線 $y=at$ の交点を調べ，求める x の個数は

$a<-2$ のとき0個，$a=-2$ のとき1個，$a>-2$ のとき2個

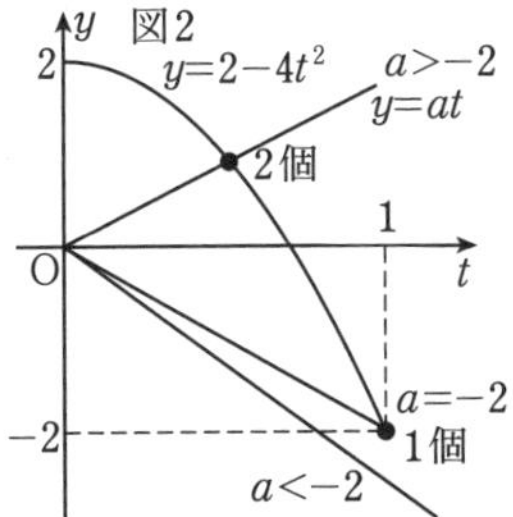

《文字を消す (B5)》

480. $0 \leqq \theta < 2\pi$ とする．

$$x\sin\theta+\cos\theta=1,\ y\sin\theta-\cos\theta=1,$$

$$x+y=4$$

を満たす $(x,\ y,\ \theta)$ の組をすべて求めよ．

（23　中央大・商）

▶解答◀ $x\sin\theta+\cos\theta=1$ ……………………①

$y\sin\theta-\cos\theta=1$ ……………………②

$x+y=4$ ……………………③

①＋② より

$$(x+y)\sin\theta=2$$

③ を代入して

$$4\sin\theta=2 \qquad \therefore\ \sin\theta=\frac{1}{2}$$

$$\theta=\frac{\pi}{6},\ \frac{5}{6}\pi$$

$\theta=\frac{\pi}{6}$ のとき，① より

$$\frac{1}{2}x+\frac{\sqrt{3}}{2}=1 \qquad \therefore\ x=2-\sqrt{3}$$

③ より，$y=2+\sqrt{3}$

$\theta=\frac{5}{6}\pi$ のとき，① より

$$\frac{1}{2}x-\frac{\sqrt{3}}{2}=1 \qquad \therefore\ x=2+\sqrt{3}$$

③ より，$y=2-\sqrt{3}$

$$(x,\ y,\ \theta)=\boldsymbol{\left(2-\sqrt{3},\ 2+\sqrt{3},\ \frac{\pi}{6}\right)},$$

$$\boldsymbol{\left(2+\sqrt{3},\ 2-\sqrt{3},\ \frac{5}{6}\pi\right)}$$

《解の配置 (B10) ☆》

481. θ の方程式 $\cos^2\theta+(a+3)\sin\theta-a^2-1=0$ が，解をもつような定数 a の値の範囲は □ $\leqq a \leqq$ □ である．（23　上智大・経済）

▶解答◀ $t=\sin\theta$ とおくと，$-1 \leqq t \leqq 1$ であり

$$1-t^2+(a+3)t-a^2-1=0$$

$$t^2-(a+3)t+a^2=0$$

となる．$f(t)=t^2-(a+3)t+a^2$ とおく．$f(t)=0$ が $-1 \leqq t \leqq 1$ に少なくとも1つの実数解をもつ条件を求める．まず，判別式 D について

$D=(a+3)^2-4a^2=3(3-a)(a+1) \geqq 0$ であるから $-1 \leqq a \leqq 3$ となる．このとき，軸について $t=\frac{a+3}{2}$ は $1 \leqq \frac{a+3}{2} \leqq 3$ を満たす．また

$$f(-1)=a^2+a+4=\left(a+\frac{1}{2}\right)^2+\frac{15}{4}>0$$

となる．よって $f(t)=0$ が $-1 \leqq t \leqq 1$ に少なくとも1つの実数解をもつ条件は $f(1) \leqq 0$ となる．

$$f(1)=a^2-a-2=(a+1)(a-2) \leqq 0$$

より $-1 \leqq a \leqq 2$ となる．$\boldsymbol{-1 \leqq a \leqq 2}$ である．このとき $-1 \leqq a \leqq 3$ は成り立つ．

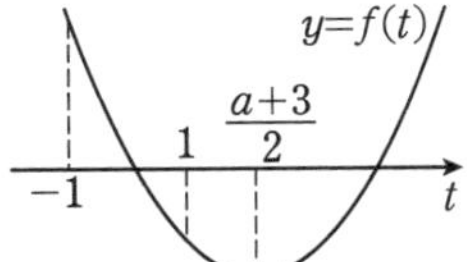

《合成 (A5) ☆》

482. $0 \leqq x \leqq \pi$ のとき，$\sqrt{3}\sin x+\cos x=\sqrt{2}$

を解くと $x=$ □ である．(23　慶應大・看護医療)

▶解答◀　与えられた方程式を変形して

$$2\sin\left(x+\frac{\pi}{6}\right)=\sqrt{2}$$

$$\sin\left(x+\frac{\pi}{6}\right)=\frac{1}{\sqrt{2}}$$

$0 \leqq x \leqq \pi$ のとき，$\dfrac{\pi}{6} \leqq x+\dfrac{\pi}{6} \leqq \dfrac{7}{6}\pi$ であるから

$$x+\frac{\pi}{6}=\frac{\pi}{4},\ \frac{3}{4}\pi \qquad \therefore\quad x=\boldsymbol{\frac{\pi}{12},\ \frac{7}{12}\pi}$$

【三角関数の不等式】

《絶対値を外す (B2)》

483．$0 \leqq \theta < 2\pi$ のとき，不等式

$\cos 2\theta+2\sin\theta+\sqrt{3}<\sqrt{3}\sin\theta+1$

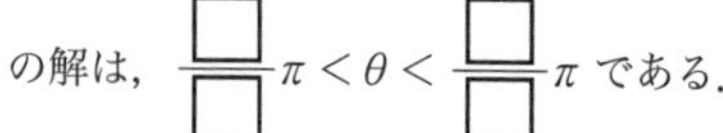

の解は，$\dfrac{\square}{\square}\pi<\theta<\dfrac{\square}{\square}\pi$ である．

(23　東邦大・健康科学-看護)

▶解答◀　$\sin\theta=s$ とおく．

$$\cos 2\theta+2\sin\theta+\sqrt{3}<\sqrt{3}\sin\theta+1 \quad\cdots\cdots\cdots\cdots ①$$

$$1-2s^2+2s+\sqrt{3}<\sqrt{3}s+1$$

$$2s^2+(\sqrt{3}-2)s-\sqrt{3}>0$$

$$(2s+\sqrt{3})(s-1)>0$$

$|\sin\theta| \leqq 1$ より，① を満たす $\sin\theta$ の範囲は

$$-1 \leqq \sin\theta < -\frac{\sqrt{3}}{2}$$

したがって，求める θ の範囲は $\boldsymbol{\dfrac{4}{3}\pi<\theta<\dfrac{5}{3}\pi}$

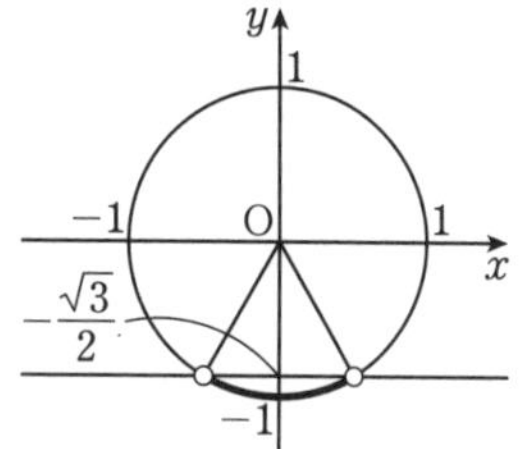

《cos の不等式 (A2) ☆》

484．$0 \leqq x < 2\pi$ のとき，不等式 $\sin x+\cos 2x<0$ を解け．(23　愛媛大・工，農，教)

▶解答◀　$\sin x+\cos 2x<0$

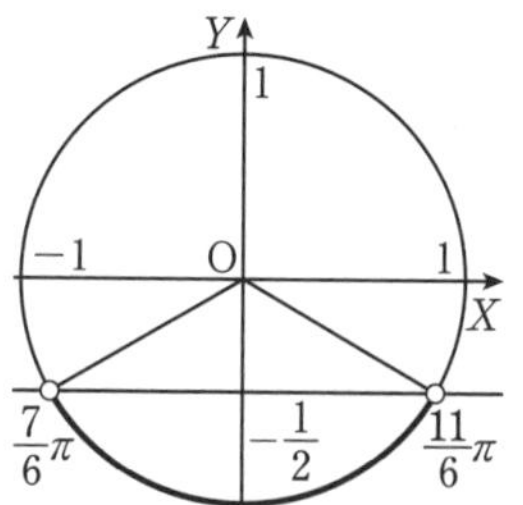

$$\sin x+1-2\sin^2 x<0$$

$$2\sin^2 x-\sin x-1>0$$

$$(\sin x-1)(2\sin x+1)>0$$

$$\sin x<-\frac{1}{2},\ 1<\sin x$$

$0 \leqq x < 2\pi$ であるから $\boldsymbol{\dfrac{7}{6}\pi<x<\dfrac{11}{6}\pi}$

《合成して不等式 (B10) ☆》

485．$0 \leqq \theta < 2\pi$ のとき，θ の関数を次のように定義する．

$$y=-\cos 2\theta+\sqrt{3}\sin 2\theta-\cos\theta-\sqrt{3}\sin\theta$$

このとき，次の問いに答えよ．

(1)　y が実数 a, b, c, k を用いて

$$y=as^2+bs+c,\ s=\cos\theta+k\sin\theta$$

と表されるとき，a, b, c, k の値をそれぞれ求めよ．

(2)　$y \leqq 0$ を満たす θ の範囲を求めよ．

(23　東京海洋大・海洋科)

▶解答◀　(1)　$t=\cos\theta+\sqrt{3}\sin\theta$ とおくと

$$t^2=\cos^2\theta+3\sin^2\theta+2\sqrt{3}\cos\theta\sin\theta$$

$$=1+2\sin^2\theta+\sqrt{3}\sin 2\theta$$

$$=-\cos 2\theta+\sqrt{3}\sin 2\theta+2$$

より

$$-\cos 2\theta+\sqrt{3}\sin 2\theta=t^2-2$$

であるから

$$-\cos 2\theta+\sqrt{3}\sin 2\theta-\cos\theta-\sqrt{3}\sin\theta$$

$$=t^2-t-2$$

したがって $s=t$ であるから，$a=\mathbf{1}$, $b=\mathbf{-1}$, $c=\mathbf{-2}$, $k=\boldsymbol{\sqrt{3}}$ となる．

(2)　$s=\cos\theta+\sqrt{3}\sin\theta$ のとき

$s=2\sin\left(\theta+\dfrac{\pi}{6}\right)$ で，$0 \leqq \theta < 2\pi$ のとき

$-2 \leqq s \leqq 2$ である．

このとき，$y \leqq 0$ は

$$s^2-s-2 \leqq 0 \qquad \therefore\quad (s+1)(s-2) \leqq 0$$

$$-1 \leqq s \leqq 2$$

であるから

$$-\frac{1}{2} \leqq \sin\left(\theta + \frac{\pi}{6}\right) \leqq 1$$

$\frac{\pi}{6} \leqq \theta + \frac{\pi}{6} < \frac{13}{6}\pi$ より

$$\frac{\pi}{6} \leqq \theta + \frac{\pi}{6} \leqq \frac{7}{6}\pi,\ \frac{11}{6}\pi \leqq \theta + \frac{\pi}{6} < \frac{13}{6}\pi$$

$$\boldsymbol{0 \leqq \theta \leqq \pi,\ \frac{5}{3}\pi \leqq \theta < 2\pi}$$

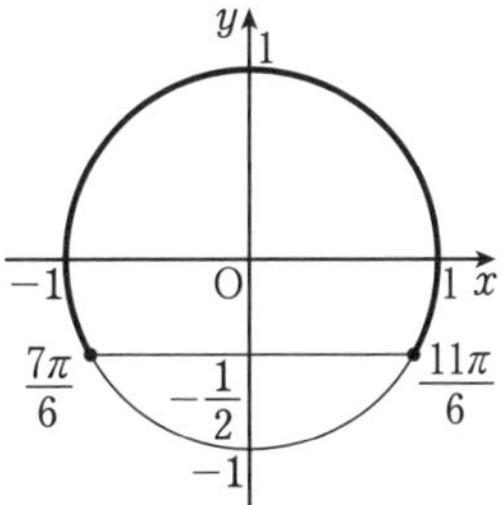

《合成して不等式 (B10)》

486. $0 \leqq x < 2\pi$ のとき，不等式

$\sqrt{3}\sin x + \cos x > 1$

の解は □ であり，$0 \leqq \theta < \pi$ のとき，不等式

$\cos^2\theta - \sin^2\theta + 2\sqrt{3}\sin\theta\cos\theta > 1$ の解は □

である．（23　南山大）

▶解答◀ $\sqrt{3}\sin x + \cos x > 1$

$$2\sin\left(x + \frac{\pi}{6}\right) > 1$$

$$\sin\left(x + \frac{\pi}{6}\right) > \frac{1}{2}$$

$0 \leqq x < 2\pi$ のとき $\frac{\pi}{6} \leqq x + \frac{\pi}{6} < \frac{13\pi}{6}$ であるから，

求める範囲は $\frac{\pi}{6} < x + \frac{\pi}{6} < \frac{5\pi}{6}$ より $\boldsymbol{0 < x < \frac{2}{3}\pi}$

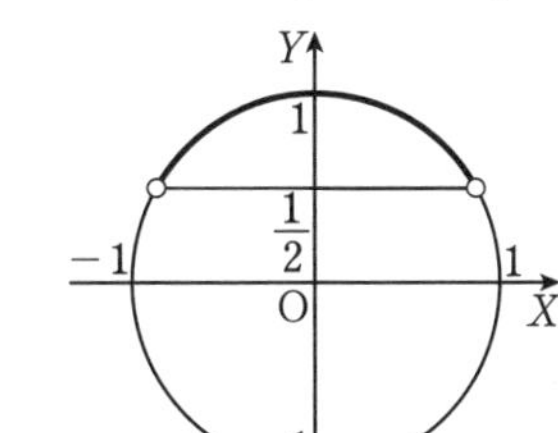

$$\cos^2\theta - \sin^2\theta + 2\sqrt{3}\sin\theta\cos\theta > 1$$

$$\cos 2\theta + \sqrt{3}\sin 2\theta > 1$$

前半と同じ形になった．$0 \leqq 2\theta < 2\pi$ であるから，

$0 < 2\theta < \frac{2\pi}{3}$ となり $\boldsymbol{0 < \theta < \frac{\pi}{3}}$ である．

注意【単位円で見る】

前半について：$\cos x = X$，$\sin x = Y$ とおくと

$$\sqrt{3}Y + X > 1,\ X^2 + Y^2 = 1$$

答えは有名角になるはずだから

$(X, Y) = (1, 0), \left(-\frac{1}{2}, \frac{\sqrt{3}}{2}\right)$ と見当をつけて代入

すると $\sqrt{3}Y + X = 1$ を満たす．

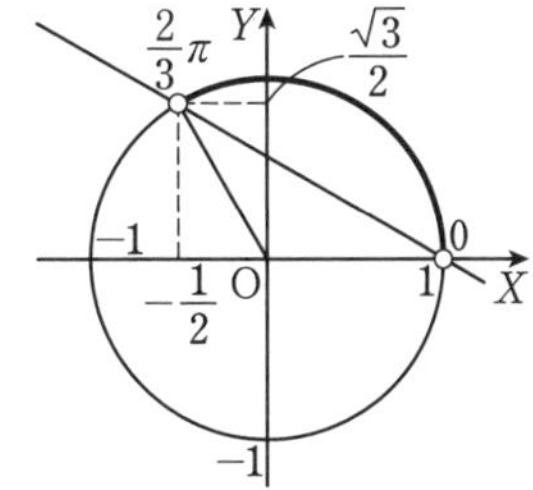

《解の個数 (B10)》

487.（1） 不等式 $\sin\theta \geqq \frac{\sqrt{2}}{2}$ $(0° \leqq \theta \leqq 180°)$ を解きなさい．

（2） 不等式

$2\sin^2\theta - \cos\theta - 2 < 0$ $(0° \leqq \theta \leqq 150°)$

を解きなさい．

（3） 方程式

$2\sin^2\theta - \sin\theta + a = 0$ $(0° \leqq \theta \leqq 180°)$

をみたす θ がちょうど 2 つであるような定数 a の範囲を求めなさい．（23　愛知学院大・薬，歯）

▶解答◀ **（1）** $\boldsymbol{45° \leqq \theta \leqq 135°}$

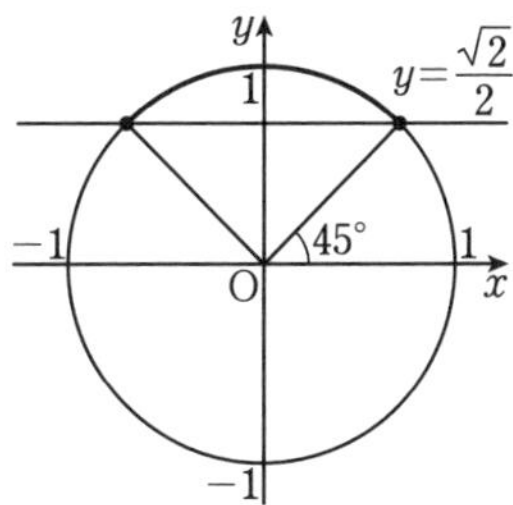

（2） $2\sin^2\theta - \cos\theta - 2 < 0$

$$2(1 - \cos^2\theta) - \cos\theta - 2 < 0$$

$$2\cos^2\theta + \cos\theta > 0$$

$$\cos\theta(2\cos\theta + 1) > 0$$

$$\cos\theta < -\frac{1}{2},\ 0 < \cos\theta$$

$0° \leqq \theta \leqq 150°$ より $\boldsymbol{0° \leqq \theta < 90°,\ 120° < \theta \leqq 150°}$

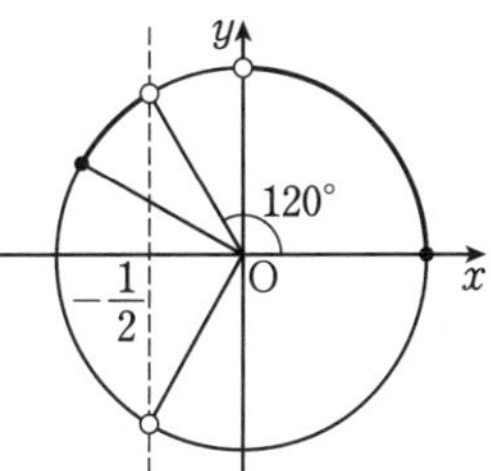

（3） $t = \sin\theta$ とおくと $0° \leqq \theta \leqq 180°$ より $0 \leqq t \leqq 1$

であり，t の値に対応する θ の個数は

$t<0$，$1<t$ のとき θ は 0 個，$0 \leqq t<1$ のとき θ は 2 個，$t=1$ のとき θ は 1 個 ……………………………①

である．このとき

$$2t^2-t+a=0 \qquad \therefore\ a=-2t^2+t$$

$y=a$ と $y=-2t^2+t$ の共有点について考える．

$y=-2\left(t-\frac{1}{4}\right)^2+\frac{1}{8}$ であるから，図のようになる．

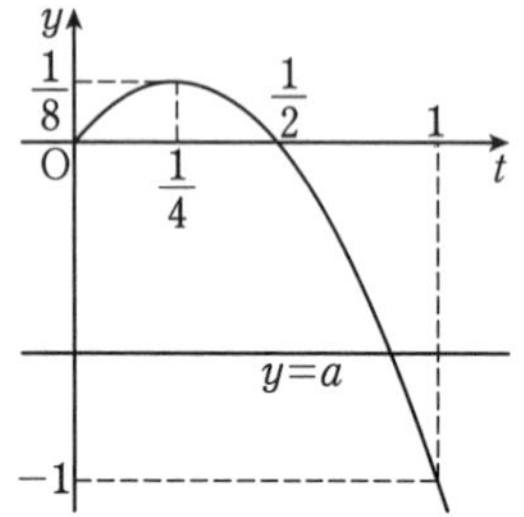

① を考えると，求める条件は $\boldsymbol{-1<a<0,\ a=\frac{1}{8}}$

♦別解♦ 数 III の微分を用いる．$a=\sin\theta-2\sin^2\theta$

$f(\theta)=\sin\theta-2\sin^2\theta\ (0 \leqq \theta \leqq \pi)$ とおく．

$$f'(\theta)=\cos\theta-4\sin\theta\cos\theta$$
$$=\cos\theta(1-4\sin\theta)$$

$\sin\alpha=\frac{1}{4}$，$0<\alpha<\frac{\pi}{2}$ とする．

θ	0	$\cdots$	α	$\cdots$	$\frac{\pi}{2}$	$\cdots$	$\pi-\alpha$	$\cdots$	π
$f'(\theta)$		$+$	0	$-$	0	$+$	0	$-$	
$f(\theta)$		↗		↘		↗		↘	

$$f(0)=0,\ f(\alpha)=\frac{1}{8},\ f\left(\frac{\pi}{2}\right)=-1,$$
$$f(\pi-\alpha)=\frac{1}{8},\ f(\pi)=0$$

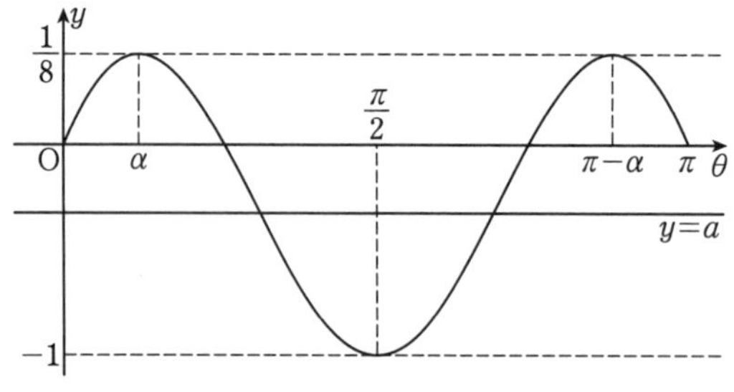

$y=f(\theta)$ と $y=a$ が 2 交点をもつ条件は

$$\boldsymbol{-1<a<0,\ a=\frac{1}{8}}$$

《領域で考える (B10)》

488. $0 \leqq x \leqq 2\pi$ のとき，次の不等式を解きなさい．

（1） $|\sin x| \geqq \cos x$

（2） $2\sin^2\frac{x}{2} \leqq \left(\left|\cos\frac{x}{2}\right|-\sin\frac{x}{2}\right)^2$

（23　龍谷大・推薦）

考え方 折れ線 $X=|Y|$ は図 1，2 の太線を表し，領域 $X \leqq |Y|$ は折れ線の境界を含む左方，

$X \geqq |Y|$ は同じく右方を表す．

あるいは $|x| \leqq a$ は $-a \leqq x \leqq a$ と同値だから

$|Y| \leqq X$ は $-X \leqq Y \leqq X$ と同値，

$|x| \geqq a$ は $x \leqq -a$ または $x \geqq a$ と同値だから

$|Y| \geqq X$ は $Y \leqq -X$ または $Y \geqq X$ と同値

であることを用いてもよい．

▶解答◀ $X=\cos x$, $Y=\sin x$ とおく．XY 平面上で点 (X, Y) は円 $X^2+Y^2=1$ 上の点である．

$X=|Y|$ は折れ線（図 1，2 の太線 l）を表す．

（1） 領域 $X \leqq |Y|$ は l の境界を含む左方（図 1）を表す．

$$\boldsymbol{\frac{\pi}{4} \leqq x \leqq \frac{7}{4}\pi}$$

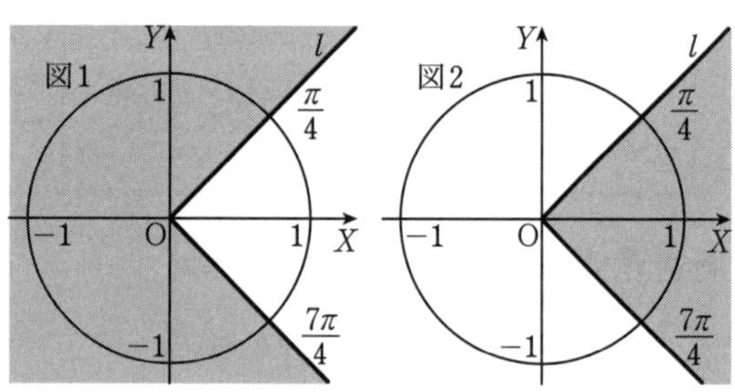

（2） $2\sin^2\frac{x}{2} \leqq \left(\left|\cos\frac{x}{2}\right|-\sin\frac{x}{2}\right)^2$

$$2\sin^2\frac{x}{2} \leqq \cos^2\frac{x}{2}-2\sin\frac{x}{2}\left|\cos\frac{x}{2}\right|$$
$$+\sin^2\frac{x}{2}$$

$$2\sin\frac{x}{2}\left|\cos\frac{x}{2}\right| \leqq \cos^2\frac{x}{2}-\sin^2\frac{x}{2}$$

$0 \leqq x \leqq 2\pi$ より $0 \leqq \frac{x}{2} \leqq \pi$ で，$\sin\frac{x}{2} \geqq 0$

$$\left|2\sin\frac{x}{2}\cos\frac{x}{2}\right| \leqq \cos x$$

$$|\sin x| \leqq \cos x$$

$|Y| \leqq X$ となり，この領域は l の境界を含む右方（図 2）を表す．

$$\boldsymbol{0 \leqq x \leqq \frac{\pi}{4},\ \frac{7}{4}\pi \leqq x \leqq 2\pi}$$

《領域で考える (A0)》

489. $0 \leqq x<2\pi$ のとき，不等式

$|\sin x+\cos x|<\sin x-\cos x$

を解け．

（23　成城大）

考え方 $|x|<a$ は $a>0$ かつ $-a<x<a$ と同値であるが，$-a<a$ の中には $a>0$ も含まれている．したがって，$|x|<a$ は $-a<x<a$ と同値である．

▶解答◀ $|\sin x+\cos x|<\sin x-\cos x$

$$-(\sin x-\cos x)<\sin x+\cos x<\sin x-\cos x$$

$$\sin x>0,\ \cos x<0$$

$$\boldsymbol{\frac{\pi}{2}<x<\pi}$$

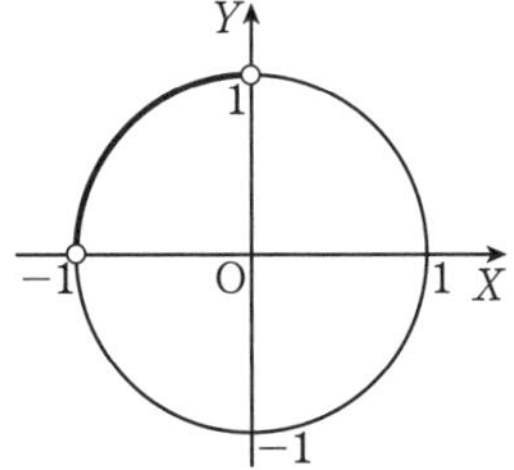

【三角関数と最大・最小】

《近似値 (B10) ☆》

490. 集合 $\{\sin n\mid n$ は整数，$1\leqq n\leqq 9\}$ の要素の中で，最大の要素は sin $\square$，最小の要素は sin $\square$，絶対値が最小の要素は sin $\square$ である．ただし，$\pi=3.14$ とする．（23 京産大）

▶解答◀ 最大値について：

$n=1,2,\cdots,9$ のうちで

$$\frac{\pi}{2}=\frac{3.14}{2}=1.57$$

$$\frac{\pi}{2}+2\pi=1.57+6.28=7.85$$

$$\frac{\pi}{2}+4\pi=14.13$$

に最も近いものを調べる．$1<1.57<2$ で

$$1.57-1=0.57,\ 2-1.57=0.43$$

$7<7.85<8$ で

$$7.85-7=0.85,\ 8-7.85=0.15$$

だから，最大値は **sin 8**

最小値について：

$$\frac{3}{2}\pi=4.71,\ \frac{3}{2}\pi+2\pi=10.99$$

に最も近いものを求めると 5 である．最小値は **sin 5**

絶対値が最小のものについて：

$$0,\ \pi=3.14,\ 2\pi=6.28,\ 3\pi=9.42$$

に最も近いものを求めると 3 である．絶対値が最小のものは **sin 3**

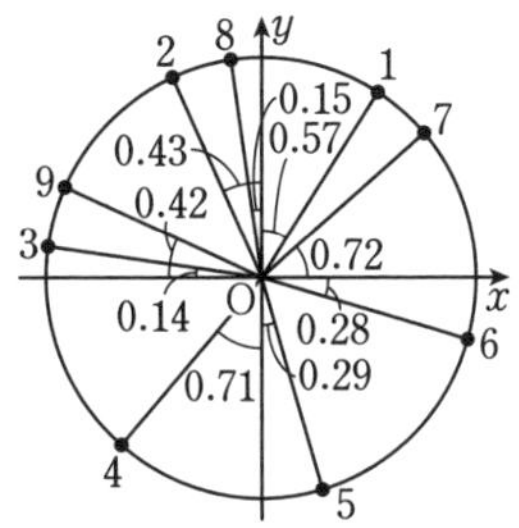

図は点 $(\cos n,\sin n)$ を黒丸で，円周の外側に n として示した．

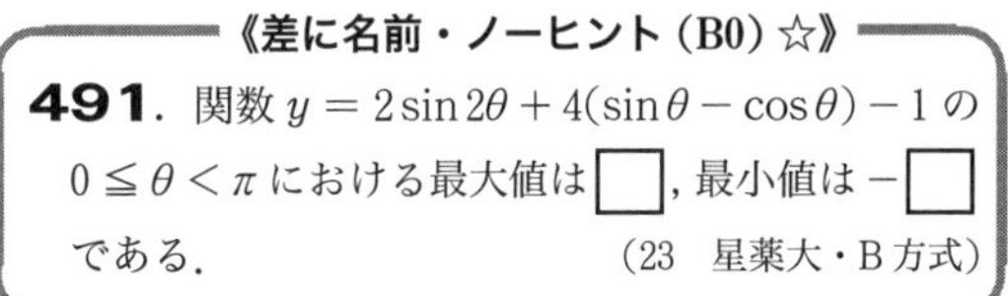

《差に名前・ノーヒント (B0) ☆》

491. 関数 $y=2\sin 2\theta+4(\sin\theta-\cos\theta)-1$ の $0\leqq\theta<\pi$ における最大値は $\square$，最小値は $-\square$ である．（23 星薬大・B 方式）

▶解答◀ $\sin\theta-\cos\theta=t$ とおく．これを 2 乗すると $1-2\sin\theta\cos\theta=t^2$ であるから $\sin 2\theta=1-t^2$

$$y=2\sin 2\theta+4(\sin\theta-\cos\theta)-1$$

$$=2(1-t^2)+4t-1=f(t)$$

とおくと $f(t)=-2(t-1)^2+3$

$t=\sqrt{2}\sin\left(\theta-\frac{\pi}{4}\right)$ で，$-\frac{\pi}{4}\leqq\theta-\frac{\pi}{4}<\frac{3}{4}\pi$ より $-\frac{1}{\sqrt{2}}\leqq\sin\left(\theta-\frac{\pi}{4}\right)\leqq 1$ から $-1\leqq t\leqq\sqrt{2}$

$f(t)$ の最大値は $f(1)=\boldsymbol{3}$，最小値は $f(-1)=\boldsymbol{-5}$

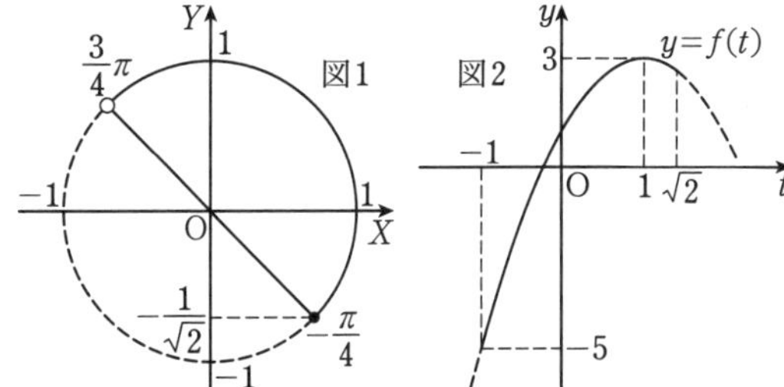

《合成 (B5)》

492. 区間 $0\leqq\theta\leqq\frac{\pi}{2}$ における，関数 $f(\theta)=2\sin\theta+3\cos\theta$ の最小値は $\square$ である．（23 神奈川大・給費生）

▶解答◀ $f(\theta)=2\sin\theta+3\cos\theta=\sqrt{13}\sin(\theta+\alpha)$

ただし，α は

$$\cos\alpha=\frac{2}{\sqrt{13}},\ \sin\alpha=\frac{3}{\sqrt{13}}$$

$\frac{\pi}{4}<\alpha<\frac{\pi}{2}$ をみたす．

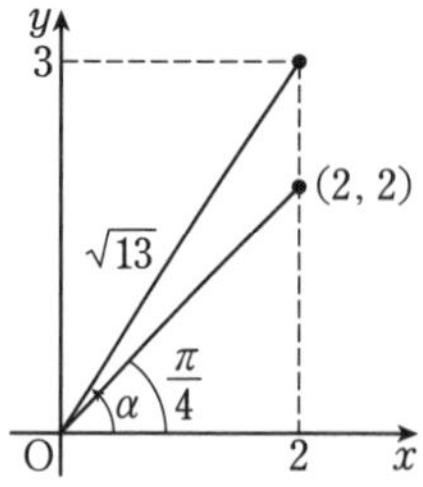

$0 \leqq \theta \leqq \frac{\pi}{2}$ より $\alpha \leqq \theta + \alpha \leqq \alpha + \frac{\pi}{2}$ であるから，
$\theta + \alpha = \alpha + \frac{\pi}{2}$ すなわち $\theta = \frac{\pi}{2}$ のとき最小値をとる．
最小値は，$f\left(\frac{\pi}{2}\right) = 2\sin\frac{\pi}{2} + 3\cos\frac{\pi}{2} = \mathbf{2}$

《差に名前・ノーヒント (B10)》

493. $0 \leqq x \leqq \pi$ とする．関数
$f(x) = \sin 2x + 2(\sin x - \cos x) + 7$
の最大値は□であり，最小値は□である．

(23　日大)

▶解答◀ $y = f(x)$ とおくと

$$y = 2\sin x\cos x + 2(\sin x - \cos x) + 7$$

$t = \sin x - \cos x$ とおくと，$t = \sqrt{2}\sin\left(x - \frac{\pi}{4}\right)$ となる．$0 \leqq x \leqq \pi$ より，$-\frac{\pi}{4} \leqq x - \frac{\pi}{4} \leqq \frac{3\pi}{4}$ であるから，$-1 \leqq t \leqq \sqrt{2}$ である．

$$t^2 = \sin^2 x - 2\sin x\cos x + \cos^2 x$$

$$2\sin x\cos x = 1 - t^2$$

$$y = 1 - t^2 + 2t + 7$$

$$= -t^2 + 2t + 8 = -(t-1)^2 + 9$$

y の最大値は **9** であり，最小値は **5** である．

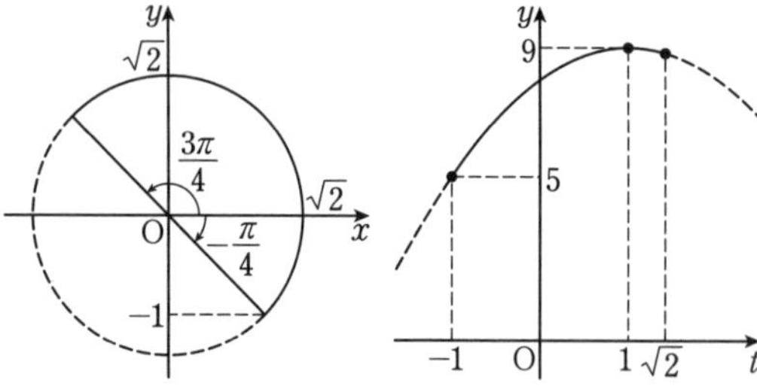

◆別解◆ t の変域は，$X = \cos\theta$，$Y = \sin\theta$ とおき，直線 $Y - X = t$ と単位円の $0 \leqq \theta \leqq \pi$ の部分とが共有点をもつ条件を考えて，$-1 \leqq t \leqq \sqrt{2}$ と求めることもできる．

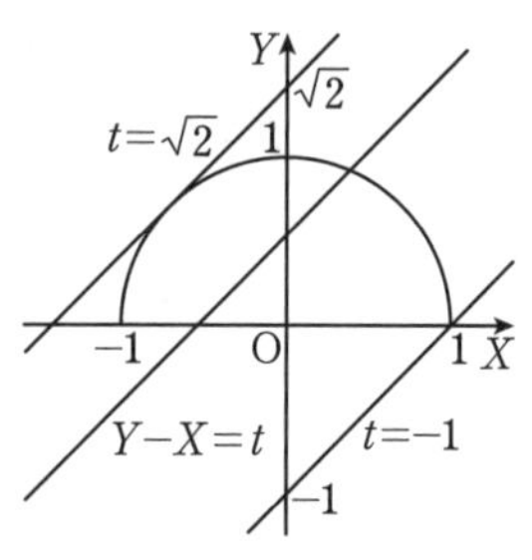

《差に名前 (B10)》

494. 関数 $y = 2\sin x\cos x + \sin x - \cos x - 1$ を考える．ただし $0 \leqq x < 2\pi$ とする．

（1） $t = \sin x - \cos x$ とおくとき，y を t の式で表せ．

（2） t の取りうる値の範囲を求めよ．

（3） y の最大値と最小値を求めよ．

(23　津田塾大・学芸-国際)

▶解答◀ （1） $t^2 = 1 - 2\sin x\cos x$ であるから

$$2\sin x\cos x = 1 - t^2$$

$$y = (1 - t^2) + t - 1 = \boldsymbol{-t^2 + t}$$

（2） $t = \sin x - \cos x = \sqrt{2}\sin\left(x - \frac{\pi}{4}\right)$

$-\frac{\pi}{4} \leqq x - \frac{\pi}{4} < \frac{7}{4}\pi$ であるから

$$-1 \leqq \sin\left(x - \frac{\pi}{4}\right) \leqq 1$$

$$\boldsymbol{-\sqrt{2} \leqq t \leqq \sqrt{2}}$$

（3） $y = -\left(t - \frac{1}{2}\right)^2 + \frac{1}{4}$

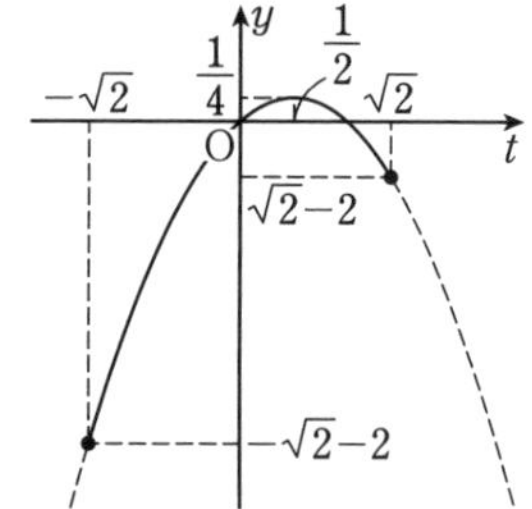

グラフより
$t = \frac{1}{2}$ のとき最大値 $\boldsymbol{\frac{1}{4}}$
$t = -\sqrt{2}$ のとき最小値 $\boldsymbol{-\sqrt{2}-2}$

【三角関数の図形への応用】

《長方形の面積 (B5)》

495. 半径 5 の円から，その円に内接する長方形 R を取り除いた図形を S とする．このとき，S の面積が最小となる長方形 R の 4 つの辺の長さの合計を求めなさい．

(23　福島大・共生システム理工)

▶解答◀ S の面積を T とおくと

$$T=\pi\cdot 5^2-10\sin\theta\cdot 10\cos\theta$$
$$=25\pi-50\sin 2\theta\left(0<\theta<\frac{\pi}{2}\right)$$

と表せる．よって，T が最小となるのは

$$\sin 2\theta=1 \qquad \therefore\quad \theta=\frac{\pi}{4}$$

のときであり，このとき R の 4 辺の長さの和は

$$4(5\cos\theta+5\sin\theta)=20\left(\frac{1}{\sqrt{2}}+\frac{1}{\sqrt{2}}\right)=\mathbf{20\sqrt{2}}$$

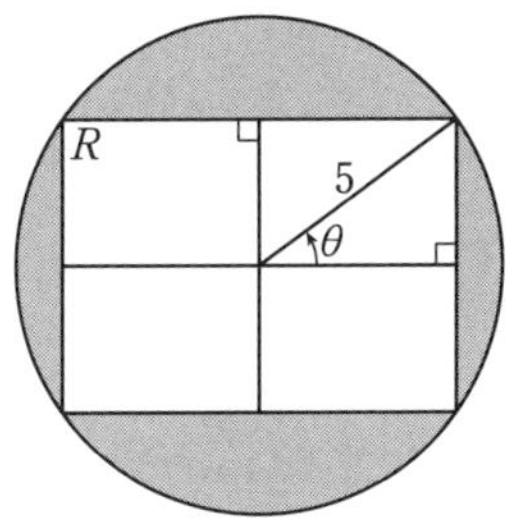

♦別解♦ 長方形の 2 辺の長さを $2x$, $2y$ とすると

$$x^2+y^2=25$$
$$T=\pi\cdot 5^2-2x\cdot 2y=25\pi-4xy$$

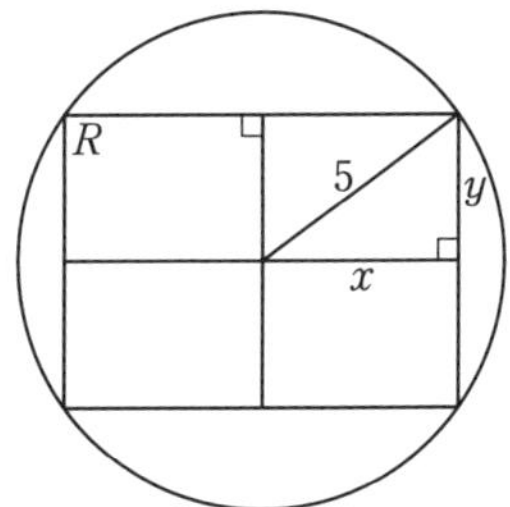

$x>0$, $y>0$ であるから，相加相乗平均の不等式より

$$25=x^2+y^2\geqq 2\sqrt{x^2y^2}=2xy$$
$$xy\leqq\frac{25}{2}$$
$$T\geqq 25\pi-4\cdot\frac{25}{2}=25\pi-50$$

であり，等号は

$x=y>0$ かつ $x^2+y^2=25$

$$x=y=\frac{5}{\sqrt{2}}$$

のときに成り立ち，R の 4 辺の長さの和は

$$4x+4y=\mathbf{20\sqrt{2}}$$

《積→和 (B20) ☆》

496．半径 1 の円に内接する △ABC において，

$\angle A=\alpha$, $\angle B=\beta$, $\angle C=\gamma$

とする．このとき，次の問に答えよ．

（1） △ABC の面積 S を $\sin\alpha$, $\sin\beta$, $\sin\gamma$ を用いて表せ．

（2） $\alpha=\frac{\pi}{6}$ のとき，S がとりうる最大の値を求めよ．

（3） $\alpha=\beta$ のとき，△ABC の内接円の半径 r がとりうる最大の値を求めよ．

（23 香川大・創造工，法，教，医-臨床，農）

▶解答◀ （1） 正弦定理より

$$\frac{BC}{\sin\alpha}=\frac{CA}{\sin\beta}=\frac{AB}{\sin\gamma}=2\cdot 1$$

$BC=2\sin\alpha$, $CA=2\sin\beta$, $AB=2\sin\gamma$

$$S=\frac{1}{2}CA\cdot AB\sin\alpha$$
$$=\frac{1}{2}\cdot 2\sin\beta\cdot 2\sin\gamma\cdot\sin\alpha=\mathbf{2\sin\alpha\sin\beta\sin\gamma}$$

（2） $\alpha=\frac{\pi}{6}$ のとき $\alpha+\beta+\gamma=\pi$ より $\beta+\gamma=\frac{5}{6}\pi$

$$S=2\sin\frac{\pi}{6}\sin\beta\sin\gamma$$
$$=-\frac{1}{2}\{\cos(\beta+\gamma)-\cos(\beta-\gamma)\}$$
$$=-\frac{1}{2}\left\{\cos\frac{5}{6}\pi-\cos\left(2\beta-\frac{5}{6}\pi\right)\right\}$$
$$=\frac{1}{2}\cos\left(2\beta-\frac{5}{6}\pi\right)+\frac{\sqrt{3}}{4}$$

$0<\beta<\frac{5}{6}\pi$ より $-\frac{5}{6}\pi<2\beta-\frac{5}{6}\pi<\frac{5}{6}\pi$

よって $2\beta-\frac{5}{6}\pi=0$ つまり $\beta=\frac{5}{12}\pi$ のとき S は最大値 $\mathbf{\frac{1}{2}+\frac{\sqrt{3}}{4}}$ をとる．このとき $\gamma=\frac{5}{6}\pi-\frac{5}{12}\pi=\frac{5}{12}\pi$

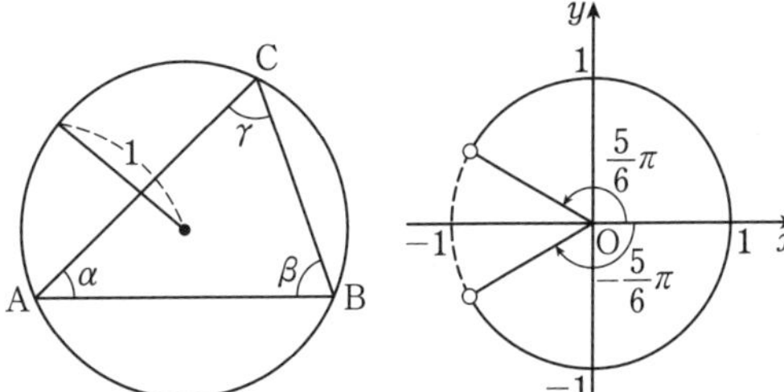

（3） $\alpha=\beta$ のとき $\alpha+\beta+\gamma=\pi$ より $\gamma=\pi-2\alpha$

一方，$S=\frac{1}{2}r(AB+BC+CA)$ が成り立つから

$$2\sin\alpha\sin\beta\sin\gamma$$
$$=\frac{1}{2}r(2\sin\gamma+2\sin\alpha+2\sin\beta)\ \cdots\cdots①$$
$$2\sin\alpha\sin\alpha\sin(\pi-2\alpha)$$
$$=r\{\sin(\pi-2\alpha)+\sin\alpha+\sin\alpha\}$$
$$2\sin^2\alpha\sin 2\alpha=r(\sin 2\alpha+2\sin\alpha)$$
$$4\sin^3\alpha\cos\alpha=r(2\sin\alpha\cos\alpha+2\sin\alpha)$$
$$4\sin^3\alpha\cos\alpha=2r\sin\alpha(\cos\alpha+1)$$
$$4\sin\alpha(1-\cos^2\alpha)\cos\alpha=2r\sin\alpha(1+\cos\alpha)$$

$$4\sin\alpha(1+\cos\alpha)(1-\cos\alpha)\cos\alpha$$
$$=2r\sin\alpha(1+\cos\alpha)$$

$0<\alpha<\dfrac{\pi}{2}$ より $\sin\alpha(1+\cos\alpha)\neq 0$ であるから

$$r=2(1-\cos\alpha)\cos\alpha$$
$$=-2\cos^2\alpha+2\cos\alpha=-2\left(\cos\alpha-\frac{1}{2}\right)^2+\frac{1}{2}$$

$0<\cos\alpha<1$ より $\cos\alpha=\dfrac{1}{2}$ つまり $\alpha=\dfrac{\pi}{3}$ のとき r は最大値 $\boldsymbol{\dfrac{1}{2}}$ をとる．このとき $\beta=\gamma=\dfrac{\pi}{3}$

◆別解◆　(3)　$\mathrm{A}'(\alpha,\ \sin\alpha)$, $\mathrm{B}'(\beta,\ \sin\beta)$, $\mathrm{C}'(\gamma,\ \sin\gamma)$ とおくと $\triangle\mathrm{A'B'C'}$ の重心 G の座標は

$$\left(\frac{\alpha+\beta+\gamma}{3},\ \frac{\sin\alpha+\sin\beta+\sin\gamma}{3}\right)$$

また $y=\sin x$ は $0<x<\pi$ では上に凸であるから

$$\frac{\sin\alpha+\sin\beta+\sin\gamma}{3}\leqq\sin\frac{\alpha+\beta+\gamma}{3}$$

が成り立つ．

$\alpha+\beta+\gamma=\pi$ より $\dfrac{\sin\alpha+\sin\beta+\sin\gamma}{3}\leqq\dfrac{\sqrt{3}}{2}$

$$\sin\alpha+\sin\beta+\sin\gamma\leqq\frac{3\sqrt{3}}{2}\quad\cdots\cdots②$$

一方，相加・相乗平均の不等式より

$$\frac{\sin\alpha+\sin\beta+\sin\gamma}{3}\geqq\sqrt[3]{\sin\alpha\sin\beta\sin\gamma}$$
$$(\sin\alpha+\sin\beta+\sin\gamma)^3$$
$$\geqq 27\sin\alpha\sin\beta\sin\gamma\quad\cdots\cdots③$$

①，②，③ より

$$r=\frac{2\sin\alpha\sin\beta\sin\gamma}{\sin\alpha+\sin\beta+\sin\gamma}$$
$$\leqq\frac{2}{27}\cdot\frac{(\sin\alpha+\sin\beta+\sin\gamma)^3}{\sin\alpha+\sin\beta+\sin\gamma}$$
$$=\frac{2}{27}(\sin\alpha+\sin\beta+\sin\gamma)^2\leqq\frac{2}{27}\cdot\frac{27}{4}=\boldsymbol{\frac{1}{2}}$$

等号は $\sin\alpha=\sin\beta=\sin\gamma$ かつ $\alpha+\beta+\gamma=\pi$ より $\alpha=\beta=\gamma=\dfrac{\pi}{3}$ のとき．

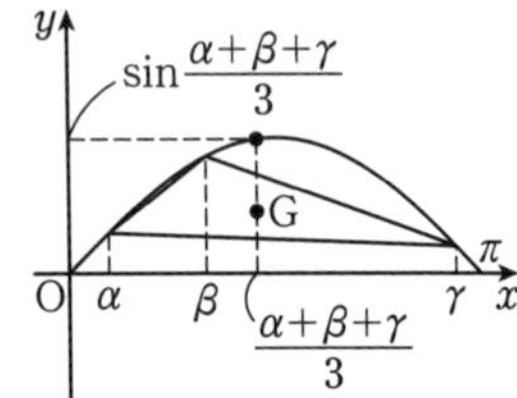

《長方形の最大 (B20)》

497. 中心が O，半径が 1 の円の円周上に点 A, B がある．$\angle\mathrm{AOB}=\alpha$ とおく．ただし，$0<\alpha<\dfrac{\pi}{2}$ とする．扇形 OAB に内接する長方形 CDEF を考える．ここで，点 C は線分 OB 上にあり，点 D と点 E は線分 OA 上にあり，点 F は弧 AB 上にある．$\angle\mathrm{AOF}=\theta$ とおく．次の問いに答えよ．

(1)　線分 CD の長さを θ を用いて表せ．また，線分 DE の長さを α と θ を用いて表せ．

(2)　長方形 CDEF の面積が
$$\frac{1}{2\sin\alpha}\cos(2\theta-\alpha)-\frac{\cos\alpha}{2\sin\alpha}$$
と表されることを示せ．

(3)　α を固定したまま θ を $0<\theta<\alpha$ の範囲で動かすとき，(2) の面積が最大になるような θ の値とそのときの面積を α を用いて表せ．

(23　島根大・前期)

▶解答◀　(1)　$\mathrm{CD}=\mathrm{FE}=\mathrm{OF}\sin\theta$

$$=\boldsymbol{\sin\theta}$$
$$\mathrm{DE}=\mathrm{OE}-\mathrm{OD}=\mathrm{OF}\cos\theta-\frac{\mathrm{CD}}{\tan\alpha}$$
$$=\boldsymbol{\cos\theta-\frac{\sin\theta}{\tan\alpha}}$$

(2)　長方形 CDEF の面積を S とする．

$$S=\mathrm{CD}\cdot\mathrm{DE}=\sin\theta\left(\cos\theta-\frac{\sin\theta}{\tan\alpha}\right)$$
$$=\sin\theta\cos\theta-\frac{\sin^2\theta}{\tan\alpha}$$
$$=\frac{1}{2}\sin2\theta-\frac{\cos\alpha}{\sin\alpha}\left(\frac{1}{2}-\frac{1}{2}\cos2\theta\right)$$
$$=\frac{1}{2\sin\alpha}(\cos2\theta\cos\alpha+\sin2\theta\sin\alpha)-\frac{\cos\alpha}{2\sin\alpha}$$
$$=\frac{1}{2\sin\alpha}\cos(2\theta-\alpha)-\frac{\cos\alpha}{2\sin\alpha}$$

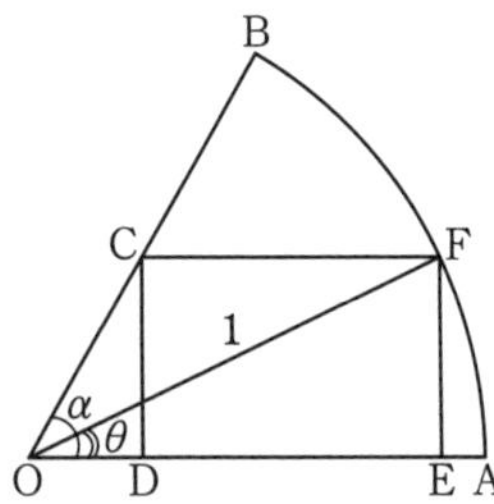

(3)　$0<\theta<\alpha$ のとき，$-\alpha<2\theta-\alpha<\alpha$ であるから，S は $2\theta-\alpha=0$，すなわち $\theta=\boldsymbol{\dfrac{\alpha}{2}}$ のとき最大でそのときの S は $\boldsymbol{\dfrac{1-\cos\alpha}{2\sin\alpha}}$ である．

《内心から見る (B10) ☆》

498. 平面上の $\triangle\mathrm{ABC}$ は

$\cos\angle\mathrm{ABC}=\dfrac{4}{5}$, $\cos\angle\mathrm{BCA}=\dfrac{5}{13}$

をみたし，$\triangle\mathrm{ABC}$ の内接円の半径は 2 である．$\sin\angle\mathrm{ABC}=\square$ などにより $\cos\angle\mathrm{CAB}=\square$ である．また内接円の中心を点 I とすると，$\cos\angle\mathrm{IBC}=\square$ となる．$\triangle\mathrm{IBC}$ の面積は $\square$ で

ある．　　(23　同志社大・経済)

▶解答◀ $\angle \mathrm{ABC} = B$, $\angle \mathrm{BCA} = C$, $\angle \mathrm{CAB} = A$ とおく．

$\cos B = \frac{4}{5}$, $\cos C = \frac{5}{13}$ であるから

$$\sin B = \sqrt{1-\left(\frac{4}{5}\right)^2} = \mathbf{\frac{3}{5}}$$

$$\sin C = \sqrt{1-\left(\frac{5}{13}\right)^2} = \frac{12}{13}$$

となり，$A = \pi - (B+C)$ であるから

$$\cos A = -\cos(B+C)$$
$$= -(\cos B\cos C - \sin B\sin C)$$
$$= -\left(\frac{4}{5}\cdot\frac{5}{13} - \frac{3}{5}\cdot\frac{12}{13}\right) = \mathbf{\frac{16}{65}}$$

$\angle \mathrm{IBC} = \beta$ とおく．$\beta = \frac{1}{2}B$ である．半角の公式より

$$\cos^2\beta = \frac{1}{2}(1+\cos B) = \frac{9}{10}$$

$0 < \beta < \frac{\pi}{2}$ であるから $\cos\beta = \frac{3}{\sqrt{10}}$

$$\tan\beta = \frac{1}{3}$$

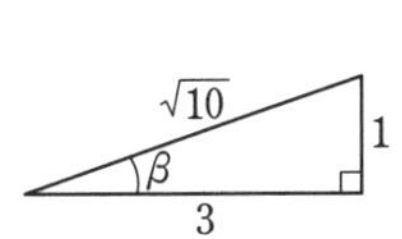

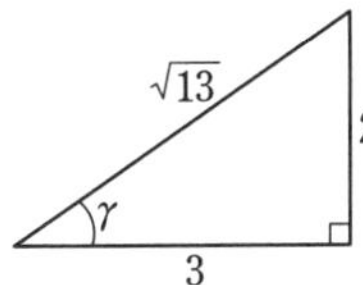

$C = 2\gamma$ とおくと

$$\cos\gamma = \sqrt{\frac{1}{2}(1+\cos C)} = \sqrt{\frac{1}{2}\cdot\frac{18}{13}}$$
$$= \sqrt{\frac{9}{13}} = \frac{3}{\sqrt{13}}$$

$$\tan\gamma = \frac{2}{3}$$

内心 I から辺 BC に下した垂線の足を H とする．

$$\mathrm{BC} = \mathrm{BH} + \mathrm{CH} = \frac{2}{\tan\beta} + \frac{2}{\tan\gamma} = 6+3 = 9$$

$$\triangle \mathrm{IBC} = \frac{1}{2}\mathrm{BC}\cdot\mathrm{IH} = \frac{1}{2}\cdot 9\cdot 2 = \mathbf{9}$$

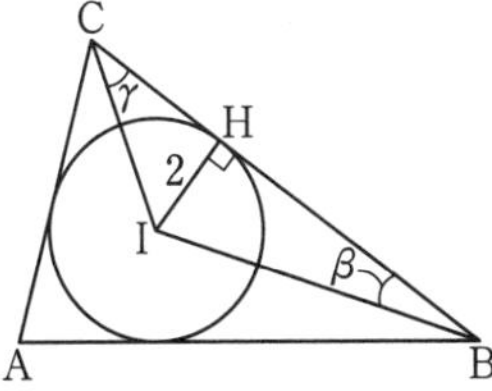

《和→積 (B20)》

499. 三角形 ABC において $\angle \mathrm{A} = A$, $\angle \mathrm{B} = B$, $\angle \mathrm{C} = C$ とする．このとき，次の問いに答えよ．

（1） $\cos 2A + \cos 2B = 2\cos(A+B)\cos(A-B)$ が成り立つことを示せ．

（2） $1 - \cos 2A - \cos 2B + \cos 2C$
$= 4\sin A\sin B\cos C$
が成り立つことを示せ．

（3） $A = B$ のとき，$1 - \cos 2A - \cos 2B + \cos 2C$ の最小値を求めよ．　　(23　滋賀大・共通)

▶解答◀ （1） $\cos 2A + \cos 2B$

$$= \cos((A+B)+(A-B))$$
$$\quad + \cos((A+B)-(A-B))$$
$$= 2\cos(A+B)\cos(A-B)$$

（2） $A + B + C = \pi$

$$1 - \cos 2A - \cos 2B + \cos 2C$$
$$= 2\cos^2 C - 2\cos(A+B)\cos(A-B)$$
$$= 2\cos^2 C - 2\cos(\pi - C)\cos(A-B)$$
$$= 2\cos C(\cos C + \cos(A-B))$$
$$= 4\cos C\cos\frac{C+A-B}{2}\cos\frac{C-A+B}{2}$$
$$= 4\cos C\cos\frac{\pi-2B}{2}\cos\frac{\pi-2A}{2}$$
$$= 4\cos C\sin B\sin A$$

（3） $A = B$ のとき，$2A + C = \pi$，$0 < A < \frac{\pi}{2}$

$$1 - \cos 2A - \cos 2B + \cos 2C$$
$$= 4\sin^2 A\cos C$$
$$= 4\sin^2 A\cos(\pi - 2A)$$
$$= -4\sin^2 A\cos 2A$$
$$= -4\sin^2 A(1 - 2\sin^2 A)$$
$$= 8\left(\sin^2 A - \frac{1}{4}\right)^2 - \frac{1}{2}$$

$\sin A = \frac{1}{2}$ すなわち $A = \frac{\pi}{6}$ のとき最小値 $\mathbf{-\frac{1}{2}}$ をとる．

《正五角形 (B10)》

500. （1） $\cos 2\theta$ と $\cos 3\theta$ を $\cos\theta$ の式として表せ．

（2） 半径 1 の円に内接する正五角形の一辺の長さが 1.15 より大きいか否かを理由を付けて判定せよ．　　(23　京大・文系)

▶解答◀ （1） $\cos 2\theta = \mathbf{2\cos^2\theta - 1}$

$$\cos 3\theta = \mathbf{4\cos^3\theta - 3\cos\theta}$$

（2） $\theta = \frac{2\pi}{5}$ とおくと，$5\theta = 2\pi$ より $3\theta = 2\pi - 2\theta$

$$\cos 3\theta = \cos(2\pi - 2\theta)$$
$$\cos 3\theta = \cos 2\theta$$

$x = \cos\theta$ とおくと，（1）より

$$4x^3 - 3x = 2x^2 - 1$$

$$(x-1)(4x^2+2x-1) = 0$$

$$x = 1,\ \frac{-1\pm\sqrt{5}}{4}$$

$0 < x < 1$ より $x = \dfrac{-1+\sqrt{5}}{4}$ である．ここで，正五角形の 1 辺の長さを l とすると

$$l^2 = \left(2\sin\frac{\theta}{2}\right)^2 = 4\cdot\frac{1-\cos\theta}{2}$$

$$= 2\left(1 - \frac{-1+\sqrt{5}}{4}\right) = \frac{5-\sqrt{5}}{2}$$

である．このとき

$$l^2 - 1.15^2 = \frac{5-\sqrt{5}}{2} - 1.3225$$

$$= \frac{2.355-\sqrt{5}}{2} > 0$$

よって，$\boldsymbol{l > 1.15}$ である．

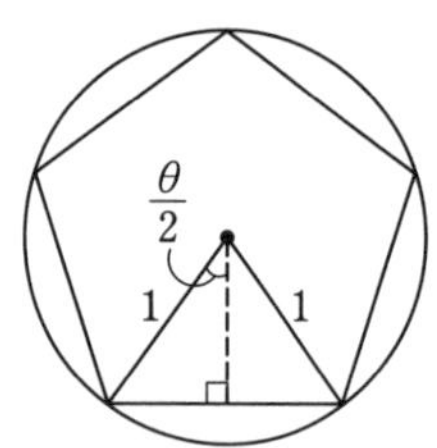

【指数の計算】

《指数の計算（A2）☆》

501．方程式 $\sqrt{25\sqrt{25\sqrt{25}}} = 25^x$ をみたす x の値を求めなさい．（23 福島大・食農）

考え方 ルートは積について分配できる．$a > 0$，$b > 0$ のとき $\sqrt{ab} = \sqrt{a}\sqrt{b}$ である．これを繰り返し

$$\sqrt{a\sqrt{a\sqrt{a}}} = \sqrt{a}\sqrt{\sqrt{a\sqrt{a}}} = \sqrt{a}\sqrt{\sqrt{a}}\sqrt{\sqrt{\sqrt{a}}}$$

となる．次に，指数表示 $\sqrt{a} = a^{\frac{1}{2}}$ と指数法則 $(a^x)^y = a^{xy}$ を用いる．$x = y = \dfrac{1}{2}$ などと考え

$$\sqrt{\sqrt{a}} = (a^x)^x = a^{x^2},\quad \sqrt{\sqrt{\sqrt{a}}} = (a^{x^2})^x = a^{x^3}$$

なお，指数が苦手な人は log をとりたくなるだろうが，そんなことでは指数に強くならない．

▶解答◀ $\sqrt{25\sqrt{25\sqrt{25}}} = \sqrt{25}\sqrt{\sqrt{25}}\sqrt{\sqrt{\sqrt{25}}}$

$$= 25^{\frac{1}{2}}25^{\frac{1}{4}}25^{\frac{1}{8}} = 25^{\frac{1}{2}+\frac{1}{4}+\frac{1}{8}} = 25^{\frac{7}{8}}$$

よって $x = \boldsymbol{\dfrac{7}{8}}$

《指数の計算（A2）》

502．$\sqrt{a^3}\sqrt[6]{a^5}\sqrt[3]{a^2} = a^b$ とすると $b = \square$ となる．（23 愛知学院大・薬，歯）

▶解答◀ $\sqrt{a^3}\sqrt[6]{a^5}\sqrt[3]{a^2} = a^{\frac{3}{2}}a^{\frac{5}{6}}a^{\frac{2}{3}}$

$$= a^{\frac{3}{2}+\frac{5}{6}+\frac{2}{3}} = a^3$$

よって $b = \mathbf{3}$

《指数の計算（A0）》

503．$2^{\frac{2}{3}}\cdot3^{\frac{1}{2}}\cdot6^{\frac{5}{3}}\cdot12^{\frac{5}{6}} = \square$（23 愛知学院大・薬，歯）

▶解答◀ $6^{\frac{5}{3}} = 2^{\frac{5}{3}}\cdot3^{\frac{5}{3}}$，$12^{\frac{5}{6}} = (2^2\cdot3)^{\frac{5}{6}} = 2^{\frac{5}{3}}\cdot3^{\frac{5}{6}}$ であるから

$$2^{\frac{2}{3}}\cdot3^{\frac{1}{2}}\cdot6^{\frac{5}{3}}\cdot12^{\frac{5}{6}} = 2^{\frac{2}{3}+\frac{5}{3}+\frac{5}{3}}\cdot3^{\frac{1}{2}+\frac{5}{3}+\frac{5}{6}}$$

$$= 2^4\cdot3^3 = 16\cdot27 = \mathbf{432}$$

《指数の計算（B2）》

504．$2^x = 3^y = 12^9$ のとき $\dfrac{4}{x} + \dfrac{2}{y} = \dfrac{\square}{\square}$ となる．（23 愛知学院大・薬，歯）

▶解答◀ $2^x = 12^9$，$3^y = 12^9$ より

$$2 = 12^{\frac{9}{x}},\ 3 = 12^{\frac{9}{y}}$$

12 を作るために

$$2^2\cdot3 = \left(12^{\frac{9}{x}}\right)^2\cdot12^{\frac{9}{y}}$$

$$12 = 12^{\frac{18}{x}+\frac{9}{y}}$$

$$\frac{18}{x} + \frac{9}{y} = 1$$

$$\frac{2}{x} + \frac{1}{y} = \frac{1}{9} \qquad \therefore\ \frac{4}{x} + \frac{2}{y} = \boldsymbol{\frac{2}{9}}$$

《大小比較（A3）☆》

505．$\sqrt{3}$, $\sqrt[3]{6}$, $\sqrt[4]{12}$ の大小を比べよ．（23 愛知医大・看護）

▶解答◀ $(\sqrt{3})^{12} = 3^6 = 729$

$$(\sqrt[3]{6})^{12} = 6^4 = 1296$$

$$(\sqrt[4]{12})^{12} = 12^3 = 1728$$

であるから

$$(\sqrt{3})^{12} < (\sqrt[3]{6})^{12} < (\sqrt[4]{12})^{12}$$

$$\boldsymbol{\sqrt{3} < \sqrt[3]{6} < \sqrt[4]{12}}$$

【指数関数とそのグラフ】

《置き換えて 2 次関数（B5）》

506．関数 $y = -(9^x+9^{-x}) + \dfrac{20}{3}(3^x+3^{-x})$ に

ついて，以下の各問に答えよ．

（１） $t=3^x+3^{-x}$ とするとき，y を t のみの式で表せ．

（２）（１）の t について，その最小値を求めよ．

（３） y の最大値およびそのときの x の値を求めよ．

（23 釧路公立大）

▶解答◀ （１）

$$y=-(3^x+3^{-x})^2+2+\frac{20}{3}(3^x+3^{-x}) \text{ より}$$

$$\boldsymbol{y=-t^2+\frac{20}{3}t+2}$$

（２） 相加・相乗平均の不等式より

$$t=3^x+3^{-x} \geqq 2\sqrt{3^x\cdot 3^{-x}}=2$$

等号成立は $3^x=3^{-x}$ つまり $x=0$ のときである．

よって t の最小値は **2**

（３） $y=-\left(t-\frac{10}{3}\right)^2+\frac{118}{9}$

$t \geqq 2$ より y の最大値は $\boldsymbol{\frac{118}{9}}$

このとき $3^x+3^{-x}=\frac{10}{3}$ であり

$$3(3^x)^2-10\cdot 3^x+3=0$$

$$(3\cdot 3^x-1)(3^x-3)=0$$

$$3^x=\frac{1}{3},\ 3 \qquad \therefore \quad x=\boldsymbol{-1,\ 1}$$

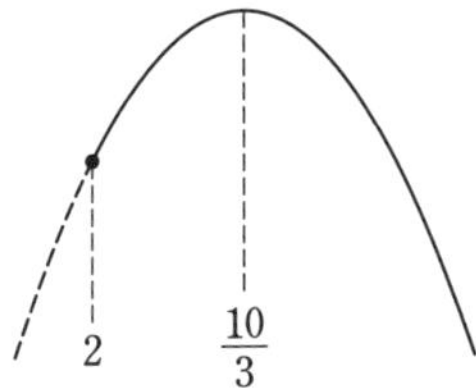

《置き換えて２次関数（B5）》

507． a を定数とする．$0 \leqq x \leqq 1$ のとき，関数 $y=-4^{-x}+a\cdot 2^{-x+1}$ の最大値を $m(a)$ とする．

（１） $m\left(\frac{1}{3}\right)=\frac{\square}{\square}$，

$m\left(\frac{2}{3}\right)=\frac{\square}{\square}$，$m(2)=\square$ である．

（２） $m(a)-\frac{1}{3}$ となる定数 a の値は $\frac{\sqrt{\square}}{\square}$ である．

（23 摂南大）

▶解答◀ （１） $2^{-x}=t$ とおく．

$$y=-(2^{-x})^2+2a\cdot 2^{-x}=2at-t^2=f(t)$$

とおく．$0 <\leqq x \leqq 1$ のとき $\frac{1}{2} \leqq t \leqq 1$

$$f(t)=-(t-a)^2+a^2$$

の最大値は

$$f\frac{1}{2}=a-\frac{1}{4},\ f(a)=a^2,\ f(1)=2a-1$$

の中になる．ただし，$f(a)=a^2$ が有効なのは $\frac{1}{2} \leqq a \leqq 1$ のときで，そのときは $m(a)=f(a)$

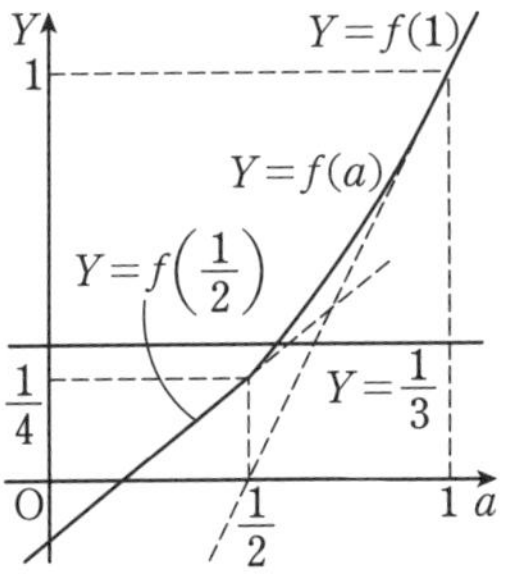

$a \leqq \frac{1}{2}$ のとき，$m(a)=a-\frac{1}{4}$

$\frac{1}{2} \leqq a \leqq 1$ のとき，$m(a)=a^2$

$a \geqq 1$ のとき，$m(a)=2a-1$

$$m\left(\frac{1}{3}=\frac{1}{3}-\frac{1}{4}=\boldsymbol{\frac{1}{12}}\right)$$

$$m\left(\frac{2}{3}\right)=\left(\frac{2}{3}\right)^2=\boldsymbol{\frac{4}{9}}$$

$$m(2)=2\cdot 2-1=\boldsymbol{3}$$

（２） $m(a)=\frac{1}{3}$ のとき $a^2=\frac{1}{3}$，$\frac{1}{2}<a<1$ であり

$$a=\boldsymbol{\frac{\sqrt{3}}{3}}$$

♦別解♦ （ア） $1 \leqq a$ のとき，$m(a)=f(1)=2a-1$

（イ） $\frac{1}{2} \leqq a \leqq 1$ のとき，$m(a)=f(a)=a^2$

（ウ） $a \leqq \frac{1}{2}$ のとき，$m(a)=f\frac{1}{2}=a-\frac{1}{4}$

（以下省略）

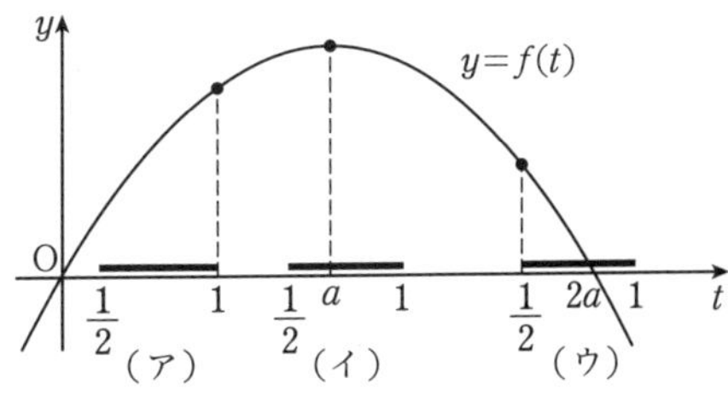

【対数の計算】

《対数の計算（A2）》

508． $\log_2 7$，$\log_4 13$，$\log_{16} 36$ の大小を不等号を用いて示せ．

（23 日本福祉大・全）

▶解答◀ $\log_4 13=\frac{\log_2 13}{\log_2 2^2}$

$$=\frac{1}{2}\log_2 13=\log_2\sqrt{13}$$

$$\log_{16} 36 = \frac{\log_2 6^2}{\log_2 2^4} = \frac{1}{2}\log_2 6 = \log_2 \sqrt{6}$$

$\sqrt{6} < \sqrt{13} < 7$ であるから

$$\log_2 \sqrt{6} < \log_2 \sqrt{13} < \log_2 7$$

$$\mathbf{\log_{16} 36 < \log_4 13 < \log_2 7}$$

《対数の計算 (A2)》

509. $125^{\log_5 8}$ の値を求めよ.　(23　茨城大・教育)

▶解答◀ $125^{\log_5 8} = (5^3)^{3\log_5 2}$

$$= (5^{\log_5 2})^9 = 2^9 = \mathbf{512}$$

《対数の計算 (A2) ☆》

510. $\log_3 5,\ \frac{3}{2},\ \log_9 24$ を大きい順に並べよ.

(23　愛媛大・工, 農, 教)

▶解答◀ $\log_3 5 = \log_3 \sqrt{25}$

$$\frac{3}{2} = \log_3 3^{\frac{3}{2}} = \log_3 \sqrt{27}$$

$$\log_9 24 = \frac{\log_3 24}{\log_3 9} = \frac{1}{2}\log_3 24 = \log_3 \sqrt{24}$$

であるから, $\mathbf{\frac{3}{2} > \log_3 5 > \log_9 24}$

《対数の計算 (A2)》

511. $125^{\log_5 8}$ の値を求めよ.　(23　茨城大・教育)

▶解答◀ $125^{\log_5 8} = (5^3)^{3\log_5 2}$

$$= (5^{\log_5 2})^9 = 2^9 = \mathbf{512}$$

《指数の肩に対数 (A1) ☆》

512. $2^{\log_4 9}$ の値を計算しなさい.

(23　横浜市大・共通)

▶解答◀ 底の変換公式を用いると

$$\log_4 9 = \frac{\log_2 9}{\log_2 4} = \frac{2\log_2 3}{2} = \log_2 3$$

であるから

$$2^{\log_4 9} = 2^{\log_2 3} = \mathbf{3}$$

《対数の計算 (A1)》

513. $2\log_{\frac{1}{4}} 12 + \log_{\frac{1}{2}} \sqrt{56} + \frac{1}{2}\log_2 21 + \log_4 6 =$ $\boxed{}$　(23　愛知学院大・薬, 歯)

▶解答◀ $2\log_{\frac{1}{4}} 12 + \log_{\frac{1}{2}} \sqrt{56} + \frac{1}{2}\log_2 21 + \log_4 6$

$$= \frac{2\log_2 12}{\log_2 \frac{1}{4}} + \frac{\log_2 56}{2\log_2 \frac{1}{2}} + \frac{1}{2}\log_2 21 + \frac{\log_2 6}{\log_2 4}$$

$$= -\log_2 12 - \frac{1}{2}\log_2 56 + \frac{1}{2}\log_2 21 + \frac{1}{2}\log_2 6$$

$$= \frac{1}{2}\log_2 \frac{21\cdot 6}{12^2\cdot 56}$$

$$= \frac{1}{2}\log_2 \frac{1}{64} = \frac{1}{2}\log_2 2^{-6} = \mathbf{-3}$$

《対数の計算 (A5)》

514. $A = (16^{16})^{16},\ B = 2^{(4^8)}$ とするとき,
$\log_2(\log_2 A) - \log_2(\log_2 B) = \boxed{}$ である.

(23　藤田医科大・医学部後期)

▶解答◀ $\log_2 A = \log_2 (16^{16})^{16} = 16\log_2 16^{16}$

$$= 16\cdot 16\log_2 16 = 16\cdot 16\cdot 4$$

$$= 2^4\cdot 2^4\cdot 2^2 = 2^{10}$$

$$\log_2 B = \log_2 2^{(4^8)} = 4^8 = 2^{16}$$

したがって

$$\log_2(\log_2 A) - \log_2(\log_2 B)$$

$$= \log_2 2^{10} - \log_2 2^{16} = 10 - 16 = \mathbf{-6}$$

《指数の肩に対数 (A2)》

515. a と x を正の実数とし, $a \neq 1$ とする. このとき, $a^{2\log_a x} = \boxed{}^{\boxed{}}$ である. これを利用すると, $9^{-\log_3 2} = \frac{\boxed{}}{\boxed{}}$ である. $y = \boxed{}$ のとき, $\log_2 y = -\log_4(9^{-\log_3 2})$ を満たす.　(23　京産大)

▶解答◀ $a^{2\log_a x} = (a^{\log_a x})^2 = \boldsymbol{x^2}$

これを利用して

$$9^{-\log_3 2} = (3^{2\log_3 2})^{-1} = (2^2)^{-1} = \mathbf{\frac{1}{4}}$$

$$-\log_4(9^{-\log_3 2}) = -\log_4 \frac{1}{4} = -(-1) = 1$$

であるから, $\log_2 y = -\log_4(9^{-\log_3 2})$ を満たすのは $\log_2 y = 1$ すなわち $y = \mathbf{2}$ のときである.

ただし $a^{\log_a x} = x$ である. $\log_a x = t$ とおくと $x = a^t$ であり, $a^{\log_a x} = x$ となる.

《log7 (B5) ☆》

516. 以下の問いに答えよ.

(1) $\log_{10} 2 = a,\ \log_{10} 3 = b$ とするとき, $\log_{10} 48,\ \log_{10} 50$ を $a,\ b$ の式で表せ.

(2) $\log_{10} 7$ を

$$\log_{10} 7 = 0.p_1 p_2 p_3 \cdots$$

$$= \frac{p_1}{10} + \frac{p_2}{10^2} + \frac{p_3}{10^3} + \cdots$$

のように表示する. 各 $p_i\ (i = 1, 2, \cdots)$ は 0 以上 9 以下の整数である.

小数第一位の数 p_1 および第二位の数 p_2 の値を（1）の結果を利用して求めよ．
ただし，$\log_{10}2=0.3010$，$\log_{10}3=0.4771$ とする．　　（23　津田塾大・学芸-英文）

▶解答◀（1）$\log_{10}48=\log_{10}(2^4\cdot 3)$

$=4\log_{10}2+\log_{10}3=\boldsymbol{4a+b}$

$\log_{10}50=\log_{10}\left(\dfrac{100}{2}\right)$

$=\log_{10}10^2-\log_{10}2=\boldsymbol{2-a}$

（2）$\log_{10}48<\log_{10}49<\log_{10}50$

$4a+b<2\log_{10}7<2-a$

$2a+\dfrac{b}{2}<\log_{10}7<1-\dfrac{a}{2}$

$a=0.3010$，$b=0.4771$ を代入して

$0.84055<\log_{10}7<0.8495$

よって $p_1=\boldsymbol{8}$, $p_2=\boldsymbol{4}$

注意 $\log_{10}7=0.84509\cdots$
（切り上げて 0.8451 で，はよこい，と覚える．）

【対数関数とそのグラフ】

《グラフの移動（A2）☆》

517．座標平面上において，$y=2+\log_{10}(2x-5)$ のグラフは，$y=\log_{10}x$ のグラフを x 軸方向に□，y 軸方向に□だけ平行移動したものである．　　（23　同志社大・経済）

▶解答◀ $y=2+\log_{10}(2x-5)$

$=2+\log_{10}2\left(x-\dfrac{5}{2}\right)$

$=2+\log_{10}2+\log_{10}\left(x-\dfrac{5}{2}\right)$

$y=2+\log_{10}(2x-5)$ のグラフは，$y=\log_{10}x$ のグラフを x 軸方向に $\boldsymbol{\dfrac{5}{2}}$，$y$ 軸方向に $\boldsymbol{2+\log_{10}2}$ だけ平行移動したものである．

《対数と 2 次関数（A5）☆》

518．2 つの正の実数 x,y について，$xy^2=10$ のとき，$\log_{10}x\cdot\log_{10}y$ の最大値は $\dfrac{\square}{\square}$ である．　　（23　慶應大・商）

▶解答◀ $x>0,y>0$ であるから，
$xy^2=10$ で，10 を底とする両辺の対数をとると

$\log_{10}x+2\log_{10}y=1$

ここで，$X=\log_{10}x$, $Y=\log_{10}y$ とおくと

$X+2Y=1$

$\log_{10}x\cdot\log_{10}y=XY$

$=(1-2Y)Y=-2\left(Y-\dfrac{1}{4}\right)^2+\dfrac{1}{8}$

$x>0,y>0$ であるから，X,Y は $X+2Y=1$ を満たしながらすべての実数値をとる．

よって，求める最大値は $\boldsymbol{\dfrac{1}{8}}$ である．

《円と直線（B5）》

519．$x\geqq 1$, $y\geqq 1$ について
$(\log_3x-2)^2+(\log_3y)^2=5$
が成り立つとき，xy^2 の最小値は□，最大値は $3^{\square}$ となる．　　（23　西南学院大）

▶解答◀ $\log_3x=X$, $\log_3y=Y$ とおく．

$x\geqq 1, y\geqq 1$ から $X\geqq 0, Y\geqq 0$

$(\log_3x-2)^2+(\log_3y)^2=5$ から，$(X-2)^2+Y^2=5$

$\log_3(xy^2)=\log_3x+2\log_3y=X+2Y$

$X+2Y=k$ とおく．この直線を L とする．L の傾きは $-\dfrac{1}{2}$ で，k は X 切片であることに注意する．

L が点 $(0,1)$ を通るとき，k は最小値 2 をとる．このとき，xy^2 の最小値は $3^2=\boldsymbol{9}$

k が最大値をとるのは，L と円 $(X-2)^2+Y^2=5$ が接するとき（2 つあるうちの k が大きい方）である．

点 $(2,0)$ と L の距離が $\sqrt{5}$ で

$\dfrac{|2+2\cdot 0-k|}{\sqrt{1^2+2^2}}=\sqrt{5}$

$|2-k|=5$

$k=-3,7$

k の最大値は 7 となる．このとき xy^2 の最大値は $\boldsymbol{3^7}$

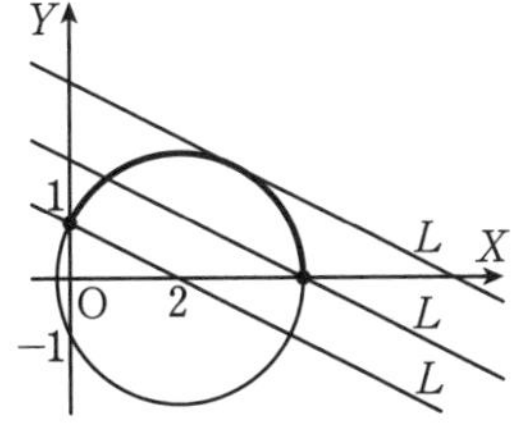

《対数と 2 次関数（A10）》

520．$f(x)=2(\log_3x)^2-\log_3x^4-2$ $(1\leqq x\leqq 27)$ は，$x=$□ のとき最小値 $-$□ をとり，$x=$□ のとき最大値□をとる．　　（23　東京薬大）

▶解答◀ $1\leqq x\leqq 27$ のとき $0\leqq\log_3x\leqq 3$ であり

$f(x)=2(\log_3x)^2-\log_3x^4-2$

$=2(\log_3x-1)^2-4$

$\log_3 x = 1$ すなわち $x = 3$ のとき最小値 -4, $\log_3 x = 3$ すなわち $x = 27$ のとき最大値 **4** をとる．

《対数と 2 次関数 (B5) ☆》

521. a, b は $a \geqq b$, $4b > a$, $ab > 4$ を満たす自然数とする．三角形 ABC において，$\mathrm{AB} = 2$, $\mathrm{BC} = \log_2 a$,
$\mathrm{CA} = \log_2 b$ とする．次の問いに答えよ．

（1） 三角形 ABC の周の長さが $4+\log_2 3+\log_2 5$ となる自然数の組 (a, b) をすべて求めよ．

（2）（1）で求めた自然数の組 (a, b) において，$\mathrm{AB}\times\mathrm{BC}\times\mathrm{CA}$ の最大値と最小値を求めよ．

（23　弘前大・文系）

▶解答◀ （1） $\mathrm{AB}+\mathrm{BC}+\mathrm{CA}$
$= 4 + \log_2 3 + \log_2 5$ より

$$2 + \log_2 a + \log_2 b = 4 + \log_2 3 + \log_2 5$$

$$\log_2(ab) = \log_2(2^2\cdot 3\cdot 5)$$

$$ab = 60$$

$a \geqq b$, $4b > a$ より

$$60 = ab \geqq b^2,\ 60 = ab < 4b^2$$

であるから，$15 < b^2 \leqq 60$

$b = 4, 5, 6, 7$ であるが $b = 7$ のとき $a = \dfrac{60}{7}$ は不適．

$$(a, b) = \mathbf{(15, 4), (12, 5), (10, 6)}$$

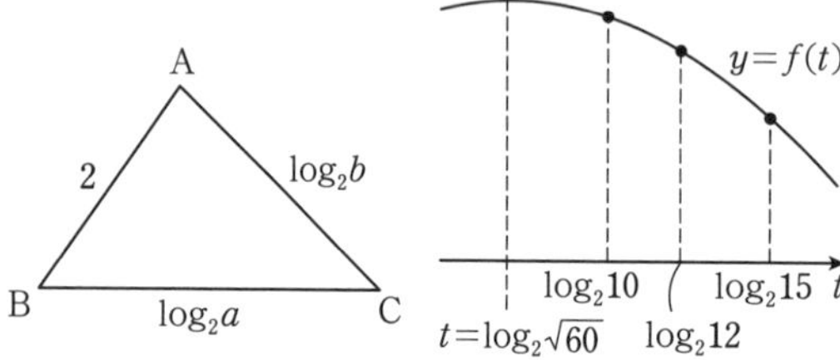

（2） $\log_2 a + \log_2 b = \log_2 60$ であるから

$$\mathrm{AB}\times\mathrm{BC}\times\mathrm{CA} = 2(\log_2 a)(\log_2 b)$$

$$= 2(\log_2 a)(\log_2 60 - \log_2 a)$$

$\log_2 a = t$ とし，$f(t) = \mathrm{AB}\times\mathrm{BC}\times\mathrm{CA}$ とおく．

$$f(t) = 2t(\log_2 60 - t)$$

$$= -2(t - \log_2\sqrt{60})^2 + 2(\log_2\sqrt{60})^2$$

軸の方程式は $t = \log_2\sqrt{60}$ で，

$$\log_2\sqrt{60} < \log_2\sqrt{64} = \log_2 8 < \log_2 10$$

$$< \log_2 12 < \log_2 15$$

であるから，$f(t)$ は $t = \log_2 10$ のとき最大で，
$t = \log_2 15$ のとき最小となる．

よって，$(a, b) = (10, 6)$ のとき，最大値

$$f(\log_2 10) = \mathbf{2(\log_2 6)(\log_2 10)}$$

$(a, b) = (15, 4)$ のとき，最小値

$$f(\log_2 15) = 2(\log_2 4)(\log_2 15) = \mathbf{4\log_2 15}$$

をとる．

《対数と相加相乗 (B2)》

522. $x > 1$ のとき，$\log_7 x + 28\log_x 7$ は最小値 $\square\sqrt{\square}$ をとる．　（23　西南学院大）

▶解答◀ $x > 1$ のとき，$\log_7 x > 0$ で

$$\log_7 x + 28\log_x 7 = \log_7 x + \frac{28}{\log_7 x}$$

$$\geqq 2\sqrt{\log_7 x\cdot\frac{28}{\log_7 x}} = 4\sqrt{7}$$

ここで，相加平均・相乗平均の不等式を用いた．等号は，$\log_7 x = \dfrac{28}{\log_7 x}$ すなわち $\log_7 x = 2\sqrt{7}$ のとき成り立つ．求める最小値は $\mathbf{4\sqrt{7}}$

【常用対数】

《範囲を求める (A2) ☆》

523. 1 時間ごとに 1 回分裂して 2 倍の個数に増えていく細菌がある．この細菌 2 個が分裂を開始して 1 億個を超えるのは $\square$ 時間後である．ただし，1 回目の分裂は 1 時間後と数え，$\log_{10} 2 = 0.3010$ とし，答えは整数で求めよ．　（23　会津大・推薦）

▶解答◀ n 時間後の細菌の個数は 2^{n+1} 個だから

$$2^{n+1} > 10^8$$

$$\log_{10} 2^{n+1} > \log_{10} 10^8$$

$$n + 1 > \frac{8}{\log_{10} 2}$$

$$n > \frac{8}{0.3010} - 1 = 25.578\cdots$$

したがって，**26** 時間後である．

《桁数 (A10) ☆》

524. 2023^{23} は 77 桁の整数である．2023^{10} は $\square$ 桁の整数である．　（23　東洋大・前期）

▶解答◀ 2023^{23} は 77 桁であるから

$$10^{76} \leqq 2023^{23} < 10^{77}$$

$$\log_{10} 10^{76} \leqq \log_{10} 2023^{23} < \log_{10} 10^{77}$$

$$76 \leqq 23\log_{10} 2023 < 77$$

$$\frac{76}{23} \leqq \log_{10} 2023 < \frac{77}{23}$$

$$3.3043\cdots \leqq \log_{10} 2023 < 3.3478\cdots$$

$$33.043\cdots \leqq 10\log_{10} 2023 < 33.478\cdots$$

$$33.043\cdots \leqq \log_{10} 2023^{10} < 33.478\cdots$$

$$10^{33.043\cdots} \leqq 2023^{10} < 10^{33.478\cdots}$$

よって，2023^{10} は **34** 桁である．

《桁数と最高位の数 (B5) ☆》

525. 12^{100} は□桁の整数である．12^{100} の最高位の数は□である．ただし，$\log_{10} 2 = 0.30103$, $\log_{10} 3 = 0.47712$ とする．（23 京産大）

▶解答◀ $\log_{10} 12^{100} = 100\log_{10}(2^2\cdot 3)$

$= 100(2\log_{10} 2 + \log_{10} 3)$

$= 100(2\cdot 0.30103 + 0.47712) = 107.918$

$12^{100} = 10^{107.918} = 10^{0.918}\cdot 10^{107}$

$8 = 2^3 = (10^{0.30103})^3 = 10^{0.90309}$,

$9 = 3^2 = (10^{0.47712})^2 = 10^{0.95424}$ であるから，

$10^{0.918} = 8.\cdots$ である．よって 12^{100} は **108** 桁の整数であり，最高位の数は **8** である．

《桁数と最高位の数 (B10) ☆》

526. n を実数 $\left(\frac{5}{3}\right)^{30}$ の整数部分とする．つまり，n は整数で $0 \leqq \left(\frac{5}{3}\right)^{30} - n < 1$ を満たしている．以下では，$\log_{10} 2 = 0.301$, $\log_{10} 3 = 0.477$ を用いてもよい．

（1） n の桁数を求めよ．

（2） n の最高位の数字は 4 であることを示せ．

（23 学習院大・国際）

▶解答◀ （1）

$$\log_{10}\left(\frac{5}{3}\right)^{30} = 30(1 - \log_{10} 3 - \log_{10} 2)$$

$= 30(1 - 0.477 - 0.301) = 6.66$

$\left(\frac{5}{3}\right)^{30} = 10^6\cdot 10^{0.66}$

$\left(\frac{5}{3}\right)^{30}$ の整数部分は **7** 桁である．

（2） $\log_{10} 4 = 2\log_{10} 2 = 2\cdot 0.301 = 0.602$

$\log_{10} 5 = \log_{10}\frac{10}{2} = 1 - \log_{10} 2 = 0.699$

$4 < 10^{0.66} < 5$

$\left(\frac{5}{3}\right)^{30}$ の整数部分は最高位が 4 の数である．

《桁数最高位と小数第何位 (B10) ☆》

527. $\log_{10} 2 = 0.3010$，$\log_{10} 3 = 0.4771$ として，次の問に答えよ．

（1） 18^{49} は□桁の自然数で，最高位の数字は□である．

（2） $\left(\frac{15}{32}\right)^{15}$ を小数で表すと，小数第□位にはじめて 0 でない数字が現れ，その数字は□である．（23 星薬大・B 方式）

▶解答◀ （1） $18^{49} = (2\cdot 3^2)^{49}$ より

$\log_{10} 18^{49} = 49(\log_{10} 2 + 2\log_{10} 3)$

$= 49(0.3010 + 2\cdot 0.4771)$

$= 61.5048 = 61 + 0.5048$

$18^{49} = 10^{0.5048}\cdot 10^{61}$

$3 = 10^{0.4771}$，$4 = 2^2 = (10^{0.3010})^2 = 10^{0.6020}$ より

$3 < 10^{0.5048} < 4$ であるから，18^{49} は **62** 桁の自然数であり，最高位の数字は **3** である．

（2） $\left(\frac{15}{32}\right)^{15} = \left(\frac{3\cdot 10}{2^6}\right)^{15}$ より

$\log_{10}\left(\frac{15}{32}\right)^{15} = 15(\log_{10} 3 + 1 - 6\log_{10} 2)$

$= 15(0.4771 + 1 - 6\cdot 0.3010)$

$= -4.9335 = -5 + 0.0665$

$\left(\frac{15}{32}\right)^{15} = 10^{0.0665}\cdot 10^{-5}$

$1 = 10^0$，$2 = 10^{0.3010}$ より $1 < 10^{0.0665} < 2$ であるから，小数第 **5** 位にはじめて 0 でない数字 **1** が現れる．

《小数第何位 (A10)》

528. (ｉ), (ii) に答えなさい．

（1） $\log_{10} 2 = 0.3010$, $\log_{10} 3 = 0.4771$ のとき，12^{-10} を小数で表すと小数第何位ではじめて 0 でない数字が現れるか求めなさい．

（2） x は自然数とする．x^{10} が 16 桁のとき，x^6 は何桁となるか求めなさい．

（23 長崎県立大・後期）

▶解答◀ （1） $\log_{10} 12^{-10} = -10\log_{10}(2^2\cdot 3)$

$= -10(0.3010\cdot 2 + 0.4771)$

$= -10.791 = -11 + 0.209$

である．$10^{0.209} < 10^{0.3010} = 2$ であるから，

$12^{-10} = 1.\cdots \times 10^{-11}$

である．したがって，初めて 0 でない数字が出てくるのは，小数第 **11** 位である．

（2） $10^{15} \leqq x^{10} < 10^{16}$

$15 \leqq 10\log_{10} x < 16$

$9 \leqq 6\log_{10} x < 9.6$

$10^9 \leqq x^6 < 10^{9.6}$

であるから，x^6 は **10** 桁である．

《最高位の数（B10）☆》

529. 以下の問に答えよ．

（1） 4^{25} を 10 進法で表したときの桁数を a とし，5^{50} を 10 進法で表したときの桁数を b とすると，$a+b=$ □ である．

（2） 2^{100} を 9 進法で表したときの桁数は □ であり，最高位の数字は □ である．

（3） n を 2 以上の整数とする．10^5 を n 進法で表したときの桁数と 10^5 を $(n+1)$ 進法で表したときの桁数が等しくなるという．このような n のうち最小のものは $n=$ ア である．また，10^5 を ア 進法で表したときの桁数は □ である．
ただし，$\log_{10}2=0.3010$，
$\log_{10}3=0.4771$, $\log_{10}7=0.8451$ とする．

（23　青学大・社会情報）

▶解答◀ （1） $\log_{10}4^{25}=\log_{10}2^{50}$

$$=50\log_{10}2=50\cdot0.3010=15.05$$

$4^{25}=10^{15}\cdot10^{0.05}$ である．

$$1=10^0,\ 2=10^{0.3010}$$

よって $10^{0.05}=1.\cdots$ であり 4^{25} は 16 桁で $a=16$ となり，最高位の数は 1 である．対数は概算のためにあり，桁数だけを聞く対数教育は間違いであり，せめて最高位くらいは聞くべきだというのが私の主張である．

$$\log_{10}5=\log_{10}\frac{10}{2}=\log_{10}10-\log_{10}2$$
$$=1-0.3010=0.6990$$
$$\log_{10}5^{50}=50\log_{10}5=50\cdot0.6990=34.95$$

$5^{50}=10^{34}\cdot10^{0.95}$ である．
$8=2^3=(10^{0.3010})^3=10^{0.9030}$,
$9=3^2=(10^{0.4771})^2=10^{0.9542}$ であるから
$10^{0.95}=8.\cdots$ である．5^{50} は 35 桁で $b=35$ となり，最高位の数は 8 である．

$a+b=\mathbf{51}$ である．

（**2**） $\log_9 2=\dfrac{\log_{10}2}{\log_{10}9}=\dfrac{\log_{10}2}{2\log_{10}3}$

$$=\frac{0.3010}{2\cdot0.4771}=0.3154\cdots$$
$$\log_9 2^{100}=100\log_9 2=100\cdot0.3154\cdots=31.54\cdots$$

より，$2^{100}=9^{31.54\cdots}$ となる．さらに
$\log_9 3=\log_9 9^{\frac{1}{2}}=0.5$,
$\log_9 4=2\log_9 2=2\cdot0.3154\cdots=0.6308\cdots$ より，
$3=9^{0.5}$, $4=9^{0.6308\cdots}$ となる．よって

$$3<9^{0.54\cdots}<4$$
$$3\cdot9^{31}<9^{31.54\cdots}<4\cdot9^{31}$$
$$3\cdot9^{31}<2^{100}<4\cdot9^{31}$$

であるから，2^{100} を 9 進法で表すと **32** 桁であり，最高位の数字は **3** である．

（**3**） 10^5 を n 進法と $n+1$ 進法で表して k 桁になるとする．

$$n^{k-1}\leqq10^5<n^k$$
$$(n+1)^{k-1}\leqq10^5<(n+1)^k$$

各辺の $\log_{10}$ をとり，それぞれ $\log_{10}n$, $\log_{10}(n+1)$ で割ると

$$k-1\leqq\frac{5}{\log_{10}n}<k$$
$$k-1\leqq\frac{5}{\log_{10}(n+1)}<k$$

よって $k-1\leqq\dfrac{5}{\log_{10}(n+1)}<\dfrac{5}{\log_{10}n}<k$ ………①

となる．$f(n)=\dfrac{5}{\log_{10}n}$ とおく．

$$f(2)=\frac{5}{0.3010}=16.6\cdots$$
$$f(3)=\frac{5}{0.4771}=10.4\cdots$$
$$f(4)=\frac{5}{2\log_{10}2}=\frac{5}{0.6020}=8.3\cdots$$
$$f(5)=\frac{5}{0.6990}=7.1\cdots$$
$$f(6)=\frac{5}{\log_{10}2+\log_{10}3}=\frac{5}{0.7781}=6.4\cdots$$
$$f(7)=\frac{5}{0.8451}=5.9\cdots$$
$$f(8)=\frac{5}{3\log_{10}2}=\frac{5}{0.9030}=5.5\cdots$$

① となる最小の n は **7** であり，$k=\mathbf{6}$ である．

注意 十進法で $10\leqq x<10^2$ となる整数 x は 2 桁である．k 桁になるのは $10^{k-1}\leqq x<10^k$ となるものである．n 進法で k 桁の場合は，$n^{k-1}\leqq x<n^k$

《桁数と最高位の数（B5）☆》

530. 3^{24} は □ 桁（けた）の整数である．また，3^{24} の最高位の数字は □ である．必要ならば，
$0.301<\log_{10}2<0.302$，$0.477<\log_{10}3<0.478$ を用いよ．

（23　福岡大）

▶解答◀ $\log_{10}3^{24}=24\log_{10}3$ で，
$0.477<\log_{10}3<0.478$ より

$$11.448<24\log_{10}3<11.472$$
$$10^{11.448}<3^{24}<10^{11.472}$$
$$10^{0.448}\cdot10^{11}<3^{24}<10^{0.472}\cdot10^{11}\ \cdots\cdots\cdots①$$

$0.301 < \log_{10} 2 < 0.302$, $0.477 < \log_{10} 3 < 0.478$ より

$$10^{0.301} < 2 < 10^{0.302} < 10^{0.448} < 10^{0.472} < 3 < 10^{0.478}$$

であるから $10^{0.448} = 2.\cdots$, $10^{0.472} = 2.\cdots$ という数である．①は

$$2.\cdots \cdot 10^{11} < 3^{24} < 2.\cdots \cdot 10^{11}$$

3^{24} は **12** 桁で，最高位の数は **2** である．

注意 対数を考えたジョン・ネイピアは小数表示をせず，そのために大変扱いにくいものであった．ヘンリー・ブリッグスは小数表示を提案し，現在のような小数表示の近似値でやることになり，対数が扱いやすいものとなった．京大が近似値でなく「不等式で与える」ことを始めた．対数の精神に反する．やめるべきである．しかも本問は空欄補充であるから $\log_{10} 2 = 0.3010$, $\log_{10} 3 = 0.4771$ でやれば答えが合い，意味がない．

$$\log_{10} 3^{24} = 24 \log_{10} 3 = 24 \cdot 0.4771 = 11.4504$$

$$3^{24} = 10^{11} \cdot 10^{0.4504} = 10^{11} \cdot 2.\cdots$$

《(B2)》

531. ある菌は，20 分ごとにその個数が 2 倍に増えるという．現在，存在するその菌の 1 時間後の個数は，現在の個数の□倍なので，現在の個数の 100 億倍を初めて超えるのは，□時間後である．ただし，$\log_{10} 2 = 0.3010$ とし，答えは整数で求めるものとする． (23 三重県立看護大・前期)

▶解答◀ 20 分ごとに 2 倍に増えるから，1 時間後には現在の $2^3 = \mathbf{8}$ 倍に増える．

t 時間後に，現在の個数の 100 億倍を初めて超えるとき

$$8^t > 10^{10} \qquad \therefore \quad 2^{3t} > 10^{10}$$

両辺の常用対数をとって，$3t \log_{10} 2 > 10$

$$t > \frac{10}{3 \log_{10} 2} = \frac{10}{3 \cdot 0.3010} = 11.074 \cdots$$

t は整数であるから，**12** 時間後である．

《(B5)》

532. 図のようにハーフミラー（半透明鏡）とミラー（鏡）を上下に配置する．側面からの入射光 A は底面のミラーで 100% 反射され，その反射光は上面のハーフミラーに入射する．ハーフミラーでは，入射光強度の 15% が透過し，4% が吸収され，81% が反射される．このような，入射光の反射，透過，吸収が繰り返されるとき，□に当てはまる値を求めよ．

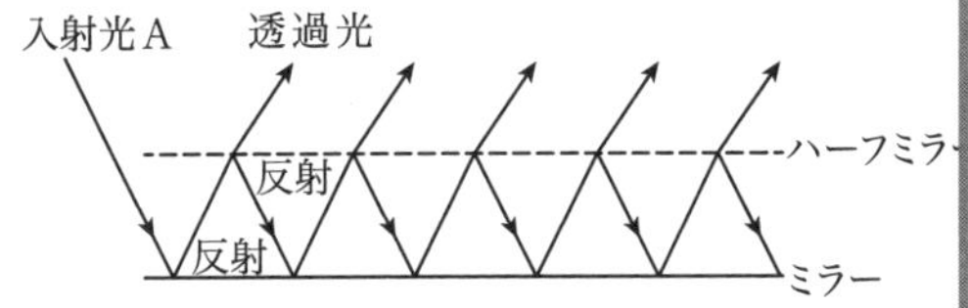

（1） 入射光 A の強度を 1 とするとき，上面のハーフミラーで最初に反射された光の強度は 0.□になる．

（2） 入射光 A が底面のミラー，上面のハーフミラー，底面のミラーで反射して，再び上面のハーフミラーに入射する場合，ハーフミラーを透過する光の強度は 0.□になる．

（3） ハーフミラーの透過光強度が入射光 A の 1/10000 未満まで減衰するのは，□回目のハーフミラー透過時である．ここで，$\log_{10} 2 = 0.3010$, $\log_{10} 3 = 0.4771$ とする． (23 共立女子大)

▶解答◀ （1） 図を見よ．**0.81**

（2） $0.81 \cdot 0.15 = \mathbf{0.1215}$

（3） 条件を満たすのが，n 回目 $(n \geqq 2)$ のハーフミラー透過時とすると，

$$(0.81)^{n-1} \cdot 0.15 < \frac{1}{10000}$$

$$(0.81)^{n-1} < \frac{1}{1500}$$

両辺の常用対数をとると

$$\log_{10} (0.81)^{n-1} < \log_{10} \frac{1}{1500}$$

$$(n-1) \log_{10}(3^4 \cdot 10^{-2}) < -\log_{10}(3 \cdot 5 \cdot 10^2)$$

$$(n-1)(4 \log_{10} 3 - 2) < -\log_{10} 3 - \log_{10} 5 - 2$$

$$(n-1)(2 - 4 \log_{10} 3) > \log_{10} 3 - \log_{10} 2 + 3$$

$$0.0916(n-1) > 3.1761$$

$$n - 1 > \frac{3.1761}{0.0916} = 34.67\cdots$$

よって，**36** 回目

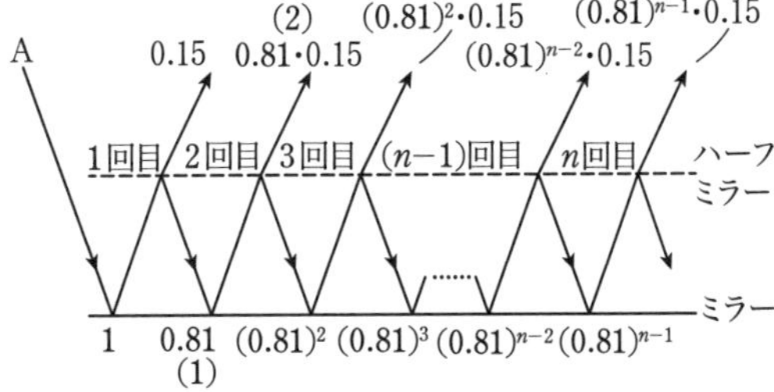

《最高位とその次 (B10)》

533. $\log_{10} 2 = 0.3010$, $\log_{10} 3 = 0.4771$ とする．

（１） $\log_{10}4 = 0.$□，$\log_{10}5 = 0.$□ である．

（２） $\left(\frac{1}{3}\right)^n < \left(\frac{1}{5}\right)^{10}$ を満たす正の整数 n のうち，最も小さいものは□である．

（３） 20^{31} は□桁の整数である．20^{31} の末尾には 0 が連続して□個並ぶ．

（４） 20^{31} の最も大きな位の数は□であり，その次に大きな位の数は□である．ただし，必要なら

$\log_{10}2.1 = 0.3222$, $\log_{10}2.2 = 0.3424$ を用いてよい． （23　昭和女子大・B 日程）

▶解答◀ （１） $\log_{10}4 = 2\log_{10}2$

$= 2\cdot 0.3010 = \mathbf{0.6020}$

$\log_{10}5 = 1 - \log_{10}2$

$= 1 - 0.3010 = \mathbf{0.6990}$

（２） $\left(\frac{1}{3}\right)^n < \left(\frac{1}{5}\right)^{10}$

$\log_{10}\left(\frac{1}{3}\right)^n < \log_{10}\left(\frac{1}{5}\right)^{10}$

$-n\log_{10}3 < -10\log_{10}5$

（１）より

$-0.4771\cdot n < -10\cdot 0.6990$

$n > \frac{69900}{4771} = 14.6\cdots$

最小の整数 n は **15**

（３） $\log_{10}20^{31} = 31\cdot(\log_{10}2 + 1)$

$= 31\cdot 1.3010 = 40.331$

$20^{31} = 10^{40.331} = 10^{0.331}\cdot 10^{40}$ ……………………①

$10^{40} < 20^{31} < 10^{41}$ より **41** 桁の整数である．

$20^{31} = 2^{31}\cdot 10^{31}$ であり末尾には 0 が連続して **31** 個並ぶ．

（４） $\log_{10}2.1 = 0.3222$ より $2.1 = 10^{0.3222}$

$\log_{10}2.2 = 0.3424$ より $2.2 = 10^{0.3424}$

① より，$2.1\cdot 10^{40} < 20^{31} < 2.2\cdot 10^{40}$

したがって，最も大きな位の数は **2** であり，その次に大きな位の数は **1** である．

【指数・対数方程式】

《置き換える (B5) ☆》

534. 方程式 $27^x + 75^x = 2\cdot 125^x$ を解け．

（23　広島修道大）

▶解答◀ $3^x = a$, $5^x = b$ とおくと $a^3 + ab^2 = 2b^3$ となる．これは 3 次の同次式といい，比を変数にとりなおす．両辺を b^3 で割ると $\left(\frac{a}{b}\right)^3 + \frac{a}{b} - 2 = 0$ となり，$\frac{a}{b} = t$ とおくと，$t > 0$ で $t^3 + t - 2 = 0$ となる．$(t-1)(t^2+t+2) = 0$ となり，$t = 1$ となる．

よって $\left(\frac{3}{5}\right)^x = 1$ となり，$x = \mathbf{0}$

《相反方程式的 (B10)》

535. 方程式

$8\cdot 16^x - 18\cdot 8^x - 61\cdot 4^x + 18\cdot 2^x + 8 = 0$ ①

について，次の問いに答えよ．

（１） $2^x = y$ とおいて，① を y に関する方程式に書きかえよ．

（２） 方程式 ① を解け． （23　東北学院大・文系）

考え方 高次方程式を解くには因数定理を用いるのが定番であるが，係数の対称性あるいは交代性（対応する項の符号が変わっていること）に注目すると見通しがよい．

▶解答◀ （１） $\boldsymbol{8y^4 - 18y^3 - 61y^2 + 18y + 8 = 0}$

（２） $y^2 \neq 0$ で（１）の方程式の両辺を割って

$8y^2 - 18y - 61 + \frac{18}{y} + \frac{8}{y^2} = 0$

$8\left(y - \frac{1}{y}\right)^2 - 18\left(y - \frac{1}{y}\right) - 45 = 0$

$X = y - \frac{1}{y}$ とおくと

$8X^2 - 18X - 45 = 0$

$(2X+3)(4X-15) = 0$

$X = -\frac{3}{2}, \frac{15}{4}$

$y - \frac{1}{y} = -\frac{3}{2}$ のとき

$2y^2 + 3y - 2 = 0$　　$\therefore$ $(2y-1)(y+2) = 0$

$y = \frac{1}{2}, -2$

$y - \frac{1}{y} = \frac{15}{4}$ のとき

$4y^2 - 15y - 4 = 0$　　$\therefore$ $(4y+1)(y-4) = 0$

$y = -\frac{1}{4}, 4$

$y > 0$ であるから $y = \frac{1}{2}, 4$

$2^x = \frac{1}{2}, 4$　　$\therefore$ $\boldsymbol{x = -1, 2}$

◆別解◆ （２） $y = -2$ を代入すると（１）の左辺は 0 になるから

$(y+2)(8y^3 - 34y^2 + 7y + 4) = 0$

$(y+2)(2y-1)(4y^2 - 15y - 4) = 0$

$(y+2)(2y-1)(4y+1)(y-4) = 0$

$y = -2, \frac{1}{2}, -\frac{1}{4}, 4$

$2^x = \frac{1}{2}, 4$　　$\therefore$ $\boldsymbol{x = -1, 2}$

《置き換える (B10)》

536. $y = 2(4^x + 4^{-x}) - 4(2^x + 2^{-x}) + 6$ において $t = 2^x + 2^{-x}$ とおくと

$$y = \square t^2 - \square t + \square$$

となるので，y の最小値は $\square$ であり，このときの x の値は $\square$ である．（23 東邦大・健康科学-看護）

▶解答◀ $t = 2^x + 2^{-x}$ とおくと $t^2 = 4^x + 4^{-x} + 2$ より

$$y = 2(t^2 - 2) - 4t + 6$$

$$\boldsymbol{y = 2t^2 - 4t + 2}$$

相加相乗平均の不等式を用いて

$$2^x + 2^{-x} \geqq 2\sqrt{2^x \cdot 2^{-x}} = 2$$

で，等号は $2^x = 2^{-x}$ より $x = 0$ のとき成り立つから $t \geqq 2$ である．$y = 2(t-1)^2$ より，$t = 2$，すなわち $x = \mathbf{0}$ のとき y は最小値 $\mathbf{2}$ をとる．

《置き換えて 2 次方程式 (B10) ☆》

537. 実数 a を定数とする．x の方程式

$$4^x - (a-6)2^{x+1} + 17 - a = 0 \quad \cdots\cdots①$$

がある．次の問いに答えよ．

（1） $a = 9$ のとき，方程式 ① の 2 つの解を求めよ．

（2）（i） 方程式 ① が $x = 0$ を解にもつとき，a の値を求めよ．

（ii） a を（i）で求めた値とするとき，他の解を求めよ．

（3） 方程式 ① が実数解をもたないとき，a の値の範囲を求めよ．

（4） 方程式 ① の異なる 2 つの解の和が 0 であるとき，a の値を求めよ．また，そのとき 2 つの解を求めよ．（23 立命館大・文系）

▶解答◀ x の方程式

$$4^x - (a-6)2^{x+1} + 17 - a = 0 \quad \cdots\cdots①$$

について，$X = 2^x$ とおくと $X > 0$ であり，

$$X^2 - 2(a-6)X + 17 - a = 0 \quad \cdots\cdots②$$

となる．

（1） ② に $a = 9$ を代入して $X^2 - 6X + 8 = 0$

$(X-2)(X-4) = 0$ となり，$X = 2, 4$

$x = \log_2 X = \mathbf{1, 2}$

（2）（i） ① に $x = 0$ を代入して

$$1 - 2(a-6) + 17 - a = 0$$

$$a = \mathbf{10}$$

（ii） このとき ② より $X^2 - 8X + 7 = 0$

$(X-1)(X-7) = 0$ となり，$X = 1, 7$

$x \neq 0$ のとき $X \neq 1$ であるから $X = 7$

$$x = \boldsymbol{\log_2 7}$$

（3） ② を解く．$X = a - 6 \pm \sqrt{a^2 - 11a + 19}$

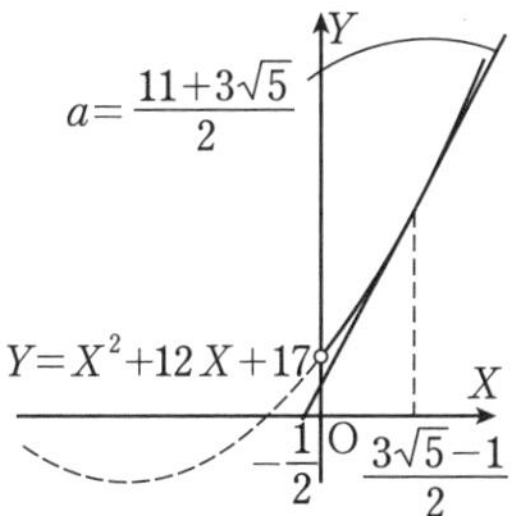

$a^2 - 11a + 19 = 0$ のとき $a = \dfrac{11 \pm 3\sqrt{5}}{2}$ で，大きい方の a について，$X = a - 6 = \dfrac{3\sqrt{5} - 1}{2} > 0$ となる．曲線 $Y = X^2 + 12X + 17$ と直線 $Y = a(2X + 1)$ の交点を考える．②，すなわち $X^2 + 12X + 17 = a(2X + 1)$ が $X > 0$ の解をもたない条件は $\boldsymbol{a < \dfrac{11 + 3\sqrt{5}}{2}}$

（4） ① の 2 解は $\beta, -\beta$ とおける．$2^\beta, 2^{-\beta}$ は ② の解であるから，解と係数の関係より

$$17 - a = 2^\beta \cdot 2^{-\beta}$$

が成り立つから

$$17 - a = 1 \qquad \therefore \quad a = \mathbf{16}$$

である．このとき

$$X^2 - 20X + 1 = 0$$

$$X = 10 \pm 3\sqrt{11}$$

よって，① の解は

$$\boldsymbol{x = \log_2(10 \pm 3\sqrt{11})}$$

である．

♦別解♦ （3） $f(X) = X^2 - 2(a-6)X + 17 - a$ とおく．判別式を D とする．方程式 ② が実数解をもたないのは次の 2 つの場合である．

（ア） $D < 0$ のとき．$a^2 - 11a + 19 < 0$ で，

$$\frac{11 - 3\sqrt{5}}{2} < a < \frac{11 + 3\sqrt{5}}{2}$$

（イ） $f(X) = 0$ が $X \leqq 0$ の 2 解をもつとき．

$D \geqq 0$，軸：$a - 6 \leqq 0$，$f(0) = 17 - a \geqq 0$

後の 2 つ $a \leqq 6$ かつ $a \leqq 17$ から $a \leqq 6$ となる．$D \geqq 0$ から $a \leqq \dfrac{11 - 3\sqrt{5}}{2} (= 2.1\cdots)$ または $a \geqq \dfrac{11 + 3\sqrt{5}}{2} (= 8.8\cdots)$ であるが，$a \leqq 6$ と合わせれば $a \leqq \dfrac{11 - 3\sqrt{5}}{2}$ となる．

以上をまとめて $\boldsymbol{a < \frac{11+3\sqrt{5}}{2}}$

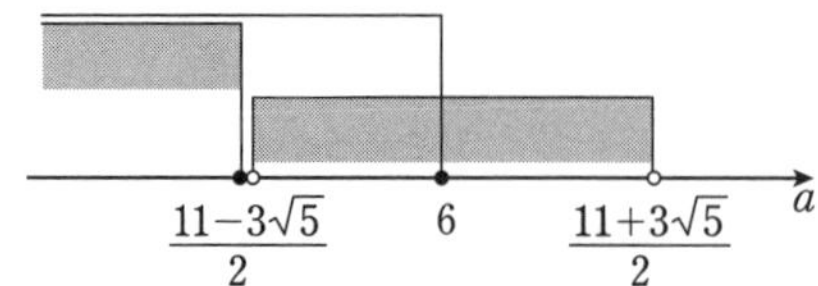

《置き換えて 2 次方程式 (B10)》

538. a を実数の定数とし，次の方程式$(*)$を考える．

$$4^x - a\cdot 2^{x+1} + 2(a+3)(a-4) = 0 \quad \cdots(*)$$

（1） 2 次方程式 $x^2 - 2ax + 2(a+3)(a-4) = 0$ が異なる 2 つの実数解をもつとき，a の値の範囲を求めなさい．

（2）$(*)$が異なる 2 つの実数解をもつとき，a の値の範囲を求めなさい．

（3） a が（2）で求めた範囲にある整数のとき，$(*)$の 2 つの実数解を求めなさい．

（23　北海道大・フロンティア入試（共通））

▶解答◀ （1）

$$x^2 - 2ax + 2(a+3)(a-4) = 0$$

の判別式を D とすると，これが異なる 2 つの実数解をもつ条件は $\frac{D}{4} > 0$ で

$$\frac{D}{4} = a^2 - 2(a+3)(a-4)$$

$$= -a^2 + 2a + 24 = -(a-6)(a+4) > 0$$

$(a-6)(a+4) < 0$ であり，$\boldsymbol{-4 < a < 6}$

（2） $X = 2^x$ とおく．$X > 0$ であり，$(*)$は

$$X^2 - 2aX + 2(a+3)(a-4) = 0$$

となる．$f(X) = X^2 - 2aX + 2(a+3)(a-4)$ とおくと，$Y = f(X)$ の軸は $X = a$ であるから，$f(X) = 0$ が $X > 0$ の 2 解をもつ条件は

$$D > 0,\ a > 0,\ f(0) > 0$$

である．$-4 < a < 6$ と $a > 0$ より $0 < a < 6$ であり，$f(0) = (a+3)(a-4) > 0$ も合わせると $\boldsymbol{4 < a < 6}$ である．

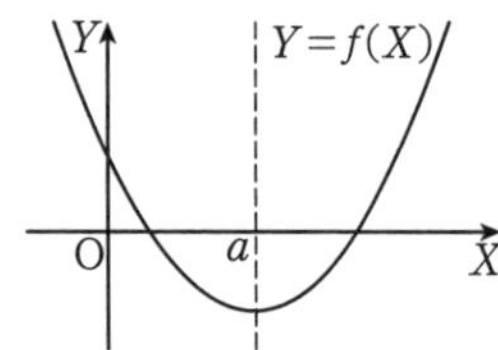

（3） $a = 5$ のとき，① は $X^2 - 10X + 16 = 0$ だから

$$(X-2)(X-8) = 0 \qquad \therefore\quad X = 2, 8$$

$$2^x = 2, 8 \qquad \therefore\quad x = \boldsymbol{1, 3}$$

《対数連立方程式 (B5) ☆》

539. 次の連立方程式を解け．ただし，x, y は正の実数であり，$x \neq 1, y \neq 1$ とする．

$$\begin{cases} 2\log_2 \frac{x}{4} + \log_3 3y = 2 \\ \log_x 8 + \log_y 9 = 3 \end{cases}$$

（23　福岡教育大・中等，初等）

▶解答◀ $2\log_2 \frac{x}{4} + \log_3 3y = 2$ より

$$2(\log_2 x - 2) + \log_3 y + 1 = 2$$

$$2\log_2 x + \log_3 y = 5$$

$$\log_2 x = X,\ \log_3 y = Y \quad \cdots\cdots①$$

とおくと

$$Y = 5 - 2X \quad \cdots\cdots②$$

$\log_x 8 + \log_y 9 = 3$ より

$$\frac{\log_2 2^3}{\log_2 x} + \frac{\log_3 3^2}{\log_3 y} = 3$$

$$\frac{3}{X} + \frac{2}{Y} = 3$$

$$3Y + 2X = 3XY \quad \cdots\cdots③$$

②，③ より

$$3(5-2X) + 2X = 3X(5-2X)$$

$$6X^2 - 19X + 15 = 0$$

$$(2X-3)(3X-5) = 0 \qquad \therefore\quad X = \frac{3}{2}, \frac{5}{3}$$

② より $X = \frac{3}{2}$ のとき $Y = 2$，$X = \frac{5}{3}$ のとき $Y = \frac{5}{3}$ であるから，① より

$$(x, y) = \boldsymbol{\left(2^{\frac{3}{2}}, 9\right), \left(2^{\frac{5}{3}}, 3^{\frac{5}{3}}\right)}$$

《対数方程式・底の変換あり (A2)》

540. 方程式

$$\log_2 x + \log_x 2 = \frac{5}{2}$$

をみたす x を求めなさい．（23　福島大・食農）

▶解答◀ 底および真数の条件から

$$x > 0 \text{ かつ } x \neq 1 \quad \cdots\cdots①$$

である．

$$\log_2 x + \log_x 2 = \frac{5}{2}$$

$$\log_2 x + \frac{1}{\log_2 x} = \frac{5}{2}$$

$$2(\log_2 x)^2 - 5\log_2 x + 2 = 0$$

$$(2\log_2 x - 1)(\log_2 x - 2) = 0$$

$$\log_2 x = \frac{1}{2}, 2 \qquad \therefore\quad x = \boldsymbol{\sqrt{2}, 4}$$

これは ① を満たす．

《対数方程式・文字定数分離（B10）》

541．関数

$f(x)=\log_2(x-1)+2\log_4(4-x)\ (1<x<4)$

について，次の問いに答えよ．

（1） $f(2)$ の値を求めよ．

（2） $f(x)$ の最大値を求めよ．

（3） $f(a)=\log_2(k-a)$ を満たす実数 a が $1<a<4$ の範囲に存在するとき，実数 k のとり得る値の範囲を求めよ．（23　和歌山大・共通）

▶解答◀（1）

$$f(2)=2\log_4 2=2\cdot\frac{1}{2}=\mathbf{1}$$

（2） $$f(x)=\log_2(x-1)+\frac{2\log_2(4-x)}{\log_2 4}$$
$$=\log_2(x-1)+\log_2(4-x)$$
$$=\log_2(x-1)(4-x)$$
$$=\log_2\left\{-\left(x-\frac{5}{2}\right)^2+\frac{9}{4}\right\}$$

$1<x<4$ より真数部分は $x=\frac{5}{2}$ で最大となるから，$f(x)$ の最大値は

$$f\left(\frac{5}{2}\right)=\log_2\frac{9}{4}=\mathbf{2\log_2 3-2}$$

（3） 真数条件より $k-a>0$ である．

$$f(a)=\log_2(k-a)$$
$$\log_2(-a^2+5a-4)=\log_2(k-a)$$
$$-a^2+5a-4=k-a$$

この等式が成り立つことは，左辺 >0 であるから $k-a>0$ も成り立つということである．

$$k=-a^2+6a-4$$

この方程式を満たす a が $1<a<4$ の範囲に存在するような実数 k の値の範囲を求める．

$$y=-a^2+6a-4$$
$$=-(a-3)^2+5\ (1<a<4)$$

のグラフは図のようになる．以上のことから $\mathbf{1<k\leqq 5}$

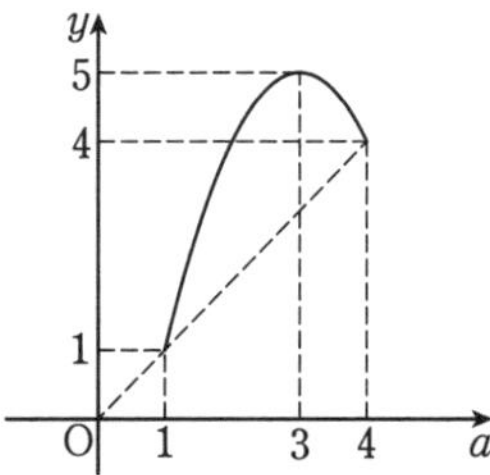

《対数方程式・底の変換なし（B2）》

542．等式

$$2\log_2|x-1|-\log_2|x+1|-3=0$$

を満たす実数 x をすべて求めよ．

（23　学習院大・経済）

▶解答◀ 真数条件より

$x\neq 1,\ x\neq -1$ ……………………………①

$$\log_2|x-1|^2=\log_2 8|x+1|$$
$$|x-1|^2=8|x+1|$$
$$(x-1)^2=8(x+1)$$

または $(x-1)^2=-8(x+1)$

$x^2-10x-7=0$ または $x^2+6x+9=0$

$$x=\mathbf{5\pm4\sqrt{2},\ -3}$$

これらはいずれも ① を満たす．

《指数不等式（B2）☆》

543．$2^{-x}=\frac{1}{16}$ を満たす実数 x の値は，$x=$ □ である．

また，$\left(\frac{1}{4}\right)^x-2^{-x}-2<0$ を満たす実数 x の値の範囲は $x>$ □ である．（23　大工大・推薦）

▶解答◀ $2^{-x}=2^{-4}$ のとき，$x=\mathbf{4}$

$(2^{-x})^2-2^{-x}-2<0$ のとき，

$$(2^{-x}+1)(2^{-x}-2)<0$$

$2^{-x}>0$ であるから $0<2^{-x}<2$

$$x>\mathbf{-1}$$

《指数不等式（A3）》

544．不等式

$$2^{3-2x}-3\cdot2^{1-x}+1>0$$

をみたす x の範囲を求めなさい．

（23　福島大・共生システム理工）

▶解答◀ $8(2^{-x})^2-6(2^{-x})+1>0$

両辺に $(2^x)^2$ をかけて $8-6\cdot2^x+(2^x)^2>0$

$$(2^x-2)(2^x-4)>0$$

$\mathbf{x<1,\ x>2}$ となる．

注意 考え方は次のようにする．2^x-2 は $x=1$ の前後で符号を変え，2^x-4 は $x=2$ の前後で符号を変える．$x>2$ のときはともに正で適する．後は，境界（$x=2$ や $x=1$）を飛び越える度に適と不適を交代する．こうすれば，因子分解されている形であれば，$(x-1)\{\log_{10}(x+2)\}>0$ のような式でも同じことだ．考えるのは1個1個の因子の境界と符号だからである．

《やや複雑な不等式 (B10)》

545. 次の問いに答えよ.

(1) すべての実数 x に対して, $x^2+x+1>0$ が成り立つことを示せ.

(2) 不等式 $\log_{x^2+x+1}|3x^2+3x| \leqq 1$ を解け.

(23 東北学院大・文系)

▶解答◀ (1) $x^2+x+1=\left(x+\frac{1}{2}\right)^2+\frac{3}{4}>0$

(2) $\log_{x^2+x+1}|3(x^2+x)| \leqq 1$

(ア) $x^2+x+1>1$ のとき $|3(x^2+x)| \leqq x^2+x+1$

$x(x+1)>0$ かつ $0<3x^2+3x \leqq x^2+x+1$

$x(x+1)>0$, $2x^2+2x-1 \leqq 0$

「$x<-1$, $0<x$」かつ $\frac{-1-\sqrt{3}}{2} \leqq x \leqq \frac{-1+\sqrt{3}}{2}$

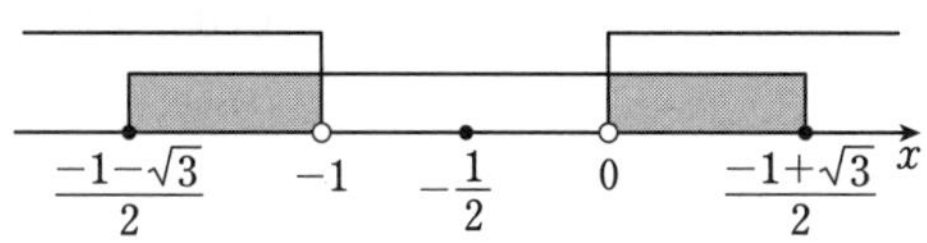

(イ) $0<x^2+x+1<1$ のとき.

$|3(x^2+x)| \geqq x^2+x+1$

$x(x+1)<0$ だから $-3(x^2+x) \geqq x^2+x+1$

$x(x+1)<0$ かつ $(2x+1)^2 \leqq 0$ となり $x=-\frac{1}{2}$ である.

求める解は

$$\frac{-1-\sqrt{3}}{2} \leqq x < -1,\ x=-\frac{1}{2},\ 0<x \leqq \frac{-1+\sqrt{3}}{2}$$

◆別解◆ (2) (ア) $x^2+x+1>1$ のとき

$|3(x^2+x)| \leqq x^2+x+1$

(イ) $0<x^2+x+1<1$ のとき

$|3(x^2+x)| \geqq x^2+x+1$

ここで, $C_1: y=|3(x^2+x)|$, $C_2: y=x^2+x+1$ とおく. $x^2+x+1=1$ を解くと $x=-1, 0$

$3x^2+3x=x^2+x+1$ を解く. $2x^2+2x-1=0$ で, $x=\frac{-1\pm\sqrt{3}}{2}$

$3x^2+3x=-x^2-x-1$ を解く. $4x^2+4x+1=0$ で, $x=-\frac{1}{2}$ の重解である.

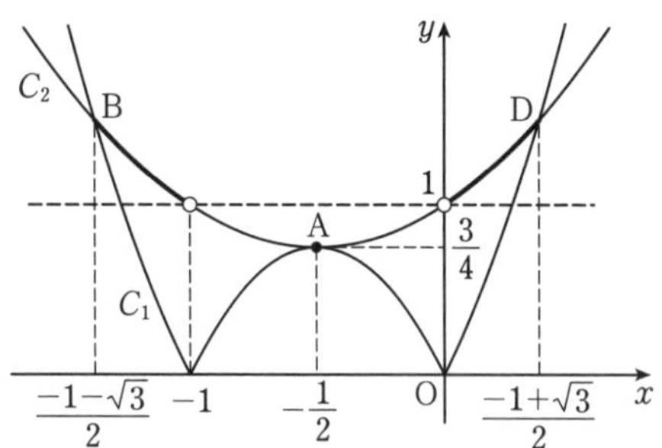

(ア) C_2 が $y=1$ より上方にあるとき. C_2 が C_1 と重なるか, それより上方に出る部分である (図の太線部分).

(イ) C_2 が $y=1$ より下方にあるとき. C_2 が C_1 と重なるか, それより下方に出る部分である. それは図の点 A だけである. 求める解は

$$\frac{-1-\sqrt{3}}{2} \leqq x < -1,\ x=-\frac{1}{2},\ 0<x \leqq \frac{-1+\sqrt{3}}{2}$$

《底の変換あり (B20)》

546. n, x を 2 以上の整数とする. 各 n に対して,

$$-1 \leqq \log_n x - 6\log_x n \leqq 1 \quad \cdots\cdots\cdots\cdots (*)$$

をみたす x の個数 S_n を考える. 以下の問に答えよ.

(1) $\log_2 k - 6\log_k 2 = -1$ をみたす 2 以上の整数 k を求めよ.

(2) $n=2$ のとき $(*)$ をみたし, かつ $\log_2 x$ が整数となる x をすべて求めよ.

(3) S_n を n を用いて表せ.

(4) $10 \leqq S_n \leqq 100$ となる n をすべて求めよ.

(23 岐阜大・医-看, 応用生物, 教, 地域)

▶解答◀ (1) $\log_2 k - 6\log_k 2 = -1$

$\log_2 k - 6\cdot\frac{\log_2 2}{\log_2 k} = -1$

$(\log_2 k)^2 + \log_2 k - 6 = 0$

$(\log_2 k - 2)(\log_2 k + 3) = 0$

$\log_2 k = 2, -3 \qquad \therefore \quad k = 4, \frac{1}{8}$

k は 2 以上の整数より, $\boldsymbol{k=4}$

(2) $(*)$ より, $-1 \leqq \log_n x - 6\cdot\frac{\log_n n}{\log_n x} \leqq 1$

$t=\log_n x$ とおく.

$-1 \leqq t - \frac{6}{t} \leqq 1$

n, x は 2 以上より, $t>0$ であるから

$-t \leqq t^2-6 \leqq t \quad \cdots\cdots\cdots$ ①

① の左の不等式より

$t^2+t-6 \geqq 0$

$(t-2)(t+3) \geqq 0 \qquad \therefore \quad t \geqq 2, t \leqq -3$

① の右の不等式より

$t^2-t-6 \leqq 0$

$(t-3)(t+2) \leqq 0 \qquad \therefore \quad -2 \leqq t \leqq 3$

よって, $(*)$ は

$2 \leqq t \leqq 3$

$2 \leqq \log_n x \leqq 3$

となる．$n=2$ のとき，$(*)$は

$$2 \leqq \log_2 x \leqq 3$$

で $\log_2 x$ が整数のとき

$$\log_2 x = 2, 3 \qquad \therefore \quad x = \mathbf{4, 8}$$

（**3**）（＊）より，$\log_n n^2 \leqq \log_n x \leqq \log_n n^3$

$$n^2 \leqq x \leqq n^3$$

となるから，$S_n = \boldsymbol{n^3 - n^2 + 1}$

（**4**）$S_{n+1} - S_n$

$$= (n+1)^3 - (n+1)^2 + 1 - (n^3 - n^2 + 1)$$

$$= 3n^2 + 3n + 1 - 2n - 1$$

$$= 3n^2 + n > 0$$

だから，$S_{n+1} > S_n$，すなわち S_n は単調に増加する．

$$S_2 = 5, S_3 = 19, S_4 = 49, S_5 = 101$$

であるから，求める n は $n = \mathbf{3, 4}$

《領域の図示 (B10) ☆》

547. x, y は正の実数で，$x \neq 1$，$y \neq 1$ とする．このとき，次の問いに答えよ．

（1）$\log_x y > 0$ であるための，x と y に関する必要十分条件を求めよ．

（2）次の不等式の表す領域を xy 平面上に図示せよ．

$$\log_x y - 2\log_y x > 1$$

（23　高知大・教育）

▶解答◀（1）$\dfrac{\log_{10} y}{\log_{10} x} > 0$

$\log_{10} x$ と $\log_{10} y$ が同符号であるから

「$0 < x < 1$ かつ $0 < y < 1$」または「$1 < x$ かつ $1 < y$」

（**2**）$x > 0, y > 0, x \neq 1, y \neq 1$ である．

$X = \log_{10} x, Y = \log_{10} y$ とおく．底を 10 にし

$\dfrac{Y}{X} - 2 \cdot \dfrac{X}{Y} - 1 > 0$ となる．$\dfrac{Y^2 - XY - 2X^2}{XY} > 0$

$$\frac{(Y-2X)(Y+X)}{XY} > 0$$

$$\frac{(\log_{10} y - \log_{10} x^2)(\log_{10} xy)}{(\log_{10} x)(\log_{10} y)} > 0 \quad \cdots\cdots\cdots\cdots ①$$

各括弧が 0 になるのは $y = x^2, xy = 1, x = 1, y = 1$ である．不等式の表す領域は図の境界を除く網目部分である．曲線 $xy = 1$ は反比例のグラフで，中学の範囲である．

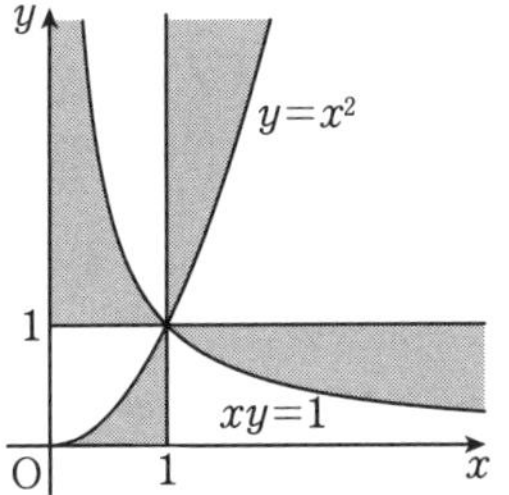

注意【正領域・負領域】

例えば $(10, 10)$ を ① の左辺に代入すると $\dfrac{-1 \cdot 2}{1 \cdot 1} < 0$ であるから ① を満たさない．点 $(10, 10)$ は右上の方にあり，ここは不適な部分である．ここから上図の，$y = x^2$ と書いたあたりで，境界を飛び越える．すると，$\log_{10} y - \log_{10} x^2$ の符号が変わるから，適する領域になる．このように境界を線で飛び越える度に適・不適を交代する．

この方式は，ほとんど不等式を扱っていない．勿論，答案には不等号は書いてあるが，不等式を解いているわけではない．唯一，$(10, 10)$ を代入して，適か不適かを判断するところで不等式が登場する．そして，この「どのように符号を調べるか？」を答案に書く必要はない．息を吸うように，当たり前な方法である．

◆別解◆（**2**）次の解法は，昔から多くの人が行うものである．これは，途中まではよいのだが，不等式を解く段階，あるいは，図示の段階で止まる人が大変多い．某年，某大学では正答率は 3 割もいかなかったらしい．

$\log_x y = t$ とおく．$\log_y x = \dfrac{\log_x x}{\log_x y} = \dfrac{1}{\log_x y}$ であるから，不等式は $t - \dfrac{2}{t} - 1 > 0$ となり，$\dfrac{t^2 - t - 2}{t} > 0$ となる．

$$\frac{(t+1)(t-2)}{t} > 0 \quad \cdots\cdots\cdots\cdots\cdots\cdots\cdots\cdots\cdots\cdots\cdots ②$$

$t > 2$ または $-1 < t < 0$

$\log_x y > 2$ または $-1 < \log_x y < 0$

$x > 1$ のとき $y > x^2$ または $x^{-1} < y < 1$

$0 < x < 1$ のとき $0 < y < x^2$ または $x^{-1} > y > 1$

図示は解答と同じである．

なお，② の解法は次のようにする．$t-2, t+1, t$ の符号が問題である．$t = 2, t = 0, t = -1$ を境界として，数直線を 4 つに区切る．$t > 2$ のとき $t-2, t+1, t$ はすべて正であるから，② は成り立つ．後は境界を飛び越える度に適・不適を交代する．簡単でしょ？

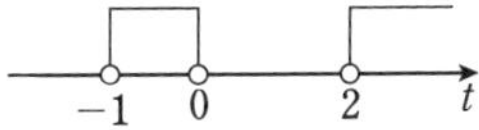

「分母・分子に t^2 を掛けろ」と教える人がいるが，余

計なことである．t の符号を考えるだけだから，分子にいても分母にいても，関係ない．さらに，数学 III では，② を解くとき，曲線 $Y=\dfrac{(t+1)(t-2)}{t}$ を描けと教える人がいるが，さらに余計である．不等式を解くことと，曲線を描くことは，後者の方がはるかにハードルが高い．また，$(x-1)(x-2)>0$ を解くときに曲線 $y=(x-1)(x-2)$ を描く人に問いたい．1 変数の不等式を解くときに 2 次元の曲線を描くなら，$\dfrac{(\log_{10}y-\log_{10}x^2)(\log_{10}xy)}{(\log_{10}x)(\log_{10}y)}>0$ を解くときには 3 次元の曲面 $z=\dfrac{(\log_{10}y-\log_{10}x^2)(\log_{10}xy)}{(\log_{10}x)(\log_{10}y)}$ を描くのが筋ではないのか？

《底を変換せよ (A5) ☆》

548. 不等式

$$\log_{\frac{1}{2}}x^2<\left(\log_{\frac{1}{2}}x\right)^2$$

を解くと □，□ である．

(23　北九州市立大・前期)

考え方　「底が $\dfrac{1}{2}$ のままだと考えにくいでしょ」という出題者の声が聞こえるだろうか？底を 1 より大きくする．

▶解答◀　真数条件より，$x^2>0,\ x>0$ …………①

$$\frac{\log_2 x^2}{\log_2\frac{1}{2}}<\left(\frac{\log_2 x}{\log_2\frac{1}{2}}\right)^2$$

$$-2\log_2 x<(\log_2 x)^2$$

$$(\log_2 x)(\log_2 x+2)>0$$

$$\log_2 x<-2,\ \log_2 x>0$$

① と合わせて，$0<x<2^{-2},\ x>1$

$$\boldsymbol{0<x<\frac{1}{4},\ 1<x}$$

《底が文字 (B10) ☆》

549. a を定数とするとき，不等式

$$\log_a 5x-\log_a(4-x)\geqq\log_a(x+1)$$

を解け．　(23　長崎大・教 A，経，環境，水産)

▶解答◀　真数条件 $x>0,\ 4-x>0,\ x+1>0$ より，$0<x<4$ ……………………………………①

$$\log_a 5x\geqq\log_a(x+1)+\log_a(4-x)$$

$$\log_a 5x\geqq\log_a(x+1)(4-x)$$

（ア）　$a>1$ のとき．

$$5x\geqq(4-x)(x+1)\ \cdots\cdots\cdots\cdots ②$$

$$x^2+2x-4\geqq0$$

$x>0$ であるから $-1+\sqrt{5}\leqq x$ ………………………③

① の $x<4$ と合わせて，$-1+\sqrt{5}\leqq x<4$ である．

（イ）　$0<a<1$ のとき．

②，③ の不等号が逆向きになるから $0<x\leqq-1+\sqrt{5}$ である．勿論，このとき $x<4$ は成り立つ．

$a>1$ のとき，$-1+\sqrt{5}\leqq x<4$，
$0<a<1$ のとき，$0<x\leqq-1+\sqrt{5}$

《指数不等式と対数不等式 (B5)》

550. (ｉ)，(ii) に答えなさい．

（1）　$2^x+2^{-x}\leqq\dfrac{5}{2}$ を満たす x の値の範囲を求めなさい．

（2）　(ｉ) のとき，$x^2-x+\log_{16}y=0$ を満たす y の取る値の範囲を求めなさい．

(23　長崎県立大・前期)

▶解答◀　（1）　$2^x=t$ とおく．

$$t+\frac{1}{t}\leqq\frac{5}{2}$$

$$2t^2-5t+2\leqq0$$

$$(2t-1)(t-2)\leqq0$$

$$\frac{1}{2}\leqq t\leqq2$$

$$\boldsymbol{-1\leqq x\leqq1}$$

（2）　$\log_{16}y=-x^2+x$

$f(x)=-x^2+x$ とおく．

$$f(x)=-\left(x-\frac{1}{2}\right)^2+\frac{1}{4}$$

であるから，$-1\leqq x\leqq1$ における最小値は $f(-1)=-2$，最大値は $f\left(\dfrac{1}{2}\right)=\dfrac{1}{4}$ である．

$$-2\leqq\log_{16}y\leqq\frac{1}{4}$$

$$16^{-2}\leqq y\leqq16^{\frac{1}{4}}$$

$$\boldsymbol{\frac{1}{256}\leqq y\leqq2}$$

《2 乗は絶対値で (B10)》

551. 不等式

$$\log_9 2x+\log_3(x^2+3x-4)^2\leqq5\log_9 x+\log_3\sqrt{2}$$

を満たす実数 x の値の範囲を求めよ．

(23　東北大・文系-後期)

考え方　$\log_a x^2=2\log_a|x|$ とする．

▶解答◀　真数条件より

$$2x>0,\ (x^2+3x-4)^2>0,\ x>0$$

$x>0$ かつ $(x+4)(x-1)\neq0$ となり，$x>0$ かつ $x\neq1$ である．

$$\frac{\log_3(2x)}{\log_3 9}+\log_3(x^2+3x-4)^2$$

$$\leqq \frac{5\log_3 x}{\log_3 9} + \log_3 \sqrt{2}$$

$$\frac{1}{2}(\log_3 2 + \log_3 x) + 2\log_3 |x^2 + 3x - 4|$$

$$\leqq \frac{5}{2}\log_3 x + \frac{1}{2}\log_3 2$$

$$\log_3 |x^2 + 3x - 4| \leqq \log_3 x$$

$$|x^2 + 3x - 4| \leqq x$$

$-x \leqq x^2 + 3x - 4 \leqq x$ であり，$x^2 + 2x - 4 \leqq 0$ かつ $x^2 + 4x - 4 \geqq 0$ である．$x > 0$ であるから

$-2 + 2\sqrt{2} \leqq x \leqq -1 + \sqrt{5}$ かつ $x \neq 1$

$$\boldsymbol{-2 + 2\sqrt{2} \leqq x < 1,\ 1 < x \leqq -1 + \sqrt{5}}$$

《不等式を解くときに (B5) ☆》

552. 関数 $f(x) = 25^x - 6 \cdot 5^x - 7$ について，$f(x) \leqq 0$ を満たす x の値の範囲を求めよ．また，$(x-2)f(x) \leqq 0$ を満たす x の値の範囲を求めよ．（23 中京大）

▶解答◀ $f(x) = (5^x - 7)(5^x + 1)$ となる．$5^x + 1 > 0$ であるから $f(x) \leqq 0$ の解は $5^x \leqq 7$ となるもので，$\boldsymbol{x \leqq \log_5 7}$ なお，$5^2 = 25 > 7$ であるから $\log_5 7 < 2$ である．

$(x-2)f(x) = (x-2)(5^x - 7)(5^x + 1) \leqq 0$

の解は 2 解の間（境界を含む）で $\boldsymbol{\log_5 7 \leqq x \leqq 2}$

なお $5^2 = 25 > 7$ であるから $\log_5 7 < 2$ である．

注意【本当にグラフを描くのか？】

不等式 $f(x) \leqq 0$ を解くときに曲線 $y = f(x)$ を描けと教える人達がいる．出題者は「それが本当なら曲線 $y = (x-2)(5^x - 7)(5^x + 1)$ を描くのか？」というプロセス（問題提起）をしている．違うだろう？ $x - 2$ の符号，$5^x - 7$ の符号が問題である．だから，数直線を，境界値 $x = \log_5 7$, $x = 2$ で区切って，3 つの区間に分け，$x > 2$ のときは $x - 2 > 0$, $5^x - 7 > 0$ で $(x-2)(5^x - 7)(5^x + 1) > 0$ になって不適である．$\log_5 7 < x < 2$ のときは，$x - 2$ の符号だけが変わるから $(x-2)(5^x - 7)(5^x + 1) < 0$ になって適す．$x < \log_5 7$ のときは $5^x - 7$ の符号も変わるから不適になる．このように，境界（$x = \log_5 7$, $x = 2$ のこと）を越える度に適と不適を交代する．不等式を解くのにグラフなど不要である．

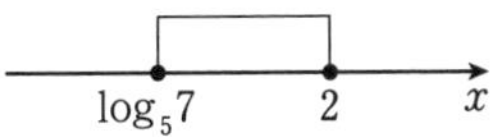

《底の変換あり (A10)》

553. 次の問いに答えよ．

（1） $\log_2 x = \log_4(x+2)$ をみたす x を求めよ．

（2） $2(\log_5 x)^2 - 2\log_{25} x - 1 < 0$ をみたす x の範囲を求めよ．（23 岐阜聖徳学園大）

▶解答◀（1） 真数条件より，$x > 0$, $x + 2 > 0$ であり，$x > 0$ ……………①

$$\log_2 x = \log_4(x+2)$$

$$\log_2 x = \frac{1}{2}\log_2(x+2)$$

$$\log_2 x^2 = \log_2(x+2)$$

$$x^2 = x + 2$$

$$(x-2)(x+1) = 0$$

① を満たすのは $x = \boldsymbol{2}$

（2） $2(\log_5 x)^2 - 2\log_{25} x - 1 < 0$

$$2(\log_5 x)^2 - 2 \cdot \frac{1}{2}\log_5 x - 1 < 0$$

$$(2\log_5 x + 1)(\log_5 x - 1) < 0$$

$$-\frac{1}{2} < \log_5 x < 1$$

$$\log_5 5^{-\frac{1}{2}} < \log_5 x < \log_5 5$$

$$\boldsymbol{\frac{1}{\sqrt{5}} < x < 5}$$

《方程式と不等式 (B3)》

554. 関数

$$f(x) = 2\log_{\frac{1}{2}}\left(\frac{1}{2} - x\right) - \log_{\frac{1}{2}}(2 - x)$$

を考える．

（1） $f(x) = 0$ を満たす実数 x を求めよ．

（2） 不等式 $f(x) > 1$ を満たす実数 x の範囲を求めよ．（23 学習院大・法）

▶解答◀（1） 真数条件より $\frac{1}{2} - x > 0$ かつ $2 - x > 0$ から，$x < \frac{1}{2}$ である．

$$f(x) = 0$$

$$\log_{\frac{1}{2}}\left(\frac{1}{2} - x\right)^2 = \log_{\frac{1}{2}}(2 - x)$$

$$\left(\frac{1}{2} - x\right)^2 = 2 - x$$

$$\frac{1}{4} - x + x^2 = 2 - x$$

$$x^2 = \frac{7}{4} \qquad \therefore \quad x = \boldsymbol{-\frac{\sqrt{7}}{2}}$$

（2） $f(x) > 1$

$$\log_{\frac{1}{2}}\left(\frac{1}{2} - x\right)^2 - \log_{\frac{1}{2}}(2 - x) > \log_{\frac{1}{2}}\frac{1}{2}$$

$$\log_{\frac{1}{2}}\left(\frac{1}{2} - x\right)^2 > \log_{\frac{1}{2}}(2 - x) \cdot \frac{1}{2}$$

底 $\frac{1}{2}$ は1より小さいから

$$\left(\frac{1}{2}-x\right)^2<(2-x)\cdot\frac{1}{2}$$

$$\frac{1}{4}-x+x^2<1-\frac{1}{2}x$$

$$4x^2-2x-3<0$$

$$\frac{1-\sqrt{13}}{4}<x<\frac{1+\sqrt{13}}{4}$$

真数条件 $x<\frac{1}{2}$ とあわせて

$$\boldsymbol{\frac{1-\sqrt{13}}{4}<x<\frac{1}{2}}$$

【関数の極限 (数 II)】

【微分係数と導関数】

《次数から決める (B5) ☆》

555. 整式 $f(x)$ が，すべての実数 x に対して

$$(f'(x)-5)f'(x)=3f(x)+x^2-7x-12$$

を満たすものとする．$f(x)$ の次数を n とするとき，n は3以上にならないことを示し，$f(x)$ を求めよ．ただし，$f(x)$ の係数はすべて整数とする．

(23 長崎大・教 A，経，環境，水産)

▶解答◀ $n\geqq 3$ と仮定する．$f'(x)$ は $n-1$ 次式であるから，左辺は $2(n-1)$ 次，右辺は n 次である．

$$2(n-1)=n \qquad \therefore\ n=2$$

となって矛盾するから $n\leqq 2$ である．

$f(x)=ax^2+bx+c$ とおく．

$$f'(x)=2ax+b$$

$$(2ax+b-5)(2ax+b)$$
$$=3(ax^2+bx+c)+x^2-7x-12$$

$$4a^2x+2a(2b-5)x+b(b-5)$$
$$=(3a+1)x^2+(3b-7)x+3c-12$$

係数を比較して

$4a^2=3a+1$ ……①

$2a(2b-5)=3b-7$ ……②

$b(b-5)=3c-12$ ……③

①より

$$4a^2-3a-1=0 \qquad \therefore\ (4a+1)(a-1)=0$$

a は整数であるから $a=1$ である．②に代入して

$$2(2b-5)=3b-7 \qquad \therefore\ b=3$$

③に代入して，$-6=3c-12$　　$\therefore\ c=2$

$\boldsymbol{f(x)=x^2+3x+2}$ である．

《多項式の割り算と微分法 (B2)》

556. a, b を実数とする．整式

$P(x)=x^4-2x^3+ax^2+bx-3$

が $(x-1)^2$ で割り切れるとき，$a=$ □，$b=$ □ である．

(23 玉川大・全)

▶解答◀ $P'(x)=4x^3-6x^2+2ax+b$

$P(x)$ が $(x-1)^2$ で割り切れるための必要十分条件は

$$P(1)=0 \text{ かつ } P'(1)=0$$

$$a+b-4=0 \text{ かつ } 2a+b-2=0$$

これを解いて $\boldsymbol{a=-2}$，$\boldsymbol{b=6}$

◆別解◆ $x-1=t$ とおく．$x=t+1$

$$P(x)=(t+1)^4-2(t+1)^3+a(t+1)^2$$
$$+b(t+1)-3$$
$$=t^4+4t^3+6t^2+4t+1$$
$$-2(t^3+3t^2+3t+1)+a(t^2+2t+1)$$
$$+bt+b-3$$
$$=a+b-4+(2a+b-2)t+t^2(\cdots)$$
$$=a+b-4+(2a+b-2)(x-1)$$
$$+(x-1)^2(\cdots)$$

の形となる．

2つの … 部分はそれぞれ t の多項式，x の多項式である．$P(x)$ が $(x-1)^2$ で割り切れる条件は

$a+b-4=0$ かつ $2a+b-2=0$ (後略)

【接線 (数 II)】

《三角形の面積の最大 (B10) ☆》

557. 座標平面において，放物線 $C: y=x^2-2x-11$ と直線 $y=2x+10$ との交点を P，Q とする．ただし，P の x 座標は Q の x 座標よりも小さいとする．このとき，P の座標は □ である．また，点 X が C 上を P から Q まで動くとき，三角形 PQX の面積の最大値は □ である．(23 福岡大)

▶解答◀ 放物線と直線の式を連立する．

$$x^2-2x-11=2x+10$$

$$x^2-4x-21=0$$

$$(x-7)(x+3)=0$$

P の x 座標は -3 であるから，P の座標は $\boldsymbol{(-3, 4)}$，Q の座標は $(7, 24)$ である．

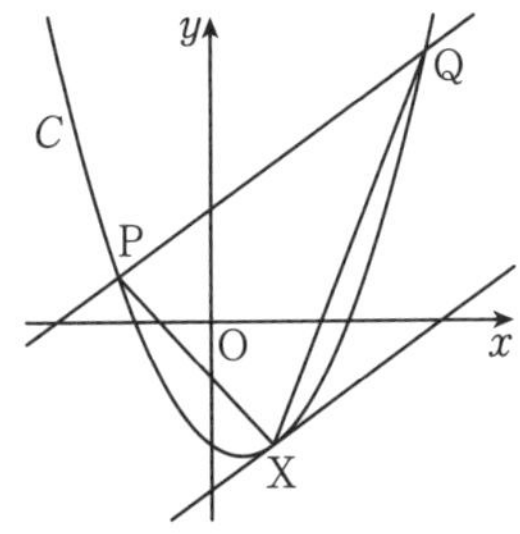

△PQX の面積が最大になるのは，X における C の接線が PQ と平行になるときである．

$y = x^2 - 2x - 11$ のとき

$y' = 2x - 2$ で，PQ の傾きは 2 であるから

$$2x - 2 = 2 \qquad \therefore \quad x = 2$$

△PQX の面積が最大となる X の座標は $(2, -11)$ である．このとき $\overrightarrow{\mathrm{PQ}} = (10, 20)$，$\overrightarrow{\mathrm{PX}} = (5, -15)$ であるから，△PQX の面積の最大値は

$$\frac{1}{2}\left|10\cdot(-15) - 20\cdot 5\right| = \mathbf{125}$$

《直交する接線 (B20) ☆》

558. a を実数とする．曲線 $C : y = \frac{1}{3}x^3 - ax$ 上の点 P における C の接線 l が，P と異なる点 Q において C と交わり，かつ Q における C の接線が l と直交する．このような P が存在しうる a の値の範囲を求めよ． (23 一橋大・後期)

▶解答◀ $f(x) = \frac{1}{3}x^3 - ax$ とおくと

$$f'(x) = x^2 - a$$

P の x 座標を t とおくと，l の方程式は

$$y = (t^2 - a)(x - t) + \frac{1}{3}t^3 - at$$

$$y = (t^2 - a)x - \frac{2}{3}t^3$$

$y = f(x)$ と連立し

$$\frac{1}{3}x^3 - ax = (t^2 - a)x - \frac{2}{3}t^3$$

$$\frac{1}{3}x^3 - t^2x + \frac{2}{3}t^3 = 0$$

$$x^3 - 3t^2x + 2t^3 = 0$$

$$(x - t)^2(x + 2t) = 0 \qquad \therefore \quad x = t, -2t$$

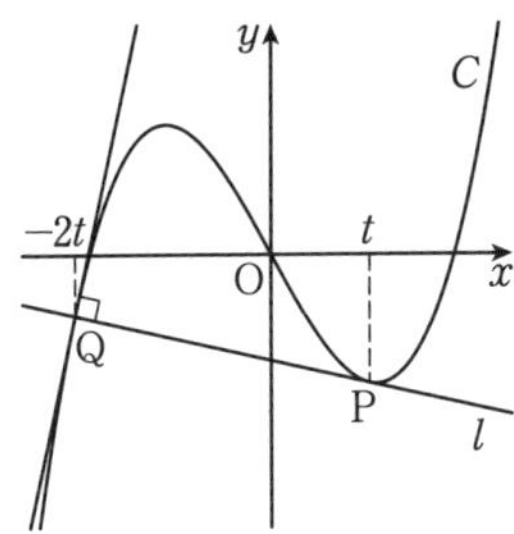

Q の x 座標は $-2t$ であり，P と Q が異なることから

$$t \neq -2t \qquad \therefore \quad t \neq 0$$

Q における C の接線が l と直交するから

$$f'(t)f'(-2t) = -1$$

$$(t^2 - a)(4t^2 - a) = -1$$

$$4t^4 - 5at^2 + a^2 + 1 = 0$$

$u = t^2$ とおくと，$t \neq 0$ より $u > 0$ であり

$$4u^2 - 5au + a^2 + 1 = 0$$

これを満たす $u > 0$ の存在条件を求める．判別式を D とし，$g(u) = 4u^2 - 5au + a^2 + 1$ とおく．

$g(0) = a^2 + 1 > 0$ に注意すると

$$D = 25a^2 - 16(a^2 + 1) = 9a^2 - 16 \geqq 0$$

$$a^2 \geqq \frac{16}{9} \qquad \therefore \quad a \leqq -\frac{4}{3},\ \frac{4}{3} \leqq a$$

$$\text{軸}: u = \frac{5}{8}a > 0 \qquad \therefore \quad a > 0$$

求める a の範囲は $\boldsymbol{\frac{4}{3} \leqq a}$ である．

《整数との融合 (B10)》

559. m, n を整数とする．曲線

$y = mx^3 - 2(m + n)x^2 + (m + 7n)x + m + 1$

上の x 座標が 2 である点における接線が点 $(3, 2)$ を通る．次の各問に答えよ．

（1） m, n が満たす条件を求めよ．

（2） m, n をすべて求めよ． (23 茨城大・教育)

▶解答◀ （1）

$$y = mx^3 - 2(m + n)x^2 + (m + 7n)x + m + 1$$

$$y' = 3mx^2 - 4(m + n)x + m + 7n$$

$x = 2$ のとき

$$y = 8m - 8(m + n) + 2(m + 7n) + m + 1$$

$$= 3m + 6n + 1$$

$$y' = 12m - 8(m + n) + m + 7n = 5m - n$$

であるから，$x = 2$ における接線の方程式は

$$y = (5m - n)(x - 2) + 3m + 6n + 1$$

であり，点 $(3, 2)$ を通るとき

$$2 = 5m - n + 3m + 6n + 1$$

$$\boldsymbol{8m + 5n = 1} \quad \cdots\cdots①$$

（2） $8\cdot 2 + 5(-3) = 1 \quad \cdots\cdots②$

① − ② より $8(m - 2) + 5(n + 3) = 0$

$$8(m - 2) = -5(n + 3)$$

8 と 5 は互いに素であるから，整数 k を用いて

$$m - 2 = 5k,\ n + 3 = -8k$$

とおけるから

$$(m, n) = (\mathbf{5k+2, -8k-3})\ (\boldsymbol{k}\textbf{：整数})$$

♦別解♦ ①から，$n = -m - \dfrac{3m-1}{5}$

$\dfrac{3m-1}{5} = p$ とおくと $m = \dfrac{5p+1}{3} = p + \dfrac{2p+1}{3}$

$\dfrac{2p+1}{3} = q$ とおくと $p = \dfrac{3q-1}{2} = q + \dfrac{q-1}{2}$

$\dfrac{q-1}{2} = k$ とおくと $q = 2k+1$

$$p = (2k+1) + k = 3k+1$$

$$m = (3k+1) + (2k+1) = \mathbf{5k+2}$$

$$n = -(5k+2) - (3k+1) = \mathbf{-8k-3}\ (\boldsymbol{k}\textbf{ は整数})$$

《共通接線 (B30)》

560. 2つの曲線

$$y = x^3 - 5x, \quad y = x^2 + a$$

は共有点を持ち，かつ少なくとも1つの共有点における接線が共通である．以下の問いに答えよ．

（1） a の値をすべて求めよ．

（2） （1）の a の値に対して，共通の接線の方程式を求めよ．（23 中央大・商）

［編者註：「共通の接線」とは「（1）の共有点における接線」なのか「単に両方に接する接線」なのかが問題である．後者ならば，面倒なことになる．迂闊な問題文である．］

▶解答◀ （1） 共有点の x 座標を t とし，$f(x) = x^3 - 5x$，$g(x) = x^2 + a$ とする．

$$f'(x) = 3x^2 - 5,\ g'(x) = 2x$$

$f'(t) = g'(t)$ より

$$3t^2 - 5 = 2t$$

これを解いて，$t = \dfrac{5}{3}, -1$

$t = \dfrac{5}{3}$ のとき $f\left(\dfrac{5}{3}\right) = g\left(\dfrac{5}{3}\right)$ より

$$\frac{125}{27} - \frac{25}{3} = \frac{25}{9} + a$$

$$a = \frac{125}{27} - \frac{225}{27} - \frac{75}{27} = -\frac{175}{27}$$

$t = -1$ のとき $f(-1) = g(-1)$ より

$$-1 + 5 = 1 + a \qquad \therefore\quad a = 3$$

$$\boldsymbol{a = -\frac{175}{27},\ 3}$$

（2） 註をつけたことに関して，「すべての共通な接線」を求めておく．下記の③，⑤は接点を共有，④は接点を共有しないものである．

$C : y = f(x)$ とする．$x = p$ における C の接線の方程式は

$$y = (3p^2 - 5)(x - p) + p^3 - 5p$$

$$y = (3p^2 - 5)x - 2p^3$$

$y = x^2 + a$ と連立させて

$$x^2 - (3p^2 - 5)x + 2p^3 + a = 0$$

判別式を D とすると

$$D = (3p^2 - 5)^2 - 4(2p^3 + a) = 0$$

$$9p^4 - 8p^3 - 30p^2 + 25 - 4a = 0 \quad \cdots\cdots ①$$

$a = 3$ のとき，

$$9p^4 - 8p^3 - 30p^2 + 13 = 0 \quad \cdots\cdots ②$$

の解の1つは（1）より $p = -1$ である．さらに $p = -1$ は重解であろうと見当をつけて $(p+1)^2$ で割ってみる．

$$(p+1)^2(9p^2 - 26p + 13) = 0$$

$$p = -1,\ \frac{13 \pm 2\sqrt{13}}{9}$$

$p = -1$ のときは

$$f(-1) = 4,\ f'(-1) = -2$$

接線は $y = -2(x+1) + 4$，すなわち

$$\boldsymbol{y = -2x + 2} \quad \cdots\cdots ③$$

$p = \dfrac{13 \pm 2\sqrt{13}}{9}$ のときは

$$y = (3p^2 - 5)x - 2p^3$$

$9p^2 - 26p + 13 = 0$ を使って次数を下げると

$$y = \frac{2}{3}(13p - 14)x - \frac{26}{81}(43p - 26)$$

$p = \dfrac{13 \pm 2\sqrt{13}}{9}$ を代入して整理すると，複号同順で

$$\boldsymbol{y = \frac{86 \pm 52\sqrt{13}}{27}x - \frac{8450}{729} \mp \frac{2236\sqrt{13}}{729}} \quad \cdots\cdots ④$$

$a = -\dfrac{175}{27}$ のとき，①より

$$9p^4 - 8p^3 - 30p^2 + 25 + \frac{700}{27} = 0$$

$$9p^4 - 8p^3 - 30p^2 + \frac{1375}{27} = 0$$

$(3p-5)^2$ で割ってみる．

$$(3p-5)^2(27p^2 + 66p + 55) = 0$$

$27p^2 + 66p + 55 = 0$ の判別式を D' とすると

$$\frac{D'}{4} = 33^2 - 27 \cdot 55 = 33(33 - 45) < 0$$

であるから実数解は $p = \dfrac{5}{3}$ だけである．

$$f\left(\frac{5}{3}\right) = -\frac{100}{27},\ f'\left(\frac{5}{3}\right) = \frac{10}{3}$$

接線の方程式は

$$y = \frac{10}{3}\left(x - \frac{5}{3}\right) - \frac{100}{27}$$

$$\boldsymbol{y = \frac{10}{3}x - \frac{250}{27}} \quad \cdots\cdots ⑤$$

図において $C: y=f(x)$, $C': y=g(x)$, l_1 は③, l_2 は⑤, l_3 と l_4 は④である．図は縦に潰してある．

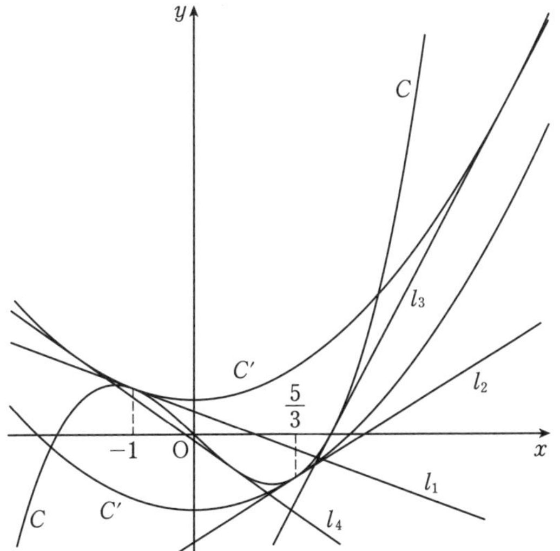

《共通接線 (B10) ☆》

561. p を実数とする．xy 平面において，2 曲線 $y=x^3+2x^2$, $y=-x^2+px-5$ が共有点をもち，その点で共通の接線をもつのは，$p=\square$ のときである．また，この接線の方程式は $y=\square x-\square$ である．　（23　東京農大）

▶解答◀　$f(x)=x^3+2x^2$, $g(x)=-x^2+px-5$ とおく．

$$f'(x)=3x^2+4x,\ g'(x)=-2x+p$$

$x=t$ で $y=f(x)$ と $y=g(x)$ が共有点をもち，その点で共通の接線をもつとき

$$f(t)=g(t) \text{ かつ } f'(t)=g'(t)$$

つまり

$$t^3+2t^2=-t^2+pt-5 \ \cdots\cdots ①$$

$$3t^2+4t=-2t+p \ \cdots\cdots ②$$

② より $p=3t^2+6t$

① に代入して

$$t^3+2t^2=-t^2+(3t^2+6t)t-5$$

$$2t^3+3t^2-5=0$$

$$(t-1)(2t^2+5t+5)=0$$

これを満たす実数は $t=1$

$$p=3+6=\mathbf{9}$$

また，接線の方程式は

$$y=f'(1)(x-1)+f(1)$$

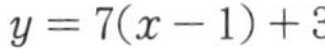

$$y=7(x-1)+3 \qquad \therefore\ \boldsymbol{y=7x-4}$$

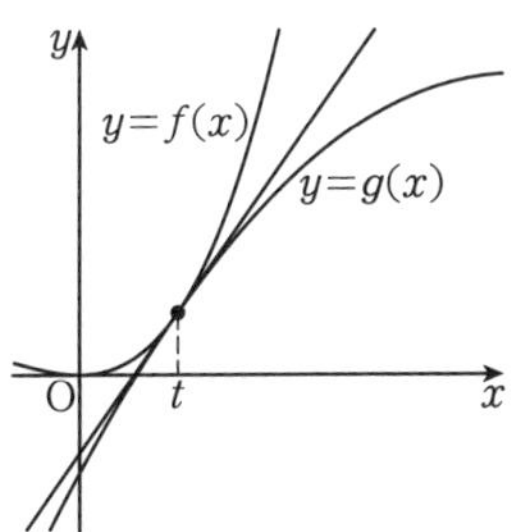

《法線 (B10) ☆》

562. 関数 $f(x)=x^3-x^2+x$ について，座標平面における曲線 $y=f(x)$ に関する以下の問いに答えよ．

（1）曲線 $y=f(x)$ 上の，点 $(2, 6)$ を通り，この点におけるこの曲線の接線と垂直な直線の方程式は

$$y=-\frac{\square}{\square}x+\frac{\square}{\square} \text{ である．}$$

（2）点 $(1, 1)$ から曲線 $y=f(x)$ に引いた 2 本の接線の方程式は $y=x$ と $y=\square x-\square$ である．

（3）曲線 $y=f(x)$ が，その曲線上のある点 $(t, f(t))$ で直線 $y=mx\ (0<m<1)$ に接するとき，m の値は $\dfrac{\square}{\square}$ である．

（23　東洋大・前期）

▶解答◀　（1）$f'(x)=3x^2-2x+1$

$f'(2)=9$ であるから，法線の方程式は

$$y=-\frac{1}{9}(x-2)+6 \qquad \therefore\ \boldsymbol{y=-\frac{1}{9}x+\frac{56}{9}}$$

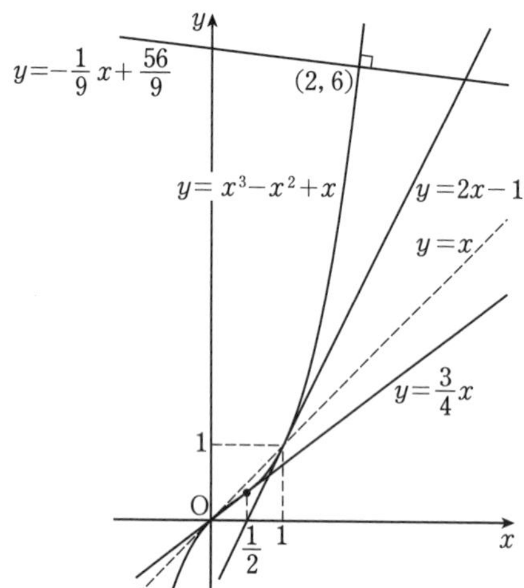

（2） 接点の座標を $(t,\ f(t))$ とおくと接線の方程式は

$$y=(3t^2-2t+1)(x-t)+t^3-t^2+t$$

$$y=(3t^2-2t+1)x-2t^3+t^2 \quad \cdots\cdots\cdots\cdots\text{①}$$

これが $(1,1)$ を通るから $1=(3t^2-2t+1)\cdot 1-2t^3+t^2$

$2t^3-4t^2+2t=0$ となり，$t=0,\ 1$

① に代入して，$y=x$ と $\boldsymbol{y=2x-1}$

（3） ① と $y=mx$ が一致するから

$$3t^2-2t+1=m,\ -2t^3+t^2=0$$

$t=0,\ \frac{1}{2}$ を得るが，$t=0$ のとき $m=1$ となり不適，

$t=\frac{1}{2}$ のとき $m=\boldsymbol{\frac{3}{4}}$

【法線（数 II）】

《法線（B20）☆》

563. 放物線 $C:y=x^2$ 上を動く 2 点 $\mathrm{P}(s,\ s^2)$，$\mathrm{Q}(t,\ t^2)$ を考える．ただし，$s<0<t$ とする．P を通り，P における C の接線と垂直に交わる直線を l_P とする．また，Q を通り，Q における C の接線と垂直に交わる直線を l_Q とする．さらに，l_Q は l_P と垂直に交わるとする．以下の問いに答えよ．

（1） l_P の方程式を s を用いて表せ．

（2） l_Q の方程式を s を用いて表せ．

（3） l_P と l_Q の交点を $\mathrm{R}(x_0,\ y_0)$ とする．$x_0,\ y_0$ を s を用いて表せ．

（4）（3）の y_0 が最小となる s の値を求めよ．

（23　岡山大・文系）

▶解答◀ （1） $C:y=x^2$ より，$y'=2x$

l_P の方程式は，

$$y-s^2=-\frac{1}{2s}(x-s)$$

$$\boldsymbol{y=-\frac{1}{2s}x+s^2+\frac{1}{2}}$$

（2）（1）と同様に，l_Q の方程式は

$$y=-\frac{1}{2t}x+t^2+\frac{1}{2}$$

l_P と l_Q は直交するから，$\left(-\frac{1}{2s}\right)\cdot\left(-\frac{1}{2t}\right)=-1$

$$t=-\frac{1}{4s}$$

よって，l_Q の方程式を s を用いて表すと

$$\boldsymbol{y=2sx+\frac{1}{16s^2}+\frac{1}{2}}$$

（3） l_P と l_Q を連立させて

$$-\frac{1}{2s}x+s^2+\frac{1}{2}=2sx+\frac{1}{16s^2}+\frac{1}{2}$$

$$2\left(s+\frac{1}{4s}\right)x=\left(s+\frac{1}{4s}\right)\left(s-\frac{1}{4s}\right)$$

$$x_0=\boldsymbol{\frac{1}{2}\left(s-\frac{1}{4s}\right)}$$

$$y_0=-\frac{1}{2s}\cdot\frac{1}{2}\left(s-\frac{1}{4s}\right)+s^2+\frac{1}{2}$$

$$=\boldsymbol{s^2+\frac{1}{16s^2}+\frac{1}{4}}$$

（4） 2 つの正の数 $s^2,\ \frac{1}{16s^2}$ に対して相加・相乗平均の不等式を用いて

$$s^2+\frac{1}{16s^2}\geqq 2\sqrt{s^2\cdot\frac{1}{16s^2}}=\frac{1}{2}$$

よって，$y_0\geqq\frac{1}{2}+\frac{1}{4}=\frac{3}{4}$

等号成立は，$s^2=\frac{1}{16s^2}$　　$\therefore\ s^4=\frac{1}{2^4}$

$s<0$ であるから，すなわち $s=-\frac{1}{2}$ のときである．

よって，y_0 の最小値は $\frac{3}{4}$ で，このときの s の値は $s=\boldsymbol{-\frac{1}{2}}$ である．

【関数の増減・極値（数 II）】

《解と係数の関係（B20）☆》

564. 3 次関数の増減に関する以下の問いに答えよ．

（1） 定数 $a,\ b$ について，関数

$$y=\frac{1}{3}x^3+ax^2+bx$$

が $x=-3$ で極大値をとり，$x=1$ で極小値をとるとき，$a,\ b$ の値を求めよ．

（2） 定数 $\alpha,\ \beta$ について $\alpha<\beta$ とする．関数 $y=\frac{1}{3}x^3+ax^2+bx$ が $x=\alpha$ で極大値をとり，$x=\beta$ で極小値をとるとき，$a,\ b$ を $\alpha,\ \beta$

で表せ．

（３） ある３次関数 $y=f(x)$ が $x=-3$ で極大値３，$x=1$ で極小値 -1 をとるとき，$f(x)$ を求めよ．

（23　東邦大・薬）

▶解答◀ （１） $g(x)=\frac{1}{3}x^3+ax^2+bx$ とおくと，

$$g'(x)=x^2+2ax+b$$

$$g'(-3)=g'(1)=0$$

であるから

$$9-6a+b=0,\ 1+2a+b=0$$

よって，$\boldsymbol{a=1,\ b=-3}$

（２） $h(x)=\frac{1}{3}x^3+ax^2+bx$ とおくと，

$$h'(x)=x^2+2ax+b$$

$h'(x)=0$ の２解が $\alpha,\ \beta$ より，解と係数の関係から

$$\alpha+\beta=-2a,\ \alpha\beta=b$$

よって，$\boldsymbol{a=-\frac{\alpha+\beta}{2},\ b=\alpha\beta}$

（３） $f(x)=ax^3+bx^2+cx+d$ とおく．上の a，b とは無関係である．

$$f'(x)=3ax^2+2bx+c$$

$f'(x)=0$ の２解が $x=-3,1$ であるから解と係数の関係より

$$-\frac{2b}{3a}=-3+1,\ \frac{c}{3a}=(-3)\cdot 1$$

$$b=3a,\ c=-9a$$

$$f(x)=ax^3+3ax^2-9ax+d$$

$f(1)=-1,\ f(-3)=3$ であるから

$$-5a+d=-1,\ 27a+d=3$$

$$a=\frac{1}{8},\ d=-\frac{3}{8}$$

$$\boldsymbol{f(x)=\frac{1}{8}x^3+\frac{3}{8}x^2-\frac{9}{8}x-\frac{3}{8}}$$

《上を見れば (B20) ☆》

565． a を実数とし，２つの関数

$f(x)=x^3-(a+2)x^2+(a-2)x+2a+1$

と $g(x)=-x^2+1$ を考える．

（１） $f(x)-g(x)$ を因数分解せよ．

（２） $y=f(x)$ と $y=g(x)$ のグラフの共有点が２個であるような a を求めよ．

（３） a は（２）の条件を満たし，さらに $f(x)$ の極大値は１よりも大きいとする．$y=f(x)$ と $y=g(x)$ のグラフを同じ座標平面に図示せよ．

（23　名古屋大・前期）

▶解答◀ （１） $f(x)-g(x)$

$$=x^3-(a+2)x^2+(a-2)x+2a+1-(-x^2+1)$$

$$=x^3-(a+1)x^2+(a-2)x+2a$$

$$=x^3-x^2-2x-a(x^2-x-2)$$

$$=x(x^2-x-2)-a(x^2-x-2)$$

$$=(x-a)(x^2-x-2)$$

$$\boldsymbol{=(x+1)(x-2)(x-a)}$$

（２） $f(x)=g(x)$，すなわち $f(x)-g(x)=0$ の異なる実数解がちょうど２個となるときで $\boldsymbol{a=-1,2}$

（３）（ア） $a=-1$ のとき．図１を見よ．

$f(x)=x^3-x^2-3x-1,\ \ f'(x)=3x^2-2x-3,$

$f'(-1)=2>0,\ f'(0)=-3<0$ で，この間で極大になる．$-1<x<2$ では $f(x)\leqq g(x)\leqq 1$ であるから $f(x)$ の極大値は１以下となり，不適である．

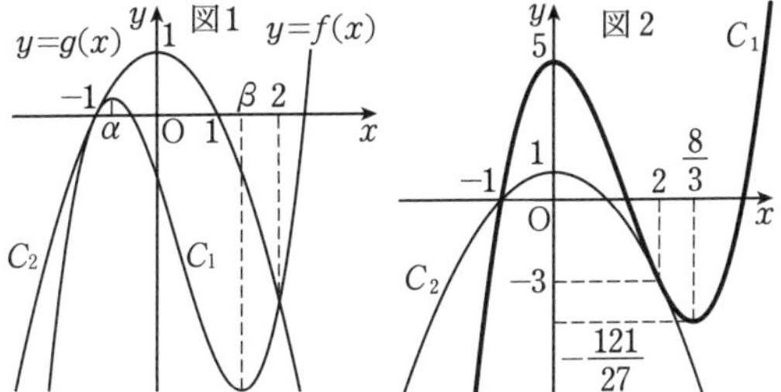

（イ） $a=2$ のとき．図２を見よ．

$f(x)=x^3-4x^2+5$ であるから

$$f'(x)=3x^2-8x=x(3x-8)$$

$f(x)$ は表のように増減し，極大値は $f(0)=5>1$ であるから適する．

x	$\cdots$	0	$\cdots$	$\frac{8}{3}$	$\cdots$
$f'(x)$	$+$	0	$-$	0	$+$
$f(x)$	↗		↘		↗

以上より，$a=2$ であり

$$f\left(\frac{8}{3}\right)=\frac{512}{27}-\frac{256}{9}+5=-\frac{121}{27}$$

であるから，$C_1: y=f(x)$，$C_2: y=g(x)$ のグラフは図２のようになる．ただし，y 軸方向に $\frac{1}{2}$ 倍してある．

注意 【計算で示す】

$a=-1$ のとき．$f(x)=x^3-x^2-3x-1$

$$f'(x)=3x^2-2x-3$$

$f'(x)=0$ とすると，$x=\frac{1\pm\sqrt{10}}{3}$ である．

$$\alpha=\frac{1-\sqrt{10}}{3},\ \beta=\frac{1+\sqrt{10}}{3}$$

とおく．$f(x)$ は表のように増減し

x	$\cdots$	α	$\cdots$	β	$\cdots$
$f'(x)$	$+$	0	$-$	0	$+$
$f(x)$	↗		↘		↗

$$f(x) = (3x^2 - 2x - 3)\left(\frac{1}{3}x - \frac{1}{9}\right) - \frac{20}{9}x - \frac{4}{3}$$

であるから，$f(x)$ の極大値は

$$f\left(\frac{1-\sqrt{10}}{3}\right) = -\frac{20}{9}\cdot\frac{1-\sqrt{10}}{3} - \frac{4}{3}$$

$$= \frac{-56+20\sqrt{10}}{27} < \frac{-56+20\cdot 4}{27} = \frac{24}{27} < 1$$

極大値が 1 より小さいから不適である．

《基本的な極値 (B10)》

566．O を原点とする座標平面における関数 $y = x^3 - 3x^2 + 4$ のグラフを，解答用紙のグラフスペースに描け．ただし，グラフは，その関数の極大値と極小値，およびそれらのときの x の値，y 軸との共有点，x 軸との共有点が読み取れるように描くこと．（23　京都薬大）

▶解答◀ $f(x) = x^3 - 3x^2 + 4$

$f(x) = 0$ のとき

$$(x+1)(x-2)^2 = 0 \qquad \therefore \quad x = -1,\ 2$$

また，$f'(x) = 3x^2 - 6x = 3x(x-2)$

x	$\cdots$	0	$\cdots$	2	$\cdots$
$f'(x)$	$+$	0	$-$	0	$+$
$f(x)$	↗		↘		↗

$f(0) = 4,\ f(2) = 8 - 12 + 4 = 0$

グラフは図の通り．

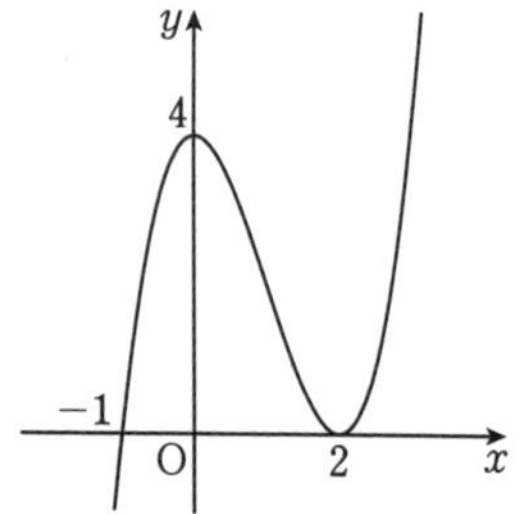

《基本的な極値 (A5) ☆》

567．x の 3 次関数 $f(x) = x^3 - 3x^2 + ax + 1$ がある．曲線 $y = f(x)$ 上における接線の傾きの最小値が -12 になるとき，定数 a の値を求めよ．また，$f(x)$ の極値，およびそのときの x の値を求めよ．（23　長崎大・教 A，経，環境，水産）

▶解答◀ $f(x) = x^3 - 3x^2 + ax + 1$

$$f'(x) = 3x^2 - 6x + a = 3(x-1)^2 + a - 3$$

$a - 3 = -12$ を解いて，$\boldsymbol{a = -9}$ である．

$$f(x) = x^3 - 3x^2 - 9x + 1$$

$$f'(x) = 3x^2 - 6x - 9 = 3(x-3)(x+1)$$

$\boldsymbol{x = -1}$ のとき極大値 $f(-1) = -1 - 3 + 9 + 1 = \boldsymbol{6}$，
$\boldsymbol{x = 3}$ のとき極小値 $f(3) = 27 - 27 - 27 + 1 = \boldsymbol{-26}$

《極値の和 (B10) ☆》

568．次の命題の真偽をそれぞれ調べよ．偽の場合には反例を示し，真の場合には証明せよ．

（1） 0 ではない 2 つの実数 a, b について，$a^2 = b^2$ ならば $a = b$ である．

（2） 実数 x, y について，$x + y \leqq 4$ ならば，$x \leqq 2$ または $y \leqq 2$ である．

（3） 自然数 n が 4 の倍数かつ 6 の倍数ならば，n は 24 の倍数である．

（4） 自然数について，すべての偶数は素数ではない．

（5） k は実数の定数とする．実数 x について，x の 3 次関数 $f(x) = x^3 + 2x^2 + kx$ の極大値と極小値が存在し，かつ，それらの和が 0 ならば，$k = \dfrac{8}{9}$ である．（23　あたしは）

考え方 【対偶不要論】

（2） 命題 $A : p \Longrightarrow q$ が真であることを証明する場合，幾つかの方針がある．直接証明する，背理法で証明する，（学校では）対偶を利用すると習う．直接証明は，p のことから q のことを導く．証明に不慣れな高校生は，q のことを使ってしまうから注意が必要である．q を使ってはいけない．真理集合の包含を考えるときもある．A の対偶 $\overline{q} \Longrightarrow \overline{p}$ を利用した証明では，使ってよいのは $\overline{q}$ である．背理法で証明する場合，p のとき $\overline{q}$ であると仮定して矛盾を導く．p のことと $\overline{q}$ のことを使う．使ってよいことに着目すれば「背理法は直接証明と対偶利用の証明の内容を併せ持つ」と分かる．対偶で証明出来るなら背理法で証明出来る．従って，証明では対偶は不要である．

ただし，対偶も，背理法も否定が入るため，否定で間違える生徒が少なくない．直接できるのなら，その方がよいに決まっている．方針が立たないときには，背理法を選択する．証明に強くなりたいなら，常に 3 つの方針で書くべきである．対偶利用だけを書いて「対偶は役に立つ」というのは嘘である．証明問題では，対偶が特別

優れていることなど，ない．

▶解答◀ （1） **偽**である．反例は $a=1, b=-1$

（2） **真**である．

$p: x+y \leqq 4$,「$q: x \leqq 2$ または $y \leqq 2$」とする．

【直接考える】

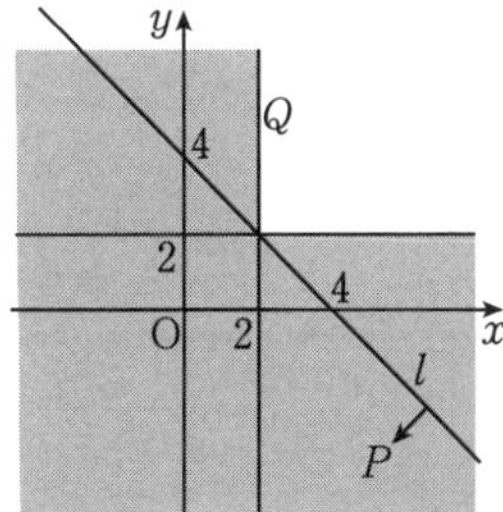

領域 $P: x+y \leqq 4$（図示すると，図の l を含む l の下方），領域 $Q: x \leqq 2$ または $y \leqq 2$（網目部分）

であり，包含関係は $P \subset Q$ であるから，

$p \Longrightarrow q$ である．よって命題は**真**である．

【背理法による】 p のとき，q ではないと仮定する．q の否定は「$x>2$ かつ $y>2$」となる．辺ごとに加えると $x+y>4$ となり，$x+y \leqq 4$ と矛盾する．よって「$x \leqq 2$ または $y \leqq 2$」である．

【対偶利用の証明】 背理法の証明で出てくる式を利用する．「$x>2$ かつ $y>2$」ならば辺ごとに加え $x+y>4$ となる．「$x>2$ かつ $y>2$」$\Longrightarrow$ $x+y>4$

である．この対偶をとり，

$x+y \leqq 4 \Longrightarrow$「$x \leqq 2$ または $y \leqq 2$」となる．

（3） **偽**である．反例は $n=12$

（4） **偽**である．反例は $n=2$

（5） **真**である．$f'(x)=3x^2+4x+k$ であり，

$f'(x)=0$ の判別式を D とする．$\dfrac{D}{4}=4-3k>0$ である．$f'(x)=0$ の 2 解を α, β とする．解と係数の関係より $\alpha+\beta=-\dfrac{4}{3}, \alpha\beta=\dfrac{k}{3}$

$$\begin{aligned} f(\alpha)+f(\beta) &= (\alpha^3+\beta^3)+2(\alpha^2+\beta^2)+k(\alpha+\beta) \\ &= (\alpha+\beta)^3-3\alpha\beta(\alpha+\beta) \\ &\quad +2\{(\alpha+\beta)^2-2\alpha\beta\}+k(\alpha+\beta) \\ &= -\frac{64}{27}+\frac{4}{3}k+2\left(\frac{16}{9}-\frac{2}{3}k\right)-\frac{4}{3}k \\ &= \frac{32}{27}-\frac{4}{3}k \end{aligned}$$

が 0 になるとき $k=\dfrac{8}{9}$ で，このとき $D>0$ は成り立つ．

《4 次関数の極値 (B20) ☆》

569. a を実数とする．関数

$$f(x)=\frac{a+1}{2}x^4-a^2x^3-a^2(a+1)x^2+3a^4x$$

について考える．

（1） $f'(a)=\square$ であり，$f'(-a)=\square$ である．

（2） $y=f(x)$ は，$a=\square$ のとき，極値をとる x の値がちょうど 2 つとなり，$a=\dfrac{\boxed{ア}}{\boxed{イ}}$, $\boxed{ウ}$, $\boxed{エ}$ のとき，極値をとる x の値がただ 1 つとなる．ただし，$\dfrac{\boxed{ア}}{\boxed{イ}}<\boxed{ウ}<\boxed{エ}$ とする．

（3） $a=\square$ のとき，$x=\square$ で極大値 $\square$，$x=\square$ で極小値 $\square$ をとる．

（4） $a=1$ とする．点 $(-1, f(-1))$ を通り，$y=f(x)$ のグラフに接する直線は 3 本あり，それぞれ，

$x=\boxed{オ}$, $\boxed{カ}$, $\dfrac{\boxed{キ}}{\boxed{ク}}$ で $y=f(x)$ と接する．

ただし，$\boxed{オ}<\boxed{カ}<\dfrac{\boxed{キ}}{\boxed{ク}}$ とする．

（23　上智大・経済）

▶解答◀ （1）

$$f'(x)=2(a+1)x^3-3a^2x^2-2a^2(a+1)x+3a^4$$

$$f'(a)=2(a+1)a^3-3a^4-2(a+1)a^3+3a^4=\mathbf{0}$$

$$f'(-a)=-2(a+1)a^3-3a^4+2(a+1)a^3+3a^4=\mathbf{0}$$

（2） $f'(x)=2(a+1)x(x^2-a^2)-3a^2(x^2-a^2)$

$$=(x+a)(x-a)\{2(a+1)x-3a^2\}$$

$a=\mathbf{-1}$ のとき，$f'(x)=-3(x-1)(x+1)$

$x=\pm1$ の前後で $f'(x)$ の符号は変化することから極値をとる x の値がちょうど 2 つとなる．

$a \neq -1$ のとき，$f'(x)=0$ の解は $x=\pm a, \dfrac{3a^2}{2(a+1)}$ である．

3 つの解が異なるときは極値が 3 つあり，2 つの解が重なるとき（3 重解も含む），極値が 1 つとなる．

（ア） $a=-a$ つまり $a=0$ のとき

$f'(x)=2x^3$ となるから，$x=0$ のみで極値をとる．

（イ） $a=\dfrac{3a^2}{2(a+1)}$ のとき

$$a^2-2a=0$$

$$a(a-2)=0 \qquad \therefore \quad a=0, 2$$

$a=2$ のときは $f'(x)=6(x-2)^2(x+2)$ となるから，$x=-2$ のみで極値をとる．

（ウ） $-a=\dfrac{3a^2}{2(a+1)}$ のとき

$$5a^2+2a=0$$

$$a(5a+2)=0 \qquad \therefore\ a=0,\ -\frac{2}{5}$$

$a=-\frac{2}{5}$ のときは $f'(x)=\frac{6}{5}\left(x-\frac{2}{5}\right)^2\left(x+\frac{2}{5}\right)$ となるから，$x=-\frac{2}{5}$ のみで極値をとる．

したがって，$a=\boldsymbol{-\frac{2}{5},\ 0,\ 2}$ のとき，極値をとる x の値がただ1つとなる．

（3） $a=-1$ のとき，$f(x)=-x^3+3x$

$$f'(x)=-3(x-1)(x+1)$$

となるから，増減は表のようになる．

x	$\cdots$	-1	$\cdots$	1	$\cdots$
$f'(x)$	$-$	0	$+$	0	$-$
$f(x)$	↘		↗		↘

$x=\mathbf{1}$ で極大値 $f(1)=-1+3=\mathbf{2}$，

$x=\mathbf{-1}$ で極小値 $f(-1)=1-3=\mathbf{-2}$ をとる．

（4） $a=1$ のとき，$f(x)=x^4-x^3-2x^2+3x$

$$f'(x)=4x^3-3x^2-4x+3$$

$y=f(x)$ 上の点 $(t,\ f(t))$ における接線の方程式は

$$y=(4t^3-3t^2-4t+3)(x-t)+t^4-t^3-2t^2+3t$$

この接線が $(-1,\ f(-1))$ を通るとき

$$\begin{aligned}&1+1-2-3\\&=(4t^3-3t^2-4t+3)(-1-t)+t^4-t^3-2t^2+3t\\&3t^4+2t^3-5t^2-4t=0\\&t(t+1)(3t^2-t-4)=0\\&t(t+1)^2(3t-4)=0 \qquad \therefore\ t=\boldsymbol{-1,\ 0,\ \frac{4}{3}}\end{aligned}$$

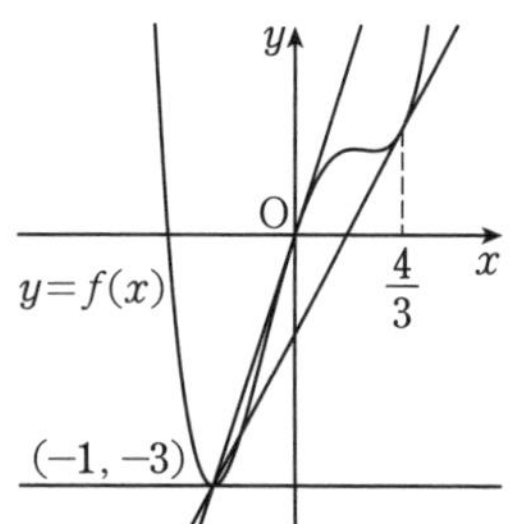

【最大値・最小値（数 II）】

《空間座標との融合（B10）》

570. 空間内に4点

O(0, 0, 0), A(1, 0, 0), B(0, 1, 0), C(0, 0, 1)

をとる．時刻 $t=0$ から $t=1$ まで3点P，Q，Rは次のように動くものとする．

- $t=0$ に3点は点Oを出発する．
- 動点Pは線分OA上を速さ1で点Aに向かって動く．
- 動点Qは線分OB上を速さ $\frac{1}{2}$ で点Bに向かって動く．
- 動点Rは線分OC上を速さ2で動く．$t=\frac{1}{2}$ までは点Cへ向かって動き，$t=\frac{1}{2}$ 以後は点Cから点Oに向かって動く．

時刻 t における三角形PQRの面積を $S(t)$ とする．次の問いに答えよ．

（1） $S(t)$ を求めよ．

（2） $S(t)$ を最大にする t の値を求めよ．

（23　琉球大）

▶解答◀ （1）

$$S(t)=\frac{1}{2}\sqrt{|\overrightarrow{PQ}|^2|\overrightarrow{PR}|^2-(\overrightarrow{PQ}\cdot\overrightarrow{PR})^2}$$

$\mathrm{P}(t,\ 0,\ 0),\ \mathrm{Q}\left(0,\ \frac{1}{2}t,\ 0\right)$ であるから

$$\overrightarrow{PQ}=\left(0,\ \frac{1}{2}t,\ 0\right)-(t,\ 0,\ 0)=\left(-t,\ \frac{1}{2}t,\ 0\right)$$

$$|\overrightarrow{PQ}|^2=\frac{5}{4}t^2$$

（ア） $0\leqq t\leqq\frac{1}{2}$ のとき．$\mathrm{R}(0,\ 0,\ 2t)$ であるから

$$\overrightarrow{PR}=(0,\ 0,\ 2t)-(t,\ 0,\ 0)=(-t,\ 0,\ 2t)$$

$$|\overrightarrow{PR}|^2=5t^2,\ \overrightarrow{PQ}\cdot\overrightarrow{PR}=t^2$$

$$S(t)=\frac{1}{2}\sqrt{\frac{5}{4}t^2\cdot 5t^2-t^4}=\boldsymbol{\frac{\sqrt{21}}{4}t^2}$$

（イ） $\frac{1}{2}\leqq t\leqq 1$ のとき．$\mathrm{R}(0,\ 0,\ 2-2t)$ であるから

$$\overrightarrow{PR}=(0,\ 0,\ 2-2t)-(t,\ 0,\ 0)=(-t,\ 0,\ 2-2t)$$

$$|\overrightarrow{PR}|^2=t^2+(2-2t)^2=5t^2-8t+4$$

$$\overrightarrow{PQ}\cdot\overrightarrow{PR}=t^2$$

$$S(t)=\frac{1}{2}\sqrt{\frac{5}{4}t^2(5t^2-8t+4)-t^4}$$

$$=\boldsymbol{\frac{1}{2}\sqrt{\frac{21}{4}t^4-10t^3+5t^2}}$$

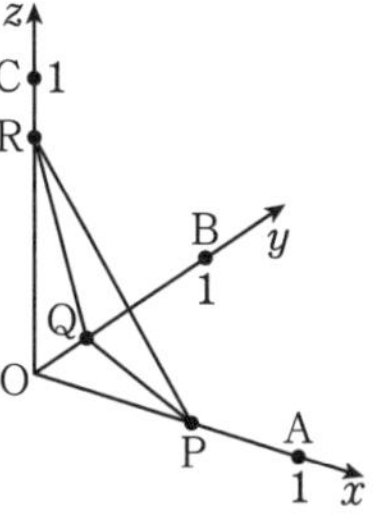

（2） （1）より，$0\leqq t\leqq\frac{1}{2}$ のとき $S(t)$ は単調に増加する．$\frac{1}{2}\leqq t\leqq 1$ のとき $f(t)=\frac{21}{4}t^4-10t^3+5t^2$ の増減を調べる．

$$f'(t)=21t^3-30t^2+10t=t(21t^2-30t+10)$$

x	$\frac{1}{2}$	$\cdots$	$\frac{15-\sqrt{15}}{21}$	$\cdots$	$\frac{15+\sqrt{15}}{21}$	$\cdots$	1
$f'(x)$		$+$	0	$-$	0	$+$	
$f(x)$		↗		↘		↗	

$$f\left(\frac{1}{2}\right)=\frac{21}{64}>f(1)=\frac{1}{4}=\frac{16}{64}$$

よって，$S(t)$ は $\boldsymbol{t=\frac{15-\sqrt{15}}{21}}$ のとき最大である．

《確率との融合 (B10)》

571．a は $0 \leqq a \leqq 18$ を満たす整数とする．18 本のくじの中に，当たりが a 本あり，はずれが $(18-a)$ 本ある．この 18 本のくじから 1 本を引き，引いたくじをもとに戻す．この試行を 6 回繰り返すとき，次の確率(＊)を $P(a)$ とする．

(＊) 1 回目と 6 回目がともに当たりであり，かつ 6 回の間に当たりが 3 回以上は続かない確率

次の問いに答えよ．

(1) $p=\frac{a}{18}$ とおくとき，$P(a)$ を p を用いて表せ．

(2) $0 \leqq a \leqq 18$ を満たす整数 a において，$P(a)$ が最大となる a の値を求めよ．

(23 弘前大・文系)

▶解答◀ (1) 当たりを引くことを○，はずれを引くことを×で表す．○の確率は p，×の確率は $1-p$ である．

(ア) ○が 2 回のとき

○××××○

で，確率は $p^2(1-p)^4$

(イ) ○が 3 回のとき

○○×××○，○×○××○，○××○×○，○×××○○

で，確率は $4p^3(1-p)^3$

(ウ) ○が 4 回のとき

○○×○×○，○○××○○，○×○○×○，○×○×○○

で，確率は $4p^4(1-p)^2$

$$P(a)=p^2(1-p)^4+4p^3(1-p)^3+4p^4(1-p)^2$$
$$=p^2(1-p)^2\{(1-p)^2+4p(1-p)+4p^2\}$$
$$=p^2(1-p)^2(1+2p+p^2)$$
$$=p^2(1-p)^2(1+p)^2=\boldsymbol{(p-p^3)^2}$$

(2) $f(p)=p-p^3\ (0 \leqq p \leqq 1)$ とおくと

$$f'(p)=1-3p^2$$

$p=\frac{1}{\sqrt{3}}$ のとき，$f(p) \geqq 0$ は極大かつ最大となる．

$\frac{a}{18}=\frac{1}{\sqrt{3}}$ のとき $a=6\sqrt{3}=10.39\cdots$ であり，

$$P(10)=\left(\frac{10}{18}\right)^2\left(1-\left(\frac{10}{18}\right)^2\right)^2$$
$$=\frac{1}{18^6}\cdot 10^2(18^2-10^2)^2$$
$$P(11)=\left(\frac{11}{18}\right)^2\left(1-\left(\frac{11}{18}\right)^2\right)^2$$
$$=\frac{1}{18^6}\cdot 11^2(18^2-11^2)^2$$
$$\frac{P(10)}{P(11)}=\frac{10^2\cdot 8^2\cdot 28^2}{11^2\cdot 7^2\cdot 29^2}=\frac{320^2}{319^2}>1$$

したがって，$P(a)$ が最大となる a の値は **10** である．

《極小と最小を論じる (B20) ☆》

572．a を実数の定数とする．関数

$f(x)=x^3+3x^2-6ax$

について，次の問に答えよ．

(1) $f(x)$ が極値をもたないような a の値の範囲を求めよ．

(2) $x=\frac{1}{2}$ において $f(x)$ が極小となるような a の値を求めよ．

(3) $-1 \leqq x \leqq 1$ における $f(x)$ の最小値を a を用いて表せ．

(23 香川大・創造工，法，教，医-臨床，農)

▶解答◀ (1) $f'(x)=3x^2+6x-6a$

$$=6\left(\frac{1}{2}(x^2+2x)-a\right)$$

$f(x)$ が極値をもたないのは $f'(x)$ が符号変化しないときで，$y=\frac{1}{2}(x^2+2x)$ と $y=a$ が大小を変えないときである．それは $\boldsymbol{a \leqq -\frac{1}{2}}$ のときである．

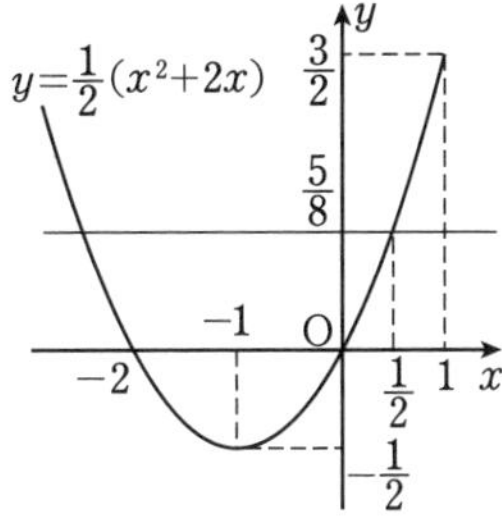

(2) f が極小になるのは

f の増減が ↘ ↗ となるときで，それは

f' の符号が $-\ +$ となるとき，そして

$\frac{1}{2}(x^2+2x)<a$ から $\frac{1}{2}(x^2+2x)>a$ になるとき，

つまり，曲線 $y=\frac{1}{2}(x^2+2x)$ が，直線 $y=a$ を左下か

ら右上に横切るときである．$a=\frac{5}{8}$ のときである．

（3） $-1<x<1$ で $y=\frac{1}{2}(x^2+2x)$ と $y=a$ の交点は多くても 1 個しかなく，それは $-\frac{1}{2}<a<\frac{3}{2}$ のときである．その交点の x で f は極小かつ最小になる．

$$f(x)=(x^2+2x-2a)(x+1)-(4a+2)x+2a$$

$x=-1+\sqrt{2a+1}$ のとき

$$f(x)=-(4a+2)(-1+\sqrt{2a+1})+2a$$
$$=6a+2-(4a+2)\sqrt{2a+1}$$

$$\begin{array}{r}
x+\ \ 1\qquad\qquad\quad \\
x^2+2x-2a\ \big)\ x^3+3x^2-\qquad 6ax \\
x^3+2x^2-\qquad 2ax \\
\hline
x^2-\qquad 4ax \\
x^2+\qquad 2x-2a \\
\hline
-(4a+2)x+2a
\end{array}$$

これ以外のときは区間の端で最小になる．

$f(1)=4-6a$，$f(-1)=6a+2$，

$f(-1)-f(1)=12a-2$

$a<\frac{1}{6}$ のとき $f(-1)<f(1)$，

$a>\frac{1}{6}$ のとき $f(-1)>f(1)$，

求める最小値は

$\boldsymbol{a\leqq-\frac{1}{2}}$ **のとき** $\boldsymbol{6a+2}$

$\boldsymbol{-\frac{1}{2}<a<\frac{3}{2}}$ **のとき** $\boldsymbol{6a+2-2(2a+1)\sqrt{2a+1}}$

$\boldsymbol{\frac{3}{2}\leqq a}$ **のとき** $\boldsymbol{4-6a}$

注意 【よくある解法】

（2）で，問題は極小を聞いているだけで，増減をすべて調べよと言っているわけではない．極小を論じればよいのだが，おそらく，このような解答を書ける人はほとんどいない．よくある解答を示そう．

◆別解◆ （1） $f(x)=x^3+3x^2-6ax$

$$f'(x)=3x^2+6x-6a=3(x^2+2x-2a)$$

$f(x)$ が極値をもたないとき，$f'(x)=0$ の判別式を D とすると

$$\frac{D}{4}=1+2a\leqq 0 \qquad \therefore\ \boldsymbol{a\leqq-\frac{1}{2}}$$

（2） $x=\frac{1}{2}$ で $f(x)$ が極小となるとき $f'\left(\frac{1}{2}\right)=0$

$$\frac{1}{4}+1-2a=0 \qquad \therefore\ a=\frac{5}{8}$$

$$f'(x)=3\left(x^2+2x-\frac{5}{4}\right)=3\left(x-\frac{1}{2}\right)\left(x+\frac{5}{2}\right)$$

x	$\cdots$	$-\frac{5}{2}$	$\cdots$	$\frac{1}{2}$	$\cdots$
$f'(x)$	$+$	0	$-$	0	$+$
$f(x)$	↗		↘		↗

確かに $x=\frac{1}{2}$ で極小となるから $a=\frac{5}{8}$

（4）（ア） $a\leqq-\frac{1}{2}$ のとき，$f'(x)\geqq 0$ であるから $f(x)$ は増加関数である．$x=-1$ で最小値 $f(-1)=6a+2$ をとる．

本解と同じようにグラフを描いて考えよ．

（イ） $-\frac{1}{2}<a<\frac{3}{2}$ のとき．$\beta=-1+\sqrt{2a+1}$ とおく．

x	-1	$\cdots$	β	$\cdots$	1
$f'(x)$		$-$	0	$+$	
$f(x)$		↘		↗	

$f(x)$ は $x=\beta$ で最小になる．

（ウ） $\frac{3}{2}\leqq a$ のとき．$-1<x<1$ で $\frac{1}{2}(x^2+2x)<a$ であるから $f'(x)<0$

$f(x)$ の最小値は $f(1)=4-6a$（以後省略）

《交角の sin (B20) ☆》

573. xy 平面上の曲線 $C:y=x^3-x$ を考える．実数 $t>0$ に対して，曲線 C 上の点 $\mathrm{A}(t,\ t^3-t)$ における接線を l とする．直線 l と直線 $y=-x$ の交点を B，三角形 OAB の外接円の中心を P とする．以下の問いに答えよ．

（1） 点 B の座標を t を用いて表せ．

（2） $\theta=\angle\mathrm{OBA}$ とする．$\sin^2\theta$ を t を用いて表せ．

（3） $f(t)=\frac{\mathrm{OP}}{\mathrm{OA}}$ とする．$t>0$ のとき，$f(t)$ を最小にする t の値と $f(t)$ の最小値を求めよ．

（23 九大・文系）

考え方 角の測り方は，B から x 軸に平行に右に線分を出し，そこから回る角で測る．偏角（へんかく，偏向角度，argument の訳である）という．左回りを正，右回りを負の角し，α,β は一般角で測るが tan の周期は π だから，$0<\beta-\alpha<\pi$ とするように適宜制限をする．$\theta=\beta-\alpha$ である．なお，今は $\theta=\frac{\pi}{2}$ になる点 A があるから注意せよ．

▶解答◀ （1） $f(x)=x^3-x$ とおく．

$f'(x)=3x^2-1$

$$l:y=(3t^2-1)(x-t)+t^3-t$$

$l:y=(3t^2-1)x-2t^3$ と $y=-x$ を連立すると $(3t^2-1)x-2t^3=-x$ となり $3t^2x=2t^3$ である，$t\neq 0$ であるから $x=\frac{2}{3}t$ であり，$\mathrm{B}\left(\boldsymbol{\frac{2}{3}t,\ -\frac{2}{3}t}\right)$ である．

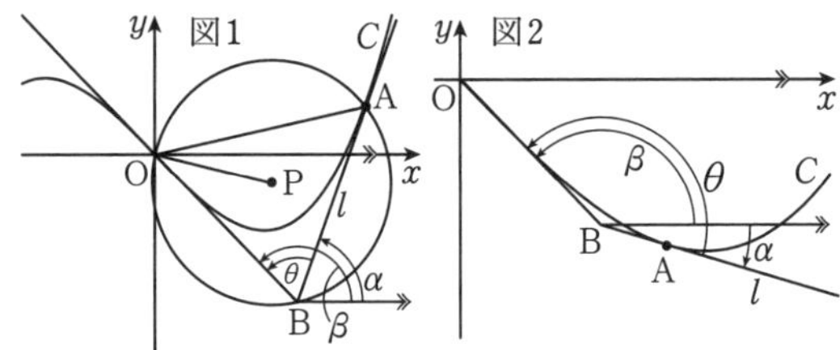

（**2**） $\cos^2\theta+\sin^2\theta=1$ を $\sin^2\theta$ で割り
$\dfrac{\cos^2\theta}{\sin^2\theta}+1=\dfrac{1}{\sin^2\theta}$ となる．BA，BO の偏角を $\alpha,\ \beta$ とする．$\tan\alpha=3t^2-1,\ \tan\beta=-1$ である．ただし $\theta=\beta-\alpha,\ 0<\theta<\pi$ である．

$$\frac{\cos\theta}{\sin\theta}=\frac{\cos(\beta-\alpha)}{\sin(\beta-\alpha)}=\frac{\cos\beta\cos\alpha+\sin\beta\sin\alpha}{\sin\beta\cos\alpha-\cos\beta\sin\alpha}$$

$$=\frac{1+\tan\beta\tan\alpha}{\tan\beta-\tan\alpha}=\frac{1+(-1)(3t^2-1)}{-1-(3t^2-1)}$$

$$\frac{\cos\theta}{\sin\theta}=\frac{3t^2-2}{3t^2}$$

$$\frac{\cos^2\theta}{\sin^2\theta}=\frac{(3t^2-2)^2}{9t^4} \quad\cdots\cdots\cdots\cdots\cdots\cdots\text{①}$$

$$\frac{\cos^2\theta}{\sin^2\theta}+1=\frac{(3t^2-2)^2}{9t^4}+1$$

$$\frac{1}{\sin^2\theta}=\frac{18t^4-12t^2+4}{9t^4}$$

$$\sin^2\theta=\boldsymbol{\frac{9t^4}{18t^4-12t^2+4}}$$

（**3**） OP は外接円の半径であるから，△OAB において正弦定理より $2\text{OP}=\dfrac{\text{OA}}{\sin\theta}$ である．$0<\theta<\pi$ のとき $0<\sin\theta\leqq 1$ であるから $\dfrac{\text{OP}}{\text{OA}}=\dfrac{1}{2\sin\theta}\geqq\dfrac{1}{2}$ である．等号は $\theta=\dfrac{\pi}{2}$ のときに成り立ち，そのとき①の値が 0 になるから $f(t)$ の最小値は $\boldsymbol{\dfrac{1}{2}}$，そのときの $t=\boldsymbol{\dfrac{\sqrt{6}}{3}}$ である．

注意 **【三角関数の公式と用語について】**

現在，日本の高校の教科書では教えられていないが $\dfrac{\cos\theta}{\sin\theta}=\cot\theta,\ \dfrac{1}{\sin\theta}=\operatorname{cosec}\theta$ と表し，順にコタンジェント，コセカントという．日本の高校の教科書では $\tan\theta=\dfrac{\tan\beta-\tan\alpha}{1+\tan\beta\tan\alpha}$ しか教えられていない．これは $\theta=\dfrac{\pi}{2}$ のときには使えない．また，θ を鋭角に制限した公式しか書いてない教科書すらあるが，本問では $0<\theta<\pi$ のすべてを取り得ることに注意せよ．θ が鋭角か鈍角かわからない問題，敢えて $\theta=\dfrac{\pi}{2}$ のときが答えになる問題を出している．検定教科書の不備をめがけて，矢を投げている．

《最小を論じる (B20) ☆》

574． p は $p\geqq 0$ を満たす定数とし，関数 $f(x)$ を

$$f(x)=\frac{1}{3}x^3-3x^2+(9-p^2)x$$

と定める．次の問いに答えよ．

（1） $p=1$ のとき，$y=f(x)$ のグラフをかけ．

（2） $f'(x)=0$ となる x の値を p を用いて表せ．

（3） $x\geqq 0$ において $f(x)$ が最小値をとる x の値を求めよ．（23　新潟大・前期）

▶解答◀ （1） $p=1$ のとき

$$f(x)=\frac{1}{3}x^3-3x^2+8x$$

$$f'(x)=x^2-6x+8=(x-2)(x-4)$$

x	$\cdots$	2	$\cdots$	4	$\cdots$
$f'(x)$	＋	0	－	0	＋
$f(x)$	↗		↘		↗

$$f(2)=\frac{8}{3}-12+16=\frac{20}{3}$$

$$f(4)=\frac{64}{3}-48+32=\frac{16}{3}$$

グラフは図 1 を見よ．

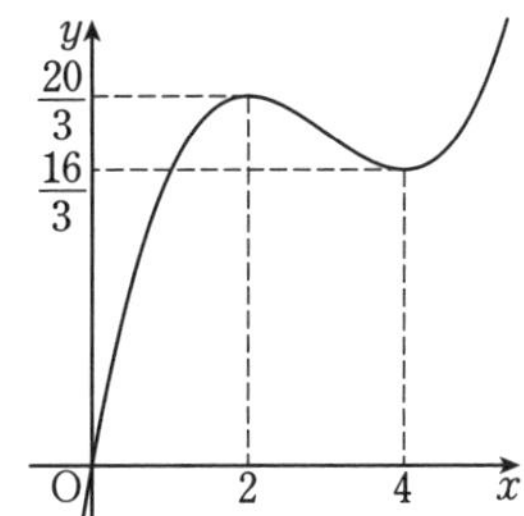

（**2**） $f(x)=\dfrac{1}{3}x^3-3x^2+(9-p^2)x$

$$f'(x)=x^2-6x+(9-p^2)$$

$$=\{x-(3+p)\}\{x-(3-p)\}$$

$f'(x)=0$ のとき $x=\boldsymbol{3+p,\ 3-p}$

（**3**） 図 2 を見よ．これは $p>0$ のときである．3 次関数のグラフは等間隔の長方形の太枠におさまっている．$p=0$ のときは極値は存在しないから $f(x)$ は増加関数で，$x=0$ で最小になる．

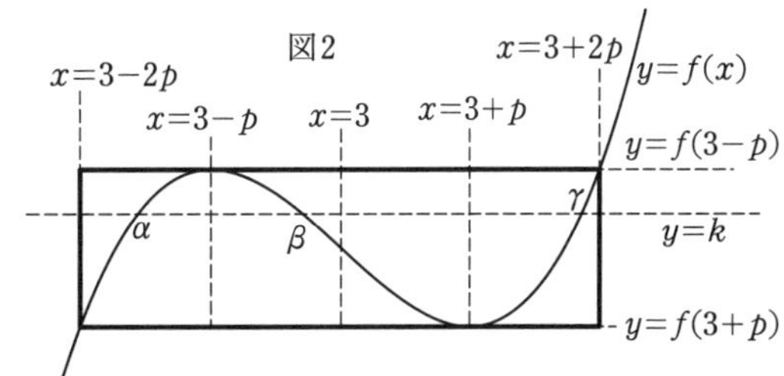

長方形の枠に収まることの説明をしておく．図 2 で，$f(x)=k$ の 3 解を $\alpha,\ \beta,\ \gamma$ として，解と係数の関係より

$\alpha+\beta+\gamma=9$ である．k が $f(3-p)$ に近づくと α, β は $3-p$ に近づいて，$3-p+3-p+\gamma=9$ で γ は $3+2p$ に近づく．k が $f(3+p)$ に近づくと β, γ は $3+p$ に近づいて，$\alpha+3+p+3+p=9$ で α は $3-2p$ に近づく．

最小値は，区間の端 $f(0)$ または極小値（の候補，繰り返すが $p=0$ だと極値はない）$f(3+p)$ のいずれかでとる．$f(3+p)=f(3-2p)$ であるから，$3-2p$ と 0 の左右で比べる．

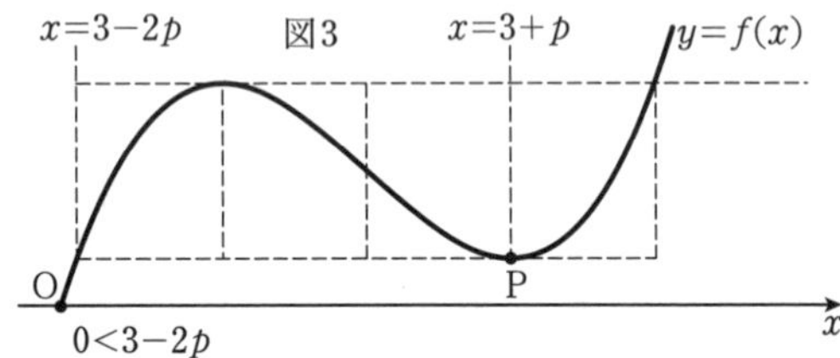

$0<3-2p$ のとき $x=0$ で最小になる．図 3 で，O の方が P より低い位置にある．

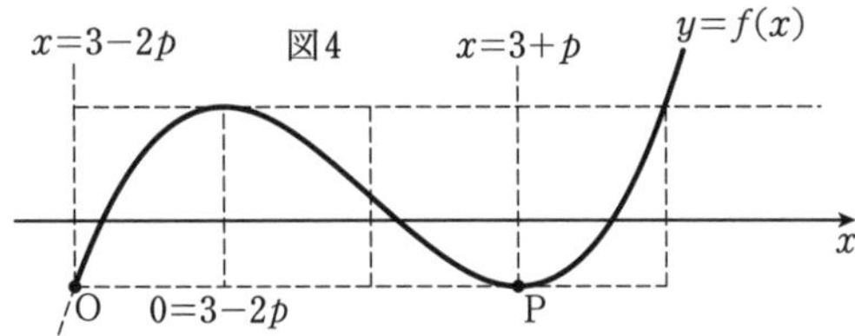

$0=3-2p$ のとき $x=0, 3+p$ で最小になる．図 4 で，O と P は左右の高さが等しい．

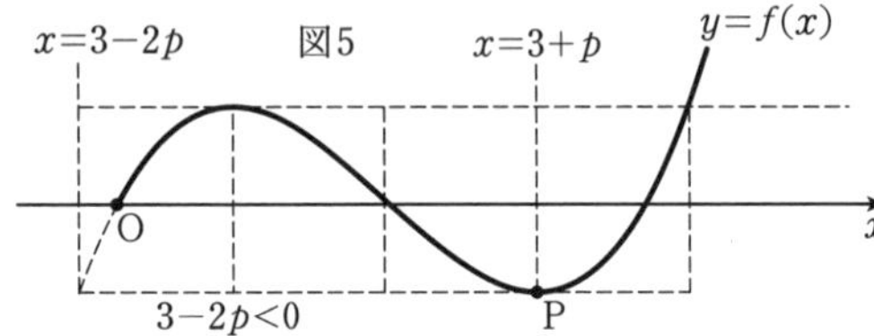

$3-2p<0$ のとき $x=3+p$ で最小になる．図 5 で，P の方が O より低い位置にある．

$\boldsymbol{0 \leqq p < \dfrac{3}{2}}$ **のとき** $\boldsymbol{x=0}$ **で最小になる．**

$\boldsymbol{p=\dfrac{3}{2}}$ **のとき** $\boldsymbol{x=0, \dfrac{9}{2}}$ **で最小になる．**

$\boldsymbol{p>\dfrac{3}{2}}$ **のとき** $\boldsymbol{x=3+p}$ **で最小になる．**

◆別解◆（3）

（ア）$p=0$ のとき

$f'(x)=(x-3)^2 \geqq 0$ であるから，$f(x)$ は増加関数である．よって $x=0$ のとき $f(x)$ は最小値をとる．

（イ）$p>0$ かつ $0 \leqq 3-p$ つまり $0<p \leqq 3$ のとき

x	0	$\cdots$	$3-p$	$\cdots$	$3+p$	$\cdots$
$f'(x)$		$+$	0	$-$	0	$+$
$f(x)$		↗		↘		↗

$f(0)=0$

$$f(3+p)=\frac{1}{3}(3+p)^3-3(3+p)^2+(9-p^2)(3+p)$$
$$=-\frac{1}{3}(p+3)^2\{-(p+3)+9-3(3-p)\}$$
$$=-\frac{1}{3}(p+3)^2(2p-3)$$

増減表より最小値は $f(0)$ か $f(3+p)$ のいずれかであり $0<p \leqq \dfrac{3}{2}$ のとき $f(3+p) \geqq 0$，$\dfrac{3}{2}<p<3$ のとき $f(3+p)<0$ であるから，$0<p \leqq \dfrac{3}{2}$ のとき，$f(x)$ は $x=0$ で最小値をとり，$\dfrac{3}{2} \leqq p<3$ のとき，$f(x)$ は $x=3+p$ で最小値をとる．

（ウ）$3-p \leqq 0$ つまり $3 \leqq p$ のとき

x	0	$\cdots$	$3+p$	$\cdots$
$f'(x)$		$-$	0	$+$
$f(x)$		↘		↗

増減表より $x=3+p$ のとき $f(x)$ は最小値をとる．

$\boldsymbol{0 \leqq p < \dfrac{3}{2}}$ **のとき** $\boldsymbol{x=0}$ **で最小になる．**

$\boldsymbol{p=\dfrac{3}{2}}$ **のとき** $\boldsymbol{x=0, \dfrac{9}{2}}$ **で最小になる．**

$\boldsymbol{p>\dfrac{3}{2}}$ **のとき** $\boldsymbol{x=3+p}$ **で最小になる．**

《外接円の半径（B20）》

575． 実数 t が $0<t<1$ をみたすとする．座標平面上の 3 点 $\mathrm{O}(0, 0)$，$\mathrm{A}(\sqrt{t}, t)$，$\mathrm{B}(0, -t+1)$ を考える．以下の問いに答えなさい．

（1）$\mathrm{OC}=\mathrm{AC}=\mathrm{BC}$ となる点 C の座標を t を用いて表しなさい．

（2）3 点 O，A，B を通る円の面積 $S(t)$ を求めなさい．

（3）実数 t が $0<t<1$ の範囲を動くとき，$S(t)$ の最小値を求めなさい．また，そのときの t の値を求めなさい．（23　都立大・文系）

▶解答◀（1）$\mathrm{C}(x, y)$ とおく．

$\mathrm{OC}=\mathrm{AC}$，$\mathrm{OC}=\mathrm{BC}$ より

$$x^2+y^2=(x-\sqrt{t})^2+(y-t)^2 \quad \cdots\cdots ①$$
$$x^2+y^2=x^2+(y+t-1)^2 \quad \cdots\cdots ②$$

② より

$$y^2=y^2+2(t-1)y+(t-1)^2$$
$$y=\frac{1-t}{2}$$

① より

$$x^2+y^2=x^2-2\sqrt{t}x+t+y^2-2ty+t^2$$
$$2\sqrt{t}x=t-2t\cdot\frac{1-t}{2}+t^2$$

$$2\sqrt{t}x = 2t^2 \qquad \therefore \quad x = t\sqrt{t}$$

C の座標は $\left(\boldsymbol{t\sqrt{t}, \dfrac{1-t}{2}}\right)$ である．

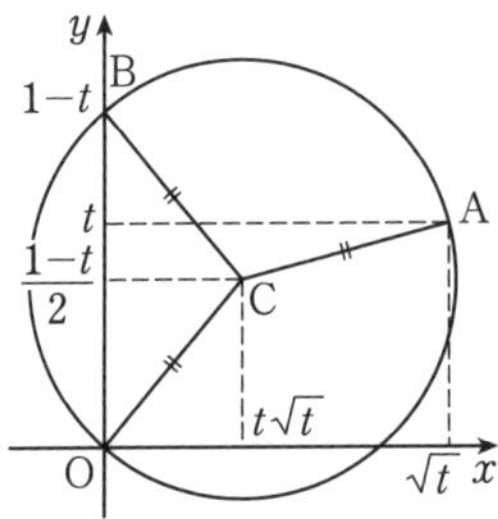

（２） 円の半径を r とすると

$$r^2 = \mathrm{OC}^2 = (t\sqrt{t})^2 + \left(\frac{1-t}{2}\right)^2 \quad \cdots\cdots③$$

$$= t^3 + \frac{1}{4}t^2 - \frac{1}{2}t + \frac{1}{4}$$

$$\boldsymbol{S(t) = \pi\left(t^3 + \frac{1}{4}t^2 - \frac{1}{2}t + \frac{1}{4}\right)}$$

（３） $\dfrac{S'(t)}{\pi} = 3t^2 + \dfrac{1}{2}t - \dfrac{1}{2}$

$$= \frac{1}{2}(6t^2 + t - 1) = \frac{1}{2}(3t-1)(2t+1)$$

t	0	$\cdots$	$\frac{1}{3}$	$\cdots$	1
$S'(t)$		$-$	0	$+$	
$S(t)$		↘		↗	

$\boldsymbol{t = \frac{1}{3}}$ のとき，最小値 $S\left(\frac{1}{3}\right) = \left(\frac{1}{27} + \frac{1}{9}\right)\pi = \boldsymbol{\frac{4}{27}\pi}$

最後の代入は ③ を使った．

注意 **【三角形の外心】**

C は △OAB の外心であるから，辺 OB の垂直二等分線上にある．C の y 座標が $\dfrac{1-t}{2}$ であることはすぐ分かる．

《対称に移動してみよ (B20) ☆》

576． $0 \leqq \theta \leqq \pi$ を満たす実数 θ に対して，

$$A(\theta) = (\cos^2\theta - \sin^2\theta)^2$$

$$B(\theta) = (\cos^3\theta - \sin^3\theta)^2$$

$$C(\theta) = (\cos^4\theta + \sin^4\theta)^2$$

とする．$x = \sin\theta\cos\theta$ とおく．次の問いに答えよ．

（１） x のとり得る値の範囲を求めよ．

（２） $A(\theta), B(\theta), C(\theta)$ をそれぞれ x の式で表せ．

（３） $A(\theta) + B(\theta) - 2C(\theta)$ を x で表した式を $f(x)$ とおく．x が（１）で求めた範囲を動くとき，$f(x)$ が最大となる x の値を求めよ．

（23　横浜国大・経済，経営）

▶解答◀ （１） $x = \dfrac{1}{2}\sin 2\theta$

$0 \leqq 2\theta \leqq 2\pi$ であるから，$\boldsymbol{-\frac{1}{2} \leqq x \leqq \frac{1}{2}}$

（２） $\cos\theta = c, \sin\theta = s$ とおく．$x = sc$ である．

$$A(\theta) = (c^2 - s^2)^2$$

$$= (c^2 + s^2)^2 - 4s^2c^2 = \boldsymbol{1 - 4x^2}$$

$$B(\theta) = (c^3 - s^3)^2 = c^6 + s^6 - 2s^3c^3$$

$$= (c^2 + s^2)^3 - 3s^2c^2(c^2 + s^2) - 2s^3c^3$$

$$= \boldsymbol{1 - 3x^2 - 2x^3}$$

$$C(\theta) = (c^4 + s^4)^2$$

$$= ((c^2 + s^2)^2 - 2s^2c^2)^2 = \boldsymbol{(1 - 2x^2)^2}$$

（３） $f(x) = A(\theta) + B(\theta) - 2C(\theta)$

$$= 1 - 4x^2 + 1 - 3x^2 - 2x^3 - 2(1 - 2x^2)^2$$

$$= -8x^4 - 2x^3 + x^2$$

$$f'(x) = -32x^3 - 6x^2 + 2x$$

$$= -2x(16x^2 + 3x - 1)$$

$16x^2 + 3x - 1 = 0$ を解いて $x = \dfrac{-3 \pm \sqrt{73}}{32}$

$\alpha = \dfrac{-3 - \sqrt{73}}{32}$, $\beta = \dfrac{-3 + \sqrt{73}}{32}$ とおくと，

$-\dfrac{1}{2} < \alpha < \beta < \dfrac{1}{2}$ である．

「最大値を求めよ」と言われているわけではない．最大になる x を求めるだけである．$0 < x < \dfrac{1}{2}$ のとき，

$$f(-x) - f(x)$$

$$= (-8x^4 + 2x^3 + x^2) - (-8x^4 - 2x^3 + x^2)$$

$$= 4x^3 > 0$$

図より $f(\beta) < f(\alpha)$ であり $x = \boldsymbol{\dfrac{-3 - \sqrt{73}}{32}}$ で最大になる．

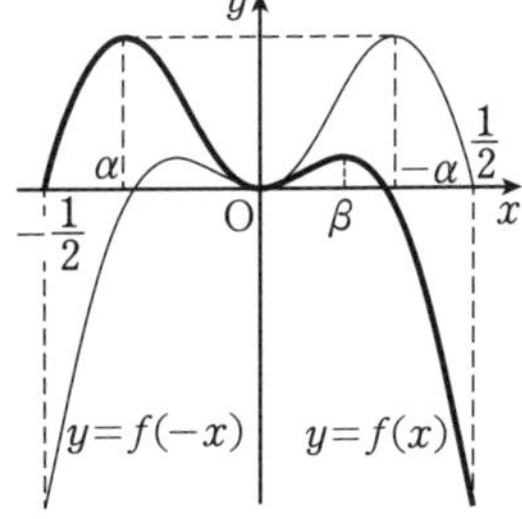

x	$-\frac{1}{2}$	$\cdots$	α	$\cdots$	0	$\cdots$	β	$\cdots$	$\frac{1}{2}$
$f'(x)$		$+$	0	$-$	0	$+$	0	$-$	
$f(x)$		↗		↘		↗		↘	

注意 **【極値を求める】**

$$f(x) = (16x^2 + 3x - 1)\left(-\frac{1}{2}x^2 - \frac{x}{32} + \frac{19}{512}\right)$$

$$-\frac{73}{512}x + \frac{19}{512}$$

$x=\alpha, \beta$ では $16x^2+3x-1=0$ が成り立つ．

$$f(\alpha)=-\frac{73}{512}\alpha+\frac{19}{512},\ f(\beta)=-\frac{73}{512}\beta+\frac{19}{512}$$

$\alpha<\beta$ であるから $f(\alpha)>f(\beta)$ である．$f(x)$ の最大値を与える x は $\alpha=\boldsymbol{\frac{-3-\sqrt{73}}{32}}$ である．

$$
\begin{array}{rl}
 & -\frac{1}{2}x^2 - \frac{x}{32} + \frac{19}{512} \\
16x^2+3x-1 \,\big) & -8x^4 - 2x^3 + x^2 \\
 & -8x^4 - \frac{3}{2}x^3 + \frac{1}{2}x^2 \\
\hline
 & -\frac{1}{2}x^3 + \frac{1}{2}x^2 \\
 & -\frac{1}{2}x^3 - \frac{3}{32}x^2 + \frac{x}{32} \\
\hline
 & \frac{19}{32}x^2 - \frac{x}{32} \\
 & \frac{19}{32}x^2 + \frac{57}{512}x - \frac{19}{512} \\
\hline
 & -\frac{73}{512}x + \frac{19}{512}
\end{array}
$$

《和と積 (B10) ☆》

577． 実数 x, y が $x^2-xy+y^2-1=0$ を満たすとする．また，$t=x+y$ とおく．このとき，次の問いに答えよ．

（1） xy を t を用いて表せ．

（2） t のとる値の範囲を求めよ．

（3） $3x^2y+3xy^2+x^2+y^2+5xy-6x-6y+1$ のとる値の範囲を求めよ． （23 高知大・教育）

▶解答◀ （1） $x^2-xy+y^2-1=0$

$$(x+y)^2-3xy-1=0$$

$$t^2-3xy-1=0 \qquad \therefore\quad xy=\boldsymbol{\frac{t^2-1}{3}}$$

（2） x, y は X についての次の 2 次方程式の実数解である．

$$X^2-tX+\frac{t^2-1}{3}=0$$

判別式について

$$t^2-\frac{4}{3}(t^2-1)=\frac{4}{3}-\frac{t^2}{3}\geqq 0$$

$$t^2\leqq 4$$

$$\boldsymbol{-2\leqq t\leqq 2}$$

（3） $3x^2y+3xy^2+x^2+y^2+5xy-6x-6y+1$

$$=3xy(x+y)+(x+y)^2+3xy-6(x+y)+1$$

$$=3\cdot\frac{t^2-1}{3}\cdot t+t^2+3\cdot\frac{t^2-1}{3}-6t+1$$

$$=t^3+2t^2-7t$$

$F(t)=t^3+2t^2-7t$ とおく．

$$F'(t)=3t^2+4t-7=(3t+7)(t-1)$$

t	-2	$\cdots$	1	$\cdots$	2
$F'(t)$		$-$	0	$+$	
$F(t)$		↘		↗	

$$F(-2)=14,\ F(2)=2,\ F(1)=-4$$

$\boldsymbol{-4\leqq F(t)\leqq 14}$ である．

《三角形の面積 (B10)》

578． xy 平面上に放物線 $C: y=x^2$ がある．放物線 C 上に点 A$(-1, 1)$, B$(4, 16)$ をとる．

（1） 直線 AB の方程式は $y=\square x+\square$ である．

（2） 放物線 C 上に x 座標が t である点 P をとり，直線 AB 上に x 座標が t である点 Q をとる．t が $-1<t<4$ の範囲を動くとき，△APQ の面積の最大値は $\frac{\square}{\square}$ であり，そのときの t の値は $\frac{\square}{\square}$ である． （23 青学大・社会情報）

▶解答◀ （1） $y-1=\frac{16-1}{4+1}(x+1)$

$$\boldsymbol{y=3x+4}$$

（2） △APQ の面積 $S(t)$ は

$$S(t)=\frac{1}{2}\{t-(-1)\}\cdot \text{PQ}$$

$$=\frac{1}{2}(t+1)\{(3t+4)-t^2\}$$

$$=\frac{1}{2}(-t^3+2t^2+7t+4)$$

$$S'(t)=\frac{1}{2}(-3t^2+4t+7)$$

$$=\frac{1}{2}(1+t)(7-3t)$$

t	-1	$\cdots$	$\frac{7}{3}$	$\cdots$	4
$S'(t)$		$+$	0	$-$	
$S(t)$		↗		↘	

S が最大となるのは $t=\boldsymbol{\frac{7}{3}}$ のときであり，最大値は

$$S\left(\frac{7}{3}\right)=\frac{1}{2}\cdot\frac{10}{3}\cdot\left(7+4-\frac{49}{9}\right)$$

$$=\frac{1}{2}\cdot\frac{10}{3}\cdot\frac{50}{9}=\boldsymbol{\frac{250}{27}}$$

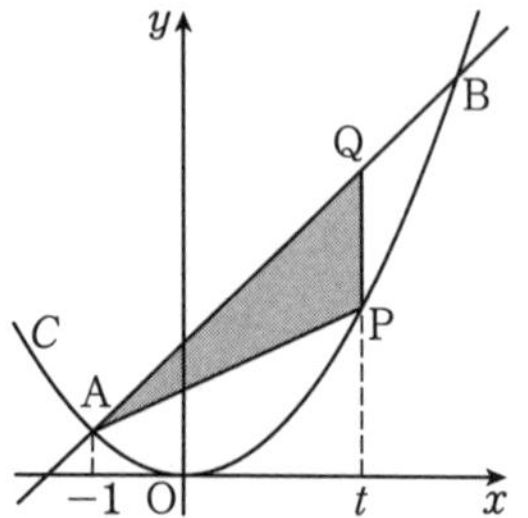

《三角関数・和で表す (B10)》

579. 関数

$y = 2(\sin^3 x + \cos^3 x) + 8\sin x\cos x + 5$

$(0 \leqq x < 2\pi)$

を考える．$\sin x + \cos x = t$ とおく．

（1） y を t の式で表すと

$y = \square t^3 + \square t^2 + \square t + \square$

である．

（2） 関数 y は $t = \dfrac{\square}{\square}$ において最小値 $\dfrac{\square}{\square}$ をとる．

（3） 関数 y は $x = \dfrac{\square}{\square}\pi$ において最大値 $\square + \sqrt{\square}$ をとる．　（23　上智大・文系）

▶解答◀ （1） $t = \sin x + \cos x$ より

$t^2 = (\sin x + \cos x)^2 = 1 + 2\sin x\cos x$

$2\sin x\cos x = t^2 - 1$

よって

$$\begin{aligned}
y &= 2(\sin^3 x + \cos^3 x) + 8\sin x\cos x + 5\\
&= 2(\sin x + \cos x)(\sin^2 x - \sin x\cos x + \cos^2 x)\\
&\qquad +8\sin x\cos x + 5\\
&= 2(\sin x + \cos x) - 2(\sin x + \cos x)\sin x\cos x\\
&\qquad +8\sin x\cos x + 5\\
&= 2t - t(t^2 - 1) + 4(t^2 - 1) + 5\\
&= \boldsymbol{-t^3 + 4t^2 + 3t + 1}
\end{aligned}$$

（2） $t = \sin x + \cos x = \sqrt{2}\sin\left(x + \dfrac{\pi}{4}\right)$

で $0 \leqq x < 2\pi$ より $\dfrac{\pi}{4} \leqq x + \dfrac{\pi}{4} < \dfrac{9}{4}\pi$ である．

したがって，$-\sqrt{2} \leqq t \leqq \sqrt{2}$

$f(t) = -t^3 + 4t^2 + 3t + 1$ とおく．

$f'(t) = -3t^2 + 8t + 3 = -(3t+1)(t-3)$

t	$-\sqrt{2}$	$\cdots$	$-\frac{1}{3}$	$\cdots$	$\sqrt{2}$
$f'(t)$		$-$	0	$+$	
$f(t)$		↘		↗	

$f(-\sqrt{2}) = 2\sqrt{2} + 8 - 3\sqrt{2} + 1 = 9 - \sqrt{2}$

$f\left(-\dfrac{1}{3}\right) = \dfrac{1}{27} + \dfrac{4}{9} - 1 + 1 = \dfrac{13}{27}$

$f(\sqrt{2}) = -2\sqrt{2} + 8 + 3\sqrt{2} + 1 = 9 + \sqrt{2}$

ゆえに $t = \boldsymbol{-\dfrac{1}{3}}$ のとき最小値 $\boldsymbol{\dfrac{13}{27}}$ をとる．

（3） $t = \sqrt{2}$ のとき最大値 $\boldsymbol{9 + \sqrt{2}}$ をとる．

このとき $\sqrt{2}\sin\left(x + \dfrac{\pi}{4}\right) = \sqrt{2}$ であるから

$\sin\left(x + \dfrac{\pi}{4}\right) = 1$

$\dfrac{\pi}{4} \leqq x + \dfrac{\pi}{4} < \dfrac{9}{4}\pi$ であるから

$x + \dfrac{\pi}{4} = \dfrac{\pi}{2}$　　$\therefore\ x = \boldsymbol{\dfrac{1}{4}\pi}$

《円柱の体積 (A10) ☆》

580. x, y を正の実数とする．円柱の底面の周の長さが x，高さが y であり，$2x + y = 6\pi$ を満たすとする．このとき，円柱の体積 V を x を用いて表せ．また，V の最大値を求めよ．

（23　愛媛大・工，農，教）

▶解答◀ $y = 6\pi - 2x$ であり

$$\begin{aligned}
V &= \pi\cdot\left(\frac{x}{2\pi}\right)^2\cdot y = \frac{1}{4\pi}x^2 y\\
&= \frac{1}{4\pi}x^2(6\pi - 2x) = \boldsymbol{-\frac{1}{2\pi}x^3 + \frac{3}{2}x^2}
\end{aligned}$$

$V' = -\dfrac{3}{2\pi}x^2 + 3x = -\dfrac{3}{2\pi}x(x - 2\pi)$

$y > 0$ であるから $0 < x < 3\pi$ で V の増減表は次のようになる．

x	0	$\cdots$	2π	$\cdots$	3π
V'		$+$	0	$-$	
V		↗		↘	

V は $x = 2\pi$ のとき最大値 $\dfrac{1}{4\pi}\cdot 4\pi^2\cdot 2\pi = \boldsymbol{2\pi^2}$ をとる．

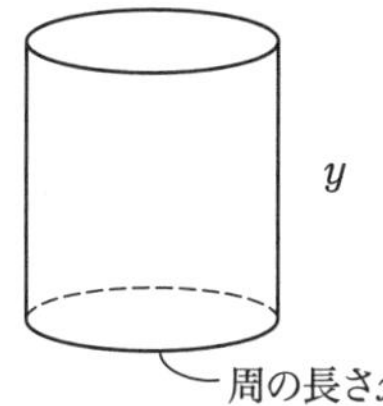

《円錐の体積 (B10)》

581. 図のように，半径 3 の円形の紙から中心角 θ の扇形を切り取り，直円錐の側面をつくる．

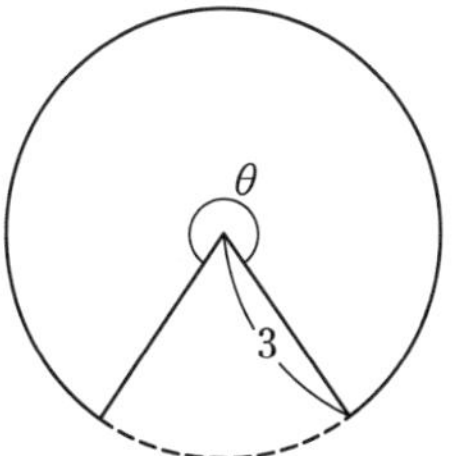

（1） 直円錐の底面の半径 a を高さ h で表すと，

$a = \left(\square - h^2\right)^{\frac{1}{\square}}$ である．

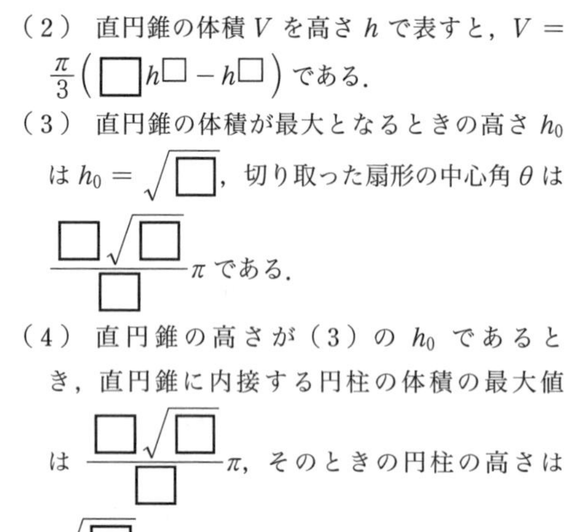

(2) 直円錐の体積 V を高さ h で表すと，$V=\dfrac{\pi}{3}\left(\square h^{\square}-h^{\square}\right)$ である．

(3) 直円錐の体積が最大となるときの高さ h_0 は $h_0=\sqrt{\square}$，切り取った扇形の中心角 θ は $\dfrac{\square\sqrt{\square}}{\square}\pi$ である．

(4) 直円錐の高さが (3) の h_0 であるとき，直円錐に内接する円柱の体積の最大値は $\dfrac{\square\sqrt{\square}}{\square}\pi$，そのときの円柱の高さは $\dfrac{\sqrt{\square}}{\square}$ である．ただし，直円錐の底面と円柱の一つの底面は同一平面上にあるものとする．

(23 東京薬大)

▶解答◀ (1) 三平方の定理より

$$a^2+h^2=9 \qquad \therefore\ a=\boldsymbol{(9-h^2)^{\frac{1}{2}}}$$

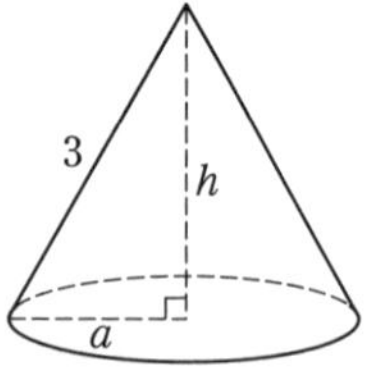

(2) $V=\dfrac{1}{3}\pi a^2h=\dfrac{\pi}{3}(9-h^2)h=\boldsymbol{\dfrac{\pi}{3}(9h-h^3)}$

(3) $V'=\pi(3-h^2)$

$a^2=9-h^2>0$ で $0<h<3$ である．

V の増減表は次のようになる．

h	0	$\cdots$	$\sqrt{3}$	$\cdots$	3
V'		$+$	0	$-$	
V		↗		↘	

V が最大となるときの h は $h_0=\boldsymbol{\sqrt{3}}$ で $a=\sqrt{6}$ である．扇形の弧の長さと底面の円周が等しいから

$$3\theta=2\pi a$$

$$\theta=\frac{2}{3}\pi a=\boldsymbol{\frac{2\sqrt{6}}{3}\pi}$$

(4) 直円錐に内接する円柱の体積を W，高さを l，底面の円の半径を r とおくと

$$\left(\sqrt{3}-l\right):r=\sqrt{3}:\sqrt{6}$$

$$r=\sqrt{6}-\sqrt{2}l$$

$$W=\pi r^2l=\pi\left(\sqrt{6}-\sqrt{2}l\right)^2l$$

$$=\pi(2l^3-4\sqrt{3}l^2+6l)$$

$$W'=\pi\left(6l^2-8\sqrt{3}l+6\right)$$

$$=2\pi\left(l-\sqrt{3}\right)\left(3l-\sqrt{3}\right)$$

$r>0$ であるから，$\sqrt{6}-\sqrt{2}l>0$ で $0<l<\sqrt{3}$ である．

W の増減表は次のようになる．

l	0	$\cdots$	$\dfrac{\sqrt{3}}{3}$	$\cdots$	$\sqrt{3}$
W'		$+$	0	$-$	
W		↗		↘	

W は $l=\boldsymbol{\dfrac{\sqrt{3}}{3}}$ のとき最大値

$\pi\left(\dfrac{2\sqrt{6}}{3}\right)^2\cdot\dfrac{\sqrt{3}}{3}=\boldsymbol{\dfrac{8\sqrt{3}}{9}\pi}$ をとる．

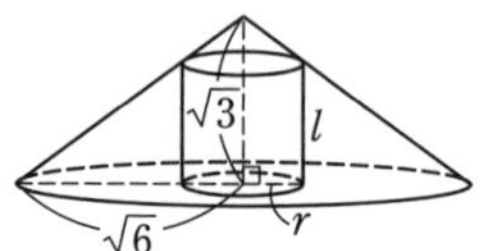

《直方体容積の最大 (B10) ☆》

582. 1辺が24cmの正方形の紙の四隅から，合同な正方形を切り取った残りで，ふたのない直方体を作る．切り取る正方形の1辺が $\square$ cmのとき直方体の容積が最大となり，その容積は $\square$ cm³ である．

(23 愛知大)

▶解答◀ 切り取る正方形の1辺を x cm とすると，$0<x<12$ である．

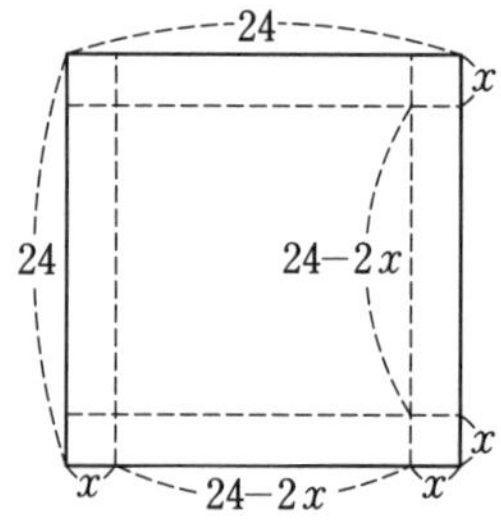

直方体の容積を $f(x)$ cm³ とすると

$$f(x)=x(24-2x)^2=4x(x-12)^2$$

$$=4(x^3-24x^2+144x)$$

$$f'(x)=4(3x^2-48x+144)=12(x-4)(x-12)$$

x	0	$\cdots$	4	$\cdots$	12
$f'(x)$		$+$	0	$-$	
$f(x)$		↗		↘	

よって，$\boldsymbol{x=4}$ のとき $f(x)$ は最大となり，最大値は

$$f(4)=4\cdot4\cdot(-8)^2=\mathbf{1024}\ \mathrm{cm}^3$$

《六角柱の容積の最大 (B20)》

583. 1辺の長さが6の正六角形の紙がある．この紙の六つの隅を図のように切り取った残りを使って1辺の長さが a で高さが x の正六角柱のふたのない箱を作る．このとき，次の各問に答えよ．

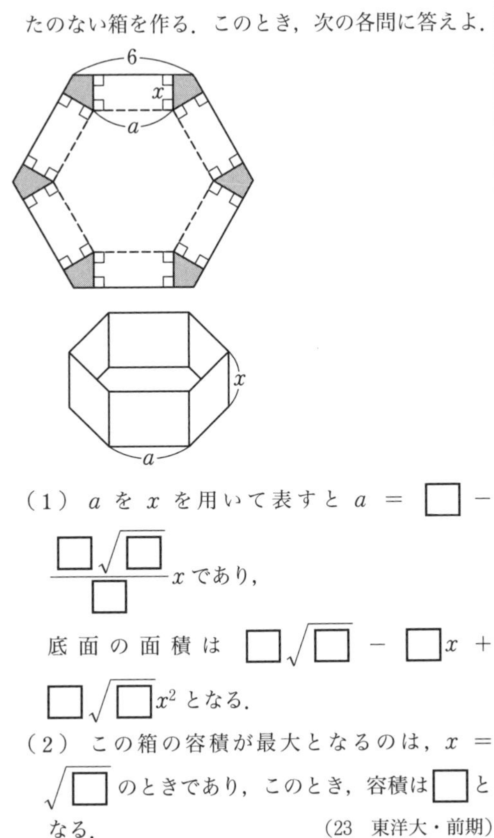

（1） a を x を用いて表すと $a=\square-\dfrac{\square\sqrt{\square}}{\square}x$ であり，

底面の面積は $\square\sqrt{\square}-\square x+\square\sqrt{\square}x^2$ となる．

（2） この箱の容積が最大となるのは，$x=\sqrt{\square}$ のときであり，このとき，容積は $\square$ となる．

（23　東洋大・前期）

▶解答◀　（1） $a=6-\dfrac{x}{\sqrt{3}}\cdot 2$

$$=\mathbf{6-\frac{2\sqrt{3}}{3}x}$$

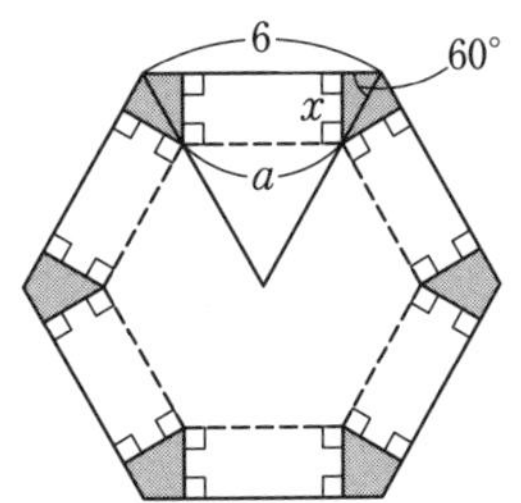

底面は1辺の長さが a の正三角形が6個あると考えて，求める面積 S は

$$S=\frac{\sqrt{3}}{4}a^2\cdot 6=\frac{3\sqrt{3}}{2}a^2=\frac{3\sqrt{3}}{2}\left(6-\frac{2\sqrt{3}}{3}x\right)^2$$

$$=\mathbf{54\sqrt{3}-36x+2\sqrt{3}x^2}$$

（2） 箱の体積 $V(x)$ は

$$V(x)=Sx=2\sqrt{3}x^3-36x^2+54\sqrt{3}x$$

$$V'(x)=6\sqrt{3}x^2-72x+54\sqrt{3}=6(x-\sqrt{3})(\sqrt{3}x-9)$$

$a>0$ より $6-\dfrac{2\sqrt{3}}{3}x>0$ だから $0<x<3\sqrt{3}$

x	0	$\cdots$	$\sqrt{3}$	$\cdots$	$3\sqrt{3}$
$V'(x)$		$+$	0	$-$	
$V(x)$		↗		↘	

$x=\sqrt{3}$ のとき最大で最大値は

$$V(\sqrt{3})=18-108+162=\mathbf{72}$$

【微分と方程式（数II）】

《4次方程式（B20）☆》

584. 方程式 $\dfrac{x^4}{4}-x^3-x^2+6x=c$ が異なる4つの実数解を持つように定数 c の値の範囲を定めなさい．　（23　福島大・人間発達文化）

▶解答◀　$f(x)=\dfrac{x^4}{4}-x^3-x^2+6x$ とおく．

$$f'(x)=x^3-3x^2-2x+6=(x-3)(x^2-2)$$
$$=(x-3)(x-\sqrt{2})(x+\sqrt{2})$$

であるから，$f(x)$ の増減表は次のようになる．

x	$\cdots$	$-\sqrt{2}$	$\cdots$	$\sqrt{2}$	$\cdots$	3	$\cdots$
$f'(x)$	$-$	0	$+$	0	$-$	0	$+$
$f(x)$	↘		↗		↘		↗

$$f(-\sqrt{2})=1+2\sqrt{2}-2-6\sqrt{2}=-1-4\sqrt{2}$$
$$f(\sqrt{2})=1-2\sqrt{2}-2+6\sqrt{2}=-1+4\sqrt{2}$$
$$f(3)=\frac{81}{4}-27-9+18=\frac{81}{4}-18=\frac{9}{4}$$

であるから，$y=f(x)$ のグラフは図のようになる．

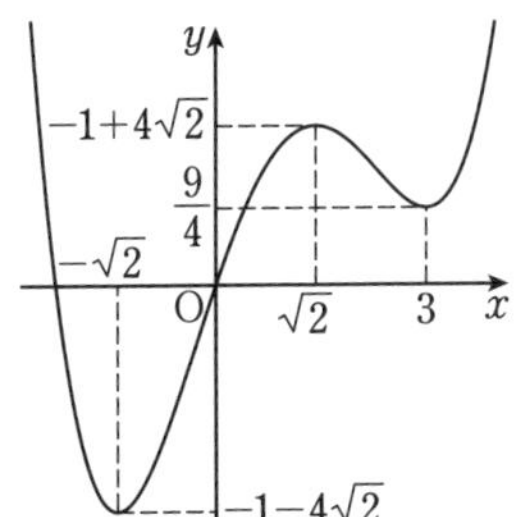

曲線 $y=f(x)$ と直線 $y=c$ の共有点が4個ある c の範囲は

$$\mathbf{\frac{9}{4}<c<-1+4\sqrt{2}}$$

《共通接線（B20）☆》

585. a を正の実数とする．2つの曲線

$C_1: y=x^3+2ax^2$

および $C_2: y=3ax^2-\dfrac{3}{a}$

の両方に接する直線が存在するような a の範囲を求めよ．　（23　一橋大・前期）

▶解答◀ $y=x^3+2ax^2$ のとき，

$y'=3x^2+4ax$ であるから，C_1 の $x=t$ における接線の方程式は

$$y=(3t^2+4at)(x-t)+t^3+2at^2$$

$$y=(3t^2+4at)x-2t^3-2at^2$$

$C_2 : y=3ax^2-\dfrac{3}{a}$ と連立して

$$3ax^2-\frac{3}{a}=(3t^2+4at)x-2t^3-2at^2$$

$$3ax^2-(3t^2+4at)x+2t^3+2at^2-\frac{3}{a}=0$$

これが重解をもつ条件は，(判別式) $=0$ であり

$$(3t^2+4at)^2-12a\left(2t^3+2at^2-\frac{3}{a}\right)=0$$

$$9t^4-8a^2t^2+36=0$$

これを満たす実数 t が存在する条件を求める．$u=t^2$ とおくと，$u\geqq 0$ であり

$$9u^2-8a^2u+36=0 \quad \cdots\cdots①$$

であるから，これを満たす $u\geqq 0$ の存在条件を求める．判別式を D とし，$f(u)=9u^2-8a^2u+36$ とおく．

$$f(0)=36>0,\ 軸 : u=\frac{4}{9}a^2>0$$

であることに注意すると，$D\geqq 0$ が条件で

$$\frac{D}{4}=16a^4-324=4(4a^4-81)\geqq 0$$

$$a^4\geqq\frac{81}{4} \qquad \therefore\ \boldsymbol{a\geqq\frac{3}{\sqrt{2}}}$$

◆別解◆ ① より $u\neq 0$ であり，文字定数を分離して

$$8a^2=9u+\frac{36}{u} \quad \cdots\cdots②$$

$g(u)=9u+\dfrac{36}{u}$ とおく．$u>0$ のとき，相加相乗平均の不等式を用いて

$$g(u)\geqq 2\sqrt{9u\cdot\frac{36}{u}}=2\cdot 18=36$$

等号成立は $9u=\dfrac{36}{u}$，すなわち $u=2$ のときである．これと $\displaystyle\lim_{u\to+\infty}g(u)=+\infty$ より $g(u)$ の値域は $g(u)\geqq 36$ であるから ② を満たす $u>0$ の存在条件は

$$8a^2\geqq 36 \qquad \therefore\ \boldsymbol{a\geqq\frac{3}{\sqrt{2}}}$$

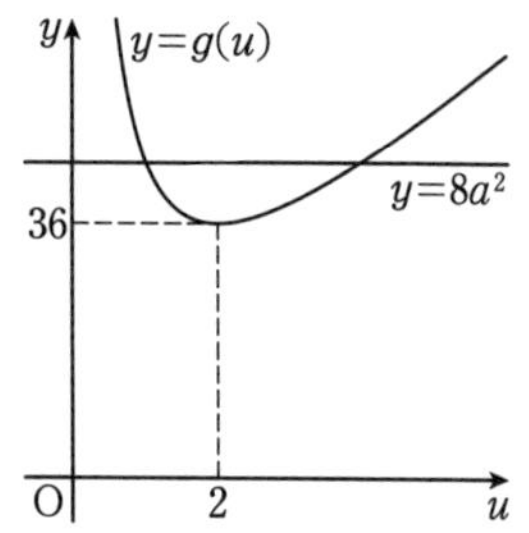

《文字定数は分離 (B20) ☆》

586. k を定数とする．関数 $f(x)$ と $g(x)$ を

$$f(x)=x^3-\frac{9}{2}x^2+6x-k,$$

$$g(x)=\frac{2}{3}x^3-2x^2+2x+4|x-1|$$

と定めるとき，次の問いに答えよ．

(1) $y=f(x)$ のグラフと x 軸が相異なる 3 つの共有点をもつような k の値の範囲を求めよ．

(2) $y=f(x)$ のグラフと $y=g(x)$ のグラフが相異なる 3 つの共有点をもつような k の値の範囲を求めよ．　(23 信州大・医-保健，経法)

▶解答◀ (1) $x^3-\dfrac{9}{2}x^2+6x-k=0$

$$x^3-\frac{9}{2}x^2+6x=k$$

$p(x)=x^3-\dfrac{9}{2}x^2+6x$ とおくと

$$p'(x)=3x^2-9x+6=3(x-1)(x-2)$$

x	$\cdots$	1	$\cdots$	2	$\cdots$
$p'(x)$	$+$	0	$-$	0	$+$
$p(x)$	↗		↘		↗

$p(1)=1-\dfrac{9}{2}+6=\dfrac{5}{2}$，$p(2)=8-18+12=2$

よって，$y=p(x)$ のグラフは図 1 のようになる．

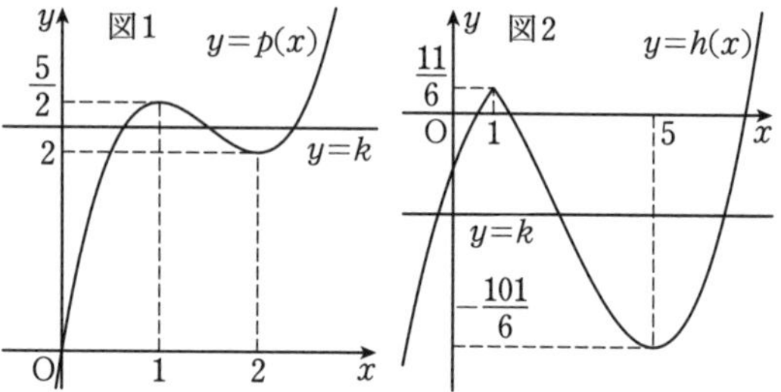

$y=p(x)$ と $y=k$ が 3 点で交わる k の範囲は

$\boldsymbol{2<k<\dfrac{5}{2}}$

(2) $y=f(x)$ と $y=g(x)$ を連立して

$$x^3-\frac{9}{2}x^2+6x-k=\frac{2}{3}x^3-2x^2+2x+4|x-1|$$

$$\frac{1}{3}x^3-\frac{5}{2}x^2+4x-4|x-1|=k$$

左辺を $h(x)$ とおく．

$x\geqq 1$ のとき

$$h(x)=\frac{1}{3}x^3-\frac{5}{2}x^2+4x-4x+4$$

$$=\frac{1}{3}x^3-\frac{5}{2}x^2+4$$

$$h'(x)=x^2-5x=x(x-5)$$

$x\leqq 1$ のとき

$$h(x)=\frac{1}{3}x^3-\frac{5}{2}x^2+4x+4x-4$$

$= \frac{1}{3}x^3 - \frac{5}{2}x^2 + 8x - 4$

$h'(x) = x^2 - 5x + 8 = \left(x - \frac{5}{2}\right)^2 + \frac{7}{4} > 0$

x	$\cdots$	1	$\cdots$	5	$\cdots$
$h'(x)$	$+$		$-$	0	$+$
$h(x)$	↗		↘		↗

$h(1) = \frac{1}{3} - \frac{5}{2} + 4 = \frac{11}{6}$

$h(5) = \frac{125}{3} - \frac{125}{2} + 4 = -\frac{101}{6}$

よって，$y = h(x)$ のグラフは図 2 のようになる．

$y = h(x)$ と $y = k$ が 3 点で交わる k の範囲は

$$\boldsymbol{-\frac{101}{6} < k < \frac{11}{6}}$$

《文字定数は分離 (B15)》

587. k を実数とする．4 次方程式

$3x^4 - 8x^3 - 6x^2 + 24x - k = 0$

が負の解をもつときの k のとり得る値の範囲は $k \geqq$ □ であり，異なる 4 個の実数解をもつときの k のとり得る値の範囲は □ $< k <$ □ である．（23　玉川大・全）

▶解答◀ $3x^4 - 8x^3 - 6x^2 + 24x = k$

$f(x) = 3x^4 - 8x^3 - 6x^2 + 24x$ とおく．

$f'(x) = 12x^3 - 24x^2 - 12x + 24$

$= 12(x^3 - 2x^2 - x + 2)$

$= 12(x-1)(x^2 - x - 2)$

$= 12(x-1)(x-2)(x+1)$

$y = f(x)$ の増減，グラフは次のようになる．

x	$\cdots$	-1	$\cdots$	1	$\cdots$	2	$\cdots$
$f'(x)$	$-$	0	$+$	0	$-$	0	$+$
$f(x)$	↘		↗		↘		↗

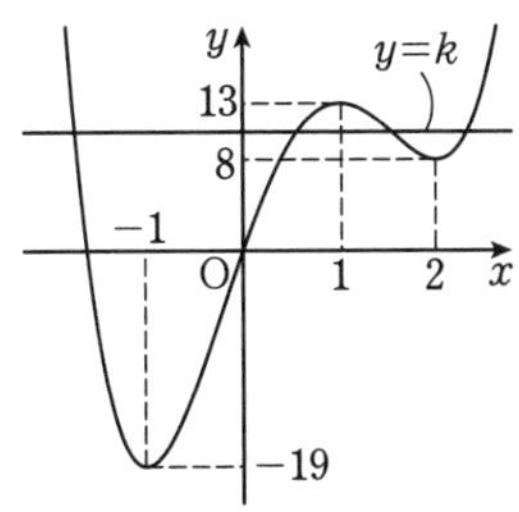

曲線 $y = f(x)$ と直線 $y = k$ が共有点をもつ条件は $\boldsymbol{k \geqq -19}$ である．特別に負の解を考えに入れるとか，必要ない．解の 1 つはつねに $x \leqq -1$ にある．異なる 4 交点をもつ条件は $\boldsymbol{8 < k < 13}$

《対数から 3 次関数 (B10)》

588. a を正の実数とする．方程式

$\log_2|x| + \log_4|x-2| = \log_4 a \quad \cdots (*)$

について，次の問に答えよ．

（1）方程式 (*) が，ちょうど 4 個の実数解をもつような a の値の範囲を求めよ．

（2）方程式 (*) が，ちょうど 3 個の実数解をもつとき，負の実数解を求めよ．（23　青学大）

▶解答◀（1）真数条件より

$x \neq 0,\ x \neq 2$

(*) より

$\log_2|x| + \frac{\log_2|x-2|}{\log_2 4} = \frac{\log_2 a}{\log_2 4}$

$2\log_2|x| + \log_2|x-2| = \log_2 a$

$\log_2 x^2|x-2| = \log_2 a$

$x^2|x-2| = a$

$a > 0$ のもとでは，これを満たす限り $x \neq 0$, $x \neq 2$ は成り立つ．

$f(x) = x^2(x-2)$ とおく．

$f'(x) = 3x^2 - 4x = x(3x-4)$

$f(x)$ の増減表は以下のようになる．

x	$\cdots$	0	$\cdots$	$\frac{4}{3}$	$\cdots$
$f'(x)$	$+$	0	$-$	0	$+$
$f(x)$	↗		↘		↗

$f(0) = 0,\ f\left(\frac{4}{3}\right) = -\frac{32}{27}$

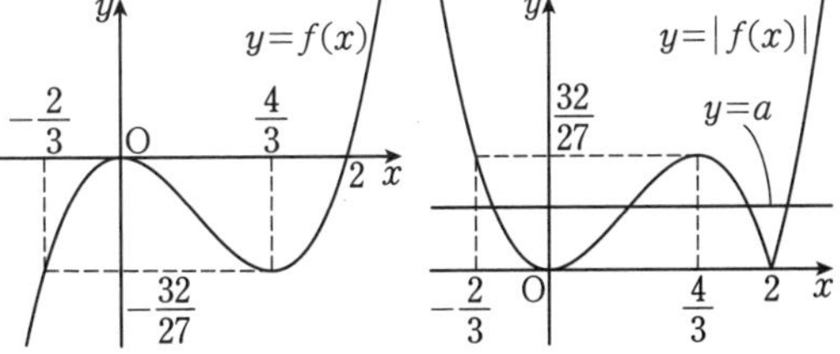

曲線 $y = |f(x)|$ と直線 $y = a$ が 4 交点をもつ条件は

$$\boldsymbol{0 < a < \frac{32}{27}}$$

（2）$x^3 - 2x^2 = -\frac{32}{27}$ は $x = \frac{4}{3}$ を重解にもつ．他の解を β とすると，解と係数の関係 (3 解の和) より

$2 \cdot \frac{4}{3} + \beta = 2$ であるから

$\beta = 2 - \frac{8}{3} = -\frac{2}{3}$

$|f(x)| = a$ が 3 つの解をもつ条件は $a = \frac{32}{27}$ で，

$x < 0$ の解は $\boldsymbol{-\frac{2}{3}}$

《接線を 3 本引く (B20) ☆》

589. 関数 $f(x)=x^3+3x^2-9x+3$ について，次の問いに答えよ．

（1） $f(x)$ の極値を求めよ．

（2） 方程式 $x^3+3x^2-9x+3-a=0$ の異なる実数解の個数と定数 a の値の関係を求めよ．

（3） 点 $(1,\ -10)$ を通る接線のうち，接点の x 座標が正の整数である接線の方程式を求めよ．

（4） 座標平面上の点 $(s,\ t)$ から $f(x)$ に異なる 3 本の接線が引けるための条件を求めよ．

（23　青学大・経済）

▶解答◀ （1） $f'(x)=3x^2+6x-9$

$=3(x+3)(x-1)$

$f(x)$ は下のように増減する．

x	$\cdots$	-3	$\cdots$	1	$\cdots$
$f'(x)$	$+$	0	$-$	0	$+$
$f(x)$	↗		↘		↗

極大値は

$f(-3)=-27+27+27+3=\mathbf{30}$

極小値は

$f(1)=1+3-9+3=\mathbf{-2}$

（2） 与えられた方程式は $f(x)=a$ となる．曲線 $y=f(x)$ と直線 $y=a$ の共有点を考え，

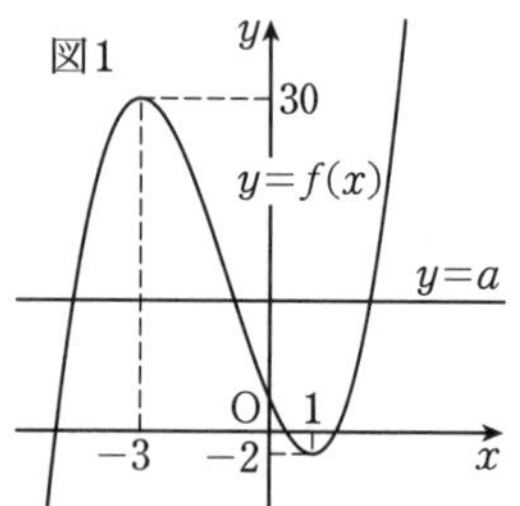

よって，図 1 より

$a<-2,\ a>30$ のとき 1

$a=-2,\ 30$ のとき 2

$-2<a<30$ のとき 3

（3） 曲線 $y=f(x)$ の $x=p$ における接線の方程式は，$y=(3p^2+6p-9)(x-p)+p^3+3p^2-9p+3$

$y=(3p^2+6p-9)x-2p^3-3p^2+3$ ……….①

この接線が点 $(1,\ -10)$ を通るとき

$-10=3p^2+6p-9-2p^3-3p^2+3$

$p^3-3p-2=0$

$(p+1)^2(p-2)=0$

p が正の整数のとき，$p=2$ である．よって，求める接線の方程式は

$y=(12+12-9)x-16-12+3$

$\mathbf{y=15x-25}$

（4） 接線 ① が点 $(s,\ t)$ を通るとき

$t=(3p^2+6p-9)s-2p^3-3p^2+3$

$g(p)=2p^3+3p^2-3+t-(3p^2+6p-9)s$

とおく．

$g'(p)=6p^2+6p-(6p+6)s$

$=6(p+1)(p-s)$

であるから，求める条件は

$g(-1)g(s)<0$

$\mathbf{(t+12s-2)(t-s^3-3s^2+9s-3)<0}$

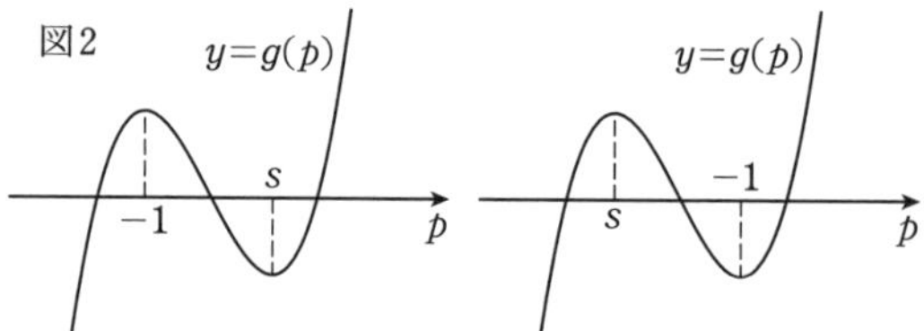

注意 点 $(s,\ t)$ の存在範囲を xy 平面に図示すると境界を除く図の網目部分である．

$C: y=f(x)$

$l: y=-12x+2,\ \mathrm{A}(-1,\ 14)$

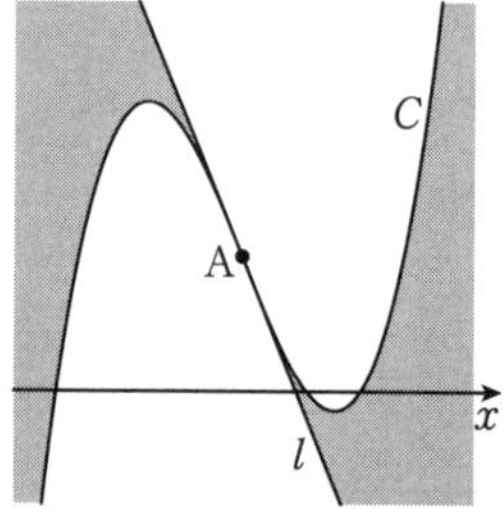

《等間隔の枠 (B15) ☆》

590. m を実数の定数とする．3 次方程式

$2x^3+3x^2-12x-6m=0$

は，相異なる 3 つの実数解 $\alpha,\ \beta,\ \gamma$ をもつとする．ただし，$\alpha<\beta<\gamma$ とする．

（1） 3 次関数 $y=\dfrac{1}{6}(2x^3+3x^2-12x)$ の極大値と極小値をそれぞれ求めよ．

（2） xy 平面上において，3 次関数

$y=\dfrac{1}{6}(2x^3+3x^2-12x)$

のグラフの概形を描け．

（3） m のとりうる値の範囲を求めよ．

（4） γ のとりうる値の範囲を求めよ．

（23　同志社大・文系）

$f(x)=\dfrac{1}{6}(2x^3+3x^2-12x)$ とおく．

$$f'(x)=x^2+x-2=(x+2)(x-1)$$

x	$\cdots$	-2	$\cdots$	1	$\cdots$
$f'(x)$	$+$	0	$-$	0	$+$
$f(x)$	↗		↘		↗

極大値は $f(-2)=\dfrac{1}{6}(-16+12+24)=\mathbf{\dfrac{10}{3}}$

極小値は $f(1)=\dfrac{1}{6}(2+3-12)=\mathbf{-\dfrac{7}{6}}$

（1） 解と係数の関係より $\alpha+\beta+\gamma=-\dfrac{3}{2}$

m が $\dfrac{10}{3}$ に近づくとき，α,β は -2 に近づき，γ は $-\dfrac{3}{2}+4=\dfrac{5}{2}$ に近づく．

m が $-\dfrac{7}{6}$ に近づくとき，β,γ は 1 に近づき，α は $-\dfrac{3}{2}-2=-\dfrac{7}{2}$ に近づく．

グラフは図のような等間隔の枠におさまっている．

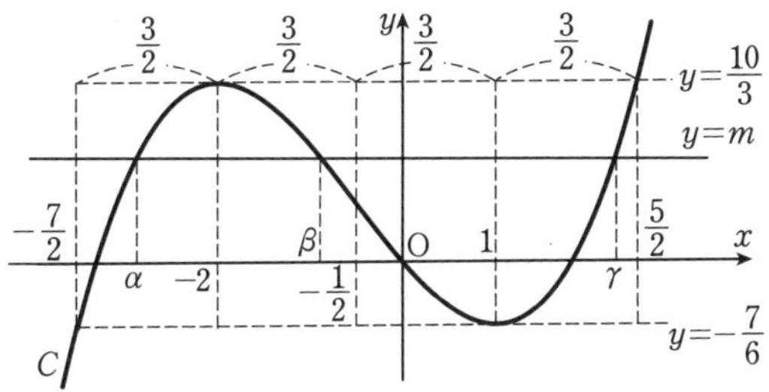

（2） $\mathbf{-\dfrac{7}{6}<m<\dfrac{10}{3}}$

（3） $-\dfrac{7}{2}<\alpha<-2,\ -2<\beta<1,\ \mathbf{1<\gamma<\dfrac{5}{2}}$

《等間隔の枠（B10）》

591. 与えられた実数 k に対して，x についての方程式 $4x^3-12x^2-15x-k=0$ が異なる 3 つの実数解

α,β,γ をもつとき，γ の範囲は $\dfrac{\square}{\square}<\gamma<\square$ である．ただし，$\alpha<\beta<\gamma$ とする．

（23　昭和薬大・B 方式）

▶解答◀ $4x^3-12x^2-15x=k$

$f(x)=4x^3-12x^2-15x$ とおく．

$$f'(x)=12x^2-24x-15=3(2x+1)(2x-5)$$

$f(x)$ の増減およびグラフは次のようになる．

x	$\cdots$	$-\dfrac{1}{2}$	$\cdots$	$\dfrac{5}{2}$	$\cdots$
$f'(x)$	$+$	0	$-$	0	$+$
$f(x)$	↗		↘		↗

$$f\left(-\frac{1}{2}\right)=-\frac{1}{2}-3+\frac{15}{2}=4$$

$$f\left(\frac{5}{2}\right)=\frac{125}{2}-75-\frac{75}{2}=-50$$

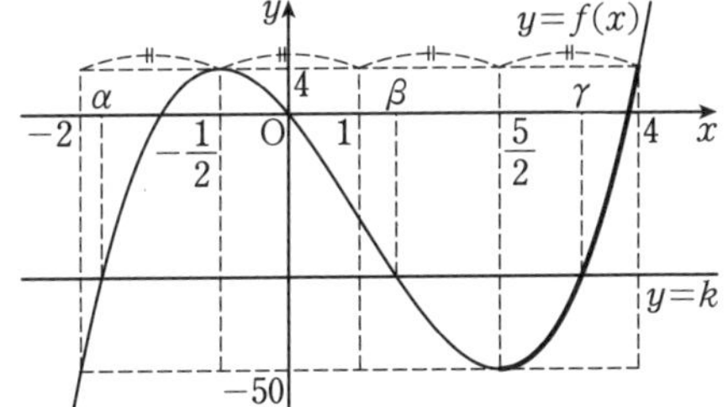

解と係数の関係より $\alpha+\beta+\gamma=3$ であり，$k=4$ のときには $\alpha=\beta=-\dfrac{1}{2}$ として，$-1+\gamma=3$ から $\gamma=4$ となる．

$y=f(x)$ と $y=k$ が異なる 3 交点をもつとき

$-50<k<4$ であり，$\mathbf{\dfrac{5}{2}<\gamma<4}$

ついでに $k=-50$ のときは $\beta=\gamma=\dfrac{5}{2}$ として

$\alpha=3-2\cdot\dfrac{5}{2}=-2$ となる．

《極値の差（B15）》

592. k を定数とする．3 次関数

$f(x)=2x^3+kx^2-3(k+1)x-5$

が $x=\alpha$ で極大値をとり，$x=\beta$ で極小値をとる．このとき，次の問いに答えよ．

（1） k の値の範囲を求めよ．

（2） $f(\alpha)-f(\beta)=(\beta-\alpha)^3$ が成り立つことを示せ．

（3） 極大値と極小値の差が 27 で $k>0$ のとき，方程式 $f(x)=m$ が異なる 3 つの実数解をもち，正の解が 1 つであるような定数 m の値の範囲を求めよ．

（23　滋賀大・経済-後期）

▶解答◀ （1）

$$f'(x)=6x^2+2kx-3(k+1)$$

$f(x)$ が極大値と極小値をもつのは，$f'(x)=0$ が異なる 2 つの実数解をもつときであるから，$f'(x)=0$ の判別式を D とすると

$$\frac{D}{4}=k^2+18(k+1)>0$$

$$k^2+18k+18>0$$

$\boldsymbol{k < -9 - 3\sqrt{7},\ k > -9 + 3\sqrt{7}}$

（2） α, β は $f'(x) = 0$ の解であり，$f(x)$ は x^3 の係数が正の 3 次関数であるから，$\alpha < \beta$ である．

解と係数の関係から $\alpha + \beta = -\dfrac{k}{3},\ \alpha\beta = -\dfrac{k+1}{2}$

$$k = -3(\alpha + \beta),\ k + 1 = -2\alpha\beta$$

よって

$$f(\alpha) - f(\beta)$$
$$= 2(\alpha^3 - \beta^3) + k(\alpha^2 - \beta^2) - 3(k+1)(\alpha - \beta)$$
$$= 2(\alpha - \beta)(\alpha^2 + \alpha\beta + \beta^2)$$
$$- 3(\alpha + \beta)(\alpha + \beta)(\alpha - \beta) - 3(-2\alpha\beta)(\alpha - \beta)$$
$$= (\alpha - \beta)\{2(\alpha^2 + \alpha\beta + \beta^2) - 3(\alpha + \beta)^2 + 6\alpha\beta\}$$
$$= (\alpha - \beta)(-\alpha^2 + 2\alpha\beta - \beta^2) = -(\alpha - \beta)^3$$
$$= (\beta - \alpha)^3$$

（3） $f(\alpha) - f(\beta) = 27$ のとき $(\beta - \alpha)^3 = 27$

α, β は実数であるから $\beta - \alpha = 3$

$f'(x) = 0$ の解は $x = \dfrac{-k \pm \sqrt{k^2 + 18k + 18}}{6}$ であるから

$$\beta - \alpha = \frac{\sqrt{k^2 + 18k + 18}}{3}$$

よって $\dfrac{\sqrt{k^2 + 18k + 18}}{3} = 3$

$$\sqrt{k^2 + 18k + 18} = 9$$
$$k^2 + 18k + 18 = 81$$
$$k^2 + 18k - 63 = 0$$
$$(k + 21)(k - 3) = 0$$

$k > 0$ より $k = 3$ である．これは（1）の結果を満たす．このとき $\alpha = -2, \beta = 1$ であり

$$f(-2) = 2 \cdot (-8) + 3 \cdot 4 - 12 \cdot (-2) - 5 = 15$$
$$f(1) = 2 \cdot 1 + 3 \cdot 1 - 12 \cdot 1 - 5 = -12$$

$y = f(x)$ のグラフは図のようになる．$f(x) = m$ が異なる 3 つの実数解をもち，正の解が 1 つであるのは，$y = f(x)$ と $y = m$ が異なる 3 つの共有点をもち，そのうち $x > 0$ の部分にあるものが 1 つだけのときである．

よって，求める m の範囲は

$$\boldsymbol{-5 \leqq m < 15}$$

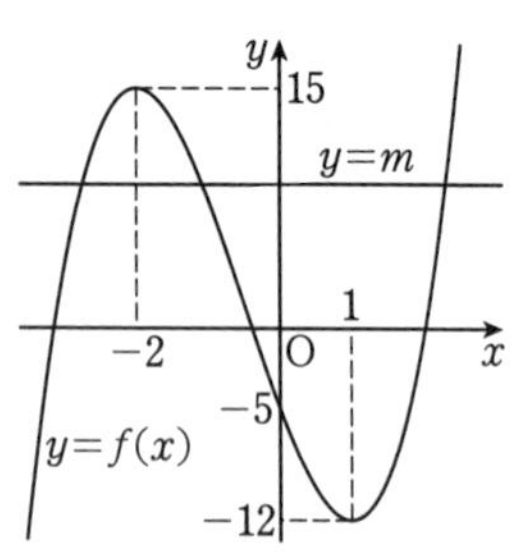

♦別解♦ （2） α, β は $f'(x) = 0$ の解であり，$f(x)$ は x^3 の係数が正の 3 次関数であるから $\alpha < \beta$ である．

$$f(\alpha) - f(\beta) = \Big[\ f(x)\ \Big]_\beta^\alpha = \int_\beta^\alpha f'(x)\,dx$$
$$= 6\int_\beta^\alpha (x - \alpha)(x - \beta)\,dx = -(\alpha - \beta)^3$$
$$= (\beta - \alpha)^3$$

【微分と不等式（数 II）】

《不等式への応用（B15）☆》

593．a, b を実数とし，実数 x の関数 $f(x)$ を

$f(x) = x^3 + ax^2 + bx - 6$

とおく．方程式 $f(x) = 0$ は $x = -1$ を解に持ち，$f'(-1) = -7$ である．

（1） $a = \square$，$b = \square$ である．

（2） c は正の実数とする．

$f(x) \geqq 3x^2 + 4(3c - 1)x - 16$

が $x \geqq 0$ において常に成立するとき，c の値の範囲は $\square$ である． （23 慶應大・薬）

▶解答◀ （1） $f(-1) = 0$ より

$$-1 + a - b - 6 = 0$$
$$a - b = 7 \quad \cdots\cdots ①$$

$f'(x) = 3x^2 + 2ax + b$ であるから，$f'(-1) = -7$ より

$$3 - 2a + b = -7$$
$$2a - b = 10 \quad \cdots\cdots ②$$

①，② より，$\boldsymbol{a = 3,\ b = -4}$

（2） (i) より，$f(x) = x^3 + 3x^2 - 4x - 6$ であるから

$$f(x) \geqq 3x^2 + 4(3c - 1)x - 16$$
$$x^3 + 3x^2 - 4x - 6 \geqq 3x^2 + 4(3c - 1)x - 16$$
$$x^3 - 12cx + 10 \geqq 0$$

$g(x) = x^3 - 12cx + 10\ (x \geqq 0)$ とおく．

$$g'(x) = 3x^2 - 12c = 3(x^2 - 4c)$$

$4c > 0$ に注意し，$g(x)$ は下の表のように増減する．

x	0	$\cdots$	$2\sqrt{c}$	$\cdots$
$g'(x)$		$-$	0	$+$
$g(x)$		↘		↗

$g(x)$ は $x = 2\sqrt{c}$ で最小であるから，$x \geqq 0$ において $g(x) \geqq 0$ が成立する条件は

$$g(2\sqrt{c}) \geqq 0$$
$$8(\sqrt{c})^3 - 24(\sqrt{c})^3 + 10 \geqq 0$$

$(\sqrt{c})^3 \leqq \dfrac{5}{8}$

$\sqrt{c} \leqq \dfrac{\sqrt[3]{5}}{2}$

$c > 0$ より，$\boldsymbol{0 < c \leqq \dfrac{\sqrt[3]{25}}{4}}$

【定積分（数 II）】

《絶対値と積分（A2）☆》

594. $x \leqq -2$ とする．このとき，以下の問いに答えなさい．

（1） $-1 \leqq t \leqq 1$ のとき，関数 $f(x) = |x-t|$ を絶対値のない式で表しなさい．

（2） t に関する積分 $\displaystyle\int_{-1}^{1} |x-t|\,dt$ を x の式で表しなさい．

（23　福島大・食農）

▶解答◀ （1） $x \leqq -2,\ -1 \leqq t \leqq 1$ より $x < t$ であるから

$|x-t| = -(x-t) = \boldsymbol{t-x}$

（2） $\displaystyle\int_{-1}^{1} |x-t|\,dt = \int_{-1}^{1}(t-x)\,dt$

$= \left[\dfrac{1}{2}t^2 - xt\right]_{-1}^{1} = \boldsymbol{-2x}$

《基本的な積分（A2）》

595. $f(x) = x^3 - 6x^2$ とする．曲線 $y = f(x)$ の点 $(5, f(5))$ における接線を l とする．

（1） l の方程式を求めなさい．

（2） 曲線 $y = f(x)$ には，l と平行なもう 1 本の接線がある．その接点を $(a, f(a))$ とするとき，a の値を求めなさい．

（3） （2）で求めた a の値に対して，定積分 $\displaystyle\int_0^a f(x)\,dx$ の値を求めなさい．

（23　北海道大・フロンティア入試（共通））

▶解答◀ （1） $f'(x) = 3x^2 - 12x$ であるから，$f'(5) = 15$ となり，l の方程式は

$y = 15(x-5) + (5^3 - 6\cdot 5^2)$

$\boldsymbol{y = 15x - 100}$

（2） 傾きが 15 となるから，$f'(a) = 15$ で

$3a^2 - 12a = 15$

$a^2 - 4a - 5 = 0 \qquad \therefore\ (a+1)(a-5) = 0$

l でない方の直線との接点は $\boldsymbol{a = -1}$ である．

（3） $\displaystyle\int_0^{-1}(x^3 - 6x^2)\,dx$

$= \left[\dfrac{x^4}{4} - 2x^3\right]_0^{-1} = \dfrac{1}{4} + 2 = \boldsymbol{\dfrac{9}{4}}$

《絶対値と積分（A5）☆》

596. $\displaystyle\int_0^2 |x^3 - 2x^2 + 3x - 6|\,dx = \dfrac{\square}{\square}$ である．

（23　東洋大・前期）

▶解答◀ $x^3 - 2x^2 + 3x - 6 = x^2(x-2) + 3(x-2)$

$= (x^2+3)(x-2)$

よって，$0 \leqq x \leqq 2$ のとき $(x^2+3)(x-2) \leqq 0$ である．

$\displaystyle\int_0^2 |x^3 - 2x^2 + 3x - 6|\,dx$

$\displaystyle= -\int_0^2 (x^3 - 2x^2 + 3x - 6)\,dx$

$= -\left[\dfrac{x^4}{4} - \dfrac{2}{3}x^3 + \dfrac{3}{2}x^2 - 6x\right]_0^2$

$= -4 + \dfrac{16}{3} - 6 + 12 = \boldsymbol{\dfrac{22}{3}}$

《絶対値と積分（B10）》

597. 関数 $y = x^2 + ax + b\ (-1 \leqq x \leqq 3)$ について，次の（1），（2）に答えなさい．

（1） 関数 y の最大値が 3 で，最小値が -1 であるとき，定数 a, b の値を求めなさい．

（2） （1）で求めた a, b の値に対し，定積分 $\displaystyle\int_{-1}^{3} |x^2 + ax + b|\,dx$ を求めなさい．

（23　神戸大・文系-「志」入試）

（2）は付け足しだから，主眼の（1）だけで数学 I に分類しておく．

▶解答◀ （1） $x^2 + ax = g(x)$ とおく．$g(x)$ の $-1 \leqq x \leqq 3$ における最小値を m，最大値を M，$h = M - m$ とする．本問では $m = -1 - b$，$M = 3 - b$ になる条件を求めることになる．したがって $h = M - m = 4$ になる．$g(x) = \left(x + \dfrac{a}{2}\right)^2 - \dfrac{a^2}{4}$ である．m, M は

$g(-1) = 1 - a,\ g(3) = 9 + 3a,\ g\left(-\dfrac{a}{2}\right) = -\dfrac{a^2}{4}$

の中にある．ただし，$g\left(-\dfrac{a}{2}\right)$ が有効なのは，$-1 \leqq -\dfrac{a}{2} \leqq 3$，すなわち $-6 \leqq a \leqq 2$ のときであり，そのとき $m = -\dfrac{a^2}{4}$ である．

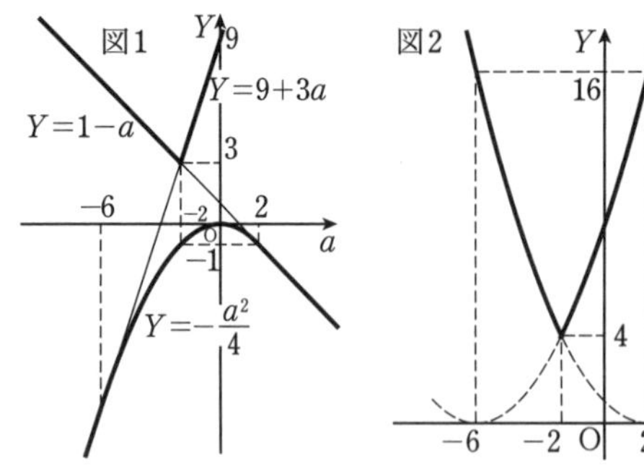

図 1 の上の太線が M，下の太線が m のグラフである．

$a \leqq -6$ のとき．$M = 1 - a,\ m = 3a + 9$，

$$h = M - m = -8 - 4a \geqq 16$$

$-6 \leqq a \leqq -2$ のとき．$M = 1 - a,\ m = -\dfrac{a^2}{4}$

$$h = 1 - a + \frac{a^2}{4} = \left(\frac{a}{2} - 1\right)^2$$

$-2 \leqq a \leqq 2$ のとき．$M = 9 + 3a,\ m = -\dfrac{a^2}{4}$

$$h = 9 + 3a + \frac{a^2}{4} = \left(\frac{a}{2} + 3\right)^2$$

$2 \leqq a$ のとき．$M = 3a + 9,\ m = 1 - a$，

$$h = M - m = 4a + 8 \geqq 16$$

図 2 を見よ．太線部分が $Y = h$ のグラフである．

$h = 4$ になるのは $a = \mathbf{-2}$ のときで，このとき

$M = 1 - a = 3,\ m = -\dfrac{a^2}{4} = -1$

$-1 - b = -1,\ 3 - b = 3$ であるから $b = \mathbf{0}$

（2） $I = \displaystyle\int_{-1}^{3} |x^2 - 2x|\, dx$ とおく．$x = 1$ に関する対称性から

$$\frac{I}{2} = \int_{-1}^{0} (x^2 - 2x)\, dx - \int_{0}^{1} (x^2 - 2x)\, dx$$

$$= \left[\frac{x^3}{3} - x^2\right]_{-1}^{0} - \left[\frac{x^3}{3} - x^2\right]_{0}^{1}$$

$$= \frac{1}{3} + 1 - \frac{1}{3} + 1 = 2$$

よって，$I = \mathbf{4}$ である．

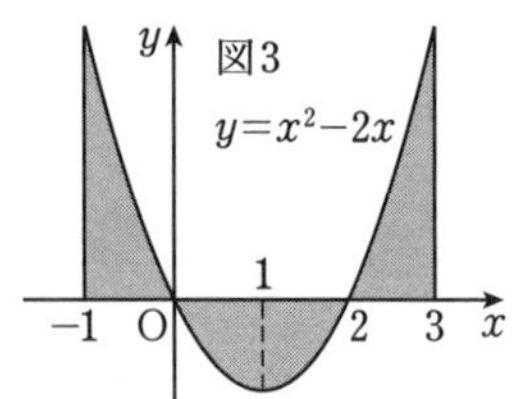

♦別解♦ （1） $y = \left(x + \dfrac{a}{2}\right)^2 + b - \dfrac{a^2}{4}$ である．この右辺を $f(x)$ とおく．

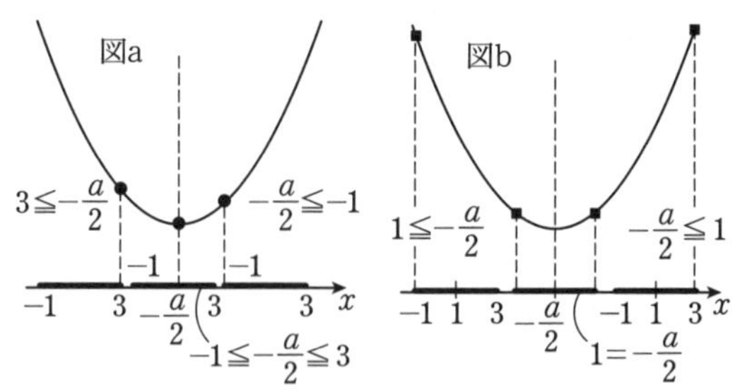

（ア） $-\dfrac{a}{2} \leqq -1$，すなわち，$a \geqq 2$ のとき：

$$f(-1) = 1 - a + b = -1$$

$$f(3) = 9 + 3a + b = 3$$

これより，$(a, b) = (-1, -3)$ となるが，$a \geqq 2$ を満たさず不適．

（イ） $-\dfrac{a}{2} \geqq 3$，すなわち，$a \leqq -6$ のとき：

$$f(-1) = 1 - a + b = 3$$

$$f(3) = 9 + 3a + b = -1$$

これより，$(a, b) = (-3, -1)$ となるが，$a \leqq -6$ を満たさず不適．

（ウ） $-1 \leqq -\dfrac{a}{2} \leqq 3$，すなわち，$-6 \leqq a \leqq 2$ のとき：最小値を与える点は $\left(-\dfrac{a}{2},\ b - \dfrac{a^2}{4}\right)$ である．よって，

$b - \dfrac{a^2}{4} = -1$…………① である．最大値は区間 $-1 \leqq x \leqq 3$ の端のいずれかでとる．

(a) 区間の右端でとるとき：

$$-1 \leqq -\frac{a}{2} \leqq 1 \qquad \therefore \quad -2 \leqq a \leqq 2$$

このとき，

$$f(3) = 9 + 3a + b = 3 \ \cdots\cdots\text{②}$$

①，② より $(a, b) = (-10, 24),\ (-2, 0)$ である．

$-2 \leqq a \leqq 2$ より $(a, b) = (-2, 0)$ である．

(b) 区間の左端でとるとき：

$$1 \leqq -\frac{a}{2} \leqq 3 \qquad \therefore \quad -6 \leqq a \leqq -2$$

このとき，

$$f(-1) = 1 - a + b = 3 \ \cdots\cdots\text{③}$$

①，③ より $(a, b) = (-2, 0),\ (6, 8)$ である．

$-6 \leqq a \leqq -2$ より $(a, b) = (-2, 0)$ である．

以上より，$(a, b) = \mathbf{(-2, 0)}$ である．

《絶対値と積分 (B20)》

598． a, b, c は実数とし，$x^3 + ax^2 + bx + c$ を $f(x)$ とおく．関数 $f(x)$ は $x = 2$ で極値をとり，整式 $f(x)$ は $f(1 - i) = 0$ を満たすとする．ただし，i は虚数単位とする．次の問に答えよ．

（1） a, b, c の値をそれぞれ求めよ．

（２） 関数 $f(x)$ の極値を求めよ．

（３） 定積分 $\int_1^2 |f'(x)|\,dx$ の値を求めよ．

（23 佐賀大・農-後期）

▶解答◀ （１） $f'(x)=3x^2+2ax+b$ で，$f(x)$ は $x=2$ で極値をとるから $f'(2)=0$ であり，

$$4a+b+12=0 \quad \cdots\cdots ①$$

$f(1-i)=0$ より

$$(1-i)^3+a(1-i)^2+b(1-i)+c=0$$
$$-2(1+i)-2ai+b(1-i)+c=0$$
$$(b+c-2)-(2a+b+2)i=0$$

$a,\ b,\ c$ は実数であるから

$$b+c-2=0 \quad \cdots\cdots ②$$
$$2a+b+2=0 \quad \cdots\cdots ③$$

①～③ から $\boldsymbol{a=-5,\ b=8,\ c=-6}$ である．

$$f(x)=x^3-5x^2+8x-6$$

（２） $f'(x)=3x^2-10x+8=(3x-4)(x-2)$

x	$\cdots$	$\frac{4}{3}$	$\cdots$	2	$\cdots$
$f'(x)$	+	0	−	0	+
$f(x)$	↗		↘		↗

極大値は

$$f\left(\frac{4}{3}\right)=\frac{64}{27}-\frac{80}{9}+\frac{32}{3}-6$$
$$=\frac{64-240+288-162}{27}=\boldsymbol{-\frac{50}{27}}$$

極小値は

$$f(2)=8-20+16-6=\boldsymbol{-2}$$

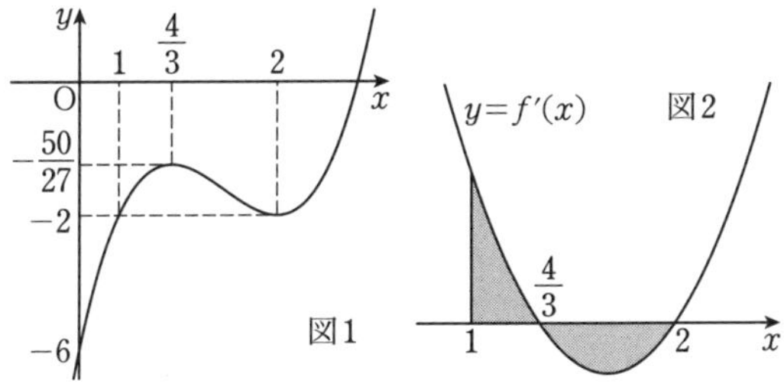

（３） $\int_1^2 |f'(x)|\,dx$ は図 2 の網目部分の図形の面積を表す．

$$\int_1^2 |f'(x)|\,dx=\int_1^{\frac{4}{3}} f'(x)\,dx-\int_{\frac{4}{3}}^2 f'(x)\,dx$$
$$=\Big[\,f(x)\,\Big]_1^{\frac{4}{3}}-\Big[\,f(x)\,\Big]_{\frac{4}{3}}^2$$
$$=2f\left(\frac{4}{3}\right)-f(1)-f(2)$$
$$=2\cdot\left(-\frac{50}{27}\right)-(-2)-(-2)$$
$$=\frac{-100+108}{27}=\boldsymbol{\frac{8}{27}}$$

なお $f(1)=-2$ である．

注意 「極値をとる」のすぐ後に虚数 $1-i$ を代入するとは，生徒を混乱させたいのか？

《最大値と積分 (B20) ☆》

599．t を 0 以上の実数とし，関数

$f(x)=|x(x-4)|$

の区間 $0\leqq x\leqq t$ における最大値を $g(t)$ とする．

$0\leqq t<2$ のとき $g(t)=$ □ であり，

$2\leqq t<$ **ア** のとき $g(t)=4$ であり，

ア $\leqq t$ のとき $g(t)=t^2-4t$ である．また，

$\int_0^6 f(x)\,dx=$ □ であり，$\int_0^6 g(t)\,dt=$ □

である．

（23 北里大・薬）

▶解答◀ $0\leqq x\leqq 4$ のとき

$f(x)=-x^2+4x=-(x-2)^2+4$ であり，$x<0,\ 4<x$ のとき $f(x)=x^2-4x$ である．$x^2-4x=4,\ x>4$ を解くと $x=2+2\sqrt{2}$ である．

$y=f(x)$ のグラフは図 1 のようになる．

$0\leqq t<2$ のとき $\boldsymbol{g(t)=-t^2+4t}$

$\boldsymbol{2\leqq t<2+2\sqrt{2}}$ のとき $g(t)=4$

$\boldsymbol{2+2\sqrt{2}\leqq t}$ のとき $g(t)=t^2-4t$

である．図 1 で $\alpha=2+2\sqrt{2}$ である．

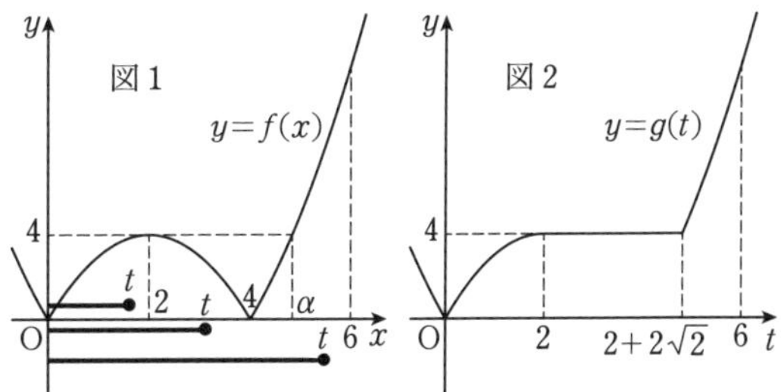

$$\int_0^6 f(x)\,dx=-\int_0^4 (x^2-4x)\,dx+\int_4^6 (x^2-4x)\,dx$$
$$=-\left[\,\frac{x^3}{3}-2x^2\,\right]_0^4+\left[\,\frac{x^3}{3}-2x^2\,\right]_4^6$$
$$=-2\left(\frac{64}{3}-32\right)+72-72=\boldsymbol{\frac{64}{3}}$$

図 2 を見よ．

$$\int_0^6 g(t)\,dt=\int_0^2 (-t^2+4t)\,dt$$
$$+\int_2^\alpha 4\,dt+\int_\alpha^6 (t^2-4t)\,dt$$
$$=\left[\,-\frac{t^3}{3}+2t^2\,\right]_0^2+4\alpha-8+\left[\,\frac{t^3}{3}-2t^2\,\right]_\alpha^6$$
$$=-\frac{8}{3}+8+4\alpha-8+72-72-\frac{\alpha^3}{3}+2\alpha^2$$

$$= -\frac{8}{3} + 4\alpha - \frac{\alpha^3}{3} + 2\alpha^2$$

$$= -\frac{1}{3}(\alpha^3 - 6\alpha^2 - 12\alpha + 8)$$

$$= -\frac{1}{3}\{(\alpha^2 - 4\alpha - 4)(\alpha - 2) - 16\alpha\}$$

$$= \frac{16}{3}\alpha = \mathbf{\frac{32 + 32\sqrt{2}}{3}}$$

$$\begin{array}{r|l} & \alpha - 2 \\ \alpha^2 - 4\alpha - 4 & \alpha^3 - 6\alpha^2 - 12\alpha + 8 \\ - & \alpha^3 - 4\alpha^2 - 4\alpha \\ & -2\alpha^2 - 8\alpha + 8 \\ - & -2\alpha^2 + 8\alpha + 8 \\ & -16\alpha \end{array}$$

《偶関数と奇関数 (C25) ☆》

600. n を正の整数とする．次の条件（イ），（ロ），（ハ）を満たす n 次関数 $f(x)$ のうち n が最小のものは，$f(x) = \square$ である．

（イ） $f(1) = 2$

（ロ） $\int_{-1}^{1}(x+1)f(x)\,dx = 0$

（ハ） すべての正の整数 m に対して，

$\int_{-1}^{1}|x|^m f(x)\,dx = 0$ （23 早稲田大・商）

▶解答◀ 最低次のものを見つければよい．数学 II で 4 次関数，5 次関数の積分は，あまりない．常識的に 3 次以下とする．$f(x) = A + Bx + Cx^2 + Dx^3$ とおく．$-1 \leqq x \leqq 1$ での積分であるから，偶関数，奇関数の性質を用いる．$|x|^m$ は偶関数である．

$|x|^m f(x) = |x|^m(A + Bx + Cx^2 + Dx^3)$

の偶関数部分は

$|x|^m(A + Cx^2) = A|x|^m + Cx^2|x|^m$

$$\int_{-1}^{1}|x|^m f(x)\,dx$$

$$= 2\int_0^1(A|x|^m + Cx^2|x|^m)\,dx$$

$$= 2\int_0^1(Ax^m + Cx^{m+2})\,dx$$

$$= 2\left[\frac{Ax^{m+1}}{m+1} + \frac{Cx^{m+3}}{m+3}\right]_0^1$$

$$= 2\left(\frac{A}{m+1} + \frac{C}{m+3}\right)$$

$$= \frac{2}{(m+1)(m+3)}((A+C)m + 3A + C)$$

が任意の m に対して 0 になるから

$A + C = 0, 3A + C = 0$ である．よって $A = 0, C = 0$ である．$f(x) = Bx + Dx^3$

$$(x+1)f(x) = Bx^2 + Dx^4 + Bx + Dx^3$$

$$\int_{-1}^{1}(x+1)f(x)\,dx = 2\int_0^1(Bx^2 + Dx^4)\,dx$$

$$= 2\left(\frac{B}{3} + \frac{D}{5}\right)$$

これが 0 であるから $B = -\frac{3}{5}D$ であり，

$f(x) = D\left(-\frac{3}{5}x + x^3\right)$ となる．$f(1) = 2$ より

$D \cdot \frac{2}{5} = 2$ であり，$D = 5$ である．

$$f(x) = \mathbf{5x^3 - 3x}$$

注意 【偶関数・奇関数の性質】

$f(x)$ が偶関数，$g(x)$ が奇関数のとき

$$\int_{-a}^{a} f(x)\,dx = 2\int_0^a f(x)\,dx$$

$$\int_{-a}^{a} g(x)\,dx = 0$$

数学 II では偶関数は定数，$x^2, x^4, \cdots$，奇関数は $x, x^3, \cdots$ が多いが，$|x|x^n$ 型の偶関数・奇関数は珍しい．

《絶対値と積分 (B20)》

601. 関数

$f(x) = |x^2 - 3x| - 4,$

$g(x) = |x^2 - 3x| - 2x,$

$h(x) = x^2 - 3|x| - 4$

について，各問いに答えなさい．

（1） $-1 \leqq x \leqq 3$ における $y = f(x)$ のグラフをかきなさい．

（2） $y = f(x)$ の $0 \leqq x \leqq 5$ における最大値と最小値を求めなさい．

（3） $0 \leqq x \leqq 5$ における $y = g(x)$ のグラフをかきなさい．

（4） $y = g(x)$ の $0 \leqq x \leqq 5$ における最大値と最小値を求めなさい．

（5） $\int_0^5\{f(x) - g(x)\}\,dx$ の値を求めなさい．

（6） $\int_0^5\{f(x) - h(x)\}\,dx$ の値を求めなさい．

（23 立正大・経済）

▶解答◀ （1） $0 \leqq x \leqq 3$ のとき

$$f(x) = -(x^2 - 3x) - 4 = -\left(x - \frac{3}{2}\right)^2 - \frac{7}{4}$$

$x \leqq 0$，$3 \leqq x$ のとき

$$f(x) = x^2 - 3x - 4 = \left(x - \frac{3}{2}\right)^2 - \frac{25}{4}$$

グラフは図 1 のようになる．

（2） 最大値は $f(5) = \mathbf{6}$，最小値は $f(0) = f(3) = \mathbf{-4}$

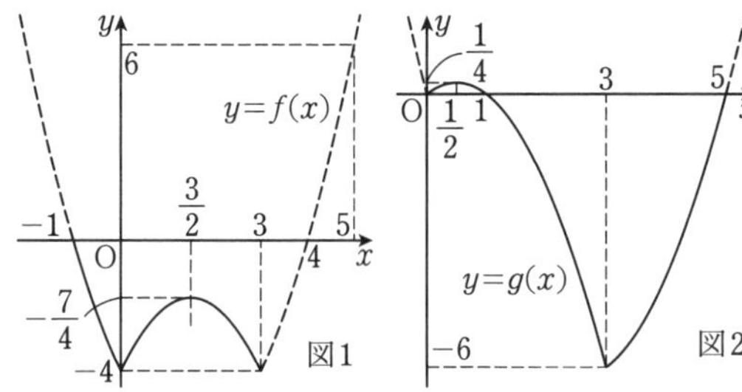

(3) $0 \leqq x \leqq 3$ のとき

$$g(x) = -(x^2 - 3x) - 2x = -\left(x - \frac{1}{2}\right)^2 + \frac{1}{4}$$

$x \leqq 0$，$3 \leqq x$ のとき

$$g(x) = (x^2 - 3x) - 2x = \left(x - \frac{5}{2}\right)^2 - \frac{25}{4}$$

グラフは図2のようになる．

(4) 最大値は $g\left(\frac{1}{2}\right) = \mathbf{\frac{1}{4}}$，最小値は $g(3) = \mathbf{-6}$

(5) $\displaystyle\int_0^5 \{f(x) - g(x)\}\,dx$

$$= \int_0^5 \{(|x^2 - 3x| - 4) - (|x^2 - 3x| - 2x)\}\,dx$$

$$= \int_0^5 (2x - 4)\,dx = \Big[\,x^2 - 4x\,\Big]_0^5 = \mathbf{5}$$

(6) $x \geqq 0$ のとき，$h(x) = x^2 - 3x - 4$

$$\int_0^5 \{f(x) - h(x)\}\,dx$$

$$= \int_0^3 \{(-x^2 + 3x - 4) - (x^2 - 3x - 4)\}\,dx$$

$$+ \int_3^5 \{(x^2 - 3x - 4) - (x^2 - 3x - 4)\}\,dx$$

$$= 2\int_0^3 (-x^2 + 3x)\,dx$$

$$= 2\left[-\frac{1}{3}x^3 + \frac{3}{2}x^2\right]_0^3 = 2\left(-9 + \frac{27}{2}\right) = \mathbf{9}$$

【面積 (数II)】

《12 分の 1 公式 (B5) ☆》

602. 放物線 $C : y = x^2 - 4x + 3$ がある．次の問いに答えなさい．

(1) 放物線 C 上の x 座標が 1 である点における接線の方程式，および x 座標が 5 である点における接線の方程式をそれぞれ求めなさい．

(2) 放物線 C と (1) の 2 つの接線とで囲まれた部分の面積を求めなさい．（23 秋田大・前期）

▶解答◀ (1) $C : y = x^2 - 4x + 3$ のとき $y' = 2x - 4$ である．C 上の点 $(1, 0)$ における接線の方程式は $y = -2(x - 1)$ すなわち $\boldsymbol{y = -2x + 2}$ である．

また，C 上の点 $(5, 8)$ における接線の方程式は $y - 8 = 6(x - 5)$ すなわち $\boldsymbol{y = 6x - 22}$ である．

(2) 2 本の接線の交点の x 座標を求める．

$$-2x + 2 = 6x - 22 \qquad \therefore \quad x = 3$$

求める面積を S とする．12 分の 1 公式を使えば

$$S = \frac{1}{12}(5 - 1)^3 = \mathbf{\frac{16}{3}}$$

である．答案が短すぎると思うなら，計算してみせればよい．

$$S = \int_1^3 \{x^2 - 4x + 3 - (-2x + 2)\}\,dx$$

$$+ \int_3^5 \{x^2 - 4x + 3 - (6x - 22)\}\,dx$$

$$= \int_1^3 (x - 1)^2\,dx + \int_3^5 (x - 5)^2\,dx$$

$$= \left[\frac{(x - 1)^3}{3}\right]_1^3 + \left[\frac{(x - 5)^3}{3}\right]_3^5$$

$$= \frac{(3 - 1)^3}{3} - \frac{(3 - 5)^3}{3} = \mathbf{\frac{16}{3}}$$

《12 分の 1 公式 (B20)》

603. $a > 0$ とし，曲線 $C_1 : y = 5x^2$ と曲線 $C_2 : y = x^2 + 4a^2$ を考える．C_1 と C_2 の共有点のうち，x 座標が正のものを P とし，P における C_2 の接線を l とする．次の問いに答えよ．

(1) P の座標と l の方程式を求めよ．

(2) C_1 と C_2 で囲まれた図形の面積 S を求めよ．

(3) C_1 と l で囲まれた図形の面積を T とする．(2) で求めた S との比 $\dfrac{T}{S}$ を求めよ．

（23 金沢大・文系）

▶解答◀ (1) C_1 と C_2 を連立して

$$5x^2 = x^2 + 4a^2 \qquad \therefore \quad x^2 = a^2$$

$x > 0$ より $x = a$ となる．これより，P の座標は $\boldsymbol{(a, 5a^2)}$ である．また，C_2 について，$y' = 2x$ であるから，l の方程式は

$$y = 2a(x - a) + 5a^2$$

$$\boldsymbol{y = 2ax + 3a^2}$$

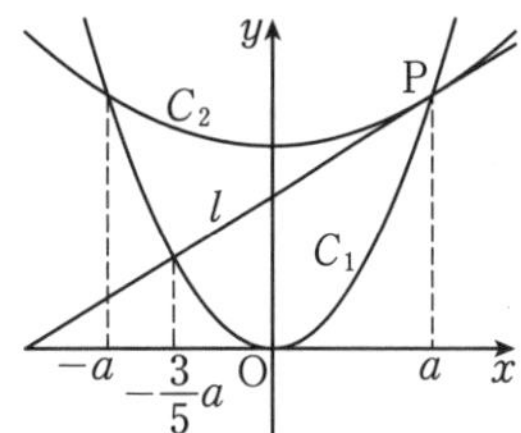

（**2**）C_1 と C_2 で囲まれた図形は y 軸に関して対称であるから，C_1 と C_2 の交点のうち P でない方の x 座標は $-a$ である．これより

$$S=\int_{-a}^{a}\{-4(x-a)(x+a)\}\,dx$$

$$=\frac{4}{6}\{a-(-a)\}^3=\boldsymbol{\frac{16}{3}a^3}$$

（**3**）C_1 と l を連立すると

$$5x^2=2ax+3a^2$$

$$(x-a)(5x+3a)=0 \qquad \therefore\quad x=a,\ -\frac{3}{5}a$$

これより，C_1 と l で囲まれた図形の面積は

$$T=\int_{-\frac{3}{5}a}^{a}\left\{-5(x-a)\left(x+\frac{3}{5}a\right)\right\}dx$$

$$=\frac{5}{6}\left\{a-\left(-\frac{3}{5}a\right)\right\}^3=\frac{256}{75}a^3$$

となる．よって，$\dfrac{T}{S}=\dfrac{256}{75}\cdot\dfrac{3}{16}=\boldsymbol{\dfrac{16}{25}}$ である．

《三角形を乗せる (B15)》

604．xy 平面において放物線 $y=x^2$ を C とする．次の問いに答えよ．

（1） ある直線と C が 2 点 (α,α^2)，(β,β^2) $(\alpha<\beta)$ で交わるとき，この直線と C で囲まれた部分の面積を A とする．A を定積分で表しそれを計算することにより，$A=\dfrac{1}{6}(\beta-\alpha)^3$ であることを示せ．

（2） 点 P(1, 1) における C の接線を l とする．P を通り l に垂直な直線と直線 $x=-1$ との交点を Q とし，さらに Q を通り l に平行な直線と C の交点のうち x 座標が負であるものを R とする．放物線 C と線分 PQ および線分 QR により囲まれた部分の面積を S とするとき，$S=\dfrac{10\sqrt{5}}{3}-5$ であることを示せ．

（23 山梨大・教）

▶解答◀（**1**） $B(\alpha,\alpha^2)$，$C(\beta,\beta^2)$ とする．直線 BC の方程式は

$$y=\frac{\beta^2-\alpha^2}{\beta-\alpha}(x-\alpha)+\alpha^2$$

$$y=(\beta+\alpha)x-\alpha\beta$$

$$A=\int_{\alpha}^{\beta}\{(\beta+\alpha)x-\alpha\beta-x^2\}\,dx$$

$$=-\int_{\alpha}^{\beta}(x-\alpha)(x-\beta)\,dx$$

$$=-\int_{\alpha}^{\beta}(x-\alpha)\{(x-\alpha)-(\beta-\alpha)\}\,dx$$

$$=-\int_{\alpha}^{\beta}\{(x-\alpha)^2-(\beta-\alpha)(x-\alpha)\}\,dx$$

$$=-\left[\frac{1}{3}(x-\alpha)^3-\frac{1}{2}(\beta-\alpha)(x-\alpha)^2\right]_{\alpha}^{\beta}$$

$$=-\frac{1}{3}(\beta-\alpha)^3+\frac{1}{2}(\beta-\alpha)^3=\frac{1}{6}(\beta-\alpha)^3$$

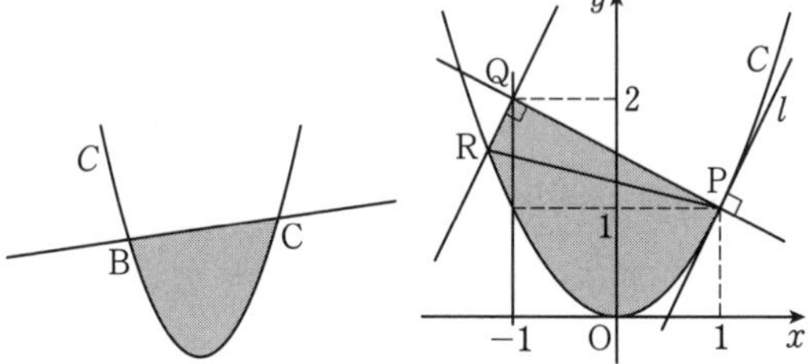

（**2**）$y=x^2$ のとき $y'=2x$ より l の傾きは 2 であるから，P を通り l に垂直な直線の方程式は

$$y=-\frac{1}{2}(x-1)+1$$

$$y=-\frac{1}{2}x+\frac{3}{2}$$

$x=-1$ を代入すると $y=2$ であるから，Q の座標は $(-1,2)$ である．また，Q を通り l に平行な直線は

$$y=2(x+1)+2 \qquad \therefore\quad y=2x+4$$

これと $y=x^2$ を連立させて

$$x^2=2x+4$$

$$x^2-2x-4=0 \qquad \therefore\quad x=1\pm\sqrt{5}$$

R の x 座標は負であるから，R の座標は $(1-\sqrt{5},(1-\sqrt{5})^2)$ である．

C と直線 PR で囲まれる部分の面積を T とすると

$$T=\frac{1}{6}\{1-(1-\sqrt{5})\}^3=\frac{5\sqrt{5}}{6}$$

また，$PQ=\sqrt{5}$，$QR=5-2\sqrt{5}$ であるから △PQR の面積 U は，$U=\dfrac{1}{2}\cdot PQ\cdot QR$

$$=\frac{1}{2}\cdot\sqrt{5}\cdot(5-2\sqrt{5})=\frac{5\sqrt{5}}{2}-5$$

$$S=T+U=\frac{5\sqrt{5}}{6}+\frac{5\sqrt{5}}{2}-5=\frac{10\sqrt{5}}{3}-5$$

《全体で考え 6 分の 1 公式 (B20) ☆》

605．a を $0<a<9$ を満たす実数とする．xy 平面上の曲線 C と直線 l を，次のように定める．

$$C:y=|(x-3)(x+3)|,\quad l:y=a$$

曲線 C と直線 l で囲まれる図形のうち，$y\geqq a$ の領域にある部分の面積を S_1，$y\leqq a$ の領域にある

部分の面積を S_2 とする．$S_1=S_2$ となる a の値を求めよ．（23　九大・文系）

▶解答◀ $y=x^2-9$ と $y=a$ の交点の x 座標を求める．

$$x^2-9=a \qquad \therefore \quad x=\pm\sqrt{a+9}$$

$\alpha=\sqrt{a+9}$ とおく．また，S_3 を図のように定める．

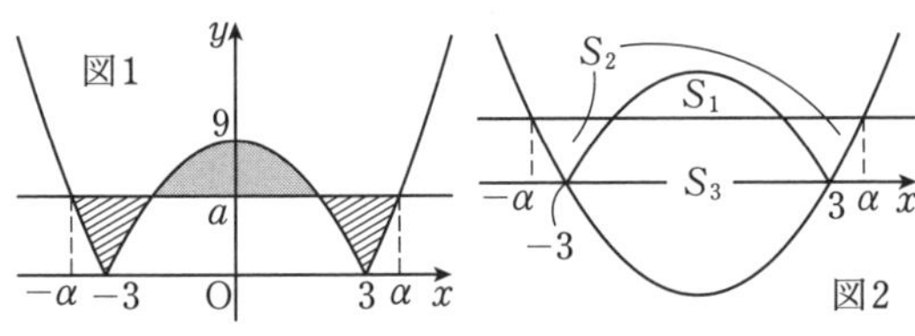

$\frac{1}{6}$ 公式を用いると

$$S_1+S_3=2\cdot\frac{1}{6}\{3-(-3)\}^3=\frac{1}{6}\cdot2\cdot6^3$$

$$S_2+S_3=\frac{1}{6}\{\alpha-(-\alpha)\}^3=\frac{1}{6}(2\alpha)^3$$

$S_1=S_2$ のとき，$S_1+S_3=S_2+S_3$ で

$$\frac{1}{6}\cdot2\cdot6^3=\frac{1}{6}(2\alpha)^3$$

$$(2\alpha)^3=2\cdot6^3$$

$$2\alpha=6\sqrt[3]{2} \qquad \therefore \quad \alpha=3\sqrt[3]{2}$$

$\alpha=\sqrt{a+9}$ であるから，

$$\sqrt{a+9}=3\sqrt[3]{2} \qquad \therefore \quad a=\mathbf{9(\sqrt[3]{4}-1)}$$

《全体で考え 6 分の 1 公式 (B20) ☆》

606．xy 平面上で，曲線 $y=\left|-\frac{2}{9}x^2+2\right|$ と直線 $y=-\frac{1}{3}x+1$ で囲まれる図形の面積を求めよ．（23　京都府立大・森林）

▶解答◀ $y=\left|-\frac{2}{9}(x^2-9)\right|$ と $y=-\frac{1}{3}(x-3)$ を連立させる．

$$-\frac{2}{9}(x^2-9)=\pm\frac{1}{3}(x-3)$$

$x=3$ は解で $x\neq3$ では

$$-2(x+3)=\pm3$$

$x=-\frac{3}{2},\ -\frac{9}{2}$ となる．

求める面積は図 1 の網目部分の面積である．図 2 のように面積を S_1,S_2,S_3 とおく．

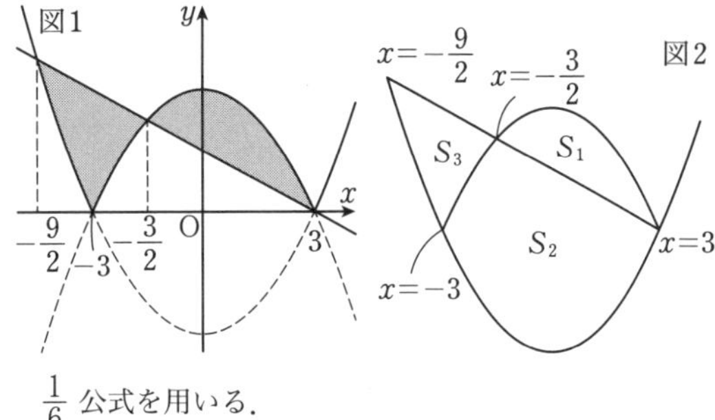

$\frac{1}{6}$ 公式を用いる．

$$S_1=\frac{\frac{2}{9}}{6}\left(3+\frac{3}{2}\right)^3 \quad \cdots\cdots①$$

$$S_1+S_2=2\cdot\frac{\frac{2}{9}}{6}(3+3)^3 \quad \cdots\cdots②$$

$$S_2+S_3=\frac{\frac{2}{9}}{6}\left(3+\frac{9}{2}\right)^3 \quad \cdots\cdots③$$

S_2 は不要であるから ③－② より

$$S_3-S_1=\frac{1}{27}\left(\frac{15}{2}\right)^3-\frac{2}{27}\cdot6^3 \quad \cdots\cdots④$$

④＋①×2 より

$$S_3+S_1=\frac{1}{27}\left(\frac{15}{2}\right)^3-\frac{2}{27}\cdot6^3+\frac{1}{27}\cdot\left(\frac{9}{2}\right)^3\cdot2$$

$$=\frac{125}{8}-16+\frac{27}{4}=\frac{125-128+54}{8}=\mathbf{\frac{51}{8}}$$

《平行移動した放物線 (B10) ☆》

607．2 つの放物線 $C_1:y=x^2$, $C_2:y=x^2+4$ があり，点 $(a,\ a^2+4)$ における C_2 の接線を l_1 とする．このとき，次の問いに答えよ．ただし，a は実数とする．

（1） C_1 と l_1 の交点の x 座標を求めよ．

（2） C_1 と l_1 で囲まれた図形の面積 S を求めよ．

（3） 放物線 $y=x^2+m^2$ 上の点 $(a,\ a^2+m^2)$ における接線を l_2 とする．C_1 と l_2 で囲まれた図形の面積が 288 となる定数 m の値を求めよ．ただし，$m>0$ とする．（23　北海学園大・経済）

▶解答◀ （1） $y=x^2+4$ のとき $y'=2x$

接線 l_1 の方程式は

$$y=2a(x-a)+a^2+4$$

$$y=2ax-a^2+4$$

であるから，C_1 との交点の x 座標について

$$x^2=2ax-a^2+4$$

$$x^2-2ax+(a-2)(a+2)=0$$

$$(x-a+2)(x-a-2)=0$$

$$x=\mathbf{a-2,\ a+2}$$

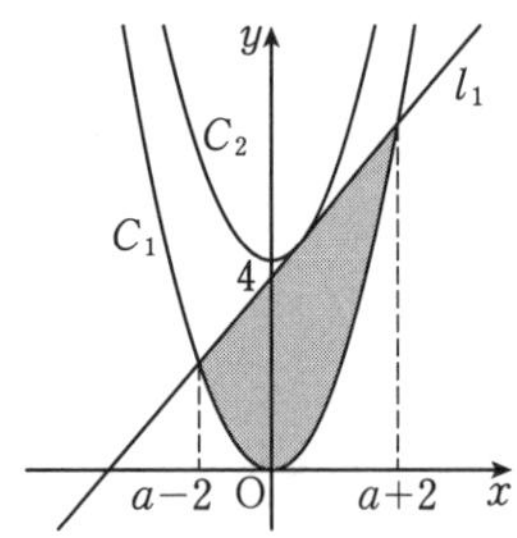

（2） $S=\int_{a-2}^{a+2}(2ax-a^2+4-x^2)\,dx$

$=-\int_{a-2}^{a+2}(x-a+2)(x-a-2)\,dx$

$=\dfrac{\{a+2-(a-2)\}^3}{6}=\mathbf{\dfrac{32}{3}}$

（3） $y=x^2+m^2$ のとき $y'=2x$

接線 l_2 の方程式は

$$y=2a(x-a)+a^2+m^2$$

$$y=2ax-a^2+m^2$$

であるから，（1）と同様に計算すると C_1 との交点の x 座標は $x=a-m,\ a+m$ となるから，C_1 と l_2 で囲まれた図形の面積 S_m は（2）と同様にして

$$S_m=\int_{a-m}^{a+m}(2ax-a^2+m^2-x^2)\,dx$$

$$=\frac{(2m)^3}{6}=\frac{4}{3}m^3$$

となる．

$$\frac{4}{3}m^3=288$$

$$m^3=216 \qquad \therefore\quad m=\mathbf{6}$$

《12 分の 1 公式 (B5)》

608. $k,\alpha,\beta\ (\alpha<\beta)$ は実数とする．放物線 $y=x^2$ と直線 $y=kx+1$ の 2 つの交点を点 $\mathrm{P}(\alpha,\alpha^2)$，点 $\mathrm{Q}(\beta,\beta^2)$ とする．このとき，以下の問いに答えなさい．

（1） $\alpha\beta$ の値を求め，$\alpha+\beta,\ \alpha-\beta$ を k を用いて表しなさい．

（2） 点 P，点 Q における放物線の接線をそれぞれ l,m とする．いま，直線 l,m の交点を点 R とするとき，点 R の x 座標を α,β を用いて表しなさい．

（3） 放物線 $y=x^2$ と直線 l,m で囲まれる図形の面積 S を k を用いて表しなさい．

（23　福島大・食農）

▶解答◀ （1） $y=x^2,\ y=kx+1$ を連立し $x^2=kx+1$ となり，$x^2-kx-1=0$ を解いて

$$\alpha=\frac{k-\sqrt{k^2+4}}{2},\ \beta=\frac{k+\sqrt{k^2+4}}{2}$$

$$\alpha+\beta=\boldsymbol{k},\ \alpha-\beta=\boldsymbol{-\sqrt{k^2+4}}$$

（2） $y=x^2$ のとき $y'=2x$ であるから，

$$l:y=2\alpha(x-\alpha)+\alpha^2$$

$$l:y=2\alpha x-\alpha^2$$

同様に $m:y=2\beta x-\beta^2$ である．2 式を連立して

$$2\alpha x-\alpha^2=2\beta x-\beta^2$$

$$2(\beta-\alpha)x=(\beta+\alpha)(\beta-\alpha)$$

$\alpha\neq\beta$ であるから，R の x 座標は $x=\mathbf{\dfrac{\alpha+\beta}{2}}$

（3） 12 分の 1 公式を使えば

$S=\dfrac{1}{12}(\beta-\alpha)^3=\mathbf{\dfrac{1}{12}(\sqrt{k^2+4})^3}$

である．計算するなら次のようにする．

$\gamma=\dfrac{\alpha+\beta}{2}$ とおく．

$$S=\int_\alpha^\gamma\{x^2-(2\alpha x-\alpha^2)\}dx+\int_\gamma^\beta\{x^2-(2\beta x-\beta^2)\}dx$$

$$=\int_\alpha^\gamma(x-\alpha)^2\,dx+\int_\gamma^\beta(x-\beta)^2\,dx$$

$$=\left[\frac{1}{3}(x-\alpha)^3\right]_\alpha^{\frac{\alpha+\beta}{2}}+\left[\frac{1}{3}(x-\beta)^3\right]_{\frac{\alpha+\beta}{2}}^\beta$$

$$=\frac{1}{12}(\beta-\alpha)^3=\mathbf{\frac{1}{12}(\sqrt{k^2+4})^3}$$

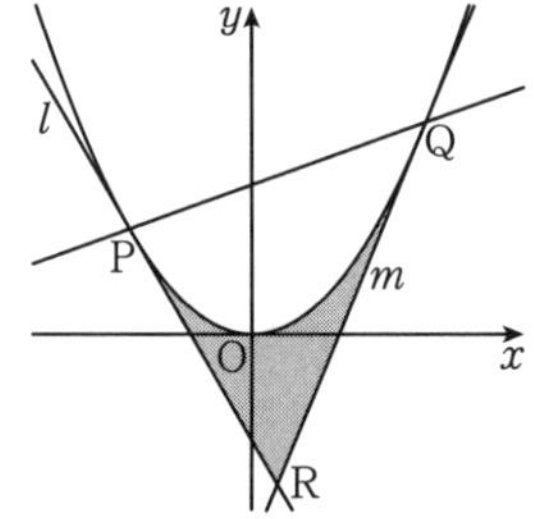

《絶対値と接線と面積 (B15) ☆》

609. 関数 $f(x)$ を $f(x)=x|x-7|$ で定める．曲線 $y=f(x)$ の点 $\mathrm{P}(3,f(3))$ における接線を l とする．次の問に答えよ．

（1） 直線 l の方程式を求めよ．

（2） 曲線 $y=f(x)$ と直線 l の共有点のうち，点 P と異なる点の座標を求めよ．

（3） 曲線 $y=f(x)$ と直線 l で囲まれた図形の面積 S の値を求めよ．　（23　佐賀大・農，教）

▶解答◀ （1） $f(x)=x|x-7|$ は

$x\leqq 7$ のとき $f(x)=-x^2+7x$，

$x\geqq 7$ のとき $f(x)=x^2-7x$ である．

$f(x)=-x^2+7x$ のとき

$$f(3)=-9+21=12$$

$$f'(x)=-2x+7$$

より $f'(3)=1$ であるから，l の方程式は

$$y=(x-3)+12$$

$$\boldsymbol{y=x+9} \quad \cdots\cdots ①$$

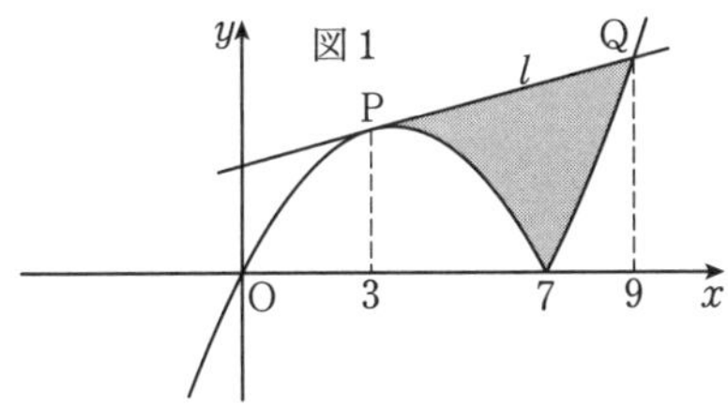

（2） $f(x)=x^2-7x$ のとき，l と連立して

$$x^2-7x=x+9$$

$$x^2-8x-9=0$$

$$(x-9)(x+1)=0$$

$x \geqq 7$ より $x=9$ である．

① より求める点の座標は $\mathbf{(9,\ 18)}$ である．

（3） $S=\int_3^7\{(x+9)-(-x^2+7x)\}\,dx$

$$+\int_7^9\{(x+9)-(x^2-7x)\}\,dx$$

$$=\int_3^7(x-3)^2\,dx-\int_7^9(x^2-8x-9)\,dx \quad \cdots ②$$

ここで

$$\int_3^7(x-3)^2\,dx=\left[\frac{(x-3)^3}{3}\right]_3^7=\frac{4^3}{3}=\frac{64}{3}$$

$$\int_7^9(x^2-8x-9)\,dx=\int_7^9(x-9)(x+1)\,dx$$

$$=\int_7^9(x-9)\{(x-9)+10\}\,dx$$

$$=\int_7^9\{(x-9)^2+10(x-9)\}\,dx$$

$$=\left[\frac{(x-9)^3}{3}+5(x-9)^2\right]_7^9$$

$$=-\frac{(-2)^3}{3}-5\cdot(-2)^2=-\frac{52}{3}$$

であるから ② より $S=\frac{64}{3}+\frac{52}{3}=\boldsymbol{\frac{116}{3}}$

注意 1°【6 分の 1 公式の利用】

次のような方法も考えられる．

Q(9, 18), R(7, 0) とする．

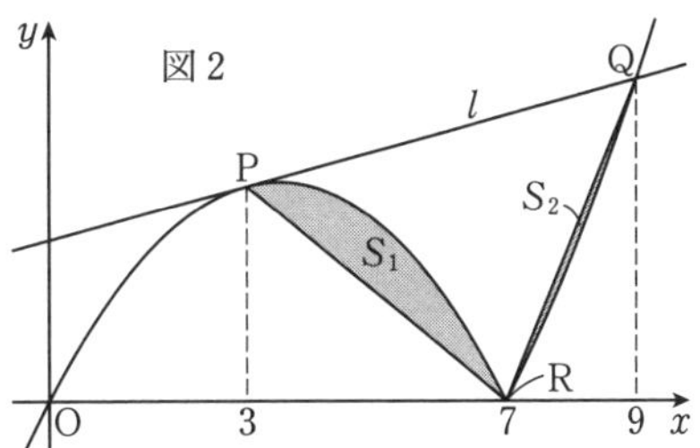

図 2 を参照せよ．

$$S=\triangle\mathrm{PQR}-S_1+S_2$$

$\overrightarrow{\mathrm{PQ}}=(6,\ 6)$, $\overrightarrow{\mathrm{PR}}=(4,\ -12)$ より

$$\triangle\mathrm{PQR}=\frac{1}{2}\left|6\cdot(-12)-4\cdot6\right|=48$$

$$S_1=\frac{(7-3)^3}{6}=\frac{4^3}{6}=\frac{32}{3}$$

$$S_2=\frac{(9-7)^3}{6}=\frac{2^3}{6}=\frac{4}{3}$$

$$S=48-\frac{32}{3}+\frac{4}{3}=\frac{116}{3}$$

2°【実験結果】

100 人以上の新高校 3 年（実験の時点では 2 年と 3 年の間）に解いてもらった．こちらの用意した解答のように計算した人が一割くらいいたのには感心した．

なんと，グラフを間違え，領域を間違えていた人が 2 割近くいた（図 3）．平方完成等をせず，バラバラで計算して正解した人と計算ミスをした人が 3 割ずついた．

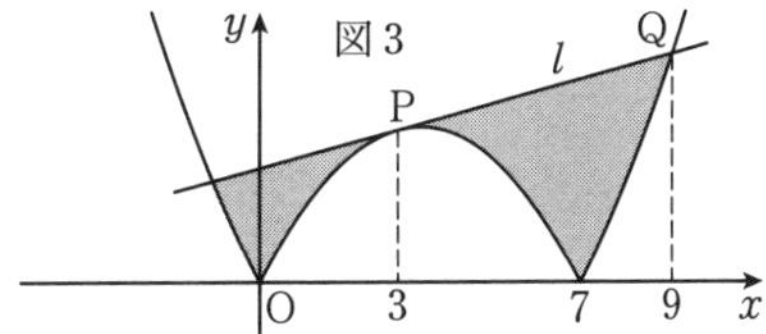

《共通接線で囲む面積（A10）》

610．座標平面上において，以下の方程式で表される放物線を $C,\ C'$ とする．

$$C : y=x^2+1,\quad C' : y=x^2-4x+9$$

C 上の点 P における接線 l が C' 上の点 Q における接線でもあるとき，次の問いに答えよ．

（1） P, Q の x 座標をそれぞれ $p,\ q$ とする．$p,\ q$ の値を求めよ．

（2） l の方程式を求めよ．

（3） 2 つの放物線 $C,\ C'$ と接線 l で囲まれた部分の面積 S を求めよ．（23 日本女子大・人間）

▶解答◀ （1） $C : y=x^2+1$ について $y'=2x$，$C' : y=x^2-4x+9$ について $y'=2x-4$ で

ある．C 上の点 (p, p^2+1) における接線の方程式は

$$y=2p(x-p)+p^2+1$$

$$y=2px-p^2+1 \quad \cdots\cdots ①$$

C' 上の点 (q, q^2-4q+9) における接線の方程式は

$$y=(2q-4)(x-q)+q^2-4q+9$$

$$y=(2q-4)x-q^2+9 \quad \cdots\cdots ②$$

①，② が一致するから

$$2p=2q-4,\ -p^2+1=-q^2+9$$

$q=p+2$ であり，これを $-p^2+q^2=8$ に代入して

$$-p^2+(p+2)^2=8$$

$$p=\mathbf{1}$$

このとき，$q=\mathbf{3}$

（2） $p=1$ を ① に代入して，$\boldsymbol{y=2x}$

（3） C と C' を連立させて

$$x^2+1=x^2-4x+9 \qquad \therefore \quad x=2$$

求める面積 S は

$$S=\int_1^2\{(x^2+1)-2x\}\,dx+\int_2^3\{(x^2-4x+9)-2x\}\,dx$$

$$=\int_1^2(x-1)^2\,dx+\int_2^3(x-3)^2\,dx$$

$$=\left[\frac{1}{3}(x-1)^3\right]_1^2+\left[\frac{1}{3}(x-3)^3\right]_2^3$$

$$=\frac{1}{3}-\frac{1}{3}(-1)^3=\mathbf{\frac{2}{3}}$$

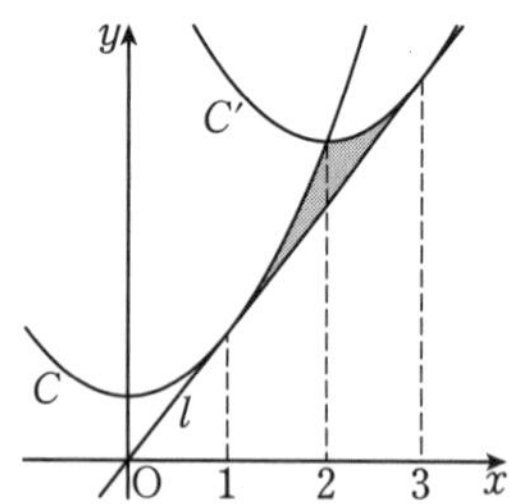

《束の利用 (B10)》

611．2 つの曲線 C_1，C_2 をそれぞれ

$$C_1: y=x^2+2x, \quad C_2: y=-x^2+2x+8$$

とする．また，2 曲線 C_1，C_2 の 2 つの交点を通る直線に平行で，かつ C_1 に接する直線を l とする．このとき，次の問に答えよ．

（1） 直線 l の方程式を求めよ．

（2） 2 曲線 C_1，C_2 で囲まれた図形の面積を S_1 とし，C_2 と直線 l で囲まれた図形の面積を S_2 とするとき，面積比 $S_1 : S_2$ を求めよ．(23 福岡大)

▶解答◀ （1） C_1 と C_2 を連立する．

$$x^2+2x=-x^2+2x+8$$

$$2x^2=8$$

$$x^2=4 \qquad \therefore \quad x=\pm 2$$

C_1，C_2 の交点の座標は $(-2, 0)$，$(2, 8)$ であるから，この 2 点を通る直線は $y=2x+4$ である．

$y=x^2+2x$ のとき $y'=2x+2$ である．接線の傾きが 2 のとき

$$2x+2=2 \qquad \therefore \quad x=0$$

より原点を通るから，l の方程式は $\boldsymbol{y=2x}$ である．

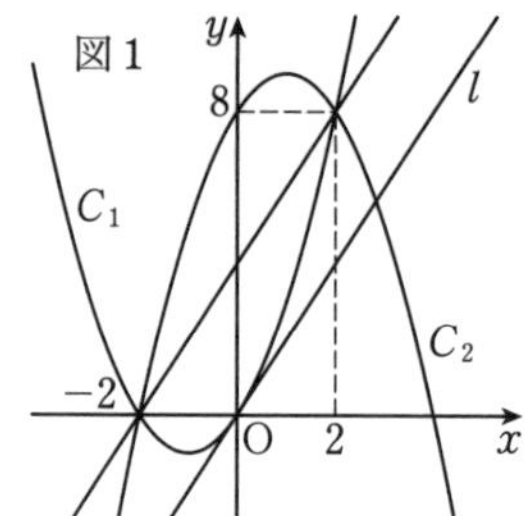

（2） $f(x)=x^2+2x$，$g(x)=-x^2+2x+8$ とする．

$$g(x)-f(x)=-2x^2+8$$

であるから

$$S_1=\int_{-2}^2\{g(x)-f(x)\}\,dx$$

$$=\int_{-2}^2\{-2(x-2)(x+2)\}\,dx$$

$$=\frac{-(-2)\{2-(-2)\}^3}{6}=\frac{2\cdot 4^3}{6}$$

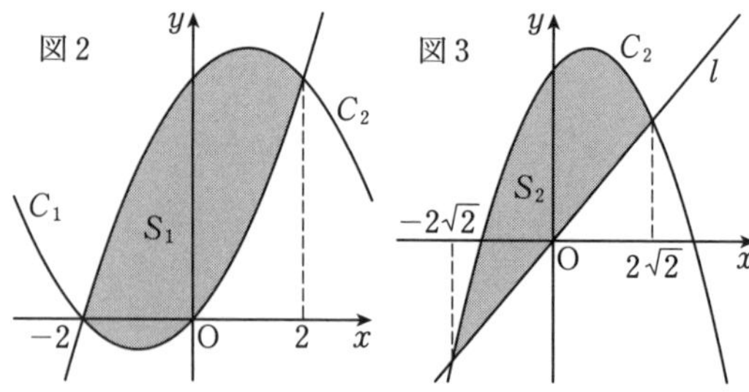

C_2 と l を連立する．

$$-x^2+2x+8=2x$$

$$x^2=8 \qquad \therefore \quad x=\pm 2\sqrt{2}$$

したがって

$$S_2=\int_{-2\sqrt{2}}^{2\sqrt{2}}\{g(x)-2x\}\,dx$$

$$=\int_{-2\sqrt{2}}^{2\sqrt{2}}\{-(x-2\sqrt{2})(x+2\sqrt{2})\}\,dx$$

$$= \frac{\{2\sqrt{2}-(-2\sqrt{2})\}^3}{6} = \frac{(4\sqrt{2})^3}{6}$$

であるから

$$S_1 : S_2 = 2\cdot 4^3 : (4\sqrt{2})^3 = \mathbf{1 : \sqrt{2}}$$

注意 1°【束の利用】

k を定数として

$$y - x^2 - 2x + k(y + x^2 - 2x - 8) = 0$$

は，C_1 と C_2 の交点を通る曲線（直線を含む）を表す．

$k = 1$ のとき直線を表すから

$$2y - 4x - 8 = 0$$

$$y = 2x + 4$$

である．

2°【重解条件の利用】

l の方程式を $y = 2x + m$ とおいて C_1 と連立して

$$x^2 + 2x = 2x + m$$

$$x^2 - m = 0$$

これが重解をもつのは $m = 0$ のときであるから，$l : y = 2x$ となる．

《積分するしかない（B20）》

612. $a > 0$ とする．座標平面上において，放物線 $C : y = ax^2 - 2ax + a + 1$ を考える．放物線 C 上の点 P は，x 座標が 2 であるとする．点 P において放物線 C の接線と垂直に交わる直線，つまり法線を l とし，放物線 C と 直線 l で囲まれる部分を R とする．R の点 (x, y) で $1 \leqq x \leqq 2$ をみたすもの全体の面積を $S(a)$ とし，R の点 (x, y) で $0 \leqq x \leqq 1$ をみたすもの全体の面積を $T(a)$ とする．

（1） 直線 l の方程式を a, x, y を用いて表せ．

（2） $S(a)$ を a を用いて表せ．

（3） $S(a)$ の最小値とそのときの a の値を求めよ．

（4） $2T(a) = 3S(a)$ が成り立つような a の値を求めよ．　（23　同志社大・経済）

▶解答◀ （1） $f(x) = ax^2 - 2ax + a + 1$ とおく．

$$f'(x) = 2ax - 2a = 2a(x-1)$$

$f(2) = a + 1,\ f'(2) = 2a$ であるから法線 l の方程式は

$$y = -\frac{1}{2a}(x-2) + a + 1$$

$$\boldsymbol{y = -\frac{1}{2a}x + a + 1 + \frac{1}{a}}$$

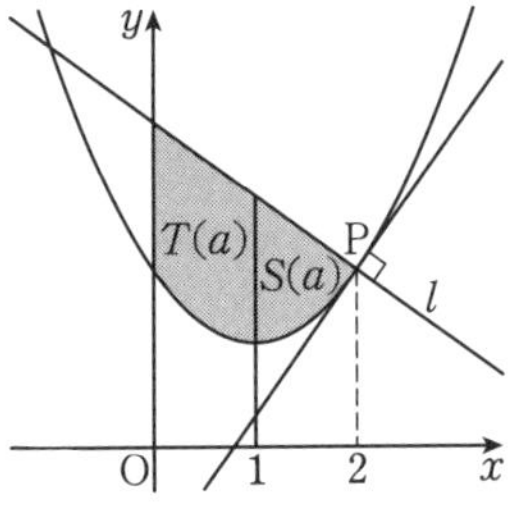

（2） $g(x) = -\dfrac{1}{2a}x + a + 1 + \dfrac{1}{a}$ とおく．

$$g(x) - f(x) = -ax^2 + 2ax - \frac{1}{2a}x + \frac{1}{a}$$

$$= -(x-2)\left(ax + \frac{1}{2a}\right)$$

$a > 0$ であるから，$0 \leqq x \leqq 2$ のとき $f(x) \leqq g(x)$

$$S(a) = \int_1^2 (g(x) - f(x))\,dx$$

$$= \int_1^2 \left\{-ax^2 + \left(2a - \frac{1}{2a}\right)x + \frac{1}{a}\right\} dx$$

$$= \left[-\frac{a}{3}x^3 + \left(a - \frac{1}{4a}\right)x^2 + \frac{1}{a}x\right]_1^2$$

$$= -\frac{a}{3}(8-1) + \left(a - \frac{1}{4a}\right)(4-1) + \frac{1}{a}$$

$$= \boldsymbol{\frac{2a}{3} + \frac{1}{4a}}$$

（3） $a > 0$ であるから，相加・相乗平均の不等式を用いて

$$\frac{2a}{3} + \frac{1}{4a} \geqq 2\sqrt{\frac{2a}{3}\cdot\frac{1}{4a}} = \frac{\sqrt{2}}{\sqrt{3}}$$

となる．等号は $\dfrac{2a}{3} = \dfrac{1}{4a}$ すなわち $a = \boldsymbol{\dfrac{\sqrt{6}}{4}}$ のとき成立し，このとき，$S(a)$ は最小値 $\boldsymbol{\dfrac{\sqrt{6}}{3}}$ をとる．

（4） $T(a) = \displaystyle\int_0^1 (g(x) - f(x))\,dx$

$$= \left[-\frac{a}{3}x^3 + \left(a - \frac{1}{4a}\right)x^2 + \frac{1}{a}x\right]_0^1$$

$$= -\frac{a}{3} + a - \frac{1}{4a} + \frac{1}{a} = \frac{2a}{3} + \frac{3}{4a}$$

$2T(a) = 3S(a)$ であるから

$$2\left(\frac{2a}{3} + \frac{3}{4a}\right) = 3\left(\frac{2a}{3} + \frac{1}{4a}\right)$$

$$-\frac{2}{3}a + \frac{3}{4a} = 0$$

$$a^2 = \frac{9}{8}$$

$a > 0$ であるから $a = \boldsymbol{\dfrac{3\sqrt{2}}{4}}$

《放物線と円（B20）》

613. q を実数とする．座標平面上に円 $C : x^2 + y^2 = 1$ と放物線 $P : y = x^2 + q$ がある．

（1） C と P に同じ点で接する傾き正の直線が存

在するとき，q の値およびその接点の座標を求めよ．

（2）（1）で求めた q の値を q_1，接点の y 座標を y_1 とするとき，連立不等式

$$\begin{cases} x^2+y^2 \geqq 1 \\ y \geqq x^2+q_1 \\ y \leqq y_1 \end{cases}$$

の表す領域の面積を求めよ．(23　北海道大・文系)

▶解答◀　（1）P について $y'=2x$ である．接点を $\mathrm{T}(a, b)$ とおくと，T における P の接線の傾きは $2a$ で，これが正であるから $a>0$ である．OT の傾きは $\dfrac{b}{a}$ であるから，OT と接線が直交する条件は $\dfrac{b}{a}\cdot 2a=-1$ である．$b=-\dfrac{1}{2}$ となり，

$a=\sqrt{1-b^2}=\dfrac{\sqrt{3}}{2}$ となる．$b=a^2+q$ であるから

$q=-\dfrac{1}{2}-\dfrac{3}{4}=-\boldsymbol{\dfrac{5}{4}}$

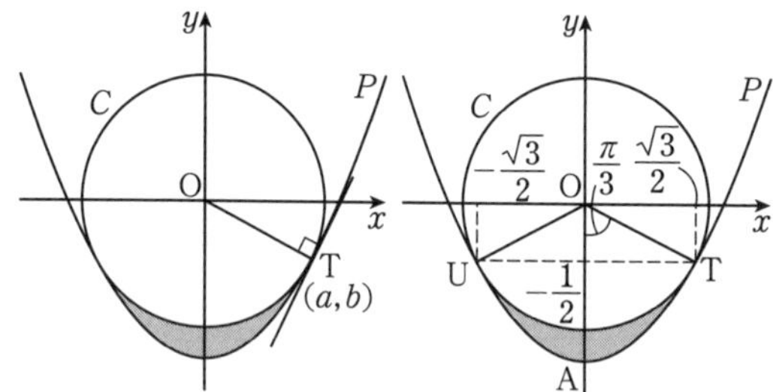

（2）直線 OT は $y=-\dfrac{x}{\sqrt{3}}$ である．求める面積を S とする．y 軸に関する対称性を考えると，

$$\frac{S}{2}=\int_0^{\frac{\sqrt{3}}{2}}\left(-\frac{x}{\sqrt{3}}-\left(-x^2+\frac{5}{4}\right)\right)dx-\frac{\pi\cdot 1^2}{6}$$

$$=\left[\frac{5x}{4}-\frac{x^2}{2\sqrt{3}}-\frac{x^3}{3}\right]_0^{\frac{\sqrt{3}}{2}}-\frac{\pi}{6}$$

$$=\frac{5\sqrt{3}}{8}-\frac{\sqrt{3}}{8}-\frac{\sqrt{3}}{8}-\frac{\pi}{6}=\frac{3\sqrt{3}}{8}-\frac{\pi}{6}$$

よって，$S=\boldsymbol{\dfrac{3\sqrt{3}}{4}-\dfrac{\pi}{3}}$ である．

注意　6 分の 1 公式を使えば，図形 UAT と三角形 OUT の和から扇形 OUT を引くと考え

$$S=\frac{1}{6}\left(\sqrt{3}\right)^3+\frac{1}{2}\sqrt{3}\cdot\frac{1}{2}-\frac{\pi\cdot 1^2}{3}$$

《扇形と三角形を引く (B10) ☆》

614．座標平面上の円 $C_1: x^2+y^2=1$ および放物線 $C_2: y=cx^2+1$ を考える．ただし c は正の定数とする．さらに円 C_1 上に 2 点 $\mathrm{A}(0, 1)$, $\mathrm{B}\left(\dfrac{\sqrt{3}}{2}, -\dfrac{1}{2}\right)$ をとるとき，次の問いに答えなさい．

（1）点 B における円 C_1 の接線が放物線 C_2 に接する．定数 c の値を求めなさい．

（2）（1）の接線の C_2 上の接点を P とする．点 P の座標を求めなさい．

（3）次の 3 つの線で囲まれた部分の面積を求めなさい．

- 円 C_1 上の点 A と点 B を結ぶ弧のうち，短い方
- 放物線 C_2 の点 A から点 P の部分
- 線分 BP

(23　福島大・人間発達文化)

▶解答◀　（1）B における C_1 の接線 l の方程式は

$$\frac{\sqrt{3}}{2}x-\frac{1}{2}y=1 \qquad \therefore\quad y=\sqrt{3}x-2$$

これと $y=cx^2+1$ を連立して $cx^2+1=\sqrt{3}x-2$

$$cx^2-\sqrt{3}x+3=0 \quad \cdots\cdots\cdots ①$$

l が C_2 に接するから ① の判別式を D として

$D=(\sqrt{3})^2-4\cdot c\cdot 3=3-12c=0$ のときで $c=\boldsymbol{\dfrac{1}{4}}$

（2）① の重解 $x=\dfrac{\sqrt{3}}{2c}=2\sqrt{3}$ で，

$y=\sqrt{3}x-2=2\cdot 3-2=4$ となるから P の座標は $\boldsymbol{(2\sqrt{3}, 4)}$ である．

（3）図を見よ．C_2, l, y 軸の間の部分から扇形 OBA と △OBD を引くと考え，求める面積は

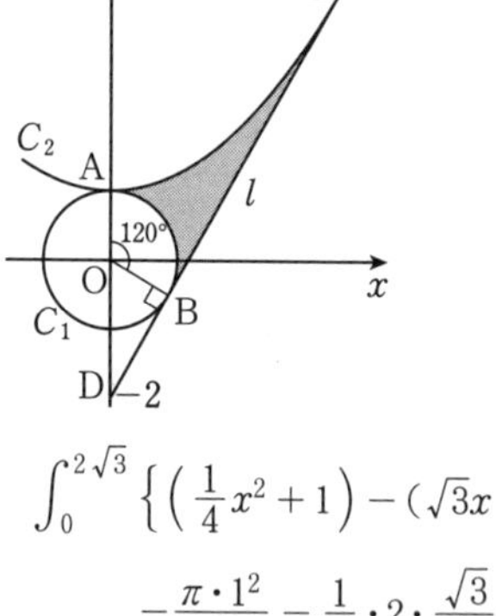

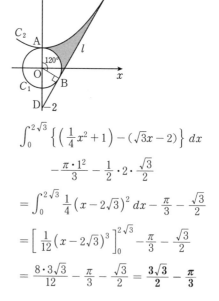

$$\int_0^{2\sqrt{3}}\left\{\left(\frac{1}{4}x^2+1\right)-(\sqrt{3}x-2)\right\}dx$$

$$-\frac{\pi\cdot 1^2}{3}-\frac{1}{2}\cdot 2\cdot\frac{\sqrt{3}}{2}$$

$$=\int_0^{2\sqrt{3}}\frac{1}{4}\left(x-2\sqrt{3}\right)^2 dx-\frac{\pi}{3}-\frac{\sqrt{3}}{2}$$

$$=\left[\frac{1}{12}\left(x-2\sqrt{3}\right)^3\right]_0^{2\sqrt{3}}-\frac{\pi}{3}-\frac{\sqrt{3}}{2}$$

$$=\frac{8\cdot 3\sqrt{3}}{12}-\frac{\pi}{3}-\frac{\sqrt{3}}{2}=\boldsymbol{\frac{3\sqrt{3}}{2}-\frac{\pi}{3}}$$

《全体を構成して考える (B20) ☆》

615．$0<t<2$ とし，座標平面上の曲線 $C: y=$

$|x^2+2x|$ 上の点 A$(-2, 0)$ を通る傾き t の直線を l とする．C と l の，A 以外の異なる 2 つの共有点を P, Q とする．ただし，P の x 座標は，Q の x 座標より小さいとする．このとき，次の問 (1)〜(5) に答えよ．解答欄には，(1) については答えのみを，(2)〜(5) については答えだけでなく途中経過も書くこと．

(1) P，Q の x 座標をそれぞれ t を用いて表せ．

(2) 線分 AP と C で囲まれた部分の面積 $S_1(t)$ を t を用いて表せ．

(3) 線分 PQ と C で囲まれた部分の面積 $S_2(t)$ を t を用いて表せ．

(4) 線分 AQ と C で囲まれた 2 つの部分の面積の和 $S(t)$ を t を用いて表せ．また，$S(t)$ の導関数 $S'(t)$ を求めよ．

(5) t が $0<t<2$ を動くとき，(4) の $S(t)$ を最小にするような t の値を求めよ．

(23 立教大・文系)

▶解答◀ (1) 直線 l の方程式は

$$y-0=t(x+2)$$

$$y=tx+2t$$

放物線 $C: y=|x(x+2)|$ について，

$x \leqq -2,\ 0 \leqq x$ のとき，$y=x(x+2)=x^2+2x$

$-2 \leqq x \leqq 0$ のとき，$y=-x(x+2)=-x^2-2x$

である．また，図 1 のように，

$$-2<(\text{P の } x \text{ 座標})<0,\ 0<(\text{Q の } x \text{ 座標})$$

である．

P の x 座標は $-x^2-2x=tx+2t\ (-2<x<0)$ の解で

$$x^2+(t+2)x+2t=0$$

$$(x+2)(x+t)=0 \qquad \therefore \quad x=\boldsymbol{-t}$$

Q の x 座標は $x^2+2x=tx+2t\ (0<x)$ の解で

$$x^2+(2-t)x-2t=0$$

$$(x+2)(x-t)=0 \qquad \therefore \quad x=\boldsymbol{t}$$

(2) 図 2 を見よ．図 2 の $x=-2$ はその点の x 座標が -2 であることを示す．他も同様とする．以降，6 分の 1 公式を使う．

$$S_1=\frac{1}{6}\{-t-(-2)\}^3=\boldsymbol{\frac{1}{6}(2-t)^3} \quad \cdots\cdots\cdots\text{①}$$

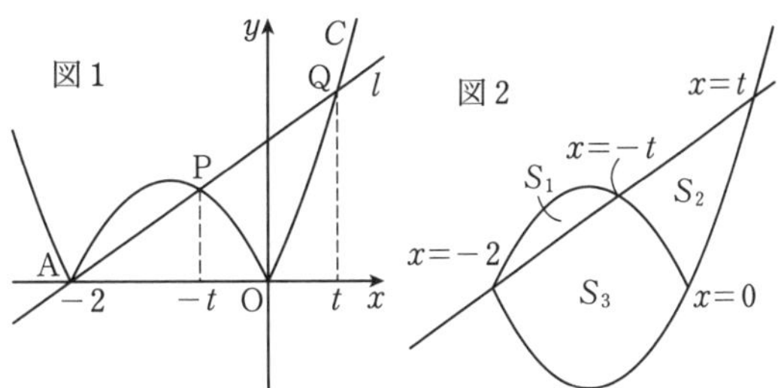

(3) $S_1+S_3=\dfrac{1}{6}\{0-(-2)\}^3\cdot 2=\dfrac{2}{6}\cdot 2^3 \quad \cdots\cdots\cdots\text{②}$

$S_2+S_3=\dfrac{1}{6}\{t-(-2)\}^3=\dfrac{1}{6}(t+2)^3 \quad \cdots\cdots\text{③}$

③ − ② + ① より

$$S_2=\frac{1}{6}(t+2)^3-\frac{2}{6}\cdot 2^3+\frac{1}{6}(2-t)^3$$

$$=\frac{1}{6}\{(t^3+6t^2+12t+2^3)-2\cdot 2^3 +(2^3-12t+6t^2-t^3)\}=\boldsymbol{2t^2}$$

(4) $S(t)=S_1(t)+S_2(t)=\dfrac{1}{6}(2-t)^3+2t^2$

$$=\frac{1}{6}(8-12t+6t^2-t^3)+2t^2$$

$$=\boldsymbol{-\frac{1}{6}t^3+3t^2-2t+\frac{4}{3}}$$

$$S'(t)=\boldsymbol{-\frac{1}{2}t^2+6t-2}$$

(5) $S'(t)=-\dfrac{1}{2}(t^2-12t+4)$

$t^2-12t+4=0$ のとき，$t=6\pm 4\sqrt{2}$

t	0	$\cdots$	$6-4\sqrt{2}$	$\cdots$	2
$S'(t)$		$-$	0	$+$	
$S(t)$		↘		↗	

よって，$S(t)$ は $t=\boldsymbol{6-4\sqrt{2}}$ のとき最小となる．

◆別解◆ (2) 正直に積分すると

$$S_2(t)=\int_{-t}^{0}\{(tx+2t)-(-x^2-2x)\}\,dx +\int_{0}^{t}\{(tx+2t)-(x^2+2x)\}\,dx$$

$$=\int_{-t}^{t}(tx+2t)\,dx+\int_{-t}^{0}(x^2+2x)\,dx -\int_{0}^{t}(x^2+2x)\,dx$$

$$=2\Big[2tx\Big]_0^t+\left[\frac{1}{3}x^3+x^2\right]_{-t}^{0}-\left[\frac{1}{3}x^3+x^2\right]_0^t$$

$$=4t^2-\left(-\frac{1}{3}t^3+t^2\right)-\left(\frac{1}{3}t^3+t^2\right)=\boldsymbol{2t^2}$$

《折れ線の通過 (B30) ☆》

616. 関数 $f(x)$ に対して，座標平面上の 2 つの点 P$(x, f(x))$, Q$(x+1, f(x)+1)$ を考える．実数 x が $0 \leqq x \leqq 2$ の範囲を動くとき，線分 PQ が

通過してできる図形の面積を S とおく．以下の問いに答えよ．

（1） 関数 $f(x)=-2|x-1|+2$ に対して，S の値を求めよ．

（2） 関数 $f(x)=\frac{1}{2}(x-1)^2$ に対して，曲線 $y=f(x)$ の接線で，傾きが1のものの方程式を求めよ．

（3） 設問（2）の関数 $f(x)=\frac{1}{2}(x-1)^2$ に対して，S の値を求めよ． （23 東北大・文系）

▶解答◀ （1） PQ が通過してできる図形を図示すると，図1の網目部分のようになる．図1の太線部が $y=f(x)$ である．Q は $y=f(x)$ を x 軸方向に1，y 軸方向に1だけ移動した，$y=-2|x-2|+3$ 上にある．図のBの座標を求める．

$$-2(x-1)+2=2(x-2)+3 \qquad \therefore\quad x=\frac{5}{4}$$

このとき，$y=-2\left(\frac{5}{4}-1\right)+2=\frac{3}{2}$ であるから，B の座標は $\left(\frac{5}{4},\ \frac{3}{2}\right)$ である．図1の網目部分を変形すると図2のようになるが，これだと △ABC の分が重複してしまっているから，図2の平行四辺形2つ分の面積から，△ABC の面積を引く．

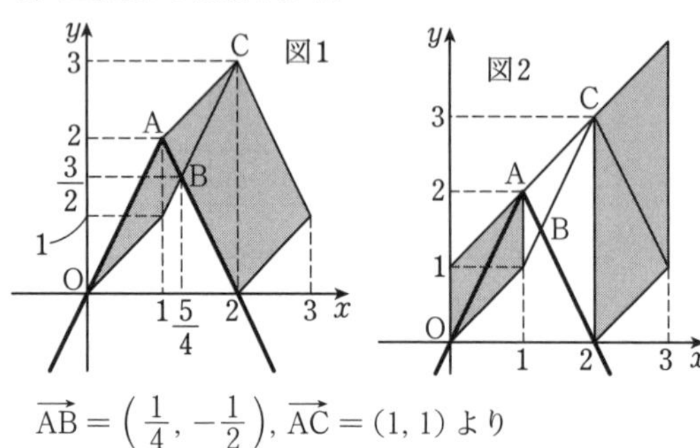

$$\overrightarrow{\mathrm{AB}}=\left(\frac{1}{4},\ -\frac{1}{2}\right),\ \overrightarrow{\mathrm{AC}}=(1,\ 1)\text{ より}$$

$$\triangle\mathrm{ABC}=\frac{1}{2}\left|\frac{1}{4}\cdot 1-\left(-\frac{1}{2}\right)\cdot 1\right|=\frac{3}{8}$$

である．よって，

$$S=1\cdot 1+3\cdot 1-\frac{3}{8}=\boldsymbol{\frac{29}{8}}$$

（2） 接点の x 座標を t とすると，$f'(x)=x-1$ であるから，

$$f'(t)=t-1=1 \qquad \therefore\quad t=2$$

ゆえに接線の方程式は

$$y=(x-2)+\frac{1}{2}\cdot 1^2 \qquad \therefore\quad \boldsymbol{y=x-\frac{3}{2}}$$

（3） PQ が通過してできる図形を図示すると，図3の網目部分のようになる．図3の太線部が $y=f(x)$ である．

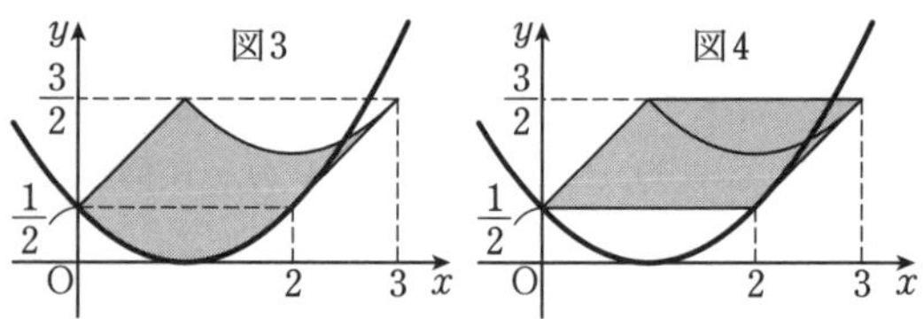

図3の網目部分を等積変形すると図4のようになる．よって，この平行四辺形の面積を考えて，$S=2\cdot 1=\boldsymbol{2}$ である．

《共通接線で囲む (B20)》

617． 放物線 $y=x^2$ を C_1，放物線 $y=x^2-4x+4a$ を C_2 とし，C_1, C_2 に共通な接線を l とする．ただし，a は実数の定数とする．このとき，次の問いに答えよ．

（1） C_1 と C_2 の交点を Q とするとき，Q の x 座標を a を用いて表せ．

（2） l と C_1, C_2 との接点をそれぞれ $\mathrm{P_1}$, $\mathrm{P_2}$ とするとき，$\mathrm{P_1}$, $\mathrm{P_2}$ の x 座標をそれぞれ a を用いて表せ．

（3） Q を通り y 軸に平行な直線は，C_1, C_2 と l で囲まれた図形の面積 S を2等分することを示せ． （23 東京海洋大・海洋科）

▶解答◀ （1） C_1 と C_2 を連立する．

$$x^2=x^2-4x+4a$$

より Q の x 座標は $x=\boldsymbol{a}$ である．

（2） $\mathrm{P_1}$ の x 座標を t とする．$\mathrm{P_1}(t,\ t^2)$ である．$y=x^2$ のとき，$y'=2x$ であるから，l は

$$y=2t(x-t)+t^2$$

$$y=2tx-t^2 \quad\cdots\cdots\text{①}$$

$\mathrm{P_2}$ の x 座標を s とする．$\mathrm{P_2}(s,\ s^2-4s+4a)$ である．$y=x^2-4x+4a$ のとき，$y'=2x-4$ であるから，l は

$$y=(2s-4)(x-s)+s^2-4s+4a$$

$$y=2(s-2)x-s^2+4a \quad\cdots\cdots\text{②}$$

①，② が一致するから

$$t=s-2,\ -t^2=-s^2+4a$$

$s=t+2$ を $-t^2=-s^2+4a$ に代入して

$$-t^2=-(t+2)^2+4a \qquad \therefore\quad t=a-1$$

したがって，$s=a+1$ であるから，$\mathrm{P_1}$ の x 座標は $x=\boldsymbol{a-1}$，$\mathrm{P_2}$ の x 座標は $x=\boldsymbol{a+1}$ である．

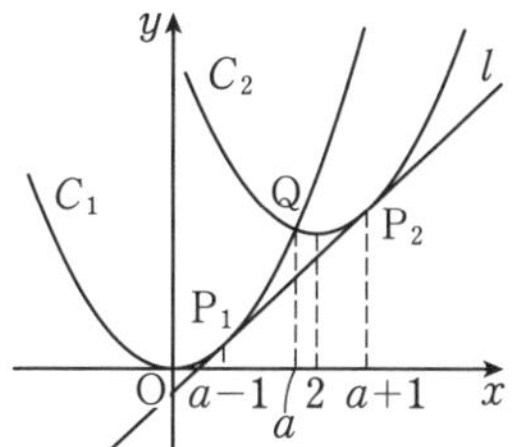

（3） $C_1, l, x=a$ で囲まれる図形の面積を S_1,
$C_2, l, x=a$ で囲まれる図形の面積を S_2 とする.

$$S_1=\int_{a-1}^{a}(x^2-(2(a-1)x-(a-1)^2))\,dx$$
$$=\int_{a-1}^{a}(x-(a-1))^2\,dx$$
$$=\left[\frac{1}{3}(x-a+1)^3\right]_{a-1}^{a}=\frac{1}{3}$$

$$S_2=\int_{a}^{a+1}(x^2-4x+4a-2(a-1)x+(a-1)^2)\,dx$$
$$=\int_{a}^{a+1}(x-(a+1))^2\,dx$$
$$=\left[\frac{1}{3}(x-(a+1))^3\right]_{a}^{a+1}=\frac{1}{3}$$

$S_1=S_2$ となる.

♦別解♦ （2） ① を求めるところまでは解答と同様である. ここの式番号は解答の続きにする.

$l: y=2tx-t^2$ が C_2 に接するときを考える.

$$x^2-4x+4a=2tx-t^2$$
$$x^2-(4+2t)x+4a+t^2=0 \quad \cdots\cdots ②$$

判別式を D とする. C_2 と l が接する条件は $\frac{D}{4}=0$ で

$$(2+t)^2-(4a+t^2)=0$$
$$4t=4a-4 \qquad \therefore\quad t=a-1$$

② に代入して

$$x^2-2(a+1)x+(a+1)^2=0$$
$$\{x-(a+1)\}^2=0 \qquad \therefore\quad x=a+1$$

P_1 の x 座標は $x=\boldsymbol{a-1}$, P_2 の x 座標は $x=\boldsymbol{a+1}$

♦別解♦ （2） 式番号は ① から振り直す.

l を $y=mx+n$ とおく. C_1 と l を連立して

$$x^2=mx+n$$
$$x^2-mx-n=0 \quad \cdots\cdots ①$$

判別式を D_1 とする. C_1 と l が接する条件は $D_1=0$ で

$$m^2+4n=0 \quad \cdots\cdots ②$$

C_2 と l を連立して

$$x^2-4x+4a=mx+n$$
$$x^2-(m+4)x+4a-n=0 \quad \cdots\cdots ③$$

判別式を D_2 とする. C_2 と l が接する条件は $D_2=0$ で

$$(m+4)^2-4(4a-n)=0$$
$$m^2+8m+4n+16(1-a)=0 \quad \cdots\cdots ④$$

④ − ② より

$$8m=16(a-1) \qquad \therefore\quad m=2(a-1)$$

② に代入して

$$n=-(a-1)^2$$

$m=2(a-1), n=-(a-1)^2$ を ① に代入して

$$x^2-2(a-1)x+(a-1)^2=0$$
$$\{x-(a-1)\}^2=0 \qquad \therefore\quad x=a-1$$

同様に ③ に代入して

$$x^2-2(a+1)x+(a+1)^2=0$$
$$\{x-(a+1)\}^2=0 \qquad \therefore\quad x=a+1$$

P_1 の x 座標は $x=\boldsymbol{a-1}$, P_2 の x 座標は $x=\boldsymbol{a+1}$

《円と放物線 (B15)》

618. 座標平面上で, 放物線 $C_1: y=-x^2+\frac{5}{4}$, および円 $C_2: x^2+y^2=1$ を考える.

（1） 放物線 C_1 と円 C_2 は 2 つの共有点を持つことを示せ. また, C_1 と C_2 の共有点のうち, x 座標が正である点を P とする. 点 P の座標を求めよ.

（2） C_1 上に点 $\mathrm{Q}\left(1, \frac{1}{4}\right)$, C_2 上に点 $\mathrm{R}(1, 0)$ をとる. 放物線 C_1, 2 点 P と R を結ぶ C_2 上の短い方の円弧, 線分 QR で囲まれた図形の面積を求めよ.

（3） （2）を利用して円周率 π は 3.22 より小さいことを示せ.
ただし, $1.73<\sqrt{3}<1.74$ を利用してよい.

（23 津田塾大・学芸-英文）

▶解答◀ （1） C_1, C_2 を連立して x を消去すると

$$y=-(1-y^2)+\frac{5}{4}$$

$y^2-y+\frac{1}{4}=0$ となり $\left(y-\frac{1}{2}\right)^2=0$ から $y=\frac{1}{2}$

$x=\pm\frac{\sqrt{3}}{2}$ となり P の座標は $\left(\boldsymbol{\frac{\sqrt{3}}{2}, \frac{1}{2}}\right)$ である.

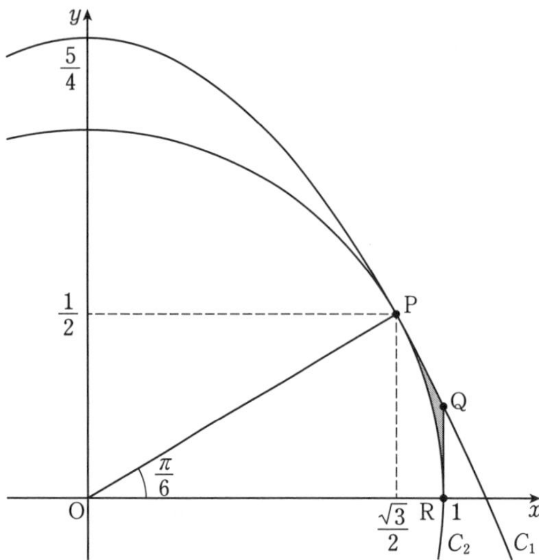

（**2**）　求める面積 S は

$$S=\int_{\frac{\sqrt{3}}{2}}^{1}\left(-x^2+\frac{5}{4}\right)dx$$

$$-\left(\frac{1}{2}\cdot1^2\cdot\frac{\pi}{6}-\frac{1}{2}\cdot\frac{\sqrt{3}}{2}\cdot\frac{1}{2}\right)$$

$$=\left[-\frac{1}{3}x^3+\frac{5}{4}x\right]_{\frac{\sqrt{3}}{2}}^{1}-\frac{\pi}{12}+\frac{\sqrt{3}}{8}$$

$$=\frac{11}{12}-\frac{\sqrt{3}}{2}-\frac{\pi}{12}+\frac{\sqrt{3}}{8}$$

$$=\boldsymbol{\frac{11}{12}-\frac{3\sqrt{3}}{8}-\frac{\pi}{12}}$$

（**3**）　$S>0$ であるから

$$\frac{\pi}{12}<\frac{11}{12}-\frac{3\sqrt{3}}{8}$$

$$\pi<11-\frac{9\sqrt{3}}{2}<11-\frac{9}{2}\cdot1.73=3.215<3.22$$

よって示された．

《考えにくい構図 (B10)》

619. a を定数とする．座標平面上の直線 $y=2ax+\frac{1}{4}$ と放物線 $y=x^2$ の 2 つの交点を P_1, P_2 とする．a が $0\leqq a\leqq1$ の範囲を動くとき，線分 P_1P_2 の通過する部分の面積は $\frac{\square}{\square}$ である．

（23　上智大・文系）

▶解答◀　図 1 を見よ．直線 $y=2ax+\frac{1}{4}$ は点 $\left(0,\ \frac{1}{4}\right)$ を通り，傾きは 0 以上 2 以下である．放物線 $C:y=x^2$ と，直線 $l:y=2x+\frac{1}{4}$ の交点の x 座標を α, β $(\alpha<\beta)$ とすると，α, β は 2 次方程式 $x^2-2x-\frac{1}{4}=0$ の 2 解であるから

$$\alpha=1-\frac{\sqrt{5}}{2},\ \beta=1+\frac{\sqrt{5}}{2}$$

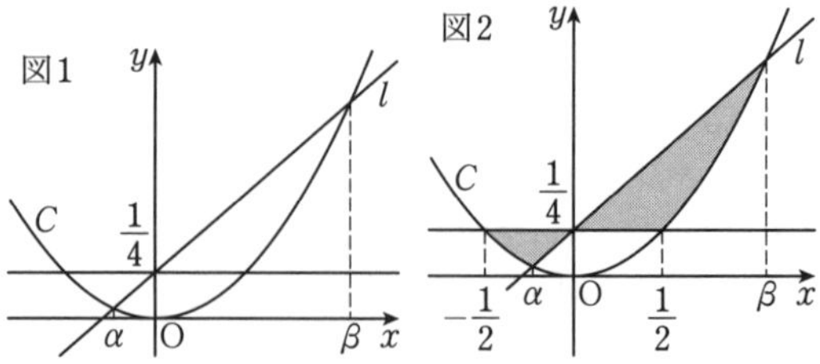

図3

$S=$ A（$-\frac{1}{2}$～$\frac{1}{2}$）＋ B（α～β）-2（C（α～$\frac{1}{2}$）＋ D（α～$\frac{1}{2}$））

求める面積を S とすると，S は図 2 の網目部分の面積である．穴埋め形式のため，以下では $\frac{1}{6}$ 公式を積極的に利用する．S は図 3 のように求める．図 3 で A, B, C, D は各部分の面積とする．

$$A=\frac{1}{6}\left\{\frac{1}{2}-\left(-\frac{1}{2}\right)\right\}^3=\frac{1}{6}$$

$$B=\frac{1}{6}(\beta-\alpha)^3=\frac{1}{6}(\sqrt{5})^3=\frac{5\sqrt{5}}{6}$$

$$C=\frac{1}{2}\cdot\frac{1}{2}\cdot\left\{\frac{1}{4}-\left(2\alpha+\frac{1}{4}\right)\right\}$$

$$=-\frac{1}{2}\alpha=-\frac{1}{2}+\frac{\sqrt{5}}{4}$$

$$D=\frac{1}{6}\left(\frac{1}{2}-\alpha\right)^3$$

$$=\frac{1}{6}\left(-\frac{1}{2}+\frac{\sqrt{5}}{2}\right)^3=\frac{1}{6}(\sqrt{5}-2)$$

よって

$$S=A+B-2(C+D)$$

$$=\frac{1}{6}+\frac{5\sqrt{5}}{6}$$

$$-2\left\{\left(-\frac{1}{2}+\frac{\sqrt{5}}{4}\right)+\frac{1}{6}(\sqrt{5}-2)\right\}$$

$$=\frac{1}{6}+\frac{5\sqrt{5}}{6}-2\left(-\frac{5}{6}+\frac{5\sqrt{5}}{12}\right)=\boldsymbol{\frac{11}{6}}$$

♦別解♦　解と係数の関係より，$\alpha+\beta=2$, $\alpha\beta=-\frac{1}{4}$ であり

$$S=\int_{-\frac{1}{2}}^{\alpha}\left(\frac{1}{4}-x^2\right)dx$$

$$+\int_{\alpha}^{0}\left\{\frac{1}{4}-\left(2x+\frac{1}{4}\right)\right\}dx$$

$$+\int_{0}^{\frac{1}{2}}\left\{\left(2x+\frac{1}{4}\right)-\frac{1}{4}\right\}dx$$

$$+\int_{\frac{1}{2}}^{\beta}\left\{\left(2x+\frac{1}{4}\right)-x^2\right\}dx$$

$$= \left[\frac{1}{4}x - \frac{1}{3}x^3\right]_{-\frac{1}{2}}^{\alpha} - \left[x^2\right]_{\alpha}^{0} + \left[x^2\right]_{0}^{\frac{1}{2}}$$

$$+ \left[-\frac{1}{3}x^3 + x^2 + \frac{1}{4}x\right]_{\frac{1}{2}}^{\beta}$$

$$= \left\{\left(\frac{1}{4}\alpha - \frac{1}{3}\alpha^3\right) - \left(-\frac{1}{8} + \frac{1}{24}\right)\right\} + \alpha^2 + \frac{1}{4}$$

$$+ \left\{\left(-\frac{1}{3}\beta^3 + \beta^2 + \frac{1}{4}\beta\right) - \left(-\frac{1}{24} + \frac{1}{4} + \frac{1}{8}\right)\right\}$$

$$= -\frac{1}{3}(\alpha^3 + \beta^3) + (\alpha^2 + \beta^2) + \frac{1}{4}(\alpha + \beta)$$

$$= -\frac{1}{3}\{(\alpha+\beta)^3 - 3\alpha\beta(\alpha+\beta)\} + \{(\alpha+\beta)^2 - 2\alpha\beta\} + \frac{1}{4}(\alpha+\beta)$$

$$= -\frac{1}{3}\left\{2^3 - 3\cdot\left(-\frac{1}{4}\right)\cdot 2\right\} + 2^2 - 2\cdot\left(-\frac{1}{4}\right) + \frac{1}{4}\cdot 2$$

$$= -\frac{1}{3}\cdot\frac{19}{2} + 4 + \frac{1}{2} + \frac{1}{2} = \boldsymbol{\frac{11}{6}}$$

《少し複雑な構図 (B20)》

620. xy 平面上に 2 つの放物線

$C_1 : y = x^2 + 2x$

$C_2 : y = -2x^2 + 2x$

がある．次の問いに答えよ．

（1） C_1 と C_2 のどちらにも接する直線が 1 つだけ存在することを示し，その直線の方程式を求めよ．

上で求めた直線を l とする．さらに，実数 a, b に対して定まる直線 $m : y = ax + b$ が，次の 2 つの条件を満たすとする．

- m は l と垂直に交わる．
- 和集合 $\{P \mid P$ は m と C_1 との共有点 $\} \cup \{Q \mid Q$ は m と C_2 との共有点 $\}$ の要素の個数がちょうど 4 である．

（2） b のとり得る値の範囲を求めよ．

（3） m と C_1 で囲まれた部分の面積を S_1 とし，m と C_2 で囲まれた部分の面積を S_2 とする．$S_1 : S_2 = 1 : 2$ を満たす b の値を求めよ．

（23　横浜国大・経済，経営）

▶解答◀　（1） $C_1 : y = x^2 + 2x$ のとき，$y' = 2x + 2$ であるから，C_1 上の点 $(s, s^2 + 2s)$ における接線の方程式は

$y = (2s + 2)(x - s) + s^2 + 2s$

$y = (2s + 2)x - s^2$ ……………………………①

$C_2 : y = -2x^2 + 2x$ のとき，$y' = -4x + 2$ であるから，C_2 上の点 $(t, -2t^2 + 2t)$ における接線の方程式は

$y = (-4t + 2)(x - t) - 2t^2 + 2t$

$y = (-4t + 2)x + 2t^2$ ……………………………②

① と ② が一致するとき

$2s + 2 = -4t + 2,\ -s^2 = 2t^2$

この連立方程式を解いて $s = 0, t = 0$ を得る．C_1 と C_2 の両方に接する接線は 1 つでその方程式は $\boldsymbol{y = 2x}$ である．

（**2**） 図 1 を見よ．

$C_1 : y = (x + 1)^2 - 1$

$C_2 : y = -2\left(x - \frac{1}{2}\right)^2 + \frac{1}{2}$

C_1 と C_2 は原点で接している．

$l \perp m$ であるから $a = -\frac{1}{2}$ である．

2 つ目の条件を満たすのは m と C_1，C_2 がそれぞれ原点を除く異なる 2 点で交わるときである．

$m : y = -\frac{1}{2}x + b$

C_1 と m を連立して

$x^2 + 2x = -\frac{1}{2}x + b$

$2x^2 + 5x - 2b = 0$ ……………………………③

判別式について

$25 + 16b > 0$　　$\therefore\ b > -\frac{25}{16}$

C_2 と m を連立して

$-2x^2 + 2x = -\frac{1}{2}x + b$

$4x^2 - 5x + 2b = 0$ ……………………………④

判別式について

$25 - 32b > 0$　　$\therefore\ b < \frac{25}{32}$

求める条件は $\boldsymbol{-\frac{25}{16} < b < 0,\ 0 < b < \frac{25}{32}}$ である．

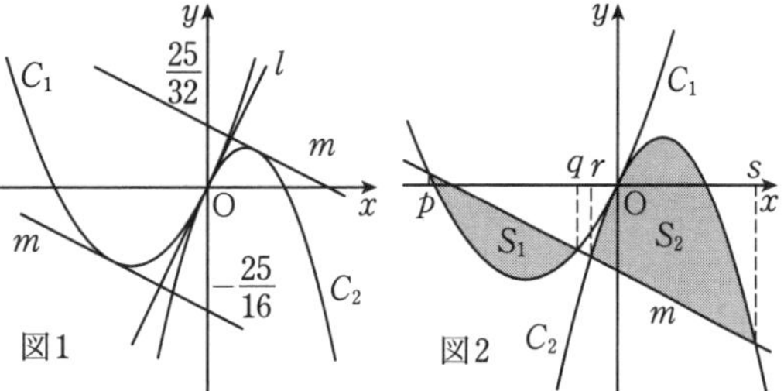

（**3**） S_1 と S_2 はそれぞれ図 2 の網目部分の面積である．③ を解いて $x = \frac{-5 \pm \sqrt{25 + 16b}}{4}$（図 2 の p と q）

6 分の 1 公式を用いて

$$S_1 = \frac{1}{6}\left(\frac{\sqrt{25 + 16b}}{2}\right)^3$$

④ を解いて $x=\dfrac{5\pm\sqrt{25-32b}}{8}$ (図 2 の r と s)

$$S_2=\frac{2}{6}\left(\frac{\sqrt{25-32b}}{4}\right)^3$$

$S_1:S_2=1:2$ のとき

$$\left(\frac{\sqrt{25+16b}}{2}\right)^3=\left(\frac{\sqrt{25-32b}}{4}\right)^3$$

$$2\sqrt{25+16b}=\sqrt{25-32b}$$

$$4(25+16b)=25-32b \qquad \therefore\quad \boldsymbol{b=-\frac{25}{32}}$$

◆別解◆ (1) $l:y=px+q$ とおく.

$$x^2+2x=px+q$$

$$x^2+(2-p)x-q=0$$

判別式について

$$(2-p)^2+4q=0 \quad \cdots\cdots⑤$$

$$-2x^2+2x=px+q$$

$$2x^2+(p-2)x+q=0$$

判別式について

$$(p-2)^2-8q=0 \quad \cdots\cdots⑥$$

⑤, ⑥ を解いて $p=2,\ q=0$ であるから, 接線は 1 つでその方程式は $\boldsymbol{y=2x}$ である.

《写像と面積 (B15) ☆》

621. 平面上の点 $\mathrm{P}(\alpha,\beta)$ が原点を中心とする半径 1 の円上およびその内部を動くとき, 点 $\mathrm{Q}(\alpha+\beta,2\alpha\beta)$ の全体が表す領域を D とする. このとき以下の設問に答えよ.

(1) D を平面上に図示せよ.

(2) D の面積を求めよ. (23 東京女子大・文系)

▶解答◀ (1) $\mathrm{P}(\alpha,\beta)$ は原点 O を中心とする半径 1 の円上およびその内部を動くから

$$\alpha^2+\beta^2\leqq 1 \quad \cdots\cdots①$$

$x=\alpha+\beta,\ y=2\alpha\beta$ とおくと $\mathrm{Q}(x,y)$ である. x と y は t に関する 2 次方程式

$$t^2-xt+\frac{y}{2}=0$$

の実数解である. この判別式を D_1 とすると

$$D_1=(-x)^2-4\cdot\frac{y}{2}=x^2-2y\geqq 0$$

$$y\leqq\frac{x^2}{2}$$

① より $(\alpha+\beta)^2-2\alpha\beta\leqq 1$ であるから

$$x^2-y\leqq 1 \qquad \therefore\quad y\geqq x^2-1$$

よって領域 D は図の網目部分で境界を含む.

(2) $y=x^2-1$ と $y=\dfrac{x^2}{2}$ を連立して

$$x^2-1=\frac{x^2}{2}$$

$$x^2=2 \qquad \therefore\quad x=\pm\sqrt{2}$$

よって求める面積は

$$\int_{-\sqrt{2}}^{\sqrt{2}}\left\{\frac{x^2}{2}-(x^2-1)\right\}dx$$

$$=2\int_0^{\sqrt{2}}\left(1-\frac{x^2}{2}\right)dx=2\left[x-\frac{x^3}{6}\right]_0^{\sqrt{2}}$$

$$=2\left(\sqrt{2}-\frac{\sqrt{2}}{3}\right)=\boldsymbol{\frac{4\sqrt{2}}{3}}$$

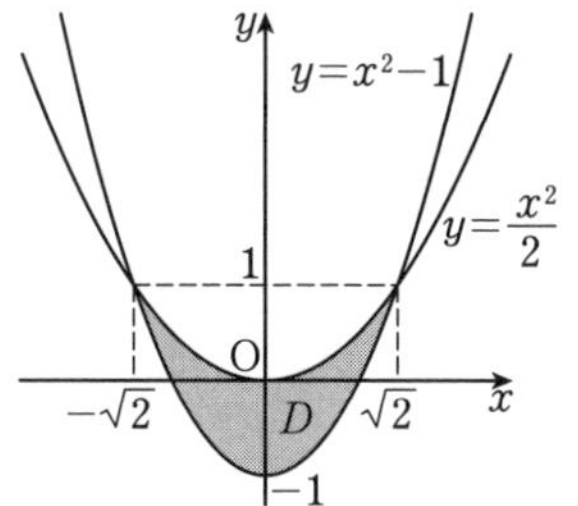

《変曲点に関して点対称 (B15) ☆》

622. 関数 $f(x)=x^3-3x^2+2$ とする.

(1) $f(x)$ を 1 次式まで因数分解しなさい.

(2) α を実数として, $f(1+\alpha)$ と $f(1-\alpha)$ を求めなさい.

(3) 曲線 $y=f(x)$ と x 軸で囲まれた 2 つの領域の面積の合計を求めなさい.

(23 愛知学院大・薬, 歯)

▶解答◀ (1) $f(x)=x^3-3x^2+2$

$$=(x-1)(x^2-2x-2)$$

$$=(x-1)\{(x-1)^2-3\} \quad \cdots\cdots①$$

$$=\boldsymbol{(x-1)(x-1-\sqrt{3})(x-1+\sqrt{3})}$$

(2) $f(1+\alpha)=\alpha(\alpha-\sqrt{3})(\alpha+\sqrt{3})=\boldsymbol{\alpha^3-3\alpha}$

$$f(1-\alpha)=-\alpha(-\alpha-\sqrt{3})(-\alpha+\sqrt{3})$$

$$=\boldsymbol{-\alpha^3+3\alpha}$$

(3) $f(1+\alpha)+f(1-\alpha)=2f(1)$ が任意の実数 α で成り立つから曲線 $y=f(x)$ は点 $(1,0)$ に関して点対称である.

① を利用する. $f(x)=(x-1)^3-3(x-1)$ である. 求める面積は

$$2\int_{1-\sqrt{3}}^{1}f(x)\,dx$$

$$=2\left[\frac{1}{4}(x-1)^4-\frac{3}{2}(x-1)^2\right]_{1-\sqrt{3}}^{1}$$

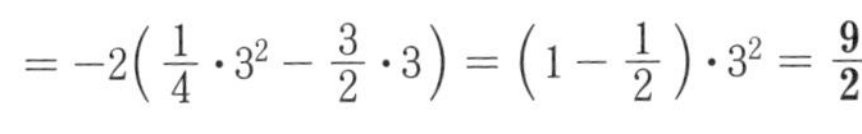

$$= -2\left(\frac{1}{4}\cdot 3^2 - \frac{3}{2}\cdot 3\right) = \left(1-\frac{1}{2}\right)\cdot 3^2 = \mathbf{\frac{9}{2}}$$

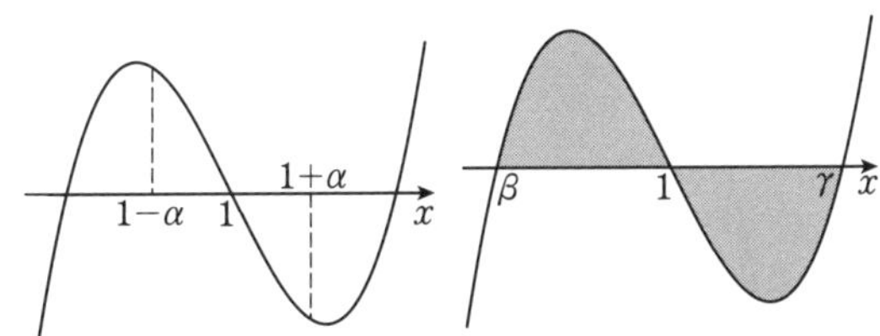

図で，$\beta = 1-\sqrt{3}$，$\gamma = 1+\sqrt{3}$ である．

注意 生徒に解いてもらうと，当然そのまま積分する人が多い．$1+\sqrt{3}$，$1-\sqrt{3}$ のままではいけない．最低でも $\beta = 1-\sqrt{3}$，$\gamma = 1+\sqrt{3}$ と文字でおくべきである．

$$\int_\beta^1 f(x)\,dx - \int_1^\gamma f(x)\,dx$$

$$= \left[\frac{1}{4}x^4 - x^3 + 2x\right]_\beta^1 - \left[\frac{1}{4}x^4 - x^3 + 2x\right]_1^\gamma$$

$$= 2\left(\frac{1}{4} - 1 + 2\right) - \frac{1}{4}(\beta^4 + \gamma^4)$$
$$+ (\beta^3 + \gamma^3) - 2(\beta + \gamma)$$

$$= \frac{5}{2} - 2(\beta+\gamma) + (\beta+\gamma)^3 - 3\beta\gamma(\beta+\gamma)$$
$$-\frac{1}{4}\{(\beta^2+\gamma^2)^2 - 2(\beta\gamma)^2\}$$

$$= \frac{5}{2} - 2\cdot 2 + 2^3 - 3(-2)\cdot 2 - \frac{1}{4}\{8^2 - 2(-2)^2\}$$

$$= \frac{5}{2} - 4 + 8 + 12 - 14 = \mathbf{\frac{9}{2}}$$

《基本的な面積 (A5) ☆》

623. 曲線 $y = x^3 - 9x^2 + 20x - 12$ と x 軸で囲まれた 2 つの部分の面積の和は $\dfrac{\square}{\square}$ である．

（23　青学大・経済）

▶解答◀ $f(x) = x^3 - 9x^2 + 20x - 12$ とおく．

$$f(x) = (x-1)(x-2)(x-6)$$

であるから，曲線 $y = f(x)$ の概形は下の図のようになる．

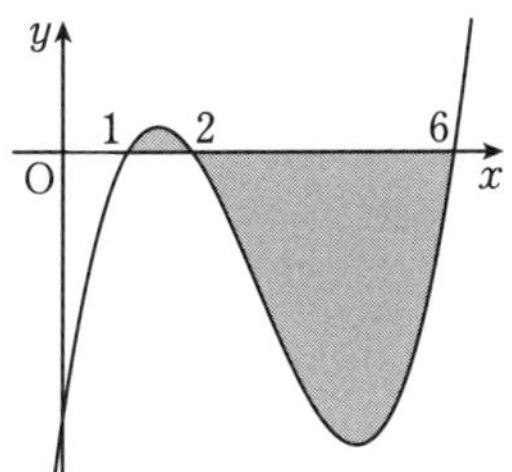

求める面積は

$$\int_1^2 f(x)\,dx - \int_2^6 f(x)\,dx$$

$$= \left[\frac{x^4}{4} - 3x^3 + 10x^2 - 12x\right]_1^2$$
$$- \left[\frac{x^4}{4} - 3x^3 + 10x^2 - 12x\right]_2^6$$

$$= 2(4 - 24 + 40 - 24) - \frac{1}{4} + 3 - 10 + 12$$
$$-324 + 648 - 360 + 72$$

$$= -8 - \frac{1}{4} + 5 + 36 = 33 - \frac{1}{4} = \mathbf{\frac{131}{4}}$$

♦別解♦ 項が多いと計算ミスをしやすい．

$$f(x) = (x-2)(x-2+1)(x-2-4)$$

$$= (x-2)\{(x-2)^2 - 3(x-2) - 4\}$$

$$= (x-2)^3 - 3(x-2)^2 - 4(x-2)$$

$$\int_1^2 f(x)\,dx - \int_2^6 f(x)\,dx$$

$$= \left[\frac{1}{4}(x-2)^4 - (x-2)^3 - 2(x-2)^2\right]_1^2$$
$$- \left[\frac{1}{4}(x-2)^4 - (x-2)^3 - 2(x-2)^2\right]_2^6$$

$$= -\left(\frac{1}{4} + 1 - 2\right) - \left(\frac{1}{4}\cdot 4^4 - 4^3 - 2\cdot 4^2\right)$$

$$= \frac{3}{4} + 32 = \mathbf{\frac{131}{4}}$$

《12 分の 1 公式 (B5)》

624. a を正の定数とする．関数 $y = x(x-a)^2$ のグラフを C とする．このとき，以下の空欄をうめよ．

（1） 原点における C の接線 l の方程式を求めると $\square$ である．

（2） C と l の原点以外の共有点 P の座標を求めると $\square$ である．

（3） 線分 OP と C で囲まれた部分の面積を求めると $\square$ である．

（23　会津大・推薦）

▶解答◀ （1） $f(x) = x^3 - 2ax^2 + a^2x$ とおく．

$$f'(x) = 3x^2 - 4ax + a^2$$

$$l : \boldsymbol{y = a^2x}$$

（2） C と l の方程式を連立して

$$x^3 - 2ax^2 + a^2x = a^2x$$

$$x^2(x-2a) = 0 \qquad \therefore\quad x = 0,\ 2a$$

よって，点 P の座標は $\boldsymbol{(2a,\ 2a^3)}$

（3） 面積を S とする．12 分の 1 公式を使えば

$$S = \frac{1}{12}(2a-0)^4 = \boldsymbol{\frac{4}{3}a^4}$$

である．空欄補充だからこれで終わりである．計算した

いなら計算すればよい．

$$\int_0^{2a}\{a^2x-(x^3-2ax^2+a^2x)\}\,dx$$

$$=-\int_0^{2a}(x^3-2ax^2)\,dx$$

$$=-\left[\frac{x^4}{4}-\frac{2a}{3}x^3\right]_0^{2a}=\boldsymbol{\frac{4}{3}a^4}$$

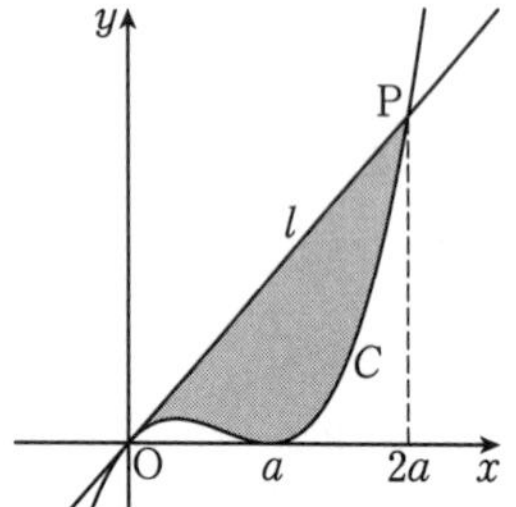

《12 分の 1 公式 (B5)》

625. $a>0$ とする．$f(x)=x^3-ax^2+3a$ とおくとき，以下の問いに答えよ．

（1） $f(x)$ の極値を a を用いて表せ．

（2） 方程式 $f(x)=0$ の相異なる実数解の個数が 2 個であるとき，a の値を求めよ．

（3） a を（2）で求めた値とする．このとき，曲線 $y=f(x)$ と x 軸とで囲まれた部分の面積を求めよ．

（23　福井大・国際）

▶解答◀（1）

$$f'(x)=3x^2-2ax=3x\left(x-\frac{2}{3}a\right)$$

x	$\cdots$	0	$\cdots$	$\frac{2}{3}a$	$\cdots$
$f'(x)$	+	0	−	0	+
$f(x)$	↗		↘		↗

極大値 $f(0)=\boldsymbol{3a}$

極小値 $f\left(\frac{2}{3}a\right)=\frac{8}{27}a^3-\frac{4}{9}a^3+3a=\boldsymbol{-\frac{4}{27}a^3+3a}$

（2） $f(0)=3a>0$ であるから $f\left(\frac{2}{3}a\right)=0$ のときである．

$$-\frac{4}{27}a^3+3a=0$$

$$4a^2-81=0$$

$$a=\boldsymbol{\frac{9}{2}}$$

（3） $a=\frac{9}{2}$ のとき，$f(x)=x^3-\frac{9}{2}x^2+\frac{27}{2}$

$f(x)=0$ を解いて，$(x-3)^2\left(x+\frac{3}{2}\right)=0$

$x=3,\ -\frac{3}{2}$ である．求める面積は

$$\int_{-\frac{3}{2}}^{3}(x-3)^2\left(x+\frac{3}{2}\right)dx$$

$$=\frac{1}{12}\left\{3-\left(-\frac{3}{2}\right)\right\}^4=\frac{1}{12}\cdot\frac{9^4}{16}=\boldsymbol{\frac{2187}{64}}$$

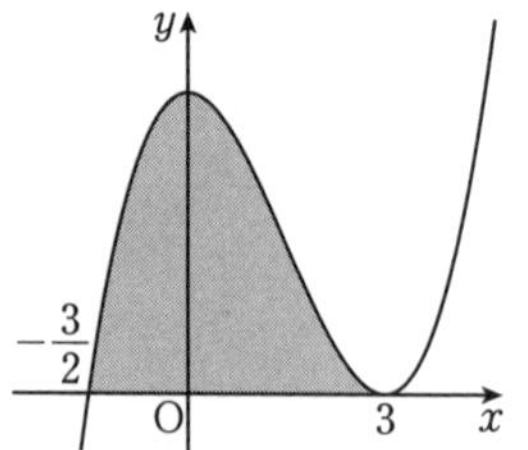

《解と係数を使う (B25) ☆》

626. p を実数とし，$f(x)=x^3-3x^2+p$ とおく．以下の問に答えよ．

（1） 関数 $f(x)$ の増減を調べ，$f(x)$ の極値を求めよ．

（2） 方程式 $f(x)=0$ が異なる 3 個の実数解をもつとき，p のとり得る値の範囲を求めよ．

（3） $f(1)=0$ のとき，p が（2）で求めた範囲にあることを示せ．

（4）（3）のとき，方程式 $f(x)=0$ の 1 以外の実数解を $\alpha,\beta\ (\alpha<1<\beta)$ とする．$\alpha+\beta$，$\alpha\beta$ の値を求めよ．

（5）（4）のとき，$\alpha\leqq x\leqq 1$ において x 軸と曲線 $y=f(x)$ で囲まれた部分の面積を S_1 とし，$1\leqq x\leqq\beta$ において x 軸と曲線 $y=f(x)$ で囲まれた部分の面積を S_2 とする．$S_1=S_2$ となることを示せ．

（23　岐阜大・医-看，応用生物，教，地域）

▶解答◀（1） $f(x)=x^3-3x^2+p$

$$f'(x)=3x^2-6x=3x(x-2)$$

x	$\cdots$	0	$\cdots$	2	$\cdots$
$f'(x)$	+	0	−	0	+
$f(x)$	↗		↘		↗

極大値 $f(0)=\boldsymbol{p}$，極小値 $f(2)=\boldsymbol{p-4}$

（2） $f(0)=p>0$ かつ $f(2)=p-4<0$ のときで，

$\boldsymbol{0<p<4}$

（3） $f(1)=0$ のとき

$$p-2=0\qquad\therefore\quad p=2$$

この p は（2）で求めた範囲にある．

（4） $p=2$ のとき，$f(x)=0$ は

$$x^3-3x^2+2=0$$

$$(x-1)(x^2-2x-2)=0$$

よって，α,β は $x^2-2x-2=0$ の 2 解であるから，解

と係数の関係より

$$\alpha+\beta=\mathbf{2},\ \alpha\beta=\mathbf{-2}$$

（5） $S_1=\int_a^1 f(x)\,dx,\ S_2=-\int_1^\beta f(x)\,dx$

であるから

$$S_1-S_2=\int_\alpha^1 f(x)\,dx+\int_1^\beta f(x)\,dx$$

$$=\int_\alpha^\beta f(x)\,dx=\int_\alpha^\beta (x^3-3x^2+2)\,dx$$

$$=\left[\frac{1}{4}x^4-x^3+2x\right]_\alpha^\beta$$

$$=\frac{1}{4}(\beta^4-\alpha^4)-(\beta^3-\alpha^3)+2(\beta-\alpha)$$

$$=(\beta-\alpha)\left\{\frac{1}{4}(\alpha+\beta)(\alpha^2+\beta^2)\right.$$

$$\left.-(\alpha^2+\beta^2+\alpha\beta)+2\right\}$$

ここで，（4）より

$$\alpha^2+\beta^2=(\alpha+\beta)^2-2\alpha\beta=4+4=8$$

であるから

$$S_1-S_2=(\beta-\alpha)\left\{\frac{1}{4}\cdot 2\cdot 8-(8-2)+2\right\}=0$$

よって，$S_1=S_2$ である．

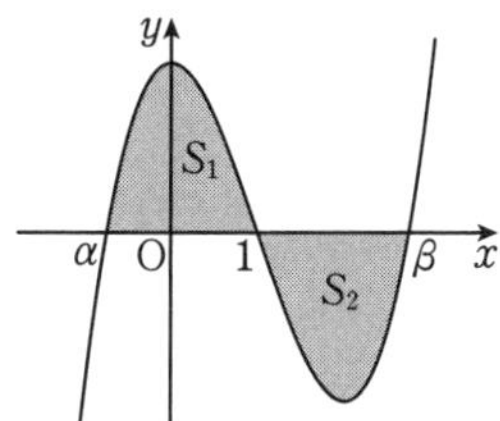

《面積で命題（B20）》

627. $y=x^3-x^2-2x+1$ で表される曲線を C，$y=-x+k$ で表される直線を l とする．ただし，k は実数とする．このとき，次の問いに答えよ．

（1） $k=1$ のとき，曲線 C と直線 l は3個の共有点をもつ．これらの共有点の x 座標のうち，最も小さい値を α とし，最も大きい値を β とする．このとき，$\alpha^2+\beta^2$ と $\alpha^3+\beta^3$ の値をそれぞれ求めよ．

（2） 曲線 C と直線 l が2個以上の相異なる共有点をもつように，k の値の範囲を定めよ．

（3） k の値を（2）で定めた範囲で動かすとき，曲線 C と直線 l で囲まれる部分は変化する．下の図はある4つの k のそれぞれの値に対して，囲まれる部分を網目で示している．この様子を観察していた生徒が次の命題が成り立つと予想した．

「k は（2）で定めた範囲内にあるとする．このとき，曲線 C と直線 l で囲まれる部分の面積は，k の値によらず一定である．」

この命題の真偽を理由を付けて判定せよ．

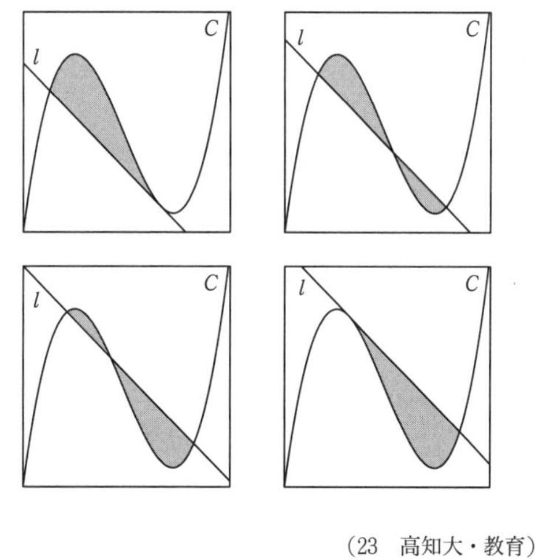

（23　高知大・教育）

▶解答◀ （1） $k=1$ のとき，

$l:y=-x+1$ である．C と l を連立して

$$x^3-x^2-2x+1=-x+1$$

$$x^3-x^2-x=0$$

$$x(x^2-x-1)=0$$

$$x=0,\ \frac{1\pm\sqrt{5}}{2}$$

$\alpha=\dfrac{1-\sqrt{5}}{2},\ \beta=\dfrac{1+\sqrt{5}}{2}$ であるから，

$$\alpha+\beta=1,\ \alpha\beta=-1$$

$$\alpha^2+\beta^2=(\alpha+\beta)^2-2\alpha\beta=1+2=\mathbf{3}$$

$$\alpha^3+\beta^3=(\alpha+\beta)^3-3\alpha\beta(\alpha+\beta)=1+3=\mathbf{4}$$

（2） $x^3-x^2-2x+1=-x+k$

$$x^3-x^2-x+1=k$$

$f(x)=x^3-x^2-x+1$ とおく．

$$f'(x)=3x^2-2x-1=(3x+1)(x-1)$$

図1を見よ．$f(x)$ の極大値は $f\left(-\dfrac{1}{3}\right)=\dfrac{32}{27}$，極小値は $f(1)=0$ であるから求める条件は $\mathbf{0\leqq k\leqq \dfrac{32}{27}}$

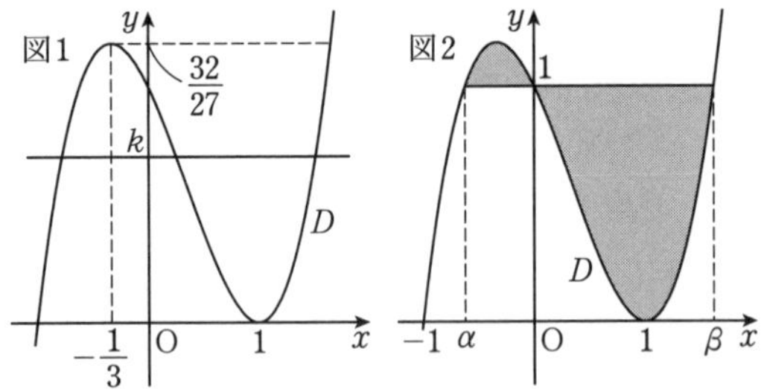

（**3**） C と l で囲まれる部分の面積と $y=f(x)$ のグラフ（D とする）と直線 $y=k$ とで囲まれる部分の面積は等しい．囲まれる部分の面積を S とする．

$k=0$ のとき，$f(x)=(x+1)(x-1)^2$ であるから $\frac{1}{12}$ 公式を用いて

$$S=\int_{-1}^{1}(x+1)(x-1)^2\,dx=\frac{(1-(-1))^4}{12}=\frac{4}{3}$$

$k=1$ のとき，S は図2の網目部分の面積であるから（1）より

$$S=\int_{\alpha}^{0}(x^3-x^2-x)\,dx-\int_{0}^{\beta}(x^3-x^2-x)\,dx$$

$$=\left[\frac{x^4}{4}-\frac{x^3}{3}-\frac{x^2}{2}\right]_{\alpha}^{0}-\left[\frac{x^4}{4}-\frac{x^3}{3}-\frac{x^2}{2}\right]_{0}^{\beta}$$

$$=-\frac{1}{4}(\alpha^4+\beta^4)+\frac{1}{3}(\alpha^3+\beta^3)+\frac{1}{2}(\alpha^2+\beta^2)$$

ここで，$\alpha^4+\beta^4=(\alpha^2+\beta^2)^2-2\alpha^2\beta^2=9-2=7$

$$S=-\frac{7}{4}+\frac{4}{3}+\frac{3}{2}=\frac{13}{12}$$

この命題は**偽**である．

《12分の1公式（B20）》

628． a を定数として，$f(x)=x^3-3x^2+a$ とおく．$y=f(x)$ の極小値が負で，$y=f(x)$ のグラフと x 軸との共有点の個数が2であるとして，以下の問いに答えよ．

（1） a の値を求めよ．

（2） 直線 $y=9x+b$ が曲線 $y=f(x)$ の接線で，$b>0$ とする．b の値を求めよ．

（3） a, b を（1），（2）で求めたものとして，曲線 $y=f(x)$ と直線 $y=9x+b$ で囲まれた図形の面積を求めよ．

（23　三重大・前期）

▶解答◀ （1） $y=f(x)$ の極小値が負で $y=f(x)$ のグラフと x 軸の共有点の個数が2であることから，極大値は0である．$f(x)=x^3-3x^2+a$ より

$$f'(x)=3x^2-6x=3x(x-2)$$

x	$\cdots$	0	$\cdots$	2	$\cdots$
$f'(x)$	$+$	0	$-$	0	$+$
$f(x)$	↗		↘		↗

極大値は $f(0)=a$ であるから，$a=\mathbf{0}$

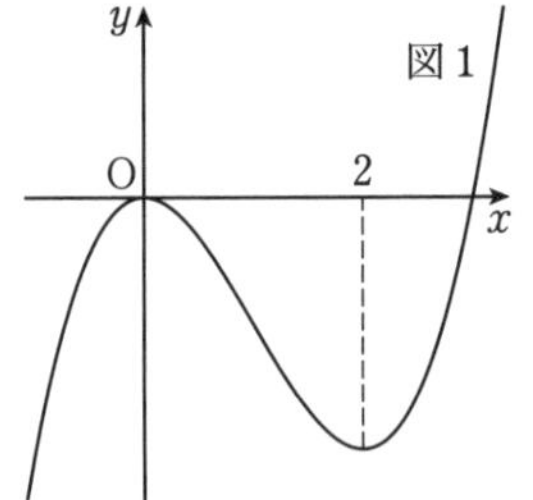

（**2**） $f'(x)=9$ を解くと

$$3x^2-6x=9$$
$$x^2-2x-3=0$$
$$(x-3)(x+1)=0 \qquad \therefore\quad x=3,\ -1$$

図1より，接線の y 切片が正となるのは，$x=-1$ のときであり，$f(-1)=-4$ であるから，接線の方程式は

$$y=9(x+1)-4$$
$$y=9x+5$$

よって，$b=\mathbf{5}$

（**3**） $y=x^3-3x^2$ と $y=9x+5$ の共有点の x 座標を求めると

$$x^3-3x^2=9x+5$$
$$x^3-3x^2-9x-5=0$$
$$(x+1)^2(x-5)=0 \qquad \therefore\quad x=-1,\ 5$$

求める図形の面積 S は，12分の1公式を用いて

$$\frac{1}{12}(5+1)^4=\mathbf{108}$$

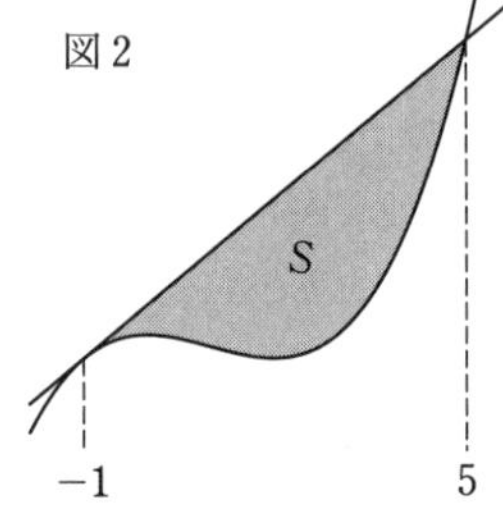

《接線を重解で捉え（B10）》

629． a を正の実数とし，2つの関数を

$f(x)=x^3-6x,\ g(x)=-3x+a$

で定める．このとき，次の問いに答えよ．

（1） 関数 $y=f(x)$ の増減を調べ，グラフをかけ．

（2） 曲線 $y=f(x)$ と直線 $y=g(x)$ の共有点が2つであるとき，a の値を求めよ．

（3） （2）における a に対して曲線 $y=f(x)$ と直線 $y=g(x)$ で囲まれた部分の面積を求めよ．

（23　富山大・教，経）

▶解答◀ （1） $f'(x) = 3x^2 - 6$

$y = f(x)$ の増減は表のようになる．

x	$\cdots$	$-\sqrt{2}$	$\cdots$	$\sqrt{2}$	$\cdots$
$f'(x)$	$+$	0	$-$	0	$+$
$f(x)$	↗		↘		↗

$$f(-\sqrt{2}) = -2\sqrt{2} + 6\sqrt{2} = 4\sqrt{2}$$

$$f(\sqrt{2}) = 2\sqrt{2} - 6\sqrt{2} = -4\sqrt{2}$$

であるから，$y = f(x)$ のグラフは図 1 のようになる．

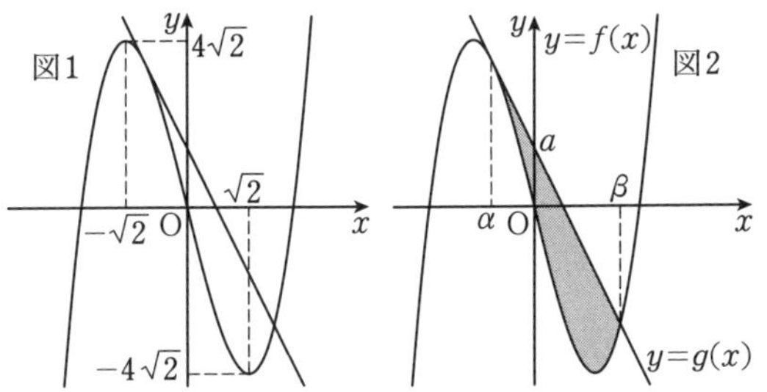

（2） 曲線 $y = f(x)$ と直線 $y = g(x)$ の共有点が 2 つであるとき，3 次方程式 $f(x) - g(x) = 0$ すなわち $x^3 - 3x - a = 0$ の異なる 2 つの実数解も 2 つであり，α, β（α は重解）とおく（図 2 参照）．解と係数の関係より

$$2\alpha + \beta = 0 \quad \cdots\cdots ①$$

$$\alpha^2 + 2\alpha\beta = -3 \quad \cdots\cdots ②$$

$$\alpha^2\beta = a \quad \cdots\cdots ③$$

①，② より

$$\alpha^2 = 1 \qquad \therefore \quad \alpha = \pm 1$$

したがって，$(\alpha, \beta) = (1, -2), (-1, 2)$

③ より $a = \pm 2$ となるが，$a > 0$ より $a = \mathbf{2}$

（3） （2）より，$(\alpha, \beta) = (-1, 2)$ であり，求める面積 S は図 2 の網目部分の面積である．

$$S = \int_{-1}^{2} \{-3x + 2 - (x^3 - 6x)\}\, dx$$

$$= -\int_{-1}^{2} (x+1)^2(x-2)\, dx$$

$$= -\int_{-1}^{2} \{(x+1)^3 - 3(x+1)^2\}\, dx$$

$$= \left[-\frac{(x+1)^4}{4} + (x+1)^3 \right]_{-1}^{2} = \mathbf{\frac{27}{4}}$$

《（B0）》

630．座標平面上に放物線 $C_1 : y = x^2 - 6x + 2$, $C_2 : y = -x^2 + 10x - 22$ がある．このとき，次の各問に答えよ．

（1） C_1 と C_2 の交点の座標を求めよ．

（2） P を C_1 上の点とし，P の x 座標を t とするとき，P における C_1 の接線 l の方程式を，t を用いて表せ．

（3） （2）の l が C_1 と C_2 の交点を通る直線に平行なとき，l と C_2 の交点の x 座標を求めよ．

（4） （3）のとき，C_1 と l および 2 直線 $x = 2, x = 6$ で囲まれた 2 つの部分の面積の和を求めよ． （23　宮崎大・教，農）

▶解答◀ （1） C_1, C_2 を連立させて

$$x^2 - 6x + 2 = -x^2 + 10x - 22$$

$$x^2 - 8x + 12 = 0$$

$$(x-2)(x-6) = 0 \qquad \therefore \quad x = 2, 6$$

2 交点は $\mathbf{(2, -6), (6, 2)}$ で，これらを A，B とする．

（2） $C_1 : y = x^2 - 6x + 2$ のとき $y' = 2x - 6$

$$l : y - (t^2 - 6t + 2) = 2(t-3)(x-t)$$

$$\boldsymbol{l : y = 2(t-3)x - t^2 + 2}$$

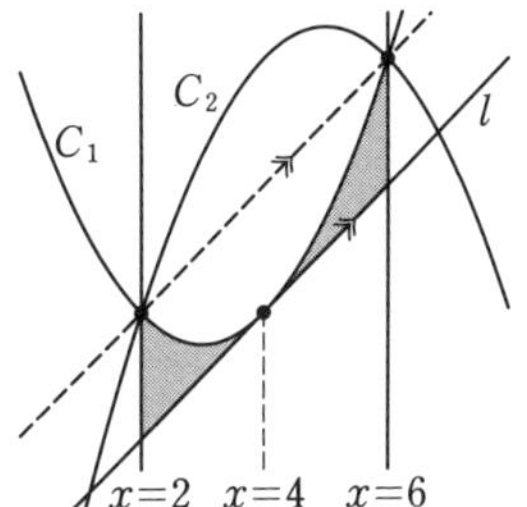

（3） l の傾き $2(t-3)$ は AB の傾き $\frac{2-(-6)}{6-2} = 2$ に等しく $2(t-3) = 2$ であるから $t = 4$ である．l は $y = 2x - 14$ である．

l と C_2 を連立させて $2x - 14 = -x^2 + 10x - 22$ となり，$x^2 - 8x + 8 = 0$ から $\boldsymbol{x = 4 \pm 2\sqrt{2}}$

（4） $\displaystyle\int_2^6 \{(x^2 - 6x + 2) - (2x - 14)\}\, dx$

$$= \int_2^6 (x-4)^2\, dx = \left[\frac{(x-4)^3}{3} \right]_2^6$$

$$= \frac{1}{3}(2^3 + 2^3) = \mathbf{\frac{16}{3}}$$

《考えにくい構図？（B20）☆》

631．座標平面上の曲線 $y = x^3\ (0 \leqq x \leqq \sqrt{3})$ を C，線分 $y = 3x\ (0 \leqq x \leqq \sqrt{3})$ を L とする．次の問いに答えよ．

（1） C 上の点 P と L 上の点 Q があり，線分 PQ が L と直交する．PQ の長さが最大となるとき，点 P と点 Q を通る直線の方程式を求めよ．

（2） C と L とで囲まれる図形を（1）で求めた

直線で2つの図形に分けたとき，2つの図形のうち原点を含む方の図形の面積を S_1，原点を含まない方の図形の面積を S_2 とする．S_1 と S_2 の比を求めよ．　(23　名古屋市立大・後期)

▶解答◀　(1)　$P(t, t^3)$ $(0 \leqq t \leqq \sqrt{3})$ とおく．PQ は P と $L : 3x - y = 0$ の距離であるから

$$PQ = \frac{|3t - t^3|}{\sqrt{9+1}} = \frac{|3t - t^3|}{\sqrt{10}}$$

$0 \leqq t \leqq \sqrt{3}$ であるから，$3t - t^3 = t(3 - t^2) \geqq 0$ であり

$$PQ = \frac{1}{\sqrt{10}}(3t - t^3)$$

$f(t) = 3t - t^3$ とおくと

$$f'(t) = 3 - 3t^2 = -3(t+1)(t-1)$$

t	0	$\cdots$	1	$\cdots$	$\sqrt{3}$
$f'(t)$		$+$	0	$-$	
$f(t)$		↗		↘	

$f(t)$ は表のように増減し，$t = 1$ で PQ は最大となる．このとき，$P(1, 1)$ であり，PQ は P を通り L に垂直な直線であるから

$$y = -\frac{1}{3}(x-1) + 1 \qquad \therefore \quad \boldsymbol{y = -\frac{1}{3}x + \frac{4}{3}}$$

(2)　L と PQ の方程式を連立し

$$3x = -\frac{1}{3}x + \frac{4}{3}$$

$$9x = -x + 4 \qquad \therefore \quad x = \frac{2}{5},\ y = \frac{6}{5}$$

$Q\left(\frac{2}{5}, \frac{6}{5}\right)$ である．$A(\sqrt{3}, 3\sqrt{3})$ とおき，A，P，Q から x 軸に下ろした垂線の足をそれぞれ H，K，M とおく．なお，下の図は見やすさを優先して誇張して描いてある．

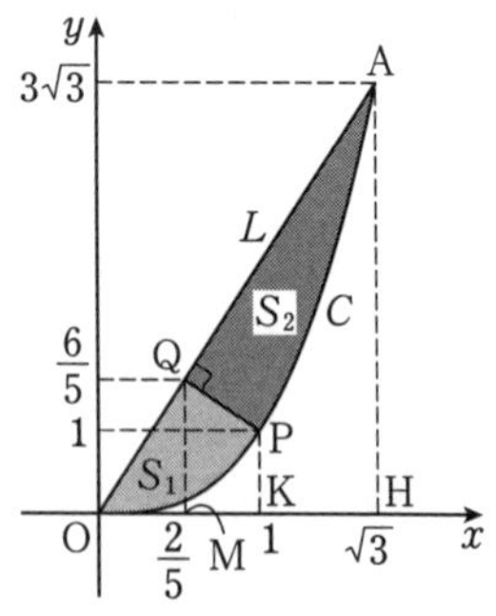

$S_1 + S_2$ は C と L で囲まれる図形の面積で

$$S_1 + S_2 = \int_0^{\sqrt{3}} (3x - x^3)\,dx$$

$$= \left[\frac{3}{2}x^2 - \frac{x^4}{4}\right]_0^{\sqrt{3}} = \frac{9}{2} - \frac{9}{4} = \frac{9}{4}$$

$$S_1 = \triangle OQM + (\text{台形 PQMK}) - \int_0^1 x^3\,dx$$

$$= \frac{1}{2} \cdot \frac{2}{5} \cdot \frac{6}{5} + \frac{1}{2} \cdot \left(1 + \frac{6}{5}\right) \cdot \frac{3}{5} - \left[\frac{x^4}{4}\right]_0^1$$

$$= \frac{6}{25} + \frac{33}{50} - \frac{1}{4} = \frac{24 + 66 - 25}{100} = \frac{13}{20}$$

$$S_2 = \frac{9}{4} - S_1 = \frac{9}{4} - \frac{13}{20} = \frac{32}{20}$$

$$S_1 : S_2 = \frac{13}{20} : \frac{32}{20} = \boldsymbol{13 : 32}$$

♦別解♦　(2)　数学 III で積分すれば単純である．

弧 OP 上の動点 $X(s, s^3)$ $(0 < s \leqq 1)$ から L に下ろした垂線の足を Y とする．XY の長さを u とする．

$$u = \frac{3s - s^3}{\sqrt{10}}$$

直線 XY は $x + 3y = s + 3s^3$ で，O との距離を v とする．$v = \dfrac{s + 3s^3}{\sqrt{10}}$

$$u\,dv = u\,\frac{dv}{ds}\,ds = \frac{(3s - s^3)(1 + 9s^2)}{10}\,ds$$

$$= \frac{3s + 26s^3 - 9s^5}{10}\,ds$$

$$S_1 = \int_0^1 u\,\frac{dv}{ds}\,ds = \frac{1}{10}\left(\frac{3}{2} + \frac{26}{4} - \frac{9}{6}\right) = \frac{13}{20}$$

後は省略する．

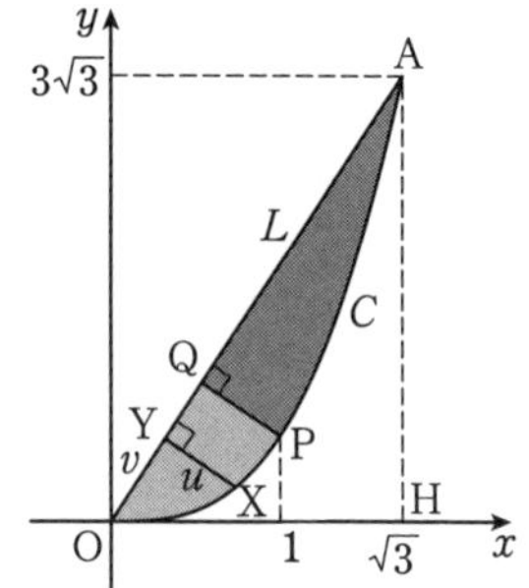

《放物線2つと3次関数 (B15)》

632．$a > \frac{1}{3}$，$b < 0$ とする．3つの曲線

$C_1 : y = x^3 - x^2$，

$C_2 : y = (3a - 1)x^2$，

$C_3 : y = (3a - 1)x^2 + b$

がある．C_1 と C_3 が共有点をちょうど2つもつとき，次の問いに答えよ．

(1)　b を a を用いて表せ．

(2)　C_1 と C_2 で囲まれた図形の面積を S_2 とし，C_1 と C_3 で囲まれた図形のうち x 座標が0以上の部分の面積を S_3 とするとき，$\dfrac{S_2}{S_3}$ を求めよ．

(23　和歌山大・教，社会インフォ)

▶解答◀　(1)　$x^3 - x^2 = (3a - 1)x^2 + b$

$$x^3 - 3ax^2 - b = 0$$

$f(x) = x^3 - 3ax^2 - b$ とおく.

$$f'(x) = 3x^2 - 6ax = 3x(x - 2a)$$

となるから，増減は表のようになる.

x	$\cdots$	0	$\cdots$	$2a$	$\cdots$
$f'(x)$	$+$	0	$-$	0	$+$
$f(x)$	↗		↘		↗

$f(0) = -b > 0$ だから，C_1 と C_3 の共有点が 2 つ，すなわち $f(x) = 0$ の異なる 2 つの実数解が 2 つとなるとき

$$f(2a) = 0$$

$$8a^3 - 12a^3 - b = 0 \qquad \therefore \quad \boldsymbol{b = -4a^3}$$

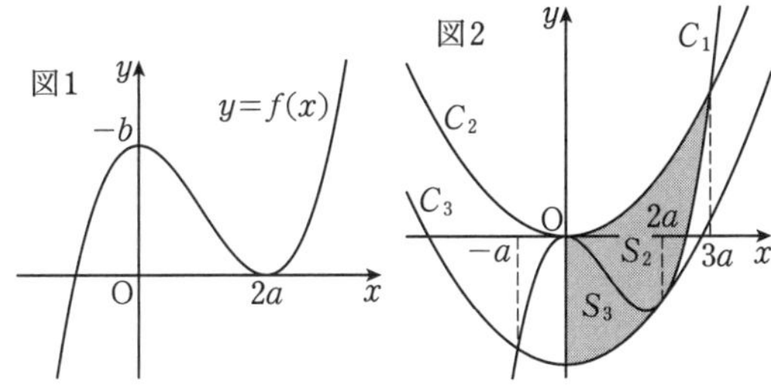

（**2**） C_1 と C_2 の交点の x 座標について

$$x^3 - x^2 = (3a-1)x^2$$

$$x^3 - 3ax^2 = 0$$

$$x^2(x - 3a) = 0 \qquad \therefore \quad x = 0,\ 3a$$

C_1 と C_3 の交点の x 座標について，（1）より

$$x^3 - x^2 = (3a-1)x^2 - 4a^3$$

$$x^3 - 3ax^2 + 4a^3 = 0$$

$$(x - 2a)^2(x + a) = 0 \qquad \therefore \quad x = -a,\ 2a$$

S_2, S_3 は図 2 の網目部分の面積である.

$$S_2 = \int_0^{3a} \{(3a-1)x^2 - (x^3 - x^2)\}\,dx$$

$$= \int_0^{3a} (-x^3 + 3ax^2)\,dx$$

$$= \left[-\frac{x^4}{4} + ax^3 \right]_0^{3a} = \frac{27}{4}a^4$$

$$S_3 = \int_0^{2a} \{(x^3 - x^2) - (3a-1)x^2 + 4a^3\}\,dx$$

$$= \int_0^{2a} (x^3 - 3ax^2 + 4a^3)\,dx$$

$$= \left[\frac{x^4}{4} - ax^3 + 4a^3x \right]_0^{2a} = 4a^4$$

したがって，$\dfrac{S_2}{S_3} = \boldsymbol{\dfrac{27}{16}}$ である.

【微積分の融合（数 II）】

《面積の最小（B20）☆》

633. 2 つの 2 次関数

$f(x) = 2x^2 - 2x$ 及び $g(x) = -x^2 + x$

を考える. 座標平面において，$y = f(x)$ のグラフを F，$y = g(x)$ のグラフを G とし，$0 < t < 1$ を満たす t に対する G 上の点を $\mathrm{P}(t,\ g(t))$ とする. また，原点を O とし，直線 OP とグラフ F の O 以外の交点を Q とする.

（1） 直線 OP の方程式は，

$$y = \left(\square t + \square \right) x$$

である.

（2） 線分 OP とグラフ G で囲まれた部分の面積を S_1 とすると，

$$S_1 = \frac{\square}{\square} t^{\square}$$

である.

（3） 線分 PQ と 2 つのグラフ F, G で囲まれた図形の面積を S_2 とすると，

$$S_2 = \frac{\square}{\square} \left(t^3 + \square t^2 - \square t + \square \right)$$

である.

（4） $S_1 + S_2$ が $0 < t < 1$ の範囲で最小となるのは，

$$t = \frac{-\square + \square\sqrt{\square}}{\square}$$

のときである. （23　成蹊大）

▶解答◀ （**1**） P の座標は $(t,\ -t^2 + t)$ で，$t > 0$ であるから，OP の方程式は

$$y = \frac{-t^2 + t}{t}x \qquad \therefore \quad \boldsymbol{y = (-t + 1)x}$$

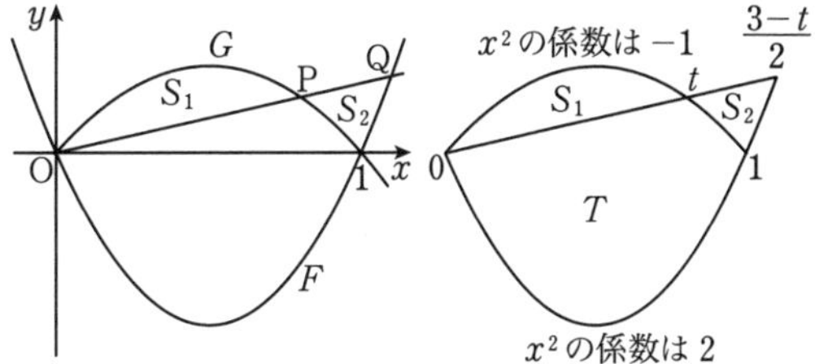

図の 0，1，t，$\dfrac{3-t}{2}$ はその点の x 座標である.

（**2**） 本問は空欄補充であるから 6 分の 1 公式を用いて $S_1 = \dfrac{1}{6}(t-0)^3 = \boldsymbol{\dfrac{1}{6}t^3}$ とすればよい.

論述問題であっても，積分の式は不要であるというのが私の姿勢であるが，積分の式を書きたいならそれは自由である.

$$S_1=\int_0^t\{g(x)-(-t+1)x\}\,dx$$

$$=-\int_0^t x(x-t)\,dt=\frac{(t-0)^3}{6}=\boldsymbol{\frac{1}{6}t^3}$$

(3) OP と F を連立する．

$$2x^2-2x=(-t+1)x$$

$$2x^2+(t-3)x=0 \qquad \therefore \quad x=0,\ \frac{3-t}{2}$$

Q の x 座標は $\frac{3-t}{2}$ である．図の面積 T を定める．試験では $S_2+T=\frac{2}{6}\left(\frac{3-t}{2}-0\right)^3=\frac{(3-t)^3}{24}$ とすればよい．積分の式を書くと

$$S_2+T=\int_0^{\frac{3-t}{2}}\{(-t+1)x-f(x)\}\,dx$$

$$=-\int_0^{\frac{3-t}{2}}x\{2x-(3-t)\}\,dx$$

$$=\frac{2}{6}\left(\frac{3-t}{2}-0\right)^3=\frac{(3-t)^3}{24}$$

もう，積分の式は不要だろう．

$$S_1+T=\frac{3}{6}(1-0)^3=\frac{1}{2}$$

これらを辺ごとに引いて

$$S_2-S_1=\frac{(3-t)^3}{24}-\frac{1}{2}$$

これに S_1 を加えて

$$S_2=\frac{(3-t)^3}{24}-\frac{1}{2}+\frac{1}{6}t^3$$

$$=\frac{1}{24}\{(-t^3+9t^2-27t+27)+4t^3-12\}$$

$$=\boldsymbol{\frac{1}{8}(t^3+3t^2-9t+5)}$$

(4) $S_1+S_2=\frac{t^3}{6}+\frac{1}{8}(t^3+3t^2-9t+5)$

$$=\frac{1}{24}(7t^3+9t^2-27t+15)$$

$h(t)=7t^3+9t^2-27t+15$ とおく．

$$h'(t)=21t^2+18t-27$$

$$=3(7t^2+6t-9)=3(x-\alpha)(x-\beta)$$

ここで，$\alpha=\frac{-3-6\sqrt{2}}{7}$, $\beta=\frac{-3+6\sqrt{2}}{7}$ とする．

$0<t<1$ のとき増減表は次のようになる．

t	0	$\cdots$	β	$\cdots$	1
$h'(t)$		$-$	0	$+$	
$h(t)$		↘		↗	

$t=\beta=\boldsymbol{\frac{-3+6\sqrt{2}}{7}}$ のとき S_1+S_2 は最小となる．

《面積の最小 (B20)》

634． 次の □ にあてはまる数値を答えよ．

座標平面上で，放物線 $y=-x^2+2x$ を C とする．直線 $y=ax$ を l とし，直線 $y=3a(x-2)$ を m とする．ただし，a は定数で，$0<a<2$ とする．このとき，次のことがいえる．

(1) 放物線 C と x 軸の共有点の x 座標は

$x=$ イ, ウ

である．ただし，イ $<$ ウ となるように答えよ．

(2) 放物線 C と直線 l の共有点の x 座標は

$x=$ □, エ $-a$

である．

(3) 直線 l と直線 m の共有点の x 座標は

$x=$ □

である．

(4) 放物線 C と直線 l で囲まれた図形の面積 S_1 は

$S_1=\frac{□}{□}($エ$-a)^{□}$

である．

放物線 C と直線 l，および直線 m の $x\geqq 2$ の部分で囲まれた図形の面積を S_2 とする．

$S(a)=S_1+S_2$ とするとき，

$S(a)=\frac{□}{□}a^3+□a^2-a+\frac{□}{□}$

である．

$S(a)$ が最小となる a の値は

$a=□-\sqrt{□}$

である． (23 神戸学院大)

▶解答◀ (1) $-x^2+2x=0$ を解いて $x=\mathbf{0,\ 2}$

(2) $-x^2+2x=ax$ を解いて $x=\mathbf{0,\ 2-a}$

(3) $a>0$ であるから $ax=3a(x-2)$ を解いて $x=\mathbf{3}$

(4) 6分の1公式を用いる．$S_1=\boldsymbol{\frac{1}{6}(2-a)^3}$ ……①

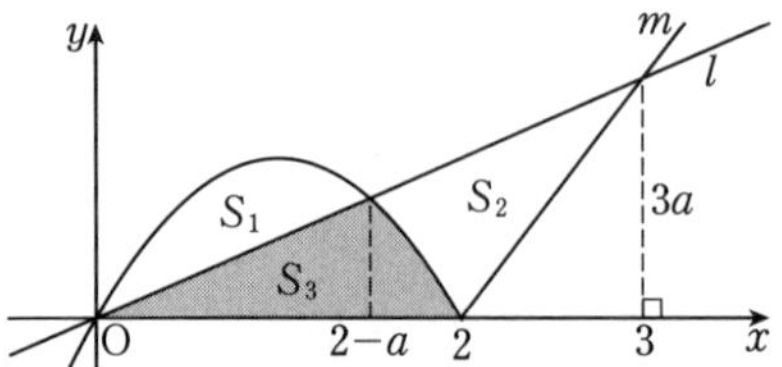

図の網目部分の面積 S_3 に対して

$S_1+S_3=\frac{1}{6}2^3$ ……………………………②

$S_2+S_3=\frac{1}{2}\cdot 2\cdot 3a=3a$ ……………………③

③ − ② より $S_2 - S_1 = 3a - \frac{4}{3}$

④ + ① × 2 より

$$S_1 + S_2 = 3a - \frac{4}{3} + \frac{1}{3}(2-a)^3$$

$$S(a) = \frac{1}{3}(8 - 12a + 6a^2 - a^3) + 3a - \frac{4}{3}$$

$$= \boldsymbol{-\frac{1}{3}a^3 + 2a^2 - a + \frac{4}{3}}$$

$$S'(a) = -a^2 + 4a - 1$$

$S'(a) = 0,\ 0 < a < 2$ を解くと $a = 2 - \sqrt{3}$ である．

a	0	⋯	$2-\sqrt{3}$	⋯	2
$S'(a)$		−	0	+	
$S(a)$		↘		↗	

$S(a)$ が最小となる a の値は $a = \boldsymbol{2 - \sqrt{3}}$

《長方形の下側（B20）》

635．$t > 0$ とする．放物線 $C : y = x^2 - 4x + 5$ 上の点 $\mathrm{P}(t,\ t^2 - 4t + 5)$ から x 軸，y 軸にそれぞれ垂線 PA，PB を下ろす．原点を O とし，長方形 OAPB の内部で C の下側にある部分の面積を $S(t)$ とする．このとき，次の問いに答えよ．

（1） $S(t)$ を求めよ．

（2） 関数 $S(t)$ の増減を調べよ．

（23　滋賀大・共通）

▶解答◀ （1） $C : y = (x-2)^2 + 1$

図を参照せよ．ただし，縦横の比率は変えてある．

（ア） $0 < t \leqq 2$ のとき（図 1）．

$$S(t) = t(t^2 - 4t + 5) = \boldsymbol{t^3 - 4t^2 + 5t}$$

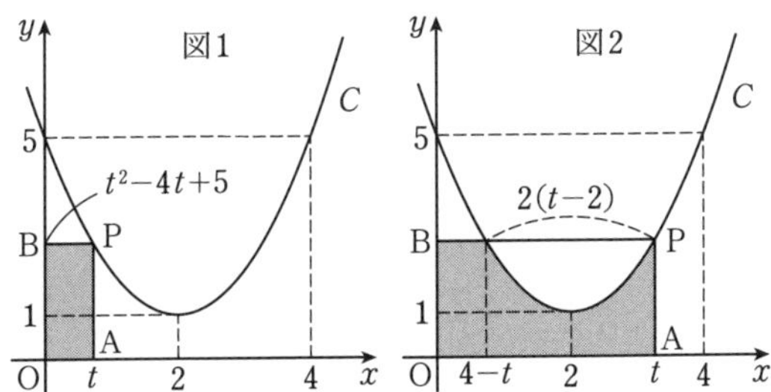

（イ） $2 \leqq t \leqq 4$ のとき（図 2）．

長方形の面積から放物線の上方の面積を引くと考える．

放物線の上方の面積は 6 分の 1 公式を用いる．

$$S(t) = t(t^2 - 4t + 5) - \frac{1}{6}(2(t-2))^3$$

$$= t^3 - 4t^2 + 5t - \frac{4}{3}(t^3 - 6t^2 + 12t - 8)$$

$$= \boldsymbol{-\frac{1}{3}t^3 + 4t^2 - 11t + \frac{32}{3}}$$

（ウ） $4 \leqq t$ のとき（図 3）．

$$S(t) = \int_0^t (x^2 - 4x + 5)\,dx = \boldsymbol{\frac{1}{3}t^3 - 2t^2 + 5t}$$

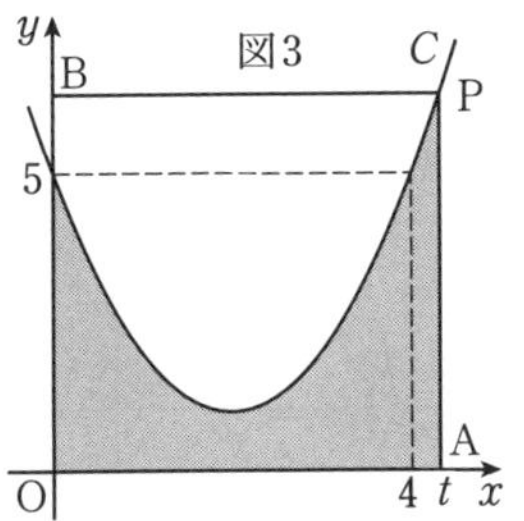

（2） $0 < t < 2$ のとき．

$$S'(t) = 3t^2 - 8t + 5 = (3t-5)(t-1)$$

$2 < t < 4$ のとき．

$$S'(t) = -t^2 + 8t - 11 = -(t-4)^2 + 5$$

$2 < t < 4$ の範囲で $S'(t) > 0$ である．

$4 < t$ のとき．

$$S'(t) = (t-2)^2 + 1 > 0$$

増減は次のようになる．

t	0	⋯	1	⋯	$\frac{5}{3}$	⋯
$S'(t)$		+	0	−	0	+
$S(t)$		↗		↘		↗

極大値は $S(1) = 2$，極小値は $S\left(\frac{5}{3}\right) = \frac{50}{27}$

《3 次関数と直線と面積の最小（B20）☆》

636．$f(x) = x^3 + x^2$ とする．次の問いに答えよ．

（1） $f(x)$ の増減，極値を調べ，$y = f(x)$ のグラフの概形をかけ．

（2） $0 < a < 1$ とする．曲線 $y = f(x)$ と直線 $y = a^2(x+1)$ によって囲まれた 2 つの部分の面積の和 $S(a)$ を求めよ．

（3） $0 < a < 1$ の範囲で $S(a)$ を最小にする a の値を求めよ．

（23　琉球大）

▶解答◀ （1）

$$f'(x) = 3x^2 + 2x = x(3x+2)$$

$f(x)$ は下の表のように増減する．

x	⋯	$-\frac{2}{3}$	⋯	0	⋯
$f'(x)$	+	0	−	0	+
$f(x)$	↗		↘		↗

極大値は $f\left(-\frac{2}{3}\right) = \boldsymbol{\frac{4}{27}}$ で極小値は $f(0) = \mathbf{0}$ である．グラフの概形は図 1 のようになる．

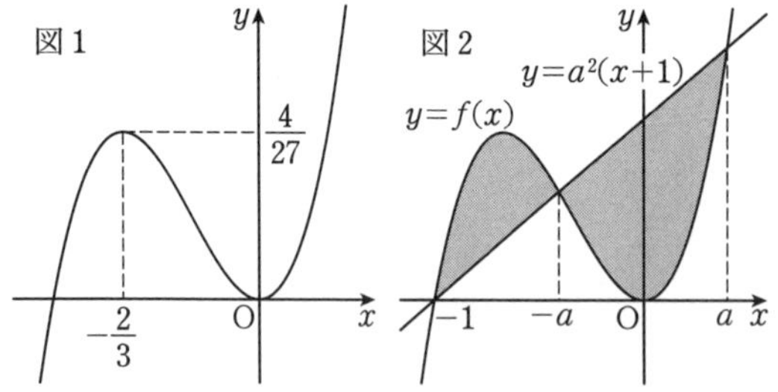

（2） 曲線 $y=f(x)$ と直線 $y=a^2(x+1)$ の交点の x 座標は

$$x^3+x^2=a^2(x+1)$$

$$(x+1)(x^2-a^2)=0 \qquad \therefore \quad x=-1,\ \pm a$$

$0<a<1$ より，$-1<-a<a$ であることに注意する．$S(a)$ は図 2 の網目部分の面積である．

$$S(a)=\int_{-1}^{-a}\{x^3+x^2-a^2(x+1)\}\,dx$$

$$-\int_{-a}^{a}\{x^3+x^2-a^2(x+1)\}\,dx$$

$$=\left[\ \frac{1}{4}x^4+\frac{1}{3}x^3-\frac{1}{2}a^2x^2-a^2x\ \right]_{-1}^{-a}$$

$$-\left[\ \frac{1}{4}x^4+\frac{1}{3}x^3-\frac{1}{2}a^2x^2-a^2x\ \right]_{-a}^{a}$$

$$=2\left(\frac{1}{4}a^4-\frac{1}{3}a^3-\frac{1}{2}a^4+a^3\right)$$

$$-\left(\frac{1}{4}-\frac{1}{3}-\frac{1}{2}a^2+a^2\right)$$

$$-\frac{1}{4}a^4-\frac{1}{3}a^3+\frac{1}{2}a^4+a^3$$

$$=\boldsymbol{-\frac{1}{4}a^4+2a^3-\frac{1}{2}a^2+\frac{1}{12}}$$

（3） $S'(a)=-a^3+6a^2-a=-a(a^2-6a+1)$

$S(a)$ は下の表のように増減する．

a	0	$\cdots$	$3-2\sqrt{2}$	$\cdots$	1
$S'(a)$		$-$	0	$+$	
$S(a)$		↘		↗	

よって，$S(a)$ を最小にする a の値は $\boldsymbol{a=3-2\sqrt{2}}$

注意 $-a \leqq x \leqq a$ の積分は偶関数，奇関数の性質を用いて

$$\int_{-a}^{a}\{x^3+x^2-a^2(x+1)\}\,dx=2\int_{0}^{a}(x^2-a^2)\,dx$$

としてもよい．

《分数関数を多項式にする（B20）☆》

637. $a>0,\ b>1$ とする．放物線

$C: y=ax^2-(b-1)x$

と，直線 $l: y=x-4$ が接している．このとき，次の問いに答えよ．

（1） a を b を用いて表せ．また，接点の座標を b を用いて表せ．

（2） 放物線 C と x 軸とで囲まれた部分の面積を S とするとき，S を b を用いて表せ．

（3） S の最大値とそのときの $a,\ b$ の値を求めよ．

（23 立命館大・文系）

▶解答◀ （1） $C: y=ax^2-(b-1)x$ と $l: y=x-4$ を連立させて

$$ax^2-(b-1)x=x-4$$

$$ax^2-bx+4=0 \quad \cdots\cdots ①$$

C と l は接しているから，判別式を D とすると

$$D=b^2-16a=0 \qquad \therefore \quad a=\boldsymbol{\frac{b^2}{16}}$$

となる．このとき ① の解は，

$$x=\frac{b}{2a}=\frac{b}{2}\cdot\frac{16}{b^2}=\frac{8}{b}$$

となるから，接点の座標は，$\boldsymbol{\left(\frac{8}{b},\ \frac{8}{b}-4\right)}$ である．

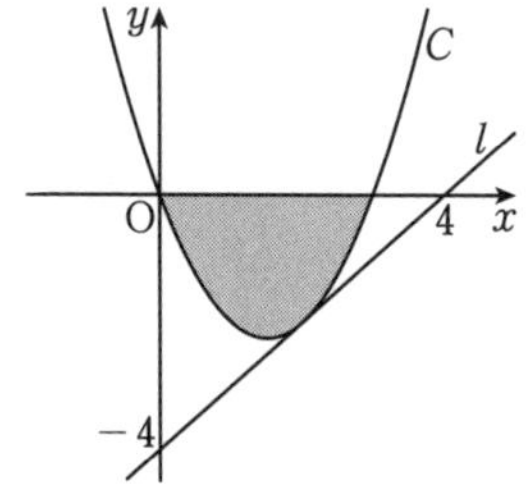

（2） $ax^2-(b-1)x=x\{ax-(b-1)\}$ であるから，放物線 C と x 軸は $x=0,\ \dfrac{b-1}{a}$ で交わり，求める面積 S は

$$S=-\int_0^{\frac{b-1}{a}}\{ax^2-(b-1)x\}\,dx$$

$$=\frac{a}{6}\left(\frac{b-1}{a}\right)^3=\frac{(b-1)^3}{6a^2}$$

$$=\frac{(b-1)^3}{6}\cdot\frac{16^2}{b^4}=\boldsymbol{\frac{128(b-1)^3}{3b^4}}$$

$$=\frac{128}{3}\left(\frac{1}{b}-\frac{3}{b^2}+\frac{3}{b^3}-\frac{1}{b^4}\right) \quad \cdots\cdots ②$$

（3） ② で $\dfrac{1}{b}=t$ として，$f(t)=t-3t^2+3t^3-t^4$ とおく．$0<t<1$ であり，

$$f'(t)=-4t^3+9t^2-6t+1$$

$$=(t-1)(-4t^2+5t-1)$$

$$=-(t-1)^2(4t-1)$$

であるから，増減は

t	0	$\cdots$	$\frac{1}{4}$	$\cdots$	1
$f'(t)$		$+$	0	$-$	
$f(t)$		↗		↘	

となり，$f(t)$ の最大値は，$t=\dfrac{1}{4}$ のときで

$$f\left(\frac{1}{4}\right)=\frac{1}{4}\cdot\left(\frac{3}{4}\right)^3=\frac{3^3}{4^4}$$

である．このとき，$b=\dfrac{1}{t}=4,\ a=\dfrac{b^2}{16}=1$ であるから $S=\dfrac{128}{3}f(t)$ は，$\boldsymbol{b=4,\ a=1}$ のとき最大値 $S=\dfrac{128}{3}\cdot\dfrac{3^3}{4^4}=\boldsymbol{\dfrac{9}{2}}$ となる．

《分数関数を避ける (B20) ☆》

638．以下の問いに答えよ．

（1） $x\geqq 0$ のとき，不等式 $4(x+1)^3\geqq 27x^2$ を証明せよ．また，等号が成り立つのはどのようなときか．

（2） 原点 O と点 P(1, 1) を通る，上に凸な 2 次関数の中で，この 2 次関数のグラフと x 軸で囲まれる図形の面積が最小になるものを求めよ．

（23　成城大）

▶解答◀ （1） $f(x)=4(x+1)^3-27x^2$ とおくと

$$f'(x)=12(x+1)^2-54x$$
$$=12x^2-30x+12=6(2x-1)(x-2)$$

x	0	$\cdots$	$\frac{1}{2}$	$\cdots$	2	$\cdots$
$f'(x)$		$+$	0	$-$	0	$+$
$f(x)$		↗		↘		↗

$f(0)=4,\ f(2)=0$

よって $0\leqq x$ で $f(x)\geqq 0$ であるから不等式は証明された．等号は $\boldsymbol{x=2}$ のとき成り立つ．

（2） 原点 O を通り上に凸であるから，この 2 次関数は $y=-ax^2+bx\ (a>0)$ とおける．P(1, 1) を通るから

$$1=-a+b \qquad \therefore\quad b=a+1$$
$$y=-ax^2+(a+1)x=-x\{ax-(a+1)\}$$

$x=0,\ \dfrac{a+1}{a}$ で x 軸と交わる．図の網目部分の面積を S とおくと

$$\int_0^{\frac{a+1}{a}}\{-ax^2+(a+1)x\}\,dx$$
$$=\frac{a}{6}\left(\frac{a+1}{a}\right)^3=\frac{(a+1)^3}{6a^2}$$

（1）の結果で $x=a$ として

$$4(a+1)^3\geqq 27a^2$$
$$\frac{(a+1)^3}{a^2}\geqq\frac{27}{4}$$

であるから，$S\geqq\dfrac{1}{6}\cdot\dfrac{27}{4}=\dfrac{9}{8}$

等号は $a=2$ のとき成り立つ．

よって，求める 2 次関数は $\boldsymbol{y=-2x^2+3x}$

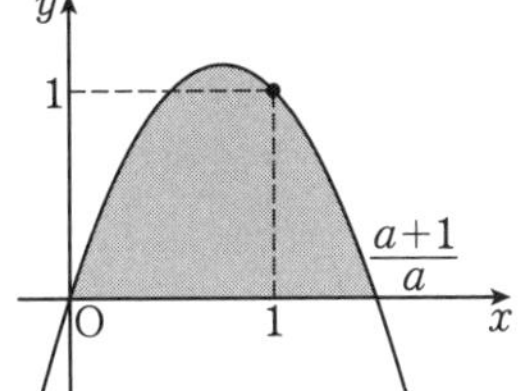

♦別解♦ （1） $x\geqq 0$ のとき

$$4(x+1)^3-27x^2=4x^3-15x^2+12x+4$$
$$=(x-2)^2(4x+1)\geqq 0$$

等号が成り立つのは $\boldsymbol{x=2}$ のときである．

《積分と確率の融合問題 (B20)》

639．3 個のさいころ A, B, C を投げて，さいころ A, B の出た目をそれぞれ $a,\ b$ とする．さいころ C の出た目が偶数のときは $c=0$，奇数のときは $c=1$ とする．$f(x)=ax^3+bx^2+cx$ とする．

（1） 方程式 $f(x)=0$ が -1 を解にもつ確率 P_1 を求めよ．

（2） 関数 $f(x)$ が極値をもつ確率 P_2 を求めよ．

（3） 方程式 $f(x)=0$ が 2 重解 $x=0$ をもち，かつ曲線 $y=f(x)$ と x 軸で囲まれた部分の面積 S が $S\leqq\dfrac{b^2}{3a}$ となる確率 P_3 を求めよ．

（23　滋賀県立大・後期）

▶解答◀ （1） $f(x)=0$ が $x=-1$ を解にもつとき $f(-1)=0$ であるから

$$-a+b-c=0 \quad\cdots\cdots\cdots①$$

である．

さいころ C の出る目を c_1 とすると，(a,b,c_1) は 6^3 通りある．

（ア） $c=0$ のとき．$c_1=2,4,6$ の 3 通りある．このとき①は $a=b$ となり，$(a,b)=(1,1),(2,2),(3,3),(4,4),(5,5),(6,6)$ の 6 通りあるから，全部で $6\cdot 3$ 通りある．

（イ） $c=1$ のとき．$c_1=1,3,5$ の 3 通りある．このとき①は $b=a+1$ となり，$(a,b)=(1,2),(2,3),(3,4),(4,5),(5,6)$ の 5 通りあるから，全部で $5\cdot 3$ 通りある．

$$P_1=\frac{6\cdot 3+5\cdot 3}{6^3}=\boldsymbol{\frac{11}{72}}$$

（2） $f'(x)=3ax^2+2bx+c$ で，判別式を D とすると，極値をもつ条件は

$$\frac{D}{4}=b^2-3ac>0 \quad\cdots\cdots\cdots②$$

である．

（ア） $c=0$ のとき．$c_1=2,4,6$ の 3 通りで，このとき ② は常に成り立つから (a,b) は 6^2 通りあり，全部で $6^2\cdot3$ 通りある．

（イ） $c=1$ のとき．$c_1=1,3,5$ の 3 通りで，このとき ② は $b^2>3a$ である．

$a=1$ のとき，$b^2>3$ より，$b=2$〜6 の 5 通りある．

$a=2$ のとき，$b^2>6$ より，$b=3$〜6 の 4 通りある．

$a=3$ のとき，$b^2>9$ より，$b=4$〜6 の 3 通りある．

$a=4$ のとき，$b^2>12$ より，$b=4$〜6 の 3 通りある．

$a=5$ のとき，$b^2>15$ より，$b=4$〜6 の 3 通りある．

$a=6$ のとき，$b^2>18$ より，$b=5,6$ の 2 通りある．

全部で $(5+4+3\cdot3+2)\cdot3=20\cdot3$ 通りある．

$$P_2=\frac{6^2\cdot3+20\cdot3}{6^3}=\frac{56}{72}=\mathbf{\frac{7}{9}}$$

（**3**） $f(x)=x(ax^2+bx+c)$

$f(x)=0$ が 0 を重解にもつ条件は $c=0$ である．

$c_1=2,4,6$ の 3 通りある．このとき $f(x)=0$ の解は $x=0,\ -\dfrac{b}{a}$ である．12 分の 1 公式を用いて

$$S=\frac{a}{12}\left(\frac{b}{a}\right)^4=\frac{b^4}{12a^3}$$

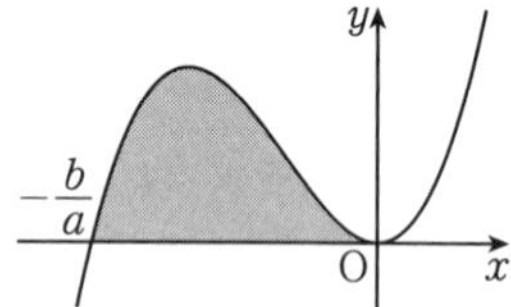

$S\leqq\dfrac{b^2}{3a}$ のとき，$\dfrac{b^4}{12a^3}\leqq\dfrac{b^2}{3a}$

すなわち $b\leqq2a$ が条件である．

$a=1$ のとき，$b\leqq2$ より，$b=1,2$ の 2 通りある．

$a=2$ のとき，$b\leqq4$ より，$b=1$〜4 の 4 通りある．

$a\geqq3$ のとき，$2a\geqq6$ であるから，$b\leqq2a$ は $b=1$〜6 の 6 通りで常に成り立つ．

全部で $(2+4+6\cdot4)\cdot3=30\cdot3$ 通りあるから

$$P_3=\frac{30\cdot3}{6^3}=\mathbf{\frac{5}{12}}$$

【定積分で表された関数（数 II）】

《微積分の基本定理（A2）》

640．$\displaystyle\int_b^x f(t)\,dt=6x^2+7x-3$ のとき，

$f(x)=\square x+\square$ であり，$b=-\dfrac{\square}{\square},\ \dfrac{\square}{\square}$ である．　（23　星薬大・推薦）

▶解答◀ $\displaystyle\int_b^x f(t)\,dt=6x^2+7x-3$ ……………①

の両辺を x で微分して

$$f(x)=\mathbf{12x+7}$$

① に $x=b$ を代入して

$$0=6b^2+7b-3$$

$$(2b+3)(3b-1)=0 \qquad \therefore\ b=\mathbf{-\frac{3}{2},\ \frac{1}{3}}$$

《定積分は定数（B2）☆》

641．等式 $f(x)=x^2+\displaystyle\int_{-1}^2(xf(t)-t)\,dt$ を満たす関数 $f(x)$ を求めよ．　（23　千葉大・前期）

▶解答◀ $\displaystyle\int_{-1}^2 f(t)\,dt=a$ とおくと

$$f(x)=x^2+x\int_{-1}^2 f(t)\,dt-\int_{-1}^2 t\,dt$$

$$=x^2+ax-\left[\frac{t^2}{2}\right]_{-1}^2$$

$$=x^2+ax-\frac{3}{2}$$

であるから，

$$\int_{-1}^2 f(t)\,dt=\left[\frac{t^3}{3}+\frac{a}{2}t^2-\frac{3}{2}t\right]_{-1}^2$$

$$=3+\frac{3}{2}a-\frac{9}{2}=\frac{3}{2}a-\frac{3}{2}$$

である．したがって，

$$a=\frac{3}{2}a-\frac{3}{2}$$

であり，$a=3$ である．

$$f(x)=\mathbf{x^2+3x-\frac{3}{2}}$$

《定積分は定数（B7）☆》

642．次の 2 つの等式を満たす関数 $f(x),\ g(x)$ を求めよ．

$$f(x)=-3x+\int_0^1 g(x)\,dx,$$

$$g(x)=(x-1)^2-\int_0^2 f(x)\,dx$$

（23　茨城大・教育）

▶解答◀ $\displaystyle\int_0^1 g(x)\,dx=a,\ \int_0^2 f(x)\,dx=b$ とおくと，$f(x)=-3x+a,\ g(x)=(x-1)^2-b$ より

$$a=\int_0^1 g(x)\,dx=\int_0^1\{(x-1)^2-b\}\,dx$$

$$=\left[\frac{(x-1)^3}{3}-bx\right]_0^1=-b+\frac{1}{3}$$

$$a+b=\frac{1}{3} \quad\cdots\cdots①$$

$$b=\int_0^2 f(x)\,dx=\int_0^2(-3x+a)\,dx$$

$$=\left[-\frac{3}{2}x^2+ax\right]_0^2=-6+2a$$

$$2a-b=6 \quad\cdots\cdots②$$

①, ② より $a=\dfrac{19}{9}$, $b=-\dfrac{16}{9}$ であるから

$$f(x)=\boldsymbol{-3x+\frac{19}{9}},\ g(x)=\boldsymbol{(x-1)^2+\frac{16}{9}}$$

《定積分は定数 (B20) ☆》

643. 整式 $f(x)$ が恒等式

$$f(x)+\int_{-1}^{1}(x-y)^2 f(y)\,dy=2x^2+x+\frac{5}{3}$$

を満たすとき，$f(x)$ を求めよ． (23 京大・文系)

▶解答◀ $f(x)+x^2\displaystyle\int_{-1}^{1}f(y)\,dy$

$$-2x\int_{-1}^{1}yf(y)\,dy+\int_{-1}^{1}y^2f(y)\,dy$$

$$=2x^2+x+\frac{5}{3}$$

となる．出てくる積分を順に A, B, C とおくと

$$f(x)=(2-A)x^2+(1+2B)x+\left(\frac{5}{3}-C\right)$$

となる．これをそれぞれ積分する．

$$A=\int_{-1}^{1}f(y)\,dy$$

$$=2\int_0^1\left\{(2-A)y^2+\left(\frac{5}{3}-C\right)\right\}dy$$

$$=2\left[(2-A)\frac{y^3}{3}+\left(\frac{5}{3}-C\right)y\right]_0^1$$

$$=2\left\{\frac{1}{3}(2-A)+\left(\frac{5}{3}-C\right)\right\}$$

$$A=2\left(\frac{7}{3}-\frac{A}{3}-C\right)$$

$5A+6C=14$ ……………………………①

$$B=\int_{-1}^{1}yf(y)\,dy$$

$$=2\int_0^1(1+2B)y^2\,dy$$

$$=2\left[(1+2B)\frac{y^3}{3}\right]_0^1=\frac{2}{3}(1+2B)$$

$3B=2+4B \qquad \therefore\ B=-2$

$$C=\int_{-1}^{1}y^2f(y)\,dy$$

$$=2\int_0^1\left\{(2-A)y^4+\left(\frac{5}{3}-C\right)y^2\right\}dy$$

$$=2\left[(2-A)\frac{y^5}{5}+\left(\frac{5}{3}-C\right)\frac{y^3}{3}\right]_0^1$$

$$=2\left\{\frac{1}{5}(2-A)+\frac{1}{3}\left(\frac{5}{3}-C\right)\right\}$$

$$C=2\left(\frac{43}{45}-\frac{A}{5}-\frac{C}{3}\right)$$

$18A+75C=86$ ……………………………②

①, ② より $A=2$, $C=\dfrac{2}{3}$ となる．よって，$f(x)=\boldsymbol{-3x+1}$ である．

《定積分は定数 (B15)》

644. 実数 t に対して，2 次関数 $f(x)=ax^2+bx+at^2$ が

$$\int_0^1 f(x)\,dx=\frac{3}{2},\ \int_{-1}^{0}f(x)\,dx=\frac{1}{2}$$

を満たすように，実数 a, b を定める．以下の問いに答えよ．

(1) a を t を用いて表せ．また，b の値を求めよ．

(2) $f(x)$ の最小値 $m(t)$ を，$T=3t^2+1$ を用いて表せ．

(3) 設問 (2) の $m(t)$ が最大となるときの $T=3t^2+1$ の値と，$m(t)$ の最大値を求めよ．

(23 東北大・文系-後期)

▶解答◀ (1) $\displaystyle\int_0^1 f(x)\,dx$

$$=\left[\frac{a}{3}x^3+\frac{b}{2}x^2+at^2x\right]_0^1$$

$$=\frac{a}{3}+\frac{b}{2}+at^2=\frac{3}{2}$$

$2(3t^2+1)a+3b=9$ ……………………………①

$$\int_{-1}^{0}f(x)\,dx=\left[\frac{a}{3}x^3+\frac{b}{2}x^2+at^2x\right]_{-1}^{0}$$

$$=-\left(-\frac{a}{3}+\frac{b}{2}-at^2\right)=\frac{1}{2}$$

$2(3t^2+1)a-3b=3$ ……………………………②

①, ② より $a=\boldsymbol{\dfrac{3}{3t^2+1}}$, $b=\boldsymbol{1}$ である．

(2) $T=3t^2+1>0$ とおくと，$t^2=\dfrac{T-1}{3}$ であり

$$f(x)=\frac{3}{T}x^2+x+\frac{3}{T}\cdot\frac{T-1}{3}$$

$$=\frac{3}{T}x^2+x+\left(1-\frac{1}{T}\right)$$

$$=\frac{3}{T}\left(x+\frac{T}{6}\right)^2-\frac{T}{12}+1-\frac{1}{T}$$

これより，$x=-\dfrac{T}{6}$ で最小値 $m(t)=\boldsymbol{1-\dfrac{T}{12}-\dfrac{1}{T}}$ をとる．

(3) T のとりうる値の範囲は $T>0$ である．相加・相乗平均の不等式より

$$m(t)\leqq 1-2\sqrt{\frac{T}{12}\cdot\frac{1}{T}}=1-\frac{1}{\sqrt{3}}$$

等号成立は $\dfrac{T}{12}=\dfrac{1}{T}$，すなわち $T=\boldsymbol{2\sqrt{3}}$ のときに成立する．よって，$m(t)$ の最大値は $\boldsymbol{1-\dfrac{1}{\sqrt{3}}}$ である．

《積分して最小 (B20) ☆》

645. t を正の実数として

$$f(x)=3x^2-6(t+1)x+3(t^2+2t)$$

とおく．方程式 $f(x)=0$ の異なる 2 つの実数解を α，β とおく．ただし $\alpha<\beta$ とする．また $g(t)=\int_0^1 |f(x)|\,dx$ とする．

（1） α，β をそれぞれ t の式で表せ．

（2） $t\geqq 1$ のとき，$g(t)$ を t の式で表せ．

（3） $0<t<1$ のとき，$g(t)$ を t の式で表せ．

（4） $g(t)$ の値が最小となる t を求めよ．

（23 津田塾大・学芸-国際）

▶解答◀（1）

$$f(x)=3\{x^2-2(t+1)x+t(t+2)\}$$
$$=3(x-t)\{x-(t+2)\}$$

であるから，$\boldsymbol{\alpha=t}$，$\boldsymbol{\beta=t+2}$

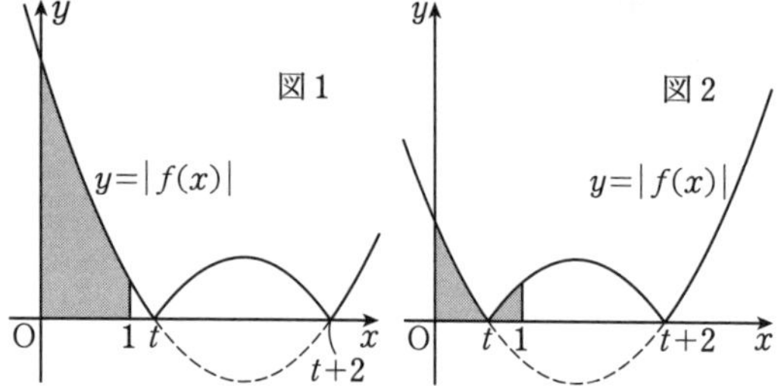

（2） 図 1 を見よ．$t\geqq 1$ のとき

$$g(t)=\int_0^1 |f(x)|\,dx$$
$$=\int_0^1 f(x)\,dx$$
$$=\int_0^1 \{3x^2-6(t+1)x+3(t^2+2t)\}\,dx$$
$$=\Big[\,x^3-3(t+1)x^2+3(t^2+2t)x\,\Big]_0^1$$
$$=1-3(t+1)+3(t^2+2t)$$
$$=\boldsymbol{3t^2+3t-2}$$

（3） 図 2 を見よ．$0<t<1$ のとき

$$g(t)=\int_0^1 |f(x)|\,dx$$
$$=\int_0^t f(x)\,dx-\int_t^1 f(x)\,dx$$
$$=\Big[\,x^3-3(t+1)x^2+3(t^2+2t)x\,\Big]_0^t$$
$$-\Big[\,x^3-3(t+1)x^2+3(t^2+2t)x\,\Big]_t^1$$
$$=2\{t^3-3(t+1)t^2+3t(t^2+2t)\}$$
$$-(3t^2+3t-2)$$
$$=\boldsymbol{2t^3+3t^2-3t+2}$$

（4） $t\geqq 1$ のとき $g'(t)=6t+3>0$

$0<t<1$ のとき

$$g'(t)=6t^2+6t-3=3(2t^2+2t-1)$$

$2t^2+2t-1=0$ のとき，$t=\dfrac{-1\pm\sqrt{3}}{2}$ であるから，$g(t)$ の増減表は次のようになる．

t	0	$\cdots$	$\frac{-1+\sqrt{3}}{2}$	$\cdots$	1	$\cdots$
$g'(t)$		$-$	0	$+$		$+$
$g(t)$		↘		↗		↗

$g(t)$ が最小となるのは $t=\boldsymbol{\dfrac{-1+\sqrt{3}}{2}}$

《積分して最小 (B20)》

646．定積分

$$f(a)=\int_a^{a+1} |x^2-2x|\,dx$$

を考える．ただし $a\geqq 1$ である．

（1） $f(1)=\dfrac{\boxed{ア}}{\boxed{イ}}$ となる．

（2） $f(a)=\dfrac{10}{3}$ となるような a の値は

$$a=\frac{\boxed{ウ}+\sqrt{\boxed{エオ}}}{2}$$

である．

（3） $f(a)$ が最小になるような a の値は

$$a=\frac{\boxed{カ}+\sqrt{\boxed{キ}}}{2}$$

である．（23 明治大・政治経済）

▶解答◀（1） 図を参照せよ．

$$f(1)=-\int_1^2 (x^2-2x)\,dx$$
$$=-\Big[\,\frac{1}{3}x^3-x^2\,\Big]_1^2=-\frac{8-1}{3}+(4-1)=\boldsymbol{\frac{2}{3}}$$

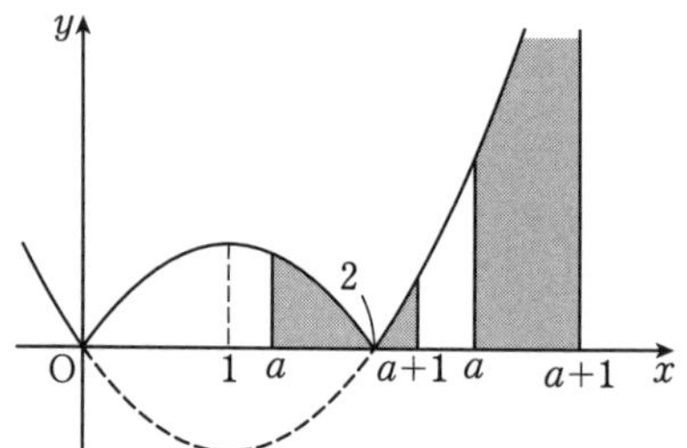

（2） $2\leqq a$ のとき

$$f(a)=\int_a^{a+1} (x^2-2x)\,dx=\Big[\,\frac{1}{3}x^3-x^2\,\Big]_a^{a+1}$$
$$=\frac{1}{3}\{(a+1)^3-a^3\}-\{(a+1)^2-a^2\}$$
$$=a^2-a-\frac{2}{3}=\Big(a-\frac{1}{2}\Big)^2-\frac{11}{12}\quad\cdots\cdots\cdots\cdots①$$

$$\left(a-\frac{1}{2}\right)^2-\frac{11}{12}=\frac{10}{3}$$

$$\left(a-\frac{1}{2}\right)^2=\frac{17}{4} \qquad \therefore \quad a=\frac{1\pm\sqrt{17}}{2}$$

$1 \leqq a \leqq 2$ のとき

$$f(a)=-\int_a^2 (x^2-2x)\,dx+\int_2^{a+1}(x^2-2x)\,dx$$

$$=-\left[\frac{1}{3}x^3-x^2\right]_a^2+\left[\frac{1}{3}x^3-x^2\right]_2^{a+1}$$

$$=\frac{a^3}{3}-a^2+\frac{(a+1)^3}{3}-(a+1)^2-2\left(\frac{8}{3}-4\right)$$

$$=\frac{2}{3}a^3-a^2-a+2$$

$$f'(a)=2a^2-2a-1$$

$f'(a)=0,\ 1<a<2$ を解いて，$a=\dfrac{1+\sqrt{3}}{2}$

a	1	$\cdots$	$\frac{1+\sqrt{3}}{2}$	$\cdots$	2
$f'(a)$		$-$	0	$+$	
$f(a)$		↘		↗	

$f(1)=\dfrac{2}{3}$，$f(2)=\dfrac{4}{3}$ であるから，$1 \leqq a \leqq 2$ において $f(a)=\dfrac{10}{3}$ とはならない．

よって，$f(a)=\dfrac{10}{3}$ となる $\boldsymbol{a=\dfrac{1+\sqrt{17}}{2}}$ である．

（３） ① より，$a>2$ で $f(a)$ は増加するから，$f(a)$ が最小となるのは $\boldsymbol{a=\dfrac{1+\sqrt{3}}{2}}$ のときである．

《積分して微分する (B20) ☆》

647．座標平面上の放物線 $y=3x^2-4x$ を C とおき，直線 $y=2x$ を l とおく．実数 t に対し，C 上の点

$\mathrm{P}(t,\,3t^2-4t)$ と l の距離を $f(t)$ とする．

（１） $-1 \leqq a \leqq 2$ の範囲の実数 a に対し，定積分

$$g(a)=\int_{-1}^a f(t)\,dt$$

を求めよ．

（２） a が $0 \leqq a \leqq 2$ の範囲を動くとき，$g(a)-f(a)$ の最大値および最小値を求めよ．

（23　東大・文科）

▶解答◀ （１） P と l の距離は

$$f(t)=\frac{|2t-(3t^2-4t)|}{\sqrt{2^2+1^2}}$$

$$=\frac{1}{\sqrt{5}}|-3t^2+6t|=\frac{3}{\sqrt{5}}|t(t-2)|$$

（ア） $\boldsymbol{-1 \leqq a \leqq 0}$ のとき：図 1 を見よ．

$$g(a)=\int_{-1}^a f(t)\,dt$$

$$=\frac{3}{\sqrt{5}}\int_{-1}^a (t^2-2t)\,dt=\frac{3}{\sqrt{5}}\left[\frac{t^3}{3}-t^2\right]_{-1}^a$$

$$=\frac{3}{\sqrt{5}}\left(\frac{a^3}{3}+\frac{1}{3}-a^2+1\right)$$

$$=\boldsymbol{\frac{1}{\sqrt{5}}(a^3-3a^2+4)} \ \cdots\cdots\cdots\cdots ①$$

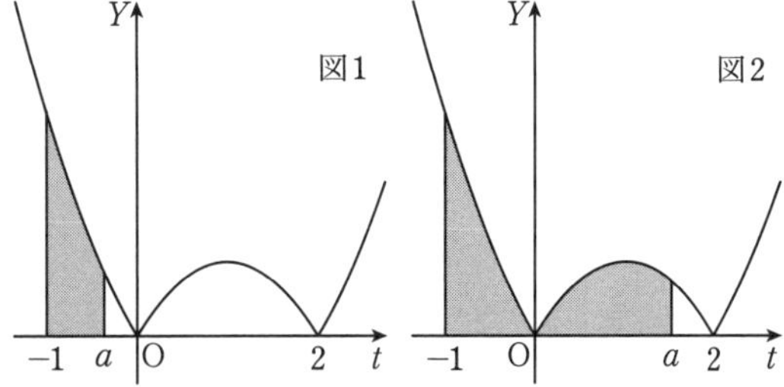

（イ） $\boldsymbol{0 \leqq a \leqq 2}$ のとき：図 2 を見よ．

$$g(a)=\int_{-1}^a f(t)\,dt=\int_{-1}^0 f(t)\,dt+\int_{-1}^a f(t)\,dt$$

$\displaystyle\int_{-1}^0 f(t)\,dt$ は ① で $a=0$ としたもので $\dfrac{4}{\sqrt{5}}$ に等しい．

$$g(a)=\frac{4}{\sqrt{5}}+\frac{3}{\sqrt{5}}\int_0^a(-t^2+2t)\,dt$$

$$=\frac{4}{\sqrt{5}}+\frac{3}{\sqrt{5}}\left[-\frac{t^3}{3}+t^2\right]_0^a$$

$$=\frac{4}{\sqrt{5}}+\frac{3}{\sqrt{5}}\left(-\frac{a^3}{3}+a^2\right)$$

$$=\boldsymbol{-\frac{1}{\sqrt{5}}(a^3-3a^2-4)}$$

（２） $h(a)=g(a)-f(a)$ とおく．

$$h(a)=-\frac{1}{\sqrt{5}}(a^3-3a^2-4)-\frac{3}{\sqrt{5}}(-a^2+2a)$$

$$=-\frac{1}{\sqrt{5}}(a^3-6a^2+6a-4)$$

$$h'(a)=-\frac{1}{\sqrt{5}}(3a^2-12a+6)$$

$$=-\frac{3}{\sqrt{5}}(a^2-4a+2)$$

a	0	$\cdots$	$2-\sqrt{2}$	$\cdots$	2
$h'(a)$		$-$	0	$+$	
$h(a)$		↘		↗	

$$h(0)=\frac{4}{\sqrt{5}}$$

$$h(2)=-\frac{1}{\sqrt{5}}(8-24+12-4)=\frac{8}{\sqrt{5}}$$

また，$\alpha=2-\sqrt{2}$ とおくと，$\alpha^2-4\alpha+2=0$ であり，

$$a^3-6a^2+6a-4$$

$$=(a^2-4a+2)(a-2)-4a$$

であるから

$$h(\alpha)=-\frac{1}{\sqrt{5}}(0-4\alpha)=\frac{4}{\sqrt{5}}(2-\sqrt{2})$$

よって $h(a)$ は最大値 $\dfrac{8}{\sqrt{5}}$，最小値 $\dfrac{4}{\sqrt{5}}(2-\sqrt{2})$ をとる．

注意 【計算し直さない】

$$g(a)=\int_{-1}^{a} f(t)\,dt$$

$$=\frac{3}{\sqrt{5}}\int_{-1}^{0}(t^2-2t)\,dt+\frac{3}{\sqrt{5}}\int_{0}^{a}(-t^2+2t)\,dt$$

$$=\frac{3}{\sqrt{5}}\left[\frac{t^3}{3}-t^2\right]_{-1}^{0}+\frac{3}{\sqrt{5}}\left[-\frac{t^3}{3}+t^2\right]_{0}^{a}$$

$$=\frac{3}{\sqrt{5}}\left\{0-\left(-\frac{1}{3}-1\right)\right\}+\frac{3}{\sqrt{5}}\left(-\frac{a^3}{3}+a^2\right)$$

$$=-\frac{1}{\sqrt{5}}(a^3-3a^2-4)$$

《積分して微分する (B20) ☆》

648. 実数 $t \geqq 0$ に対して関数 $G(t)$ を次のように定義する．

$$G(t)=\int_{t}^{t+1}|3x^2-8x-3|\,dx$$

このとき

（1） $0 \leqq t <$ ［ア］ のとき

$G(t)=$ □t^2+ □$t+$ □

（2） ［ア］ $\leqq t <$ ［イ］ のとき

$G(t)=$ □t^3+ □t^2+ □$t+$ □

（3） ［イ］ $\leqq t$ のとき

$G(t)=$ □t^2+ □$t+$ □

である．また，$G(t)$ が最小となるのは，$t=$

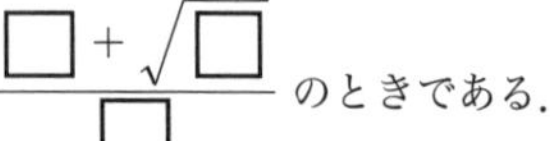

のときである．

（23　慶應大・総合政策）

▶解答◀ $f(x)=3x^2-8x-3$ とする．

$$G(t)=\int_{t}^{t+1}|f(x)|\,dx \quad (t \geqq 0)$$

$f(x)=(3x+1)(x-3)$ であるから，$0 \leqq x \leqq 3$ のとき $|f(x)|=-f(x)$ で，$x \geqq 3$ のとき $|f(x)|=f(x)$ である．以下，下図を参照せよ．

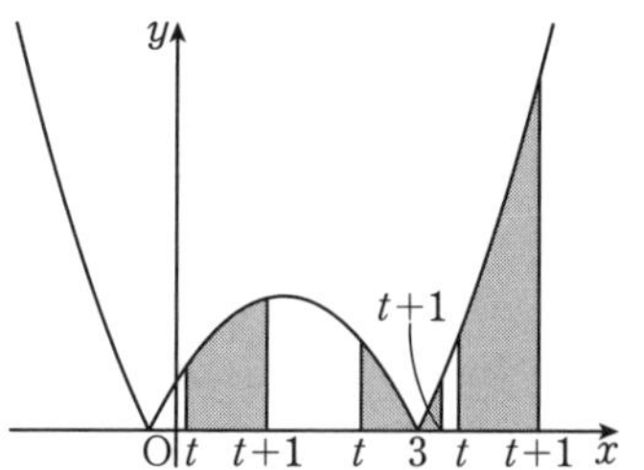

（1） $t \geqq 0,\ t+1<3$ すなわち $\boldsymbol{0 \leqq t < 2}$ のとき

$$G(t)=-\int_{t}^{t+1} f(x)\,dx$$

$$=-\left[x^3-4x^2-3x\right]_{t}^{t+1}$$

$$=-(t^3-t^2-8t-6)+(t^3-4t^2-3t)$$

$$=\boldsymbol{-3t^2+5t+6}$$

$$G'(t)=-6t+5$$

$G'(t)=0$ を解くと，$t=\dfrac{5}{6}$ である．

（2） $0 \leqq t < 3 \leqq t+1$ すなわち $\boldsymbol{2 \leqq t < 3}$ のとき

$$G(t)=-\int_{t}^{3} f(x)\,dx+\int_{3}^{t+1} f(x)\,dx$$

$$=-\left[x^3-4x^2-3x\right]_{t}^{3}+\left[x^3-4x^2-3x\right]_{3}^{t+1}$$

$$=18+(t^3-4t^2-3t)+(t^3-t^2-8t-6)+18$$

$$=\boldsymbol{2t^3-5t^2-11t+30}$$

$$G'(t)=6t^2-10t-11$$

$G'(t)=0$ を解くと，$t=\dfrac{5+\sqrt{91}}{6}$ である．

（3） $\boldsymbol{3 \leqq t}$ のとき

$$G(t)=\int_{t}^{t+1} f(x)\,dx=\boldsymbol{3t^2-5t-6}$$

$$G'(t)=6t-5$$

常に $G'(t)>0$ である．

$G(t)$ は下の表のように増減する．

t	0	…	$\frac{5}{6}$	…	2	…	$\frac{5+\sqrt{91}}{6}$	…	3	…
$G'(t)$		+	0	−		−	0	+		+
$G(t)$		↗		↘		↘		↗		↗

$G(0)=6,\ G(2)=4$ より，$G(0)>G(2)$ であるから，$G(t)$ が最小となるのは，$t=\dfrac{\boldsymbol{5+\sqrt{91}}}{\boldsymbol{6}}$ のときである．

《次数の決定 (B20) ☆》

649. n を自然数とする．$f(x)$ は n 次多項式で，次をみたしているとする．

$$\{f(x)\}^2-f'(x)\int_{0}^{x} f(t)\,dt=x^2 f(x)$$

$f(x)$ の x^n の係数を a とする．

(1) $f'(x)\int_0^x f(t)\,dt$ は $2n$ 次式であることを説明し，x^{2n} の係数を n, a で表せ.

(2) $n=2$ であることを示せ.

(3) $f(x)$ を求めよ.　(23　岐阜聖徳学園大)

▶解答◀ (1) n 次多項式 $f(x)$ の最高次の項を ax^n $(a \neq 0)$ とおく.

$f'(x)$ の最高次の項は anx^{n-1} であり

$$\int_0^x f(t)\,dt = \left[\frac{a}{n+1}t^{n+1} + \cdots\right]_0^x$$
$$= \frac{a}{n+1}x^{n+1} + \cdots$$

である．したがって $f'(x)\int_0^x f(t)\,dt$ の最高次の項は

$$anx^{n-1} \cdot \frac{a}{n+1}x^{n+1} = \frac{n}{n+1}a^2x^{2n}$$

であるから，$f'(x)\int_0^x f(t)\,dt$ は $2n$ 次式である.

x^{2n} の係数は $\boldsymbol{\frac{n}{n+1}a^2}$ である.

(2) (1) より

$$\{f(x)\}^2 - f'(x)\int_0^x f(t)\,dt = x^2f(x) \quad \cdots\cdots ①$$

の左辺の最高次の項は

$$\left(a^2 - \frac{n}{n+1}a^2\right)x^{2n} = \frac{1}{n+1}a^2x^{2n}$$

であり，右辺の最高次の項は ax^{n+2} であるから

$$2n = n+2 \quad \cdots\cdots ②$$
$$\frac{1}{n+1}a^2 = a \quad \cdots\cdots ③$$

② より $n=2$ である.

(3) (2), ③ より

$$a^2 = 3a$$

$a \neq 0$ であるから $a=3$ である.

① に $x=0$ を代入すると，$f(0)=0$ であるから $f(x) = 3x^2 + bx$ とおける.

$$f'(x) = 6x + b$$
$$\{f(x)\}^2 - f'(x)\int_0^x f(t)\,dt$$
$$= (3x^2+bx)^2 - (6x+b)\int_0^x (3t^2+bt)\,dt$$
$$= 9x^4 + 6bx^3 + b^2x^2 - (6x+b)\left(x^3 + \frac{b}{2}x^2\right)$$
$$= 3x^4 + 2bx^3 + \frac{b^2}{2}x^2$$

① に代入して

$$3x^4 + 2bx^3 + \frac{b^2}{2}x^2 = 3x^4 + bx^3$$

係数を比較して

$$2b = b,\ \frac{b^2}{2} = 0$$

$b=0$ であるから，$f(x) = \boldsymbol{3x^2}$ である.

《定積分は定数 (B20)》

650. 関数 $f(x)$ と $g(x)$ が

$$f(x) = -x^2\int_0^1 f(t)\,dt - 12x + \frac{2}{9}\int_{-1}^0 f(t)\,dt$$
$$g(x) = \int_0^1 (3x^2+t)g(t)\,dt - \frac{3}{4}$$

を満たしている．このとき

$$f(x) = \square x^2 - 12x + \square$$
$$g(x) = \square x^2 + \square$$

である．また，xy 平面上の $y=f(x)$ と $y=g(x)$ のグラフの共通接線は

$$y = \square x + \frac{\square}{\square}$$

である．なお，n を 0 または正の整数としたとき，x^n の不定積分は $\int x^n\,dx = \frac{1}{n+1}x^{n+1} + C$ (C は積分定数) である.　(23　慶應大・環境情報)

▶解答◀ $\int_0^1 f(t)\,dt = a$,

$$\frac{2}{9}\int_{-1}^0 f(t)\,dt = b$$

とおく．$f(x) = -ax^2 - 12x + b$ であるから

$$a = \int_0^1 (-at^2 - 12t + b)\,dt$$
$$= \left[-\frac{a}{3}t^3 - 6t^2 + bt\right]_0^1 = -\frac{a}{3} - 6 + b$$
$$4a - 3b = -18 \quad \cdots\cdots ①$$
$$b = \frac{2}{9}\int_{-1}^0 (-at^2 - 12t + b)\,dt$$
$$= \frac{2}{9}\left[-\frac{a}{3}t^3 - 6t^2 + bt\right]_{-1}^0$$
$$= -\frac{2}{27}a + \frac{2}{9}b + \frac{4}{3}$$
$$2a + 21b = 36 \quad \cdots\cdots ②$$

① − ② × 2 から

$$-45b = -90 \qquad \therefore \quad b = 2$$

$a = -3$ となるから，$f(x) = \boldsymbol{3x^2 - 12x + 2}$

$$g(x) = 3x^2\int_0^1 g(t)\,dt + \int_0^1 tg(t)\,dt - \frac{3}{4}$$

$\int_0^1 g(t)\,dt = c$, $\int_0^1 tg(t)\,dt = d$ とおく.

$g(x) = 3cx^2 + d - \frac{3}{4}$ であるから

$$c = \int_0^1 \left(3ct^2 + d - \frac{3}{4}\right)dt$$
$$= \left[ct^3 + \left(d - \frac{3}{4}\right)t\right]_0^1 = c + d - \frac{3}{4}$$
$$d = \frac{3}{4}$$

$g(t)=3ct^2$ となり

$$\frac{3}{4}=\int_0^1 tg(t)\,dt$$

$$=\int_0^1 3ct^3\,dt=\left[\frac{3}{4}ct^4\right]_0^1=\frac{3}{4}c$$

$c=1$ であるから，$g(x)=\boldsymbol{3x^2}$

$$g'(x)=6x$$

$y=g(x)$ の $x=s$ における接線の方程式は

$$y=6s(x-s)+3s^2$$

$$y=6sx-3s^2 \quad \cdots\cdots③$$

であり，$y=f(x)$ にも接するとき

$$3x^2-12x+2=6sx-3s^2$$

$$3x^2-6(s+2)x+3s^2+2=0$$

の判別式 D について

$$\frac{D}{4}=9(s+2)^2-3(3s^2+2)=0$$

$$36s+30=0 \qquad \therefore \quad s=-\frac{5}{6}$$

③から，共通接線 L の方程式は $\boldsymbol{y=-5x-\frac{25}{12}}$ である．

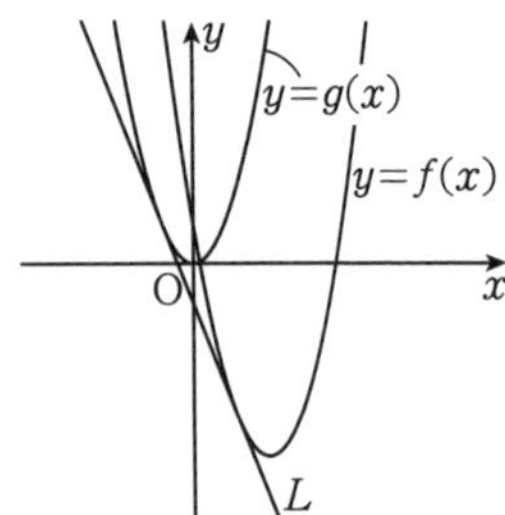

♦別解♦　(③の式までは同じ)

$f'(x)=6x-12$ であるから，$y=f(x)$ の $x=u$ における接線の方程式は

$$y=(6u-12)(x-u)+3u^2-12u+2$$

$$y=6(u-2)x-3u^2+2 \quad \cdots\cdots④$$

③，④が一致するとき

$$s=u-2 \quad \cdots\cdots⑤$$

$$-3s^2=-3u^2+2 \quad \cdots\cdots⑥$$

⑤，⑥から

$$-3(u-2)^2=-3u^2+2$$

$$12u=14$$

$u=\frac{7}{6}$, $s=-\frac{5}{6}$ となるから，L の方程式は

$\boldsymbol{y=-5x-\frac{25}{12}}$ である．

♦別解♦　共通接線 L の方程式を $y=mx+n$ とおく．

$y=f(x)$ に接するから

$$3x^2-12x+2=mx+n$$

$$3x^2-(m+12)x+2-n=0$$

の判別式について

$$(m+12)^2-12(2-n)=0$$

$$m^2+24m+12n+120=0 \quad \cdots\cdots⑦$$

$y=g(x)$ にも接するから

$$3x^2=mx+n$$

$$3x^2-mx-n=0$$

の判別式について

$$m^2+12n=0 \quad \cdots\cdots⑧$$

⑦－⑧から $m=-5$ となり，$n=-\frac{25}{12}$

L の方程式は $\boldsymbol{y=-5x-\frac{25}{12}}$ である．

《上端に x も (B20) ☆》

651. 2つの関数 $f(x)$, $g(x)$ について，

$$f(x)=2x^2+\int_1^x g(t)\,dt$$

$$g(x)=2x+\int_0^2 f(t)\,dt$$

が成り立つとする．このとき，次の問いに答えよ．

(1)　定積分 $\int_0^2 f(t)\,dt$ の値を求めよ．

(2)　関数 $h(x)$ を，

$$h(x)=\int_1^x f(t)\,dt-g(x)+2$$

によって定める．

(i)　$h(x)$ を x の式で表せ．

(ii)　$h(x)$ の極値を求めよ．

(3)　(2)で求めた $h(x)$ に対して，曲線 $y=h(x)$ と曲線 $y=f(x)+g(x)$ で囲まれた2つの部分の面積の和 S を求めよ．

(23　関西学院大・経済)

▶解答◀　(1)　$\int_0^2 f(t)\,dt=a$ とおくと

$g(x)=2x+a$ であるから

$$\int_1^x (2t+a)\,dt=\left[t^2+at\right]_1^x=x^2+ax-a-1$$

より，$f(x)=3x^2+ax-a-1$ である．

$$a=\int_0^2(3t^2+at-a-1)\,dt$$

$$a=\left[t^3+\frac{a}{2}t^2-(a+1)t\right]_0^2$$

$$a=8+2a-2(a+1) \qquad \therefore \quad a=6$$

したがって $\int_0^2 f(t)\,dt=\boldsymbol{6}$ である．

(2) **(i)**　$f(x)=3x^2+6x-7$，$g(x)=2x+6$ である．

$$\int_1^x(3t^2+6t-7)\,dt=\left[t^3+3t^2-7t\right]_1^x$$

$= (x^3 + 3x^2 - 7x) - (1 + 3 - 7)$

$= x^3 + 3x^2 - 7x + 3$

であるから

$h(x) = (x^3 + 3x^2 - 7x + 3) - (2x + 6) + 2$

$= \boldsymbol{x^3 + 3x^2 - 9x - 1}$

（**ii**） $h'(x) = 3x^2 + 6x - 9 = 3(x + 3)(x - 1)$

x	$\cdots$	-3	$\cdots$	1	$\cdots$
$h'(x)$	$+$	0	$-$	0	$+$
$h(x)$	↗		↘		↗

極大値は $h(-3) = -27 + 27 + 27 - 1 = \mathbf{26}$ であり，極小値は $h(1) = 1 + 3 - 9 - 1 = \mathbf{-6}$ である．

（**3**） $f(x) + g(x) = 3x^2 + 8x - 1$ である．

$h(x) = f(x) + g(x)$

$x^3 + 3x^2 - 9x - 1 = 3x^2 + 8x - 1$

$x^3 - 17x = 0$

$x(x^2 - 17) = 0 \qquad \therefore \quad x = 0, \pm\sqrt{17}$

$y = h(x)$ と $y = f(x) + g(x)$ で囲む部分の面積は，$y = h(x) - \{f(x) + g(x)\}$ と x 軸で囲む部分の面積に等しく，原点に関する対称性から

$$S = -2\int_0^{\sqrt{17}} (x^3 - 17x)\,dx$$

$$= -2\left[\frac{1}{4}x^4 - \frac{17}{2}x^2\right]_0^{\sqrt{17}}$$

$$= -2\left(\frac{17^2}{4} - \frac{17^2}{2}\right) = \frac{17^2}{2} = \mathbf{\frac{289}{2}}$$

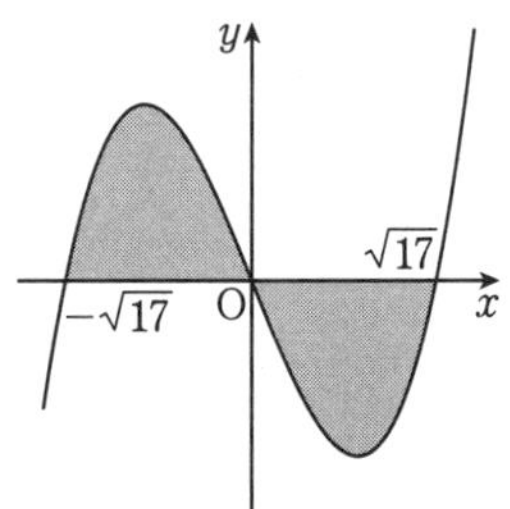

【等差数列】

《等差数列の基本（A2）☆》

652. 2 つの等差数列

$\{a_n\} : 2, 5, 8, \cdots, 290$

と

$\{b_n\} : 4, 9, 14, \cdots, 344$

の共通項を順に並べた数列を $\{c_n\}$ とするとき，$\{c_n\}$ の初項は □ であり，末項は □ である．

（23　星薬大・推薦）

▶解答◀ $\{a_n\} : 2, 5, 8, 11, 14, \cdots$

$\{b_n\} : 4, 9, 14, \cdots$

よって，共通項の数列 $\{c_n\}$ の初項は **14** である．

数列 $\{a_n\}, \{b_n\}$ の公差はそれぞれ 3, 5 であるから，数列 $\{c_n\}$ は公差 15 の等差数列で

$c_n = 14 + 15(n - 1)$

$c_n = 15n - 1$

$15n - 1 \leqq 290$ となるのは $n \leqq \frac{291}{15} = 19.4$ のときだから，末項は

$c_{19} = 15 \cdot 19 - 1 = \mathbf{284}$

《2 乗の差（B10）☆》

653. 初項と公差がともに正の実数であるようなどんな等差数列 $\{a_n\}$ に対しても，

$$a_1{}^2 - a_2{}^2 + a_3{}^2 - a_4{}^2$$
$$+ \cdots + a_{19}{}^2 - a_{20}{}^2 = \frac{\square}{\square} \cdot (a_1{}^2 - a_{20}{}^2)$$

が成り立つ．左辺は，各項の 2 乗を符号を交代させながら第 20 項までとった和である．

（23　東京薬大）

▶解答◀ 等差数列 $\{a_n\}$ の公差を d とおくと，$a_n = a_1 + (n - 1)d$ であり

$a_{2k-1}{}^2 - a_{2k}{}^2 = (a_{2k-1} + a_{2k})(a_{2k-1} - a_{2k})$

$= \{2a_1 + (4k - 3)d\}(-d)$

$= -4d^2k - 2a_1d + 3d^2$

よって，数列 $\{a_{2k-1}{}^2 - a_{2k}{}^2\}$ は初項 $-d^2 - 2a_1d$，公差 $-4d^2$ の等差数列である．

$$\sum_{k=1}^{10} (a_{2k-1}{}^2 - a_k{}^2)$$

$$= \frac{1}{2} \cdot 10 \cdot \{2(-d^2 - 2a_1d) + 9(-4d^2)\}$$

$$= 10(-2a_1d - 19d^2) = -10d(2a_1 + 19d)$$

$d = \frac{a_{20} - a_1}{19}$ を代入して

$$-10 \cdot \frac{a_{20} - a_1}{19}(2a_1 + a_{20} - a_1)$$

$$= -\frac{10}{19}(a_{20} - a_1)(a_{20} + a_1)$$

$$= \mathbf{\frac{10}{19}}(a_1{}^2 - a_{20}{}^2)$$

【等比数列】

《等差と等比（B5）☆》

654. 異なる正の整数 a, b, c は，この順に等差数列をなし，$2b, 10a, 5c$ は，この順に等比数列をなす．また，$abc = 80$ である．このとき，

$a=$ **ク**, $b=$ **ケ**, $c=$ **コ** である.

(23 明治大・情報)

▶解答◀ a, b, c は異なる正の整数である.

$$abc=80 \quad \cdots\cdots ①$$

a, b, c はこの順に等差数列をなすから

$$2b=a+c \quad \cdots\cdots ②$$

$2b, 10a, 5c$ はこの順に等比数列をなすから

$$100a^2=2b\cdot 5c \qquad \therefore \quad 10a^2=bc$$

① に代入して $a\cdot 10a^2=80$

$$a^3=8 \qquad \therefore \quad a=\mathbf{2}$$

② に代入して

$$c=2b-2 \quad \cdots\cdots ③$$

① に代入して

$$2b(2b-2)=80$$

$$b^2-b=20$$

$$(b+4)(b-5)=0 \qquad \therefore \quad b=\mathbf{5}$$

③ より $c=\mathbf{8}$

《等比数列の基本 (A2) ☆》

655. 以下で定める数列

$a_1=36,\ a_2=3636,\ a_3=363636,$

$a_4=36363636,\ \cdots$

について，以下の問いに答えなさい.

(1) a_n を n を用いて表しなさい.

(2) 初項から第 n 項までの和 S_n を n を用いて表しなさい.

(23 福島大・食農)

▶解答◀ (1) $a_n=36+36\cdot 100+\cdots+36\cdot 100^{n-1}$

$$=36\sum_{k=1}^{n}100^{k-1}=36\cdot\frac{100^n-1}{100-1}=\boldsymbol{\frac{4}{11}(100^n-1)}$$

(2) $S_n=\dfrac{4}{11}\displaystyle\sum_{k=1}^{n}(100^k-1)=\boldsymbol{\frac{400}{1089}(100^n-1)-\frac{4}{11}n}$

《等比数列の基本 (B2)》

656. 等比数列 $\{a_n\}$ の初項から第 6 項までの和が 9 であり，かつすべての自然数 n に対して $a_n+4a_{n+2}=4a_{n+1}$ が成り立つとき，この等比数列の初項と公比を求めよ. (23 岩手大・前期)

▶解答◀ 等比数列 $\{a_n\}$ の初項を a，公比を r とおく．初項から第 6 項までの和が 9 であるから $a\neq 0$ である．すべての自然数 n で

$$a_n+4a_{n+2}=4a_{n+1}$$

$$a_n+4r^2a_n=4ra_n$$

$$a_n(4r^2-4r+1)=0$$

$$a_n(2r-1)^2=0$$

が成り立つから

$$(2r-1)^2=0 \qquad \therefore \quad r=\boldsymbol{\frac{1}{2}}$$

$$a\cdot\frac{1-\left(\frac{1}{2}\right)^6}{1-\frac{1}{2}}=9$$

$$a\cdot\frac{2^6-1}{2^5}=9 \qquad \therefore \quad a=\boldsymbol{\frac{32}{7}}$$

《(B0)》

657. 初項 a，公比 r の等比数列の初項から第 n 項までの和を S_n とする．$S_3=9$，$S_6=-63$ のとき，a と r の値を求めよ．ただし，a と r は実数とする. (23 中央大・経)

▶解答◀ $r=1$ とすると，$S_3=9$ より

$$3a=9 \qquad \therefore \quad a=3$$

$S_6=-63$ より

$$6a=-63 \qquad \therefore \quad a=-\frac{21}{2}$$

となるから不適である．$r\neq 1$ である.

$S_3=9$ より

$$a\cdot\frac{1-r^3}{1-r}=9 \quad \cdots\cdots ①$$

$S_6=-63$ より

$$a\cdot\frac{1-r^6}{1-r}=-63$$

$$a\cdot\frac{(1-r^3)(1+r^3)}{1-r}=-63 \quad \cdots\cdots ②$$

①，② より

$$1+r^3=-7 \qquad \therefore \quad r^3=-8$$

r は実数であるから，$\boldsymbol{r=-2}$

① より

$$\frac{9}{3}a=9 \qquad \therefore \quad \boldsymbol{a=3}$$

《1 を消す同値性 (B20) ☆》

658. 次の問いに答えよ．ただし $\log_2 5=2.32$ とする.

(1) 不等式

$$40\cdot 2^m>10^8-1$$

を満たす最小の正の整数 m は **アイ** である.

(2) 不等式

$$1+2+2^2+\cdots+2^n \geqq 10^8$$

を満たす最小の正の整数 n は **ウエ** である.

(23 明治大・政治経済)

▶解答◀ (1) $40\cdot 2^m-10^8>-1$ の左辺は偶数である．-1 より大きな偶数は 0 以上の偶数である．
$40\cdot 2^m-10^8>-1$ は $40\cdot 2^m-10^8\geqq 0$ と同値である．

$$40\cdot 2^m\geqq 10^8$$

$$2^3\cdot 5\cdot 2^m\geqq 2^8\cdot 5^8 \qquad \therefore\quad 2^{m-5}\geqq 5^7$$

$$m-5\geqq 7\log_2 5$$

$$m-5\geqq 7\cdot 2.32=16.24 \qquad \therefore\quad m\geqq 21.24$$

最小の正の整数 $\boldsymbol{m=22}$ である．

(2) $1+2+\cdots+2^n\geqq 10^8$

$$1\cdot\frac{2^{n+1}-1}{2-1}\geqq 10^8 \qquad \therefore\quad 2^{n+1}-10^8\geqq 1$$

左辺は偶数である．1 以上の偶数は正の偶数である．
$2^{n+1}-10^8\geqq 1$ は $2^{n+1}-10^8>0$ と同値である．
$2^{n+1}>2^8\cdot 5^8$ であるから $2^{n-7}>5^8$

$$n-7>8\log_2 5=8\cdot 2.32=18.56$$

$n>25.56$ であるから，最小の正の整数 $\boldsymbol{n=26}$ である．

【数列の雑題】

《和の計算 (B5) ☆》

659. n を自然数とするとき，

$$\sum_{k=1}^{n}(k-1)\left(\frac{1}{2}\right)^k=1-(n+1)\left(\frac{1}{2}\right)^n$$

が成り立つことを示せ． (23 山梨大・工，教)

▶解答◀ $r=\dfrac{1}{2}$ とおき，$S=\displaystyle\sum_{k=1}^{n}(k-1)r^k$ とおく．

$$S=0+r^2+2r^3+\cdots+(n-1)r^n \quad\cdots\cdots\cdots\cdots①$$

$$rS=r^3+\cdots+(n-2)r^n+(n-1)r^{n+1} \quad\cdots\cdots②$$

$n\geqq 2$ のとき ①−② より

$$(1-r)S=r^2+r^3+\cdots+r^n-(n-1)r^{n+1}$$

$$(1-r)S=r^2\cdot\frac{1-r^{n-1}}{1-r}-(n-1)r^{n+1}$$

結果は $n=1$ でも成り立つ．$1-r=r$ であるから

$$(1-r)S=r-r^n-(n-1)r^{n+1}$$

$$rS=r-(n+1)r^{n+1}$$

$$S=1-(n+1)\left(\frac{1}{2}\right)^n$$

◆別解◆ $n=1$ のとき成り立つ．$n=m$ で成り立つとする．

$$\sum_{k=1}^{m}(k-1)\left(\frac{1}{2}\right)^k=1-(m+1)\left(\frac{1}{2}\right)^m$$

両辺に $m\left(\dfrac{1}{2}\right)^{m+1}$ を加え

$$\sum_{k=1}^{m+1}(k-1)\left(\frac{1}{2}\right)^k$$

$$=1-2(m+1)\left(\frac{1}{2}\right)^{m+1}+m\left(\frac{1}{2}\right)^{m+1}$$

$$=1-(m+2)\left(\frac{1}{2}\right)^{m+1}$$

$n=m+1$ でも成り立つから数学的帰納法により証明された．

《和の計算 (B5)》

660. n を自然数とし，$S_n=\displaystyle\sum_{k=1}^{n}k$ とする．このとき n を用いてそれぞれ $S_n=\square$，$\displaystyle\sum_{j=1}^{n}\frac{1}{S_j}=\square$，$\displaystyle\sum_{p=1}^{2n}(-1)^pS_p=\square$ と表すことができる．

(23 同志社大・文系)

▶解答◀ $S_n=\displaystyle\sum_{k=1}^{n}k=\boldsymbol{\frac{1}{2}n(n+1)}$

$$\frac{1}{S_j}=\frac{2}{j(j+1)}=2\left(\frac{1}{j}-\frac{1}{j+1}\right)$$

であるから

$$\sum_{j=1}^{n}\frac{1}{S_j}=2\sum_{j=1}^{n}\left(\frac{1}{j}-\frac{1}{j+1}\right)$$

$$=2\left(1-\frac{1}{n+1}\right)=\boldsymbol{\frac{2n}{n+1}}$$

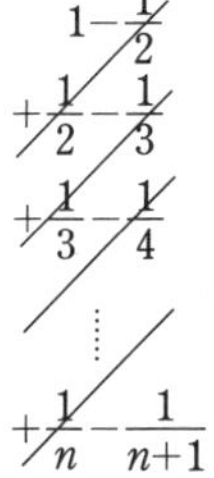

p が奇数のとき $(-1)^p=-1$，偶数のとき $(-1)^p=1$ であるから

$$\sum_{p=1}^{2n}(-1)^pS_p$$

$$=-S_1+S_2-S_3+S_4-\cdots-S_{2n-1}+S_{2n}$$

$$=(S_2-S_1)+(S_4-S_3)+\cdots+(S_{2n}-S_{2n-1})$$

$$=2+4+\cdots+2n=2(1+2+\cdots+n)$$

$$\boldsymbol{=n(n+1)}$$

ただし $S_{2n}-S_{2n-1}=\dfrac{1}{2}\cdot 2n(2n+1)-\dfrac{1}{2}(2n-1)\cdot 2n=2n$ である．

《和の計算 (B20) ☆》

661. 2 人でじゃんけんをくり返し行い，先に 2 勝した方を勝者とする．このとき，勝者が決まるまでに行うじゃんけんの回数がちょうど n 回である確率を p_n とする．ただし，あいこもじゃんけんの

回数に含めるものとする．

（1） $p_2=\square$ であり，$p_3=\square$ である．

（2） ちょうど n 回目に 2 勝 0 敗で勝者が決まる確率は $\square$ である．

（3） p_n を n を用いて表すと，$p_n=\square$ である．

（4） 2 次関数 $f(x)$ を $\dfrac{f(n)}{3^n}-\dfrac{f(n+1)}{3^{n+1}}=p_n$ が成立するように定めると，$f(n)=\square$ である．

（5） 勝者が決まるまでに行うじゃんけんの回数が n 回以下である確率 $\sum_{k=2}^{n} p_k$ は $\square$ である．

（23　青学大）

▶解答◀ 2 人を A，B とし，A が勝つことを単に A，B が勝つことを B，あいこを C とする．1 回のじゃんけんで A，B が勝つ確率とあいこになる確率はそれぞれ $\dfrac{1}{3}$ である．

（1） $n=2$ のとき

$AA,\ BB$ のいずれかであるから

$$p_2=2\left(\frac{1}{3}\right)^2=\boldsymbol{\frac{2}{9}}$$

$n=3$ のとき

3 回目に A が勝つのは

$$ABA,\ ACA,\ BAA,\ CAA$$

の 4 通りか，この A と B が逆になったタイプがある．

$$p_3=8\left(\frac{1}{3}\right)^3=\boldsymbol{\frac{8}{27}}$$

（2） A が n 回目に 2 勝 0 敗で勝者になる列は，A が 1 個，C が $n-2$ 個並び，n 個目が A になるものである．この A と B が逆になる場合も考え，求める確率は

$$(n-1)\left(\frac{1}{3}\right)\left(\frac{1}{3}\right)^{n-2}\cdot\frac{1}{3}\cdot 2=\boldsymbol{\frac{2(n-1)}{3^n}}$$

ただしこの文章が意味をもつのは $n\geqq 2$ のときであるが，結果は $n=1$ でも成り立つ．

（3） A が n 回目に 2 勝 1 敗で勝者になる列は，A が 1 個，B が 1 個，C が $n-3$ 個並び，n 個目が A になるものである．この A と B が逆になる場合も考え，n 回目に 2 勝 1 敗で勝者が決まる確率は

$$(n-1)(n-2)\left(\frac{1}{3}\right)\left(\frac{1}{3}\right)\left(\frac{1}{3}\right)^{n-3}\cdot\frac{1}{3}\cdot 2$$
$$=\frac{2(n-1)(n-2)}{3^n}$$

ただしこの文章が意味をもつのは $n\geqq 3$ のときであるが，結果は $n=1,2$ でも成り立つ．

（2）と合わせて

$$p_n=\frac{2(n-1)}{3^n}+\frac{2(n-1)(n-2)}{3^n}$$
$$=\boldsymbol{\frac{2}{3^n}(n-1)^2}$$

（4） $\dfrac{f(n)}{3^n}-\dfrac{f(n+1)}{3^{n+1}}=\dfrac{2}{3^n}(n-1)^2$

$$3f(n)-f(n+1)=6(n-1)^2$$

$f(n)=pn^2+qn+r$ とおくと

$$3(pn^2+qn+r)-p(n+1)^2-q(n+1)-r$$
$$=6(n-1)^2$$
$$2pn^2+2(q-p)n-p-q+2r=6n^2-12n+6$$

n についての恒等式であるから

$$2p=6,\ 2(q-p)=-12,\ -p-q+2r=6$$

これらより $p=3,\ q=-3,\ r=3$

よって $f(n)=\boldsymbol{3n^2-3n+3}$

（5） （4）を用いて

$$\sum_{k=2}^{n} p_k=\sum_{k=2}^{n}\left\{\frac{f(k)}{3^k}-\frac{f(k+1)}{3^{k+1}}\right\}$$
$$=\frac{f(2)}{3^2}-\frac{f(n+1)}{3^{n+1}}$$
$$=\frac{1}{9}(12-6+3)$$
$$-\frac{3}{3^{n+1}}\{(n+1)^2-(n+1)+1\}$$
$$=\boldsymbol{1-\frac{1}{3^n}(n^2+n+1)}$$

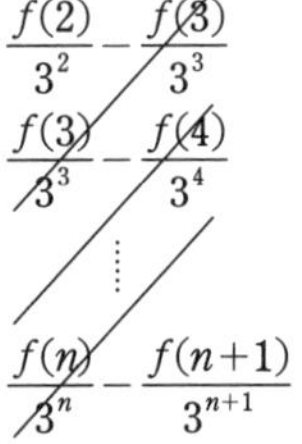

《和の計算（B2）》

662. $\displaystyle\sum_{n=1}^{125}\frac{\sum_{m=1}^{6}2^m}{\sum_{k=1}^{n}2k}$ を求めよ．

（23　三重大・人文，看護）

▶解答◀ $S=\sum_{m=1}^{6}2^m$ とおくと $S=2\cdot\dfrac{2^6-1}{2-1}=126$

$T=\sum_{k=1}^{n}2k$ とおくと $T=2\cdot\dfrac{1}{2}n(n+1)=n(n+1)$

$$\sum_{n=1}^{125}\frac{S}{T}=\sum_{n=1}^{125}\frac{126}{n(n+1)}=126\sum_{n=1}^{125}\left(\frac{1}{n}-\frac{1}{n+1}\right)$$
$$=126\left(1-\frac{1}{126}\right)=\boldsymbol{125}$$

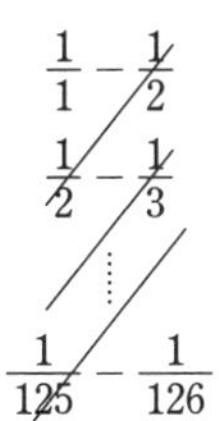

《等差と等比の積の和 (B20)》

663. 数列 $\{a_n\}$ の初項から第 n 項までの和 S_n が $S_n = 3^n - 1$ $(n = 1, 2, \cdots)$ と表されるとする．$b_n = 3n \cdot a_n$ とおくとき，次の問いに答えよ．ただし，$\log_{10} 3 = 0.4771$ とする．

（1） 数列 $\{a_n\}$ の一般項を求めよ．

（2） b_{15} は何桁の数かを求めよ．

（3） $T_n = \sum_{k=1}^{n} b_k$ を求めよ．

（23 名古屋市立大・前期）

▶解答◀ （1） $a_1 = S_1 = 2$ である．

$n \geqq 2$ のとき

$$a_n = S_n - S_{n-1}$$

$$= 3^n - 1 - (3^{n-1} - 1) = \mathbf{2 \cdot 3^{n-1}}$$

この結果は $n = 1$ のときも正しい．

（2） $b_n = 3n \cdot a_n = 3n \cdot 2 \cdot 3^{n-1} = 2n \cdot 3^n$ であるから

$$b_{15} = 30 \cdot 3^{15} = 10 \cdot 3^{16}$$

常用対数をとって

$$\log_{10} b_{15} = \log_{10}(10 \cdot 3^{16}) = 1 + 16 \log_{10} 3$$

$$= 1 + 16 \cdot 0.4771 = 1 + 7.6336 = 8.6336$$

$$b_{15} = 10^{8.6336}$$

$10^8 < b_{15} < 10^9$ であるから，b_{15} は **9** 桁の数である．

（3） $T_n = 2\sum_{k=1}^{n} k \cdot 3^k$ である．$U = \sum_{k=1}^{n} k \cdot 3^k$ とおくと

$$U = 3 + 2 \cdot 3^2 + 3 \cdot 3^3 + \cdots + n \cdot 3^n$$

$$3U = 3^2 + 2 \cdot 3^3 + \cdots + (n-1) \cdot 3^n + n \cdot 3^{n+1}$$

辺ごとに引いて

$$-2U = 3 + 3^2 + \cdots + 3^n - n \cdot 3^{n+1}$$

$$-2U = 3 \cdot \frac{3^n - 1}{3 - 1} - n \cdot 3^{n+1}$$

$$-2U = \frac{-(2n-1) \cdot 3^{n+1} - 3}{2}$$

$$T_n = 2U = \mathbf{\frac{(2n-1) \cdot 3^{n+1} + 3}{2}}$$

《有理化して和 (A2)》

664. n を 3 以上の自然数とするとき，和

$\sum_{k=1}^{n-2} \frac{1}{\sqrt{k+2} + \sqrt{k+1}}$ は $\square$ である．

（23 北九州市立大・前期）

▶解答◀ $\sum_{k=1}^{n-2} \frac{1}{\sqrt{k+2} + \sqrt{k+1}}$

$$= \sum_{k=1}^{n-2} (\sqrt{k+2} - \sqrt{k+1}) = \mathbf{\sqrt{n} - \sqrt{2}}$$

$\sqrt{3} - \sqrt{2}$

$\sqrt{4} - \sqrt{3}$

$\sqrt{5} - \sqrt{4}$

$\vdots$

$\sqrt{n} - \sqrt{n-1}$

《格子点の個数 (B15) ☆》

665. n を自然数とする．連立不等式

$$\begin{cases} y \geqq 0 \\ y \leqq x(2n - x) \end{cases}$$

の表す領域を D_n とし，D_n に属する格子点の個数を a_n とする．ただし，座標平面上の点 (x, y) において，x, y がともに整数であるとき，点 (x, y) を格子点という．

（1） D_2 を図示せよ．

（2） a_2 を求めよ．

（3） k を $0 \leqq k \leqq 2n$ を満たす整数とする．D_n と直線 $x = k$ の共通部分に属する格子点の個数を k, n を用いて表せ．

（4） a_n を求めよ． （23 愛媛大・工，農，教）

▶解答◀ （1） D_2 は $0 \leqq y \leqq x(4 - x)$ であり，図 1 の網目部分である．ただし境界含む．

（2） D_2 に属する格子点は図 1 のようになり，$a_2 = \mathbf{15}$

（3） D_n と $x = k$ の共通部分は $0 \leqq y \leqq k(2n - k)$ であり求める格子点の個数は

$$k(2n - k) + 1 = \mathbf{-k^2 + 2nk + 1}$$

（4） $a_n = \sum_{k=0}^{2n} (-k^2 + 2nk + 1)$

$$= -\sum_{k=0}^{2n} k^2 + 2n \sum_{k=0}^{2n} k + 2n + 1$$

$$= -\frac{1}{6} \cdot 2n(2n+1)(4n+1)$$

$$+ 2n \cdot \frac{1}{2} \cdot 2n(2n+1) + 2n + 1$$

$$= \frac{1}{3}(2n+1)\{-n(4n+1) + 6n^2 + 3\}$$

$$= \mathbf{\frac{1}{3}(2n+1)(2n^2 - n + 3)}$$

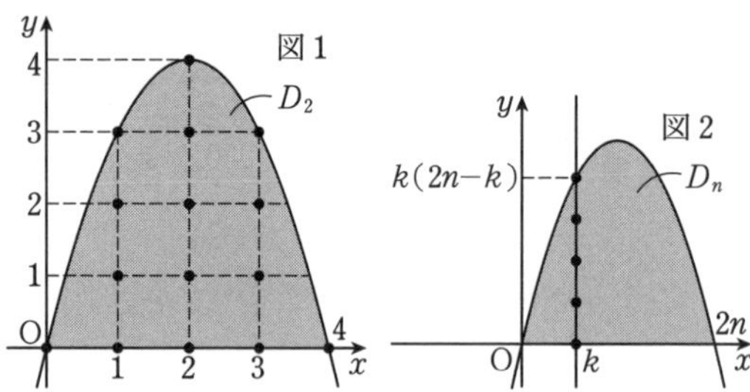

《等差数列と積分 (B15)》

666. a, d を実数とし，数列 $\{a_n\}$ を初項 a，公差 d の等差数列とする．数列 $\{a_n\}$ の初項から第 n 項までの和を S_n とする．$a_3 = S_2 = 18$ が成り立つとき，次の問いに答えよ．

（1） a, d の値を求めよ．

（2） S_n を n を用いて表せ．

（3） 数列 $\{S_n\}$ の初項から第 n 項までの和を T_n とし，数列 $\{U_n\}$ を

$$U_n = T_n - 4S_n + 5a_n \ (n = 1, 2, 3, \cdots)$$

により定める．U_n が最小となるときの n の値をすべて求め，さらにそのときの U_n の値を求めよ．

（4）（3）で定めた数列 $\{U_n\}$ の初項から第 7 項までの和を V とする．c を実数とし，関数 $f(x) = 3x^2 + cx + 36$ を考える．定積分 $\int_0^c f(x)\,dx$ が V に等しいとき，c の値を求めよ．

（23 広島大・文系）

▶解答◀ （1） $a_3 = a + 2d = 18$ ……①

$S_2 = 2a + d = 18$ ……②

②×2－① より $3a = 18$ 　　∴ $a = 6$

よって，$a = \mathbf{6}, d = \mathbf{6}$ である．

（2）（1）より，$a_n = 6n$ であるから

$$S_n = \frac{1}{2}n(6 + 6n) = \mathbf{3n(n+1)}$$

（3） $T_n = \sum_{k=1}^{n} S_k = \sum_{k=1}^{n}(3k^2 + 3k)$

$$= \frac{1}{2}n(n+1)(2n+1) + \frac{3}{2}n(n+1)$$

$$= \frac{1}{2}n(n+1)\{(2n+1)+3\}$$

$$= n(n+1)(n+2)$$

したがって

$$U_n = n(n+1)(n+2) - 12n(n+1) + 30n$$

$$= n(n^2 - 9n + 20) = n(n-4)(n-5)$$

$U_1 = 12, U_2 = 12, U_3 = 6, U_4 = U_5 = 0$，$n \geqq 6$ のとき $U_n = n(n-4)(n-5) > 0$ であるから，U_n が最小となる n の値は $n = \mathbf{4, 5}$ であり，最小値は $\mathbf{0}$ である．

（4） $U_6 = 12, U_7 = 42$ であり，（3）より，

$$V = 12 + 12 + 6 + 0 + 0 + 12 + 42 = 84$$

$$\int_0^c f(x)\,dx = \int_0^c (3x^2 + cx + 36)\,dx$$

$$= \left[x^3 + \frac{c}{2}x^2 + 36x \right]_0^c = \frac{3}{2}c^3 + 36c$$

$$\frac{3}{2}c^3 + 36c = 84$$

$$c^3 + 24c - 56 = 0$$

$$(c-2)(c^2 + 2c + 28) = 0$$

$$(c-2)\{(c+1)^2 + 27\} = 0$$

実数 c の値は $c = \mathbf{2}$

注意（3）の

$$\sum_{k=1}^{n} 3k(k+1) = n(n+1)(n+2)$$

は公式である．実際，

$$\sum_{k=1}^{n} 3k(k+1)$$

$$= \sum_{k=1}^{n} \{(k(k+1)(k+2) - (k-1)k(k+1)\}$$

$$= n(n+1)(n+2) - 0\cdot1\cdot2 = n(n+1)(n+2)$$

である．

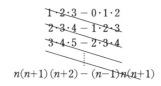

$$\begin{array}{l} 1\cdot2\cdot3 - 0\cdot1\cdot2 \\ 2\cdot3\cdot4 - 1\cdot2\cdot3 \\ 3\cdot4\cdot5 - 2\cdot3\cdot4 \\ \quad\vdots \\ n(n+1)(n+2) - (n-1)n(n+1) \end{array}$$

《kr^k の和 (B15)》

667. 次の問いに答えよ．

（1） 和 $A_n = \sum_{k=1}^{n}(-1)^{k-1} = 1 + (-1) + \cdots + (-1)^{n-1}$ を求めよ．

（2） 和 $S_n = \sum_{k=1}^{n}(-1)^{k-1}k = 1 + (-1)2 + \cdots + (-1)^{n-1}n$ を求めよ．

（3） 和 $C_n = \frac{1}{n}\sum_{k=1}^{n} S_k = \frac{1}{n}(S_1 + S_2 + \cdots + S_n)$ を求めよ．

（23 島根大・前期）

▶解答◀ （1） $A_1 = 1$

$$A_2 = 1 + (-1) = 0$$

$$A_3 = \{1 + (-1)\} + 1 = 1$$

$$A_4 = \{1 + (-1)\} + \{1 + (-1)\} = 0$$

…

n が奇数のとき，$A_n = \mathbf{1}$ で n が偶数のとき，$A_n = \mathbf{0}$

（2） $S_n = 1 + (-1)\cdot 2 + \cdots + (-1)^{n-1}n$

$$-S_n = (-1)\cdot 1 + \cdots + (-1)^{n-1}(n-1) + (-1)^n n$$

辺ごとに引いて

$$2S_n = 1 + (-1) + \cdots + (-1)^{n-1} - (-1)^n n$$

$$= A_n - (-1)^n n$$

$$S_n = \frac{A_n - (-1)^n n}{2}$$

よって，n が奇数のとき，$S_n = \boldsymbol{\frac{n+1}{2}}$

n が偶数のとき，$S_n = -\boldsymbol{\frac{n}{2}}$ である．

（3） $T_n = \sum_{k=1}^{n} S_k$ とする．

（ア） n が偶数のとき．$n = 2l$（l は自然数）と表せる．

$$T_n = T_{2l} = \sum_{k=1}^{2l} S_k = \sum_{k=1}^{l}(S_{2k-1} + S_{2k})$$

$$= \sum_{k=1}^{l}\{k + (-k)\} = 0$$

$$S_n = \frac{1}{n}T_n = \mathbf{0}$$

（イ） n が奇数のとき．$n = 2l - 1$（l は自然数）と表せる．$l = \frac{n+1}{2}$ である．

$$T_n = T_{2l-1} = T_{2l} - S_{2l}$$

$$= 0 - (-l) = l = \frac{n+1}{2}$$

$$S_n = \frac{1}{n}T_n = \boldsymbol{\frac{n+1}{2n}}$$

《面積の逆数の和（B20）》

668. n を自然数とする．放物線 $y = x^2$ と直線 $y = \frac{1}{2^{n-1}}x$ との交点のうち，原点でないものを P_n とする．2 直線 $y = \frac{1}{2^{n-1}}x$, $y = \frac{1}{2^n}x$ および放物線 $y = x^2$ で囲まれた図形の面積を S_n とするとき，次の問いに答えよ．

（1） 点 P_n の座標を求めよ．

（2） $S_n = \frac{7}{6\cdot 8^n}$ となることを示せ．

（3） $\frac{1}{S_1} + \frac{1}{S_2} + \cdots + \frac{1}{S_n} \geqq \frac{48}{49}\cdot 10^{15}$ となる最小の n を求めよ．ただし，$\log_{10} 2 = 0.3010$ とする．

（23　島根大・前期）

▶解答◀ （1） 放物線 $y = x^2$ を C, 直線 $y = \frac{1}{2^{n-1}}x$ を l_n とする．C と l_n を連立させて

$$x^2 = \frac{1}{2^{n-1}}x$$

$$x\left(x - \frac{1}{2^{n-1}}\right) = 0 \qquad \therefore \quad x = 0,\ \frac{1}{2^{n-1}}$$

P_n は原点と異なるから，$\mathrm{P}_n\left(\boldsymbol{\frac{1}{2^{n-1}}}, \boldsymbol{\frac{1}{4^{n-1}}}\right)$

（2） P_n の x 座標を $a_n = \frac{1}{2^{n-1}}$ とする．C と l_n で囲まれた図形の面積を T_n とすると

$$T_n = \int_0^{a_n}\left(\frac{1}{2^{n-1}}x - x^2\right)dx = -\int_0^{a_n} x(x - a_n)\,dx$$

$$= \frac{1}{6}{a_n}^3 = \frac{1}{6\cdot 8^{n-1}}$$

S_n は C と l_n と l_{n+1} で囲まれた図形の面積で

$$S_n = T_n - T_{n+1} = \frac{1}{6\cdot 8^{n-1}} - \frac{1}{6\cdot 8^n} = \frac{7}{6\cdot 8^n}$$

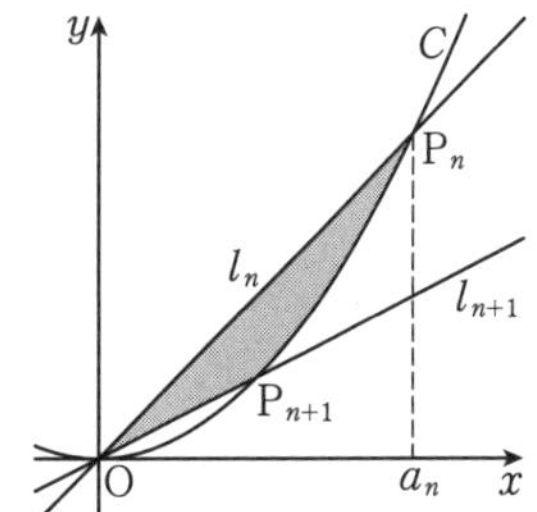

（3） （2）より，$\frac{1}{S_n} = \frac{6}{7}\cdot 8^n$ であるから

$$\frac{1}{S_1} + \frac{1}{S_2} + \cdots + \frac{1}{S_n} = \frac{48}{7}\cdot\frac{8^n - 1}{8 - 1} = \frac{48}{49}(8^n - 1)$$

与えられた不等式は

$$\frac{48}{49}(8^n - 1) \geqq \frac{48}{49}\cdot 10^{15}$$

$$2^{3n} \geqq 10^{15} + 1$$

$$2^{3n} > 10^{15}$$

$$3n\log_{10} 2 > 15$$

$$n > \frac{5}{\log_{10} 2} = 16.6\cdots$$

よって，求める n は $n = \mathbf{17}$

《階差から一般項へ（B15）》

669. n を 2 以上の整数とする．数列 $\{a_n\}$ の初項 a_1 から第 n 項 a_n までの和を $S_n = \sum_{j=1}^{n} a_j$ とする．$S_1 = a_1 = 500$ とし，また関係式 $S_{k+1} - S_k = 3k - 50$（$k = 1, 2, 3, \cdots$）が成り立っているとする．n を用いてそれぞれ $\sum_{k=1}^{n-1} k = \square$, $S_n = \square$ である．n が整数であることに注意すると $n = \square$ のとき，S_n は最小値 $\square$ をとる．これは，$a_n < 0$ となる n の値の最大値が $n = \square$ であることからもわかる．

（23　同志社大・文系）

▶解答◀ $n \geqq 2$ のとき $\sum_{k=1}^{n-1} k = \boldsymbol{\frac{n(n-1)}{2}}$

$$S_n = S_1 + \sum_{k=1}^{n-1}(S_{k+1} - S_k)$$

$$= 500 + \sum_{k=1}^{n-1}(3k-50)$$
$$= 500 + \frac{1}{2}(-47+3n-53)(n-1)$$
$$= 500 + \frac{1}{2}(3n-100)(n-1)$$
$$= \boldsymbol{\frac{3}{2}n^2 - \frac{103}{2}n + 550}$$
$$= \frac{3}{2}\left(n^2 - \frac{103}{3}n\right) + 550$$
$$= \frac{3}{2}\left(n - \frac{103}{6}\right)^2 - \frac{3}{2}\cdot\frac{103^2}{6^2} + 550$$

S_n が最小になる n は $\frac{103}{6} = 17.1\cdots$ に最も近い自然数 $n = \mathbf{17}$ である．$n \geqq 2$ のとき

$$a_n = S_n - S_{n-1} = 3(n-1) - 50$$
$$a_n = 3n - 53$$

これは $n=1$ では成立しない．$a_n < 0$ となる n の範囲は $2 \leqq n \leqq 17$ であり，$S_n = a_1 + \cdots + a_n$ を最小にする n は $a_n < 0$ になる最大の $n = \mathbf{17}$ であり S_n の最小値は

$$S_{17} = 500 + \frac{1}{2}(-49)\cdot 16 = 500 - 392 = \mathbf{108}$$

《等比数列の和 (B10)》

670． n を自然数として，「2023」のパターンが n 回くり返し並ぶ，4 進法で表された $4n$ 桁の数

$$\overbrace{20232023\cdots2023}^{4n\text{ 桁}}{}_{(4)}$$

を考える．この数を 10 進法で表した数を a_n として，次の（i），(ii）の問に答えよ．

（1） $a_1 = \square$ である．

（2） 数列 $\{a_n\}$ の一般項は

$$a_n = \frac{\square}{\square}\left(\square^n - \square\right)\ (n = 1,\ 2,\ \cdots)$$

である．（23 星薬大・B 方式）

▶解答◀ （1） $a_1 = 2023_{(4)}$

$$= 2\cdot 4^3 + 0\cdot 4^2 + 2\cdot 4^1 + 3\cdot 4^0 = \mathbf{139}$$

（2） $a_{n+1} = 2023\underbrace{20232023\cdots2023}_{4n\text{ 桁}}{}_{(4)}$ であるから

$$a_{n+1} = 2\cdot 4^{4n+3} + 0\cdot 4^{4n+2} + 2\cdot 4^{4n+1} + 3\cdot 4^{4n} + a_n$$
$$= 4^{4n}(2\cdot 4^3 + 0\cdot 4^2 + 2\cdot 4^1 + 3\cdot 4^0) + a_n$$

$a_{n+1} - a_n = 139\cdot 256^n$ となり，$n \geqq 2$ のとき

$$a_n = a_1 + \sum_{k=1}^{n-1} 139\cdot 256^k = 139 + 139\sum_{k=1}^{n-1} 256^k$$
$$= 139\left(1 + 256\cdot\frac{1-256^{n-1}}{1-256}\right) = \boldsymbol{\frac{139}{255}(256^n - 1)}$$

この結果は $n=1$ でも成り立つ．

《グルグル回る群数列 (B20)》

671． xy 平面上で点 $(1,0)$ の位置に数字 1 を置き，以下，図のように格子点に反時計回りの渦巻き状に数字 $2, 3, 4, \cdots$ を配置する．ただし，格子点とは x 座標，y 座標がともに整数である点をいう．

（1） x 軸の正の部分に位置する数字を，x 座標の小さいほうから並べて $a_1, a_2, a_3, \cdots$ として数列 $\{a_n\}$ を定めよ．一般項 a_n を n の式で表せ．

（2） 直線 $y=x$ の第 1 象限にある部分に位置する数字を，x 座標の小さいほうから並べて $b_1, b_2, b_3, \cdots$ として数列 $\{b_n\}$ を定める．一般項 b_n を n の式で表せ．また，初項から第 n 項までの和 $S_n = \sum_{k=1}^{n} b_k$ を求めよ．

```
          y↑
16  15  14  13  12
17   4   3   2  11  ⋮
—18— 5 —+— 1 —10—27→ x
19   6   7   8   9  26
20  21  22  23  24  25
```

（23 関大）

▶解答◀ （1） 原点に数字 0 を配置する．図 1，2 を見よ．$\square$ の枠で囲んだように，各正方形の右下に配置される数字を小さい順に並べて $c_1 = 8$，$c_2 = 24$，$c_3 = 48$，$\cdots$ として数列 $\{c_n\}$ を定める．原点の 0 を忘れずに数えると

$$c_n = (2n+1)^2 - 1 = 4n^2 + 4n$$

である．よって，$n \geqq 2$ に対して

$$a_n = c_{n-1} + n = (4n^2 - 4n) + n = \mathbf{4n^2 - 3n}$$

であり，この結果は $n=1$ のときも成り立つ．

図1

```
16 - 15 - 14 - 13 - 12
 |                   |
17    4 -  3 -  2   11    ⋮
 |    |         |    |    |
18    5    0 -  1   10   27
 |    |              |    |
19    6 -  7 - [8] - 9   26
 |                        |
20 - 21 - 22 - 23 - [24] - 25
```

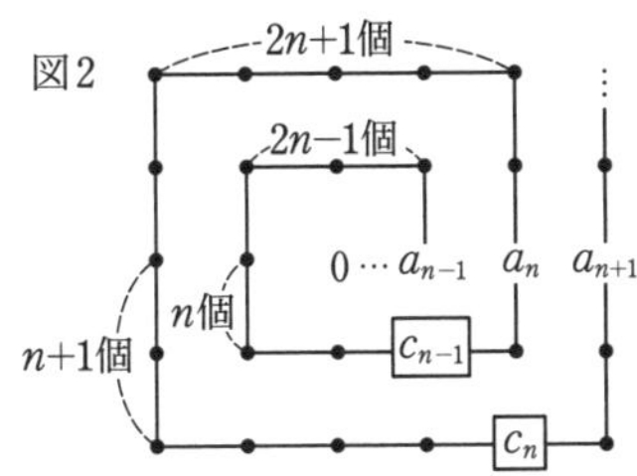

（2） 図3より，$b_n = a_n + n = \boldsymbol{4n^2 - 2n}$ であり

$$S_n = \sum_{k=1}^{n}(4k^2 - 2k)$$
$$= 4\cdot\frac{1}{6}n(n+1)(2n+1) - 2\cdot\frac{1}{2}n(n+1)$$
$$= \frac{1}{3}n(n+1)\{2(2n+1) - 3\}$$
$$= \boldsymbol{\frac{1}{3}n(n+1)(4n-1)}$$

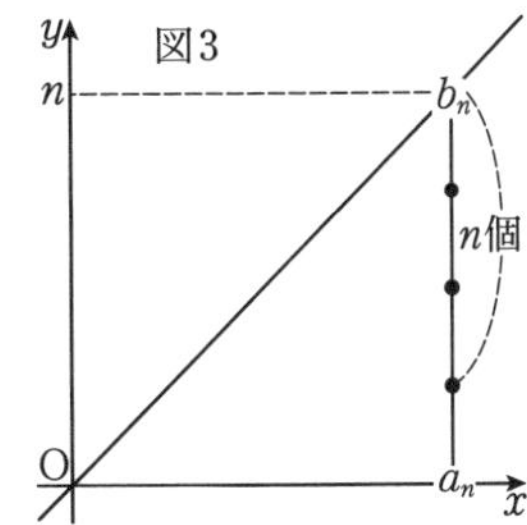

◆別解◆ （1） a_n が配置されるのは $(n, 0)$ であり，a_n から a_{n+1} までの各数字は図4のような順に配置される．このとき通過する格子点の数は

$$n + 2n + 2n + (2n+1) + n = 8n + 1$$

であるから

$$a_{n+1} = a_n + 8n + 1$$

が成り立つ．$n \geqq 2$ に対して

$$a_n = a_1 + \sum_{k=1}^{n-1}(8k+1)$$
$$= 1 + \frac{1}{2}(n-1)\{9 + (8n-7)\}$$
$$= 1 + (n-1)(4n+1) = \boldsymbol{4n^2 - 3n}$$

であり，この結果は $n = 1$ としても正しい．

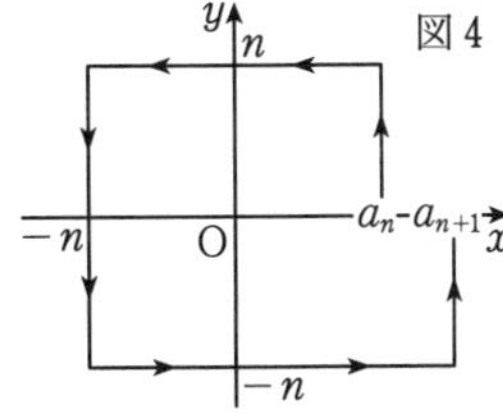

《2と3で割り切れない（B10）》

672. 2でも3でも割り切れない正の整数を小さいものから順に並べ，$a_1, a_2, a_3, \cdots$ とする．

（1） $a_3 = \square$，$a_{12} = \square$ である．

（2） n を正の整数とすると，

$a_{2n} = \square$，$\displaystyle\sum_{k=1}^{2n} a_k{}^2 = \square$ である．

（23 関西学院大）

▶解答◀ 自然数を，6で割った余りで分類し，$6k-5, 6k-4, 6k-3, 6k-2, 6k-1, 6k$ の形で表す．k は自然数である．これらのうち2でも3でも割り切れないものは $6k-5, 6k-1$ である．

$$a_{2n-1} = 6n - 5,\ a_{2n} = \boldsymbol{6n - 1}$$

（1） $a_3 = 6\cdot 2 - 5 = \boldsymbol{7}$，$a_{12} = 6\cdot 6 - 1 = \boldsymbol{35}$

（2） $\displaystyle\sum_{k=1}^{2n} a_k{}^2 = \sum_{k=1}^{n}\{(6k-5)^2 + (6k-1)^2\}$

$$= \sum_{k=1}^{n}(72k^2 - 72k + 26)$$
$$= 72\cdot\frac{1}{6}n(n+1)(2n+1) - 72\cdot\frac{1}{2}n(n+1) + 26n$$
$$= 2n\{6(n+1)(2n+1) - 18(n+1) + 13\}$$
$$= \boldsymbol{2n(12n^2 + 1)}$$

注意 $n = 2k - 1$ のとき

$$a_n = 6k - 5 = 3(2k-1) - 2 = 3n - 2$$

$n = 2k$ のとき

$$a_n = 6k - 1 = 3n - 1$$

まとめると

$$a_n = 3n - \frac{1}{2}(3 - (-1)^n)$$

となる．

《S_n と a_n（B10）》

673. 等差数列 $\{a_n\}$ について，その初項から第 n 項までの和を S_n とおく．数列 $\{a_n\}$ と和 S_n は，$a_1 - a_{10} = -18$，$S_3 = 15$ を満たしているとする．

（1） 数列 $\{a_n\}$ の一般項は $a_n = \square$ であり，$S_n = \square$ である．

（2） $\displaystyle\sum_{k=1}^{8}\frac{1}{S_k} = \square$ である．

（3） 自然数 n に対して，n^2 を3で割った余りを b_n とするとき，$\displaystyle\sum_{k=1}^{3n} b_k S_k = \square$ である．

（23 関西学院大・文系）

▶解答◀ （1） $\{a_n\}$ の初項を a，公差を d とする．

$$a_1 = a,\ a_{10} = a + 9d$$

である．$a_1 - a_{10} = -18$ であるから，$-9d = -18$ であり，$d = 2$ である．また，

$$S_3 = a_1 + a_2 + a_3 = a + (a+d) + (a+2d)$$
$$= 3a + 3d = 3a + 6$$

である．$S_3=15$ であるから，$3a+6=15$
すなわち，$a=3$ である．したがって，

$$a_n=3+2(n-1)=\mathbf{2n+1}$$

$$S_n=\sum_{k=1}^{n}(2k+1)=\frac{1}{2}(3+2n+1)n=\boldsymbol{n(n+2)}$$

（2） $\dfrac{1}{S_k}=\dfrac{1}{n(n+2)}=\dfrac{1}{2}\left(\dfrac{1}{n}-\dfrac{1}{n+2}\right)$

$$\sum_{k=1}^{8}\frac{1}{S_k}=\frac{1}{2}\left(1+\frac{1}{2}-\frac{1}{9}-\frac{1}{10}\right)$$

$$=\frac{1}{2}\cdot\frac{90+45-10-9}{90}=\mathbf{\frac{29}{45}}$$

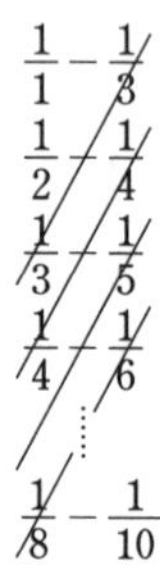

（3） 合同式の法は3とする．$n\equiv 0$ のとき $n^2\equiv 0$，$n\equiv\pm1$ のとき $n^2\equiv 1$ であるから，数列 $\{b_n\}$ は，n が3の倍数のとき0，それ以外のとき1である．

$$\sum_{k=1}^{3n}b_kS_k=\sum_{k=1}^{n}(b_{3k-2}S_{3k-2}+b_{3k-1}S_{3k-1}+b_{3k}S_{3k})$$

$$=\sum_{k=1}^{n}\{(3k-2)\cdot 3k+(3k-1)(3k+1)+0\}$$

$$=\sum_{k=1}^{n}(18k^2-6k-1)$$

$$=3n(n+1)(2n+1)-3n(n+1)-n$$

$$=n\{3(n+1)(2n+1)-3(n+1)-1\}$$

$$=\boldsymbol{n(6n^2+6n-1)}$$

《（B0）》

674. 異なる正の整数 a, b, c は，この順に等差数列をなし，$2b, 10a, 5c$ は，この順に等比数列をなす．また，$abc=80$ である．このとき，$a=$ ［ク］, $b=$ ［ケ］, $c=$ ［コ］ である．

（23　明治大・情報）

▶解答◀ a, b, c は異なる正の整数である．

$abc=80$ ……①

a, b, c はこの順に等差数列をなすから

$2b=a+c$ ……②

$2b, 10a, 5c$ はこの順に等比数列をなすから

$100a^2=2b\cdot 5c$　　$\therefore$　$10a^2=bc$

①に代入して $a\cdot 10a^2=80$

$a^3=8$　　$\therefore$　$a=\mathbf{2}$

②に代入して

$c=2b-2$ ……③

①に代入して

$2b(2b-2)=80$

$b^2-b=20$

$(b+4)(b-5)=0$　　$\therefore$　$b=\mathbf{5}$

③より $c=\mathbf{8}$

《kr^k の和（B10）》

675. 数列 $\{a_n\}$ の初項 a_1 から第 n 項 a_n までの和 S_n が

$$S_n=2^n+3n^2+3n-1\ (n=1, 2, 3, \cdots)$$

であるとき，次の問いに答えよ．

（1） 数列 $\{a_n\}$ の一般項 a_n を求めよ．

（2） $T_n=\displaystyle\sum_{k=1}^{n}(5+k)a_k\ (n=1, 2, 3, \cdots)$ で定義される数列の一般項 T_n を求めよ．

（23　日本女子大・人間）

▶解答◀ （1）

$S_n=2^n+3n^2+3n-1$ ……①

①で $n=1$ として $S_1=7$ であるから $a_1=7$
$n\geqq 2$ のとき

$$a_n=S_n-S_{n-1}$$

$$=2^n+3n^2+3n-1$$

$$-\{2^{n-1}+3(n-1)^2+3(n-1)-1\}$$

$$=2^{n-1}(2-1)+6n=\mathbf{2^{n-1}+6n}$$

結果は $n=1$ でも成り立つ．

（2） $T_n=\displaystyle\sum_{k=1}^{n}(5+k)a_k$

$$=\sum_{k=1}^{n}(5+k)(2^{k-1}+6k)$$

$$=\sum_{k=1}^{n}(5+k)\cdot 2^{k-1}+6\sum_{k=1}^{n}(k^2+5k)$$

ここで，$A=\displaystyle\sum_{k=1}^{n}(k+5)\cdot 2^{k-1}$ とおくと

$A=6+7\cdot 2+8\cdot 2^2+\cdots+(n+5)\cdot 2^{n-1}$ ……②

$2A=6\cdot 2+7\cdot 2^2+\cdots+(n+4)\cdot 2^{n-1}$
$+(n+5)\cdot 2^n$ ……③

②－③より

$-A=6+(2+2^2+\cdots+2^{n-1})$
$-(n+5)\cdot 2^n$ ……④

$-A=5+(1+2+2^2+\cdots+2^{n-1})$

$$-(n+5)\cdot 2^n \quad \cdots\cdots⑤$$

$$A=-5-\frac{2^n-1}{2-1}+(n+5)\cdot 2^n$$
$$=-5-2^n+1+(n+5)\cdot 2^n$$
$$=(n+4)\cdot 2^n-4$$

よって

$$T_n=(n+4)\cdot 2^n-4+6\cdot\frac{1}{6}n(n+1)(2n+1)$$
$$+6\cdot 5\cdot\frac{1}{2}n(n+1)$$
$$=\boldsymbol{(n+4)\cdot 2^n+2n^3+18n^2+16n-4}$$

注意

④で $2+2^2+\cdots+2^{n-1}=\dfrac{2(2^{n-1}-1)}{2-1}$ は $n\geqq 2$ でしか成り立たないから，⑤の形に変形している．

《場合の数への応用（B30）☆》

676．1 から n までの自然数を重複なく 1 枚に 1 つずつ記した n 枚のカードを用意した．次の各問いに答えよ．ただし，答えは結果のみを解答欄に記入せよ．

（1）n 枚のカードから同時に 2 枚のカードを選ぶ．カードに記された数字の和が $n+1$ より小さい場合が何通りあるか調べたい．

（i）$n=8$ のとき何通りあるか．

（ii）$n=9$ のとき何通りあるか．

（iii）n が偶数のとき何通りあるか．

（iv）n が奇数のとき何通りあるか．

（2）p は自然数とする（$p<n$）．n 枚のカードから p と $p+1$ が記された計 2 枚のカードを抜き出した．残ったカードに記された自然数を全て合計すると 2023 となった．このときの自然数 p と n とを求めよ．（23　昭和大・医-1 期）

▶解答◀（1）選ぶ 2 枚のカードに記されている数字を $a, b\ (a<b)$ とする．

$a<b,\ a+b\leqq n$ であるから $a<b\leqq n-a$

整数 a を $1\leqq a<\dfrac{n}{2}$ で定めたとき，整数 b は $n-a-a=n-2a$ 通りある．

（i）$n=8$ のとき $1\leqq a<4$

$$\sum_{a=1}^{3}(8-2a)=6+4+2=\mathbf{12}\text{ 通りある．}$$

（ii）$n=9$ のとき $1\leqq a<4.5$

$$\sum_{a=1}^{4}(9-2a)=7+5+3+1=\mathbf{16}\text{ 通りある．}$$

（iii）n が偶数のとき $1\leqq a\leqq\dfrac{n-2}{2}$

$$\sum_{a=1}^{\frac{n-2}{2}}(n-2a)=\frac{1}{2}\left(n-2+n-2\cdot\frac{n-2}{2}\right)\cdot\frac{n-2}{2}$$
$$=\boldsymbol{\frac{1}{4}n(n-2)}\text{（通り）}$$

（iv）n が奇数のとき $1\leqq a\leqq\dfrac{n-1}{2}$

$$\sum_{a=1}^{\frac{n-1}{2}}(n-2a)=\frac{1}{2}\left(n-2+n-2\cdot\frac{n-1}{2}\right)\cdot\frac{n-1}{2}$$
$$=\boldsymbol{\frac{1}{4}(n-1)^2}\text{（通り）}$$

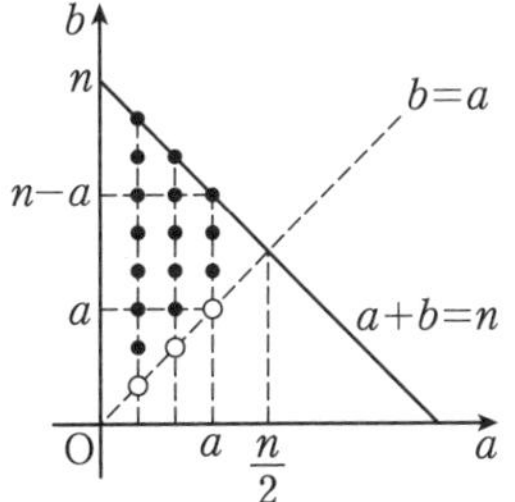

（2）残るカードに記されている自然数の合計が 2023 であるから

$$\frac{1}{2}n(n+1)-p-(p+1)=2023$$
$$p=\frac{1}{4}n(n+1)-1012 \quad\cdots\cdots①$$

$0<p<n$ であるから $0<\dfrac{1}{4}n(n+1)-1012<n$

$0<\dfrac{1}{4}n(n+1)-1012$ より $n(n+1)>4048$ ……②

$\dfrac{1}{4}n(n+1)-1012<n$ より $n(n-3)<4048$ ……③

ここで $n^2\fallingdotseq 4000$ とすると

$$n\fallingdotseq 20\sqrt{10}=20\cdot 3.16\cdots\fallingdotseq 63$$

$63\cdot 64=4032,\ 64\cdot 65=4160$ から，②を満たすのは $n\geqq 64$ であり，$65\cdot 62=4030,\ 66\cdot 63=4158$ から，③を満たすのは $n\leqq 65$ である．

よって，②，③をともに満たす n は 64，65 となり

$n=64$ のとき，①より $p=28$

$n=65$ のとき，①より $p=\dfrac{121}{2}$ となり不適．

以上から $\boldsymbol{p=28,\ n=64}$

《対数との融合（B10）》

677．数列 $\{a_n\}$ を

$a_1=1,\ a_{n+1}=7a_n\ (n=1,2,3,\cdots)$ で定める．以下の問いに答えよ．ただし，

$\log_{10}2=0.3010,\ \log_{10}3=0.4771,$

$\log_{10}7=0.8451$ とする．

（1）a_n が 89 桁の整数となるとき，n を求めよ．

（2）n を（1）で求めたものとする．a_n の 1 の位の数字を求めよ．

（3）n を（1）で求めたものとする．a_n の最高位の数字を求めよ．（23　岡山大・文系）

▶解答◀ 数列 $\{a_n\}$ は公比 7 の等比数列であるから，$a_n = a_1 \cdot 7^{n-1} = 7^{n-1}$

（1） a_n が 89 桁であるから

$$10^{88} < a_n < 10^{89}$$
$$\log_{10} 10^{88} < \log_{10} 7^{n-1} < \log_{10} 10^{89}$$
$$88 < (n-1)\log_{10} 7 < 89$$
$$\frac{88}{0.8451} < n-1 < \frac{89}{0.8451}$$
$$105.1\cdots < n < 106.3\cdots$$

よって，求める n は $n = \mathbf{106}$

（2） a_n の 1 の位に 7 をかけた整数の 1 の位が a_{n+1} の 1 の位であるから，a_n の 1 の位を $n=1$ から順に書いていくと 1, 7, 9, 3, 1, … と，1, 7, 9, 3 の周期で繰り返す．$106 = 4 \cdot 26 + 2$ であるから，a_{106} の 1 の位は **7** である．

（3） $\log_{10} a_{106} = (106-1)\log_{10} 7$
$$= 105 \cdot 0.8451 = 88.7355$$

ここで，$1 - 0.3010 < 0.7355 < 0.3010 + 0.4771$

すなわち，$1 - \log_{10} 2 < 0.7355 < \log_{10} 2 + \log_{10} 3$

$$\log_{10} 5 < 0.7355 < \log_{10} 6$$

よって，$88 + \log_{10} 5 < \log_{10} a_{106} < 88 + \log_{10} 6$

$$5 \cdot 10^{88} < a_{106} < 6 \cdot 10^{88}$$

したがって，a_{106} の最高位の数字は **5** である．

《2 項間 (B5)》

678． 曲線 $C: y = x^3 - x^2$ について，次の問に答えよ．

（1） $t \neq \frac{1}{3}$ とする．曲線 C の点 $\mathrm{P}(t, t^3 - t^2)$ における接線を l とするとき，直線 l の方程式を求めよ．また，曲線 C と直線 l の共有点のうち P と異なる点の x 座標を u とおくとき，u を t を用いて表せ．

（2） 数列 $\{a_n\}$ は次の（ア），（イ）を満たしているとする．

（ア） $a_1 = 1$

（イ） 曲線 C の点 $\mathrm{P}_n(a_n, {a_n}^3 - {a_n}^2)$ における接線を l_n とするとき，曲線 C と直線 l_n の共有点のうち P_n と異なる点の x 座標が a_{n+1} である．

このとき，a_{n+1} を a_n を用いて表せ．さらに，一般項 a_n を求めよ． （23 佐賀大・農-後期）

▶解答◀ （1） $y = x^3 - x^2$ のとき

$$y' = 3x^2 - 2x$$

l の方程式は

$$y = (3t^2 - 2t)(x - t) + t^3 - t^2$$
$$\boldsymbol{y = (3t^2 - 2t)x - 2t^3 + t^2}$$

C と連立して

$$x^3 - x^2 = (3t^2 - 2t)x - 2t^3 + t^2$$
$$x^3 - x^2 - (3t^2 - 2t)x + 2t^3 - t^2 = 0$$
$$(x - t)^2(x + 2t - 1) = 0$$

したがって，$u = \mathbf{1 - 2}\boldsymbol{t}$ である．

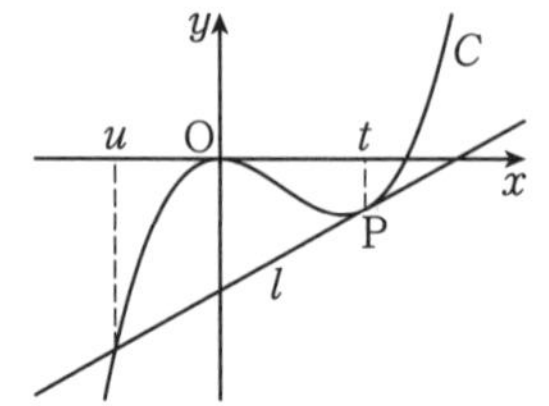

（2） （1）で $t = a_n$，$u = a_{n+1}$ として

$$\boldsymbol{a_{n+1} = -2a_n + 1}$$
$$a_{n+1} - \frac{1}{3} = -2\left(a_n - \frac{1}{3}\right)$$

数列 $\left\{a_n - \frac{1}{3}\right\}$ は等比数列で

$$a_n - \frac{1}{3} = (-2)^{n-1}\left(a_1 - \frac{1}{3}\right)$$
$$a_n = (-2)^{n-1} \cdot \frac{2}{3} + \frac{1}{3} = \boldsymbol{\frac{1}{3}\{1 - (-2)^n\}}$$

《2 項間 (B5)》

679． 次のように定められた数列 $\{a_n\}$ がある．

$$a_1 = 4, \quad a_{n+1} = 2a_n - 3 \ (n = 1, 2, 3, \cdots)$$

また，数列 $\{a_n\}$ の初項から第 n 項までの和を b_n とする．このとき，次の問に答えよ．

（1） 数列 $\{a_n\}$ の一般項を求めよ．

（2） 数列 $\{b_n\}$ の一般項を求めよ．

（3） 自然数 n に対して，$n^2 + 1$ を 4 で割ったときの余りを c_n とする．このとき，次の（i），（ii）に答えよ．

（i） $\sum_{k=1}^{2n} c_k$ を求めよ．

（ii） $\sum_{k=1}^{2n} b_k c_k$ を求めよ． （23 山形大・理，農）

▶解答◀ （1） $a_{n+1} = 2a_n - 3$

$$a_{n+1} - 3 = 2(a_n - 3)$$

数列 $\{a_n - 3\}$ は等比数列で

$$a_n - 3 = 2^{n-1}(a_1 - 3)$$
$$a_n = \boldsymbol{2^{n-1} + 3}$$

（2） $b_n = \sum_{k=1}^{n}(2^{k-1} + 3) = \frac{1 - 2^n}{1 - 2} + 3n = \boldsymbol{2^n + 3n - 1}$

（3） （i） k を自然数とする．

$n = 2k$ のとき

$$n^2 + 1 = 4k^2 + 1$$

より，$c_{2k}=1$ である（$k=1, 2, \cdots, n$）．

$n=2k-1$ のとき

$$n^2+1=(2k-1)^2+1=4(k^2-k)+2$$

より，$c_{2k-1}=2$ である（$k=1, 2, \cdots, n$）．

したがって

$$\sum_{k=1}^{2n} c_k=\sum_{k=1}^{n}(c_{2k-1}+c_{2k})=\sum_{k=1}^{n}(2+1)=\mathbf{3n}$$

（ii） $b_{2k-1}c_{2k-1}=2\{2^{2k-1}+3(2k-1)-1\}$

$$=4^k+12k-8$$

$$b_{2k}c_{2k}=2^{2k}+3\cdot 2k-1=4^k+6k-1$$

であるから

$$\sum_{k=1}^{2n} b_kc_k=\sum_{k=1}^{n}(b_{2k-1}c_{2k-1}+b_{2k}c_{2k})$$

$$=\sum_{k=1}^{n}(2\cdot 4^k+18k-9)$$

$$=8\cdot\frac{1-4^n}{1-4}+18\cdot\frac{1}{2}n(n+1)-9n$$

$$=\boldsymbol{\frac{8}{3}(4^n-1)+9n^2}$$

《3 項間 (B8) ☆》

680. 次のように定められた数列 $\{a_n\}$ を考える．

$$a_1=1,\ a_2=1,$$

$$a_{n+2}=6a_{n+1}-9a_n\ (n=1, 2, 3, \cdots)$$

以下の問いに答えなさい．

（1） 数列 $\{b_n\}$ を $b_n=a_{n+1}-3a_n$ と定める．$\{b_n\}$ の一般項を求めなさい．

（2） 数列 $\{a_n\}$ の一般項を求めなさい．

（23 都立大・文系）

▶解答◀ （1） $a_{n+2}=6a_{n+1}-9a_n$

$$a_{n+2}-3a_{n+1}=3(a_{n+1}-3a_n)$$

$$b_{n+1}=3b_n$$

数列 $\{b_n\}$ は公比 3 の等比数列であるから

$$b_n=b_1\cdot 3^{n-1}=(1-3)\cdot 3^{n-1}=\mathbf{-2\cdot 3^{n-1}}$$

（2） $a_{n+1}-3a_n=-2\cdot 3^{n-1}$ の両辺を 3^{n+1} で割って

$$\frac{a_{n+1}}{3^{n+1}}-\frac{a_n}{3^n}=-\frac{2}{9}$$

数列 $\left\{\frac{a_n}{3^n}\right\}$ は公差 $-\frac{2}{9}$ の等差数列であるから

$$\frac{a_n}{3^n}=\frac{a_1}{3}-\frac{2}{9}(n-1)=-\frac{2}{9}n+\frac{5}{9}$$

$$\boldsymbol{a_n=(-2n+5)\cdot 3^{n-2}}$$

《3 項間で重解 (B10) ☆》

681. 数列 $\{a_n\}$ について次の条件が与えられている．

$$a_{n+2}=4(a_{n+1}-a_n)\quad(n=1, 2, 3, \cdots\cdots)$$

ただし，$a_1=2,\ a_2=16$ とする．このとき，

$$b_n=a_{n+1}-2a_n\quad(n=1, 2, 3, \cdots\cdots)$$

とおくと，$b_{n+1}=$ ア b_n となるので，

$b_n=$ イ・ア $^{n+1}$ と表せる．

これにより

$a_{n+1}=$ ウ a_n+ イ・ア $^{n+1}$

となり，数列 $\{a_n\}$ の一般項は

$a_n=($ エ $n-$ オ $)$ カ ^{n}

である．

（23 明治大・全）

▶解答◀ $a_{n+2}-2a_{n+1}=2(a_{n+1}-2a_n)$

$$b_{n+1}=\mathbf{2}b_n$$

$$b_n=2^{n-1}b_1=2^{n-1}(a_2-2a_1)=12\cdot 2^{n-1}$$

$$b_n=\mathbf{3\cdot 2^{n+1}}$$

$$a_{n+1}=\mathbf{2}a_n+3\cdot 2^{n+1}$$

2^{n+1} で割って

$$\frac{a_{n+1}}{2^{n+1}}=\frac{a_n}{2^n}+3$$

数列 $\left\{\frac{a_n}{2_n}\right\}$ は等差数列で

$$\frac{a_n}{2^n}=\frac{a_1}{2}+3(n-1)=3n-2$$

$$a_n=\mathbf{(3n-2)\cdot 2^n}$$

《2 項間 +1 次式 (B10) ☆》

682. 次の条件によって定められる数列 $\{a_n\}$ を考える．

$$a_1=1,\ a_{n+1}=4a_n+6n-2\ (n=1, 2, 3, \cdots)$$

次の問いに答えよ．

（1） 数列 $\{b_n\}$ を

$$b_n=a_{n+1}-a_n\ (n=1, 2, 3, \cdots)$$

とする．$\{b_n\}$ の一般項を求めよ．

（2） 数列 $\{a_n\}$ の一般項を求めよ．

（3） $\sum_{k=1}^{n} a_k$ を n を用いて表せ．（23 新潟大・前期）

▶解答◀ （1） $a_1=1,$

$$a_{n+1}=4a_n+6n-2 \quad\cdots\cdots①$$

$$a_{n+2}=4a_{n+1}+6(n+1)-2 \quad\cdots\cdots②$$

②－① より $a_{n+2}-a_{n+1}=4(a_{n+1}-a_n)+6$ ……③

$b_n=a_{n+1}-a_n$ であるから

$$b_1=a_2-a_1=(4a_1+6-2)-a_1$$

$$=3+6-2=7$$

③ より $b_{n+1}=4b_n+6$

$$b_{n+1}+2=4(b_n+2)$$

数列 $\{b_n+2\}$ は初項 $b_1+2=9$，公比 4 の等比数列であるから，$b_n+2=9\cdot 4^{n-1}$　　∴　$b_n=\boldsymbol{9\cdot 4^{n-1}-2}$

（２） $n\geqq 2$ のとき

$$a_n=a_1+\sum_{k=1}^{n-1}b_k=1+\sum_{k=1}^{n-1}(9\cdot 4^{k-1}-2)$$

$$=1+9\cdot\frac{4^{n-1}-1}{4-1}-2(n-1)$$

$$=\boldsymbol{3\cdot 4^{n-1}-2n}$$

これは $n=1$ のときも成り立つ.

（３） $\displaystyle\sum_{k=1}^{n}a_k=\sum_{k=1}^{n}(3\cdot 4^{k-1}-2k)$

$$=3\cdot\frac{4^n-1}{4-1}-2\cdot\frac{1}{2}n(n+1)$$

$$=\boldsymbol{4^n-n^2-n-1}$$

《二項間 +2 次式 (B10)》

683. 数列 $\{a_n\}$ が

$$a_1=1,$$

$$a_{n+1}=2a_n-n^2+n+2\ (n=1,\ 2,\ 3,\ \cdots)$$

で定められるとき，次の問いに答えよ.

（１） $b_n=a_n-n^2-n$ とおくとき，b_{n+1} を b_n を用いて表せ.

（２） 数列 $\{b_n\}$ の一般項 b_n を求めよ.

（３） 数列 $\{a_n\}$ の一般項 a_n を求めよ.

（４） 数列 $\{a_n\}$ の初項から第 n 項までの和 S_n を求めよ.（23　静岡大・理，教，農，グローバル共創）

▶解答◀ （１）

$$b_{n+1}=a_{n+1}-(n+1)^2-(n+1)$$

$$=(2a_n-n^2+n+2)-(n^2+3n+2)$$

$$=2a_n-2n^2-2n=2b_n$$

$$\boldsymbol{b_{n+1}=2b_n}$$

（２） $b_1=a_1-2=-1$ である.

数列 $\{b_n\}$ は等比数列であるから

$$\boldsymbol{b_n=-2^{n-1}}$$

（３） $a_n=b_n+n^2+n=\boldsymbol{-2^{n-1}+n^2+n}$

（４） $\displaystyle S_n=\sum_{k=1}^{n}(-2^{k-1}+k^2+k)$

$$=-\frac{1-2^n}{1-2}+\frac{1}{6}n(n+1)(2n+1)+\frac{1}{2}n(n+1)$$

$$=1-2^n+\frac{1}{6}n(n+1)\{(2n+1)+3\}$$

$$=\boldsymbol{\frac{1}{3}n(n+1)(n+2)-2^n+1}$$

《二項間 +2 次式 (B15)》

684. 数列 $\{a_n\}$ は，$a_1=-1$，

$a_{n+1}=-a_n+2n^2\ (n=1,\ 2,\ 3,\ \cdots)$

を満たすとする.

（１） $\alpha,\ \beta,\ \gamma$ を定数とし，$f(n)=\alpha n^2+\beta n+\gamma$ とおく．このとき，$a_{n+1}-f(n+1)=-\{a_n-f(n)\}$ が すべての自然数 n について成り立つように $\alpha,\ \beta,\ \gamma$ の値を定めると，$f(n)=$ □ である.

（２） （ｉ）で求めた $f(n)$ について，$b_n=a_n-f(n)$ とおく．このとき，数列 $\{b_n\}$ の一般項は $b_n=$ □ である.

（３） 数列 $\{a_n\}$ の一般項は $a_n=$ □ である．また，$\displaystyle\sum_{k=1}^{n}a_k=$ □ である.（23　関西学院大・経済）

▶解答◀ （１） $a_{n+1}-f(n+1)=-\{a_n-f(n)\}$

$a_{n+1}=-a_n+f(n+1)+f(n)$ ………………①

$$f(n+1)+f(n)$$

$$=\{\alpha(n+1)^2+\beta(n+1)+\gamma\}$$

$$+(\alpha n^2+\beta n+\gamma)$$

$$=2\alpha n^2+2(\alpha+\beta)n+\alpha+\beta+2\gamma$$

① が $a_{n+1}=-a_n+2n^2$ に一致するとき

$$2\alpha n^2+2(\alpha+\beta)n+\alpha+\beta+2\gamma=2n^2$$

であるから

$$2\alpha=2,\ \alpha+\beta=0,\ \alpha+\beta+2\gamma=0$$

$$\alpha=1,\ \beta=-1,\ \gamma=0$$

したがって $f(n)=\boldsymbol{n^2-n}$ である.

（２） 数列 $\{b_n\}$ は等比数列で

$$b_1=a_1-f(1)=-1-(1-1)=-1$$

であるから，$b_n=-(-1)^{n-1}=\boldsymbol{(-1)^n}$ である.

（３） $a_n-(n^2-n)=(-1)^n$

$$a_n=\boldsymbol{n^2-n+(-1)^n}$$

であり

$$\sum_{k=1}^{n}a_k=\sum_{k=1}^{n}\{k^2-k+(-1)^k\}$$

$$=\frac{1}{6}n(n+1)(2n+1)-\frac{1}{2}n(n+1)$$

$$+(-1)\cdot\frac{\{1-(-1)^n\}}{1-(-1)}$$

$$=\frac{1}{6}n(n+1)\{(2n+1)-3\}-\frac{1-(-1)^n}{2}$$

$$=\boldsymbol{\frac{1}{3}n(n+1)(n-1)-\frac{1-(-1)^n}{2}}$$

《連立漸化式 + 悪文 (B25) ☆》

685. 数列 $\{a_n\}$，数列 $\{b_n\}$ が

$a_1 = 3,\ b_1 = 1,$

$a_{n+1} = 3a_n + 2b_n,\ b_{n+1} = a_n + 3b_n$

を満たすとき，次の問いに答えなさい．

（1） $c_n = a_n + kb_n$ とする．数列 $\{c_n\}$ が等比数列となる正の数 k の値を求めなさい．

（2） 数列 $\{c_n\}$ の一般項を求めなさい．

（3） （1）で求めた k について，$d_n = a_n - kb_n$ とする．数列 $\{d_n\}$ の一般項を求めなさい．

（4） 数列 $\{a_n\}$，数列 $\{b_n\}$ の一般項をそれぞれ求めなさい．

（23　福岡歯科大）

▶解答◀ （1） $c_{n+1} = a_{n+1} + kb_{n+1}$

$= (3a_n + 2b_n) + k(a_n + 3b_n)$

$= (k+3)a_n + (3k+2)b_n$ ……①

数列 $\{c_n\}$ の公比が r のとき

$c_{n+1} = rc_n$

$c_{n+1} = r(a_n + kb_n)$ ……②

①，② より

$r = k + 3$ ……③

$rk = 3k + 2$ ……④

③ を ④ に代入して

$(k+3)k = 3k + 2 \qquad \therefore\ k^2 = 2$ ……⑤

$k > 0$ より $k = \sqrt{2}$ である．

（2） ③ より $r = 3 + \sqrt{2}$ である．

$c_1 = a_1 + \sqrt{2}b_1 = 3 + \sqrt{2}$ であるから

$c_n = (3+\sqrt{2})^{n-1}c_1 = \boldsymbol{(3+\sqrt{2})^n}$

（3） ⑤ で $k = -\sqrt{2}$ として，③ で $r = 3 - \sqrt{2}$ とするときが数列 $\{d_n\}$ である．$d_1 = a_1 - \sqrt{2}b_1 = 3 - \sqrt{2}$ であるから

$d_n = (3-\sqrt{2})^{n-1}d_1 = \boldsymbol{(3-\sqrt{2})^n}$

（4） $a_n + \sqrt{2}b_n = (3+\sqrt{2})^n,\ a_n - \sqrt{2}b_n = (3-\sqrt{2})^n$

辺ごとに加えて

$2a_n = (3+\sqrt{2})^n + (3-\sqrt{2})^n$

$a_n = \boldsymbol{\dfrac{1}{2}\{(3+\sqrt{2})^n + (3-\sqrt{2})^n\}}$

辺ごとに引いて

$2\sqrt{2}b_n = (3+\sqrt{2})^n - (3-\sqrt{2})^n$

$b_n = \boldsymbol{\dfrac{1}{2\sqrt{2}}\{(3+\sqrt{2})^n - (3-\sqrt{2})^n\}}$

注意（1） 「求めなさい」は悪文である．「2つあげなさい」あるいは「2つ定めなさい」「見つけなさい」が正しい．初項によっては k は確定しない．今年，こうした不適切な表現の問題が他にもある．もしかしたら，本当にすべて求めさせようとしているのかもしれない．$a_2 = 11,\ b_2 = 6,\ a_3 = 45,\ b_3 = 29$ となる．

$a_1 + kb_1 = 3 + k$

$a_2 + kb_2 = 11 + 6k$

$a_3 + kb_3 = 45 + 29k$

が等比数列をなすためには

$(45 + 29k)(3 + k) = (11 + 6k)^2$

が成り立つことが必要である．これを整理して $k^2 = 2$ を得る．以上が必要性で，十分であることは解答に示した．しかし，一般項を求めるのが主目的なら意味がない必要性である．

《連立漸化式 (B15)》

686. 数列 $\{a_n\}$，$\{b_n\}$ は次の条件を満たしている．

$a_1 = 8,\ b_1 = 2$

$a_{n+1} = 5a_n + 4b_n + n^2\ (n = 1, 2, 3, \cdots)$

$b_{n+1} = 4a_n + 5b_n - n^2\ (n = 1, 2, 3, \cdots)$

このとき，次の問いに答えよ．ただし，$n = 1, 2, 3, \cdots$ とする．

（1） $a_n + b_n$ を求めよ．

（2） $a_n - b_n$ を求めよ．

（3） 数列 $\{a_n\}$ と $\{b_n\}$ の一般項を求めよ．

（23　北海学園大・経済）

▶解答◀ $a_{n+1} = 5a_n + 4b_n + n^2$ ……①

$b_{n+1} = 4a_n + 5b_n - n^2$ ……②

（1） ①＋② より

$a_{n+1} + b_{n+1} = 9(a_n + b_n)$

数列 $\{a_n + b_n\}$ は公比 9 の等比数列であるから

$a_n + b_n = (a_1 + b_1)\cdot 9^{n-1} = \boldsymbol{10\cdot 9^{n-1}}$ ……③

（2） ①－② より

$a_{n+1} - b_{n+1} = (a_n - b_n) + 2n^2$

であるから，$n \geqq 2$ のとき

$a_n - b_n = (a_1 - b_1) + \sum\limits_{k=1}^{n-1} 2k^2$

$= 6 + \dfrac{1}{3}(n-1)n(2n-1)$

$= \dfrac{1}{3}(2n^3 - 3n^2 + n + 18)$

$n = 1$ を代入すると 6 であるから $n = 1$ でも成り立つ．したがって

$a_n - b_n = \boldsymbol{\dfrac{1}{3}(2n^3 - 3n^2 + n + 18)}$ ……④

（3） （③＋④）÷2 より

$$a_n = 5\cdot 9^{n-1} + \frac{1}{6}(2n^3 - 3n^2 + n + 18)$$

（③－④）÷2 より

$$b_n = 5\cdot 9^{n-1} - \frac{1}{6}(2n^3 - 3n^2 + n + 18)$$

《分数形漸化式 (B20) ☆》

687. 次の条件によって定められる数列 $\{a_n\}$ がある.

$$a_1 = 10,\ a_{n+1} = \frac{10a_n + 4}{a_n + 10}\ (n = 1, 2, 3, \cdots)$$

また, 数列 $\{b_n\}$ を $b_n = \dfrac{a_n - 2}{a_n + 2}$ により定める. 以下の問いに答えよ.

（1） b_{n+1} を b_n を用いて表せ.

（2） 数列 $\{b_n\}$ の一般項を求めよ. また, 数列 $\{a_n\}$ の一般項を求めよ.

（3） すべての自然数 n に対し, $a_n > a_{n+1}$ であることを示せ. （23 福井大・教育）

▶解答◀ （1） $b_{n+1} = \dfrac{a_{n+1} - 2}{a_{n+1} + 2}$

$$= \frac{\dfrac{10a_n + 4}{a_n + 10} - 2}{\dfrac{10a_n + 4}{a_n + 10} + 2} = \frac{10a_n + 4 - 2(a_n + 10)}{10a_n + 4 + 2(a_n + 10)}$$

$$= \frac{8a_n - 16}{12a_n + 24} = \frac{2}{3}\cdot\frac{a_n - 2}{a_n + 2}$$

であるから, $b_{n+1} = \boldsymbol{\dfrac{2}{3}b_n}$

（2） 数列 $\{b_n\}$ は公比 $\dfrac{2}{3}$ の等比数列であり

$$b_n = b_1\left(\frac{2}{3}\right)^{n-1} = \frac{10-2}{10+2}\cdot\left(\frac{2}{3}\right)^{n-1} = \boldsymbol{\left(\frac{2}{3}\right)^n}$$

また, $\left(\dfrac{2}{3}\right)^n = \dfrac{a_n - 2}{a_n + 2}$

$$2^n(a_n + 2) = 3^n(a_n - 2)$$

$$(3^n - 2^n)a_n = 2(3^n + 2^n)$$

$$a_n = \boldsymbol{\frac{2(3^n + 2^n)}{3^n - 2^n}}$$

（3） $a_n - a_{n+1} = \dfrac{2(3^n + 2^n)}{3^n - 2^n} - \dfrac{2(3^{n+1} + 2^{n+1})}{3^{n+1} - 2^{n+1}}$

$$= \frac{2(3^n + 2^n)(3^{n+1} - 2^{n+1}) - 2(3^{n+1} + 2^{n+1})(3^n - 2^n)}{(3^n - 2^n)(3^{n+1} - 2^{n+1})}$$

$$= \frac{4(2^n\cdot 3^{n+1} - 2^{n+1}\cdot 3^n)}{(3^n - 2^n)(3^{n+1} - 2^{n+1})}$$

$$= \frac{4\cdot 2^n\cdot 3^n}{(3^n - 2^n)(3^{n+1} - 2^{n+1})} > 0$$

よって, $a_n > a_{n+1}$ が示された.

《分数形漸化式 (B10) ☆》

688. 数列 $\{a_n\}$ を

$$a_1 = 0,$$

$$a_{n+1} = \frac{2a_n + 4}{a_n + 5}\ (n = 1, 2, 3, \cdots)$$

で定める. 2つの実数 α, β に対して $b_n = \dfrac{a_n + \beta}{a_n + \alpha}$ とおく. ただし $\alpha \neq -2, \beta \neq -2, \alpha < \beta$ とする.

（1） $b_{n+1} = r\dfrac{a_n + q}{a_n + p}$ となるような p, q, r の組を1組 α, β を用いて表せ.

（2） （1）において $p = \alpha$, $q = \beta$ となるような α, β の組を求めよ.

（3） （2）の条件が成り立つとき, 数列 $\{b_n\}$ は等比数列である. $\{b_n\}$ の一般項を求めよ.

（4） 数列 $\{a_n\}$ の一般項を求めよ.

（23 津田塾大・学芸-国際）

▶解答◀ （1） $b_{n+1} = \dfrac{a_{n+1} + \beta}{a_{n+1} + \alpha}$

$$= \frac{\dfrac{2a_n + 4}{a_n + 5} + \beta}{\dfrac{2a_n + 4}{a_n + 5} + \alpha} = \frac{2a_n + 4 + \beta(a_n + 5)}{2a_n + 4 + \alpha(a_n + 5)}$$

$$= \frac{\beta + 2}{\alpha + 2}\cdot\frac{a_n + \dfrac{5\beta + 4}{\beta + 2}}{a_n + \dfrac{5\alpha + 4}{\alpha + 2}}$$

よって, 求める p, q, r の組は

$$p = \boldsymbol{\frac{5\alpha + 4}{\alpha + 2}},\ q = \boldsymbol{\frac{5\beta + 4}{\beta + 2}},\ r = \boldsymbol{\frac{\beta + 2}{\alpha + 2}}$$

（2） $\dfrac{5x + 4}{x + 2} = x$ を解くと

$$x^2 - 3x - 4 = 0$$

$$(x + 1)(x - 4) = 0 \qquad \therefore\quad x = -1, 4$$

$\alpha < \beta$ より, $\boldsymbol{\alpha = -1, \beta = 4}$

（3） （2）のとき, $p = -1, q = 4, r = \dfrac{4 + 2}{-1 + 2} = 6$ であるから

$$b_{n+1} = 6\cdot\frac{a_n + 4}{a_n - 1} = 6b_n$$

数列 $\{b_n\}$ は等比数列で, $b_1 = \dfrac{a_1 + 4}{a_1 - 1} = -4$ より

$$b_n = b_1\cdot 6^{n-1} = \boldsymbol{-4\cdot 6^{n-1}}$$

（4） $b_n = \dfrac{a_n + 4}{a_n - 1}$

$$(-4\cdot 6^{n-1})(a_n - 1) = a_n + 4$$

$$(4\cdot 6^{n-1} + 1)a_n = 4\cdot 6^{n-1} - 4$$

$$a_n = \boldsymbol{\frac{4\cdot 6^{n-1} - 4}{4\cdot 6^{n-1} + 1}}$$

《分数形逆数をとる (B10)》

689. 数列 $\{a_n\}$ は次の条件を満たす.

$$a_1 = \frac{1}{5},\quad a_{n+1} = \frac{a_n}{5a_n + 6}\ (n = 1, 2, 3, \cdots)$$

（1） $a_2 = \dfrac{\square}{\square}$, $a_3 = \dfrac{\square}{\square}$ である．

（2） 数列 $\{b_n\}$ が次の条件

$$b_n = \frac{1}{a_n}$$

を満たすとき，

$$b_{n+1} = \boxed{ア} b_n + \square,$$

$$b_{n+1} + \boxed{イ} = \boxed{ア}(b_n + \boxed{イ})$$

が成り立つ．よって，数列 $\{b_n + \boxed{イ}\}$ は初項 $\square$，公比 $\boxed{ア}$ の等比数列であるから，数列 $\{b_n\}$ の一般項は，$b_n = \square^n - \square$ となり，

$$\sum_{k=1}^{n} b_k = \frac{\square^{n+1}}{\square} - n - \frac{\square}{\square}$$ となる．

（23　松山大・薬）

▶解答◀　（1） $a_2 = \dfrac{a_1}{5a_1 + 6}$

$$= \frac{\frac{1}{5}}{1+6} = \mathbf{\frac{1}{35}}$$

$$a_3 = \frac{a_2}{5a_2 + 6} = \frac{\frac{1}{35}}{\frac{1}{7} + 6} = \mathbf{\frac{1}{215}}$$

（2） 漸化式の形から $a_n > 0$ は明らか．逆数をとると

$$\frac{1}{a_{n+1}} = \frac{5a_n + 6}{a_n} = \frac{6}{a_n} + 5$$

$$b_{n+1} = \mathbf{6}b_n + \mathbf{5}$$

$$b_{n+1} + \mathbf{1} = 6(b_n + \mathbf{1})$$

数列 $\{b_n + 1\}$ は，初項 $b_1 + 1 = \dfrac{1}{a_1} + 1 = \mathbf{6}$，公比 6 の等比数列であるから，$b_n + 1 = 6^n$　　∴　$b_n = \mathbf{6^n - 1}$

$$\sum_{k=1}^{n} b_k = \sum_{k=1}^{n} (6^k - 1)$$

$$= 6 \cdot \frac{6^n - 1}{6 - 1} - n = \mathbf{\frac{6^{n+1}}{5}} - n - \mathbf{\frac{6}{5}}$$

《階差数列の罠 (B10) ☆》

690．数列 $\{a_n\}$ は次の [1]，[2] の条件をみたす．

[1] $a_1 = 3$,

[2] $a_n = 2a_{n-1} + 2^n \cdot n - 1$ $(n = 2, 3, 4, \cdots)$

（1） α を定数とし $b_n = a_n + \alpha$ $(n = 1, 2, 3, \cdots)$ とおくと，数列 $\{b_n\}$ は関係式

$$b_n = 2b_{n-1} + 2^n \cdot n \ (n = 2, 3, 4, \cdots)$$

をみたす．このとき α を求めなさい．

（2） $c_n = \dfrac{b_n}{2^n}$ $(n = 1, 2, 3, \cdots)$ とおくとき，数列 $\{c_n\}$ の一般項を求めなさい．

（3） 数列 $\{a_n\}$ の一般項を求めなさい．

（23　福島大・人間発達文化）

▶解答◀　（1） $a_n = b_n - \alpha$ より

$$a_n = 2a_{n-1} + 2^n \cdot n - 1$$

$$b_n - \alpha = 2(b_{n-1} - \alpha) + 2^n \cdot n - 1$$

$$b_n = 2b_{n-1} + 2^n \cdot n - \alpha - 1$$

であるから

$$-\alpha - 1 = 0 \qquad \therefore \quad \alpha = \mathbf{-1}$$

（2） $b_n = 2b_{n-1} + 2^n \cdot n$

$$\frac{b_n}{2^n} = \frac{b_{n-1}}{2^{n-1}} + n \qquad \therefore \quad c_n = c_{n-1} + n$$

$$c_1 = \frac{b_1}{2} = \frac{a_1 - 1}{2} = \frac{3-1}{2} = 1$$

$$c_{k+1} = c_k + k + 1$$

$n \geqq 2$ のとき，$k = 1, 2, \cdots, n-1$ とした式を辺ごとに加え

$$c_n = c_1 + \frac{1}{2}(2+n)(n-1)$$

結果は $n = 1$ でも成り立つ．$c_n = \mathbf{\dfrac{1}{2}(n^2 + n)}$

$$c_2 = c_1 + 2$$
$$c_3 = c_2 + 3$$
$$c_4 = c_3 + 4$$
$$\vdots$$
$$c_n = c_{n-1} + n$$

（3） $a_n = b_n - \alpha = 2^n \cdot c_n - \alpha$

$$= 2^n \cdot c_n + 1 = 2^n \cdot \frac{1}{2}n(n+1) + 1$$

$$= \mathbf{2^{n-1} \cdot n(n+1) + 1}$$

注意　20 年前，某予備校の校内模試で

「$a_n - a_{n-1} = n$, $a_1 = 1$ のとき a_n を求めよ」

というような（細部の数値は不明）問題があり，

$$a_n = a_1 + \sum_{k=1}^{n-1} k$$

と計算した人が，実に 4 割もいた．

これは学校で $a_{n+1} - a_n = b_n$ のとき，くり返し

$$a_n = a_1 + \sum_{k=1}^{n-1} b_k$$

と教わっていることが原因の錯誤である．本問でも $c_n = c_1 + \displaystyle\sum_{k=1}^{n-1} k = 1 + \frac{1}{2}n(n-1)$ とした人が多かろう．

《和の計算 (B10)》

691．数列 $\{a_n\}$ は，$a_1 = 4$, $a_{n+1} = a_n + 2n + 3$ で定められる．

（1） $a_1+a_2+\cdots+a_n$

$$=\frac{n(\square n^2+\square n+\square)}{\square}$$

である．

（2） $b_n=5^{a_n}$ とする．$b_n>100^{35}$ が成立するときの最小の n は $\square$ である．ただし，$\log_5 2=0.4307$ とする．　（23　青学大・経済）

▶解答◀ （1） $n\geqq 2$ のとき

$$a_n=a_1+\sum_{k=1}^{n-1}(2k+3)$$

$$=4+2\cdot\frac{1}{2}(n-1)n+3(n-1)=n^2+2n+1$$

$$a_n=(n+1)^2$$

結果は $n=1$ のときにも成り立つ．

$$a_1+a_2+\cdots+a_n=\sum_{k=1}^{n}(k+1)^2$$

$$=\sum_{k=1}^{n+1}k^2-1=\frac{1}{6}(n+1)(n+2)(2n+3)-1$$

$$=\boldsymbol{\frac{n(2n^2+9n+13)}{6}}$$

（2） $b_n>100^{35}$

$$\log_5 b_n>\log_5 100^{35}$$

$$a_n>35\log_5 100$$

ここで

$$\log_5 100=\log_5 5^2\cdot 2^2$$

$$=2+2\log_5 2=2.8614$$

であるから

$$a_n>100.149$$

$$(n+1)^2>100.149$$

$10^2=100,\ 11^2=121$ より，求める最小の n は **10**

《S_n と a_n (B30)》

692. 数列 $\{a_n\}$ に対して

$$S_n=\sum_{k=1}^{n}a_k\ (n=1,2,3,\cdots)$$

とし，さらに $S_0=0$ と定める．$\{a_n\}$ は，

$$S_n=\frac{1}{4}-\frac{1}{2}(n+3)a_{n+1}\ (n=0,1,2,\cdots)$$

を満たすとする．

（1） $a_1=\dfrac{\square}{\square}$ である．また $n\geqq 1$ に対して $a_n=S_n-S_{n-1}$ であるから，関係式

$$\left(n+\square\right)a_{n+1}=\left(n+\square\right)a_n$$

$(n=1,2,3,\cdots)$　　　　　$(*)$

が得られる．数列 $\{b_n\}$ を，

$$b_n=n(n+1)(n+2)a_n\ (n=1,2,3,\cdots)$$

で定めると，$b_1=\square$ であり，$n\geqq 1$ に対して $b_{n+1}=\square b_n$ が成り立つ．ゆえに

$$a_n=\frac{\square}{n(n+1)(n+2)}\ (n=1,2,3,\cdots)$$

が得られる．

次に，数列 $\{T_n\}$ を

$$T_n=\sum_{k=1}^{n}\frac{a_k}{(k+3)(k+4)}\ (n=1,2,3,\cdots)$$

で定める．

（2） $(*)$ より導かれる関係式

$$\frac{a_k}{k+3}-\frac{a_{k+1}}{k+4}=\frac{\square a_k}{(k+3)(k+4)}$$

$(k=1,2,3,\cdots)$

を用いると，

$$T_n=A-\frac{\square}{\square(n+p)(n+q)(n+r)(n+s)}$$

$(n=1,2,3,\cdots)$

が得られる．ただしここに，$A=\dfrac{\square}{\square}$ であり，$p<q<r<s$ として

$p=\square$, $q=\square$, $r=\square$, $s=\square$ である．

（3） 不等式

$$|T_n-A|<\frac{1}{10000(n+1)(n+2)}$$

を満たす最小の自然数 n は $n=\square$ である．

（23　慶應大・経済）

▶解答◀ $S_n=\dfrac{1}{4}-\dfrac{1}{2}(n+3)a_{n+1}$ ……………………①

（1） ①に $n=0$ を代入すると $0=\dfrac{1}{4}-\dfrac{3}{2}a_1$ となり，$a_1=\boldsymbol{\dfrac{1}{6}}$

$n\geqq 1$ のとき，$S_{n-1}=\dfrac{1}{4}-\dfrac{1}{2}(n+2)a_n$ …………②

①－②より

$$a_n=\frac{1}{4}-\frac{1}{2}(n+3)a_{n+1}-\left\{\frac{1}{4}-\frac{1}{2}(n+2)a_n\right\}$$

よって $\boldsymbol{(n+3)a_{n+1}=na_n}$ ………………………………③

両辺に $(n+1)(n+2)$ をかけて

$$(n+1)(n+2)(n+3)a_{n+1}=n(n+1)(n+2)a_n$$

$b_n=n(n+1)(n+2)a_n$ とおくと $b_{n+1}=b_n$ であり，b_n は一定である．$b_n=b_1=1\cdot2\cdot3\cdot a_1=\boldsymbol{1}$

$$a_n=\boldsymbol{\frac{1}{n(n+1)(n+2)}}$$

（２） $k \geqq 1$ のとき，③から

$$\frac{a_k}{k+3}-\frac{a_{k+1}}{k+4}=\frac{(k+4)a_k-(k+3)a_{k+1}}{(k+3)(k+4)}$$
$$=\frac{(k+4)a_k-ka_k}{(k+3)(k+4)}=\boldsymbol{\frac{4a_k}{(k+3)(k+4)}}$$

であるから

$$T_n=\sum_{k=1}^{n}\frac{a_k}{(k+3)(k+4)}=\frac{1}{4}\sum_{k=1}^{n}\left(\frac{a_k}{k+3}-\frac{a_{k+1}}{k+4}\right)$$
$$=\frac{1}{4}\left(\frac{a_1}{4}-\frac{a_{n+1}}{n+4}\right)$$
$$=\frac{1}{4}\left(\frac{1}{24}-\frac{1}{(n+1)(n+2)(n+3)(n+4)}\right)$$
$$=\boldsymbol{\frac{1}{96}-\frac{1}{4(n+1)(n+2)(n+3)(n+4)}}$$

$$\frac{a_1}{4}-\frac{a_2}{5}$$
$$\frac{a_2}{5}-\frac{a_3}{6}$$
$$\vdots$$
$$\frac{a_{n-1}}{n+2}-\frac{a_n}{n+3}$$
$$\frac{a_n}{n+3}-\frac{a_{n+1}}{n+4}$$

（３） $\left|T_n-\frac{1}{96}\right|$

$$=\left|-\frac{1}{4(n+1)(n+2)(n+3)(n+4)}\right|$$
$$=\frac{1}{4(n+1)(n+2)(n+3)(n+4)}$$

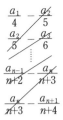

であるから

$$\frac{1}{4(n+1)(n+2)(n+3)(n+4)}$$
$$<\frac{1}{10000(n+1)(n+2)}$$
$$2500<(n+3)(n+4)$$

$2500=50^2$ に注意する．

$n=46$ のとき，$2500>2450$ となり成立せず，$n=47$ のとき，$2500<2550$ となり成り立つから，求める自然数は，$n=\boldsymbol{47}$

《逆数の数列（B10）》

693．数列 $\{a_n\}$ を $a_1=\frac{2}{3}$，

$2(a_n-a_{n+1})=(n+2)a_na_{n+1}$ $(n=1, 2, 3, \cdots)$

により定める．以下の問いに答えよ．

（１） a_2, a_3 を求めよ．

（２） $a_n \neq 0$ を示せ．

（３） $\frac{1}{a_{n+1}}-\frac{1}{a_n}$ を n の式で表せ．

（４） 数列 $\{a_n\}$ の一般項を求めよ．

（23　熊本大・医，教）

▶解答◀ （１）

$$2(a_n-a_{n+1})=(n+2)a_na_{n+1} \quad \cdots\cdots ①$$

で $n=1$ として $2(a_1-a_2)=3a_1a_2$

$$2\left(\frac{2}{3}-a_2\right)=3\cdot\frac{2}{3}a_2 \qquad \therefore \quad a_2=\boldsymbol{\frac{1}{3}}$$

①で $n=2$ として $2(a_2-a_3)=4a_2a_3$

$$2\left(\frac{1}{3}-a_3\right)=4\cdot\frac{1}{3}a_3 \qquad \therefore \quad a_3=\boldsymbol{\frac{1}{5}}$$

（２） $a_1 \neq 0, a_2 \neq 0, a_3 \neq 0$ である．

あるnに対して，$a_1 \neq 0, \cdots, a_n \neq 0$ かつ，はじめて $a_{n+1}=0$ となったとする．このとき，①より $a_n=0$ となり矛盾．よって，常に $a_n \neq 0$ である．

（３） ①の両辺を $2a_na_{n+1} \neq 0$ で割ると

$$\frac{1}{a_{n+1}}-\frac{1}{a_n}=\boldsymbol{\frac{n+2}{2}}$$

（４） $n \geqq 2$ のとき，（３）より

$$\frac{1}{a_n}=\frac{1}{a_1}+\sum_{k=1}^{n-1}\left(\frac{1}{2}k+1\right)$$
$$=\frac{3}{2}+\frac{1}{2}\cdot\frac{1}{2}(n-1)n+(n-1)$$
$$=\frac{1}{4}(n+1)(n+2)$$

結果は $n=1$ でも成り立つ．

$$a_n=\boldsymbol{\frac{4}{(n+1)(n+2)}}$$

注意 **【繰り返す書き方】**

ある n に対して，$a_{n+1}=0$ になるとする．①に代入すると $a_n=0$ になる．これを繰り返すと，$a_{n+1}=a_n=a_{n-1}=\cdots=a_1=0$ となり，$a_1 \neq 0$ に反する．ゆえに常に $a_n \neq 0$ である．

《鹿野健問題（B20）☆》

694．数列 $\{a_n\}$ は次の条件を満たしている．

$a_1=3$,

$a_n=\frac{S_n}{n}+(n-1)\cdot 2^n$　$(n=2, 3, 4, \cdots)$

ただし，$S_n=a_1+a_2+\cdots+a_n$ である．このとき，数列 $\{a_n\}$ の一般項を求めよ．（23　京大・文系）

▶解答◀ $a_n=S_n-S_{n-1}$ を代入して

$$S_n-S_{n-1}=\frac{S_n}{n}+(n-1)2^n$$
$$nS_n-nS_{n-1}=S_n+n(n-1)2^n$$
$$(n-1)S_n-nS_{n-1}=n(n-1)2^n$$

$n(n-1) \neq 0$ で割って

$$\frac{S_n}{n}-\frac{S_{n-1}}{n-1}=2^n$$

$$\frac{S_2}{2}-\frac{S_1}{1}=2^2$$
$$\frac{S_3}{3}-\frac{S_2}{2}=2^3$$
$$\frac{S_4}{4}-\frac{S_3}{3}=2^4$$
$$\vdots$$
$$\frac{S_n}{n}-\frac{S_{n-1}}{n-1}=2^n$$

n を $2, 3, \cdots, n$ にした式を辺ごとに加え

$$\frac{S_n}{n}-\frac{S_1}{1}=2^2\cdot\frac{1-2^{n-1}}{1-2}$$

結果は $n=1$ でも成り立つ．

$$\frac{S_n}{n}-3=2^{n+1}-4$$

$S_n=n(2^{n+1}-1)$ となる．

$$a_n=\frac{S_n}{n}+(n-1)\cdot 2^n$$

は $n=1$ でも成り立つから，ここに代入し

$$a_n=2^{n+1}-1+(n-1)\cdot 2^n=\boldsymbol{(n+1)2^n-1}$$

注意 **【S_n を求めた後で a_n を求める】**

$n\geqq 2$ のとき

$$a_n=S_n-S_{n-1}$$
$$=n(2^{n+1}-1)-(n-1)(2^n-1)$$
$$=\boldsymbol{(n+1)2^n-1}$$

結果は $n=1$ でも正しい．

◆別解◆ **【 S_n を消去する】**

$$a_n=\frac{S_n}{n}+(n-1)\cdot 2^n \quad (n=2, 3, 4, \cdots)$$

で $n=1$ としてみると $a_1=S_1$ で，これは成り立つ．$n\geqq 2$ してあるのは，上の解法に入りやすくするためだろう．

$$S_n=na_n-n(n-1)2^n\ (n\geqq 1)\ \cdots\cdots\cdots\cdots\cdots ①$$
$$S_{n+1}=(n+1)a_{n+1}-(n+1)n2^{n+1}\ \cdots\cdots\cdots\cdots ②$$

② − ① より

$a_{n+1}=(n+1)a_{n+1}-na_n-(n+1)n2^{n+1}+n(n-1)2^n$

$0=na_{n+1}-na_n-(n+1)n2^{n+1}+n(n-1)2^n$

n で割って

$0=a_{n+1}-a_n-(n+1)2^{n+1}+(n-1)2^n$

$a_{n+1}-a_n=(n+1)2^{n+1}-(n-1)2^n$

$(n-1)2^n$ を $n2^n$ と 2^n に分けて

$a_{n+1}-a_n=(n+1)2^{n+1}-n2^n+2^n$

$(n+1)2^{n+1}$ と $n2^n$ は1つズレた形だから，それぞれ a_{n+1}, a_n とセットにして

$a_{n+1}-(n+1)2^{n+1}=a_n-n2^n+2^n$

となる．ついでに 2^n を $2^{n+1}-2^n$ に変えて

$a_{n+1}-(n+1)2^{n+1}=a_n-n2^n+2^{n+1}-2^n$

$a_{n+1}-(n+1)2^{n+1}-2^{n+1}=a_n-n2^n-2^n$

だから，$a_n-n2^n-2^n$ は一定で

$$a_n-n2^n-2^n=a_1-2-2$$
$$a_n=\boldsymbol{(n+1)2^n-1}$$

注意 **【元祖】**

受験雑誌「大学への数学」第3巻に行われた読者の作問コンクールで，第3位になった鹿野健氏（当時麻生高校3年，後に山形大教授）の問題が

$S_n=\dfrac{1}{2}\left(a_n+\dfrac{1}{a_n}\right)$, $a_n>0$ である．この場合は $a_n=\sqrt{n}-\sqrt{n-1}$ になる．後に1977年徳島大学などに出題された．$a_n=S_n-S_{n-1}$ で a_n を消去するという発想が新傾向のものであった．この元祖では $a_n=\sqrt{n}-\sqrt{n-1}$ と予想することは難しい．

《二項間＋等比数列 (B20) ☆》

695．等比数列 $\{a_n\}$ は $a_2=3$, $a_5=24$ を満たし，$S_n=\sum_{k=1}^{n}a_k$ とする．また，数列 $\{b_n\}$ は，

$$\sum_{k=1}^{n}b_k=\frac{3}{2}b_n+S_n$$

を満たすとする．

（1） 一般項 a_n と S_n を n を用いてそれぞれ表しなさい．

（2） b_1 の値を求めなさい．

（3） b_{n+1} を b_n, n を用いて表しなさい．

（4） 一般項 b_n を n を用いて表しなさい．

（23　大分大・理工，経済，教育）

▶解答◀ （1） 等比数列 $\{a_n\}$ の初項を a，公比を r とすると，$a_2=ar=3$, $a_5=ar^4=24$

r は実数として解答する．

$r^3=8$ であるから，$r=2$, $a=\dfrac{3}{2}$

$$a_n=\frac{3}{2}\cdot 2^{n-1}=\boldsymbol{3\cdot 2^{n-2}}$$
$$S_n=\frac{3}{2}\cdot\frac{2^n-1}{2-1}=\boldsymbol{\frac{3}{2}(2^n-1)}$$

（2） $T_n=\sum_{k=1}^{n}b_k$ とする．

$$T_n=\frac{3}{2}b_n+S_n\ \cdots\cdots\cdots\cdots\cdots\cdots\cdots\cdots\cdots\cdots ①$$

① で $n=1$ として

$$b_1=\frac{3}{2}b_1+a_1$$
$$\frac{1}{2}b_1=-\frac{3}{2} \qquad \therefore\quad b_1=\boldsymbol{-3}$$

（3） $T_{n+1}=\dfrac{3}{2}b_{n+1}+S_{n+1}$ ………………………②

② − ① より

$$b_{n+1}=\frac{3}{2}b_{n+1}-\frac{3}{2}b_n+a_{n+1}$$

$$b_{n+1} = 3b_n - 2a_{n+1}$$

$$\boldsymbol{b_{n+1} = 3b_n - 3\cdot 2^n} \quad \cdots\cdots③$$

（4） $A\cdot 2^{n+1} = 3\cdot A\cdot 2^n - 3\cdot 2^n$ ……④

とおく．$2A = 3A - 3$ となり $A = 3$ である．

③－④ より

$$b_{n+1} - A\cdot 2^{n+1} = 3(b_n - A\cdot 2^n)$$

数列 $\{b_n - A\cdot 2^n\}$ は等比数列で

$$b_n - 3\cdot 2^n = 3^{n-1}(b_1 - 3\cdot 2)$$

$$b_n = \boldsymbol{3\cdot 2^n - 3^{n+1}}$$

♦別解♦ （4） ③ を 3^{n+1} で割る．

$$\frac{b_{n+1}}{3^{n+1}} = \frac{b_n}{3^n} - \left(\frac{2}{3}\right)^n$$

$n \geqq 2$ のとき

$$\frac{b_{k+1}}{3^{k+1}} = \frac{b_k}{3^k} - \left(\frac{2}{3}\right)^k$$

で $k = 1, 2, \cdots, n-1$ とした式を辺ごとに加え

$$\frac{b_n}{3^n} = \frac{b_1}{3^1} - \frac{2}{3}\cdot\frac{1-\left(\frac{2}{3}\right)^{n-1}}{1-\frac{2}{3}}$$

$$\frac{b_n}{3^n} = -1 - 3\left\{\frac{2}{3} - \left(\frac{2}{3}\right)^n\right\}$$

結果は $n = 1$ でも成り立つ．

$$b_n = \boldsymbol{3\cdot 2^n - 3^{n+1}}$$

$$\frac{b_2}{3^2} = \frac{b_1}{3^1} - \left(\frac{2}{3}\right)^1$$

$$\frac{b_3}{3^3} = \frac{b_2}{3^2} - \left(\frac{2}{3}\right)^2$$

$$\frac{b_4}{3^4} = \frac{b_3}{3^3} - \left(\frac{2}{3}\right)^3$$

$$\vdots$$

$$\frac{b_n}{3^n} = \frac{b_{n-1}}{3^{n-1}} - \left(\frac{2}{3}\right)^{n-1}$$

♦別解♦ （4） ③ の両辺を 2^{n+1} で割る．

$$b_{n+1} = 3b_n - 3\cdot 2^n$$

$$\frac{b_{n+1}}{2^{n+1}} = \frac{3}{2}\cdot\frac{b_n}{2^n} - \frac{3}{2}$$

$c_n = \dfrac{b_n}{2^n}$ とする．$c_1 = -\dfrac{3}{2}$ であり

$$c_{n+1} = \frac{3}{2}c_n - \frac{3}{2}$$

$$c_{n+1} - 3 = \frac{3}{2}(c_n - 3)$$

数列 $\{c_n - 3\}$ は公比 $\dfrac{3}{2}$ の等比数列だから

$$c_n - 3 = (c_1 - 3)\cdot\left(\frac{3}{2}\right)^{n-1}$$

$$c_n = 3 - \frac{9}{2}\cdot\left(\frac{3}{2}\right)^{n-1}$$

$$b_n = 2^n c_n = \boldsymbol{3\cdot 2^n - 3^{n+1}}$$

《多項式の割り算との融合（B20）》

696． 実数 p, q に対し，x についての整式 $F(x)$ を

$$F(x) = \frac{1}{2}x^2 - px - q$$

で定める．数列 $\{a_n\}$, $\{b_n\}$ $(n = 0, 1, 2, \cdots)$ があり，以下の条件を満たしている．

- $a_0 = 1,\ b_0 = 0$
- $\dfrac{1}{2}a_n x^2 + b_n x$ を $F(x)$ で割った余りは $a_{n+1}x + b_{n+1}$ $(n = 0, 1, 2, \cdots)$ である．

さらに，$a_n - b_n = (-1)^n$ $(n = 0, 1, 2, \cdots)$ が成立するとき，次の問いに答えよ．

（1） q を p で表せ．

（2） a_1, a_2 を p で表せ．

（3） a_n を n, p で表せ．

（23　横浜国大・経済，経営）

▶解答◀ （1） $a_n - b_n = (-1)^n$ ……①

$$\frac{1}{2}a_n x^2 + b_n x = \left(\frac{1}{2}x^2 - px - q\right)a_n + (pa_n + b_n)x + qa_n$$

$$a_{n+1} = pa_n + b_n,\ b_{n+1} = qa_n \quad \cdots\cdots②$$

$n = 0$ のとき，$a_1 = pa_0 + b_0 = p$，$b_1 = q$

① で $n = 1$ として

$$a_1 - b_1 = -1$$

$$p - q = -1 \qquad \therefore\quad \boldsymbol{q = p + 1}$$

（2） （1）より，$\boldsymbol{a_1 = p}$，$b_1 = p + 1$

② より，$a_2 = pa_1 + b_1 = \boldsymbol{p^2 + p + 1}$

（3） ① に $b_n = (p+1)a_{n-1}$ を代入して

$$a_n - (p+1)a_{n-1} = (-1)^n$$

$$\frac{a_n}{(-1)^n} + (p+1)\cdot\frac{a_{n-1}}{(-1)^{n-1}} = 1$$

$c_n = \dfrac{a_n}{(-1)^n}$ とおくと

$$c_n + (p+1)c_{n-1} = 1 \quad \cdots\cdots③$$

$x + (p+1)x = 1$ を解くと，$p \neq -2$ のとき $x = \dfrac{1}{p+2}$

（ア） $p \neq -2$ のとき．

$$c_n - \frac{1}{p+2} = -(p+1)\left(c_{n-1} - \frac{1}{p+2}\right)$$

数列 $\left\{c_n - \dfrac{1}{p+2}\right\}$ は公比 $-(p+1)$ の等比数列だから

$$c_n - \frac{1}{p+2} = \left(c_1 - \frac{1}{p+2}\right)(-1)^{n-1}(p+1)^{n-1}$$

$$= \left(-p - \frac{1}{p+2}\right)(-1)^{n-1}(p+1)^{n-1}$$

$$= -\frac{p^2 + 2p + 1}{p+2}(-1)^{n-1}(p+1)^{n-1}$$

$$= \frac{(-1)^n}{p+2}(p+1)^{n+1}$$

$$c_n = \frac{(-1)^n}{p+2}(p+1)^{n+1} + \frac{1}{p+2}$$

$$a_n = \frac{1}{p+2}((p+1)^{n+1} + (-1)^n)$$

（イ） $p = -2$ のとき．

③より，$c_n - c_{n-1} = 1$ であるから，数列 $\{c_n\}$ は公差 1 の等差数列である．$c_1 = 2$ であるから $c_n = n+1$ である．よって，$a_n = (n+1)(-1)^n$

（ア），（イ）より

$\boldsymbol{p \neq -2}$ **のとき** $\boldsymbol{a_n = \frac{1}{p+2}((p+1)^{n+1} + (-1)^n)}$，

$\boldsymbol{p = -2}$ **のとき** $\boldsymbol{a_n = (n+1)(-1)^n}$

《対数をとる (B10)》

697．数列 $\{a_n\}$ を

$$a_1 = 3$$

$$a_{n+1} = \frac{1}{9}{a_n}^2 \ (n = 1, 2, \cdots) \ \cdots\cdots\cdots\cdots \text{(a)}$$

と定義する．

（1） $a_2 = \square$，$a_3 = \frac{1}{\square}$ である．

（2） この数列 $\{a_n\}$ の一般項を求めよう．

式 (a) の両辺について，底を 3 とする対数をとると，

$$\log_3 a_{n+1} - \boxed{ア} = \square(\log_3 a_n - \boxed{ア})$$

と変形できる．

ここで $b_n = \log_3 a_n - \boxed{ア}$ と定義すると，$\{b_n\}$ の一般項は $b_n = -\square^{n-\square}$ となる．したがって，数列

$\{a_n\}$ の一般項を数列 $\{p_n\}$

$$p_n = -\square^{n-1} + \square \ (n = 1, 2, \cdots)$$

を用いて表すと $a_n = 3^{p_n}$ $(n = 1, 2, \cdots)$ となる．

（3）（2）で定めた p_n について，$\sum_{n=1}^{10} p_n = -\square$ である．　（23　武蔵大）

▶解答◀（1） $a_2 = \frac{1}{9}{a_1}^2 = \frac{9}{9} = \mathbf{1}$

$$a_3 = \frac{1}{9}{a_2}^2 = \boldsymbol{\frac{1}{9}}$$

（2） 式 (a) の両辺について，底を 3 とする対数をとると

$$\log_3 a_{n+1} = \log_3\left(\frac{1}{9}{a_n}^2\right)$$

$$\log_3 a_{n+1} = 2\log_3 a_n - 2$$

$$\boldsymbol{\log_3 a_{n+1} - 2 = 2(\log_3 a_n - 2)}$$

$b_n = \log_3 a_n - 2$ とおくと，$b_{n+1} = 2b_n$

数列 $\{b_n\}$ は公比 2 の等比数列であるから

$$b_n = b_1 \cdot 2^{n-1}$$

$$= (\log_3 a_1 - 2)\cdot 2^{n-1} = \boldsymbol{-2^{n-1}}$$

$\log_3 a_n = b_n + 2$ であるから，$a_n = 3^{b_n+2}$

$p_n = b_n + 2 = \boldsymbol{-2^{n-1} + 2}$ とおくと $a_n = 3^{p_n}$ である．

（3） $\sum_{n=1}^{10} p_n = \sum_{n=1}^{10}(-2^{n-1} + 2)$

$$= -\frac{2^{10}-1}{2-1} + 2\cdot 10 = -1023 + 20 = \mathbf{-1003}$$

《複利計算 (B10) ☆》

698．1 年目の初めに新規に 100 万円を預金し，2 年目以降の毎年初めに 12 万円を追加で預金する．ただし，毎年の終わりに，その時点での預金額の 8% が利子として預金に加算される．自然数 n に対して，n 年目の終わりに利子が加算された後の預金額を S_n 万円とする．このとき，次の問（1）〜（5）に答えよ．ただし，$\log_{10} 2 = 0.3010$，$\log_{10} 3 = 0.4771$ とする．

（1） S_1, S_2 をそれぞれ求めよ．

（2） S_{n+1} を S_n を用いて表せ．

（3） S_n を n を用いて表せ．

（4） $\log_{10} 1.08$ を求めよ．

（5） $S_n > 513$ を満たす最小の自然数 n を求めよ．　（23　立教大・文系）

▶解答◀（1） $S_1 = 100\cdot 1.08 = \mathbf{108}$

$$S_2 = (108 + 12)\cdot 1.08 = \mathbf{129.6}$$

（2） $S_{n+1} = (S_n + 12)\cdot 1.08$ であるから

$$\boldsymbol{S_{n+1} = 1.08S_n + 12.96} \ \cdots\cdots\cdots ①$$

（3） ①を変形して $S_n + 162 = 1.08(S_n + 162)$

数列 $\{S_n + 162\}$ は公比 1.08 の等比数列であるから

$$S_n + 162 = (S_1 + 162)\cdot 1.08^{n-1}$$

$$\boldsymbol{S_n = 270\cdot 1.08^{n-1} - 162}$$

（4） $\log_{10} 1.08 = \log_{10}(2^2\cdot 3^3\cdot 10^{-2})$

$$= 2\log_{10} 2 + 3\log_{10} 3 - 2$$

$$= 2\cdot 0.3010 + 3\cdot 0.4771 - 2 = \mathbf{0.0333}$$

（5） $S_n > 513$ と（3）の結果から

$$270\cdot 1.08^{n-1} - 162 > 513$$

$$1.08^{n-1} > \frac{675}{270}$$

$\frac{675}{270} = \frac{5}{2}$，$\log_{10}\frac{5}{2} = 1 - 2\log_{10} 2$ であるから

$$(n-1)\log_{10} 1.08 > 1 - 2\log_{10} 2$$

$$(n-1)\cdot 0.0333 > 1 - 2\cdot 0.3010$$

$$n > \frac{0.398}{0.0333} + 1 = 12.9\cdots$$

よって，これを満たす最小の自然数 n は **13** である．

《複素数と漸化式 (B10)》

699. 数列 $\{a_n\}$ が $a_1 = 0$, $a_{n+1} = -a_n + 3$ $(n = 1, 2, 3, \cdots)$ を満たすとする．自然数 n を 2 で割った商を m としたとき，$\sum_{k=1}^{n} a_k$ を m を用いて表すと □ である．

（23 立教大・文，経済，社会，法，観光，コミュニティ福祉，経営，現代心理，異文化コミュニケーション）

▶解答◀ $a_{n+1} = -a_n + 3$ ……①

より，$a_{n+2} = -a_{n+1} + 3$ ……②

① を ② に代入して

$$a_{n+2} = -(-a_n + 3) + 3 = a_n$$

これと $a_1 = 0$ から，数列 $\{a_n\}$ は

$$0, 3, 0, 3, 0, 3, \cdots$$

のように，0 と 3 が交互に並ぶ数列である．自然数 n を 2 で割ったときの商が m であるとき，$n = 2m$ または $n = 2m + 1$ である．ゆえに，初項から第 n 項までの和は 3 を m 個足した値である．したがって

$$\sum_{k=1}^{n} a_k = \boldsymbol{3m}$$

《バサバサ消える (B10)》

700. 数列 $\{a_n\}$ に対して，漸化式

$$a_n a_{n+2} = 3\left(1 + \frac{1}{n}\right)(a_{n+1})^2$$

が成り立ち，$a_1 = 1, a_2 = 2$ である．このとき，$a_{21} = \square ! \cdot 2^{\square} \cdot 3^{\square}$ である．

（23 昭和薬大・B 方式）

▶解答◀ 漸化式の両辺を $(n+1)a_n a_{n+1}$ で割ると

$$\frac{a_{n+2}}{(n+1)a_{n+1}} = 3 \cdot \frac{a_{n+1}}{n a_n}$$

数列 $\left\{\frac{a_{n+1}}{n a_n}\right\}$ は等比数列で

$$\frac{a_{n+1}}{n a_n} = \frac{a_2}{1 \cdot a_1} \cdot 3^{n-1}$$

$$\frac{a_{n+1}}{n a_n} = 2 \cdot 3^{n-1}$$

よって $\frac{a_{n+1}}{a_n} = 2n \cdot 3^{n-1}$

$n = 1, 2, \cdots, 20$ として，辺々かけると

$$\frac{a_2}{a_1} \cdot \frac{a_3}{a_2} \cdot \frac{a_4}{a_3} \cdot \cdots \cdot \frac{a_{21}}{a_{20}}$$

$$= (2 \cdot 1 \cdot 3^0) \cdot (2 \cdot 2 \cdot 3^1) \cdot \cdots \cdot (2 \cdot 20 \cdot 3^{19})$$

$$\frac{a_2}{a_1} \cdot \frac{a_3}{a_2} \cdot \frac{a_4}{a_3} \cdots\cdots \frac{a_{21}}{a_{20}} = 2 \cdot 1 \cdot 3^0 \cdot 2 \cdot 2 \cdot 3^1 \cdots\cdots 2 \cdot 20 \cdot 3^{19}$$

$$\frac{a_{21}}{a_1} = 2^{20} \cdot 20! \cdot 3^{1+2+\cdots+19}$$

$$a_{21} = \boldsymbol{20! \cdot 2^{20} \cdot 3^{190}}$$

《割って形を揃える (B5) ☆》

701. 数列 $\{a_n\}$ は $a_1 = 1$,

$$n! \cdot a_{n+1} - (n+1)! \cdot a_n = (n+1)! \cdot n!$$

$(n = 1, 2, 3, \cdots)$

をみたしている．このとき以下の設問に答えよ．

（1） 数列 $\{a_n\}$ の一般項を求めよ．

（2） $S_n = \sum_{k=1}^{n} a_k$ を求めよ．

（23 東京女子大・文系）

▶解答◀ （1）

$$n! a_{n+1} - (n+1)! a_n = (n+1)! n!$$

両辺を $(n+1)!n!$ で割って

$$\frac{a_{n+1}}{(n+1)!} - \frac{a_n}{n!} = 1$$

数列 $\left\{\frac{a_n}{n!}\right\}$ は公差 1 の等差数列であるから

$$\frac{a_n}{n!} = \frac{a_1}{1!} + (n-1) \cdot 1 = 1 + n - 1 = n$$

$$a_n = \boldsymbol{n \cdot n!}$$

（2） $S_n = \sum_{k=1}^{n} a_k = \sum_{k=1}^{n} k \cdot k!$

$$= \sum_{k=1}^{n} \{(k+1) - 1\} k! = \sum_{k=1}^{n} \{(k+1)! - k!\}$$

$$= \boldsymbol{(n+1)! - 1}$$

$$\begin{array}{l} 2! - 1! \\ 3! - 2! \\ \vdots \\ (n+1)! - n! \end{array}$$

《変わった漸化式 (B10)》

702. 数列 $\{a_n\}$ の初項から第 n 項までの和 S_n が，

$$S_n = (-1)^n a_n - \frac{1}{2^n} \quad (n = 1, 2, 3, \cdots)$$

で表されるとする．n が偶数であるとき，

$$a_n = \frac{\square}{\boxed{ア}^n}$$

である．また，$S_1 + S_2 + \cdots + S_{50}$ の値は，

$$\frac{\square}{\boxed{イ} \cdot \boxed{ウ}^{50}} + \frac{\square}{\boxed{エ}}$$

である．ただし，$\boxed{ア}$, $\boxed{イ}$, $\boxed{ウ}$, $\boxed{エ}$ はできるだけ小さな自然数とする．

（23 早稲田大・人間科学）

▶解答◀ $S_n = (-1)^n a_n - \frac{1}{2^n}$ ……①

$S_{n+1} = (-1)^{n+1} a_{n+1} - \frac{1}{2^{n+1}}$ ……②

② − ① より

$$a_{n+1}=(-1)^{n+1}a_{n+1}-(-1)^n a_n+\frac{1}{2^{n+1}}$$

n が奇数のとき

$$a_{n+1}=a_{n+1}+a_n+\frac{1}{2^{n+1}}$$

$$a_n=-\frac{1}{2^{n+1}} \quad \cdots\cdots ③$$

n が偶数のとき

$$a_{n+1}=-a_{n+1}-a_n+\frac{1}{2^{n+1}}$$

$$2a_{n+1}=-a_n+\frac{1}{2^{n+1}} \quad \cdots\cdots ④$$

$n+1$ は奇数であるから ③ を用いると

$$a_{n+1}=-\frac{1}{2^{n+2}}$$

これを ④ に代入し

$$-\frac{1}{2^{n+1}}=-a_n+\frac{1}{2^{n+1}}$$

$$\boldsymbol{a_n=\frac{1}{2^n}} \quad \cdots\cdots ⑤$$

$n-1$ は奇数であるから ③ を用いて

$$a_{n-1}=-\frac{1}{2^n}$$

これと ⑤ から，$a_{n-1}+a_n=0$

n が偶数のとき $S_n=0$

n が奇数のとき

$$S_n=S_{n+1}-a_{n+1}=-a_{n+1}=-\frac{1}{2^{n+1}}$$

$n+1$ は偶数であるから ⑤ を用いた.

$$S_1+S_2+\cdots+S_{50}$$

$$=S_1+S_3+S_5+\cdots+S_{49}$$

であり，これは初項 $-\frac{1}{4}$，公比 $\frac{1}{4}$，項数 25 の等比数列の和であるから

$$-\frac{1}{4}\cdot\frac{1-\left(\frac{1}{4}\right)^{25}}{1-\frac{1}{4}}=-\frac{1}{3}\left(1-\frac{1}{2^{50}}\right)$$

$$=\boldsymbol{\frac{1}{3\cdot 2^{50}}-\frac{1}{3}}$$

《領域の個数を数える (B10) ☆》

703. 平面上に n 個（n は自然数）の円があり，どの 2 つの円も異なる 2 点で交わり，また，どの 3 つの円も同一の点で交わっていない．このとき，n 個の円によって平面が分けられている部分の総数を a_n 個とする．$n=1$ のとき，$a_1=2$ であり，$n=2$ のとき $a_2=\square$ である．$n \geqq 2$ のとき，$a_n=a_{n-1}+\square$ であることから，$a_n=\square$ である，この式は $n=1$ のときも成り立つ．

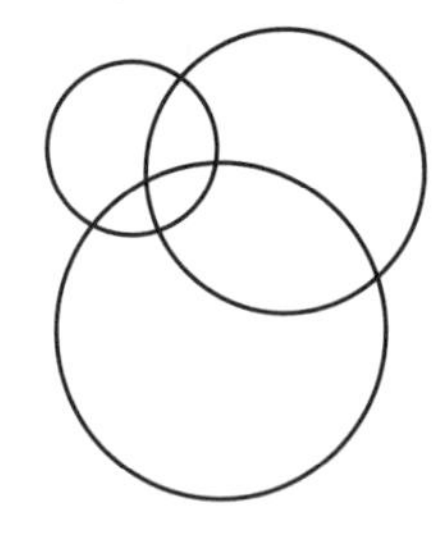

（23　武庫川女子大）

▶解答◀ $n-1$ 個の円があるところに n 個目の円を記入する．円の描き始めは $n-1$ のどれかの周上で，どれかの円にぶつかると，交点ができた瞬間に，それまで 1 つの領域であったものが 2 つの領域に分かれ，領域の個数が増える．n 個の目の円と，他の $n-1$ 個の円との交点は $2(n-1)$ 個あるから，n 個目の円を描き終わるときには，領域の個数が $2(n-1)$ 増える．よって $a_n=a_{n-1}+\boldsymbol{2n-2}$ である．$a_2=a_1+2=\boldsymbol{4}$ である．$n \geqq 2$ のとき $a_k=a_{k-1}+\boldsymbol{2k-2}$ で $k=2, 3, \cdots, n$ とした式を辺ごとに加え

$$a_n=a_1+\sum_{l=2}^{n}2(k-1)$$

$$a_n=2+2\{1+2+\cdots+(n-1)\}$$

$$=2+n(n-1)=\boldsymbol{n^2-n+2}$$

結果は $n=1$ でも成り立つ．

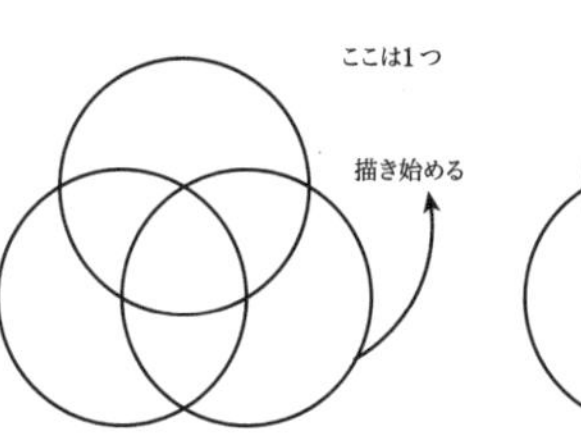

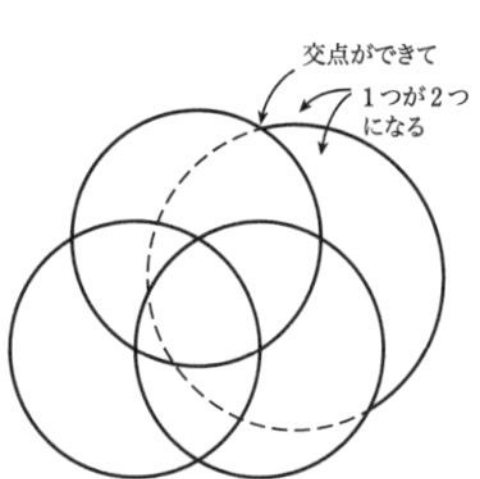

注意 n 個の円から 2 個の円を選ぶ組合せは ${}_nC_2$ 通りあり，2 個の円で交点は 2 個できるから，円同士の交点は $2\cdot{}_nC_2$ 個ある．交点が 1 個できるたびに領域が 1 個増えるから，$a_n=a_1+2\cdot{}_nC_2$ ということである．

【数学的帰納法】

《分数形の一般項 (B10) ☆》

704. 数列 $\{a_n\}$ が，

$$a_1=0, \quad \frac{1}{a_{n+1}}=a_n+\frac{4}{n}\ (n=1, 2, 3, \cdots)$$

で定められるとき，以下の問いに答えよ．

（1） a_2, a_3, a_4 を求めよ．

（2） 数列 $\{a_n\}$ の一般項 a_n を推定し，それが正しいことを数学的帰納法を用いて証明せよ．

（23　会津大）

▶解答◀　（1）$\dfrac{1}{a_{n+1}}=a_n+\dfrac{4}{n}$ ……………………①

① に $n=1, 2, 3$ を順次代入して

$$\frac{1}{a_2}=a_1+\frac{4}{1}=0+4=4$$

$$a_2=\frac{1}{4}$$

$$\frac{1}{a_3}=a_2+\frac{4}{2}=\frac{1}{4}+2=\frac{9}{4}$$

$$a_3=\frac{4}{9}$$

$$\frac{1}{a_4}=a_3+\frac{4}{3}=\frac{4}{9}+\frac{4}{3}=\frac{16}{9}$$

$$a_4=\frac{9}{16}$$

（2）$a_n=\dfrac{(n-1)^2}{n^2}$ と推定される．これを数学的帰納法により証明する．

$n=1$ のとき成り立つ．

$n=k$ のとき成り立つとすると $a_k=\dfrac{(k-1)^2}{k^2}$

このとき，① より

$$\frac{1}{a_{k+1}}=a_k+\frac{4}{k}$$

$$=\frac{(k-1)^2}{k^2}+\frac{4}{k}=\frac{(k+1)^2}{k^2}$$

$$a_{k+1}=\frac{k^2}{(k+1)^2}$$

よって，$n=k+1$ のときも成り立ち証明された．

《関係式を導く (A5)》

705．$n=1, 2, 3, \cdots$ について，$7\cdot 2^{2n-1}+3^{3n-1}$ は 23 の倍数であることを，数学的帰納法で証明せよ．（23　小樽商大）

▶解答◀　$a_n=7\cdot 2^{2n-1}+3^{3n-1}$ とおく．

$$a_n=7\cdot 2\cdot 4^{n-1}+9\cdot 27^{n-1} \quad \cdots\cdots ①$$

$$a_{n+1}=7\cdot 2\cdot 4^{n}+9\cdot 27^{n} \quad \cdots\cdots ②$$

② − ① × 27 より

$$a_{n+1}-27a_n=7\cdot 2\cdot 4^{n-1}\cdot(4-27)$$

$$a_{n+1}=27a_n-7\cdot 2\cdot 4^{n-1}\cdot 23$$

$a_1=7\cdot 2+9=23$ は 23 の倍数である．

$n=k$ のとき成り立つとする．a_k は 23 の倍数である．$a_{k+1}=27a_k-7\cdot 2\cdot 4^{k-1}\cdot 23$ は 23 の倍数である．

$n=k+1$ のときも成り立つから数学的帰納法により証明された．

《6 の倍数 (B2)》

706．数列 $\{a_n\}$ が

$a_1=2,\ a_{n+1}={a_n}^2+2\ (n=1, 2, 3, \cdots)$

を満たすとする．m を自然数とするとき，a_{2m} は 6 の倍数であることを示せ．

（23　愛媛大・工，農，教）

▶解答◀　$a_2=2^2+2=6$ であるから $m=1$ のとき成り立つ．

$m=k$ のとき成り立つと仮定する．以下 mod 6 とする．

$a_{2k}\equiv 0$ であり

$$a_{2k+1}\equiv {a_{2k}}^2+2\equiv 2$$

$$a_{2(k+1)}\equiv {a_{2k+1}}^2+2\equiv 2^2+2\equiv 0$$

となり，$m=k+1$ のとき成り立つ．

よって，数学的帰納法により示された．

《6 の倍数 (B2)》

707．数列 $\{a_n\}$ が

$a_1=2,\ a_{n+1}={a_n}^2+2\ (n=1, 2, 3, \cdots)$

を満たすとする．m を自然数とするとき，a_{2m} は 6 の倍数であることを示せ．

（23　愛媛大・医，理，工）

▶解答◀　$a_2={a_1}^2+2=6$ であるから $m=1$ のとき成り立つ．

$m=k$ のとき成り立つと仮定する．以下 mod 6 とする．

$a_{2k}\equiv 0$ であり

$$a_{2k+1}\equiv {a_{2k}}^2+2\equiv 2$$

$$a_{2(k+1)}\equiv {a_{2k+1}}^2+2\equiv 2^2+2\equiv 0$$

となり，$m=k+1$ のとき成り立つ．

よって，数学的帰納法により示された．

《不等式の証明 (B5)》

708．すべての自然数 n に対し

$$1+\sqrt{2}+\sqrt{3}+\cdots+\sqrt{n}>\frac{2}{3}n\sqrt{n}$$

が成り立つことを証明せよ．（23　広島市立大）

▶解答◀　$1>\dfrac{2}{3}$ であるから $n=1$ のとき成り立つ．

$n=k$ で成り立つとする．

$$1+\cdots+\sqrt{k}>\frac{2}{3}k\sqrt{k}$$

両辺に $\sqrt{k+1}$ を加え

$$1+\cdots+\sqrt{k}+\sqrt{k+1}>\frac{2}{3}k\sqrt{k}+\sqrt{k+1}$$

ここで $\dfrac{2}{3}k\sqrt{k}+\sqrt{k+1}>\dfrac{2}{3}(k+1)\sqrt{k+1}$ が成り立つことを示せば帰納法による証明が完了する．両辺から $\sqrt{k+1}$ をひいて 3 倍した

$$2k\sqrt{k}>(2k-1)\sqrt{k+1}$$

を示せばよい．両辺は正だから，2 乗した

$$4k^3 > (4k^2-4k+1)(k+1)$$

を示せばよい．

$$4k^3-(4k^2-4k+1)(k+1)$$
$$=4k^3-(4k^3-4k^2+k)-(4k^2-4k+1)$$
$$=3k-1>0$$

だから成り立つ．$n=k+1$ でも成り立つから数学的帰納法により証明された．

◆別解◆ $y=\sqrt{x}$ は増加関数であるから $k-1 \leqq x \leqq k$ のとき $\sqrt{x} \leqq \sqrt{k}$ である．辺々を $k-1$ から k まで積分して

$$\int_{k-1}^{k} \sqrt{x}\,dx < \sqrt{k}$$

が成り立つ．$k=1, 2, \cdots, n$ を代入して辺々加えると

$$\int_{0}^{n} \sqrt{x}\,dx < \sqrt{1}+\sqrt{2}+\cdots+\sqrt{n}$$

である．一方

$$\int_{0}^{n} \sqrt{x}\,dx = \left[\frac{2}{3}x^{\frac{3}{2}}\right]_0^n = \frac{2}{3}n\sqrt{n}$$

であるから

$$\sqrt{1}+\sqrt{2}+\cdots+\sqrt{n} > \frac{2}{3}n\sqrt{n}$$

が成り立つ．

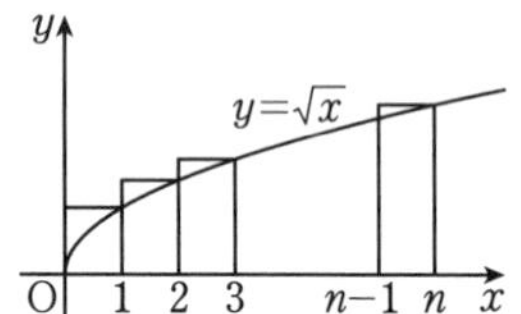

《畳み込みの漸化式 (B30) ☆》

709. 数列 $\{a_n\}$ がすべての正の整数 n について次の条件を満たしている．

$$\sum_{k=1}^{n}(n+1-k)^2 a_k = \frac{(n-1)n(n+1)(n+2)(2n+1)}{60}$$

$\{a_n\}$ の一般項を求めよ．　　(23　一橋大・後期)

▶解答◀ $n^2a_1+(n-1)^2a_2+\cdots+1^2a_n$

$$=\frac{(n-1)n(n+1)(n+2)(2n+1)}{60} \quad \cdots\cdots\cdots\text{①}$$

① で $n=1$ として

$$1^2a_1=0 \qquad \therefore\ a_1=0$$

① で n の代わりに $n+1$ として

$$(n+1)^2a_1+n^2a_2+\cdots+2^2a_n+1^2a_{n+1}$$
$$=\frac{n(n+1)(n+2)(n+3)(2n+3)}{60} \quad \cdots\cdots\cdots\text{②}$$

② − ① として

$$(2n+1)a_1+(2n-1)a_2+\cdots+3a_n+a_{n+1}$$
$$=\frac{1}{60}n(n+1)(n+2)\{(n+3)(2n+3)-(n-1)(2n+1)\}$$
$$=\frac{1}{60}n(n+1)(n+2)(10n+10)$$
$$=\frac{1}{6}n(n+1)^2(n+2) \quad \cdots\cdots\cdots\text{③}$$

$n \geqq 2$ のとき，③ で n の代わりに $n-1$ として

$$(2n-1)a_1+(2n-3)a_2+\cdots+3a_{n-1}+a_n$$
$$=\frac{1}{6}(n-1)n^2(n+1) \quad \cdots\cdots\cdots\text{④}$$

$a_1=0$ であるから，④ は $n=1$ のときも正しい．

③ − ④ として

$$2a_1+2a_2+\cdots+2a_n+a_{n+1}$$
$$=\frac{1}{6}n(n+1)\{(n+1)(n+2)-(n-1)n\}$$
$$=\frac{1}{6}n(n+1)(4n+2)$$
$$=\frac{1}{3}n(n+1)(2n+1) \quad \cdots\cdots\cdots\text{⑤}$$

$n \geqq 2$ のとき，⑤ で n の代わりに $n-1$ として

$$2a_1+2a_2+\cdots+2a_{n-1}+a_n$$
$$=\frac{1}{3}(n-1)n(2n-1) \quad \cdots\cdots\cdots\text{⑥}$$

⑤ − ⑥ として

$$a_n+a_{n+1}$$
$$=\frac{1}{3}n\{(n+1)(2n+1)-(n-1)(2n-1)\}$$
$$=\frac{1}{3}n\cdot 6n=2n^2$$
$$a_{n+1}+a_n=2n^2$$

$n=1$ とすると $a_2+a_1=2$ で，$a_2=2$

$a_3+a_2=8$ であるから $a_3=6$

$a_4+a_3=18$ であるから $a_4=12$

$a_n=(n-1)n$ と予想できる．$n=1, 2, 3, 4$ で成り立つ．$n=m$ で成り立つとする．$a_m=m(m-1)$

$a_{m+1}+a_m=2m^2$ であるから $a_{m+1}+m(m-1)=2m^2$ となり，$a_{m+1}=m(m+1)$ となって，$n=m+1$ でも成り立つ．数学的帰納法により証明された．$a_n=\boldsymbol{(n-1)n}$

◆別解◆ ① で $n=3$ として

$$3^2a_1+2^2a_2+1^2a_3=\frac{2\cdot3\cdot4\cdot5\cdot7}{60}$$
$$8+a_3=14 \qquad \therefore\ a_3=6$$

① で $n=4$ として

$$4^2a_1+3^2a_2+2^2a_3+1^2a_4=\frac{3\cdot4\cdot5\cdot6\cdot9}{60}$$
$$18+24+a_4=54 \qquad \therefore\ a_4=12$$

$a_n=(n-1)n$ と予想できる．数学的帰納法で証明する．

$a_1=0=0\cdot1$ であるから，$n=1$ のとき成り立つ．

$n \leqq m$ のときの成立を仮定すると

$$a_l=(l-1)l \quad (l=1,\ 2,\ \cdots,\ m)$$

このまま使うと，4 乗のシグマの公式が必要になる．次数を下げる．①で $n=m+1$ として

$$(m+1)^2a_1+m^2a_2+\cdots+2^2a_m+1^2a_{m+1}$$
$$=\frac{m(m+1)(m+2)(m+3)(2m+3)}{60}$$

①で $n=m$ として

$$m^2a_1+(m-1)^2a_2+\cdots+1^2a_m$$
$$=\frac{(m-1)m(m+1)(m+2)(2m+1)}{60}$$

辺ごとに引いて

$$(2m+1)a_1+(2m-1)a_2+\cdots+3a_m+a_{m+1}$$
$$=\frac{1}{60}m(m+1)(m+2)\{(m+3)(2m+3)$$
$$-(m-1)(2m+1)\}$$
$$=\frac{1}{60}m(m+1)(m+2)(10m+10)$$
$$=\frac{1}{6}m(m+1)^2(m+2)$$

ここで

$$(2m+1)a_1+(2m-1)a_2+\cdots+3a_m$$
$$=\sum_{l=1}^{m}(2m+3-2l)a_l$$
$$=\sum_{l=1}^{m}(2m+3-2l)(l-1)l$$
$$=\sum_{l=1}^{m}\{2m-1-2(l-2)\}(l-1)l$$
$$=\sum_{l=1}^{m}\{(2m-1)(l-1)l-2(l-2)(l-1)l\}$$
$$=\frac{1}{3}(2m-1)\sum_{l=1}^{m}\{(l-1)l(l+1)-(l-2)(l-1)l\}$$
$$-\frac{1}{2}\sum_{l=1}^{m}\{(l-2)(l-1)l(l+1)$$
$$-(l-3)(l-2)(l-1)l\}$$
$$=\frac{1}{3}(2m-1)(m-1)m(m+1)$$
$$-\frac{1}{2}(m-2)(m-1)m(m+1)$$
$$=\frac{1}{6}(m-1)m(m+1)\{2(2m-1)-3(m-2)\}$$
$$=\frac{1}{6}(m-1)m(m+1)(m+4)$$

であるから

$$a_{m+1}=\frac{1}{6}m(m+1)^2(m+2)$$
$$-\frac{1}{6}(m-1)m(m+1)(m+4)$$
$$=\frac{1}{6}m(m+1)\{(m+1)(m+2)-(m-1)(m+4)\}$$
$$=\frac{1}{6}m(m+1)\cdot 6=m(m+1)$$

よって，$n=m+1$ のときも成り立つ．

以上より，$a_n=\boldsymbol{(n-1)n}$ である．

《平方根の近似式 (B10)》

710. $p>1$ とし，$f(x)=x^2-p$ とおく．このとき，次の問いに答えよ．

（1） 点 $(a,\ f(a))$ における曲線 $y=f(x)$ の接線の方程式を求めよ．

（2） 数列 $\{a_n\}$ を次の（ i ）（ii）によって定める．

（ i ） $a_1=p$ とする．

（ii） $n \geqq 2$ のとき，点 $(a_{n-1},\ f(a_{n-1}))$ における曲線 $y=f(x)$ の接線と，x 軸の交点の x 座標を a_n とする．

このとき，すべての自然数 n について，$a_n>0$ が成り立つことを示せ．

（3） $\{a_n\}$ を（2）で定めた数列とする．このとき，すべての自然数 n について，$a_n>\sqrt{p}$ が成り立つことを示せ．

（4） $\{a_n\}$ を（2）で定めた数列とする．このとき，すべての自然数 n について，

$$a_{n+1}-\sqrt{p}<\frac{(a_n-\sqrt{p})^2}{2}$$

が成り立つことを示せ．　（23　高知大・教育）

▶解答◀ （1） $f'(x)=2x$

$(a,\ f(a))$ における接線の方程式は

$$y=2a(x-a)+a^2-p$$
$$\boldsymbol{y=2ax-a^2-p}$$

（2） （1）の方程式に $y=0$ を代入すると

$$0=2ax-a^2-p$$

$a=a_{n-1}$ のとき $x=a_n$ であるから

$$2a_{n-1}a_n={a_{n-1}}^2+p \geqq p>0 \quad \cdots\cdots①$$

a_n と a_{n-1} は同符号であるからすべての n について a_n は符号が等しく，$a_1=p>0$ であるから $a_n>0$ である．

（3） $p>1$ であるから $p>\sqrt{p}$ である．$n=1$ のとき成り立つ．

$n=k$ で成り立つとする．$a_k>\sqrt{p}$ である．

$$a_{k+1}-\sqrt{p}=\frac{1}{2}\cdot\frac{{a_k}^2+p}{a_k}-\sqrt{p}$$
$$=\frac{1}{2a_k}({a_k}^2-2\sqrt{p}a_k+p)$$
$$=\frac{1}{2a_k}(a_k-\sqrt{p})^2>0$$

$n=k+1$ でも成り立つ．数学的帰納法により示された．

（4） $a_n>\sqrt{p}>1$ である．（3）よりすべての自然数 n について

$$a_{n+1}-\sqrt{p}=\frac{1}{2a_n}(a_n-\sqrt{p})^2<\frac{1}{2}(a_n-\sqrt{p})^2$$

《一の位（C20）☆》

711．n を自然数とし，数列 $\{x_n\}$, $\{y_n\}$ をそれぞれ

$$x_n=(2+\sqrt{5})^n,$$

$$y_n=(2+\sqrt{5})^n+(2-\sqrt{5})^n \quad (n=1, 2, 3, \cdots)$$

で定めるとき，次の問いに答えよ．

（1） y_2, y_3 の値を求めよ．また，すべての自然数 n に対して $y_{n+2}=py_{n+1}+qy_n$ が成り立つような定数 p, q を求めよ．

［編者註：これは「p, q を1組見つけよ」という意味である．それ以外にないことを示すのは意味がない．入試には悪文が多い］

（2） すべての自然数 n について，不等式 $-\frac{1}{2}<(2-\sqrt{5})^n<\frac{1}{2}$ が成り立つことを示せ．

（3） すべての自然数 n について，y_n の値が自然数となることを示せ．また，n が4の倍数のとき y_n の1の位の数字を求めよ．

（4） x_{1000} を超えない最大の整数 $[x_{1000}]$ について1の位の数字を求めよ．ここで，実数 x を超えない最大の整数 N を $[x]=N$ と表す．例えば，$[12.3]=12$, $[-4.5]=-5$ である．

（23　同志社大・経済）

▶解答◀ （1） $\alpha=2+\sqrt{5}, \beta=2-\sqrt{5}$ とおく．

$$\alpha+\beta=4, \alpha\beta=-1$$

であり，$x_n=\alpha^n$, $y_n=\alpha^n+\beta^n$ である．

$$y_1=\alpha+\beta=4$$

$$y_2=\alpha^2+\beta^2=(\alpha+\beta)^2-2\alpha\beta=4^2+2=\mathbf{18}$$

$$y_3=\alpha^3+\beta^3=(\alpha+\beta)(\alpha^2-\alpha\beta+\beta^2)$$

$$=4\{18-(-1)\}=\mathbf{76}$$

$$(\alpha^{n+1}+\beta^{n+1})(\alpha+\beta)$$

$$=\alpha^{n+2}+\beta^{n+2}+\alpha^{n+1}\beta+\alpha\beta^{n+1}$$

$$=\alpha^{n+2}+\beta^{n+2}+\alpha\beta(\alpha^n+\beta^n)$$

より

$$4y_{n+1}=y_{n+2}-y_n$$

$$y_{n+2}=4y_{n+1}+y_n$$

が成り立つ．$p=\mathbf{4}$, $q=\mathbf{1}$ である．

（2） $2-\sqrt{5}=-0.2\cdots$ であるから

$$\left|2-\sqrt{5}\right|<\frac{1}{2}$$

$$\left|(2-\sqrt{5})^n\right|<\frac{1}{2^n}\leqq\frac{1}{2}$$

よって

$$-\frac{1}{2}<(2-\sqrt{5})^n<\frac{1}{2} \quad \cdots\cdots①$$

（3） $y_1=4$, $y_2=18$ であるから，$n=1, 2$ のとき成り立つ．$n=k, k+1$（k は自然数）のとき，y_n が自然数になるとする．このとき，y_k, y_{k+1} は自然数であり

$$y_{k+2}=4y_{k+1}+y_k$$

であるから，y_{k+2} も自然数である．$n=k+2$ のときも成り立つから，数学的帰納法により証明された．

以下，mod 10 とする．

$$y_1\equiv4, y_2\equiv8, y_3\equiv6$$

$$y_4\equiv4y_3+y_2\equiv4\cdot6+8\equiv2$$

$$y_5\equiv4y_4+y_3\equiv4\cdot2+6\equiv4$$

$$y_4\equiv4y_5+y_4\equiv4\cdot4+2\equiv8$$

4, 8, 6, 2 ときて 4, 8 になるから，4, 8, 6, 2 を繰り返す．

$$y_{4n}\equiv y_4\equiv\mathbf{2}$$

（4） $x_{1000}=y_{1000}-(2-\sqrt{5})^{1000}$

$$0<(2-\sqrt{5})^{1000}<1$$

であるから，$[x_{1000}]=y_{1000}-1\equiv1$

$[x_{1000}]$ の一の位は **1** である．

《階乗を等比でおさえる（B10）》

712．$2^{n-1}\leqq n!$ $(n=1, 2, 3, \cdots)$ を数学的帰納法で証明せよ．さらに，自然数 N を与えたとき，$\sum_{n=1}^{N}\frac{1}{n!}<2$ を示せ．（23　三重大・工）

▶解答◀ $n=1$ のとき左辺は1，右辺は1であるから成り立つ．

$n=k$ のとき成り立つと仮定する．$2^{k-1}\leqq k!$ である．

$$(k+1)!=(k+1)k!\geqq(k+1)\cdot2^{k-1}\geqq2\cdot2^{k-1}$$

だから $n=k+1$ のときも成り立つ．よって示された．

$\frac{1}{n!}\leqq\frac{1}{2^{n-1}}$ であるから

$$\sum_{n=1}^{N}\frac{1}{n!}\leqq\sum_{n=1}^{N}\frac{1}{2^{n-1}}=1\cdot\frac{1-\frac{1}{2^N}}{1-\frac{1}{2}}=2\cdot\left(1-\frac{1}{2^N}\right)<2$$

よって示された．

《1次の式から2次式（B20）☆》

713. $0<\theta<\dfrac{\pi}{2}$ である θ が

$\cos\theta+\cos 2\theta+\cos 3\theta+\cos 4\theta=0$

を満たすとき，以下の問いに答えよ．

（1） $\cos\theta$ の値を求めよ．

（2） n を自然数とするとき，次の恒等式が成り立つことを示せ．

$\alpha^{n+2}+\beta^{n+2}$

$=(\alpha^{n+1}+\beta^{n+1})(\alpha+\beta)-\alpha\beta(\alpha^n+\beta^n)$

（3）（1）で求めた $\cos\theta$ に対して，数列 $\{a_n\}$ を

$a_n=(2\cos\theta)^n+(1-2\cos\theta)^n$

$(n=1, 2, 3, \cdots)$ と定める．このとき，a_{n+2} を a_{n+1} と a_n を用いて表せ．

（4）（3）で定めた数列 $\{a_n\}$ について，$(-1)^n\{a_na_{n+2}-(a_{n+1})^2\}$ は n によらない定数であることを数学的帰納法を用いて示せ．

（23　鳥取大・地域，農）

▶解答◀ （1） $t=\cos\theta$ とおく．

$\cos 2\theta=2\cos^2\theta-1=2t^2-1$

$\cos 3\theta=4\cos^3\theta-3\cos\theta=4t^3-3t$

$\cos 4\theta=2\cos^2 2\theta-1$

$=2(2t^2-1)^2-1=8t^4-8t^2+1$

$\cos\theta+\cos 2\theta+\cos 3\theta+\cos 4\theta=0$ に代入して整理すると

$4t^4+2t^3-3t^2-t=0$

$t(t+1)(4t^2-2t-1)=0$

$4t^2-2t-1=0,\ t=-1, 0$

$0<\theta<\dfrac{\pi}{2}$ より $0<t<1$ であるから

$4t^2-2t-1=0$ ……………………………④

$t=\dfrac{1\pm\sqrt{5}}{4}$

$0<t<1$ より $t=\cos\theta=\boldsymbol{\dfrac{1+\sqrt{5}}{4}}$

（2） $(\alpha^{n+1}+\beta^{n+1})(\alpha+\beta)-\alpha\beta(\alpha^n+\beta^n)$

$=\alpha^{n+2}+\alpha^{n+1}\beta+\alpha\beta^{n+1}+\beta^{n+2}-\alpha^{n+1}\beta-\alpha\beta^{n+1}$

$=\alpha^{n+2}+\beta^{n+2}$

（3） $\alpha=2\cos\theta,\ \beta=1-2\cos\theta$ とおく．

$\alpha+\beta=1$ ……………………………⑤

① より

$\alpha\beta=-(4\cos^2\theta-2\cos\theta)=-1$ ……………⑥

である．$a_n=\alpha^n+\beta^n$ であるから

$a_{n+2}=\alpha^{n+2}+\beta^{n+2}$

$=(\alpha^{n+1}+\beta^{n+1})(\alpha+\beta)-\alpha\beta(\alpha^n+\beta^n)$

$=a_{n+1}\cdot 1-(-1)\cdot a_n$

$=\boldsymbol{a_{n+1}+a_n}$

（4） $b_n=(-1)^n\{a_na_{n+2}-(a_{n+1})^2\}$ とおく．

（3）より

$b_{n+1}=(-1)^{n+1}\{a_{n+1}a_{n+3}-(a_{n+2})^2\}$

$=(-1)^{n+1}\{a_{n+1}(a_{n+2}+a_{n+1})-a_{n+2}(a_{n+1}+a_n)\}$

$=(-1)^{n+1}\{(a_{n+1})^2-a_{n+2}a_n\}$

$=(-1)^n\{a_na_{n+2}-(a_{n+1})^2\}=b_n$

$b_{n+1}=b_n$ ……………………………⑦

（3）の ②，③ から

$a_1=\alpha+\beta=1$

$a_2=\alpha^2+\beta^2=(\alpha+\beta)^2-2\alpha\beta=3$

$a_3=\alpha^3+\beta^3=(\alpha+\beta)^3-3\alpha\beta(\alpha+\beta)=4$

である．したがって，

$b_1=-(a_1a_3-a_2{}^2)=-(4-9)=5$（定数）

b_n が n によらない定数のとき，④ から b_{n+1} も n によらない定数となる．

数学的帰納法により，$b_n=(-1)^n\{a_na_{n+2}-(a_{n+1})^2\}$ は n によらない定数 5 である．

《3 の倍数（B15）》

714. 自然数 n に対し，

$a_n=(2+\sqrt{3})^n+(2-\sqrt{3})^n$

とする．次の問いに答えよ．

（1） a_1, a_2 を求めよ．また，自然数 n に対し，

$a_{n+2}+a_n=4a_{n+1}$

であることを証明せよ．

（1）により，すべての自然数 n について a_n は整数であることがわかる（このことは証明しなくてよい）．さらに，次の問いに答えよ．

（2） すべての自然数 n について $a_{n+1}+a_n$ は 3 の倍数である．このことを数学的帰納法によって証明せよ．

（3） a_{2023} を 3 で割ったときの余りを求めよ．

（23　中央大・法）

▶解答◀ （1） $\alpha=2+\sqrt{3},\ \beta=2-\sqrt{3}$ とおく．$a_n=\alpha^n+\beta^n$ である．

$\alpha+\beta=4,\ \alpha\beta=1$ ……………………………①

$a_1=\alpha+\beta=\boldsymbol{4}$

$a_2=\alpha^2+\beta^2=(\alpha+\beta)^2-2\alpha\beta$

$=16-2=\boldsymbol{14}$

① より α と β は x の 2 次方程式 $x^2-4x+1=0$ の解である．

$$\alpha^2-4\alpha+1=0 \qquad \therefore \quad \alpha^2+1=4\alpha$$

$$\alpha^{n+2}+\alpha^n=4\alpha^{n+1} \quad \cdots\cdots②$$

同様にして，$\beta^{n+2}+\beta^n=4\beta^{n+1}$ ……③

②＋③ より

$$\alpha^{n+2}+\beta^{n+2}+\alpha^n+\beta^n=4(\alpha^{n+1}+\beta^{n+1})$$

$a_{n+2}+a_n=4a_{n+1}$ が成り立つ．

(2) $n=1$ のとき，$a_1+a_2=18$ であるから成り立つ．

$n=k$ のとき成り立つと仮定する．l を整数として $a_{k+1}+a_k=3l$ とおく．

$$a_{k+2}+a_{k+1}=4a_{k+1}-a_k+a_{k+1}$$
$$=5a_{k+1}-a_k=6a_{k+1}-(a_{k+1}+a_k)$$
$$=6a_{k+1}-3l=3(2a_{k+1}-l)$$

これは 3 の倍数であるから $n=k+1$ でも成り立つ．数学的帰納法によって示された．

(3) 合同は mod 3 で考える．

$$a_1\equiv 1,\ a_2\equiv 2$$

(2) より $a_{n+1}+a_n\equiv 0$，$a_{n+2}+a_{n+1}\equiv 0$ であるから，この 2 式を辺ごと引いて

$$a_{n+2}-a_n\equiv 0 \qquad \therefore \quad a_{n+2}\equiv a_n$$

よって $a_{2023}\equiv a_{2\cdot 1011+1}\equiv a_1\equiv \mathbf{1}$

《3 項間で 2 項の比 (B10)》

715. 数列 $\{a_n\}$ を次のように定める．

$$a_1=1,\ a_2=1,\ a_{n+2}=3a_{n+1}+a_n$$
$$(n=1,\ 2,\ 3,\ \cdots)$$

このとき，次の問いに答えよ．

(1) $a_3,\ a_4,\ a_5$ を求めよ．

(2) $a_4x+a_5y=1$ を満たす整数の組 $(x,\ y)$ のうち，x の絶対値が 50 に最も近いものを求めよ．

(3) $n\geqq 3$ について，$3<\dfrac{a_{n+1}}{a_n}<\dfrac{10}{3}$ が成り立つことを数学的帰納法を用いて示せ．

(23　滋賀大・経済-後期)

▶解答◀ (1)

$$a_3=3a_2+a_1=3\cdot 1+1=\mathbf{4}$$
$$a_4=3a_3+a_2=3\cdot 4+1=\mathbf{13}$$
$$a_5=3a_4+a_3=3\cdot 13+4=\mathbf{43}$$

(2) 以下，文字は整数とする．

(1) の結果より $a_4x+a_5y=1$ は

$$13x+43y=1$$

$$x=\frac{1-43y}{13}=\frac{1-4y}{13}-3y \quad \cdots\cdots①$$

$1-4y=13k$ とおける．

$$y=\frac{1-13k}{4}=\frac{1-k}{4}-3k \quad \cdots\cdots②$$

$1-k=4l$ とおけるから $k=1-4l$

② に代入して

$$y=l-3(1-4l)=13l-3$$

① に代入して

$$x=(1-4l)-3(13l-3)=-43l+10$$

x の絶対値が 50 になる l を求める．

$x=50$ とすると $l=-\dfrac{40}{43}$

$x=-50$ とすると $l=\dfrac{60}{43}$

l は整数であり，$-1<-\dfrac{40}{43}<0,\ 1<\dfrac{60}{43}<2$ であるから，x の絶対値が 50 に最も近くなるのは $l=-1,\ 0,\ 1,\ 2$ のいずれかのときである．そのときの x の値を求めるとそれぞれ $53,\ 10,\ -33,\ -76$ である．

よって x の絶対値が 50 に最も近くなるのは $l=-1$ のときであり，求める整数の組は

$$(x,\ y)=\mathbf{(53,\ -16)}$$

(3) $a_1=a_2=1>0$ であることと $a_{n+2}=3a_{n+1}+a_n$ より，$a_n>0$ である．

$\dfrac{a_4}{a_3}=\dfrac{13}{4}=3+\dfrac{1}{4}$ より，$3<\dfrac{a_4}{a_3}<\dfrac{10}{3}$ は成り立つ．

$n=k$ のとき成り立つとする．

$$3<\frac{a_{k+1}}{a_k}<\frac{10}{3}$$

a_k について解いて

$$\frac{3}{10}a_{k+1}<a_k<\frac{1}{3}a_{k+1}$$
$$3a_{k+1}+\frac{3}{10}a_{k+1}<3a_{k+1}+a_k<3a_{k+1}+\frac{1}{3}a_{k+1}$$
$$\frac{33}{10}a_{k+1}<a_{k+2}<\frac{10}{3}a_{k+1}$$
$$3<\frac{33}{10}<\frac{a_{k+2}}{a_{k+1}}<\frac{10}{3}$$

$n=k+1$ でも成り立つ．数学的帰納法により証明された．

《奇数の話 (B5)》

716. n を自然数とする．$n+1$ から $2n$ までの積を a_n とするとき，次の問いに答えよ．

(1) a_4 を素因数分解せよ．

(2) $a_n=2^n\cdot 1\cdot 3\cdot 5\cdot\cdots\cdot(2n-1)$ が成り立つことを数学的帰納法を用いて証明せよ．

(3) a_n を 2^{n+1} で割った余りを求めよ．

(23　滋賀大・共通)

▶解答◀ （1） $a_4 = 5\cdot 6\cdot 7\cdot 8 = \mathbf{2^4\cdot 3\cdot 5\cdot 7}$

（2） $n=1$ のとき，$a_1=2$ であるから成り立つ．

$n=k$ で成り立つと仮定する．

$$a_k = 2^k\cdot 1\cdot 3\cdot 5\cdot\cdots\cdot(2k-1)$$

$$a_{k+1} = \frac{(2k+2)!}{(k+1)!}$$

$$= \frac{(2k+2)(2k+1)}{k+1}\cdot\frac{(2k)!}{k!}$$

$$= 2(2k+1)a_k$$

$$= 2^{k+1}\cdot 1\cdot 3\cdot 5\cdot\cdots\cdot(2k-1)(2k+1)$$

$n=k+1$ でも成り立つから数学的帰納法により示された．

（3） $1\cdot 3\cdot 5\cdot\cdots\cdot(2n-1)$ は奇数の積であるから整数 $N \geqq 0$ を用いて $1\cdot 3\cdot 5\cdot\cdots\cdot(2n-1) = 2N+1$ と書ける．

$$a_n = 2^n\cdot 1\cdot 3\cdot 5\cdot\cdots\cdot(2n-1)$$

$$= 2^n(2N+1) = 2^{n+1}N + 2^n$$

a_n を 2^{n+1} で割った余りは $\mathbf{2^n}$ である．

《2 乗の和 (B15)》

717. 次のように，項数 m の 2 つの等差数列 $\{a_n\}$，$\{b_n\}$ がある．

$\{a_n\}$　$1, 2, 3, 4, \cdots, m-2, m-1, m$

$\{b_n\}$　$m, m-1, m-2, \cdots, 4, 3, 2, 1$

数列 $\{c_n\}$ の一般項を $c_n = a_nb_n$ とするとき，c_n の最大値，および $\displaystyle\sum_{k=1}^{m} c_k$ をそれぞれ m の式で表せ．

（23　長崎大・医，歯，工，薬，情報，教B）

▶解答◀ $a_n = n$，$b_n = m+1-n$

$$c_n = n(m+1-n) = -n^2 + (m+1)n$$

$$= -\left(n - \frac{m+1}{2}\right)^2 + \frac{(m+1)^2}{4}$$

c_n の最大値は

m が奇数のとき， $n = \dfrac{m+1}{2}$ で $c_n = \mathbf{\dfrac{(m+1)^2}{4}}$

m が偶数のとき， $n = \dfrac{m+1\pm 1}{2}$ で

$$c_n = -\frac{1}{4} + \frac{(m+1)^2}{4} = \mathbf{\frac{m(m+2)}{4}}$$

$$\sum_{k=1}^{m} c_k = \sum_{k=1}^{m}\{mk - (k-1)k\}$$

$$= m\cdot\frac{1}{2}m(m+1) - \frac{1}{3}(m-1)m(m+1)$$

$$= m(m+1)\left(\frac{m}{2} - \frac{m-1}{3}\right)$$

$$= \mathbf{\frac{1}{6}m(m+1)(m+2)}$$

注意 最後の和の計算では和分の公式を使った．

$$\sum_{k=1}^{m} k(k+1) = \frac{1}{3}m(m+1)(m+2)$$

$$\sum_{k=1}^{m} k(k+1)(k+2) = \frac{1}{4}m(m+1)(m+2)(m+3)$$

《漸化式の差をとる (B20)》

718. すべての項が正である数列 $\{a_n\}$ に対して，

$S_n = \displaystyle\sum_{k=1}^{n} a_k$ $(n = 1, 2, 3, \cdots)$

とおく．すべての自然数 n について，$S_n{}^2 = \displaystyle\sum_{k=1}^{n} a_k{}^3$ が成り立つとき，次の問いに答えよ．

（1） a_1 と a_2 を求めよ．

（2） すべての自然数 n について，

$S_{n+1} + S_n = a_{n+1}{}^2$ が成り立つことを示せ．

（3） 一般項 a_n を求めよ．

（23　信州大・工，繊維-後期）

▶解答◀ （1） $\displaystyle\left(\sum_{k=1}^{n} a_k\right)^2 = \sum_{k=1}^{n} a_k{}^3$ ……………①

① で $n=1$ として

$$a_1{}^2 = a_1{}^3 \qquad \therefore\ a_1{}^2(a_1-1) = 0$$

$a_1 > 0$ であるから $a_1 = \mathbf{1}$

① で $n=2$ として

$$(1+a_2)^2 = 1^3 + a_2{}^3$$

$$a_2{}^2 + 2a_2 + 1 = a_2{}^3 + 1$$

$$a_2(a_2-2)(a_2+1) = 0$$

$a_2 > 0$ であるから $a_2 = \mathbf{2}$

（2） $S_{n+1}{}^2 = \displaystyle\sum_{k=1}^{n+1} a_k{}^3$ ……………②

$S_n{}^2 = \displaystyle\sum_{k=1}^{n} a_k{}^3$ ……………③

②－③ より

$$S_{n+1}{}^2 - S_n{}^2 = a_{n+1}{}^3$$

$$(S_{n+1}+S_n)(S_{n+1}-S_n) = a_{n+1}{}^3$$

$$(S_{n+1}+S_n)\cdot a_{n+1} = a_{n+1}{}^3$$

$S_{n+1} + S_n = a_{n+1}{}^2$ ……………④

（3） $S_{n+2} + S_{n+1} = a_{n+2}{}^2$ ……………⑤

⑤－④ より

$$a_{n+2} + a_{n+1} = a_{n+2}{}^2 - a_{n+1}{}^2$$

$$a_{n+2} + a_{n+1} = (a_{n+2}+a_{n+1})(a_{n+2}-a_{n+1})$$

$$1 = a_{n+2} - a_{n+1} \qquad \therefore\ a_{n+2} = a_{n+1} + 1$$

数列 $\{a_n\}$ は公差 1 の等差数列であり

$$a_n = a_1 + (n-1)\cdot 1 = 1 + (n-1) = \mathbf{n}$$

◆別解◆ **【(2)を使わずに】**

(**3**) $a_1=1, a_2=2$ であるから，$a_n=\boldsymbol{n}$ と予想でき，これを数学的帰納法で証明する．

$n=1$ のとき $a_1=1$ であるから成り立つ．$1\leqq n\leqq k$ のとき成り立つとする．$a_1=1, a_2=2, \cdots, a_k=k$ である．①で $n=k+1$ として

$$(1+2+\cdots+k+a_{k+1})^2=1^3+2^3+\cdots+k^3+a_{k+1}{}^3$$

$$\left\{\frac{1}{2}k(k+1)+a_{k+1}\right\}^2=\frac{1}{4}k^2(k+1)^2+a_{k+1}{}^3$$

$$a_{k+1}{}^2+k(k+1)a_{k+1}=a_{k+1}{}^3$$

$$a_{k+1}(a_{k+1}+k)\{a_{k+1}-(k+1)\}=0$$

$a_{k+1}>0$ であるから $a_{k+1}=k+1$ で，$n=k+1$ のときも成り立つ．数学的帰納法により示された．

【確率と漸化式】

《階段上り (B10) ☆》

719. 9段ある階段を上るとき，1歩で1段上がるか2段上がるかという2通りの方法を組み合わせて上るとすると9段の階段を上る方法は全部で何通りあるか求めなさい．（23　東北福祉大）

▶解答◀　段数だけが問題で，1と2を用いた和が n になる1, 2の列が a_n 通りあるとする．

$$1=1$$

$$2=2,\ 2=1+1$$

$$3=1+1+1,\ 3=1+2,\ 3=2+1$$

のように $a_1=1, a_2=2, a_3=3$ となる．$n\geqq 3$ のとき

$$n=1+(n-1),\ n=2+(n-2)$$

であるから，和が n になる1または2の列は（a_n 通りある）左端が1でその右の和が $n-1$ になる（a_{n-1} 通りある）か，左端が2でその右の和が $n-2$ になる（a_{n-2} 通りある）ときがあり

$$a_n=a_{n-1}+a_{n-2}$$

である．たとえば $a_4=a_3+a_2=3+2=5$ となる．他も同様に求め

$$a_n : 1, 2, 3, 5, 8, 13, 21, 34, 55, \cdots$$

$$a_9=\boldsymbol{55}$$

注意　たとえば $1+1+1$ は1段ずつ3回上ることを意味し，$1+2$ は最初に1段上り，次に2段上ることを意味する．数学は抽象化するものである．いつまでも意味から離れないのはよくない．「和が n になる1または2の列」といえばまぎれがない．

◆別解◆　1を x 個，2を y 個並べて和が9になるとき

$$x+2y=9$$

$$(x, y)=(9, 0), (7, 1), (5, 2), (3, 3), (1, 4)$$

たとえば $(x, y)=(1, 4)$ のとき

$$1+2+2+2+2,\ 2+1+2+2+2$$

のように並び，和が9になる．$1+2+2+2+2$ は最初に1段上り，あと4回は2段上ることを意味する．1を x 個，2を y 個並べる列は ${}_{x+y}\mathrm{C}_x$ 通りあるから，求める個数は

$${}_9\mathrm{C}_0+{}_8\mathrm{C}_1+{}_7\mathrm{C}_2+{}_6\mathrm{C}_3+{}_5\mathrm{C}_4$$

$$=1+8+21+20+5=\boldsymbol{55}$$

注意 1°【意味にこだわった説明】

次のような解説が普通である．n 段目に到達する（そこに来るまでは a_n 通りある）場合，直前の足が $n-1$ 段目（そこに来るまでは a_{n-1} 通りある）にあるか，$n-2$ 段目（そこに来るまでは a_{n-2} 通りある）にある．$a_n=a_{n-1}+a_{n-2}$

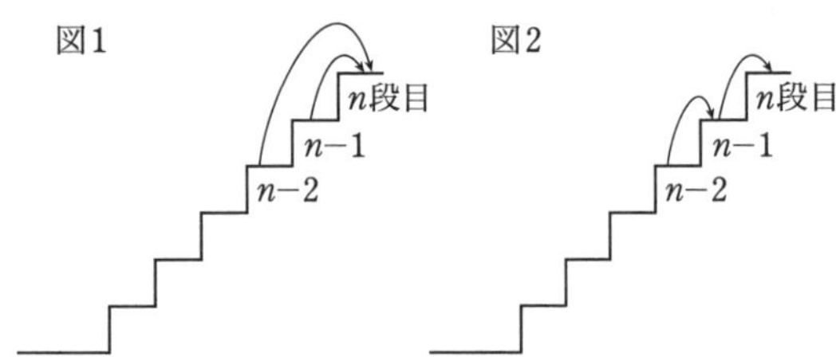

しかし，あるとき，「先生，$n-2$ 段目から図2のように上るのもあるから $a_n=a_{n-1}+2a_{n-2}$ じゃないんですか？」という生徒がいて驚いた．「それは，n 段目に来るときの，直前の足は $n-1$ 段目にあるから，a_{n-1} の中で数えていて，駄目なんです」と言っても，納得している様子がない．排反にタイプ分けするという意識がないのだろう．

2°【上り方という表現はやめるべきではないのか？】

私は「上る方法」「上り方」という日本語は使わない．50年前に本問を見たとき「右足から上るか，左足から上るかの違いは考えないのか？」「途中でケンケン飛びをしたらどうする？」「途中で逆立ちしたらどうする？」「思いっきり足を開いてズボンが破れたら，それは悪い上り方ではないのか？」と気になって仕方がなかった．「上る方法」など無限にある．「和が n になる1，2の列」と言うようになって，初めて数学になる．

《フィボナッチの数列 (B10) ☆》

720. 2辺の長さが1と2の長方形の畳 n 枚を使って，たて2，よこ n の長さの長方形の部屋に，すきまも重なりもなく敷きつめる．そのような畳の異なる敷きつめ方が a_n 通りあるとする．（長さ

の単位は メートルで，n は正の整数である．）例えば，$n=1$ のときは，たて 2，よこ 1 の長さの長方形の部屋に畳 1 枚なので

□ から $a_1=1$ である．

$n=2$ のときは，よこ 2，たて 2 の長さの長方形（正方形）の部屋に畳 2 枚なので

と とから $a_2=2$ である．

次の（1）から（3）の問いに答えなさい．

（1） a_3, a_4 の値をそれぞれ求めよ．

（2） a_{n+2} を a_n, a_{n+1} を用いた式で表せ．

（3） a_9 の値を求めよ．(23　三重県立看護大・前期)

▶解答◀（1） $n=3$ のとき，$a_3=$ **3**

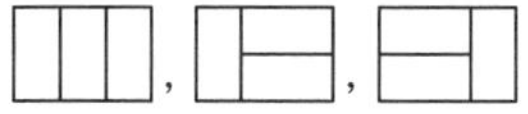

$n=4$ のとき，$a_4=$ **5**

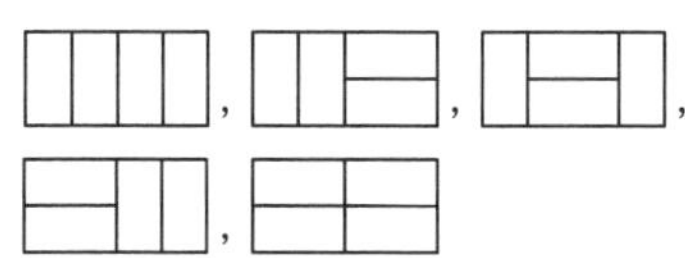

（2） 縦長の畳を T，横長の畳を Y で表す．TT と YY を次のものとする．

縦 2，横 $n+2$ の長さの畳の敷き詰め（a_{n+2} 通りある）では，左端が T で，あと長さ $n+1$ の畳を敷き詰めする（a_{n+1} 通りある）か，左端が YY で，あと長さ n の畳を敷き詰めする（a_n 通りある）ことになる．

$$a_{n+2}=\boldsymbol{a_{n+1}+a_n}$$

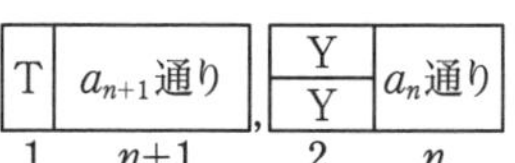

（3） $a_5=a_4+a_3=8$

以下同様に求める．

a_n : 1, 2, 3, 5, 8, 13, 21, 34, 55, …

$a_9=$ **55**

［確率と漸化式］

《2 項間漸化式（B10）☆》

721．A くんと B くんの 2 人で 1 つしかない景品をどちらがもらうかを決めたい．そこで，B くんが以下のような方法を提案した．

「景品が手元にある方がサイコロを 2 つ振って，出た目の和が 6 以上の場合に景品は自分の手元に残るが，5 以下なら景品を相手に渡すというゲームを n 回繰り返した後で，最後に景品が手元にある方がもらう」

また，

「最初に景品を持っているのは A くんで良い」

という．ただし，ゲームを受けない場合は確率 $\frac{1}{2}$ で景品をもらえる．このとき，以下の設問に答えよ．

（1） このゲームを 1 回行ったとき，A くんが景品を貰える確率 p_1 を求めよ．

（2） このゲームを 2 回行ったとき，A くんが景品を貰える確率 p_2 を求めよ．

（3） このゲームを n 回行ったとき，A くんが景品を貰える確率 p_n を n の式で表せ．

（4） 景品が欲しい A くんの立場ならこのゲームを受けるべきかどうかと，その理由を述べよ．

(23　愛知大)

▶解答◀ 2 つのサイコロを A，B とし，A，B の出る目を順に a，b とする．$a+b$ の表を作る．

$a \backslash b$	1	2	3	4	5	6
1	2	3	4	5	6	7
2	3	4	5	6	7	8
3	4	5	6	7	8	9
4	5	6	7	8	9	10
5	6	7	8	9	10	11
6	7	8	9	10	11	12

$a+b \geqq 6$ になる (a, b) は 26 通り，$a+b \leqq 5$ になる (a, b) は 10 通りある．ゲームを 1 回行うとき，景品が自分の手元に残る確率は $\frac{26}{6^2}=\frac{13}{18}$，相手に渡す確率は $\frac{10}{6^2}=\frac{5}{18}$ である．

（1） 景品が手元に残る場合より，$p_1=\boldsymbol{\frac{13}{18}}$

（2） 景品が 1 回後に手元に残り，2 回後にも手元に残る，または 1 回後に B に渡り，2 回後に A に渡る場合より

$$p_2=\frac{13}{18}\cdot\frac{13}{18}+\frac{5}{18}\cdot\frac{5}{18}=\frac{194}{324}=\boldsymbol{\frac{97}{162}}$$

（3） 本問において，途中は「景品が手元に残る」最後の n では「景品がもらえる」である．このことに注意して，n は特定の，たとえば $n=1000$ などの変更不可能な定数，k は自由変数と思え．k 回の試行後に A 君の手元に景品が残る確率を p_k とする．

$k+1$ 回後に景品がA君の手元に残る（確率 p_{k+1}）のは，k 回後に景品がA君の手元にあり（確率 p_k），$k+1$ 回後に手元に残る（確率 $\frac{13}{18}$）または k 回後に景品がB君の手元にあり（確率 $1-p_k$），$k+1$ 回後にA君に渡る場合であるから

$$p_{k+1}=\frac{13}{18}p_k+\frac{5}{18}(1-p_k)$$

$$p_{k+1}=\frac{4}{9}p_k+\frac{5}{18}$$

$p_{k+1}-\frac{1}{2}=\frac{4}{9}\left(p_k-\frac{1}{2}\right)$ より数列 $\left\{p_k-\frac{1}{2}\right\}$ は等比数列であるから

$$p_n-\frac{1}{2}=\left(p_1-\frac{1}{2}\right)\cdot\left(\frac{4}{9}\right)^{n-1}$$

$$p_n-\frac{1}{2}=\left(\frac{13}{18}-\frac{1}{2}\right)\cdot\left(\frac{4}{9}\right)^{n-1}$$

$$p_n=\boldsymbol{\frac{2}{9}\left(\frac{4}{9}\right)^{n-1}+\frac{1}{2}}$$

（4） $p_n>\frac{1}{2}$ であるから，A君はゲームを受けるべきである．

注意 「勝負をやるべきかどうか」は人の価値観による．「自分の方が景品を受け取る確率が高いから，そんなゲームはすべきではなく，ゆずるべき」という人がいてもおかしくない．

《4マスの移動（B10）》

722． 下の図のように，正三角形を4つの部屋に区切り，真ん中の三角形の部屋をA，周りの3つの部屋をB，C，Dとする．いま1匹のマウスが部屋Aにいて，1分経つごとに移動するかその部屋にとどまるかする．マウスが部屋Aにいた場合は確率 $\frac{1}{4}$ でAにとどまり，隣接するB，C，Dの部屋にそれぞれ確率 $\frac{1}{4}$ で移動する．マウスが部屋B，C，Dにいた場合は確率 $\frac{1}{2}$ でその部屋にとどまり，確率 $\frac{1}{2}$ でAに移動する．n 分後にマウスが部屋Aにいる確率を求めよ．

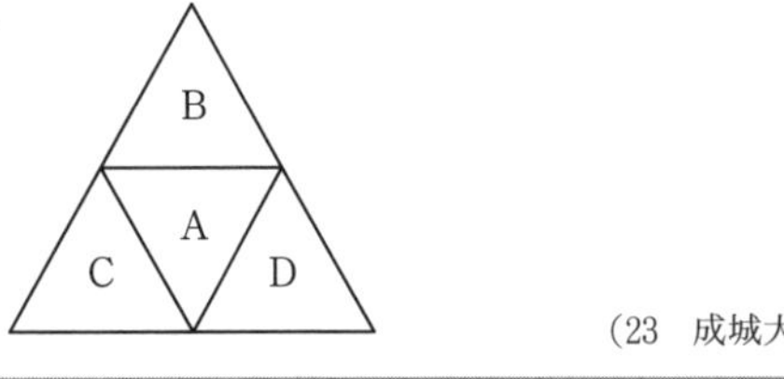

（23 成城大）

▶解答◀ n 分後にマウスが部屋Aにいる確率を p_n とおく．$n+1$ 分後にマウスが部屋Aにいるのは，n 分後に部屋Aにいて（確率 p_n），$\frac{1}{4}$ の確率でとどまる，もしくは n 分後にA以外の部屋にいて（確率 $1-p_n$），$\frac{1}{2}$ の確率で部屋Aに移動するときであるから

$$p_{n+1}=\frac{1}{4}p_n+\frac{1}{2}(1-p_n)$$

$$p_{n+1}=-\frac{1}{4}p_n+\frac{1}{2}$$

$$p_{n+1}-\frac{2}{5}=-\frac{1}{4}\left(p_n-\frac{2}{5}\right)$$

数列 $\left\{p_n-\frac{2}{5}\right\}$ は公比 $-\frac{1}{4}$ の等比数列であるから

$$p_n-\frac{2}{5}=\left(p_1-\frac{2}{5}\right)\cdot\left(-\frac{1}{4}\right)^{n-1}$$

$p_1=\frac{1}{4}$ であるから

$$p_n=\left(\frac{1}{4}-\frac{2}{5}\right)\left(-\frac{1}{4}\right)^{n-1}+\frac{2}{5}$$

$$=\boldsymbol{-\frac{3}{20}\left(-\frac{1}{4}\right)^{n-1}+\frac{2}{5}}$$

《基本的な連立漸化式（B10）☆》

723． 0から3までの数字を1つずつ書いた4枚のカードがある．この中から1枚のカードを取り出し，数字を確認してからもとへもどす．これを n 回くり返したとき，取り出されたカードの数字の総和を S_n で表す．S_n が3で割り切れる確率を p_n とし，S_n を3で割ると1余る確率を q_n とするとき，次の問に答えよ．

（1） p_2 および q_2 の値を求めよ．

（2） p_{n+1} および q_{n+1} を p_n, q_n を用いて表せ．

（3） p_n および q_n を n を用いて表せ．

（23 佐賀大・農，教）

▶解答◀ （1）（2）の漸化式を見よ．

$p_1=\frac{1}{2}$, $q_1=\frac{1}{4}$ であるから，

$$p_2=\frac{1}{4}p_1+\frac{1}{4}=\boldsymbol{\frac{3}{8}},\ q_2=\frac{1}{4}q_1+\frac{1}{4}=\boldsymbol{\frac{5}{16}}$$

≡は3で割った余り
(p_n) $S_n\equiv 0$ 0,3
(q_n) $S_n\equiv 1$ 0,3
(r_n) $S_n\equiv 2$ 0,3
1, 2

（2） S_n を3で割ると2余る確率を r_n とする．

$$p_n+q_n+r_n=1 \quad \cdots\cdots ①$$

S_{n+1} が3で割り切れる（確率 p_{n+1}）のは，S_n が3で割り切れる（確率 p_n）とき，$n+1$ 回目に0，3のカードを取り出すか（確率 $\frac{1}{2}$），S_n を3で割ると1余る（確率 q_n）とき，$n+1$ 回目に2のカードを取り出すか（確率 $\frac{1}{4}$），S_n を3で割ると2余る（確率 r_n）とき，$n+1$ 回目に1のカードを取り出すか（確率 $\frac{1}{4}$）である．

① を用いて

$$p_{n+1}=\frac{1}{2}p_n+\frac{1}{4}q_n+\frac{1}{4}r_n$$

$$=\frac{1}{4}p_n+\frac{1}{4}(p_n+q_n+r_n)$$

$$\boldsymbol{p_{n+1}=\frac{1}{4}p_n+\frac{1}{4}} \quad \cdots\cdots ②$$

同様に

$$\boldsymbol{q_{n+1}=\frac{1}{4}q_n+\frac{1}{4}}$$

（3） $p_1=\frac{1}{2},\ q_1=\frac{1}{4}$ である．

② より $p_{n+1}-\frac{1}{3}=\frac{1}{4}\left(p_n-\frac{1}{3}\right)$

数列 $\left\{p_n-\frac{1}{3}\right\}$ は等比数列であるから

$$p_n-\frac{1}{3}=\left(\frac{1}{4}\right)^{n-1}\left(p_1-\frac{1}{3}\right)$$

$$\boldsymbol{p_n=\frac{1}{6}\left(\frac{1}{4}\right)^{n-1}+\frac{1}{3}}$$

同様に

$$q_n-\frac{1}{3}=\left(\frac{1}{4}\right)^{n-1}\left(q_1-\frac{1}{3}\right)$$

$$\boldsymbol{q_n=\frac{1}{3}-\frac{1}{12}\left(\frac{1}{4}\right)^{n-1}}$$

《基本的な漸化式（B20）》

724．ABCD を 1 辺の長さが 1 の正四面体とする．P 君は時刻 0 秒において頂点 A に滞在し，その後秒速 1 の速さで辺上を進み，1 秒ごとに現在いる頂点と異なる頂点に等確率で移動する．n を正の整数とする．以下の確率を求めよ．

（1） P 君が時刻 n 秒に頂点 A に滞在している確率．

（2） P 君が時刻 0 秒から n 秒までの間 △BCD のいずれの辺も通過しなかった確率．

（3） P 君が時刻 0 秒から n 秒までの間一度も滞在しなかった頂点がある確率．（23 中部大）

▶解答◀ （1） n 秒後に A, B, C, D に P 君が滞在している確率をそれぞれ $a_n,\ b_n,\ c_n,\ d_n$ とする．最初は A にいるから $a_0=1$ と考え，以下 $n\geqq 0$ とする．$a_n+b_n+c_n+d_n=1$ である．1 秒ごとにある頂点から他の頂点へ移動する確率はそれぞれ $\frac{1}{3}$ である．$n+1$ 秒後に A に滞在している（確率 a_{n+1}）のは，n 秒後に B に滞在し（確率 b_n）確率 $\frac{1}{3}$ で A に移動するか，n 秒後に C に滞在し A に移動するか，D に滞在し A に移動するときである．

$$a_{n+1}=\frac{1}{3}(b_n+c_n+d_n)$$

であるから

$$a_{n+1}=\frac{1}{3}(1-a_n)$$

$$a_{n+1}-\frac{1}{4}=-\frac{1}{3}\left(a_n-\frac{1}{4}\right)$$

数列 $\left\{a_n-\frac{1}{4}\right\}$ は等比数列である．

$$a_n-\frac{1}{4}=\left(-\frac{1}{3}\right)^n\left(a_0-\frac{1}{4}\right)$$

$$a_n=\boldsymbol{\frac{3}{4}\left(-\frac{1}{3}\right)^n+\frac{1}{4}}$$

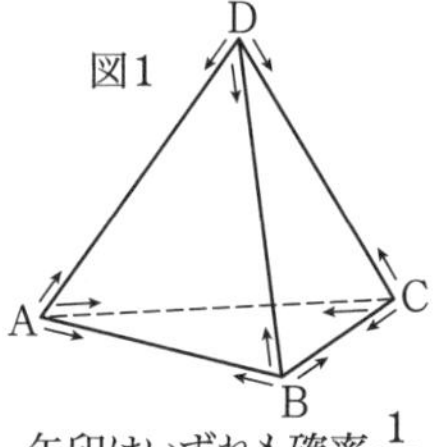

矢印はいずれも確率 $\frac{1}{3}$

（2） 少し問題文が雑である．以下では辺とは端点を除くものとする．最初（$n=0$）は A にいる．$n=1$ では確率 1 で B か C か D に移る．$n=2$ では B か C か D に移ると △BCD の辺を移動することになる．よって △BCD の辺を通過しないとは，確率 $\frac{1}{3}$ で A にもどるということである．結局，2 秒ごとに A と B の間を行ったりきたりするか，A と C の間を行ったりきたりするか，A と D の間を行ったりきたりすることになる．

最初 P 君は A に滞在しているから，奇数秒ごとに確率 1 で A から B, C, D のいずれかに移動し，偶数秒ごとに確率 $\frac{1}{3}$ で A に戻る．求める確率を p_n とし，k を 0 以上の整数とすると，

$$p_{2k}=\left(1\cdot\frac{1}{3}\right)^k,\ p_{2k+1}=p_{2k}=\left(1\cdot\frac{1}{3}\right)^k$$

であるから，**n が 0 以上の偶数**のとき，$p_n=\boldsymbol{\left(\frac{1}{3}\right)^{\frac{n}{2}}}$，**$n$ が 1 以上の奇数**のとき，$p_n=\boldsymbol{\left(\frac{1}{3}\right)^{\frac{n-1}{2}}}$ となる．

（3） n 秒後まで一度も B, C, D に滞在しない事象をそれぞれ $\overline{B},\ \overline{C},\ \overline{D}$ とする．

$\overline{B}$ になるのは，毎回 A, C, D のいずれかにいて次回には確率 $\frac{2}{3}$ で他の 2 つのどれかに行く場合である．

$P(\overline{B})=\left(\frac{2}{3}\right)^n$ である．$\overline{C},\ \overline{D}$ についても同様である．

「$\overline{B}$ かつ $\overline{C}$」になるのは B にも C にも滞在しないときで，それは毎回確率 $\frac{1}{3}$ で A と D の間を往復する場合である．$P(\overline{B}\cap\overline{C})=\left(\frac{1}{3}\right)^n$ である．「$\overline{C}$ かつ $\overline{D}$」，「$\overline{D}$ かつ $\overline{B}$」についても同様である．

「$\overline{B}$ かつ $\overline{C}$ かつ $\overline{D}$」になることはないから，$P(\overline{B}\cap\overline{C}\cap\overline{D})=0$ である．

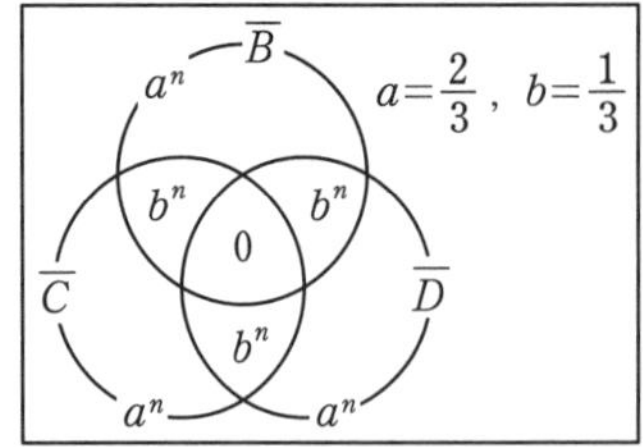

$$P(\overline{B}\cup\overline{C}\cup\overline{D})$$
$$=P(\overline{B})+P(\overline{C})+P(\overline{D})$$
$$-P(\overline{B}\cap\overline{C})-P(\overline{C}\cap\overline{D})-P(\overline{D}\cap\overline{B})$$
$$+P(\overline{B}\cap\overline{C}\cap\overline{D})$$
$$=\mathbf{3}\left\{\left(\frac{2}{3}\right)^n-\left(\frac{1}{3}\right)^n\right\}$$

注意 本問は表現としてまずい部分がある．1つは辺は両端を含むとするのが普通で，特に除く場合にはそれを注意するものである．Bに行く場合，それは△BCDの辺上にのることになる．だからうるさく言うなら，(3)の確率は0である．解答者に「ああ，これは点B，C，Dは辺BC，CD，DBに含めないのだな」と「うまく読むことを期待している」点で，よくない．

さらに，「サイコロを振って出た目」というのは，サイコロを振ったと仮定して，コンマ数秒後の未来に目を移し，そのとき出たであろう目という，仮定法未来というべき文章であるが，長時間あとの未来のことではなかろう．「通過しなかった」という文章は，ありえないと，私は考える．「通過しない」「一度も通らない頂点がある」という日本語の方が自然である．日本語はもともと時制があいまいである．仮定法ならば，明確に「やったと仮定して」と，仮定という言葉を入れない限り，過去形に見えてしまうのだから，表現に工夫をすべきと思う．

《連立漸化式 (B15)》

725. n を1以上の整数とする．1枚のコインを n 回投げ，$a_1, a_2, a_3, \cdots, a_n$ を次のように定める．$a_0=1$ として，k 回目 $(k=1, 2, 3, \cdots, n)$ にコインを投げたときに表が出たら $a_k=2a_{k-1}$ とし，裏が出たら $a_k=a_{k-1}+1$ とする．n 回投げ終えたときに，a_n を3で割った余りが1となる確率を p_n，a_n を3で割った余りが2となる確率を q_n とする．

(1) p_1, q_1, p_2, q_2 を求めよ．

(2) p_{n+1} および q_{n+1} を p_n または q_n を用いて表せ．

(3) (1)と(2)で定まる数列 $\{p_n\}$ および $\{q_n\}$ の一般項を求めよ．(23 徳島大・理工，医(保健))

▶解答◀ (1) $a_0=1$ より，1回目にコインを投げて，表が出たら $a_1=2a_0=2$，裏が出たら $a_1=a_0+1=2$ であるから $\boldsymbol{p_1=0, q_1=1}$

$a_1=2$ より，2回目にコインを投げて，表が出たら $a_2=2a_1=4$，裏が出たら $a_2=a_1+1=3$ であるから，$\boldsymbol{p_2=\frac{1}{2}, q_2=0}$

(2) a_n を3で割った余りが0になる確率を r_n とおく．

$$p_n+q_n+r_n=1 \quad \cdots\cdots①$$
$$q_1=1,\ p_1=r_1=0$$

推移図より

$$p_{n+1}=\frac{1}{2}q_n+\frac{1}{2}r_n \quad \cdots\cdots②$$
$$\boldsymbol{q_{n+1}=p_n}$$
$$r_{n+1}=\frac{1}{2}q_n+\frac{1}{2}r_n$$

①，②より $p_{n+1}=\frac{1}{2}(1-p_n)$

$$\boldsymbol{p_{n+1}=-\frac{1}{2}p_n+\frac{1}{2}}$$

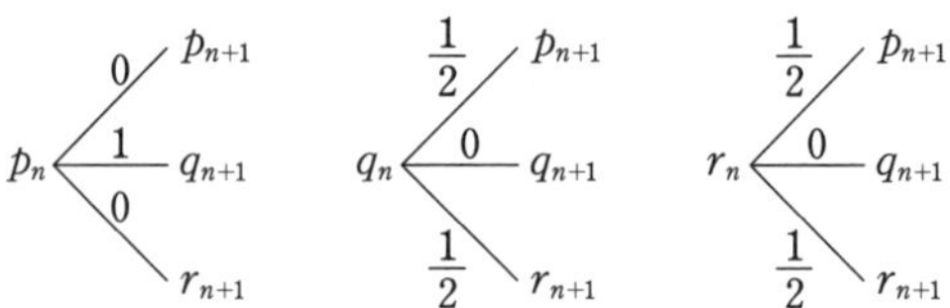

(3) (2)より $p_{n+1}-\frac{1}{3}=-\frac{1}{2}\left(p_n-\frac{1}{3}\right)$

数列 $\left\{p_n-\frac{1}{3}\right\}$ は公比 $-\frac{1}{2}$ の等比数列であるから

$$p_n-\frac{1}{3}=\left(p_1-\frac{1}{3}\right)\cdot\left(-\frac{1}{2}\right)^{n-1}$$
$$p_n=\boldsymbol{\frac{1}{3}\left\{1-\left(-\frac{1}{2}\right)^{n-1}\right\}}$$

また(2)より $n\geqq 2$ のとき

$$q_n=p_{n-1}$$
$$q_n=\boldsymbol{\frac{1}{3}\left\{1-\left(-\frac{1}{2}\right)^{n-2}\right\}}$$

結果は $n=1$ のときも成り立つ．

《連立漸化式 (B20)》

726. 1個のさいころを投げて出た目によって数直線上の点Pを動かすことを繰り返すゲームを考える．最初のPの位置を $a_0=0$ とし，さいころを n 回投げたあとのPの位置 a_n を次のルールで定める．

- $a_{n-1}=7$ のとき，$a_n=7$

- $a_{n-1} \neq 7$ のとき，n 回目に出た目 m に応じて

 $a_{n-1}+m=1, 3, 4, 5, 6, 7$ のとき

 $$a_n=a_{n-1}+m$$

 $a_{n-1}+m=2, 12$ のとき $a_n=1$

 $a_{n-1}+m=8, 9, 10, 11$ のとき

 $$a_n=14-(a_{n-1}+m)$$

（1） $a_2=1$ となる確率を求めよ．

（2） $n \geqq 1$ について，$a_n=7$ となる確率を求めよ．

（3） $n \geqq 3$ について，$a_n=1$ となる確率を求めよ．（23　千葉大・前期）

▶解答◀ 0をスタートとし，7をゴールとするすごろくである．ゴール(7)を通過する場合は，多すぎた分だけ折り返し，次の回からは再び7を目指す．2に止まると，1に戻される．一度7についたあとは，そのまま動かない．

$a_n=1, 3, 4, 5, 6$ に対して，$n+1$ 回目に出る目 m とそのときのPの移動先を表にすると，以下のとおりである．

$a_n \backslash m$	1	2	3	4	5	6
1	1	3	4	5	6	7
3	4	5	6	7	6	5
4	5	6	7	6	5	4
5	6	7	6	5	4	3
6	7	6	5	4	3	1

（1） $a_2=1$ となるのは，$a_1=1$ で2回目に1が出るときと，$a_1=6$ で2回目に6が出るときである．

$a_1=1$ となるのは1回目に1または2が出るときで，$a_1=6$ となるのは1回目に6が出るときであるから，求める確率は

$$\frac{2}{6}\cdot\frac{1}{6}+\frac{1}{6}\cdot\frac{1}{6}=\frac{3}{36}=\boldsymbol{\frac{1}{12}}$$

（2） 表より，$n \geqq 1$ のとき，$n+1$ 回目に7につく確率は，a_n の値によらず $\frac{1}{6}$ である．

$n=1$ のとき，$a_n=7$ となることはないから，$a_n=7$ となる確率は0である．

$n \geqq 2$ のとき，$a_n=7$ とならないのは，2〜n 回目のいずれでも7にいけないときであるから，その確率は $\left(\frac{5}{6}\right)^{n-1}$ である．したがって，求める確率は $\boldsymbol{1-\left(\frac{5}{6}\right)^{n-1}}$ である．これは，$n=1$ のときも成り立つ．

（3） $a_n=1$ となる確率を p_n，$3 \leqq a_n \leqq 5$ となる確率を q_n，$a_n=6$ となる確率を r_n とおく．表より，

$$p_{n+1}=\frac{1}{6}p_n+\frac{1}{6}r_n \quad \cdots\cdots ①$$

$$q_{n+1}=\frac{1}{2}p_n+\frac{1}{2}q_n+\frac{1}{2}r_n \quad \cdots\cdots ②$$

$$r_{n+1}=\frac{1}{6}p_n+\frac{1}{3}q_n+\frac{1}{6}r_n$$

である．（2）より，

$$p_n+q_n+r_n=\left(\frac{5}{6}\right)^{n-1} \quad \cdots\cdots ③$$

であるから，② より

$$q_{n+1}=\frac{1}{2}(p_n+q_n+r_n)=\frac{1}{2}\left(\frac{5}{6}\right)^{n-1}$$

$n \geqq 2$ のとき，

$$q_n=\frac{1}{2}\left(\frac{5}{6}\right)^{n-2}$$

これと ③ とから

$$p_n+r_n=\frac{5}{6}\left(\frac{5}{6}\right)^{n-2}-\frac{1}{2}\left(\frac{5}{6}\right)^{n-2}=\frac{1}{3}\left(\frac{5}{6}\right)^{n-2}$$

であるから，① より

$$p_{n+1}=\frac{1}{6}(p_n+r_n)=\frac{1}{18}\left(\frac{5}{6}\right)^{n-2}$$

$n \geqq 3$ のとき，

$$p_n=\boldsymbol{\frac{1}{18}\left(\frac{5}{6}\right)^{n-3}}$$

《連立漸化式 (B20)》

727. 平面上に相異なる4点A，B，C，Dがある．動く点Pが，時刻 n において，これらのいずれかの点にあるとき，時刻 $n+1$ にどの点にあるかを定める確率が下の表で与えられている．たとえば，Pが時刻 n にBにあるとき，時刻 $n+1$ にDにある確率は $\frac{1}{2}$ である．

$n \diagdown n+1$	A	B	C	D
A	0	$\frac{1}{3}$	$\frac{1}{3}$	$\frac{1}{3}$
B	$\frac{1}{4}$	0	$\frac{1}{4}$	$\frac{1}{2}$
C	$\frac{1}{4}$	0	$\frac{1}{4}$	$\frac{1}{2}$
D	$\frac{1}{3}$	$\frac{1}{3}$	$\frac{1}{3}$	0

（1） 時刻1にPがCにあるとき，時刻3にPがBにある確率を求めよ．

（2） 時刻1にPがAにあるとき，時刻 n にPがBにある確率を求めよ．（23　一橋大・後期）

▶解答◀ （1） PがCからAに確率 $\frac{1}{4}$ で移るのを $\mathrm{C} \xrightarrow{\frac{1}{4}} \mathrm{A}$ と表す．他も同様とする．時刻1にPがCにあるとき，時刻3にPがBにあるのは

$$\mathrm{C} \xrightarrow{\frac{1}{4}} \mathrm{A} \xrightarrow{\frac{1}{3}} \mathrm{B},\ \mathrm{C} \xrightarrow{\frac{1}{2}} \mathrm{D} \xrightarrow{\frac{1}{3}} \mathrm{B}$$

のいずれかになる場合で，求める確率は

$$\frac{1}{4}\cdot\frac{1}{3}+\frac{1}{2}\cdot\frac{1}{3}=\frac{1}{12}+\frac{1}{6}=\boldsymbol{\frac{1}{4}}$$

（2） 時刻1にPがAにあるとき，時刻nにPがA，B，C，Dにある確率をそれぞれa_n，b_n，c_n，d_nとおく．$a_1=1$，$b_1=c_1=d_1=0$である．また，時刻nにPはAかBかCかDのいずれかにあるから

$$a_n+b_n+c_n+d_n=1 \quad \cdots\cdots①$$

問題文にある確率の表を用いると

$$a_{n+1}=\frac{1}{4}b_n+\frac{1}{4}c_n+\frac{1}{3}d_n \quad \cdots\cdots②$$

$$b_{n+1}=\frac{1}{3}a_n+\frac{1}{3}d_n \quad \cdots\cdots③$$

$$c_{n+1}=\frac{1}{3}a_n+\frac{1}{4}b_n+\frac{1}{4}c_n+\frac{1}{3}d_n \quad \cdots\cdots④$$

$$d_{n+1}=\frac{1}{3}a_n+\frac{1}{2}b_n+\frac{1}{2}c_n \quad \cdots\cdots⑤$$

②＋⑤として

$$a_{n+1}+d_{n+1}=\frac{1}{3}(a_n+d_n)+\frac{3}{4}(b_n+c_n)$$

$x_n=a_n+d_n$とおくと，$x_1=a_1+d_1=1$であり，①より$b_n+c_n=1-x_n$であるから

$$x_{n+1}=\frac{1}{3}x_n+\frac{3}{4}(1-x_n)$$

$$x_{n+1}=-\frac{5}{12}x_n+\frac{3}{4}$$

$$x_{n+1}-\frac{9}{17}=-\frac{5}{12}\left(x_n-\frac{9}{17}\right)$$

数列$\left\{x_n-\frac{9}{17}\right\}$は公比$-\frac{5}{12}$の等比数列で

$$x_n-\frac{9}{17}=\left(x_1-\frac{9}{17}\right)\left(-\frac{5}{12}\right)^{n-1}$$

$$x_n-\frac{9}{17}=\frac{8}{17}\left(-\frac{5}{12}\right)^{n-1}$$

$$x_n=\frac{9}{17}+\frac{8}{17}\left(-\frac{5}{12}\right)^{n-1}$$

③より，$n\geqq 2$のとき

$$b_n=\frac{1}{3}(a_{n-1}+d_{n-1})=\frac{1}{3}x_{n-1}$$

$$b_n=\frac{3}{17}+\frac{8}{51}\left(-\frac{5}{12}\right)^{n-2}$$

$b_1=0$であるから，これは$n=1$のときは成立しない．

求める確率は

$$\boldsymbol{n=1}\text{ のとき }\boldsymbol{0},\ \boldsymbol{n\geqq 2}\text{ のとき }\boldsymbol{\frac{3}{17}+\frac{8}{51}\left(-\frac{5}{12}\right)^{n-2}}$$

《連立漸化式（B10）》

728. 正の整数aを入力すると0以上a以下の整数のどれか1つを等しい確率で出力する装置がある．この装置に$a=10$を入力する操作をn回繰り返す．出力されたn個の整数の和が偶数となる確率をp_n，奇数となる確率をq_nとするとき，以下の問いに答えよ．

（1） p_1, q_1を求めよ．答えは既約分数にし，結果のみ解答欄に記入せよ．

（2） p_{n+1}をp_n, q_nを用いて表せ．

（3） p_nをnの式で表せ． （23　中央大・経）

▶解答◀ （1） $p_1=\boldsymbol{\frac{6}{11}}$，$q_1=\boldsymbol{\frac{5}{11}}$

（2） 図を見よ．偶数（または奇数）から偶数（または奇数）になる確率は$\frac{6}{11}$，偶数（または奇数）から奇数（または偶数）に変わる確率は$\frac{5}{11}$であるから

$$\boldsymbol{p_{n+1}=\frac{6}{11}p_n+\frac{5}{11}q_n} \quad \cdots\cdots①$$

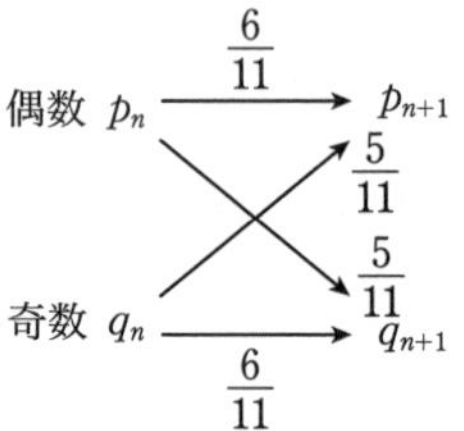

（3） $q_{n+1}=\frac{5}{11}p_n+\frac{6}{11}q_n \quad \cdots\cdots②$

①－②より

$$p_{n+1}-q_{n+1}=\frac{1}{11}(p_n-q_n)$$

数列$\{p_n-q_n\}$は等比数列であるから

$$p_n-q_n=(p_1-q_1)\left(\frac{1}{11}\right)^{n-1}$$

$$p_n-q_n=\left(\frac{1}{11}\right)^n \quad \cdots\cdots③$$

$p_n+q_n=1$と③を辺ごと足して

$$2p_n=1+\left(\frac{1}{11}\right)^n$$

$$p_n=\boldsymbol{\frac{1}{2}\left\{1+\left(\frac{1}{11}\right)^n\right\}}$$

《基本的な漸化式（B10）》

729. 地点Aと地点Bがあり，Kさんは時刻0に地点Aにいる．Kさんは1秒ごとに以下の確率で移動し，時刻0からn秒後に地点Aか地点Bにいる．

地点Aにいるとき：

$\frac{1}{2}$の確率で地点Aにとどまり，$\frac{1}{2}$の確率で地点Bに移動する．

地点Bにいるとき

$\frac{1}{6}$の確率で地点Bにとどまり，$\frac{5}{6}$の確率で地点Aに移動する．

Kさんが時刻0からn秒後に地点Aにいる確率をa_n，地点Bにいる確率をb_nで表す．

ただし，nは0以上の整数とする．

（1） a_{n+1}をa_nとb_nで表すと，

$a_{n+1}=\square a_n+\square b_n$ であり，$a_4=\square$ である．

（２） 数列 $\{a_n\}$ の一般項 a_n を n の式で表すと $\square$ である． （23 慶應大・薬）

▶解答◀ （１）（２） Kさんが$n+1$秒後にAにいるのは，n秒後にAにいて（確率 a_n），Aにとどまる（確率 $\frac{1}{2}$）かn秒後にBにいて（確率 b_n），Aに移動する（確率 $\frac{5}{6}$）ときである．よって，$a_{n+1}=\boldsymbol{\frac{1}{2}a_n+\frac{5}{6}b_n}$ である．

A（自己ループ $\frac{1}{2}$），B（自己ループ $\frac{1}{6}$），A→B $\frac{1}{2}$，B→A $\frac{5}{6}$

$b_n=1-a_n$ であるから

$$a_{n+1}=\frac{1}{2}a_n+\frac{5}{6}(1-a_n)$$

$$a_{n+1}=-\frac{1}{3}a_n+\frac{5}{6}$$

$$a_{n+1}-\frac{5}{8}=-\frac{1}{3}\left(a_n-\frac{5}{8}\right)$$

数列 $\left\{a_n-\frac{5}{8}\right\}$ は公比 $-\frac{1}{3}$ の等比数列であり，$a_0=1$ であるから

$$a_n-\frac{5}{8}=\left(a_0-\frac{5}{8}\right)\cdot\left(-\frac{1}{3}\right)^n$$

$$a_n=\boldsymbol{\frac{5}{8}+\frac{3}{8}\left(-\frac{1}{3}\right)^n}$$

$$a_4=\frac{5}{8}+\frac{3}{8}\cdot\frac{1}{3^4}=\boldsymbol{\frac{17}{27}}$$

《これが文系？（B30）》

730． ω を $x^3=1$ の虚数解のうち虚部が正であるものとする．さいころを繰り返し投げて，次の規則で4つの複素数 $0, 1, \omega, \omega^2$ を並べていくことにより，複素数の列 $z_1, z_2, z_3, \cdots$ を定める．

- $z_1=0$ とする．
- z_k まで定まったとき，さいころを投げて，出た目を t とする．このとき z_{k+1} を以下のように定める．
  - $z_k=0$ のとき，$z_{k+1}=\omega^t$ とする．
  - $z_k\neq 0$, $t=1, 2$ のとき，$z_{k+1}=0$ とする．
  - $z_k\neq 0$, $t=3$ のとき，$z_{k+1}=\omega z_k$ とする．
  - $z_k\neq 0$, $t=4$ のとき，$z_{k+1}=\overline{\omega z_k}$ とする．
  - $z_k\neq 0$, $t=5$ のとき，$z_{k+1}=z_k$ とする．
  - $z_k\neq 0$, $t=6$ のとき，$z_{k+1}=\overline{z_k}$ とする．

ここで複素数 z に対し，$\overline{z}$ は z と共役な複素数を表す．以下の問いに答えよ．

（１） $\omega^2=\overline{\omega}$ となることを示せ．

（２） $z_n=0$ となる確率を n の式で表せ．

（３） $z_3=1$, $z_3=\omega$, $z_3=\omega^2$ となる確率をそれぞれ求めよ．

（４） $z_n=1$ となる確率を n の式で表せ．

（23 九大・文系）

▶解答◀ （１） $x^3=1$

$$(x-1)(x^2+x+1)=0$$

$$x=\frac{-1\pm\sqrt{3}i}{2}$$

これより，$\omega=\dfrac{-1+\sqrt{3}i}{2}$ であり，

$$\omega^2=\frac{-1-\sqrt{3}i}{2}=\overline{\omega}$$

であるから示された．

（２） $z_n=0$ となる確率を p_n とおく．$z_{n+1}=0$ となるのは，$z_n\neq 0$ であり（確率 $1-p_n$），$t=1, 2$ となる（確率 $\frac{1}{3}$）であるから，

$$p_{n+1}=\frac{1}{3}(1-p_n)$$

$$p_{n+1}-\frac{1}{4}=-\frac{1}{3}\left(p_n-\frac{1}{4}\right)$$

これより数列 $\left\{p_n-\frac{1}{4}\right\}$ は等比数列であり，$p_1=1$ であるから

$$p_n-\frac{1}{4}=\left(-\frac{1}{3}\right)^{n-1}\left(p_1-\frac{1}{4}\right)=\frac{3}{4}\left(-\frac{1}{3}\right)^{n-1}$$

$$p_n=\boldsymbol{\frac{1}{4}\left\{1-\left(-\frac{1}{3}\right)^{n-2}\right\}}$$

（３） z_k と t の値によって z_{k+1} の値がどうなるかをまとめた表が次である．

t ＼ z_k	0	1	ω	ω^2
1	ω	0	0	0
2	ω^2	0	0	0
3	1	ω	ω^2	1
4	ω	ω^2	ω	1
5	ω^2	1	ω	ω^2
6	1	1	ω^2	ω

$z_3=1$ となるのは

- $z_2=1$（確率 $\frac{1}{3}$）で $t=5, 6$ となる（確率 $\frac{1}{3}$）
- $z_2=\omega^2$（確率 $\frac{1}{3}$）で $t=3, 4$ となる（確率 $\frac{1}{3}$）

のいずれかであるから，$z_3=1$ となる確率は

$$\frac{1}{3}\cdot\frac{1}{3}+\frac{1}{3}\cdot\frac{1}{3}=\mathbf{\frac{2}{9}}$$

$z_3=\omega$ となるのは

- $z_2=1$（確率 $\frac{1}{3}$）で $t=3$ となる（確率 $\frac{1}{6}$）
- $z_2=\omega$（確率 $\frac{1}{3}$）で $t=4, 5$ となる（確率 $\frac{1}{3}$）
- $z_2=\omega^2$（確率 $\frac{1}{3}$）で $t=6$ となる（確率 $\frac{1}{6}$）

のいずれかであるから，$z_3=\omega$ となる確率は

$$\frac{1}{3}\cdot\frac{1}{6}+\frac{1}{3}\cdot\frac{1}{3}+\frac{1}{3}\cdot\frac{1}{6}=\mathbf{\frac{2}{9}}$$

$z_3=\omega^2$ となるのは

- $z_2=1$（確率 $\frac{1}{3}$）で $t=4$ となる（確率 $\frac{1}{6}$）
- $z_2=\omega$（確率 $\frac{1}{3}$）で $t=3, 6$ となる（確率 $\frac{1}{3}$）
- $z_2=\omega^2$（確率 $\frac{1}{3}$）で $t=5$ となる（確率 $\frac{1}{6}$）

のいずれかであるから，$z_3=\omega^2$ となる確率は

$$\frac{1}{3}\cdot\frac{1}{6}+\frac{1}{3}\cdot\frac{1}{3}+\frac{1}{3}\cdot\frac{1}{6}=\mathbf{\frac{2}{9}}$$

（4） z_n が $1, \omega, \omega^2$ となる確率をそれぞれ q_n, r_n, s_n とする．図を見よ．

$$q_{n+1}=\frac{1}{3}p_n+\frac{1}{3}q_n+\frac{1}{3}s_n \quad \cdots\cdots①$$

$$r_{n+1}=\frac{1}{3}p_n+\frac{1}{6}q_n+\frac{1}{3}r_n+\frac{1}{6}s_n \quad \cdots\cdots②$$

$$s_{n+1}=\frac{1}{3}p_n+\frac{1}{6}q_n+\frac{1}{3}r_n+\frac{1}{6}s_n \quad \cdots\cdots③$$

$q_1=r_1=s_1=0$ である．②，③ より $r_n=s_n$ であるから，③ は

$$s_{n+1}=\frac{1}{3}p_n+\frac{1}{6}q_n+\frac{1}{2}s_n \quad \cdots\cdots④$$

となる．① − ④ より

$$q_{n+1}-s_{n+1}=\frac{1}{6}(q_n-s_n)$$

これより，数列 $\{q_n-s_n\}$ は等比数列であり，

$$q_n-s_n=\left(\frac{1}{6}\right)^{n-1}(q_1-s_1)=0$$

ゆえに，$q_n=r_n=s_n$ である．また，

$$p_n+q_n+r_n+s_n=1$$

であるから，

$$p_n+3q_n=1$$

$$q_n=\frac{1}{3}(1-p_n)=\mathbf{\frac{1}{4}\left\{1-\left(-\frac{1}{3}\right)^{n-1}\right\}}$$

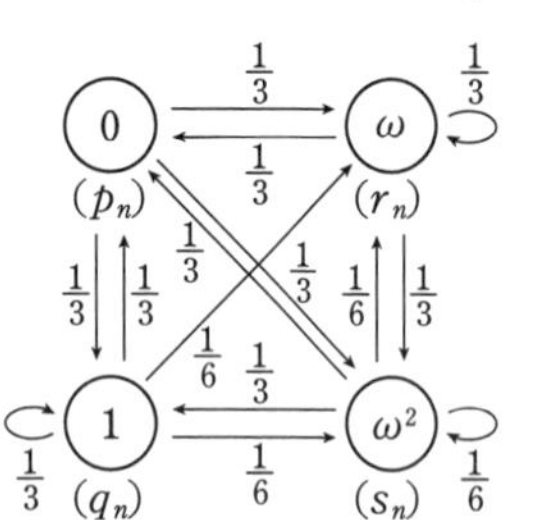

【群数列】

《易しい群 (B10) ☆》

731． 2つの集合

$A=\{n\,|\,n$ は 3 で割ると 2 余る自然数である $\}$

$B=\{n\,|\,n$ は 5 で割ると 3 余る自然数である $\}$

を考える．$A\cap B$ の要素を小さい順に並べて作った数列の第 k 項は $\square k+\square$ である．また，$A\cup B$ の要素を小さい順に並べて作った数列の第 100 項は $\square$ である．（23　上智大・文系）

▶解答◀ 1〜15 のうちで 5 で割ると 3 余る数は

3，8，13

であり，このうち 3 で割ると 2 余る数は 8 である．15 おきに出てくるから，

$8, 8+15, 8+30, \cdots$

である．$A\cap B$ の要素は初項 8，公差 15 の等差数列をなし $8+15(k-1)=\mathbf{15k-7}$ である．

$1, 2, 3, 4, 5, 6, 7, 8, 9, 10, 11, 12, 13, 14, 15$

のうち，3 で割ると 2 余る数，または 5 で割ると 3 余る数は

1 群：2，3，5，8，11，13，14 ……①

である．15 おきに出てくるから，① に 15・1 を加えた数

2 群（① + 15・1）：17，18，20，23，26，28，29

3 群（① + 15・2）：32，…，44（ここまで 21 項）

これを続ける．$7\cdot 14+2=100$ であるから，

14 群（① + 15・13）：197，…，209（ここまで 98 項）

15 群（① + 15・14）：212，213，…

100 番目は **213**

《分母が 2 の冪 (B10) ☆》

732． 数列 $\{a_n\}$ は群に分けられており，下のように，第 k 群には分母が 2^k で，かつ，分子には 2^k より小さいすべての正の奇数が小さい順に並んでいるとする．ここで，k は自然数である．

$$\frac{1}{2}\,\Big|\,\frac{1}{4},\frac{3}{4}\,\Big|\,\frac{1}{8},\frac{3}{8},\frac{5}{8},\frac{7}{8}\,\Big|\,\frac{1}{16},\frac{3}{16},\cdots$$

第 k 群のすべての項の和 S_k は $\square$ である．第 1 群から第 n 群までのすべての項の和 T_n は $\square$ であり，T_N の整数部分が 5 桁となる最小の自然数 N は $\square$ である．また，$a_n<\frac{1}{1000}$ となる最小の n は $\square$ である．（23　関西学院大）

▶解答◀ 第 k 群には $\frac{1}{2^k}, \frac{3}{2^k}, \cdots, \frac{2^k-1}{2^k}$ の 2^{k-1} 個

の分数が並ぶから

$$S_k = \frac{1}{2^k}\{1+3+\cdots+(2^k-1)\}$$
$$= \frac{1}{2^k}\cdot\frac{1}{2}\cdot 2^{k-1}\cdot\{1+(2^k-1)\} = \mathbf{2^{k-2}}$$
$$T_n = \sum_{k=1}^{n} S_k = \frac{1}{2}\cdot\frac{1-2^n}{1-2} = \mathbf{2^{n-1}-\frac{1}{2}}$$

ここで $2^{13}=8192$, $2^{14}=16384$ であるから，求める N は **15** である．

また $2^9=512$, $2^{10}=1024$ であるから，はじめて $a_n < \frac{1}{1000}$ となるのは第 10 群の最初の分数である．第 1 群から第 9 群には全部で

$$\sum_{k=1}^{9} 2^{k-1} = \frac{1-2^9}{1-2} = 511 \text{ 個}$$

の分数が並ぶから，求める n は

$$n = 511+1 = \mathbf{512}$$

《斜めに下がる (B10)》

733. 下の表のように自然数を並べ，左から m 番目，上から n 番目の数を $a(m, n)$ と書くことにする．

（1） $a(10, 1)$, $a(1, 10)$ を求めよ．

（2） $a(n, 1)$, $a(1, n)$ を求めよ．

（3） $a(m, n) = 250$ のときの m, n の値を求めよ．

1	2	4	7	11	…
3	5	8	12	…	…
6	9	13	…	…	…
10	14	…	…	…	…
15	…	…	…	…	…
…	…	…	…	…	…

（23　岐阜聖徳学園大）

▶解答◀ （1） 図を見よ．

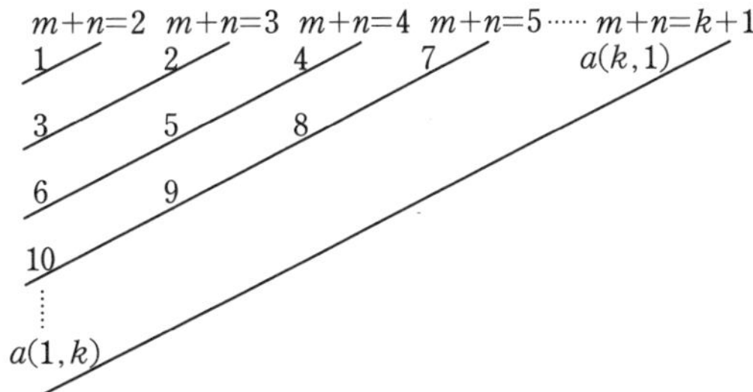

第1群 $m+n=2$ 1	第2群 $m+n=3$ 2, 3	第3群 $m+n=4$ 4, 5, 6	……	第k群 $m+n=k+1$

のように群に分ける．第 k 群には k 項がある．

$a(10, 1)$ は $m+n=11$ の群にあるから，第 10 群にある．第 9 群までには $1+2+\cdots+9$ 項あるから

$$a(10, 1) = 1+2+\cdots+9+1$$
$$= \frac{1}{2}\cdot 9\cdot 10+1 = \mathbf{46}$$
$$a(1, 10) = 1+2+\cdots+10 = \frac{1}{2}\cdot 10\cdot 11 = \mathbf{55}$$

（2） $a(m, n) = 1+2+\cdots+(m+n-2)+n$

$$= \frac{1}{2}(m+n-2)(m+n-1)+n$$
$$a(n, 1) = \mathbf{\frac{1}{2}(n-1)n+1}$$
$$a(1, n) = \mathbf{\frac{1}{2}n(n+1)}$$

（3） $\frac{1}{2}(m+n-2)(m+n-1)+n = 250$

$$\frac{1}{2}(m+n-2)(m+n-1) < 250$$
$$\leqq \frac{1}{2}(m+n-1)(m+n)$$

$m+n-1=k$ とおくと

$$\frac{1}{2}(k-1)k < 250 \leqq \frac{1}{2}k(k+1)$$

$\frac{1}{2}k^2 \fallingdotseq 250$ としてみると

$$k^2 \fallingdotseq 500 \qquad \therefore \quad k \fallingdotseq 10\sqrt{5} = 22.3\cdots$$

$k=22$ としてみると $231 < 250 \leqq 253$ で成り立つ．

$m+n-1=22$ より

$$\frac{1}{2}\cdot 21\cdot 22+n = 250$$

であり，$n = 250-231 = \mathbf{19}$, $m = 23-n = \mathbf{4}$

注意 $a(m, n) = N$ とおく．$m+n-1=k$ として

$$\frac{1}{2}(k-1)k < N \leqq \frac{1}{2}k(k+1)$$
$$k^2-k-2N < 0,\ k^2+k-2N \geqq 0$$
$$\frac{-1+\sqrt{1+8N}}{2} \leqq k < \frac{1+\sqrt{1+8N}}{2}$$

この区間の幅が 1 であるから

$$k = \left\lceil \frac{-1+\sqrt{1+8N}}{2} \right\rceil$$

$\lceil x \rceil$ は ceiling function で，小数部分の切り上げ，x 以上の最小の整数を表す．この k に対し

$$n = N-\frac{1}{2}(k-1)k,\ m = k+1-n$$

と表される．

《斜めに下がる (B20)》

734. 自然数 1, 2, 3, 4, … を下表のように並べていく．

行＼列	1	2	3	4	5	…
1	1	2	4	7	11	⋰
2	3	5	8	12	⋰	⋰
3	6	9	13	⋰	⋰	⋰
4	10	14	⋰	⋰	⋰	⋰
5	15	⋰	⋰	⋰	⋰	⋰
⋮	⋰	⋰	⋰	⋰	⋰	⋰

（1） 第 1 行第 k 列の数 a_k を k で表しなさい．

（2） 第 10 行第 20 列の数を求めなさい．

（3） 2023 は第何行第何列にあるか求めなさい．

（23 東北福祉大）

▶解答◀ x 行 y 列の数で $x+y$ の値が等しいものを 1 つの群にする．

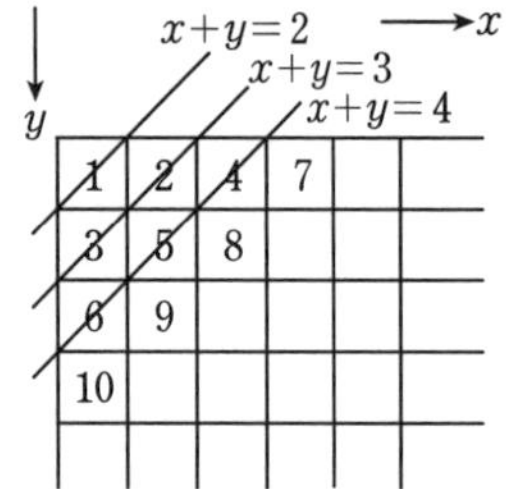

1 群	2 群		$k-1$ 群	k 群
$x+y=2$	$x+y=3$	…	$x+y=k$	$x+y=k+1$
1 項	2 項		$k-1$ 項	k 項
1	2, 3			

（**1**） y 行 x 列の数を $N(y,x)$ とする．$N(1,k)$ は第 k 群の 1 番目にある．$k \geqq 2$ のときそれまでの各群に $1, 2, \cdots, k-1$ 個あるから

$$N(1,k) = 1+2+\cdots+(k-1)+1$$

$$a_k = \boldsymbol{\frac{1}{2}k(k-1)+1}$$

結果は $k=1$ でも正しい．

（**2**） $N(y,x)$ がある群は $x+y-1$ 群である．

$x+y \geqq 3$ のとき

$$N(y,x) = 1+\cdots+(x+y-2)+y$$

$$= \frac{1}{2}(x+y-2)(x+y-1)+y$$

結果は $x+y=2$ でも成り立つ．

$$N(10,20) = \frac{1}{2}\cdot 28\cdot 29+10 = \mathbf{416}$$

（**3**） $2023 = N(y,x)$ とする．

$$\frac{1}{2}(x+y-2)(x+y-1)+y = 2023$$

$$\frac{1}{2}(x+y-2)(x+y-1) < 2023$$

$$\leqq \frac{1}{2}(x+y-1)(x+y)$$

$x+y-1=k$ とおく．

$$\frac{1}{2}(k-1)k < 2023 \leqq \frac{1}{2}k(k+1)$$

$\frac{1}{2}k^2 \fallingdotseq 2000$ としてみる．$k^2 \fallingdotseq 4000$

$$k \fallingdotseq 20\sqrt{10} = 20\cdot 3.16\cdots = 63.\cdots$$

$k=64$ としてみると $2016 < 2023 \leqq 2080$ で成り立つ．

$$2016+y = 2023$$

$$y=7,\ x+y-1=64$$

$$x = 64-6 = 58$$

第 **7** 行第 **58** 列である．

注意 $N(y,x)=N$ とする．

$$\frac{1}{2}(k-1)k < N \leqq \frac{1}{2}k(k+1)$$

$$k^2-k-2N<0,\ k^2+k-2N \geqq 0$$

$\dfrac{-1+\sqrt{1+8N}}{2} \leqq k < \dfrac{1+\sqrt{1+8N}}{2}$ での区間の幅は 1 であるから $k = \left\lceil \dfrac{-1+\sqrt{1+8N}}{2} \right\rceil$ である．

$\lceil x \rceil$ は ceiling function で，x 以上の最小の整数を表す．

《斜めに上がる (B20) ☆》

735． xy 平面上で，x 座標と y 座標がともに正の整数であるような各点に，下の図のような番号をつける．点 (m,n) につけた番号を $f(m,n)$ とする．たとえば，$f(1,1)=1$，$f(3,4)=19$ である．

y＼x	1	2	3	4	5	6
6	21	…				
5	15	20	…			
4	10	14	19	…		
3	6	9	13	18	…	
2	3	5	8	12	17	…
1	1	2	4	7	11	16

（1） $f(m,n)+f(m+1,n+1) = 2f(m,n+1)$ が成り立つことを示せ．

（2） $f(m,n)+f(m+1,n)+f(m,n+1)$
$+f(m+1,n+1) = 2023$
となるような整数の組 (m,n) を求めよ．

（23 一橋大・前期）

▶解答◀ 直線 $x+y=k+1$ 上にある格子点につけた番号を小さい順に並べて第 k 群とする．第 k 群の項数は k である．第 k 群の最後の項は

$$1+2+\cdots+k = \frac{1}{2}k(k+1)$$

である．

$m+n=k+1$ のとき $k=m+n-1$ であり，$k-1$ 群までは

$1+2+\cdots+(k-1)=\frac{1}{2}(k-1)k$

$=\frac{1}{2}(m+n-2)(m+n-1)$ 項ある．(m, n) はその n 項後にあるから，

$$f(m, n)=\frac{1}{2}(m+n-2)(m+n-1)+n$$

である．なお，$(m, n)=(1, 1)$ のときは $k=1$ で 0 群というのは意味がない文章になるが，結果の式には変わりがない．$m+n=t$ とおく．

$$f(m, n)=\frac{1}{2}(t-2)(t-1)+n$$
$$=\frac{1}{2}(t^2-3t+2)+n$$
$$f(m+1, n+1)=\frac{1}{2}(m+n)(m+n+1)+n+1$$
$$=\frac{1}{2}t(t+1)+n+1=\frac{1}{2}(t^2+t)+n+1$$
$$f(m, n+1)=\frac{1}{2}(m+n-1)(m+n)+n+1$$
$$=\frac{1}{2}(t-1)t+n+1=\frac{1}{2}(t^2-t)+n+1$$

よって

$$f(m, n)+f(m+1, n+1)$$
$$=t^2-t+2n+2=2f(m, n+1)$$

（1） $f(m+1, n)=\frac{1}{2}(m+n-1)(m+n)+n$

$$=\frac{1}{2}(t-1)t+n=\frac{1}{2}(t^2-t)+n$$

以上を

$f(m, n)+f(m+1, n)+f(m, n+1)$
$+f(m+1, n+1)=2023$

に代入し

$$2t^2-2t+4n+3=2023$$
$$t^2-t+2n=1010$$
$$t^2-t<t^2-t+2n<t^2-t+2n+2m$$
$$t^2-t<1010<t^2+t$$
$$t(t-1)<1010<t(t+1)$$

$t^2 \fallingdotseq 1000$ とすると $t \fallingdotseq 10\sqrt{10}=31.6\cdots$

$t=32$ としてみると $992<1010<1056$ で成り立つ．$g(t)=t(t-1)$ とすると $g(t)$ は $t>1$ で増加関数で，$g(t)<1010<g(t+1)$ を満たす t の値は 1 つしかない．$m+n=32$ であり，$992+2n=1010$ となる．$n=9$ である．

$$(m, n)=\mathbf{(23, 9)}$$

注意

$f(m+1, n)$ は第 $m+n$ 群において $f(m, n+1)$ の 1 つ前の項であるから

$$f(m+1, n)=f(m, n+1)-1$$

これと（1）の等式を

$$f(m, n)+f(m+1, n)+f(m, n+1)$$
$$+f(m+1, n+1)=2023$$

に代入すると

$$4f(m, n+1)-1=2023$$
$$f(m, n+1)=506$$

となる．しかし，こんなことは気づかない．

《法則を明確に書く (B20) ☆》

736． ある数列 $\{a_n\}$ $(n=1, 2, 3, \cdots)$ を

$$\underset{\text{第1群}}{a_1} \mid \underset{\text{第2群}}{a_2, a_3} \mid \underset{\text{第3群}}{a_4, a_5, a_6} \mid \underset{\text{第4群}}{a_7, a_8, a_9, a_{10}} \mid a_{11}, \cdots$$

のように，第 m 群が m 個の項を含むように分けると $(m=1, 2, 3, \cdots)$，第 m 群の k 番目 $(1 \leqq k \leqq m)$ の項が $\frac{2k-1}{2m}$ と表されるとする．

（1） 第 2 群の 1 番目の項 a_2 と第 6 群の 2 番目の項 a_{17} をそれぞれ求めよ．

（2） 第 m 群に含まれるすべての項の和 T_m を m で表せ．

（3） a_n が，第 m 群の k 番目の項であるとき，n を m と k で表せ．

（4） a_{200} を求めよ．

（5） 第 m 群の k 番目の項が $\frac{1}{4}$ に等しいとき，m を k で表せ．

（6） $a_n=\frac{1}{4}$，$1 \leqq n \leqq 200$ を満たす n の個数を求めよ．（23 南山大・経済）

▶解答◀ （1） $m=2$，$k=1$ のとき

$$a_2=\frac{2\cdot 1-1}{2\cdot 2}=\mathbf{\frac{1}{4}}$$

$m=6$，$k=2$ のとき $a_{17}=\frac{2\cdot 2-1}{2\cdot 6}=\mathbf{\frac{1}{4}}$

（2） $T_m=\sum_{k=1}^{m}\frac{2k-1}{2m}$

$$=\frac{1}{2m}\left\{2\cdot\frac{1}{2}m(m+1)-m\right\}=\mathbf{\frac{m}{2}}$$

（3） 第 i 群には i 個の数があるから

$m \geqq 2$ のとき

$$n=\sum_{i=1}^{m-1}i+k=\mathbf{\frac{1}{2}m(m-1)+k} \quad \cdots\cdots\cdots\cdots\text{①}$$

これは $m=1$，$k=1$ のときも成り立つ．

（4） a_{200} が第 m 群にあるとすると，

$$\frac{1}{2}m(m-1)+1 \leqq 200 \leqq \frac{1}{2}m(m-1)+m$$
$$m(m-1)+2 \leqq 400 \leqq m(m+1) \quad \cdots\cdots\cdots\cdots\text{②}$$

$m^2 \fallingdotseq 400$ とすると $m \fallingdotseq 20$ である．

$m=20$ を ② に代入すると成り立つ．

$m=20$, $n=200$ を ① に代入して

$$\frac{1}{2}\cdot 20\cdot 19+k=200 \qquad \therefore\ k=10$$

したがって

$$a_{200}=\frac{2\cdot 10-1}{2\cdot 20}=\mathbf{\frac{19}{40}}$$

（5）$\dfrac{2k-1}{2m}=\dfrac{1}{4}$ $\qquad\therefore\ \boldsymbol{m=4k-2}$

（6）$a_n=\dfrac{1}{4}$ を満たすとき，a_n は第 $4k-2$ 群の k 番目にあるから ① より

$$n=\frac{1}{2}(4k-2)(4k-3)+k$$

$1\leqq n\leqq 200$ であるから

$$1\leqq \frac{1}{2}(4k-2)(4k-3)+k\leqq 200$$

$$2\leqq (4k-2)(4k-3)+2k\leqq 400 \quad\cdots\cdots\cdots\cdots③$$

$k\geqq 1$ のとき $(4k-2)(4k-3)+2k\geqq 4$ であるから，左側の不等号は常に成り立つ．

$(4k-2)^2\fallingdotseq 400$ とすると，$4k-2\fallingdotseq 20$ であるから $k\fallingdotseq 5$ である．

$f(k)=(4k-2)(4k-3)+2k$ とおくと

$$f(5)=18\cdot 17+10=316$$

$$f(6)=22\cdot 21+12=474$$

であるから，③ を満たすものは $k=1, 2, 3, 4, 5$ である．

したがって

$$(k, m)=(k, 4k-2)$$
$$=(1, 2), (2, 6), (3, 10), (4, 14), (5, 18)$$

となり，$m\geqq k$ であるから $a_n=\dfrac{1}{4}$，$1\leqq n\leqq 200$ を満たす n の個数は **5** である．

《規則が書いてある問題（B10）☆》

737．初項 2，公差 3 の等差数列を $\{a_n\}$ とおき，これを次のように群に分ける．

$$\underset{\text{第1群}}{a_1}\ |\ \underset{\text{第2群}}{a_2, a_3, a_4}\ |\ \underset{\text{第3群}}{a_5, a_6, a_7, a_8, a_9}\ |\cdots$$

ここで，$l=1, 2, \cdots$ に対し，第 l 群には $(2l-1)$ 個の項が入っているものとする．

（1）第 12 群に入っている項のなかで 4 番目の項は □ である．

（2）初めて 1000 より大きくなる項は，第 □ 群のなかで □ 番目の項である．

（23　法政大・文系）

▶解答◀（1）一般項は

$a_n=2+(n-1)\cdot 3=3n-1$ である．

第1群	第2群	……	第 l 群
1項	3項		$2l-1$ 項

第 n 群の末項までの項数は

$$\sum_{l=1}^{n}(2l-1)=\frac{1}{2}(1+2n-1)\cdot n=n^2$$

であるから，第 12 群の 4 番目は最初から数えて $11^2+4=125$ 項目である．よって，求める項は

$$a_{125}=3\cdot 125-1=\mathbf{374}$$

（2）$a_n>1000$ になるとき $3n-1>1000$ であり

$$n>\frac{1001}{3}=333.6\cdots$$

これを満たす最小の自然数は $n=334$ である．第 334 項が第 n 群に属するとする．

$$(n-1)^2<334\leqq n^2$$

$n^2=300$ としてみると $n=10\sqrt{3}=17.\cdots$ であり，$18^2=324$, $19^2=361$ であるから $n=19$ のとき $324<334\leqq 361$ となり，成り立つ．

よって，第 **19** 群のなかで $334-324=\mathbf{10}$ 番目の項．

《奇数を群に（B20）》

738．数列

$$1, 1, 3, 1, 3, 5, 7, 1, 3, 5, 7, 9, 11, 13, 15, \cdots$$

を $\{a_n\}$ とし，これを次のような群に分ける．

$$\underset{\text{第1群}}{1}\ |\ \underset{\text{第2群}}{1, 3}\ |\ \underset{\text{第3群}}{1, 3, 5, 7}\ |\ \underset{\text{第4群}}{1, 3, 5, 7, 9, 11, 13, 15}\ |\cdots$$

ここで，第 m 群（$m=1, 2, 3, \cdots$）に含まれる項は 1 から 2^m-1 までの奇数であるとする．このとき，次の問いに答えよ．

（1）2023 という項が現れる最初の群は第何群であるか答えよ．

（2）第 m 群（$m=1, 2, 3, \cdots$）に含まれる項の総和 S_m を m の式で表せ．

（3）$a_1+a_2+a_3+\cdots+a_n\geqq 2023$ を満たす最小の自然数 n を N とするとき，第 N 項 a_N を含む群は第何群であるか答えよ．

（4）（3）で定めた N および a_N を求めよ．

（23　宇都宮大・前期）

▶解答◀（1）2023 が最初に第 m 群に現れるとき，

$2^{m-1}-1<2023\leqq 2^m-1$ $\cdots\cdots\cdots\cdots\cdots\cdots①$

$2^{10}=1024$, $2^{11}=2048$ であるから $m=11$ とすると

$$1023<2023\leqq 2047$$

で ① が成り立つ．したがって，2023 は第 **11** 群に初めて現れる．

（2）第 m 群には 2^{m-1} 項ある．第 m 群の項の和は

$$S_m=\frac{1}{2}(1+2^m-1)\cdot 2^{m-1}=(2^{m-1})^2=\mathbf{4^{m-1}}$$

（３） 第 m 群までに現れる項の和を T_m とする．

$$T_m=\sum_{k=1}^{m}4^{k-1}=1\cdot\frac{4^m-1}{4-1}=\frac{1}{3}(4^m-1)$$

a_N を含む群を m 群とする．

$$\underbrace{\underbrace{\cdots\cdots}_{T_{m-1}}\ \Big|\ \underset{m\text{群}}{\cdots\cdots a_N\cdots\cdots}}_{T_m}\ \Big|\ \cdots\cdots$$

$$T_{m-1}<2023\leqq T_m$$

$$\frac{1}{3}(4^{m-1}-1)<2023\leqq\frac{1}{3}(4^m-1)$$

$\frac{1}{3}\cdot4^m\fallingdotseq2023$ として $4^m\fallingdotseq6069$

$4^5=1024$ だから $4^6=4096$, $4^7=16384$

$m=7$ とすると $1365<2023\leqq5461$ で成り立つ．

$$m=\mathbf{7}$$

（４） 1365 は第 6 群の最後までの和である．第 7 群の第 1 項から第 k 項までの和は $1+\cdots+(2k-1)=k^2$ であるから，

$$(k-1)^2<2023-1365\leqq k^2$$

$$(k-1)^2<658<k^2$$

$25^2=625$, $26^2=676$ より $k=26$ で成り立つ．

$$N=\sum_{m=1}^{6}2^{m-1}+26=1\cdot\frac{2^6-1}{2-1}+26$$

$$=63+26=\mathbf{89}$$

《規則が書いてない問題（B10）》

739．第 n 群が $2n-1$ 個の数を含む群数列

$$1\Big|\frac{2}{3},\frac{3}{3},\frac{4}{3}\Big|\frac{5}{5},\frac{6}{5},\frac{7}{5},\frac{8}{5},\frac{9}{5}$$

$$\Big|\frac{10}{7},\frac{11}{7},\frac{12}{7},\frac{13}{7},\frac{14}{7},\frac{15}{7},\frac{16}{7}\Big|\frac{17}{9},\cdots$$

について考える．この数列の第 n 群の最初の数は □ であり，第 n 群の総和は □ である．

（23 愛知大）

考え方 問題文として「うまく読んでね」という甘えがある．第 n 群の分母が $2n-1$ ということは書いてない．その保証はない．第 n 群の分母が $2n-1+(n-1)(n-2)(n-3)(n-4)(n-5)$ であるかもしれない．分子についても，どんな数が並ぶかは，わからない．5 群の分子が 17 から 25 としても，次の群の分子が 126 から 136 かもしれない．これでも，6 群の項数が 11 で，規則に反しているわけではない．だから，本当は，この問題は解けない．誰も，こうした悪文をやり玉にあげないから，なくならない．最初の項も $\frac{1}{1}$ にしておいて「左から k 番目の項の分子は k である，第 n 群の分母は $2n-1$ である」と書くだけで確定する．

▶解答◀ 第 k 群には $2k-1$ 項があるから第 n 群の末項までの項数は $\sum_{k=1}^{n}(2k-1)=\frac{1}{2}(1+2n-1)\cdot n=n^2$ である．第 n 群の分子は $(n-1)^2+1\sim n^2$ であるから第 n 群の最初の項は $\boldsymbol{\frac{(n-1)^2+1}{2n-1}}$，第 n 群の総和は

$$\frac{1}{2n-1}\cdot\frac{1}{2}\{(n-1)^2+1+n^2\}\cdot(2n-1)$$

$$=\boldsymbol{n^2-n+1}$$

第 1 群	第 2 群	第 3 群		第 n 群
1 項	3 項	5 項		$2n-1$ 項
分母 1	分母 3	分母 5	…	分母 $2n-1$
分子 1	分子 2 ～ 4	分子 5 ～ 9		分子 $(n-1)^2+1$
$\frac{1}{1}$	$\frac{2}{3},\frac{3}{3},\frac{4}{3}$	$\frac{5}{5},\cdots,\frac{9}{5}$		$\sim n^2$

《個数が等差数列（B20）》

740．次の □ にあてはまる答を解答欄に記入しなさい．

自然数の列 1, 2, 3, 4, … を第 n 群が $(3n-2)$ 個の項からなるよう群に分ける：

1 | 2, 3, 4, 5 | 6, 7, 8, 9, 10, 11, 12 | 13, …

すると，第 4 群の 10 番目の項は □ である．

第 n 群の最後の項を a_n とする．

$a_1=1$, $a_2=5$, $a_3=12$ であり，$a_5=$ □ である．

$n\geqq2$ に対して a_n-a_{n-1} を n を用いて表すと $a_n-a_{n-1}=$ □ となる．

よって $a_n=$ □ であり，第 n 群の最初の項は □ である．また，第 13 群の 13 番目の項は □ であり，3776 は第 □ 群の □ 番目であることがわかる．

第 n 群の項の和は □ である．

（23 明治薬大・前期）

▶解答◀ 第 4 群の 10 番目の項は

$$13+9=\mathbf{22}$$

第 n 群には $3n-2$ 個の数が入るから第 n 群の最後は最初から数えて

$$1+4+7+\cdots+(3n-2)$$

$$=\frac{1}{2}(1+3n-2)\cdot n=\frac{1}{2}n(3n-1)\ (\text{番目})$$

であり，第 n 群の最後の項 a_n は

$$a_n=\boldsymbol{\frac{1}{2}n(3n-1)}$$

$$a_5=\frac{1}{2}\cdot5\cdot14=\mathbf{35}$$

$$a_n-a_{n-1}$$

$$=1+4+\cdots+(3n-5)+(3n-2)$$

$-\{1+4+\cdots+(3n-5)\}$

$= \mathbf{3n-2}$

第 n 群の最初の項は，$n \geqq 2$ のとき

$$a_{n-1}+1=\frac{1}{2}(n-1)(3n-4)+1$$
$$=\boldsymbol{\frac{3}{2}n^2-\frac{7}{2}n+3}$$

結果は $n=1$ でも成り立つ．

第 13 群の 13 番目の項は

$$a_{12}+13=\frac{1}{2}\cdot 12\cdot 35+13=\mathbf{223}$$

3776 が第 n 群に含まれるとすると

$$a_{n-1}<3776 \leqq a_n$$
$$\frac{1}{2}(n-1)(3n-4)<3776 \leqq \frac{1}{2}n(3n-1) \quad \cdots\cdots ①$$

である．ここで $\frac{3}{2}n^2 \fallingdotseq 3900$ とすると $n^2 \fallingdotseq 2600$ である．$50^2=2500$ であるから，$n=50$ を ① に代入して

$$\frac{1}{2}\cdot 49\cdot 146<3776 \leqq \frac{1}{2}\cdot 50\cdot 149$$
$$3577<3776 \leqq 3725$$

で成り立たず，$n=51$ を ① に代入して

$$\frac{1}{2}\cdot 50\cdot 149<3776 \leqq \frac{1}{2}\cdot 51\cdot 152$$
$$3725<3776 \leqq 3876$$

で成り立つ．$3776-3725=51$ だから，3776 は第 **51** 群の **51** 番目である．

第 n 群の項の和は

$$\frac{1}{2}\left(\frac{3}{2}n^2-\frac{7}{2}n+3+\frac{1}{2}n(3n-1)\right)(3n-2)$$
$$=\boldsymbol{\frac{1}{2}(3n^2-4n+3)(3n-2)}$$

《奇妙な規則 (C40)》

741．数列 $\{a_n\}$ は，初項からの並びが，

1, 1,

1, 3, 3, 1,

1, 5, 3, 3, 5, 1,

1, 7, 3, 5, 5, 3, 7, 1,

1, 9, 3, 7, $\cdots$

となっており，$i=1, 2, 3, \cdots$ としたとき以下の規則に従っているものとする．

- $a_1=a_2=1$
- $a_{2i}=1$ のとき，
  $a_{2i+1}=1$ かつ $a_{2i+2}=a_{2i-1}+2$
- $a_{2i} \neq 1$ のとき，
  $a_{2i+1}=a_{2i-1}+2$ かつ $a_{2i+2}=a_{2i}-2$

次の問いに答えよ．

（1） $a_n=99$ となる最小の n を求めよ．

（2） a_{120} を求めよ．

（3） a_1 から a_{2023} までの和を求めよ．

（23　名古屋市立大・後期）

▶解答◀ 数列 $\{a_n\}$ を第 k 群に $2k$ 項ずつ含むように群に分ける．第 k 群の最後の項までの項数は

$$2+4+\cdots+2k=k(k+1)$$

であり，偶数である．

第 k 群は

$$1, 2k-1, 3, 2k-3, 5, 2k-5, \cdots, 2k-1, 1$$

となる．……………………………………………………①

詳しく書くと，奇数番目の項は

$$1, 3, 5, \cdots, 2k-3, 2k-1$$

であり，偶数番目の項は

$$2k-1, 2k-3, 2k-5, \cdots, 3, 1$$

ということである．まずこれを示す．

数学的帰納法で示す．第 1 群は 1，1 であり，$k=1$ のとき ① が成り立つ．$k=m$ のとき ① が成り立つと仮定する．第 m 群は

$$1, 2m-1, 3, 2m-3, 5, 2m-5, \cdots, 2m-1, 1$$

である．第 m 群の最後の項は全体の $m(m+1)$ 番目で偶数番目であることに注意する．第 $m+1$ 群の最初の項 $a_{m(m+1)+1}$ から調べる．$a_{m(m+1)}=1$ であるから，規則により

$$a_{m(m+1)+1}=1$$
$$a_{m(m+1)+2}=a_{m(m+1)-1}+2$$
$$=(2m-1)+2=2m+1$$

$a_{m(m+1)+2} \neq 1$ であるから，規則により

$$a_{m(m+1)+3}=a_{m(m+1)+1}+2=3$$
$$a_{m(m+1)+4}=a_{m(m+1)+2}-2=2m-1$$

以下同様にして，奇数番目の項は 2 ずつ増え，偶数番目の項は 2 ずつ減っていくから，第 $m+1$ 群は

$$1, 2m+1, 3, 2m-1, \cdots, 2m+1, 1$$

の $2m+2$ 項となる．よって，$k=m+1$ のときも ① が成り立つから，すべての k に対して ① が成り立つ．

（1） $99=2\cdot 50-1$ であるから，最初に 99 が現れるのは，第 50 群の 2 番目の項である．求める n は

$$n=49\cdot 50+2=\mathbf{2452}$$

（2） a_{120} が第 k 群にあるとすると

$$(k-1)k<120 \leqq k(k+1)$$

である．$k^2 \fallingdotseq 120$ とすると $k \fallingdotseq 11$ である．$k=11$ としてみると $110 < 120 \leqq 132$ で成り立つ．a_{120} は第 11 群の $120-110=10$ 番目の項である．第 11 群は

$$1,\ 21,\ 3,\ 19,\ 5,\ \cdots,\ 21,\ 1$$

であり，その偶数番目の項は

$$21,\ 19,\ 17,\ 15,\ 13,\ \cdots,\ 1$$

であるから，10 番目の項は 13 である．$a_{120}=\mathbf{13}$ である．

（**3**）　a_{2023} が第 k 群にあるとすると

$$(k-1)k < 2023 \leqq k(k+1)$$

である．$k^2 \fallingdotseq 2000$ とすると $k \fallingdotseq 45$ である．$k=45$ としてみると $1980 < 2023 \leqq 2070$ で成り立つ．a_{2023} は第 45 群の $2023-1980=43$ 番目の項である．第 45 群は

$$1,\ 89,\ 3,\ 87,\ 5,\ \cdots,\ 89,\ 1$$

であるから，43 番目の項までの和は，奇数番目の項の和と偶数番目の項の和に分けて求めると

$$(\underbrace{1+3+\cdots+43}_{22\text{ 個}})+(\underbrace{89+87+\cdots+49}_{21\text{ 個}})$$

$$=22^2+\frac{21(89+49)}{2}=484+1449=1933$$

一方，第 k 群に含まれる項の和は

$$2\{1+3+\cdots+(2k-1)\}=2k^2$$

であるから，a_1 から a_{2023} までの和は

$$\sum_{k=1}^{44} 2k^2+1933$$

$$=2\cdot\frac{1}{6}\cdot 44\cdot 45\cdot 89+1933$$

$$=44\cdot 15\cdot 89+1933=58740+1933=\mathbf{60673}$$

【平面ベクトルの成分表示】

《成分の設定（A5）》

742． 正 12 角形の頂点が反時計回りに $A_1, A_2, \cdots, A_{12}$ の順で位置している．この正 12 角形の外接円の半径は 1 であり，外接円の中心を O とする．$\overrightarrow{OA_1}=\vec{a},\ \overrightarrow{OA_2}=\vec{b}$ とするとき，次の問いに答えなさい．

（1）　$\overrightarrow{OA_4}$ を $\vec{a},\ \vec{b}$ を用いて表しなさい．

（2）　$\overrightarrow{A_4A_9}$ を $\vec{a},\ \vec{b}$ を用いて表しなさい．

（23　福島大・人間発達文化）

▶解答◀　（1）　図 2 のような直交座標を考える．

$$\vec{a}=(1,\ 0),\ \vec{b}=(\cos 30^\circ,\ \sin 30^\circ)=\left(\frac{\sqrt{3}}{2},\ \frac{1}{2}\right),$$

$$\overrightarrow{OA_4}=(0,\ 1)$$

である．$\overrightarrow{OA_4}=s\vec{a}+t\vec{b}$ とおく．

$$(0,\ 1)=s(1,\ 0)+t\left(\frac{\sqrt{3}}{2},\ \frac{1}{2}\right)$$

$s+\dfrac{\sqrt{3}}{2}t=0$ かつ $\dfrac{1}{2}t=1$ から $(s,\ t)=(-\sqrt{3},\ 2)$

よって，$\overrightarrow{OA_4}=\boldsymbol{-\sqrt{3}\,\vec{a}+2\vec{b}}$

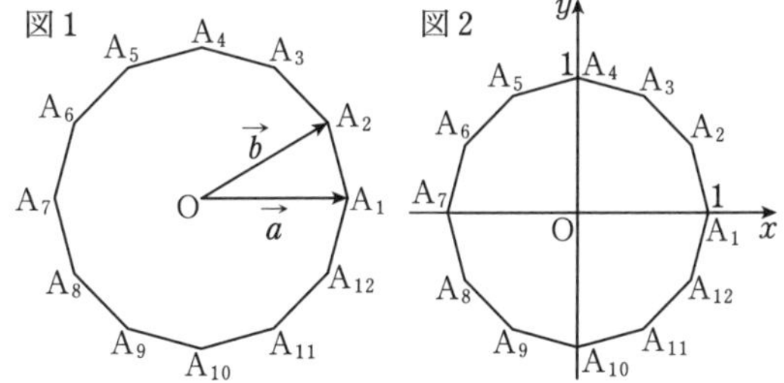

（**2**）　$\overrightarrow{OA_9}=\left(-\dfrac{1}{2},\ -\dfrac{\sqrt{3}}{2}\right)$ である．

$\overrightarrow{OA_9}=u\vec{a}+v\vec{b}$ とおく．

$$\left(-\frac{1}{2},\ -\frac{\sqrt{3}}{2}\right)=u(1,\ 0)+v\left(\frac{\sqrt{3}}{2},\ \frac{1}{2}\right)$$

$u+\dfrac{\sqrt{3}}{2}v=-\dfrac{1}{2}$ かつ $\dfrac{1}{2}v=-\dfrac{\sqrt{3}}{2}$ から

$(u,\ v)=(1,\ -\sqrt{3})$ となり $\overrightarrow{OA_9}=\vec{a}-\sqrt{3}\,\vec{b}$

$$\overrightarrow{A_4A_9}=\overrightarrow{OA_9}-\overrightarrow{OA_4}=\boldsymbol{(1+\sqrt{3})\vec{a}-(2+\sqrt{3})\vec{b}}$$

《成分の設定（B5）》

743． 平面上の点 O, A, B, C について，

$\vec{u}=\overrightarrow{OA},\ \vec{v}=\overrightarrow{OB},\ \vec{w}=\overrightarrow{OC}$

とするとき，$|\vec{u}|=|\vec{v}|=|\vec{w}|=5$,

$\vec{u}\cdot\vec{v}=15,\ \vec{u}\cdot\vec{w}>0,\ \vec{v}\perp\vec{w}$ を満たすならば，

$\vec{w}=$ （i） $\vec{u}-$ （ii） $\vec{v}$

と書ける．

（23　明治大・商）

▶解答◀　$\vec{v}\perp\vec{w}$ であるから $\vec{v},\ \vec{w}$ 方向に XY 直交座標を張り

$$\vec{v}=(5,\ 0),\ \vec{w}=(0,\ 5)$$

とおく．

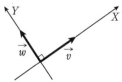

$\vec{u}=(X,\ Y)$ とする．$\vec{u}\cdot\vec{v}=15$ より

$$5X=15 \qquad \therefore\quad X=3$$

$\vec{u}\cdot\vec{w}>0$ より

$$5Y>0 \qquad \therefore\quad Y>0$$

$|\vec{u}| = 5$ より

$$3^2 + Y^2 = 25$$

$$Y^2 = 16$$

$Y > 0$ であるから $Y = 4$ となり $\vec{u} = (3, 4)$

$$\vec{u} = \frac{3}{5}(5, 0) + \frac{4}{5}(0, 5)$$

$$\vec{u} = \frac{3}{5}\vec{v} + \frac{4}{5}\vec{w}$$

$$\vec{w} = \boldsymbol{\frac{5}{4}\vec{u} - \frac{3}{4}\vec{v}}$$

注意 明治大文系は困った出題が多い中で本問はよい問題である.

◆別解◆ $\vec{w} = s\vec{u} + t\vec{v}$ とおく. $\vec{v}$ との内積をとり

$$\vec{v}\cdot\vec{w} = s\vec{u}\cdot\vec{v} + t|\vec{v}|^2$$

$$0 = 15s + 25t$$

となり $s = -\frac{5}{3}t$ である.

$$\vec{w} = -\frac{5}{3}t\vec{u} + t\vec{v} = \frac{t}{3}(3\vec{v} - 5\vec{u})$$

$|\vec{w}|^2 = 25$ より

$$\frac{t^2}{9}|3\vec{v} - 5\vec{u}|^2 = 25$$

$$\frac{t^2}{9}(9|\vec{v}|^2 + 25|\vec{u}|^2 - 30\vec{u}\cdot\vec{v}) = 25$$

$$\frac{t^2}{9}(9\cdot 25 + 25\cdot 25 - 30\cdot 15) = 25$$

$$\frac{t^2}{9}(9 + 25 - 18) = 1$$

$$t^2\cdot 16 = 9 \qquad \therefore\quad t = \pm\frac{3}{4}$$

$$\vec{u}\cdot\vec{w} = \frac{t}{3}(3\vec{u}\cdot\vec{v} - 5|\vec{u}|^2)$$

$$= \frac{t}{3}(3\cdot 15 - 5\cdot 25) = \frac{t}{3}(-80)$$

が正であるから $t < 0$ である.

$$t = -\frac{3}{4},\ s = -\frac{5}{3}t = \frac{5}{4}$$

$$\vec{w} = \boldsymbol{\frac{5}{4}\vec{u} - \frac{3}{4}\vec{v}}$$

《放物線とベクトル (B10)》

744. α を $0 < \alpha < \pi$ を満たす実数とする. また, θ を $0 \leqq \theta \leqq \alpha$ を満たす実数とする. 点 O を原点とする座標平面上において, 単位円を考える. 単位円の周上に点 A をとる. さらに, O を中心として, 時計の針の回転と逆の向きに, A を $\frac{\pi}{2}$ だけ回転した点を B, A を α だけ回転した点を C, A を θ だけ回転した点を P, A を $\theta + \frac{\pi}{2}$ だけ回転した点を Q とする. $\vec{a} = \overrightarrow{\mathrm{OA}}, \vec{b} = \overrightarrow{\mathrm{OB}}, \vec{c} = \overrightarrow{\mathrm{OC}}, \vec{p} = \overrightarrow{\mathrm{OP}}, \vec{q} = \overrightarrow{\mathrm{OQ}}$ とする.

(1) 内積 $\vec{p}\cdot\vec{q}$, $\vec{q}\cdot\vec{q}$ を求めよ.

(2) 内積 $\vec{c}\cdot\vec{q}$ を α, θ を用いて表せ.

(3) 実数 s, t を用いて, $\vec{c} = s\vec{p} + t\vec{q}$ と表すとき, t を α, θ を用いて表せ.

(4) (iii) で求めた t を用いて, $\vec{r} = t\vec{q}$ とおく. 実数 u, v を用いて, $\vec{r} = u\vec{a} + v\vec{b}$ と表すとき, u を α, θ を用いて表せ.

(5) (iv) で求めた u を用いて, $\vec{d} = u\vec{a}$ とおく. $\alpha = \frac{\pi}{6}$ のとき, $\vec{d}$ の大きさ $|\vec{d}|$ の最大値を求めよ.

(23 愛媛大・医, 理, 工)

▶解答◀ (1) A(1, 0), B(0, 1), C$(\cos\alpha, \sin\alpha)$, P$(\cos\theta, \sin\theta)$,

$$\mathrm{Q}\left(\cos\left(\theta + \frac{\pi}{2}\right), \sin\left(\theta + \frac{\pi}{2}\right)\right) = (-\sin\theta, \cos\theta)$$

$$\vec{p}\cdot\vec{q} = -\cos\theta\sin\theta + \sin\theta\cos\theta = \mathbf{0}$$

$$\vec{q}\cdot\vec{q} = |\vec{q}|^2 = \mathbf{1}$$

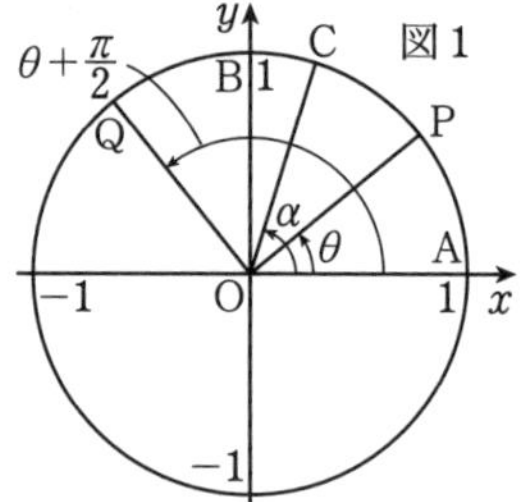

(2) $\vec{c}\cdot\vec{q} = -\sin\theta\cos\alpha + \sin\alpha\cos\theta = \boldsymbol{\sin(\alpha - \theta)}$

(3) $\vec{c} = s\vec{p} + t\vec{q}$ と $\vec{q}$ の内積をとって

$$\vec{c}\cdot\vec{q} = (s\vec{p} + t\vec{q})\cdot\vec{q} = s\vec{p}\cdot\vec{q} + t|\vec{q}|^2 = t$$

$$t = \vec{c}\cdot\vec{q} = \boldsymbol{\sin(\alpha - \theta)}$$

(4) $\vec{a}\cdot\vec{q} = -\sin\theta$

$t\vec{q} = u\vec{a} + v\vec{b}$ と $\vec{a}$ の内積をとって $t\vec{q}\cdot\vec{a} = u|\vec{a}|^2 + v\vec{a}\cdot\vec{b}$

$$u = -t\sin\theta = \boldsymbol{-\sin\theta\sin(\alpha - \theta)}$$

(5) $\vec{d} = u\vec{a} = -\sin\theta\sin\left(\frac{\pi}{6} - \theta\right)\vec{a}$ であるから

$$|\vec{d}| = \left|\sin\theta\sin\left(\frac{\pi}{6} - \theta\right)\right||\vec{a}|$$

$f = 2\sin\theta\sin\left(\frac{\pi}{6} - \theta\right)$ とおく. $0 \leqq \theta \leqq \frac{\pi}{6}$ であるから $f \geqq 0$ である.

$$f = \cos\left(\theta - \left(\frac{\pi}{6} - \theta\right)\right) - \cos\left(\theta + \left(\frac{\pi}{6} - \theta\right)\right)$$

$$= \cos\left(2\theta - \frac{\pi}{6}\right) - \cos\frac{\pi}{6}$$

$|\vec{d}| = \frac{1}{2}f$ は $2\theta - \frac{\pi}{6} = 0$ すなわち $\theta = \frac{\pi}{12}$ のときに最大値 $\boldsymbol{\frac{1}{2} - \frac{\sqrt{3}}{4}}$ をとる.

【平面ベクトルの内積】

《係数の決定 (A3)》

745. $\vec{a}=(2,6)$, $\vec{b}=(1,-3)$ のとき，$\vec{c}=(3,-1)$ を $k\vec{a}+l\vec{b}$ の形で表すと $\vec{c}=\dfrac{\square}{\square}\vec{a}+\dfrac{\square}{\square}\vec{b}$ である．また，ベクトル $\vec{d}$ に対し，$\vec{a}\cdot\vec{d}=18$, $\vec{b}\cdot\vec{d}=-3$ のとき，$\vec{c}\cdot\vec{d}=\square$ である．

(23　東邦大・薬)

▶解答◀ $(3,-1)=k(2,6)+l(1,-3)$

$(3,-1)=(2k+l,\ 6k-3l)$

$2k+l=3,\ 6k-3l=-1$

よって，$k=\dfrac{2}{3}$, $l=\dfrac{5}{3}$ となり，$\vec{c}=\boldsymbol{\dfrac{2}{3}\vec{a}+\dfrac{5}{3}\vec{b}}$

また，

$$\vec{c}\cdot\vec{d}=\left(\frac{2}{3}\vec{a}+\frac{5}{3}\vec{b}\right)\cdot\vec{d}$$

$$=\frac{2}{3}\vec{a}\cdot\vec{d}+\frac{5}{3}\vec{b}\cdot\vec{d}=\frac{2}{3}\cdot18+\frac{5}{3}\cdot(-3)$$

$$=12-5=\mathbf{7}$$

《面積の計算 (A3) ☆》

746. $|\vec{a}|=3$, $|\vec{b}|=4$, $|\vec{a}+\vec{b}|=\sqrt{17}$ を満たす 2 つのベクトル $\vec{a}, \vec{b}$ が作る平行四辺形の面積は $\square$ である．

(23　立教大・文系)

▶解答◀ $|\vec{a}+\vec{b}|^2=17$ であるから

$$|\vec{a}|^2+2\vec{a}\cdot\vec{b}+|\vec{b}|^2=17$$

$$3^2+2\vec{a}\cdot\vec{b}+4^2=17 \qquad \therefore\ \vec{a}\cdot\vec{b}=-4$$

よって，2 つのベクトル $\vec{a}, \vec{b}$ が作る平行四辺形の面積は

$$\sqrt{|\vec{a}|^2|\vec{b}|^2-(\vec{a}\cdot\vec{b})^2}=\sqrt{3^2\cdot4^2-(-4)^2}=\mathbf{8\sqrt{2}}$$

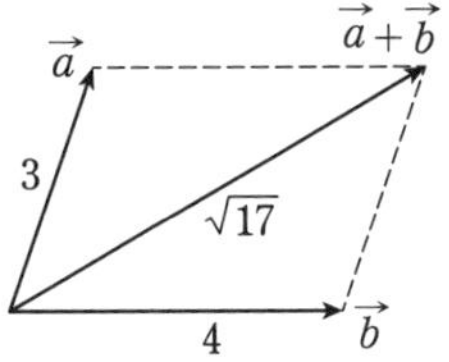

《内積の計算 (A2)》

747. $|\vec{a}|=4$, $|\vec{b}|=3$ で，$\vec{a}$ と $\vec{b}$ のなす角が 60° であるとき，ベクトル $2\vec{a}-\vec{b}$ の大きさは $\square$ である．

(23　武蔵大)

▶解答◀ $\vec{a}\cdot\vec{b}=|\vec{a}||\vec{b}|\cos60°=4\cdot3\cdot\dfrac{1}{2}=6$

$$|2\vec{a}-\vec{b}|^2=4|\vec{a}|^2-4\vec{a}\cdot\vec{b}+|\vec{b}|^2$$

$$=64-24+9=49$$

$$|2\vec{a}-\vec{b}|=\mathbf{7}$$

《直交 (B2)》

748. 平面上のベクトル $\vec{a}, \vec{b}$ が次の条件

$$|\vec{a}+2\vec{b}|=|3\vec{a}-\vec{b}|=\sqrt{5}\ \text{かつ}\ \vec{a}\cdot\vec{b}=\frac{5}{49}$$

を満たすとき，$|\vec{a}|=\square$, $|\vec{b}|=\square$ である．

(23　茨城大・工)

▶解答◀ $|\vec{a}+2\vec{b}|=\sqrt{5}$, $\vec{a}\cdot\vec{b}=\dfrac{5}{49}$ から

$$|\vec{a}|^2+4\vec{a}\cdot\vec{b}+4|\vec{b}|^2=5$$

$$|\vec{a}|^2+4|\vec{b}|^2=5-\frac{20}{49}=\frac{225}{49}\ \cdots\cdots\text{①}$$

$|3\vec{a}-\vec{b}|=\sqrt{5}$, $\vec{a}\cdot\vec{b}=\dfrac{5}{49}$ から

$$9|\vec{a}|^2-6\vec{a}\cdot\vec{b}+|\vec{b}|^2=5$$

$$9|\vec{a}|^2+|\vec{b}|^2=5+\frac{30}{49}=\frac{275}{49}\ \cdots\cdots\text{②}$$

②×4－① より

$$35|\vec{a}|^2=\frac{875}{49}$$

$$|\vec{a}|^2=\frac{25}{49} \qquad \therefore\ |\vec{a}|=\mathbf{\frac{5}{7}}$$

② に代入

$$|\vec{b}|^2=\frac{50}{49} \qquad \therefore\ |\vec{b}|=\mathbf{\frac{5}{7}\sqrt{2}}$$

《内積の成分計算 (B5)》

749. 座標平面上に 3 点 A(1, 1), B(4, 5), C(6, 1) をとる．次の問いに答えなさい．

(1) 線分 AB を 2 : 1 に外分する点 D の座標を求めなさい．

(2) (1) の点 D を通り，$\vec{u}=(1,-2)$ を方向ベクトルとする直線を l とする．媒介変数 t を用いた l の媒介変数表示を求めなさい．ただし，$t=0$ のときの点を D とする．また，媒介変数を消去した式も求めなさい．

(3) 点 P が (2) の直線 l 上にあるとする．$\overrightarrow{BP}$ と $\overrightarrow{CP}$ の内積が $\overrightarrow{AB}$ と $\overrightarrow{AC}$ の内積と等しいとき，P の座標を求めなさい．

(23　秋田大・教育文化)

標準 **▶解答◀** (1) D の座標は

$\left(\dfrac{2\cdot4+(-1)\cdot1}{2+(-1)},\ \dfrac{2\cdot5+(-1)\cdot1}{2+(-1)}\right)$ すなわち **(7, 9)** である．

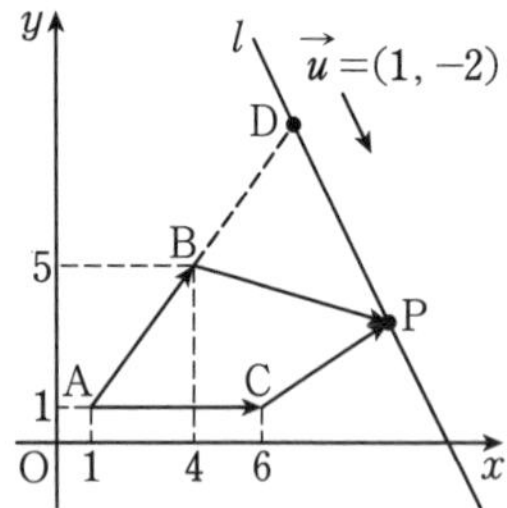

（2） l の媒介変数表示は

$$x=t+7,\ y=-2t+9$$

t を消去して，$y=-2(x-7)+9$

$$y=-2x+23$$

（3） P は l 上の点だから，$\mathrm{P}(x, -2x+23)$ とおけて

$$\overrightarrow{\mathrm{BP}}=(x-4, -2x+18),$$

$$\overrightarrow{\mathrm{CP}}=(x-6, -2x+22)$$

また，$\overrightarrow{\mathrm{AB}}=(3, 4)$, $\overrightarrow{\mathrm{AC}}=(5, 0)$ である．

$\overrightarrow{\mathrm{BP}}\cdot\overrightarrow{\mathrm{CP}}=\overrightarrow{\mathrm{AB}}\cdot\overrightarrow{\mathrm{AC}}$ より

$$(x-4)(x-6)+(-2x+18)(-2x+22)=15$$

$$5x^2-90x+420=15$$

$$x^2-18x+81=0$$

$$(x-9)^2=0 \qquad \therefore\ x=9$$

よって，P の座標は **(9, 5)** である．

《基底の変更 (B20) ☆》

750. 平面上の 3 点 O, A, B が

$$|2\overrightarrow{\mathrm{OA}}+\overrightarrow{\mathrm{OB}}|=|\overrightarrow{\mathrm{OA}}+2\overrightarrow{\mathrm{OB}}|=1$$

かつ $(2\overrightarrow{\mathrm{OA}}+\overrightarrow{\mathrm{OB}})\cdot(\overrightarrow{\mathrm{OA}}+\overrightarrow{\mathrm{OB}})=\dfrac{1}{3}$

をみたすとする．

（1） $(2\overrightarrow{\mathrm{OA}}+\overrightarrow{\mathrm{OB}})\cdot(\overrightarrow{\mathrm{OA}}+2\overrightarrow{\mathrm{OB}})$ を求めよ．

（2） 平面上の点 P が

$$|\overrightarrow{\mathrm{OP}}-(\overrightarrow{\mathrm{OA}}+\overrightarrow{\mathrm{OB}})|\leqq\frac{1}{3}$$

かつ $\overrightarrow{\mathrm{OP}}\cdot(2\overrightarrow{\mathrm{OA}}+\overrightarrow{\mathrm{OB}})\leqq\dfrac{1}{3}$

をみたすように動くとき，$|\overrightarrow{\mathrm{OP}}|$ の最大値と最小値を求めよ．（23 阪大・前期）

▶解答◀ （1） $2\vec{a}+\vec{b}=\vec{m}$, $\vec{a}+2\vec{b}=\vec{n}$ とおくと，

$$\overrightarrow{\mathrm{OA}}+\overrightarrow{\mathrm{OB}}=\frac{1}{3}(\vec{m}+\vec{n})$$

である．また，$|\vec{m}|=|\vec{n}|=1$ である．このとき

$$\vec{m}\cdot\frac{1}{3}(\vec{m}+\vec{n})=\frac{1}{3}$$

$$1+\vec{m}\cdot\vec{n}=1 \qquad \therefore\ \vec{m}\cdot\vec{n}=\mathbf{0}$$

（2） （1）の結果より，$\vec{m}\cdot\vec{n}=0$ であるから $\vec{m}\perp\vec{n}$ であり，xy 平面上で $\vec{m}=(1, 0)$, $\vec{n}=(0, 1)$ とおける．

$\overrightarrow{\mathrm{OP}}=\vec{p}=(x, y)$ とおくと

$$|\overrightarrow{\mathrm{OP}}-(\overrightarrow{\mathrm{OA}}+\overrightarrow{\mathrm{OB}})|\leqq\frac{1}{3}$$

$$\left|(x, y)-\frac{1}{3}(1, 1)\right|\leqq\frac{1}{3}$$

$$\left(x-\frac{1}{3}\right)^2+\left(y-\frac{1}{3}\right)^2\leqq\frac{1}{9} \quad \cdots\cdots ①$$

$$\overrightarrow{\mathrm{OP}}\cdot(2\overrightarrow{\mathrm{OA}}+\overrightarrow{\mathrm{OB}})\leqq\frac{1}{3}$$

$$(x, y)\cdot(1, 0)\leqq\frac{1}{3} \qquad \therefore\ x\leqq\frac{1}{3} \quad \cdots\cdots ②$$

①, ② より P は円の左半分のみを動く（図の境界を含む網目部分）．

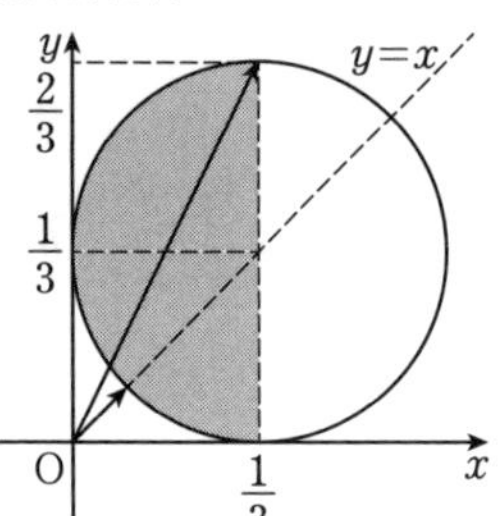

$|\vec{p}|$ が最大となるのは $\vec{p}=\left(\dfrac{1}{3}, \dfrac{2}{3}\right)$ のときで，このとき

$$|\vec{p}|=\sqrt{\frac{1}{9}+\frac{4}{9}}=\frac{\sqrt{5}}{3}$$

$|\vec{p}|$ が最小となるのは $\vec{p}$ が直線 $y=x$ と円の交点のうち原点に近い方と重なるときで，このとき

$$|\vec{p}|=\frac{\sqrt{2}}{3}-\frac{1}{3}=\frac{\sqrt{2}-1}{3}$$

《解の配置 (B20) ☆》

751. 点 O を原点とする座標平面上の $\vec{0}$ でない 2 つのベクトル

$$\vec{m}=(a, c), \vec{n}=(b, d)$$

に対して，$D=ad-bc$ とおく．以下の問いに答えよ．

（1） $\vec{m}$ と $\vec{n}$ が平行であるための必要十分条件は $D=0$ であることを示せ．

以下，$D\neq0$ であるとする．

（2） 座標平面上のベクトル $\vec{v}, \vec{w}$ で

$$\vec{m}\cdot\vec{v}=\vec{n}\cdot\vec{w}=1,\ \vec{m}\cdot\vec{w}=\vec{n}\cdot\vec{v}=0$$

を満たすものを求めよ．

（3） 座標平面上のベクトル $\vec{q}$ に対して

$$r\vec{m}+s\vec{n}=\vec{q}$$

を満たす実数 r と s を $\vec{q}, \vec{v}, \vec{w}$ を用いて表せ．

（23 九大・文系）

▶解答◀ （1）（必要性）$\vec{m} /\!/ \vec{n}$ のとき，$\vec{m} = k\vec{n}$ とかける．これより

$$a = kb \text{ かつ } c = kd$$

であり，このとき，

$$D = (kb)d - b(kd) = 0$$

となる．

（十分性）$D = 0$ のとき，$(b, d) \neq \vec{0}$ より，b, d のいずれかは 0 でない．

$b \neq 0$ のとき，$c = \dfrac{ad}{b}$ であるから

$$\vec{m} = \left(a, \frac{ad}{b}\right) = \frac{a}{b}(b, d) = \frac{a}{b}\vec{n}$$

$d \neq 0$ のとき，$a = \dfrac{bc}{d}$ であるから

$$\vec{m} = \left(\frac{bc}{d}, c\right) = \frac{c}{d}(b, d) = \frac{c}{d}\vec{n}$$

となるから，いずれの場合においても $\vec{m} /\!/ \vec{n}$ である．

（2） **3**（2）を見よ．

（3） $r\vec{m} + s\vec{n} = \vec{q}$ の両辺について，$\vec{v}$ との内積をとると，

$$r\vec{m}\cdot\vec{v} + s\vec{n}\cdot\vec{v} = \vec{q}\cdot\vec{v}$$

よって，$r = \boldsymbol{\vec{q}\cdot\vec{v}}$ となる．また，$\vec{w}$ との内積をとると

$$r\vec{m}\cdot\vec{w} + s\vec{n}\cdot\vec{w} = \vec{q}\cdot\vec{w}$$

であるから，$s = \boldsymbol{\vec{q}\cdot\vec{w}}$ となる．

《角の計算 (B15)》

752. ベクトル $\vec{a}$ を $\vec{a} = (\sqrt{2} - \sqrt{6}, \sqrt{2} + \sqrt{6})$ とし，ベクトル $\vec{b}$ を次の 2 つの条件を満たすようにとる．

- $|\vec{b}| = \sqrt{2}$
- 関数 $f(t) = |\vec{a} + t\vec{b}|$ が $t = -\sqrt{2}$ で最小値をとる

このとき，次の問いに答えなさい．

（1） 次の 2 つの等式が成り立つことを示しなさい．

$$\sin 15^\circ = \frac{\sqrt{6} - \sqrt{2}}{4}, \ \cos 15^\circ = \frac{\sqrt{6} + \sqrt{2}}{4}$$

（2） 内積 $\vec{a}\cdot\vec{b}$ を求めなさい．

（3） ベクトル $\vec{b}$ を求めなさい．

（23　山口大・共通）

▶解答◀ （1） $\sin 15^\circ = \sin(45^\circ - 30^\circ)$

$$= \sin 45^\circ \cos 30^\circ - \cos 45^\circ \sin 30^\circ$$

$$= \frac{\sqrt{2}}{2}\cdot\frac{\sqrt{3}}{2} - \frac{\sqrt{2}}{2}\cdot\frac{1}{2} = \frac{\sqrt{6} - \sqrt{2}}{4}$$

$$\cos 15^\circ = \cos(45^\circ - 30^\circ)$$

$$= \cos 45^\circ \cos 30^\circ + \sin 45^\circ \sin 30^\circ$$

$$= \frac{\sqrt{2}}{2}\cdot\frac{\sqrt{3}}{2} + \frac{\sqrt{2}}{2}\cdot\frac{1}{2} = \frac{\sqrt{6} + \sqrt{2}}{4}$$

（2） $|\vec{a} + t\vec{b}|^2 = |\vec{a}|^2 + 2\vec{a}\cdot\vec{b}t + t^2|\vec{b}|^2$

$$= 2t^2 + 2\vec{a}\cdot\vec{b}t + |\vec{a}|^2$$

$$= 2\left(t + \frac{\vec{a}\cdot\vec{b}}{2}\right)^2 - \frac{(\vec{a}\cdot\vec{b})^2}{2} + |\vec{a}|^2$$

$t = -\dfrac{\vec{a}\cdot\vec{b}}{2}$ のとき最小値をとるから

$$\frac{\vec{a}\cdot\vec{b}}{2} = \sqrt{2} \qquad \therefore\ \vec{a}\cdot\vec{b} = \boldsymbol{2\sqrt{2}}$$

（3） $|\vec{b}| = \sqrt{2}$ であるから

$\vec{b} = (\sqrt{2}\cos\theta, \sqrt{2}\sin\theta)\ (0 \leqq \theta < 360^\circ)$ とおく．

（2）より $\vec{a}\cdot\vec{b} = 2\sqrt{2}$

$$(\sqrt{2} - \sqrt{6})\cdot\sqrt{2}\cos\theta + (\sqrt{2} + \sqrt{6})\cdot\sqrt{2}\sin\theta = 2\sqrt{2}$$

$$-\frac{\sqrt{6} - \sqrt{2}}{4}\cos\theta + \frac{\sqrt{6} + \sqrt{2}}{4}\sin\theta = \frac{1}{2}$$

（1）より

$$\sin\theta\cos 15^\circ - \cos\theta\sin 15^\circ = \frac{1}{2}$$

$$\sin(\theta - 15^\circ) = \frac{1}{2}$$

$-15^\circ \leqq \theta - 15^\circ < 345^\circ$ であるから

$$\theta - 15^\circ = 30^\circ, 150^\circ \qquad \therefore\ \theta = 45^\circ, 165^\circ$$

$\theta = 45^\circ$ のとき

$$\vec{b} = (\sqrt{2}\cos 45^\circ, \sqrt{2}\sin 45^\circ) = \boldsymbol{(1, 1)}$$

$$\cos 165^\circ = -\cos 15^\circ = -\frac{\sqrt{6} + \sqrt{2}}{4}$$

$$\sin 165^\circ = \sin 15^\circ = \frac{\sqrt{6} - \sqrt{2}}{4}$$

であるから，$\theta = 165^\circ$ のとき

$$\vec{b} = (\sqrt{2}\cos 165^\circ, \sqrt{2}\sin 165^\circ)$$

$$= \boldsymbol{\left(-\frac{\sqrt{3} + 1}{2}, \frac{\sqrt{3} - 1}{2}\right)}$$

《外接円と内積 (B10)》

753. △ABC の外接円の半径が 1 で，外心 O が △ABC の内部にある．

$$\overrightarrow{OA}\cdot\overrightarrow{OB} = -\frac{1}{2}, \ \overrightarrow{OB}\cdot\overrightarrow{OC} = -\frac{\sqrt{2}}{2}$$

であるとき，次の問いに答えよ．

（1） ∠AOB, ∠BOC を求めよ．

（2） cos∠AOC の値を求めよ．

（3） $\overrightarrow{OC}$ を $\overrightarrow{OA}$, $\overrightarrow{OB}$ を用いて表せ．

（23　津田塾大・学芸-数学）

▶解答◀ （1）

$|\overrightarrow{OA}| = |\overrightarrow{OB}| = |\overrightarrow{OC}| = 1$ である．

$$\cos\angle AOB = \frac{\overrightarrow{OA}\cdot\overrightarrow{OB}}{|\overrightarrow{OA}||\overrightarrow{OB}|} = -\frac{1}{2}$$

$$\angle AOB = \boldsymbol{\frac{2}{3}\pi}$$

$$\cos\angle BOC = \frac{\overrightarrow{OB}\cdot\overrightarrow{OC}}{|\overrightarrow{OB}||\overrightarrow{OC}|} = -\frac{\sqrt{2}}{2}$$

$$\angle BOC = \boldsymbol{\frac{3}{4}\pi}$$

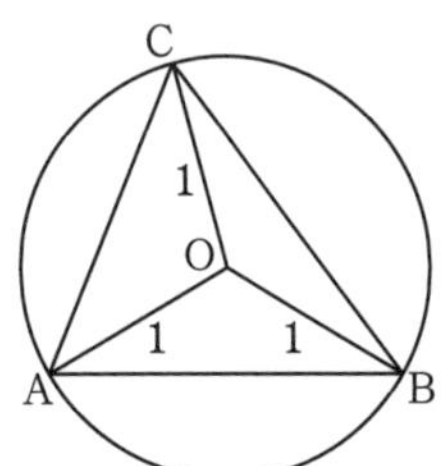

（**2**） $\angle AOC = 2\pi - (\angle AOB + \angle BOC) = \frac{7}{12}\pi$ であるから

$$\cos\angle AOC = \cos\left(\frac{\pi}{3} + \frac{\pi}{4}\right)$$

$$= \cos\frac{\pi}{3}\cos\frac{\pi}{4} - \sin\frac{\pi}{3}\sin\frac{\pi}{4}$$

$$= \frac{1}{2}\cdot\frac{1}{\sqrt{2}} - \frac{\sqrt{3}}{2}\cdot\frac{1}{\sqrt{2}} = \boldsymbol{\frac{\sqrt{2}-\sqrt{6}}{4}}$$

（**3**） $\overrightarrow{OC} = x\overrightarrow{OA} + y\overrightarrow{OB}$ (x, y は実数) とおく．$\overrightarrow{OA}$, $\overrightarrow{OB}$ との内積をそれぞれとる．

$\overrightarrow{OA}\cdot\overrightarrow{OC} = |\overrightarrow{OA}||\overrightarrow{OC}|\cos\angle AOC = \frac{\sqrt{2}-\sqrt{6}}{4}$ であるから

$$x|\overrightarrow{OA}|^2 + y\overrightarrow{OA}\cdot\overrightarrow{OB} = \frac{\sqrt{2}-\sqrt{6}}{4}$$

$$x - \frac{1}{2}y = \frac{\sqrt{2}-\sqrt{6}}{4} \quad \cdots\cdots ①$$

$\overrightarrow{OB}\cdot\overrightarrow{OC} = -\frac{\sqrt{2}}{2}$ であるから

$$x\overrightarrow{OA}\cdot\overrightarrow{OB} + y|\overrightarrow{OB}|^2 = -\frac{\sqrt{2}}{2}$$

$$-\frac{1}{2}x + y = -\frac{\sqrt{2}}{2} \quad \cdots\cdots ②$$

①, ② より, $x = -\frac{\sqrt{6}}{3}$, $y = -\frac{\sqrt{6}+3\sqrt{2}}{6}$

$$\overrightarrow{OC} = \boldsymbol{-\frac{\sqrt{6}}{3}\overrightarrow{OA} - \frac{\sqrt{6}+3\sqrt{2}}{6}\overrightarrow{OB}}$$

【位置ベクトル (平面)】

《基本的なベクトル (B3)》

754． 平面上の △ABC において，BC を 4 : 5 に内分する点を D とおく．また，△ABC の重心を G とし，直線 AD と直線 BG の交点を P とする．$\overrightarrow{AD}$ と $\overrightarrow{AP}$ をそれぞれ $\overrightarrow{AB}$, $\overrightarrow{AC}$ を用いて表すと $\overrightarrow{AD} = \square$, $\overrightarrow{AP} = \square$ である．

（23　同志社大・文系）

▶解答◀ BD : CD = 4 : 5 であるから

$$\overrightarrow{AD} = \boldsymbol{\frac{5\overrightarrow{AB}+4\overrightarrow{AC}}{9}} \quad \cdots\cdots ①$$

であり，点 P は直線 AD 上にあるから $\overrightarrow{AP} = t\overrightarrow{AD}$ とおける．辺 AC の中点を M とおくと，重心 G は中線 BM 上にある．$\overrightarrow{AC} = 2\overrightarrow{AM}$ であるから，① より

$$\overrightarrow{AP} = t\cdot\frac{5\overrightarrow{AB}+4\cdot 2\overrightarrow{AM}}{9} = \frac{5t}{9}\overrightarrow{AB} + \frac{8t}{9}\overrightarrow{AM}$$

となる．3 点 B, M, P は一直線上にあるから

$$\frac{5t}{9} + \frac{8t}{9} = 1 \qquad \therefore \quad t = \frac{9}{13}$$

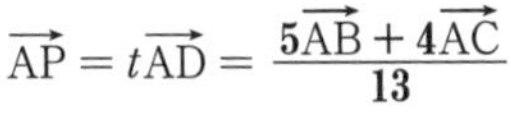

$$\overrightarrow{AP} = t\overrightarrow{AD} = \boldsymbol{\frac{5\overrightarrow{AB}+4\overrightarrow{AC}}{13}}$$

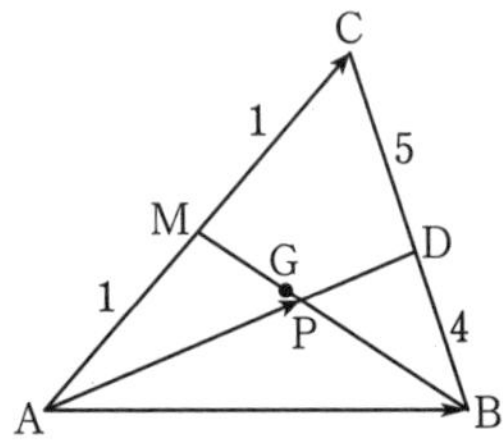

◆別解◆ メネラウスの定理の利用

辺 AC の中点を M とする．重心 G は中線 BM 上にあり，3 点 B, P, M は一直線上にある．

△ADC と直線 BPM においてメネラウスの定理より

$$\frac{AP}{PD}\cdot\frac{DB}{BC}\cdot\frac{CM}{MA} = 1$$

$$\frac{AP}{PD}\cdot\frac{4}{4+5}\cdot\frac{1}{1} = 1 \qquad \therefore \quad AP : PD = 9 : 4$$

よって，$\overrightarrow{AP} = \frac{9}{4+9}\overrightarrow{AD} = \frac{9}{13}\overrightarrow{AD}$ (以下省略)

《基本的なベクトル (A2)》

755． 平面上において △ABC と点 P が

$2\overrightarrow{PA} + 3\overrightarrow{PB} + 4\overrightarrow{PC} = \vec{0}$

を満たしているとき，2 点 A, P を通る直線が辺 BC と交わる点を D とすると，

$\frac{BD}{CD} = \frac{\square}{\square}$, $\frac{AP}{PD} = \frac{\square}{\square}$ である．

（23　星薬大・推薦）

▶解答◀ $2\overrightarrow{PA} + 3\overrightarrow{PB} + 4\overrightarrow{PC} = \vec{0}$ より

$$-2\overrightarrow{AP} + 3(\overrightarrow{AB} - \overrightarrow{AP}) + 4(\overrightarrow{AC} - \overrightarrow{AP}) = \vec{0}$$

$$9\overrightarrow{AP} = 3\overrightarrow{AB} + 4\overrightarrow{AC}$$

$$\overrightarrow{AP} = \frac{7}{9}\cdot\frac{3\overrightarrow{AB}+4\overrightarrow{AC}}{7}$$

よって，辺 BC を 4 : 3 に内分する点が D であり，線分 AD を 7 : 2 に内分する点が P であるから

$$\frac{\mathrm{BD}}{\mathrm{CD}} = \mathbf{\frac{4}{3}},\ \frac{\mathrm{AP}}{\mathrm{PD}} = \mathbf{\frac{7}{2}}$$

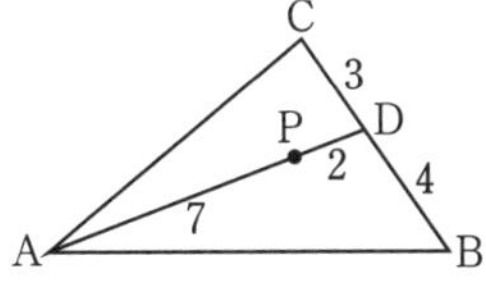

【ベクトルと図形 (平面)】

《三角不等式 (B5) ☆》

756. ベクトル $\vec{a}, \vec{b}$ が

$|\vec{a}| = 1,\ |\vec{b}| = 2,\ |\vec{a}+\vec{b}| = 3$

をみたしているとき，$|\vec{a} - 2\vec{b}|$ の値を求めよ．

(23　福岡教育大・初等)

▶解答◀　三角不等式

$$|\vec{a}+\vec{b}| \leqq |\vec{a}| + |\vec{b}|$$

で，本問は等号が成り立つ場合である．それは $\vec{a}, \vec{b}$ が同じ向きに平行のときである．$\vec{b} = 2\vec{a}$ であり

$$|\vec{a} - 2\vec{b}| = |\vec{a} - 4\vec{a}| = |-3\vec{a}| = \mathbf{3}$$

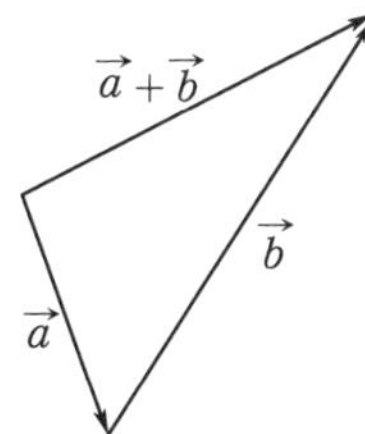

◆別解◆　$|\vec{a}+\vec{b}|^2 = 3^2$

$$|\vec{a}|^2 + 2\vec{a}\cdot\vec{b} + |\vec{b}|^2 = 9$$

$$1 + 2\vec{a}\cdot\vec{b} + 4 = 9 \qquad \therefore\ \vec{a}\cdot\vec{b} = 2$$

したがって

$$|\vec{a} - 2\vec{b}|^2 = |\vec{a}|^2 - 4\vec{a}\cdot\vec{b} + 4|\vec{b}|^2$$

$$= 1 - 8 + 16 = 9$$

$$|\vec{a} - 2\vec{b}| = \mathbf{3}$$

《領域 (B10) ☆》

757. 平面上に △ABC と点 P があり，等式

$5\overrightarrow{\mathrm{AP}} + 9\overrightarrow{\mathrm{BP}} + 6\overrightarrow{\mathrm{CP}} = \vec{0}$

を満たしている．$\overrightarrow{\mathrm{AB}} = \vec{b},\ \overrightarrow{\mathrm{AC}} = \vec{c}$ として，$\overrightarrow{\mathrm{AP}}$ を $\vec{b}$ と $\vec{c}$ で表すと $\overrightarrow{\mathrm{AP}} = \square$ である．いま，2 点 Q，R を $\overrightarrow{\mathrm{AQ}} = t\vec{b},\ \overrightarrow{\mathrm{AR}} = \frac{3}{4}t\vec{c}$ を満たすようにとる (ただし，t は 0 でない実数)．直線 QR が P を通るときの t の値を求めると，$t = \square$ である．

(23　南山大・経済)

▶解答◀　$\overrightarrow{\mathrm{AP}} = \vec{p}$ とおく．

$$5\vec{p} + 9(\vec{p} - \vec{b}) + 6(\vec{p} - \vec{c}) = \vec{0}$$

$$\vec{p} = \mathbf{\frac{9\vec{b} + 6\vec{c}}{20}} \quad \cdots\cdots ①$$

$\overrightarrow{\mathrm{AQ}} = t\vec{b}$ より $\vec{b} = \frac{1}{t}\overrightarrow{\mathrm{AQ}}$，$\overrightarrow{\mathrm{AR}} = \frac{3}{4}t\vec{c}$ より $\vec{c} = \frac{4}{3t}\overrightarrow{\mathrm{AR}}$ であるから ① に代入して

$$\overrightarrow{\mathrm{AP}} = \frac{9}{20t}\overrightarrow{\mathrm{AQ}} + \frac{2}{5t}\overrightarrow{\mathrm{AR}}$$

P，Q，R が一直線上にあるとき，$\frac{9}{20t} + \frac{2}{5t} = 1$

$$\frac{17}{20t} = 1 \qquad \therefore\ t = \mathbf{\frac{17}{20}}$$

《三角形で交点 (B20) ☆》

758. 三角形 OAB において，辺 OA を $s : 1$ に内分する点を P，辺 OB を $t : 1$ に内分する点を Q とする．ただし，

$s > 0,\ t > 0$ である．また，線分 AQ と線分 BP の交点を X，直線 OX と辺 AB の交点を H とする．

$\overrightarrow{\mathrm{OA}} = \vec{a},\ \overrightarrow{\mathrm{OB}} = \vec{b}$ とおく．次の問いに答えよ．

(1)　$\overrightarrow{\mathrm{OX}}$ を $\vec{a}, \vec{b}, s, t$ の式で表せ．

(2)　$\frac{\mathrm{OX}}{\mathrm{XH}}$ を s と t の式で表せ．ただし，OX は線分 OX の長さ，XH は線分 XH の長さを表す．

(23　日本女子大・家政)

▶解答◀　(1)　BX : XP $= p : (1-p)$ とおくと

$$\overrightarrow{\mathrm{OX}} = p\overrightarrow{\mathrm{OP}} + (1-p)\overrightarrow{\mathrm{OB}}$$

$$= p\cdot\frac{s}{1+s}\vec{a} + (1-p)\vec{b} \quad \cdots\cdots ①$$

AX : XQ $= q : (1-q)$ とおくと

$$\overrightarrow{\mathrm{OX}} = (1-q)\overrightarrow{\mathrm{OA}} + q\overrightarrow{\mathrm{OQ}}$$

$$= (1-q)\vec{a} + q\cdot\frac{t}{1+t}\vec{b} \quad \cdots\cdots ②$$

①，② より

$$\frac{s}{1+s}p = 1 - q \quad \cdots\cdots ③$$

$$1 - p = \frac{t}{1+t}q \quad \cdots\cdots ④$$

③，④ より

$$\frac{s}{1+s}p = 1 - \frac{1+t}{t}(1-p)$$

$$stp = t(1+s) - (1+s+t+st)(1-p)$$

$$(1+s+t)p = 1+s \qquad \therefore\ p = \frac{1+s}{1+s+t}$$

③ より，$q = \frac{1+t}{1+s+t}$

$$\overrightarrow{\mathrm{OX}} = \mathbf{\frac{s}{1+s+t}\vec{a} + \frac{t}{1+s+t}\vec{b}}$$

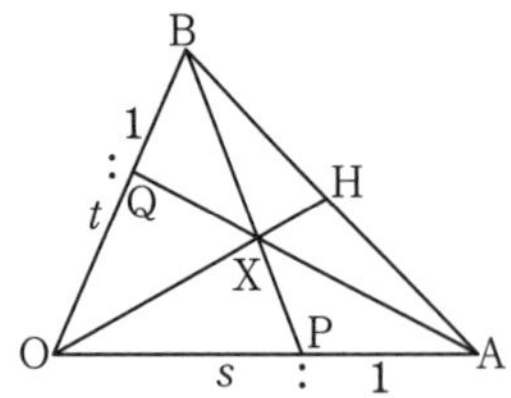

(2) $\overrightarrow{\mathrm{OH}}=k\overrightarrow{\mathrm{OX}}$ とおく．

$$\overrightarrow{\mathrm{OH}}=\frac{sk}{1+s+t}\vec{a}+\frac{tk}{1+s+t}\vec{b}$$

H は辺 AB 上にあるから

$$\frac{sk}{1+s+t}+\frac{tk}{1+s+t}=1$$

$$k=\frac{1+s+t}{s+t}$$

$$\mathrm{OX}:\mathrm{XH}=1:(k-1)=1:\frac{1}{s+t}=(s+t):1$$

であるから $\dfrac{\mathrm{OX}}{\mathrm{XH}}=\boldsymbol{s+t}$ である．

《正六角形とベクトル (B10) ☆》

759. 以下のような一辺の長さ 1 の正六角形 ABCDEF がある．線分 BD と線分 CE の交点を P とする．

$\overrightarrow{\mathrm{AB}}=\vec{a}$, $\overrightarrow{\mathrm{AF}}=\vec{b}$ とするとき，以下の空欄をうめよ．

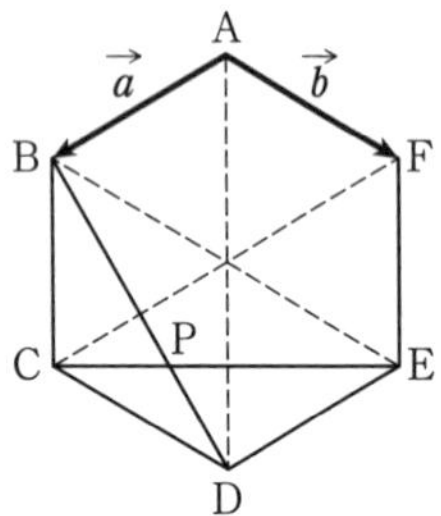

(1) BP : PD $=t:1-t$ とおいて，$\overrightarrow{\mathrm{AP}}$ を $\vec{a}$, $\vec{b}$, t を用いて表すと□である．

(2) CP : PE $=s:1-s$ とおいて，$\overrightarrow{\mathrm{AP}}$ を $\vec{a}$, $\vec{b}$, s を用いて表すと□である．

(3) $\overrightarrow{\mathrm{AP}}$ を $\vec{a}$, $\vec{b}$ を用いて表すと□である．

(4) △PCD の面積を求めると□である．

(23 会津大・推薦)

▶解答◀ (1) 図で，$\overrightarrow{\mathrm{AO}}=\vec{a}+\vec{b}$,
$\overrightarrow{\mathrm{AC}}=\overrightarrow{\mathrm{AB}}+\overrightarrow{\mathrm{AO}}=2\vec{a}+\vec{b}$, $\overrightarrow{\mathrm{AD}}=2\overrightarrow{\mathrm{AO}}=2\vec{a}+2\vec{b}$

N は OC の中点，M は OD の中点であるから P は三角形 OCD の重心である．

$$\overrightarrow{\mathrm{AP}}=\frac{1}{3}\left(\overrightarrow{\mathrm{AO}}+\overrightarrow{\mathrm{AC}}+\overrightarrow{\mathrm{AD}}\right)=\boldsymbol{\frac{5}{3}\vec{a}+\frac{4}{3}\vec{b}}$$

と分かる．パラメータを使って計算するまでもない．牛刀を用いて鶏をさく．

$$\overrightarrow{\mathrm{AP}}=(1-t)\overrightarrow{\mathrm{AB}}+t\overrightarrow{\mathrm{AD}}$$
$$=(1-t)\vec{a}+t(2\vec{a}+2\vec{b})$$
$$=\boldsymbol{(1+t)\vec{a}+2t\vec{b}} \quad \cdots\cdots ①$$

(2) $\overrightarrow{\mathrm{AC}}=2\vec{a}+\vec{b}$, $\overrightarrow{\mathrm{AE}}=\vec{a}+2\vec{b}$ であるから

$$\overrightarrow{\mathrm{AP}}=(1-s)\overrightarrow{\mathrm{AC}}+s\overrightarrow{\mathrm{AE}}$$
$$=(1-s)(2\vec{a}+\vec{b})+s(\vec{a}+2\vec{b})$$
$$=\boldsymbol{(2-s)\vec{a}+(1+s)\vec{b}} \quad \cdots\cdots ②$$

(3) ①, ② より

$$1+t=2-s,\ 2t=1+s$$

これを解いて，$s=\dfrac{1}{3}$, $t=\dfrac{2}{3}$

$$\overrightarrow{\mathrm{AP}}=\boldsymbol{\frac{5}{3}\vec{a}+\frac{4}{3}\vec{b}}$$

(4) △CDE の面積は

$$\frac{1}{2}\cdot1\cdot1\cdot\sin120^\circ=\frac{\sqrt{3}}{4}$$

であるから

$$\triangle\mathrm{PCD}=s\cdot\frac{\sqrt{3}}{4}=\boldsymbol{\frac{\sqrt{3}}{12}}$$

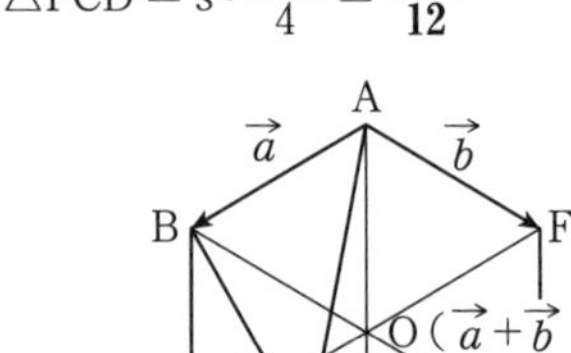

《面積比 (A10) ☆》

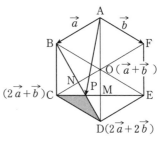

760. 三角形 ABC の内部の点 P は等式 $4\overrightarrow{\mathrm{PA}}+2\overrightarrow{\mathrm{PB}}+\overrightarrow{\mathrm{PC}}=\vec{0}$ を満たすとし，直線 AP と辺 BC との交点を D とする．このとき，線分 BD と CD の長さの比は BD : CD = □ である．また，三角形 PAB と PCD の面積の比は △PAB : △PCD = □ である．

(23 福岡大)

▶解答◀ $4\overrightarrow{\mathrm{PA}}+2\overrightarrow{\mathrm{PB}}+\overrightarrow{\mathrm{PC}}=\vec{0}$

$$-4\overrightarrow{\mathrm{AP}}+2(\overrightarrow{\mathrm{AB}}-\overrightarrow{\mathrm{AP}})+(\overrightarrow{\mathrm{AC}}-\overrightarrow{\mathrm{AP}})=\vec{0}$$

$$\overrightarrow{\mathrm{AP}}=\frac{2\overrightarrow{\mathrm{AB}}+\overrightarrow{\mathrm{AC}}}{7}=\frac{3}{7}\cdot\frac{2\overrightarrow{\mathrm{AB}}+\overrightarrow{\mathrm{AC}}}{3}$$

$\overrightarrow{\mathrm{AD}}=\dfrac{2\overrightarrow{\mathrm{AB}}+\overrightarrow{\mathrm{AC}}}{3}$ であるから BD : CD = **1 : 2** である．

また $\overrightarrow{\mathrm{AP}}=\dfrac{3}{7}\overrightarrow{\mathrm{AD}}$ より AP : PD = 3 : 4 であるから

$$\triangle\mathrm{PAB}:\triangle\mathrm{PCD}=\mathrm{AP}\cdot\mathrm{BD}:\mathrm{PD}\cdot\mathrm{CD}$$
$$=\frac{3}{7}\cdot\frac{1}{3}:\frac{4}{7}\cdot\frac{2}{3}=\boldsymbol{3:8}$$

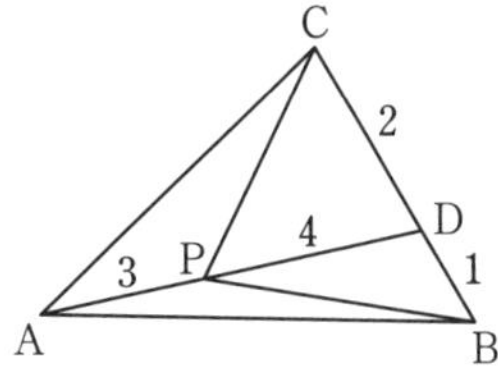

《平行四辺形 (A5)》

761. 平行四辺形 ABCD において，辺 CD の中点を M とし，直線 AC と直線 BM の交点を P とする．このとき，$\overrightarrow{AM}$, $\overrightarrow{AP}$ をそれぞれ $\overrightarrow{AB}$, $\overrightarrow{AD}$ を用いて表すと，$\overrightarrow{AM} = \square$, $\overrightarrow{AP} = \square$ である．

（23　慶應大・看護医療）

▶解答◀　$\overrightarrow{AM} = \overrightarrow{AD} + \overrightarrow{DM} = \boldsymbol{\overrightarrow{AD} + \frac{1}{2}\overrightarrow{AB}}$

P は BM 上にあるから

$$\begin{aligned}\overrightarrow{AP} &= s\overrightarrow{AB} + (1-s)\overrightarrow{AM}\\ &= s\overrightarrow{AB} + (1-s)\left(\overrightarrow{AD} + \frac{1}{2}\overrightarrow{AB}\right)\\ &= \left(\frac{1}{2} + \frac{1}{2}s\right)\overrightarrow{AB} + (1-s)\overrightarrow{AD}\end{aligned}$$

とおけて，P は AC 上にあるから

$$\overrightarrow{AP} = t\overrightarrow{AC} = t(\overrightarrow{AB} + \overrightarrow{AD})$$

とおける．係数を比べ

$$\frac{1}{2} + \frac{1}{2}s = t,\ 1 - s = t$$

t を消去して $\frac{1}{2} + \frac{1}{2}s = 1 - s$

$s = \frac{1}{3}$ となる．$t = \frac{2}{3}$ である．

$$\overrightarrow{AP} = \boldsymbol{\frac{2}{3}\overrightarrow{AB} + \frac{2}{3}\overrightarrow{AD}}$$

♦別解♦　△ABP ∽ △CMP であるから，

AP : PC = AB : CM = 2 : 1 である．よって

$$\overrightarrow{AP} = \frac{2}{3}\overrightarrow{AC} = \boldsymbol{\frac{2}{3}(\overrightarrow{AB} + \overrightarrow{AD})}$$

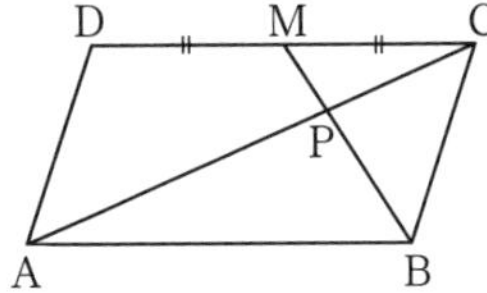

《平行四辺形 (B15)》

762. 平面上に平行四辺形 ABCD がある．ただし，AB = AD = 1 とする．また，点 C から直線 AB へ垂線を下ろし，その交点 E が $\overrightarrow{AE} = t\overrightarrow{AB}$ $(1 < t < 2)$ を満たすとする．さらに，線分 BC と線分 DE の交点を F とする．このとき，次の問に答えよ．

（1）　内積 $\overrightarrow{AB}\cdot\overrightarrow{AC}$ を t を用いて表せ．

（2）　内積 $\overrightarrow{AB}\cdot\overrightarrow{AD}$ を t を用いて表せ．

（3）　線分 AC の長さを t を用いて表せ．

（4）　内積 $\overrightarrow{AB}\cdot\overrightarrow{AF}$ を t を用いて表せ．

（5）　△BEC の面積 S を t を用いて表せ．また，S^2 の最大値と，そのときの t の値を求めよ．

（23　山形大・医，理，農，人文社会）

▶解答◀　（1）　∠CAE = θ とおく．

$$\overrightarrow{AB}\cdot\overrightarrow{AC} = |\overrightarrow{AB}||\overrightarrow{AC}|\cos\theta = |\overrightarrow{AB}||\overrightarrow{AE}| = \boldsymbol{t}$$

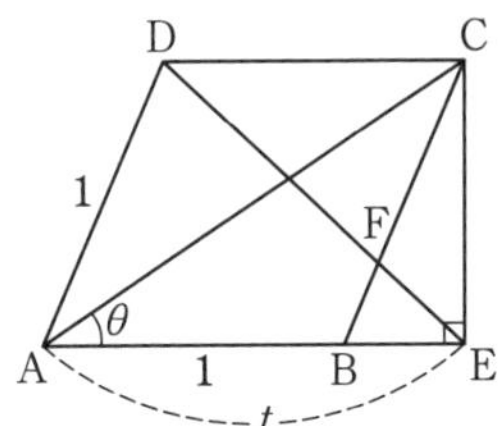

（2）　
$$\begin{aligned}\overrightarrow{AB}\cdot\overrightarrow{AC} &= \overrightarrow{AB}\cdot(\overrightarrow{AB} + \overrightarrow{AD})\\ &= |\overrightarrow{AB}|^2 + \overrightarrow{AB}\cdot\overrightarrow{AD} = 1 + \overrightarrow{AB}\cdot\overrightarrow{AD}\end{aligned}$$

$\overrightarrow{AB}\cdot\overrightarrow{AC} = t$ より

$$1 + \overrightarrow{AB}\cdot\overrightarrow{AD} = t$$
$$\overrightarrow{AB}\cdot\overrightarrow{AD} = \boldsymbol{t - 1}$$

（3）　
$$\begin{aligned}|\overrightarrow{AC}|^2 &= |\overrightarrow{AB} + \overrightarrow{AD}|^2\\ &= |\overrightarrow{AB}|^2 + 2\overrightarrow{AB}\cdot\overrightarrow{AD} + |\overrightarrow{AD}|^2\\ &= 1 + 2(t-1) + 1 = 2t\end{aligned}$$
$$|\overrightarrow{AC}| = \boldsymbol{\sqrt{2t}}$$

（4）　EF : FD = $\alpha : (1-\alpha)$, BF : FC = $\beta : (1-\beta)$ とおく．このとき

$$\begin{aligned}\overrightarrow{AF} &= (1-\alpha)\overrightarrow{AE} + \alpha\overrightarrow{AD}\\ &= (1-\alpha)t\overrightarrow{AB} + \alpha\overrightarrow{AD} \quad \cdots\cdots①\\ \overrightarrow{AF} &= (1-\beta)\overrightarrow{AB} + \beta\overrightarrow{AC}\\ &= (1-\beta)\overrightarrow{AB} + \beta(\overrightarrow{AB} + \overrightarrow{AD})\\ &= \overrightarrow{AB} + \beta\overrightarrow{AD} \quad \cdots\cdots②\end{aligned}$$

①, ② より

$$(1-\alpha)t = 1,\ \alpha = \beta$$
$$\alpha = \beta = \frac{t-1}{t} = 1 - \frac{1}{t}$$

② に代入して

$$\overrightarrow{AF} = \overrightarrow{AB} + \left(1 - \frac{1}{t}\right)\overrightarrow{AD}$$

したがって

$$\begin{aligned}\overrightarrow{AB}\cdot\overrightarrow{AF} &= \overrightarrow{AB}\cdot\left\{\overrightarrow{AB} + \left(1 - \frac{1}{t}\right)\overrightarrow{AD}\right\}\\ &= |\overrightarrow{AB}|^2 + \left(1 - \frac{1}{t}\right)\overrightarrow{AB}\cdot\overrightarrow{AD}\\ &= 1 + \left(1 - \frac{1}{t}\right)(t-1) = \boldsymbol{t + \frac{1}{t} - 1}\end{aligned}$$

（5）　△BEC に三平方の定理を用いて

$$CE = \sqrt{BC^2 - BE^2} = \sqrt{1^2 - (t-1)^2}$$

$= \sqrt{2t - t^2}$

したがって

$$S = \frac{1}{2}\mathrm{BE}\cdot\mathrm{CE} = \boldsymbol{\frac{1}{2}(t-1)\sqrt{2t-t^2}}$$

$\mathrm{CE} = \sqrt{1-(t-1)^2}$ であるから

$$S = \frac{1}{2}(t-1)\sqrt{1-(t-1)^2}$$
$$= \frac{1}{2}\sqrt{(t-1)^2-(t-1)^4}$$

$(t-1)^2 = X$ とおく．$1 < t < 2$ より $0 < X < 1$ である．

$$S^2 = \frac{1}{4}(X - X^2) = \frac{1}{4}\left\{-\left(X-\frac{1}{2}\right)^2+\frac{1}{4}\right\}$$

$X = \frac{1}{2}$ のとき

$$(t-1)^2 = \frac{1}{2},\ 1 < t < 2$$
$$t - 1 = \pm\frac{\sqrt{2}}{2},\ 1 < t < 2$$
$$t = \frac{2+\sqrt{2}}{2}$$

したがって，S^2 は $t = \boldsymbol{\frac{2+\sqrt{2}}{2}}$ のとき最大値 $\boldsymbol{\frac{1}{16}}$ をとる．

注意 **【初等幾何の利用】**

解答の図を見よ．△BEF ∽ △CDF で，

BE : CD $= (t-1) : 1$ であるから

EF : FD $= (t-1) : 1$ である．したがって

$$\overrightarrow{\mathrm{AF}} = \frac{1}{t}\overrightarrow{\mathrm{AE}} + \frac{t-1}{t}\overrightarrow{\mathrm{AD}} = \overrightarrow{\mathrm{AB}} + \left(1-\frac{1}{t}\right)\overrightarrow{\mathrm{AD}}$$

《平行四辺形で交点 (B10) ☆》

763. OA // BC, OB // AC となる平行四辺形 OACB において，辺 OA を 1 : 3 に内分する点を D, 辺 AC を 2 : 1 に内分する点を E, 辺 OB を 1 : 2 に内分する点を F とする．線分 BD と線分 EF の交点を P とするとき，EP : PF = □ である．

（23　小樽商大）

▶解答◀ 点 P は BD 上にあるから，

BP : PD $= s : (1-s)$ として，

$$\overrightarrow{\mathrm{OP}} = s\overrightarrow{\mathrm{OD}} + (1-s)\overrightarrow{\mathrm{OB}}$$
$$= \frac{1}{4}s\overrightarrow{\mathrm{OA}} + (1-s)\overrightarrow{\mathrm{OB}} \quad \cdots\cdots①$$

と表せる．

また，点 P は EF 上にあるから，FP : PE $= t : (1-t)$ として，

$$\overrightarrow{\mathrm{OP}} = t\overrightarrow{\mathrm{OE}} + (1-t)\overrightarrow{\mathrm{OF}}$$
$$= t\cdot\frac{\overrightarrow{\mathrm{OA}}+2\overrightarrow{\mathrm{OC}}}{3} + (1-t)\cdot\frac{1}{3}\overrightarrow{\mathrm{OB}}$$
$$= \frac{1}{3}t\left\{\overrightarrow{\mathrm{OA}} + 2\left(\overrightarrow{\mathrm{OA}}+\overrightarrow{\mathrm{OB}}\right)\right\} + \frac{1}{3}(1-t)\overrightarrow{\mathrm{OB}}$$
$$= t\overrightarrow{\mathrm{OA}} + \frac{1}{3}(1+t)\overrightarrow{\mathrm{OB}} \quad \cdots\cdots②$$

$\overrightarrow{\mathrm{OA}}$ と $\overrightarrow{\mathrm{OB}}$ は 1 次独立であるから，① と ② で係数比較して

$$\frac{1}{4}s = t,\ 1 - s = \frac{1}{3}(1+t)$$
$$s = \frac{8}{13},\ t = \frac{2}{13}$$

よって，EP : PF $= (1-t) : t = \frac{11}{13} : \frac{2}{13} =$ **11 : 2**

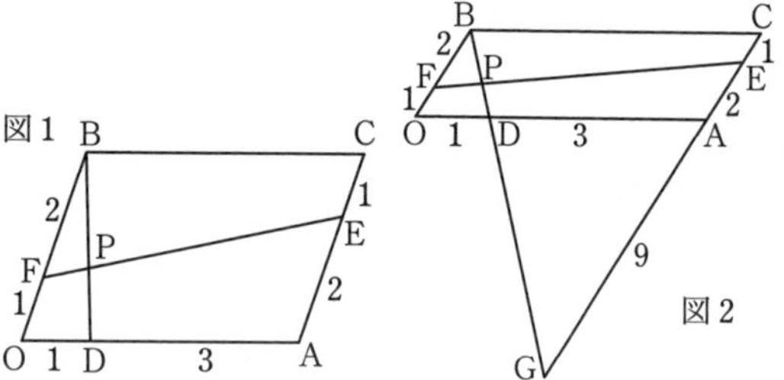

◆別解◆ 図 2 を参照せよ．直線 BD と直線 AC の交点を G とおく．

△OBD ∽ △AGD であるから

$$\mathrm{OB} : \mathrm{AG} = \mathrm{OD} : \mathrm{AD} = 1 : 3$$

また，△GEP ∽ △BFP であるから

$$\mathrm{EP} : \mathrm{PF} = \mathrm{EG} : \mathrm{FB} = (2+9) : 2 = \boldsymbol{11 : 2}$$

《三角形と交点 (A5)》

764. △ABC の辺 AB の中点を P とし，辺 AC を 2 : 1 に内分する点を Q とする．線分 BQ と線分 CP の交点を R とするとき，$\overrightarrow{\mathrm{AR}} = s\overrightarrow{\mathrm{AB}} + t\overrightarrow{\mathrm{AC}}$ を満たす実数 s, t の値を求めよ．

（23　愛媛大・工，農，教）

▶解答◀ $\overrightarrow{\mathrm{AP}} = \frac{1}{2}\overrightarrow{\mathrm{AB}},\ \overrightarrow{\mathrm{AQ}} = \frac{2}{3}\overrightarrow{\mathrm{AC}}$ である．

点 R は線分 BQ 上にあるから

$$\overrightarrow{\mathrm{AR}} = a\overrightarrow{\mathrm{AB}} + (1-a)\overrightarrow{\mathrm{AQ}}$$
$$= a\overrightarrow{\mathrm{AB}} + \frac{2}{3}(1-a)\overrightarrow{\mathrm{AC}} \quad \cdots\cdots①$$

と表せる．点 R は線分 CP 上にあるから

$$\overrightarrow{\mathrm{AR}} = b\overrightarrow{\mathrm{AC}} + (1-b)\overrightarrow{\mathrm{AP}}$$
$$= \frac{1}{2}(1-b)\overrightarrow{\mathrm{AB}} + b\overrightarrow{\mathrm{AC}} \quad \cdots\cdots②$$

と表せる．① と ② で係数比較して

$$a = \frac{1}{2}(1-b),\ \frac{2}{3}(1-a) = b$$

よって，$a = \frac{1}{4},\ b = \frac{1}{2}$

$\overrightarrow{\mathrm{AR}} = \frac{1}{4}\overrightarrow{\mathrm{AB}} + \frac{1}{2}\overrightarrow{\mathrm{AC}}$ となり，$s = \boldsymbol{\frac{1}{4}},\ t = \boldsymbol{\frac{1}{2}}$

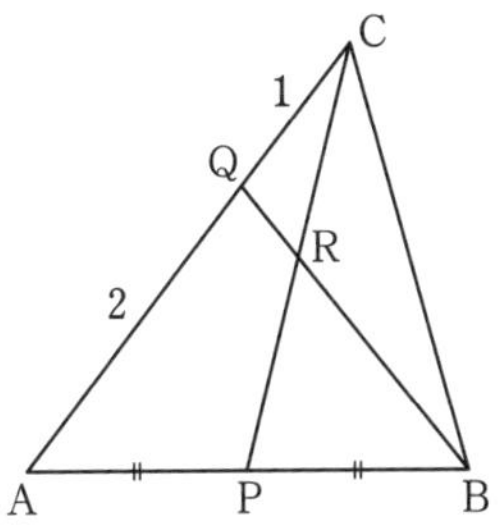

《一直線上にある証明 (B15) ☆》

765. △OAB において，辺 OA を 1：2 に内分する点を C とし，辺 OB を 3：1 に外分する点を D とする．線分 CD と辺 AB の交点を E とし，線分 OE, BC, AD の中点をそれぞれ F, G, H とする．$\overrightarrow{OA}=\vec{a}$, $\overrightarrow{OB}=\vec{b}$ とおく．次の問いに答えよ．

（1） $\overrightarrow{OE}$ を $\vec{a}$, $\vec{b}$ を用いて表せ．

（2） $\overrightarrow{FH}$ を $\vec{a}$, $\vec{b}$ を用いて表せ．

（3） 3 点 F, G, H が一直線上にあることを示せ．

（23　福岡教育大・中等）

▶解答◀ （1） $\overrightarrow{OC}=\dfrac{1}{3}\overrightarrow{OA}=\dfrac{1}{3}\vec{a}$,

$\overrightarrow{OD}=\dfrac{3}{2}\overrightarrow{OB}=\dfrac{3}{2}\vec{b}$ と表せる．また，E は CD 上にあるから，t を実数として CE : ED $=(1-t):t$ とおく．

$$\overrightarrow{OE}=t\overrightarrow{OC}+(1-t)\overrightarrow{OD}$$

$$=\frac{t}{3}\vec{a}+\frac{3}{2}(1-t)\vec{b} \quad \cdots\cdots①$$

E は AB 上にあるから，$\dfrac{t}{3}+\dfrac{3}{2}(1-t)=1$

$$2t+9-9t=6 \qquad \therefore \quad t=\frac{3}{7}$$

① に代入して $\overrightarrow{OE}=\boldsymbol{\dfrac{1}{7}\vec{a}+\dfrac{6}{7}\vec{b}}$

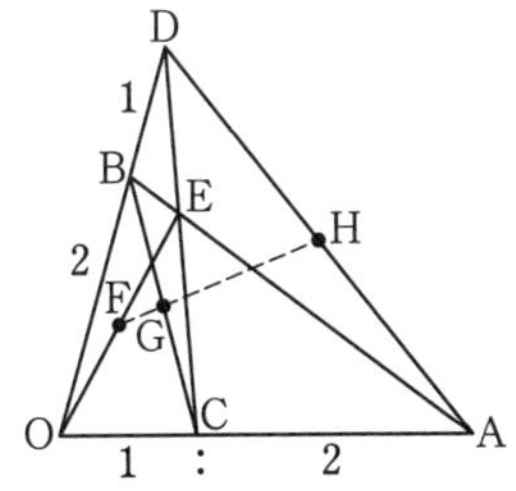

（2） $\overrightarrow{OF}=\dfrac{1}{2}\overrightarrow{OE}=\dfrac{1}{14}\vec{a}+\dfrac{3}{7}\vec{b}$

$\overrightarrow{OH}=\dfrac{1}{2}(\overrightarrow{OA}+\overrightarrow{OD})=\dfrac{1}{2}\vec{a}+\dfrac{3}{4}\vec{b}$

であるから

$$\overrightarrow{FH}=\frac{1}{2}\vec{a}+\frac{3}{4}\vec{b}-\left(\frac{1}{14}\vec{a}+\frac{3}{7}\vec{b}\right)$$

$$=\frac{3}{7}\vec{a}+\frac{9}{28}\vec{b}=\boldsymbol{\frac{3}{28}(4\vec{a}+3\vec{b})}$$

（3） $\overrightarrow{OG}=\dfrac{1}{2}(\overrightarrow{OC}+\overrightarrow{OB})=\dfrac{1}{6}\vec{a}+\dfrac{1}{2}\vec{b}$ であるから

$$\overrightarrow{FG}=\frac{1}{6}\vec{a}+\frac{1}{2}\vec{b}-\left(\frac{1}{14}\vec{a}+\frac{3}{7}\vec{b}\right)$$

$$=\frac{2}{21}\vec{a}+\frac{1}{14}\vec{b}=\frac{1}{42}(4\vec{a}+3\vec{b})$$

$\overrightarrow{FH}=\dfrac{9}{2}\overrightarrow{FG}$ だから，3 点 F, G, H は一直線上にある．

《垂線を下ろす (B10)》

766. △OAB において，辺 OA の長さは 4, 辺 OB の長さは 5 であるとする．△OAB の重心を G，辺 AB を 2 : 3 に内分する点を P とおくとき，$\overrightarrow{GP}$ と $\overrightarrow{AB}$ は垂直であるとする．$\overrightarrow{OA}=\vec{a}$, $\overrightarrow{OB}=\vec{b}$ とおく．

（1） $\overrightarrow{OP}$ を $\vec{a}$ と $\vec{b}$ を用いて表しなさい．

（2） $\vec{a}$ と $\vec{b}$ の内積を求めなさい．

（3） 辺 AB の長さを求めなさい．

（23　北海道大・フロンティア入試（共通））

▶解答◀ $|\vec{a}|=4$, $|\vec{b}|=5$ である．

（1） $\overrightarrow{OP}=\boldsymbol{\dfrac{3}{5}\vec{a}+\dfrac{2}{5}\vec{b}}$

（2） $\overrightarrow{OG}=\dfrac{1}{3}\vec{a}+\dfrac{1}{3}\vec{b}$ であるから，

$\overrightarrow{GP}=\overrightarrow{OP}-\overrightarrow{OG}=\dfrac{4}{15}\vec{a}+\dfrac{1}{15}\vec{b}$

である．$\overrightarrow{GP}\perp\overrightarrow{AB}$ より

$$\left(\frac{4}{15}\vec{a}+\frac{1}{15}\vec{b}\right)\cdot(\vec{b}-\vec{a})=0$$

$$-4\cdot16+3\vec{a}\cdot\vec{b}+25=0 \qquad \therefore \quad \boldsymbol{\vec{a}\cdot\vec{b}=13}$$

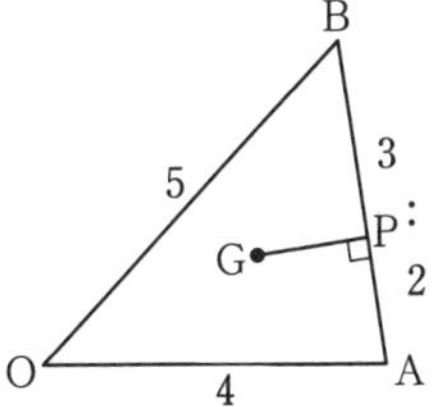

（3） $\mathrm{AB}^2=|\vec{b}-\vec{a}|^2=25-2\cdot13+16=15$

よって，AB $=\boldsymbol{\sqrt{15}}$ である．

《垂線を下ろす (B10)》

767. 三角形 OAB において，OA $=\sqrt{2}$, OB $=3$ とします．三角形 OAB の内部の点 P に対し，直線 OP と辺 AB の交点を Q，直線 AP と辺 OB の交点を R とし，$\overrightarrow{OA}=\vec{a}$, $\overrightarrow{OB}=\vec{b}$,

$\overrightarrow{OQ}=t\vec{a}+(1-t)\vec{b}\ (0<t<1)$,

$\overrightarrow{OR}=s\vec{b}\ (0<s<1)$ とします．$\overrightarrow{OQ}$ と $\overrightarrow{AB}$ が垂直で，点 P は線分 AR を 2 : 1 に内分するとき，次の（1）～（3）に答えなさい．

（1） 内積 $\vec{a}\cdot\vec{b}$ を t を用いて表しなさい．

（2） s を t を用いて表しなさい．

（3） OP $=\dfrac{\sqrt{2}}{3}$ のとき，t の値を求めなさい．

（23　神戸大・文系-「志」入試）

▶解答◀ （1） $|\vec{a}|=\sqrt{2},\ |\vec{b}|=3$ である．$\overrightarrow{\mathrm{OQ}}\perp\overrightarrow{\mathrm{AB}}$ より，$\overrightarrow{\mathrm{OQ}}\cdot\overrightarrow{\mathrm{AB}}=0$

$$\{t\vec{a}+(1-t)\vec{b}\}\cdot(\vec{b}-\vec{a})$$
$$=-t|\vec{a}|^2+(2t-1)\vec{a}\cdot\vec{b}+(1-t)|\vec{b}|^2$$
$$=-2t+(2t-1)\vec{a}\cdot\vec{b}+9(1-t)$$
$$=(2t-1)\vec{a}\cdot\vec{b}+(9-11t)=0$$

$t=\frac{1}{2}$ のときこれは成立しないから $t\neq\frac{1}{2}$ で，

$$\vec{a}\cdot\vec{b}=\boldsymbol{\frac{11t-9}{2t-1}}$$

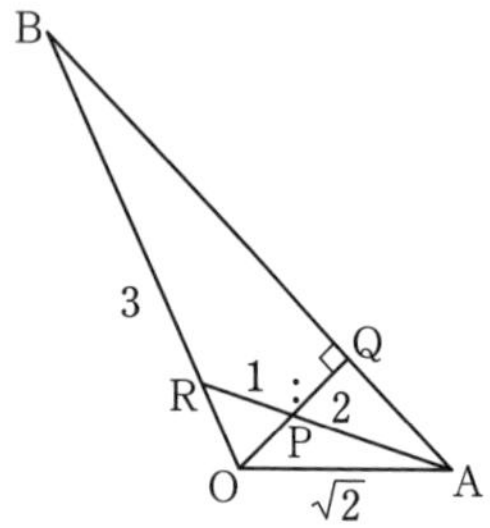

（2） P は OQ 上であるから

$$\overrightarrow{\mathrm{OP}}=k\overrightarrow{\mathrm{OQ}}=kt\vec{a}+k(1-t)\vec{b}$$

とかける．また，

$$\overrightarrow{\mathrm{OP}}=\frac{1}{3}\vec{a}+\frac{2}{3}s\vec{b}$$

これより，

$$kt=\frac{1}{3},\ k(1-t)=\frac{2}{3}s$$

k を消去して

$$\frac{1-t}{t}=2s \qquad \therefore\ s=\frac{1-t}{2t}$$

（3） $|\overrightarrow{\mathrm{OP}}|^2=\frac{1}{9}|\vec{a}+2s\vec{b}|^2$

$$=\frac{1}{9}\left(2+4s\cdot\frac{11t-9}{2t-1}+36s^2\right)=\frac{2}{9}$$
$$2+4s\cdot\frac{11t-9}{2t-1}+36s^2=2$$

$0<s<1$ より

$$\frac{11t-9}{2t-1}+9s=0$$
$$\frac{11t-9}{2t-1}+\frac{9(1-t)}{2t}=0$$
$$(11t-9)\cdot 2t+9(1-t)(2t-1)=0$$
$$4t^2+9t-9=0$$

$(4t-3)(t+3)=0$ となり，$0<t<1$ より，$t=\boldsymbol{\frac{3}{4}}$ である．

《垂線を下ろす (B15) ☆》

768. △OAB の 3 辺の長さは，それぞれ OA = 2, AB = 3, BO = 3 である．頂点 O から辺 AB に垂線を下ろし，直線 AB との交点を H とする．また，△OAB の重心を G とする．$\overrightarrow{\mathrm{GH}}$ を $\overrightarrow{\mathrm{OA}}$ と $\overrightarrow{\mathrm{OB}}$ を用いて表し，線分 GH の長さを求めよ．

（23　長崎大・教 A，経，環境，水産）

▶解答◀ $|\overrightarrow{\mathrm{AB}}|^2=|\overrightarrow{\mathrm{OB}}-\overrightarrow{\mathrm{OA}}|^2$

$$9=|\vec{a}|^2+|\vec{b}|^2-2\vec{a}\cdot\vec{b}$$
$$9=4+9-2\vec{a}\cdot\vec{b} \qquad \therefore\ \vec{a}\cdot\vec{b}=2$$

$\overrightarrow{\mathrm{OG}}=\frac{\vec{a}+\vec{b}}{3}$ である．

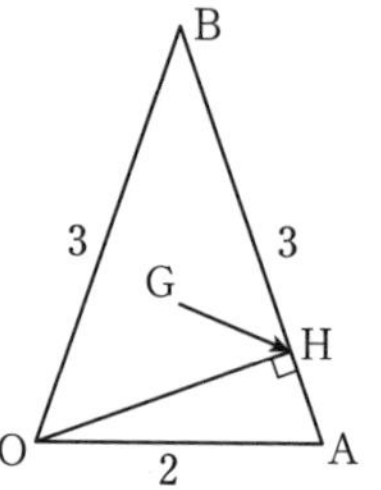

$\overrightarrow{\mathrm{OH}}=s\vec{a}+(1-s)\vec{b}$ とおく．

$$\overrightarrow{\mathrm{OH}}\cdot\overrightarrow{\mathrm{AB}}=\{s\vec{a}+(1-s)\vec{b}\}\cdot(\vec{b}-\vec{a})$$
$$=-s|\vec{a}|^2+(1-s)|\vec{b}|^2+(1-2s)\vec{a}\cdot\vec{b}$$
$$=-4s+9(1-s)+2(2s-1)=-9s+7$$
$$-9s+7=0 \qquad \therefore\ s=\frac{7}{9}$$
$$\overrightarrow{\mathrm{OH}}=\frac{7}{9}\vec{a}+\frac{2}{9}\vec{b}$$
$$\overrightarrow{\mathrm{GH}}=\overrightarrow{\mathrm{OH}}-\overrightarrow{\mathrm{OG}}$$
$$=\frac{7}{9}\vec{a}+\frac{2}{9}\vec{b}-\frac{\vec{a}+\vec{b}}{3}=\boldsymbol{\frac{4}{9}\vec{a}-\frac{1}{9}\vec{b}}$$
$$|4\vec{a}-\vec{b}|^2=16|\vec{a}|^2+|\vec{b}|^2-8\vec{a}\cdot\vec{b}$$
$$=64+9-16=57$$

$\mathbf{GH}=\boldsymbol{\frac{\sqrt{57}}{9}}$ である．

《外心 (B20) ☆》

769. $a>0$ とする．平面上において，△ABC は AB = 1, AC = 2, BC = a であり，点 O は △ABC の外接円の中心であるとする．また，2 つの実数 s,t は，$\overrightarrow{\mathrm{AO}}=s\overrightarrow{\mathrm{AB}}+t\overrightarrow{\mathrm{AC}}$ をみたすとする．

（1） △ABC が存在するための a のとりうる値の範囲を求めよ．

（2） 内積 $\overrightarrow{\mathrm{AB}}\cdot\overrightarrow{\mathrm{AC}}$ を a を用いて表せ．

（3） 関係式 $\overrightarrow{\mathrm{AB}}\cdot\overrightarrow{\mathrm{AO}}=\frac{1}{2}|\overrightarrow{\mathrm{AB}}|^2=\frac{1}{2}$ が成り立つことを示し，これを利用して s,t をそれぞれ a を用いて表せ．ただし，s,t を求めるとき，

$\overrightarrow{AC}\cdot\overrightarrow{AO}=\frac{1}{2}|\overrightarrow{AC}|^2=2$ が成り立つことを証明なしに用いてもよい．

（4） 外接円の中心Oが，△ABCの内部にあるための a のとりうる値の範囲を求めよ．ただし，点Oが△ABCの辺や頂点にある場合を除くとする．

（23　同志社大・文系）

▶解答◀ （1） 3辺の長さが，1，2，a の三角形の存在条件は

$|1-2|<a<1+2$　　∴　$\boldsymbol{1<a<3}$

（2） $|\overrightarrow{BC}|^2=|\overrightarrow{AC}-\overrightarrow{AB}|^2$

$|\overrightarrow{BC}|^2=|\overrightarrow{AC}|^2-2\overrightarrow{AC}\cdot\overrightarrow{AB}+|\overrightarrow{AB}|^2$

$a^2=2^2-2\overrightarrow{AC}\cdot\overrightarrow{AB}+1^2$

$\overrightarrow{AB}\cdot\overrightarrow{AC}=\boldsymbol{\frac{5-a^2}{2}}$

（3） 辺ABの中点をMとして OM ⊥ AB であるから

$\overrightarrow{AB}\cdot\overrightarrow{AO}=\text{AB}\cdot\text{AO}\cos\angle\text{BAO}$

$=\text{AB}\cdot\text{AM}=\text{AB}\cdot\frac{1}{2}\text{AB}=\frac{1}{2}|\overrightarrow{AB}|^2=\frac{1}{2}$

同様にして $\overrightarrow{AC}\cdot\overrightarrow{AO}=2\cdot1=2$

$\overrightarrow{AO}=s\overrightarrow{AB}+t\overrightarrow{AC}$ と $\overrightarrow{AB}$ の内積をとり

$\overrightarrow{AO}\cdot\overrightarrow{AB}=s|\overrightarrow{AB}|^2+t\overrightarrow{AC}\cdot\overrightarrow{AB}$

$\frac{1}{2}=s+\frac{5-a^2}{2}t$

$2s+(5-a^2)t=1$ ……………………………①

$\overrightarrow{AO}=s\overrightarrow{AB}+t\overrightarrow{AC}$ と $\overrightarrow{AC}$ の内積をとり

$\overrightarrow{AO}\cdot\overrightarrow{AC}=s\overrightarrow{AB}\cdot\overrightarrow{AC}+t|\overrightarrow{AC}|^2$

$2=\frac{5-a^2}{2}s+4t$

$(5-a^2)s+8t=4$ ……………………………②

①，②より $\{16-(5-a^2)^2\}s=8-4(5-a^2)$

$\{16-(5-a^2)^2\}t=8-(5-a^2)$

$1<a<3$ より

$16-(5-a^2)^2=(a^2-1)(9-a^2)>0$ ………③

であるから

$s=\boldsymbol{\frac{4(a^2-3)}{(a^2-1)(9-a^2)}}$, $t=\boldsymbol{\frac{a^2+3}{(a^2-1)(9-a^2)}}$ …④

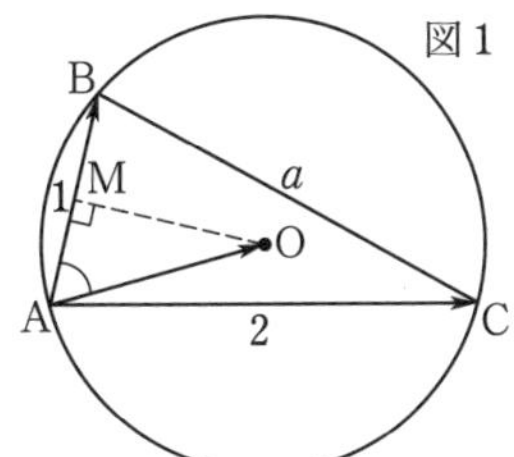

（4） $\overrightarrow{AO}=s\overrightarrow{AB}+t\overrightarrow{AC}$ であるから，点Oが△ABCの内部にある条件は $s>0, t>0, s+t<1$ である．

③，④より，$t>0$ であり，$s>0$ となる条件は

$a^2-3>0$　　∴　$a>\sqrt{3}$ ……………………⑤

である．また

$1-(s+t)=1-\frac{5a^2-9}{(a^2-1)(9-a^2)}$

$=\frac{(a^2-1)(9-a^2)-(5a^2-9)}{(a^2-1)(9-a^2)}$

分母 >0 であり

分子 $=-a^4+10a^2-9-5a^2+9=a^2(5-a^2)$

であるから，$s+t<1$ となる条件は

$5-a^2>0$　　∴　$a<\sqrt{5}$ ……………………⑥

⑤，⑥より，a のとりうる値の範囲は $\boldsymbol{\sqrt{3}<a<\sqrt{5}}$

♦別解♦ （4） 外心が三角形の内部にある条件は，三角形が鋭角三角形であることである．

$\cos A=\frac{1^2+2^2-a^2}{2\cdot1\cdot2}>0$ であり $a^2<1^2+2^2$

同様に $2^2<1^2+a^2$, $1^2<2^2+a^2$ であり，$3<a^2<5$ である．$\boldsymbol{\sqrt{3}<a<\sqrt{5}}$

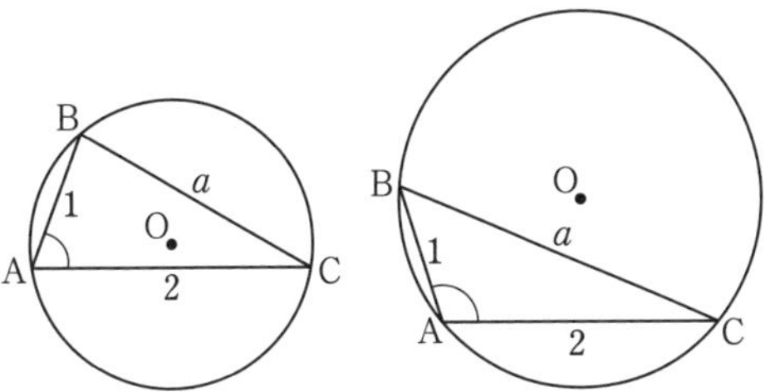

注意 （3）について $|\overrightarrow{OB}|^2=|\overrightarrow{AB}-\overrightarrow{AO}|^2$

$|\overrightarrow{OB}|^2=|\overrightarrow{AB}|^2-2\overrightarrow{AB}\cdot\overrightarrow{AO}+|\overrightarrow{AO}|^2$

OA = OB より $|\overrightarrow{AB}|^2-2\overrightarrow{AB}\cdot\overrightarrow{AO}=0$

《垂心と内心（B15）》

770．三角形の3つの頂点からそれぞれの対辺またはその延長に下ろした3本の垂線の交点を，この三角形の垂心という．△OABの垂心と内心をそれぞれHとIで表し，$\overrightarrow{OA}=\vec{a}$，$\overrightarrow{OB}=\vec{b}$ とおく．

$|\vec{a}|=2$，$|\vec{b}|=3$，$\vec{a}\cdot\vec{b}=-\frac{3}{2}$

が成り立つとき，以下の問いに答えなさい．

（1） ベクトル $\overrightarrow{OH}$ を $\vec{a}$ と $\vec{b}$ を用いて表しなさい．

（2） ベクトル $\overrightarrow{OI}$ を $\vec{a}$ と $\vec{b}$ を用いて表しなさい．

（23　都立大・文系）

▶解答◀ （1） $\overrightarrow{OH}=x\vec{a}+y\vec{b}$ とおく．$\overrightarrow{OH}\perp\overrightarrow{AB}$ であるから

$\overrightarrow{OH}\cdot\overrightarrow{AB}=(x\vec{a}+y\vec{b})\cdot(\vec{b}-\vec{a})$

$=-x|\vec{a}|^2+y|\vec{b}|^2+(x-y)\vec{a}\cdot\vec{b}$

$$= -4x + 9y - \frac{3}{2}(x - y) = 0$$

$$-11x + 21y = 0 \quad \cdots\cdots ①$$

$$\overrightarrow{\mathrm{AH}} = \overrightarrow{\mathrm{OH}} - \overrightarrow{\mathrm{OA}} = (x-1)\vec{a} + y\vec{b}$$

$\overrightarrow{\mathrm{AH}} \perp \overrightarrow{\mathrm{OB}}$ であるから

$$\overrightarrow{\mathrm{AH}} \cdot \overrightarrow{\mathrm{OB}} = ((x-1)\vec{a} + y\vec{b}) \cdot \vec{b}$$

$$= (x-1)\vec{a} \cdot \vec{b} + y|\vec{b}|^2$$

$$= -\frac{3}{2}(x-1) + 9y = 0$$

$$-x + 6y + 1 = 0 \quad \cdots\cdots ②$$

①, ② を連立して $x = -\frac{7}{15}$, $y = -\frac{11}{45}$ を得て,

$\overrightarrow{\mathrm{OH}} = -\frac{7}{15}\vec{a} - \frac{11}{45}\vec{b}$ である.

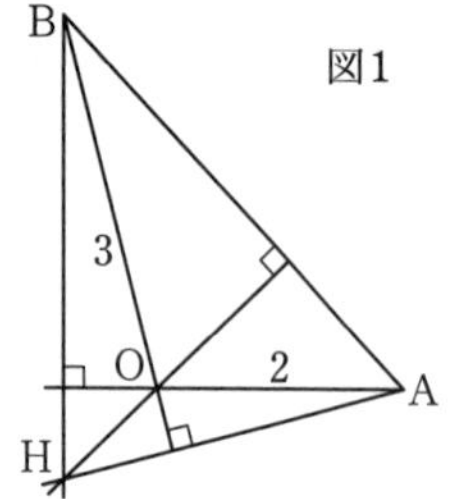

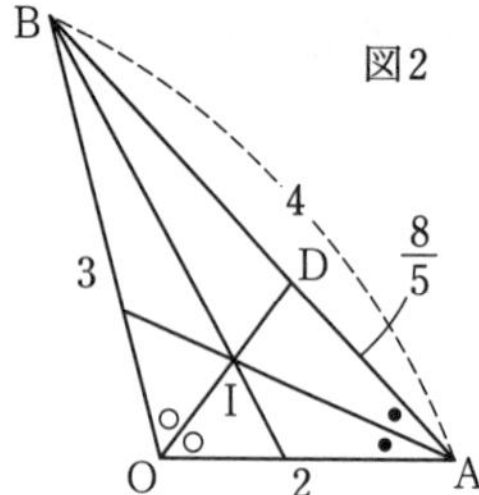

(2) 三角形の内心は3つの角の2等分線の交点であるから, OI の延長と辺 AB の交点を D とすると, D は辺 AB を $2:3$ に内分する. $\overrightarrow{\mathrm{OD}} = \frac{3\vec{a} + 2\vec{b}}{5}$ である.

$$|\overrightarrow{\mathrm{AB}}|^2 = |\vec{b} - \vec{a}|^2$$

$$= |\vec{b}|^2 + |\vec{a}|^2 - 2\vec{a} \cdot \vec{b}$$

$$= 9 + 4 + 3 = 16$$

$\mathrm{AB} = 4$ であるから $\mathrm{AD} = 4 \cdot \frac{2}{5} = \frac{8}{5}$ である.

$\mathrm{AO} : \mathrm{AD} = 2 : \frac{8}{5} = 5 : 4$ で, AI は $\angle\mathrm{OAD}$ を2等分するから $\mathrm{OI} : \mathrm{ID} = 5 : 4$ である.

$$\overrightarrow{\mathrm{OI}} = \frac{5}{9}\overrightarrow{\mathrm{OD}} = \frac{1}{3}\vec{a} + \frac{2}{9}\vec{b}$$

《傍心 (B20) ☆》

771. 三角形 OAB は辺の長さが $\mathrm{OA} = 3$, $\mathrm{OB} = 5$, $\mathrm{AB} = 7$ であるとする. また, $\angle\mathrm{AOB}$ の2等分線と直線 AB との交点を P とし, 頂点 B における外角の2等分線と直線 OP との交点を Q とする.

(1) $\overrightarrow{\mathrm{OP}}$ を $\overrightarrow{\mathrm{OA}}$, $\overrightarrow{\mathrm{OB}}$ を用いて表せ. また, $|\overrightarrow{\mathrm{OP}}|$ の値を求めよ.

(2) $\overrightarrow{\mathrm{OQ}}$ を $\overrightarrow{\mathrm{OA}}$, $\overrightarrow{\mathrm{OB}}$ を用いて表せ. また, $|\overrightarrow{\mathrm{OQ}}|$ の値を求めよ. (23 北海道大・文系)

▶解答◀ $\overrightarrow{\mathrm{OA}}$, $\overrightarrow{\mathrm{OB}}$ をそれぞれ $\vec{a}$, $\vec{b}$ とかく.

(1) 内角の二等分線の定理より P は AB を $3:5$ に内分するから, $\overrightarrow{\mathrm{OP}} = \frac{5}{8}\vec{a} + \frac{3}{8}\vec{b}$ である. また,

$|\vec{a}| = 3$, $|\vec{b}| = 5$ であり,

$$|\vec{b} - \vec{a}| = 25 - 2\vec{a} \cdot \vec{b} + 9 = 49$$

であるから, $\vec{a} \cdot \vec{b} = -\frac{15}{2}$ とわかる. これより

$$|\overrightarrow{\mathrm{OP}}|^2 = \frac{1}{64}\left(25 \cdot 9 - 30 \cdot \frac{15}{2} + 9 \cdot 25\right)$$

$$= \frac{15^2}{8^2} \qquad \therefore \quad |\overrightarrow{\mathrm{OP}}| = \frac{15}{8}$$

(2) $\mathrm{BP} = 7 \cdot \frac{5}{5+3} = \frac{35}{8}$ である. ここで, 外角の二等分線の定理より

$$\mathrm{OQ} : \mathrm{QP} = \mathrm{OB} : \mathrm{BP} = 5 : \frac{35}{8} = 8 : 7$$

であるから, $\mathrm{OQ} = 8\mathrm{OP} = \mathbf{15}$ であり,

$$\overrightarrow{\mathrm{OQ}} = 8\overrightarrow{\mathrm{OP}} = 5\vec{a} + 3\vec{b}$$

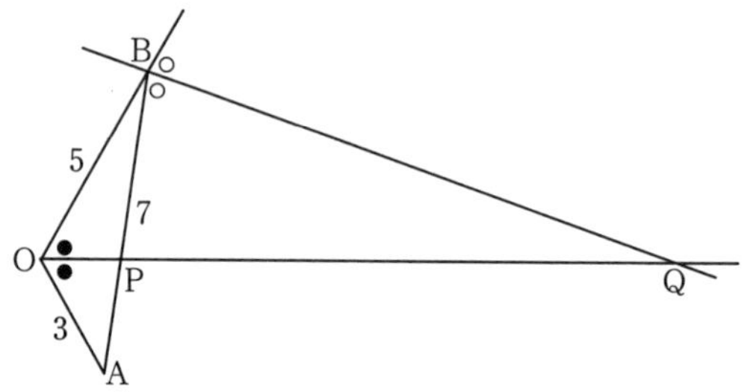

注意 内心や傍心について述べる. 問題文中と点の記号が被っているが, 別のものである. 適宜読み替えよ.

1°【内心の公式】 以下すべて, I は △OAB の内心である. $\mathrm{OA} = a$, $\mathrm{OB} = b$, $\mathrm{AB} = c$ とする. OC は $\angle\mathrm{AOB}$ の二等分線である. 角の二等分線の定理により $\mathrm{AC} : \mathrm{BC} = \mathrm{OA} : \mathrm{OB} = a : b$ であり,

$$\mathrm{AC} = c \cdot \frac{a}{a+b}, \ \overrightarrow{\mathrm{OC}} = \frac{a\overrightarrow{\mathrm{OB}} + b\overrightarrow{\mathrm{OA}}}{a+b}$$

となる. AI は $\angle\mathrm{OAB}$ の二等分線であり,

$$\mathrm{OI} : \mathrm{IC} = \mathrm{OA} : \mathrm{AC} = a : \frac{ac}{a+b} = (a+b) : c$$

$$\overrightarrow{\mathrm{OI}} = \frac{a+b}{a+b+c}\overrightarrow{\mathrm{OC}} = \frac{a\overrightarrow{\mathrm{OB}} + b\overrightarrow{\mathrm{OA}}}{a+b+c}$$

2°【外角の二等分線の定理】 $\angle\mathrm{OAB}$ の外角の二等分線と $\angle\mathrm{OBA}$ の外角の二等分線の交点 D は傍接円の中心で, OD は $\angle\mathrm{AOB}$ の二等分線である.

AB と OD の交点を C とする.

$\mathrm{OD} : \mathrm{DC} = \mathrm{OA} : \mathrm{AC}$ となる. これが覚えにくい場合は「外角」というのを消して, 内角の場合の図を書いて比を記述し, その後「外角」を復活させればよい. 証明は内角の場合とほとんど同じである.

【証明】 $\angle\mathrm{OAB}$ の外角を 2θ として, 三角形の面積比を2通りに表現する.

$$\mathrm{OD} : \mathrm{DC} = \triangle\mathrm{ADO} : \triangle\mathrm{ADC}$$

$= \frac{1}{2}\mathrm{AO}\cdot\mathrm{AD}\sin(\pi-\theta) : \frac{1}{2}\mathrm{AC}\cdot\mathrm{AD}\sin\theta$

$= \mathrm{OA} : \mathrm{AC}$

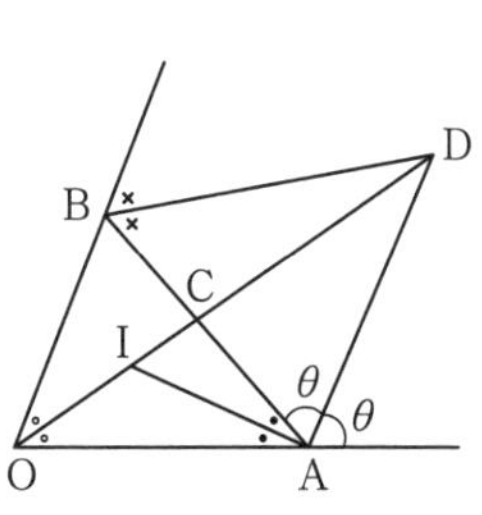

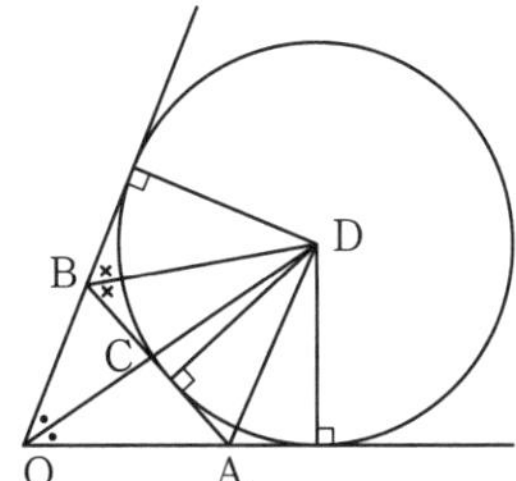

3° 【**傍心の公式**】 $\mathrm{OA}=a$, $\mathrm{OB}=b$, $\mathrm{AB}=c$ とおく．角の二等分線の定理より

$\mathrm{AC}:\mathrm{CB}=\mathrm{OA}:\mathrm{OB}=a:b$

$\mathrm{AC}=c\cdot\dfrac{a}{a+b}$

外角の二等分線の定理より

$\mathrm{OD}:\mathrm{DC}=\mathrm{OA}:\mathrm{AC}=a:\dfrac{ac}{a+b}=(a+b):c$

$\overrightarrow{\mathrm{OD}}=\dfrac{\mathrm{OD}}{\mathrm{OC}}\overrightarrow{\mathrm{OC}}=\dfrac{a+b}{a+b-c}\overrightarrow{\mathrm{OC}}$

$=\dfrac{a+b}{a+b-c}\cdot\dfrac{b\overrightarrow{\mathrm{OA}}+a\overrightarrow{\mathrm{OB}}}{a+b}=\dfrac{b\overrightarrow{\mathrm{OA}}+a\overrightarrow{\mathrm{OB}}}{a+b-c}$

《垂心 (A10) ☆》

772. 平面上の三角形OABは，

$\mathrm{OA}=3,\ \mathrm{OB}=2,\ \angle\mathrm{AOB}=60^\circ$

を満たすとする．この三角形の内部に点Hをとり，$\overrightarrow{\mathrm{OH}}=p\vec{a}+q\vec{b}$ とおくとき，次の問いに答えよ．ただし，p, q は実数で，$\overrightarrow{\mathrm{OA}}=\vec{a}$, $\overrightarrow{\mathrm{OB}}=\vec{b}$ とする．

（1） $\overrightarrow{\mathrm{OH}}\perp\overrightarrow{\mathrm{AB}}$ のとき，p と q の間に成り立つ関係式を求めよ．

（2） Hが三角形OABの垂心であるとき，p と q の値を求めよ．　(23　信州大・医-保健，経法)

▶解答◀ （1） $\vec{a}\cdot\vec{b}=3\cdot2\cdot\cos60^\circ=3$

$\overrightarrow{\mathrm{OH}}\cdot\overrightarrow{\mathrm{AB}}=0$ であるから

$(p\vec{a}+q\vec{b})\cdot(\vec{b}-\vec{a})=0$

$-p|\vec{a}|^2+(p-q)\vec{a}\cdot\vec{b}+q|\vec{b}|^2=0$

$-9p+3(p-q)+4q=0$

$\boldsymbol{6p=q}$ ……………………………………①

（2） Hが△OABの垂心であるとき，$\overrightarrow{\mathrm{AH}}\cdot\overrightarrow{\mathrm{OB}}=0$ であるから

$(\overrightarrow{\mathrm{OH}}-\overrightarrow{\mathrm{OA}})\cdot\overrightarrow{\mathrm{OB}}=0$

$\{(p-1)\vec{a}+q\vec{b}\}\cdot\vec{b}=0$

$(p-1)\vec{a}\cdot\vec{b}+q|\vec{b}|^2=0$

$3(p-1)+4q=0$

$3p+4q=3$ ……………………………………②

①と②を連立して $p=\boldsymbol{\frac{1}{9}}$, $q=\boldsymbol{\frac{2}{3}}$

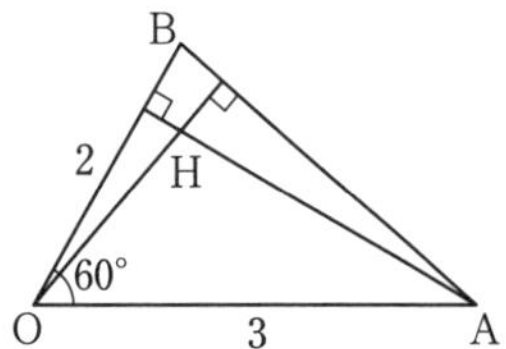

《垂心 (B10)》

773. △ABCにおいて，$\angle\mathrm{A}=60^\circ$, $\mathrm{AB}=8$, $\mathrm{AC}=6$ とする．△ABCの垂心をHとするとき，$\overrightarrow{\mathrm{AH}}$ を $\overrightarrow{\mathrm{AB}}$, $\overrightarrow{\mathrm{AC}}$ を用いて表せ．

(23　鳥取大・生命科学，保健，工，地域，農)

▶解答◀ $\overrightarrow{\mathrm{AB}}=\vec{b}$, $\overrightarrow{\mathrm{AC}}=\vec{c}$ とおく．

$|\vec{b}|=8,\ |\vec{c}|=6,\ \vec{b}\cdot\vec{c}=8\cdot6\cos60^\circ=24$

である．$\overrightarrow{\mathrm{AH}}=s\vec{b}+t\vec{c}$ とおく．

$\mathrm{BH}\perp\mathrm{AC}$ より，$\overrightarrow{\mathrm{BH}}\cdot\overrightarrow{\mathrm{AC}}=0$

$(s\vec{b}+t\vec{c}-\vec{b})\cdot\vec{c}=0$

$24s+36t-24=0$　　$\therefore\ 2s+3t=2$ ……①

$\mathrm{CH}\perp\mathrm{AB}$ より，$\overrightarrow{\mathrm{CH}}\cdot\overrightarrow{\mathrm{AB}}=0$

$(s\vec{b}+t\vec{c}-\vec{c})\cdot\vec{b}=0$

$64s+24t-24=0$　　$\therefore\ 8s+3t=3$ ……②

①，②より，$s=\frac{1}{6}$, $t=\frac{5}{9}$

したがって，$\boldsymbol{\overrightarrow{\mathrm{AH}}=\frac{1}{6}\overrightarrow{\mathrm{AB}}+\frac{5}{9}\overrightarrow{\mathrm{AC}}}$

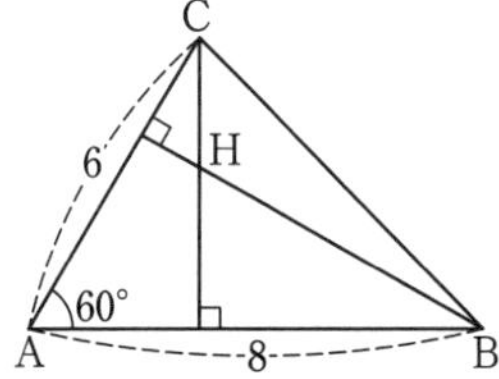

《長さを式にする (B20) ☆》

774. $0<s<t<1$ とする．$|\overrightarrow{\mathrm{OA}}|=|\overrightarrow{\mathrm{OB}}|=1$, $\cos\angle\mathrm{AOB}=\frac{1}{7}$ となる△OABにおいて，辺ABを $s:(1-s)$ に内分する点をP，辺OBを $t:(1-t)$ に内分する点をQ，直線QPと直線OAの交点をRとする．△OPQが正三角形であるとき，次の問いに答えよ．ただし，$\overrightarrow{\mathrm{OA}}=\vec{a}$, $\overrightarrow{\mathrm{OB}}=\vec{b}$ とする．

（1） s, t の値を求めよ．

（2） $\overrightarrow{\mathrm{OQ}}$, $\overrightarrow{\mathrm{QP}}$ を $\vec{a}, \vec{b}$ を用いて表せ．

（3） $|\overrightarrow{\mathrm{OR}}|$ の値を求めよ．　(23　和歌山大・共通)

▶解答◀　（１）　$|\vec{a}|=1,\ |\vec{b}|=1,$
$\vec{a}\cdot\vec{b}=\dfrac{1}{7}$ であり

$$\overrightarrow{\mathrm{OP}}=(1-s)\vec{a}+s\vec{b},\ \overrightarrow{\mathrm{OQ}}=t\vec{b},$$
$$\overrightarrow{\mathrm{QP}}=(1-s)\vec{a}+s\vec{b}-t\vec{b}$$

となる．△OPQ は正三角形だから $|\overrightarrow{\mathrm{OQ}}|=|\overrightarrow{\mathrm{OP}}|$ より

$$|t\vec{b}|=|(1-s)\vec{a}+s\vec{b}|$$
$$t^2|\vec{b}|^2=(1-s)^2|\vec{a}|^2+2(1-s)s\vec{a}\cdot\vec{b}+s^2|\vec{b}|^2$$
$$t^2=(1-s)^2+\frac{2}{7}(1-s)s+s^2$$
$$t^2=\frac{12}{7}s^2-\frac{12}{7}s+1 \quad\cdots\cdots\text{①}$$

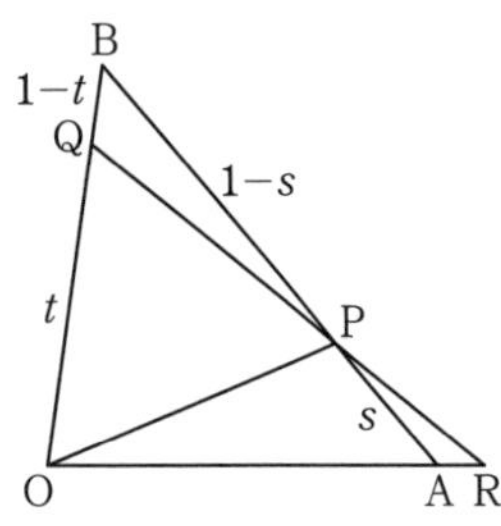

$|\overrightarrow{\mathrm{OP}}|=|\overrightarrow{\mathrm{QP}}|$ より $|\overrightarrow{\mathrm{OP}}|^2=|\overrightarrow{\mathrm{OP}}-\overrightarrow{\mathrm{OQ}}|^2$

$$-2\{(1-s)\vec{a}+s\vec{b}\}\cdot t\vec{b}+t^2|\vec{b}|^2=0$$
$$-2(1-s)t\vec{a}\cdot\vec{b}+(-2st+t^2)|\vec{b}|^2=0$$
$$-\frac{2}{7}(1-s)t-2st+t^2=0$$

$t>0$ であるから $t=\dfrac{12s+2}{7}$ ……②

①，②より $\dfrac{4(6s+1)^2}{7^2}=\dfrac{12s^2-12s+7}{7}$

$$4(36s^2+12s+1)=7\cdot12s^2-7\cdot12s+49$$
$$60s^2+11\cdot12s-45=0$$
$$20s^2+44s-15=0$$
$$(10s-3)(2s+5)=0$$

$s>0$ であるから $\boldsymbol{s=\dfrac{3}{10}}$，②より $\boldsymbol{t=\dfrac{4}{5}}$
$0<s<t<1$ を満たす．

（２）（１）より $\overrightarrow{\mathrm{OQ}}=\boldsymbol{\dfrac{4}{5}\vec{b}}$

$$\overrightarrow{\mathrm{QP}}=\overrightarrow{\mathrm{OP}}-\overrightarrow{\mathrm{OQ}}$$
$$=\frac{7}{10}\vec{a}+\frac{3}{10}\vec{b}-\frac{4}{5}\vec{b}=\boldsymbol{\frac{7}{10}\vec{a}-\frac{1}{2}\vec{b}}$$

（３）$\overrightarrow{\mathrm{OR}}$ は実数 k を用いて，$\overrightarrow{\mathrm{OR}}=\overrightarrow{\mathrm{OQ}}+k\overrightarrow{\mathrm{QP}}$ と表せる．（２）より

$$\overrightarrow{\mathrm{OR}}=\frac{4}{5}\vec{b}+k\left(\frac{7}{10}\vec{a}-\frac{1}{2}\vec{b}\right)$$
$$=\frac{7}{10}k\vec{a}+\frac{8-5k}{10}\vec{b}$$

R は OA 上にあるから

$$\frac{8-5k}{10}=0 \qquad \therefore\ k=\frac{8}{5}$$

$\overrightarrow{\mathrm{OR}}=\dfrac{28}{25}\vec{a}$ であるから，$|\overrightarrow{\mathrm{OR}}|=\dfrac{28}{25}|\vec{a}|=\boldsymbol{\dfrac{28}{25}}$

《外接円と内積 (B15) ☆》

775． 平面において，点 O を中心とする半径 1 の円周上に異なる 3 点 A，B，C がある．$\vec{a}=\overrightarrow{\mathrm{OA}},\ \vec{b}=\overrightarrow{\mathrm{OB}},\ \vec{c}=\overrightarrow{\mathrm{OC}}$ とおくとき，

$$2\vec{a}+3\vec{b}+4\vec{c}=\vec{0}$$

が成り立つとする．次の問いに答えよ．

（１）　内積 $\vec{a}\cdot\vec{b},\ \vec{b}\cdot\vec{c},\ \vec{c}\cdot\vec{a}$ をそれぞれ求めよ．

（２）　△ABC の面積を求めよ．

（23　名古屋市立大・後期-総合生命理，経）

▶解答◀　（１）　$|\vec{a}|=|\vec{b}|=|\vec{c}|=1$ である．
$2\vec{a}+3\vec{b}=-4\vec{c}$ を用いて

$$|2\vec{a}+3\vec{b}|^2=|-4\vec{c}|^2$$
$$4+12\vec{a}\cdot\vec{b}+9=16 \qquad \therefore\ \vec{a}\cdot\vec{b}=\boldsymbol{\frac{1}{4}}$$

同様にして

$$|3\vec{b}+4\vec{c}|^2=|-2\vec{a}|^2$$
$$9+24\vec{b}\cdot\vec{c}+16=4 \qquad \therefore\ \vec{b}\cdot\vec{c}=\boldsymbol{-\frac{7}{8}}$$
$$|2\vec{a}+4\vec{c}|^2=|-3\vec{b}|^2$$
$$4+16\vec{c}\cdot\vec{a}+16=9 \qquad \therefore\ \vec{c}\cdot\vec{a}=\boldsymbol{-\frac{11}{16}}$$

（２）　$\vec{c}=-\dfrac{2\vec{a}+3\vec{b}}{4}=-\dfrac{5}{4}\cdot\dfrac{2\vec{a}+3\vec{b}}{5}$

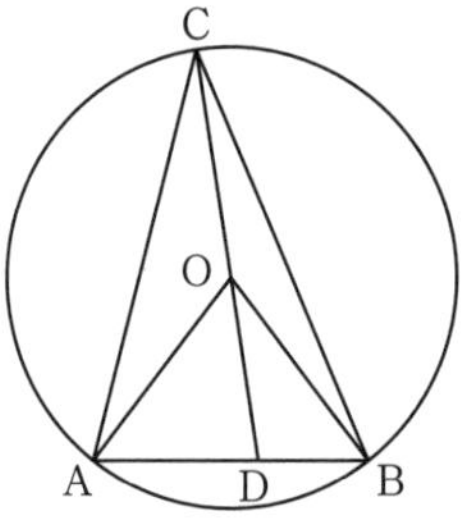

AB を 3：2 に内分する点を D とすると

$$\overrightarrow{\mathrm{OD}}=\frac{2\vec{a}+3\vec{b}}{5},\ \vec{c}=-\frac{5}{4}\overrightarrow{\mathrm{OD}}$$

C，O，D はこの順に一直線上にあり，CO：OD＝5：4 であるから $\triangle\mathrm{ABC}=\dfrac{9}{4}\triangle\mathrm{OAB}$ である．

$$\triangle\mathrm{OAB}=\frac{1}{2}\sqrt{|\vec{a}|^2|\vec{b}|^2-(\vec{a}\cdot\vec{b})^2}$$
$$=\frac{1}{2}\sqrt{1\cdot1-\left(\frac{1}{4}\right)^2}=\frac{1}{2}\cdot\frac{\sqrt{15}}{4}=\frac{\sqrt{15}}{8}$$
$$\triangle\mathrm{ABC}=\frac{9}{4}\cdot\frac{\sqrt{15}}{8}=\boldsymbol{\frac{9\sqrt{15}}{32}}$$

《易しい交点 (B5)》

776. △ABC と点 P に対して,

$$2\overrightarrow{AP}+\overrightarrow{BP}+3\overrightarrow{CP}=\vec{0}$$

が成り立っているとする．このとき，$\overrightarrow{AP}$ を $\overrightarrow{AB}$, $\overrightarrow{AC}$ を用いて表せ．

また，直線 AP と直線 BC の交点を M とするとき，$\overrightarrow{AM}$ を $\overrightarrow{AB}$, $\overrightarrow{AC}$ を用いて表し，BM : MC を求めよ．

(23　長崎大・情報)

▶解答◀ $2\overrightarrow{AP}+\overrightarrow{BP}+3\overrightarrow{CP}=\vec{0}$

$$2\overrightarrow{AP}+(\overrightarrow{AP}-\overrightarrow{AB})+3(\overrightarrow{AP}-\overrightarrow{AC})=\vec{0}$$

$$6\overrightarrow{AP}=\overrightarrow{AB}+3\overrightarrow{AC}$$

$$\overrightarrow{AP}=\boldsymbol{\frac{1}{6}\overrightarrow{AB}+\frac{1}{2}\overrightarrow{AC}}$$

$\overrightarrow{AP}=\dfrac{2}{3}\cdot\dfrac{\overrightarrow{AB}+3\overrightarrow{AC}}{4}$ であるから

$$\overrightarrow{AM}=\boldsymbol{\frac{1}{4}\overrightarrow{AB}+\frac{3}{4}\overrightarrow{AC}}$$

BM : MC = 3 : 1 である．

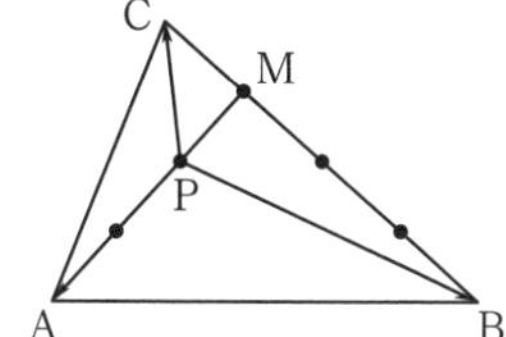

《内積の最大と最小 (B20) ☆》

777. 実数 r は正の定数であり，平面上の半径が r である円の周の上に 3 点 P, Q, R があるとする．この場合に，以下の問に答えなさい．

（1） 内積 $\overrightarrow{PQ}\cdot\overrightarrow{PR}$ について，不等式 $\overrightarrow{PQ}\cdot\overrightarrow{PR}\leqq 4r^2$ が成り立つことを証明しなさい．

（2） 点 Q と点 R の中点を M とする．内積 $\overrightarrow{PQ}\cdot\overrightarrow{PR}$ について，等式

$\overrightarrow{PQ}\cdot\overrightarrow{PR}=|\overrightarrow{MP}|^2-|\overrightarrow{MQ}|^2$

が成り立つことを証明しなさい．

（3） 等式 $|\overrightarrow{PQ}|=|\overrightarrow{PR}|$ が成り立つときに，内積 $\overrightarrow{PQ}\cdot\overrightarrow{PR}$ について，不等式 $\overrightarrow{PQ}\cdot\overrightarrow{PR}\geqq -\dfrac{1}{2}r^2$ が成り立つことを証明し，また，等式

$\overrightarrow{PQ}\cdot\overrightarrow{PR}=-\dfrac{1}{2}r^2$

を成り立たせるような ∠QPR の大きさを求めなさい．

(23　埼玉大・文系)

▶解答◀ （1）

$$\overrightarrow{PQ}\cdot\overrightarrow{PR}=|\overrightarrow{PQ}||\overrightarrow{PR}|\cos\angle QPR$$

$$\leqq 2r\cdot 2r\cdot 1=4r^2$$

（2） $\overrightarrow{PQ}\cdot\overrightarrow{PR}=(\overrightarrow{PM}+\overrightarrow{MQ})\cdot(\overrightarrow{PM}+\overrightarrow{MR})$

$$=(\overrightarrow{PM}+\overrightarrow{MQ})\cdot(\overrightarrow{PM}-\overrightarrow{MQ})$$

$$=|\overrightarrow{MP}|^2-|\overrightarrow{MQ}|^2$$

（3） △PQR の外接円の中心を O とする．O, M を固定して P を動かす．OM の長さを t とする．$|\overrightarrow{MP}|$ を最小にする P は OM の M 方向への延長と円の交点である．このとき

$$|\overrightarrow{MP}|^2=(r-t)^2,\ |\overrightarrow{MQ}|^2=r^2-t^2$$

であるから，

$$\overrightarrow{PQ}\cdot\overrightarrow{PR}=|\overrightarrow{MP}|^2-|\overrightarrow{MQ}|^2$$

$$\geqq (r-t)^2-(r^2-t^2)=2t^2-2rt$$

$$=2\left(t-\frac{r}{2}\right)^2-\frac{r^2}{2}\geqq -\frac{r^2}{2}$$

等号が成立するとき，図 2 のようになり，△OPQ は正三角形になるから，∠QPR = **120°** である．

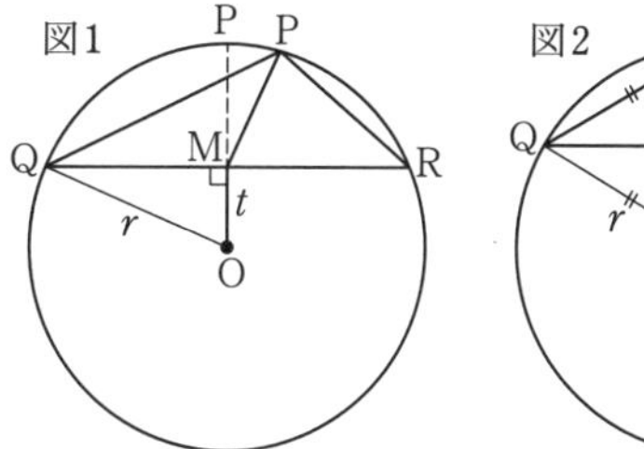

注意 2020 年一橋大 **3** に誘導をつけたものである．

《形状決定 (B20) ☆》

778. △ABC と △DEF は以下の（ア）と（イ）の条件をそれぞれみたす．

（ア） $(\overrightarrow{AB}-\overrightarrow{BC})\cdot(\overrightarrow{AB}-\overrightarrow{CB})=0$

（イ） $\overrightarrow{DE}\cdot\overrightarrow{EF}=\overrightarrow{EF}\cdot\overrightarrow{FD}=\overrightarrow{FD}\cdot\overrightarrow{DE}$

このとき，次の問いに答えよ．

（1） △ABC はどのような三角形か推定し，その推定が正しいことを証明せよ．

（2） △DEF はどのような三角形か推定し，その推定が正しいことを証明せよ．

(23　東京海洋大・海洋科)

▶解答◀ （1） $(\overrightarrow{AB}-\overrightarrow{BC})\cdot(\overrightarrow{AB}-\overrightarrow{CB})=0$ より

$$(\overrightarrow{AB}-\overrightarrow{BC})\cdot(\overrightarrow{AB}+\overrightarrow{BC})=0$$

$$|\overrightarrow{AB}|^2-|\overrightarrow{BC}|^2=0 \qquad \therefore\ |\overrightarrow{AB}|=|\overrightarrow{BC}|$$

△ABC は **AB = BC の二等辺三角形**である．

（2） $\overrightarrow{DE}\cdot\overrightarrow{EF}=\overrightarrow{EF}\cdot\overrightarrow{FD}$ より

$$\overrightarrow{EF}\cdot(\overrightarrow{DE}-\overrightarrow{FD})=0$$

$$(\overrightarrow{DF}-\overrightarrow{DE})\cdot(\overrightarrow{DF}+\overrightarrow{DE})=0$$

$$|\overrightarrow{DF}|^2-|\overrightarrow{DE}|^2=0$$

$$|\overrightarrow{DE}|=|\overrightarrow{DF}| \quad \cdots\cdots①$$

$\overrightarrow{EF}\cdot\overrightarrow{FD}=\overrightarrow{FD}\cdot\overrightarrow{DE}$ より

$$\overrightarrow{FD}\cdot(\overrightarrow{EF}-\overrightarrow{DE})=0$$

$$(\overrightarrow{ED}-\overrightarrow{EF})\cdot(\overrightarrow{ED}+\overrightarrow{EF})=0$$

$$|\overrightarrow{ED}|^2-|\overrightarrow{EF}|^2=0$$

$$|\overrightarrow{ED}|=|\overrightarrow{EF}| \quad \cdots\cdots②$$

①, ② より DE = EF = FD であるから，△DEF は**正三角形**である．

【点の座標（空間）】

《3 文字の 2 式の方程式 (B15) ☆》

779. 座標空間において，3 点 O(0, 0, 0), A(1, 1, 0), B(1, −1, 0) がある．r を正の実数とし，点 P(a, b, c) が条件 AP = BP = rOP を満たしながら動くとする．以下の問いに答えよ．

（1） $r=1$ のとき，OP が最小になるような a, b, c を求めよ．

（2） $r=\dfrac{\sqrt{3}}{2}$ のとき，a のとりうる値の範囲を求めよ．

（3） $r=\dfrac{\sqrt{3}}{2}$ のとき，内積 $\overrightarrow{OP}\cdot\overrightarrow{AP}$ の最大値と最小値を求めよ． （23 岡山大・文系）

▶解答◀ （1） 条件 AP = BP = OP より

$$(a-1)^2+(b-1)^2+c^2$$
$$=(a-1)^2+(b+1)^2+c^2=a^2+b^2+c^2$$

（左辺）=（中辺）より，

$$(b-1)^2=(b+1)^2 \qquad \therefore\ b=0$$

（中辺）=（右辺）より，

$$(a-1)^2+(b+1)^2=a^2+b^2$$
$$-2a+2b+2=0$$
$$a-b-1=0 \qquad \therefore\ a=1$$
$$\mathrm{OP}^2=1^2+0^2+c^2=c^2+1$$

OP が最小となるような値は $\boldsymbol{a=1,\ b=c=0}$

（2） 条件 $\mathrm{AP}=\mathrm{BP}=\dfrac{\sqrt{3}}{2}\mathrm{OP}$ より

$$(a-1)^2+(b-1)^2+c^2$$
$$=(a-1)^2+(b+1)^2+c^2=\frac{3}{4}(a^2+b^2+c^2)$$

（左辺）=（中辺）より，$b=0$

（中辺）=（右辺）より，

$$4(a-1)^2+4(b+1)^2+4c^2=3(a^2+b^2+c^2)$$
$$a^2+b^2+c^2-8a+8b+8=0$$
$$c^2=-a^2+8a-8$$

$c^2\geqq 0$ であるから，$a^2-8a+8\leqq 0$

$$\boldsymbol{4-2\sqrt{2}\leqq a\leqq 4+2\sqrt{2}}$$

（3） （2）より，$b=0$ で，$\overrightarrow{OP}=(a,0,c)$，
$\overrightarrow{AP}=(a-1,0-1,c)$

$$\overrightarrow{OP}\cdot\overrightarrow{AP}=a(a-1)+c^2$$
$$=a^2-a-a^2+8a-8=7a-8$$

よって，

$$7(4-2\sqrt{2})-8\leqq\overrightarrow{OP}\cdot\overrightarrow{AP}\leqq 7(4+2\sqrt{2})-8$$
$$20-14\sqrt{2}\leqq\overrightarrow{OP}\cdot\overrightarrow{AP}\leqq 20+14\sqrt{2}$$

よって最大値は $\boldsymbol{20+14\sqrt{2}}$，最小値は $\boldsymbol{20-14\sqrt{2}}$

注意 **【3 変数で等式 2 つだから 1 変数で他の 2 つを表す】**

過去の例では

【空間ベクトルの成分表示】

【空間ベクトルの内積】

《(B0)》

780. 座標空間の原点を O とする．yz 平面上の点 A，zx 平面上の点 B，xy 平面上の点 C に対して

$$|\overrightarrow{OA}|^2+|\overrightarrow{OB}|^2+|\overrightarrow{OC}|^2$$
$$\geqq 2(\overrightarrow{OB}\cdot\overrightarrow{OC}+\overrightarrow{OC}\cdot\overrightarrow{OA}+\overrightarrow{OA}\cdot\overrightarrow{OB})$$

が成り立つことを示せ．ただし座標空間の 2 つの点 P, Q に対して，$\overrightarrow{OP}\cdot\overrightarrow{OQ}$ は，2 つのベクトル $\overrightarrow{OP}$, $\overrightarrow{OQ}$ の内積を表す． （23 東北大・共通-後期）

▶解答◀ A(0, a_1, a_2), B(b_1, 0, b_2), C(c_1, c_2, 0) とおく．このとき，

$$|\overrightarrow{OA}|^2+|\overrightarrow{OB}|^2+|\overrightarrow{OC}|^2$$
$$-2(\overrightarrow{OB}\cdot\overrightarrow{OC}+\overrightarrow{OC}\cdot\overrightarrow{OA}+\overrightarrow{OA}\cdot\overrightarrow{OB})$$
$$=({a_1}^2+{a_2}^2)+({b_1}^2+{b_2}^2)+({c_1}^2+{c_2}^2)$$
$$-2(b_1c_1+a_1c_2+a_2b_2)$$
$$=(b_1-c_1)^2+(c_2-a_1)^2+(a_2-b_2)^2\geqq 0$$

である．よって，示された．

《(A0)》

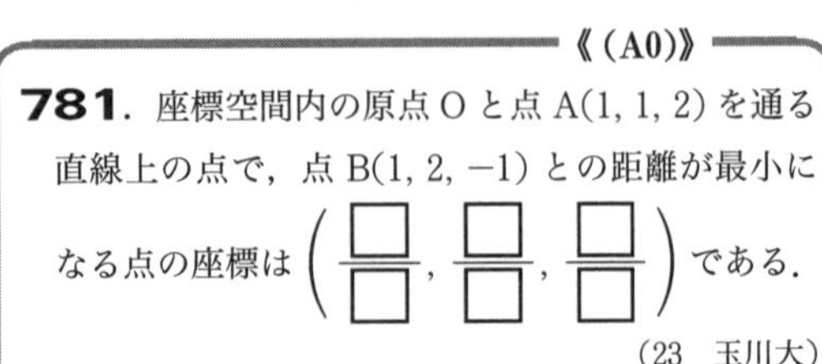

781. 座標空間内の原点 O と点 A(1, 1, 2) を通る直線上の点で，点 B(1, 2, −1) との距離が最小になる点の座標は $\left(\dfrac{\square}{\square},\dfrac{\square}{\square},\dfrac{\square}{\square}\right)$ である．

（23 玉川大）

▶解答◀ Bから直線OAにおろした垂線の足をHとする．

$\overrightarrow{OH}=t\overrightarrow{OA}=t(1,\ 1,\ 2)$ とおけて，距離が最小になるのは

$$\overrightarrow{BH}=t(1,\ 1,\ 2)-(1,\ 2,\ -1)$$

が $\overrightarrow{OA}$ と垂直のときである．内積をとり

$$t\cdot 6-(1+2-2)=0$$

$t=\dfrac{1}{6}$ でHの座標は $\left(\boldsymbol{\dfrac{1}{6},\ \dfrac{1}{6},\ \dfrac{1}{3}}\right)$

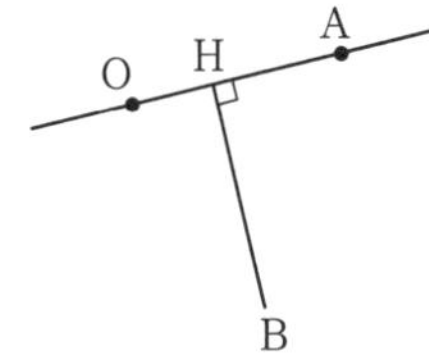

【ベクトルと図形（空間）】

《内積の計算（B5）》

782. 1辺の長さ2の正四面体ABCDについて，辺ABを $t:(1-t)$ に内分する点をPとし，$x=\angle CPD$ とおく．次の各問いに答えなさい．

（1） $\overrightarrow{PC}\cdot\overrightarrow{PD}$ を t の式で表しなさい．

（2） $|\overrightarrow{PC}|^2$ を t の式で表しなさい．

（3） $\cos x$ を t の式で表しなさい．

（4） $\cos x$ の最小値と，そのときの t の値を求めなさい．

（23　立正大・経済）

▶解答◀ （1） $\overrightarrow{AB}=\vec{b}$，$\overrightarrow{AC}=\vec{c}$，$\overrightarrow{AD}=\vec{d}$ とおくと，$\overrightarrow{AP}=t\vec{b}$ である．

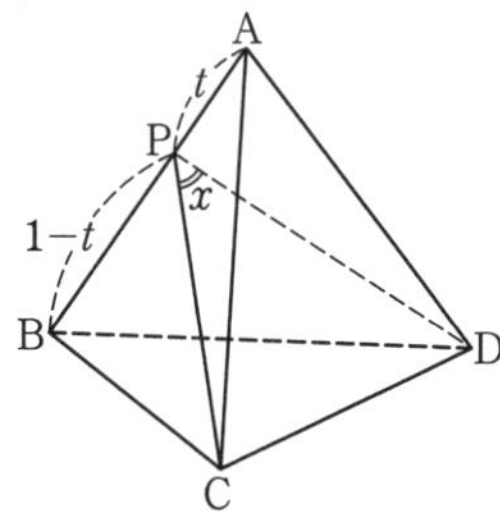

$$|\vec{b}|=|\vec{c}|=|\vec{d}|=2,$$

$$\vec{b}\cdot\vec{c}=\vec{c}\cdot\vec{d}=\vec{d}\cdot\vec{b}=2\cdot2\cdot\cos\frac{\pi}{3}=2$$

であるから

$$\overrightarrow{PC}\cdot\overrightarrow{PD}=(\overrightarrow{AC}-\overrightarrow{AP})\cdot(\overrightarrow{AD}-\overrightarrow{AP})$$

$$=(\vec{c}-t\vec{b})\cdot(\vec{d}-t\vec{b})$$

$$=t^2|\vec{b}|^2-t\vec{b}\cdot\vec{c}-t\vec{b}\cdot\vec{d}+\vec{c}\cdot\vec{d}$$

$$=\boldsymbol{4t^2-4t+2}$$

（2） $|\overrightarrow{PC}|^2=|\vec{c}-t\vec{b}|^2=t^2|\vec{b}|^2-2t\vec{b}\cdot\vec{c}+|\vec{c}|^2$

$$=\boldsymbol{4t^2-4t+4}$$

（3） $|\overrightarrow{PD}|=|\overrightarrow{PC}|$ であるから

$$\cos x=\frac{\overrightarrow{PC}\cdot\overrightarrow{PD}}{|\overrightarrow{PC}|^2}=\frac{4t^2-4t+2}{4t^2-4t+4}=\boldsymbol{\frac{2t^2-2t+1}{2t^2-2t+2}}$$

（4） $\cos x=1-\dfrac{1}{2t^2-2t+2}$

$$=1-\frac{1}{2\left(t-\frac{1}{2}\right)^2+\frac{3}{2}}$$

$0<t<1$ において，$t=\boldsymbol{\dfrac{1}{2}}$ のとき最小となり，最小値は $1-\dfrac{1}{\frac{3}{2}}=\boldsymbol{\dfrac{1}{3}}$

《内積の計算（A5）☆》

783. 1辺の長さが1の正四面体OABCにおいて，辺OC，BA，OA，BCを $1:2$ に内分する点をそれぞれM，N，P，Qとおくとき，内積 $\overrightarrow{MN}\cdot\overrightarrow{PQ}$ を求めよ．

（23　愛媛大・後期）

▶解答◀ $\overrightarrow{OA}=\vec{a}$, $\overrightarrow{OB}=\vec{b}$, $\overrightarrow{OC}=\vec{c}$ とおくと

$$|\vec{a}|=|\vec{b}|=|\vec{c}|=1$$

$$\vec{a}\cdot\vec{b}=\vec{b}\cdot\vec{c}=\vec{c}\cdot\vec{a}=1\cdot1\cdot\cos60^\circ=\frac{1}{2}$$

であり

$$\overrightarrow{MN}=\overrightarrow{ON}-\overrightarrow{OM}=\frac{\vec{a}+2\vec{b}}{3}-\frac{1}{3}\vec{c}$$

$$=\frac{1}{3}(\vec{a}+2\vec{b}-\vec{c})$$

$$\overrightarrow{PQ}=\overrightarrow{OQ}-\overrightarrow{OP}=\frac{2\vec{b}+\vec{c}}{3}-\frac{1}{3}\vec{a}$$

$$=-\frac{1}{3}(\vec{a}-2\vec{b}-\vec{c})$$

であるから

$$\overrightarrow{MN}\cdot\overrightarrow{PQ}=-\frac{1}{9}(\vec{a}+2\vec{b}-\vec{c})\cdot(\vec{a}-2\vec{b}-\vec{c})$$

$$=-\frac{1}{9}(|\vec{a}-\vec{c}|^2-4|\vec{b}|^2)$$

$$=-\frac{1}{9}(|\vec{a}|^2-2\vec{a}\cdot\vec{c}+|\vec{c}|^2-4|\vec{b}|^2)$$

$$=-\frac{1}{9}(1-1+1-4)=\boldsymbol{\frac{1}{3}}$$

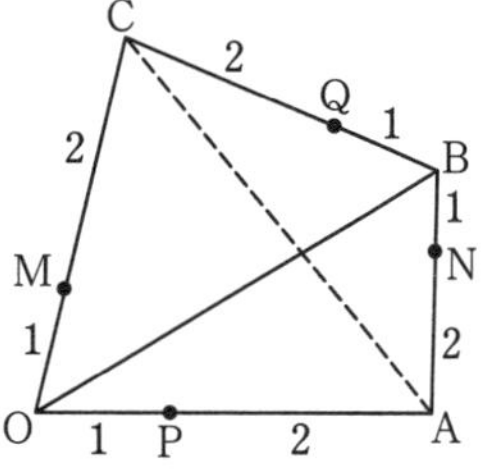

《立方体と平面（B10）》

784. 1辺の長さが1の立方体 ODBEFAGC があり，OA を 2：1 に内分する点を P，OC の中点を Q とおく．
$\overrightarrow{OA}=\vec{a}$, $\overrightarrow{OB}=\vec{b}$, $\overrightarrow{OC}=\vec{c}$ とおくとき，以下の設問に答えよ．
（1） $\overrightarrow{BP}$, $\overrightarrow{BQ}$ を $\vec{a}$, $\vec{b}$, $\vec{c}$ で表せ．
（2） $\overrightarrow{BP}\cdot\overrightarrow{BQ}$ を求めよ．
（3） △BPQ の面積を求めよ．

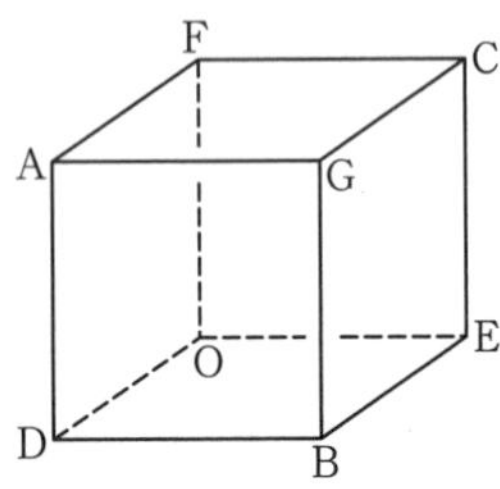

（23　東京女子大・文系）

▶解答◀ （1） $\overrightarrow{BP}=\overrightarrow{OP}-\overrightarrow{OB}=\boldsymbol{\frac{2}{3}\vec{a}-\vec{b}}$

$\overrightarrow{BQ}=\overrightarrow{OQ}-\overrightarrow{OB}=\boldsymbol{\frac{1}{2}\vec{c}-\vec{b}}$

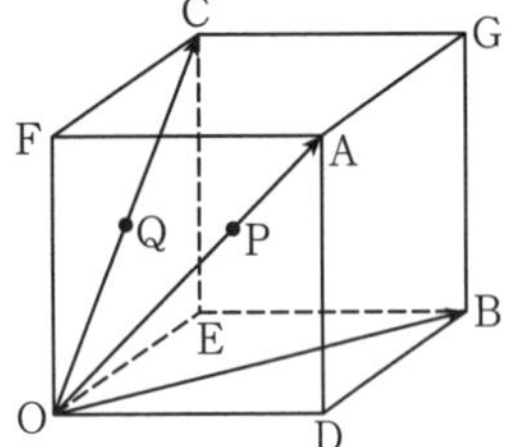

（2） △OAB, △OBC, △OCA は1辺の長さが $\sqrt{2}$ の正三角形である．$|\vec{a}|=|\vec{b}|=|\vec{c}|=\sqrt{2}$ より

$$\vec{a}\cdot\vec{b}=\vec{b}\cdot\vec{c}=\vec{c}\cdot\vec{a}=\sqrt{2}\cdot\sqrt{2}\cos 60^\circ=1$$

よって

$$\overrightarrow{BP}\cdot\overrightarrow{BQ}=\left(\frac{2}{3}\vec{a}-\vec{b}\right)\cdot\left(\frac{1}{2}\vec{c}-\vec{b}\right)$$
$$=\frac{1}{3}\vec{c}\cdot\vec{a}-\frac{2}{3}\vec{a}\cdot\vec{b}-\frac{1}{2}\vec{b}\cdot\vec{c}+|\vec{b}|^2$$
$$=\frac{1}{3}-\frac{2}{3}-\frac{1}{2}+2=\boldsymbol{\frac{7}{6}}$$

（3） $|\overrightarrow{BP}|^2=\left|\frac{2}{3}\vec{a}-\vec{b}\right|^2=\frac{4}{9}|\vec{a}|^2-\frac{4}{3}\vec{a}\cdot\vec{b}+|\vec{b}|^2$

$$=\frac{4}{9}\cdot2-\frac{4}{3}+2=\frac{14}{9}$$

$$|\overrightarrow{BQ}|^2=\left|\frac{1}{2}\vec{c}-\vec{b}\right|^2=\frac{1}{4}|\vec{c}|^2-\vec{b}\cdot\vec{c}+|\vec{b}|^2$$
$$=\frac{1}{4}\cdot2-1+2=\frac{3}{2}$$

よって △BPQ の面積は

$$\frac{1}{2}\sqrt{|\overrightarrow{BP}|^2|\overrightarrow{BQ}|^2-(\overrightarrow{BP}\cdot\overrightarrow{BQ})^2}$$
$$=\frac{1}{2}\sqrt{\frac{14}{9}\cdot\frac{3}{2}-\left(\frac{7}{6}\right)^2}=\frac{1}{2}\sqrt{\frac{14\cdot3\cdot2-49}{36}}$$
$$=\frac{1}{2}\cdot\frac{\sqrt{35}}{6}=\boldsymbol{\frac{\sqrt{35}}{12}}$$

《平面と直線の交点 (B10) ☆》

785. 空間内の4点 O，A，B，C は同一平面上にないとする．点 D，P，Q を次のように定める．点 D は
$\overrightarrow{OD}=\overrightarrow{OA}+2\overrightarrow{OB}+3\overrightarrow{OC}$ を満たし，点 P は線分 OA を 1：2 に内分し，点 Q は線分 OB の中点である．さらに，直線 OD 上の点 R を，直線 QR と直線 PC が交点を持つように定める．このとき，線分 OR の長さと線分 RD の長さの比 OR：RD を求めよ．

（23　京大・共通）

▶解答◀ 問題文で「直線 QR と直線 PC が交点を持つ」と言っているが，この交点を式にするのではなく「このとき，4点 P，Q，R，C は同一平面上にあるから，R は OD と平面 PQC の交点」という事実に着目する．

$\vec{a}=\overrightarrow{OA}$, $\vec{b}=\overrightarrow{OB}$, $\vec{c}=\overrightarrow{OC}$ とおく．このとき

$$\overrightarrow{OD}=\vec{a}+2\vec{b}+3\vec{c}$$
$$\overrightarrow{OP}=\frac{1}{3}\vec{a},\ \overrightarrow{OQ}=\frac{1}{2}\vec{b}$$

である．直線 QR と直線 PC が交点を持つとき，4点 P，Q，R，C は同一平面上にあるから，R は OD と平面 PQC の交点となる．$\overrightarrow{OR}=k\overrightarrow{OD}$ とおくと

$$\overrightarrow{OR}=k\vec{a}+2k\vec{b}+3k\vec{c}$$
$$=3k\overrightarrow{OP}+4k\overrightarrow{OQ}+3k\overrightarrow{OC}$$

R は平面 PQC 上にあるから

$$3k+4k+3k=1 \qquad \therefore\ k=\frac{1}{10}$$

よって，$\mathrm{OR}:\mathrm{RD}=\frac{1}{10}:\left(1-\frac{1}{10}\right)=\boldsymbol{1:9}$ である．

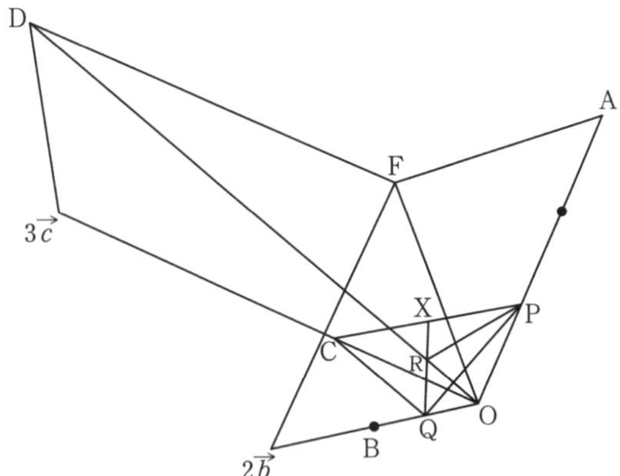

図で $\overrightarrow{OF}=\vec{a}+2\vec{b}$ とする．

♦別解♦ $\overrightarrow{OR}=k\overrightarrow{OD}$ とおく．直線 QR と直線 PC の交点を X とする．

$$\overrightarrow{OX}=t\overrightarrow{OR}+(1-t)\overrightarrow{OQ}$$

$$= tk(\vec{a} + 2\vec{b} + 3\vec{c}) + \frac{1-t}{2}\vec{b}$$

とおけて

$$\overrightarrow{OX} = s\overrightarrow{OP} + (1-s)\vec{c} = \frac{s}{3}\vec{a} + (1-s)\vec{c}$$

とおける．2 式の $\vec{a}, \vec{c}, \vec{b}$ の係数を比べ

$tk = \frac{s}{3},\ 3tk = 1-s,\ 2tk + \frac{1-t}{2} = 0$

となる．最初の 2 つより $s = 1-s$ となり $s = \frac{1}{2}$ となる．よって $tk = \frac{1}{6}$ となり，$2 \cdot \frac{1}{6} + \frac{1-t}{2} = 0$ を得るから $t = \frac{5}{3}$ となり，$\frac{5}{3}k = \frac{1}{6}$ となって，$k = \frac{1}{10}$ を得る．

《平行六面体 (B15) ☆》

786．下の図のような平行六面体 ABCD－EFGH を考える．$\overrightarrow{AB} = \vec{a}$, $\overrightarrow{AD} = \vec{b}$, $\overrightarrow{AE} = \vec{c}$ とおく．線分 CG の中点を M，直線 AM と平面 BDE の交点を P とする．

（1） $\overrightarrow{AM}$, $\overrightarrow{AP}$ を $\vec{a}, \vec{b}, \vec{c}$ を用いて表すと，$\overrightarrow{AM} =$ □, $\overrightarrow{AP} =$ □ である．

（2） 直線 DP と平面 ABE の交点を Q とすると，$\frac{BQ}{QE} =$ □ である．

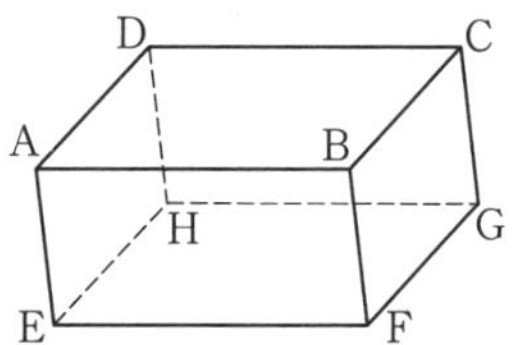

（23 関西学院大）

▶解答◀ （1） $\overrightarrow{AM} = \overrightarrow{AC} + \overrightarrow{CM}$

$$= (\overrightarrow{AB} + \overrightarrow{AD}) + \frac{1}{2}\overrightarrow{CG}$$

$$= \boldsymbol{\vec{a} + \vec{b} + \frac{1}{2}\vec{c}}$$

P は AM 上にあるから

$$\overrightarrow{AP} = s\overrightarrow{AM} = s\overrightarrow{AB} + s\overrightarrow{AD} + \frac{1}{2}s\overrightarrow{AE}$$

と表せる．P は平面 BDE 上にあるから

$$s + s + \frac{1}{2}s = 1 \qquad \therefore\ s = \frac{2}{5}$$

である．よって

$$\overrightarrow{AP} = \boldsymbol{\frac{2}{5}\vec{a} + \frac{2}{5}\vec{b} + \frac{1}{5}\vec{c}}$$

（2） Q は DP 上にあるから

$$\overrightarrow{AQ} = (1-t)\overrightarrow{AD} + t\overrightarrow{AP}$$

$$= (1-t)\overrightarrow{AD} + t\left(\frac{2}{5}\overrightarrow{AB} + \frac{2}{5}\overrightarrow{AD} + \frac{1}{5}\overrightarrow{AE}\right)$$

$$= \frac{2}{5}t\overrightarrow{AB} + \left(1 - \frac{3}{5}t\right)\overrightarrow{AD} + \frac{1}{5}t\overrightarrow{AE}$$

と表せる．Q は平面 ABE 上にあるから

$$1 - \frac{3}{5}t = 0 \qquad \therefore\ t = \frac{5}{3}$$

である．よって，$\overrightarrow{AQ} = \frac{2}{3}\overrightarrow{AB} + \frac{1}{3}\overrightarrow{AE}$ となるから

$$BQ : QE = 1 : 2 \qquad \therefore\ \frac{BQ}{QE} = \boldsymbol{\frac{1}{2}}$$

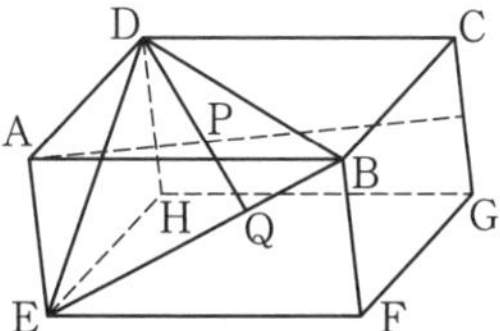

《平面に垂線を下ろす (B15) ☆》

787．四面体 OABC は

$OA = OC = 1$, $\angle OBA = \angle ABC = 90°$,

$\angle AOB = 45°$, $\angle BOC = 30°$

を満たすとする．

$\overrightarrow{OA} = \vec{a}$, $\overrightarrow{OB} = \vec{b}$, $\overrightarrow{OC} = \vec{c}$ とおくとき，以下の問いに答えよ．

（1） 辺 OB の長さを求めよ．

（2） 内積 $\vec{a}\cdot\vec{b}$, $\vec{b}\cdot\vec{c}$, $\vec{c}\cdot\vec{a}$ を求めよ．

（3） 点 B から平面 OAC に下ろした垂線を BH とする．$\overrightarrow{OH}$ を $\vec{a}, \vec{c}$ を用いて表せ．

（23 福井大・工，教育，国際）

▶解答◀ （1） △OAB は 45° 定規であるから，$OB = \boldsymbol{\frac{1}{\sqrt{2}}}$

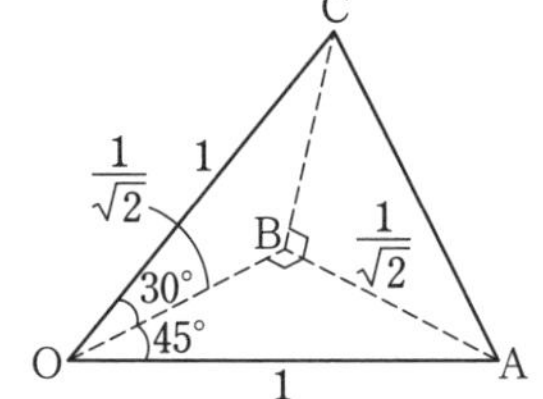

（2） $\vec{a}\cdot\vec{b} = 1 \cdot \frac{1}{\sqrt{2}} \cdot \cos 45° = \boldsymbol{\frac{1}{2}}$

$$\vec{b}\cdot\vec{c} = \frac{1}{\sqrt{2}} \cdot 1 \cdot \cos 30° = \boldsymbol{\frac{\sqrt{6}}{4}}$$

△OBC に余弦定理を用いて

$$BC^2 = \left(\frac{1}{\sqrt{2}}\right)^2 + 1^2 - 2 \cdot \frac{1}{\sqrt{2}} \cdot 1 \cdot \cos 30°$$

$$= \frac{1}{2} + 1 - \frac{\sqrt{6}}{2} = \frac{3-\sqrt{6}}{2}$$

△ABC において三平方の定理から

$$AC^2 = \left(\frac{1}{\sqrt{2}}\right)^2 + \frac{3-\sqrt{6}}{2} = \frac{4-\sqrt{6}}{2}$$

よって，$|\vec{c} - \vec{a}|^2 = \frac{4-\sqrt{6}}{2}$

$$|\vec{c}|^2 - 2\vec{c}\cdot\vec{a} + |\vec{a}|^2 = \frac{4-\sqrt{6}}{2}$$

$$1 - 2\vec{c}\cdot\vec{a} + 1 = \frac{4-\sqrt{6}}{2}$$

$$\vec{c}\cdot\vec{a} = \frac{\sqrt{6}}{4}$$

（3） $\overrightarrow{\mathrm{OH}} = s\vec{a} + t\vec{c}$ とおく．$\overrightarrow{\mathrm{BH}}\cdot\vec{a} = 0$ であるから

$$(\overrightarrow{\mathrm{OH}} - \vec{b})\cdot\vec{a} = 0$$
$$(s\vec{a} - \vec{b} + t\vec{c})\cdot\vec{a} = 0$$
$$s|\vec{a}|^2 - \vec{a}\cdot\vec{b} + t\vec{c}\cdot\vec{a} = 0$$
$$s + \frac{\sqrt{6}}{4}t - \frac{1}{2} = 0 \quad \cdots\cdots①$$

$\overrightarrow{\mathrm{BH}}\cdot\vec{c} = 0$ であるから

$$(\overrightarrow{\mathrm{OH}} - \vec{b})\cdot\vec{c} = 0$$
$$(s\vec{a} - \vec{b} + t\vec{c})\cdot\vec{c} = 0$$
$$s\vec{a}\cdot\vec{c} - \vec{b}\cdot\vec{c} + t|\vec{c}|^2 = 0$$
$$\frac{\sqrt{6}}{4}s + t - \frac{\sqrt{6}}{4} = 0 \quad \cdots\cdots②$$

①$\times \dfrac{\sqrt{6}}{4}$ − ② より

$$-\frac{10}{16}t + \frac{\sqrt{6}}{8} = 0 \qquad \therefore\quad t = \frac{\sqrt{6}}{5}$$

①に代入して，$s = -\dfrac{\sqrt{6}}{4}\cdot\dfrac{\sqrt{6}}{5} + \dfrac{1}{2} = \dfrac{1}{5}$

よって，$\overrightarrow{\mathrm{OH}} = \boldsymbol{\dfrac{1}{5}\vec{a} + \dfrac{\sqrt{6}}{5}\vec{c}}$

《平面に垂線を下ろす（B15）☆》

788. OA = OB = AC = BC = 3, OC = AB = 2 である四面体 OABC を考える．$\vec{a} = \overrightarrow{\mathrm{OA}}$, $\vec{b} = \overrightarrow{\mathrm{OB}}$, $\vec{c} = \overrightarrow{\mathrm{OC}}$，また 3 点 O, A, B が定める平面を α とするとき，以下の問いに答えよ．

（1） 内積 $\vec{a}\cdot\vec{b}$ および $\vec{a}\cdot\vec{c}$ をそれぞれ求めよ．

（2） $\overrightarrow{\mathrm{OP}} = p\vec{a} + q\vec{b}$ とする．$\overrightarrow{\mathrm{CP}}$ が平面 α に垂直となるように，p, q の値を定めよ．

（23　愛知教育大・前期）

▶解答◀ （1） $|\vec{a}| = 3$, $|\vec{b}| = 3$, $|\vec{c}| = 2$ である．

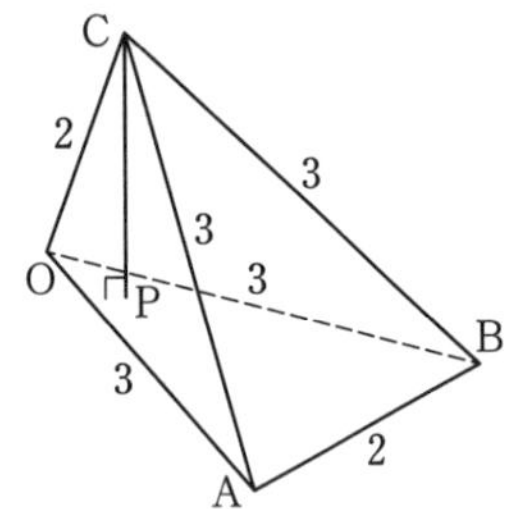

$|\overrightarrow{\mathrm{AB}}| = 2$ より $|\vec{b} - \vec{a}| = 2$ である．

$$\vec{a}\cdot\vec{b} = \frac{|\vec{a}|^2 + |\vec{b}|^2 - |\vec{b} - \vec{a}|^2}{2}$$
$$= \frac{9 + 9 - 4}{2} = \mathbf{7}$$

$|\overrightarrow{\mathrm{AC}}| = 3$ より $|\vec{c} - \vec{a}| = 3$ である．

$$\vec{a}\cdot\vec{c} = \frac{|\vec{c}|^2 + |\vec{a}|^2 - |\vec{c} - \vec{a}|^2}{2}$$
$$= \frac{4 + 9 - 9}{2} = \mathbf{2}$$

（2） $|\overrightarrow{\mathrm{BC}}| = 3$ より $|\vec{c} - \vec{b}| = 3$ である．

$$\vec{b}\cdot\vec{c} = \frac{|\vec{c}|^2 + |\vec{b}|^2 - |\vec{c} - \vec{b}|^2}{2}$$
$$= \frac{4 + 9 - 9}{2} = 2$$

$\overrightarrow{\mathrm{CP}} = \overrightarrow{\mathrm{OP}} - \overrightarrow{\mathrm{OC}} = p\vec{a} + q\vec{b} - \vec{c}$ となり，$\overrightarrow{\mathrm{CP}}$ と平面 α は垂直であるから，$\overrightarrow{\mathrm{CP}}\cdot\vec{a} = 0$, $\overrightarrow{\mathrm{CP}}\cdot\vec{b} = 0$ である．

$\overrightarrow{\mathrm{CP}}\cdot\vec{a} = 0$ から

$$\left(p\vec{a} + q\vec{b} - \vec{c}\right)\cdot\vec{a} = 0$$
$$p|\vec{a}|^2 + q\vec{a}\cdot\vec{b} - \vec{a}\cdot\vec{c} = 0$$
$$9p + 7q - 2 = 0 \quad \cdots\cdots①$$

$\overrightarrow{\mathrm{CP}}\cdot\vec{b} = 0$ から

$$\left(p\vec{a} + q\vec{b} - \vec{c}\right)\cdot\vec{b} = 0$$
$$p\vec{a}\cdot\vec{b} + q|\vec{b}|^2 - \vec{c}\cdot\vec{b} = 0$$
$$7p + 9q - 2 = 0 \quad \cdots\cdots②$$

①，② より，$\boldsymbol{p = \dfrac{1}{8}, q = \dfrac{1}{8}}$

《平面に垂線を下ろす（B10）》

789. 四面体 OABC において

$\vec{a} = \overrightarrow{\mathrm{OA}}$, $\vec{b} = \overrightarrow{\mathrm{OB}}$, $\vec{c} = \overrightarrow{\mathrm{OC}}$

とする．また，線分 AB, AC 上にそれぞれ点 P, Q をとり，

$|\overrightarrow{\mathrm{AP}}| = s$, $|\overrightarrow{\mathrm{AQ}}| = t$

とおく．

$\vec{a}\cdot\vec{b} = \vec{b}\cdot\vec{c} = \vec{c}\cdot\vec{a} = 0$,

$|\vec{a}| = \dfrac{1}{2}$, $|\overrightarrow{\mathrm{AB}}| = |\overrightarrow{\mathrm{AC}}| = 1$

が成り立っているとして，以下の問いに答えよ．

（1） $\angle\mathrm{BAC} = \theta$ として，$\cos\theta$ を求めよ．また，△APQ の面積を s, t を用いて表せ．

（2） 点 O から △ABC に下ろした垂線と △ABC との交点を H とする．$\overrightarrow{\mathrm{OH}}$ を $\vec{a}, \vec{b}, \vec{c}$ を用いて表せ．

（3） $\overrightarrow{\mathrm{OH}} = \dfrac{1}{2}\overrightarrow{\mathrm{OP}} + \dfrac{1}{2}\overrightarrow{\mathrm{OQ}}$ が成り立っているとき，△APQ の面積を求めよ．（23　三重大・前期）

▶解答◀ （1） $\vec{a}\cdot\vec{b} = \vec{b}\cdot\vec{c} = \vec{c}\cdot\vec{a} = 0$ であるから，OA ⊥ OB, OB ⊥ OC, OC ⊥ OA

△OAB, △OAC は $1 : 2 : \sqrt{3}$ の三角定規だから

$$\mathrm{OB} = \mathrm{OC} = \frac{\sqrt{3}}{2}$$

△OBC は $1:1:\sqrt{2}$ の三角定規だから，$\mathrm{BC}=\dfrac{\sqrt{6}}{2}$

△ABC で余弦定理より

$$\cos\theta=\frac{1^2+1^2-\left(\dfrac{\sqrt{6}}{2}\right)^2}{2\cdot 1\cdot 1}=\mathbf{\frac{1}{4}}$$

$\sin\theta=\sqrt{1-\left(\dfrac{1}{4}\right)^2}=\dfrac{\sqrt{15}}{4}$ であるから，△ABC の面積は，$\dfrac{1}{2}\cdot 1\cdot 1\cdot\dfrac{\sqrt{15}}{4}=\dfrac{\sqrt{15}}{8}$

△APQ $=st$△ABC であるから，△APQ $=\boldsymbol{\dfrac{\sqrt{15}}{8}st}$

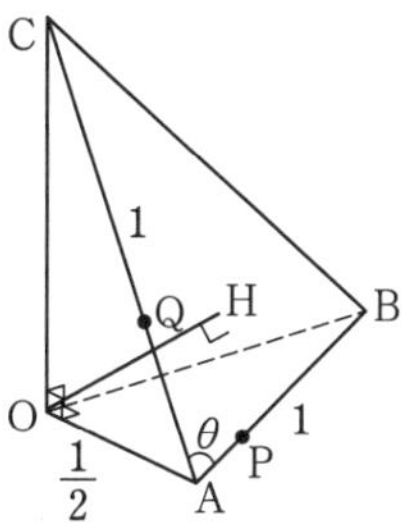

（**2**） H は平面 ABC 上にあるから $\overrightarrow{\mathrm{AH}}=m\overrightarrow{\mathrm{AB}}+n\overrightarrow{\mathrm{AC}}$ （m, n は実数）とおける．

$$\overrightarrow{\mathrm{OH}}=\overrightarrow{\mathrm{OA}}+\overrightarrow{\mathrm{AH}}=\vec{a}+m(\vec{b}-\vec{a})+n(\vec{c}-\vec{a})$$
$$=(1-m-n)\vec{a}+m\vec{b}+n\vec{c}$$

$\overrightarrow{\mathrm{OH}}\perp\overrightarrow{\mathrm{AB}}$ であるから，$\overrightarrow{\mathrm{OH}}\cdot\overrightarrow{\mathrm{AB}}=0$

$$\{(1-m-n)\vec{a}+m\vec{b}+n\vec{c}\}\cdot(\vec{b}-\vec{a})=0$$

$\vec{a}\cdot\vec{b}=\vec{b}\cdot\vec{c}=\vec{c}\cdot\vec{a}=0$，$|\vec{a}|=\dfrac{1}{2}$，$|\vec{b}|=|\vec{c}|=\dfrac{\sqrt{3}}{2}$ であるから

$$-\frac{1}{4}(1-m-n)+\frac{3}{4}m=0$$
$$m+\frac{1}{4}n=\frac{1}{4}\quad\cdots\cdots\cdots\cdots\text{①}$$

同様に $\overrightarrow{\mathrm{OH}}\perp\overrightarrow{\mathrm{AC}}$ であるから，$\overrightarrow{\mathrm{OH}}\cdot\overrightarrow{\mathrm{AC}}=0$

$$\{(1-m-n)\vec{a}+m\vec{b}+n\vec{c}\}\cdot(\vec{c}-\vec{a})=0$$
$$-\frac{1}{4}(1-m-n)+\frac{3}{4}n=0$$
$$\frac{1}{4}m+n=\frac{1}{4}\quad\cdots\cdots\cdots\cdots\text{②}$$

①，② より，$m=n=\dfrac{1}{5}$

よって，$\overrightarrow{\mathrm{OH}}=\boldsymbol{\dfrac{3}{5}\vec{a}+\dfrac{1}{5}\vec{b}+\dfrac{1}{5}\vec{c}}$

（**3**） $\overrightarrow{\mathrm{AP}}=s\overrightarrow{\mathrm{AB}}$，$\overrightarrow{\mathrm{AQ}}=t\overrightarrow{\mathrm{AC}}$ であるから

$$\overrightarrow{\mathrm{OP}}=\overrightarrow{\mathrm{OA}}+\overrightarrow{\mathrm{AP}}=\vec{a}+s(\vec{b}-\vec{a})=(1-s)\vec{a}+s\vec{b}$$
$$\overrightarrow{\mathrm{OQ}}=\overrightarrow{\mathrm{OA}}+\overrightarrow{\mathrm{AQ}}=\vec{a}+t(\vec{c}-\vec{a})=(1-t)\vec{a}+t\vec{c}$$
$$\overrightarrow{\mathrm{OH}}=\frac{1}{2}\overrightarrow{\mathrm{OP}}+\frac{1}{2}\overrightarrow{\mathrm{OQ}}$$
$$=\frac{1}{2}\{(1-s)\vec{a}+s\vec{b}\}+\frac{1}{2}\{(1-t)\vec{a}+t\vec{c}\}$$
$$=\frac{1}{2}(2-s-t)\vec{a}+\frac{1}{2}s\vec{b}+\frac{1}{2}t\vec{c}$$

$\vec{a}, \vec{b}, \vec{c}$ は 1 次独立であるから，（2）より

$$\frac{3}{5}=\frac{1}{2}(2-s-t),\ \frac{1}{5}=\frac{1}{2}s,\ \frac{1}{5}=\frac{1}{2}t$$
$$s=t=\frac{2}{5}$$

よって，△APQ $=\dfrac{\sqrt{15}}{8}\cdot\dfrac{2}{5}\cdot\dfrac{2}{5}=\boldsymbol{\dfrac{\sqrt{15}}{50}}$

《長さの 2 乗で工夫する (B20)》

790. 四面体 OABC において，$\overrightarrow{\mathrm{OA}}$，$\overrightarrow{\mathrm{OB}}$，$\overrightarrow{\mathrm{OC}}$ をそれぞれ $\vec{a}$，$\vec{b}$，$\vec{c}$ とおく．これらは

$$|\vec{a}|=|\vec{b}|=2,\ |\vec{c}|=\sqrt{3}$$

および

$$\vec{a}\cdot\vec{b}=0,\ \vec{a}\cdot\vec{c}=\vec{b}\cdot\vec{c}=\frac{1}{2}$$

を満たすとする．頂点 O から △ABC を含む平面に垂線を引き，交点を H とする．次の問に答えよ．

（1） $|\overrightarrow{\mathrm{AB}}|^2$, $|\overrightarrow{\mathrm{AC}}|^2$, $\overrightarrow{\mathrm{AB}}\cdot\overrightarrow{\mathrm{AC}}$ の値をそれぞれ求めよ．

（2） 実数 s, t により $\overrightarrow{\mathrm{AH}}$ が $\overrightarrow{\mathrm{AH}}=s\overrightarrow{\mathrm{AB}}+t\overrightarrow{\mathrm{AC}}$ と表されるとき，$\overrightarrow{\mathrm{OH}}$ を $\vec{a}, \vec{b}, \vec{c}, s, t$ を用いて表せ．

（3） （2）の s, t の値をそれぞれ求めよ．

（4） 四面体 OABC の体積を求めよ．

（23　佐賀大・共通）

▶解答◀ （**1**） $|\overrightarrow{\mathrm{AB}}|^2=|\vec{b}-\vec{a}|^2$

$$=|\vec{a}|^2-2\vec{a}\cdot\vec{b}+|\vec{b}|^2=4+4=\mathbf{8}$$
$$|\overrightarrow{\mathrm{AC}}|^2=|\vec{c}-\vec{a}|^2=|\vec{a}|^2-2\vec{a}\cdot\vec{c}+|\vec{c}|^2$$
$$=4-2\cdot\frac{1}{2}+3=\mathbf{6}$$
$$\overrightarrow{\mathrm{AB}}\cdot\overrightarrow{\mathrm{AC}}=(\vec{b}-\vec{a})\cdot(\vec{c}-\vec{a})$$
$$=\vec{b}\cdot\vec{c}-\vec{a}\cdot\vec{c}-\vec{a}\cdot\vec{b}+|\vec{a}|^2$$
$$=\frac{1}{2}-\frac{1}{2}+4=\mathbf{4}$$

（**2**） $\overrightarrow{\mathrm{AH}}=s\overrightarrow{\mathrm{AB}}+t\overrightarrow{\mathrm{AC}}=s(\vec{b}-\vec{a})+t(\vec{c}-\vec{a})$

$\overrightarrow{\mathrm{OH}}=\overrightarrow{\mathrm{OA}}+\overrightarrow{\mathrm{AH}}=\boldsymbol{(1-s-t)\vec{a}+s\vec{b}+t\vec{c}}$

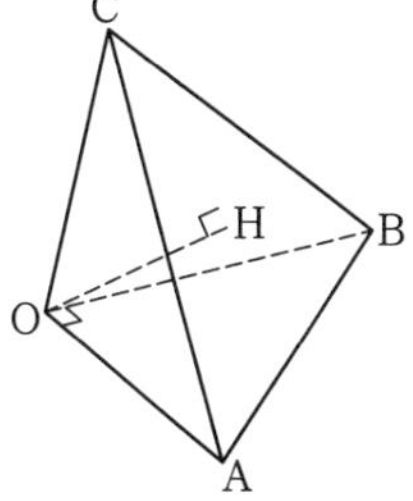

（**3**） 出題者は $\overrightarrow{\mathrm{AB}}, \overrightarrow{\mathrm{AC}}$ の計算を生かせと言っている．

$\vec{a}\cdot\overrightarrow{AB}=\vec{a}\cdot(\vec{b}-\vec{a})=\vec{a}\cdot\vec{b}-|\vec{a}|^2=-4$

$\vec{a}\cdot\overrightarrow{AC}=\vec{a}\cdot(\vec{c}-\vec{a})=\vec{a}\cdot\vec{c}-|\vec{a}|^2=\frac{1}{2}-4=-\frac{7}{2}$

$\overrightarrow{OH}=\overrightarrow{OA}+\overrightarrow{AH}=\vec{a}+s\overrightarrow{AB}+t\overrightarrow{AC}$

に $\overrightarrow{AB}$ を掛けて

$\overrightarrow{OH}\cdot\overrightarrow{AB}=\vec{a}\cdot\overrightarrow{AB}+s|\overrightarrow{AB}|^2+t\overrightarrow{AC}\cdot\overrightarrow{AB}$

$=-4+8s+4t=4(-1+2s+t)$

$\overrightarrow{OH}$ に $\overrightarrow{AC}$ を掛けて

$\overrightarrow{OH}\cdot\overrightarrow{AC}=\vec{a}\cdot\overrightarrow{AC}+s\overrightarrow{AC}\cdot\overrightarrow{AB}+t|\overrightarrow{AC}|^2$

$=-\frac{7}{2}+4s+6t$

$\overrightarrow{OH}\cdot\overrightarrow{AB}=0$, $\overrightarrow{OH}\cdot\overrightarrow{AC}=0$ であるから

$-1+2s+t=0$, $-\frac{7}{2}+4s+6t=0$

これを解いて $s=\mathbf{\frac{5}{16}}$, $t=\mathbf{\frac{3}{8}}$ である．

（4） $\triangle ABC=\frac{1}{2}\sqrt{|\overrightarrow{AB}|^2|\overrightarrow{AC}|^2-(\overrightarrow{AB}\cdot\overrightarrow{AC})^2}$

$=\frac{1}{2}\sqrt{8\cdot6-4^2}=2\sqrt{2}$

$\overrightarrow{OH}=\overrightarrow{OA}+s\overrightarrow{AB}+t\overrightarrow{AC}$

に $\overrightarrow{OH}$ を掛けて

$|\overrightarrow{OH}|^2=\overrightarrow{OA}\cdot\overrightarrow{OH}+s\overrightarrow{AB}\cdot\overrightarrow{OH}+t\overrightarrow{AC}\cdot\overrightarrow{OH}$

$=\overrightarrow{OA}\cdot\overrightarrow{OH}=(1-s-t)|\vec{a}|^2+s\vec{a}\cdot\vec{b}+t\vec{a}\cdot\vec{c}$

$=4(1-s-t)+\frac{1}{2}t=4-\frac{5}{4}-\frac{3}{2}+\frac{3}{16}=\frac{23}{16}$

$|\overrightarrow{OH}|=\frac{\sqrt{23}}{4}$ であるから，求める体積は

$\frac{1}{3}\cdot\triangle ABC\cdot OH=\frac{1}{3}\cdot2\sqrt{2}\cdot\frac{\sqrt{23}}{4}=\mathbf{\frac{\sqrt{46}}{6}}$

《四面体での等式（B20）☆》

791．底面が平行四辺形 OABC である四角錐 D-OABC を考え，点 X を線分 BD を 2 : 1 に内分する点，点 P を線分 AD 上の点，点 Q を線分 CD 上の点とする．$\overrightarrow{OA}=\vec{a}$, $\overrightarrow{OC}=\vec{c}$, $\overrightarrow{OD}=\vec{d}$ として，以下の問に答えよ．

（1） △ACD を含む平面と直線 OX との交点を Y とする．$\overrightarrow{OY}$ を $\vec{a}, \vec{c}, \vec{d}$ を用いて表せ．

（2） $s=\frac{AP}{AD}$ とする．4 点 O, X, P, Q が同一平面上にあるとき，s のとりうる値の範囲を求めよ．ただし点 A と点 P が一致するときは AP = 0 とする．

（3） 底面 OABC が正方形であり，四角錐 D-OABC のすべての辺の長さが 1 である場合に，（2）の条件のもとで △DPQ の面積の最小値を求めよ．　（23 群馬大・医）

考え方　ベクトルでやると計算が煩雑になる（別解を見よ）．ここでは以下の事実を用いて解答する．なお，ここの説明では文字の説明は最小限とし，誤解が生じないから同じアルファベットを 2 つの図形に用いる．また，図形 X の体積を $[X]$ で表す．

図 a の三角錐において，OP : OA = p : 1, OQ : OB = q : 1, OR : OC = r : 1 とする．

$[OABC]=\frac{1}{3}\triangle OAB\cdot CK$

$[OPQR]=\frac{1}{3}\triangle OPQ\cdot RH$

$=\frac{1}{3}pq\triangle OAB\cdot rCK=pqr[OABC]$

この関係を図 b で利用する．四角錐 OABCD において，OP : OA = p : 1, OQ : OB = q : 1, OR : OC = r : 1, OS : OD = s : 1 とする．

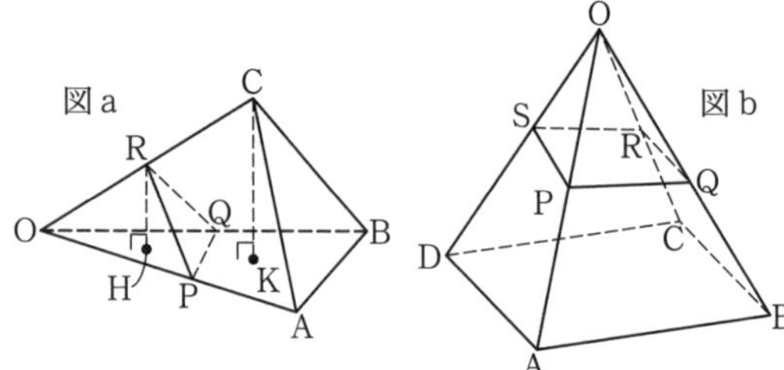

$[OABCD]=2V$ とする．

この立体を面 OBD で切断すると，面 ABCD が平行四辺形のとき，SQ を通り 2 つの三角錐に分かれる．このとき，上に述べた関係を用いると

$[OPQRS]=[OQRS]+[OPQS]$

$=qrsV+pqsV=(qrs+pqs)V$

面 OAC で切断すると，同様に

$[OPQRS]=[OPRS]+[OPQR]$

$=prsV+pqrV=(prs+pqr)V$

したがって

$qrs+pqs=prs+pqr$

$pqrs>0$ で割って

$\frac{1}{p}+\frac{1}{r}=\frac{1}{q}+\frac{1}{s}$

となる．

▶解答◀　（1） BX : XD = 2 : 1, $\overrightarrow{OB}=\vec{a}+\vec{c}$ であるから

$\overrightarrow{OX}=\frac{\overrightarrow{OB}+2\overrightarrow{OD}}{3}=\frac{\vec{a}+\vec{c}+2\vec{d}}{3}$

k を定数として

$\overrightarrow{OY}=k\overrightarrow{OX}=\frac{k}{3}\vec{a}+\frac{k}{3}\vec{c}+\frac{2k}{3}\vec{d}$

とおくことができ，Y は平面 ACD 上にあるから

$\frac{k}{3}+\frac{k}{3}+\frac{2k}{3}=1$　　∴　$k=\frac{3}{4}$

したがって，$\overrightarrow{OY}=\mathbf{\frac{1}{4}\vec{a}+\frac{1}{4}\vec{c}+\frac{1}{2}\vec{d}}$ である．

（2） DP : DA = p : 1, DQ : DC = q : 1 とする．

DX : DB $= 1 : 3 = \dfrac{1}{3} : 1$ である．また，DS $=$ DO(つまり S $=$ O) と見て

$$\frac{1}{p}+\frac{1}{q}=\frac{1}{\frac{1}{3}}+1 \qquad \therefore\ \ \frac{1}{p}+\frac{1}{q}=4 \ \cdots①$$

$0 \leqq q \leqq 1$ より $\dfrac{1}{q} \geqq 1$ であるから

$$\frac{1}{q}=4-\frac{1}{p} \geqq 1$$

となり，$p \leqq 1$ と合わせて $\dfrac{1}{3} \leqq p \leqq 1$ ……………②

$1-p=s$ であるから $0 \leqq 1-p \leqq \dfrac{2}{3}$

したがって $\boldsymbol{0 \leqq s \leqq \dfrac{2}{3}}$ である．

（**3**） OABC が 1 辺の長さが 1 の正方形のとき，AC $=\sqrt{2}$ である．DA $=$ DC $=1$ であるから △DAC は 45 度定規である．

△DPQ $=\dfrac{1}{2}pq$ で，① を満たすときの最小値を求める．① より $q=\dfrac{p}{4p-1}$ であるから

$$\triangle\mathrm{DPQ}=\frac{1}{2}\cdot\frac{p^2}{4p-1}$$
$$=\frac{1}{2}\left\{\frac{1}{4}p+\frac{1}{16}+\frac{1}{16(4p-1)}\right\}$$
$$=\frac{1}{32}\left\{(4p+1)+\frac{1}{4p-1}\right\} \ \cdots\cdots③$$

② より相加相乗平均の不等式を用いて

$$4p+1+\frac{1}{4p-1}=(4p-1)+\frac{1}{4p-1}+2$$
$$\geqq 2\sqrt{(4p-1)\cdot\frac{1}{4p-1}}+2=4$$

等号は $4p-1=\dfrac{1}{4p-1}$ と ② より $p=\dfrac{1}{2}$ のとき成り立つから，③ より △DPQ の最小値は $\dfrac{1}{32}\cdot 4=\boldsymbol{\dfrac{1}{8}}$ である．

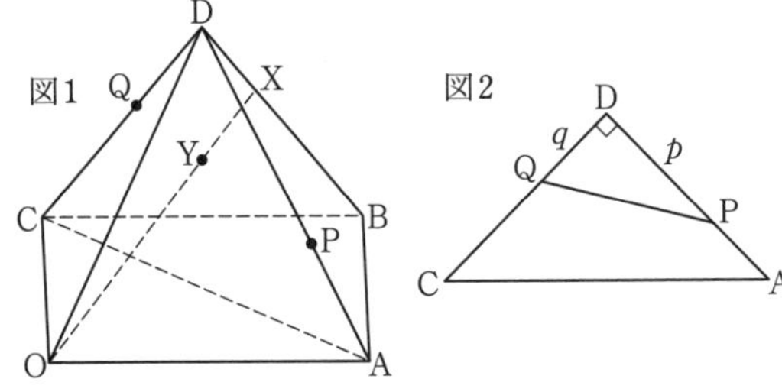

♦別解♦ 【ベクトルを用いる】

（**2**） Y は平面 ACD と平面 OPXQ 上の点であるから，Y は 2 つの平面 ACD, OPXQ の交線，つまり線分 PQ 上にある．AP : PD $= s : (1-s)$ であるから $\overrightarrow{\mathrm{OP}}=(1-s)\vec{a}+s\vec{d}$ である．t を定数として

$$\overrightarrow{\mathrm{OQ}}=\overrightarrow{\mathrm{OY}}+t\overrightarrow{\mathrm{PY}}=(1+t)\overrightarrow{\mathrm{OY}}-t\overrightarrow{\mathrm{OP}}$$
$$=(1+t)\cdot\frac{1}{4}(\vec{a}+\vec{c}+2\vec{d})-t\{(1-s)\vec{a}+s\vec{d}\}$$
$$=\left\{\frac{1+t}{4}-t(1-s)\right\}\vec{a}+\frac{1+t}{4}\vec{c}$$
$$+\left(\frac{1+t}{2}-st\right)\vec{d} \ \cdots\cdots①$$

Q は CD 上の点であるから

$$\frac{1+t}{4}-t(1-s)=0 \qquad \therefore\ \ t(3-4s)=1$$

したがって $3-4s \neq 0$ であるから

$$t=\frac{1}{3-4s} \ \cdots\cdots②$$

$t>0$ であるから $3-4s>0$ で $s<\dfrac{3}{4}$ である．

② を ① に代入して

$$\overrightarrow{\mathrm{OQ}}=\frac{1-s}{3-4s}\vec{c}+\frac{2-3s}{3-4s}\vec{d}$$

Q は CD を $\dfrac{2-3s}{3-4s} : \dfrac{1-s}{3-4s}$ に内分する．$3-4s>0$ より，$2-3s \geqq 0,\ 1-s \geqq 0$ を満たすから $s \leqq \dfrac{2}{3}$ である．

$0 \leqq s \leqq 1,\ s<\dfrac{3}{4}$ と合わせて，$\boldsymbol{0 \leqq s \leqq \dfrac{2}{3}}$ である．

（**3**） OABC が 1 辺の長さが 1 の正方形のとき，AC $=\sqrt{2}$ である．DA $=$ DC $=1$ であるから △DAC は 45 度定規である．

図3

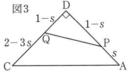

$$\triangle\mathrm{DPQ}=\frac{1-s}{3-4s}\cdot(1-s)\triangle\mathrm{ACD}$$
$$=\frac{(1-s)^2}{3-4s}\cdot\frac{1}{2}$$

ここで

$$\frac{(1-s)^2}{3-4s}=-\frac{1}{4}s+\frac{5}{16}+\frac{1}{16(3-4s)}$$
$$=\frac{1}{16}(3-4s)+\frac{1}{8}+\frac{1}{16(3-4s)}$$
$$=\frac{1}{16}\left\{(3-4s)+\frac{1}{3-4s}\right\}+\frac{1}{8}$$

$0 \leqq s \leqq \dfrac{2}{3}$ より $3-4s>0$ であるから相加相乗平均の不等式を用いて

$$3-4s+\frac{1}{3-4s} \geqq 2\sqrt{(3-4s)\cdot\frac{1}{3-4s}}=2$$

で，等号は $(3-4s)^2=1,\ 0 \leqq s \leqq \dfrac{2}{3}$ より $s=\dfrac{1}{2}$ のとき成り立つ．このとき △DPQ の最小値は

$$\left(\frac{1}{16}\cdot 2+\frac{1}{8}\right)\cdot\frac{1}{2}=\boldsymbol{\frac{1}{8}}$$

《正八面体上の点 (B20) ☆》

792. 図のような一辺の長さが 1 の正八面体 ABCDEF がある．2 点 P, Q はそれぞれ辺 AD, BC 上にあり $\overrightarrow{\mathrm{PQ}} \perp \overrightarrow{\mathrm{AD}}$ かつ $\overrightarrow{\mathrm{PQ}} \perp \overrightarrow{\mathrm{BC}}$ を満たすとする．

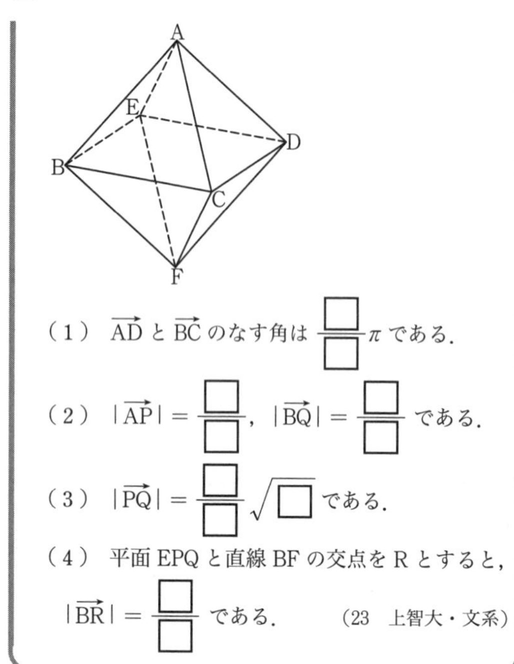

(1) $\overrightarrow{\mathrm{AD}}$ と $\overrightarrow{\mathrm{BC}}$ のなす角は $\dfrac{\square}{\square}\pi$ である.

(2) $|\overrightarrow{\mathrm{AP}}|=\dfrac{\square}{\square}$, $|\overrightarrow{\mathrm{BQ}}|=\dfrac{\square}{\square}$ である.

(3) $|\overrightarrow{\mathrm{PQ}}|=\dfrac{\square}{\square}\sqrt{\square}$ である.

(4) 平面 EPQ と直線 BF の交点を R とすると, $|\overrightarrow{\mathrm{BR}}|=\dfrac{\square}{\square}$ である. (23 上智大・文系)

▶解答◀ (1) 図を見よ.

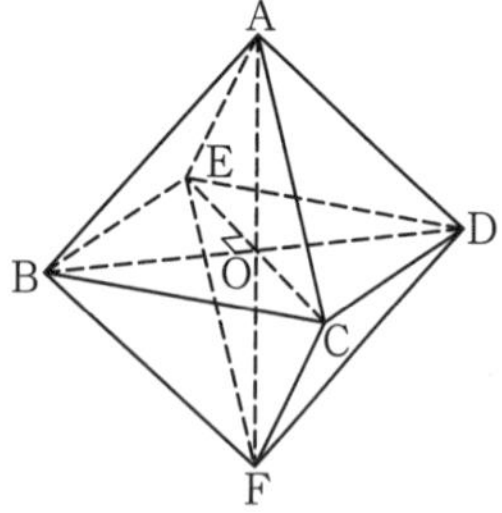

正八面体 ABCDEF は, 中心を O とすると, 直交する 3 直線 OA, OB, OC 上に 6 頂点をもつ. 四角形 ABFD は正方形であるから, $\overrightarrow{\mathrm{BF}}=\overrightarrow{\mathrm{AD}}$ である. ゆえに, $\overrightarrow{\mathrm{AD}}$ と $\overrightarrow{\mathrm{BC}}$ のなす角は $\overrightarrow{\mathrm{BF}}$ と $\overrightarrow{\mathrm{BC}}$ のなす角 $\angle\mathrm{CBF}$ に等しい. また, $\triangle\mathrm{BFC}$ は正三角形であるから, $\angle\mathrm{CBF}=\boldsymbol{\dfrac{1}{3}\pi}$

(2) $\overrightarrow{\mathrm{AB}}=\vec{b}$, $\overrightarrow{\mathrm{AC}}=\vec{c}$, $\overrightarrow{\mathrm{AD}}=\vec{d}$ とおく.

$\mathrm{AP}:\mathrm{PD}=s:(1-s)$, $\mathrm{BQ}:\mathrm{QC}=t:(1-t)$ とすると

$$\overrightarrow{\mathrm{AP}}=s\vec{d}$$

$$\overrightarrow{\mathrm{AQ}}=\overrightarrow{\mathrm{AB}}+\overrightarrow{\mathrm{BQ}}=\overrightarrow{\mathrm{AB}}+t\overrightarrow{\mathrm{BC}}=\vec{b}+t\overrightarrow{\mathrm{BC}}$$

$$\overrightarrow{\mathrm{PQ}}=\overrightarrow{\mathrm{AQ}}-\overrightarrow{\mathrm{AP}}=\vec{b}+t\overrightarrow{\mathrm{BC}}-s\vec{d}$$

$\overrightarrow{\mathrm{AD}}\perp\overrightarrow{\mathrm{PQ}}$ であるから $\overrightarrow{\mathrm{AD}}\cdot\overrightarrow{\mathrm{PQ}}=0$

$$\vec{d}\cdot(\vec{b}+t\overrightarrow{\mathrm{BC}}-s\vec{d})=0$$

$$\vec{b}\cdot\vec{d}+t\vec{d}\cdot\overrightarrow{\mathrm{BC}}-s|\vec{d}|^2=0$$

$$|\vec{b}||\vec{d}|\cos\frac{\pi}{2}+t|\overrightarrow{\mathrm{BF}}||\overrightarrow{\mathrm{BC}}|\cos\frac{\pi}{3}-s|\vec{d}|^2=0$$

$$0+\frac{t}{2}-s=0 \qquad \therefore\quad s=\frac{t}{2} \quad\cdots\cdots\text{①}$$

$\overrightarrow{\mathrm{BC}}\perp\overrightarrow{\mathrm{PQ}}$ であるから $\overrightarrow{\mathrm{BC}}\cdot\overrightarrow{\mathrm{PQ}}=0$

$$\overrightarrow{\mathrm{BC}}\cdot(\vec{b}+t\overrightarrow{\mathrm{BC}}-s\vec{d})=0$$

$$\overrightarrow{\mathrm{BC}}\cdot\vec{b}+t|\overrightarrow{\mathrm{BC}}|^2-s\overrightarrow{\mathrm{BC}}\cdot\vec{d}=0$$

$$|\overrightarrow{\mathrm{BC}}||\vec{b}|\cos\frac{2}{3}\pi+t|\overrightarrow{\mathrm{BC}}|^2-s|\overrightarrow{\mathrm{BF}}||\overrightarrow{\mathrm{BC}}|\cos\frac{\pi}{3}=0$$

$$-\frac{1}{2}+t-\frac{1}{2}s=0 \quad\cdots\cdots\text{②}$$

①, ② より $s=\dfrac{1}{3}$, $t=\dfrac{2}{3}$

$\overrightarrow{\mathrm{AP}}=\dfrac{1}{3}\overrightarrow{\mathrm{AD}}$, $\overrightarrow{\mathrm{BQ}}=\dfrac{2}{3}\overrightarrow{\mathrm{BC}}$ であるから

$$|\overrightarrow{\mathrm{AP}}|=\frac{1}{3}|\overrightarrow{\mathrm{AD}}|=\boldsymbol{\frac{1}{3}}$$

$$|\overrightarrow{\mathrm{BQ}}|=\frac{2}{3}|\overrightarrow{\mathrm{BC}}|=\boldsymbol{\frac{2}{3}}$$

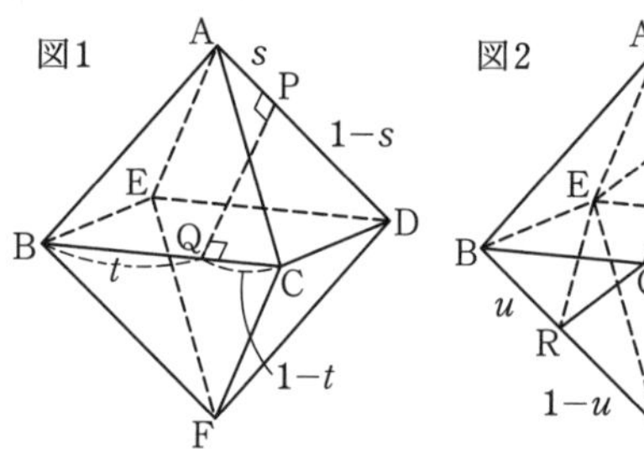

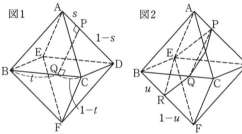

(3) $|\overrightarrow{\mathrm{PQ}}|^2=\left|\vec{b}+\frac{2}{3}\overrightarrow{\mathrm{BC}}-\frac{1}{3}\vec{d}\right|^2$

$$=|\vec{b}|^2+\frac{4}{9}|\overrightarrow{\mathrm{BC}}|^2+\frac{1}{9}|\vec{d}|^2+\frac{4}{3}\vec{b}\cdot\overrightarrow{\mathrm{BC}}-\frac{2}{3}\vec{b}\cdot\vec{d}-\frac{4}{9}\overrightarrow{\mathrm{BC}}\cdot\vec{d}$$

$$=1+\frac{4}{9}+\frac{1}{9}+\frac{4}{3}\cdot\left(-\frac{1}{2}\right)-0-\frac{4}{9}\cdot\frac{1}{2}=\frac{2}{3}$$

よって, $|\overrightarrow{\mathrm{PQ}}|=\sqrt{\dfrac{2}{3}}=\boldsymbol{\dfrac{1}{3}\sqrt{6}}$

(4) R は平面 EPQ 上にあるから

$$x+y+z=1 \quad\cdots\cdots\text{③}$$

を満たす実数 x, y, z について

$$\overrightarrow{\mathrm{AR}}=x\overrightarrow{\mathrm{AE}}+y\overrightarrow{\mathrm{AP}}+z\overrightarrow{\mathrm{AQ}}$$

$$=x(\overrightarrow{\mathrm{AB}}+\overrightarrow{\mathrm{BE}})+y\cdot\frac{1}{3}\overrightarrow{\mathrm{AD}}+z(\overrightarrow{\mathrm{AB}}+\overrightarrow{\mathrm{BQ}})$$

$$=x(\vec{b}+\vec{d}-\vec{c})+\frac{1}{3}y\vec{d}+z\left\{\vec{b}+\frac{2}{3}(\vec{c}-\vec{b})\right\}$$

$$=\left(x+\frac{1}{3}z\right)\vec{b}+\left(-x+\frac{2}{3}z\right)\vec{c}+\left(x+\frac{1}{3}y\right)\vec{d} \quad\cdots\cdots\text{④}$$

とかける. R は直線 BF 上にあるから, u を実数として

$$\overrightarrow{\mathrm{AR}}=\overrightarrow{\mathrm{AB}}+u\overrightarrow{\mathrm{BF}}=u\overrightarrow{\mathrm{AF}}+(1-u)\overrightarrow{\mathrm{AB}}$$

$$=u(\vec{b}+\vec{d})+(1-u)\vec{b}=\vec{b}+u\vec{d} \quad\cdots\cdots\text{⑤}$$

とかける. $\vec{b}$, $\vec{c}$, $\vec{d}$ は 1 次独立であるから ④, ⑤ で係数を比べて

$$x+\frac{1}{3}z=1 \quad\cdots\cdots\text{⑥}$$

$$-x+\frac{2}{3}z=0 \quad\cdots\cdots\text{⑦}$$

$$x+\frac{1}{3}y=u \cdots\cdots\cdots\cdots\cdots\cdots⑧$$

⑥, ⑦ より $x=\frac{2}{3}$, $z=1$

③ より $y=1-x-z=-\frac{2}{3}$, ⑧ より $u=\frac{4}{9}$

よって $\overrightarrow{\mathrm{BR}}=\frac{4}{9}\overrightarrow{\mathrm{BF}}$ であるから $|\overrightarrow{\mathrm{BR}}|=\frac{4}{9}|\overrightarrow{\mathrm{BF}}|=\mathbf{\frac{4}{9}}$

《正八面体上の点 (B20)》

793. 空間内の 6 点 A, B, C, D, E, F は 1 辺の長さが 1 の正八面体の頂点であり，四角形 ABCD は正方形であるとする．$\vec{b}=\overrightarrow{\mathrm{AB}}$, $\vec{d}=\overrightarrow{\mathrm{AD}}$, $\vec{e}=\overrightarrow{\mathrm{AE}}$ とおくとき，次の問いに答えよ．

（1） 内積 $\vec{b}\cdot\vec{d}$, $\vec{b}\cdot\vec{e}$, $\vec{d}\cdot\vec{e}$ の値を求めよ．

（2） $\overrightarrow{\mathrm{AF}}=p\vec{b}+q\vec{d}+r\vec{e}$ を満たす実数 p, q, r の値を求めよ．

（3） 辺 BE を 1：2 に内分する点を G とする．また，$0<t<1$ を満たす実数 t に対し，辺 CF を $t:(1-t)$ に内分する点を H とする．t が $0<t<1$ の範囲を動くとき，△AGH の面積が最小となる t の値とそのときの △AGH の面積を求めよ．必要ならば，△AGH の面積 S について

$$S=\frac{1}{2}\sqrt{|\overrightarrow{\mathrm{AG}}|^2|\overrightarrow{\mathrm{AH}}|^2-(\overrightarrow{\mathrm{AG}}\cdot\overrightarrow{\mathrm{AH}})^2}$$

が成り立つことを用いてよい．

（23　広島大・文系）

▶解答◀ 図 1 の正八面体において，3 つの四角形 ABCD, AECF, BEDF はすべて正方形であり，対角線 AC, BD, EF は直交している．もちろん 8 つの面は正三角形である．このことを先に確認しておく．

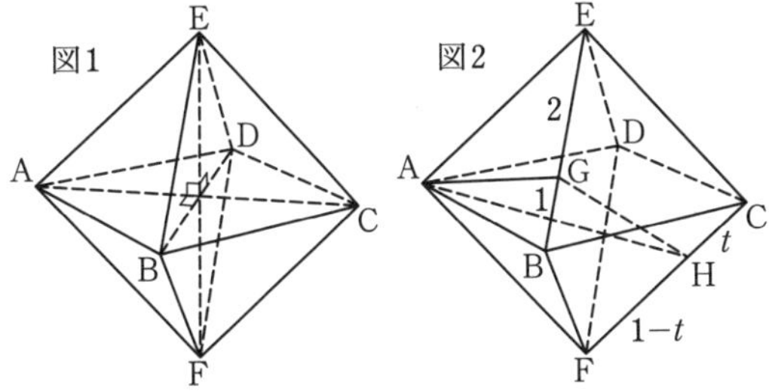

（1） 図 1 を見よ．$\angle\mathrm{BAD}=\frac{\pi}{2}$ であるから，$\vec{b}\cdot\vec{d}=\mathbf{0}$

△ABE, △ADE は辺の長さが 1 の正三角形であるから

$$\vec{b}\cdot\vec{e}=\vec{d}\cdot\vec{e}=1^2\cdot\cos\frac{\pi}{3}=\mathbf{\frac{1}{2}}$$

（2） $\overrightarrow{\mathrm{AC}}=\overrightarrow{\mathrm{AE}}+\overrightarrow{\mathrm{AF}}=\overrightarrow{\mathrm{AB}}+\overrightarrow{\mathrm{AD}}$ であるから

$$\vec{e}+\overrightarrow{\mathrm{AF}}=\vec{b}+\vec{d} \qquad \therefore\ \overrightarrow{\mathrm{AF}}=\vec{b}+\vec{d}-\vec{e}$$

したがって，$p=q=\mathbf{1}$, $r=\mathbf{-1}$

（3） 図 2 を見よ．$\overrightarrow{\mathrm{AG}}=\frac{2\vec{b}+\vec{e}}{3}$ であり，

$$\overrightarrow{\mathrm{AH}}=t\overrightarrow{\mathrm{AF}}+(1-t)\overrightarrow{\mathrm{AC}}$$
$$=t(\vec{b}+\vec{d}-\vec{e})+(1-t)(\vec{b}+\vec{d})=\vec{b}+\vec{d}-t\vec{e}$$

である．

$$|\overrightarrow{\mathrm{AG}}|^2=\frac{1}{9}(4|\vec{b}|^2+4\vec{b}\cdot\vec{e}+|\vec{e}|^2)$$
$$=\frac{1}{9}(4+2+1)=\frac{7}{9}$$
$$|\overrightarrow{\mathrm{AH}}|^2=|\vec{b}+\vec{d}-t\vec{e}|^2$$
$$=|\vec{b}|^2+|\vec{d}|^2+t^2|\vec{d}|^2$$
$$+2\vec{b}\cdot\vec{d}-2t\vec{d}\cdot\vec{e}-2t\vec{b}\cdot\vec{e}$$
$$=1+1+t^2-t-t=t^2-2t+2$$
$$\overrightarrow{\mathrm{AG}}\cdot\overrightarrow{\mathrm{AH}}=\frac{1}{3}(2\vec{b}+\vec{e})\cdot(\vec{b}+\vec{d}-t\vec{e})$$
$$=\frac{1}{3}(2|\vec{b}|^2+2\vec{b}\cdot\vec{d}+\vec{b}\cdot\vec{e}$$
$$+\vec{d}\cdot\vec{e}-2t\vec{b}\cdot\vec{e}-t|\vec{e}|^2)$$
$$=\frac{1}{3}\left(2+\frac{1}{2}+\frac{1}{2}-t-t\right)=\frac{1}{3}(3-2t)$$
$$\triangle\mathrm{AGH}=\frac{1}{2}\sqrt{|\overrightarrow{\mathrm{AG}}|^2|\overrightarrow{\mathrm{AH}}|^2-(\overrightarrow{\mathrm{AG}}\cdot\overrightarrow{\mathrm{AH}})^2}$$
$$=\frac{1}{2}\sqrt{\frac{7}{9}(t^2-2t+2)-\frac{1}{9}(3-2t)^2}$$
$$=\frac{1}{6}\sqrt{3t^2-2t+5}=\frac{1}{6}\sqrt{3\left(t-\frac{1}{3}\right)^2+\frac{14}{3}}$$

$t=\mathbf{\frac{1}{3}}$ のとき，△AGH の面積は最小値

$\frac{1}{6}\sqrt{\frac{14}{3}}=\mathbf{\frac{\sqrt{42}}{18}}$ をとる．

《球面上の 4 点 (B20)》

794. 空間内の原点 O を中心とする半径が 1 の球面上の 4 点 A, B, C, D が

$$\overrightarrow{\mathrm{OA}}\cdot\overrightarrow{\mathrm{OB}}=-\frac{1}{5},\ |\overrightarrow{\mathrm{AC}}|=\frac{2\sqrt{15}}{5},$$
$$6\overrightarrow{\mathrm{OA}}+5\overrightarrow{\mathrm{OB}}+5\overrightarrow{\mathrm{OC}}+8\overrightarrow{\mathrm{OD}}=\vec{0}$$

をみたすとする．以下の問いに答えなさい．

（1） 内積 $\overrightarrow{\mathrm{OA}}\cdot\overrightarrow{\mathrm{OC}}$ を求めなさい．

（2） 内積 $\overrightarrow{\mathrm{OA}}\cdot\overrightarrow{\mathrm{OD}}$ を求めなさい．

（3） 内積 $\overrightarrow{\mathrm{OB}}\cdot\overrightarrow{\mathrm{OC}}$ を求めなさい．

（4） △ABC の面積を求めなさい．

（23　都立大・理，都市環境，システム）

▶解答◀ **（1）** $\overrightarrow{\mathrm{OA}}=\vec{a}$, $\overrightarrow{\mathrm{OB}}=\vec{b}$, $\overrightarrow{\mathrm{OC}}=\vec{c}$, $\overrightarrow{\mathrm{OD}}=\vec{d}$ とおく．

$$\vec{a}\cdot\vec{c}=\frac{|\vec{c}|^2+|\vec{a}|^2-|\vec{c}-\vec{a}|^2}{2}$$

$$= \frac{OA^2 + OC^2 - AC^2}{2} = \frac{1 + 1 - \frac{12}{5}}{2} = -\frac{1}{5}$$

(2) $6\vec{a} + 5\vec{b} + 5\vec{c} + 8\vec{d} = \vec{0}$ ……………………………①

$8\vec{d} = -6\vec{a} - 5\vec{b} - 5\vec{c}$

$\vec{a}$ と内積をとって

$8\vec{a}\cdot\vec{d} = -6|\vec{a}|^2 - 5\vec{a}\cdot\vec{b} - 5\vec{a}\cdot\vec{c}$

$= -6 + 1 + 1 = -4$

$\boldsymbol{\vec{a}\cdot\vec{d} = -\frac{1}{2}}$ である．

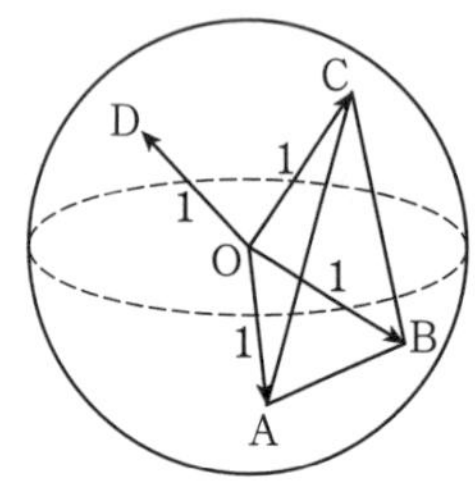

(3) ①より

$5(\vec{b} + \vec{c}) = -6\vec{a} - 8\vec{d}$

$25|\vec{b} + \vec{c}|^2 = |6\vec{a} + 8\vec{d}|^2$

$25(|\vec{b}|^2 + |\vec{c}|^2 + 2\vec{b}\cdot\vec{c})$

$= 36|\vec{a}|^2 + 64|\vec{d}|^2 + 96\vec{a}\cdot\vec{d}$

$25(1 + 1 + 2\vec{b}\cdot\vec{c}) = 36 + 64 - 48$

$50(1 + \vec{b}\cdot\vec{c}) = 52 \qquad \therefore \quad \boldsymbol{\vec{b}\cdot\vec{c} = \frac{1}{25}}$

(4) $|\overrightarrow{AC}|^2 = \frac{12}{5}$

$|\overrightarrow{AB}|^2 = |\vec{b} - \vec{a}|^2$

$= |\vec{b}|^2 + |\vec{a}|^2 - 2\vec{a}\cdot\vec{b} = 1 + 1 + \frac{2}{5} = \frac{12}{5}$

$\overrightarrow{AB}\cdot\overrightarrow{AC} = (\vec{b} - \vec{a})\cdot(\vec{c} - \vec{a})$

$= \vec{b}\cdot\vec{c} - \vec{a}\cdot\vec{b} - \vec{a}\cdot\vec{c} + |\vec{a}|^2$

$= \frac{1}{25} + \frac{1}{5} + \frac{1}{5} + 1 = \frac{36}{25}$

$\triangle ABC = \frac{1}{2}\sqrt{|\overrightarrow{AC}|^2|\overrightarrow{AB}|^2 - (\overrightarrow{AB}\cdot\overrightarrow{AC})^2}$

$= \frac{1}{2}\sqrt{\frac{12}{5}\cdot\frac{12}{5} - \left(\frac{36}{25}\right)^2}$

$= \frac{1}{2}\cdot\frac{12}{5}\sqrt{1 - \frac{9}{25}} = \frac{1}{2}\cdot\frac{12}{5}\cdot\frac{4}{5} = \boldsymbol{\frac{24}{25}}$

《領域の表示 (B30)》

795. 四面体 OABC があり，$\vec{a} = \overrightarrow{OA}$，$\vec{b} = \overrightarrow{OB}$，$\vec{c} = \overrightarrow{OC}$ とし，点 D を

$\overrightarrow{OD} = 4\vec{a} + 3\vec{b} + 2\vec{c}$

で定める．点 X，P，Q，R を以下の条件（＊）を満たすようにとる．

（＊）X は，△ABC の辺上または内部にある．直線 DX は，平面 OAB，平面 OBC，平面 OCA とそれぞれ P，Q，R で交わる．

$\overrightarrow{DP} = \alpha\overrightarrow{DX}$，$\overrightarrow{DQ} = \beta\overrightarrow{DX}$，$\overrightarrow{DR} = \gamma\overrightarrow{DX}$

と表すとき，$0 < \alpha \leqq \beta \leqq \gamma$ である．

また，実数 s, t を用いて，$\overrightarrow{AX} = s\overrightarrow{AB} + t\overrightarrow{AC}$ と表す．次の問いに答えよ．

（1）実数 u で定まるベクトル $\overrightarrow{OD} + u\overrightarrow{DX}$ を，$\vec{a}, \vec{b}, \vec{c}, s, t, u$ を用いて表せ．

（2）α, β, γ を s, t でそれぞれ表せ．

（3）X が条件（＊）を満たしながら動くとき，点 (s, t) の存在範囲を st 平面上に図示せよ．

（4）X が条件（＊）を満たしながら動くとき，X が動く部分の面積 S_1 と △ABC の面積 S_2 の比 $S_1 : S_2$ を求めよ．（23 横浜国大・経済，経営）

▶解答◀ **(1)** 図 1 はイメージ図である．

$\overrightarrow{OX} = \overrightarrow{OA} + \overrightarrow{AX}$

$= \vec{a} + s(\vec{b} - \vec{a}) + t(\vec{c} - \vec{a})$

$= (1 - s - t)\vec{a} + s\vec{b} + t\vec{c}$

$\overrightarrow{OD} + u\overrightarrow{DX} = \overrightarrow{OD} + u(\overrightarrow{OX} - \overrightarrow{OD})$

$= (1 - u)\overrightarrow{OD} + u\overrightarrow{OX}$

$= (1 - u)(4\vec{a} + 3\vec{b} + 2\vec{c})$

$\quad + u((1 - s - t)\vec{a} + s\vec{b} + t\vec{c})$

$= \boldsymbol{(4 - (3 + s + t)u)\vec{a}}$

$\quad \boldsymbol{+ (3 - (3 - s)u)\vec{b} + (2 - (2 - t)u)\vec{c}}$

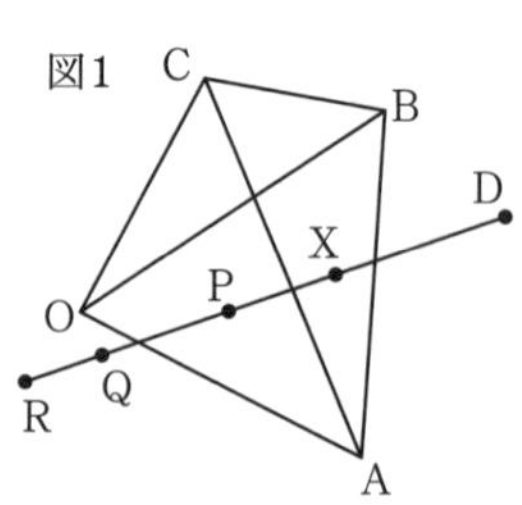

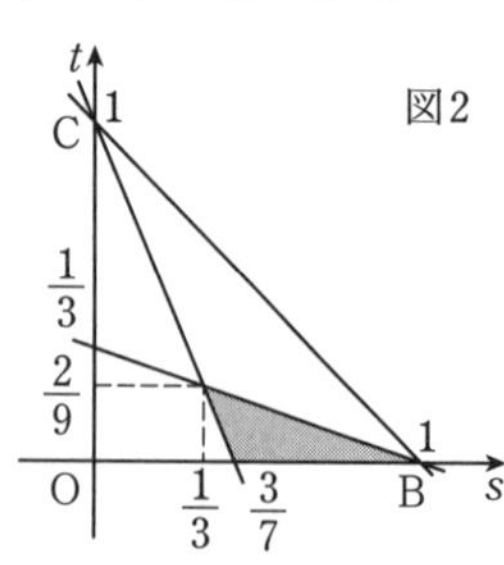

(2) $u = \alpha$ のとき $\overrightarrow{OD} + \alpha\overrightarrow{DX} = \overrightarrow{OP}$ であるから，$\vec{c}$ の係数は 0 になる．

$2 - (2 - t)\alpha = 0 \qquad \therefore \quad \boldsymbol{\alpha = \frac{2}{2 - t}}$

同様に，$u = \beta$ のとき $\vec{a}$ の係数，$u = \gamma$ のとき $\vec{b}$ の係数がそれぞれ 0 になるから

$4 - (3 + s + t)\beta = 0,\ 3 - (3 - s)\gamma = 0$

$$\beta = \frac{4}{3+s+t},\ \gamma = \frac{3}{3-s}$$

（3）（2）より

$$0 < \frac{2}{2-t} \leqq \frac{4}{3+s+t} \leqq \frac{3}{3-s} \quad \cdots\cdots\cdots\cdots\cdots\cdots ①$$

X は △ABC の辺上または内部にあるから $0 \leqq s \leqq 1$, $0 \leqq t \leqq 1$, $0 \leqq s+t \leqq 1$ である．このとき ① の各辺の分母はいずれも正であるから

$$\frac{2-t}{2} \geqq \frac{3+s+t}{4} \geqq \frac{3-s}{3}$$

$$1 \geqq s+3t,\ 7s+3t \geqq 3$$

連立方程式 $s+3t=1$, $7s+3t=3$ を解いて，$s=\frac{1}{3}$, $t=\frac{2}{9}$ を得るから，(s, t) の存在範囲は図 2 の網目部分になる（境界を含む）．

（4） 図 2 で O = A と見做すと $S_1 : S_2$ は網目部分の面積と △OBC の面積の比と等しいから

$$S_1 : S_2 = \frac{4}{7} \cdot \frac{2}{9} : 1 \cdot 1 = \mathbf{8 : 63}$$

《サッカーボール (B30)》

796． サッカーボールは 12 個の正五角形と 20 個の正六角形からなり，切頂二十面体と呼ばれる構造をしている．以下では，正五角形と正六角形の各辺の長さを 1 であるとし，下図のように頂点にアルファベットで名前をつける．なお，正五角形の辺と対角線の長さの比は $1 : \frac{1+\sqrt{5}}{2}$ である．

（1） $\overrightarrow{OA_1}$ と $\overrightarrow{OA_2}$ の内積は

$$\overrightarrow{OA_1} \cdot \overrightarrow{OA_2} = \frac{\square + \square\sqrt{\square}}{\square}$$

である．

（2） $\overrightarrow{OB}$ と $\overrightarrow{OC}$ と $\overrightarrow{OD}$ を，$\overrightarrow{OA_1}$ と $\overrightarrow{OA_2}$ と $\overrightarrow{OA_3}$ であらわすと

$$\overrightarrow{OB} = \frac{\square + \sqrt{\square}}{\square}\overrightarrow{OA_1} + \square\overrightarrow{OA_2}$$

$$\overrightarrow{OC} = \square\overrightarrow{OA_2} + \square\overrightarrow{OA_3}$$

$$\overrightarrow{OD} = \square\overrightarrow{OA_1} + \frac{\square + \sqrt{\square}}{\square}\overrightarrow{OA_2} + \square\overrightarrow{OA_3}$$

となる．

（3） $\triangle A_1A_2A_3$ の面積は

$$\frac{\sqrt{\square + \square\sqrt{\square}}}{\square}$$

である．

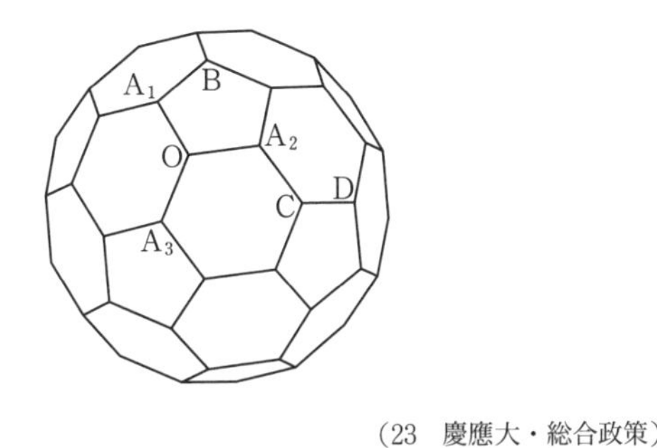

（23 慶應大・総合政策）

▶解答◀ （1） $|\overrightarrow{OA_1}| = |\overrightarrow{OA_2}| = 1$, $|\overrightarrow{A_1A_2}| = \frac{1+\sqrt{5}}{2}$ であるから

$$|\overrightarrow{OA_2} - \overrightarrow{OA_1}|^2 = \left(\frac{1+\sqrt{5}}{2}\right)^2$$

$$|\overrightarrow{OA_2}|^2 - 2\overrightarrow{OA_1} \cdot \overrightarrow{OA_2} + |\overrightarrow{OA_1}|^2 = \frac{3+\sqrt{5}}{2}$$

$$\overrightarrow{OA_1} \cdot \overrightarrow{OA_2} = \mathbf{\frac{1-\sqrt{5}}{4}}$$

（2） 図 1，図 2 のように点 E を定める．

$$\overrightarrow{OB} = \overrightarrow{OA_2} + \overrightarrow{A_2B} = \mathbf{\frac{1+\sqrt{5}}{2}\overrightarrow{OA_1} + \overrightarrow{OA_2}}$$

$$\overrightarrow{OC} = \overrightarrow{OA_3} + \overrightarrow{A_3C} = \mathbf{2\overrightarrow{OA_2} + \overrightarrow{OA_3}}$$

$$\overrightarrow{OD} = \overrightarrow{OE} + \overrightarrow{ED}$$

$$= \overrightarrow{OA_1} + \frac{1+\sqrt{5}}{2}\overrightarrow{OA_2} + 2(\overrightarrow{OA_2} + \overrightarrow{OA_3})$$

$$= \mathbf{\overrightarrow{OA_1} + \frac{5+\sqrt{5}}{2}\overrightarrow{OA_2} + 2\overrightarrow{OA_3}}$$

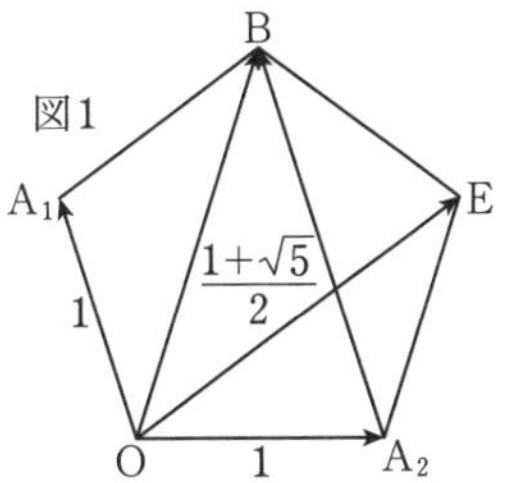

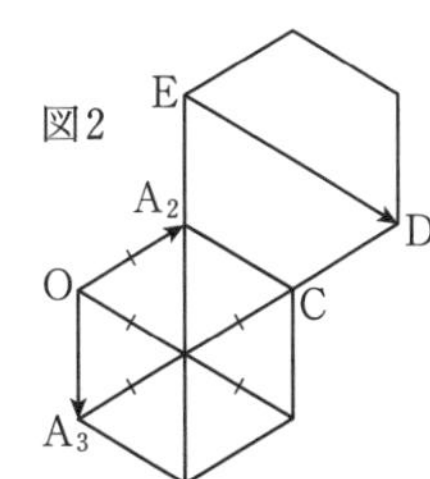

（3） 図 3，図 4 を参照せよ．$A_1A_3 = 2\sin 60° = \sqrt{3}$ である．$\triangle A_1A_2A_3$ は $A_1A_3 = A_2A_3 = \sqrt{3}$ の二等辺三角形で，頂点 A_3 から辺 A_1A_2 に引いた垂線の長さは

$$\sqrt{(\sqrt{3})^2 - \left(\frac{1+\sqrt{5}}{4}\right)^2} = \frac{1}{4}\sqrt{2(21-\sqrt{5})}$$

よって，その面積は

$$\frac{1}{2} \cdot \frac{1+\sqrt{5}}{2} \cdot \frac{1}{4}\sqrt{2(21-\sqrt{5})}$$

$$= \frac{\sqrt{2(1+\sqrt{5})^2(21-\sqrt{5})}}{16}$$

$$= \frac{\sqrt{(3+\sqrt{5})(21-\sqrt{5})}}{8} = \mathbf{\frac{\sqrt{58+18\sqrt{5}}}{8}}$$

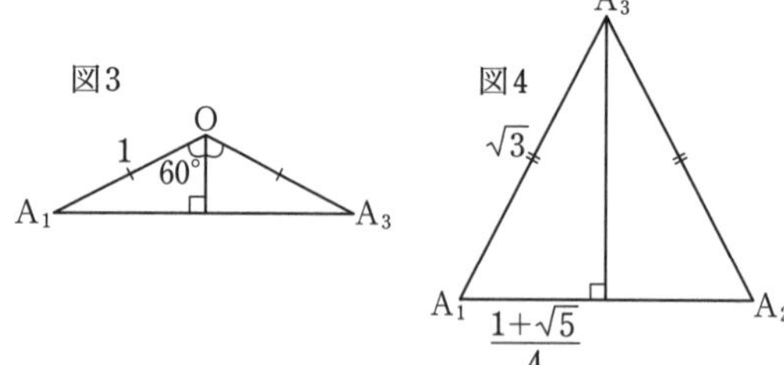

《立方体を切る (B20)》

797. xyz 空間における 8 点

O(0, 0, 0), A(1, 0, 0), B(1, 1, 0),
C(0, 1, 0), D(0, 0, 1), E(1, 0, 1),
F(1, 1, 1), G(0, 1, 1)

を頂点とする立方体 OABC-DEFG を考える．また p と q は，$p>1, q>1$ を満たす実数とし，3 点 P, Q, R を $\mathrm{P}(p, 0, 0)$, $\mathrm{Q}(0, q, 0)$, $\mathrm{R}\left(0, 0, \frac{3}{2}\right)$ とする．

（1） a, b を実数とし，ベクトル $\vec{n}=(a, b, 1)$ は 2 つのベクトル $\overrightarrow{\mathrm{PQ}}, \overrightarrow{\mathrm{PR}}$ の両方に垂直であるとする．a, b を，p, q を用いて表せ．

以下では 3 点 P, Q, R を通る平面を α とし，点 F を通り平面 α に垂直な直線を l とする．また，xy 平面と直線 l の交点の x 座標が $\frac{2}{3}$ であるとし，点 B は線分 PQ 上にあるとする．

（2） p および q の値を求めよ．

（3） 平面 α と線分 EF の交点 M の座標，および平面 α と直線 FG の交点 N の座標を求めよ．

（4） 平面 α で立方体 OABC-DEFG を 2 つの多面体に切り分けたとき，点 F を含む多面体の体積 V を求めよ． （23 慶應大・経済）

▶解答◀ （1） $\overrightarrow{\mathrm{PQ}}=(0, q, 0)-(p, 0, 0)$

$=(-p, q, 0)$

$\overrightarrow{\mathrm{PR}}=\left(0, 0, \frac{3}{2}\right)-(p, 0, 0)=\left(-p, 0, \frac{3}{2}\right)$

と $\vec{n}$ の内積をとり

$$-pa+bq=0, -pa+\frac{3}{2}=0$$

$$a=\boldsymbol{\frac{3}{2p}}, b=\boldsymbol{\frac{3}{2q}}$$

（2） xy 平面と l の交点を S とする．

$\overrightarrow{\mathrm{OS}}=\overrightarrow{\mathrm{OF}}+\overrightarrow{\mathrm{FS}}=\overrightarrow{\mathrm{OF}}+s\vec{n}$

$=(1, 1, 1)+s(a, b, 1)$

$=(1+as, 1+bs, 1+s)$

となり z 成分 $=0$ より $s=-1$

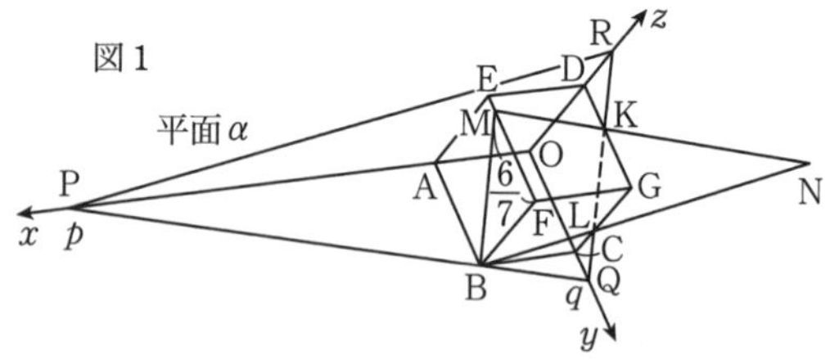

$\mathrm{S}(1-a, 1-b, 0)$ である．$1-a=\frac{2}{3}$ であるから $a=\frac{1}{3}$ となる．このとき $p=\frac{3}{2a}=\boldsymbol{\frac{9}{2}}$ である．

また B(1, 1, 0) が xy 平面の直線 PQ : $\frac{x}{\frac{9}{2}}+\frac{y}{q}=1$ 上にあるから $\frac{2}{9}+\frac{1}{q}=1$

$q=\boldsymbol{\frac{9}{7}}$ であり，$b=\frac{3}{2q}=\frac{7}{6}$

（3） $\alpha: \frac{x}{\frac{9}{2}}+\frac{y}{\frac{9}{7}}+\frac{z}{\frac{3}{2}}=1$

$\alpha: 2x+7y+6z=9$

直線 EF は $x=1, z=1$ であり，これを α に代入すると $2+7y+6=9$ で $y=\frac{1}{7}$ となるから，$\mathbf{M}\left(\mathbf{1}, \boldsymbol{\frac{1}{7}}, \mathbf{1}\right)$

直線 FG は $y=1, z=1$ であり，これを α に代入すると $2x+7+6=9$ で $x=-2$ となるから，$\mathbf{N(-2, 1, 1)}$

（4） 四角錐 NMFB の体積を [NMFB] と表す．

$\mathrm{MF}=1-\frac{1}{7}=\frac{6}{7}$ であり $\triangle\mathrm{MFB}=\frac{1}{2}\cdot\frac{6}{7}\cdot 1=\frac{3}{7}$

$$[\mathrm{NMFB}]=\frac{1}{3}\triangle\mathrm{MFB}\cdot\mathrm{FN}=\frac{1}{3}\cdot\frac{3}{7}\cdot 3=\frac{3}{7}$$

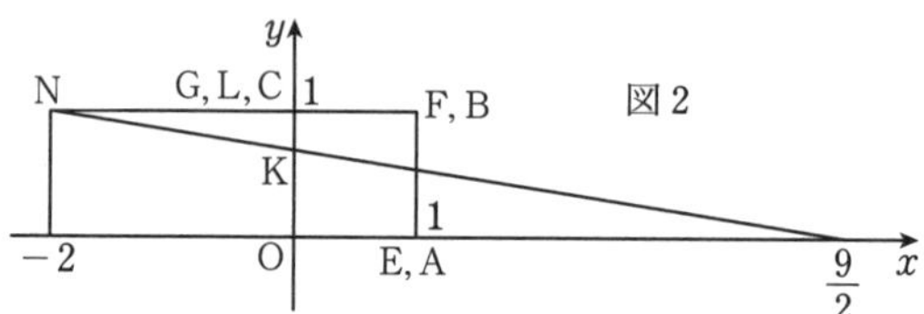

図 2 は z 軸の正方向から見た図である．NB，NM と GC, GD の交点を L, K とする．KGLN は NMFB を $\frac{2}{3}$ 倍に縮小したものである．求める体積は

$$[\mathrm{NMFB}]-[\mathrm{KGLN}]=\left(1-\left(\frac{2}{3}\right)^3\right)\cdot\frac{3}{7}$$

$$=\frac{19}{27}\cdot\frac{3}{7}=\boldsymbol{\frac{19}{63}}$$

【球面の方程式】

《球の決定 (B10) ☆》

798. xyz 空間において，4 点

(0, 0, 0), (0, −4, 0), (3, 0, 9), (4, 1, −3)

を通る球面を S とするとき，次の問いに答えなさい．

（1） S の中心の座標は $(\square, -\square, \square)$，半

径は $\square$ である．

（2） S が平面 $y=k$ と交わってできる円の半径が $\sqrt{13}$ になるのは，$k=-\square$，$\square$ のときである．　（23　東京農大）

▶解答◀ （1） S の方程式を

$$x^2+y^2+z^2+ax+by+cz+d=0$$

とおく．S は点 $(0, 0, 0)$ を通るから $d=0$ で，点 $(0, -4, 0)$ を通るから $16-4b=0$ となり $b=4$ である．したがって S は $x^2+y^2+z^2+ax+4y+cz=0$ とおける．点 $(3, 0, 9)$, $(4, 1, -3)$ を通るから

$$90+3a+9c=0 \quad \cdots\cdots ①$$

$$30+4a-3c=0 \quad \cdots\cdots ②$$

①＋②×3 より $180+15a=0$ となり $a=-12$

$$c=\frac{1}{3}(30-48)=-6$$

球面は

$$x^2+y^2+z^2-12x+4y-6z=0$$

$$(x-6)^2+(y+2)^2+(z-3)^2=7^2 \quad \cdots\cdots ③$$

中心の座標は $\mathbf{(6, -2, 3)}$，半径は $\mathbf{7}$

（2） ③ に $y=k$ を代入して

$$(x-6)^2+(z-3)^2=7^2-(k+2)^2$$

半径が $\sqrt{13}$ であるから

$$7^2-(k+2)^2=(\sqrt{13})^2$$

$$(k+2)^2=36$$

$$k+2=\pm 6 \qquad \therefore\ k=\mathbf{-8, 4}$$

《式で解け（B20）☆》

799．xyz 空間において，

O(0, 0, 0), A(1, 0, 0), B(1, 1, 0),
C(0, 1, 0), D(0, 0, 1), E(1, 0, 1),
F(1, 1, 1), G(0, 1, 1)

を頂点とする立方 OABC−DEFG が存在する．いま，球面が原点 O を通る球 S が，立方体 OABC−DEFG のいくつかの辺と接している．以下のそれぞれの場合について，球 S の半径と中心の座標を求めなさい．

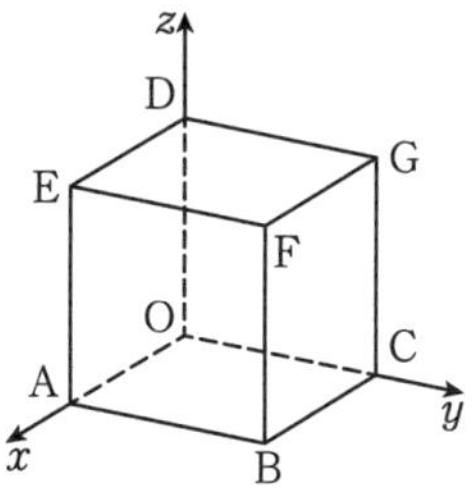

（1） 3 つの辺 BF, EF, FG と接する場合半径：$\square$　中心：$\square$

（2） 6 つの辺 AB, AE, BC, CG, DE, DG と接する場合半径：$\square$　中心：$\square$

（3） 4 つの辺 AB, BC, EF, FG と接する場合半径：$\square$　中心：$\square$

（4） 4 つの辺 DE, EF, FG, DG と接する場合半径：$\square$　中心：$\square$　（23　慶應大・環境情報）

▶解答◀ 球の半径を r とする．

$$S: x^2+y^2+z^2-2ax-2by-2cz=0$$

$$(x-a)^2+(y-b)^2+(z-c)^2=a^2+b^2+c^2$$

とおく．$r=\sqrt{a^2+b^2+c^2}$，球の中心 P は (a, b, c) である．図は対称性を見る以外使わない．式で行う．

（1） 図 1 を見よ．対称性から $a=b=c$ であり，線分 BF：$x=1, y=1, 0 \leqq z \leqq 1$ と接するから，

$S: x^2+y^2+z^2-2ax-2ay-2az=0$ に

$x=1, y=1$ を代入した $z^2-2az+2-4a=0$ の解 $z=a\pm\sqrt{a^2+4a-2}$ が重解になる．$a^2+4a-2=0$ かつ重解 $z=a$ について $0 \leqq a \leqq 1$ であるから

$a=\sqrt{6}-2$ で，$\mathrm{P}=(\boldsymbol{\sqrt{6}-2, \sqrt{6}-2, \sqrt{6}-2})$，

$r=\sqrt{3}a=\sqrt{3}(\sqrt{6}-2)=\boldsymbol{3\sqrt{2}-2\sqrt{3}}$

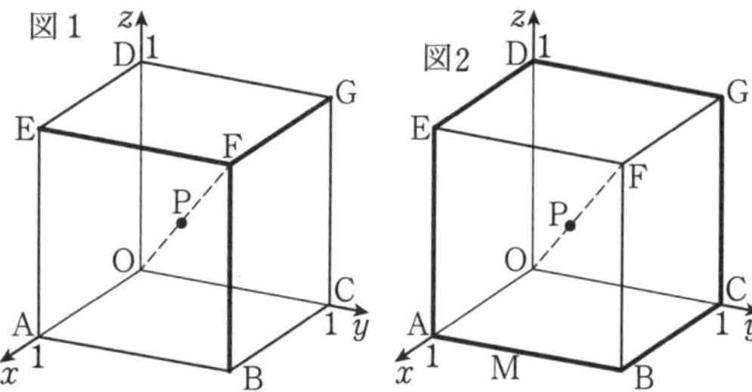

（2） 図 2 を見よ．6 つの辺 AB, AE, BC, CG, DE, DG と接するから P は対角線 OF 上にある．$a=b=c$ であり，線分 AE：$x=1, y=0, 0 \leqq z \leqq 1$ と接するから，これを代入し $z^2-2az-2a+1=0$ の解 $z=a\pm\sqrt{a^2+2a-1}$ が重解になる．$a^2+2a-1=0$ かつ重解 $z=a$ について $0 \leqq a \leqq 1$ であるから

$a=-1+\sqrt{2}$ で，$\mathrm{P}=(\boldsymbol{\sqrt{2}-1, \sqrt{2}-1, \sqrt{2}-1})$，

$r=\sqrt{3}a=\sqrt{3}(\sqrt{2}-1)=\boldsymbol{\sqrt{6}-\sqrt{3}}$

（3） 図 3 を見よ．4 つの辺 AB, BC, EF, FG と接するから P は平面 $y=x$ に関して対称であり，$b=a$ である．また，上下対称性を考え，P は平面 $z=\frac{1}{2}$ 上にあるから $c=\frac{1}{2}$ である．$S: x^2+y^2+z^2-2ax-2ay-z=0$ が BC：$z=0, y=1, 0 \leqq x \leqq 1$ と接するから

$x^2-2ax+1-2a=0$ の解 $x=a\pm\sqrt{a^2+2a-1}$ が重

解をもち，$0 \leqq a \leqq 1$ であるから $a=\sqrt{2}-1$ である．

$\mathrm{P}=\left(\boldsymbol{\sqrt{2}-1},\ \boldsymbol{\sqrt{2}-1},\ \boldsymbol{\frac{1}{2}}\right)$，

$r=\sqrt{2a^2+c^2}=\sqrt{2(\sqrt{2}-1)^2+\frac{1}{4}}=\boldsymbol{\frac{\sqrt{25-16\sqrt{2}}}{2}}$

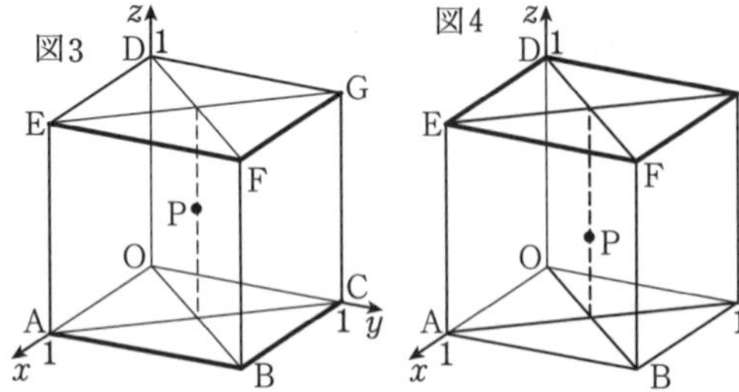

（4）　図4を見よ．P は平面 $x=y$ 上にあり，かつ，平面 $x+y=1$ 上にある．よって $a=b=\frac{1}{2}$ であり，$S: x^2+y^2+z^2-x-y-2cz=0$ となる．

$\mathrm{AD}: z=1,\ y=0,\ 0 \leqq x \leqq 1$ と接するから

$x^2-x+1-2c=0$ の解 $x=\frac{1 \pm \sqrt{8c-3}}{2}$ が重解 $x=\frac{1}{2}$ である．$c=\frac{3}{8}$ となる．

$\mathrm{P}=\left(\boldsymbol{\frac{1}{2}},\ \boldsymbol{\frac{1}{2}},\ \boldsymbol{\frac{3}{8}}\right)$，

$r=\sqrt{a^2+b^2+c^2}=\sqrt{\frac{1}{4}\cdot 2+\frac{9}{64}}=\boldsymbol{\frac{\sqrt{41}}{8}}$

《等式の変形（B15）☆》

800．原点を O とする座標空間内に 3 点 A$(-3,2,0)$，B$(1,5,0)$，C$(4,5,1)$ がある．P は $|\overrightarrow{\mathrm{PA}}+3\overrightarrow{\mathrm{PB}}+2\overrightarrow{\mathrm{PC}}| \leqq 36$ を満たす点である．4 点 O, A, B, P が同一平面上にないとき，四面体 OABP の体積の最大値を求めよ．　（23　一橋大・前期）

▶解答◀　$|\overrightarrow{\mathrm{PA}}+3\overrightarrow{\mathrm{PB}}+2\overrightarrow{\mathrm{PC}}| \leqq 36$ において，ベクトルの始点を O にそろえて

$$|\overrightarrow{\mathrm{OA}}-\overrightarrow{\mathrm{OP}}+3(\overrightarrow{\mathrm{OB}}-\overrightarrow{\mathrm{OP}})+2(\overrightarrow{\mathrm{OC}}-\overrightarrow{\mathrm{OP}})| \leqq 36$$
$$|\overrightarrow{\mathrm{OA}}+3\overrightarrow{\mathrm{OB}}+2\overrightarrow{\mathrm{OC}}-6\overrightarrow{\mathrm{OP}}| \leqq 36$$

両辺を 6 で割って

$$\left|\overrightarrow{\mathrm{OP}}-\frac{1}{6}(\overrightarrow{\mathrm{OA}}+3\overrightarrow{\mathrm{OB}}+2\overrightarrow{\mathrm{OC}})\right| \leqq 6$$

$\overrightarrow{\mathrm{OD}}=\frac{1}{6}(\overrightarrow{\mathrm{OA}}+3\overrightarrow{\mathrm{OB}}+2\overrightarrow{\mathrm{OC}})$ とおくと

$$\overrightarrow{\mathrm{OD}}=\frac{1}{6}\{(-3,2,0)+3(1,5,0)+2(4,5,1)\}$$
$$=\frac{1}{6}(8,27,2)=\left(\frac{4}{3},\ \frac{9}{2},\ \frac{1}{3}\right)$$

P は D を中心とし半径 6 の球面およびその内部にある．

一方，$\triangle$OAB を含む平面は xy 平面である．D から xy 平面に下ろした垂線の足は，$\mathrm{H}\left(\frac{4}{3},\ \frac{9}{2},\ 0\right)$ である．H, D, P がこの順に一直線上に並ぶとき P と xy 平面の距離は最大であり，このとき，四面体 OABP の体積も最大となる．求める最大値は

$$\frac{1}{3}\cdot\triangle\mathrm{OAB}\cdot(\mathrm{HD}+\mathrm{DP})$$
$$=\frac{1}{3}\cdot\frac{1}{2}|-3\cdot5-2\cdot1|\cdot\left(\frac{1}{3}+6\right)$$
$$=\frac{1}{6}\cdot17\cdot\frac{19}{3}=\boldsymbol{\frac{323}{18}}$$

なお，下の図は DH の長さを拡大して描いてある．

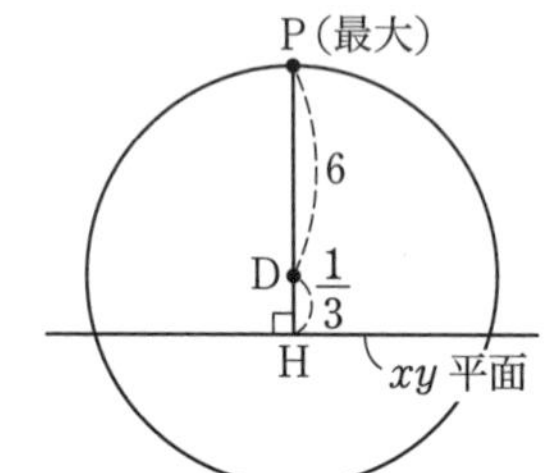

♦別解♦　P(x,y,z) とおくと

$$\overrightarrow{\mathrm{PA}}+3\overrightarrow{\mathrm{PB}}+2\overrightarrow{\mathrm{PC}}$$
$$=(-3-x,\ 2-y,\ -z)+3(1-x,\ 5-y,\ -z)$$
$$+2(4-x,\ 5-y,\ 1-z)$$
$$=(8-6x,\ 27-6y,\ 2-6z)$$

$|\overrightarrow{\mathrm{PA}}+3\overrightarrow{\mathrm{PB}}+2\overrightarrow{\mathrm{PC}}|^2 \leqq 36^2$ であるから

$$(8-6x)^2+(27-6y)^2+(2-6z)^2 \leqq 36^2$$

両辺を 36 で割って

$$\left(x-\frac{4}{3}\right)^2+\left(y-\frac{9}{2}\right)^2+\left(z-\frac{1}{3}\right)^2 \leqq 36$$

P は点 $\mathrm{D}\left(\frac{4}{3},\ \frac{9}{2},\ \frac{1}{3}\right)$ を中心とし半径 6 の球面およびその内部にある．以下同様である．

《直線と球面の交点（B15）☆》

801．1 辺の長さが 1 の立方体 V がある．V の異なる 4 つの頂点 O, A, B, C を OA, OB, OC が V の辺になるように定め，$\overrightarrow{\mathrm{OD}}=\overrightarrow{\mathrm{OA}}+\overrightarrow{\mathrm{OB}}+\overrightarrow{\mathrm{OC}}$ を満たす頂点を D とする．また，線分 AD を $1:3$ に内分する点を E とし，線分 BD の中点を F とする．$\overrightarrow{\mathrm{OA}}=\vec{a}$, $\overrightarrow{\mathrm{OB}}=\vec{b}$, $\overrightarrow{\mathrm{OC}}=\vec{c}$ として，次の問いに答えよ．

（1）　$\overrightarrow{\mathrm{OE}}$ を $\vec{a}, \vec{b}, \vec{c}$ を用いて表せ．

（2）　$|\overrightarrow{\mathrm{EF}}|$ の値を求めよ．

（3）　立方体 V のすべての頂点を通る球面と直線 OE との交点のうち，O でない交点を G とする．$\overrightarrow{\mathrm{OG}}$ を $\vec{a}, \vec{b}, \vec{c}$ を用いて表せ．

（23　徳島大・理工，医（保健））

▶解答◀　（1）　$\overrightarrow{\mathrm{OE}}=\dfrac{3\overrightarrow{\mathrm{OA}}+\overrightarrow{\mathrm{OD}}}{4}$

$$=\frac{3}{4}\vec{a}+\frac{1}{4}(\vec{a}+\vec{b}+\vec{c})=\boldsymbol{\vec{a}+\frac{1}{4}\vec{b}+\frac{1}{4}\vec{c}}$$